S. P. Chromow

Einführung in die synoptische Wetteranalyse

Unter Mitwirkung von

Dr. N. Konček

Direktor der Staatsanstalt für Hydrologie und Meteorologie in Preßburg

deutsch bearbeitet

von

Dr. Gustav Swoboda

Chef des Sekretariats der Internationalen Meteorologischen Organisation in Lausanne

Mit 250 Textabbildungen und Karten sowie 2 Tafeln

Springer-Verlag Berlin Heidelberg GmbH

1940

ISBN 978-3-662-30287-3   ISBN 978-3-662-30320-7 (eBook)
DOI 10.1007/978-3-662-30320-7

Vorwort zur deutschen Bearbeitung.

Als im Jahre 1934 S. P. Chromows russisches Buch „Einführung in die Wetteranalyse" erschien, war sich die Kritik darüber einig, daß es, als modernes Handbuch der synoptischen Meteorologie für den Wetterdienst, im Stande sei, eine fühlbare Lücke in der meteorologischen Weltliteratur auszufüllen. Zu diesem Zweck sei allerdings sein Erscheinen in einer leichter lesbaren Sprache erwünscht. Für eine Ausgabe in deutscher Fassung setzte sich namentlich Herr H. v. Ficker in seiner in der Meteorologischen Zeitschrift (1935, S. 160) erschienenen Besprechung ein.

Bereits zwei Jahre nach Erscheinen der ersten Auflage seines Werkes konnte Herr Chromow eine zweite vorbereiten. Gleichzeitig stellte er das Manuskript für eine tschechische Übersetzung Herrn N. Konček zur Verfügung, der seinerseits beim Verlag Julius Springer in Wien die Ausgabe einer deutschen Übersetzung anregte. Der Verlag trat hierauf an den Unterzeichneten mit dem Ersuchen heran, das Buch für den deutschen Leserkreis einer Bearbeitung zu unterziehen. Zu diesem Zweck gab Herr Chromow dem Unterfertigten in zuvorkommender Weise alle Vollmacht.

Es war für die Bearbeitung die Aufgabe gestellt, den Text der zweiten, im Jahre 1937 erschienenen Auflage des Originalwerkes straffer zusammenzufassen und dabei die mittel- und westeuropäischen Verhältnisse mehr zu berücksichtigen. Da verschiedene Umstände die Herausgabe des vorliegenden Buches beträchtlich verzögerten, ergab sich auch die Notwendigkeit, neuere Forschungsergebnisse aus der Zwischenzeit entsprechend einzugliedern.

Selbstverständlich hatte die Bearbeitung sowohl in inhaltlicher als auch in formaler Hinsicht weitgehend auf die Eigenart des Originalwerkes Rücksicht zu nehmen. Es ist offenkundig, daß dieses den ganzen Stoff geschlossen vom zentralen Standpunkt der norwegischen Polarfrontlehre aus behandelt. Damit war auch für die Bearbeitung ein für allemal eine bestimmte Richtlinie vorgezeichnet. Immerhin war der Unterzeichnete bemüht, Brücken, die Herr Chromow auch zu anderen Anschauungen zu schlagen begonnen hatte, weiter auszubauen, um so den vielseitigen Bedürfnissen des praktischen Wetterdienstes entgegenzukommen.

So erfuhr der Text gegen das Original in vielen, vor allem aber in den späteren Abschnitten nicht unbeträchtliche Veränderungen, Zusammenziehungen oder aber Erweiterungen. Herr Chromow selbst hatte noch im Jahre 1937 eine Reihe von Ergänzungen, wie z. B. über Isobarenkarten für höhere Niveaus, über die isallobarischen Gebiete und ihre Wanderung innerhalb der Führungsströmung, über Prognosenprüfung usw. für die vorliegende Ausgabe beigesteuert und vor allem den ganzen Abschnitt über die Dynamik der Fronten neu verfaßt. Vom Bearbeiter stammt unter anderem die neue, bzw. erweiterte Darstellung der synoptischen Wetterberichterstattung, der Kondensations- und Sublimationstheorie Findeisens, der Einteilung der Gewitter, der Nebelklassifikation nach Petterssen, die Beschreibung der Vorgänge an der Böenwalze der Kaltfront, der Druckänderungen in Zyklonen, der Struktur der Wellen- und Wirbelzyklone, der Anschauungen über Steuerung, über retrograde Mittelmeerstörungen, ferner die Eingliederung der Wetterregeln, die sich aus der Praxis mit der Höhenwetterkarte ergeben, größere Ergänzungen zur Nachtfrost-, Gewitter-, Nebel- und Vereisungsvorhersage u. a. m.

Hinsichtlich der Abbildungen sei bemerkt, daß aus dem Bildermaterial der Originalausgabe 42 Bilder ausgeschieden und 35 neu eingereiht wurden. An einigen Darstellungen wurden leichte Analysenretouchen vorgenommen und in zahlreichen Karten wurde die Symbolik den jüngsten internationalen Vereinbarungen angepaßt.

Die vorgenommene schärfere Gliederung des Stoffes kommt auch in der Ausgestaltung des Inhaltsverzeichnisses zum Ausdruck. Die Literaturangaben wurden erheblich ergänzt und in ein besonderes Schriftenverzeichnis als Anhang des Buches zusammengefaßt. Am Schluß der einzelnen Abschnitte oder Kapitel finden sich daher, zum Unterschied von der Originalausgabe, nur übersichtliche Hinweise auf dieses Verzeichnis.

Wie Herr CHROMOW wiederholt betont, ist das Buch unter dem Einfluß von Vorlesungen, Kursen und Besprechungen entstanden, welche Herr T. BERGERON in Rußland abgehalten hatte. Es war daher sehr zu begrüßen, daß sich Herr BERGERON selbst bereit erklärt hatte, das Manuskript der deutschen Bearbeitung zu lesen. Wenn diese Absicht auch nicht restlos verwirklicht werden konnte, so verdankt der Unterzeichnete doch Herrn BERGERON viele wichtige Bemerkungen zum Text und unschätzbare Ratschläge zur Verbesserung des Bildermaterials, ja selbst die Originalzeichnungen einiger Abbildungen.

Eine weitere Vervollkommnung erfuhr das Buch durch das Entgegenkommen der Herren Prof. H. v. FICKER und Doz. F. STEINHAUSER, welche die Korrekturen gelesen und bei dieser Gelegenheit noch während des Satzes eine Fülle von Anregungen zur Verbesserung des Inhaltes und zur Beseitigung historischer Unrichtigkeiten gegeben haben. Beiden genannten Herren ist der Unterfertigte für ihre Hilfe außerordentlich verpflichtet.

Herr G. SCHINZE hatte die Liebenswürdigkeit, das zur tabellarischen Darstellung der Luftmasseneigenschaften über Deutschland verwendete neuere Zahlenmaterial zur Verfügung zu stellen, wofür ihm auch an dieser Stelle bestens gedankt sei.

Zur Reproduktion der Abb. 20 (Gradientwindlineal des norwegischen Wetterdienstes) haben die Herren Direktor TH. HESSELBERG und Prof. SV. PETTERSSEN freundlichst ihre Zustimmung gegeben. Erläuterungen hierzu sind den Herren W. BLEEKER und F. BJÖRKDAL zu verdanken.

Während der ganzen Arbeit stand Herr Dr. N. KONČEK dem Unterzeichneten unermüdlich mit Rat und Tat zur Seite. Auf ihn geht, wie bereits erwähnt, die Anregung zu einer deutschen Ausgabe des CHROMOWschen Werkes zurück. Er hat ferner nicht nur die Übersetzung des russischen Originals beigesteuert, auf welche sich die vorliegende Bearbeitung stützt, sondern auch die technische Herstellung des Manuskripts, die Anlage des umfangreichen Registers und die Überprüfung der Korrekturen besorgt, wobei er den Unterfertigten auch durch zahlreiche kritische Bemerkungen unterstützt hat. Ihm sei der besondere Dank für das Zustandekommen des Buches ausgesprochen.

Um die Herstellung bzw. Anpassung zahlreicher Abbildungen hat sich Herr F. TVRDIK verdient gemacht.

Sehr verbunden ist der Unterzeichnete schließlich dem Herrn Verleger für seine große Geduld, für sein sonstiges freundliches Entgegenkommen in jeder Hinsicht und für die außerordentliche Fürsorge, die er der Ausstattung des Buches gewidmet hat.

Im Frühjahr 1940.

G. Swoboda.

Inhaltsverzeichnis.

Drittes Kapitel.
Das Wasser in der Atmosphäre.

Viertes Kapitel.
Die Luftmassen.

43. Die Herkunft der Luftmassen.

44. Die allgemeine Zirkulation der Troposphäre. I. Tropen.

45. Die allgemeine Zirkulation der Troposphäre. II. Außertropische Breiten: Das Grundschema.

46. Die allgemeine Zirkulation der Troposphäre. III. Außertropische Breiten: Die Frontalzonen.

47. Die Definition der Luftmasse.

48. Die geographische Klassifikation der Luftmassen.

49. Temperatur und Feuchtigkeit als Merkmale der Luftmassenherkunft.

Inhaltsverzeichnis. IX

Fünftes Kapitel.
Die Fronten.

Seite

Siebentes Kapitel.
Praktische Folgerungen.

Zur Literatur.

Den elementaren Darlegungen dieses Buches über die synoptische Wetteranalyse sei ein Überblick über das jüngere allgemein-meteorologische Schrifttum, sowie ein Verzeichnis der Hauptschriften über Fronten und Luftmassen vorangestellt, insoweit sich die letzteren mit dem Standpunkt der norwegischen Polarfrontlehre, welcher in diesem Buch vertreten wird, decken. Überdies finden sich eingehende Literaturnachweise, auch andere Richtungen betreffend, am Schluß der einzelnen Abschnitte bzw. Gruppen von Abschnitten.

In allen diesen Zitaten ist nur der Name des Autors und die Jahreszahl des Erscheinens der betreffenden Schrift angeführt. Die zugehörigen vollen Titel und Erscheinungsdaten finden sich erst im Literaturverzeichnis am Schluß des Buches.

Bei der Fülle der in Betracht kommenden Literatur können die Schrifttumshinweise keinerlei Anspruch auf Vollständigkeit machen. Sie dienen nur zu einer ersten Orientierung.

Allgemeine Meteorologie.

HUMPHREYS 1920, HANN-SÜRING 1926 (4. Aufl.; 5. Aufl. im Erscheinen), OBOLENSKIJ 1927, BRÜCKMANN (BÖRNSTEIN) 1927, SIR NAPIER SHAW 1927, GUTENBERG 1929, Physics of Earth 1931, GUTENBERG 1932, LINKE 1939 (Taschenbuch).

Klimatologie.

BERG L. S. 1927, GEIGER 1927, KÖPPEN und GEIGER 1930, HANN-KNOCH 1932.

Dynamik und Thermodynamik der Atmosphäre.

BJERKNES V. 1912, 1913 (1), EXNER 1925, WEGENER A. 1928, SCHMAUSS und WIGAND 1929, WEICKMANN 1929 (2), SIR NAPIER SHAW 1930, WILLETT 1931, SIR NAPIER SHAW 1931, TICHANOWSKY und MÜGGE 1932, BJERKNES V.-BJERKNES J.-SOLBERG-BERGERON 1933, KOSCHMIEDER 1933, WEGENER A. und WEGENER K. 1935, DJUBJUK 1937, ERTEL 1938, BRUNT 1939, LETTAU 1939.

Synoptische Meteorologie und Wettervorhersage.

SIR NAPIER SHAW 1921, GEORGII 1924, DEFANT 1926 (2), BERGERON 1928, SCHINZE 1932 (4), SWOBODA 1932, BERGERON 1934 (1), 1934 (2), VAN MIEGHEM 1936, BAUR 1937, BERGERON 1937 (2), SCHMAUSS 1937, NAMIAS 1938 (1), PETTERSSEN 1938 (2).

Hauptschriften aus dem Gebiet der Fronten- und Luftmassenanalyse.

BJERKNES J. 1919, BJERKNES V. 1921, BJERKNES J. and SOLBERG 1921, 1922, BERGERON und SWOBODA 1924, BJERKNES J. 1924, DIESING 1924, DOUGLAS 1924, BJERKNES J. and GIBLETT 1924, CALWAGEN 1926, PALMÉN 1926, BERGERON 1928, BRUNT and DOUGLAS 1928, PALMÉN 1928 (1), 1928 (2), WILLETT 1928, PALMÉN 1929, SCHRÖDER 1929, BERGERON 1930, BJERKNES J. 1930, PALMÉN 1930, REFSDAL 1930 (1), PALMÉN 1931 (1), 1931 (2), 1931 (3), BJERKNES J. 1932, REFSDAL 1932, ROSSBY 1932, SCHINZE 1932 (2), 1932 (3), 1932 (4), 1932 (5), 1932 (6), BJERKNES V.-BJERKNES J.-SOLBERG-BERGERON 1933, BJERKNES J. and PALMÉN 1933, PALMÉN 1933, PETTERSSEN 1933, WILLETT 1933 (1), 1933 (2). ASKANASIJ 1934 (1), 1934 (2), BERGERON 1934 (2), BYERS 1934, SCHINZE 1934, BERGERON 1935 (1), 1935 (2), BJERKNES J. 1935, CHROMOW 1935 (2), DESCHORDSCHIO 1935, GOLD 1935, PALMÉN 1935, PETTERSSEN 1935, POGOSJAN 1935 (1), 1935 (2), STREMOUSSOW 1935, WILLETT 1935, BATSCHURINA-BLJUMINA-PETROWA 1936, BERGERON 1936, PALMÉN 1936, PETTERSSEN 1936, BERGERON 1937 (1), 1937 (2), BJERKNES J. 1937, BJERKNES J. and PALMÉN 1937, MACHT 1937, VAN MIEGHEM 1937, BJERKNES J. 1938, BJERKNES V. 1938, BJERKNES J. and PALMÉN 1938, HAURWITZ 1938, VAN MIEGHEM 1938 (1), 1938 (2), NAMIAS 1938 (1), SCHINZE 1938, WILLETT 1938, BERGERON 1939 (1), 1939 (2), BJERKNES J.-MILDNER-PALMÉN-WEICKMANN 1939, VAN MIEGHEM 1939 (1), 1939 (2), 1939 (3).

Erstes Kapitel

Die synoptische Methode.

1. Einleitung.

a) Aufbau der Atmosphäre. Die troposphärischen Luftmassen als Träger des Wetters.

Zu Beginn dieses Jahrhunderts wurde mit Hilfe aerologischer Beobachtungen festgestellt, daß sich die Atmosphäre in vertikaler Richtung in zwei im Hinblick auf die Temperaturverhältnisse durchaus verschiedene Teile gliedert. Der untere Teil, der je nach der geographischen Breite und der Jahreszeit eine Mächtigkeit von 8—17 km hat, wird *Troposphäre* genannt. In der Troposphäre findet ein vertikaler Luftaustausch statt und die Temperatur nimmt hier mit der Höhe durchschnittlich um 5—6° auf je 1000 m ab. Die Kondensation des Wasserdampfes, also die Wolkenbildung, beschränkt sich im wesentlichen auf die Troposphäre. In den gemäßigten Breiten reicht die Troposphäre durchschnittlich bis in eine Höhe von 10—11 km, in den Polargegenden bis 8—10 km und in den tropischen Gegenden bis etwa 17 km. Im Sommer ist diese Höhe größer, im Winter kleiner. Die über der Troposphäre lagernde Luftschicht heißt *Stratosphäre*. In der Stratosphäre ändert sich die Temperatur nach oben zu im allgemeinen nur wenig, wenn man absieht von den Schichten über rund 30 km Höhe, die bisher außerhalb des Bereichs direkter Messungen liegen. In horizontaler Richtung treten in der Stratosphäre jedoch erhebliche Temperaturunterschiede auf in Abhängigkeit von der Höhe, in welcher sie beginnt. Über dem Polargebiet, wo sie niedrig liegt, weist sie nur selten Temperaturen von weniger als — 50° auf; über dem Äquator, wo sie erst in großer Höhe beginnt, hat sie Temperaturen von — 80° und darunter.

Oben wurden nur Mittelwerte der Troposphärenhöhe angeführt. In Wirklichkeit unterliegt diese Höhe über jedem Ort andauernden Schwankungen im Zusammenhang mit der Zyklonentätigkeit. Über den Gebieten höheren Drucks — den Antizyklonen — reicht die Troposphäre höher hinauf als über den Gebieten tieferen Luftdrucks — den Zyklonen —, und zwar *durchschnittlich* um 2 km.

Die Übergangsschicht (Grenzfläche) zwischen Troposphäre und Stratosphäre heißt *Tropopause*.[1] Beim Durchgang durch die Tropopause wird häufig eine Inversion (eine „Umkehr") der Temperatur verzeichnet.

Die physikalischen Vorgänge, welche wir als „Wetter" bezeichnen, sind grundsätzlich durch den physikalischen Zustand, die Bewegung und die Wechselwirkung der *troposphärischen Luftmassen* bestimmt. Die Luftmassen empfangen und verlieren andauernd Strahlungsenergie, sie erwärmen sich und kühlen sich von der Erdoberfläche her ab und werden von hier aus mit Wasserdampf und Staub angereichert; hierdurch nehmen sie gewisse Eigenschaften an und führen diese Eigenschaften auf ihrer Wanderung von Land zu Land mit sich. Die Eigenschaften einer

---

[1] Zuweilen wird die Tropopause *Substratosphäre* genannt. Dieser Ausdruck soll hier jedoch nicht für die Übergangsschicht (Grenzfläche) verwendet werden, sondern für die Schicht der untersten Kilometer der Stratosphäre, eingerechnet die Übergangsschicht.

Luftmasse bestimmen die Temperatur, die Feuchtigkeit, die Fernsicht, den Charakter
des Windes und oft auch der Bewölkung und der Niederschläge in dem Gebiet,
welches die Luftmasse einnimmt. Von erheblicher Bedeutung für das Wetter ist
es auch, wenn mehr oder weniger mächtige Schichten einer Luftmasse dem sanften
Keil einer anderen Luftmasse entlang aufsteigen *(Aufgleitvorgang)*; dabei kommt
es in der Regel zu besonders reichlicher Bildung von Wolken, welche Niederschläge
ausscheiden. Schließlich veranlassen besondere *Wellen-* und *Wirbelstörungen*, die an
der Grenzfläche zwischen verschiedenen Luftmassen (an den *Fronten* oder *Frontflächen*) entstehen, im Gebiet der gemäßigten Breiten Schwankungen der Windrichtung und Windstärke.

Aus dem Angeführten darf man jedoch nicht etwa schließen, daß die Stratosphäre
für die Wettervorgänge ohne Bedeutung sei. Die Atmosphäre bildet ein einheitliches Ganzes und es ist selbstverständlich, daß Änderungen von Temperatur und
Druck sowie Luftverlagerungen in der Stratosphäre irgendwie mit entsprechenden
Änderungen in der Troposphäre zusammenhängen müssen. Der Charakter dieses
Zusammenhangs ist jedoch bisher noch nicht restlos geklärt; es steht auch noch
nicht fest, ob stratosphärische Vorgänge zu Veränderungen in der Troposphäre
Anlaß geben können. Wir haben derzeit eher Grund zur Annahme, daß die Stratosphäre in der Mehrzahl der Fälle nur passiv auf die Störungen reagiert, welche an
den troposphärischen Fronten entstehen. Natürlich können die so entstandenen
stratosphärischen Vorgänge ihrerseits wieder auf die Troposphäre zurückwirken;
anscheinend üben sie dabei aber gar keinen oder keinen wesentlichen Einfluß auf
die kurzfristigen Wetteränderungen (von einem Tag zum andern) aus, sondern
sie kommen hauptsächlich im langfristigen Gesamtcharakter des Wetters zum
Ausdruck. Von diesem Standpunkt aus erscheint es bis zu einem gewissen Grad
gerechtfertigt, wenn im Rahmen des täglichen Wetterdienstes die Analyse der
Bedingungen und Ursachen des Wetters sich gegenwärtig auf eine Analyse der
Troposphäre beschränkt.

Es steht jedoch zu hoffen, daß der weitere Ausbau des aerologischen Beob-
achtungswesens (namentlich mit Hilfe von Radiosonden) und die Erweiterung
unserer Kenntnisse von den Verhältnissen in der Stratosphäre zu einer erheblichen
Vervollkommnung der Analyse und Prognose des troposphärischen Geschehens,
welches unmittelbar im Wetter seinen Ausdruck findet, führen werden.

Für die Vorhersage des künftigen Wetterablaufs an einem bestimmten Ort
genügt das Studium dieses Ablaufs lediglich an der betreffenden Stelle keineswegs.
Die Luftmassen erstrecken sich ebenso wie die atmosphärischen Störungen in jedem
Augenblick über weite Gebiete; ihre horizontale Ausdehnung erreicht Tausende
von Kilometern, weshalb das Wetter innerhalb einer und derselben Luftmasse auf
großem Gebiet einheitlichen Charakter aufzuweisen pflegt. Gleichzeitig macht
sich ein mehr oder weniger ausgesprochener Tagesgang des Wetters geltend, d. h.
eine periodische Änderung im Zustand der meteorologischen Elemente, die unmittelbar mit den Änderungen zusammenhängt, welche in der Bilanz der Strahlungsenergie im Lauf eines Tags auftreten.

Der Tagesverlauf der Temperatur und in Zusammenhang damit der Tagesgang
auch anderer meteorologischer Elemente innerhalb einer einheitlichen Luftmasse
ist allgemein bekannt. Zwischen Morgen und Mittag überwiegt die Sonnenstrahlung
den Wärmeverlust durch Ausstrahlung des Erdbodens; nach 2—3 Uhr nachmittags
ist freilich die Sonnenstrahlung nicht mehr imstande, die verstärkte Wärmeausstrahlung der erhitzten Erdoberfläche wettzumachen. Die Temperatur des Bodens
und der bodennächsten Luftschicht nimmt daher von Sonnenaufgang bis 14—15 Uhr
zu und von da an bis zum Sonnenaufgang ab. Die Amplitude dieses Tagesgangs
der Temperatur ist in den unteren Luftschichten größer bei heiterem Himmel

als bei bedecktem und hängt überdies von der Windgeschwindigkeit, von den orographischen Verhältnissen, dem Feuchtigkeitsgehalt der Luftmasse usw. ab. Gemeinsam mit der Temperatur schwankt auch die relative Feuchte, der Wind und oft auch die Bewölkung (besonders jene, welche Konvektionscharakter hat, siehe Abschnitte 37, 51).[1]

Dringt in irgendein Gebiet eine neue Luftmasse ein, so wird selbstverständlich die ihr entsprechende Wetteränderung, die *vom Tagesgang unabhängig* ist und ihn mehr oder weniger überdeckt oder maskiert, an einer ganzen Reihe von Orten gleichzeitig vor sich gehen und sich mit der Luftmassengrenze allmählich in bestimmter Richtung ausbreiten. Das Wetter an einem gegebenen Ort steht also in Zusammenhang mit den gleichzeitigen und vorhergehenden Wetterverhältnissen im Nachbargebiet. Man kann somit sagen, daß das Wetter gemeinsam mit den Luftmassen, die seine Träger sind, *im Raum fortwandert*. Beobachtungen an einem einzelnen Ort ermöglichen weder einen vollständigen Einblick in die Ursachen noch in das Wesen des Wetters.

b) Die synoptische Methode und ihre Entwicklung.

Bereits vor mehr als hundert Jahren kam man auf den Gedanken, die sich auf großem Gebiet abspielenden Wettervorgänge an Hand sog. *synoptischer Wetterkarten* zu studieren. Eine solche Karte stellt mit Hilfe vereinbarter Symbole den Wetterzustand in einem bestimmten Augenblick auf großem Gebiet dar, und zwar auf Grund der Beobachtungen eines meteorologischen Beobachtungsnetzes. Verfügen wir über die synoptischen Karten einer Reihe aufeinanderfolgender Tage, so ermöglicht diese Serie offenkundig eine Vorstellung von den zeitlichen Wetteränderungen.[2] Verfolgt man an Hand der Karten die bisherige und gegenwärtige Bewegung der Luftmassen, Fronten und atmosphärischen Störungen und ihr sonstiges Verhalten, so kann man mit größerer oder geringerer Wahrscheinlichkeit das Wetter an einem beliebigen Ort voraussagen.

Diese Methode des Studiums und der Prognose von Wettervorgängen mit Hilfe der synoptischen Karten wird im Verlauf des Weiteren synoptische Methode genannt werden. Die durch sie dargestellten physikalischen Vorgänge in der Atmosphäre (Bewegungen der Luftmassen, Entwicklung der atmosphärischen Störungen, Niederschläge an den Fronten usw.) heißen synoptische Vorgänge. Sie sind gerade die Ursache jener unperiodischen Wetteränderungen, die uns im folgenden beschäftigen werden. Sie sind, wie wir sehen werden, im Wesen dynamisch-thermodynamische Vorgänge, d. h. sie äußern sich in den Bewegungen der Luft und in den Wärmeund Feuchtigkeitsumsätzen in ihr. Die Lehre von diesen Vorgängen und von der auf sie begründeten Wettervorhersage wird *synoptische Meteorologie* oder kurz *Synoptik* genannt.

In den Jahren 1816 bis 1820 zeichnete BRANDES die ersten synoptischen Karten Europas nach Beobachtungen aus dem Jahre 1783; später untersuchte er synoptisch den Zeitraum vom 24. bis 26. Dezember 1821. In Amerika entwarf im Jahre 1842

---

[1] Genaueres über den Tages- und Jahresgang der meteorologischen Elemente findet man in jedem Lehrbuch der allgemeinen Meteorologie. Die physikalische Analyse dieser Erscheinungen enthält das Werk der norwegischen Autoren V. BJERKNES, J. BJERKNES, SOLBERG und BERGERON: „Physikalische Hydrodynamik".

[2] Vor 70 Jahren schrieb FITZ-ROY: „Da. diese Karten die Aufgabe haben, die aufeinanderfolgenden gleichzeitigen Wetterzustände zu versinnlichen — so als ob wir aus dem Weltenraum zu einem bestimmten Zeitpunkt auf den ganzen Atlantischen Ozean herabsähen und diesen Ausblick (der erheblich mehr bietet als jener aus der Vogelperspektive) im gleichmäßigen Abstand einiger Stunden oder Tage wiederholten, um eine Serie gleichzeitiger Wetterzustände zu erhalten — heißen sie synchrone oder synoptische Karten."

Loomis die erste synoptische Karte. Im selben Jahre wies Kreil, Assistent der Prager Sternwarte und nachmaliger Direktor der meteorologischen Zentralanstalt in Wien, auf die Bedeutung des Drahttelegraphen für die Sammlung von Wettermeldungen aus dem meteorologischen Netz durch die Zentralinstitute hin. Die erste telegraphische Wettermeldung wurde 1848 in England befördert. Im Jahre 1851 wurden auf der Londoner Weltausstellung zum erstenmal versuchsweise synoptische Karten auf Grund telegraphischer Meldungen gezeichnet. Im Jahre 1856 wurde die telegraphische Wetterberichterstattung in Frankreich und im Jahre 1857 in den Vereinigten Staaten von Nordamerika eingeführt. In England wurde unter Fitz-Roy im Jahre 1860 mit der regelmäßigen und raschen Herstellung synoptischer Karten begonnen, im Jahre 1861 mit der Ausgabe von Sturmwarnungen und von täglichen Prognosen. Gleichfalls im Jahre 1860 wurde in Holland ein Sturmwarnungsdienst aufgenommen (Buys-Ballot). Im Jahre 1863 wurde in Frankreich die erste nach telegraphischen Meldungen zusammengestellte Karte veröffentlicht (Leverrier), und am 16. September 1863 nahm das Pariser Institut die Veröffentlichung täglicher synoptischer Karten auf; im Jahre 1865 folgte Österreich.

Im Laufe der weiteren beiden Jahrzehnte wurde im größten Teile der europäischen Staaten sowie in den Vereinigten Staaten von Nordamerika ein Wetterdienst eingerichtet. Im Jahre 1877 wurden der Wetterberichterstattung *international vereinbarte Richtlinien* zugrunde gelegt, doch blieb die Anzahl der beteiligten Beobachtungsstationen noch verhältnismäßig beschränkt und der Nachrichtenaustausch war auf den Drahttelegraphen angewiesen. Der Weltkrieg und in den Nachkriegsjahren die rasche Entwicklung des Flugwesens, das einer besonderen meteorologischen Sicherung bedarf, gaben der Entwicklung des Wetterdienstes einen mächtigen Impuls. Diese Entwicklung stand zunächst im Zeichen der Erfindung der *Radiotelegraphie* und ihres Eindringens in zahlreiche Lebensgebiete. Die Radiotelegraphie hat in der Praxis des Wetterdienstes den größten Umsturz hervorgebracht; mit ihrer Hilfe ist der internationale Austausch von Wettermeldungen einfacher, rascher und billiger geworden, was die Sammlung von Wettermeldungen aus einem wesentlich dichteren Beobachtungsnetz und aus sehr weit entlegenen Gebieten möglich gemacht hat. Der Rundfunk ist anderseits auch zum Hauptvermittler der Wetterprognosen geworden.

Ein weiterer technischer Fortschritt im Wetterdienst ist dadurch erfolgt, daß man neben den Bodenbeobachtungen in umfassender Weise *aerologische Beobachtungen* heranzieht, wobei namentlich die Verwendung des Flugzeugs in der aerologischen Aufstiegspraxis eine große Bedeutung erlangt hat. Statt wenigen über die ganze Erde verstreuten Drachen- und Fesselballonstationen, wie in der Vorkriegszeit, gibt es heute in vielen Ländern Flugzeugaufstiegstellen, deren Tätigkeit dem Wetterdienst unmittelbar zugute kommt. Allerdings ist dem Wetterflugzeug in den letzten Jahren ein mächtiger Konkurrent in der Radiosonde erstanden. In den Vereinigten Staaten von Nordamerika hat man sogar bereits damit begonnen, die Flugzeugaufstiegstellen durch Radiosondenstationen zu ersetzen.

Mit dem organisatorischen Ausbau des Wetterdienstes ging eine Vervollkommnung der synoptischen Forschungsmethoden und unserer Kenntnisse von den synoptischen Vorgängen Hand in Hand. Bis zum Jahre 1918 beschränkte sich die synoptische Methode zum größten Teile auf ein rein empirisches, formales und einseitiges Studium des *barischen Feldes* (der atmosphärischen Druckverteilung) an der Erdoberfläche. Als Aufgabe der synoptischen Prognose galt vor allem die Vorhersage der Änderungen dieses Feldes; man setzte voraus, daß die horizontale Druckverteilung (das „barische Relief") die Wetterverhältnisse, die seine Funktion seien, hinreichend bestimme. Die statistisch ermittelte Wetterverteilung in den ver-

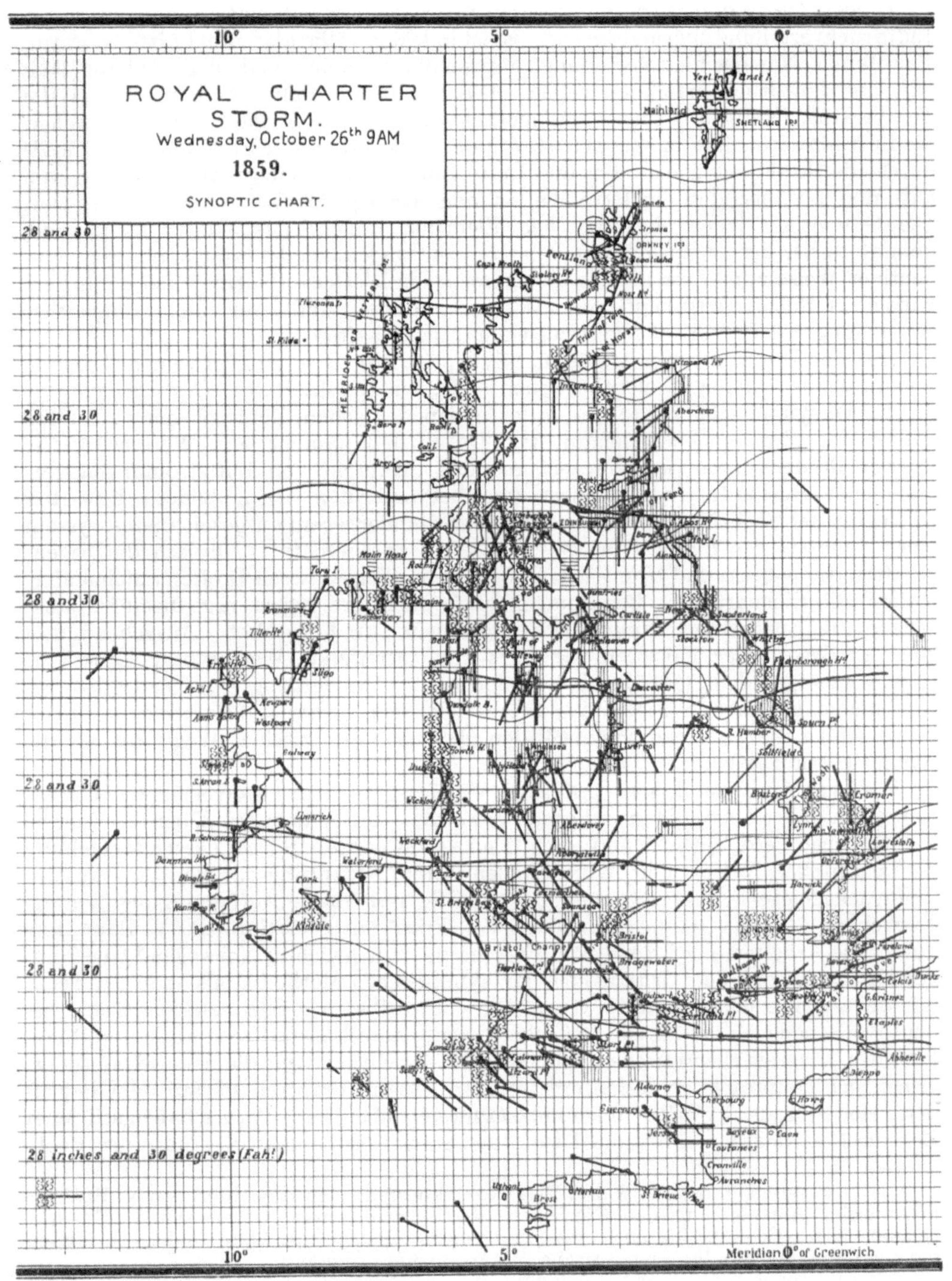

Abb. 1. Die englische Wetterkarte vom Jahre 1859. (Aus dem „Weather Book" FITZ-ROYS 1863.)

schiedenen Typen der „barischen Systeme" wurde fast automatisch der erwarteten Luftdruckverteilung zugrunde gelegt. Es ist indessen völlig klar, daß Lufttemperatur, Bewölkung, Niederschlagsverteilung, Fernsicht usw. keine eindeutige Abhängigkeit von der Luftdruckverteilung zeigen. Die genannten Faktoren hängen von der Temperatur, Gestaltung und Zusammensetzung der Erdoberfläche ab, über welche die Luft hinwegströmt, sie hängen ab von der Absorption und Emission von Energie durch die Strahlung von Boden und Luft, vom Feuchtigkeitsgehalte der Luft, von auf- und absteigenden Luftströmen an den atmosphärischen Grenzflächen usw. Die Gesamtheit jener physikalischen Elemente, welche das Wetter ausmachen, kommt durch die Luftdruckverteilung in sehr ungenügender und keineswegs eindeutiger Weise zum Ausdruck; daher können die Wetterverhältnisse bei ähnlichem barischem Relief weitgehend voneinander abweichen, und zwar infolge ungleicher Anordnung der Luftmassen verschiedener Eigenschaften.

Nur der Begründer der englischen Synoptik Fitz-Roy ging in seinen Arbeiten von durchaus anderen — nichtbarischen — Gesichtspunkten aus. Unter Anlehnung an die vorsynoptische Lehre des bedeutenden deutschen Meteorologen der ersten Hälfte des vergangenen Jahrhunderts, Dove, daß nämlich alle Wettervorgänge unserer Breiten durch den Wechsel und den „Kampf" von Luftströmungen verschiedener Herkunft und Eigenschaften hervorgerufen seien, bildete Fitz-Roy zu Beginn der Sechzigerjahre des vorigen Jahrhunderts sein ausgezeichnetes System einer *Synoptik der Luftmassen* aus. Fitz-Roy untersuchte synoptisch die Eigenschaften der polaren und tropischen Luftmassen, die in unseren Breiten aufeinandertreffen, die Eigenart ihrer Bewegungen sowie auch ihre gegenseitige Beeinflussung, welche die Ausbildung zyklonischer Störungen zur Folge hat. Ausgehend von einer Analyse dieser Faktoren gab Fitz-Roy zutreffende Wettervorhersagen aus. Sein vorzeitiger Tod (1865) führte jedoch einen Niedergang des Wetterdienstes in England herbei und Fitz-Roys Ideen fielen der Vergessenheit anheim; in der Folge schlug die englische Synoptik den gleichen „isobarischen Weg" ein wie die Synoptik am Festland.[1]

Erst vor etwa 35 Jahren gab man — zuerst wohl in Österreich, wo M. Margules im Jahre 1905 die grundlegend gewordene Untersuchung „Über die Energie der Stürme" veröffentlicht und H. v. Ficker im Jahre 1911 bei der Untersuchung nordasiatischer Kälte- und Wärmewellen deren Bedeutung für den Aufbau der Tiefdruckgebiete gezeigt hatte — die einseitig isobarische Auffassung des Wettergeschehens auf, bis dann nach dem Weltkrieg im Anschluß an V. Bjerknes durch die Arbeiten einer Reihe von Forschern, namentlich in Norwegen,[2] eine Neugestaltung sowohl der Grundlagen der synoptischen Methodik als auch der Technik der synoptischen Analyse veranlaßt wurde. Bis zu einem gewissen Grade bedeutet die neue Methodik eine Rückkehr zur Synoptik Fitz-Roys, aber eine Rückkehr auf höherem theoretischem und technischem Niveau. Für die neue Synoptik eröffnen sich hauptsächlich deshalb viel größere Aussichten, weil sie auf dem Begriff der *Front* fußt, der Fitz-Roy noch unbekannt geblieben war. Ferner haben seit jener Zeit die Nachrichtentechnik, die Dichte des Stationsnetzes und die Güte der Beob-

---

[1] Hier wären noch die Dove und Fitz-Roy nahestehenden Ansichten von V. Blasius in Amerika (Arbeiten aus den Fünfziger- bis Sechzigerjahren) zu erwähnen. Blasius gelangte sogar zu einer klaren Vorstellung von der Polarfront, seine Gedanken fanden indessen in die damalige synoptische Praxis keinen Eingang.

Auf rein theoretischem Wege gelangte in den Achtzigerjahren Helmholtz zu einer bestimmten Vorstellung von den atmosphärischen „Diskontinuitäten" sowie von wesentlichen Einzelheiten der atmosphärischen Zirkulation.

[2] Vilhelm Bjerknes, Jacob Bjerknes, E. Calwagen, H. Solberg, T. Bergeron, E. Palmén, G. Schinze, A. Refsdal, Sv. Petterssen, J. van Mieghem, H. C. Willett und andere.

achtungen usw. außerordentliche Fortschritte gemacht. Die synoptische Analyse beruht derzeit, wie gezeigt werden soll, auf einer Prüfung der Eigenschaften und der Bewegung der troposphärischen Luftmassen, der Grenzflächen (Fronten) zwischen ihnen und der Wellen- und Wirbelstörungen, welche durch die Wechselwirkung der Luftmassen beiderseits der Front entstehen. Durch die genannte Methode wird das Problem der Vorhersage der Niederschläge, Bewölkung, Fernsicht und Nebel einer erfolgreichen Lösung nahegebracht, somit die Vorhersage gerade jener Elemente, die in der alten Synoptik erst an zweiter Stelle standen und gerade für das Flugwesen der Gegenwart eine besondere Bedeutung erlangt haben.

In der Synoptik hat man daher zu unterscheiden zwischen der *Lehre*, welche unsere gesamten und immer weiter anwachsenden Kenntnisse von den makrometeorologischen Vorgängen, d. h. von den atmosphärischen Prozessen großen Maßstabs als Gestalter des Wetters und Klimas auf unserem Planeten[1] umfaßt, und der *Methode* als Hilfsmittel für die praktische Arbeit bei der Wetteranalyse und -prognose. Diese beiden Bestandteile der Synoptik lassen sich infolge ihrer ganzen Eigenart nicht voneinander sondern. Kaum irgendwo anders kommt die Einheitlichkeit von wissenschaftlichem System und wissenschaftlicher Methode so deutlich zum Ausdruck wie in der synoptischen Meteorologie. Die synoptischen Forschungen bringen die synoptische Methode in ihren Einzelheiten zu immer höherer Vervollkommnung; je weiter die Methode ausgestaltet wird, um so tiefer gestattet sie uns in die Wesenheit der atmosphärischen Erscheinungen einzudringen. Die Synoptik wird nicht ausgebaut, sondern sie baut sich selbst ununterbrochen weiter aus. Sie stellt weder eine Sammlung von Vorschriften, noch ein Dogma vor, sondern eine „Arbeitsanleitung" — dies geht nicht nur aus dem oben Gesagten, sondern auch aus der Tatsache hervor, daß die Synoptik eine physikalische Lehre ist. Das Wetter kann man nur voraussagen, wenn man es *studiert* und *versteht*, keineswegs aber durch die automatische Anwendung fertiger Rezepte.

Historische Literatur zu Abschnitt 1.

Geschichtliche Angaben über die Entwicklung des Wetterdienstes im 19. Jahrhundert finden sich hauptsächlich bei: RYKATSCHEW 1899, HILDEBRANDSSON et TEISSERENC DE BORT 1901 bis 1907, SIR NAPIER SHAW 1932, KÖPPEN 1932.

DOVES meteorologisches System ist niedergelegt in: DOVE 1837, 1840.

Über DOVES Verhältnis zur modernen Meteorologie siehe u. a.: MYRBACH 1921, CHROMOW 1931 (*1*).

FITZ-ROYS synoptisches System: FITZ-ROY 1863. Hierüber DIECKMANN 1931, CHROMOW 1932 (*2*), 1933.

Das System des dritten Vorgängers der modernen synoptischen Meteorologie BLASIUS: BLASIUS 1875. Hierzu v. FICKER 1927.

2. Das Wesen der synoptischen Methode.

a) Problem, Aufgabe und Zweck der Analyse der synoptischen Karte.

Worin liegt das Wesen der Wettervorhersage an Hand synoptischer Karten?

Zur Vorhersage des künftigen Wetters ist die Untersuchung seines Zustandes zum gegebenen Zeitpunkt nötig. Hierzu müssen zunächst die Gesetzmäßigkeiten

---

[1] Die Synoptik, vor kurzem noch die engbegrenzte Lehre vom barischen Relief und seinen Änderungen, greift jetzt auf den Bereich der allgemeinen Meteorologie, auf das Gebiet der atmosphärischen Physik, über. So steht z. B. die Aerologie beinahe ganz im Bann der Synoptik. Die Dynamik der Atmosphäre, die sich früher (bei einigen Forschern bis auf den heutigen Tag) im leeren Raum reiner Abstraktion erging, ohne Zusammenhang mit den tatsächlichen synoptischen Vorgängen, lehnt sich jetzt bereits an die Synoptik an und sucht sie von ihrem Standpunkt aus zu erklären. Für die moderne Synoptik ist von unmittelbarer Bedeutung auch die allgemeine Thermodynamik der Atmosphäre und die Physik der Wolken und Hydrometeore, ferner die Aktinometrie usw.

im bisherigen Wetterverlauf erkannt und auf ihrer Grundlage die künftigen Änderungen vorausgesehen werden. Mit anderen Worten: für die *Prognose* ist eine vorhergehende *Analyse* unerläßlich, eine Prognose ohne Analyse ist unmöglich.

Eine Wetterkarte, in welche alle Beobachtungen eingetragen sind, zeigt uns zunächst eine unübersichtliche Menge von Zeichen und Ziffern, welche die vor einigen Stunden durchgeführten Beobachtungen mehrerer hundert meteorologischer Stationen darstellen, und zwar als Chaos verschieden gerichteter Windpfeile, von Symbolen für die Bewölkung und die Hydrometeore, von Zahlen für den Luftdruck, die Temperatur, Feuchtigkeit, Niederschlagsmengen usw.

Es ist nun Aufgabe der Analyse, in dieses scheinbare Chaos durch einige wenige und möglichst einfache Umrahmungen Ordnung zu bringen. Eine solche Definition der Analyse ist jedoch noch unzureichend. Die Analyse darf nämlich nicht lediglich formalen, sondern sie muß *physikalischen* Charakter haben. Durch sie soll nicht nur eine nüchterne Systemisierung erfolgen, sondern zugleich eine Klärung der inneren Zusammenhänge zwischen den einzelnen Erscheinungen. Diese Zusammenhänge bewegen sich im Rahmen physikalischer Gesetzlichkeit.

Ein Beispiel macht den Unterschied zwischen formaler und physikalischer Analyse klar. Auf einer Karte seien die Lufttemperaturen eingetragen. Sie pflegen irgendwie systematisch angeordnet zu sein, z. B. nach den Weltgegenden, nach der Land- und Meeresverteilung usw. Verbinden wir in Abständen von 5 zu 5° alle Orte mit gleicher Temperatur, so erhalten wir ein System sog. Isothermen, welche die Temperaturverteilung in ihrer eigenartigen Prägung versinnlichen. Mit Hilfe der Isothermen haben wir also eine Analyse der Temperaturverteilung durchgeführt. Eine solche Analyse kann aber nicht als physikalisch angesehen werden, denn sie sagt unmittelbar nichts über die Ursachen der gegebenen Verteilung aus. Sie ist formal und einseitig. Wir erkunden auf diese Art die Temperaturverteilung nur äußerlich und für sich allein ohne jeden anderweitigen Vergleich und vermögen daher weder ihren Zusammenhang mit den übrigen meteorologischen Faktoren noch ihre Ursachen festzustellen. Eine solche Analyse gibt lediglich die Verteilung eines einzigen meteorologischen Elements wieder, sonst nichts.

Einen wesentlich tieferen Einblick in die Wetterverhältnisse gewinnen wir, wenn wir zugleich mit der Temperatur auch die Verteilung von Wind, Bewölkung, Niederschlag, Feuchtigkeit und Luftdruckänderung (Drucktendenz) betrachten. Als Beispiel sind in Abb. 2a die Wetterverhältnisse vom 30. Mai 1931 morgens über dem europäischen Rußland dargestellt, wo sie in keiner Weise durch die Land- und Meerverteilung oder durch das Vorhandensein von Gebirgszügen beeinflußt sind. Im Nordteil der Karte liegen die Temperaturen durchwegs unter 12°, nördlich vom 60. Breitengrad sogar unter 5°. Der Wind weht in diesem Teil der Karte vorwiegend aus Norden, zumindest hat er überall eine nördliche Komponente. Der Himmel ist hier von mächtig entwickelten Haufen- und Schauerwolken bedeckt (siehe die Symbole in Abb. 6), strichweise gehen Niederschläge in Form von Schauern nieder. Am Nachmittag (Abb. 2b) sind diese Niederschläge besonders zahlreich und der Haufencharakter der Wolken ist noch besser ausgeprägt als am Morgen. In der Nähe der gezähnten Linie (Front) regnet es andauernd. Der Dampfdruck im Norden des dargestellten Gebietes (in die Karten nicht eingetragen) ist gering und der Luftdruck steigt dort; alle Drucktendenzen im Bereich der tiefen Temperaturen sind positiv.

Im Südteil der Morgenkarte, südlich von der gezähnten Linie, liegen die Temperaturen meist ober 14°, an vielen Orten sogar über 20°. Auf der Nachmittagskarte ist der Temperaturunterschied noch schroffer: nördlich vom 55. Breitenkreise erreichen die Temperaturen nirgends 16°, südlich davon überschreiten sie durchwegs 25°. Gleichzeitig ist der Wind im Südteil der Karte überwiegend südwestlich,

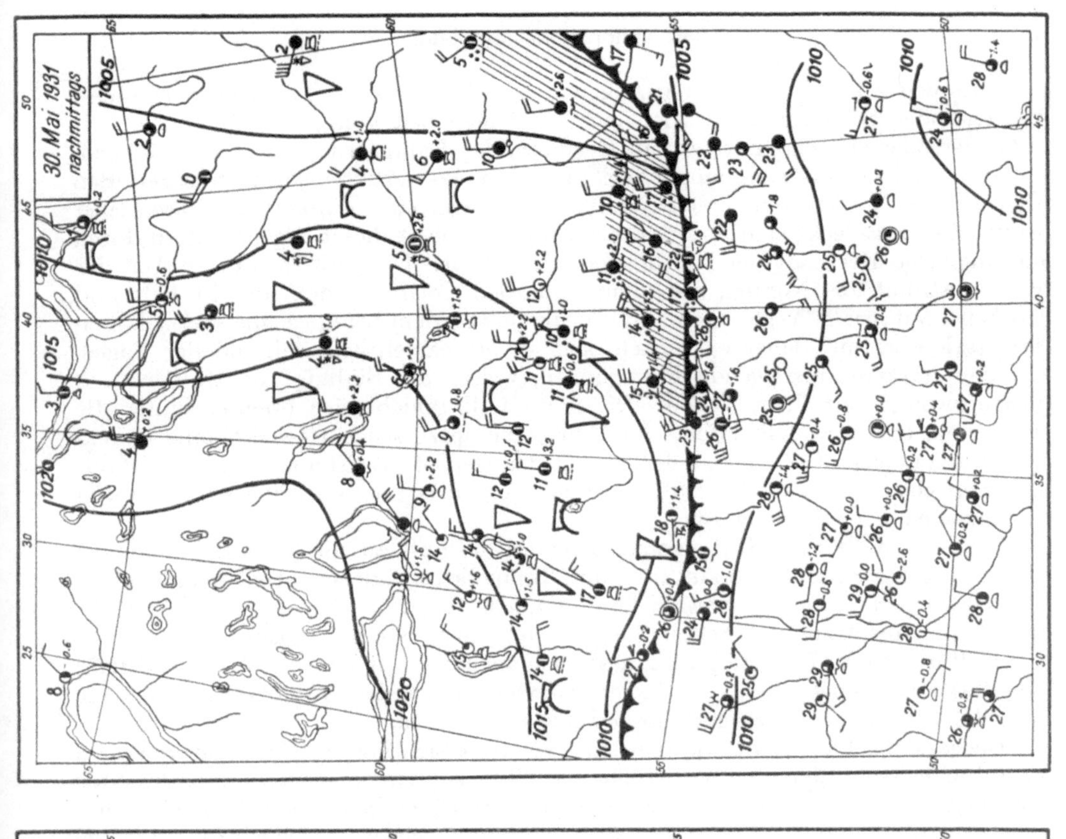

Abb. 2 a. Wetterlage vom 30. Mai 1931, morgens.

Abb. 2 b. Wetterlage vom 30. Mai 1931, nachmittags.

die Himmelsbedeckung ist hier gering und besteht höchstens aus flachen Haufen-, Wogen- oder Schichtwolken, Niederschläge fehlen fast ganz; der Luftdruck fällt entweder oder er steigt nur um ein Geringes, der Dampfdruck ist recht erheblich.

Die einzige Erklärungsmöglichkeit für den Wetterunterschied zwischen den Gebieten im Norden und Süden ist die, daß sie von zwei *Luftmassen verschiedener Eigenschaften* bedeckt sind und daß die Verschiedenheit dieser Eigenschaften durch die ungleiche Herkunft der Luftmassen bedingt ist. Die Luft im oberen Teil der Karten strömt aus Norden, sie kommt aus den Polargegenden und ist kalt und trocken. Auf ihrem Wege gegen Süden wird sie von dem bereits schneefreien Boden her stark erwärmt, daher entwickeln sich in ihr namentlich während der Tagesstunden stärkere aufsteigende Bewegungen, welche die Bildung von Haufen- und Schauerwolken zur Folge haben. Die kalte Luft schiebt sich offenbar unter die warme ein und veranlaßt infolge ihres größeren spezifischen Gewichts eine Drucksteigerung in jenen Gebieten, in die sie eingedrungen ist. Es ist aus der Nachmittagskarte ersichtlich, daß die Kaltluft seit dem Morgen bereits um 250—300 km weiter nach Süden vorgedrungen ist.

Im unteren Teil des Kartengebietes strömt die Luft aus Südwesten, sie kommt aus niedrigeren Breiten, worauf auch ihre Temperatur und Feuchtigkeit hindeuten. Beim Fortschreiten gegen Norden kühlt sie sich von unten her ab, weshalb in ihr keine Haufenwolken und Schauer auftreten. Dort, wo die warme Luft entlang der Kaltluft in die Höhe steigt, kühlt sie sich auch noch dynamisch ab (siehe drittes Kapitel) und sondert dabei in einem zusammenhängenden Streifen Niederschläge aus, die nördlich von der gezähnten Linie sichtbar sind.

Die gezähnte Linie stellt, wie aus dem Gesagten ersichtlich, die Grenzlinie zwischen zwei Luftmassen oder eine sog. *Front* dar. Sie hat einen anderen Charakter als eine Isotherme. Diese ist nur eine bedingte Grenzlinie: je nachdem wir ein Temperaturintervall von 5, 2 oder 1° wählen, erhalten wir verschiedene Wärmelinien in beliebiger Zahl. Die Front ist eine reale, physikalische Grenze. Sie stellt eine Linie vor, der entlang eine bestimmte Änderung in der Verteilung *einer ganzen Reihe* von meteorologischen Elementen auftritt, weil hier zwei Luftmassen verschiedener Herkunft und Eigenschaften aneinandergrenzen. Die Aufteilung der Atmosphäre auf der Karte in verschiedene Luftmassen vermittelt eine einfache und übersichtliche Gliederung der allgemeinen Wetterlage und es geht aus ihr gleichzeitig hervor, warum in dem einen Gebiet eine bestimmte Temperatur auftritt, in dem anderen jedoch eine höhere oder tiefere usw. Diese Art von Analyse hat infolgedessen nicht mehr formalen, sondern *physikalischen* Charakter, sie ist nicht mehr einseitig, sondern *komplexer* Natur, indem sie statt einer gesonderten Betrachtung der einzelnen meteorologischen Elemente das Studium ihrer Gesamtheit ermöglicht in ihrem wechselseitigen physikalischen Zusammenhang zum Zeitpunkt der vorliegenden konkreten Wetterlage. Aus einer solchen komplexen Erwägung über die meteorologischen Elemente heraus ergeben sich gewisse Grundformen — *Luftkörper*[1] —, welche für den Mechanismus der Atmosphäre im gegebenen Zeitpunkt charakteristisch sind, sowie Erkenntnisse über die Eigenart der Wetterfaktoren und deren Wechselwirkung, welche im Wetter zum Ausdruck kommt.

Wir gelangen somit zu folgender Definition: Aufgabe der physikalisch-synoptischen Analyse — auf Grund der Verteilung der hauptsächlichsten meteorologischen Elemente zum gegebenen Zeitpunkt — ist es, die Lage, Eigenschaften und Bewegung der Luftmassen festzustellen, ferner die Grenzen (Fronten) zwischen ihnen sowie auch die frontalen Störungen (z. B. die Zyklonen), da ja sowohl die Fronten als

---

[1] Die Bezeichnung „Luftkörper" hat hier also einen weiteren Sinn als bei einigen deutschen Autoren, welche sie ausschließlich an Stelle des Terms „Luftmassen" verwenden.

auch die Luftmassen in der Nähe der Fronten sich in der Regel im Zustand der Störung befinden.

Die Analyse wird jedoch nicht um ihrer selbst willen, sondern zum Zweck der *Wetterprognose* vorgenommen. Die obigen Erwägungen haben ergeben, daß als die wahren Träger des Wetters, hinter den meteorologischen Elementen verborgen, die Luftmassen anzusehen sind. Die Aussage, daß ein uns interessierendes Gebiet bis zum nächsten Tag von einer bestimmten Luftmasse erreicht bzw. überflutet sein wird, beinhaltet also bereits eine Prognose für das betreffende Gebiet. Denn mit der Verlagerung der Luftmasse wird auch eine Verschiebung des Wetters, aufgefaßt als Gesamtheit der Eigenschaften dieser Luftmasse — Temperatur, Windverhältnisse, Feuchtigkeit, Bewölkung usw. — verbunden sein. Allerdings müssen dabei gewisse Veränderungen dieser Eigenschaften, die sich unterwegs (im Lauf der Verlagerung) einstellen können, mitberücksichtigt werden.

Die Wettervorhersage beruht somit auf der Vorhersage der Verlagerung und der Entwicklung der Luftmassen und Fronten als der wirklichen Träger des Wetters. Ausgehend von den meteorologischen Elementen kommt man also zunächst zu den „Luftkörpern", d. h. also zu den Luftmassen und Fronten, beurteilt deren Bewegung und Änderung sowie deren künftigen Zustand und kommt dann — beim Blick in die Zukunft — erneut von den Massen und Fronten auf die meteorologischen Elemente zurück oder genauer gesagt auf deren Zusammenspiel, welches wir Wetter nennen.

Warum dieser Umweg? Es erhebt sich die Frage: Was ist leichter: die Bewegung und Veränderung der Eigenschaften der Luft selbst, einer Luftmasse, vorherzusagen oder aber die Verlagerung und Veränderung der Isothermen, Isobaren und Isallobaren,[1] der Linien gleicher Bewölkung und Niederschlagsmenge ohne Kenntnis davon, wie die durch diese Linien dargestellten meteorologischen Elemente untereinander und mit den einzelnen Luftmassen verknüpft sind? Im ersten Fall steht uns unsere Kenntnis der physikalischen Gesetzmäßigkeiten der Atmosphäre, der inneren Zusammenhänge zwischen den „Feldern" der verschiedenen meteorologischen Elemente und ihrer Veränderungen zur Verfügung; im zweiten Fall müssen wir uns auf die bloße Erfahrung, d. h. auf (eventuell systematisch geordnete) Gedächtnisbilder vom üblichen Ablaufe des Wetters verlassen, ohne Einblick in die tieferen Gründe. Die Prognose — ebenso wie die Analyse — wird im ersten Fall physikalischer, im zweiten formaler Natur sein und es erscheint überflüssig, die Vorzüge des ersten gegenüber dem zweiten noch besonders nachzuweisen.

Um die Analyse durchführen zu können und zu bestimmten Schlüssen über die Verteilung und Eigenheiten der Luftmassen und Fronten zu gelangen, erweist es sich als notwendig miteinander zu vergleichen:

1. Die Werte ein und desselben meteorologischen Elementes an einer Reihe von Stationen;

2. die Werte der verschiedenen meteorologischen Elemente an einer und derselben Station;

3. die Werte der verschiedenen meteorologischen Elemente an verschiedenen Stationen.

Zu diesem Zwecke müssen alle diese Elemente auf einer einzigen Karte in möglichst übersichtlicher Weise dargestellt werden. Die Karte muß komplex sein.

b) Das Problem der Vorausberechnung des Wetters.

Die synoptische Methode ermöglicht trotz all ihrer Unvollkommenheit beim gegenwärtigen Stand der Meteorologie die zweckmäßigste Lösung des Problems der

---

[1] Isobaren = Linien gleichen, auf ein Standardniveau umgerechneten Drucks, Isallobaren = Linien gleicher Druckänderung.

kurzfristigen Wettervorhersage. Eine ideale Lösung dieses Problems bestünde in einer Vorausberechnung der künftigen Verteilung der meteorologischen Hauptelemente auf Grund ihrer gegebenen Verteilung mit Hilfe der zeitlichen Integration der Differenzialgleichungen der Hydrodynamik und der Thermodynamik, welche diese Elemente miteinander verbinden. Die ersten Arbeiten in dieser Hinsicht stammen von F. M. EXNER, der mit Hilfe der Druck- und Temperaturgradienten und auch unter Berücksichtigung der Wärmezufuhr die Druckverteilung in Wetterkarten vorausberechnete. V. BJERKNES wies darauf hin, daß sieben meteorologische Elemente: die drei Komponenten des Windes (nach den drei Koordinaten des Raums), der Luftdruck, die Dichte, Temperatur und Feuchtigkeit der Luft durch sieben physikalische Gleichungen miteinander verknüpft sind. Es sind dies die drei Bewegungsgleichungen, die Kontinuitätsgleichung, die Zustandsgleichung der Gase und die Gleichungen des ersten und zweiten Hauptsatzes der Thermodynamik (unter der Voraussetzung, daß die Vorgänge adiabatisch sind, daß also in ihrem Verlauf weder Wärme von außen zugeführt noch dorthin abgegeben wird). Mißt man die genannten Elemente mit genügender Genauigkeit nicht nur am Boden, sondern auch in der freien Atmosphäre und setzt man ihre Werte in das System der erwähnten Gleichungen ein, so ergibt sich im Prinzip die Möglichkeit, das Wetter im voraus zu berechnen. Die praktischen Schwierigkeiten der Durchführung sind jedoch so erheblich, daß an die Verwirklichung dieser prinzipiellen Möglichkeit vorläufig nicht gedacht werden kann. Genaue Messungen in der freien Atmosphäre sind zur Zeit nur in sehr beschränktem Maße durchführbar; die Bestimmung der vertikalen Windkomponente stößt sogar schon in Bodennähe auf bedeutende Hindernisse. Ferner sind die Konstanten in den thermo-hydrodynamischen Gleichungen nicht mit hinreichender Genauigkeit bekannt. Eine exakte Integration der atmosphärischen Gleichungen überschreitet die derzeitigen Hilfsmittel der mathematischen Analyse; sogar ihre angenäherte Lösung mit Hilfe der numerischen Integration (RICHARDSON 1922) stellt eine so komplizierte und schwerfällige Operation vor und führt zu so wenig befriedigenden Ergebnissen, daß ihr kein praktischer Wert zukommen kann.

Es ist weiterhin zu bemerken, daß so besonders wichtige Wettererscheinungen, wie Kondensation und Niederschlag, mit Hilfe der erwähnten sieben Gleichungen überhaupt nicht im voraus berechnet werden können, da bei diesen Effekten kolloidchemische Faktoren (die Zahl und Hygroskopizität der Kondensationskerne, die Anzahl und die Eigenschaften der Sublimationskerne, die elektrische Anziehung der Teilchen usw.) eine ausschlaggebende Rolle spielen. Endlich gehen die meteorologischen Vorgänge nicht streng adiabatisch, sondern unter ständiger Energiezufuhr durch — gerichtete und diffuse — Strahlung von außen her vor sich und unter Energieabgabe seitens der Erdoberfläche und der Luft. Der Strahlungsumsatz darf um so weniger vernachlässigt werden, je länger der Zeitraum ist, für den das Wetter vorausberechnet werden soll. Durch Einbeziehung der Strahlung in unsere Erwägungen erwachsen jedoch weitere, überaus große Schwierigkeiten. Zu den genannten sieben Gleichungen müßten noch hinzukommen die beiden Gleichungen SCHWARZSCHILDS für aufwärts und abwärts gerichtete Strahlungsströme, ferner die Gleichung für das Strahlungsgleichgewicht. Dabei ist indessen die genaue Messung der Ausstrahlungsgröße an Stationen von genügender Anzahl nicht nur an der Erdoberfläche, sondern auch in der freien Atmosphäre vorderhand unmöglich. Sie müßte auch für verschiedene Wellenlängen durchgeführt werden, da die Absorption der Strahlung einerseits vom Charakter des Absorptionskörpers, andererseits von der Wellenlänge abhängt; dieses Beobachtungsnetz müßte besonders dicht sein, da die Strahlung stark von der Himmelsbedeckung durch Wolken abhängt.

Die praktische Meteorologie muß sich daher mit einer wesentlich einfacheren

und praktisch brauchbaren synoptischen Methode begnügen, die keine präzise
Lösung ermöglicht, im Grunde genommen noch recht unvollkommen ist und das
Studium des Wetters zu einer Untersuchung der Bewegung und der Veränderung
der troposphärischen Luftkörper (Luftmassen und Fronten) macht.

Einige Forscher haben in den letzten Jahren den Weg der extrapolativen Berechnung der Verlagerung und Entwicklung der barischen Systeme und Fronten
eingeschlagen, wobei sie von rein formalen Erwägungen ausgehen. Die ersten
Arbeiten in dieser Hinsicht stammen von J. BJERKNES 1924, GIÂO 1929, ANGERVO
1930 (*1*), 1930 (*2*), 1931, WAGEMANN 1932 (*1*) und namentlich PETTERSSEN 1933.
Die hierbei erzielten Ergebnisse haben wenigstens bisher keine *allgemeine* praktische
Verwertung im Wetterdienst gefunden. Die Möglichkeit hierfür erscheint jedoch
gegeben; über die Ergebnisse PETTERSSENS soll noch an anderer Stelle dieses Buches
berichtet werden.

Vor einigen Jahren ist A. GIÂO mit einer ganzen Reihe umfangreicher Arbeiten
über die Vorausberechnung des barischen Feldes hervorgetreten, wobei er die hydrodynamischen Gleichungen auf neue hypothetische Prinzipien stützt, die sehr unklar
formuliert zu sein scheinen. Diese Theorie wurde von SOLBERG, WEHRLÉ und DEDE-
BANT sowie von GRYTÖYR einer scharfen Kritik unterzogen, wobei ihr jeder Wert
abgesprochen wurde. Die genannten Autoren zeigen, daß die neuen Postulate und
Definitionen GIÂOs entweder mit den Gesetzen der Mechanik in Widerspruch stehen
und zu absurden Ergebnissen führen, oder zur Lösung des Problems Werte einführen, die grundsätzlich nicht festgestellt werden können, oder daß sie bloße
Tautologien enthalten; die mathematischen Transformationen GIÂOs sind nicht
fehlerfrei. Das einzige konkrete Beispiel einer Vorausberechnung, das GIÂO anführt,
kann die Richtigkeit seiner Theorie nicht bezeugen, da er sich hierbei im Grunde
genommen gar nicht auf diese stützt, und es stellt einen methodischen Circulus
vitiosus vor.

GIÂO hat auch den Versuch unternommen, auf Grund einer Druckprognose den
Niederschlag vorherzusagen, wobei er voraussetzt, daß die Kondensation ein unmittelbarer Druckeffekt ist. Die diesbezügliche Unrichtigkeit seiner Voraussetzungen
ist sogleich von PETTERSSEN, HAURWITZ u. a. nachgewiesen worden.

Literatur zu Abschnitt 2.

Grundlagen der modernen synoptischen Methode: BERGERON 1928, 1934 (*1*), 1934
(*2*), 1939 (*2*).

Problem der Vorausberechnung des Wetters in allgemeiner Form: V. BJERKNES 1904,
F. M. EXNER 1906, 1907, 1910, V. BJERKNES 1913 (*2*).

Versuch einer Vorausberechnung des Wetters durch numerische Integration:
RICHARDSON 1922.

Versuche numerischer Extrapolation der Frontbewegung und -entwicklung: J.
BJERKNES 1924, GIÂO 1929, ANGERVO 1930 (*1*), 1930 (*2*), 1931, WAGEMANN 1932 (*1*),
LAMATSCH 1933, PETTERSSEN 1933, 1935, 1936.

GIÂOs Untersuchungen über die Vorausberechnung des Druckfeldes: GIÂO 1931 (*2*),
1932 (*1*), 1932 (*2*), 1933 (*1*), 1933 (*2*).

Kritik der Methode GIÂOs: SOLBERG 1933, DEDEBANT et WEHRLÉ 1935, GRYTÖYR
1935.

GIÂOs Theorie über den Zusammenhang von Luftdruck und Niederschlag: GIÂO
1931 (*1*). Hierzu HAURWITZ 1933 (*1*).

3. Das synoptische Beobachtungsnetz.

a) Beobachtungsstunden und Sendezeiten.

Das Material für die Analyse der Wetterkarte besteht aus den sog. synoptischen
Beobachtungen, die an den einzelnen meteorologischen Beobachtungsstationen
durchgeführt werden. Für den Zeitpunkt, den Inhalt, die Meldeform und den

zwischenstaatlichen Austausch dieser Beobachtungen sind durch die Internationale Meteorologische Organisation (Kommission für synoptische Wetterberichterstattung) genaue Regeln ausgearbeitet worden, deren Einhaltung durch die einzelnen Länder Voraussetzung für die auf diesem Gebiete unumgänglich notwendige internationale Zusammenarbeit ist.

Die Beobachtungen werden im allgemeinen gleichzeitig oder synchron durchgeführt, und zwar sind als *Hauptbeobachtungszeiten* die Stunden 1, 7, 13 und 19 Uhr Weltzeit (Greenwich-Zeit), als *Nebenzeiten* die Stunden 4, 10, 16 und 22 Uhr Weltzeit festgesetzt. Abweichungen von $\pm$ 1 Stunde von diesen Zeiten gelten noch als zulässig, und im Rahmen dieser Bestimmung wurde für Europa die Hauptbeobachtung am Abend von 19 auf 18 Uhr Weltzeit verlegt. Die angegebenen Zeiten gelten für die Beobachtungen an Land. Für die Beobachtungen auf Ozeanschiffen fallen die Hauptbeobachtungszeiten auf 6, 12, 18 und 24 Uhr Weltzeit.[1]

Bis vor kurzem wurden im allgemeinen Wetterdienst nur Wetterkarten für die Hauptbeobachtungsstunden gezeichnet; lediglich der Flugwetterdienst zog auch die Beobachtungen zu den Nebenstunden für die synoptische Darstellung heran. In der jüngsten Zeit hat die Internationale Meteorologische Organisation (Tagung in Warschau 1935) ein einheitliches Nachrichtensystem ausgebaut, welches die Gleichberechtigung der Neben- und Hauptbeobachtungstermine anstrebt und die Herstellung kompletter Wetterkarten für jede dritte Beobachtungsstunde möglich machen soll.

Dieses System setzt voraus, daß die zu den genannten Stunden angestellten Beobachtungen von den einzelnen Stationen in Form einer *Chifferndepesche* telephonisch, telegraphisch oder radiotelegraphisch an die zentrale Sammelstelle des betreffenden Landes abgegeben werden. Von hier aus werden sie gemeinsam als „nationale Sammelmeldung" nach einem *international vereinbarten Sendeplan* radiotelegraphisch weiterverbreitet. Da der nahezu gleichzeitige Empfang aller nationalen Sammelmeldungen außerordentliche Anforderungen an die interessierten Institute stellen würde, sind in Europa vier große Sender in Betrieb gestellt worden, welche die nationalen Sendungen einer ganzen Gruppe von Ländern neuerlich, und zwar als „kontinentale Sammelmeldung" aussenden („Retransmission"). Es sind dies der Pariser Sender für die Gruppe der westeuropäischen Staaten und Nordwestafrika, der Berliner Sender für die Staaten Mittel- und Nordeuropas, der Sender Rom für die Mittelmeerländer und Südosteuropa und der Moskauer Sender für das europäische und asiatische Rußland. Diese vier Sender senden gleichzeitig auf verschiedener Wellenlänge so, daß $1^1/_2$ Stunden nach dem Beobachtungstermin die synoptischen Beobachtungen von ganz Europa, dem anschließenden Teil des Atlantischen Ozeans (Schiffs- und Inselmeldungen) und der an Europa grenzenden Kontinente ausgestrahlt sind. Die restlichen $1^1/_2$ Stunden bis zum nächsten synoptischen Beobachtungstermin sind der Aussendung aerologischer Messungen gewidmet. Zum Empfang des ganzen Beobachtungsmaterials von nahezu 1000 Stationen genügen daher vier gleichzeitig arbeitende Empfänger.

Schließlich sei noch bemerkt, daß auch der radiotelegraphische Austausch der

---

[1] Von diesem Zeitsystem weichen nur die Stationen des sowjetrussischen Netzes grundsätzlich ab, indem sie nicht synchron, sondern nach mittlerer Ortszeit beobachten, und zwar um 1, 7, 13 und 19 Uhr. Dies hat seinen Grund in der erheblichen geographischen Längenerstreckung Rußlands. Die für die Analyse zur Verfügung stehenden Daten beziehen sich in diesem Fall auf den gleichen Zeitpunkt innerhalb des Tagesganges der meteorologischen Elemente an jedem Ort. Im Hinblick auf diesen Vorteil, dem vom Standpunkt strenger Observanz der Nachteil der Ungleichzeitigkeit gegenübersteht, beschäftigt sich die Internationale Meteorologische Organisation gegenwärtig mit der Frage, ob das synchrone (Weltzeit-) Beobachtungssystem nicht ganz allgemein durch ein Lokalzeitsystem ersetzt werden könne.

synoptischen Meldungen, allerdings in verkürzter Form und beschränkter Zahl, zwischen den verschiedenen Erdteilen — vor allem zwischen der Alten und Neuen Welt — international organisiert ist. Er erfolgt im Rahmen der sog. „Interkontinentalen Sammelmeldungen" zweimal täglich und ermöglicht es, zunächst wenigstens in großen Zügen die gesamte Wetterlage auf der Nordhalbkugel der

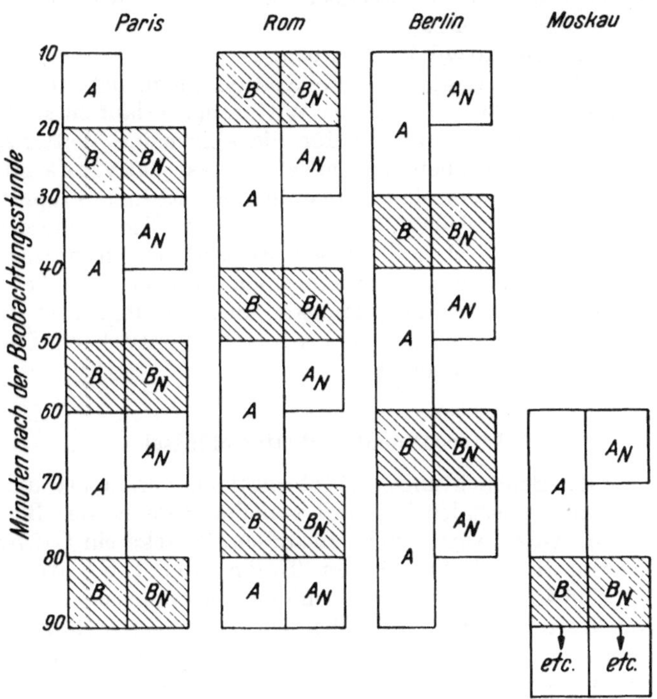

Abb. 3. Sendesystem der kontinentalen Sammelmeldungen in Europa.

Erde synoptisch zu beaufsichtigen. Dies ist von Wichtigkeit für Studium und Beurteilung der Entwicklung der Großwetterlage, und infolgedessen von grundlegender Bedeutung für die Versuche, mit Hilfe der synoptischen Methoden eine Wetterprognose für mehrere Tage aufzustellen.

b) Anforderungen an das Stationsnetz.

Das Netz von Stationen, deren synoptische Beobachtungen in den internationalen Sammelmeldungen ausgestrahlt werden, ist wenigstens über dem europäischen Festland so dicht, daß es den Anforderungen einer synoptischen Detailanalyse nach modernen Gesichtspunkten entspricht.[1]

Von den in dem synoptischen Beobachtungsnetz enthaltenen Stationen setzt man ferner voraus:

---

[1] Erheblich weniger dicht, aber gleichförmig gestaltet sich das Netz bei Einstellung nur dreier Empfänger. In den kontinentalen Sammelmeldungen wechseln nämlich Teile A, die nur eine gleichmäßig verteilte Auswahl von den Beobachtungen enthalten, und Teile B, welche diese Auswahl ergänzen, systematisch so miteinander ab, daß der wahlweise Empfang aller Teile A aus den vier Sendungen mit weniger als vier Empfängern möglich ist (siehe Abb. 3). Diese Ersparnis bedeutet allerdings den Verzicht auf die Durchführbarkeit einer synoptischen Detailanalyse.

1. daß sie hinreichend mit Instrumenten ausgerüstet und mit einem geschulten Personal ausgestattet sind, welches nicht nur die Technik der instrumentellen Beobachtung beherrscht, sondern auch in der Beobachtung der Bewölkung und der Hydrometeore vollkommen bewandert ist;

2. daß ihre Seehöhe genau bekannt ist, damit der an ihnen beobachtete Luftdruck genau aufs Meeresniveau umgerechnet werden kann, wofern die Seehöhe der Station 500 m nicht überschreitet;

3. daß sie eine repräsentative Lage haben.

Das dritte Erfordernis besagt, daß die Station möglichst frei sein muß von lokalen Einflüssen, welche den allgemeinen Witterungsverlauf entstellen, d. h. daß sie Wettermeldungen abgeben muß, die für die allgemeine Wetterlage charakteristisch sind. Nicht alle Stationen sind gleich repräsentativ. Es gibt Stationen, deren Beobachtungen nur für einzelne meteorologische Elemente repräsentativ sind, für die übrigen jedoch nicht (siehe Abschnitt 6 und 7). Die Analyse muß sich auf die Angaben der repräsentativsten Stationen stützen. Die Kenntnis der genauen Lage und der Eigentümlichkeiten jeder einzelnen Station ist daher außerordentlich wichtig. Es besteht eine internationale Bestimmung, laut welcher jedes Land eine diesbezügliche Beschreibung seiner synoptischen Stationen, von Skizzen unterstützt, herauszugeben hat.

c) Internationaler Wetterschlüssel.

Die Chiffrierung der Beobachtungen ist international vereinbart, um jede Wettermeldung möglichst kurz auszudrücken und von der Sprache des Beobachters unabhängig zu machen. Gegenwärtig steht zu diesem Zwecke ein *Chiffernschlüssel* in Gebrauch, welcher im Jahre 1929 von der Tagung der Internationalen Meteorologischen Organisation in Kopenhagen beschlossen worden ist.

Jeder Art von Wettermeldungen (Bodenbeobachtungen, Schiffsbeobachtungen, aerologische Messungen usw.) liegt eine bestimmte „Schlüsselform" zu Grunde, welche aus einigen, meist fünfstelligen Gruppen von „Schlüsselbuchstaben" besteht. Jeder Buchstabe (oder jedes Buchstabenpaar) bedeutet ein bestimmtes meteorologisches Element, welches hierdurch einen festen Platz in der Wettermeldung hat. Im Einzelfall wird dann der Buchstabe durch eine Ziffer ersetzt, welche den gemessenen oder den geschätzten Beobachtungswert angibt. Auf diese Weise ist es möglich, sehr zahlreiche Angaben über alle wesentlichen Wetterfaktoren auf gedrängtestem Raum aneinanderzureihen.

Es können an dieser Stelle weder die verschiedenen Schlüsselformen noch die Bedeutung aller Schlüsselbuchstaben angeführt werden oder gar die einzelnen Schlüssel selbst, welche für jeden der Wetterfaktoren die den einzelnen Beobachtungswerten entsprechende Meldeziffer festsetzen. Alle diesbezüglichen Details finden sich in der Publikation Nr. 9 des Sekretariats der Internationalen Meteorologischen Organisation „Les Messages synoptiques du Temps", Band I (Manuel des Codes Internationaux). Band II (Liste des Chiffres indicatifs des Stations qui figurent dans les Météogrammes synoptiques du Temps émis par T. S. F.) enthält ein Verzeichnis der Kennziffern der einzelnen Beobachtungsstationen auf der ganzen Erde. Auch in der dritten Ausgabe des von F. LINKE herausgegebenen Meteorologischen Taschenbuches findet man eine Zusammenstellung der Bedeutung der verschiedenen Buchstaben in den internationalen Wetterschlüsseln.

Im folgenden sei lediglich, in alphabetischer Reihenfolge, die Bedeutung der wichtigsten Schlüsselbuchstaben — *Chiffern* — mitgeteilt, welche im weiteren Texte zur Sprache kommen werden, da sie bei den Eintragungen in die Bodenwetterkarte eine besondere Rolle spielen:

a = Verlauf der Luftdrucktendenz[1] während der letzten drei Stunden vor der Beobachtung.

C_L = Form der tiefen Wolken.

C_M = Form der mittleren Wolken.

C_H = Form der hohen Wolken.

DD = Richtung, woher der Wind in Bodennähe kommt mit Angabe, ob in der letzten Stunde vor der Beobachtung der Wind böig war oder eine ausgesprochene Bö vorbeigezogen ist.

E = Bodenzustand.

F = Stärke des Windes in Bodennähe nach der Beaufort-Skala.

h = Höhe der Wolkenunterseite über dem Boden.

N = Gesamtbedeckung des Himmels durch Wolken.

N_h = Bedeckung des Himmels durch jene Wolken, deren Höhe durch h angegeben ist.

PPP = Luftdruck in Millibaren, auf Zehntel genau, unter Weglassung der selbstverständlichen Hunderter und Tausender.

pp = Wert der Luftdrucktendenz während der letzten drei Stunden vor der Beobachtung, ausgedrückt in Fünftel-Millibaren.

RR = Niederschlagsmenge während der letzten 12 (bzw. 11 oder 13) Stunden, in Millimetern (bei Mengen von weniger als 0,7 mm in Zehntelmillimetern).

TT = Lufttemperatur in ganzen Celsius- oder Fahrenheit-Graden. Bei Celsius-Temperaturen unter Null wird 50 zu TT hinzugezählt; bei Fahrenheit-Temperaturen unter Null wird TT von 100 abgezogen.

$T_1 T_1$ = Temperatur der Meeresoberfläche.

U = Relative Luftfeuchtigkeit.

V = Horizontale Sichtweite.

W = Wetterverlauf im Zeitraume vor der Beobachtung (6 bzw. 5 oder 7 Stunden vor den Hauptbeobachtungszeiten und drei Stunden vor den Nebenzeiten).

ww = Wetter im Zeitpunkte der Beobachtung und allgemeiner Witterungscharakter.

Einige außereuropäische Staaten, z. B. Japan und die Vereinigten Staaten von Nordamerika benutzen derzeit noch für die synoptischen Meldungen Sonderschlüssel. Auch die Verschlüsselung der aerologischen Messungen ist noch nicht ganz vereinheitlicht.

4. Die synoptische Karte.

a) Das Kartenformular (Maßstab, Projektion usw.).

Die meisten Angaben, die in den synoptischen Telegrammen für jeden einzelnen Termin enthalten sind, werden in den meteorologischen Instituten in ein Kartenformular eingetragen, das dann die „Wetterverteilung" zu dem betreffenden Zeitpunkte versinnlicht. Solche *synoptische Karten* oder „*Wetterkarten*" werden entweder viermal täglich für die vier Hauptbeobachtungsstunden gezeichnet oder noch öfter, nämlich auch für die Nebentermine (siehe Abschnitt 3).

Auf Grund einer Empfehlung der Internationalen Meteorologischen Organisation werden hierbei von den verschiedenen meteorologischen Instituten Formulare von Arbeitskarten benutzt, welche nach einheitlichen Gesichtspunkten hergestellt sind. Es soll folgenden *Maßstäben* der Vorzug gegeben werden: Hemisphärenkarten 1 : 30 000 000; Karten eines ausgedehnten Teils der Hemisphäre 1 : 20 000 000; Karten eines Erdteils oder Ozeans 1 : 10 000 000; Detailkarten 1 : 500 000. Die *Kartenprojektion* soll folgende Bedingungen erfüllen: Geradlinigkeit der Meridiane, Winkeltreue, möglichst geringe Maßstabfehler mit Rücksicht auf die Ausdehnung des abgebildeten Gebiets. Für Wetterkarten der Polargebiete wird die stereographische Projektion auf eine Ebene empfohlen, welche die Erdkugel dem 60. Breitengrade entlang schneidet, für Wetterkarten der gemäßigten Breiten LAMBERTs Kegelprojektion, wobei der Kegel die Breitenkreise von 30 und 60° schneidet, für Wetterkarten der Äquatorialgebiete Merkators Zylinderprojektion mit Maßstabtreue entlang dem 25. Breitenkreise.

---

[1] Die Ausdrücke „*Luftdrucktendenz*" und „*barische Tendenz*", ferner „*Luftdruckfeld*" und „*barisches Feld*" werden in diesem Buch alternativ verwendet.

Erhebliche Bedeutung für die Karte hat eine zweckmäßige Wahl der Farben zur Hervorhebung des Reliefs und der Land- und Meerverteilung; die Farben dürfen nicht zu grell sein, um die in die Karte eingetragenen Daten und die spätere Analyse nicht zu übertönen. Die Größe des Kartenblattes hängt von dem Arbeitszwecke und den Arbeitsbedingungen ab; die Verwendung allzu umfangreicher Formulare ist in der Praxis unbequem. In der Regel erstreckt sich die Kartenfläche von dem Gebiete aus, für das die Prognose ausgegeben wird, weiter gegen Westen als gegen Osten. Dies hängt mit der vorherrschenden Luftbewegung in den gemäßigten Breiten zusammen, welche die Störungen von Westen nach Osten trägt. Die Arbeitswetterkarten der europäischen Institute umfassen gewöhnlich ganz Europa, Vorderasien, Nordafrika, den Ostteil des Nordatlantischen Ozeans und den angrenzenden Teil des Polarmeers mit seinen Inseln.

b) Die synoptischen Symbole für Einzelbeobachtungen und ihre Eintragung. Das Stationsmodell.

Bei der Eintragung der Wettermeldungen in die Arbeitskarte sind folgende allgemeine Regeln zu beachten:

1. Die Einzeichnung der Angaben soll mit der größten Sorgfalt und mit reinen Tuschfarben erfolgen;

2. insoweit hierzu Zeichen *(Symbole)* zu verwenden sind, müssen sie ein für allemal festgesetzt, logisch aufgebaut und voneinander deutlich zu unterscheiden sein;

3. jede Angabe hat in der Umgebung des Stationskreises ihren ein für allemal genau bestimmten Platz einzunehmen. Dieser Platz ist durch das sog. *Stationsmodell* fixiert, welches die Internationale Meteorologische Organisation in ihrer Tagung zu Warschau 1935 anempfohlen hat (vgl. Abb. 4).

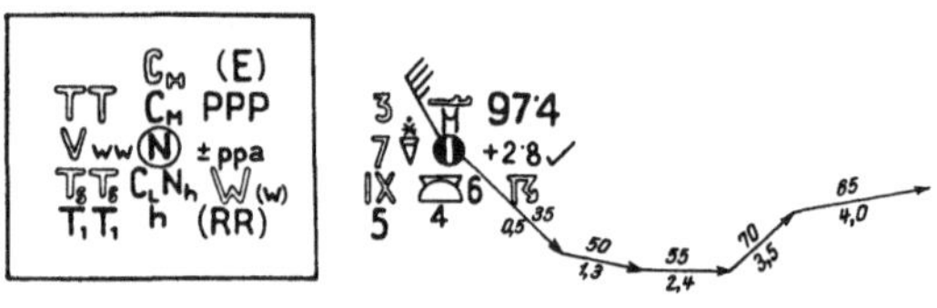

Abb. 4. Stationsmodell und Beispiel einer Eintragung in die Arbeitskarte.

Durch diese Konferenz sind nach jahrelangen Vorarbeiten auch alle Symbole festgelegt worden, welche bei der Eintragung jener meteorologischen Elemente zu verwenden sind, die nicht durch Ziffern dargestellt werden sollen. Es sind dies die den Chiffern des Kopenhagener Schlüssels N, C_L, C_M, C_H, ww, W, E und a entsprechenden Elemente (siehe Abb. 5). Ihre Einzeichnung erfolgt im allgemeinen in schwarzer Farbe. C_H und W können rot eingetragen werden.

Für die Darstellung der Bewölkung (N) wurde in Abb. 5 jene internationale Alternativform eingesetzt, die tatsächlich bei den meisten Wetterdiensten in Gebrauch steht.

Außerdem wird auch noch der Bodenwind (in schwarzer Farbe) durch Zeichen versinnlicht, und zwar durch einen Pfeil, der mit dem Winde fliegt und dessen Spitze man sich im Stationskreise vorzustellen hat. Die gleichzeitige Windstärke wird durch Befiederung des Pfeils angegeben, wobei jede Fieder zwei Beaufort-Graden entspricht; eine Windstärke von $2n$ Beaufort-Graden wird also durch n Fiedern und eine Windstärke von $(2n + 1)$ durch n ganze und eine halbe Fieder gekennzeichnet.

Alle übrigen meteorologischen Elemente werden an dem ihnen durch das Stationsmodell zugewiesenen Platze durch *Ziffern*, welche dem Beobachtungswerte entsprechen, eingetragen; für die Angaben N_h, h und V kann aber auch die entsprechende Ziffer laut Chiffernschlüssel eingesetzt werden. Werden außer der schwarzen noch andere Farben verwendet, so sollen TT, T_sT_s, V und pp (falls dieses einen negativen Wert kennzeichnet) womöglich rot, dagegen PPP, T_1T_1, N_h und h womöglich nicht rot eingetragen werden.

T_sT_s stellt den aus U und TT berechneten Taupunkt dar, er kann aber auch durch U selbst oder durch den zugehörigen Dampfdruck oder aber durch den Wert $TT + U$ (siehe Abschnitt 49) ersetzt werden. — Die Temperatur der Meeresoberfläche wird aus TT und T_d (Unterschied zwischen Meer- und Lufttemperatur) gleichfalls durch Berechnung gefunden.

Aus der Praxis ergeben sich noch folgende Winke: Lautet bei TT und RR die erste Ziffer Null, so wird diese nicht eingetragen. Bei positiven Temperaturen TT und bei der Tendenz pp wird das Vorzeichen überhaupt weggelassen (bei pp ergibt es sich nämlich aus dem Zeichen für a bzw. aus der Farbe). Die Zehntelmillibare in der Angabe PPP sind durch einen Dezimalpunkt von den vorhergehenden Ziffern zu sondern. Niederschlagsmengen von weniger als 0,7 mm ($RR = 91$—96) werden

ww	0	1	2	3	4	5	6	7	8	9	W	N	C_L	C_M	C_H	C	E	a	
00																			0
10																			1
20																			2
30																			3
40																			4
50																			5
60																			6
70																			7
80																			8
90																			9

Abb. 5. System der synoptischen Symbole für Einzelbeobachtungen.

als Dezimalbrüche (0,1, 0,2 usw.) eingetragen; $RR = 00$ durch die Ziffer 0, $RR = 99$ durch das Zeichen $\times$. Die gemeldete Angabe U für die relative Feuchtigkeit wird meist in römischen Ziffern eingetragen.

Wird aus irgendeinem Grunde ein Wetterelement nicht in dieser Arbeitskarte, sondern in eine besondere Hilfskarte eingetragen, so soll sein Platz in der Arbeits-Karte frei bleiben und die Anordnung der übrigen Angaben sich genau nach dem Stationsmodell richten. Hat umgekehrt der Meteorologe ein Interesse daran, ein im Stationsmodell nicht vorgesehenes Element auf der Arbeitskarte zu versinnlichen, so ist diesem ein noch „leerer" Platz im Bereiche des Stationsmodells zuzuweisen. Elemente, für deren Darstellung noch keine internationalen Zeichen festgelegt sind und deren Eintragung durch Ziffern sich nicht empfiehlt, sind z. B. bei Schiffsbeobachtungen der Seegang und der Schiffskurs u. a. Die Symbolisierung dieser Elemente erfolgt zur Zeit noch nicht einheitlich, sondern nach internen Richtlinien der verschiedenen Wetterdienste.

5. Kritik des Materials: I. Zufällige und systematische Fehler.

a) Aufdeckung von Fehlern bei Betrachtung der Einzelfelder.

Bei der Kartenanalyse muß der Synoptiker zunächst richtige Angaben von falschen zu unterscheiden wissen, somit Fehler feststellen können, die sich bei der Beobachtung oder bei der Übermittlung der Meldungen eingeschlichen haben. Ein

Teil dieser Fehler kann sogar schon vor Eintragung der Angaben in die Karte bemerkt und verbessert werden, z. B. im Winter Vorzeichenfehler in der Temperatur, wofern diese nicht gerade nahe am Gefrierpunkt liegt u. ä. In anderen Fällen genügt ein Vergleich der verdächtigen Angabe mit den Angaben der Stationen in der Umgebung.

Bei Elementen, die durch zwei oder drei Ziffern dargestellt werden, lassen sich am leichtesten die in der ersten Stelle vorkommenden Fehler feststellen, wie z. B. in den Chiffernfolgen PPP und TT. Schwieriger zu ermitteln sind Fehler in der zweiten Stelle; doch kommt es hier nicht selten vor, daß sich der Beobachter bei der Ablesung um 5°, 5 mb bzw. mm irrt.

Auch Fehler in der Windrichtung werden leicht die Aufmerksamkeit auf sich ziehen, wenn DD durch Verstümmelung bei der Übermittlung um 10 oder 20 Einheiten unrichtig ausgefallen ist: die „verstümmelte" Windrichtung wird mit den Angaben der benachbarten Stationen und mit dem Isobarenverlauf nicht übereinstimmen (siehe Abschnitt 17). Hierbei werden sich gelegentlich auch Fehler in der zweiten Stelle berichtigen lassen. Nur bei sehr geringer Windstärke (1—2 Beaufort) können unter Umständen selbst sehr nahe gelegene Stationen infolge Trägheit der Windfahne oder lokaler Einflüsse ganz verschiedene Windrichtungen melden.

Leicht lassen sich Fehler im Vorzeichen der Drucktendenz (Minus oder Plus) ermitteln, namentlich bei großen Absolutwerten derselben und im Fall gut ausgeprägter Steig- und Fallgebiete des Luftdrucks (siehe Abschnitt 24). Auch ein beträchtlicher Fehler in der Größe der barischen Tendenz wird in vielen Fällen gleich in die Augen springen.

Grobe Fehler in der Niederschlagsmenge (z. B. 78 im Winter im Inneren des Kontinentes) können zwar leicht festgestellt, aber nicht immer leicht berichtigt werden. Die Kenntnis des Charakters der Niederschläge spielt hier eine große Rolle. Im Fall von Landregen (Warmfront oder Warmfrontokklusion) ist die Berichtigung durch Vergleich mit den Angaben aus der Umgebung weniger schwierig als im Fall von Schauern, deren Ergiebigkeit an und für sich sehr große lokale Unterschiede aufzuweisen pflegt. Hier wird es bisweilen kaum möglich sein, den Verdacht zu rechtfertigen, daß die Niederschlagsmenge um 20, 30 oder mehr Millimeter falsch ist. In der Einerstelle der Niederschlagsmenge werden aber Korrekturen nicht einmal in dem Fall angebracht werden können, daß es sich um Landregen handelt.

Besonders schwierig ist die Feststellung von Fehlern in der Angabe der Bewölkung, weil hier ein zeitlich sehr veränderliches und räumlich sehr unterschiedliches Element vorliegt. Allerdings gibt es auch hier Wetterlagen, wo der Fehler auffällt; z. B. dann, wenn inmitten einer geschlossenen Zone von tiefen Wolken und Warmfrontregen eine Station $N = 3$ und Haufengewölk meldet. Der Fehler ist allerdings erst erkennbar, wenn man von der eben herrschenden Wetterlage und ihren Ursachen bereits eine gewisse Vorstellung hat, worauf noch im weiteren zurückgekommen werden soll.

b) Fehlerermittlung unter Berücksichtigung der gesamten Wetterlage.

Die Aufdeckung von Fehlern durch den Vergleich mit Nachbarstationen setzt zunächst voraus, daß das in Betracht kommende Element von Station zu Station nur allmähliche und langsame Übergänge aufweist. Es ist indessen nicht zu vergessen, daß dieser Übergang unter Umständen auch auf kleine Entfernungen hin sehr schroff sein kann, dann nämlich, wenn man von einer Luftmasse in eine andere gelangt. Diesen „Sprung" wird dann meist eine ganze Reihe von Wetterelementen in gegenseitiger Abhängigkeit mitmachen. Gesetzt den Fall, daß in einem gewissen

Gebiet alle Stationen 15—20° bei Südwind und sinkendem Druck melden, dagegen eine etwas weiter nördlich gelegene Station nur 8° bei Nordostwind und Druckzunahme. Eine solche Abweichung ist dann nicht als Fehler zu werten, sondern darin begründet, daß die Station offenbar von einem Luftstrom anderer Herkunft erfaßt worden ist, der kalt ist, weshalb er beim Vordringen meist Druckanstieg bringt. Erst die Mitberücksichtigung von Windrichtung und Drucktendenz zerstreut hier jeden Zweifel an der Richtigkeit der Temperaturangabe.

Aus diesem Beispiel ergibt sich ein wichtiger Grundsatz der Synoptik: Zwischen allen meteorologischen Elementen, beobachtet an welcher Station immer, besteht ein enger innerer Zusammenhang, den zu erläutern Aufgabe dieses Buches ist. Es ist in jedem Fall zu erwägen, ob diese oder jene Kombination in den Werten der verschiedenen Elemente möglich ist, denn *nicht alle Kombinationen sind möglich*. So werden aus reinen Schichtwolken in der Regel keine Schauer niedergehen, die Höhe der tiefen zerrissenen Schlechtwetterwolken wird nicht etwa 2000 m betragen; bei südlichem Wind kann die Isobare nicht von Nordwesten nach Südosten durch die betreffende Station hindurch verlaufen usw.

Bei der vergleichsweisen Kontrolle der Angaben muß somit die zweifelhafte Angabe nicht nur mit dem Wert desselben Elements an Nachbarstationen, sondern auch mit den Werten der übrigen Elemente an derselben Station verglichen werden. Da, wie bereits erwähnt, auf einem analogen Vorgang die ganze Analyse selbst beruht, pflegen in der Praxis fehlerhafte Angaben gewöhnlich erst während der Analyse festgestellt zu werden.

Die Aufklärung von Fehlern muß sich also auf einfache physikalisch-synoptische Tatsachen stützen und sie darf nicht im Widerspruch stehen zu anderen Angaben. Im Fall ernstlichen Zweifels an der Richtigkeit einer Angabe empfiehlt es sich, diese *lieber zur Gänze zu verwerfen*, als sie durch gekünstelte und unsichere Erwägungen zu stützen.

Die Stationen können auch *systematische* Fehler machen. So z. B. kann die Tabelle für die Umrechnung des Luftdrucks auf den Meeresspiegel auf eine nicht richtige Seehöhe bezogen sein oder es kann die Instrumentalkorrektion falsch sein: alle Luftdruckangaben sind dann entweder zu hoch oder zu tief. Der Beobachter kann diese oder jene Wolkenform durchgehend unrichtig bestimmen. Solche Fehler sind — woferne sie nicht besonders groß sind — im Einzelfall schwer festzustellen. Sie kommen dann eher bei der Bearbeitung einer längeren Beobachtungsreihe an den Tag. Systematische Fehler in den Luftdruckangaben fallen besonders in Karten der Mittelwerte des Luftdrucks für einen zehntägigen oder monatlichen Zeitraum auf. Die auf einer solchen Karte ausgezogenen Isobaren (Linien gleichen Luftdrucks) pflegen einen viel gleichmäßigeren Verlauf zu haben als jene auf Terminkarten, so daß eventuelle systematische Fehler die Aufmerksamkeit sofort auf sich ziehen.

6. Kritik des Materials: II. Repräsentationswert.

a) Repräsentationswert der Beobachtungen einzelner Stationen.

Die Kritik des Beobachtungsmaterials hat noch einen weiteren Umstand zu berücksichtigen. Auch wenn die Beobachtungen richtig durchgeführt und übermittelt worden sind, können sie Merkmale ganz lokaler Einflüsse aufweisen, die sich an der betreffenden Station geltend machen.

So z. B. wird eine Station, deren Windfahne inmitten von Bäumen oder hohen Gebäuden aufgestellt ist, zu geringe Windgeschwindigkeiten melden; an einer Station, die gegen Norden durch einen Gebirgszug geschützt ist, werden im Vergleiche mit anderen freigelegenen Stationen die Nordwinde zu schwach oder in ihrer Richtung abgelenkt erscheinen. Orte in der Nähe von Sümpfen oder Teichen werden häufig Nebel melden, ohne daß diese Tatsache als charakteristisches Merkmal der herrschenden Wetterlage zu werten ist. Ebensowenig darf man allgemeine Schlüsse auf die Temperaturverhältnisse in der vorhandenen Luftmasse ziehen, wenn in heiterer Nacht eine Station in Kessellage einen stärkeren Temperaturrückgang aufweist als die Nachbarstationen.

Der Hauptzweck der Kartenanalyse ist, wie früher erwähnt, die Bestimmung der Lage, Eigenschaften und Bewegung der Luftmassen. Dabei muß nach den Angaben einer verhältnismäßig kleinen Anzahl von Stationen auf der Karte die ganze Luftmasse und das Wetter im ganzen Gebiete, welches von der betreffenden Luftmasse eingenommen wird, beurteilt werden. Die Analyse braucht daher Stationen, deren Beobachtungen charakteristisch sind, bezeichnend für das betreffende Gebiet oder „*repräsentativ*". Nichtrepräsentative Beobachtungen, d. s. solche, die durch Lokaleinflüsse entstellt und für die allgemeine Wetterlage nicht charakteristisch sind, dürfen bei der Analyse gar nicht oder nur im vollen Bewußtsein dieser Eigenschaft berücksichtigt werden.

Systematische Abweichungen in den Angaben einer Station im Vergleich mit den übrigen Stationen infolge mangelnden Repräsentationswertes lassen sich erst im Lauf mehr oder weniger langer Erfahrung feststellen. Freilich wäre es wünschenswert, daß der Synoptiker die Lage und Eigenheiten wenigstens der Stationen des eigenen Beobachtungsnetzes aus persönlichem Augenschein kennt.

Auf den Begriff des *Repräsentationswertes* (BERGERON und SWOBODA 1924, BERGERON 1928) kommen wir noch später zurück.

b) Repräsentationswert der Beobachtungen in Abhängigkeit von der Wetterlage.

Der Einwand mangelnden Repräsentationswertes braucht sich nicht nur auf die eine oder andere Station zu beziehen, sondern er kann bei der Analyse unter Umständen geltend gemacht werden für die Angaben über ein meteorologisches Element, die aus einem ganzen Gebiet stammen oder von einem bestimmten Beobachtungstermin herrühren. So sind die Temperaturangaben aus der untersten Luftschicht überhaupt oft wenig repräsentativ, weil sich hier Einflüsse der Erdoberfläche geltend machen, welche die Unterscheidung der Luftmassen nach ihren Temperaturen beträchtlich erschweren. Die Temperaturen des Morgentermins können dabei über dem winterlichen Binnenland beträchtlich unter die charakteristischen Werte für die betreffende Luftmasse gesenkt sein und die tatsächlichen Wärmeunterschiede der verschiedenen Luftmassen maskieren, und erst die Nachmittagskarte bringt diese wieder zum Vorschein. Umgekehrt ist im Sommer die Nachmittagskarte hinsichtlich der Temperaturen weniger repräsentativ als etwa die Abendkarte, weil auf ihr die allgemeinen Details und Unterschiede der Wärmeverteilung durch den Einfluß der Sonnenstrahlung maskiert erscheinen. Die Erwärmung durch Einstrahlung und die Abkühlung durch Ausstrahlung machen sich sogar in verschiedenen Teilen ein und derselben Luftmasse in ungleicher Weise geltend, je nach Bewölkung, Wind, Charakter der Erdoberfläche usw.

Ein anderes Beispiel, die Bewölkung betreffend: Im Sommer treten oft labile Luftmassen auf, Luftmassen mit Neigung zu Konvektionsvorgängen und zur Bildung von *Cu* und *Cb*. Da nun die Konvektion (über dem Binnenland) untertags infolge der Erwärmung vom Boden aus zunimmt, finden sich für die Labilität einer Luftmasse auf der Nachmittagskarte deutlichere Anzeichen als auf der Morgenkarte. Umgekehrt pflegen die Symptome stabiler Luftmassen (Nebel, Nieseln, Regen) auf der Morgenkarte besser ausgeprägt zu sein als auf der Nachmittagskarte.[1]

---

[1] Einige in den Abschnitten 2, 5, 6, 7 vorkommende Begriffe, wie Isobaren, stabile und labile Luftmassen, Fronten usw., setzen entweder bereits einige allgemeine Kennt-

7. Grundregeln für die Kartenanalyse.

a) Allgemeine Gesichtspunkte.

Aus den Darlegungen des Abschnitts 2 geht hervor, daß man bei der Analyse zuerst die Lage der hauptsächlichen *troposphärischen Luftkörper* (Luftmassen und Fronten) festzustellen hat.[1] Hierzu genügt es nicht, lediglich zu konstatieren, daß in einem bestimmten Gebiete Niederschläge fallen oder Nebel vorkommen, Böen auftreten oder eine rasche Erwärmung sich geltend macht. Man muß überdies ermitteln, wie alle diese Erscheinungen mit den Luftmassen und Fronten zusammenhängen, mit deren Verteilung, Eigenschaften, Bewegung und Störungen.

Der Weg zur Lösung dieser Aufgabe beruht auf dem gegenseitigen Vergleich der meteorologischen Elemente einerseits an ein und derselben Station, anderseits zwischen den verschiedenen Stationen. Gestützt auf unsere Kenntnisse der physikalischen Zusammenhänge zwischen den meteorologischen Elementen und Erscheinungen, gelangen wir so zur Feststellung der Verteilung, der Eigenschaften und des Verhaltens der troposphärischen Luftkörper auf unserer Karte.

Natürlich wäre es ein Ding physischer Unmöglichkeit, bei der Analyse im Detail die Angaben jeder einzelnen Station für sich und aller Stationen miteinander zu vergleichen. Die Durchführung wird in der Praxis wesentlich dadurch erleichtert, daß ein großer Teil der Stationen in das Innere umfangreicher, annähernd homogener Luftmassen zu liegen kommt. In diesem Bereiche braucht man die Angaben der Stationen überhaupt nicht bis in Einzelheiten zu überprüfen: es genügt gewöhnlich ein Blick auf die Karte, um sich über die Grundzüge der Wetterlage in diesen Gebieten zu orientieren. Dagegen ist ein aufmerksames, genaues Studium der Stationsangaben namentlich in jenen Kartengebieten notwendig, die von Fronten durchzogen werden und somit einen schroffen Übergang der atmosphärischen Eigentümlichkeiten aufweisen. Erst dadurch ist überhaupt eine genaue Einzeichnung des Frontenverlaufs möglich.

Wesentlich bei der Analyse ist die Heranziehung von Angaben ausgesprochen repräsentativer Stationen. Auch die geringsten Wetteränderungen an diesen verdienen besondere Aufmerksamkeit, während die Angaben weniger repräsentativer Stationen nur zur Erhärtung der bereits gezogenen Schlüsse dienen sollen. Welche Stationen als besonders repräsentativ anzusehen sind (im allgemeinen sind dies Stationen auf Inseln oder in weit ins Meer vorgeschobener Lage),[2] erfährt der Synoptiker am besten aus den bereits erwähnten Stationsbeschreibungen der verschiedenen Länder oder, namentlich hinsichtlich des eigenen Netzes, durch unmittelbaren Augenschein und schließlich durch die bei der Analyse selbst gewonnene Erfahrung.

Der Synoptiker muß sich somit bei der Analyse bewußt werden, auf welchen troposphärischen Luftkörper die Beobachtungsdaten der einzelnen Stationen gemeinsam hindeuten: auf eine stabile oder labile Luftmasse dieser oder jener Herkunft, auf die Nähe einer bestimmten Front (Warmfront, Kaltfront oder Okklusion), auf ihre prä- oder postfrontale Lage, auf ihre Lage unter Inversionen usw. Auf Grund des Vergleichs verschiedenartiger Stationsmeldungen muß sich der Synoptiker dann ein Bild machen von dem Verlauf der Grenzen der betreffenden Luftmasse (auf der Karte und in vertikaler Richtung) und er muß schließlich aus dem Vergleiche mit den vorhergehenden Wetterkarten ermitteln, wie sich der gegebene Luftkörper im Lauf der Zeit verlagert und verändert hat.

nisse aus der synoptischen Meteorologie voraus oder sie machen es empfehlenswert, die genannten Abschnitte erst nach Studium des sechsten Kapitels zu lesen.

[1] Außer den Luftmassen und Fronten unterscheidet man noch *Frontalzonen* und *Inversionen*. Beide lassen sich allerdings zu den Fronten in Beziehung bringen.

[2] BERGERON verweist auf den besonderen Repräsentationswert der westeuropäischen Stationen Scilly (158), Röst (011) und von Horta (398) auf den Azoren.

b) Der Grundsatz der physikalischen Logik.

Stets soll der Synoptiker dessen eingedenk sein, daß seine Analyse von *physikalischer Logik* geleitet sein muß. Er wird daran zu denken haben, daß die troposphärischen Luftkörper (Massen und Fronten) auf seiner Karte physikalische Körper sind, daß die Eigenheiten jedes Luftkörpers in enger gegenseitiger Beziehung stehen und daß der Luftkörper in seiner Bewegung, seinen Veränderungen und seiner Wechselwirkung mit anderen Luftkörpern und mit der Erdoberfläche — ebenfalls physikalischen Gesetzmäßigkeiten unterworfen ist. Die „physikalische Logik"[1] ist daher bei der Analyse unbedingte Notwendigkeit. Alles, was sich in der Atmosphäre räumlich abspielt und auf den synoptischen Karten widerspiegelt, muß der Synoptiker physikalisch erklären können — die Analyse selbst wird eine solche Erklärung darstellen.[2]

Einige Beispiele zum Begriff der physikalischen Logik:

Es ist von vornherein klar, daß jeder troposphärische Luftkörper gewisse Ausmaße im Raum einnimmt. So z. B. nimmt eine Luftmasse gewöhnlich eine Fläche von der Größenordnung von Millionen von Quadratkilometern ein. Hat es sich beispielsweise gezeigt, daß über irgendeiner Station eine stabile Luftmasse liegt, so wird auch eine ganze Reihe benachbarter Stationen die Merkmale einer stabilen Luftmasse aufweisen müssen. Ist dies nicht der Fall, so war unsere ursprüngliche Feststellung für die erstgenannte Station unrichtig.

Ein zweites Beispiel betrifft Abweichungen von den uns bekannten Eigenschaften der troposphärischen Luftkörper. Gesetzt den Fall, wir hätten eine Luftmasse nach der Gesamtheit ihrer Merkmale an der überwiegenden Anzahl von Stationen und nach ihrer Vorgeschichte als (stabile) Warmluftmasse erkannt. Mit einem Male melde nun eine Station im Innern dieser Luftmasse ein starkes Gewitter — eine Erscheinung, die keineswegs zu den Merkmalen der Warmluftmassen in Anbetracht ihrer allgemeinen Struktur gehört. Es kommen dann logischerweise nur zwei Möglichkeiten in Frage: entweder ist 1. die Meldung der Station unrichtig oder aber 2. es sind an der betreffenden Station Bedingungen (orographischer Natur oder Nähe einer Kaltfront) vorhanden, die eine Abweichung vom typischen Wettercharakter in der Warmmasse bedingen. Der Synoptiker wird sich für eine dieser Alternativen zu entscheiden haben und im zweiten Fall imstande sein müssen anzugeben, was für lokale Einflüsse im Spiele sind.

Das dritte Beispiel bezieht sich auf die Notwendigkeit, die physikalische Logik auch bei der Beurteilung des zeitlichen Ablaufs der Erscheinungen nicht außer Acht zu lassen. Nehmen wir an, es sei auf der vorhergehenden Karte der nord-südliche Verlauf einer Front genau festgestellt worden; die Windgeschwindigkeit in den Luftmassen beiderseits der Front betrage etwa 25—30 km/h, wobei die Windrichtung in beiden Luftmassen eine westliche sei. Auf der laufenden Karte (z. B. sechs Stunden später) kann dann dieselbe Front nicht um 1000 km weiter östlich und ebensowenig kann sie westlich von ihrer vorigen Lage verlaufen. Beides wäre dynamisch unmöglich, da Geschwindigkeit und Richtung des Fortschreitens der Front durch die Geschwindigkeit und Richtung des Windes bedingt sind und mit ihnen nicht in Widerspruch stehen dürfen. Stoßen wir bei der Analyse auf einen solchen Widerspruch, so bedeutet dies, daß

1. entweder die neue Analyse falsch ist oder

---

[1] BERGERON spricht in seinen Moskauer Vorlesungen aus dem Jahre 1930 von dynamisch-thermodynamischer Logik.

[2] Woferne der Synoptiker einen gewissen Vorgang nicht augenblicklich zu erklären vermag, so soll er wenigstens nachträglich, auf Grund der späteren Entwicklung des Vorgangs, also sozusagen „post eventum", eine physikalische Erklärung zu geben versuchen (BERGERON: *Epignose*), wodurch er die weitere Analyse fester unterbaut.

2. die vorhergehende Analyse unrichtig war oder ·

3. daß die von uns ermittelte Front nicht mit der früheren, sondern mit irgendeiner anderen Front identisch ist und daß wir somit die frühere Front auf der laufenden Karte erst suchen müssen. Falls wir sie nicht wiederfinden können, so nötigt uns die physikalische Logik zur Frage, was mit ihr geschehen ist. Sie kann ja doch nicht ohne Ursache von der Karte verschwunden sein; entweder können wir sie infolge Mangels an Meldungen auf der Karte nicht finden oder aber sie hat sich „aufgelöst"; dann müssen wir allerdings schon auf den vorhergehenden Karten Anzeichen für die Auflösung finden. Anderseits kann auch die neu gefundene Front nicht „aus den Wolken gefallen" sein; entweder war sie schon auf den vorhergehenden Karten in dem in Betracht kommenden Gebiete irgendwie angedeutet oder sie hat sich tatsächlich neu gebildet. Letzterenfalls müssen wir die Ursachen dieser „Frontogenese" erkennen und erklären können; wahrscheinlich finden sich davon, woferne die für Frontenbildung günstigen Bedingungen (vgl. Abschnitt 46 b) erfüllt sind, schon auf den früheren Karten Andeutungen, denn diese Bildung geht in der Regel nicht gerade rasch vor sich.

Aus dem letzten Beispiel ist zu ersehen, daß es eine unbedingte Notwendigkeit ist, sich bei der Analyse an Hand der vorhergehenden Karten eine klare Vorstellung vom bisherigen Verlauf der Vorgänge zu machen. Eine physikalisch logische Analyse muß auch *historisch folgerichtig* sein.

Ist der Synoptiker aus irgendeinem Grunde genötigt, in Ermangelung der vorhergehenden Karte die laufende ohne Kenntnis der bisherigen Entwicklung zu analysieren, so ist seine Aufgabe bedeutend erschwert und das Ergebnis weniger verläßlich. Ähnliches gilt für die Ablösung eines Synoptikers durch einen anderen. Beim jedesmaligen Dienstantritt vermag der Synoptiker nicht mit einem Schlag in den entwicklungsgeschichtlichen Aufbau der Wetterlage einzudringen, und zwar selbst dann nicht, wenn vorhergehende Karten vorliegen, die von einer anderen Person analysiert worden sind. Die Erfahrung zeigt daher, daß die Treffwahrscheinlichkeit der Vorhersagen vom ersten Diensttag zum folgenden zunimmt; gegen Ende einer längeren Dienstperiode kann die Erfolgskurve wieder sinken, und zwar infolge bereits auftretender Ermüdung des Prognostikers.

c) Zuhilfenahme indirekter Methoden.

Das Wesen der synoptischen Methode beruht somit darauf, ausgehend von einer ungeheuren Menge gleichzeitiger Beobachtungen an den verschiedenen Stationen, zu einigen wenigen troposphärischen Luftkörpern (Luftmassen und Fronten) zu gelangen. Zur Untersuchung der Verteilung, gegenseitigen Beeinflussung und Bewegung der Luftmassen und Fronten auf der synoptischen Karte zieht man sämtliche Informationen heran, die von Seiten der Erfahrung und der Theorie verfügbar sind, wodurch sich eine Vorhersage der bevorstehenden Änderungen ergibt.

Unsere troposphärische Luftkörper sind vor allem *dreidimensionale* Luftkörper, keineswegs irgendwelche Isolinien von nur bedingtem Charakter. Ihr Studium kann sich daher nicht nur auf eine Untersuchung ihres Zustandes und ihrer Eigenschaften an der Erdoberfläche beschränken, sondern muß auch die Verhältnisse in der Vertikalen berücksichtigen. Die aerologischen Beobachtungen stellen daher eine ungemein wertvolle Ergänzung zur synoptischen Wetterkarte dar, was von den europäischen und amerikanischen Staaten bereits vollauf gewürdigt wird. Solange jedoch die aerologischen Beobachtungen für eine volle Erfassung der dreidimensionalen Struktur der Troposphäre nicht ausreichen, ist man hierbei auf indirekte Hilfsmittel, vor allem auf die Methode der *indirekten Aerologie* (BERGERON 1928) angewiesen. Sie beruht darauf, daß man sich mit Hilfe der an der Erdoberfläche ausgeführten Beobachtungen bemüht, auf die Verhältnisse in den hohen Luftschichten zu schließen. Dabei spielt die richtige Einschätzung der Wolken und Hydrometeore eine wichtige Rolle. In diesem Sinne ist es gewiß kein Zufall, daß diese Erscheinungen im internationalen synoptischen Chiffernschlüssel besonders berücksichtigt worden sind, indem von 22 meteorologischen Elementen, welche Binnenlandstationen in ihrer Morgen- oder Abenddepesche melden, zehn nur auf Kondensationserscheinungen entfallen (C_L, C_M, C_H, N_h, N, h, V, ww, W, RR).

Aber auch einige andere Beobachtungen haben, nach einem Ausspruch BERGE-RONS, oft „sondierenden" Charakter, d. h. sie vermitteln uns eine Vorstellung von den Vorgängen in höheren Luftschichten (PPP, app). Wir kommen im Kapitel über die Luftmassen noch auf die indirekte Aerologie zurück.

Eine weitere indirekte Methode, welche die Aufgabe hat, dem Synoptiker den Mangel an unmittelbaren Beobachtungen zu ersetzen, hat BERGERON „*indirekte Bahnverfolgung*" genannt. Sie beruht auf Folgendem: Aus vielen Gebieten auf unseren synoptischen Karten pflegen nicht nur sehr wenige aerologische Meldungen, sondern auch nur wenige gewöhnliche Beobachtungen vorzuliegen, wie z. B. aus dem Gebiet der Ozeane und aus einigen Binnenlandzonen, in denen das Beobachtungsnetz zu wenig dicht ist. Auch die Kartenfläche selbst, die zur Verfügung steht, ist nur beschränkt. Daher ist die unmittelbare Bestimmung der Herkunft einer Luftmasse (mit Hilfe der Windangaben auf der Karte) nicht immer möglich. Oft bieten jedoch die Eigenschaften dieser Luftmasse im gegebenen Zeitpunkte wertvolle Fingerzeige für die Beurteilung ihrer Herkunft. Wolken und Hydrometeore stellen auch hierfür sehr wichtige Symptome vor. Näheres hierüber enthält das vierte Kapitel über die Luftmassen.

8. Die Technik der Analyse.

Reihenfolge der analytischen Operationen. Symbole der Kartenanalyse.

Geht man an die Analyse heran, so wird man offenbar eine gewisse Reihenfolge der einzelnen Operationen bei der synoptischen Bearbeitung der Karte einhalten müssen. Hier soll die von BERGERON in seinen Moskauer Vorlesungen anempfohlene Reihenfolge mitgeteilt werden, die sich zunächst in der Praxis des norwegischen Wetterdienstes und in der Folge auch bei anderen Wetterdiensten als die zweck-mäßigste erwiesen hat.[1] Betont sei, daß damit keineswegs eine Sammlung von Rezepten geboten werden soll, die schablonenmäßig unter allen Umständen anzu-wenden sind. In einzelnen konkreten Fällen wird es sich empfehlen, die angegebene Reihenfolge etwas abzuändern, die eine oder die andere Operation auszulassen oder an erster Stelle jenen Teil der Karte zu bearbeiten, der den Synoptiker gerade am meisten interessiert usw. Ferner ist zu berücksichtigen, daß alle auf der Karte abgebildeten meteorologischen Erscheinungen und Vorgänge in engster Verbindung und Wechselwirkung miteinander stehen, weshalb BERGERON den Synoptiker davor warnt, bei der Untersuchung eines meteorologischen Elements gleichzeitig das Gesamtbild aus den Augen zu verlieren. BERGERON vergleicht den Synoptiker anschaulich mit einem Reisenden, der seine Aufmerksamkeit in jedem Augenblick zwar auf den gerade am Wege liegenden Teil der Landschaft konzentriert, dabei aber doch, wenn auch weniger deutlich, das Gesamtbild der Landschaft im Gesichts-feld behält.

---

[1] Die Einzelheiten der Ausführung zeigen in den verschiedenen Staaten Abweichungen voneinander. Bezüglich Deutschlands sei auf die Veröffentlichung des Reichsamtes für Wetterdienst „Vorschriften für die einheitliche Ausarbeitung von Wetterkarten" ver-wiesen.

Auf jeden Fall ist die Initiative des Synoptikers und seine Fähigkeit, die Situation richtig abzuschätzen, von ausschlaggebender Bedeutung.

Eine ganze Reihe von Begriffen, die in der folgenden von BERGERON aufgestellten Reihenfolge analytischer Operationen vorkommen, wird erst im weiteren Verlauf

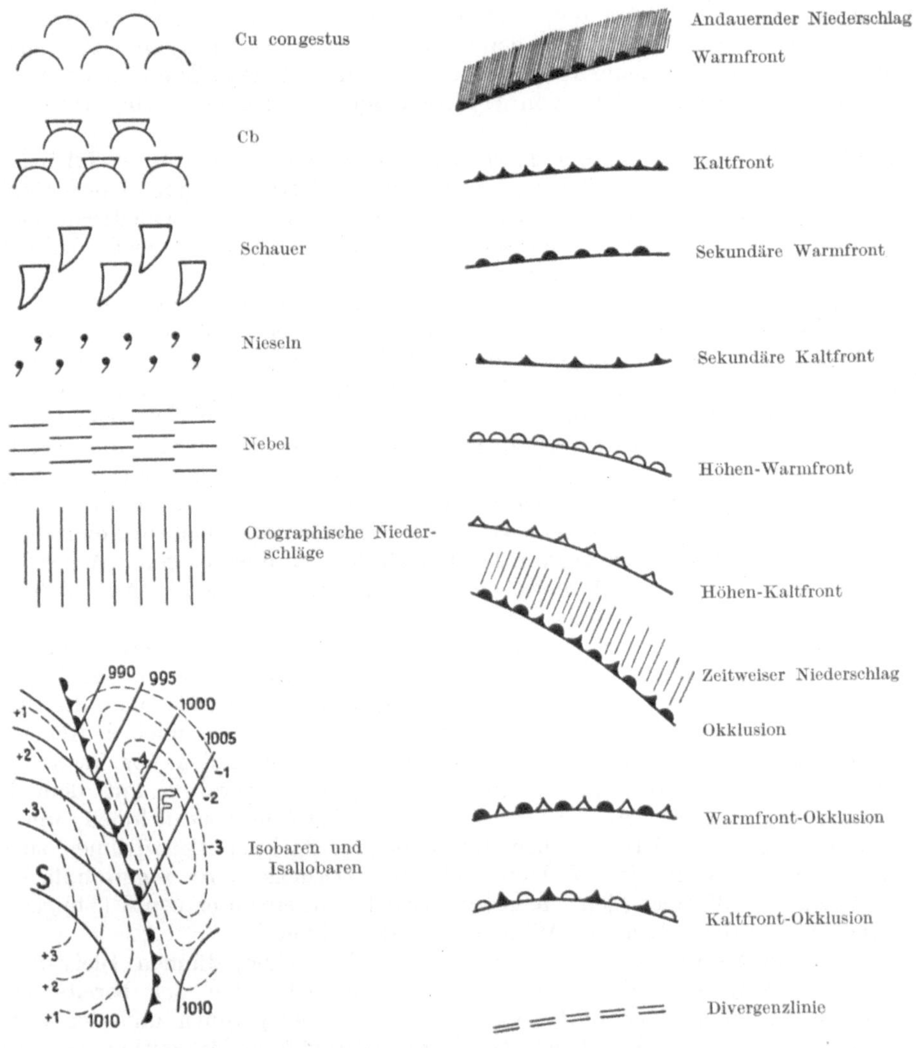

Abb. 6. Symbole für die Kartenanalyse.

des Buches erläutert, und umgekehrt wird dort wiederholt auf dieses Kapitel zurückgegriffen werden. Schließlich findet sich am Ende des Buches eine Gesamtübersicht der Grundsätze, die bei den im folgenden angeführten Operationen zu berücksichtigen sind.

1. Die Bearbeitung der Karte beginnt mit der Ermittlung jener Gebiete, die mit feuchtstabiler Nieselluft (sog. *Warmmasse*) bzw. mit feuchtlabiler Schauerluft (sog. *Kaltmasse*) bedeckt sind (siehe viertes Kapitel). Die indirekte Aerologie spielt hier die Hauptrolle, da sich die stabile und labile Luftschichtung vor allem durch die Wolkenformen und Hydrometeore verrät. Die graphische Seite dieses ersten

Stadiums der Analyse besteht dann darin, durch entsprechende grüne Symbole die *Schauerluft* zu kennzeichnen. Hierher gehören die Gebiete mit Cb ($C_L = 3$ und 9 nach dem Chiffernschlüssel), mit Niederschlägen in Schauerform ($ww = 80$ bis 99) und manchmal auch mit *Cu congestus* ($C_L = 2$ und 8). Gebiete mit zusammenhängenden Nebeln werden mit dem Gelbstift getönt, Gebiete mit zusammenhängendem *St* werden gelb umrandet. Zonen mit *Nieselluft* ($ww = 50$ bis 59, und unter Umständen 61 und 62) werden mit den entsprechenden grünen Symbolen versehen. Für das Innere der Kontinente und der Antizyklonen wird dieses Stadium der Analyse allerdings infolge des Fehlens von Hydrometeoren meist nicht zur Anwendung kommen können.

2. Nunmehr werden auf der Karte die von den extremen Hauptluftmassen, der *Tropikluft* und der *Arktikluft* (siehe viertes Kapitel), eingenommenen Gebiete voneinander gesondert. Hierbei richtet man sich nach den verschiedenen spezifischen Eigenschaften dieser Luftmassen oder nach den für sie je nach Örtlichkeit und Jahreszeit charakteristischen Werten der hauptsächlichsten und konservativsten Elemente. Das Tropikluftgebiet wird auf der Karte mit dem Farbstift rosa, das Arktikluftgebiet hellblau getönt; die Polarluft dazwischen bleibt ungefärbt.

3. Beim Aufsuchen der ungefähren nördlichen Grenze der Tropikluft und der südlichen Grenze der Arktikluft hilft auch wesentlich mit die Berücksichtigung der Lage jener zyklonalen Störungen und Niederschlagszonen (Dauerniederschlag aus $As - Ns$), die sich an den Hauptfronten zwischen der Tropik- und Polarluft einerseits, der Polar- und Arktikluft anderseits ausbilden (siehe fünftes Kapitel). Diese *Zonen von Dauerniederschlägen* werden durchwegs mit dem Grünstift getönt. In gleicher Weise werden übrigens auch die Niederschlagsgebiete gekennzeichnet, die mit den Okklusionen innerhalb der Polarluft zusammenhängen. Woferne auf der Karte vor der Zone von Dauerniederschlägen auch die Grenze einer zusammenhängenden *As*-Decke festgestellt werden kann, so wird diese grün umrandet.

4. Hierauf geht man zur Detailanalyse der Polarluft und der Dynamik beider Hauptfronten über und beginnt mit der Analyse der Druckänderungen, d. h. mit der Analyse der *barischen Tendenzen*. Zu diesem Zwecke verbindet man die Stellen mit gleichen Werten fallenden oder steigenden Drucks — gewöhnlich in Abständen von 2 Millibaren — mit dem Bleistift durch punktierte Linien, sog. Isallobaren. Aus rein praktischen Gründen empfiehlt es sich, diese Operation mit dem Bleistift nach den Operationen mit den übrigen Farbstiften vorzunehmen, um eine Verunreinigung der helleren Farben durch die überdeckten Bleistiftlinien zu vermeiden. Die Zentren der Gebiete fallenden Drucks werden gewöhnlich mit einem roten F (Fallgebiet), jene steigenden Drucks mit einem blauen S (Steiggebiet) mit dem zugehörigen Wert in Millibaren eingezeichnet.

5. Erst jetzt werden auf der Karte mit provisorischen, dünnen Bleistiftlinien die *Fronten* eingezeichnet. Dabei richtet man sich nach der bereits vorgenommenen Aufteilung der Luftmassen, der Niederschlagszonen und der Gebiete steigenden und fallenden Luftdrucks (präfrontal: Druckfall oder deutlich geschwächter Anstieg, postfrontal: Druckanstieg oder deutlich geschwächter -fall); außerdem nimmt man Rücksicht auf alle Eigenheiten im Verlauf der meteorologischen Elemente an den einzelnen Stationen, um daraus zu erschließen, ob die Front in der Nähe bzw. zwischen zwei Stationen hindurchverläuft.

6. Erst nach dieser vorläufigen Skizzierung der Fronten kann man mit Bleistift — in der Nähe der Fronten jedoch nur schwach — die *Isobaren* (Linien gleichen Luftdrucks) ausziehen, unter Bedacht auf die Eigentümlichkeiten der Druckverteilung, die einerseits durch die Fronten, anderseits durch die orographischen Verhältnisse (Bergzüge usw.) bedingt sind. Namentlich an den Fronten und an orographischen Hindernissen können nämlich schroffe Übergänge in der Druckverteilung

auftreten, die sich als Knicke oder ausgeprägte Biegungen im Isobarenverlauf äußern.

7. Nunmehr kann mit Hilfe der Isobaren und der Linien gleicher Tendenz sowie unter Berücksichtigung gewisser Details in den vorhergehenden Karten ermittelt werden, welche Frontabschnitte auf der Karte als *Warmfronten*, welche als *Kaltfronten* und welche als *Okklusionen* anzusprechen sind. Hierbei wird der bisher nur skizzierte Frontverlauf definitiv festgelegt und die Fronten werden mit Farbstiften ausgezogen: rot die Warmfronten und Warmfrontokklusionen, blau die Kaltfronten und Kaltfrontokklusionen, violett die Okklusionen unentschiedenen Charakters. Dabei werden die *Hauptfronten* an der Erdoberfläche stark, *sekundäre Fronten* schwach, *Höhenfronten* gestrichelt markiert. Details dieser Symbolisierung werden im fünften Kapitel mitgeteilt.

8. Im Hinblick auf die endgültige Festlegung der Fronten werden nunmehr die Niederschlagszonen aus *As—Ns* definitiv abgegrenzt.

9. Zum Schluß werden die Isobaren auch an den Fronten deutlicher und ihrem endgültigen Verlauf entsprechend mit Bleistift ausgezogen.

Schon während des beschriebenen Vorgangs der Analyse drängt sich dem Synoptiker eine ganze Reihe von Fragen über den voraussichtlichen Ablauf der Erscheinungen in der Zukunft auf. Sobald die Analyse beendet ist, muß auf ihrer Grundlage und unter Verwertung aller unserer grundsätzlichen Kenntnisse über die synoptischen Vorgänge eine möglichst vollständige und klare Antwort auf die Frage gegeben werden, wie sich die troposphärischen Luftkörper (Luftmassen und Fronten einschließlich der Tropopause) im Lauf der nächsten Zeit (ein bis zwei Tage) verlagern, verändern und gegenseitig beeinflussen werden; mit der Beantwortung dieser Frage ist bereits die Wettervorhersage für ein beliebiges Gebiet der Karte gegeben.

In den nun folgenden Ausführungen wird eine Übersicht unserer hauptsächlichsten Kenntnisse über die troposphärischen Vorgänge als Gestalter des Wetters gegeben. Sie werden dann im siebenten Kapitel vom Standpunkt ihrer praktischen Benützbarkeit für die synoptische Analyse zusammengefaßt. Erst dann werden wir uns mit den Grundlagen der synoptischen Prognose und gleichzeitig auch mit der Frage ihrer Gültigkeitsgrenzen befassen.

Zweites Kapitel.

Die Luftbewegungen.

9. Advektion, Gleitbewegung, Turbulenz, Konvektion.

Charakter und Bedeutung der horizontalen und vertikalen Luftbewegungen.

Die Luft ist fast ständig in Bewegung begriffen. Mehr oder minder bewegte Luft nennt man bekanntlich *Wind*. Die vertikale Komponente der Luftbewegung, obwohl meteorologisch alles andere als bedeutungslos, tritt größenmäßig stark hinter die horizontale Komponente zurück. Im Folgenden soll die horizontale Versetzung der Luft, letztere als Trägerin charakteristischer physikalischer Eigenschaften — wie Temperatur, Feuchtigkeit usw. — betrachtet, *Advektion* genannt werden.

Die sog. allgemeine Zirkulation der Atmosphäre setzt sich aus mächtigen advektiven Luftströmen zusammen, welche den Luftaustausch zwischen den verschiedenen Zonen der Erdkugel besorgen. Diese Hauptströmungen können noch von lokalen Windsystemen örtlich und zeitlich beschränkter Reichweite überlagert sein, wie z. B. vom Land- und Seewind, vom Berg- und Talwind, vom Föhn usw.

Nur für verhältnismäßig kurze Zeit und auf relativ kleinem Gebiete kann die Luftbewegung so stark abflauen, daß an der Erdoberfläche fast völlige Windstille eintritt.

Daß die vertikale Luftbewegung im Vergleich zur horizontalen meist quantitativ unbedeutend ist, hängt mit der geringen vertikalen Ausdehnung der Atmosphäre im Vergleich zur horizontalen zusammen. Merkliche vertikale Luftbewegungen entwickeln sich nur unter besonderen Bedingungen. So z. B. tritt an der Grenze zwischen verschiedenen Luftmassen — an den Fronten — *Aufgleiten* und *Abgleiten* auf: eine ganze Luftschicht größerer oder geringerer Mächtigkeit besitzt dann außer der horizontalen auch eine vertikale Bewegungskomponente, sie verlagert sich nicht nur horizontal, sondern gleichzeitig auch auf- oder abwärts.[1] Die Vertikalkomponente der Geschwindigkeit ist in diesen Fällen allerdings sehr klein und hat die Größenordnung von Zentimetern pro Sekunde, wogegen die Horizontalbewegung die Größenordnung von 10^3 cm/sek hat.

Außer den Gleitvorgängen gibt es auch noch einen ungeordneten vertikalen Luftaustausch innerhalb der Luftmassen. Die beiden Hauptträger des Austausches sind: die *dynamische Turbulenz* und die *Konvektion* (thermische Turbulenz). Im Fall der dynamischen Turbulenz vermischt sich die Luft mechanisch in vertikaler Richtung infolge ihres im allgemeinen unruhigen Strömungscharakters (Bildung chaotischer Luftwirbel geringer Ausmaße); die Geschwindigkeit der vertikalen Luftversetzung ist hierbei gering. Im Fall der Konvektion tritt Luftversetzung durch ungleiche Erwärmung in horizontaler Richtung und infolge besonders labiler Temperaturverteilung mit der Höhe auf. Auch diese Art des Austausches hat im Prinzip chaotischen, turbulenten Charakter (Emporstrudeln einzelner Luftblasen) und wird daher gelegentlich als thermische Turbulenz bezeichnet.[2] Die Steiggeschwindigkeit der Luft kann hier unter günstigen Bedingungen mehr als 10 m pro Sekunde erreichen. Die Bewegungen nehmen dann bis zu einem gewissen Grade geordneten Charakter an, treten als starke aufsteigende Luftströmungen in Erscheinung, die mächtige Luftschichten durchbrechen und Anlaß zu hochgetürmten Haufen- und Schauerwolken geben. Gleichzeitig entwickeln sich weniger kräftige absteigende Kompensationsbewegungen, die sich meist über größere Flächen erstrecken.

Die vertikale Luftversetzung hat trotz ihrem im allgemeinen geringen quantitativen Ausmaße im Vergleich zu den horizontalen Luftbewegungen eine sehr große thermodynamische Bedeutung. Sie ist von einer Abkühlung bzw. Erwärmung der Luft infolge Ausdehnung (beim Aufsteigen) bzw. Zusammendrückung (beim Absteigen) begleitet. Die Vertikalbewegungen bringen die Luft somit an ihren Sättigungszustand heran oder sie entfernen sie von ihm. Aufsteigende Luftströme erzeugen Wolken, absteigende die Föhnerscheinungen und die Bildung von Inversionen in der freien Atmosphäre. Da von den thermodynamischen Wirkungen der Vertikalbewegungen im dritten Kapitel ausführlich gesprochen werden soll, beschränken wir uns hier auf die Behandlung der Bedingungen für die horizontale Luftbewegung.

Auch die horizontale Luftversetzung ist für die Wettervorgänge von großer Bedeutung. Wie bereits zu Beginn des Buches erwähnt, ist der Wechsel der Luftmassen mit ihren charakteristischen Eigenschaften die Ursache der unperiodischen Tem-

---

[1] Den Abgleitvorgängen läßt sich die absteigende Bewegung ganzer Luftschichten großer Mächtigkeit im Inneren einer Luftmasse an die Seite stellen *(Absinken).* Sie führen zur Ausbildung sog. Schrumpfungsinversionen in der freien Atmosphäre (siehe Abschnitt 38).

[2] Im folgenden wird die dynamische Turbulenz lediglich als Turbulenz und die thermische Turbulenz als Konvektion bezeichnet werden.

peratur-, Feuchte- und Fernsichtänderungen; auch die Luftbewegung selbst — der Wind — ist ein wichtiges Wetterelement.

Vor allem ist ein Eingehen auf die Vorbedingungen für das Gleichgewicht und die horizontale Bewegung der Luft erforderlich. An jeder Stelle der Atmosphäre hat die Luft im gegebenen Augenblick eine gewisse *Spannkraft* p und die *Dichte* ϱ, und steht unter dem Einfluß der *Schwerebeschleunigung* g. Zu diesen Größen stehen Gleichgewicht und Horizontalbewegung der Luft in enger Beziehung. Die Spannkraft der Luft ist übrigens gleich dem äußeren *Druck*, unter dem das betreffende Luftquantum steht. Daher soll im folgenden unter Druck sowohl der äußere, auf die gegebene Luftmenge einwirkende Druck, als auch deren innere Spannkraft verstanden werden.

10. Die Druckeinheiten.
Definition des Luftdrucks. Millimeter und Millibar.

Der *Luftdruck* wird grundsätzlich durch die Kraft gemessen, mit der die Luft auf die Flächeneinheit einwirkt; die Dimension dieser Größeneinheit ist $[ML^{-1}T^{-2}]$, wo M die Masse, L die Länge und T die Zeit bedeuten.[1] Aus diesem Dimensionsausdruck geht hervor, daß der Druck auch durch die Arbeit pro Volumeneinheit ausgedrückt werden kann.[2] In der Atmosphäre wird die Kraft, welche einen äußeren Druck auf ein bestimmtes Luftvolumen ausübt und somit dessen innere Spannkraft bedingt, dargestellt durch das Gewicht der gesamten darüberliegenden Luft. Daher wird der Luftdruck an irgendeiner Stelle der Atmosphäre durch das Gewicht der auf der horizontalen Einheitsfläche lastenden Luftsäule gemessen.

Bis vor kurzem hat man den Luftdruck fast überall in „*Millimetern Quecksilbersäule*" gemessen. Diese Maßeinheit ist aus dem Prinzip des Quecksilberbarometers abgeleitet, wo der Luftdruck eine Quecksilbersäule von bestimmter Höhe im Gleichgewicht erhält. Sie ist insofern unbequem, als sie von der Natur der Flüssigkeit bzw. vom Konstruktionsprinzip des Barometers abhängt. Beim Aneroid hat der Begriff „Höhe der Quecksilbersäule" überhaupt keinen Sinn mehr. Die Luftdruckmessung in derartigen Einheiten, die nichts mit den üblichen Kraft- und Flächeneinheiten gemein haben, bereitet bei der Einsetzung der Druckwerte in die Gleichungen der atmosphärischen Physik gewisse Schwierigkeiten.

Der Betrag des Luftdrucks läßt sich indessen auch im Rahmen des absoluten Maßsystems ausdrücken. Im Jahre 1912 hat V. BJERKNES den Vorschlag gemacht, für den Luftdruck eine neue Einheit — das *Bar* — zu schaffen; es ist dies der Druck, den die Kraft von einer Million Dyn auf die Fläche von 1 cm² ausübt. Der Luftdruck im Meeresniveau ist im Durchschnitt etwas größer als 1 Bar.[3] In der Praxis drücken wir jedoch den Druck nicht in Baren, sondern in Tausendsteln Bar oder Millibar aus. Das *Millibar* (mb) ist somit der Druck von 1000 Dyn auf die Fläche von 1 cm². Der mittlere Druck am Meeresspiegel, den wir gewöhnlich zu 760 mm Quecksilbersäule ansetzen, ist dann gleich 1013,26 mb. 1000 mb (d. i. 1 Bar) sind gleich 750,1 mm Quecksilbersäule. Daraus ergibt sich ein einfacher und hinreichend genauer Umrechnungsfaktor für die Überführung der Millimeter Quecksilbersäule in Millibare und umgekehrt: 1 mm = $^4/_3$ mb und 1 mb = $^3/_4$ mm.[4]

---

[1] Die Dimension der Krafteinheit ist $[MLT^{-2}]$, der Flächeneinheit $[L^2]$.

[2] Die Dimension der Arbeitseinheit ist $[ML^2T^{-2}]$, jene der Volumeneinheit $[L^3]$.

[3] Es sei daran erinnert, daß 1 Dyn jene Kraft ist, welche der Masse von 1 g die Beschleunigung von 1 cm/sek² erteilt.

[4] Eine Quecksilbersäule von 760 mm Höhe und dem Querschnitt von 1 cm² hat ein Volumen von 76 cm³ und die Masse von 1033,296 g (bei einem spezifischen Gewicht des Quecksilbers von 13,596). Da 1 g von der Erde mit der Kraft 980,62 Dyn angezogen wird, erhalten wir für die Kraft, mit der die Luft auf 1 cm² Fläche drückt: 1033,296 × 980,62 = 1013260 Dyn oder 1013,26 mb.

In einer ganzen Reihe von Staaten sind die Barometer bereits mit einer Millibarskala versehen. Andere Länder beharren auf der Ablesung des Barometers in Millimetern.[1] In den meteorologischen Depeschen und auf der Arbeitskarte wird der Luftdruck jedoch bereits in allen Ländern ausschließlich in Millibaren ausgedrückt. Daher muß der Beobachter jede in Millimetern ausgeführte Barometerablesung nach Anbringung der notwendigen Korrektionen (siehe Abschnitt 15) auf Millibare umrechnen und in das Telegramm bereits diesen umgerechneten Wert einsetzen.

11. Die Äquiskalarflächen der Atmosphäre.

a) Isobare, isopyknische, isostere und isotherme Flächen.

Die räumliche Verteilung oder, wie man auch sagt, das *Feld* des Luftdrucks läßt sich anschaulich durch Flächen gleichen Drucks und gleicher Dichte — durch sog. *isobare* und *isopyknische Flächen* — darstellen. Entlang jeder isobaren Fläche hat der Luftdruck denselben Wert; geht man von einer isobaren Fläche zur anderen über, so macht man eine ganz bestimmte Luftdruckänderung mit. Analoges gilt selbstverständlich für die isopyknischen Flächen. Statt der isopyknischen Flächen kommen häufig Flächen gleichen spezifischen Volumens, sog. *isostere Flächen*, zur Darstellung. Das spezifische Volumen ist der reziproke Wert der Dichte $\left(v = \dfrac{1}{\varrho}\right)$, weshalb die isopyknischen Flächen der Atmosphäre mit den isosteren Flächen parallel verlaufen. Dabei ist allerdings zu beachten, daß mit der Höhe die Entfernung zwischen den aufeinanderfolgenden Einheitsflächen — die sog. Dicke der *Einheitsschichten* — beim Druck und bei der Dichte in geometrischer Progression zunimmt, beim spezifischen Volumen dagegen abnimmt.

Druck und Dichte (bzw. spezifisches Volumen) charakterisieren den physikalischen Zustand der Luft, wenn man von deren Wasserdampfgehalt absieht, hinreichend, weshalb sie *Zustandsparameter* der Luft vorstellen. An Stelle der Dichte kann als weiterer Parameter die absolute Temperatur T eingeführt werden, deren funktionelle Abhängigkeit vom Druck durch die Beziehung $p = \varrho RT$ gegeben ist. Bei konstantem Druck sind Temperatur und Dichte einander umgekehrt proportional.

Die räumliche Verteilung (das Feld) der Lufttemperatur läßt sich durch *isotherme Flächen*, d. s. Flächen gleicher Temperatur, versinnlichen. Hierbei ist zu beachten, daß die Temperatur mit der Höhe in der Troposphäre im allgemeinen mehr oder weniger linear abnimmt, in der Stratosphäre dagegen nahezu unverändert bleibt (wobei sich die isothermen Einheitsflächen sehr weit voneinander entfernen) oder sogar zunimmt. Die durchschnittliche Anordnung der isothermen Flächen in einem vom Äquator zum Pol verlaufenden Vertikalschnitt bringt Abb. 186.

Die isobaren und isosteren Flächen sind in der Regel gegen die Erdoberfläche geneigt und zeigen innerhalb des Gesamtbildes der Atmosphäre einen recht komplizierten und zeitlich veränderlichen Verlauf. Abb. 7 (entnommen der „Physikalischen Hydrodynamik") zeigt den mittleren Verlauf der isobaren und isosteren Flächen im Februar und August durch Vertikalschnitte, die vom Nordpol zum Äquator verlaufen. Die isobaren Flächen sind hier in Abständen von je 100 mb durch voll ausgezogene Linien versinnlicht, die isosteren Flächen durch gestrichelte Linien in Abständen von je 100 m³/Tonne in den unteren und von je 500 m³/Tonne in den oberen Schichten. Die isobaren und isosteren Flächen schneiden einander (was gewöhnlich auch für den Einzelfall gilt) und teilen die Atmosphäre in Volumina auf,

---

[1] Dabei mag mitspielen, daß die Millibar-Teilung der Skala genau genommen von der Größe der Schwerkraft abzuhängen hat, die für Orte von verschiedener Höhe und verschiedener geographischer Breite nicht gleich ist (vgl. Abschnitt 13).

die von zwei benachbarten isobaren und zwei benachbarten isosteren Flächen-
stücken begrenzt sind und *Solenoide* genannt werden. (Näheres siehe Abschnitt 23).
In der Atmosphäre bildet eine Massenverteilung, bei der die isobaren und

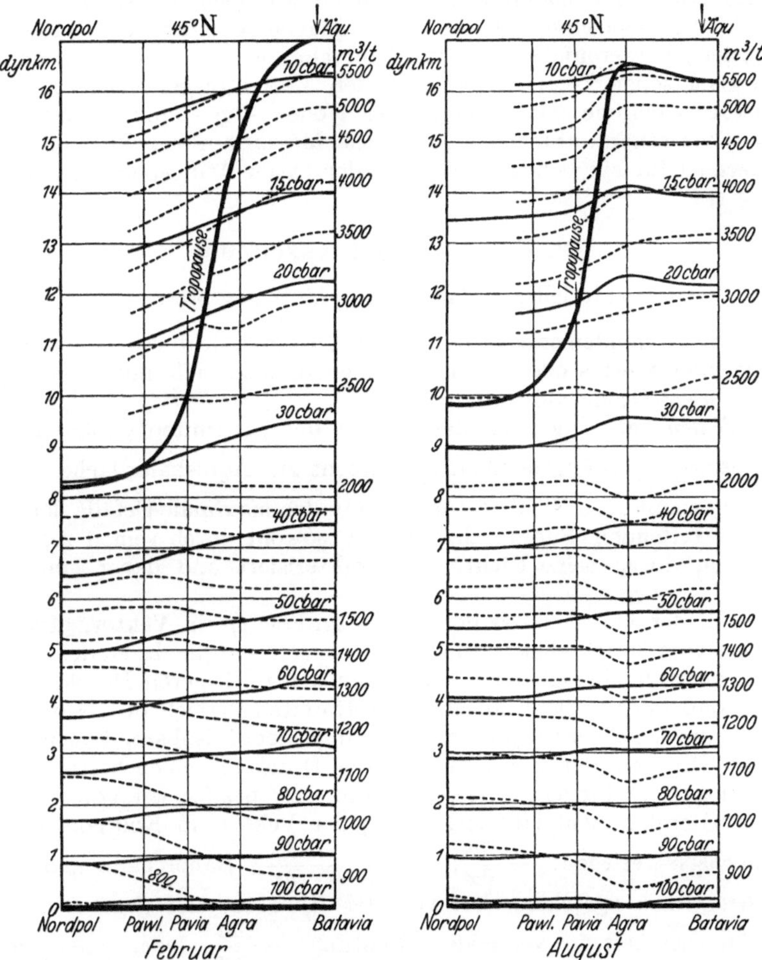

Abb. 7. Mittlerer Verlauf der isobaren und isosteren Flächen im meridionalen Vertikalschnitt für den Februar und
August. (Nach „Physikalische Hydrodynamik", 1933.)

isosteren Flächen einander schneiden, die Regel. Man nennt diesen Zustand
Baroklinie. Demgegenüber kommt *Barotropie*, d. i. ein Zustand, bei dem die
isobaren und isosteren Flächen zusammenfallen, nur in besonderen Fällen vor,
z. B. im Fall des statischen Gleichgewichts (siehe Abschnitt 14).

b) Isobaren und Isothermen.

Dort, wo die isobaren Flächen eine Horizontalfläche schneiden, entsteht ein
System von Linien gleichen Drucks oder von *Isobaren*. Auf der synoptischen Karte
werden die Isobaren in der Regel für den Meeresspiegel eingezeichnet; hierzu müssen
die Luftdruckmessungen aller Stationen mit Hilfe der Barometerformel auf den
Meeresspiegel umgerechnet (siehe Abschnitt 15) und die Orte mit gleichem Druck

durch Linien — Isobaren — verbunden werden, und zwar in Abständen von 2, 5 oder 10 mb, je nach Bedarf. Stehen aerologische Messungen zur Verfügung, so kann man Isobaren für ein beliebiges Niveau der freien Atmosphäre zeichnen. Auf die charakteristischen Isobarenformen kommen wir noch im Abschnitt 16 zurück.

Analog können *Isothermen* für die Erdoberfläche oder für das Meeresniveau entworfen werden; letzterenfalls wird zur Umrechnung der tatsächlich an der Erdoberfläche gemessenen Temperaturen auf den Meeresspiegel ein bestimmter Wert der Temperaturzunahme mit abnehmender Höhe — gewöhnlich 0,50° oder 0,55° je 100 m — verwendet. Stehen aerologische Messungen zur Verfügung, so kann man Isothermen für ein beliebiges Niveau der freien Atmosphäre zeichnen.

12. Gradient und Aszendent.

Vektorielles Gefälle und vektorielles Steigen.

Aus dem Feld irgendeiner skalaren Größe a, dargestellt durch die entsprechenden Flächen gleichen Wertes oder Äquiskalarflächen, läßt sich noch der Begriff des Gradienten dieser Größe ableiten.

Als *Gradienten* bezeichnen wir das Gefälle der genannten Größe auf die Einheit der Entfernung (Längeneinheit), senkrecht zur Äquiskalarfläche: $-\dfrac{da}{dn}$. Der Gradient stellt somit nach Richtung und Betrag das maximale Gefälle der genannten Größe im betreffenden Punkte dar; er ist sowohl durch seinen zahlenmäßigen Wert als auch durch seine Richtung charakterisiert und daher eine vektorielle Größe.

So ist z. B. der barische Gradient (Druckgradient) ein Vektor, dessen zahlenmäßiger Wert vom Druck abhängt und der senkrecht auf die durch den betreffenden Raumpunkt verlaufende isobare Fläche gegen den niedrigeren Druck gerichtet ist. Es ist klar, daß der Gradient in einem bestimmten Bereich des barischen Feldes (Druckfeldes) um so größer ist, je dichter gedrängt hier die isobaren Flächen sind, d. h. je kürzer die Strecken, denen entlang sich der Druck um einen bestimmten Betrag ändert. Analoges gilt für das Feld der Dichte, des spezifischen Volumens oder der Temperatur. Der Gradient läßt sich, wie jeder Vektor, in Komponenten entlang den Raumachsen zerlegen: $-\dfrac{\partial a}{\partial x}$, $-\dfrac{\partial a}{\partial y}$, $-\dfrac{\partial a}{\partial z}$. Daher kann man von einem *vertikalen Gradienten* sprechen, d. i. von der Abnahme der gegebenen Feldgröße auf die Längeneinheit in vertikaler Richtung: $-\dfrac{\partial a}{\partial z}$, oder vom *horizontalen Gradienten*, d. i. von der Abnahme der betreffenden Größe auf die Längeneinheit senkrecht auf die entsprechende Isolinie in der Horizontalfläche: $-\dfrac{\partial a}{\partial n}$. Besondere Bedeutung in der Meteorologie haben der vertikale Temperaturgradient und der horizontale Druckgradient; von beiden wird noch die Rede sein.

Es empfiehlt sich außer dem Gradienten auch den Begriff des *Aszendenten* einzuführen. Er ist nichts anderes als der Gradient mit umgekehrtem Vorzeichen, gibt also statt des vektoriellen *Gefälles* das vektorielle *Steigen*, statt der Abnahme die Zunahme der betreffenden Größe auf die Längeneinheit normal zur Äquiskalarfläche an. Bezeichnen wir den Gradienten mit G und den Aszendenten mit A, so gilt also:

$$G = -\frac{da}{dn}; \quad A = \frac{da}{dn}.$$

13. Das Schwerepotential.

a) Äquipotentialflächen oder Niveauflächen.

Die räumliche Verteilung der Schwerkraft läßt sich am besten überblicken, wenn man den Begriff des *Schwerepotentials* oder *Geopotentials* Φ einführt, das für jeden Raumpunkt einen bestimmten Wert hat. Es wird in der Meteorologie durch jene potentielle Energie ausgedrückt, welche die Masseneinheit in dem betreffenden Punkte gegenüber dem Meeresniveau aufweist. Mit anderen Worten: das Schwerepotential in einem beliebigen Raumpunkt ist gleich der Arbeit, welche gegen die Schwerkraft geleistet werden müßte, um die Masseneinheit vom Meeresniveau bis zur betreffenden Höhe zu heben.

Entlang einer unendlich kleinen vertikalen Strecke dz wird, wenn g die Beschleunigung des freien Falls oder die Schwerebeschleunigung ist, diese Arbeit ausgedrückt durch die Gleichung

$$d\Phi = g\,dz. \tag{1}$$

Der Potentialunterschied auf endliche Entfernung zwischen zwei Punkten 1 und 2 in den Höhen z_1 und z_2 ist dann

$$\Phi_2 - \Phi_1 = \int_{z_1}^{z_2} g\,dz.$$

Setzen wir das Potential im Meeresniveau gleich Null, so erhalten wir für das Potential in einem Punkte von der Höhe z

$$\Phi_z = \int_0^z g\,dz. \tag{2}$$

Das Schwerepotential hat somit offenbar die Dimension $[L^2 T^{-2}]$, wo L die Länge und T die Zeit bedeutet.

Die Flächen gleichen Schwerepotentials nennen wir *Äquipotentialflächen* (auch Isopotentialflächen) der Schwere oder *Niveauflächen*. Das Meeresniveau ist eine dieser Flächen, solange man g entlang dem Meeresspiegel als unveränderlich ansieht. Da aber g infolge Abplattung der Erdkugel und infolge der Erdrotation abhängig ist von der geographischen Breite und vom Äquator aus gegen den Pol etwas zunimmt,[1] verlaufen die Niveauflächen in der Atmosphäre über dem Pol in geringerer Entfernung vom Meeresniveau als über dem Äquator. Sie sind somit in der Richtung auf den Pol zu gegen das Meeresniveau geneigt.

Bei der Verschiebung einer Masse entlang einer Niveaufläche ist keine Arbeit zur Überwindung der Schwerkraft zu leisten; dagegen ist für eine Verschiebung von einer Niveaufläche zur anderen stets die gleiche Arbeitsleistung gegen die Schwerkraft nötig, unabhängig davon, wo auf beiden Flächen der Ausgangs- und der Endpunkt des Verschiebungsweges liegt.

b) Geopotentialunterschiede. Geometrisches und geodynamisches Meter.

Ganz allgemein nimmt das Schwerepotential um eine Einheit im Meter-Tonnen-Sekunden-System ab, wenn man um etwa 1 dm steigt. V. BJERKNES hat diese Einheit ein *dynamisches Dezimeter* genannt, und zwar bedingungsweise, da die tatsächliche Dimension der Potentialeinheit nicht $[L]$, sondern $[L^2 T^{-2}]$ ist. Das Zehnfache dieser Einheit wurde *dynamisches Meter* oder *geodynamisches Meter* genannt (Abkürzung *dyn.m* oder *gdm*).

---

[1] Außerdem nimmt die Schwerebeschleunigung mit der Höhe ab. Sie unterliegt ferner geringfügigen lokalen Abweichungen, die jedoch in der Meteorologie vernachlässigt werden können.

Zahlenmäßig steht das Schwerepotential ausgedrückt in dynamischen Metern H, der Seehöhe des betreffenden Punktes, ausgedrückt in wahren (geometrischen) Metern z, sehr nahe (der Unterschied zwischen z und H schwankt allerdings mit der geographischen Breite). Dieser Umstand erweist sich in der Meteorologie insofern als sehr vorteilhaft, als sich manche Werte (z. B. die Temperatur und der Druck in den internationalen aerologischen Veröffentlichungen) nicht auf die Höhe z, sondern auf bestimmte Niveauflächen von der geodynamischen Höhe H beziehen. Man hat vereinbart, als *Hauptniveauflächen* das Meeresniveau und die Flächen 1000, 2000, 3000 usw. dynamische Meter anzusehen.

Die geometrischen Meter lassen sich in geodynamische überführen, wenn man auf die Gl. (2) zurückgreift. Setzen wir dort g als Funktion der Höhe[1] ein und integrieren wir, so erhalten wir

$$\Phi_z = g_0\, z - 0{,}000001543\, z^2 \tag{3}$$

in Potentialeinheiten (dynamischen Dezimetern). Diesen Ausdruck überführen wir in dynamische Meter H, indem wir durch 10 dividieren:

$$H = \frac{g_0}{10}\, z - 0{,}0000001543\, z^2. \tag{4}$$

Setzt man für $g_0 = 9{,}8$ und vernachlässigt das zweite Glied, so erhält man annähernd

$$H = 0{,}98\, z \quad \text{und} \quad z = 1{,}02\, H.$$

Die Höhe in dynamischen Metern ist somit um 2% kleiner als jene in geometrischen Metern. Genau genommen hängt dieser Unterschied, wie gesagt, von der geographischen Breite ab.

Aus Formel (1) geht hervor, daß

$$g = \frac{d\Phi}{dz}.$$

In Worten: Die Beschleunigung der Schwerkraft ist gleich dem Gradienten des Schwerepotentials. Daraus geht hervor, daß die Schwerebeschleunigung in jedem Punkte der Atmosphäre normal auf die durch ihn verlaufende Niveaufläche gerichtet ist. Die Niveaufläche muß also in allen ihren Punkten normal zur Lotrechten liegen.

Die isobaren und isopyknischen Flächen verlaufen im allgemeinen nahezu so wie die Niveauflächen. Der Aszendent der Dichte fällt fast ganz in die Richtung der Schwerebeschleunigung, mit der seine Richtung nur einen sehr kleinen Winkel einschließt. Es ist indessen zu beachten, daß die Luftdichte an jedem Orte zeitliche Schwankungen aufweist; die Lage der isosteren und isopyknischen Flächen ist daher in jedem Gebiete der Atmosphäre ständigen Änderungen unterworfen.

14. Der barische Gradient.

Begriff des barischen Gradienten und Ableitung der statischen Grundgleichung.

Die Luft steht somit andauernd unter Einwirkung der äußeren Schwerkraft. Außerdem treten in der Atmosphäre *innere* Kräfte auf; die hauptsächlichste davon ist die Kraft des *barischen Gradienten*,[2] oft kurz „Gradientkraft" genannt.

Davon, daß der barische Gradient oder das Druckgefälle eine Kraft vorstellt, kann man sich folgendermaßen leicht überzeugen: Greifen wir aus der Atmosphäre

---

[1] $g = g_0 - 0{,}000003086\, z$, wo g_0 die Schwerebeschleunigung im Meeresniveau ist, die noch von der geographischen Breite φ abhängt nach der Formel
$$g_0 = 9{,}80616\,(1 - 0{,}002644 \cos 2\varphi + 0{,}000007 \cos^2 \varphi)\ \text{m/sek}^2.$$

[2] Von einer weiteren inneren Kraft, der Reibungskraft, handelt Abschnitt 22.

ein unendlich kleines, zylindrisches Volumen dv mit der beliebig gerichteten Achse s von der Länge ds heraus, so wird auf die Einheit der einen Grundfläche des Zylinders der Druck p, auf jene der anderen der Druck $p + \dfrac{\partial p}{\partial s}\, ds$ einwirken. Ist die Größe jeder Grundfläche durch dq gegeben, so wirkt auf die eine die Kraft $p\, dq$, auf die andere die entgegengesetzt gerichtete Kraft $-\left(p + \dfrac{\partial p}{\partial s}\, ds\right) dq$. Die Resultierende F_s dieser beiden Kräfte wird $-\dfrac{\partial p}{\partial s}\, ds\, dq$ sein. Nun ist $ds\, dq = dv$ und $-\dfrac{\partial p}{\partial s}$ stellt die Komponente des barischen Gradienten in der Richtung s vor. Wir haben also

$$F_s = -\frac{\partial p}{\partial s}\, dv,$$

woraus folgt

$$-\frac{\partial p}{\partial s} = \frac{F_s}{dv}. \tag{1}$$

Der barische Gradient in irgendeiner Richtung ist also gleich der Kraft, welche in der betreffenden Richtung auf die Volumeneinheit der Luft einwirkt. Um diese Kraft (so wie die Schwerkraft) auf die Masseneinheit beziehen zu können, hat man beide Seiten der Gl. (1) durch ϱ (die Luftdichte) zu dividieren und erhält als Gradientkraft pro Masseneinheit

$$G_s = -\frac{1}{\varrho}\frac{\partial p}{\partial s}. \tag{2}$$

Die Kraft des vollen Gradienten $\dfrac{dp}{dn}$ gemessen senkrecht auf die isobare Fläche ist dann

$$G_n = -\frac{1}{\varrho}\frac{dp}{dn}. \tag{3}$$

Für den Sonderfall, daß keine horizontalen Luftdruckunterschiede vorhanden sind, fehlen dann die horizontalen Komponenten des Druckgradienten und wir erhalten

$$G_z = -\frac{1}{\varrho}\frac{dp}{dz}, \tag{4}$$

wo z die Vertikalrichtung bedeutet. Es wirken dann auf die Masseneinheit der Luft die Kräfte G_z und $-g$ ein; die Masse wird von diesen beiden Kräften im Gleichgewicht gehalten werden unter der Bedingung

$$-\frac{1}{\varrho}\frac{dp}{dz} = g$$

oder

$$\frac{dp}{dz} = -g\,\varrho. \tag{5}$$

Der nächste Abschnitt behandelt die praktische Auswertung der Gl. (5), welche die *statische Grundgleichung der Atmosphäre* genannt wird.

Auf Grund der Gl. (1) in Abschnitt 13 kann man die Gl. (5) noch in folgender Form darstellen, wobei man statt z das Schwerepotential Φ einführt:

$$dp = -\varrho\, d\Phi. \tag{6}$$

Daraus folgt, daß bei $\Phi = $ const., d. i. $d\Phi = 0$, auch $dp = 0$; folglich ist $p = $ const. Im Fall des Gleichgewichts ist also der Druck an jeder Niveaufläche unveränderlich, d. h. die Niveauflächen und die isobaren Flächen müssen zusammenfallen. Mit anderen Worten: der Druck ist in diesem Fall nur eine Funktion von Φ, d. i.

$$p = f(\Phi).$$

Aus Gl. (6) folgt jedoch, daß in diesem Fall die Dichte ϱ durch

$$\varrho = - f'(\Phi)$$

ausgedrückt wird, wo durch den Apostroph die Ableitung gekennzeichnet ist; demzufolge ist auch die Dichte nur eine Funktion von Φ. Hieraus folgt, daß im Fall des Gleichgewichts die isopyknischen und also auch die isosteren Flächen mit den Niveau- und isobaren Flächen zusammenfallen.

15. Reduktion des Luftdrucks auf das Standardniveau.

a) Die barometrische Höhenformel.

Wie bekannt, nimmt der Luftdruck mit der Höhe rasch ab. In 5 km Höhe findet man im Durchschnitt etwa die Hälfte, in 15 km nur noch etwa ein Zehntel des Luftdruckwertes am Boden. Um ein Bild der horizontalen Druckverteilung zu erhalten, muß man die an Stationen verschiedener Höhe abgelesenen Barometerstände auf ein gemeinsames Standardniveau umrechnen. Hierbei gelten zur Zeit folgende Bestimmungen:

1. Für Stationen unter 500 m Seehöhe gilt als Standardniveau das Niveau des Meeresspiegels.

2. Für Stationen über 500 m, die auf einem ausgedehnten Plateau liegen, ist das Standardniveau je nach regionaler Übereinkunft 1000, 2000 oder 3000 geodynamische Meter.

3. Stationen zwischen 400 und 500 m Höhe, die am Rande eines großen Plateaus, und Stationen zwischen 500 und 600 m, die am Meeresrand liegen, können den Luftdruck auf Grund einer regionalen Übereinkunft auf das Standardniveau des Plateaus bzw. auf das Meeresniveau reduzieren.

4. Von Stationen über 500 m, für welche die Voraussetzungen unter 2 und 3 nicht gelten, wird der lokale Luftdruck (in Stationshöhe) angegeben.

Die unter 1 bis 3 angegebenen Reduktionen führt der Beobachter gewöhnlich selbst durch und setzt in seine Meldung den bereits reduzierten Wert ein.

Nach den Erläuterungen des vorigen Abschnitts ist die Bedingung des statischen Gleichgewichts in der Atmosphäre gegeben durch den Ausdruck

$$\frac{dp}{dz} = - g \varrho. \tag{1}$$

Diese Differentialgleichung drückt den vertikalen barischen Gradienten in Abhängigkeit von der Luftdichte aus. Wir entnehmen ihr, daß von jedem Punkte der Atmosphäre aus der Druck um so stärker nach aufwärts ab- und nach abwärts zunimmt, je größer die Luftdichte an dem genannten Punkte ist.[1]

Setzen wir für ϱ in der Gl. (1) $\dfrac{p}{RT}$ ein, gemäß der Zustandsgleichung der Gase ($pv = RT$ oder $p = \varrho RT$), so erhalten wir:

$$\frac{dp}{p} = - \frac{g\,dz}{R\,T}, \tag{2}$$

---

[1] Da die Luftdichte mit der Höhe abnimmt, erfolgt die Druckabnahme mit der Höhe in den unteren Luftschichten rascher als in den oberen. Die untenstehende Zahlenreihe gibt den Wert der sog. *barometrischen Höhenstufe* an, welche ausdrückt, um welche Höhe in Metern man steigen muß, damit der Luftdruck um 1 mb abnimmt, und zwar in Abhängigkeit von dem Ausgangsdruck (bzw. der entsprechenden Seehöhe). Die betreffenden Zahlenwerte beziehen sich auf eine Temperatur von 0°; bei höheren oder tieferen Temperaturen sind diese Zahlen um 0,4% für jeden Grad zu vergrößern oder zu verkleinern:

p	1000	950	900	850	800	750	700	650	600	550	500 mb
Δ	8,0	8,4	8,9	9,4	10,0	10,6	11,4	12,3	13,4	14,6	16,0 m

wo R die Gaskonstante und T die absolute Temperatur der Luft $(= t + 273°)$ bedeutet. Durch Integration erhalten wir als Ausdruck für die Differenz der natürlichen Logarithmen der Drucke, die an zwei in den Höhen z_1 und z_2 in endlicher Entfernung übereinanderliegenden Punkten gemessen wurden:

$$\lg n \, p_2 - \lg n \, p_1 = -\frac{g}{R} \int_{z_1}^{z_2} \frac{dz}{T}. \tag{3}$$

Den Ausdruck $\int_{z_1}^{z_2} \frac{dz}{T}$, in dem T die absolute Temperatur der Luft als Funktion der Höhenentfernung der Punkte 1 und 2 ist, können wir ersetzen durch den Ausdruck $\frac{z_2 - z_1}{T_m}$, wo T_m die absolute Mitteltemperatur der Luft in der Schichte zwischen den Punkten 1 und 2 vorstellt.

Durch Einsetzung dieses Ausdrucks in Gl. (3) erhalten wir:

$$\lg n \, p_2 - \lg n \, p_1 = -\frac{g}{R} \left(\frac{z_2 - z_1}{T_m} \right) \tag{4}$$

oder

$$p_2 = p_1 e^{-\frac{g\,(z_2 - z_1)}{R\,T_m}}, \tag{5}$$

wo e die Basis der natürlichen Logarithmen $(= 2{,}71828)$, R die Gaskonstante für die Luft aus der Zustandsgleichung der Gase und T_m die absolute Mitteltemperatur der Luft zwischen den Punkten 1 und 2 ist.

Die Ausdrücke (4) und (5) stellen die statische Grundgleichung der Atmosphäre vor, indem sie die Höhenänderung des Drucks mit der Lufttemperatur verknüpfen. Kennen wir den Druck an einem Punkte, die vertikale Entfernung $z_2 - z_1$ zwischen beiden Punkten und die mittlere Lufttemperatur entlang dieser Strecke, so können wir nach Gl. (4) den Druck an dem anderen Punkte ausrechnen. Kennen wir umgekehrt den Druck in beiden Niveaus und die Mitteltemperatur zwischen ihnen, so können wir aus dieser Gleichung den Niveauunterschied ermitteln.

Je genauer wir die Mitteltemperatur bestimmen können, desto genauer wird das Rechenergebnis mit Hilfe der Gl. (4) ausfallen. In der Praxis wird hierfür gewöhnlich das arithmetische Mittel der Temperaturen in beiden Niveaus z_2 und z_1 genommen. Verwenden wir diesen Wert für T_m, wobei $T = 273° + t$ (wo $t =$ Temperatur in Celsius-Graden), setzen wir ferner in die Gl. (5) die entsprechenden Zahlenwerte für g (in 45° Breite und im Meeresniveau) und R (für trockene Luft)[1] ein und vollziehen wir schließlich den Übergang von den natürlichen zu den Briggsschen Logarithmen, so erhalten wir die sog. *barometrische Höhenformel*:

$$z_2 - z_1 = 18400 \left(1 + 0{,}00367 \, \frac{t_1 + t_2}{2} \right) (\lg p_1 - \lg p_2), \tag{6}$$

wo z_2 und z_1 in Metern und der Druck in beliebigen Einheiten ausgedrückt ist.

Fällt das Niveau z_1 mit dem Meeresniveau zusammen, so wird $z_1 = 0$. Das höhere Niveau bezeichnen wir dann mit z, den Druck in beiden Niveaus p_0 und p, die Temperaturen mit t_0 und t, und erhalten

$$z = 18400 \left(1 + 0{,}00367 \, \frac{t_0 + t}{2} \right) (\lg p_0 - \lg p). \tag{7}$$

Es ist dies die Formel, durch die wir den Luftdruck p bei der Temperatur t an einer in der Seehöhe z gelegenen Station auf das Meeresniveau umrechnen können,

---

[1] $g_{0,45} = 9{,}8062$; $R = 287{,}042$ in $\mathrm{m - kg - sek -}$ Einheiten.

wobei wir, falls die gleichzeitige Temperatur im Meeresniveau nicht bekannt ist, den Ausdruck $\frac{t_0 + t}{2}$ gewöhnlich durch den Ausdruck $(t + 0,0025\,z)$ ersetzen. Letzteres entspricht der Annahme, daß die Temperatur mit abnehmender Höhe linear um 0,5°/100 m zunimmt.[1]

Um die Umrechnung des Drucks auf das Meeresniveau nicht jedesmal mit Hilfe der Formel vornehmen zu müssen, benutzt der Beobachter in der Praxis Tabellen, die für jeden Druck- und Temperaturwert den Reduktionsbetrag angeben, der zum tatsächlichen Luftdruck hinzuzurechnen ist.[2] Falls die Barometerskala noch in Millimeter geteilt ist, so wird diese Reduktion aufs Meeresniveau noch vor der Umrechnung der Millimeter in Millibar durchgeführt, aber bereits nach Anbringung der Instrumentenkorrektion sowie nach Vornahme der Reduktion auf null Grad Quecksilber- und Skalentemperatur und auf die Normalschwere.[3]

Die Barometerformel ist nur dann ganz genau erfüllt, wenn keine vertikale Luftbewegung herrscht. Auch horizontale Luftbewegung ist, streng genommen, unzulässig. Andernfalls macht sich die ablenkende Kraft der Erdrotation (Abschnitt 18) geltend, die auch eine Vertikalkomponente hat, welche dann in die Formel (1) eingehen muß. Nun ist für gewöhnlich die Vertikalkomponente der ablenkenden Kraft geringfügig im Vergleiche mit der Schwerkraft und mit der Kraft des vertikalen barischen Gradienten. Man kann sie, ohne die Genauigkeit wesentlich zu beeinträchtigen, vernachlässigen und somit die Barometerformel auch bei Vorhandensein horizontaler Luftbewegung verwenden, namentlich wenn diese geradlinig ist und gleichmäßigen Charakter hat.

b) „Primäre" und „sekundäre" Druckschwankungen am Boden.

Schreiben wir die Barometerformel in der Gestalt

$$p_0 = p\,e^{\frac{g\,z}{R\,T_m}}$$

und differenzieren wir sie logarithmisch nach der Zeit unter Übergang auf endlichen Zuwachs, so erhalten wir:

$$\Delta p_0 = \frac{p_0}{p}\,\Delta p - p_0\,\frac{g\,z}{R\,T_m^2}\,\Delta T_m. \tag{8}$$

Diese Formel zeigt, daß die Druckänderung am Boden während einer gewissen Zeit, Δp_0, in zwei Komponenten zerlegt werden kann. Die rechtsstehende stellt den Effekt vor, den die Änderung der Luftsäule bis zur Höhe z auf die gesamte Druckänderung hat; zu dieser „*thermischen Änderung*" kommt noch das Glied $\frac{p_0}{p}\,\Delta p$ hinzu, welches der Druckänderung Δp im oberen Niveau z proportional ist.

Hat sich die Mitteltemperatur der Luftsäule zwischen den gegebenen Niveaus nicht geändert, so ist $\Delta T_m = 0$ und wir haben

$$\Delta p_0 = \frac{p_0}{p}\,\Delta p. \tag{9}$$

---

[1] Wollen wir auch den Feuchtigkeitsgehalt der Luft berücksichtigen, so ist für R nicht der Wert für trockene, sondern für feuchte Luft einzusetzen. Hierzu muß die rechte Seite der Gl. (7) noch mit dem Faktor $\left(1 + 0,378\,\frac{e}{p}\right)$ multipliziert werden, wo e den an der Station verzeichneten Dampfdruck, ausgedrückt in den gleichen Einheiten wie der Luftdruck, bedeutet.

[2] Bei Berechnung der Tabellen wird auf den mittleren Jahreswert der Feuchtigkeit an der betreffenden Station Rücksicht genommen.

[3] Neuere Reduktionstabellen siehe z. B.: Robitzsch 1939 (2); Linke 1939 (4. Ausgabe).

In diesem Fall muß, wenn das Gleichgewicht der Luftsäule erhalten bleiben soll, der Luftdruckänderung Δp oben eine Änderung von $\frac{p_o}{p}\Delta p$ unten entsprechen. H. v. FICKER hat das erste Glied des rechten Teils der Gl. (8) die *primäre* und das zweite die *sekundäre Druckschwankung* genannt, ohne damit ein Urteil über die genetische Priorität einer dieser Schwankungen aussprechen zu wollen.

Die Gl. (8) sagt lediglich aus, daß bei statischem Gleichgewicht eine gewisse Druckänderung in einem Niveau von einer gewissen, durch die Gleichung größenmäßig festgelegten Druckänderung in einem beliebigen anderen Niveau begleitet sein muß. Die Gleichung sagt zwar unmittelbar über den ursächlichen Zusammenhang oder über den Entstehungsmechanismus der Druckänderungen nichts bestimmtes aus, gab aber Veranlassung zu Schlüssen auf bedeutungsvolle Vorgänge in höheren Schichten (Stratosphäre). Versuche, die Gl. (8) kausal zu interpretieren, führen nur dann zu einem Ergebnis, wenn in bestimmten Fällen der physikalische Ablauf des atmosphärischen Vorgangs gegeben ist.

16. Das barische Feld auf der Karte.

a) Ausziehen von Isobaren. Barisches Relief.

Dadurch, daß auf der synoptischen Karte die Druckangaben aller Stationen in den Niederungen auf ein gemeinsames Niveau, nämlich das *Niveau des Meeresspiegels*, reduziert sind, wird es möglich, diese Angaben miteinander zu vergleichen und die horizontale Druckverteilung zu versinnlichen. Zu diesem Zwecke werden auf der Karte *Isobaren* ausgezogen, und zwar — wie bereits gesagt — in der Regel in Intervallen von 5 mb; gegebenenfalls wählt man Intervalle von $2^1/_2$ mb ober 2 mb.

Beim Ausziehen der Isobaren beachtet man die bekannten Regeln der *linearen Interpolation* und berücksichtigt namentlich jene Stationen, deren Druckangaben als besonders verläßlich bekannt sind. Doch wird man auch hier den Zehntelmillibaren keine übertriebene Bedeutung zumessen dürfen, da sich ja die Umrechnung auf das Meeresniveau auf gewisse vereinfachende Annahmen (nämlich über die vertikale Temperaturverteilung) stützt. Überdies müssen alle Angaben, die eine kontinuierliche Krümmung der Isobaren zu bedingen scheinen, kritisch angesehen werden. An den Fronten und orographischen Hindernissen kann sich nämlich der Isobarenverlauf ganz unvermittelt ändern („*Knick*" der Isobaren).

Aus der Definition der Isobaren als Linien gleichen Drucks folgt, daß zwei Isobaren verschiedenen Wertes einander nicht in einem Punkte schneiden können; es würde dies bedeuten, daß der Druck an diesem Punkte zwei verschiedene Werte hat. Dagegen können zwei Isobaren gleichen Wertes einander in den sog. Sattelpunkten des Feldes (siehe unten) schneiden.

Die Gesamtheit der Isobaren auf der synoptischen Karte stellt das barische Feld an der Erdoberfläche (*genauer: im Meeresniveau*) dar und wird häufig „*barisches Relief*" genannt, weil sie an das Relief einer Landschaft erinnert, wenn es auf einer topographischen Karte durch Schichtenlinien (Isohypsen) versinnlicht wird. Das barische Feld an der Erdoberfläche entspricht einem Horizontalschnitt durch ein dreidimensionales Feld, nämlich durch das räumliche Druckfeld der Atmosphäre. Jede Isobare ist die Schnittlinie einer durch den Luftraum verlaufenden isobaren Fläche mit dem Erdboden.

Bei völligem Ruhezustand der Atmosphäre würden die isobaren Flächen horizontal verlaufen und mit Niveauflächen zusammenfallen; keine von ihnen würde den Erdboden schneiden. Da die Atmosphäre in ständiger Bewegung ist, sind die isobaren Flächen stets gegen den Erdboden geneigt; die isobaren Flächen der unteren Luftschicht werden vom Erdboden geschnitten und erst dadurch entsteht das

Isobarenbild auf der Karte. Ein analoges Bild erhält man allerdings auch für jedes andere Niveau der Atmosphäre, in welches man einen Horizontalschnitt durch das räumliche barische Feld legt; in jedem Niveau wird der Luftdruck in horizontaler Richtung Unterschiede aufweisen.

Die Neigung der isobaren Flächen gegen den Erdboden ist ganz geringfügig; sie kann nur in Winkelsekunden ausgedrückt werden. Dies wird verständlich, wenn man bedenkt, daß ein Druckunterschied von 5 mb auf 100 km horizontaler Ent-

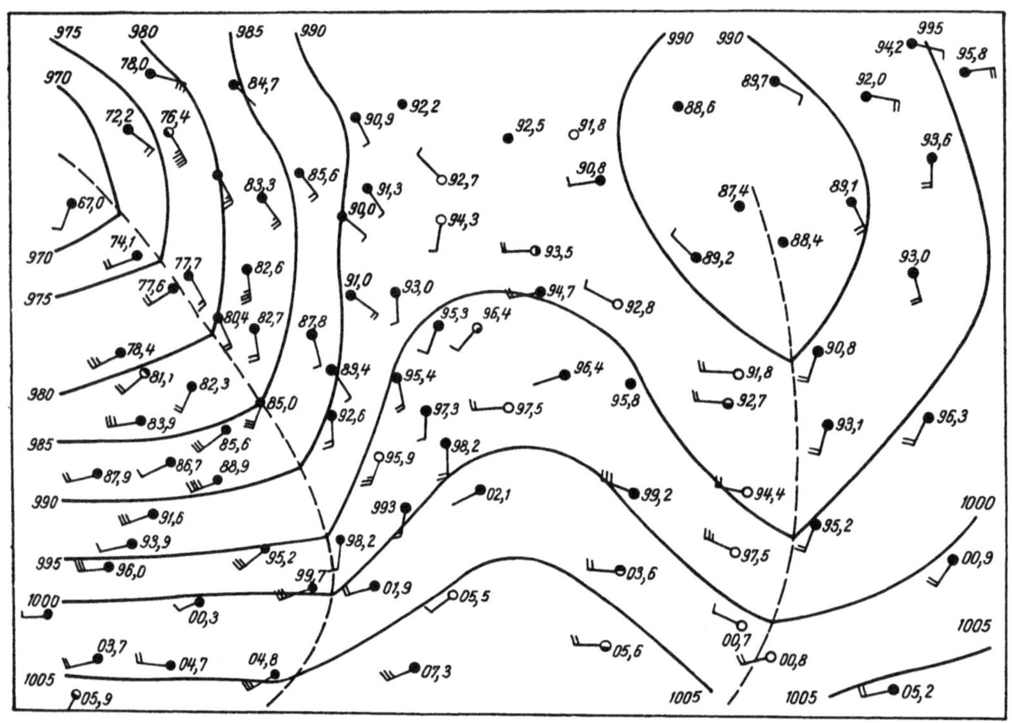

Abb. 8. Lineare Interpolation beim Ausziehen von Isobaren.

fernung bereits sehr beträchtlich ist und nur selten zur Beobachtung kommt, während sich der Druck in vertikaler Richtung bei einem Aufsteigen um bloß 100 m meist um mehr als 12 mb ändert.

b) Praktische Ermittlung des barischen Gradienten.

In jedem Punkte des horizontalen barischen Feldes auf der synoptischen Karte wird ein *horizontaler barischer Gradient*[1] von bestimmtem Betrage vorhanden sein. Je dichter die Isobaren auf der Karte, um so größer der Gradient im gegebenen barischen Feld.

Laut Abschnitt 12 und 14 ist der barische Gradient oder das Druckgefälle durch den Ausdruck $-\dfrac{\partial p}{\partial n}$ definiert, d. h. durch die Druckabnahme auf die Entfernungseinheit (Längeneinheit) normal zur Isobare. In der Praxis läßt sich die Größe des Gradienten in irgendeinem Punkte nur durch die Druckabnahme auf eine viel

---

[1] Im folgenden wird der horizontale barische Gradient kurz *barischer Gradient* oder bloß *Gradient* genannt werden.

größere Entfernung annähernd bestimmen und ist dann durch den Ausdruck $-\dfrac{\Delta p}{\Delta n}$ gegeben. Als Einheit dieser Entfernung pflegt man vereinbarungsgemäß die Länge eines Längengrads am Äquator zu nehmen, d. i. 111 km.[1] Unter der Voraussetzung, daß die Isobaren einander parallel laufen, wird dann die Richtung des Gradienten in einem beliebigen Punkte zwischen zwei Isobaren durch die gemeinsame Normale auf beide gegeben sein (Abb. 9a). Sind die Isobaren konzentrische Kreise (Abb. 9b), so ist die Richtung des stärksten Druckgefälles von einer Isobare zur anderen identisch mit der Richtung des gemeinsamen Halbmessers. Sind schließlich die Isobaren, wie in Wirklichkeit immer, unregelmäßige Kurven (Abb. 9c), so wird die Richtung des Gradienten von einem Punkte zwischen den Isobaren zum anderen schwanken, trotzdem aber in jedem Punkte durch die Normale auf die Zwischenisobare gegeben sein, die durch ihn hindurchgelegt werden kann.

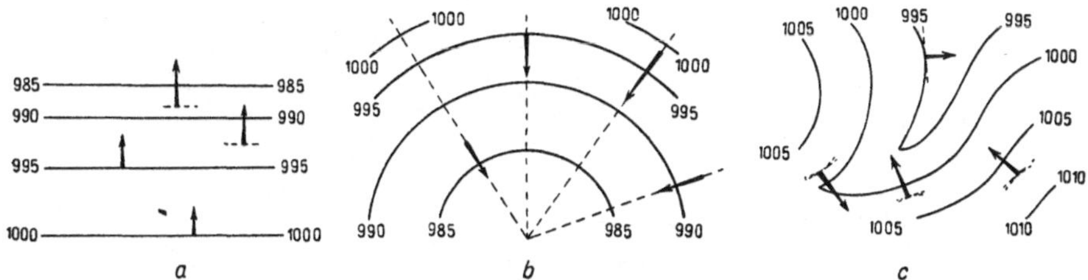

Abb. 9. Isobaren und Gradient.

Will man angenähert den *mittleren* Gradienten in irgendeinem Bezirk des barischen Feldes auf der Karte ermitteln, so muß man zunächst einfach die Entfernung zwischen zwei aufeinanderfolgenden Isobaren entlang einer Geraden abnehmen, die womöglich am besten der Normalen auf diese beiden Isobaren entspricht. Gesetzt den Fall, diese Entfernung zwischen zwei um 5 mb verschiedenen Isobaren sei durchschnittlich 180 km, so wird der mittlere Gradient $-\dfrac{\Delta p}{\Delta n}$ in dem betreffenden Bereiche des barischen Feldes gleich sein $-\dfrac{5\cdot 111}{180}=-3{,}1$ mb pro äquatorialen Längengrad.

Mittlere Gradienten von der Größenordnung 5—7 mb pro äquatorialen Längengrad sind als sehr beträchtlich anzusehen und kommen auf den synoptischen Karten der gemäßigten Breiten selten vor. In einzelnen Fällen wurden in den gemäßigten Breiten auf kleine Entfernung schon Druckunterschiede bis zu 9,2 mb auf 32,2 km beobachtet; umgerechnet auf den äquatorialen Längengrad ergibt dies einen außerordentlich großen Gradienten. Es handelt sich dabei aber nur um Ausnahmsfälle von lokal ganz beschränktem Ausmaß.

c) Grundformen der Isobaren.

Wie bereits erwähnt, schließen die Isobaren auf der synoptischen Karte entweder Gebiete *tieferen Drucks (Depressionen)* ein, oder aber Gebiete, in denen der Druck *höher* ist als in der Umgebung. In den Depressionen nimmt der Luftdruck vom Rand gegen das Innere ab, in den Gebieten höheren Drucks dagegen zu.

Die Grundform der Depression ist die *Zyklone*, die geschlossene, konzentrische

---

[1] Neuere Bestrebungen zielen auch dahin, für die Angaben des Druckgradienten als Einheit eine Entfernung von 100 km einzuführen (vgl. Hann-Süring, „Lehrbuch der Meteorologie", 5. Aufl., S. 500).

Isobaren aufweist: den tiefsten Druck hat das Zentrum der Zyklone, auch Minimum genannt (Abb. 11, $T_1 T_2$).[1]

Manchmal stellt die Zyklone ein ungeheures System zahlreicher konzentrischer Isobaren vor, in dessen Inneren der Druck bis auf 950 mb und darunter (in einzelnen Fällen sogar unter 930 mb) sinken kann, manchmal besteht sie aber nur aus einer einzigen geschlossenen Isobare (z. B. 1010 mb). Gelegentlich verrät sie sich nur durch eine Ausbuchtung einer oder mehrerer Isobaren am Rande einer anderen, tieferen und umfangreicheren Zyklone (T_3 in Abb. 11).[2] Solche Randzyklonen werden auch „sekundäre" genannt, was nur bedingungsweise richtig ist, da sie

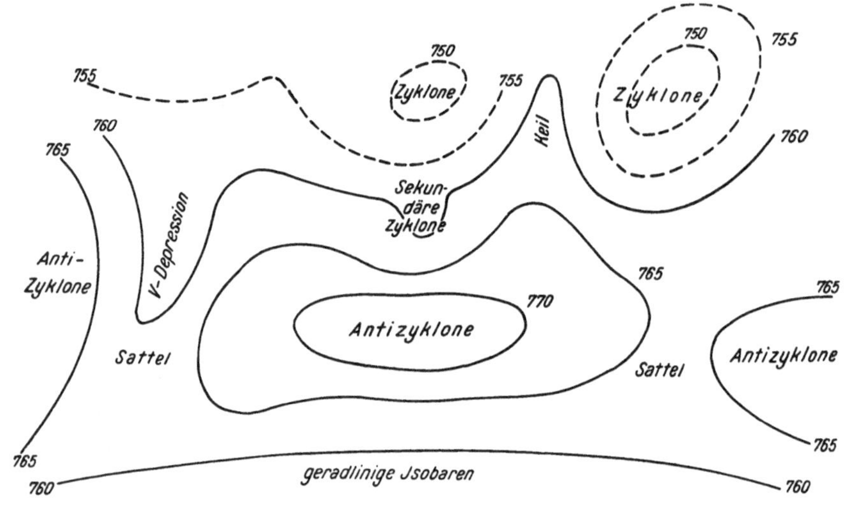

Abb. 10. Grundformen der Isobaren. (Nach ABERCROMBY 1887.)

oft gar keinen entwicklungsmäßigen Zusammenhang mit der Hauptzyklone haben und außerdem nach deren Ausfüllung sich durch Vertiefung und Ausdehnung selbst zur Hauptzyklone umbilden können.

Später (im sechsten Kapitel) wird gezeigt werden, daß mit dem Begriff Zyklone nicht nur das beschriebene barische Feld, sondern auch gewisse *dynamische* Vorgänge in der Troposphäre (Wellen- und Wirbelbewegungen der Luftmassen) verknüpft sind. Erst dann wird eine schärfere und genauere Definition und Einteilung der Zyklonen (Wellen-, junge, okkludierte, Zentralzyklone) möglich sein, die sich nicht nur auf die Isobarenformen, sondern auf struktur-genetische Merkmale stützt. Dort soll auch das Wesen der sog. sekundären Zyklonen erläutert werden.

Es ist noch eine sekundäre Isobarenform zu unterscheiden, die mit tieferem Luftdruck zusammenhängt. Es ist dies die sog. *Furche* oder *Rinne* tieferen Drucks zwischen zwei Gebieten höheren Drucks. Sie tritt entweder als *Zunge* (oder auch *Ausläufer*) *niedrigeren Drucks* auf, wofern sie mit einer Zyklone in Verbindung

---

[1] Die Bezeichnung „Minimum" (und analog „Maximum", siehe unten) wird oft auch auf das Gesamtgebiet tieferen (bzw. höheren) Drucks angewendet; jedoch zu Unrecht, da sie streng genommen die Eigenschaft eines Punktes und nicht eines ganzen Feldes ausdrückt.

[2] Am Rand umfangreicher Zyklonen (und auch Antizyklonen, siehe unten) können die Isobaren über weite Gebiete hinweg aber auch ohne wesentliche Krümmung verlaufen, wie z. B. zwischen den Linien $m-m$ und $n-n$ in Abb. 11. Man spricht dann von einem Gebiet *geradliniger* Isobaren.

steht und nur als Ausbuchtung oder Knick der Randisobaren dieser Zyklone in Erscheinung tritt[1] (wie z. B. in Abb. 11 längs der Linien c—d, g—h). Oder sie hat als Furche im weiteren Sinne des Wortes tatsächlich die Form eines Streifens tieferen Drucks zwischen zwei Gebieten höheren Drucks, ohne Zungenform der Isobaren (wie z. B. in Abb. 11 längs der Linien a—b und l—l). Wie wir sehen werden, verläuft der Achse der Furche entlang (d. i. entlang der Linien a—b oder c—d usw.) oft eine Front zwischen zwei verschiedenen Luftmassen; gerade deshalb soll der Furche besondere Aufmerksamkeit geschenkt werden und ihre Definition im fünften Kapitel weiter ausgebaut werden.

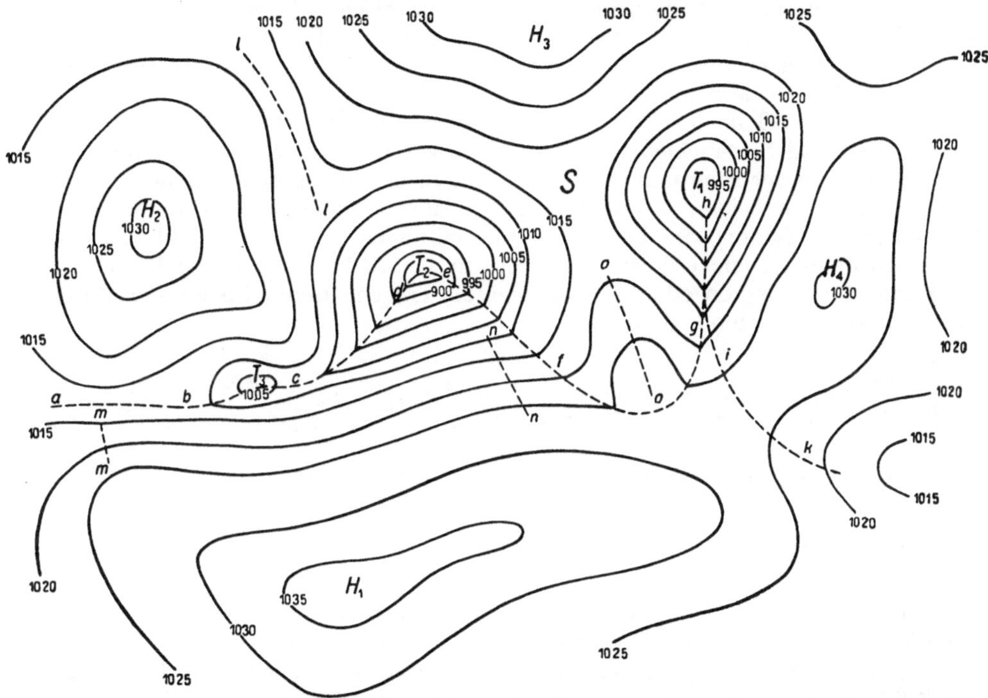

Abb. 11. Formen des barischen Reliefs.

Die Grundform der Gebiete höheren Drucks ist die *Antizyklone* mit geschlossenen konzentrischen Isobaren und dem höchsten Druck (Maximum) im Zentrum (H_1, H_2, H_3 in Abb. 11). In den Nebenformen der Gebiete höheren Drucks finden sich zahlreiche Analogien mit jenen der beschriebenen zyklonalen Gebiete. So entspricht der Furche beim höheren Druck der *Rücken*, der Zunge entspricht der *Keil* höheren Drucks (f—g). Der sekundären Zyklone ähnlich ist der *Ausläufer hohen Drucks* (rechts aufwärts von der Linie i—k in Abb. 11), von dem sich gelegentlich ein selbständiges antizyklonales Zentrum (H_4) abtrennt, welches sich über die Intensität der ursprünglichen Antizyklone hinaus verstärken kann.

Zum Unterschiede von der Achse der Furche pflegt die Achse des Rückens allerdings nie mit einer Front zusammenzufallen. Doch kommt es öfters vor, daß der Rücken sowie auch der Ausläufer hohen Drucks einer anderen Luftmasse an-

---

[1] Ist diese Ausbuchtung besonders gut entwickelt, so daß die Isobaren der Furche V-Form haben, so spricht man von einer V-Depression.

gehört als die Antizyklone selbst und von dieser durch eine Front gesondert wird
(Linie *f—g* in Abb. 11).

Schließlich sei noch ein Isobarengebilde erwähnt, das sich im Gebiete zwischen
zwei kreuzweise angeordneten Paaren von Zyklonen und Antizyklonen ausbilden
kann, der sog. *Sattel* (Abb. 11 in der Nähe von *S*). Die Isobaren erinnern hier an
zwei Hyperbelscharen. Der Punkt *S* heißt Sattelpunkt.

In den nächsten Abschnitten wird gezeigt werden, daß alle erwähnten barischen
Systeme — Zyklone, Antizyklone, Furche, Rücken, Sattel — mit Feldern von
Luftbewegungen ganz bestimmten Charakters verbunden sind.

In allen Fällen wird der Gradient senkrecht auf die Isobaren gerichtet sein;
was seine Größe anlangt, so zeigen uns die synoptischen Karten, daß in den Gebieten höheren Drucks (besonders in deren zentralen Teilen) die Gradienten im
allgemeinen geringer und somit die Entfernungen zwischen den Isobaren größer
sind als in den Niederdruckgebieten.

Es ist klar, daß in der Zyklone und in der Antizyklone die isobaren Flächen
einen grundsätzlich verschiedenen Verlauf haben werden. In der Zyklone nimmt
der Luftdruck in der Richtung gegen das Zentrum ab, in der Antizyklone zu. Außerdem nimmt er in beiden Gebilden mit der Höhe ab. Daher haben die isobaren
Flächen in der Zyklone die Form von Einsenkungen, in der Antizyklone dagegen
von Aufwölbungen (siehe Vertikalschnitte in Abb. 12). In der Furche haben sie
die Form von geneigten oder von wagrechten Trögen, deren Boden der Furchen-
achse entlang verlaufend zu denken.

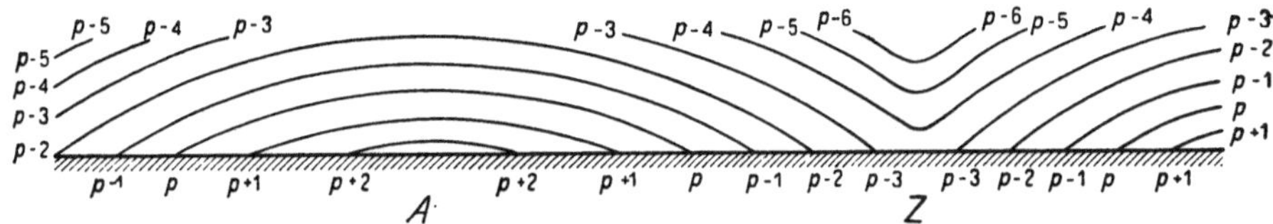

Abb. 12. Isobare Flächen in der Zyklone und Antizyklone im Vertikalschnitt.

Es ist zu beachten, daß in Abb. 12 der vertikale Maßstab stark überhalten ist
und die isobaren Flächen die Erdoberfläche in Wirklichkeit unter Winkeln schneiden,
die nach Sekunden gemessen werden. Ferner ist zu berücksichtigen, daß die Achse
der Zyklone, d. i. die Linie, welche die Punkte tiefsten Drucks (die zusammen-
gehörigen Zyklonenzentren) in den verschiedenen Niveaus miteinander verbindet,
in Wirklichkeit nicht senkrecht steht, sondern in irgendeiner Richtung geneigt ist;
dasselbe gilt für die Antizyklonen.

d) Isobarenkarten für höhere Niveaus. Absolute und relative Topographie isobarer Flächen. Die „Höhenwetterkarte".

Stehen aerologische Beobachtungen zur Verfügung (einschließlich der Beobachtungen von Bergstationen), so kann man analog der Isobarenkarte für das
Meeresniveau auch Isobarenkarten für die höheren Niveaus, z. B. für Höhen von
1000, 2000, 3000 ... m oder dyn. m konstruieren. V. BJERKNES hat jedoch gezeigt, daß es einfacher und zweckmäßiger ist, für die höheren Niveaus Karten
der *Topographie* der Isobarenflächen zu entwerfen. Angenommen, die Topographie
einer Isobarenfläche *p*, z. B. 500 mb, sei festzulegen. Die Fläche wird über verschiedenen Punkten der Erdoberfläche in verschiedenen geodynamischen Höhen
liegen, in Abhängigkeit vom Druck am Boden und von der Temperatur und Feuchtigkeit der dazwischenliegenden Luftschicht. Diese Höhe *H* in dynamischen Metern

wird dann in Anbetracht der statischen Grundgleichung — der Gl. (6) des Abschnitts 14 — durch

$$H = -\frac{1}{10} \int_{p_0}^{p} \frac{dp}{\varrho} \tag{1}$$

ausgedrückt.

Berücksichtigt man die Zustandsgleichung der Gase, so erhält diese Gleichung die folgende Gestalt:

$$H = -\frac{1}{10} \int_{p_0}^{p} \frac{R'\,T}{p}\, dp. \tag{2}$$

Unter dem Integralzeichen steht hier nicht R, sondern R', die Gaskonstante für feuchte Luft, welche durch

$$R' = R\,(1 + 0{,}606\,q)$$

ausgedrückt wird, wo q die spezifische Feuchtigkeit, d. i. das Verhältnis der Wasserdampfmasse zur Masse der feuchten Luft pro Volumeneinheit ist ($q = 0{,}622\,\dfrac{e}{p}$, wo e die Spannkraft des Wasserdampfes und p den Luftdruck bedeuten).

Hieraus folgt

$$H = -\frac{R}{10} \int_{p_0}^{p} \frac{T\,(1 + 0{,}606\,q)\,dp}{p} \tag{3}$$

oder, wenn man $T\,(1 + 0{,}606\,q)$ durch T_v ausdrückt und diese Funktion *virtuelle Temperatur* nennt:

$$H = -\frac{R}{10} \int_{p_0}^{p} T_v\, d\,(\lg p). \tag{4}$$

Diese Gleichung ermöglicht es, H auf einfache Weise zu bestimmen, wenn die mittlere virtuelle Temperatur bekannt ist und folglich vor das Integralzeichen herausgenommen werden kann. V. BJERKNES hat Tabellen zusammengestellt, welche es gestatten, die Werte der virtuellen Temperatur aus Temperatur und Druck (für den Sättigungszustand) und die Entfernungen zwischen den Hauptisobarenflächen bei gegebener mittlerer virtueller Temperatur der Schicht aufzufinden[1] (Tabellen 7 M, 8 M, 9 M, 10 M, 11 M, 12 M in der „Dynamischen Meteorologie und Hydrographie", 1. Teil, Braunschweig, 1912 und Tabellen 56, 57, 58, 78 in der 4. Ausgabe des „Meteorologischen Taschenbuches" von LINKE; siehe ferner ROBITZSCH, „Ausführliche barometrische Reduktions- und Höhentafeln", Leipzig, 1939).

Die Werte der virtuellen Temperatur können auch graphisch auf Adiabatenpapier, z. B. auf REFSDALS Emagramm (Beilage 1 zu diesem Buch, siehe Abschnitt 34) oder auf dem Aerogramm bestimmt werden. Hier bedeuten die Abstände zwischen den kurzen Querstrichen auf den Isobaren der Hauptdrucke die Differenzen zwischen reeller und virtueller Temperatur bei gesättigter Luft. Ist die Luft nicht gesättigt, so muß der durch den Strichabstand gegebene Zusatzbetrag zur reellen Temperatur um eine Prozentzahl vermindert werden, welche der relativen Feuchtigkeit entspricht. Im Deutschen Reichswetterdienst wird zur Bestimmung der virtuellen Temperatur allgemein das thermodynamische Diagrammpapier nach STÜVE verwendet.

---

[1] Falls man die Berechnungen nach den BJERKNESschen Tabellen benutzt, so kann man auch Vertikalschnitte der Solenoide konstruieren, welche durch die isobaren und isosteren Hauptflächen gebildet werden.

Die derart auf Grund der Gl. (4) für die vorgegebene Isobarenfläche über verschiedenen Punkten ermittelten Werte von H trägt man nun in eine Karte ein und erhält durch Ausziehen der Isolinien Isohypsen der Isobarenfläche, welche den Isohypsen auf geographischen Karten gleichen (mit dem Unterschied, daß die Höhen nunmehr nicht in geometrischen, sondern in geodynamischen Metern ausgedrückt sind). Eine solche Karte heißt dann Karte der *absoluten* Topographie der betreffenden Isobarenfläche. Mit Hilfe der BJERKNESschen Tabellen können solche Karten für alle Hauptisobarenflächen, z. B. für je 100 mb konstruiert werden. In der modernen Wetterdienstpraxis beschränkt man sich jedoch meist auf die 500-mb-Fläche, welche derzeit annähernd in Gipfelhöhe der aerologischen Flugzeugaufstiege ($5—5^1/_2$ km) liegt. Als Ergänzung zeichnet man Karten der *relativen* Topographie dieser Fläche, d. h. der geodynamischen Höhen der 500-mb-Fläche über der 1000-mb-Fläche. Diese letztere Karte gibt die mittlere Verteilung der Dichte oder genauer des spezifischen Volumens der Luft in der Schicht zwischen den beiden Flächen wieder. Integriert man die Gl. (6) des Abschnitts 14 in den Grenzen von p_1 bis $p_2 = p_1 + 1$, so erhält man in der Tat

$$\Phi_2 - \Phi_1 = - \frac{1}{\varrho_m} = - v_m,$$

wo ϱ_m und v_m die mittleren Werte der Dichte und des spezifischen Volumens in der betreffenden Schicht bedeuten. Das REFSDALsche Aerogramm gestattet es, die in der relativen Topographie zum Ausdruck kommenden Geopotentialdifferenzen zwischen zwei Isobarenflächen auf elegante und für die Praxis hinreichend genaue Weise durch das einfache Anlegen eines Maßstabes zu ermitteln (vgl. Abschnitt 34). Übrigens läßt auch das Emagramm solche Abmessungen zu, wie KIEFER 1936 und ARAKAWA 1937 (*3*) gezeigt haben.

Für die genauere Kenntnis der Luftmassenverteilung in der Troposphäre ist es erwünscht, Karten der relativen Topographie der 500-mb-Fläche über der 800-mb-Fläche und der 800-mb-Fläche über der 1000-mb-Fläche zu entwerfen; im Winter empfiehlt es sich, solche Karten für die Schichten 900 mb über 1000 mb, 700 mb über 900 mb, 500 mb über 700 mb zu zeichnen. Als Einheit der relativen Höhe eignet sich für diesen Zweck am besten das dynamische Dekameter.

In den beiden „*Höhenwetterkarten*", welche die Deutsche Seewarte in Hamburg täglich in ihrem Wetterbericht ausgibt, sind die Isohypsen im Intervall von 4 Dekameter gezogen. Diese beiden Karten, welche sich auf die Morgenbeobachtungen stützen, nämlich die Karte der relativen Topographie der 500-mb-Fläche über der 1000-mb-Fläche und die Karte der absoluten Topographie der 500-mb-Fläche, werden mit Hilfe eines Näherungsverfahrens entworfen. Die als Grundlage für die letztere Karte nötige Höhe der 1000-mb-Fläche ergibt sich nämlich mit geringen Fehlern direkt aus der Druckverteilung am Boden, wenn man die ungefähre Beziehung 5 mb = 4 dyn. Dekameter gelten läßt: Die Isopotentiale 0 fällt dann natürlich mit der Isobare 1000 mb zusammen und die Isobare 1005 mb bekommt die Bezeichnung + 4 dyn. Dekameter, Isobare 1010 mb: + 8 dyn. Dekameter, Isobare 980 mb: — 16 dyn. Dekameter usw. Die relative Topographie der 500-mb- über der 1000-mb-Fläche wird gleichfalls auf vereinfachtem Wege gewonnen, nämlich als Funktion der mittleren virtuellen Temperatur der ganzen Schicht vom Boden bis zur Höhe der 500-mb-Fläche. Hierbei besteht die einfache Beziehung, daß einer Erhöhung der Mitteltemperatur um 1° eine Vergrößerung der relativen Topographie 500 über 1000 mb um 2 Dekameter entspricht. Wenn man dann die absolute Topographie der 1000-mb-Fläche und die relative Topographie der 500-mb- über der 1000-mb-Fläche, die also beide in Isolinien mit 4 Dekameter Intervall vorliegen, graphisch addiert, so erhält man die absolute Topographie der 500-mb-

Fläche. Stimmt der Verlauf der absoluten Isopotentialen in den Randgebieten nicht ganz mit den vorliegenden und gleichfalls eingetragenen Wolken- und Höhenwindmessungen in 4000—6000 m Höhe überein, so kann man ihn entsprechend korrigieren aus der Annahme heraus. daß dann offenbar die mittlere Temperaturverteilung nicht hinreichend genau extrapoliert war.

Übrigens ist im Jahre 1937 ein internationaler Chiffernschlüssel für die radiotelegraphische Mitteilung aerologischer Aufstiegsergebnisse eingeführt worden, welcher bereits die Meldung der geodynamischen Höhen für die Hauptdruckniveaus durch die einzelnen Stationen selbst oder wenigstens im Rahmen der Sammelsendungen vorsieht. Es liegt auf der Hand, daß hierdurch die Zeichnung von Höhenwetterkarten in Hinkunft wesentlich beschleunigt werden wird.

Es ist verständlich, daß dort, wo die Isobarenflächen die geringste Höhe aufweisen, zyklonale Gebiete, und dort, wo sie am höchsten sind, antizyklonale Gebiete vorhanden sind. Auf Grund der Entfernungen zwischen den Isolinien auf der Karte der 500-mb-Fläche kann man leicht die Geschwindigkeit der Luftströmungen (des Gradientwindes, siehe Abschnitt 19) in einer Höhe von rund 5 km bestimmen (hierzu sind von H. BERG 1934 (2) Nomogramme angegeben worden). An den Isolinien kann man ferner die Divergenz und Konvergenz der Höhenisobaren erkennen (siehe Abschnitt 64e über die Arbeiten von SCHERHAG) u. a. m.

17. Die Ablenkung des Windes vom Gradienten.

a) Das BUYS-BALLOTsche Gesetz.

Die im barischen Feld auf der synoptischen Karte wirksame Horizontalkomponente des barischen Gradienten oder der Gradient schlechthin repräsentiert eine Kraft, deren auf die Masseneinheit der Luft wirkende Größe im Sinne der Ausführungen des Abschnittes 14 gegeben ist durch den Ausdruck

$$G = -\frac{1}{\varrho}\frac{\partial p}{\partial n},$$

wo $-\dfrac{\partial p}{\partial n}$ der Gradient gemessen normal auf die Isobare und ϱ die Luftdichte ist. Die der Luft vom Gradienten erteilten Beschleunigungen sind sehr gering. Bei einem Gradienten von 4 mb pro 111 km und der „normalen" Dichte der Luft (bei einer Temperatur von 0° und einem Druck von 1013,3 mb) entspricht dem obigen Ausdruck eine Luftbeschleunigung von 0,279 cm/sek².

Die der Luft durch den Gradienten erteilte Beschleunigung ist normal auf die Isobare gerichtet. Trotzdem lehrt uns ein Blick auf die Karte, daß die Luftbewegung aus dieser Richtung beträchtlich (durchschnittlich um 45—80°) abgelenkt ist, und zwar auf der Nordhalbkugel nach rechts, auf der Südhalbkugel nach links. Über dem Meere und in der freien Atmosphäre (von einer Höhe von einigen hundert Metern über dem Erdboden angefangen) strömt die Luft nahezu den Isobaren parallel, schließt also mit dem Gradienten annähernd einen Winkel von 90° ein. Ja, es kommt ohne Zweifel in der freien Atmosphäre gelegentlich vor, daß dieser Winkel anscheinend über 90° wächst. Dies ist offenbar bei der Entwicklung und Vertiefung von Zyklonen der Fall, wo wir einen oberen Abtransport von Luft aus deren Zentrum in der Richtung vom tieferen zum höheren Druck annehmen müssen. In der bodennahen Luftschicht erfolgt indessen die Luftversetzung fast immer vom höheren zum tieferen Druck, wenngleich, wie bemerkt, durchaus nicht in der Richtung des Gradienten.

Die Beziehung zwischen Druckverteilung und Windrichtung ist einer der am frühesten entdeckten allgemeinen physikalischen Zusammenhänge in der Meteorologie. Sie wurde in den Zwanzigerjahren des 19. Jahrhunderts von BRANDES in

Deutschland und 30 Jahre später unabhängig davon von Buys-Ballot in Holland gefunden. In der Sprache der Synoptik läßt sich das *Gesetz von* Buys-Ballot folgendermaßen ausdrücken: An der Erdoberfläche weht der Wind vom hohen zum tiefen Druck auf der Nordhalbkugel so, daß er den höheren Druck zur Rechten und den tieferen zur Linken läßt und dabei die Isobaren unter einem bestimmten Winkel (etwa 30°) schneidet. Mit anderen Worten: *Der Wind weht an der Erdoberfläche so, daß er vom Gradienten nach rechts um einen durchschnittlichen Winkel von 60° abweicht* (Abb. 13). Auf der Südhalbkugel erfolgt die Ablenkung nach links von der Gradientrichtung.

Das Buys-Ballotsche Gesetz, das sich auf die Windverhältnisse an der Erdoberfläche bezieht, kann dahin ergänzt werden, daß *der Wind in der freien Atmosphäre, beginnend von einer Höhe von einigen hundert Metern über dem Boden, den Isobaren entlang weht* oder nur äußerst wenig von ihrer Richtung nach der einen oder anderen Seite abweicht. Der Tiefdruck bleibt dabei auf der Nordhalbkugel links, auf der Südhalbkugel rechts.

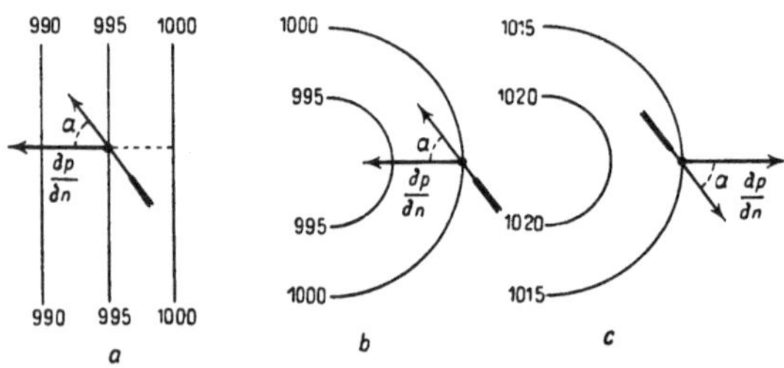

Abb. 13. Ablenkung des Windes vom Gradienten in den unteren Schichten im Fall geradliniger, zyklonaler und antizyklonaler Isobaren.

Man hat folgende mittlere Ablenkungen der Windrichtung von der Gradientrichtung festgestellt: Mitteleuropäisches Binnenland 44°; von der Küste entferntere Stationen Westeuropas (London, Paris, Brüssel) 61°; westeuropäische Küste 77°; Atlantischer Ozean 80°, bei einigen Windrichtungen — SW, W — sogar 90° (Wind weht den Isobaren parallel). Wie in Abschnitt 22 gezeigt werden wird, ist die Ablenkung der Windrichtung von der Gradientrichtung vor allem durch die Reibung bedingt, welche auf die Luftströmung einwirkt.

b) Abweichungen vom mittleren Ablenkungswinkel.

Von diesen mittleren Ablenkungswinkeln kommen im Einzelfall Abweichungen vor, über dem Festlande häufiger, und zwar namentlich bei schwächerem Winde, über dem Meere wegen Einförmigkeit seiner Oberfläche seltener und in geringerer Abhängigkeit von der Windstärke. Ferner ist der Ablenkungswinkel in stabilen Luftmassen (siehe viertes Kapitel) kleiner als in labilen, was in Abschnitt 22 seine Erklärung finden wird. Schließlich wird noch gezeigt werden, daß beschleunigt bewegte Luft einen kleineren Ablenkungswinkel hat, verzögert strömende dagegen einen größeren.

Beim Vergleich der Windrichtungen mit der Gradientrichtung bzw. mit dem Isobarenverlauf auf der synoptischen Karte sind noch folgende störende Umstände zu berücksichtigen: Zunächst beziehen sich die Isobaren auf das Meeresniveau, die Windrichtungen der einzelnen Stationen dagegen auf die tatsächlichen Strömungsverhältnisse in Stationshöhe, d. h. in einem anderen Niveau. Ferner sind die Windbeobachtungen an der Erdoberfläche zahlreichen örtlichen Einflüssen unterworfen (Struktur der Umgebung, Aufstellung der Windfahne usw.), während der Luftdruck von solchen Einflüssen weniger abhängt. Schließlich geben die Isobaren bei der gegenwärtigen Dichte des Netzes nur die allgemeine Luftdruckverteilung wieder und lassen verschiedene lokale Detailstörungen des barischen Feldes, auf welche die Windrichtung und -stärke reagiert, unberücksichtigt. Man denke an die Gewitterböen, an orographische Einflüsse auf die Luftströmung, an die Tagesschwankung des Luftdruckes an den Küsten, welche den Land- und Seewind bedingt usw.

Dies sind alles Umstände, welche auf der Karte Abweichungen der Windrichtung von den obengenannten Durchschnittswerten des Ablenkungswinkels bedingen können.

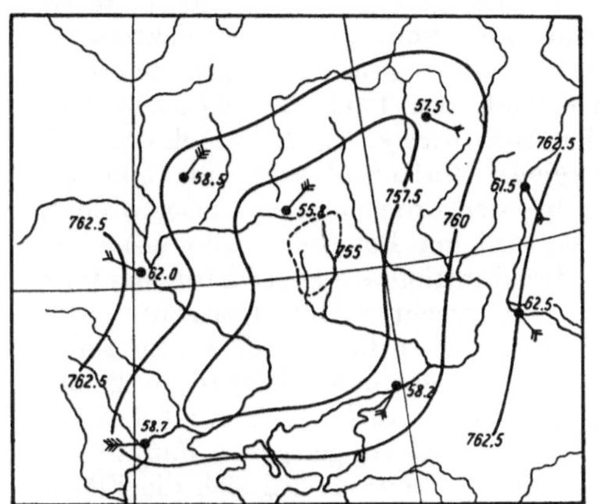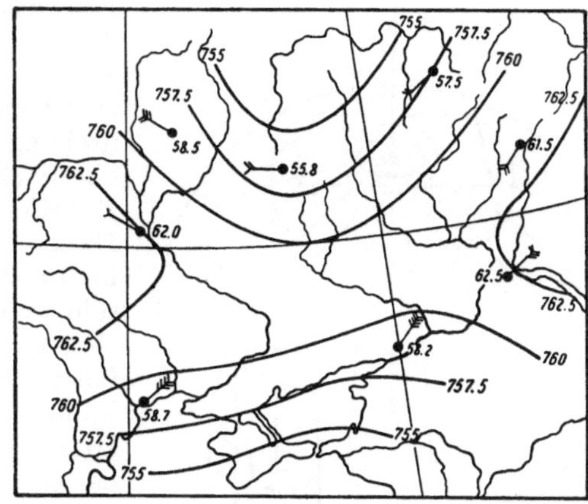

Abb. 14. Verschiedenes barisches Relief unter Berücksichtigung der Windrichtung bei sonst identischen Luftdruckmeldungen.

Nichtsdestoweniger muß beim Ausziehen der Isobaren das Verhältnis zwischen Windrichtung und Isobarenverlauf (bzw. Richtung des Gradienten) berücksichtigt werden. Es können Fälle vorkommen, namentlich bei geringer Dichte des Stationsnetzes (Nachtbeobachtungen!), wo der richtige Isobarenverlauf nur unter Berücksichtigung der Regel festgelegt werden kann, daß der Wind gegen die Richtung des Gradienten stets nach *rechts* abgelenkt ist. Abb. 14 zeigt nach A. I. Asknasij, daß bei gleichen Druckangaben der Stationen, aber ungleichen Windverhältnissen vollkommen verschiedene barische Reliefs vorliegen können.

18. Die ablenkende Kraft der Erdrotation.

a) Wirkungsrichtung der Coriolis-Beschleunigung.

Die Ablenkung der Windrichtung von der Richtung des Gradienten findet ihre Erklärung darin, daß außer der Gradientkraft noch andere Faktoren auf die Luftbewegung einwirken. Die wichtigsten sind die *Erdrotation* und die *Reibung*. Ein dritter Faktor, der sich bei der Luftbewegung auf gekrümmter Bahn einstellt, die *Zentrifugalkraft*, ist in den außertropischen Breiten nicht erheblich und hat infolgedessen auch nur geringere Bedeutung. Im folgenden soll der Einfluß der Erdrotation auf die Luftbewegung erläutert werden.

Wenn sich ein Körper in einem Koordinatensystem bewegt, das selbst eine Drehbewegung gegen die festen Achsen des Weltraums ausführt, so erhält er eine Zusatzbeschleunigung in bezug auf das gegebene Koordinatensystem, die sog. Rotationsbeschleunigung oder Coriolis-*Beschleunigung*; man pflegt zu sagen, daß er unter Einfluß der Coriolis-Kraft steht.

Ein solches rotierendes Koordinatensystem stellt auch die Erde dar in bezug auf alle Körper, die sich auf ihr bewegen, also auch in bezug auf die Luft. Die entsprechende zusätzliche Coriolis-Beschleunigung, die sich in der Bewegung der Körper geltend macht, wird *ablenkende Beschleunigung der Erdrotation* (kurz Ablenkungskraft) genannt. Ihre genaue analytische Ableitung findet sich in den Lehrbüchern der theoretischen Mechanik; im folgenden soll lediglich ihre Entstehungs- und Wirkungsweise anschaulich gemacht werden.

Die Erde dreht sich um ihre Achse von Westen nach Osten mit einer Winkelgeschwindigkeit $\omega = 7{,}29 \cdot 10^{-5}$ sek^{-1} (oder im Winkelmaß 0° 0′ 15″ pro Sekunde). Diese Geschwindigkeit soll durch einen Vektor dargestellt werden, welcher der Erdachse entlang gerichtet ist, und zwar so, daß die Rotation, vom Ende des Vektors — also von oben — aus gesehen, gegen den Uhrzeigersinn erfolgt. Im Lauf der täglichen Umdrehung der Erde wird sich jedes Stück der Erdoberfläche (jede Horizontalebene) um eine zur Rotationsachse der Erde parallele Achse drehen. Diese Achse wird am Pol (siehe Abb. 15) überhaupt mit der Rotationsachse der Erde identisch sein und also senkrecht auf der Horizontalebene stehen. Am Äquator wird sie in die Fläche selbst fallen. Die Drehgeschwindigkeit wird in beiden Fällen gleich ω sein. Auch an einem beliebigen zwischen Äquator und Pol gelegenen Punkte von der geographischen Breite φ wird sich die Fläche mit einer Geschwindigkeit ω um eine Achse drehen, die aber zur Fläche schräg steht und mit ihr den Winkel φ einschließt (siehe Abb. 16). Wir können dann die Drehgeschwindigkeit, in zwei aufeinander senkrecht stehende Komponenten zerlegen. Die eine, $\omega \cos\varphi$, gilt für die Drehung der Fläche um eine Horizontalachse, die identisch ist mit der Tangente zum Meridian, die andere, $\omega \sin\varphi$, gibt die Geschwindigkeit, mit der sich die Fläche um eine zu ihr senkrechte Achse dreht.

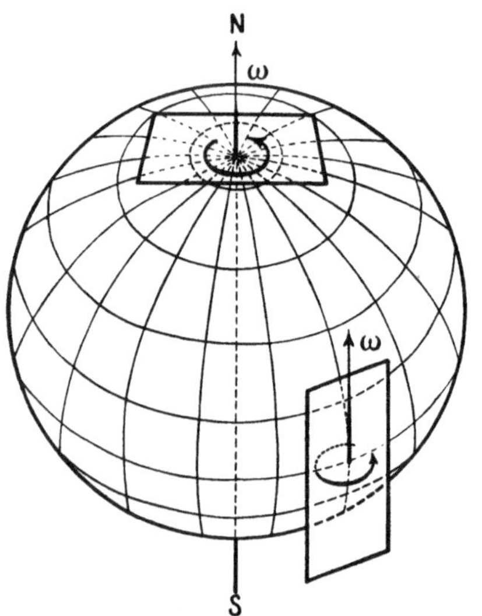

Abb. 15. Drehung einer Horizontalebene am Pol und am Äquator unter dem Einfluß der Erdrotation.

Uns wird im folgenden nur diese Drehung der Fläche mit der Geschwindigkeit $\omega \sin\varphi$ um die Vertikalachse interessieren. Sie erfolgt auf der Nordhalbkugel gegen die Uhrzeigerbewegung, auf der Südhalbkugel mit ihr. Am Äquator ist diese Geschwindigkeit gleich Null; sie wächst mit der geographischen Breite und erreicht am Pol den Wert ω. Das will besagen, daß im Lauf eines Tages die Horizontalebene lediglich am Pol eine volle Umdrehung um die Vertikalachse macht, in den übrigen Breiten dagegen nur einen Teil dieser Umdrehung, der um so kleiner wird, je mehr man sich dem Äquator nähert.

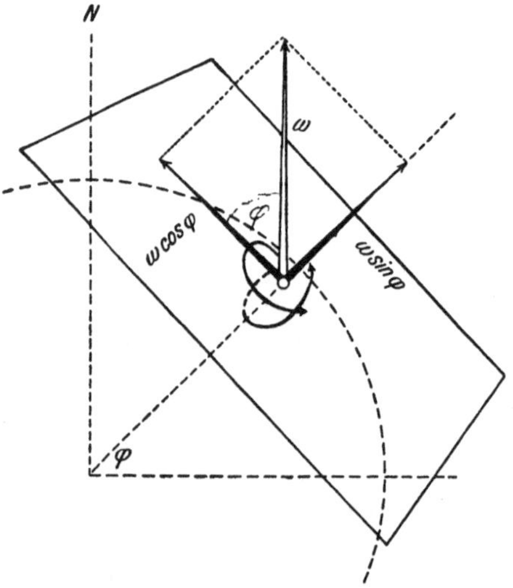

Falls wir nun einem Körper in einem auf der Breite φ gelegenen Punkte der Erdoberfläche in irgendeiner Richtung, d. h. unter einem bestimmten Winkel zum Meridian, in einer horizontalen Ebene eine Bewegung erteilen, so wird er diese ursprüngliche Bewegungsrichtung in bezug auf den Weltraum beibehalten. Unterdessen wird sich nach dem Gesagten die Horizontalebene um ihre Vertikalachse weiterdrehen, d. h. es wird sich die Erdoberfläche selbst mit ihrem Meridiannetz unter dem bewegten Körper von rechts nach links (auf der Nordhalbkugel) mit einer Winkelgeschwindigkeit von $\omega \sin\varphi$ hinwegdrehen.

Abb. 16. Drehung einer Horizontalebene in mittleren Breiten unter dem Einfluß der Erdrotation.

In bezug auf den Meridian, d. h. die Erdoberfläche, wird also der Körper aus seiner ursprünglichen Bewegungsrichtung nach rechts abweichen. Er wird, mit anderen Worten, in bezug auf die Erdoberfläche eine scheinbare Beschleunigung erfahren, die stets senkrecht auf seine Bewegung gerichtet ist, und zwar *auf der Nordhalbkugel nach rechts, auf der Südhalbkugel nach links.* Eben dies ist die ablenkende Beschleunigung der Erdrotation (genauer ihrer Horizontalkomponente). Wie jede senkrecht auf die jeweilige Bewegung wirkende Kraft bringt sie keine Geschwindigkeits-, sondern nur eine Richtungsänderung hervor.

b) Größe der CORIOLIS-Beschleunigung.

Die Größe dieser Beschleunigung läßt sich folgendermaßen am einfachsten berechnen: Es sei angenommen, der in Bewegung befindliche Körper passiere in einem bestimmten Augenblick den Punkt P der Horizontalfläche (Abb. 17); diese Fläche dreht sich um den Punkt P mit einer Winkelgeschwindigkeit $\omega \sin \varphi$. Ferner möge der Körper im Punkte P die gleichförmige Bahngeschwindigkeit V haben. Würde die Fläche sich nicht drehen, so würde der Körper in der Zeit dt zum Punkte A gelangen, der von P die Entfernung $V\,dt$ hat. Anstatt dessen gelangt er, da sich die Horizontalebene unter ihm hinwegdreht, zum Punkte A' (der nach Ablauf von dt jene Lage einnimmt, in der ursprünglich der Punkt A war). Die scheinbare Beschleunigung des Körpers a, die senkrecht auf V nach rechts gerichtet ist und auf den Körper in der Zeit dt einwirkt, läßt sich aus dem Ansatz für den Weg bei gleichmäßig beschleunigter Bewegung ableiten:

$$S = \frac{a\,d\,t^2}{2}, \tag{1}$$

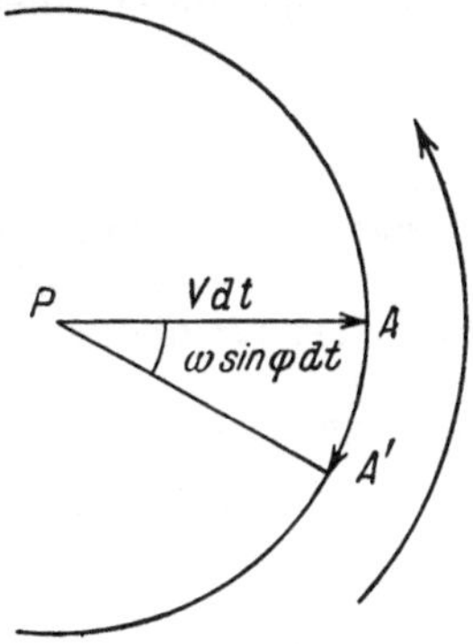

Abb. 17. Zur Berechnung der ablenkenden Kraft der Erdrotation.

wo $S = \overline{AA'}$. Anderseits ist der scheinbare Weg S des Körpers gleich seiner Lineargeschwindigkeit multipliziert mit der Zeit dt, wobei die Lineargeschwindigkeit ihrerseits gleich ist dem Produkte von Winkelgeschwindigkeit $\omega \sin \varphi$ und Radiusvektor $V\,dt$. Also

$$S = \omega \sin \varphi\, V\, dt^2. \tag{2}$$

Aus Gl. (1) und (2) ergibt sich für die Beschleunigung

$$a = 2\,\omega \sin \varphi\, V$$

und für die entsprechende, auf die Körpermasse m einwirkende Kraft

$$A = 2\,m\,\omega \sin \varphi\, V.$$

Ist unser Körper ein Luftteilchen von der Masse eins, so ist

$$A = 2\,\omega \sin \varphi\, V, \tag{3}$$

wo V die Windgeschwindigkeit bedeutet.

Die Beschleunigung der ablenkenden Kraft der Erdrotation ist allgemein sehr gering. Sie wächst laut Gl. (3) mit der Windgeschwindigkeit und mit der geographischen Breite. Bei $V = 20$ m/sek beträgt die Beschleunigung in der Breite $10°$ $0{,}05$ cm/sek², am Pol $0{,}29$ cm/sek². Sie ist allerdings von derselben Größenordnung wie die der Luft vom barischen Gradienten erteilte Beschleunigung (siehe Abschnitt 17).

Alle obigen Erwägungen waren der Einfachheit halber auf einen Körper (in unserem Fall die Luft) beschränkt, der sich nur unter Einfluß der Trägheit fortbewegt. Die ablenkende Wirkung der Erddrehung wird sich in der gleichen Weise auch bei Anwesenheit anderer Kräfte (und unabhängig von ihnen) geltend machen.

19. Der Gradientwind I.

Theorie des Gradientwindes bei geradliniger stationärer Luftbewegung.

Es soll nunmehr die Luftbewegung lediglich unter dem Einfluß der Gradientkraft G und der ablenkenden Kraft der Erdrotation A behandelt werden. Die Wirkung der Zentrifugalkraft und der Reibung soll zunächst vernachlässigt werden, da sie in der *freien Atmosphäre* gegen A und G stark zurücktritt.[1] Ferner wollen wir uns auf die vereinfachte Voraussetzung einer *geradlinigen stationären Bewegung*, also einer der Richtung und Geschwindigkeit nach unveränderlichen Bewegung, beschränken. Von ihr weichen die tatsächlichen Bewegungen in der freien Atmosphäre nur wenig ab.

Diese Voraussetzung, unter der $V = $ const. und daher $\dfrac{dV}{dt} = 0$, kann nur erfüllt sein, wenn die in dem gegebenen Punkte der Atmosphäre angreifenden Kräfte G und A miteinander im Gleichgewichte stehen. Sie müssen also die gleiche Größe haben und unter einem Winkel von 180° voneinander weggerichtet sein:

$$\frac{1}{\varrho}\,\frac{\partial p}{\partial n} = 2\,\omega \sin \varphi\, V. \tag{1}$$

Laut Abschnitt 18 wird der Windvektor von der Richtung der ablenkenden Kraft unter einem Winkel von 90° nach links (auf der Südhalbkugel nach rechts) abzweigen. Da jedoch der Winkel zwischen den Richtungen der ablenkenden Kraft und des Gradienten nach dem Obigen 180° beträgt, wird die Windrichtung von der Gradientrichtung um 90° nach rechts abzweigen, d. h. gerade in die Richtung der Isobaren (siehe Abb. 18) fallen. Wir finden also: Bei stationärer, geradliniger Luftbewegung unter Einfluß der Gradientkraft auf der rotierenden Erde (also bei Anwesenheit der Kräfte G und A) muß der Wind *den Isobaren parallel wehen, wobei der tiefe Druck links bleibt.*

Die entsprechende Windgeschwindigkeit V ergibt sich aus Gl. (1):

$$V = \frac{1}{2\,\omega\,\varrho \sin \varphi}\,\frac{\partial p}{\partial n}. \tag{2}$$

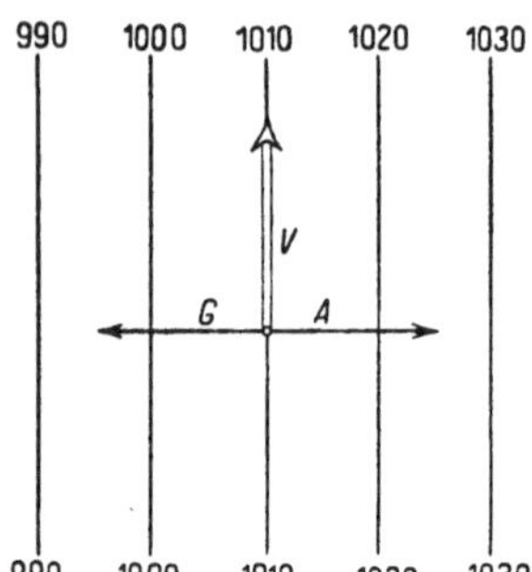

Abb. 18. Stationäre, geradlinige Luftbewegung unter Einfluß der Kräfte G und A.

Bei derselben Luftdichte ϱ und in ein und derselben geographischen Breite φ wird also die Windgeschwindigkeit unter den erwähnten Bedingungen dem barischen Gradienten proportional sein: je größer der Gradient, um so stärker der Wind.

Setzt man in Gl. (2) den Wert für die Luftdichte unter dem Normaldruck 1013,3 mb und bei einer Temperatur von 0° ein und nimmt statt des tatsächlichen Gradienten $\dfrac{\partial p}{\partial n}$ den mittleren Gradienten $\dfrac{\Delta p}{\Delta n}$ in Millibaren auf 111 km Entfernung, so erhält man

$$V = \frac{4{,}78}{\sin \varphi}\,\frac{\Delta p}{\Delta n}\;\text{m/sek.} \tag{3}$$

Es soll nunmehr jede Luftbewegung, welche stationär und den (geradlinigen oder gekrümmten) Isobaren entlang gerichtet ist, *Gradientwind* genannt werden. Gl. (3) gibt dann offenbar die Geschwindigkeit des Gradientwindes für den Fall geradliniger Isobaren, des sog. *geostrophischen Windes*, wieder. Für verschiedene Breiten folgen aus ihr die folgenden Zahlen für die Gradientwindgeschwindigkeit:

---

[1] Nur in den tropischen Zyklonen kann die Zentrifugalkraft in ihrer Wirkung die ablenkende Kraft der Erdrotation übertreffen, siehe Abschnitt 20.

$\varphi = 10°\quad 20°\quad 30°\quad 40°\quad 50°\quad 60°\quad 70°\quad 80°\quad 90°$

$V = 27,4\quad 14,0\quad 9,5\quad 7,4\quad 6,2\quad 5,6\quad 5,1\quad 4,9\quad 4,8$ m/sek für $\dfrac{\Delta p}{\Delta n} = 1$ mb.

Hierbei ist, wie erwähnt, V in m/sek und $\dfrac{\Delta p}{\Delta n}$ in Millibaren pro Äquatorgrad (111 km) zu verstehen. Haben wir z. B. in der geographischen Breite von 50° einen Gradienten von 3 mb auf 111 km, so hat der geradlinige Gradientwind eine Geschwindigkeit von $3 \times 6,2 = 18,6$ m/sek.

Aus Gl. (3) und der obigen Tabelle geht hervor, daß die Geschwindigkeit des Gradientwindes um so größer ist, je geringer φ ist. Mit anderen Worten, bei gleichem Gradienten (gleicher Isobarenentfernung) muß der Gradientwind unter niedrigeren Breitengraden stärker sein als unter höheren. Umgekehrt muß bei gleicher Stärke des Gradientwindes die Isobarenentfernung in niedrigeren Breiten größer, in höheren geringer sein. So z. B. muß bei einer Geschwindigkeit des Gradientwindes von 10,7 m/sek (etwa 6 Beaufort) die Entfernung zwischen geradlinigen Isobaren vom Intervall 5 mb unter 40° Breite 386 km, unter 60° Breite 286 km betragen. Im Abschnitt 21 sollen diese theoretisch gefundenen Werte mit den aus der Wetterkarte empirisch ermittelten verglichen werden.

20. Der Gradientwind II.

Theorie des Gradientwindes bei krummliniger stationärer Luftbewegung.

Im Fall stationärer Bewegung entlang gekrümmter Isobaren müssen in jedem Punkt der Atmosphäre drei Kräfte miteinander in Gleichgewicht sein: G, A und die Zentrifugalkraft C, die normal auf die Windrichtung angreift.[1]

Die allgemeine Mechanik zeigt bekanntlich, daß die Größe der Zentrifugalkraft auf die Masseneinheit gegeben ist durch den Ausdruck $C = \dfrac{V^2}{r}$, wo r der Krümmungshalbmesser der Bewegungsbahn im gegebenen Punkte ist. Je größer r, d. h. je mehr sich die Bahn der Geraden nähert, um so kleiner ist die Kraft C. Im Grenzfall, bei geradliniger Bewegung, ist r unendlich groß und C gleich Null. Ferner zeigt die oben angegebene Formel, daß die Zentrifugalkraft bei gleichem r dem Quadrat der Bewegungsgeschwindigkeit des Körpers (in unserem Fall der Windgeschwindigkeit) proportional ist.

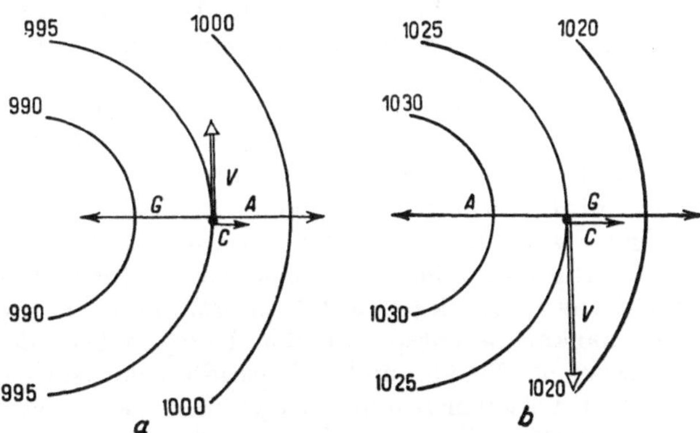

Abb. 19. Stationäre Luftbewegung unter Einfluß der Kräfte G, A und C in der Zyklone und der Antizyklone.

Obgleich sowohl die ablenkende Kraft der Erdrotation als auch die Zentrifugalkraft stets senkrecht auf die Bahn der Bewegung gerichtet ist, besteht doch ein Unterschied: A weist auf der Nordhalbkugel stets nach rechts, dagegen C nach

---

[1] So wie die ablenkende Kraft der Erdrotation ist auch die Zentrifugalkraft nur eine *Scheinkraft*, lediglich bedingt durch das Trägheitsbestreben des Körpers, seine ursprüngliche Bewegungsrichtung beizubehalten. Die krummlinige Bewegung erfolgt so, als ob auf den Körper irgendeine Zusatzkraft wirken würde, die eine Abweichung aus seiner (geradlinigen) Bahn zu verhindern sucht und senkrecht auf die Bewegungsbahn nach auswärts gerichtet ist.

rechts oder nach links, je nach dem Charakter der Bewegung. Es ist klar, daß C bei zyklonaler Bewegung mit A gleichgerichtet ist, bei antizyklonaler Bewegung aber entgegengesetzte Richtung hat (siehe Abb. 19).

Daher muß im Fall stationärer Luftbewegung bei zyklonaler Krümmung der Isobaren (konkav gegen den tiefen Druck) die Gradientkraft der Summe der Kräfte A und C das Gleichgewicht halten, dagegen bei antizyklonaler Krümmung (konkav gegen den hohen Druck) der Differenz dieser Kräfte. In beiden Fällen wirken jedoch alle drei Kräfte entlang ein und derselben Geraden und es muß, wenn zwischen ihnen Gleichgewicht herrscht, der Wind bedingungslos entlang der Tangente zur Isobare gerichtet sein. Die stationäre Luftbewegung unter Einfluß der Kräfte G, A und C erfolgt also stets den Isobaren entlang, so wie es bereits für den geradlinigen Gradientwind im vorigen Abschnitt festgestellt worden war.

Die Geschwindigkeit des Gradientwindes im Fall gekrümmter Isobaren ergibt sich aus der Gleichung

$$G + A + C = 0,$$

somit

$$2\,\omega \sin \varphi\, V + \frac{V^2}{r} = \frac{1}{\varrho}\,\frac{\partial p}{\partial n}.$$

Bei gegebener Gradientkraft G wird diese Geschwindigkeit nunmehr nicht nur von der Breite φ, sondern auch von der Größe und Richtung (Vorzeichen) von r abhängen.

Die gleiche Windgeschwindigkeit wird bei zyklonaler Bewegung von einem größeren Gradienten hervorgebracht als bei antizyklonaler; im ersten Fall muß die Gradientkraft der Summe der Kräfte A und C das Gleichgewicht halten, im zweiten Fall nur ihrer Differenz. Daher müssen bei gleichen Geschwindigkeiten des Gradientwindes die Abstände zwischen den zyklonalen Isobaren kleiner sein als die Abstände zwischen geradlinigen, und diese wieder kleiner als die Abstände zwischen den antizyklonalen Isobaren. Der Unterschied ist im ganzen gering. So beträgt z. B. für einen Gradientwind von 10,7 m/sek (etwa 6 Beaufort) unter 50° Breite bei einem Krümmungsradius der Isobaren von 2000 km deren Abstand im 5-mb-Intervall in der Zyklone 309 km, in der Antizyklone 359 km; bei geradlinigen Isobaren beträgt der Abstand 323 km. Bei stärkerer Isobarenkrümmung und heftigerem Winde sind diese Unterschiede erheblich größer. So sind für einen Wind von 18 m/sek (etwa 9 Beaufort) unter 50° Breite bei einem Krümmungsradius von 500 km die entsprechenden Isobarenabstände in der Zyklone 146 km, in der Antizyklone 284 km und bei geradlinigen Isobaren 192 km.

In den Zyklonen und Antizyklonen der gemäßigten Breiten, bei großem r und mäßig großem V, ist die Zentrifugalkraft gewöhnlich um vier- bis fünfmal kleiner als die ablenkende Kraft der Erdrotation und kann daher oft vernachlässigt werden. Dagegen kann die Zentrifugalkraft bei kleinem r und erheblich großem V in den tropischen Zyklonen die in diesen Gegenden geringe ablenkende Kraft um ein Vielfaches (bis 40mal) übertreffen und das für den geradlinigen Gradientwind errechnete Verhältnis zwischen Gradient und Windgeschwindigkeit erheblich modifizieren.

Auf Grund einer Isobarenkarte kann man die Werte des Gradientwindes graphisch aus den Entfernungen zwischen den Isobaren bestimmen. Hierzu benutzt man am besten ein sog. *Gradientwindlineal*; man mißt damit die Entfernung zwischen den Isobaren und liest unmittelbar den entsprechenden Wert des Gradientwindes für die betreffende geographische Breite ab; auch die Krümmung der Isobaren kann berücksichtigt werden. Selbstverständlich gilt die Teilung eines solchen Lineals nur für einen bestimmten Kartenmaßstab.

Eine für den Wetterdienst besonders vielseitige und praktische Anordnung hat das Gradientwindlineal des norwegischen Wetterdienstes (Abb. 20), gültig für Arbeitskarten vom Maßstab 1 : 10000000. Es gestattet zunächst, für einen beliebigen Isobarenabstand im Meeresniveau die sechsstündliche isobarenparallele Luftversetzung über Reibungshöhe durch den dort vorhandenen Gradientwind (ausgedrückt in Beaufort-Graden) abzulesen. Dies erleichtert, unter Berücksichtigung der in diesem Buch noch zu besprechenden Kriterien, die Vorhersage der Fortbewegung des Zyklonenzentrums oder gewisser Front- und sonstiger Feldpunkte. Man kann mit diesem Lineal aber auch umgekehrt für eine bestimmte, über dem Meer (auf Schiffen) beobachtete Beaufort-Windstärke den

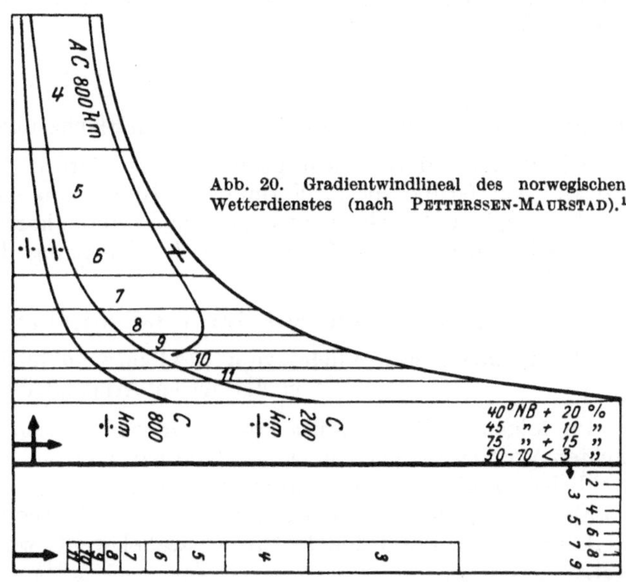

Abb. 20. Gradientwindlineal des norwegischen Wetterdienstes (nach PETTERSSEN-MAURSTAD).[1]

zugehörigen Isobarenabstand ermitteln, also das Luftdruckfeld korrigieren, wenn die Verteilung der Schiffsbeobachtungen zu schütter ist; es geschieht dies unter der Annahme, daß die Windstärke auf Schiff rund $^2/_3$ der Gradientwindstärke beträgt.[2] Eine Hilfsskala ermöglicht schließlich, die Versetzung des meldenden Schiffs während der letzten drei Stunden festzulegen und damit die Luftdruckänderung, die durch die Schiffsbewegung relativ zum Luftdruckfeld verursacht ist, annähernd aus der Tendenzangabe auszuscheiden.

Die Geschwindigkeit des Gradientwindes in hohen Schichten der Atmosphäre kann mit Hilfe von Karten der Topographie der Isobarenflächen bestimmt werden.

---

[1] Das hier abgebildete norwegische Gradientwindlineal ist nicht in natürlicher Größe, sondern etwas verkleinert wiedergegeben. Das norwegische Gradientwindlineal ist für mittlere Breiten (50 bis 70°) konstruiert. Entlang dem linken Rand sind, von der dicken Basislinie aufwärts, die den einzelnen Beaufort-Graden des Gradientwindes entsprechenden 5-mb-Isobarenabstände aufgetragen. Die Länge des entsprechenden von zwei benachbarten Horizontallinien eingeschlossenen Streifens gibt für den betreffenden Beaufort-Grad die beschleunigungsfreie Luftversetzung in sechs Stunden für geradlinige Luftbahnen. Bei gekrümmten Luftbahnen geben die horizontalen Abstände der C-Kurven vom linken Rand den Abzug, jene der AC-Kurve vom rechten Rand den Zuschlag zu dieser Versetzung für den Fall zyklonaler Krümmungshalbmesser von 800 und 200 km, bzw. eines antizyklonalen Krümmungshalbmessers von 800 km. Die Korrektionstabelle rechts enthält die unter anderen Breiten anzubringenden perzentuellen Zuschläge. Im Streifen unter der dicken Horizontallinie finden sich, vom linken Rand aus zu messen, die Abstände der 5-mb-Isobaren, welche den auf See beobachteten Beaufort-Stärken entsprechen. Die kleine Skala 1 bis 9 gibt die der Schlüsselziffer für Schiffsgeschwindigkeit entsprechende Schiffsversetzung in drei Stunden.

[2] Über Land ist ein analoges Verfahren nicht angezeigt, da hier die Beziehung zwischen Bodenwind und Gradientwind im Einzelfall nicht eindeutig genug ist (im großen Durchschnitt beträgt, wie Abschnitt 21 zeigt, die Bodenwindgeschwindigkeit über Land ungefähr $^1/_2$ der Gradientwindgeschwindigkeit). Hier ist aber auch anderseits das jeweilige Luftdruckfeld meist hinreichend genau gegeben.

Sie ist der Entfernung zwischen den Isohypsen auf der Karte, d. i. der Neigung der Isobarenflächen proportional. Aus der oben angeführten Formel für den Gradientwind bei gekrümmten Isobaren hat H. BERG 1934 (2), indem er den Druck durch das Potential der Schwere [Abschnitt 14, Gl. (6)] ersetzte, die zahlenmäßige Beziehung

$$\frac{10\,H}{n} = 2\,\omega \sin\varphi V + \frac{V^2}{r}$$

erhalten, wo $\dfrac{10\,H}{n}$ die Neigung der isobaren Fläche über die Entfernung n bedeutet; H ist in dynam. Metern, n in geometrischen Metern, V in m/sek und r in m ausgedrückt. Auf Grund dieser Formel hat BERG Nomogramme zur Bestimmung der Geschwindigkeit des Gradientwindes nach Höhenkarten angegeben. Die Richtung des Gradientwindes ist offenbar mit der Richtung der Isohypsen auf der Karte identisch.

21. Vergleich mit den tatsächlichen Verhältnissen.

a) Abweichungen des Windes vom Gradientwind in der Bodenreibungsschicht und in der freien Atmosphäre.

Im folgenden soll geprüft werden, inwieweit sich die bisherigen, unter vereinfachten Voraussetzungen über den Gradientwind gewonnenen Schlüsse auf die tatsächlichen Luftbewegungen anwenden lassen.

Es wurde gezeigt, daß bei stationärer Luftbewegung unter Einfluß der Kräfte G, A und C der Wind den Isobaren parallel weht, wobei er den tiefen Druck links läßt.

Dies ist nun in der *freien Atmosphäre* tatsächlich oberhalb 400—600 m Entfernung von der Erdoberfläche der Fall. Wären allerdings die Luftbewegungen wirklich stets ganz stationär, so würden sich die Druckunterschiede in der Atmosphäre weder ausgleichen noch verstärken, wenn man von den wenig bedeutenden „thermischen" Änderungen infolge einer Advektion anders temperierter Luft absieht. Eine Vertiefung und Ausfüllung von Depressionen, sowie eine analoge Verstärkung und Abschwächung von Antizyklonen, wie wir sie auf den synoptischen Karten beobachten, ist daher nur dadurch zu erklären, daß die tatsächlichen Luftbewegungen nicht streng stationären Charakter haben, sondern daß vielmehr einmal die Gradientkraft, ein andermal die ablenkende Kraft der Erddrehung das Übergewicht erlangt (die Zentrifugalkraft kann in Anbetracht ihrer relativ geringen Stärke in den gemäßigten Breiten vernachlässigt werden). Daher weicht der Wind in der freien Atmosphäre meist etwas von der Isobarenrichtung ab, und zwar in der Richtung auf den tiefen Druck im Fall Überwiegens der Gradientkraft, in der Gegenrichtung bei Überwiegen der ablenkenden Kraft.

Indessen zeigen uns Theorie und Erfahrung, daß diese Abweichungen der Windrichtung vom Isobarenverlauf in der freien Atmosphäre nur sehr gering sind, da beide Kräfte dem Gleichgewichte zustreben; so hat z. B. eine Vergrößerung des Gradienten eine Verstärkung der Windgeschwindigkeit und diese wieder ein Anwachsen der ablenkenden Kraft der Erddrehung zur Folge. Die erwähnten Abweichungen können daher nicht einmal durch unsere aerologischen Meßinstrumente festgestellt werden. In *erster Annäherung* kann somit gelten: *in der freien Atmosphäre weht der Wind den Isobaren entlang.*

Anders in den *unteren Luftschichten* bis zu einer Höhe von 400—600 m. In Abschnitt 17 wurde gezeigt, daß hier der Wind erfahrungsgemäß fast immer die Isobaren unter einem erheblichen Winkel in der Richtung vom höheren gegen den tieferen Druck schneidet, wobei er den tieferen Druck links von sich läßt. In dieser unteren Schicht ist somit die Luftbewegung andauernd bestrebt, die Druckunterschiede auszugleichen. Wenn sich solche trotzdem immer wieder entwickeln und verstärken, so liegt offenbar ein „Absaugen" der Luft vom tieferen gegen den höheren Druck in den oberen Luftschichten vor, sobald dort die Bewegung infolge Überwiegens der Ablenkungskraft ihren stationären Charakter verloren hat.

Die eben erwähnte kräftige Abweichung der Luftströme in den unteren Luftschichten von der theoretischen Richtung des Gradientwindes ist eine Folge der Reibung, welche in Abschnitt 22 behandelt werden wird.

b) Empirischer Zusammenhang zwischen Wind und Gradientwind.

Es wurde gezeigt, daß im einfachsten Fall der Bewegung unter Einfluß der Kräfte G und A die Geschwindigkeit des Gradientwindes dem Gradienten proportional ist.

Die synoptischen Karten zeigen, daß auch die Geschwindigkeit des effektiven Bodenwindes dem Gradienten proportional ist. Der Proportionalitätskoeffizient ist jedoch dabei erheblich kleiner als der für den Gradientwind in Abschnitt 19 berechnete. Für den Gradientwind ergab sich:

$$V = \frac{4,78}{\sin \varphi} \frac{\Delta p}{\Delta n},$$

wo V in m/sek und $\frac{\Delta p}{\Delta n}$ in mb pro 111 km ausgedrückt sind. Für den effektiven Bodenwind zwischen 35° und 60° n. Br. erhielt WEGEMANN (1904) folgendes Durchschnittsverhältnis:

$$V = \frac{3,33}{\sin \varphi} \frac{\Delta p}{\Delta n},$$

wenn V und $\frac{\Delta p}{\Delta n}$ in den obigen Einheiten ausgedrückt sind.

Andere Forscher fanden für Westeuropa, daß der tatsächliche Wind in der unteren Luftschicht nur rund halb so stark ist wie der Gradientwind unter denselben Bedingungen. Für die deutsche Küste erhielt z. B. SPRUNG:

$$V = 2,8 \cdot \frac{\Delta p}{\Delta n},$$

während der Gradientwind unter dieser Breite gleich ist

$$V = 6 \frac{\Delta p}{\Delta n}.$$

Den aerologischen Beobachtungen in Mitteleuropa zufolge nimmt jedoch die Windgeschwindigkeit in den unteren Schichten mit der Höhe rasch zu und ist in einer Höhe von 1000 m im Durchschnitt 2,1- bis 2,2mal größer als an der Erdoberfläche. So z. B. beträgt in Berlin die mittlere jährliche Windgeschwindigkeit am Boden 4,8 m/sek und in der Höhe von 1000 m 10,2 m/sek. Der entsprechende Gradientwind, berechnet nach den Druckdifferenzen an der Erdoberfläche, beträgt 9,5 m/sek. Somit ist der Wind in einer Höhe von 1000 m in der freien Atmosphäre etwas stärker als der Gradientwind an der Erdoberfläche. Nach Beobachtungen in Glossop Moor in England erreichte dort die tatsächliche Windgeschwindigkeit bereits in einer Höhe von 630 m die Geschwindigkeit des Gradientwindes am Boden.

Wir sehen somit, daß die Luftbewegung in der freien Atmosphäre, auch ihrer Geschwindigkeit nach, dem Gradientwind sehr nahe kommt; in den unteren Schichten von einigen hundert Metern Höhe ist sie allerdings stark gebremst, was wieder eine Folge der Reibung ist.

c) Gleiche Windgeschwindigkeit bei verschiedener Isobarendichte.

Es war gezeigt worden, daß bei gleichen Gradientwindgeschwindigkeiten die Abstände zwischen den Isobaren in niedrigeren Breiten geringer sind als in höheren.

Auch die tatsächlichen Windverhältnisse auf der synoptischen Karte bestätigen dies. In den tropischen Breiten, in der Zone der Passate, sind die Abstände zwischen den Isobaren im allgemeinen erheblich größer als bei uns, obgleich die Passate keineswegs schwache, sondern mäßige Winde sind. Wenn man aus der Isobarendichte einen richtigen Schluß auf die Windgeschwindigkeit ziehen will, so muß man also die Breitenlage des betreffenden Gebietes mitberücksichtigen.

Es war ferner gezeigt worden, daß bei gleichen Gradientwindgeschwindigkeiten die Isobarendichte in der Zyklone größer sein muß als in der Antizyklone. Berücksichtigt man, daß die Winde in den Zyklonen im allgemeinen stärker sind als in den Antizyklonen, so ergibt sich, daß die Dichte der Isobaren in den Zyklonen im allgemeinen viel größer sein wird als in den Antizyklonen. Auch davon überzeugt uns schon ein flüchtiger Blick auf die synoptische Karte.

22. Die Reibung.

a) Ausfüllende Bewegungen unter Reibungseinfluß.

Es wurde bereits erwähnt, daß die Windrichtung in den unteren 400—600 m mehr oder weniger erheblich vom Isobarenverlauf abgelenkt ist und mit dem Gradienten einen spitzen Winkel einschließt; gleichzeitig ist die Windgeschwindigkeit in diesen Schichten geringer als die Geschwindigkeit des Gradientwindes. Die Luftbewegung erfährt also in den bodennächsten Schichten sowohl eine Verlangsamung, als auch eine kräftige Ablenkung aus ihrem isobarenparallelen Verlauf in der Höhe.[1] Ursache beider Erscheinungen ist die *Reibung.*

Empirische Untersuchungen (HESSELBERG und SVERDRUP, SANDSTRÖM) haben gezeigt, daß man sich die Reibung als Kraft vorzustellen hat, welche nicht genau in die Gegenrichtung zur Luftbewegung wirkt, sondern von ihr um einen Winkel von rund 38° nach links abweicht. Die numerische Größe des Vektors der Reibungskraft ist dabei der Windgeschwindigkeit proportional, d. h. sie kann durch das Produkt kV ausgedrückt werden. In den unteren Schichten ist k über dem Festlande ungefähr zweimal so groß wie über dem Meere und ändert sich stark in Abhängigkeit von der Beschaffenheit der Unterlage. Die negative Beschleunigung, welche der strömenden Luft durch die Reibungskraft erteilt wird, beträgt Zehntel oder Hundertstel von Zentimetern pro Sekunde. Sie besitzt folglich dieselbe Größenordnung wie die Gradientkraft und die ablenkende Kraft der Erdrotation. Mit der Höhe nimmt die Reibungskraft (d. i. der Wert k) rasch ab. Bereits in einer Höhe von einigen hundert Metern (und jedenfalls von 1000 m) ist die Reibung so klein, daß die Luftbewegung hinsichtlich Richtung und Geschwindigkeit dem Gradientwind nahekommt. Infolgedessen nimmt die Geschwindigkeit des Windes in den unteren Hektometern mit der Höhe rasch zu und seine Richtung dreht nach rechts (sich der Richtung der Isobaren nähernd).

Die Reibung bedingt also eine Bremsung der Luft, deren kinetische Energie dabei in Wärmeenergie übergeht.

Sieht man zunächst der Einfachheit halber von dem Einfluß der Zentrifugalkraft ab und setzt man, was mit großer Annäherung zulässig ist, stationäre Bewegungen

---

[1] Streng genommen folgt der Wind in der freien Atmosphäre den Isobaren nur im Fall stationärer Bewegung. Die bei nichtstationärer Bewegung auftretenden Abweichungen von dieser Richtung sind indessen, wie bereits bemerkt, unbedeutend.

voraus, so ist die Wechselwirkung der drei Komponenten Gradientkraft (G), ablenkende Kraft der Erdrotation (A) und Reibungskraft (R) aus Abb. 21 ersichtlich.

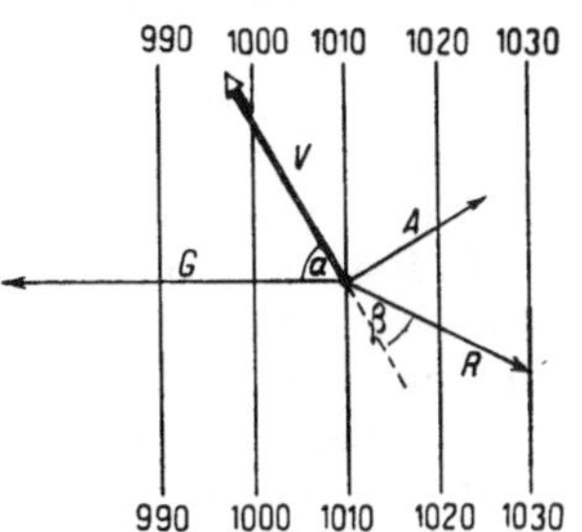

Abb. 21. Stationäre Luftbewegung unter Einwirkung der Kräfte G, A und R.

A wirkt, wie wir bereits wissen, stets senkrecht auf die Windrichtung nach rechts, R schließt mit der Windrichtung einen Winkel von $180° - 38° = 142°$ ein. G muß der Resultierenden der Komponenten A und R das Gleichgewicht halten; der Gradient wird also mit der Windrichtung einen spitzen Winkel einschließen, d. h. der Wind wird, die Isobaren unter einem gewissen Winkel schneidend, vom hohen gegen den tiefen Druck wehen.

Dies wird durch die Erfahrung bestätigt, indem die Luftbewegung in den untersten Luftschichten infolge der Reibung *ausgleichend* auf die Druckunterschiede wirkt. Wenn sich vorhandene Druckdifferenzen trotzdem oft nicht nur nicht ausgleichen, sondern sogar noch verstärken, so ist dies, wie früher gesagt, auf das Auftreten nichtstationärer Bewegungen „gegen den Gradienten" in den höheren Schichten zurückzuführen.

Das Hinzutreten der Zentrifugalkraft wird an diesen Tatsachen nichts Wesentliches ändern. Es ist ohne weiteres ersichtlich, daß im Fall der Zyklone (Abb. 22a),

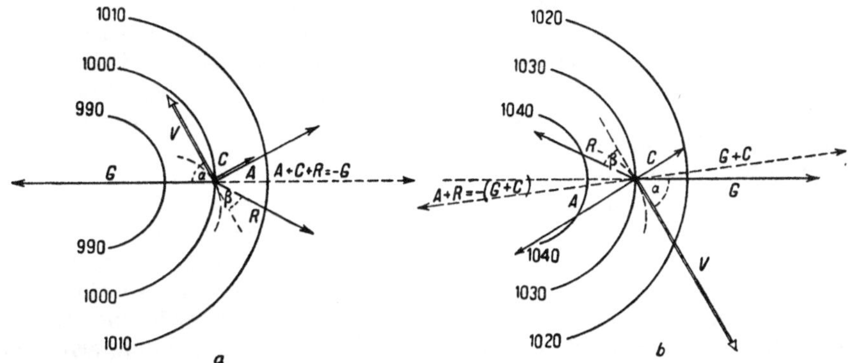

Abb. 22. Stationäre Luftbewegung unter Einwirkung der Kräfte G, A, C und R in einer Zyklone und einer Antizyklone.

wo die Kräfte A und C in dieselbe Richtung fallen, der Ablenkungswinkel des Windes vom Gradienten größer sein wird, als in der Antizyklone (Abb. 22b), wo die Kräfte A und C in entgegengesetzter Richtung wirken.

b) Innere Reibung, Turbulenz und Austausch.

Durch äußere Berührung mit der Unterlage wird die strömende Luft nur in der alleruntersten, der Erde unmittelbar anliegenden Schicht gebremst. Wenn sich der Reibungseinfluß trotzdem in einer Schicht von bedeutender Dicke äußert, so findet offenbar eine Übertragung dieser Bremswirkung nach oben durch *innere Reibung* statt. Dabei kann die Zähigkeit der Luft, bedingt durch den Austausch von Molekülen zwischen benachbarten Schichten verschiedener Geschwindigkeit, die Bremsung nur in einem sehr viel geringeren Ausmaß erklären, als es den Tatsachen entspricht. Die Hauptrolle bei dieser Übertragung spielt vielmehr die *Turbulenz* der atmosphärischen Bewegungen, d. h. die Durchmischung nicht nur einzelner Luftmoleküle, sondern größerer Luftquanten (Turbulenzelemente), die sich mit verschiedener Geschwindigkeit bewegen (Austausch der Bewegungsgrößen).

Das Wesen der Turbulenz besteht darin, daß auch dann, wenn sich eine Luftmasse als Ganzes in einer bestimmten Richtung bewegt, die Bahnen der einzelnen Massenelemente (genauer deren Stromlinien, siehe Abschnitt 25) nicht zueinander parallel, sondern ungeordnet in verschiedenen Richtungen verlaufen, unter anderem nach oben und unten. In der Luftströmung entstehen hierdurch kleine Wirbel und kleine auf- und absteigende Ströme, welche eine Durchmischung der Luft in vertikaler Richtung erzeugen.

Luftströmungen, in denen eine solche Durchmischung auftritt, nennen wir *turbulent* zum Unterschiede von *laminaren* Strömungen mit einem parallelen Verlauf der einzelnen Stromlinien. Jede Luftströmung in der Troposphäre ist mehr oder weniger turbulent, was auch den ungleichmäßigen Charakter des Windes erklärt, wie ihn jedes Anemogramm zeigt. Im wesentlichen ist die Turbulenz eine dynamische Eigenschaft der Luft, und sie ist um so stärker, je unebener die Unterlage ist, über die die Luft hinwegströmt, und je größer deren Strömungsgeschwindigkeit. Bei Windgeschwindigkeiten unter 4 m/sek ist die dynamische Turbulenz so gering, daß sie den laminaren Charakter der Strömung kaum stört. Beim Überschreiten dieses Geschwindigkeitswertes tritt eine plötzliche Verstärkung der Turbulenz ein.

Lassen wir die bodennächste Luftschicht außer Betracht, so nimmt die Turbulenz im allgemeinen mit zunehmender Entfernung von der Unterlage, also wachsender Höhe, rasch ab. An atmosphärischen Grenzflächen zwischen Luftmassen verschiedener Geschwindigkeiten verstärkt sie sich.

Außer der beschriebenen *dynamischen* Turbulenz gibt es noch eine sog. *thermische* Turbulenz. Im folgenden werden wir sie *Konvektion* nennen und den Ausdruck „Turbulenz" nur dem Begriff der dynamischen Turbulenz vorbehalten. Die Konvektion wird durch eine labile Temperaturverteilung in vertikaler Richtung bedingt (siehe Abschnitt 31) und ist daher nicht jeder Luftmasse eigen, sondern vorwiegend nur den Kaltluftmassen (siehe Abschnitt 51). Anlaß zur Konvektion gibt die Erwärmung der niedrigen Luftschichten von der Unterlage aus. Zu einem erheblichen vertikalen Luftaustausch von größerer Mächtigkeit kommt es allerdings nur dann, wenn die Temperatur in der Atmosphäre mit der Höhe besonders rasch abnimmt. Unter günstigen Bedingungen entwickeln sich dann durch Konvektion statt ungeordneter Bewegungen kleinen Maßstabs sogar mächtige auf- und absteigende „Ströme", die eine Geschwindigkeit von einigen Metern **pro** Sekunde erreichen und den Segelfliegern wohlbekannt sind. Dabei bilden sich in der aufsteigenden Luft mächtige Haufen- und Schauerwolken aus. Wenngleich die durch dynamische und thermische Turbulenz hervorgerufenen Erscheinungen in größerer Höhe rasch nachlassen, so sind sie selbst in den allerhöchsten Schichten der Troposphäre noch nicht ganz verschwunden.

Die durch dynamische Turbulenz und Konvektion verursachte Durchmischung hat zur Folge, daß die übereinander lagernden Luftschichten ihre fremden Beimengungen und überhaupt ihre Eigenschaften untereinander ausgleichen. Es kommt zu einem sog. *Austausch* der Feuchtigkeit, des Staubgehalts, der Wärme usw. in vertikaler Richtung.

Bei der Feuchtigkeit zum Beispiel, die normalerweise mit zunehmender Höhe abnimmt, erfolgt dieser Ausgleich infolge Turbulenz in der Regel durch eine Feuchteübertragung von unten nach oben. Dabei ist die Geschwindigkeit der Übertragung (d. i. die Menge der Feuchte S, welche in der Zeiteinheit in vertikaler Richtung die Flächeneinheit des Querschnittes passiert) dem vertikalen Gradienten der spezifischen Feuchte $-\dfrac{ds}{dz}$ proportional:

$$S = -A\,\frac{ds}{dz}.$$

Einem analogen Gesetz unterliegt auch der Austausch anderer Eigenschaften der Luft: je größer der vertikale Gradient des betrachteten Elementes, um so rascher geht der vertikale Austausch der betreffenden Eigenschaft durch Turbulenz vor sich.

Infolge turbulenter Durchmischung wird auch ein vertikaler Austausch der Windgeschwindigkeiten (oder genauer der Bewegungsgrößen mV) stattfinden. Die der bodennächsten Schicht angehörenden Luftteilchen, deren Geschwindigkeit durch Reibung an der Unterlage verlangsamt ist, werden nach oben und die sich rascher bewegenden Teilchen der höheren Schichten nach unten übertragen werden. Infolgedessen wird sich die Verzögerung der Windgeschwindigkeit aus der bodennahen Schicht auf die höher liegenden Luftschichten ausbreiten. Die Turbulenzwirbel selbst werden auch die innere Reibung der Luft vergrößern. Das Ergebnis wird sein, daß der Effekt der Reibung einige zehntausendmal größer sein wird als der Effekt der Zähigkeit der Luft. Zum Unterschied von dieser molekularen inneren Reibung wird die durch Turbulenz verursachte innere Reibung *virtuelle Reibung* (Scheinreibung) genannt.

Daraus ergibt sich nach BERGERON auch eine einfache Erklärung der im Abschnitte 17 angeführten Tatsache, daß der Ablenkungswinkel des Windes vom Gradienten in stabilen Luftmassen sehr klein ist (wie gewöhnlich im Winter über dem Festlande der gemäßigten Breiten), dagegen groß in labilen Luftmassen (wie in der Regel im Winter über den Meeren der gemäßigten Breiten). In einer stabilen Luftmasse, d. i. in einer Masse mit kleinem vertikalen Temperaturgradienten, fehlt nämlich die Konvektion, und der Luftaustausch in vertikaler Richtung ist hier gering. Somit ist auch der Austausch der Bewegungsgrößen hier unbedeutend; die isobarenparallele Strömung der oberen Schichten läßt den unteren Wind, der durch die Reibung kräftig aus der Richtung des Gradienten abgelenkt ist, nahezu unbeeinflußt. Sie kann in diesem Fall schon in ganz geringer Höhe über der bodennächsten Schicht, gelegentlich schon in einer Höhe von 200 m beginnen. In einer labilen Luftmasse dagegen ist der Austausch (infolge der Konvektion) groß; die Windrichtung gleicht sich daher in vertikaler Richtung besser aus und die Strömung der unteren Schichten paßt sich in ihrer Richtung der Höhenströmung leichter an.

23. Die Zirkulation.

a) Begriff der Zirkulation. Zirkulationsbeschleunigung und spezifische Solenoidanzahl.

Die Entstehung barischer Gradienten und folglich auch der Luftbewegungen ist vor allem durch die ungleichmäßige Temperaturverteilung in horizontaler Richtung bedingt. Ihrem Wesen nach haben alle größeren Bewegungen der Atmosphäre *Zirkulationscharakter*, d. h. sie verlaufen im idealen Fall auf geschlossenen Bahnen.[1] Als Beispiel dafür können dienen: die Passate und Monsune, die Land- und Seewinde, die Berg- und Talwinde, ferner die Luftbewegungen bei lokaler Konvektion, entlang der Fronten und innerhalb frontaler Störungen. Freilich beschreiben in Wirklichkeit nicht alle Luftteilchen in solchen Zirkulationen streng geschlossene Bahnen, sondern nur bei einem Teil von ihnen ist dies der Fall. Außerdem können mehrere Zirkulationen einander überlagern (z. B. ein Monsun den Passat, ein Land- und Seewind einen Monsun usw.), wobei als Resultat ein sehr kompliziertes Bild der Bewegungen eines einzelnen Luftteilchens entsteht.

Eine elementare Vorstellung vom Mechanismus der Zirkulation ergibt sich aus der nachfolgenden Betrachtung. Vernachlässigt man die Erdrotation und Reibung und nimmt an, daß in einem gewissen Abschnitte der Atmosphäre Temperatur und Druck in horizontaler Richtung gleichmäßig verteilt sind, so werden sowohl die iso-

---

[1] Siehe V. BJERKNES in Met. Zs. 1900, 17, 97 und 145; 1902, 19, 97.

baren als auch die isosteren Flächen horizontal und folglich zueinander parallel
verlaufen. Nunmehr möge (Abb. 23) im Gebiete des Punktes A Wärmezufuhr und
im Gebiete des Punktes C oberhalb B Wärmeabgabe stattfinden. Die Luft über A
erwärmt sich und dehnt sich aus, die Luft über B kühlt sich ab und zieht sich zusammen. Die isosteren Flächen V_0, V_{+1}, V_{+2} usw. werden sich daher neigen, wie
es in Abb. 23 durch gestrichelte Linien dargestellt ist. Gleichzeitig heben sich die
isobaren Flächen p_0, p_{-1}, p_{-2} usw. — infolge Ausdehnung der sich erwärmenden
Luft — in den höheren Schichten über A und erhalten somit eine Neigung von links
nach rechts, von D nach C. Die hierdurch entstehenden horizontalen barischen
Gradienten bedingen eine Luftversetzung von D gegen C, was wiederum eine Druck-
verringerung über A und eine Drucksteigerung über B zur Folge hat. Daher stellen

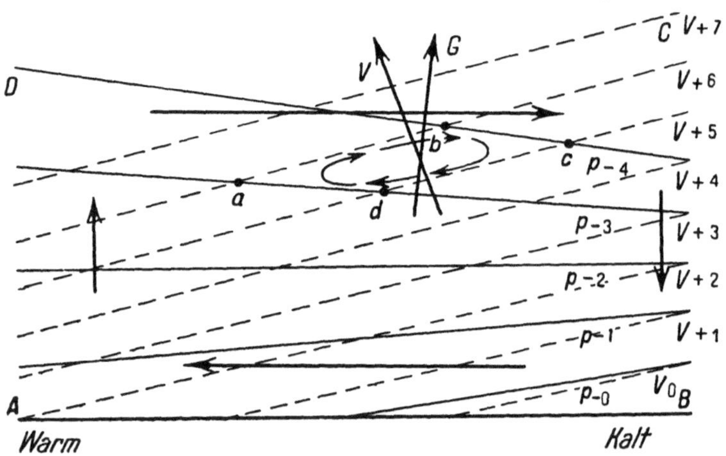

Abb. 23. Zirkulationsschema. (Nach WILLETT.)

sich in den unteren Schichten barische Gradienten ein, welche eine Versetzung der
Luft von B gegen A veranlassen. Die sich erwärmende Luft bei A steigt auf; die
sich abkühlende Luft sinkt von C herab; wir erhalten auf diese Weise eine geschlossene
Zirkulation auf der Bahn $DCBAD$. Die Wärmeenergie verwandelt sich also in
potentielle Energie der Lage der Luftmassen und diese wieder in kinetische Energie,
welche ihrerseits durch Reibung zerstreut wird und in Wärme übergeht.

    Zwecks mathematischer Formulierung der Zirkulationsbewegung stellt man sich
eine Kette bewegter Luftteilchen vor, die eine geschlossene materielle Kurve s
bildet. Man nennt dann *Zirkulation der Kurve s* das Linienintegral der Geschwindigkeit über diese Kurve:

$$C = \oint V_s\, ds, \tag{1}$$

wo V_s die Geschwindigkeitskomponente irgendeines Kurvenpunktes in Richtung der
durch ihn an die Kurve gelegten Tangente und ds das lineare Kurvenelement in
demselben Punkt ist; das Integral wird über die ganze Kurve s erstreckt.

    Zirkulationsbeschleunigung[1] nennt man die erste Ableitung von C nach der
Zeit, d. i.

$$\frac{dC}{dt} = \frac{d}{dt} \oint V_s\, ds. \tag{2}$$

---

[1] Es sei darauf aufmerksam gemacht, daß die Zirkulationsbeschleunigung nicht
identisch ist mit der Translationsbeschleunigung $\dfrac{dV}{dt}$; ihre Dimension ist $[L^2 M T^{-2}]$, d.i.
die Dimension der Arbeit.

Zerlegen wir das Integral nach den Koordinatenachsen, so erhalten wir:

$$\oint V_s\, ds = \oint \left(u\, \frac{dx}{ds} + v\, \frac{dy}{ds} + w\, \frac{dz}{ds} \right) ds = \oint (u\, dx + v\, dy + w\, dz),$$

wo u, v, w die Komponenten der Geschwindigkeit V in Richtung der Achsen x, y, z sind. Daraus folgt:

$$\frac{dC}{dt} = \frac{d}{dt} \oint (u\, dx + v\, dy + w\, dz) = \oint \frac{d}{dt} (u\, dx + v\, dy + w\, dz) =$$

$$= \oint \left(\frac{du}{dt}\, dx + \frac{dv}{dt}\, dy + \frac{dw}{dt}\, dz \right) + \oint \left[u\, \frac{d}{dt}\, (dx) + v\, \frac{d}{dt}\, (dy) + w\, \frac{d}{dt}\, (dz) \right].$$

Nun ist das zweite Integral

$$\oint (u\, du + v\, dv + w\, dw) = 0,$$

da der Klammerausdruck ein vollständiges Differential und s eine geschlossene Kurve ist.

Daraus folgt:

$$\frac{dC}{dt} = \oint \left(\frac{du}{dt}\, dx + \frac{dv}{dt}\, dy + \frac{dw}{dt}\, dz \right).$$

Wenn man die Luftbewegung nur unter der Einwirkung der Kraft des barischen Gradienten und der Schwere betrachtet, so kann man nach den hydrodynamischen Bewegungsgleichungen die Beschleunigungen den entsprechenden, auf die Masseneinheit wirkenden Kräftekomponenten in Richtung der Koordinatenachsen gleichsetzen:

$$\frac{du}{dt} = -\frac{1}{\varrho}\, \frac{\partial p}{\partial x}; \quad \frac{dv}{dt} = -\frac{1}{\varrho}\, \frac{\partial p}{\partial y}; \quad \frac{dw}{dt} = -g - \frac{1}{\varrho}\, \frac{dp}{dz}.$$

Daraus folgt:

$$\frac{dC}{dt} = -\oint \left\{ \frac{1}{\varrho} \left(\frac{\partial p}{\partial x}\, dx + \frac{\partial p}{\partial y}\, dy + \frac{\partial p}{\partial z}\, dz \right) + g\, dz \right\}$$

oder

$$\frac{dC}{dt} = -\oint \frac{1}{\varrho}\, dp - \oint g\, dz. \tag{3}$$

Das zweite Glied der Gl. (3) stellt die Summe der Änderungen des Schwerepotentials *längs einer geschlossenen Kurve* vor und ist daher gleich Null. Daraus folgt:

$$\frac{dC}{dt} = -\oint \frac{1}{\varrho}\, dp = -\oint v\, dp, \tag{4}$$

wo v das spezifische Volumen ist.

Der Ausdruck $-\oint v\, dp$ läßt sich sehr anschaulich interpretieren. Man betrachtet zu diesem Zwecke das System von Solenoiden (siehe Abschnitt 11), welche durch den Schnitt der isobaren und isosteren Flächen innerhalb einer Kurve s gebildet werden. Wenn nun $ADCBA$ (Abb. 24) ein *Einheitssolenoid* ist, das von den isosteren Flächen v_0 und v_{+1} und den isobaren Flächen p_0 und p_{-1} umschlossen wird, so werden bei der Integration die

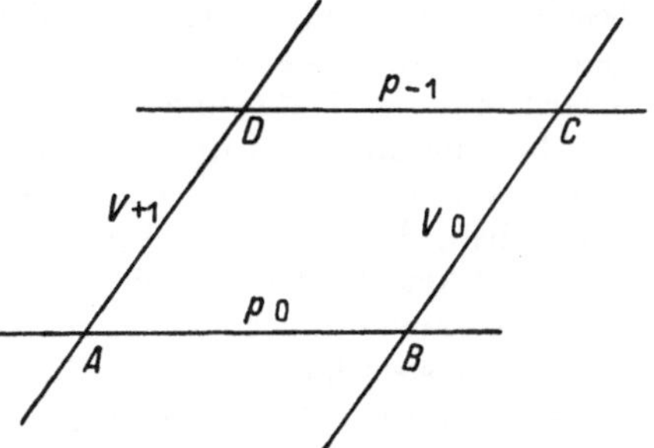

Abb. 24. Schema des Einheitssolenoids.

Stücke DC und BA wegfallen, da hier $dp = 0$, und es ergibt sich als Zirkulationsbeschleunigung des Einheitssolenoids

$$- \oint v\, dp = - \left(\int_{p_0}^{p_{-1}} v_{+1}\, dp + \int_{p_{-1}}^{p_0} v_0\, dp \right) = - [v_{+1}\,(p_{-1} - p_0) + v_0\,(p_0 - p_{-1})] =$$

$$= -(-v_{+1} + v_0) = 1.$$

Die Zirkulationsbeschleunigung der ganzen geschlossenen Kurve s ist dann gegeben durch

$$\frac{dC}{dt} = - \oint v\, dp = N, \tag{5}$$

wo N die Anzahl der isobar-isosteren Einheitssolenoide ist, welche die Kurve s einschließt. Es charakterisiert dann N offenbar den Vorrat an potentieller Energie, welche bei der Zirkulation frei wird.

Dabei wird die Zirkulation vom Vektor V zum Vektor G (Abb. 23), d. i. *vom Volumenaszendenten zum barischen Gradienten* gerichtet sein. Diese Richtung möge normale Drehrichtung der Solenoide oder einfach *normale Zirkulationsrichtung* genannt werden. Die Zirkulation dreht die äquiskalaren Flächen so, daß sich die Anzahl der Solenoide verringert; dies ist begreiflich, da ja die potentielle Energie bei der Zirkulation abnimmt und in kinetische Energie übergeht.

Mittels einfacher Transformationen, welche sich auf die Grundgesetze der Thermodynamik der Atmosphäre stützen, kann gezeigt werden, daß die Beschleunigung der Zirkulation nicht nur durch isobar-isostere, sondern auch durch isotherm-isentropische Solenoide, welche durch Flächen gleicher Temperaturen und gleicher potentieller Temperaturen gebildet sind (siehe Abschnitt 32), ausdrückbar ist. Die Gl. (5) nimmt folgende Form an:

$$\frac{dC}{dt} = A \oint T\, dS, \tag{5'}$$

wo A das mechanische Wärmeäquivalent, T die absolute Temperatur und S die Entropie ist; dabei ist für ungesättigte Luft $S = c_p\, \lg \Theta + $ const., wo Θ die potentielle Temperatur und c_p die spezifische Wärme bei konstantem Druck ist (Abschnitt 32). Daraus folgt das oben ausgesprochene Prinzip.

Mit Hilfe der Zustandsgleichung der Gase kann die Gl. (5) folgendermaßen formuliert werden:

$$\frac{dC}{dt} = - R \oint T\, d\,(\lg p), \tag{5''}$$

wo R die Gaskonstante bedeutet. Hierdurch wird es möglich, die Zirkulationsbeschleunigung durch die Anzahl der durch die isothermen und isobaren Flächen gebildeten Solenoide zu messen, wobei dem Einheitsabstand der Isobarenflächen eine logarithmische Skala zugrunde liegt.

Mit Rücksicht auf das Gesagte werden wir der Einfachheit halber im folgenden den Ausdruck *thermodynamische Solenoide* ganz allgemein gebrauchen ohne genauer anzugeben, durch welche äquisubstantiellen Flächen diese gebildet werden.

Durch das Vorhandensein einer größeren oder kleineren Anzahl thermodynamischer Solenoide innerhalb einer materiellen Kurve in der Atmosphäre wird also die Zirkulationsbeschleunigung in ihr bestimmt. Die Dichte oder *spezifische Anzahl der Solenoide* (pro Volumeneinheit) in irgendeinem Teil der Atmosphäre bedingt daselbst die Tendenz zur Entwicklung und Aufrechterhaltung von Zirkulationsbewegungen.

Die Andauer von Temperaturunterschieden und der hierdurch bedingte Fortbestand von Solenoiden muß keineswegs ein fortwährendes Anwachsen der Zirkulation zur Folge haben. In Wirklichkeit wird stets ein Verbrauch kinetischer Energie durch Reibung stattfinden. Infolgedessen sind die in der Atmosphäre vorkommenden Zirkulationen meist mehr oder weniger stationär, wobei ein Anwachsen der Zirkulation infolge des Vorhandenseins von Solenoiden durch die bremsende Wirkung der Reibung verhindert wird. Überdies kann auch die Erdrotation, von deren Einfluß noch die Rede sein wird, die Wirkung der thermodynamischen Solenoide verringern oder gar ganz aufheben.

Man kann sich eine erzwungene Zirkulation vorstellen, die gegen die normale Richtung vor sich geht und mit einer Hebung kalter und einer Senkung warmer Luft verbunden ist. Eine solche Zirkulation wird offenbar kinetische Energie verbrauchen; sie kann daher nur durch Energiezufuhr von der Seite, z. B. von den benachbarten Zirkulationen her, andauernd aufrechterhalten werden.

b) Wärmeenergie von Kreisprozessen. Spezifische Solenoidanzahl und Arbeitsleistung.

Im Rahmen der bisherigen Erwägungen wurde eine Kurve betrachtet, welche aus denselben materiellen Gas- (oder Flüssigkeits-) Teilchen besteht. Zum Unterschiede davon sei nunmehr eine *unbewegliche*, in sich geschlossene geometrische Kurve in der Atmosphäre vorausgesetzt. Längs dieser Kurve vollziehe sich infolge von Unterschieden in der Erwärmung die Zirkulationsbewegung irgendeines Luftteilchens. Dieses Luftteilchen hat dann nach Durchlaufen der Kurve und nach seiner Rückkehr in den Ausgangspunkt im gleichen Zustande, in dem es seine Bewegung angetreten hatte, einen sog. *Kreisprozeß* durchgemacht. Während der Zirkulationsbewegung geht die dem Teilchen zugeführte Wärmeenergie in Arbeit über. Es gilt dann die thermodynamische Grundgleichung der Energieumwandlungen:

$$dQ = dE + p\,dv. \tag{6}$$

wo dQ die elementare Wärmemenge ist, welche der Masseneinheit beim Kreisprozeß während eines unendlich kleinen Zeitraums dt zukommt; dE bedeutet den entsprechenden Zuwachs an innerer Energie (im Fall eines idealen Gases $dE = c_v\,dT$, wo c_v die spezifische Wärme bei konstantem Volumen und T die Temperatur ist), $p\,dv$ die entsprechende elementare Arbeit der Masseneinheit, wo p den Druck und dv den elementaren Volumenzuwachs bedeutet. Integriert man diese Gleichung über die Zeit von t_0 bis t_1 (im Lauf dieses Zeitraums vollführt das Teilchen einen vollen Umlauf längs der Kurve), so erhält man:

$$Q_1 - Q_0 = Q = E_1 - E_0 + \int_{t_0}^{t_1} p\,dv. \tag{7}$$

Der linke Teil dieser Gleichung stellt die Wärmezufuhr während des ganzen Kreisprozesses vor; ferner gilt $E_1 = E_0$, falls wir voraussetzen, daß das Teilchen im Augenblick t_1 denselben Zustand besitzt wie im Augenblick t_0, d. h. daß sich die zugeführte Wärme völlig in Arbeit umgesetzt hat.

Dann ist

$$Q = \int_{t_0}^{t_1} p\,dv. \tag{8}$$

Das Integral stellt, in Analogie mit dem Theorem über die Zirkulationsbeschleunigung, die Anzahl der isobar-isosteren Einheitssolenoide N innerhalb der Kurve vor. Auf diese Weise gelangt man zur Folgerung, daß bei einer Strömung in der normalen Zirkulationsrichtung längs einer bestimmten geschlossenen Kurve, welche N isobar-isostere Solenoide einschließt, pro Masseneinheit bei jedem Umlauf N Wärmeeinheiten in Arbeit übergehen.

Wir haben folglich

$$\frac{dC}{dt} = N \quad \text{und} \quad Q = N. \tag{9}$$

Hierzu ist zu bemerken, daß *die Wärmequelle bei normaler Zirkulationsrichtung tiefer liegen muß als die Kältequelle.* Nur unter dieser Bedingung kann die warme Luft steigen, die kalte sinken. Die Wärmezufuhr muß größer sein als der Wärmeverlust; gerade dieser Wärmeüberschuß geht beim Kreisprozeß in kinetische Energie über. Aus dem Gesagten erhellt die außerordentliche Bedeutung, welche die thermodynamischen Solenoide für die atmosphärischen Vorgänge haben. Je dichter die Solenoide (je größer ihre spezifische Zahl) innerhalb irgendeiner geschlossenen Kette von Luftteilchen, desto intensiver ist, wie früher gezeigt, die Zirkulation dieser Kette. Nun sehen wir hier, daß, je dichter die Solenoide in irgendeinem geometrisch abgegrenzten Ausschnitte der Atmosphäre sind, um so mehr Wärmeenergie bei der Luftbewegung längs der Kurve, die diesen Ausschnitt abgrenzt, in Arbeit übergeht.

c) Die Zirkulationsbeschleunigung unter dem Einfluß der Erddrehung.

Durch die Anzahl der thermodynamischen Solenoide wird die Zirkulationsbeschleunigung in bezug auf unbewegliche Koordinatenachsen im Raume, die Beschleunigung der *totalen Zirkulation* gemessen. Da aber die Erde selbst und mit ihr auch die Atmosphäre rotiert, so ist diese totale Zirkulation C gleich der Summe $C_r + C_e$, wo C_r die Zirkulation der Kurve relativ zur Erde und C_e die Zirkulation der Kurve bedeutet, wenn man sie sich für einen Augenblick starr mit der rotierenden Erde verbunden denkt.

Daraus folgt die Zirkulation relativ zur Erde

$$C_r = C - C_e \tag{10}$$

und ihre Beschleunigung

$$\frac{dC_r}{dt} = N - \frac{dC_e}{dt}. \tag{11}$$

Man kann beweisen, daß

$$C_e = 2\,\omega\,\Sigma, \tag{12}$$

wo ω die Winkelgeschwindigkeit der Erdrotation und Σ die Projektion der Kurve s auf die Fläche des Äquators ist.

Hieraus folgt

$$\frac{dC_e}{dt} = 2\,\omega\,\frac{d\Sigma}{dt} \tag{13}$$

und die Zirkulationsbeschleunigung relativ zur Erde

$$\frac{dC_r}{dt} = N - 2\,\omega\,\frac{d\Sigma}{dt}. \tag{14}$$

Im Fall von

$$N = 2\,\omega\,\frac{d\Sigma}{dt}$$

wird $\frac{dC_r}{dt} = 0$ und $C_r = $ const., wofern keine Reibung vorhanden ist. Ist jedoch Reibung vorhanden, so ist C_r entweder gleich Null, oder es nimmt so lange ab, bis es Null wird.

Wenn $N = 2\,\omega\,\frac{d\Sigma}{dt}$ und keine Reibung vorhanden ist, so wird sich also das System im stationären Zustand befinden; die Wirkung der Solenoide und die Wirkung der Erdrotation halten einander das Gleichgewicht. Die Aufhebung dieses Gleichgewichts infolge von Temperatur- oder Druckänderungen wird zu einer Störung des stationären Zustands führen, d. h. zur Entstehung einer Zirkulationsbeschleunigung $\frac{dC_r}{dt}$.

24. Nichtstationäre Bewegungen und Druckänderungen.

a) Allgemeines über Druckänderungen. Das isallobarische Feld.

Eine stationäre Luftbewegung in der freien Atmosphäre vermag die Druckverteilung nur in sehr beschränktem Ausmaße zugunsten einer Advektion von Luftmassen anderer Temperatur zu ändern. Die Luftbewegung in den unteren Schichten wird bei Vorhandensein von Reibung immer nur im Sinne eines Ausgleichs der Druckunterschiede wirken. Und doch ist der Luftdruck in einem beliebigen Punkte der Atmosphäre und über einem beliebigen Punkte der Erdoberfläche in andauernder Änderung begriffen, wobei sich Druckunterschiede nicht nur ausgleichen, sondern auch verstärken und immer wieder von neuem ausbilden. In den gemäßigten Breiten schwankt der Druck über einem bestimmten Orte in ziemlich weiten Grenzen. So betrug z. B. im Lauf von 35 Jahren in Moskau der höchste Druck 1036,8 mb und der tiefste 944,3 mb. Der überhaupt tiefste im Meeresniveau bisher beobachtete Druck war 886,8 mb (am 18. August 1927 im Zentrum eines Taifuns im Chinesischen Meere) und der höchste Druck an einer Station im Flachlande, umgerechnet auf den Meeresspiegel, 1078,3 mb (Barnaul am 23. Januar 1900).

Bereits eine flüchtige Durchmusterung der synoptischen Karten zeigt, daß die Druckänderungen in den gemäßigten Breiten im wesentlichen mit der Entwicklung und Verlagerung frontaler Störungen, d. i. jener barischen Systeme, welche entlang der troposphärischen Fronten entstehen, zusammenhängen. Diese Störungen wandern, verschwinden und entstehen immer wieder von neuem; im Zusammenhange damit weist jeder beliebige Ort andauernde Druckänderungen auf. Bis zu einem gewissen Grade können diese Druckänderungen aber auch von Passat- und Monsunzirkulationen, von lokalen Windsystemen (Seewinden usw.) und sogar auch von einzelnen Gewitterböen herrühren; schließlich können langsame und allmähliche Druckänderungen über großen Flächen von noch wenig bekannten Luftversetzungen in der unteren Stratosphäre veranlaßt sein.

Die Druckänderungen über dem uns jeweils interessierenden Gebiete und über einzelnen Stationen lassen sich zunächst einmal durch den Vergleich der Druckverteilung und der einzelnen Druckwerte in aufeinanderfolgenden synoptischen Karten feststellen. Überdies finden sich in den synoptischen Depeschen Angaben über die *barische Tendenz*, d. i. über die Druckänderung an der betreffenden Station während der letzten drei Stunden vor der Beobachtung (*app*). Die Ziffer *a* bringt eine schematische Beschreibung der Form der Barographenkurve während dieses Zeitraums, und das Ziffernpaar *pp* den zahlenmäßigen Betrag der Druckänderung in Fünftelmillibar. Das im Abschnitte 8 beschriebene vierte Stadium der Analyse ermöglicht die Darstellung des *isallobarischen Feldes* auf der Karte durch Linien gleicher Tendenz, welche die Gebiete mit mehr oder weniger steigendem bzw. fallendem Luftdruck klar hervortreten lassen.

b) Dynamische und thermische Druckänderungen. Die Entstehung dynamischer Druckänderungen in Zyklonen und Antizyklonen.

Das auf die Flächeneinheit wirkende Gewicht der gerade über einem Orte befindlichen Luftsäule, durch welches der augenblickliche Luftdruck definiert wird, ist der Masse dieser Luftsäule proportional. Daher sind die Änderungen in der Druckverteilung notwendigerweise mit Luftmassenverschiebungen in horizontaler Richtung verbunden; vertikale Verlagerungen allein, bei denen sich die gesamte Masse der Luftsäule nicht ändert, können am Boden keine Druckänderungen hervorrufen.

Zu einem großen Teil sind die Druckänderungen, welche wir beobachten, die Folge eines Auspumpens der Luft aus bestimmten Abschnitten der Atmosphäre (in denen daher die Luftdichte abnimmt), bzw. eines Einpumpens von Luft in andere

Abschnitte (in denen daher die Luftdichte wächst); die so verursachten Änderungen (Schwankungen) des Drucks werden wir *dynamisch* nennen. Zum anderen Teil rühren die Änderungen des barischen Feldes an der Erdoberfläche einfach vom Ersatz einer Luftmasse durch eine andere, die eine andere Temperatur und folglich eine andere Dichte besitzt, her. Solche Änderungen wollen wir *advektiv* oder *thermisch* nennen. PALMÉN identifiziert die dynamischen Änderungen mit den primären und die thermischen Änderungen mit den sekundären Luftdruckschwankungen v. FICKERS (siehe Abschnitt 15).

Die *dynamischen Druckänderungen* sind im wesentlichen eine Folge des Umstandes, daß die tatsächlichen Luftbewegungen in der Atmosphäre nicht streng stationär sind. Wie klein diese Abweichungen in Form auftretender positiver oder negativer Beschleunigungen auch sein mögen, so sind doch gerade sie Ursache der Kondensation des Wasserdampfes in Form frontaler Wolkensysteme (beim Aufgleiten der Luft über eine Frontfläche), sowie Ursache für die unaufhörliche Neubildung und Wiederauflösung der atmosphärischen Störungen, d. h. der wandernden Zyklonen und Antizyklonen. Diese Luftdruckgebilde sind sowohl durch die allgemeine Zirkulation bedingt, als auch bedingen sie selbst wieder deren Eigenart in den gemäßigten Breiten der Erde. Sie bilden sich fortwährend zwischen den Hauptluftströmen aus und steuern dabei selbst wieder diese Ströme; sie sind eine Folge der allgemeinen Zirkulation und bestimmen gleichzeitig in beträchtlichem Maße deren allgemeinen Charakter. Sie sind, wie wir sehen werden, keineswegs das Ergebnis einer Zufallslaune der Atmosphäre, sondern vielmehr ein ungemein wichtiges Glied innerhalb des Luftaustausches zwischen den hohen und niedrigen geographischen Breiten.

Es liegt auf der Hand, daß z. B. zur *Ausbildung einer Zyklone* eine Abweichung vom stationären Charakter der Luftbewegungen notwendig ist. Da infolge der Reibung der Wind in der bodennahen Schicht immer gegen den tieferen Druck weht und ihn auszufüllen trachtet, muß das für die Vertiefung der Zyklone notwendige Auspumpen der Luft offenbar in den höheren Schichten vor sich gehen. Dort wird also, wie bereits im Abschnitte 21 a und Abschnitte 22 a ausgeführt, die Luftbewegung nicht mehr stationär sein; die ablenkende Kraft der Erdrotation wird in diesem Fall das Übergewicht über die Gradientkraft erhalten und die Luftbewegung wird aus dem isobarenparallelen Verlauf etwas abgelenkt, vom tiefen gegen den höheren Druck gerichtet sein. Dieses Auspumpen der Luft in der sich vertiefenden Zyklone, das unter Umständen schon in 400—600 m Höhe beginnen kann, ist am erheblichsten im Niveau von 5—6 km (PALMÉN 1932).

Nun ist laut Abschnitt 18 die ablenkende Kraft der Erdrotation der Windgeschwindigkeit proportional. Ihr Überwiegen über den Gradienten in den höheren Luftschichten erfolgt also offenbar bei einer Windgeschwindigkeit, die größer ist als die Geschwindigkeit des Gradientwindes $V = \dfrac{1}{2\,\omega\,\varrho\,\sin\varphi}\,\dfrac{\partial p}{\partial n}$, die für den stationären Fall berechnet wurde (Abschnitt 19). Wir können auch sagen, daß bei Vergrößerung der Windgeschwindigkeit ohne gleichzeitige Verstärkung des Gradienten die ursprünglich stationäre Luftbewegung nichtstationär wird.

Dieses Anwachsen der Windgeschwindigkeit in einer sich entwickelnden Zyklone über die Geschwindigkeit des Gradientwindes hinaus ist bedingt von Zirkulationsbeschleunigungen entlang jener Front, an welcher sich die Zyklone entwickelt. Die synoptische Erfahrung legt die heute von den meisten Meteorologen vertretene Auffassung nahe, daß zyklonale Störungen als Resultat von Wellenbewegungen der Luft an den Fronten entstehen. Wir haben früher die Fronten schon mehrmals als Übergangszonen, oder im speziellen Fall als Grenzflächen zwischen Luftmassen angesehen, ohne jedoch etwas über ihre Lage im Raume auszusagen

Eine Frontalzone ist stets zur Erdoberfläche geneigt (wobei diese Neigung sehr gering ist und nur in Winkelminuten ausgedrückt werden kann). Dabei liegt die kältere (und folglich dichtere) Luft unter der warmen Luft in Gestalt eines Keiles, dessen eine Fläche auf der Erdoberfläche aufliegt (Abb. 25; der Neigungswinkel α ist in der Abbildung sehr stark überhalten).

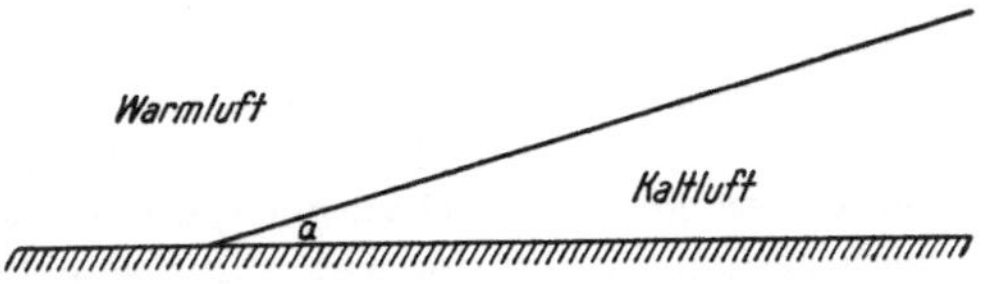

Abb. 25. Lage der Frontfläche zwischen kalter und warmer Luft.

In der geneigten Frontalzone rücken die isothermen und isosteren Flächen besonders nahe aneinander, da sich Temperatur und Dichte der Luft beim Übergang aus einer Luftmasse in die andere rasch ändern. Infolgedessen sammeln sich in der Frontalzone thermodynamische Solenoide in großer Zahl an. Ist die Front sehr ausgeprägt, so ist die Dichte der Solenoide (ihre spezifische Anzahl) in der Frontalzone etliche zehnmal größer

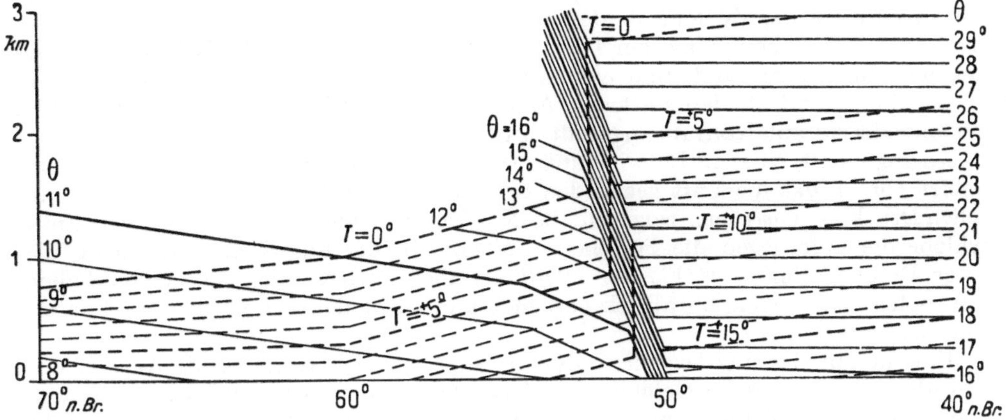

Abb. 26. Verteilung der thermodynamischen $(T - \Theta)$ Solenoide über Europa im Vertikalschnitt entlang einem Meridian zwischen 70° und 40° n. Br. am 10. und 11. Oktober 1923. (Nach BERGERON und SWOBODA 1924.)
Ausgezogene Linien = Querschnitte der isentropischen Flächen; gestrichelte Linien = Querschnitte der isothermen Flächen.

als innerhalb einer jeden der beiden Luftmassen (siehe Abb. 26). Eben deshalb können entlang der geneigten Frontfläche besonders erhebliche Zirkulationsbeschleunigungen auftreten.[1]

Falls die Front stationär ist (keine Störungen erfährt), wird die Wirkung der thermodynamischen Solenoide in der Frontalzone durch den Einfluß der Erdrotation aufgehoben und die Zirkulationsbeschleunigung ist gleich Null. Die Entstehung von Wellenstörungen an der Front ist dagegen begleitet von einem Auftreten positiver Zirkulationsbeschleunigungen und Gleitbewegungen entlang der Front, wobei die Windgeschwindigkeiten entsprechend zunehmen.

Auf diese Zunahme der Windgeschwindigkeit folgt notwendigerweise ein entsprechendes Anwachsen des Gradienten. Diese kompensierende Wirkung der

---

[1] In einer neueren Arbeit aus dem Jahre 1935 zeigten STÜVE und MÜGGE, daß die thermodynamischen Solenoide im Durchschnitt am dichtesten geschart sind in der Tropopause der gemäßigten Breiten (siehe Abb. 196), was sie als Argument für den stratosphärischen Ursprung der atmosphärischen Störungen ansehen. Man darf indessen nicht übersehen, daß der Energiewert eines Solenoids offenbar auch von der Luftdichte abhängt (BERGERON); *einem* Solenoid in der untersten Troposphäre sind daher fünf Solenoide in Tropopausenhöhe energetisch gleichwertig.

Gradientverstärkung hinkt aber etwas nach, so daß der Wind übernormal bleibt, wodurch er eine Komponente vom tieferen zum höheren Druck erhält. Das Endresultat ist ein fortgesetztes Auspumpen der Luft in den oberen Schichten aus dem Zyklonenbereich unter Einwirkung der ablenkenden Kraft, welche zusammen mit der Windgeschwindigkeit wächst. Schon ein geringes Überwiegen der ablenkenden Kraft, d. h. ein minimales, durch die aerologischen Methoden nicht einmal feststellbares Ausströmen (eine Divergenz) der Luft aus der Zyklone in ihrem ganzen Höhenbereich genügt nun in der Tat, um das Einströmen (die Konvergenz) in der dünnen untersten Schicht nicht nur zu kompensieren, sondern sogar zu überkompensieren, so daß der Luftdruck auch unten im Zykloneninneren fällt. Dieses Ausströmen der Luft aus dem Gebiet einer sich entwickelnden Zyklone geht manchmal so rasch vor sich, daß der Druck im Zentrum der Zyklone um ein Mehrfaches von 10 mb während eines Tages fällt; in einzelnen Fällen erreicht der Druckfall im Lauf von 24 Stunden bis zu 50 mb.

Umgekehrt ist in einer *absterbenden* (sich ausfüllenden) *Zyklone*, in der die Zirkulationsbeschleunigung bereits negativ geworden ist, ein gewisses Einfließen der Luft ins Innere der Zyklone in deren ganzem Höhenbereich vorhanden oder zumindest eine Bewegung längs der Isobaren. Daher füllt sich die barische Depression aus, manchmal sehr rasch (um ein mehrfaches von 10 mb im Lauf eines Tages), da der Bodenwind oft den stärksten Ablenkungswinkel zeigt, also die absterbende Zyklone allseits mit Kaltluft angefüllt wird.

Analog stellt eine in Entwicklung begriffene *Antizyklone* im allgemeinen ein Gebiet vor, in das die Luft gegen den Gradienten — in Richtung vom tiefen zum hohen Druck — einströmt, wogegen aus dem Inneren einer sich verflachenden Antizyklone die Luft gegen die Peripherie abfließt. In der untersten Luftschicht, die unter Reibungseinfluß steht, ist allerdings die Luftbewegung in beiden Fällen vom hohen zum tiefen Luftdruck gerichtet und sucht daher stets die Druckunterschiede auszugleichen.

Eine in Entwicklung begriffene Zyklone und eine sich verflachende Antizyklone sind also atmosphärische Gebilde, aus denen ein Auspumpen der Luft stattfindet, eine absterbende Zyklone und sich verstärkende Antizyklone dagegen Gebilde, in welche Luft aus den Nachbargebieten eingepumpt wird. Die Bodenwinde, welche in der Zyklone immer nach innen und in der Antizyklone stets nach außen wehen, sagen nichts darüber aus, ob sich die betreffende Störung verstärkt oder abschwächt.

Die positiven Zirkulationsbeschleunigungen längs einer Front hängen mit dem Aufgleiten der Warmluft und überhaupt vorwiegend mit aufsteigenden Bewegungen zusammen (die gleichzeitigen absteigenden Bewegungen in der Kaltluft sind nämlich im Vergleich mit den aufsteigenden in der Warmluft nicht erheblich). Anderseits verursacht eine positive Zirkulationsbeschleunigung, wie bereits erläutert, Druckfall infolge Ausströmens der Luft *gegen den Gradienten*. Daraus ergibt sich, daß die isallobarischen Fallgebiete des Drucks Gebiete vorwiegend aufsteigender Bewegungen sind; analog stellen Gebiete steigenden Drucks Zonen vorwiegend absteigender Bewegungen vor.

Wie nun im nächsten Abschnitt gezeigt werden wird, hängt eine Aufwärtsbewegung gewöhnlich mit Konvergenz (Zusammenfließen) und eine Abwärtsbewegung mit Divergenz (Auseinanderfließen) der Luftströmungen *in den unteren Schichten* zusammen. Daraus folgt, daß hier ein Gebiet fallenden Drucks auf der Karte gleichzeitig ein Gebiet maximaler Konvergenz sein muß, und ein Gebiet steigenden Drucks gleichzeitig ein Gebiet maximaler Divergenz.[1] BRUNT und DOUGLAS 1928

---

[1] In den höheren Schichten entspricht jedoch einem Fallgebiet des Drucks Divergenz und einem Steiggebiet des Drucks Konvergenz der Strömungen, wie dies empirisch von MICHEL 1932 und SCHERHAG 1934 (*1*) nachgewiesen worden ist (siehe sechstes Kapitel)

haben im Einklang damit gezeigt, daß im Fall nicht stationärer Luftbewegung der tatsächliche Bodenwind zusammengesetzt ist aus dem Gradientwind, welcher dem vorhandenen barischen Gradienten entspricht, und einer diesem Gradienten proportionalen Zusatzkomponente, die — dem isallobarischen Gradienten entlang — aus dem Gebiet steigenden in das Gebiet fallenden Drucks gerichtet ist.[1]

c) Die thermische Komponente der Druckänderungen.

Die obigen Ausführungen über die Entstehung dynamischer Druckänderungen bei zyklonalen Prozessen werden später noch ergänzt werden (im sechsten Kapitel). Die Zirkulation, deren Beschleunigung dynamische Druckänderungen bedingt, muß übrigens nicht unbedingt von einer im eigentlichen Sinn frontalen Anhäufung thermodynamischer Solenoide herrühren. Sie kann auch das Resultat örtlicher Unterschiede in der Erwärmung sein, wie es z. B. bei den Passaten, Monsunen, Land- und Seewinden, Berg- und Talwinden der Fall ist.

Was nun die *advektiven (thermischen) Druckänderungen* anlangt, so steht der Wechsel der Luftmassen, welcher sie hervorruft, in unseren Breiten ebenfalls in engem Zusammenhang mit der zyklonalen Tätigkeit. Dynamische und advektive Druckänderungen bei der Zyklonen- bzw. Antizyklonenbildung sind ihrem Wesen nach nicht voneinander zu trennen; sie sind zwei Seiten eines und desselben zyklogenetischen (zyklonenbildenden), bzw. antizyklogenetischen Vorganges. Dabei geht die dynamische Änderung in gewissen Stadien und Teilen der Zyklone bzw. Antizyklone in derselben Richtung vor sich wie die thermische und beide Effekte summieren sich; in anderen Lebensstadien und namentlich in anderen Abschnitten der frontalen Störung schwächen beide Komponenten einander ab. Dynamische und thermische Druckänderungen, die mit der Entwicklung und dem Vorüberzug von Wellen- und Wirbelstörungen an den troposphärischen Fronten zusammenhängen, können gemeinsam als *zyklonale* bzw. *antizyklonale Druckänderungen* bezeichnet werden.

An den von *lokalen*, orographisch bedingten Zirkulationen herrührenden Druckänderungen kann man gleichfalls sowohl eine dynamische als auch eine thermische Komponente unterscheiden. Der einzige wesentliche Unterschied gegenüber den zyklonalen bzw. antizyklonalen Änderungen besteht hier darin, daß die bei Monsunen, Passaten und ähnlichen Winden auftretenden Druckunterschiede *unmittelbar* durch eine ungleichmäßige Erwärmung der Unterlage entstehen und aufrecht erhalten werden. Die Druckänderungen bei der Zyklonen- bzw. Antizyklonenbildung haben ihre Hauptursache zwar gleichfalls in Temperaturgegensätzen, doch entstehen diese erst dadurch, daß in den Zyklonen bzw. Antizyklonen verschieden temperierte Luftmassen aus größerer Entfernung gegeneinandergeführt werden.

In den gemäßigten und polaren Breiten werden die monsunalen Druckunterschiede gewöhnlich von kräftigen und rasch ablaufenden zyklonalen Änderungen überdeckt. In den innertropischen Breiten, wo frontale Störungen entweder bedeutend seltener entstehen oder zumindest viel schwächer sind, spielen dagegen die bei Monsunen und Passaten auftretenden Druckunterschiede und die von ihnen bedingten Winde die ausschlaggebende Rolle.

---

[1] Nach einer Theorie von MÖLLER und SIEBER 1937 soll die Abweichung vom geostrophischen Wind senkrecht zum isallobarischen Gradienten gerichtet sein. Die Auswertung des Beobachtungsmaterials brachte keine Entscheidung über die Richtigkeit dieser Theorie. Vor kurzem kam H. PHILIPPS 1939 (*2*) auf theoretischem Weg zu dem Ergebnis, daß die Abweichung vom geostrophischen Wind weder ins isallobarische Tief weist, noch mit der Richtung der Isallobaren zusammenfällt, sondern eine Zwischenrichtung einnimmt, die nicht nur vom Isallobarenfeld, sondern in gleicher Stärke auch vom Isobarenfeld abhängt.

Die Überführung der Luft aus gewissen Teilen der Atmosphäre in andere führt also zu Änderungen der horizontalen Druckverteilung. Anderseits bestimmt aber das barische Feld in jedem gegebenen Augenblick selbst wieder die Richtung und Stärke der Luftströmungen. *Zwischen Wind und Druck besteht also eine komplizierte und ständig wechselnde gegenseitige Bedingtheit.*

25. Das Strömungsfeld der Luft.

a) Stromlinien und Luftbahnen. Konvergenz- und Divergenzlinien.

Da jeder Punkt der Atmosphäre durch eine bestimmte Windrichtung und -geschwindigkeit charakterisiert ist, kann man sagen, daß in der Atmosphäre immer ein Strömungsfeld besteht. Schon ein Blick auf die Windpfeile in der synoptischen Karte ermöglicht eine gewisse Vorstellung von der Eigenart des Strömungsfeldes an der Erdoberfläche. Anschaulicher kann man dieses Feld auf folgende Weise darstellen: Man versucht, auf der Karte ein System von Kurven derart zu entwerfen, daß die Tangente an einem beliebigen Punkt jeder Kurve mit der Windrichtung in diesem Punkt übereinstimmt; dabei sind die Kurven dort, wo die Windgeschwindigkeit größer ist, näher aneinander vorbeizuführen, so daß die Dichte der Kurven in jedem Kartenabschnitt der dort herrschenden Windgeschwindigkeit annähernd proportional ist.

Auf diese Weise erhält man ein System sog. *Stromlinien* (Abb. 27),[1] bei deren richtiger Konstruktion folgendes zu berücksichtigen ist:

1. Die Stromlinien dürfen einander im allgemeinen nicht schneiden. Im Schnittpunkt zweier verschiedener Stromlinien kann die Windgeschwindigkeit nur gleich Null sein (da der Wind nicht gleichzeitig aus zwei verschiedenen Richtungen wehen kann).

2. Die Stromlinien enden oder beginnen innerhalb der Kartenfläche im allgemeinen nicht frei. Es ist dies nur an besonderen Punkten möglich, wie wir noch näher sehen werden.

3. Die Stromlinien haben im allgemeinen einen gekrümmten und kontinuierlichen Verlauf, können aber besonders längs der Fronten Knicke aufweisen oder frei enden bzw. beginnen. Auch orographische Hindernisse können starke Störungen im Verlauf der Stromlinien veranlassen.

Das System der Stromlinien stellt eine Art Momentaufnahme der Verteilung der Luftströmungen in Bodennähe zu einem bestimmten Zeitpunkt vor.

V. BJERKNES hat folgende Methode der Konstruktion von Stromlinien vorgeschlagen:

Man verbinde durch Isolinien alle Punkte mit gleicher Windrichtung (z. B. N, NNE, NE usw. oder $DD = 32, 02, 04$ usw.); dadurch erhält man ein System sog. *Isogonen.* Nun lege man durch möglichst zahlreiche Punkte jeder Isogone, also in kleinen Abständen, Windvektoren in Form kurzer gerader Striche; alle durch ein und dieselbe Isogone gelegten Vektoren werden die gleiche Richtung haben. Es fällt nun nicht schwer, ein den Richtungen dieser Vektoren entsprechendes Stromlinienbild zu entwerfen. Dabei wird man die Stromlinien im allgemeinen um so dichter ziehen, je größer die Windgeschwindigkeit ist.

Es wäre indessen ein Irrtum, anzunehmen, daß die Stromlinien mit den wirklichen *Luftbahnen* (Trajektorien der sich bewegenden Luftteilchen) identisch sind. Nur wenn sich die Bewegung in jedem Punkt des Windfeldes ihrer Richtung nach nicht mit der Zeit ändert, werden sich die Luftteilchen längs der Stromlinien

---

[1] Analog können wir uns Stromlinien in der freien Atmosphäre vorstellen, wo sie allerdings nicht mehr ebene, sondern räumliche Kurven sein werden.

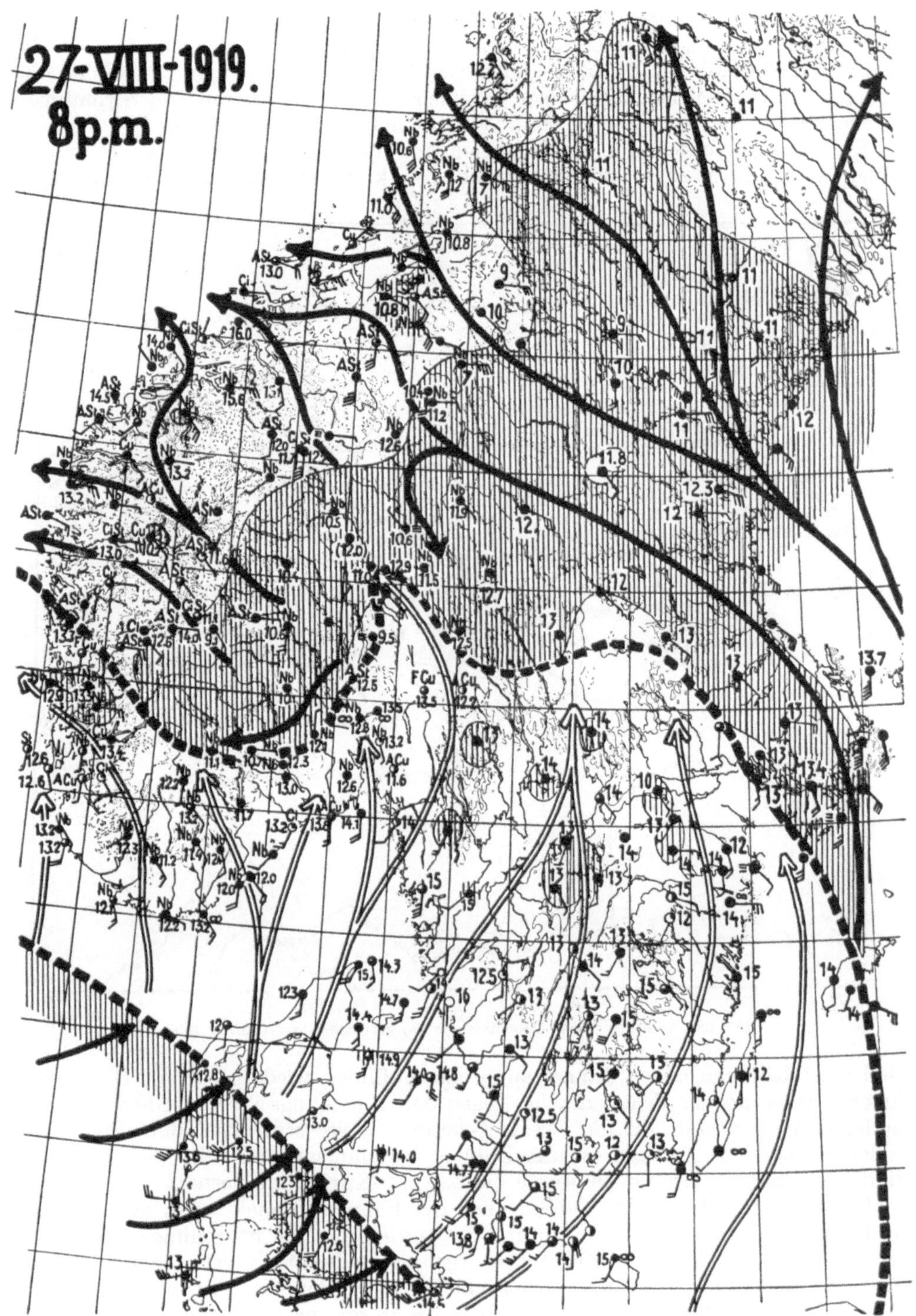

Abb. 27. Karte der Stromlinien über Südskandinavien am 27. August 1919 abends. (Nach J. BJERKNES und SOLBERG 1921.)

weiter bewegen. Andernfalls, wenn sich also die Verteilung der Windrichtungen und folglich auch die Konfiguration der Stromlinien (und im allgemeinen auch die Geschwindigkeiten) mit der Zeit ändern (nichtstationäre Bewegung), werden die Bahnen der Luftteilchen nach einer gewissen endlichen Zeit von den Stromlinien irgendeines Augenblicks bereits mehr oder weniger abgewichen sein.

Ein Beispiel unter der vereinfachenden Voraussetzung eines kreisförmigen Isobarenverlaufs in einer Zyklone macht dies klar (Abb. 29). In der Abbildung

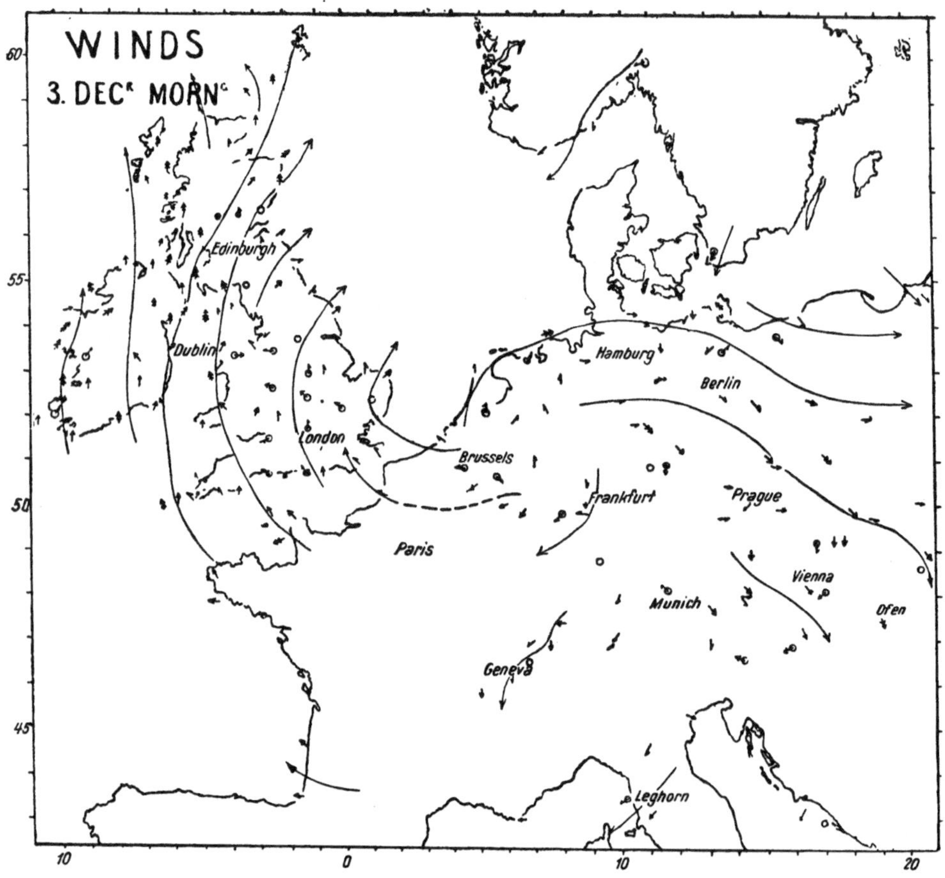

Abb. 28. Eine der ersten Stromlinienkarten, gezeichnet von GALTON 1863.

sind zwei Isobaren durch dünne, ausgezogene Linien wiedergegeben. Die Stromlinien werden an der Erdoberfläche, gegen den Bewegungssinn des Uhrzeigers verlaufend, die Isobaren auf die bereits bekannte Weise schneiden, d. h. sie werden Spiralen sein, die im Zentrum der Zyklone zusammentreffen. In der Abbildung sind vier solche Stromlinien durch punktierte Kurven dargestellt. Solange das Isobarensystem selbst ruht, werden auch die Bahnen (Trajektorien) der einzelnen Teilchen B, C, D, E Spiralen sein und sie werden mit den Stromlinien zusammenfallen. Wenn sich aber die Zyklone in irgendeiner Richtung verschiebt, wobei ihr Zentrum z. B. die Strecke A—B zurücklegt, so werden die Luftteilchen auf dem Weg von der äußeren zur inneren Isobare die durch die dick ausgezogenen Linien angegebenen Bahnen zurücklegen; diese Luftbahnen ergeben sich aus der Kombination der Spiralbewegung mit der Translationsbewegung (die Punkte 1, 2, . . .

auf den Kurven zeigen die entsprechenden aufeinanderfolgenden Lagen der Teilchen B, C, D und E in beiden Fällen).

Es ist klar, daß in jedem Niveau der freien Atmosphäre, wo ja der Wind den Isobaren ungefähr entlang weht, die Stromlinien praktisch mit den Isobaren zusammenfallen. An der Erdoberfläche wird jedoch infolge des Reibungseinflusses eine solche Übereinstimmung nicht einmal annähernd vorhanden sein; falls wir hier den Charakter des Strömungsfeldes ermitteln wollen, müssen wir das System der Isobaren durch ein System von Stromlinien ergänzen. Nach dem Jahre 1912 hat die Konstruktion von Stromlinien eine Zeitlang in der synoptischen Praxis eine wichtige Rolle gespielt und wesentlich zur Erweiterung unserer Kenntnis der synoptischen Vorgänge beigetragen. Heutzutage erscheint jedoch das Entwerfen von Stromlinien bei der Kartenanalyse nicht mehr als Notwendigkeit. Erstens vermitteln ja schon die Windpfeile auf der Karte infolge der großen Dichte des Stations-

netzes eine recht gute Vorstellung vom Strömungsfeld. Diese Pfeile sind ihrem Wesen nach sichtbare Tangenten an unsichtbare Stromlinien. Zweitens ermöglichen auch die Isobaren auf der Karte eine gewisse Vorstellung von der Anordnung der Stromlinien an der Erdoberfläche; die Korrektur wegen der Ablenkung des Windes von den Isobaren nehmen wir gewissermaßen in Gedanken vor. Vor allem aber beschränkt sich unser Interesse am Strömungsfeld im wesentlichen auf *spezielle* Stromlinien, nämlich die *Konvergenz-* und *Divergenzlinien*, zu deren Ermittlung die Konstruktion des übrigen Stromliniensystems nicht notwendig ist. Überdies inter-

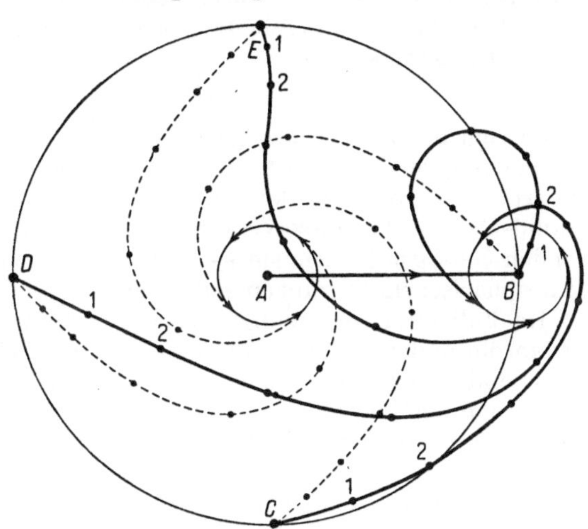

Abb. 29. Stromlinien und Luftbahnen in einer wandernden Zyklone mit kreisförmigen Isobaren. (Nach EXNER 1925).

essieren uns die besonders wichtigen Konvergenzlinien nicht um ihrer selbst willen als geometrische Spezialgebilde, sondern deshalb, weil sie oft mit Fronten, d. i. mit Grenzflächen zwischen den Luftmassen zusammenfallen. Die Fronten jedoch ermitteln wir nach der Gesamtheit ihrer Merkmale und nicht nur aus den Windverhältnissen.

Luftbahnen können nur dann mit hinreichender Genauigkeit konstruiert werden, wenn man an Hand von in kurzen Intervallen gezeichneten Stromlinienkarten die fortlaufenden Veränderungen des Strömungsfeldes berücksichtigt. Bei der praktischen Analyse werden sie jedoch nicht auf diese komplizierte Weise tatsächlich entworfen. Hier pflegt man vielmehr unmittelbar, auf Grund der Durchmusterung aufeinanderfolgender synoptischer Karten, d. h. also aus der Verteilung der Windpfeile auf die Luftbahnen und folglich auf die Ursprungsgebiete der Luft zu schließen. Auf diese Weise wird man um so bessere Ergebnisse erzielen, je mehr sich das Bewegungsfeld einem stationären Zustand nähert. Gewöhnlich ermittelt man aber die Herkunft der Luft auf indirektem Weg, nämlich auf Grund ihrer Eigenschaften im gegebenen Augenblick (siehe die Abschnitte 7 und 54 über die „indirekte Bahnverfolgung“).

b) Kontinuität atmosphärischer Bewegungen. Konvergenz und Divergenz und die mit ihnen verbundenen Vertikalbewegungen.

Bevor wir zu den Begriffen der Konvergenz und Divergenz der Stromlinien übergehen, haben wir uns noch in elementarer Form mit der Tatsache der *Kontinuität* der atmosphärischen Bewegungen zu beschäftigen.

Alle Stromlinien, die durch irgendeine geschlossene Kurve im Raum verlaufen, bilden eine sog. *Stromröhre.* Im allgemeinen Fall wird sich die Form der Stromröhre im Lauf der Zeit ändern. Wenn wir uns aber der Einfachheit halber einen stationären Zustand vorstellen, bei welchem sich die Verteilung der Geschwindigkeiten zeitlich nicht ändert, so wird sich die Stromröhre wie eine unbewegliche Röhre verhalten. Es muß dann durch irgendeinen ihrer Querschnitte, z. B. F_1, in der Zeiteinheit die gleiche Masse Luft wie durch irgendeinen beliebigen anderen Querschnitt, z. B. F_2, hindurchfließen. Durch die Flächeneinheit strömen in der Zeiteinheit $V\varrho$ Masseneinheiten, wobei V die Geschwindigkeit und ϱ die Dichte bedeutet. Daraus folgt

$$F_1 V_1 \varrho_1 = F_2 V_2 \varrho_2 = \text{usw.}$$

Wenn sich die Fläche des Querschnitts ändert, so müssen sich entweder auch die Geschwindigkeit der Luftströmung oder aber ihre Dichte oder beide gemeinsam ändern. Eine solche Änderung des Luftstromquerschnitts kann z. B. durch die orographischen Verhältnisse veranlaßt sein (Strömung in einem enger oder breiter werdenden Gebirgstal) oder sie kann bei einer Begegnung zweier Luftströme oder in atmosphärischen Störungen auftreten.

Im Fall ihrer Verengung oder Erweiterung in horizontaler Richtung haben die Stromröhren der Atmosphäre immer die Möglichkeit sich in *vertikaler* Richtung entsprechend auszudehnen oder zusammenzuziehen. Infolgedessen vermag ein Zusammenlaufen der Stromlinien in Bodennähe nicht nur eine räumliche Vergrößerung der Geschwindigkeit oder der Dichte zu veranlassen, sondern auch eine Ablenkung der Stromlinien nach oben, d. i. also eine Aufwärtsbewegung der Luft. Umgekehrt wird ein Auseinandergehen der Stromlinien an der Erdoberfläche nicht nur eine Verringerung der Geschwindigkeit und der Dichte, sondern auch eine Luftbewegung von oben nach unten hervorrufen.

Es gibt nun ganz besondere Erscheinungsformen der Konvergenz und Divergenz der Stromlinien. Enden Stromlinien in einer Linie (oder gehen sie von ihr aus), so sprechen wir von „*linearer Konvergenz (Divergenz)*“. Der Typus einer *zweiseitigen* linearen Konvergenz ist in Abb. 30 links dargestellt: zwei Luftströme verschiedener Richtung treffen entlang der Linie a—a aufeinander. Die Stromlinien beider Strömungen laufen mehr oder weniger direkt aufeinander zu und scheinen sich gewissermaßen von beiden Seiten her in die Konvergenzlinie zu ergießen. Eine ähnliche Anordnung der Stromlinien findet sich am Erdboden im Bereich einer stationären Front. Zwei durch eine quasistationäre Front getrennte Luftmassen strömen zwar im allgemeinen parallel zueinander, in den unteren Schichten erhält jedoch der Wind in beiden Massen infolge der Reibung eine gegen die Front gerichtete Komponente. Wir finden daher in den unteren Schichten an der Front eine sog. *Reibungskonvergenz,* wobei die Frontlinie eine zweiseitige Konvergenzlinie vorstellt.

Häufiger und wichtiger sind in der Atmosphäre *einseitige* Konvergenzlinien. Einer der einfachsten Fälle ist in derselben Abb. 30 dargestellt; die eine Strömung nähert sich der anderen unter einem rechten Winkel. Wir können jetzt noch zu beiden Strömungen eine allgemeine Translationsbewegung hinzufügen, z. B. von links nach rechts, und erhalten dann ein System von Stromlinien, wie es in Abb. 30 rechts dargestellt ist. Eine solche Strömungsanordnung tritt gewöhnlich bei beweglichen Fronten auf. Schon aus dem ganzen Charakter der Linien ist ersichtlich, daß die Konvergenzlinie mit der Achse einer Tiefdruckrinne im barischen Feld identisch ist.

Es muß nun in diesen Fällen von sog. wirklicher Konvergenz offenbar eine Aufwärtsbewegung vorhanden sein, welche die heranströmende Luft abtransportiert und es ihr nicht gestattet, sich der Konvergenzlinie entlang anzuhäufen. Mit anderen

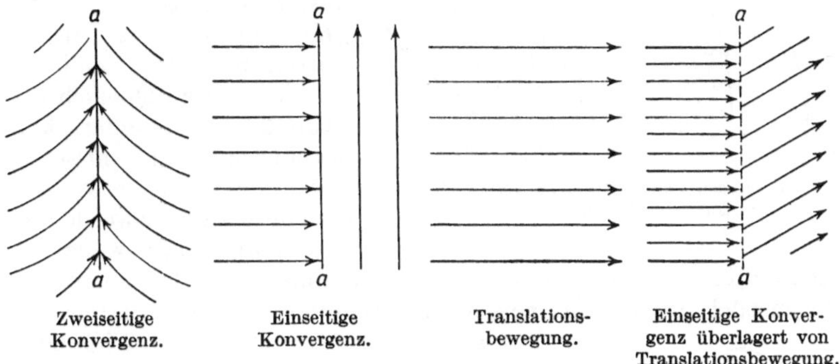

Abb. 30. Konvergenzlinien.

Worten, es müssen die Stromlinien wenigstens auf einer Seite der Konvergenzlinie eine aufwärtsgerichtete Komponente haben. Sonst würde sich der tiefere Druck längs der Konvergenzlinie rasch ausfüllen und die Konvergenz aufhören. Die Aufwärtsbewegung bei Konvergenz an der Grenze zweier Luftmassen geht derart vor sich, daß die wärmere Luft entweder an einem flachen Keil kälterer Luft hinaufgleitet oder aber daß sie durch einen vordringenden Keil kälterer Luft verdrängt wird.[1] Von diesen Vorgängen war bereits die Rede und wir werden noch öfter auf sie zurückkommen.

Einen anderen Typus von Konvergenz stellt das Zusammenlaufen der Stromlinien *in einem Punkt* dar. So haben z. B. im Gebiet einer Zyklone die Stromlinien an der Erdoberfläche die Gestalt von Spiralen, welche von der Peripherie ausgehend dem Zyklonenzentrum zustreben (siehe Abb. 31 a). Die Konvergenz ist hier durch Reibung bedingt; in den höheren Schichten, wo sich der Einfluß der Reibung auf die Windrichtung nicht mehr geltend macht, weht der Wind, wie wir wissen, nahezu den Isobaren parallel. Wenn sich die Zyklone vertieft, so muß

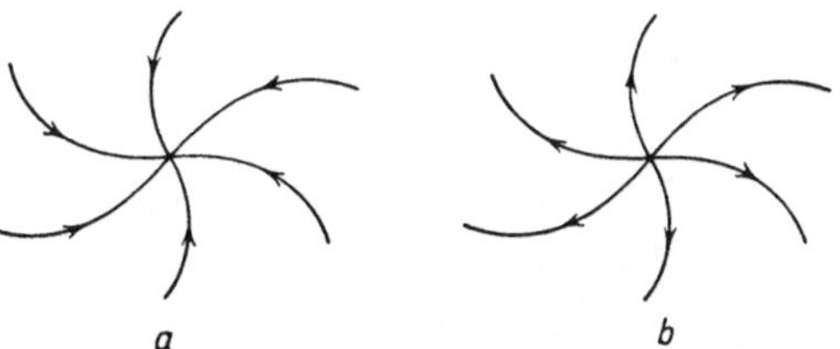

Abb. 31. Konvergenz- und Divergenzpunkte.

in der konvergierenden Luft der unteren Schichten ebenfalls eine gewisse aufsteigende Bewegung vorhanden sein, welche jedoch, wie oben gezeigt, durch das Ausschleudern der Luft in den höheren Schichten überkompensiert wird.[2] Sobald

---

[1] Außerdem kann auch ein Teil der Kaltluft unterhalb der Frontfläche aufgleiten.

[2] Die Bedeutung der Reibungskonvergenz für aufsteigende Bewegungen in der Zyklone darf nicht überschätzt werden. In einer Zyklone, in welcher die kinetische Energie zunimmt, konzentriert sich die Aufwärtsbewegung vorwiegend nur auf die Luft des Warmsektors, und hier wieder namentlich auf das Gebiet längs der Warmfrontfläche und vor der Kaltfront. In der Kaltluft, welche sich in der Zyklone an der Erdoberfläche ausbreitet, entwickeln sich trotz der Reibungskonvergenz sogar absteigende Bewegungen, besonders an der Rückseite der Depression. Außerdem treten absteigende Bewegungen auch in der Warmluft an der Zyklonenrückseite auf, und zwar über dem oberen Teile der Kaltfrontfläche. Genaueres hierüber bringt das sechste Kapitel.

die Entwicklung der Zyklone, d. i. das Ausströmen der Luft in der Höhe aufhört,
sind die konvergierenden Strömungen in Bodennähe bestrebt, die barische Depression auszufüllen.

Außer der beschriebenen „linearen" und „zyklonalen" Konvergenz kommt auch noch ein
Zusammenlaufen der Stromlinien,
„Kurvenkonvergenz", in homogenen
Luftströmen vor, und zwar dort,
wo sich deren Querschnitt verengt
(Abb. 32a). Besonders können orographische Hindernisse die Luftströmung dann gewissermaßen in
eine immer enger werdende Schlucht
hineinzwängen,[1] wobei die Strö-

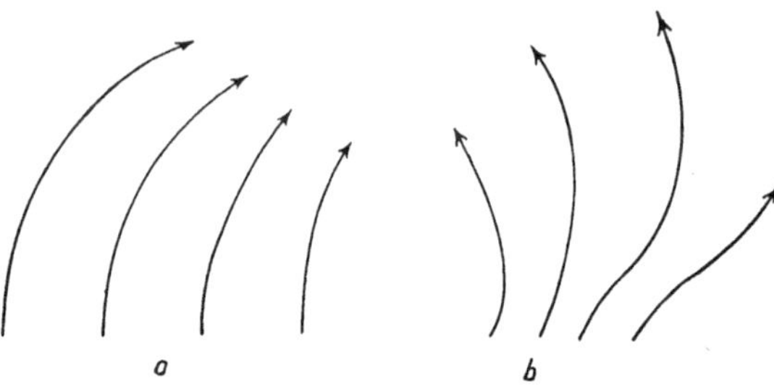

Abb. 32. Kurvenkonvergenz und -divergenz (bei Änderung
der Querschnittfläche).

mungsgeschwindigkeit proportional der Abnahme des Querschnitts wächst.
Das Gegenstück zu der Konvergenz im Windfeld ist die *Divergenz*: Hier ver-
zweigen sich die Stromlinien von irgendeiner Linie
oder einem Punkt aus, oder kurz, es nehmen ihre Abstände zu, die Luft „fließt auseinander" (Abb. 32b).
Den Typus eines Divergenzpunktes in den unteren
Schichten repräsentiert das Zentrum einer Antizyklone (Abb. 31b), von welchem die Stromlinien
spiralförmig auseinanderlaufen. Auch diese Divergenz ist durch die Reibung verursacht, welche den
Wind von den Isobaren ablenkt. Oft geht allerdings
die Divergenz der Strömungen in einer Antizyklone
nicht von einem Divergenzpunkt, sondern von zwei
einseitigen Divergenzlinien aus (Abb. 33).

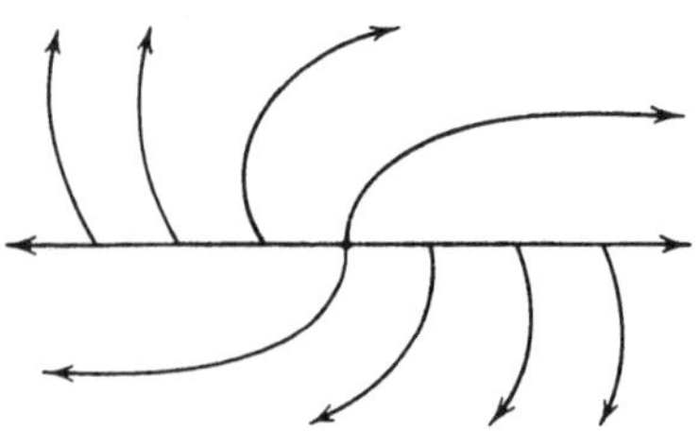

Abb. 33. Schema der Stromlinien in den
unteren Schichten einer Antizyklone (zwei
einseitige Divergenzlinien).

Zweiseitige Divergenzlinien decken sich gewöhnlich mit der Achse eines Rückens
im barischen Feld. Mit der Divergenz in einer sich verstärkenden Antizyklone ist

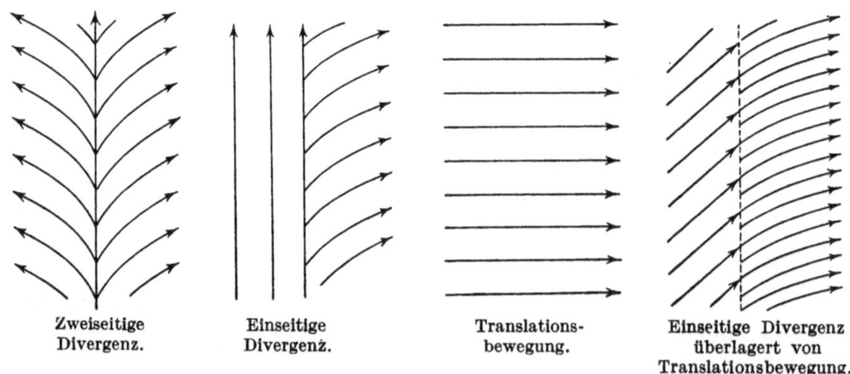

Zweiseitige   Einseitige   Translations-   Einseitige Divergenz
Divergenz.   Divergenz.   bewegung.   überlagert von
                                                                     Translationsbewegung.

Abb. 34. Divergenzlinien.

gewöhnlich eine Abwärtsbewegung der Luft verbunden; diese Abwärtsbewegung

---

[1] N. W. STREMOUSSOW weist in einer Arbeit über die synoptischen Bedingungen
der Stürme im Japanischen Meere auf eine deutlich ausgeprägte Konvergenz der Stromlinien in der Tatarischen Enge zwischen dem Festland und Sachalin hin. In Mitteleuropa findet sich nach DEFANT über dem ostmärkischen Marchfeld eine Kurvenkonvergenz für die vorherrschenden Westwinde, wodurch deren bekannte lokale Verstärkung im Wiener Becken erklärt wird.

und der Luftzufluß in der Höhe verhindern in der Antizyklone eine Druckabnahme im Bereich der auseinanderfließenden Luft am Boden.

Am häufigsten tritt Divergenz innerhalb homogener Luftmassen auf. Sehr selten fällt eine (einseitige) Divergenzlinie auf der Karte mit einer Front zusammen. Es ist dies nur dann der Fall, wenn warme Luft über die Frontfläche herabgleitet. Solche Abgleitfronten („Katafronten") erreichen indessen die Erdoberfläche meist nicht (Näheres in den Abschnitten 56 und 58).

Zum Schluß noch eine Bemerkung über das *Deformationsfeld* der Stromlinien, das dort entsteht, wo sich zwei Strömungen gegeneinander bewegen und dabei seitwärts voreinander ausweichen (Abb. 35). Das barische Relief wird in diesem Fall einen Sattel aufweisen. Der Sattelpunkt deckt sich mit einem *neutralen Punkt* im Stromlinienfeld; in diesem Punkt laufen je zwei Stromlinien zusammen und auseinander. Insofern die Stromlinien im einfachsten Fall des flächenhaften Deformationsfeldes zwei Hyperbelscharen vorstellen, nennt man den neutralen Punkt, welcher im Schnittpunkt der Hyperbelachsen liegt, auch *hyperbolischen Punkt*. Die Achse, der entlang sich die Strömungen einander nähern, wird *Schrumpfungsachse* und die

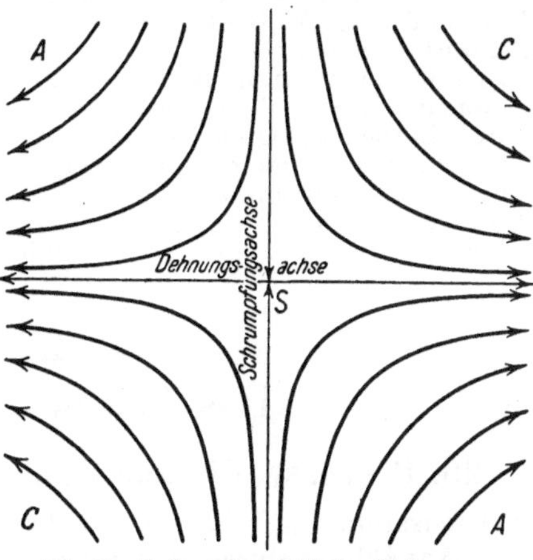

Abb. 35. Deformationsfeld der Strömungen.

Achse, längs welcher die Strömungen auseinanderfließen, *Dehnungsachse* genannt. Wir werden noch im vierten und fünften Kapitel bei Besprechung der Bedingungen für die Frontenbildung zu den Deformationsfeldern zurückkehren.

Es ist von vornherein klar, daß orographische Hindernisse (Gebirgskämme, Küstenlinien) auf die Luftströmungen einen bedeutenden Einfluß ausüben müssen, indem sie sie ablenken, zum Auf- oder Absteigen zwingen usw. Die Behandlung dieser Frage muß jedoch späteren Kapiteln vorbehalten bleiben, da vorher noch die wichtigen Begriffe der stabilen und labilen Luftmassen sowie der Fronten aufzuklären sind.

Kurze historische Bemerkungen zum zweiten Kapitel.

Die folgende kurze historische Übersicht über die im zweiten Kapitel elementar behandelten wichtigsten Begriffe und Tatsachen erhebt keinerlei Anspruch auf Vollständigkeit; sie läßt sich an Hand der Literaturzitate in den einschlägigen meteorologischen Lehrbüchern leicht ergänzen. Auch sei bemerkt, daß die Namen- und Jahresangaben hier nicht den Charakter von Hinweisen auf das Literaturverzeichnis am Schluß des Buches haben.

Feststellung der Ablenkung des Windes nach rechts (auf der Nordhalbkugel) durch die Erdrotation: HADLEY 1735. Allgemeine mathematische Formulierung der ablenkenden Kraft der Erdrotation: CORIOLIS 1835 („Coriolis-Beschleunigung"). Ableitung der vollständigen barometrischen Höhenformel: LAPLACE 1805. Erste Isobarenkarten (genauer: Karten mit Linien gleicher Abweichung vom mittleren Druck): BRANDES 1816 bis 1819. Formulierung des barischen Windgesetzes (Windrichtung in Abhängigkeit von der Druckverteilung): BUYS-BALLOT 1857 bis 1860; dieser Formulierung kam schon BRANDES 1816 bis 1819 nahe. Grundformen der Isobarentypen barometrischer Systeme: ABERCROMBY 1887. Erstmalige Zeichnung von Isallobaren (Linien gleicher Druckänderung in einem bestimmten Zeitraum): MÜLLER 1864. Einführung der zwölfstündigen Isallobaren in die allgemeine synoptische Praxis: EKHOLM 1904. Definition des Begriffs des barischen Gradienten in der Meteorologie: STEVENSON 1868. Erstmaliger Entwurf von Stromlinien: GALTON 1863. Anwendung der Stromlinienmethode auf Probleme der atmosphärischen Physik: V. BJERKNES und SANDSTRÖM 1908 bis 1912. Luftbahnen: SHAW und LEMPFERT 1906. Aufstellung von Gleichungen der stationären Luftbewegung unter dem Einfluß der Reibung: GULDBERG und MOHN 1877; verbesserte Formulierung dieser Gleichungen: HESSELBERG und SVERDRUP 1914. Einführung des Begriffs des Austausches, u. a. als Ursache der virtuellen Reibung: TAYLOR und SCHMIDT 1915 bis 1917. Anwendung des Begriffs der Zirkulation und ihrer Beschleunigung auf die Meteorologie: V. BJERKNES 1898 bis 1902. Nachweis, daß die Größe der Zirkulationsbeschleunigung außer durch die Anzahl der isobar-isosteren Solenoide auch durch die Anzahl der isotherm-isentropischen Solenoide definiert werden kann: ANSEL 1912. Anwendung des Begriffs der Zirkulation auf die Erforschung der Wirbelbildung: V. BJERKNES und SANDSTRÖM 1916 bis 1921. Anwendung des Begriffs der Zirkulation und der thermodynamischen Solenoide auf das Studium der Thermodynamik der Fronten: BERGERON und SWOBODA 1924. Zusammenhang nichtstationärer Bewegungen mit dem Isallobarenfeld: HESSELBERG 1915. Derselbe Zusammenhang unter Berücksichtigung der Vertikalbewegung: BRUNT und DOUGLAS 1928. PHILIPPS 1939, Erklärung der Zyklonenenergie aus der potentiellen Energie der Lage horizontal benachbarter Luftmassen verschiedener Temperatur: MARGULES 1905 sowie V. BJERKNES, J. BJERKNES, SOLBERG, BERGERON 1917 bis 1920. Bedeutung der Labilitätsenergie (der labilen vertikalen Temperaturverteilung) für die Zyklogenese: REFSDAL 1930.

Drittes Kapitel.

Das Wasser in der Atmosphäre.

26. Prozesse, die zur Kondensation des Wasserdampfes führen.

Kondensation durch Wasserdampfaufnahme, durch Mischung und durch Abkühlung. Abkühlung durch Ausstrahlung, durch Turbulenz und durch Expansion.

Eine überaus große Bedeutung für die Wettervorgänge hat der Kreisprozeß des Wasserdampfes der Atmosphäre, vor allem durch die *Kondensation,* bei welcher die Bildung von Nebeln und Wolken und die Ausscheidung atmosphärischer Niederschläge stattfindet. Es ist thermodynamisch eine notwendige (aber nicht hinreichende) Bedingung für den Eintritt der Kondensation, daß die Luft, welche Wasserdampf enthält, den Sättigungszustand erreicht, d. h. daß ihre relative Feuchtigkeit bis auf 100% ansteigt.[1] Hierzu muß entweder ihre spezifische Feuchtigkeit zunehmen oder ihre Temperatur abnehmen; in beiden Fällen wird ihre relative Feuchtigkeit anwachsen. Der erstgenannte Vorgang, wofern er von Verdunstungsprozessen in der Unterlage oder von einer horizontalen Mischung verschieden temperierter Luftmassen[2] herrührt, hat keine allgemeine Bedeutung und pflegt auf die unterste Luftschicht beschränkt zu sein; weit wirksamer bereits ist vertikale Mischung, worauf PETTERSSEN 1939 *(2)* aufmerksam macht. Der andere Vorgang, eine *Abkühlung,* ist der überwiegende Anlaß für die Kondensation des Wasserdampfes in der Atmosphäre.

Ein solcher Temperaturrückgang kann sich aus drei verschiedenen Ursachen einstellen. Erstens kann eine Abkühlung der Luft durch unmittelbare *Ausstrahlung* ihrer Energie gegen den Erdboden, gegen die umgebenden (namentlich die höheren) Schichten der Atmosphäre und gegen den Weltraum zustandekommen. Zweitens kann die Temperatur der Luft durch unmittelbare Berührung mit der abgekühlten Erdoberfläche sinken. Diese Abkühlung breitet sich zunächst durch *molekulare Wärmeleitung,* von einem Luftteilchen zum anderen, nach oben aus. Die Forschungen von TAYLOR (1917) haben indessen gezeigt, daß bei einer solchen — nur molekularen — Übertragung von unten nach oben, die Abkühlung im Lauf einer

---

[1] Wie im Abschnitte 39 gezeigt werden wird, braucht die Feuchtigkeit bei der Kondensation, falls diese — wie gewöhnlich — an hygroskopischen Kernen vor sich geht, nicht immer 100% zu erreichen. Der kolloidale Faktor bedingt hier eine Korrektur der rein thermodynamischen Bedingungen.

[2] Es kann nämlich bei einer Mischung zweier Luftmassen von verschiedener Temperatur die relative Feuchtigkeit der Mischung größer sein, als die Feuchtigkeit jeder der beiden Massen vor der Mischung.

Nacht lediglich bis zu einer Höhe von etwa 1 m über dem Boden gelangen könnte. Zu diesem Vorgang der Wärmeleitung gesellt sich in der Atmosphäre vielmehr stets noch eine *turbulente Durchmischung* der Luft (infolge dynamischer Turbulenz), welche die Abkühlung bis zu einer viel größeren Höhe (von der Größenordnung von Deka- und Hektometern) vorträgt. Beide erwähnten Vorgänge — Abkühlung infolge Ausstrahlung von der Unterlage her unter Beihilfe der Übertragung durch Turbulenz — sind Ursache der Kondensation des Wasserdampfes vorwiegend in den untersten Luftschichten: Nebel und Tau. Auch an der Ausbildung von Schichtwolken (*St*) sind diese beiden Faktoren beteiligt, wobei hier die unmittelbare Ausstrahlung der Luft (unter den Inversionsflächen) bereits eine größere Rolle spielt als im Fall der bloßen Nebelbildung.

Der dritte und wichtigste Prozeß, welcher zu einem Temperaturrückgang und zur Kondensation des Wasserdampfes führen kann, ist die *dynamische Abkühlung* bei Druckerniedrigung, vor allem durch das Aufsteigen der Luft aus ihrer ursprünglichen Lage. Schon im vorigen Kapitel wurden mehrere in der Atmosphäre tatsächlich vorkommende Mechanismen der Lufthebung, d. h. einer Luftbewegung mit vertikaler, nach oben gerichteter Geschwindigkeitskomponente, aufgezeigt; unter ihnen sind von besonderer Bedeutung das Aufgleiten und die Konvektion. Gemeinsam für alle Arten der Hebung ist die Tatsache, daß die Temperatur dabei um 1° pro 100 m Steigung sinkt, vorausgesetzt, daß kein Wärmeaustausch zwischen der aufsteigenden Luft und ihrer Umgebung stattfindet und daß die Luft den Sättigungsgrad noch nicht erreicht hat. Sobald Sättigung erreicht wird und die Kondensation einsetzt, beginnt die latente Wärme des kondensierenden Wasserdampfes frei zu werden; bei einem weiteren Aufsteigen der Luft sinkt deren Temperatur daher langsamer als im Fall der Trockenheit (um weniger als 1° pro 100 m Aufstieg). Auch hier wird der Temperaturrückgang bei sonst gleichen Bedingungen (Temperatur, Druck, Feuchtigkeit) unabhängig von der Art und Weise sein, in der sich das Aufsteigen abspielt.

Eine solche dynamische Abkühlung der Luft beim Aufsteigen ist die wesentlichste Ursache der Bildung von Wolken und Niederschlägen in Form von Regen, Schnee, Graupel, Hagel.[1]

Dagegen hat eine Bewegung der Luft von oben nach unten deren *dynamische Erwärmung* und Entfernung vom Sättigungszustand zur Folge. Auch diese Erscheinung hat für die Wettervorgänge oft große Bedeutung (antizyklonale Inversionen, Föhn; siehe Abschnitt 38).

Es muß vorausgesetzt werden, daß der Leser mit den Grundlagen der atmosphärischen Thermodynamik, wie sie im Rahmen der allgemeinen Lehrbücher der Meteorologie dargestellt zu werden pflegen, bereits vertraut ist. Nichtsdestoweniger sollen hier für das Verständnis der weiteren Darlegungen die wichtigsten Erkenntnisse wiederholt werden, welche die auf- und absteigenden Luftbewegungen, ihre Ursachen und die mit ihnen zusammenhängenden Zustandsänderungen der Luft betreffen.

27. Die adiabatischen Zustandsänderungen der Luft.
Adiabatische und nichtadiabatische Prozesse in der Atmosphäre.
Der adiabatische Kreisprozeß.

Unter *Zustandsänderungen* der Luft versteht man Änderungen ihrer hauptsächlichen Eigenschaften, wie der Temperatur, des Drucks (der Spannkraft), der Dichte

---

[1] Auch dadurch, daß sich die Luft mit einer Komponente senkrecht auf die Isobaren gegen den niedrigeren Druck bewegt, kann dynamische Abkühlung eintreten; Nebel, Nieseln und großtropfiger Regen im Warmsektorscheitel sich rasch vertiefender Zyklonen dürften bisweilen durch diese Expansionsabkühlung zu erklären sein. PETTERSSEN 1939 (*2*) hält diesen Effekt allerdings für nicht erheblich.

(oder des spezifischen Volumens) und schließlich der Feuchtigkeit. Alle diese Änderungen lassen sich in zwei Haupttypen einteilen: entweder sie spielen sich in dem gegebenen Luftquantum ab, ohne daß zwischen diesem und der Umgebung (Luft, Unterlage, Weltraum) ein Wärmeaustausch stattfindet, oder aber es ist ein solcher Wärmeaustausch vorhanden. Im ersten Fall sprechen wir von *adiabatischen* oder *isentropischen* Prozessen.[1]

Im Lauf eines solchen adiabatischen Prozesses empfängt die gegebene Luftmenge keine Wärme von außen und gibt ihre Wärme in die Umgebung auch nicht ab. Dagegen werden Zustandsänderungen der Luft, bei denen diese entweder Wärme von außen erhält oder Wärme nach außen abgibt, *nichtadiabatische Prozesse* genannt.

Streng genommen verläuft allerdings kein Prozeß in der Atmosphäre vollkommen adiabatisch. Die Atmosphäre absorbiert Sonnenenergie und verwandelt sie in Wärme; sie strahlt selbst Energie aus und kühlt sich dabei ab; sie steht mit ihrer Unterlage in einem Wärmeaustausch durch Leitung usw. Dabei ist jedoch folgendes zu berücksichtigen:

1. Die Luft absorbiert nur eine geringe Menge der Sonnenenergie unmittelbar und wandelt sie in Wärme um (die gesamte Atmosphäre absorbiert im ganzen rund 14% der zur Erde gelangenden Sonnenenergie). Gering ist auch der Wärmeverlust durch unmittelbare Ausstrahlung der Luft;

2. die Wärmeleitfähigkeit der Luft ist ganz unbedeutend, d. h. der molekulare Wärmeaustausch zwischen einem gegebenen Luftquantum und der benachbarten Luft oder der Erde spielt sich sehr langsam ab. Allerdings findet ein unmittelbarer molekularer Wärmeaustausch mit der Erde nur in der untersten bodennahen Luftschicht statt.

Eine erheblich größere Rolle als Faktor des Wärmeaustausches, wenn man die Atmosphäre oder einen ihrer Teile als Ganzes ansieht, spielt die Turbulenz, d. i. die wirbelige Durchmischung der Luft. Ihr Einfluß braucht jedoch nicht berücksichtigt zu werden, wenn man nur ein Luftquantum betrachtet, welches im Rahmen der turbulenten Bewegung als Turbulenzelement auf- oder absteigt; seine Zustandsänderungen haben nahezu adiabatischen Charakter. Letzteres ist sogar auch dann der Fall, wenn mächtige Luftschichten als Ganzes geordnet aufsteigen oder absinken (Auf- und Abgleiten).

Somit können wir sämtliche Arten vertikaler Luftbewegungen mit hinreichender Annäherung als adiabatisch ansehen und auf sie alle jene Folgerungen der atmosphärischen Thermodynamik anwenden, die einen adiabatischen Charakter des Vorgangs voraussetzen. Mag sich auch während des Vorgangs irgendein Zuwachs oder Verlust an Wärme einstellen, so ändert dies doch nichts am Wesen der sich abspielenden Erscheinungen und es treten nur geringe Abweichungen von den theoretisch berechneten Werten auf, sofern wir nur kürzere Zeiträume und engere Gebiete zu betrachten haben.

Aber selbst dann, wenn der Wärmeaustausch mit der Umgebung wirklich groß ist, werden die Temperaturänderungen in der Atmosphäre meist komplexer Natur sein. Sie werden außer durch diesen Wärmeaustausch und unabhängig von ihm auch bedingt sein durch Änderungen des äußeren Drucks und folglich auch der Spannkraft der gegebenen Luftmenge; der dabei auftretende Wärmeeffekt kann den Effekt des Austausches entweder verstärken oder abschwächen. Betrachten wir z. B. eine ganze Luftmasse von erheblichen Dimensionen, die sich horizontal der Erdoberfläche entlang bewegt und unter immer tieferen Luftdruck gelangt. Sie wird sich vor allem von der Unterlage her erwärmen oder abkühlen; dies ist die vorwiegende nichtadiabatische Komponente ihrer Temperaturänderung. In dem

---

[1] Die *Entropie* ist eine bestimmte Funktion von Temperatur, Feuchtigkeit und Druck der gegebenen Luftmasse. Wir kommen später darauf zurück.

Maß, in welchem die Spannkraft der Luft sinkt, wird sich die Luftmasse jedoch überdies noch nach den Gesetzen der adiabatischen Zustandsänderung abkühlen (siehe Abschnitt 28). Bei einer Abnahme des Luftdrucks um 50 mb (wie es bei der Verschiebung einer Luftmasse aus einer Antizyklone in eine Zyklone der Fall sein kann), wird die Temperatur beispielsweise durch die adiabatische Abkühlung um etwa 4° sinken.

Nimmt man an, daß sich der äußere Druck auf die Luftmenge und folglich auch ihre Spannkraft verringert, so dehnt sie sich dabei aus, d. h. sie vergrößert ihr Volumen nach dem aus der Physik bekannten Gesetz: $pv = RT$. Bei der Expansion leistet die Luft eine gewisse Arbeit und überwindet den äußeren Druck. Nun wissen wir, daß Arbeit immer auf Kosten irgendeiner Energie, am häufigsten der Wärmeenergie, geleistet wird. Wofern unserer Voraussetzung gemäß kein Wärmezufluß von außen her vorhanden ist, muß offenbar für die Leistung der Expansionsarbeit ein gewisser Teil jenes Wärmevorrats verwendet werden, welcher in der Luft selbst vorhanden ist. Infolgedessen kühlt sich die Luft bei Verringerung des Drucks ab; ihre Temperatur sinkt.

Wenn wir die Luftmasse wieder unter den früheren Druck bringen, so geht der Vorgang in umgekehrter Richtung vor sich: bei der Druckzunahme wird die Luftmasse zusammengedrückt, ihr Volumen verringert sich. Die Arbeit, welche auf das Zusammendrücken verwendet wird, wandelt sich in Wärme um, weshalb sich das Luftquantum wieder bis auf seine frühere Temperatur erwärmt. Bei adiabatischen Änderungen verändert sich somit die Lufttemperatur in Abhängigkeit von den Druckänderungen. Dies wird allerdings nur dann der Fall sein, wenn die Luftmasse während aller dieser Änderungen Wärme weder an die Umgebung abgegeben noch von ihr empfangen hat.

28. Adiabatische Temperaturänderung bei vertikaler Bewegung trockener Luft.

a) Die Poissonsche Gleichung.

Die Beziehung zwischen den Änderungen des Drucks (der Spannkraft) und der Temperatur bei adiabatischen Prozessen in trockener Luft (ohne Wasserdampfgehalt) läßt sich folgendermaßen ableiten:

Wird die in einer Luftmasse enthaltene Wärmemenge um dQ Wärmeeinheiten vergrößert, so wächst ihre Energie um $J\,dQ$ mechanische Einheiten, wo J das mechanische Wärmeäquivalent bedeutet. Dieser Energiezuwachs äußert sich in einer Temperaturzunahme dT und einer Volumenvergrößerung dv. Ist c_v die spezifische Wärme der trockenen Luft bei konstantem Volumen, so folgt

$$J\,dQ = J\,c_v\,dT + p\,dv. \tag{1}$$

Beim adiabatischen Prozeß ist $dQ = 0$; folglich

$$J\,c_v\,dT + p\,dv = 0. \tag{2}$$

Wir können aus dieser Gleichung dv und c_v mit Hilfe folgender Transformationen eliminieren:

Wir differenzieren die Zustandsgleichung der Gase $pv = RT$; es ergibt sich

$$p\,dv + v\,dp = R\,dT, \tag{3}$$

wo R die Gaskonstante bedeutet. Mit Hilfe der Gl. (3) eliminieren wir v aus der Gl. (2):

$$\left(c_v + \frac{R}{J}\right)dT - \frac{RT}{J\,p}\,dp = 0. \tag{4}$$

Ferner ersetzen wir c_v durch c_p, d. i. durch die spezifische Wärme bei konstantem Druck. Der Zusammenhang zwischen c_v und c_p ist der folgende: durch Differenzieren der Zustandsgleichung der Gase bei konstantem p erhalten wir

$$p\,dv = R\,dT. \tag{5}$$

Bei $dT = 1$, d. h. bei einem Temperaturanstieg um 1°, folgt aus Gl. (5)

$$p\,dv = R;$$

R ist also gleich der Ausdehnungsarbeit, welche bei einem Temperaturanstieg um 1° geleistet wird. Diese Ausdehnungsarbeit ist jedoch offenbar gleich der Differenz der spezifischen Wärmen bei konstantem Druck und konstantem Volumen, ausgedrückt in mechanischen Einheiten, somit

$$J\,c_p - Jc_v = R,$$

woraus

$$c_v = c_p - \frac{R}{J}. \tag{6}$$

Setzen wir (6) in die Gl. (4) ein, so haben wir

$$c_p\,dT - \frac{RT}{J\,p}\,dp = 0 \tag{7}$$

oder

$$\frac{dT}{dp} = \frac{RT}{J\,c_p\,p}. \tag{8}$$

In dieser Formel ist $\dfrac{dT}{dp}$, die Ableitung der Temperatur nach dem Druck, also der Betrag der Temperaturveränderung in Abhängigkeit von der Druckänderung (oder die Temperaturänderung pro Einheit der Druckänderung); je größer $\dfrac{dT}{dp}$ ist, um so mehr ändert sich also die Temperatur bei ein und derselben Druckänderung. Folglich ist $\dfrac{dT}{dp}$ direkt proportional der Temperatur T selbst, ausgedrückt nach der absoluten Skala,[1] und umgekehrt proportional dem Druck p. $J = 4186$, wenn als Grundeinheiten Meter, Kilogramm und Sekunde genommen werden; R beträgt für trockene Luft in demselben Einheitensystem $= 287{,}042$ und $c_p = 0{,}240$.

Nach Integration der Gl. (8) in den Grenzen von p_1 bis p_2 und nach Einsetzen der oben angegebenen numerischen Werte R, J und c_p, erhalten wir die sog. POISSONsche *Gleichung*:

$$\frac{T_1}{T_2} = \left(\frac{p_1}{p_2}\right)^{0{,}2884}. \tag{9}$$

Diese Gleichung besagt: wenn sich die Spannkraft der Luft von p_1 bis p_2 adiabatisch ändert, so geht die Temperatur T_1 in T_2 über; dabei sind die Größen p_1, p_2, T_1, T_2 durch die Beziehung (9) miteinander verbunden. Auf diese Gleichung werden wir noch zurückkommen.

b) Die Trockenadiabate.

Nehmen wir nun an, ein Quantum trockener Luft, welches ursprünglich eine Temperatur T und eine Spannkraft p besitzt, verlagere sich adiabatisch nach oben. Es wird dabei unter einen immer geringeren äußeren Druck kommen, weshalb auch seine eigene Spannkraft, die stets dem äußeren Druck gleich ist, nachläßt. Dann wird seine Temperatur nach dem POISSONschen Gesetz abnehmen. Um-

---

[1] Die absolute Temperatur T ist, wie bekannt, gleich $t + 273°$, wo t die Temperatur nach der üblichen Celsius-Skala ist. Es ist klar, daß

$$T_1 - T_2 = t_1 - t_2 \quad \text{und} \quad \frac{dT}{dx} = \frac{dt}{dx}.$$

gekehrt wird bei einer Senkung des Luftquantums seine Spannkraft wachsen und seine Temperatur zunehmen.

Der Druck ändert sich mit der Höhe, wie uns bereits bekannt (Abschnitt 14), nach dem Gesetz:

$$dp = -g\,\varrho\,dz$$

oder

$$dp = -\frac{g\,p}{R\,T}\,dz. \tag{10}$$

Nach Einsetzen dieses Ausdrucks für dp in die Gl. (8) erhalten wir:

$$\frac{dT}{dz} = -\frac{g}{J\,c_p} \tag{11}$$

d. i. eine Ableitung der Temperatur nach der Höhe, welche die Änderungen der Temperatur in aufsteigender oder absinkender Luft in Abhängigkeit von der Höhenänderung charakterisiert.[1] Wir müssen uns gut merken, daß der Ausdruck $\frac{dT}{dz}$ hier und in den weiteren Ausführungen dieses Abschnitts nicht den vertikalen Temperaturgradienten in der Atmosphäre angibt, sondern die individuelle Temperaturänderung in einem bestimmten Luftquantum während seines Aufsteigens. Durch Integration von (11) in den Grenzen von z_1 bis z_2 erhalten wir:

$$T_1 - T_2 = \frac{g}{J\,c_p}\,(z_2 - z_1). \tag{12}$$

Dies bedeutet, wenn man die Änderungen von g mit der Höhe vernachlässigt, daß die Temperaturänderung der vertikal (oder mit einer vertikalen Geschwindigkeitskomponente) bewegten Luft *dem Höhenunterschied proportional* ist. Einer Vertikalverschiebung der Luft um die Streckeneinheit entspricht also stets die gleiche Temperaturänderung unabhängig von der Höhe, in welcher sich die Verlagerung vollzieht.[2]

Setzt man in die Gl. (11) die oben angeführten Zahlenwerte für J und c_p sowie den Wert für g im Meeresniveau in einer Breite von $45°$ $(= 9{,}81)$ ein, so erhält man als Temperaturänderung pro Einheit der Vertikalverschiebung (1 m) den Wert $\frac{dT}{dz} = -0{,}00977°$, pro 100 m $-0{,}977°$, d. i. nahezu $-1°$; trockene Luft kühlt sich also bei einer Hebung um jede 100 m beinahe um $1°$ ab und sie erwärmt sich um ebensoviel bei einer Senkung um 100 m. Eine solche Zustandsänderung wird *trockenadiabatisch* genannt.[3]

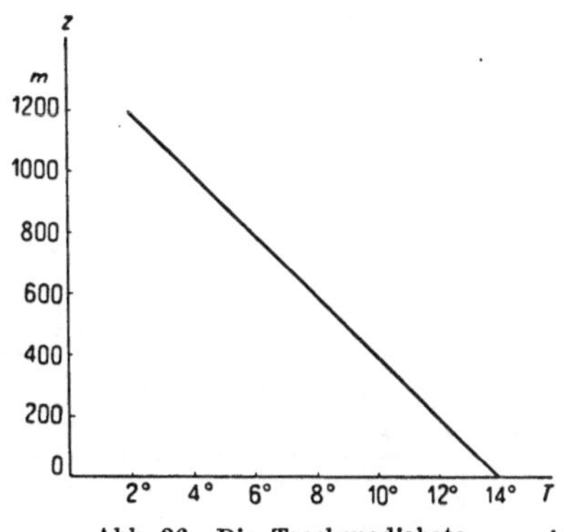
Abb. 36. Die Trockenadiabate.

Stellt man die adiabatische Temperaturänderung, welche ein Quantum trockener Luft während seiner vertikalen Verlagerung erfährt, in Abhängigkeit von der Höhe und der Temperatur graphisch dar, so erhält

---

[1] In der Richtung nach oben wird die z-Achse als positiv angesehen.

[2] Die Gl. (11) gilt nur annähernd, wofern T in der Gl. (10) — Temperatur der umgebenden Atmosphäre — nicht identisch ist mit T in der Gl. (8) — Temperatur des aufsteigenden Luftquantums. In diesem Fall ist genau genommen $\frac{dT}{dz}$ gleich $-\frac{g}{J\,c_p}$ multipliziert mit dem Verhältnis der Temperatur der aufsteigenden Luft zur Temperatur der umgebenden Atmosphäre. Der Unterschied ist indessen nicht erheblich und kann bei Verwendung des Näherungswertes $1°/100$ m (siehe das Folgende) vernachlässigt werden.

[3] Pro 100 dynamische Meter ergibt sich eine trockenadiabatische Änderung von $0{,}997°$, d. i. praktisch genau $1°$.

man (vorausgesetzt, daß die T- und die z-Skala linear sind) eine gerade Linie, die *Trockenadiabate* genannt wird (Abb. 36). Zwischen den Koordinatenachsen T und z gibt es dann für jede Anfangstemperatur T_0 eine besondere Trockenadiabate und man

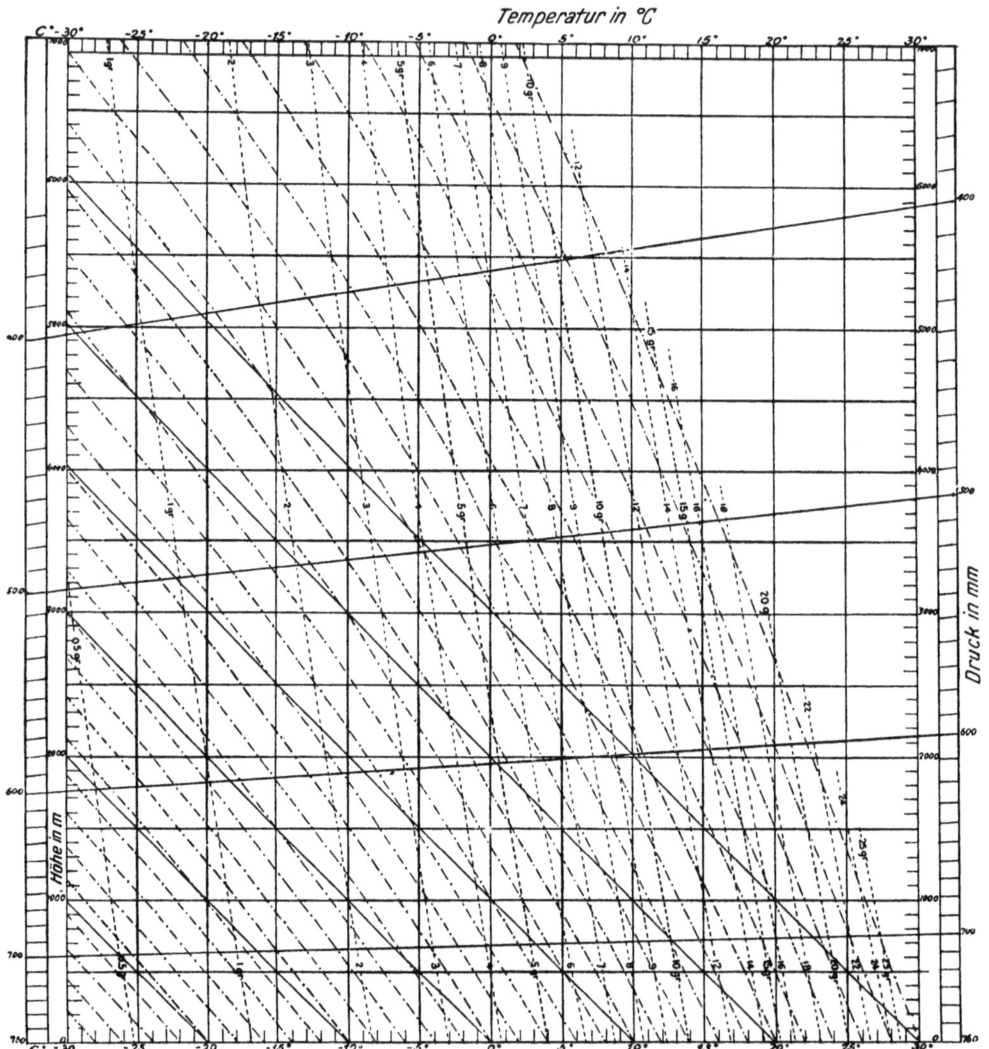

Abb. 37. Adiabatendiagramm von NEUHOFF. Die ausgezogenen, von rechts nach links geneigten Linien sind Trocken-adiabaten; die strichpunktierten Linien Feuchtadiabaten; die punktierten Linien Kurven der Sättigungsfeuchtigkeit.

erhält im allgemeinen ein ganzes System von Trockenadiabaten (Abb. 37, ausge-zogene, von rechts nach links geneigte Linien). Es ist klar, daß durch jeden Punkt $T_n z_n$ des Diagramms eine bestimmte Adiabate verläuft.

Trüge man auf der Ordinatenachse nicht die Höhen, sondern unmittelbar die *Drucke* linear auf, so würden die Trockenadiabaten nicht mehr als gerade, sondern als gekrümmte Linien erscheinen. Nun ändert sich entsprechend der Grundgleichung der Statik der Druck mit der Höhe ungefähr nach einem logarithmischen Gesetz. Wenn man also auf der Ordinatenachse statt der Drucke in linearer Skala die Logarithmen des Drucks, oder was dasselbe ist, die Drucke in logarithmischer Skala aufträgt, so erhält man Trockenadiabaten, die gleichfalls beinahe wieder gerade Linien sind.

29. Adiabatische Temperaturänderung bei vertikaler Bewegung feuchter Luft.

Die Feuchtadiabate. NEUHOFFs Adiabatendiagramm.

Wenn die Luft nicht trocken ist, sondern eine gewisse Menge Wasserdampf enthält (wie es immer in Wirklichkeit der Fall ist), so werden die Größen R und c_p für sie einen etwas anderen Wert haben. R'', die Gaskonstante der feuchten Luft, ist gleich R $(1 + 0{,}606\ q)$, wo R die Gaskonstante für trockene Luft, q die spezifische Feuchtigkeit ist $\left(= 0{,}622\ \dfrac{e}{p}\right)$, wo e die Spannkraft des Wasserdampfes und p den Luftdruck in gleichen Einheiten bedeuten. c''_p ist die spezifische Wärme der feuchten Luft, die gleich $(1 - q)\ c_p + q\ c'_p$ ist, wo c_p die spezifische Wärme trockener Luft, c'_p die spezifische Wärme des Wasserdampfes $(= 0{,}379)$ und q die spezifische Feuchtigkeit vorstellt. Es ist unmittelbar ersichtlich, daß R'' sich in der Regel von R wenig unterscheiden wird, da q immer eine kleine Größe ist (bei einem Druck von 760 mm und einer Temperatur von $+ 15°$ ist q für den Sättigungszustand gleich 0,0105); aus demselben Grund unterscheidet sich auch c''_p sehr wenig von c_p. Daher wird sich die infolge einer Vertikalverschiebung eintretende adiabatische Temperaturänderung feuchter ungesättigter Luft von der analogen Temperaturänderung trockener Luft kaum unterscheiden. Wir können mit genügender Genauigkeit annehmen, daß sich sowohl trockene, als auch feuchte ungesättigte Luft bei ihrer Hebung um 1° pro 100 m abkühlt und bei ihrer Senkung um 1° pro 100 m erwärmt.

Absinkende Luft entfernt sich bei der Erwärmung stets vom Sättigungszustand; infolgedessen ist in ihr die adiabatische Temperaturzunahme immer ein und dieselbe: 1° pro 100 m Senkung.[1]

Ganz anders verhält sich die Sache in aufsteigender Luft. Diese wird sich um 1° pro 100 m Hebung nur solange abkühlen, als sie ungesättigt bleibt. Während der Hebung wächst jedoch die relative Feuchtigkeit bei unveränderter spezifischer Feuchtigkeit und adiabatischer Temperaturabnahme an und kann schließlich bis auf 100% steigen, d. h. es kann *Sättigung* erreicht werden. Die Temperatur, bei welcher die Sättigung erreicht wird, nennt man den *Taupunkt*. Bei Einsetzen der Kondensation beginnt die latente Kondensationswärme (oder, wie sie auch genannt wird, die latente Wärme des Wasserdampfes) frei zu werden. Durchschnittlich werden bei der Kondensation von 1 g Wasserdampf rund 607 kleine Wärmekalorien und bei der unmittelbaren Sublimation von 1 g Wasserdampf in die feste Phase (Bildung von Eiskristallen in der Atmosphäre) rund 687 Kalorien frei. Die freiwerdende latente Wärme wird die weitere Abkühlung der aufsteigenden Luft verlangsamen. Die Temperatur wird nach Beginn der Kondensation nicht mehr um 1° pro 100 m, sondern nur um einige Zehntelgrade sinken. Eine solche Zustandsänderung wird *feuchtadiabatisch* genannt.

Das Gesetz der Temperaturabnahme in aufsteigender gesättigter Luft wird folgendermaßen ausgedrückt. In der Gl. (7) Abschnitt 28 ist der linke Teil der Gleichung nicht gleich Null zu setzen, sondern gleich der Wärmeänderung dQ, welche ihrerseits gleich ist dem Ausdruck $- r\ dq$, wo r die latente Kondensationswärme bedeutet und dq die Wasserdampfmenge in Gramm, welche aus einem Kilogramm Luft bei einer Hebung um die Höhe dz ausgeschieden wird.

---

[1] Unter der Voraussetzung, daß in der Luft keine Kondensationsprodukte vorhanden sind, zu deren Verdunstung eine gewisse Wärmemenge verbraucht wird.

Somit

$$-r\,dq = c_p\,dT - \frac{RT}{Jp}\,dp. \tag{1}$$

Differenzieren wir den oben angeführten Ausdruck für die spezifische Feuchtigkeit $q = 0{,}622\,\dfrac{e}{p}$ logarithmisch, so erhalten wir

$$\frac{dq}{q} = \frac{de}{e} - \frac{dp}{p}. \tag{2}$$

Setzen wir den sich auf diese Weise ergebenden Ausdruck für dq in die Gl. (1) ein, so erhalten wir:

$$-r\,q\,\frac{de}{e} + r\,q\,\frac{dp}{p} = c_p\,dT - \frac{RT}{J}\,\frac{dp}{p}. \tag{3}$$

Wenn wir hier $\dfrac{dp}{p}$ durch den entsprechenden Ausdruck aus der Grundgleichung der Statik in ihrer Differenzialform [Abschnitt 15, Gl. (2)]

$$\frac{dp}{p} = -\frac{g}{RT}\,dz \tag{4}$$

ersetzen, so erhalten wir

$$-r\,q\,\frac{de}{e} - r\,q\,\frac{g}{RT}\,dz = c_p\,dT + \frac{g}{J}\,dz$$

oder

$$\left(\frac{r\,q}{e}\,\frac{de}{dT} + c_p\right)dT = -\left(\frac{g}{J} + r\,q\,\frac{g}{RT}\right)dz. \tag{5}$$

Daraus folgt schließlich

$$\frac{dT}{dz} = -\frac{\dfrac{g}{J} + \dfrac{g}{R}\,\dfrac{rq}{T}}{c_p + \dfrac{rq}{e}\,\dfrac{de}{dT}}. \tag{6}$$

Die Werte r, g, J, R sind bekannt; bekannt sind auch die Werte q für gesättigte Luft bei gegebenen p und T. Es ergeben sich annähernd folgende Zahlenwerte:

$$\frac{1}{e}\,\frac{de}{dT} = \frac{4025}{(235 + t^2)},$$

wo t die Temperatur in Grad Celsius ist. Dann können aus der Gl. (6) die Werte für die Temperaturabnahme aufsteigender gesättigter Luft bei beliebigen Werten T und p bestimmt werden, wie die folgenden Tabellen zeigen. Wir bemerken: je tiefer die Temperatur der gesättigten Luft, um so größer ist ihre Abkühlung während der Hebung, d. h. um so ähnlicher der Temperaturabnahme in trockener aufsteigender Luft. Anderseits wird $\dfrac{dT}{dz}$ in gesättigter Luft bei ein und derselben Temperatur um so größer sein, je höher der Luftdruck ist. Beides ist ersichtlich aus der folgenden Tabelle 1 (nach v. HANN), welche die absoluten Beträge der Temperaturänderung aufsteigender gesättigter Luft in Graden pro 100 m Hebung angibt.

Tabelle 1. Temperaturänderung aufsteigender gesättigter Luft in °C pro 100 m Hebung bei verschiedenen Druck- und Temperaturwerten.

Druck in mm	−30°	−25°	−20°	−15°	−10°	−5°	0°	5°	10°	15°	20°	25°	30°
760	0,93	0,91	0,86	0,81	0,76	0,69	0,63	0,60	0,54	0,49	0,45	0,41	0,38
700	93	91	85	80	74	68	62	59	53	48	44	40	37
600	92	88	83	77	71	65	58	55	49	44	40	37	—
500	91	86	80	74	68	62	55	52	46	41	38	—	—
400	89	84	77	71	63	57	50	47	42	38	—	—	—
300	87	80	72	65	57	51	44	42	—	—	—	—	—
200	84	74	64	57	49	43	37	—	—	—	—	—	—

Weil der Wasserdampfgehalt geringer wird, nimmt der Betrag von $\dfrac{dT}{dz}$ mit wachsender Höhe stets zu, wie Tabelle 2 (nach NEUHOFF) zeigt. In ihr sind diejenigen Temperaturänderungen angegeben, welche ein und dasselbe Quantum gesättigter Luft, das von der Erde mit einer bestimmten Anfangstemperatur (von $+ 30°$ bis $- 30°$) aufsteigt, in den verschiedenen Höhen pro 100 m Hebung aufweist.

Tabelle 2. Temperaturänderungen eines von der Erde aufsteigenden Quantums gesättigter Luft in verschiedenen Höhen bei einer be= stimmten Anfangstemperatur am Boden.

Höhe in m	30°	20°	10°	0°	— 10°	— 20°	— 30°
0	0,37	0,44	0,54	0,62	0,75	0,86	0,91
1000	37	46	56	68	82	90	—
2000	38	49	59	75	87	—	—
3000	40	51	65	82	89	—	—
4000	42	57	73	88	—	—	—
5000	43	59	80	—	—	—	—
6000	45	63	84	—	—	—	—
7000	48	72	—	—	—	—	—

Die Kurve, welche die Temperaturänderung aufsteigender gesättigter Luft in Abhängigkeit von der Höhe (oder vom Druck) darstellt, wird *Feuchtadiabate* genannt. Es ist offensichtlich, daß die Feuchtadiabaten zwischen den Koordinatenachsen $T - z$ durch gekrümmte Linien (strichpunktierte Linien in Abb. 37) dargestellt werden; sie werden im allgemeinen gegen die Achse T (der Abszissen) weniger geneigt sein als die Trockenadiabaten, und sich den letzteren mit der Höhe asymptotisch nähern.

Stellen wir uns vor, daß feuchte ungesättigte Luft mit einer Anfangstemperatur T_0 vom Erdboden, d. i. vom Niveau z_0, aufsteige. Solange sie ungesättigt bleibt, ändert sich ihre Temperatur nach dem Gesetz $\dfrac{dT}{dz} =$ $= - 1°/100$ m, d. i. die Temperaturänderung mit der Höhe wird zwischen den Koordinatenachsen $T - z$ durch diejenige Trockenadiabate dargestellt, welche auf dem Diagramm durch den Punkt $T_0 z_0$ verläuft (Abb. 38). In einer gewissen Höhe wird die beim Aufstieg sich abkühlende Luft die Temperatur des Taupunktes erreichen; nehmen wir an, daß dies bei einer Temperatur T_1 in der Höhe z_1 der Fall sei. In der Folge wird die Temperaturänderung bereits nach der

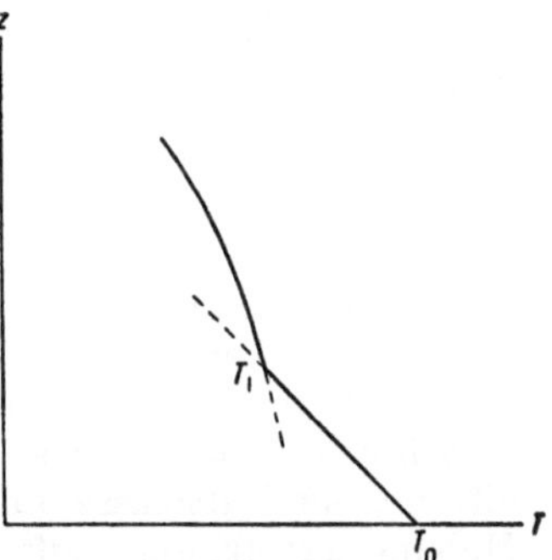

Abb. 38. Temperaturänderung aufsteigender feuchter Luft. Bis zum Punkt $T_1\, z_1$ (Kondensationsniveau) kühlt sich die Luft nach der Trockenadiabate, von diesem Punkt angefangen nach der Feuchtadiabate ab.

Feuchtadiabate verlaufen, die den Punkt $T_1 z_1$ schneidet. Die Kurve der Temperaturänderung mit der Höhe in aufsteigender Luft wird in der Höhe einen Knick aufweisen, in welcher die Sättigung erreicht wird; offenbar wird in dieser Höhe auch die Basis der Wolken liegen, welche bei der Kondensation des Wasserdampfes entstehen.

30. Allgemeine Bedingungen für die vertikale Luftversetzung.

a) Geordnete und ungeordnete Vertikalbewegungen.

Unter den Luftbewegungen mit vertikaler Komponente können wir aufsteigende und absteigende unterscheiden. Anderseits kann man unterscheiden zwischen *geordneten Bewegungen*, wenn ein großes Quantum Luft auf einmal, als Ganzes gehoben oder gesenkt wird (Gleitvorgänge, zum Teil auch orographische Hebung oder Senkung der Luft), und *ungeordneten Bewegungen*, bei denen die vertikalen Verlagerungen infolge Turbulenz oder Konvektion inmitten einer Luftmasse, in Form einzelner Strahlen und kleiner Wirbel, vor sich gehen. Eine mächtig entwickelte Konvektion mit starken aufsteigenden und absteigenden Strömen stellt eine Art Übergang von der ungeordneten zur geordneten Vertikalbewegung vor. Besonders unter entsprechenden orographischen Voraussetzungen, von welchen noch weiter unten die Rede sein wird, kann die konvektive Lufthebung Gebiete von sehr erheblicher Ausdehnung lückenlos erfassen, wodurch statt einzelner Haufen- und Schauerwolken (*Cu* und *Cb*) eine mächtige zusammenhängende Wolkendecke entsteht, welche dem System hoher Schichtwolken und schichtartiger Regenwolken (*As—Ns*) verwandt ist.

Den einen Typus einer geordneten *Aufwärtsbewegung* repräsentiert das *frontale Aufgleiten* mehr oder weniger mächtiger Schichten einer Warmluftmasse über einen Keil kälterer Luft entlang einer geneigten Grenzfläche, welche den Charakter einer sog. Aufgleitfront hat. Dabei kommt es zu einer dynamischen Abkühlung der Luft und zur Ausbildung eines Wolkensystems *As—Ns*. Die Aufgleitfronten haben für die Wettervorgänge eine außerordentliche Bedeutung; auf die Fronten und frontalen Gleitbewegungen werden wir noch im fünften Kapitel zurückkommen.

Ein anderer Typus der geordneten Aufwärtsbewegung ist die Hebung einer Luftmasse an einem orographischen Hindernis (Gebirgskamm), die sog. *orographische Hebung*. Dieser Typus der Aufwärtsbewegung ist lokalisiert, er ist sozusagen an bestimmte Gebiete gebunden. Immerhin hat die orographische Hebung der Luft und die dadurch entstehende Kondensation des Wasserdampfes für die Gebirgsgegenden eine sehr große klimatische Bedeutung. Betrachten wir z. B. nur die atlantische Küste Südnorwegens, wo der Gebirgskamm von Norden nach Süden einigermaßen senkrecht zur Richtung der vorwiegenden Südwest- bis Westwinde verläuft. Die Jahressumme der Niederschläge beträgt im Gebiet von Florö an der Luvseite des Kammes 3600 mm, dagegen in den Tälern unmittelbar nordöstlich vom Jotunheim-Massiv in kaum 100 km Entfernung nur 250 mm.

Die orographische Hebung braucht jedoch durchaus nicht immer geordnet zu sein; bei starker Gliederung des Kammes und bei großer Labilität der Luft (siehe unten) ist dieser Prozeß in erheblichem Maß turbulent (siehe Abschnitt 61).

Schließlich kann, wie wir bereits wissen, ungeordnete Aufwärtsbewegung inmitten einer Luftmasse auftreten, und zwar vor allem infolge *thermischer* Ursachen (Hebung erwärmter Luft bei Konvektion), teilweise auch infolge *mechanischer* Ursachen (bei turbulenter Durchmischung strömender Luft).

Die *Abwärtsbewegungen* der Luft kann man in die gleichen Typen einteilen. Außer dem frontalen Aufgleiten findet in der Atmosphäre immer auch ein *frontales Abgleiten*, besonders entlang den Kaltfrontflächen (in von der Erde entfernten Schichten) und über antizyklonalen Inversionsflächen statt. Auch die Abwärtsbewegung der Luft *an Berghängen* ist wohlbekannt, und zwar unter dem Namen *Föhn*. Ferner werden bei der Konvektion neben den aufsteigenden Strömen auch absteigende Kompensationsbewegungen beobachtet. Schließlich bewegen sich bei der turbulenten Durchmischung der Luft die einzelnen Luftquanten (Turbulenzelemente) abwechselnd sowohl auf- als auch abwärts.

b) Vertikalbeschleunigung eines Luftquantums in Abhängigkeit von seinem Temperaturunterschied gegen die Umgebung.

Stets wird die Vertikalbewegung nicht nur von den Temperaturänderungen der aufsteigenden oder absteigenden Luft selbst abhängen, sondern auch von der Temperaturverteilung in der umgebenden Atmosphäre, d. h. von der Temperaturdifferenz zwischen der bewegten Luft und der Umgebung. Besonders klar ist dies im Fall der Konvektion, wo die vertikale Luftbewegung durch diese Temperaturunterschiede nicht nur hervorgerufen, sondern auch aufrechterhalten wird. Aber auch bei anderen Bewegungstypen mit vertikaler Komponente, welche nicht nur thermisch, sondern auch dynamisch bedingt sind, wie bei der orographischen Hebung und Senkung, spielt der Temperaturunterschied zwischen der bewegten Luft und der umgebenden Atmosphäre eine wichtige Rolle. Je nach seiner Größe wird die Turbulenz stark oder schwach entwickelt sein; die Luft wird den Gebirgskamm intensiv überfließen oder ihn im Gegenteil seitwärts umfließen; das Aufgleiten wird sich weit nach aufwärts erstrecken oder aber bereits in geringer Höhe über der Erdoberfläche erlöschen.

Einen näheren Einblick in diesen Mechanismus ermöglicht die Betrachtung des Konvektionsvorganges an einem heißen Sommertag über dem Festland. Wir sagen, daß die Luft infolge der Erwärmung aufsteigt. Jedes Luftquantum, welches wärmer geworden ist als die Luft, von der es in horizontaler Richtung umgeben ist, ist spezifisch leichter als seine Umgebung und hat das Bestreben, so wie ein Luftballon nach dem *Archimedischen Prinzip*, aufzusteigen. Die Beschleunigung, welche die aufsteigende Luft erhält, ist um so größer, je größer der Temperaturunterschied zwischen dem betreffenden Luftquantum und der umgebenden Luft ist.

Wenn ein Luftquantum dagegen kälter und folglich schwerer ist als die umgebende Luft, so erhält es analog eine Beschleunigung nach unten, die ebenfalls proportional ist dem Temperaturunterschied zwischen dem gegebenen Luftquantum und der Umgebung. Es wird daher sinken. In beiden Fällen wird die Vertikalbeschleunigung $\dfrac{d^2 z}{d t^2}$ ausgedrückt werden können durch die Formel

$$\frac{d^2 z}{d t^2} = g\,\frac{T' - T}{T}\,, \tag{1}$$

wo g die Beschleunigung der Schwerkraft im absoluten Maßstab, T' die absolute Temperatur des betreffenden Luftquantums und T die absolute Temperatur der Umgebung ist.

Diese Formel wird folgendermaßen abgeleitet: In jedem gegebenen Augenblick erfährt ein sich vertikal bewegendes Luftquantum in jedem seiner Punkte eine Beschleunigung, welche der Summe der Beschleunigungen der auf die Luft vertikal wirkenden Kräfte gleich ist, nämlich der Beschleunigung der Schwerkraft $- g$ und der Beschleunigung der Gradientkraft $- \dfrac{1}{\varrho'}\,\dfrac{\partial p}{\partial z}$:

$$\frac{d^2 z}{d t^2} = - g - \frac{1}{\varrho'}\,\frac{\partial p}{\partial z}\,. \tag{2}$$

In der umgebenden Atmosphäre, die sich im Zustand der Ruhe befindet, ist gleichzeitig die Grundgleichung der Statik erfüllt (siehe Abschnitt 15):

$$g = - \frac{1}{\varrho}\,\frac{\partial p}{\partial z}\,. \tag{3}$$

Die Dichten ϱ und ϱ' sind den Umständen nach verschieden, der Druck ist jedoch im gegebenen Niveau ein und derselbe, sowohl in der sich vertikal bewegenden als auch in der umgebenden Luft. Folglich erhalten wir, wenn wir aus den Gl. (2) und (3) $\dfrac{\partial p}{\partial z}$ eliminieren,

$$\frac{d^2 z}{d t^2} = - g + \frac{\varrho}{\varrho'}\,g,$$

oder wenn wir die Dichten gemäß der Zustandsgleichung der Gase durch die absoluten Temperaturen ersetzen:

$$\frac{d^2 z}{d t^2} = g\,\frac{T' - T}{T}\,.$$

Für Temperaturen T' und T in der Nähe des Nullpunktes der Celsius-Skala (d. i. nahe 273° nach der absoluten Skala) erhält man bei einer Temperaturdifferenz von 1° eine Vertikalbeschleunigung von rund 3 cm/sek².

Auf ein Luftquantum von der Temperatur T', welches in einer Luftschicht von der Temperatur T eingebettet ist, wirkt also eine hydrostatische Kraft, die der Luft eine Beschleunigung (Gl. 1) erteilt. Wenn T' größer als T ist, so wird es sich um eine hebende Kraft, wenn T' kleiner als T ist, dagegen um eine senkende Kraft handeln.

Falls ein gewisses Luftquantum sich infolge des Temperaturunterschieds $T' - T$ zu heben oder zu senken beginnt, so wird es sich offenbar so lange weiter bewegen, bis seine Temperatur der Temperatur der Umgebung gleich geworden ist ($T = T'$). Falls andere, mechanische Ursachen (Turbulenz, Orographie) eine Vertikalbewegung der Luft bedingen, so wird die Luft außerdem noch unter der Einwirkung einer entsprechenden hebenden oder senkenden Kraft stehen, welche jene Vertikalbewegung beschleunigt oder verzögert.

31. Bedingungen für die Vertikalversetzung trockener oder ungesättigter Luft.

a) Die Zustandskurve. Isothermien und Inversionen.

Wir werden nunmehr die Bewegung eines Luftquantums ausschließlich als Folge des Temperaturunterschieds zwischen ihm und der umgebenden Atmosphäre betrachten und dabei voraussetzen, daß diese Bewegung adiabatisch vor sich geht, d. i. ohne Wärmeaustausch zwischen dem gegebenen Luftquantum und der Umgebung. Um zu sehen, in welcher Höhe der Temperaturunterschied zwischen Luftquantum und Umgebung verschwindet, wird man einerseits die adiabatischen Temperaturänderungen des Luftquantums während der Vertikalbewegung, anderseits die Höhenverteilung der Temperatur in der umgebenden Atmosphäre berücksichtigen müssen.

Die Temperaturänderung des vertikal bewegten Luftquantums werden wir seine *individuelle Änderung* nennen. Sie ist uns bereits aus den Abschnitten 28 und 29 bekannt und wird graphisch durch eine Kurve dargestellt, welche bis zur Kondensationshöhe (abhängig vom Feuchtigkeitsgehalt) mit irgendeiner Trockenadiabate und von da ab mit der anschließenden Feuchtadiabate übereinstimmt.[1]

Nun werden wir nachprüfen, wie sich die Temperatur in der umgebenden Atmosphäre in vertikaler Richtung verteilt. Auch diese Verteilung kann man offenbar graphisch im $T\text{–}z$-Koordinatensystem darstellen. Es wird dies durch die sog. *Zustandskurve* geschehen, welche die Temperaturverteilung im Vertikalschnitt über einem beliebigen Punkt der Erdoberfläche zu einem bestimmten Zeitpunkt zeigt.[2]

Die vertikale Temperaturverteilung in der Troposphäre kann sehr verschiedener Art sein. Im allgemeinen nimmt die Temperatur mit der Höhe ab. Im Durchschnitt beträgt der vertikale Temperaturgradient in der Troposphäre 0,56°/100 m. Nicht selten erreicht er jedoch in verhältnismäßig mächtigen Schichten den Betrag von 1°/100 m; in der untersten dünnen Luftschicht, die am Tage von der Erdoberfläche aus überhitzt wird, ist die Temperaturabnahme mit der Höhe gelegentlich noch erheblich größer. Anderseits werden in der Troposphäre ständig Fälle beobachtet, wo die Temperatur in irgendeiner Schicht mit der Höhe nur um einige Zehntelgrade pro 100 m zunimmt oder überhaupt fast unverändert bleibt oder

---

[1] BERGERON nennt diese Kurve im konkreten Fall „*Hebungskurve*".
[2] BERGERON nennt diese Kurve anschaulicher „*Schichtungskurve*"

sogar ansteigt. Eine Wärmeverteilung, bei der sich die Temperatur mit der Höhe nicht ändert, wird *Isothermie* genannt. Einen Temperaturanstieg mit der Höhe nennt man *Temperaturinversion*.

Inversionen sind eine sehr häufige Erscheinung in der bodennahen Luftschicht während der Nacht, besonders im Winter (bei Abkühlung der unteren Luftschicht von dem durch Ausstrahlung abgekühlten Erdboden her); aber auch in der freien Atmosphäre kommen sie bei aerologischen Aufstiegen beinahe in 60% aller Fälle in irgend einer Schicht vor. Näheres darüber bringt Abschnitt 38.

b) Trockenstabile, trockenindifferente und trockenlabile Temperaturschichtung.

Wir wollen nun annehmen, daß sich ein Quantum trockener oder ungesättigter Luft in der Atmosphäre infolge des Temperaturunterschieds $T' - T$ hebt oder senkt. Sein weiteres Verhalten hängt von der Temperaturverteilung in der umgebenden Atmosphäre ab, die sich in folgende drei Typen gliedern läßt:

1. Die Verteilung sei derart, daß sich der Unterschied $T' - T$ ständig verringert, einerlei ob das Luftquantum steigt oder sinkt. Dies wird dann der Fall sein, wenn der vertikale Temperaturgradient in der Atmosphäre γ *kleiner als 1°/100 m* ist.

Es sei beispielsweise angenommen, daß die Temperatur des Luftquantums T' in seiner unteren Ausgangslage 13°, die Temperatur der umgebenden Atmosphäre T bei einem vertikalen Gradienten von 0,7°/100 m gleichzeitig 10° betrage. In 500 m Höhe angelangt, wird sich das Luftquantum um 5° auf 8° abgekühlt haben. In dieser Höhe wird die Temperatur der umgebenden Atmosphäre 6,5° betragen. Die Temperaturdifferenz $T' - T$ hat sich also auf 1,5° verringert. In 1000 m wird sie überhaupt verschwunden sein; in dieser Höhe muß das aufsteigende Luftquantum den Gleichgewichtszustand erreichen und zum Stillstand kommen.[1]

Man kann sich durch ein entsprechendes Rechenbeispiel leicht davon überzeugen, daß bei einem vertikalen Temperaturgradienten der Atmosphäre von weniger als 1°/100 m auch beim Absteigen der Luft eine analoge Verringerung der Differenz $T' - T$ eintritt. Jede vertikale Verlagerung trockener oder ungesättigter Luft, welche infolge eines Temperaturunterschieds entstanden ist, hört also bei einem vertikalen Temperaturgradienten von weniger als 1°/100 m früher oder später auf, und zwar in einer Höhe (Tiefe), in welcher sich der erwähnte Temperaturunterschied ausgeglichen hat.

Wenn wir anderseits irgendein Luftquantum in einer derart geschichteten Atmosphäre aus seiner ursprünglichen Ruhelage etwas heben oder senken, so entsteht zwischen ihm und der umgebenden Atmosphäre ein Temperaturunterschied, welcher es in seine ursprüngliche Lage zurückzubringen trachtet. Im Fall der Hebung wird es nach adiabatischer Abkühlung in der neuen Lage kälter sein als die umgebende Luft in derselben Höhe. Es wird deshalb eine Beschleunigung $g\dfrac{T' - T}{T}$ erhalten, die nach unten gerichtet ist, und es wird in die ursprüngliche Gleichgewichtslage zurückkehren. Wenn wir dagegen das Luftquantum senken, so wird es sich über die Temperatur der umgebenden Luft erwärmen und wieder in seine Ausgangslage aufzusteigen beginnen, in der es sich wieder auf die Temperatur der Umgebung abgekühlt hat. Aus diesem Grund nennen wir eine Temperaturverteilung mit einem vertikalen Gradienten von weniger als 1°/100 m stabil in bezug auf trockene bzw. ungesättigte Luft oder kurz *trockenstabil*, wir sprechen in diesem Fall auch von einer *stabilen Schichtung* der Atmosphäre (d. h. von einer stabilen Verteilung der Luftschichten in vertikaler Richtung). In einem T–z-Diagramm

---

[1] Es wird allerdings infolge seiner Trägheit noch um eine gewisse Strecke **weiter**steigen.

wird die Zustandskurve T in diesem Fall eine geringere Neigung gegen die Temperaturachse haben als die Trockenadiabaten (sie wird rechts von jener Trockenadiabate T' liegen, die durch ihren Ausgangspunkt verläuft; siehe Abb. 39).

Vertikale Temperaturgradienten von weniger als 1°/100 m sichern also in einer trockenen oder ungesättigten Atmosphäre eine Stabilität der Luft in vertikaler Richtung. Dies will besagen, daß jede vertikale Luftbewegung, welche infolge eines Temperaturunterschieds entsteht, bei *trockenstabilen Gradienten* bald aufhören wird und daß sich jede mechanische Durchmischung der Luft in vertikaler Richtung (infolge Turbulenz oder orographischer Einwirkungen) abschwächen wird. Auch die Aufgleitbewegung der Luft wird bei stabilen Gradienten nachlassen oder sogar ganz aufhören.

2. Der vertikale Gradient sei *gleich 1°/100 m*. Ein solcher vertikaler Gradient wird adiabatisch oder genauer *trockenadiabatisch* genannt; er wird mit γ° bezeichnet: ein solcher Gradient wird quantitativ der trockenadiabatischen individuellen Druckänderung in vertikal auf-

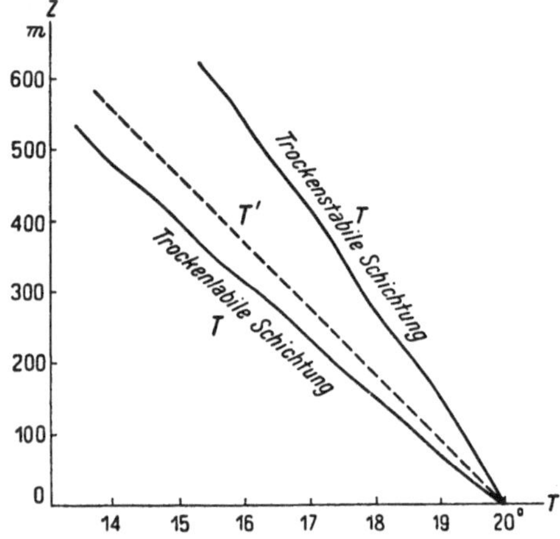

Abb. 39. Trockenstabile und trockenlabile Schichtung.

steigender Luft gleich sein. Die Zustandskurve wird in diesem Fall mit der Trockenadiabate zusammenfallen. Ein adiabatisch aufsteigendes oder sinkendes Luftquantum behält bei einem solchen Gradienten seinen ursprünglichen Temperaturunterschied gegenüber der Umgebung bei. Wenn wir aber ein Luftquantum aus irgendeinem Niveau, in welchem es sich in Ruhe befand, herausgreifen und adiabatisch heben oder senken, so wird es auch in der neuen Lage dieselbe Temperatur aufweisen wie die umgebende Luft. Es wird in dem erreichten Niveau verbleiben. Es ist offensichtlich, daß sich die Luft in diesem Fall in jedem beliebigen Niveau im Zustand des *indifferenten Gleichgewichts* befindet.

Zur Aufrechterhaltung der Konvektion in ungesättigter Luft genügt ein trockenadiabatischer Gradient, wofern der ursprüngliche Unterschied $T' - T$, unter dessen Einfluß sich irgendein Luftquantum (Konvektionselement) aufwärtsbewegt, bei der Hebung bestehen bleibt. Desgleichen begünstigt der adiabatische Gradient auch die Aufrechterhaltung einer mechanisch entstandenen Bewegung, falls die entsprechenden Impulse bestehen bleiben.

3. Der vertikale Temperaturgradient in der Atmosphäre sei *größer als 1°/100 m (überadiabatisch)*. Die Zustandskurve T wird gegen die Temperaturachse stärker geneigt sein als die Trockenadiabaten (d. h. sie wird links von der Trockenadiabate T' liegen, die durch ihren Ausgangspunkt verläuft, Abb. 39). Bei einer solchen Temperaturverteilung wird der Temperaturunterschied zwischen einem vertikal bewegten Luftquantum und der Umgebung ($T' - T$) während der Bewegung anwachsen. Wenn wir ein gewisses Luftquantum aus seinem ursprünglichen Niveau, in welchem es sich in der Ruhelage befand, heben oder senken, so wird es in der neuen Lage bereits gegen die Umgebung einen Temperaturunterschied $T' - T$ aufweisen, welcher bestrebt sein wird, die eingeleitete Vertikalbewegung des Luftquantums zu unterstützen. Tatsächlich wird das gehobene Luftquantum in seiner neuen Lage wärmer sein als die umgebende Luft und weiter steigen; ein gesenktes Luftquantum wird in der neuen Lage kälter sein als die umgebende Luft und die Sinkbewegung fortsetzen.

Wenn in einer derart geschichteten Atmosphäre ein aufsteigender Luftstrom und um ihn herum eine kompensierende Abwärtsbewegung vorhanden ist, so werden offenbar zwischen der warmen aufsteigenden Luft und der kälteren umgebenden Atmosphäre thermodynamische Solenoide auftreten, welche selbst wieder diese Zirkulation aufrechterhalten und verstärken.

Das Gleichgewicht der Luft kann in diesem Fall als *labil* bezeichnet werden. Man kann auch die Temperaturverteilung selbst labil nennen und sagen, daß die trockene oder ungesättigte Atmosphäre bei vertikalen Gradienten über 1°/100 m eine *labile Schichtung* aufweist.

Eine vertikale Luftversetzung wird unter solchen Bedingungen sehr leicht zustande kommen und jede Ursache, welche die Luft zum Verlassen dieses labilen Gleichgewichtszustandes nötigt (lokale Überhitzung des Bodens, welche horizontale Temperaturunterschiede, Turbulenz usw. hervorruft), wird zu erheblichen vertikalen Verlagerungen führen.

In der freien Atmosphäre werden Gradienten, die 1°/100 m auch nur verhältnismäßig wenig (um einige Zehntelgrade) überschreiten, nicht oft beobachtet, da die unter ihrer Mitwirkung entstehende Konvektion bestrebt ist, die Luft in vertikaler Richtung zu verlagern und einen adiabatischen Gradienten herzustellen. In der untersten unmittelbar dem Erdboden anliegenden Luftschicht (bis zu Menschenhöhe) können sich allerdings bei starker Bodenüberhitzung untertags vertikale Temperaturunterschiede entwickeln, welche auf 100 m umgerechnet, Vertikalgradienten von der Größenordnung von zehn oder sogar hundert Grad ergeben würden. Deshalb können hier sehr leicht vertikale Luftverlagerungen zustande kommen, welche Anlaß zu einer weiteren Ausbreitung der Konvektion in größere Höhen geben.

Bis zu einem vertikalen Gradienten von 3,4°/100 m nimmt die Luftdichte mit der Höhe ab; bei einem noch größeren Gradienten nimmt sie mit der Höhe zu. Daraus folgt jedoch nicht (wie manchmal in Lehrbüchern behauptet wird), daß ein Gradient von 3,4°/100 m die Grenze der labilen Schichtung darstellt und daß bei einem weiteren Anwachsen des Gradienten unbedingt ein heftiger „Umsturz" der Luftschichten, d. i. eine Senkung der dichteren und eine Hebung der weniger dichten Luft eintreten muß. Eine notwendige Bedingung für vertikale Verlagerungen ist die Ungleichartigkeit der Temperaturverteilung in horizontaler Richtung (d. h. $T' \neq T$). Wenn es keine horizontale Temperaturunterschiede gäbe, so könnte das Gleichgewicht der Luft in vertikaler Richtung bei beliebigen vertikalen Temperaturgradienten erhalten bleiben.

32. Die potentielle Temperatur.

a) Vertikalverteilung der potentiellen Temperatur in Abhängigkeit von der Luftschichtung.

Wir werden nunmehr den Begriff der potentiellen Temperatur, welcher eine wichtige Rolle in der Physik der Atmosphäre spielt, einführen.

Nehmen wir an, wir hätten ein Luftquantum von der absoluten Temperatur T und unter einem Druck p. Bei einer adiabatischen Druckänderung wird sich auch die Lufttemperatur nach dem POISSONschen Gesetz ändern (Abschnitt 28). Setzen wir nun irgendeinen Druck, z. B. 1000 mb, als Normaldruck fest und bringen unsere Luftmasse adiabatisch auf diesen Normaldruck p_0, so wird die Temperatur T dabei in eine Temperatur Θ übergehen, wobei nach dem POISSONschen Gesetz

$$\Theta = T \left(\frac{p_0}{p} \right)^{0,2884}. \tag{1}$$

Diese Temperatur Θ nennen wir die *potentielle Temperatur*. Wollen wir die potentielle Temperatur eines Luftquantums bestimmen, das in einer gewissen Höhe die Temperatur T und den Druck p hat, so müssen wir es adiabatisch bis zum Niveau des Normaldrucks p_0 senken; in diesem Niveau wird T gleich Θ, d. h. die wirkliche Temperatur wird gleich der potentiellen sein.

In der Praxis ersetzen wir dieses Gedankenexperiment durch eine einfache Berechnung mit Hilfe der Gl. (1), welche es gestattet, die jeweilige Temperatur auf den Normaldruck zu reduzieren. Als Normaldruck wird gewöhnlich der Druck von 1000 mb gewählt, seltener der Druck von 760 mm (eine Zahl, die ungefähr dem durchschnittlichen Druck im Meeresniveau entspricht). Bei bekannter Seehöhe des Beobachtungsortes kann man dessen potentielle Temperatur annähernd dadurch ermitteln, daß man zu der beobachteten Temperatur soviel Grade hinzuzählt, als es der Seehöhe in Hektometern entspricht. Voraussetzung ist hierbei, daß im Meeresniveau der Normaldruck herrscht. Die Angabe der berechneten potentiellen Temperatur erfolgt häufig nicht nach der absoluten Skala, sondern in Celsius-Graden.

Der Begriff der potentiellen Temperatur ist für den Vergleich des Wärmezustands von Luftschichten, die sich in verschiedenen Niveaus befinden, sehr wichtig. Nehmen wir z. B. an, es befinde sich in einer Höhe von 1000 m ein Luftquantum mit einer Temperatur 15° und in einer Höhe von 2000 m ein anderes Quantum mit einer Temperatur 8°. Diese Werte sind nun adiabatisch auf das Niveau des Normaldrucks zu reduzieren. Der Einfachheit halber möge dies das Meeresniveau sein. Das erste Luftquantum würde sich dann bei der adiabatischen Senkung um 1000 m auf 25° erwärmen; das zweite Luftquantum würde bei der Senkung um 2000 m eine Temperatur von 28° annehmen. Trotzdem in der Ausgangslage die effektive Temperatur des zweiten Quantums niedriger ist als diejenige des ersten, ist es also das potentiell wärmere.

Für trockene oder ungesättigte Luft bleibt die potentielle Temperatur, wie aus obigem ersichtlich, *bei adiabatischen Prozessen konstant*. Bei der adiabatischen Hebung oder Senkung ändert sich die effektive Temperatur der Luft (um 1° auf 100 m), ihre potentielle Temperatur behält jedoch in jeder beliebigen Höhenlage ein und denselben Wert. Nur bei einem Wärmezufluß von außen oder bei einer Wärmeabgabe an die Umgebung erfährt auch die potentielle Temperatur eine Änderung.

Mit Hilfe des Begriffs der potentiellen Temperatur kann man die im vorigen Abschnitt erörterten Bedingungen der vertikalen Schichtung für eine ungesättigte Atmosphäre folgendermaßen einfach darstellen:

1. Bei stabiler Schichtung nimmt die potentielle Temperatur mit der Höhe *zu*. Dies zeigt das oben angeführte Beispiel, wo bei einem mittleren vertikalen Gradienten von 0,7°/100 m die in der Höhe von 2000 m liegende Luft eine höhere potentielle Temperatur hat als die Luft im Niveau von 1000 m.

2. Bei indifferentem Gleichgewicht bleibt die potentielle Temperatur mit der Höhe *konstant*.

3. Bei labiler Schichtung nimmt die potentielle Temperatur mit der Höhe *ab*.

Wie wir wissen, liegen die vertikalen Temperaturgradienten in der Atmosphäre meist unter dem Wert der Trockenadiabate. Daraus folgt, daß die potentielle Temperatur mit der Höhe gewöhnlich anwächst. Je langsamer die Temperatur mit der Höhe abnimmt, um so näher rücken die Flächen gleicher potentieller Temperatur in vertikaler Richtung aneinander. Besonders nahe aneinander liegen sie in Inversionsschichten. Dies gilt auch für Isothermien, z. B. für die Stratosphäre, in welcher die Temperatur mit der Höhe nahezu unverändert bleibt. Ist der Gradient dagegen trockenadiabatisch, so bleibt, wie wir bereits wissen, die potentielle Temperatur mit der Höhe unverändert: ihr Gradient wird gleich Null und die Entfernung der Flächen gleicher potentieller Temperaturen wächst ins Unendliche.

b) Zusammenhang zwischen potentieller Temperatur und Entropie. Isentropische Flächen.

Es besteht eine gewisse Beziehung zwischen der potentiellen Temperatur und jener sehr wichtigen physikalischen Funktion, welche *Entropie* genannt wird. Wir bezeichnen diese Größe mit S. In einer Luftmasse, die mit der Umgebung nicht in Wärmeaustausch steht, bleibt S definitionsgemäß konstant: $S = const$. Wenn aber der Masse von außen eine Wärmemenge dQ zugeführt wird, so nimmt die Entropie zu nach der Formel $dS = \dfrac{dQ}{T}$, wo T die absolute Temperatur der gegebenen Luftmasse ist. Daraus folgt:

$$S = \int \frac{dQ}{T}. \tag{2}$$

In der Thermodynamik der Atmosphäre wird bewiesen, daß für trockene Luft folgender Zusammenhang zwischen Entropie und potentieller Temperatur besteht:

$$S = c_p \lgn \Theta + C. \tag{3}$$

Bei adiabatischen Prozessen fehlt im gegebenen Luftquantum ein Wärmeaustausch mit der Umgebung: $dQ = 0$, weshalb auch die Entropie S konstant bleibt. Wir können die adiabatischen Prozesse daher auch isentropisch nennen. Bei unverändertem S ändert sich im Einklang mit der Gl. (3) jedoch auch Θ nicht. Im Fall eines Wärmeaustausches zwischen dem gegebenen Luftquantum und der Umgebung wird sich sowohl S als auch Θ ändern. Somit wird eine Änderung der Entropie — sowohl eine individuelle Änderung im gegebenen Quantum trockener Luft als auch eine Änderung ihrer vertikalen Schichtung in der trockenen Atmosphäre — charakterisiert sein durch eine Änderung der potentiellen Temperatur. Dasselbe gilt auch für feuchte, jedoch ungesättigte Luft, welche sich thermodynamisch annähernd ebenso verhält wie trockene Luft, wie uns bereits bekannt. Die Flächen gleicher potentieller Temperaturen fallen daher in einer ungesättigten Atmosphäre mit den Flächen gleicher Entropie zusammen, weshalb wir sie künftighin *isentropische Flächen* nennen werden. *In gesättigter Luft wird die Änderung der Entropie durch die Änderung der äquivalentpotentiellen Temperatur (Abschnitt 35) charakterisiert.*

33. Feuchtlabilität und Labilitätsenergie.

a) Feuchtstabile und feuchtlabile Temperaturschichtung.

Wir haben in den Abschnitten 31 und 32 erörtert, welche Temperaturschichtungen der Atmosphäre vertikale Bewegungen trockener oder ungesättigter Luft begünstigen oder aber erschweren. Wir sagten z. B., daß sich trockene oder ungesättigte Luft bei einem vertikalen Gradienten von weniger als 1°/100 m in der betreffenden Schicht der Atmosphäre in stabilem Gleichgewicht befinde. Würden wir sie mechanisch aus ihrer ursprünglichen Lage bringen, so würde sie, sich selbst überlassen, wieder in diese Lage zurückkehren.

Nun wollen wir jedoch annehmen, daß in einer Höhe von 1000 m ein gewisses Quantum aufsteigender gesättigter Luft vorhanden sei, welches unten eine Temperatur von $+ 20°$ hatte. Aus der Tabelle 2 (Abschnitt 29) ist ersichtlich, daß die individuelle Temperaturabnahme in dieser aufsteigenden Luft in einer Höhe von 1000 m nicht 1°/100 m, sondern bloß 0,46°/100 m beträgt. Infolgedessen wird sich bereits bei einem vertikalen Gradienten von beispielsweise nur 0,5°/100 m der Temperaturunterschied zwischen der aufsteigenden gesättigten Luft und der umgebenden Atmosphäre bei der Hebung nicht mehr verkleinern, sondern vergrößern. Die Aufwärtsbewegung der gesättigten Luft wird daher sogar beschleunigt und nicht verlangsamt, trotzdem der vertikale Temperaturgradient erheblich geringer als der trockenadiabatische ist.

Bei einem vertikalen Temperaturgradienten von weniger als 1°/100 m wird sich also trockene oder ungesättigte Luft zwar im Zustand stabilen Gleichgewichtes befinden, das Gleichgewicht *gesättigter* Luft wird jedoch unter sonst gleichen Bedingungen labil sein können. Eine derartige Temperaturverteilung in der Atmosphäre, welche für ungesättigte Luft stabil, für gesättigte Luft jedoch labil ist, nennen wir *feuchtlabil* und sprechen in diesem Fall von einer *feuchtlabilen Vertikalschichtung*.

Wenden wir uns der Tabelle 1 (Abschnitt 29) zu. Wir nehmen beispielsweise an, die Luft habe in einer gewissen Höhe bei einem Druck von 500 mm eine Temperatur von — 5°. Ist die Luft gesättigt, so wird ihre Temperatur bei der Hebung, wie aus der Tabelle ersichtlich, um 0,62°/100 m abnehmen. Falls der vertikale Temperaturgradient in der umgebenden Atmosphäre in dieser Höhe gleich 0,7°/100 m ist, so wird die Schichtung trockenstabil, aber feuchtlabil sein. Falls aber der vertikale Temperaturgradient bei denselben Temperatur- und Druckverhältnissen z. B. 0,5°/100 m beträgt, so wird die Schichtung in diesem Niveau sowohl trocken- als auch feuchtstabil sein.

Die Grenze der feuchtstabilen Schichtung im Diagramm wird bei einem vertikalen Temperaturgradienten liegen, welcher der individuellen Temperaturänderung in der aufsteigenden gesättigten Luft bei den gegebenen Temperatur- und Druckverhältnissen gleich ist. Einen solchen Gradienten können wir feuchtadiabatisch nennen und durch γ' bezeichnen. Ist der vertikale Temperaturgradient größer als der feuchtadiabatische, aber kleiner als der trockenadiabatische ($\gamma° > \gamma > \gamma'$), so wird die Schichtung feuchtlabil sein.

Während der trockenadiabatische Gradient $\gamma°$ eine konstante Größe ist (1°/100 m), hat der feuchtadiabatische Gradient γ' natürlich verschiedene Werte für die verschiedenen Kombinationen von Temperatur und Druck. Diese Werte können der Tabelle 1 (Abschnitt 29) entnommen werden, da die in dieser Tabelle angeführten individuellen Temperaturänderungen in aufsteigender gesättigter Luft den feuchtadiabatischen Gradienten für die betreffenden Temperatur- und Druckverhältnisse entsprechen.

Bei feuchtadiabatischen Gradienten wird in der ganzen untersuchten Schicht der Atmosphäre die Zustandskurve mit irgendeiner Feuchtadiabate zusammenfallen. Bei Feuchtlabilität wird die Zustandskurve stärker gegen

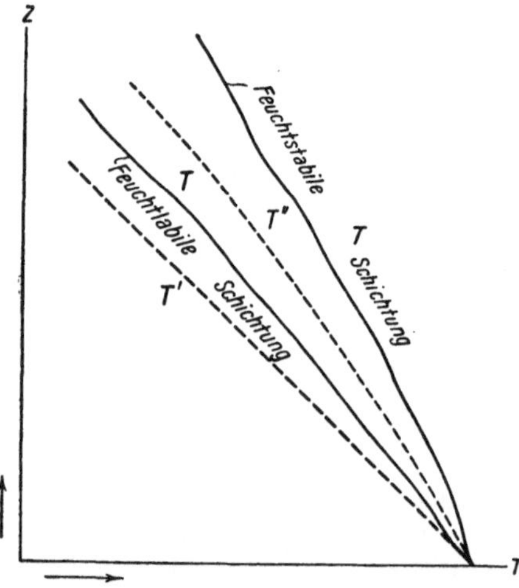

Abb. 40. Feuchtstabile und feuchtlabile Schichtung.

die Temperaturachse geneigt sein als die benachbarten Feuchtadiabaten, aber weniger geneigt als die Trockenadiabaten (Abb. 40). Sie wird also zwischen der Trocken- und der Feuchtadiabate liegen, welche durch ihren Ausgangspunkt verlaufen.

Handelt es sich um gesättigte Schichten der Atmosphäre, so wird die Aufwärtsbewegung in ihnen nicht nur bei trockenadiabatischen Gradienten erhalten bleiben, sondern auch bei bedeutend kleineren Gradienten, wofern sie nur größer sind als die feuchtadiabatischen. Mit anderen Worten: *zur Aufrechterhaltung aufsteigender Bewegungen in gesättigter Luft genügt ein feuchtlabiler Zustand der Atmosphäre.*

Eine trockenlabile Schichtung ist in der Atmosphäre verhältnismäßig selten vorhanden (in den untersten 1—2 km der Atmosphäre bis zum Niveau der Wolkenbasis, im Sommer über dem überhitzten Festland oder im Winter in der Kaltluft über dem warmen Meer); *feuchtlabile Schichtungen sind dagegen in der Atmosphäre häufig.*

Im nächsten Kapitel werden wir sehen, daß die troposphärischen Luftmassen in zwei Haupttypen eingeteilt werden können: in Kalt- und Warmmassen. Kaltluftmassen sind unten (bis zum Kondensationsniveau) trockenlabil geschichtet oder weisen hier zumindest einen trockenadiabatischen Gradienten auf; darüber sind sie bis zur Höhe von einigen Kilometern feuchtlabil. Warmluftmassen sind in den unteren Schichten (bis zu 1 km Höhe oder etwas darüber hinaus) stabil geschichtet; in höheren Schichten können sie aber feuchtlabil sein. Inversionsschichten werden allerdings Schichten mit großer Feuchtstabilität sein, da die Temperatur in ihnen mit der Höhe nicht nur nicht abnimmt, sondern zunimmt.

b) Der Arbeitswert vertikaler Luftschichtungen. Die Labilitätsenergie.

Der Labilitätsgrad einer atmosphärischen Schichtung kann in bezug auf ein bestimmtes vertikal bewegtes Luftquantum quantitativ, und zwar mit Hilfe des Begriffs der Labilitätsenergie ausgedrückt werden.

Wir wissen schon aus dem Abschnitt 30, daß ein bestimmtes Luftquantum, falls es etwas aus seiner ursprünglichen Lage herausgehoben wird, folgende Beschleunigung erhält:

$$g\,\frac{T'-T}{T}\,.$$

T ist hier die Temperatur der umgebenden Atmosphäre, welche mit der Höhe gemäß der Zustandskurve abnimmt, und T' die Temperatur des Luftquantums, welche sich bei der Hebung nach der Trocken- oder Feuchtadiabate ändert, je nachdem, ob die Luft ungesättigt oder gesättigt ist.

Die Beschleunigung $g\,\dfrac{T'-T}{T}$ wird je nach dem Vorzeichen der Differenz $T' - T$ entweder positiv sein — die Luft wird dann unter der Einwirkung dieser Beschleunigung weiter steigen, oder sie wird negativ sein —, dann muß die gehobene Luft in ihre vorherige Lage zurücksinken. Im besonderen Fall wird $T' - T = 0$ und auch die Beschleunigung gleich Null sein: es handelt sich dann um eine indifferente Schichtung.

Eine völlig analoge Beschleunigung wird ein Luftquantum erfahren, welches aus seiner ursprünglichen Lage herabgesenkt wird; daher werden wir alle weiteren Erwägungen nur für aufsteigende (gehobene) Luft durchführen.

In einer Atmosphäre von der Temperatur T (welche allerdings eine Funktion der Höhe ist) wirkt also auf die aufsteigende Luft eine hydrostatische (je nach der Differenz $T' - T$ hebende oder senkende) Kraft ein, die pro Masseneinheit durch

$$g\,\frac{T'-T}{T}$$

ausgedrückt wird.

Auf dem Wege dz wird diese Kraft eine Arbeit $g\,\dfrac{T'-T}{T}\,dz$ leisten, und auf einer endlichen Entfernung zwischen den Niveaus z_0 und z_1 wird sich die Arbeit der hydrostatischen Kraft pro Masseneinheit durch das Integral

$$E = \int_{z_0}^{z_1} g \, \frac{T' - T}{T} \, dz \tag{1}$$

ausdrücken lassen.

Nach der Grundgleichung der Statik ist jedoch $dz = -\dfrac{RT}{g\,p}\,dp$. Daraus ergibt sich für die Arbeit E der Ausdruck

$$E = -\int_{p_0}^{p_1} g \, \frac{T' - T}{T} \, \frac{RT}{g\,p} \, dp = -R \int_{p_0}^{p_1} (T' - T) \frac{dp}{p}. \tag{2}$$

Beim Aufsteigen der Luft vom Niveau z_0 mit dem Druck p_0 bis zum Niveau z_1 mit dem Druck p_1 geht also folgender Energiebetrag in Arbeit über:

$$E = -R \int_{p_0}^{p_1} (T' - T) \frac{dp}{p}. \tag{3}$$

Diese Energie, die von REFSDAL 1930 *Labilitätsenergie* genannt wird, kann nun allerdings positiv oder negativ sein.

Im ersten Fall leistet die Luft selbst durch selbständiges Aufsteigen Arbeit infolge positiver Differenz $T' - T$ (d. i. einer positiven Beschleunigung $g\,\dfrac{T' - T}{T}$). Im zweiten Fall kann sie nur dann steigen, wenn sie von außen her Energie erhält, d. i. unter Aufwand von Arbeit.

34. Aerologische Adiabatenpapiere.

a) Stabilitäts- und Energiebetrachtungen auf dem Emagramm.

REFSDAL 1930 hat eine einfache Methode angegeben, nach welcher sich die Labilitätsenergie pro Masseneinheit in einer aerologisch sondierten Schicht der Atmosphäre graphisch bestimmen läßt.

Es sei auf einem Diagrammformular entlang der Abszissenachse die Temperatur T in linearer Skala so aufgetragen, daß sie in der positiven Richtung der Achse (nach rechts) wächst, und entlang der Ordinatenachse der Druck in logarithmischer Skala so, daß er in der positiven Richtung (nach oben) abnimmt. Wenn wir nun in dieses Formular nach den Angaben unseres aerologischen Aufstieges die Temperatur in Abhängigkeit vom Druck eintragen, so erhalten wir die Zustandskurve der Atmosphäre in der aerologisch sondierten Schicht, wobei wir lediglich zu berücksichtigen haben, daß der Ordinatenachse entlang nicht die Höhe z, sondern der lg p zu finden ist.[1]

Auf dem Diagrammformular (siehe Tafel 1 zwischen S. 104 und 105) sind ferner von vornherein Systeme von Trocken- und Feuchtadiabaten festgelegt, desgleichen Kurven der spezifischen Sättigungsfeuchtigkeit für den ganzen in Betracht kommenden Bereich der Temperatur- und Druckwerte.

Wir ersetzen nunmehr in Gl. (3) des Abschnitts 33 $\dfrac{dp}{p} = d\lg p$ durch $-dy$. Die Gleichung für die Labilitätsenergie wird dann lauten:

$$E = R \int_{y_0}^{y_1} (T' - T) \, dy. \tag{1}$$

---

[1] Die logarithmische Skala für den Druck entspricht, wie bereits gezeigt wurde, angenähert der linearen Skala für die Höhe; wir werden beide der Einfachheit halber im weiteren als gleichbedeutend ansehen.

Es ist ersichtlich, daß die Labilitätsenergie bei $T' > T$ positiv und bei $T' < T$ negativ sein wird. Je größer die „labile Temperaturdifferenz" $T' - T$, um so größer ist die Labilitätsenergie. Die Temperatur T' der aufsteigenden Luft kann sich nun aber entweder nach der Trocken- oder nach der Feuchtadiabate ändern, je nachdem, ob die Luft ungesättigt oder gesättigt ist. Wenn unter T' die Temperatur ungesättigter Luft, welche sich nach dem trockenadiabatischen Gesetz abkühlt, verstanden wird, so wird die Gl. (1) den Ausdruck für die Energie der *Trockenlabilität* darstellen. Ist die aufsteigende Luft gesättigt und ändert sich ihre Temperatur beim Aufstieg nach dem feuchtadiabatischen Gesetz, so drückt die Gl. (1) die Energie der *Feuchtlabilität* aus. Um hierbei genau unterscheiden zu können, werden wir im folgenden unter T' nur die Temperatur ungesättigt aufsteigender Luft verstehen (welche auf dem Diagramm durch eine Trockenadiabate gegeben ist); für die Temperatur der gesättigt aufsteigenden Luft (Feuchtadiabaten auf dem Diagramm) wollen wir das Symbol T'' einführen.

Es ist begreiflich, daß die Troposphäre zu einem viel größeren Teil positive Energie der Feuchtlabilität als positive Energie der Trockenlabilität besitzen wird.

Im Fall positiver Trockenlabilitätsenergie in irgendeiner Schicht muß in allen ihren Niveaus eine positive Differenz $T' - T$ vorhanden sein. T', welches im Anfangsniveau gleich T ist, ändert sich mit der Höhe nach der Trockenadiabate, d. h. es nimmt sehr rasch ab. Die Abnahme von T mit der Höhe muß dann im gegebenen Fall offenbar noch rascher vor sich gehen, d. h. der Temperaturgradient muß in der betreffenden Luftschicht größer sein als der trockenadiabatische. Dagegen setzt positive Energie der Feuchtlabilität, wie leicht ersichtlich, nur das Vorhandensein feuchtadiabatischer Gradienten in der betreffenden Schicht voraus, die selbstverständlich viel öfter vorkommen. Ein und dieselbe Luftschicht kann also gleichzeitig positive Energie der Feuchtlabilität und negative Energie der Trockenlabilität besitzen. Sie wird dann ein Aufsteigen gesättigter Luft unterstützen und ein Aufsteigen ungesättigter Luft behindern.

Durch den Ausgangspunkt der Zustandskurve in unserem Diagramm mit einer Temperatur T_0 und einem Druck p_0 verlaufe irgendeine Trockenadiabate T'. Wenn die Atmosphäre in der ganzen durchmessenen Höhe *trockenlabil* geschichtet ist, so verläuft die T-Kurve auf dem ganzen Diagramm links von dieser *Trocken-adiabate*, im Fall *trockenstabiler* Schichtung dagegen rechts entsprechend dem Vorzeichen der Differenz $T' - T$. Im Fall von *Feuchtlabilität* liegt analog die Zustandskurve T links von der *Feuchtadiabate* T'', dagegen bei *Feuchtstabilität* rechts von *ihr*.

Nehmen wir an, die vom Punkt $p_0 T_0$ aufsteigende Luft sei ohne Sättigung bis zum Niveau mit dem Druck p_1 gelangt und habe hier eine Temperatur T_1. Betrachten wir nun jene Fläche, die durch die Zustandskurve T, die durch ihren Ausgangspunkt verlaufende Trockenadiabate T' und die dem Niveau mit dem Druck p_1 entsprechende Linie $y_1 - y_1$ abgegrenzt ist (in der Abb. 41 schraffiert). Die Größe dieser Fläche ist proportional der Arbeit, welche von einer Masseneinheit der aufsteigenden Luft bei der Hebung vom unteren bis zum oberen Niveau geleistet wird; mit anderen Worten, sie ist proportional der Energie der Trockenlabilität pro Masseneinheit zwischen dem oberen und unteren Niveau.

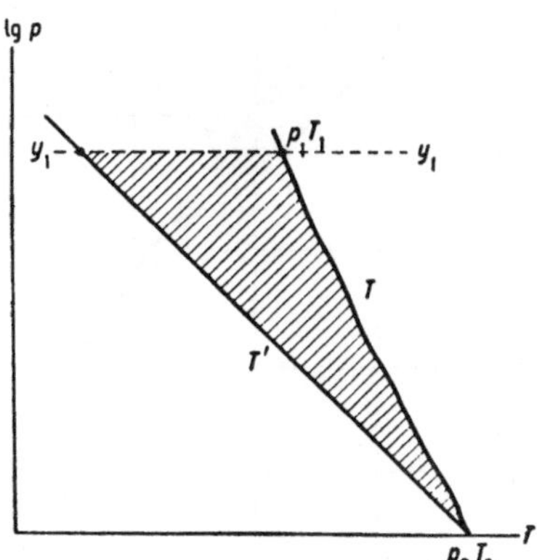

Abb. 41. Negative Energie der Trockenlabilität auf dem Emagramm von REFSDAL.

In der Tat entspricht der Wert des bestimmten Integrals in der Gl. (1) gerade der erwähnten Fläche. Unter Berücksichtigung der Größe des Proportionalitätsfaktors R kann man ermitteln, wievielen Energieeinheiten 1 cm² der Fläche auf unserem Diagramm entspricht. Durch Ausmessung der schraffierten Fläche läßt sich dann der Betrag der *trockenlabilen Energie* pro Masseneinheit in der betreffenden Schicht finden. Die Fläche, welche auf dem Diagramm rechts von der Zustandskurve liegt, wird die positive trockenlabile Energie darstellen, die links liegende Fläche (wie in Abb. 41) die negative trockenlabile Energie.

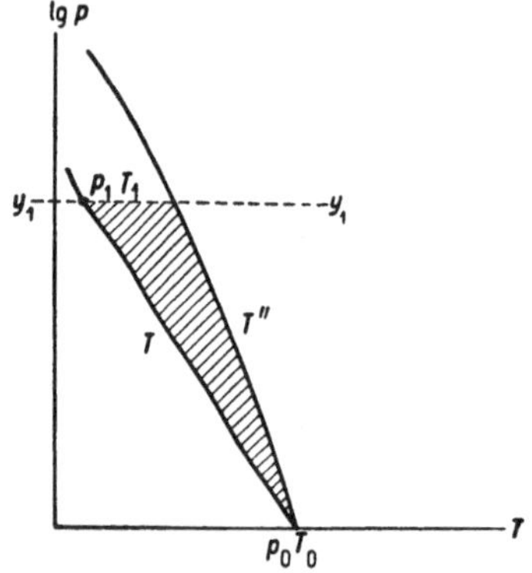

Abb. 42. Positive Energie der Feuchtlabilität auf dem Emagramm von Refsdal.

Analog wird auf dem Diagramm auch die *Energie der Feuchtlabilität* durch eine Fläche ausgedrückt, und zwar durch jene Fläche, welche zwischen der Zustandskurve T und der durch den Anfangspunkt der Kurve verlaufenden Feuchtadiabate T'' liegt (siehe Abb. 42, auf welcher eine Schichtung mit positiver Energie der Feuchtlabilität dargestellt ist).

Refsdal hat dem hier beschriebenen Diagramm die Benennung „*Emagramm*" eben deshalb gegeben, weil es ermöglicht, den Betrag der Energie pro Masseneinheit zu bestimmen.

Nunmehr möge das Ausmaß der *gesamten Labilitätsenergie* bestimmt werden, welche in der ganzen aerologisch sondierten Schicht der Troposphäre bei einer adiabatischen Hebung der Masseneinheit Luft von der Erdoberfläche (vom Niveau z_0 mit dem Druck p_0, Abb. 43) aus freiwerden, d. h. in Arbeit übergehen kann. Solange die aufsteigende Luft das Kondensationsniveau noch nicht erreicht hat, vollzieht sich die Temperaturänderung nach der Trockenadiabate und die Labilitätsenergie der Atmosphäre in bezug auf das betrachtete Luftquantum wird durch eine Fläche charakterisiert, welche von der Zustandskurve T und der entsprechenden Trockenadiabate T' begrenzt ist. Über dem Kondensationsniveau wird die Temperaturänderung in der aufsteigenden Luft längs der Feuchtadiabate T'' verlaufen. Von da an müssen wir daher den Energiebetrag der Feuchtlabilität ausmessen, d. h. die Fläche zwischen der Zustandskurve und jener Feuchtadiabate, welche durch den Punkt des Kondensationsniveaus verläuft. Kennen wir die spezifische Feuchtigkeit der Luft am Boden, so können wir die Höhe des Kondensationsniveaus für die von unten aufsteigende Luft berechnen. Auf dem Emagramm von Refsdal geschieht dies graphisch. Auf dem Formular sind die Kurven der spezifischen Sättigungsfeuchtigkeit für verschiedene Temperaturen eingetragen. Wir suchen nun den

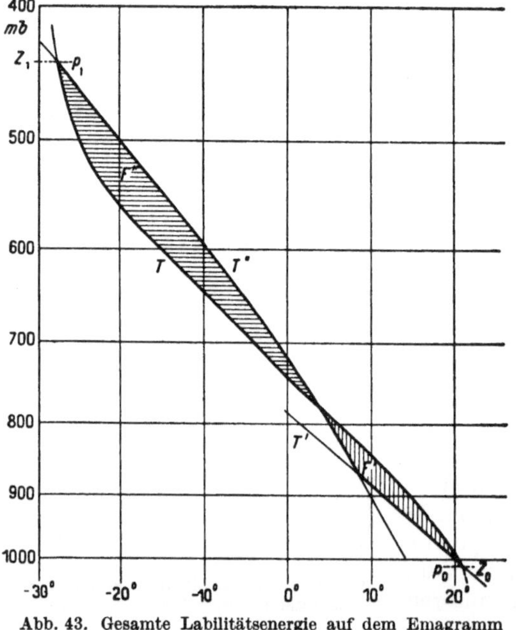

Abb. 43. Gesamte Labilitätsenergie auf dem Emagramm von Refsdal.

Schnittpunkt der Isolinie jener spezifischen Feuchtigkeit, welche die Luft unten hat, mit der entsprechenden Trockenadiabate. Dieser Schnittpunkt wird im

Additional material from *Einführung in die synoptische Wetteranalyse,*
ISBN 978-3-662-30287-3 (978-3-662-30287-3_OSFO1),
is available at http://extras.springer.com

Kondensationsniveau liegen; von ihm aus wird die Temperatur nach der durch ihn hindurchgehenden Feuchtadiabate verlaufen. Auf unserem Diagramm (Abb. 43) ist die Labilitätsenergie bis zum Druckniveau von ungefähr 780 mb negativ; die gestrichte Fläche F' liegt links von der Zustandskurve. Dies bedeutet, daß die Luft bis hierher nur unter Arbeitsaufwand von außen her, welcher die negative Labilitätsenergie kompensiert, aufsteigen könnte. Vom Niveau 780 mb an bis zum Niveau 440 mb ist die Labilitätsenergie (hier bereits vollkommene Feuchtlabilität) positiv, die Fläche F'' liegt rechts von der Zustandskurve; die aufsteigende Luft leistet selbst Arbeit. Könnten wir die Luft von unten bis zum Niveau mit dem Druck von 780 mb heben, so würde sie den Aufstieg bereits selbständig fortsetzen infolge Freiwerdens positiver Energie der Feuchtlabilität. Über dem Niveau mit dem Druck 440 mb wird die Labilitätsenergie erneut negativ: die Zustandskurve schneidet die Feuchtadiabate von links nach rechts. Die Gesamtmenge der Labilitätsenergie, welche in der ganzen Schicht vom Anfangsniveau bis zum Niveau mit dem Druck 440 mb bei dem Aufstieg der Luft von unten frei werden kann, wird durch die Differenz der geleisteten und der aufgewendeten Arbeit gemessen, d. i. durch die Differenz der Flächen $F'' - F'$.

Das Emagramm gibt uns somit eine anschauliche qualitative und quantitative Vorstellung von der Stabilität der Atmosphäre im gegebenen konkreten Fall. Mit anderen Worten, es zeigt uns, in welchem Ausmaß die Schichtungsverhältnisse die Konvektion und andere vertikale adiabatische Luftbewegungen begünstigen oder beeinträchtigen.

Bei Bestimmung der Energiefläche auf dem Emagramm empfiehlt es sich gelegentlich, die Adiabatenkurve des Aufstieges nicht vom Nullniveau, sondern von einem höheren Niveau ausgehen zu lassen, d. h. sich vorzustellen, daß das Luftquantum nicht von der Erdoberfläche, sondern von irgendeinem höheren Niveau aufsteigt. Näheres darüber im Abschnitt 37.

b) Tephigramm, Aerogramm, Stüve-Papier und andere Adiabatenpapiere.

Das Emagramm ist nicht das einzige aerologische Diagrammpapier, mittels welchem man die Arbeit, welche von der Masseneinheit der Luft bei ihrer Hebung oder Senkung geleistet wird, bzw. die dieser Arbeit proportionale Energie der Luftmassenschichtung durch eine Fläche ausdrücken kann.

Wir haben aus Gl. (5) in Abschnitt 23 gesehen, daß

$$\frac{dC}{dt} = - \oint v\,dp = N,$$

daß also bei einem ohne Einwirkung von Reibung und Erdrotation verlaufenden Kreisprozeß die freiwerdende Energie gleich ist der Anzahl der von ihm umschlossenen isobar-isosteren Solenoide. Diese Energie läßt sich also auf einem Diagrammpapier mit linearen p, v-Koordinaten unmittelbar durch Ausplanimetrieren der von der Kurve des Kreisprozesses umschlossenen Fläche finden.

Ein solches *Druck-Volumen-Diagramm* ist das elementarste Diagrammpapier, von dem man auch tatsächlich seinerzeit bei den ersten Betrachtungen über den Energiehaushalt der Atmosphäre ausgegangen ist. Es verwendet als Ordinate den Druck und als Abszisse das spezifische Volumen. In der aerologischen Praxis hat es sich jedoch nicht eingebürgert, weil das spezifische Volumen der unmittelbaren Messung nicht zugänglich ist.

Man kann nun zeigen, daß man ein Druck-Volumen-Diagramm flächentreu in einige andere Diagrammsysteme umwandeln kann, auf welchen bei gleichem Maßstab die während eines bestimmten Zirkulationsprozesses geleistete Arbeit durch eine gleich große (wenn auch anders geformte) Fläche ausgedrückt wird.

Hat dieses andere System die Koordinaten x, y, so wird auf ihm eine p, v-Fläche dann stetig und flächentreu abgebildet, wenn die Funktionaldeterminante

$$\begin{vmatrix} \dfrac{\partial x}{\partial p} & \dfrac{\partial y}{\partial p} \\[2mm] \dfrac{\partial x}{\partial v} & \dfrac{\partial y}{\partial v} \end{vmatrix} = 1.$$

REFSDAL 1937 hat gezeigt, daß unter anderen folgende Transformationen des p, v-Diagramms diese Bedingung erfüllen: das S, T-Diagramm ($=$ Tephigramm), das lg p, T-Diagramm ($=$ Emagramm) und das T lg p, lg T-Diagramm ($=$ Aerogramm). Für die Flächentreue der beiden letztgenannten Diagramme ist weitere Voraussetzung, daß man die Atmosphäre als ideales Gas ansehen darf; dies geschieht praktisch dadurch, daß man statt der gewöhnlichen Temperatur die sog. virtuelle Temperatur (siehe Abschnitt 16, d) im Weg eines ganz einfachen graphischen Kunstgriffes einträgt. Wir werden nunmehr die genannten flächentreuen Papiere kurz beschreiben mit Ausnahme des Emagramms, das bereits ausführlich behandelt worden ist.

Das *Tephigramm* ist als erstes, für energetische Betrachtungen praktisch brauchbares Diagrammpapier von Sir NAPIER SHAW 1925 eingeführt worden. Es benutzt als Abszissenachse die absolute Temperatur T und als Ordinatenachse statt der Entropie S den Logarithmus der potentiellen Temperatur lgn Θ, welcher — wie Gl. (3) in Abschnitt 32 zeigt — der Entropie proportional ist. Überdies finden sich auf dem Tephigramm noch verschiedene Kurvenscharen, nämlich Isobaren, Feuchtadiabaten und Linien gleicher spezifischer Feuchtigkeit. Die Labilitätsenergie wird auch hier durch eine entsprechende Fläche charakterisiert, wie auf dem Emagramm. Die Benutzung des letzteren ist jedoch in der Praxis anschaulicher und bequemer, weil sie den mehr für theoretische Studien geeigneten Begriff der Entropie umgeht.

Das *Aerogramm* wurde von REFSDAL 1935 in Fortbildung seines Emagramms geschaffen. Es hat lg T als Abszisse und T lg p als Ordinate, weshalb die logarithmische Isobarenschar mit zunehmender Temperatur und proportional zu dieser divergiert. Auf diesem somit schiefwinkeligen Diagrammpapier finden sich in entsprechender Transformation natürlich auch die übrigen Isolinien des Emagramms.

Das Aerogramm macht es zunächst möglich, in sehr bequemer Weise Höhenberechnungen auszuführen (vgl. auch Abschnitt 15), da der Abstand zwischen zwei Punkten einer Zustandskurve gleich ist der Länge jener Isotherme (288 in Abb. 44), die mit den Isobaren und der Zustandskurve zwei gleiche Flächenstücke (F_1 und F_2) erzeugt. Die Länge der Isotherme kann mittels eines am Rand des Diagramms angegebenen Höhenmaßstabes direkt in die Höhendifferenz verwandelt werden. Im Beispiel in der Abbildung verläuft die Zustandskurve zwischen 990 mb bis 736 mb. Von 990—740 mb ergibt die Abmessung der Isotherme mit dem Maßstab 2410 dyn. m. Für die restlichen 4 mb ist noch eine Korrektur nötig, die durch einen kleinen Kunstgriff ermittelt wird, indem man ein zehnmal so großes Isothermenstück (also für 40 mb) in dyn. m abmißt, durch 10 dividiert und diese Zusatzdifferenz (hier 44 dyn. m) zu dem vorigen Ergebnis hinzuzählt.

Da auf dem Aerogramm der Abstand zwischen der 500-mb-Isobare und der 250-mb-Isobare gleich ist jenem zwischen 1000 und 500 mb, braucht man für hohe Aufstiege die Isobaren nur umzunumerieren, so daß das Formular für alle Fälle seine handliche Größe behalten kann, was ein großer Vorzug ist.

Mit Hilfe des Aerogramms kann man natürlich zumindest dieselben energetischen Erwägungen und Berechnungen ausführen wie mit dem Emagramm. Da es eine flächentreue Transformation eines Druck-Volumen-Diagramms ist, lassen sich auf ihm auch bequem Solenoidzahlen berechnen, indem man die für isobar-isostere

Systeme im Abschnitt 23 angegebenen Zirkulationsbetrachtungen anwenden kann. Der auf die Zeiteinheit bezogene Zuwachs der Zirkulation einer beliebigen geschlossenen Kurve ist auf einem Aerogramm gleich der von der Kurve umschlossenen Fläche.

Das Aerogramm ist überhaupt ein aerologisches Universalpapier maximaler Leistungsfähigkeit. Es gestattet außer den schon erwähnten Operationen die Umrechnung von dynamischen auf metrische Höhen, die Bestimmung des spezifischen Volumens, der Dichte, von Aufwärtsbeschleunigungen, von Abwärtsbeschleunigungen, der Schwereabnahme mit der Höhe, der Äquivalenttemperatur, der Pseudotemperatur,[1] der virtuellen Temperatur, der Entropie, des maximalen Wasserdampfdrucks über Wasser sowie über Eis, der maximalen spezifischen Feuchte, der Trockenadiabaten und der Kondensationsadiabaten.

Es ist also ein ideales Arbeitspapier für aerologische Forschungen. Infolge

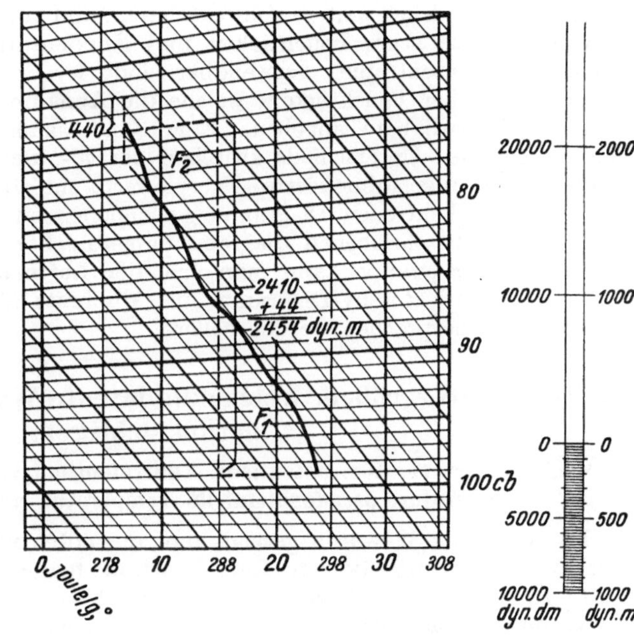

Abb. 44. Ermittlung von Höhenunterschieden auf dem Aerogramm.

seiner Vielseitigkeit enthält es jedoch auf gedrängtem Raum mehr Hilfslinien und Hilfszahlen, als sie der praktische Wetterdienst mit seiner beschränkten Anzahl aerologischer Bestimmungsstücke benötigt. Eine eingehendere Darstellung der Verwendungsmöglichkeit des Aerogramms hätte den Rahmen dieses Buches überschritten und es ist daher auch davon abgesehen worden, ein Aerogrammformular beizulegen.

Vor kurzem (1938) hat L. WEICKMANN, der Präsident der Internationalen Aerologischen Kommission, eine überaus verdienstvolle Denkschrift über alle existierenden aerologischen Diagrammpapiere herausgegeben, welche nicht weniger als 40 verschiedene Musterblätter enthält. Diese Schrift nimmt auch kritisch zu den verschiedenen Systemen Stellung und macht darauf aufmerksam, daß nicht alle der Bedingung flächentreuer Wiedergabe der Energie entsprechen.

Nicht flächentreu ist z. B. das in Mitteleuropa vielbenutzte *Diagrammpapier von* STÜVE (neuere Fassung), das in seinem rechten (Haupt-) Teil T als Abszisse und p^k als Ordinate hat, wobei $k = 0{,}288$ die aus der POISSONschen Gleichung bekannte Konstante ist [siehe Abschnitt 28, Gl. (9)]. Der Unzulänglichkeit wegen mangelnder Flächentreue steht als Vorzug dieses Formulars seine Anschaulichkeit gegenüber: die p^k-Teilung entspricht annähernd einer linearen Höhenskala; die eingetragenen Linienscharen gleicher potentieller Temperatur bzw. gleicher Entropie, die gleichzeitig Adiabaten sind, sind geradlinig; dadurch, daß im linken Teil des Diagramms die Dampfdruckabszisse, unter Beibehaltung der p^k-Ordinate, eine e^k-Teilung hat, sind auch die Linienscharen gleicher spezifischer Feuchtigkeit gerade

---

[1] Siehe Fußnote 1 auf S. 110.

Linien. Die Differenzen zwischen virtueller und wahrer Temperatur sind wie im Emagramm und Aerogramm durch kurze Querstriche auf den Hauptdrucklinien angegeben.

Die vom deutschen Reichswetterdienst besorgte Ausgabe des Stüve-Papiers enthält als Überdruck weitere Kurvenscharen, und zwar im T, p^k-Teil Linien gleicher maximaler spezifischer Feuchtigkeit und Kondensationsadiabaten, die als Linien gleicher „Feuchtentropie" verwendbar sind; ferner im e^k, p^k-Teil Linien gleicher pseudopotentieller Feuchtigkeit, welche die Abnahme des Dampfdrucks längs der Kondensationsadiabate angeben. Eine Sonderskala gibt den Faktor, mit dem man, wegen des Unterschieds zwischen der p^k- und einer lg p-Teilung, auf dem Stüve-Papier ausplanimetrierte Energiewerte multiplizieren muß, damit sie den aus einem flächentreuen Diagramm gewonnenen entsprechen.

Die bisher beschriebenen Diagrammpapiere gehören zur Gruppe der Adiabatenpapiere. Dieser Gruppe kann man jene der Luftmassenpapiere gegenüberstellen, von denen das Rossby-Diagramm in Abschnitt 36 und das Thetagramm im Abschnitt 49 besprochen werden sollen.

35. Temperaturgrößen, welche die latente Wärme des Wasserdampfes berücksichtigen.

Äquivalenttemperatur, potentielle Äquivalenttemperatur, äquivalentpotentielle Temperatur, pseudopotentielle Temperatur und Feuchttemperatur.

Im Abschnitt 32 wurde gezeigt, daß die potentielle Temperatur aufsteigender trockener oder ungesättigter Luft konstant bleibt. Anders im Fall gesättigter Luft. In gesättigt aufsteigender Luft kommt es infolge Abkühlung zu einer Kondensation des Wasserdampfes und zu einem Freiwerden der latenten Wärme; gerade damit hängt es ja zusammen, daß die individuelle Temperaturänderung in gesättigt aufsteigender Luft geringer ist als in ungesättigter. Die potentielle Temperatur nimmt beim Freiwerden der latenten Kondensationswärme zu. Um dies zu zeigen, machen wir folgendes Gedankenexperiment:

Wir nehmen an, die gesättigte Luft befinde sich zunächst im Niveau des Normaldrucks; der Einfachheit halber sei dies das Meeresniveau. Ihre Temperatur sei hier $+ 20°$ (nach der gewöhnlichen Celsius-Skala); auch ihre potentielle Temperatur wird (nach der gleichen Skala) denselben Wert haben. Dann werde die Luft bis zu einer Höhe von 2000 m gehoben; die individuelle Temperaturabnahme wird in ihr dabei durchschnittlich 0,5°/100 m betragen. Sie wird dann offenbar mit einer Temperatur $+ 10°$ im Niveau 2000 m ankommen. Daß ihre potentielle Temperatur in diesem Niveau $+ 30°$ betragen wird, ergibt sich aus folgender Überlegung: senkt man die Luft neuerdings bis zum Meeresniveau, so wird sie sich um 1°/100 m erwärmen, also mit $+ 30°$ dort anlangen. Voraussetzung ist lediglich, daß sie bei Beginn des Abstiegs kein kondensiertes Wasser enthält, bei dessen Verdampfung ja Wärme verbraucht und die Temperaturzunahme verringert würde.[1]

Somit nimmt die potentielle Temperatur adiabatisch aufsteigender, gesättigter Luft zu, und zwar infolge Freiwerdens latenter Kondensationswärme. Bei einer Senkung entfernt sich die Luft (woferne sie frei von Kondensationsprodukten ist) immer mehr vom Sättigungszustand und erwärmt sich daher nach dem trockenadiabatischen Gesetz (1° auf 100 m); ihre potentielle Temperatur bleibt infolgedessen unverändert.

Wir haben Zustandsänderungen der Luft ohne Wärmeaustausch und ohne

---

[1] Eine feuchtadiabatisch aufsteigende Bewegung, bei welcher das kondensierende Wasser aus der Luft während der Kondensation ausfällt, wird *pseudoadiabatisch* genannt.

Kondensation des Wasserdampfes trockenadiabatisch und jene ohne Wärmeaustausch, aber mit Kondensation des Wasserdampfes feuchtadiabatisch genannt. Bei trockenadiabatischen Zustandsänderungen ändert sich die potentielle Temperatur der Luft, wie aus dem Gesagten hervorgeht, nicht. Bei feuchtadiabatischen Zustandsänderungen und im Sonderfall bei adiabatischer Hebung gesättigter Luft nimmt jedoch ihre potentielle Temperatur zu.

Wir können allerdings eine Funktion von Druck, Temperatur und Feuchtigkeit angeben, welche *auch bei feuchtadiabatischen Zustandsänderungen konstant* bleibt. Wir müssen zu diesem Zweck offenbar zunächst ein gewisses „Supplement" zur beobachteten Temperatur T finden, welches gleich ist der Anzahl von Graden, um welche die Temperatur bei Kondensation des gesamten im gegebenen Luftquantum enthaltenen Wasserdampfes steigen würde. Vermehren wir die beobachtete Temperatur um dieses „Supplement", so erhalten wir die sog. *Äquivalenttemperatur*,[1] für welche ROBITZSCH 1928 folgenden Ausdruck abgeleitet hat: Zur Erwärmung von 1 g Wasser von $0°$ auf $t°$ und zu seiner Verdunstung bei dieser Temperatur sind $606{,}5 + 0{,}305\,t$ Cal Wärme nötig. Diese bei der Kondensation freiwerdende Wärmemenge ist imstande, 1 kg trockener Luft um

$$\Delta t = \frac{606{,}5 + 0{,}305\,t}{240} \tag{1}$$

oder ungefähr um $2{,}52°$ zu erwärmen (240 ist die spezifische Wärme der Luft in Cal pro Kilogramm). Wir werden Δt die *äquivalente Temperaturdifferenz* nennen; sie ist mit dem gesuchten „Supplement" identisch. Wenn 1 kg Luft q Gramm Wasserdampf enthält, so ist $\Delta t = 2{,}52\,q$, woraus folgt, daß die Äquivalenttemperatur gegeben ist durch

$$T' = T + 2{,}52\,q. \tag{2}$$

Da $q = 622\,\dfrac{e}{p}$ ist[2] (e bedeutet die Spannkraft des Wasserdampfes und p den Luftdruck), so ist

$$T' = T + \frac{1570}{p}\,e. \tag{3}$$

Wenn wir $p = 760$ mm annehmen, haben wir annähernd

$$T' = T + 2\,e, \tag{4}$$

wo e in Millimetern Quecksilbersäule ausgedrückt ist.

Wenn der Wasserdampf nicht nur kondensiert, sondern nachher (oder unmittelbar) auch in den festen Zustand übergeht, so ist die dabei freiwerdende latente Wärme gleich 686,5 und

$$\Delta t_e = 2{,}84\,q = \frac{1780}{p}\,e, \tag{5}$$

wobei mit dem Index e „Eis" bezeichnet wird.

Nun haben wir die gefundene Äquivalenttemperatur T' mittels der POISSONschen Gleichung auf den Normaldruck zu reduzieren (d. h. sie anstatt T in die Gleichung zur Berechnung der potentiellen Temperatur einzusetzen). Als Resultat erhalten wir die gesuchte Temperaturgröße Θ', welche auch bei feuchtadiabatischen Zustandsänderungen weitgehend konstant bleibt.

----

[1] Die Symbole T und T' in diesem Abschnitte dürfen nicht mit denjenigen im Abschnitte 30 verwechselt werden, wo ihre Bedeutung eine andere war.

[2] Dieser Wert gibt voraussetzungsgemäß das Verhältnis g Wasserdampf zu kg feuchter Luft und ist daher 1000mal größer als der zu Beginn des Abschnitts 29 angeführte, in welchem in gleichen Einheiten ausgedrückte Beträge einander gegenübergestellt waren.

Der mathematische Ausdruck Θ' wird also lauten:

$$\Theta' = T \left(\frac{p_0}{p} \right)^{0,2884} + \Delta t \left(\frac{p_0}{p} \right)^{0,2884}. \tag{6}$$

Einige Autoren ermitteln allerdings zuerst die potentielle Temperatur und fügen erst dann zu ihr die äquivalente Differenz hinzu, d. i. sie rechnen nach der Gleichung:

$$\Theta' = T \left(\frac{p_0}{p} \right)^{0,2884} + \Delta t. \tag{7}$$

Es ist ersichtlich, daß die nach den Gl. (6) und (7) berechneten Werte nicht gleich sind; bei niedrigen Drucken p kann der Unterschied 2—3° erreichen. Man nennt jetzt (MÖLLER 1939) die durch Gl. (6) erfaßte Rechengröße „*potentielle Äquivalenttemperatur*", dagegen die durch Gl. (7) ermittelte „*potentielle Temperatur mit Äquivalentzuschlag*".

Im Wetterdienst wird gewöhnlich die aus Gl. (6) bestimmte Größe mit der von ROBITZSCH 1928 definierten „*äquivalentpotentiellen Temperatur*" identifiziert, die jedoch ebensowenig in eine einfache Gleichung gefaßt werden kann, wie die mit ihr zahlenmäßig fast gleichwertige „*pseudopotentielle Temperatur*" nach STÜVE 1927. Letztere läßt sich jedoch sehr klar definieren als jene Temperatur, welche die Luftmasse vom Druck p, der Temperatur T und dem Wassergehalt q annehmen würde, wenn sie

1. unter adiabatischer Abkühlung bis zu einer Höhe gehoben würde, in welcher der in ihr enthaltene Wasserdampf völlig kondensiert und nach Freiwerden der latenten Wärme ausgefallen ist, und

2. hierauf bis zum Niveau des Standarddrucks herabgesenkt würde, wobei sie sich durch Kompression längs der Trockenadiabate erwärmt.[1]

Die Änderung der pseudopotentiellen (bzw. der mit ihr praktisch fast gleichwertigen äquivalentpotentiellen) Temperatur wird die Entropieänderung gesättigter Luft in analoger Weise charakterisieren, wie die Entropieänderung trockener oder ungesättigter Luft durch die Änderung der potentiellen Temperatur charakterisiert ist. Offenbar ist die pseudopotentielle (und mithin weitgehend auch die äquivalentpotentielle) Temperatur ein hochwertiger Behelf für die Identifizierung von Luftmassen; denn sie bleibt bei allen adiabatischen Vorgängen, seien sie von Kondensation begleitet oder nicht, ebenso wie die Entropie selbst unveränderlich (invariant) und ändert sich nur bei nichtadiabatischen Prozessen.

Von ihr weicht die mit Hilfe der Gl. (6) leicht berechenbare potentielle Äquivalenttemperatur systematisch um kleine Beträge ab. Wofern man also im Wetterdienst der Einfachheit halber statt der äquivalentpotentiellen Temperatur die potentielle Äquivalenttemperatur zur Luftmassenbestimmung benutzt, so muß man sich dessen bewußt bleiben, daß dies nur mit Vorbehalten statthaft ist.

Gerade in der jüngsten Zeit ist eine lebhafte Diskussion im Gange über die genaue gegenseitige Abgrenzung und mathematische Formulierung der verschiedenen und durch die obigen Betrachtungen durchaus noch nicht erschöpften Temperaturbegriffe, welche für eine bestimmte Luftmasse bei trockenadiabatischen, feuchtadiabatischen oder nichtadiabatischen Vorgängen sowie bei der Verdunstung fallenden Regens mehr oder weniger „konservative" Werte ergeben. Bei dieser Gelegenheit ist man, im Anschluß an zuerst von NORMAND 1921 aufgestellte Betrachtungen, darauf aufmerksam geworden [ROBITZSCH 1938, PETTERSSEN 1939 (*3*), BLEEKER 1939 (*1*) u. a.], daß die *Feuchttemperatur* (d. i. die Temperatur des feuchten Thermometers bei der psychrometrischen Messung) und die von ihr — in Analogie

---

[1] Für die im vorigen Abschnitt erwähnte *Pseudotemperatur* gilt dieselbe Definition mit dem einzigen Unterschied, daß die Luftmasse nicht bis zum Niveau des Standarddrucks, sondern ihres ursprünglichen Drucks herabgesenkt wird.

zur potentiellen Temperatur — abgeleitete *potentielle Feuchttemperatur* dazu berufen zu sein scheint, als Luftmassendiagnostikum in Hinkunft eine große Rolle zu spielen.

Es läßt sich nämlich zeigen, daß sich die Feuchttemperatur eines Luftquantums, welches adiabatisch aufsteigt, längs der durch sie gelegten Feuchtadiabate (vgl. Abschnitt 29) ändert, und zwar sowohl vor dem Eintritt der Kondensation als auch nachher, wenn Feucht- und Lufttemperatur zusammenfallen. Und man kann weiter zeigen, daß Luftmassen, deren Feuchttemperaturen auf einer und derselben Feuchtadiabate liegen, potentiell den gleichen Wärmegehalt haben. Man kann somit die potentielle Feuchttemperatur als ebenso vorzüglichen Identifizierungsbehelf für Luftmassen verwenden wie die äquivalentpotentielle Temperatur, hat dabei aber den großen Vorteil, daß die Feuchttemperatur jeweils direkt beobachtet oder sehr einfach aus den Psychrometertafeln bestimmt werden kann.

Im Zusammenhang damit hat man die Frage aufgeworfen, ob es im Wetterdienst nicht praktischer sei, von den Stationen statt der relativen Feuchtigkeit die Feuchttemperatur melden zu lassen oder aber den Taupunkt (vgl. Abschnitt 29), welcher mit der Luft- und der Feuchttemperatur durch eine einfache physikalische Beziehung verknüpft ist. Eine internationale Vereinbarung hierüber ist noch nicht getroffen worden.

36. Das Rossby-Diagramm.

Potentielle Stabilität (Labilität). Charakteristische Kurve. Stabilitätsbetrachtungen auf dem Rossby-Diagramm.

C. G. Rossby 1932 hat den Begriff der sog. *potentiellen* (konvektiven) *Stabilität* oder *Labilität*, welche durch die Verteilung der äquivalentpotentiellen Temperatur bestimmt wird, eingeführt und ein originelles Diagramm zu deren graphischer Bestimmung entworfen, welches in der Folge *Rossby-Diagramm* genannt werden soll.

Auf diesem Diagramm (siehe Tafel 2 zwischen S. 112 und 113) wird für jeden Punkt des aerologischen Aufstiegs die spezifische Feuchtigkeit q entlang der Abszissenachse und die entsprechende potentielle Temperatur Θ entlang der Ordinatenachse (in logarithmischer Skala) aufgesucht:[1] Diese beiden Werte stellen, wie wir im nächsten Kapitel sehen werden, die „konservativsten" Eigenschaften der Luftmassen vor. Auf dem Diagramm findet sich ein Netz von Linien gleicher äquivalentpotentieller Temperatur Θ' in Abhängigkeit von der potentiellen Temperatur und der spezifischen Feuchtigkeit, ferner noch einige Liniennetze, die noch weiter unten zur Sprache kommen werden.

Der Trockenadiabate entspricht auf dem Rossby-Diagramm ein Punkt. Tatsächlich ändert sich bei einer Hebung oder Senkung trockener oder ungesättigter Luft in ihr weder Θ noch q. Die Feuchtadiabaten stimmen offenbar mit den Linien gleicher äquivalentpotentieller Temperatur überein, da die letztere bei einer feuchtadiabatischen Zustandsänderung unverändert bleibt. Die Neigung der Kurven Θ'

---

[1] Genauer nicht die spezifische Feuchtigkeit $q = 622\,\dfrac{e}{p}$, sondern das „Mischungsverhältnis" $w = 622\,\dfrac{e}{p-e}$, d. h. also die Menge von Grammen Wasserdampf pro Kilogramm *trockener* Luft; ferner nicht die gewöhnliche potentielle Temperatur $\Theta = T\left(\dfrac{1000}{p}\right)^{0,2884}$ sondern die potentielle Temperatur der *trockenen* Luft $\Theta_d = T\left(\dfrac{1000}{p-e}\right)^{0,2884}$. Beide Werte unterscheiden sich jedoch voneinander nur unwesentlich, weshalb die Zustandskurve auf dem Rossby-Diagramm auch mit Hilfe von Θ und q konstruiert werden kann. Übrigens läßt sich auch mit Hilfe des Emagramms der Wert von Θ_d sehr leicht feststellen.

gegen die Koordinatenachsen zeigt anschaulich, daß, im Fall feuchtadiabatischer Hebung eines Luftteilchens, p bei unverändertem Θ' infolge der Kondensation des Wasserdampfes ab- und Θ infolge des Freiwerdens latenter Wärme zunimmt.

Die Darstellung der Ergebnisse eines aerologischen Aufstiegs auf dem Rossby-Diagramm ergibt eine sog. *charakteristische Kurve* der gegebenen Luftmasse. Da die spezifische Feuchtigkeit mit der Höhe gewöhnlich ab-, die potentielle Temperatur jedoch zunimmt, wird die charakteristische Kurve im allgemeinen von unten nach oben und von rechts nach links verlaufen. Je langsamer die Feuchtigkeit mit der Höhe abnimmt, um so mehr wird sich die charakteristische Kurve dem vertikalen Verlauf nähern; ihre Neigung wird aber auch von der Größe der Änderung der potentiellen Temperatur mit der Höhe abhängen. Ist die Schichtung der Luft in der betreffenden Schicht trockenadiabatisch, so wird die charakteristische Kurve horizontal verlaufen und mit einer der Linien gleicher potentieller Temperatur zusammenfallen. Wenn wir dabei die Kurve punktweise für gleiche Höhenintervalle konstruieren, so werden die Entfernungen zwischen diesen Punkten um so größer sein, je rascher sich die Feuchtigkeit mit der Höhe ändert. Ist die Schichtung trockenstabil und wächst die potentielle Temperatur mit der Höhe, so werden diese Zuwüchse pro Einheit der Entfernung in vertikaler Richtung (d. h. die Projektionen der Abschnitte zwischen den Punkten auf die Ordinatenachse) um so größer sein, je größer die Stabilität ist. Bei einer Zunahme von 10° auf 1000 m ist die Schichtung isotherm.

Die charakteristische Kurve besitzt eine interessante Eigenschaft. Wenn sich irgendeine Luftschicht, die auf dem Rossby-Diagramm durch einen bestimmten Abschnitt dargestellt wird (siehe Abb. 81), ohne Kondensation adiabatisch senkt oder hebt, so wird sie in einer beliebigen neuen Lage durch *ein und dieselbe* charakteristische Kurve dargestellt werden, da sich bei einem trockenadiabatischen Prozeß weder Θ, noch q ändert. Daraus erklärt sich auch die Bezeichnung „charakteristische Kurve"; wofern Θ und q in den Luftmassen konservativ sind (siehe folgendes Kapitel) und ihre Verteilung in horizontaler Richtung genügend gleichartig ist, werden wir für ein und dieselbe Luftmasse zu verschiedenen Zeitpunkten und an verschiedenen Orten annähernd gleiche charakteristische Kurven erhalten, wodurch die Wiedererkennung (Identifizierung) von Luftmassen sehr erleichtert wird. Hiervon wird noch im nächsten Kapitel die Rede sein.

Aus der Neigung der charakteristischen Kurve zu den Linien gleicher äquivalentpotentieller Temperatur läßt sich ermitteln, ob die untersuchte Schicht *potentiell-labil* ist.[1] Definitionsgemäß wird eine Schicht potentiell-labil genannt, wenn die äquivalentpotentielle Temperatur in ihr mit der Höhe abnimmt. Auf dem Rossby-Diagramm kommt dies dadurch zum Ausdruck, daß der Abschnitt der charakteristischen Kurve, welche diese Schicht repräsentiert, gegen die Abszissenachse flacher geneigt ist als die Linien der konstanten äquivalentpotentiellen Temperatur; er wird also zwischen der Isolinie Θ' und der horizontalen Isolinie Θ liegen (z. B. der zwischen den Punkten 2 und 3 gelegene Abschnitt der Kurve $PF—PF$ auf Abb. 81). Ist die Schichtung dagegen *potentiell-stabil*, so nimmt ihre äquivalentpotentielle Temperatur mit der Höhe zu und die charakteristische Kurve wird folglich gegen die Abszissenachse steiler geneigt sein als die Isolinien Θ'.

Eine potentiell-labile Schicht besitzt die Eigenschaft, daß in ihr bei ihrer Hebung die Labilität der Schichtung zunimmt. Dies ist begreiflich, da bei einer Hebung früher oder später Kondensation einsetzt, wobei im unteren Teil der Schicht, infolge des dort größeren Feuchtigkeitsgehalts, mehr latente Wärme frei wird;

---

[1] Oder, nach Rossbys Terminologie, *konvektiv-labil*.

Additional material from *Einführung in die synoptische Wetteranalyse*,
ISBN 978-3-662-30287-3 (978-3-662-30287-3_OSFO2),
is available at http://extras.springer.com

die potentielle Temperatur nimmt folglich im unteren Teil der Schicht mehr zu als im oberen, was ein Anwachsen der Labilität zur Folge hat.

Tatsächlich bewegen sich nach erreichter Sättigung sowohl der obere als auch der untere Endpunkt des betreffenden Abschnitts der charakteristischen Kurve nach links aufwärts ihren Feuchtadiabaten (Θ'-Linien) entlang, der untere Punkt bewegt sich jedoch rascher. Daher wird sich der Abschnitt nicht parallel zu sich selbst verschieben, sondern, sich gegen den Uhrzeiger drehend, einer horizontalen Lage zustreben. Dies bedeutet aber, daß die Labilität der Schichtung der Luftschicht zunimmt; bei genügender Hebung kann die Schichtung sogar trockenlabil werden. Besonders bedeutend ist dieser Prozeß, wenn, wie es oft vorkommt, der untere Teil der Schicht der Sättigung nahe, der obere jedoch verhältnismäßig trocken ist; dann wird sich die Drehung des Abschnitts noch rascher abspielen, da sein oberer Endpunkt länger unbeweglich bleibt als der untere.

Eine potentiell-labile Schicht, die in ihrer ursprünglichen Lage sogar eine feucht-stabile Schichtung aufweisen kann, wird also labil werden, wenn sie adiabatisch genügend hoch *gehoben* wird; dann wird ihre potentielle Energie in kinetische überzugehen beginnen, und zwar in Form von Konvektion. Ist die Schicht jedoch potentiell-stabil, d. h. ist ihr Kurvenabschnitt zur Abszissenachse steiler geneigt als die Feuchtadiabaten, so wird er sich bei ihrer Hebung im Sinn des Uhrzeigers drehen und aufzurichten suchen. Wenn also eine Schicht potentiell-stabil ist, so kann kein adiabatischer Prozeß diese Schichtung in eine labile verwandeln.

Bei jenen synoptischen Vorgängen, wo sich eine ganze Luftschicht vertikal verlagert (frontale Aufgleitbewegung, orographische Lufthebung), ist es wichtig zu wissen, ob sie potentiell-labil ist; in diesem Fall kann dann zur allgemeinen Aufwärtsbewegung noch Konvektion hinzutreten, wodurch der Effekt der Kondensation verstärkt wird.

In potentiell-labiler Luft, die über eine Warmfrontfläche aufgleitet, ist dann z. B. die Entwicklung konvektiver Bewölkung und die Ausscheidung von Schauerniederschlägen möglich, was in den Vereinigten Staaten von Nordamerika bei maritimer Tropikluft über der Warmfront wiederholt beobachtet wird.

Das Rossby-Diagramm ermöglicht es, Fronten von Schrumpfungsinversionen zu unterscheiden. Beim Übertritt aus einer Kaltluftströmung in eine darüber wehende Warmluftströmung nimmt die spezifische Feuchtigkeit zu; folglich weist die charakteristische Kurve an der Frontfläche einen Sprung nach rechts auf und setzt erst später wieder ihren Verlauf nach links fort. Dagegen wird beim Passieren einer innerhalb einer Kaltluftmasse befindlichen Inversion mit kontinuierlicher Feuchteabnahme nach oben kein solcher Knick in der Kurve vorkommen.

Das Rossby-Diagramm enthält auch noch Isobaren und Isothermen für das Kondensationsniveau; sie dienen zur graphischen Bestimmung von Θ und w aus den Werten p, T und f, die beim Aufstieg erhalten wurden.

Nehmen wir an, die Luft habe soeben die Sättigung erreicht, so gibt uns der Schnittpunkt der betreffenden T-Linie (im System der Isothermen für das Kondensationsniveau) mit der entsprechenden p-Linie die *wirkliche potentielle Temperatur* Θ_d (der trockenen Luft) sowie auch den Feuchtigkeitsgehalt *w für den Sättigungszustand* an. Um den wirklichen Wert von w zu finden, muß man den aus dem Diagramm entnommenen Sättigungswert mit dem hundertsten Teil der Prozentzahl der relativen Feuchtigkeit f multiplizieren.

Historische Bemerkungen zu den Abschnitten 26 bis 36.

Die Bedeutung der adiabatischen Zustandsänderungen für die Vorgänge in der Atmosphäre wurde in der zweiten Hälfte des vorigen Jahrhunderts erkannt. Im Jahre 1864 gab v. HANN eine Erklärung des Föhns durch die feuchtadiabatische Abkühlung aufsteigender und die trockenadiabatische Erwärmung absteigender Luft; im Jahre 1874 untersuchte er erstmalig die adiabatischen Zustandsänderungen gesättigter Luft.

Das erste Diagrammpapier zur Verfolgung der adiabatischen Zustandsänderungen feuchter Luft entwarf HERTZ im Jahre 1884. Ihm folgten NEUHOFF im Jahre 1900 und FJELDSTAD im Jahre 1926 auf Grund genauerer Formeln. Der Begriff der potentiellen Temperatur wurde von HELMHOLTZ und von v. BEZOLD 1889 eingeführt; im Lauf der folgenden vier Jahrzehnte entwickelten sich sukzessive die Begriffe der äquivalenten Temperatur (v. BEZOLD 1905, KNOCHE 1905, PRÖTT 1920), der pseudopotentiellen Temperatur (STÜVE 1927), der äquivalentpotentiellen Temperatur (ROBITZSCH 1928, ROSSBY 1932) und der Feuchttemperatur als konservative Größen (NORMAND 1921, ROBITZSCH 1938). Auf den Zusammenhang zwischen der potentiellen Temperatur und der Entropie hat als erster BAUER 1908 hingewiesen.

Die graphische Methode der Ermittlung der Labilitätsenergie durch das Tephigramm wurde von SIR NAPIER SHAW im Jahre 1925 eingeführt. Das Emagramm schuf REFSDAL im Jahre 1930. ROSSBY verwendete seine charakteristischen Kurven, die er bereits im Jahre 1929 zur Identifizierung von Luftmassen entworfen hatte, seit 1932 zur Ermittlung der potentiellen Labilität der Luftschichtung. Im Jahre 1935 führte REFSDAL das Aerogramm ein. Im selben Jahre arbeitete A. F. DJUBJUK eine graphische Methode zur Überwachung der gesamten Labilitätsenergie innerhalb der Luftsäule aus. Diese Methode war zur Zeit der Fertigstellung der Originalausgabe dieses Buches (1937) noch nicht veröffentlicht.

Eine allgemeine Diskussion über die notwendige Abklärung und gegenseitige Abgrenzung der verschiedenen Temperaturbegriffe ist in der allerjüngsten Zeit im Gange.

Literatur zu den Abschnitten 26 bis 36.

Hinweise auf Lehrbücher der allgemeinen Thermodynamik der Atmosphäre finden sich zu Beginn des Buches.

Die wichtigste Literatur der letzten Zeit, die Analyse der Begriffe potentielle, äquivalente, pseudopotentielle, äquivalentpotentielle und Feuchttemperatur betreffend: KNOCHE 1905, BAUER 1908, NORMAND 1921, STÜVE 1927, ROBITZSCH 1928, ROSSBY 1932, ROBITZSCH 1938, LINKE 1938, MÖLLER 1939, ROBITZSCH 1939, EGERSDÖRFER 1939, DINKELACKER 1939, BLEEKER 1939 (1), ARAKAWA 1939, PETTERSSEN 1939 (3).

Hilfsmittel zur Auswertung und graphischen Ermittlung dieser Funktionen: STÜVE 1922, FJELDSTAD 1926, MOESE 1930, DIESING 1930, 1931, BALLARD 1931, MOESE und SCHINZE 1932 (2), ENGELMANN 1932, KNOBLOCH 1932, ROBITZSCH 1932, EGERSDÖRFER und HOLZER 1932, HÄNSCH 1933, STÜVE 1933 (3), DIESING 1935, LITTWIN 1935, WERENSKJÖLD 1937.

Nomogramme von DJUBJUK und NEKRASSOW als Beilage zu: CHROMOW 1935 (3).

Über das Emagramm, Tephigramm, Aerogramm und ähnliche graphische Papiere: SHAW and FAHMY 1925, SHAW 1926, ALWORD and SMITH 1929, REFSDAL 1930 (1), 1930 (2), 1932, 1935, 1937, ARAKAWA 1937 (3), WERENSKJÖLD 1938.

Über das Rossby-Diagramm: ROSSBY 1932, NAMIAS 1935 (1).

Eine Untersuchung, welche die Labilitätsenergie nach anderen Gesichtspunkten beurteilt: DJUBJUK 1936.

Eine sehr ausführliche Literaturzusammenstellung bis 1938 bei: WEICKMANN 1938.

Über einen Höhenintegrator für aerologische Zwecke: LUGEON 1940.

37. Die Konvektion. Gewitterbildung.

a) Begünstigung der Konvektion in den bodennahen Luftschichten.

Nunmehr sollen die tatsächlichen Verhältnisse beim Zustandekommen der Konvektion, welche für die Wettergestaltung von großer Bedeutung ist, besprochen werden. Infolge der Konvektion entstehen *Wolken vertikaler Entwicklung* [Haufenwolken (*Cu*), Gewitter- oder Schauerwolken (*Cb*)] und eine besondere Gattung von Niederschlägen innerhalb der Luftmassen, *Schauerniederschläge*, eventuell in Begleitung von Gewittern.

Wir haben schon früher erwähnt, daß die Konvektion ihrem Wesen nach eine Turbulenzerscheinung ist. Dieser ungeordnete, allmähliche vertikale Luftaustausch in Form kleiner vertikaler Stromfäden, Luftblasen u. ä. („Kleinkonvektion" nach v. FICKER 1931) geht jedoch unter günstigen Umständen über in mächtige auf- und

absteigende Zirkulationsströme, die manchmal die Troposphäre fast in ihrer ganzen
Höhe durchsetzen („Großkonvektion" nach v. FICKER). Die Geschwindigkeit aufsteigender Ströme unter Entwicklung mächtiger Haufenwolken beträgt durchschnittlich 3—4 m/sek, doch kommen sicher oft genug erheblich größere Geschwindigkeiten vor. So maßen SCHWERDTFEGER und SCHÜTZE 1938 im Flugzeug innerhalb
einer Gewitterwolke Aufwindströmungen bis 17 m/sek; bei Segelflügen sollen bis
zu 30 m/sek festgestellt worden sein. Eine solche Art der Luftübertragung kann man
bereits als geordnet bezeichnen; sie ist zur Ausbildung mächtiger Haufen- und
Schauerwolken notwendig. Bei der Ausbildung flacher Haufenwolken von Schön-
wettercharakter handelt es sich dagegen um eine Übergangsform von der ungeordneten Konvektion zur geordneten (v. FICKER 1931).

Sind die orographischen Vorbedingungen hierfür günstig, so kann die Konvektion
statt einzelner Haufen- und Schauerwolken sogar ganze zusammenhängende Wolkensysteme von sehr bedeutender Ausdehnung hervorrufen.

Auf die noch nicht ganz geklärten Bedingungen für die Umwandlung der „Kleinkonvektion" in eine „Großkonvektion" kommen wir erst im vorletzten Teil (c) dieses
Abschnitts zurück und wenden uns zunächst den allgemeinen Voraussetzungen für
das Entstehen der Konvektion zu. Beim Zustandekommen der Konvektion spielt die
Erwärmung der untersten Luftschichten offenbar eine ausschlaggebende Rolle.

Über dem Festland, namentlich in größerer Entfernung vom Ozean (wie in Osteuropa), wird die Konvektion vorwiegend im Sommer beobachtet, wenn sich in
der bodennächsten Schicht der Kontinentalluft (bis zu 2 m Höhe) untertags erheblich überadiabatische Gradienten einstellen. Wegen ihrer Abhängigkeit von der
Insolationserwärmung des Bodens hat die Konvektion in den kontinentalen Luftmassen einen gut ausgeprägten Tagesgang. Daher erreichen auch in der sommerlichen Kontinentalluft die Haufenwolken ihre größte Entwicklung in den Mittags-
stunden, während sie gegen Abend verschwinden.

Über dem Meer kommt Konvektion dann zustande, wenn die Meeresoberfläche
wärmer ist als die Luft über ihr und sie folglich von unten her erwärmt. In den gemäßigten Breiten ist dies gewöhnlich in maritim-polaren oder maritim-arktischen
Luftmassen in der kalten Jahreszeit der Fall. Da jedoch die Temperatur der Meeresoberfläche keinen Tagesgang aufweist, bleibt über dem Meer eine Verstärkung der
Konvektion während der Tagesstunden aus. Es gibt sogar, wie wir weiter sehen
werden, Ursachen, welche über dem Meer eine leichte Zunahme der Konvektion
während der Nacht veranlassen.

Nicht selten erklärt man die Konvektion nur durch Ungleichmäßigkeiten in der
Erwärmung des Bodens und der darüberliegenden Luft, wobei stärker erwärmte
Luftquanten aufsteigen und kältere herabsinken. Dieser Umstand hat zweifellos
eine hervorragende Bedeutung für das Zustandekommen der Konvektion über dem
Festland. Die Ungleichmäßigkeit der Erwärmung wird hier unter anderem besonders
durch *örtliche Einflüsse* unterstützt. Über den erwärmten Hängen der Berge und
Hügel erfährt die Konvektion eine Verstärkung, da sich die Luft untertags an diesen
Stellen mehr erwärmt als im selben Niveau in einiger Entfernung. Dieser hori-
zontale Temperaturunterschied gibt nach WENGER 1923 sogar Anlaß zu einer aus-
gesprochenen Luftströmung hangaufwärts, zum sog. Hangwind.[1] Eine verstärkte
Bildung von Haufen- und Schauerwolken und eine große Gewitterhäufigkeit im
Gebirge ist daher vollkommen begreiflich.

Anderseits führt auch die orographische Hebung allgemeiner Luftströme zu einer
verstärkten Wolkenbildung und zur Ausscheidung von Niederschlägen (oft ge-

---

[1] Der Hangwind ist auch ein wichtiges Glied im periodischen Zirkulationssystem
der Gebirgswinde, für welches A. WAGNER vor einiger Zeit eine neue umfassende Theorie
gegeben hat (siehe Literaturverzeichnis am Ende des Abschnitts).

witterigen Charakters) an den Luvhängen. Hierdurch werden bereits im Luftstrom vorhandene Konvektionseffekte natürlich verstärkt.

Selbst geringe Erhöhungen im landschaftlichen Relief können durch Verstärkung der Konvektion die Entstehung von Schauern und Gewittern begünstigen.[1]

Indessen kann sich über der einförmigen Meeresoberfläche die Konvektion ebenso gut entwickeln wie über dem Festland. Den ersten Anlaß zur Entwicklung der Konvektion muß hier (wie auch über dem Festland) offenbar die dynamische Turbulenz geben, welche stärker erwärmte Luftquanten (Turbulenzelemente) aus der alleruntersten Schicht in eine gewisse geringe Höhe hebt, in der sie wärmer ankommen als die umgebende Luft. Die weitere vertikale Verlagerung dieser Elemente erfolgt dann also nicht nur durch dynamische, sondern auch durch thermische Turbulenz.

Daß eine starke Überhitzung der bodennächsten (einige Dezimeter hohen) Luftschicht für das Zustandekommen der Konvektion ausschlaggebend ist, steht außer Zweifel. Wie schon gesagt, können in dieser Schicht an einem sonnigen Sommertag überaus große überadiabatische Gradienten entstehen: der Unterschied zwischen den Temperaturen des Bodens und der Luft in der Höhe der meteorologischen Hütte kann 30° erreichen. Wird die überhitzte Luft in unmittelbarer Bodennähe nur unwesentlich aus ihrer ursprünglichen Ruhelage nach oben verschoben (infolge ungleichmäßiger Erwärmung oder Turbulenz), so bilden sich sehr erhebliche Differenzen $T'-T$ aus, wodurch die Luft eine sehr bedeutende Vertikalbeschleunigung

$$\frac{\partial^2 z}{\partial t^2} = g \frac{T'-T}{T} \text{ erhält.}$$

b) Aerologische Vorbedingungen für die Konvektion.

Außer den Voraussetzungen, welche das Einsetzen der Konvektion in der untersten Luftschicht ermöglichen, muß noch eine weitere Bedingung erfüllt sein, damit sich die Konvektion weiterentfalten und die Luft bis zu genügender Höhe emportragen kann.

Dies ist, wie wir schon wissen, eine labile Temperaturverteilung, eine *labile Schichtung der Atmosphäre*. Nur in diesem Fall nimmt der Temperaturunterschied zwischen den aufsteigenden Konvektionselementen und der umgebenden Luft nicht ab (unter der Voraussetzung, daß der Prozeß adiabatisch vor sich geht).

Je größer die Labilität der Schichtung ist, d. h. je größer die Labilitätsenergie, welche durch die entsprechende Fläche im Emagramm von REFSDAL charakterisiert wird, um so stärker entwickelt sich die Konvektion und um so wahrscheinlicher ist ihr Übergang aus einer ungeordneten in eine halbgeordnete oder geordnete Konvektion unter Ausbildung starker aufsteigender Ströme (und absteigender Kompensationsströme).[2]

---

[1] Nebenbei sei bemerkt, daß eine Großstadt im Sommer gleichfalls die Konvektion verstärkt, was auch von Segelfliegern beobachtet wird. Die Bildung von Haufenwolken über einer Stadt ist im Sommer häufiger als über der Umgebung, die Zahl der Regentage und die Gesamtmenge der Niederschläge größer. Die verstärkte Erwärmung der Luft über den steinernen Gebäudekomplexen ruft ein Zirkulationssystem hervor, in welchem die warme Luft über der Stadt aufsteigt und kältere Luft von der Peripherie dem Stadtzentrum zuströmt. Hierdurch entwickeln sich günstige Bedingungen für das Aufsteigen größerer Luftmassen und für die Ausbildung mächtiger Haufenwolken über der Stadt bei sonst ruhigem·und heißem Sommerwetter (GEIGER, siehe Verzeichnis am Ende des Abschnitts).

[2] Daß bei gut entwickelter Konvektion neben den aufsteigenden Strömen auch absteigende auftreten, welche den Luftverlust in den tiefen Schichten teilweise kompensieren, wird durch Beobachtungen bestätigt; diese absteigenden Ströme sind jedoch zweifellos schwächer entwickelt, weil sich die Luft bei ihrer Senkung dynamisch auf trockenadiabatischem Wege erwärmt und weil sie über eine größere Fläche ausgebreitet, d. h. weniger lokalisiert sind als die aufsteigenden Ströme.

Bis zum Kondensationsniveau ist zur Aufrechterhaltung einer merklichen Konvektion das Vorhandensein eines trockenadiabatischen Gradienten (1°/100 m) oder sogar eines noch etwas größeren Gradienten notwendig. An heißen Sommertagen mit Neigung zur Bildung von *Cu* und *Cb* sind über dem Festland annähernd trockenlabile Schichtungen innerhalb der untersten Kilometer der Atmosphäre eine ganz regelmäßige Erscheinung. Nach W. Peppler 1922 beträgt in Lindenberg der durchschnittliche vertikale Temperaturgradient an Tagen mit Bildung von *Cu*: von der Erde (122 m) bis 500 m 0,89°/100 m am Morgen (ungefähr um 8 Uhr) und 1,20° am Nachmittag (ungefähr um 14 Uhr); von 500 m bis 1000 m 0,72° am Morgen und 0,92° am Nachmittag. Der durchschnittliche Gradient von der Erde bis zur Basis der *Cu* beträgt 0,99° und nur dann, wenn die Basis der *Cu* sehr hoch ist (über 2000 m), 0,93°.

Sobald allerdings die Luft, welche in einem aufsteigenden Strom gehoben wird, das Kondensationsniveau erreicht und die Bildung einer Haufenwolke beginnt, reichen zur Aufrechterhaltung des weiteren Aufsteigens der Luft bereits Gradienten in der umgebenden Atmosphäre aus, welche zwischen den trocken- und feuchtadiabatischen Gradienten liegen, d. h. es genügt eine feuchtlabile Schichtung der Luftmasse. Je größer die Feuchtlabilität über dem Kondensationsniveau ist (d. h. je näher die tatsächlichen vertikalen Gradienten dem trockenadiabatischen sind), desto stärker entwickelt sich bereits innerhalb der wachsenden Haufenwolke die konvektive Luftversetzung nach oben.

In einer den allgemeinen Bedingungen der Konvektion gewidmeten Untersuchung hat Petterssen 1939 (*1*) die für verschiedene Formen und Grade der Konvektionswolkenbildung charakteristischen Zustandskurven angegeben. In geringeren Höhen herrscht darnach stets Trockenlabilität, darüber kommt eine feuchtlabile Schicht. Ist diese Schicht dünn und nach oben zu durch eine feuchtstabile Schicht begrenzt, so bildet sich in der Nähe der letzteren höchstens *Cu humilis*, das typische, harmlose Schönwettergewölk des Sommers. Große Mächtigkeit der feuchtlabilen Zwischenschicht dagegen ist charakteristisch für die Ausbildung von *Cu congestus*, dessen Kondensationsniveau in der Nähe ihrer unteren Begrenzung gegen die trockenlabile Schicht liegt. Der *Cu congestus* ist eine Haufenwolke, die durch mächtige Quellformen charakterisiert ist. Wachsen diese bis in die feuchtstabile Schicht hinauf, so breiten sie sich an ihr horizontal aus. Beim eigentlichen *Cb*, der aus *Cu congestus* entsteht, fehlt eine obere feuchtstabile Schicht ganz. Die Konvektion erstreckt sich jetzt bis in die größten Höhen — bis über die Eiskeimgrenze hinauf, weshalb die Wolke von oben her vereist (vgl. Abschnitt 41).

Das Vorhandensein feuchtstabiler oder gar trockenstabiler (z. B. mit Temperaturinversionen verbundener) Schichten wirkt also, wie uns die obige Betrachtung des *Cu humilis* zeigt, hemmend auf die Konvektion ein, ja diese bleibt dann manchmal ganz aus und jegliche Wolkenbildung wird unterdrückt, auch dann, wenn sonst alle übrigen Umstände für die Haufenwolkenbildung günstig sind. Aus diesem Grund entwickelt sich in kräftigen sommerlichen Antizyklonen, welche mächtige Schrumpfungsinversionen enthalten (siehe folgenden Abschnitt), selbst über dem Festland nur selten ein genügend hochreichender Konvektionsvorgang. Gewitter treten vorwiegend in Zonen etwas tieferen Drucks mit kleinen Druckgradienten auf.

Es ist bemerkenswert, daß nach Peppler 1922 an Sommertagen mit starker Insolation, hoher Temperatur und erheblicher Feuchtigkeit an der Erdoberfläche, aber ohne Bildung von *Cu*, der mittlere vertikale Temperaturgradient im unteren Kilometer nicht kleiner ist als an Tagen mit *Cu*. Erst in den höheren Schichten findet sich ein beträchtlicher Unterschied: von 1000—1500 m beträgt der Gradient bei *Cu* 0,81°, ohne *Cu* 0,64°; von 1500—2000 m bei *Cu* 0,64° und ohne *Cu* 0,45°.

In noch höheren Schichten sind die Gradienten in beiden Fällen wieder ungefähr gleich.

Wenn über dem Kondensationsniveau eine Inversion liegt, so entwickeln sich Wolken, welche sich bereits zu bilden begonnen haben, in vertikaler Richtung nur wenig. Ist jedoch die Mächtigkeit und Geschwindigkeit der aufsteigenden Ströme beträchtlich, d. h. ihre kinetische Energie groß, so können sie die Inversionsschicht durchbrechen. Die nächtliche Bodeninversion, welche der allertiefsten Luftschicht eine besondere Stabilität verleiht, schließt das Auftreten einer Konvektion überhaupt solange aus, bis die anwachsende Insolation die Inversion zerstört hat. Nähere Angaben über die Inversionen bringt der nächste Abschnitt.

Über dem Meer zeigt, wie bereits erwähnt, die Temperatur der unteren Luftschichten keinen Tagesgang. In höheren Luftschichten jedoch ist hier die Temperatur nachts etwas tiefer als am Tag, infolge unmittelbarer Absorption der Sonnenstrahlung untertags und Wärmeausstrahlung der Luft während der Nacht. In einer Höhe von 1500—2000 m beträgt diese Tagesschwankung der Temperatur nach HERGESELL 1922 rund 2°. Infolgedessen ist über dem Meer nachts die Labilität der Schichtung im allgemeinen größer und die Konvektion stärker als am Tag: seit langer Zeit ist das Vorherrschen von Nachtgewittern über dem Atlantik bekannt. Nach R. BECKER 1935 fällt das Maximum der Cb-Bildung über dem Nordatlantik (zwischen 47° und 50° n. Br. und 26° und 21° w. L.) im Jahresgang auf den Frühling und Herbst, im Tagesgang auf den nächtlichen Beobachtungstermin (um rund 4 Uhr 30 Minuten Ortszeit); im Frühling wird zu diesem Termin in 38% aller Fälle Cb beobachtet.

Unter den Umständen, welche die Konvektion unterstützen, spielt die Konvergenz der Stromlinien eine wesentliche Rolle (siehe Abschnitt 25). Eine Strömungskonvergenz begünstigt das Aufsteigen der Luft oder ruft es sogar hervor. Wenn eine Luftmasse schon an und für sich zur Konvektion neigt, d. h. genügend labil geschichtet ist, so wird die Konvektion und Schauerbildung besonders entwickelt sein in Gebieten mit zyklonal gekrümmten Isobaren und folglich mit einer Konvergenz der Stromlinien in den tieferen Schichten. Dagegen wirkt bei antizyklonal gekrümmten Isobaren die Divergenz der Stromlinien der Konvektion entgegen und schwächt sie mehr oder weniger ab, manchmal bis zu völligem Verschwinden der Schauer, selbst in einer labilen Luftmasse (CALWAGEN 1926, BERGERON 1930).

Alte Okklusionsfronten (siehe sechstes Kapitel), welche keine Niederschläge mehr ergeben, können im Sommer über dem Festland Gewitter hervorrufen, eben wegen der mit diesen Fronten verbundenen Konvergenz [CALWAGEN 1926, REFSDAL 1930 (*1*), NAMIAS 1938 (*1*)].

Die Intensität der Wolkenentwicklung hängt allerdings auch vom Feuchtigkeitsgehalt der Luft ab: je höher die Temperatur (je höher die Sättigungsfeuchtigkeit der Luft), desto stärker und typischer sind die Konvektionswolken ausgebildet. Im Winter und selbst noch im Frühling unterscheiden sich die Konvektionswolken in labilen Luftmassen über dem Festland meist durch geringere Dichte und geringere vertikale Entwicklung scharf von den sommerlichen Haufen- und Schauerwolken. Bei großer relativer Feuchtigkeit an der Erdoberfläche liegt das Kondensationsniveau niedrig. Dagegen führt bei großer Trockenheit der Luft selbst eine sehr starke Überhitzung des Bodens noch nicht zur Wolkenbildung. Übrigens läßt sich das Kondensationsniveau leicht graphisch (nach den Tabellen von NEUHOFF oder FJELDSTAD, nach dem Emagramm, dem Stüve-Diagramm oder dem Aerogramm) bestimmen unter der Voraussetzung, daß die Hebung der Luft adiabatisch erfolgt. Es läßt sich auch leicht berechnen. Wenn die Luft bei Konvektion oder Turbulenz von unten mit einer Anfangstemperatur t und gegebenem Wasserdampfgehalt aufsteigt, so können wir ihren „Taupunkt", d. h. die Temperatur τ berechnen, bei welcher der in der Luft enthaltene Wasserdampf zu kondensieren beginnen wird. Kennen wir t und τ, so ergibt sich daraus die Höhe des Kondensationsbeginns in Metern durch folgende Überlegung: Die adiabatische Temperaturänderung in aufsteigender ungesättigter Luft beträgt, wie wir wissen, $0,98°$ auf 100 m. Gleichzeitig sinkt in der Luft während der Hebung der Taupunkt, da der Dampfdruck mit fortschreitender Ausdehnung der Luft abnimmt. Die Berechnungen zeigen, daß $\dfrac{d\tau}{dz}$ im Mittel zwischen $0,15°$ und $0,18°$ pro 100 m liegt. Hieraus folgt, daß Lufttemperatur und Taupunkt sich einander um $0,81°$ pro 100 m Hebung nähern. Folglich läßt sich die Höhe des Kondensationsniveaus, d. i. die Höhe der Wolkenbasis H, durch folgende annähernde Formel bestimmen:

$$H = 122\,(t - \tau).$$

In der Tabelle 3 (nach A. WEGENER) sind die Höhen H in Metern für verschiedene Ausgangswerte der Temperatur und der relativen Feuchtigkeit gegeben.

Man muß im Auge behalten, daß die wirkliche Kondensationshöhe gewöhnlich größer ist als die berechnete, wobei diese Differenz mit der Höhe wächst. Nach SÜRING (1904) erreichte der Unterschied im Mittel von 207 Fällen 85 m, und war in 15% aller Fälle größer als 400 m. PEPPLER 1922 hat aus 114 Fällen die bedeutend größere Durchschnittsdifferenz von 293 m erhalten. Die Ursache liegt vor allem darin, daß die Hebung der Luft im Fall der Konvektion nicht rein adiabatisch erfolgt.

Nach dem größeren oder kleineren Wert der Labilitätsenergie auf dem *Emagramm* und nach ihrer Lokalisierung in bestimmten Schichten kann man abschätzen, inwiefern die Bedingungen für eine Entwicklung der Konvektion günstig sind. Die Aufgabe wird dadurch erschwert, daß man die Wahrscheinlichkeit der Tageskonvektion gewöhnlich nach dem Emagramm des Mor-

Tabelle 3. Kondensationshöhe in Metern für verschiedene Ausgangswerte der Temperatur und der relativen Feuchtigkeit.

Relative Feuchtigkeit	Temperatur					
	$-20°$	$-10°$	$0°$	$10°$	$20°$	$30°$
50%	989	1089	1189	1290	1393	1498
60%	736	812	885	961	1038	1117
70%	514	572	624	678	732	788
80%	329	360	394	430	461	498
90%	157	172	187	204	220	237

genaufstieges zu beurteilen hat, auf welchem die positive Labilitätsenergie (ermittelt durch den Vergleich der Zustandskurve mit der Adiabate, letztere ausgehend von der Erdoberfläche) in Anbetracht der nächtlichen Inversion in den bodennahen Schichten oft zu gering ausfallen wird. Die Frage, welche Eigenschaften — in quantitativer und qualitativer Hinsicht — das Morgenemagramm besitzen muß, um auf die Möglichkeit oder Unmöglichkeit einer Entwicklung von Haufenwolken und eines Auftretens von Schauerniederschlägen schließen zu lassen, bedarf noch einer näheren Klärung. Es wäre offenbar rationeller, die Adiabate nicht vom Bodenniveau aus zu konstruieren, sondern z. B. vom Niveau 800 mb, als Feuchtadiabate, wie es P. A. MOLTSCHANOW tut, oder von einem Niveau aus, welches den Maximalwert der positiven Labilitätsenergie zu erfassen gestattet (WILLETT). A. F. DJUBJUK zeigt, daß dies ungefähr das Niveau der maximalen spezifischen Feuchtigkeit wäre.

Aus Abb. 45 ist ersichtlich, daß man bei Verwendung der vom Bodenniveau ausgehenden Adiabate sogar unmittelbar vor einem Gewitter eine beträchtliche negative Labilitätsenergie erhalten kann (die mit Minuszeichen bedeckte Fläche). Läßt man jedoch die Kurve als Feuchtadiabate erst vom Punkt mit dem Druck 920 mb über der Inversion ausgehen, so erhält man in diesem Fall eine sehr bedeutende positive Labilitätsenergie (die mit Pluszeichen bedeckte Fläche), wodurch das Gewitter erst seine Erklärung findet. Im Niveau 920 mb hatte übrigens die spezifische Feuchtigkeit ihr Maximum.

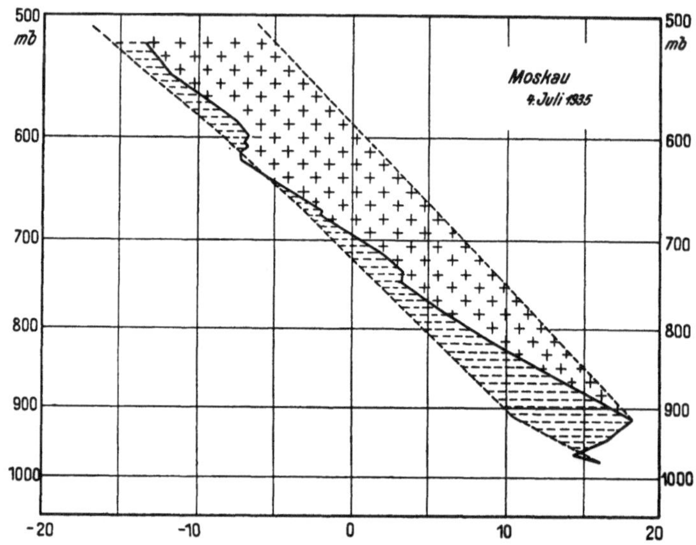

Abb. 45. Höhenverteilung der Temperatur auf dem Emagramm am 4. Juli 1935 morgens über Moskau.

c) Übergang von der Klein- zur Großkonvektion.

Der Mechanismus der mächtigen vertikalen Luftversetzung bei vollentwickelter Konvektion („Großkonvektion") kann indessen noch nicht als endgültig geklärt angesehen werden. Unklar ist hauptsächlich, wie die kleinen aufsteigenden „Blasen" und schwachen vertikalen Ströme der ursprünglichen ungeordneten Konvektion in mächtige auf- und absteigende Luftströme übergehen. In Gebirgsgegenden gibt es vermutlich außer den gewöhnlichen Hangwinden untertags noch sehr mannigfaltige Bedingungen, die eine mächtige Entwicklung der Konvektion begünstigen. So hat z. B. Bergeron auf folgenden Mechanismus einer sommerlichen Konvektion an der Nordseite des Hauptkammes des Kaukasus hingewiesen. Die über dem schnee-freien, aber hohen Felsenkamm, welcher nördlich und parallel zum Hauptkamm verläuft, liegende Luft erwärmt sich stark. Gleichzeitig kühlt sich die Luft über dem mit Eis und Schnee bedeckten Hauptkamm bis zu einer Höhe von 5 km be-deutend ab. Eine mächtige, erwärmte Luftmasse über dem Felsenkamm wird von kälterer Luft umschlossen: im Norden von der Luft über der Ebene, im Süden von der Luft über dem Hauptkamm. Infolgedessen setzen in ihr heftige Aufwärts-bewegungen ein, welche zur Entwicklung einer Konvektionsbewölkung nördlich vom Hauptkamm führen. — Anderseits weisen Rossby und Weightmann 1926 auf gewisse orographische Verhältnisse in Amerika hin, welche die kalte Luft zwingen, über warme hinwegzuströmen, was dann zu einer vertikalen Labilität der Atmo-sphäre und zu konvektiven Massenverlagerungen Anlaß gibt.

Bedeutend schwieriger ist die Erklärung des Zustandekommens einer mächtigen Konvektion über der Ebene. v. Ficker 1931 nimmt an, daß die Vertikalversetzung großer Luftmassen außer durch die Labilität der unteren Luftschichten auch noch durch eine starke Labilität der Luft in mittleren Höhen verursacht wird. Dabei dürfte der Anlaß zur Hebung der wärmeren Luft in ihrer Unterspülung durch kältere Luft zu suchen sein. Daß eine vorhergehende Labilität der mittleren

Schichten der Troposphäre eine sehr wichtige Vorbedingung für ein Umsichgreifen der heftigen „gewitterigen" Konvektion vorstellt, steht anderseits außer Zweifel. Schon die Ausbildung eigenartiger Konvektionswolken vor dem Gewitter in mittleren Höhen *(Ac floccus* und *castellatus)* weist auf eine Labilität (zum mindesten Feuchtlabilität) dieser Schichte als Vorläufer einer mächtigen Konvektionsentwicklung hin. Eine gewisse Rolle bei der Labilisierung der freien Atmosphäre muß (außer der Überhitzung der unteren Schichten) auch die nächtliche Abkühlung höherer Schichten durch Ausstrahlung, besonders über Wolkengipfeln, spielen.

In einer groß angelegten Untersuchung über instabile Schichtungen in der Atmosphäre hat SEIFERT 1935 u. a. die Ansicht ausgesprochen, daß sich ein bei stark labiler Luftschichtung entstandener und rasch aufschießender *Cu cast.* sein „Einzugsgebiet" schafft, d. h. den horizontalen Zustrom, welcher die aufsteigende Luft zu ersetzen trachtet. Dies gelingt zunächst nicht ganz, weshalb die Aufwärtsströmung etwas zusammensinkt. Ist dieses Zusammensinken (unter — vorübergehendem — Abtrocknen des *Cu*) bis unter den Betrag des horizontalen Zuflusses erfolgt, so kann infolge des nunmehrigen Überwiegens des letzteren ein neues, noch stärkeres Aufschießen des *Cu* beginnen, und so arbeitet sich die Konvektion intermittierend in die Höhe, unter periodisch zunehmender Verbreiterung der *Cu*-Areale.

Auf eine ähnliche Erklärungsmöglichkeit der Fortentwicklung bzw. der Selbsterhaltung der Gewitterkonvektion hatte schon v. FICKER 1931 hingewiesen: Ein mächtiger aufsteigender Strom, der bereits eine bedeutende kinetische Energie besitzt, kann eine Schicht durchbrechen, welche wärmer ist als die aufsteigende Luft selbst; erst dann kommt seine Vertikalbewegung zum Stillstand. In der Folge breitet sich die durchgebrochene kalte Luft über die wärmere in der Richtung des dort herrschenden Höhenwindes aus (Abb. 46); dadurch wird in diesem hohen Niveau neuerlich Labilität geschaffen, welche den Konvektionsprozeß aufrecht erhält. Auf diese Art werden in den Konvektionsprozeß ständig neue Luftmassen aus den tieferen Schichten einbezogen.

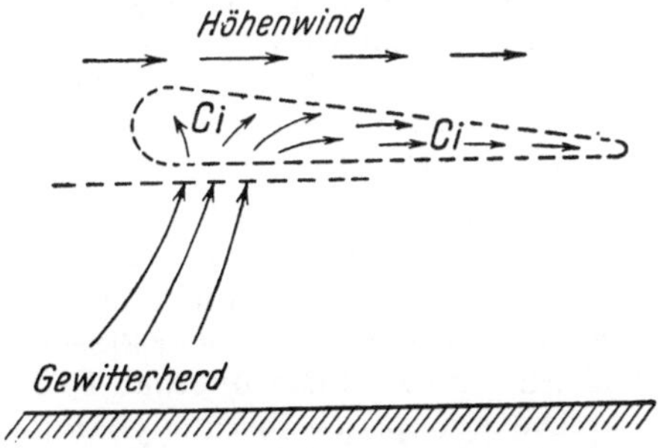

Die Labilität der mittelhohen Luftschichten kann sich auch infolge mechanischer Ursachen verstärken; so z. B. wachsen beim Einbruch einer kalten Luftmasse unter eine warme die vertikalen Gradienten in der gehobenen warmen Masse an. Im Jahre 1932 hat BERGERON auf eine merkliche Vergrößerung der Feuchtlabilität (Bildung von *Ac floccus* und *castellatus*) in kontinentaler Tropikluft, welche durch eine neu angelangte Kaltmasse nach oben verdrängt wird, und auf eine nachfolgende heftige Entwicklung der Gewitterkonvektion hingewiesen.

Abb. 46. Ausbreitung des Konvektionsstromes eines Gewitters über einer Inversion. (Nach v. FICKER 1931.)

Auch dann, wenn die Warmluft entlang der Warmfrontfläche aufgleitet, nimmt ihre vertikale Labilität zu [SCHERHAG 1931 *(1)* und *(2)*]; dies kann zu einer Konvektion führen, welche über der Frontfläche beginnt. Wenn die aufgleitende Warmluft bereits früher feuchtlabil geschichtet war, was häufig in kontinentaler Luft im Sommer vorkommt, so kann sich die Konvektion über der Frontfläche bis zur Ausbildung von Schauerwolken eventuell mit Gewittererscheinungen steigern (Warmfrontgewitter). Analog verstärkt sich, wie schon früher gezeigt, die Labilität und mit ihr auch die Konvektion bei orographischer Hebung der Luft.

Ein interessantes Beispiel für die Temperaturverteilung mit der Höhe bei einem Warmfrontgewitter (Morgengewitter vom 4. Juli 1935 in Moskau) zeigt Abb. 45.

Die Konvektion begann offenbar über der Frontfläche, da die bedeutende Frontinversion während des Gewitters unzerstört blieb. In den höheren Schichten waren
dabei die vertikalen Temperaturgradienten sehr groß und kamen in einigen Niveaus
dem trockenadiabatischen Gefälle nahe, was eben eine starke Entwicklung der Konvektion zur Folge hatte.

Zum Schluß sei darauf hingewiesen, daß die typische Kaltfrontbewölkung ihrem
Charakter nach den Konvektionswolken nahe verwandt ist. Es findet sich hier
(wenigstens unmittelbar vor der Front) keine gleichmäßige Wolkendecke mit ruhig
ausfallenden Niederschlägen wie im Fall der Warmfront, sondern gewissermaßen
eine einzige ungeheure Schauerwolke mit Böen und Gewittern, die sich in einer
Ausdehnung von Hunderten von Kilometern der Front entlang erstrecken kann.
Der Mechanismus der Lufthebung vor der Kaltfront, welcher zur Wolkenbildung
führt, hat allerdings mit der Konvektion nichts gemeinsam. Er wird an zuständiger
Stelle behandelt werden (fünftes Kapitel).

d) Einteilung der Gewitter.

Wenn auch, wie soeben betont, durchaus nicht jedes Gewitter durch Konvektion
entsteht, so zeigt doch die Erfahrung, daß die Entwicklung aller Gewitter durch
eine feuchtlabile Schichtung gefördert wird. Es erscheint daher angemessen, schon
an dieser Stelle eine grundsätzliche Einteilung der Gewitter zu geben. Wir werden
uns dabei an die von NAMIAS 1938 (*1*) gegebene Klassifikation halten, die zwar in
erster Linie nordamerikanische Verhältnisse berücksichtigt, aber ohne Zweifel als
allgemein gültig angesehen werden kann.

Man versteht unter Gewittern gemeinhin die mit sichtbaren und hörbaren
elektrischen Entladungen verbundenen Kondensationsvorgänge des atmosphärischen
Wasserdampfes. Zu solchen Entladungen kann es dann kommen, wenn die Kondensation besonders rasch erfolgt. Da dies vor allem in der *Cumulonimbus* genannten
Wolke der Fall ist, so ist diese der typische Sitz des Gewitters. Hinsichtlich der
bekannten Begleiterscheinungen des Gewitters müssen wir auf die allgemein meteorologischen Lehrbücher verweisen. Die Entstehung der Gewitterelektrizität ist noch
nicht geklärt. Wir können hier nur erwähnen, daß diesbezüglich zwei Theorien,
die WILSONsche und SIMPSONsche, einander gegenüberstehen; Näheres darüber
bei Sir GEORGE SIMPSON und F. J. SCRASE 1937.

Die synoptisch-thermodynamische Gewitterklassifikation von NAMIAS unterscheidet:

1. Luftmassengewitter
   - a) infolge lokaler Konvektion („Wärmegewitter");
   - b) in thermodynamisch kalten Luftmassen;
2. Frontalgewitter
   - a) im Kaltfrontbereich („Kaltfrontgewitter");
   - b) im Warmfrontbereich („Warmfrontgewitter");
   - c) im Bereich einer Okklusionsfront;
3. orographische Gewitter;
4. Gewitter in horizontal konvergierenden Luftströmen.

Verschiedene Ansätze zu einer solchen Einteilung finden wir bereits in den
vorhergehenden Ausführungen dieses Abschnitts, weshalb wir uns in der Beschreibung der einzelnen Typen kurz fassen können.

Die *Luftmassengewitter infolge lokaler Konvektion* werden auch vielfach „*Lokalgewitter*" oder „*Wärmegewitter*" genannt. Sie sind das Endergebnis einer durchdringenden Konvektion infolge Überhitzung der untersten Luftschichten vom
sonnenbestrahlten Erdboden aus; daher sind sie rein thermischer Natur. Ihre lokalen
Vorzeichen sind vor allem: unter Tags hochaufquellende, voneinander wohl abgegrenzte Wolken vom Typus *Cu castellatus* und *Cu congestus*, heiße bis schwüle

und oft auch stagnierende Luft, starker nachmittägiger Druckrückgang. Bedeutende positive Labilitätsenergie in den Aufstiegsergebnissen, wenn man den störenden Einfluß der Morgeninversion entsprechend eliminiert, z. B. unter Anwendung des im obigen Unterabschnitt b empfohlenen Verfahrens. Daß über Seen und Moorgebieten die lokale Gewitterbildung gefördert wird, ist begreiflich, da über diesen Gebieten die Feuchtlabilität verstärkt sein muß (siehe auch v. FICKER 1931).

Bei *Luftmassengewittern in thermodynamisch-kalter Luft* ist der kräftige vertikale Temperaturgradient nicht verursacht durch eine Überhitzung mehr oder weniger stagnierender Luft von unten aus, sondern durch die Advektion kalter Luft über eine relativ warme Erdoberfläche. Daß eine solche rasch strömende „Kaltmasse" durch eine bedeutende konvektive Übertragung der Wärme und Feuchtigkeit nach oben sowie durch kräftige dynamische Turbulenz charakterisiert ist, werden wir im Abschnitt 51 c sehen. Ihre typischen Merkmale sind infolgedessen stark wechselnde *Cu*- und *Cb*-Bewölkung, die von Regen-, Schnee- oder Graupelböen, oft mit Gewittern, begleitet ist (siehe auch Abschnitt 53). Die durch kurzdauernde, bisweilen aber sehr heftige Entladungen ausgezeichneten „*Wintergewitter*" und „*Aprilgewitter*" gehören in diese Kategorie, deren Vertreter früher im allgemeinen als „Wirbelgewitter" bezeichnet worden sind. In Nordamerika scheinen diese Gewitter schwächer zu sein und aus der aerologischen Analyse schwieriger vorherzusagen. Im Sommer sind sie überhaupt selten, da sich die „Kaltmasse" über dem Festland ziemlich rasch in eine „Warmmasse" umwandelt. Ein anderer, die Ausbildung dieser Gewitter hindernder Umstand kann das Vorhandensein von Abgleitflächen innerhalb der Kaltmasse sein, namentlich dort, wo diese tief liegen, also unweit der vorangegangenen Kaltfront.

Die *Frontalgewitter im Kaltfrontbereich*, auch kurz „*Kaltfrontgewitter*" (früher bloß „Frontgewitter") genannt, gehören zu den am besten studierten Gewittertypen. Ihr Sitz ist, wie schon oben erwähnt, das ausgedehnte und hochreichende *Cb*-Gewölk in der von einem vordringenden Kaltluftkeil kräftig angehobenen und meist feuchtlabilen Warmluft. Besonders heftig werden sie nach NAMIAS dann, wenn durch das Voreilen des Kaltluftkopfes in einiger Höhe ein sehr steiler vertikaler Temperaturgradient entsteht. Details über diese Vorgänge enthält vor allem Abschnitt 59. Die Kaltfrontgewitter pflanzen sich mit der Kaltfront oft in einer Breite von Hunderten von Kilometern über weite Landstriche fort; wird die Front quasistationär, so können an ihr entstehende und entlangwandernde Wellenstörungen (siehe Abschnitt 63) die Gewittertätigkeit lokal verstärken, ein im Sommer über Neu-England häufiger Fall. Zunehmende positive und abnehmende negative Labilitätsenergie in der Warmluft begünstigen das Auftreten von Gewittern an der Kaltfront. Infolgedessen haben Kaltfrontgewitter eine ausgesprochene Tagesperiode. Gegen abend und nachts hört die Gewitterneigung im Kaltfrontgewölk meist auf.

Seltener sind die *Frontalgewitter im Warmfrontbereich*, aber sie treten gelegentlich in großer Zahl an ein und derselben Front auf. Die geringere Häufigkeit dieser „*Warmfrontgewitter*" rührt davon her, daß die über die Warmfront aufgleitende Warmluft in der Regel ziemlich stabil geschichtet ist. Unter gewissen Umständen kann sie dagegen, wie in Abschnitt 58 ausgeführt, stark feuchtlabile Gradienten aufweisen: es ist dies in Europa namentlich bei der sommerlichen kontinentalen Tropikluft der Fall,[1] in Nordamerika bei der aus dem Golf von Mexiko stammenden Tropikluft; nach NAMIAS kann die Vergrößerung des vertikalen Temperaturgradienten der Warmluft auch durch deren horizontale Konvergenz im Warmsektor mit-

---

[1] Doch kommen hier nach DINIES 1936 (*2*) gelegentlich auch im Winter Warmfrontgewitter vor.

bedingt sein (siehe unten). Ganz allgemein zeigt dann das Warmfrontgewölk konvektive Auswüchse, ja es kann sich sogar geradezu in einen *Cb* umwandeln. Da dessen Basis jedoch der Front entlang ansteigt, haben die Warmfrontgewitter oft den Charakter von „Hochgewittern" mit zwar zahlreichen, aber wenig heftigen Entladungen. Ihre Tagesperiode ist weniger ausgeprägt als jene der Kaltfrontgewitter, außerhalb des Sommers scheinen sie nachts fast ebenso häufig aufzutreten wie untertags. In den Vereinigten Staaten von Nordamerika zeigt die energetische Analyse der Zustandskurve positive Labilitätsenergie der Warmluft namentlich auch in jenen Fällen, wo sich Gewitter in Wellenstörungen an quasistationären Warmfronten bilden. Vor der Entdeckung der Warmfront hat man diesen Gewittertyp früher „Gewitter im Grenzgebiet zwischen warmen und kalten Räumen" genannt.

In die Kategorie der *Frontalgewitter im Bereich von Okklusionsfronten* gehört nach NAMIAS vielleicht der größte Teil aller Sommergewitter, wobei es sich in der Regel um alte Kaltfrontokklusionen handelt, die sich infolge fortschreitender Erwärmung der präfrontalen Luft in aktive Kaltfronten mit fast allen charakteristischen Begleiterscheinungen von solchen umgewandelt haben (siehe Abschnitt 60). Sie bilden sich im barischen Feld als Drucktröge ab, wobei die Warmluft zunehmend konvergiert und an Konvektionsenergie gewinnt. Handelt es sich dagegen um Okklusionen vom Warmfronttypus, so ist die allgemeine Zunahme des vertikalen Temperaturgradienten vor allem verursacht durch die fortschreitende Überschiebung wärmerer Kaltluft durch kältere. Überhaupt verlangt die energetische Analyse der Zustandskurve vor Okklusionsgewittern eine besonders umsichtige Berücksichtigung der Eigenart aller beteiligten Luftmassen.

Unter *orographischen Gewittern* verstehen wir nur jene, welche sich im gebirgigen Gelände selbst und infolge seiner Einwirkung gebildet haben, wenngleich wir zu beachten haben, daß sich auch die von ferne herangezogenen Gewitter aller früher genannten Typen im Gebirge erheblich verstärken können. Allgemeine Ursachen für das gewitterfördernde Verhalten von Bergen sind die dynamische Turbulenz, das Auftreten von Hangaufwinden und die Konvergenz von Talaufwinden, welche den notwendigen Impuls geben zum Übergang von der Klein- zur Großkonvektion. Es ist allerdings bekannt, daß sich in einem orographisch reichgegliederten Gebiet neben gewitterfördernden auch gewitterhemmende Gegenden finden. Einer zusammenfassenden Darstellung über Gewitter in den Alpen von WEIXLEDERER 1939 ist zu entnehmen, daß hohe, allseits frei aufragende und an breite Täler angrenzende Berge mit ihrem stark entwickelten Hangwindsystem die Gewitterbildung besonders begünstigen, desgleichen der an die feuchten Ebenen angrenzende Gebirgsrand. Dagegen lösen sich viele Gewitter beim Überschreiten von Pässen oder tiefen Tälern wegen der dort vorhandenen absteigenden Windkomponente auf. Hänge und Einsenkungen im Lee der vorherrschenden Luftströmungen sind also meist Erlöschungsgebiete für Gewitter. Das Zentralgebiet der Alpen ist wegen seiner geringeren Feuchtigkeit und wohl auch wegen der Eisbedeckung der Hochregion (absteigende Gletscherwinde) gewitterarm. Zu den orographischen Gewittern muß man nach NAMIAS auch jene zählen, welche sich in feuchtlabilen maritimen Luftströmen bilden, die von Steilküsten zum Aufsteigen genötigt werden.

Die *Gewitter in horizontal konvergierenden Luftströmen* kommen dadurch zustande, daß die mit der Konvergenz verbundene Hebung der Luft deren vertikalen Temperaturgradienten vergrößert, wie wiederholt und namentlich in Abschnitt 36 erwähnt. Nach NAMIAS kann dieser Effekt als gewitterbildend namentlich in noch stark offenen Warmsektoren vorkommen, ferner im Konvergenzgebiet, welches das abgebogene Okklusionsende fortsetzt (Abschnitt 65), und schließlich im Zyklonenzentrum selbst, bei sehr rascher Okklusion, wenn die Warmluft nicht zu stabil ist. Die Wintergewitter in Neu-England verdanken ihr Entstehen fast ausschließlich dem letztgenannten Vorgang.

Als gemeinsames Merkmal aller dieser Typen finden wir also: Gewitter kommen dann und dort zustande, wo eine an und für sich kräftige Kondensation, von welchen Ursachen immer hervorgerufen (Konvektion, Turbulenz, frontales Aufsteigen, orographische Aufwinde, Konvergenz), sich durch eine besonders feuchtlabile Schichtung der kondensierenden Luft noch verstärkt. Wenn wir vorläufig auch keine zahlenmäßige Grenze kennen, bei welcher während heftiger Kondensation die elektrischen Entladungen tatsächlich einsetzen, so bietet doch — abgesehen von der allgemeinen Wetterlage und dem Himmelsanblick — die energetische Analyse der Zustandskurve besonders wichtige Anhaltspunkte für die Beurteilung der Gewitterneigung. ALWORD und SMITH 1929 haben eine bedeutende Anzahl sommerlicher Wetterlagen in den Vereinigten Staaten von Nordamerika mit Hilfe von Tephigrammen untersucht. Sie sind zur Folgerung gelangt, daß sich die Gewitterbedingungen auf dem Tephigramm im allgemeinen mindestens sechs Stunden vor Gewitterausbruch durch das Erscheinen einer großen positiven Fläche erkennen lassen.

Die Behandlung der Gewitterklassifikation an dieser Stelle hat es notwendig gemacht, einige allgemeine Erscheinungen und Vorgänge zu erwähnen, die erst in den späteren Abschnitten näher beschrieben und erläutert werden.

Literatur zu Abschnitt 37.

Aus der Reihe statistisch-aerologischer Untersuchungen über die physikalischen Bedingungen für die Konvektion und Haufenwolkenbildung sei nur die Arbeit: PEPPLER 1922 erwähnt, wo auch zahlreiche Hinweise auf ältere Literatur vorkommen.

Erste klassische Untersuchung der Konvektionsbedingungen im Lichte der Luftmassenmeteorologie und Frontenlehre: J. BJERKNES und SOLBERG 1921.

Eine großzügige synoptisch-aerologische Analyse der sommerlichen Konvektionsbedingungen führte E. CALWAGEN in Norwegen in den Jahren 1923 bis 1925 durch: CALWAGEN 1926.

Neue thermodynamische Untersuchungen der norwegischen Meteorologen über die Konvektion in der Atmosphäre: REFSDAL 1930 (1), J. BJERKNES 1938, PETTERSSEN 1939 (1).

Zur Theorie der Energieumwandlungen in Gewittern siehe ferner: NORMAND 1938 (1), 1938 (2), 1938 (3), 1938 (4).

Der Frage der geordneten Konvektion über dem Festland unter synoptisch-aerologischer Untersuchung von Einzelfällen sind u. a. folgende Arbeiten gewidmet: V. FICKER 1931, 1932, 1933.

Wichtige Beiträge zu dieser Frage finden sich ferner bei BERGERON 1934 (2) (Abschnitt 39).

Neuere Literatur über die synoptische Analyse der Gewittertätigkeit in Mitteleuropa unter besonderer Berücksichtigung der Konvektion über der Warmfront: MARKGRAF 1928, SCHERHAG 1931 (1) (mit detaillierten Literaturangaben), 1931 (2), 1932 und 1933, DINIES 1936 (2).

Jüngste Arbeit über orographische Gewitter (Alpen): WEIXLEDERER 1939.

Über die allgemeinen meteorologischen Bedingungen der Gewitterbildung siehe auch: BÖHME 1934, NAMIAS 1938 (Abschn. IX), WINTER 1938.

Wetterflug in einem Wärmegewitter: SCHWERDTFEGER und SCHÜTZE 1938.

SIMPSONS Theorie über die Elektrizitätsverteilung in Gewitterwolken: Sir GEORGE SIMPSON and SCRASE 1937.

Übersicht und Kritik der modernen Vorstellungen über das Wesen der Gebirgswinde samt neuer Theorie: WAGNER 1932 (1), 1932 (2), 1938 (2) (mit ausführlichem Literaturverzeichnis).

Andere Arbeiten, die noch im Text des Abschnitts 37 Erwähnung gefunden haben: WENGER 1923, ROSSBY and WEIGHTMANN 1926, ALWORD and SMITH 1929, GEIGER 1931, BECKER 1935.

38. Inversionen. Föhn.

a) Boden-, Schrumpfungs- und Frontalinversionen. Sperrschichten.

Temperaturzunahmen mit der Höhe oder *Temperaturinversionen* sind in der Troposphäre sehr häufig.[1] Nach Beobachtungen von LINDHOLM wurden in Schweden in den Jahren 1924 und 1925 Inversionen in 44% aller aerologischer Aufstiege beobachtet (im Winter in 69% aller Fälle). Nach dem Material der Internationalen aerologischen Kommission entfielen in Europa auf 1000 Beobachtungen: in einer Höhe von 0,5 km — 212 Inversionen; in einer Höhe von 1 km — 124; in 2 km — 56; in 4 km — 196; in 6 km — 77 usw. Nach W. PEPPLER 1930 (*2*) wurden am Bodensee in den sieben Jahren 1910 bis 1916 in der freien Atmosphäre 190 Inversionen beobachtet, in welchen der Temperatursprung mit der Höhe 5° überschritt; schwächere Inversionen oder Isothermien (unveränderte Temperatur mit der Höhe in irgendeiner Schicht) kamen noch bedeutend häufiger vor.

Die Ursachen der Entstehung von Inversionen sind sehr mannigfaltig und zahlreich; wir verweisen hier nur auf die wichtigsten genetischen Typen.

1. *Boden- (Strahlungs-) Inversionen* entstehen dadurch, daß sich die unteren Luftschichten von der durch Ausstrahlung abgekühlten Unterlage aus abkühlen. Sie bilden sich vorwiegend in klaren, ruhigen Nächten (zu allen Jahreszeiten, besonders jedoch im Winter), weil dann die Ausstrahlung der Erdoberfläche nicht durch Sonnenstrahlung oder durch Rückstrahlung von den Wolken kompensiert und die abgekühlte Luft nicht vom Wind zerblasen wird. Die Temperatur ist am tiefsten in der unmittelbar am Boden aufliegenden Luftschicht und nimmt von der Erdoberfläche aus bis zu einer Höhe von einigen Metern oder Dekametern zu (im Winter bei starker und andauernder Ausstrahlung sogar bis zu einer Höhe von 100 bis 150 m). Mit Bodeninversionen hängen im Frühjahr und Herbst oft Bodenfröste zusammen; an der Erde sinkt die Lufttemperatur nachts unter 0°, während sie in der Höhe der meteorologischen Hütte noch über 0° bleibt. Ferner bildet sich im Zusammenhang mit Bodeninversionen Bodennebel, der sich solange nicht auflöst, als die Inversion andauert.

Die Bodeninversion ist also ihrem Wesen nach eine nächtliche Erscheinung. Mit Sonnenaufgang setzt Bodenerwärmung und Windverstärkung ein. Die dabei zunehmende (dynamische und thermische) Turbulenz löst die Inversion auf oder schwächt sie wenigstens ab.

Eine große Bedeutung für die Ausbildung von Bodeninversionen hat das *Relief der Landschaft*. Die Kaltluft, welche infolge ihrer größeren Dichte an den Unebenheiten des Geländes herabfließt, sammelt sich nachts in Kesseln, an der Sohle von Gebirgstälern usw. an. Daher können die Bodeninversionen hier besonders stark und mächtig werden, was seinen Ausdruck findet in der ungleichmäßigen Verteilung der Nebel und Nachtfröste.

A. RUDNEW 1932 hat auf einige bemerkenswerte nächtliche Inversionen, welche durch die Geländekonfiguration verstärkt wurden, hingewiesen. So betrug z. B. am 23. Februar 1931 um 7 Uhr die Temperatur in der Höhe der meteorologischen Station am Gipfel des Gagry-Kammes (1630 m über dem Meeresniveau) + 4,1°; 15 Minuten später betrug sie am Boden eines kleinen von Wald umgebenen Kessels, 0,3 km von der Station entfernt und um 15—20 m tiefer, — 21,8°. Die Temperaturdifferenz betrug somit 25,9°. An beiden Stellen wurde die Temperatur mit einem ASSMANNschen Psychrometer in einer Höhe von 1,5 m über der Ober-

---

[1] Besonders häufig sind sie beim Übergang aus der Troposphäre in die Stratosphäre. In Europa entfallen auf 1000 Fälle in 12 km Höhe 463, in 14 km 500 Inversionen. Diese „oberen" Inversionen werden wir im weiteren nicht berücksichtigen.

fläche der Schneedecke gemessen. Die Bewölkung bestand aus hohen Federwolken und es herrschte nahezu völlige Windstille.

In Mitteleuropa treten nach W. Schmidt 1930 die tiefsten Temperaturen in einer 120 m tiefen Doline am Dürrensteinplateau (1450 m ü. d. M.) in der Nähe des Lunzer Sees (Niederösterreich) auf. Im Winter 1928/29 und 1929/30 sank das Thermometer am Grunde der Doline bisweilen auf — 48°. Am 21. Januar 1930 wurden hier — 28,8° gemessen, 100 m höher gleichzeitig + 2,3°, was einer Temperaturzunahme von 31°/100 m entspricht.

Falls die Strahlungsabkühlung stark und von Dauer ist (wie z. B. in der Arktis im Winter), erreicht die Bodeninversion eine große Mächtigkeit (bis zu 150—200 m) und bleibt lange bestehen. Nur ein beträchtliches Auffrischen des Windes und verstärkte dynamische Turbulenz können sie zerstreuen. Sogar im Sommer erhält sich über dem arktischen Eis beständig eine Isothermie.

Starke und bis zu einer beträchtlichen Höhe (über 100 m) hinaufreichende Strahlungsinversionen sind ferner eine gewöhnliche Erscheinung bei heiterem und ruhigem winterlichem Wetter und in kontinentalen Hochdruckgebieten. In den winterlichen Antizyklonen Sibiriens sinkt die Temperatur in den unteren Luftschichten auf — 50° bis — 60°; in Jakutien wurden sogar Temperaturminima von — 68° verzeichnet. Mit der Höhe nimmt dann die Temperatur bedeutend zu, beginnend von der Erdoberfläche selbst. Allerdings gesellen sich in den kontinentalen Antizyklonen zu den Strahlungsinversionen oft starke Inversionen in höheren Schichten, welche dem Typus der Schrumpfungsinversionen angehören.

Auch in bewegter Luft, die über eine kältere Unterlage hinwegströmt, ist die Ausbildung von Bodeninversionen möglich. Die untersten Luftschichten neigen in diesem Falle nämlich immer zur Stabilisierung, d. h. zu einer Abnahme des vertikalen Temperaturgradienten, der unter besonders günstigen Umständen sogar negativ werden kann. P. A. Moltschanow 1923 hat auf einen solchen Inversionstypus hingewiesen: auf die sog. *Frühjahrsinversionen*, welche in der über eine tauende Schneedecke hinwegströmenden Warmluft entstehen; die zum Schmelzprozeß nötige Wärme wird der untersten Luftschicht entzogen.

2. *Schrumpfungsinversionen* entstehen in der freien Atmosphäre infolge absteigender Bewegung und dynamischer Erwärmung der Luft innerhalb einer und derselben Luftmasse. Sie entwickeln sich in verschiedenen Höhen, vorwiegend unter antizyklonalen Bedingungen. Nach W. Peppler beginnen Inversionen über dem Bodensee am häufigsten in einer Höhe von 600—800 m, ihre obere Grenze liegt meist in einer Höhe von 800—1200 m.

Da in stationären Antizyklonen über dem Festland im Sommer die starke Erwärmung durch Einstrahlung der Ausbildung der Inversionen entgegenwirkt, kommen derartige Schrumpfungsinversionen vorwiegend in winterlichen Antizyklonen vor und sind daher typisch für das Winterhalbjahr. Nach Angaben von Peppler entfielen von 190 Inversionen 166 auf die fünf Monate von Oktober bis Februar (mit einem Maximum von 49 im Januar).

Der Entwicklungsprozeß einer Schrumpfungsinversion geht im wesentlichen folgendermaßen vor sich: Die unteren Luftschichten kühlen sich ab, werden dichter und fließen infolge antizyklonaler Divergenz zum Teil in horizontaler Richtung auseinander. Es tritt dann ein sog. Zusammensinken, eine Schrumpfung der Luft ein, d. h. die Luft gerät auf ausgedehntem Gebiet in eine absteigende Bewegung, welche sich zur horizontalen Luftversetzung hinzugesellt. In den bodennahen Schichten ist diese Abwärtsbewegung, da sie hier von der Erdoberfläche aufgehalten wird, nur schwach ausgeprägt, in den höheren Schichten dagegen bedeutend stärker; die Luftteilchen sinken dort eine beträchtliche Strecke herab. Im Jahre 1906 hat Margules gezeigt, daß sich der vertikale Temperaturgradient einer Luftschichte ändern muß, wenn sie absinkt. Falls er ursprünglich größer ist als der trockenadiabatische, so kann er infolge des Zusammensinkens noch weiter zunehmen; ist er trockenadiabatisch, so ändert er sich beim Zusammensinken nicht; wenn er schließlich (wie gewöhnlich) geringer ist als der trockenadiabatische, so wird er beim Zusammensinken kleiner; die Schichtung wird stabiler. Man kann dies leicht graphisch auf einem Adiabatenformular (z. B. auf einem Emagramm) zeigen. Die von den Isobaren 550 und 650 mb begrenzte Luftschicht besitze eine Temperaturverteilung, welche in Abb. 47 durch den Abschnitt AB dargestellt ist. Beim Zusammensinken der Schicht ändert jeder Punkt der Linie AB seine Temperatur nach der Trockenadiabate,[1] so daß seine potentielle Temperatur konstant bleibt. Infolge des Zusammensinkens, hier z. B. bis zu einem Druck von 950—850 mb, wird der Punkt A in die Lage A' und der Punkt B in die Lage B' gelangen; es ist offensichtlich, daß die Temperaturverteilung innerhalb der betreffenden Schicht stabiler geworden ist. Analog ergibt sich, daß eine Schicht mit trockenadiabatischer Temperaturverteilung DC bei einem Herabsinken bis zum Niveau von 950—850 mb keine Änderung der Temperaturverteilung erfährt (Linie $D'C'$) und daß sich in einer Schicht mit überadiabatischem Gradienten EF die Labilität beim Zusammensinken verstärkt.[2]

Infolge des Vorwiegens unteradiabatischer Temperaturgradienten nimmt also bei einer Abwärtsbewegung gewöhnlich die Stabilität der Schichtung zu; falls die zusammensinkende Schicht schon zu Beginn genügend stabil geschichtet war, kann sich in ihr durch das Zusammensinken eine Inversion bilden. Die ganz großen Inversionen entstehen aber hauptsächlich dadurch, daß die absinkenden Luftmassen die untere Kaltluftschicht nicht durchbrechen können. Eine

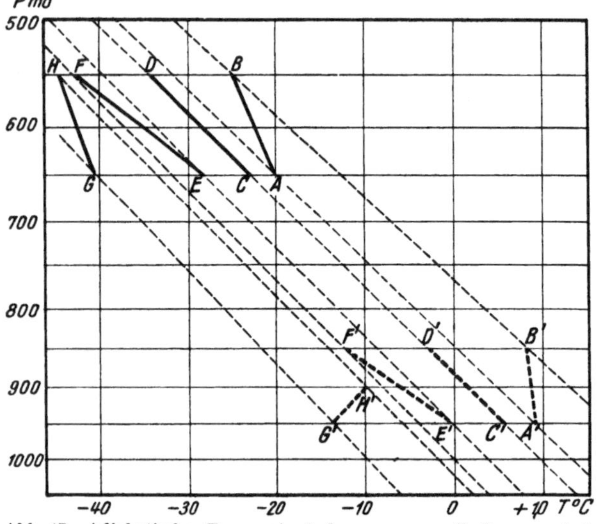

Abb. 47. Adiabatische Temperaturänderungen von Luftmassen bei Vertikalverschiebung. (Nach NAMIAS 1934.)

solche Inversionsschicht kann mehrere hundert Meter dick sein und eine große horizontale Ausdehnung besitzen. Beim Zusammensinken steigt die Temperatur in jedem einzelnen Niveau, da die von oben herabsinkende Luft eine höhere potentielle Temperatur hat als die bisher in dem betreffenden Niveau liegende. Dagegen nimmt die relative Feuchtigkeit in der herabsinkenden und sich dynamisch erwärmenden Luft ab; infolgedessen ist eine Schrumpfungsinversion außer durch eine Temperaturzunahme auch durch eine *Feuchtigkeitsabnahme* mit der Höhe charakterisiert.

Beim andauernden Herabsinken und gleichzeitigen Abfließen der Luft nach den Seiten rücken die Flächen gleicher potentieller Temperatur immer näher an-

---

[1] Der langsame Prozeß des Zusammensinkens ist allerdings nicht streng adiabatisch; im Winter wird die dynamische Temperaturzunahme in den Antizyklonen infolge des Wärmeverlustes durch Ausstrahlung der Luft etwas verringert.

[2] Im Fall GH wird angenommen, daß sich die Luftschichte beim Absinken auch streckt, wobei sich die Druckdifferenz, durch welche ihre Masse repräsentiert wird, von 100 mb auf 50 mb verringert.

einander und die Inversionsschicht wird dünner; der Temperatur- und Feuchtigkeitssprung erstreckt sich gelegentlich auf ein Höhenintervall von nur wenigen Dekametern. Nach W. PEPPLER besitzen über dem Bodensee kräftige Inversionen (5° und mehr) meist eine vertikale Mächtigkeit von nur 100—300 m. Man kann in solchen Fällen sogar von Inversionsflächen reden in demselben bedingten Sinn, in welchem man von Frontflächen spricht. Eine Inversionsfläche ist also nichts anderes als eine Abgleitfläche, über welcher die strömende Warmluft eine abwärts gerichtete Komponente aufweist. Dieser Umstand gibt bisweilen an der Inversionsfläche (in der Inversionsschicht) Anlaß zur Ausbildung außerordentlich großer Temperatursprünge, welche 10—15° überschreiten. So betrug z. B. die Temperatur am 18. Oktober 1913 über dem Bodensee in einer Höhe von 880 m 3,7° und die relative Feuchtigkeit 100%; in einer Höhe von 1000 m betrug die Temperatur 13,6° und die Feuchtigkeit 25%. Die Abnahme der relativen Feuchtigkeit ist ein sehr

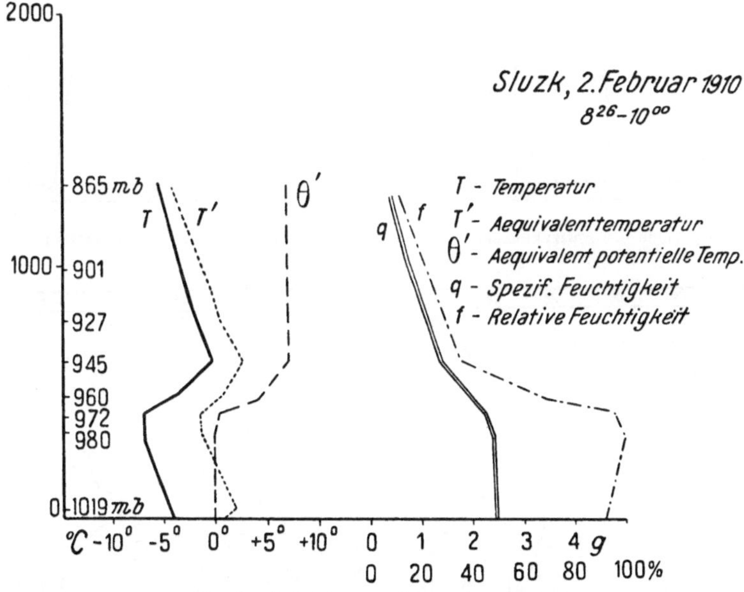

Abb. 48. Beispiel einer Schrumpfungsinversion.

charakteristisches Merkmal einer Schrumpfungsinversion. Unmittelbar unter der Inversion erreicht die Feuchtigkeit oft 100%; innerhalb der Inversionsschicht der dynamisch erwärmten Luft ist sie dagegen stark verringert, oft bis auf 20—30% und noch weniger (siehe Abb. 48). Nach PEPPLER beträgt (für 190 Fälle) die durchschnittliche relative Feuchtigkeit über dem Bodensee an der unteren Inversionsgrenze 96% und an der oberen Grenze 43%.

Im Herbst und Winter, wenn die bodennahe Strahlungsinversion unmittelbar in eine höhere Schrumpfungsinversion übergeht, kann der Temperaturunterschied zwischen den bodennahen und den höheren Schichten außerordentlich groß werden. So betrug z. B. die Temperatur in München am 4. Januar 1908 an der Erde —16,1°, in einer Höhe von 1000 m —1,3°; in Hamburg am 21. November 1929 am Boden 1,8° und in 740 m Höhe 16,6°. In Sluzk (Pawlowsk) wurde am 7. Dezember 1910 am Boden —11,6° und in einer Höhe von 520 m + 6,8° gemessen.

Schrumpfungsinversionen „bedecken" ausgedehnte Gebiete und werden oft im ganzen Bereich einer Antizyklone beobachtet. Sie verlaufen annähernd horizontal, sinken aber im allgemeinen vom Zentrum gegen die Peripherie ab, besonders

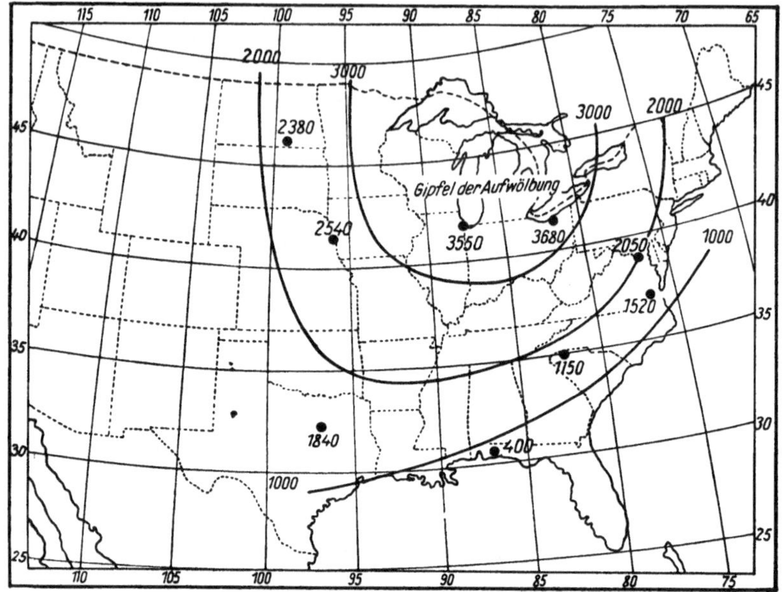

Abb. 49. Topographie der antizyklonalen Inversion am 7. Dezember 1931. [Nach NAMIAS 1934 (1).]

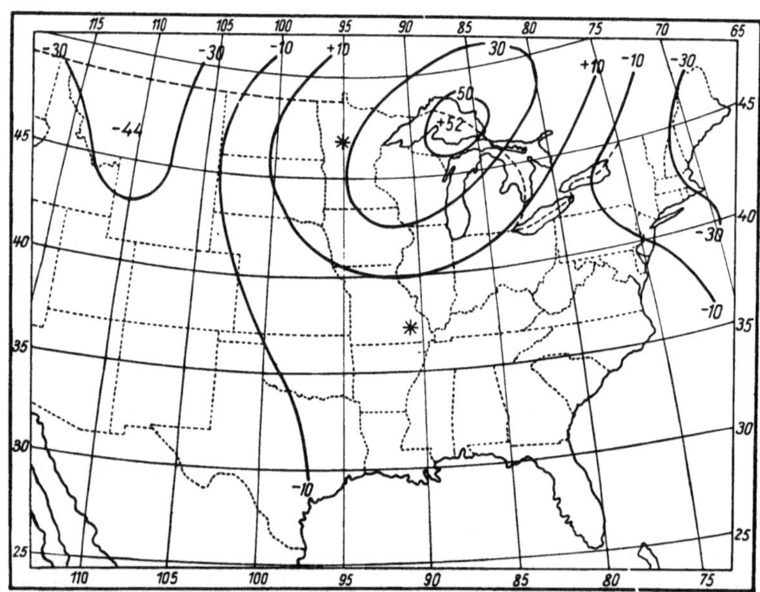

Abb. 50. Isallobaren (zwölfstündige Druckänderungen) am 7. Dezember 1931. [Nach NAMIAS 1934 (1).]

gegen Westen, und haben somit die Form einer Kappe. Es kommen seltene Fälle vor, in denen die Schrumpfungsinversion am Rande der Antizyklone bis zur Erdoberfläche herabreicht: Näheres darüber enthält das fünfte Kapitel über Abgleitfronten.

Bei der Untersuchung von Schrumpfungsinversionen in den nordamerikanischen Antizyklonen fand NAMIAS 1934 (1), daß das Zentrum der „Inversionskappe" nicht mit dem Zentrum der Antizyklone, sondern mit dem Zentrum des isallobarischen

Drucksteiggebietes für die letzten zwölf Stunden zusammenfällt. Das Gebiet des Druckanstieges muß, wie wir bereits wissen (siehe Abschnitt 24), ein Gebiet maximaler Divergenz in den unteren Schichten sein, woraus sich vermutlich auch die eben erwähnte Tatsache erklärt. In Abb. 49 ist die „Topographie" der Inversionsfläche vom 7. Dezember 1931 (Schichtenlinien der Kappe über der Erdoberfläche in Metern) und in Abb. 50 das entsprechende zwölfstündige Isallobarenfeld veranschaulicht. Die Sternchen auf der letztgenannten Karte deuten die Lage der beiden Zentren der Antizyklone an.

Wie bereits erwähnt, pflegt die relative Feuchtigkeit unter einer Schrumpfungsinversion erheblich zu sein. Vor allem wird durch Turbulenz andauernd Feuchtigkeit von unten nach oben übertragen. Die Inversionsschicht setzt nun nicht nur der thermischen, sondern in bedeutendem Ausmaß auch der dynamischen Turbulenz eine Grenze, weshalb die Inversionsschichten auch *Sperrschichten* genannt werden. Unter der Inversion findet daher eine Feuchtigkeitsanreicherung statt; nach PEPPLER beträgt (in 190 Fällen) die durchschnittliche spezifische Feuchte an der unteren Inversionsgrenze 4,5 g und an der oberen Grenze 3,3 g. Unter der Inversion sammeln sich aber auch Staub, Rauch und andere von unten her übertragene atmosphärische Verunreinigungen an. Die feuchte und verunreinigte Luftschicht unter der Inversion kühlt sich nun durch Wärmeausstrahlung noch weiter ab, weshalb ihre relative Feuchte noch mehr zunimmt, bis schließlich in ihr eventuell Kondensation einsetzt. Unter der Inversion bildet sich dann eine Nebeldecke, die man von der Erde aus als Schichtwolke (*St*) erkennen kann. Dieser Hochnebel kann bei weiterer Abkühlung der unter der Inversion befindlichen Schicht allmählich den ganzen Raum von der Inversion bis zur Erdoberfläche einnehmen. Das andauernde Absinken der Inversionsfläche begünstigt die Feuchtigkeitsanreicherung unter ihr (NAMIAS).

Im Gebirge dauert im Winter sehr häufig tagelang folgender Witterungstyp an: in den Tälern, unter der Inversionsschicht, ist es trüb und kalt; gleichzeitig herrscht auf Hochplateaus und auf Gipfeln, in der Inversionsschicht selbst und über ihr, heiteres und sonniges Wetter.

Für das Zustandekommen der Inversionen dieses Typus schreiben einige Autoren der schon erwähnten *Ausstrahlung* von feuchten und staubreichen Luftschichten sowie von Wolkenoberflächen eine noch größere Bedeutung zu als dem eigentlichen Schrumpfungsvorgang unter Entwicklung einer Sperrschicht (KOPP 1929, S. MAL u. a. 1932). Gleichwohl dürfte in allen Fällen von Inversionen mit vertikaler Abnahme der relativen Feuchtigkeit doch die Schrumpfung der wichtigste und ausschlaggebendste Vorgang sein.

Bisweilen scheint die Neigung zur Bildung von Schrumpfungsinversionen regionalen Charakter zu haben und einen Luftmassenwechsel zu überdauern (STAUDE 1938).

3. *Frontalinversionen*, d. s. Inversionen, welche mit frontalen Aufgleitflächen zusammenhängen, sind entgegen verbreiteter Ansicht wenig kräftig. Durchsetzt man von unten nach oben eine typische Aufgleitfläche — eine Warmfront —, so stellt man meist nur eine gewisse Verlangsamung der vertikalen Temperaturabnahme oder höchstens eine Isothermie fest. Ist gelegentlich doch auch eine Temperaturzunahme vorhanden, so ist sie sehr gering im Vergleich mit der Temperaturzunahme bei Schrumpfungsinversionen. Dies hat eine verständliche Ursache: über der Frontfläche wird die Warmluft gehoben und dynamisch abgekühlt. Hierdurch wird der Temperatursprung an der Front mit der Höhe immer mehr verringert. Zur Feststellung einer Warmfront aus aerologischen Beobachtungen ist meist eine gewissenhafte Analyse der vertikalen Verteilung der äquivalentpotentiellen Temperatur erforderlich. Dabei ist jedenfalls zu beachten, daß eine Inversion mit ab-

nehmender relativer Feuchtigkeit nie mit einer frontalen Aufgleitfläche zusammenhängen wird. Im Fall einer Aufgleitbewegung der Luft ist vielmehr über der Frontfläche statt einer Abnahme eine Zunahme der relativen Feuchtigkeit anzutreffen.

Eine Kaltfront hat in hohen Schichten oft den Charakter einer Abgleitfläche; in diesem Fall kann die Inversion beim Durchgang durch die Frontfläche beträchtlich sein und die Eigenschaften einer Schrumpfungsinversion (Feuchtigkeitsabnahme) aufweisen.

Vom hemmenden Einfluß der Inversionsschichten auf die Konvektion und von ihrer damit zusammenhängenden Bezeichnung als *Sperrschichten* war bereits die Rede. Schichten mit einer Isothermie oder einem nur kleinen (feuchtstabilen) Temperaturgradienten (0,0° bis 0,5°/100 m) nennt Schinze *Übergangsschichten*.

Infolge Herabsetzung der allgemeinen Turbulenz weisen Inversionsschichten eine nur geringe Böigkeit auf und sind daher für den Flug besonders günstig. In der Inversionsschicht kann jedoch eine ruhige Luftströmung anderweitig gestört sein. Die Inversionsschicht stellt nämlich eine Grenzfläche zwischen zwei verschieden dichten Teilen einer Luftmasse — einem unteren kalten und einem oberen warmen — vor; es kann nun auch die Geschwindigkeit oder gar die Bewegungsrichtung beider Teile verschieden sein. An einer solchen Grenzfläche können sich Luftwellen entwickeln, ähnlich wie an der Meeresoberfläche, der Grenze von Wasser und Luft. Infolgedessen kann ein Flugzeug in der Inversionsschicht eine Schaukelbewegung ausführen; es wird abwechselnd ins Wellental herabsinken und zum Wellenkamm aufsteigen.

Mit den Wellenbewegungen an Inversionsflächen, welche mehr oder weniger mächtige Luftmassenschichten beiderseits der Inversion erfassen, steht unter anderem die Ausbildung der sog. Wogenwolken (*Sc, Ac* und auch *St*)[1] in Zusammenhang. Die Feuchte, welche durch die Turbulenz bis zu einer gewissen Höhe vorgetragen wurde, kondensiert innerhalb der gehobenen Luft der Wellenkämme und bildet dort Wolkenballen. Im Gegensatz dazu entfernt sich die in den Wellentälern herabsinkende Luft vom Sättigungszustand. Analoge Erscheinungen werden auch an Frontflächen von hinreichend sanfter Neigung beobachtet (alte Okklusionsfronten). Eine bereits bestehende gleichförmige Wolkenschicht über der Frontfläche kann unter dem Einfluß solcher Wellenbewegungen eine wellige Struktur annehmen (*Sc opacus, Ac opacus*).

b) Föhn und Bora.

Abkühlung und eventuelle Kondensation im aufsteigenden, dynamische Erwärmung und Austrocknung im absteigenden Ast tritt besonders charakteristisch bei Luftströmen auf, welche ein Gebirge zu überqueren haben. Der absteigende warme und trockene Wind auf der Leeseite der Gebirge wird dann *Föhn* genannt. Er tritt in allen Gebirgssystemen auf und über seine Erscheinungsformen existiert seit langem eine reiche Literatur. Nehmen wir an, im Weg einer Luftströmung befinde sich ein Gebirgszug (Abb. 51). Die Luft werde vom luvseitigen Gebirgsfuß, wo sie eine Temperatur von 20° hat, bis zur

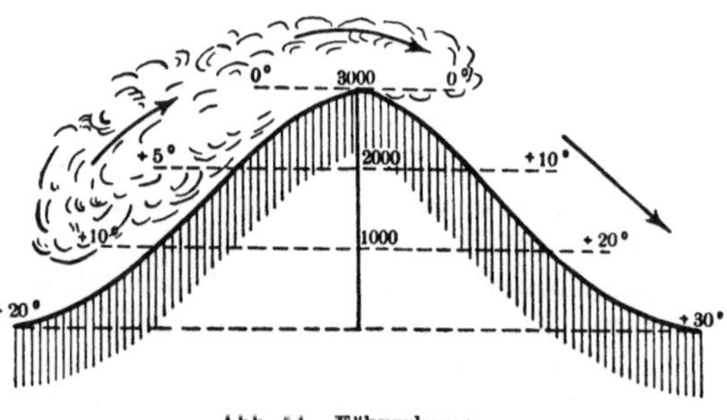

Abb. 51. Föhnschema.

Kammhöhe in 3000 m gehoben. Bis zu einer Höhe von 1000 m kühlt sie sich nach

---

[1] Der *St* hat gleichfalls eine wellige Struktur, wenn sie auch weniger gut ausgeprägt ist, und er unterscheidet sich von dichten *Sc* nur durch die Wellenlänge. Dies ist besonders beim Anblick von oben aus zu erkennen.

der Trockenadiabate um 1° pro 100 m Hebung ab. Von dieser Höhe angefangen beginne die Kondensation. Beim weiteren Aufstieg kühlt sich die Luft daher bereits nach der Feuchtadiabate ab. Den Kamm des Gebirgszuges erreicht sie dann mit einer Temperatur von 0° nach Verlust einer beträchtlichen Niederschlagsmenge an der Luvseite. Nach dem Überschreiten des Kammes wird sie nach unten abgesaugt infolge der Verdünnung der unteren Schichten, welche durch den Luftabfluß hinter dem Gebirgskamm entsteht. Beim Herabsinken erwärmt sich die Luft um 1° pro 100 m und kommt am leeseitigen Bergfuß mit einer Temperatur von $+ 30°$ und einer sehr geringen relativen Feuchtigkeit an.

Die adiabatische Bedingung ist bei gut entwickeltem Föhn in der Regel sehr weitgehend erfüllt, da die Luft auf der Leeseite dann so rasch talwärts strömt, daß ihr von außen weder durch Leitung noch durch Strahlung in nennenswertem Betrage Wärme zugeführt werden kann.

Es ist überdies nicht einmal notwendig, daß ein einheitlicher Luftstrom den Gebirgszug überweht. Es genügt, wenn Luft aus der Höhe zum Ersatz für die von der Leeseite abgeflossene Luft herabgesaugt wird. Dies ist tatsächlich der häufigere Fall. Wenn die Schichtung der Atmosphäre im allgemeinen trockenstabil ist, so besitzt die von oben herabgesaugte Luft eine hohe potentielle Temperatur und langt unten mit einer höheren absoluten Temperatur an, als sie die bisher hier liegende Luft hatte. Der Effekt ist derselbe: wir beobachten einen warmen und trockenen mehr oder weniger böigen absteigenden Wind.

Die Hauptbedingung für das Zustandekommen des Föhns ist also eine Druckverteilung, welche eine Luftströmung vom Kamm gegen den Bergfuß veranlaßt. Die hierzu nötigen Druckgradienten entstehen am häufigsten beim Vorüberzug zyklonaler Störungen an der einen oder der anderen Seite des Gebirgszuges.[1]

Gewöhnlich wird vor Beginn des Föhns in höheren Schichten eine Inversion beobachtet, welche den Schrumpfungsinversionen verwandt ist; bei fortschreitender Entwicklung des Föhns sinkt sie allmählich in die Täler herab.

Liegt über der ganzen Gebirgsgegend eine Antizyklone, so kann an den beiderseitigen Hängen Föhn auftreten. Offenbar liegt in diesem Fall eine allgemeine Senkung der Luft über dem Gebirge vor, welche ihrem Wesen nach jenem Absinken entspricht, das über dem Flachland zur Ausbildung einer Schrumpfungsinversion führt. Im Flachland West- und Mitteleuropas beobachtet man gelegentlich Föhnwinde aus der freien Atmosphäre, sog. *freien Föhn*, wobei es sich anscheinend um das Herabgedrücktwerden einer antizyklonalen Schrumpfungsinversion bis zur Erdoberfläche handelt. Bei den Trockenwinden „Suchowejs" im europäischen Rußland spielen vermutlich ähnliche Erscheinungen eine Rolle.

Die Föhnwinde bringen überall sehr charakteristische Wettererscheinungen. Abgesehen von den hohen Temperaturen und den niedrigen Werten der relativen Feuchtigkeit treten eigentümliche Wolkenbildungen auf: Die sog. *Föhnmauer*, eine Wolkenbank oder Wolkenwalze, die trotz des oft stürmischen Windes unbeweglich dem Kamm aufliegt, von dem der Föhn herabweht und die ein Zeichen dafür ist, daß auf der Luvseite des Gebirges aufsteigende Luftbewegung mit schlechtem Wetter herrscht; außerdem treten auf der Föhnseite Lenticularisformen auf sowie sehr auffällige Wolkenwalzen, in und über denen von Segelfliegern schon

---

[1] So wird z. B. im nördlichen Vorgebirge der Alpen Südföhn durch Depressionen hervorgerufen, welche aus Westen vom Atlantik heranziehen; an den Südhängen der Alpen wird Nordföhn durch Mittelmeerdepressionen bedingt. Dabei entsteht der Südföhn der Nordalpen auf der Vorder-, der Nordföhn der Südalpen auf der Rückseite der Zyklonen. Eine notwendige Bedingung für den Südföhn Schlesiens sind Tiefdruckgebiete über Nordwesteuropa, für den Föhn in Westgeorgien (Kutais, Zchaltubo) ein antizyklonales Gebiet nordöstlich vom Kaukasuskamm und ein zyklonales Gebiet über dem Südwesten des Schwarzen Meeres usw.

Höhen von 9000 m erreicht wurden — ein Beweis dafür, daß über der absteigenden Föhnströmung in der sog. *Föhnwelle* eine aufsteigende Strömung großen Maßstabs entwickelt ist (Theorie von KÜTTNER 1939). Sehr charakteristisch für Föhn sind auch die ungewöhnliche Durchsichtigkeit der Luft und das Auftreten blauvioletter Farbtöne in der Landschaft. Aus der großen Anzahl von Beispielen, die aus verschiedenen Gegenden vorliegen, sei hier nur der charakteristische Temperatur- und Feuchtigkeitsverlauf im Tal und in der Höhe während eines Föhns in den Alpen (2. bis 5. Februar 1904 nach H. v. FICKER) wiedergegeben:

Temperatur (in Grad Celsius):

	2. Februar			3. Februar			4. Februar			5. II. 1904
	7^h	14^h	21^h	7^h	14^h	21^h	7^h	14^h	21^h	7^h
Innsbruck, 573 m	—2,5	7,6	7,8	3,2	12,3	10,3	11,1	13,0	3,8	1,0
Igls, 876 m	—2,0	5,9	6,0	7,3	10,5	9,0	9,0	10,1	8,8	—1,0
Patscherkofel, 1970 m	—5,9	—3,3	—3,7	—2,2	0,2	—0,9	—0,7	—0,1	—0,9	—1,0

Relative Feuchtigkeit (in Prozenten):

Innsbruck	98	42	46	73	47	54	57	52	88	96
Igls	79	44	48	52	50	55	57	58	58	99
Patscherkofel	91	78	94	93	82	98	87	98	92	94

Spezifische Feuchtigkeit (in Gramm):

Innsbruck	3,2	2,9	3,3	3,8	4,3	4,4	4,9	5,0	4,6	4,1
Igls	3,2	2,8	3,0	3,6	4,3	4,2	4,4	4,8	4,4	3,8
Patscherkofel	2,3	2,9	3,3	3,8	4,3	4,4	4,0	4,6	4,1	4,2

Während auf dem Berg die relative Feuchtigkeit die ganze Zeit sehr hoch blieb, war sie im Tal beim Durchbruch des Föhns sehr stark gesunken. Die spezifische Feuchtigkeit blieb dabei aber im Tal ebenso groß wie auf der Höhe. An Orten, wo der Föhn von sehr hohen Gebirgskämmen unmittelbar herunterfällt, sinkt die relative Feuchtigkeit sogar bis unter 10% (Beispiele bei HANN-SÜRING, 4. Aufl., S. 583ff.).

Ganz allgemein pflegt mit dem Föhneinbruch Ausheiterung einzutreten. Gelegentlich treten auch Föhnpausen von nur kurzer Dauer auf. Für die Wetterprognose in Gebirgsländern ist die rechtzeitige Voraussicht von Föhnbeginn und Föhnende von großer Bedeutung. Die prognostische Bedeutung des Föhns ist groß, aber in den verschiedenen Gebieten nicht eindeutig. So folgt dem Föhn in den Nordalpen, wo er auf der Vorderseite der Zyklonen auftritt, gewöhnlich schlechtes Wetter nach, während er auf der Alpensüdseite als „Rückseitenströmung" den Übergang zu schönem Wetter darstellt. Bei der Analyse der synoptischen Karte müssen föhnbedingte Temperaturerhöhungen wohl beachtet und von Temperaturänderungen aus allgemeinen Ursachen unterschieden werden. Man darf dabei auch nicht übersehen, daß der Föhn in typischer Entwicklung auf die Gebirgstäler beschränkt ist und daß er fast nie in voller Stärke in die vorgelagerten Ebenen durchbricht, so daß selbst bei föhnigem Wetter in der Ebene fast nie die wahren Föhntemperaturen erreicht werden.

Eine andere Art von Fallwinden wird durch die sog. *Bora* repräsentiert, die unter verschiedenen Benennungen namentlich an der istrischen und dalmatinischen Adriaküste, in Südfrankreich (Rhonetal), in den Beskiden und Karpaten, am Balkan, in Noworossijsk, am Baikalsee, auf Nowaja Semlja, in Baku und an anderen Stellen auftritt. An der Adria und in Noworossijsk verläuft die Bora besonders typisch. Zur kalten Jahreszeit stürzt die über dem Festland abgekühlte und daher spezifisch schwere Luft bei einem vom Festland zum Meer gerichteten Gradienten vom Küstengebirge gegen die Wasseroberfläche herab. Die Berge sind jedoch hier nicht sehr hoch und die dynamische Erwärmung infolgedessen so wenig bedeutend, daß die schon an und für sich kalte Luft in der Tiefe mit ganz wesentlich tieferen Temperaturen ankommt, als die vor dem Borabeginn dort lagernde. Sie ruft beim Aufprall auf das Wasser eine lebhafte Unruhe des Meeresspiegels hervor und kann als eisiger Sturm von katastrophalen Erscheinungen begleitet sein (Vereisung der Schiffe usw.). Eine Mittelstellung zwischen Föhn und Bora nimmt manchmal der Nordföhn der Südalpen ein. Er tritt häufig dann auf, wenn nördlich der Alpen ein Kälteeinbruch erfolgt, wenn die Kaltluftmassen über die Kammhöhe der Alpen anschwellen und als Fallwinde auf der Südseite herabfließen; sie haben dann zuerst Boracharakter, d. h. sie wirken abkühlend, während sie in den Tälern unten mit Erwärmung verbunden sind, also sich als Föhn auswirken (v. FICKER 1906).

Literatur zu Abschnitt 38.

Die Literatur über Inversionen ist während der letzten 30 Jahre — der Entwicklungsperiode aerologischer Beobachtungen — sehr zahlreich geworden; hier seien nur die bedeutendsten theoretischen Arbeiten und die wichtigsten Untersuchungen von Inversionen angeführt: MARGULES 1906 (*1*), PEPPLER 1913, SVERDRUP 1914, SCHMIDT 1915, FRISCH 1922, PEPPLER 1924, KOPP 1929, PEPPLER 1929 (*1*), 1930 (*2*), ROSSBY 1930, MAL, BASU and DESAI 1932, NAMIAS 1934 (*1*), KÜTTNER 1939.

Hinsichtlich der Literatur über Bodeninversionen sei nur verwiesen auf das Schrifttum in: GEIGER 1927. Ferner MOLTSCHANOW 1923, RUDNEW 1932.

Ebenso umfangreich ist die Literatur über Föhn, aus der nur einige allgemeinere Arbeiten über die Dynamik und Thermodynamik des Föhns genannt seien: v. FICKER 1905, 1906, 1909, 1911 (*1*), WENGER 1916, LAMMERT 1920, PEPPLER 1930 (*1*). Eine Reihe von Artikeln über Föhn von v. FICKER, STREIFF-BECKER, KOSCHMIEDER u. a. findet sich in der Met. Zs. 1931.

Historisch wichtig für die Föhnforschung ist: v. HANN 1866. Zahlreiche Literaturnachweise über Föhn findet man bei v. HANN-SÜRING 1926.

Über Föhne in den Gebirgsgebieten Rußlands: L. S. BERG 1927 (mit Literaturverzeichnis); in Südkalifornien: KRICK 1933.

Über die Bora in Rußland: KOROSTELEW 1904, JACHONTOW 1906, ARNDT 1913, WIESE 1925, SEILKOPF 1927, L. S. BERG 1927 (mit Literaturübersicht). — Die Bora an der Adria wird in zahlreichen, meist in älteren Jahrgängen der Met. Zs. erschienenen Abhandlungen beschrieben. MAZELLE 1901. Ferner: MARAKOVIC 1913, BÉNÉVENT 1930.

39. Kondensation und Sublimation.

a) Kondensations- und Sublimationsprodukte.

Die Kondensation bzw. Sublimation des atmosphärischen Wasserdampfes erfolgt entweder in Form von Wolken oder in der Nähe der Erdoberfläche in Form von Nebeln oder aber an der Erdoberfläche selbst sowie an den Flächen von Gegenständen in Form von Tau, Reif, Glatteis usw. In Gebirgsgegenden besteht zwischen Wolken und Nebeln oft kein Unterschied; das, was dem Beobachter einer Bergstation als Nebel erscheint, ist von unten her als Wolke erkennbar. Es kommt schließlich vor, daß sich die Tropfen und Kristalle in der freien Atmosphäre in diffuser Verteilung ausscheiden und gar keine Wolkenanhäufungen bilden.

Die Elemente, in welchen der atmosphärische Wasserdampf zur Ausscheidung gelangt, sind sehr verschiedener Art. Bei der Kondensation, d. i. beim Übergang des Wassers aus dem gasförmigen in den flüssigen Zustand — in Form von Wolken, Nebeln, Tau —, bilden sich Tröpfchen. Der Tröpfchenhalbmesser des *Dunstes*, d. i. sehr diffusen Nebels, liegt unter $2{,}5 \cdot 10^{-5}$ cm. In stabilem (nicht nieselndem) *Nebel* oder in Wasserwolken, die keine Niederschläge geben, haben die Tröpfchen einen Halbmesser von der Größenordnung $5 \cdot 10^{-4}$ cm bis 10^{-2} cm; im *Niesel* aus Schichtwolken bis zu $5 \cdot 10^{-2}$ cm: schließlich in gewöhnlichem *Regen* $5 \cdot 10^{-2}$ bis $5 \cdot 10^{-1}$ cm. Das Wasser ist in den Wolken so diffus verteilt, daß auf einen Kubikmeter Wolkenluft nur einige Zehntelgramm bis einige Gramm Wasser entfallen.

Die Sublimation des Wasserdampfes in der freien Atmosphäre, d. h. sein Übergang in den festen Zustand, spielt sich in mehreren Formen ab, je nach den Bedingungen des Vorgangs.

Man unterscheidet hier erstens sog. *Vollkristalle* in Gestalt durchsichtiger Stäbchen oder Schuppen; ihre Dimensionen sind $5 \cdot 10^{-4}$ bis 10^{-3} cm und größer. Aus ihnen bestehen vor allem die hohen Federwolken; im Winter, bei Frostwetter, werden sie infolge ihres Glitzerns im Sonnenschein oft auch in den unteren Luftschichten sichtbar *(Eisnadeln)*. Die Sonnenstrahlen erzeugen bei ihrem Durchgang durch die Vollkristalle die wohlbekannten *Haloerscheinungen*,[1] die für die geschichteten Federwolken (*Cs*) besonders charakteristisch sind.

Andere Kristallisierungsformen des Wasserdampfes in der freien Atmosphäre sind *Kristallskelette* meist in Gestalt sechstrahliger Sternchen von sehr verschiedener Größe, deren Konglomerate, sobald sie infolge ihrer Schwere als Niederschlag herabfallen, gewöhnlich Schneeflocken genannt werden. Schließlich können die genannten Kristallelemente in kristallinische Formen übergehen, nämlich in annähernd kugel-, manchmal kegelförmige Schneekörner, welche mit dem Sammelnamen *Graupeln* bezeichnet werden. T. BERGERON hat im Jahre 1931 vorgeschlagen, hierbei Reifgraupeln, Frostgraupeln und Griesel zu unterscheiden.[2]

Aus allen oben angeführten Elementen — aus Tropfen verschiedener Größe, Vollkristallen, Kristallskeletten usw. in verschiedenen Kombinationen — sind die Wolken selbst und die aus ihnen ausfallenden Niederschläge aufgebaut.

Außerdem bildet sich in der Atmosphäre ein weiteres festes Niederschlagsprodukt, der *Hagel*, d. s. Eiskugeln oder Eisstücke von einem Durchmesser von 5—50 mm oder sogar noch mehr, die entweder einzeln oder zu größeren unregelmäßigen Stücken vereinigt fallen, und zwar bei Temperaturen über Null und stark entwickelter sommerlicher Gewitterkonvektion.

Gelegentlich gefrieren Regentropfen während des Falles oder unmittelbar nachher zu *Eiskörnchen (Eisregen)*. In der warmen Jahreszeit kommt in der Atmosphäre oft die entgegengesetzte Erscheinung zur Beobachtung, nämlich das Auftauen fester Elemente zu Regentropfen beim Herabfallen.

In der alleruntersten Schicht der Atmosphäre — an der Erdoberfläche und an auf der Erde befindlichen Gegenständen — vollzieht sich die Sublimation des Wasserdampfes sowohl in kristallischer und kristallinischer Form *(Reif, Rauhreif)*, als auch in amorpher *(Rauhfrost, Glatteis)*. Kurze Definitionen der Hauptformen der Sublimation an der Erdoberfläche (nach BERGERON 1938) finden sich in der Fußnote.[3]

---

[1] Helle Ringe um Sonne oder Mond mit einem Halbmesser von 22° oder 46°.

[2] Die Unterschiede zwischen diesen Elementen sind nach BERGERON 1938 im wesentlichen die folgenden:

Reifgraupeln. Weiße, undurchsichtige, runde oder selten kegelförmige Körner von schneeähnlicher Struktur, etwa 2—5 mm im Durchmesser in allen Richtungen; fallen sie auf eine harte Unterlage, so springen sie auf und gehen dabei oft entzwei.

Frostgraupeln. Halbdurchsichtige, runde oder selten kegelförmige Körner aus gefrorenem Wasser von etwa 2—5 mm Durchmesser. Sie bestehen meist aus einem Kern von Reifgraupeln mit einer ganz dünnen Eisschicht darüber, weshalb sie glasiert aussehen; sie sind nicht leicht zusammendrückbar und nicht spröde; auch wenn sie auf eine harte Unterlage auffallen, bleiben sie meist liegen, ohne entzweizugehen.

Griesel. Weiße, undurchsichtige Körnchen von schneeähnlicher Struktur, die an Reifgraupeln erinnern, aber mehr oder weniger abgeplattet oder länglich und meist von weniger als 1 mm im Durchmesser sind, so daß sie weder merkbar aufspringen noch entzweigehen, wenn sie auf eine harte Unterlage fallen.

[3] 1. *Reif.* Leichte schuppen-, nadel-, feder- oder fächerähnliche Eiskristalle, die in analoger Weise wie der Tau, aber durch Sublimation gebildet werden.

2. *Rauhreif.* Weiße Schichten von reifähnlichen Eiskristallen, die sich meist bei

b) Kondensationskerne.

Wie bereits erwähnt, ist der Beginn der Kondensation bzw. Sublimation an eine notwendige thermodynamische Bedingung geknüpft: an den Eintritt der *Sättigung*, welche in der Regel durch eine Abkühlung verursacht ist.

Hierbei ist zunächst zwischen Sättigung mit Bezug auf eine *Wasseroberfläche* und mit Bezug auf eine *Eisoberfläche* zu unterscheiden. Über einer Eisoberfläche ist die Sättigungsfeuchtigkeit *geringer* als über der Wasseroberfläche. Dies bedeutet, daß die Verdunstung einer Wasseroberfläche noch unter Bedingungen anhalten kann, bei denen die Verdunstung einer Eisoberfläche bereits aufgehört hat. So ist z. B. Luft von — 5° bereits bei einer mit dem Psychrometer gemessenen Feuchtigkeit von 96% in bezug auf Eis gesättigt, Luft von — 25° bei 78%, Luft von — 50° sogar schon bei 61%. Es können somit in der Atmosphäre noch Eiskristalle bei Verhältnissen fortbestehen, unter denen unterkühlte Tröpfchen bereits verdunsten; für Kristalle ist die Luft bereits gesättigt, für Tropfen noch ungesättigt.

Eine weitere notwendige Bedingung für die Kondensation ist kolloid-chemischer Natur: Kondensation kann in der Atmosphäre nur einsetzen, wenn in ihr sog. *Kondensationskerne* vorhanden sind, d. s. Fremdkörperchen für den Wasserdampf, an denen sich die Feuchtigkeit anzusetzen beginnt. Wird die Luft von solchen fremden Beimengungen (außer vom Wasserdampf selbst) befreit, so tritt sogar bei einer sehr großen Übersättigung noch keine Kondensation ein.

Die Ursache hierfür liegt darin, daß Luft, welche für eine ebene Wasseroberfläche den Sättigungszustand erreicht hat (bei 100% relativer Feuchtigkeit laut Messung am Psychrometer oder Hygrometer), für eine gekrümmte Oberfläche, wie sie die Tropfen haben, noch ungesättigt ist. Die Tropfen müssen daher auch dann noch verdampfen, wenn eine ebene Wasserfläche bereits zu verdunsten aufgehört hat.

Die Übersättigung, welche notwendig ist, um so große Tropfen im Gleichgewicht zu halten, wie sie sich in Nebeln und tiefen Wolken vorfinden, ist gering; wir messen in Nebeln und tiefen Wolken daher nur selten Feuchtigkeiten von mehr als 100,5%. Nach W. Thomson (1870) sind aber Sättigungsdruck und Tropfenradius einander umgekehrt proportional.[1] Für den Fortbestand jener allerkleinsten „Tröpfchenembryos", welche das Anfangsstadium der Kondensation vorstellen, durch rein molekulare Verbindungskräfte wären Übersättigungen von mehreren hundert Prozent notwendig.

Da nun die Kondensation des atmosphärischen Wasserdampfes erfahrungsgemäß nicht nur nicht erst bei Übersättigung, sondern sogar noch *vor* Eintritt voller Sättigung einzusetzen pflegt, müssen wir annehmen, daß die Tropfenbildung nicht frei, sondern an Kondensationskernen erfolgt.

Die Rolle der Kondensationskerne kann nun darin bestehen, daß

1. entweder jeder solche Kern einen so großen Durchmesser hat, daß die sich an ihm ansetzenden Wasserdampfmoleküle sofort eine große sphärische Wasseroberfläche (einen großen Tropfen) bilden, für welche die umgebende Luft gesättigt ist; oder daß

2. ein solcher Kern besondere Eigenschaften (elektrische Ladung, Hygroskopizi-

unterkühltem Nebel oder Dunst vor allem an senkrechten Flächen, besonders an Spitzen und Ecken, ablagern.

3. *Rauhfrost.* Undurchsichtige, körnige, schnee- oder eisartige Massen, die sich bei nässendem Nebel bei Kältegraden in analoger Weise wie der Rauhreif ablagern.

4. *Glatteis.* Ziemlich homogener und durchsichtiger Eisüberzug, der sich bei unterkühltem Regen oder Nieseln sowohl an horizontalen als auch an senkrechten Flächen ablagert.

[1] Tröpfchen vom Durchmesser 10^{-3} cm benötigen zu ihrer Stabilität eine relative Feuchte von 100,00012%; bei einem Durchmesser von 10^{-5} cm 101%; bei $7 \cdot 10^{-7}$ cm 120%; bei $1,5 \cdot 10^{-7}$ cm 400%.

tät) besitzt, durch welche er die Wassermoleküle anzieht und dauernd an sich bindet; oder daß

3. diese beiden Vorbedingungen gleichzeitig erfüllt sind.

Von der Ansicht, daß wenigstens im unteren Teil der Troposphäre der neutrale (ungeladene und unhygroskopische) *Staub* die ausschließliche oder wenigstens vorwiegende Rolle von Kondensationskernen übernimmt, ist man namentlich seit den Untersuchungen WIGANDS i. J. 1912 und anderer Forscher abgekommen; die Kondensation an Staubkernen würde nämlich immerhin eine gewisse Übersättigung erfordern. In noch bedeutend verstärktem Maße gilt dies — nach Untersuchungen C. T. R. WILSONS — für die *Ionen* (elektrisch geladene Luftmoleküle mit einem Halbmesser von der Größenordnung 10^{-8} cm). Dagegen ist an den sog. schweren Ionen von LANGEVIN (d. s. elektrisch geladene feste Teilchen mit einem Halbmesser von der Größenordnung 10^{-6} cm bis 10^{-5} cm) Kondensation bereits bei einer verhältnismäßig kleinen Übersättigung möglich. Die schweren Ionen entstehen meist beim Verbrennen von Heizmaterial und besitzen hygroskopische Eigenschaften. Diese letzteren bestimmen nun offenbar die Aktivität der schweren Ionen in bedeutend erheblicherem Ausmaß als die elektrische Ladung.

Es sollen daher im folgenden ganz allgemein die *hygroskopischen Kerne*, als deren besondere Gattung eben die schweren Ionen anzusehen sind, in Betracht gezogen werden. Es kommt ihnen eine überragende Bedeutung für die Nebel- und Wolkenbildung in unteren und mittleren Höhen zu. Sie bestehen aus Stoffen, welche dem Wasser chemisch verwandt sind und sich mit diesem zu einer Lösung vereinigen. Für eine solche Lösung ist der Sättigungsdruck des Wasserdampfes geringer als über reinem Wasser. *Die Wasseraufnahme durch hygroskopische Kerne setzt bereits vor Erreichen der Sättigung ein, d. i. bei relativen Feuchtigkeiten von weniger als 100%.* Dabei bildet sich *Dunst*, bisweilen leichter Nebel.

Als hygroskopische Kondensationskerne können in der Atmosphäre auftreten:

1. Komplexe von Molekülen hygroskopischer Gase: Schwefeltrioxyd (SO_3), Ammoniak u. ä., welche meist als Verbrennungsprodukte in die Luft gelangen.

2. Sehr kleine feste hygroskopische Teilchen, gleichfalls vorwiegend Verbrennungsprodukte.

Diese beiden Typen von Kernen spielen eine außerordentliche Rolle für die Nebelbildung über Industriegebieten. Die Kerne können u. a., wie bereits gezeigt, auch elektrische Ladungen mittragen, d. h. Ionen vorstellen.

3. Sehr kleine Partikel von Meersalz (Natriumchlorid und Magnesiumchlorid), welche beim Zerstäuben der Meeresoberfläche in die Luft gelangen. Da sie hygroskopisch sind, haben sie in der Luft die Form winziger Anfangstropfen einer gesättigten Salzlösung. Der Halbmesser dieser Tropfen ist von einer Größenordnung von nicht mehr als 10^{-5} cm.

Unter günstigen Bedingungen, d. h. bei großer relativer Feuchtigkeit der umgebenden Luft, wachsen diese Anfangstropfen bis zur Größe von Tropfen eines gewöhnlichen Nebels an und es entstehen somit Wolken. Nach H. KÖHLER läßt sich im Wassergehalt der Wolken stets ein Anteil von Meersalz (ungefähr im Verhältnis 1:10000) feststellen, wobei KÖHLER annimmt, daß „Salztröpfchen" mit einem Halbmesser von der Größenordnung 10^{-6} bis 10^{-5} cm die allgemeinste Form der Kondensationskerne vorstellen, die an der Wolkenbildung teilnehmen, wenigstens in den unteren und mittleren Höhen der Troposphäre. Vor allem gerade deshalb, weil bei der Kondensation an Salzpartikeln jedes sich bildende Tröpfchen eine Salzlösung (anfangs in einem Verhältnis von 1:1 bis 1:10) vorstellt, können die Tröpfchen bis zu sehr tiefen Temperaturen erhalten bleiben, ohne zu gefrieren (Unterkühlung) Noch bis zu Temperaturen bis — 20° bestehen Wolken und Nebel meistens aus Tröpfchen.

Im Rahmen seiner jüngsten, ungemein aufschlußreichen Untersuchungen über die Kondensations- und Sublimationsvorgänge in der Atmosphäre hat W. FIND-EISEN 1938 (*1*) und 1939 (*1*) die Mitwirkung von Meersalzpartikelchen als Kondensationskerne als nicht wesentlich gefunden, da der für die Freimachung so kleiner Salzelemente angezogene Vorgang der Spritzwasserzerstäubung zu grob wäre. Er nimmt an, daß die unter 1 erwähnten Elemente den weitaus größten Teil der atmosphärischen Kondensationskerne ausmachen, namentlich *die aus Schwefelsäure bestehenden*, die immer — also schon vor Beginn der Wasseraufnahme — flüssig sind. Die Zahl der in der Atmosphäre wirksamen Kondensationskerne dürfte meist etwa $10^2/cm^3$ bis höchstens $10^4/cm^3$ betragen, gelegentlich nur 10 und weniger. Sehr verschieden ist auch die Größe der jeweils vorhandenen Kondensationskerne; normalerweise dürfte ihr Halbmesser zwischen $7 \cdot 10^{-7}$ und 10^{-5} cm liegen.

Diese flüssigen Kondensationskerne nehmen schon vor Eintritt des Sättigungszustandes etwas Wasser auf (*Dunstbildung* in Form kleinster Tröpfchen). Bei weiterer Wasserdampfzufuhr gibt es dann (nach FINDEISEN) für jeden Kern eine kritische relative Feuchtigkeit, von der ab er fast plötzlich oder zumindest sehr rasch zum richtigen Tropfen anwachsen kann (*Nebel*- oder *Wolkenbildung*). An größeren Kernen erfolgt diese Tropfenbildung früher (bei geringerer Übersättigung) als an kleinen. Ist ihre Anzahl gering und nimmt (z. B. infolge rascher adiabatischer Hebung der Luft) die relative Feuchtigkeit schnell weiter zu, so tritt auch an kleineren Kernen Kondensation ein und die entstandene Gesamttropfenzahl ist dann groß (z. B. in Haufenwolken: rund $10000/cm^3$). Ist dagegen die Anzahl der großen Kerne erheblich, so wird das weitere Ansteigen der relativen Feuchtigkeit verlangsamt und hört ganz auf, sobald die Wasserdampfabgabe an diese Tropfen ebenso groß geworden ist wie die ständig in der Luft freiwerdende Wasserdampfmenge; in fertigen Wolken oder Nebeln kann die relative Feuchtigkeit sogar wieder sinken, gegebenenfalls sogar unter 100%, ohne daß die Wolke verdunstet. Die kleinen und sehr zahlreichen Kerne bleiben dann von der Tropfenbildung ausgeschlossen und die Gesamtzahl der entstandenen Tropfen ist gering (z. B. in Nebel und Stratus: rund $100/cm^3$ gegenüber $100000/cm^3$ Kondensationskernen).

Dabei darf man sich, nach FINDEISEN, nicht etwa vorstellen, daß in einem Nebel oder in einer Wolke nur eine einzige *Tropfengröße* vorhanden sei. Im Gegenteil, beide enthalten stets die verschiedensten Tropfengrößen nebeneinander, da die Kondensationskerne wegen ihrer verschiedenen Eigenschaften nacheinander zur Kondensation kommen. Die *Tropfendichte* in den Wolken jedoch hängt, wie gesagt, nicht nur von der Kondensationsgeschwindigkeit ab, sondern sie ist der jeweils vorhandenen Anzahl von großen Kondensationskernen umgekehrt proportional. Eine Ausweitung der Theorie FINDEISENs kommt später zur Sprache.

In einer Untersuchung von A. I. DANILIN ist der Versuch gemacht worden, der Frage über die Struktur der Nebelelemente bei tiefen Temperaturen auf Grund einer Analyse der relativen Feuchtigkeit näherzutreten. Bei Temperaturen von $+ 15°$ bis $— 6°$ liegt die maximale relative Feuchtigkeit für jeden Fall von Nebel innerhalb der Grenzen 100—92% (Sättigungsdefizit, da die Kerne hygroskopisch sind). Bei Temperaturen unter $— 6°$ wird in einer Reihe von Fällen Nebel auch bei Feuchtigkeiten von erheblich weniger als 92% beobachtet; in diesen Fällen dürfte es sich wenigstens zum Teil um feste Nebelelemente handeln. Bei Temperaturen unter $— 20°$ bis zu $— 30°$ tritt der Nebel durchwegs bei Feuchtigkeiten zwischen 92% und 79% auf; der größte Teil dieser Fälle liegt, wie aus Abb. 52 ersichtlich, in der Nähe der Sättigungskurve in bezug auf Eis oder aber über ihr (Übersättigung), er liegt aber dabei offenkundig meist unter der Sättigungsgrenze in bezug auf Wasser selbst dann, wenn man diese wegen der Hygroskopizität der Kerne berichtigen würde. Daraus ist zu schließen, daß der Nebel bei Temperaturen unter — 20° nie nur aus Tröpfchen besteht, sondern entweder ganz aus Kristallen oder aus einer kolloid-labilen Mischung von Kristallen und Tröpfchen, was für Rauhreifansatz charakteristisch ist (siehe Abschnitt 41).

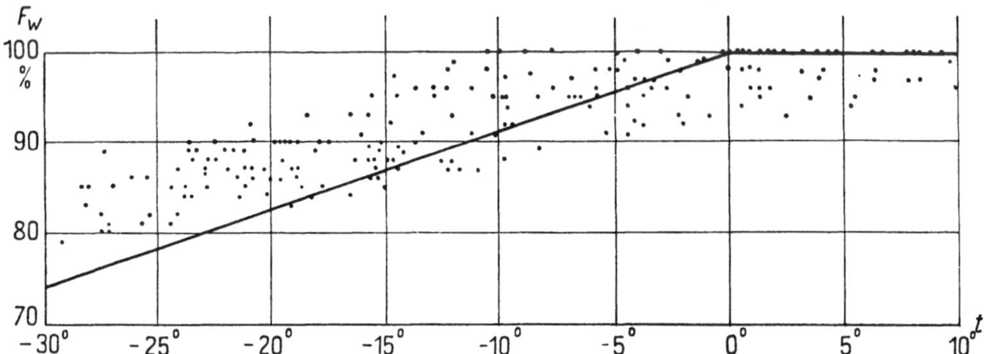

Abb. 52. Zusammenhang zwischen relativer Feuchtigkeit und Temperatur bei Nebeln in Moskau. Ausgezogene Kurve: Sättigungsfeuchtigkeit bei Sublimation (Temperatur unter Null) bzw. Kondensation (Temperatur über Null). (Nach DANILIN 1936.)

A. WEGENER hat indessen in der bodennahen Luftschicht über Grönland unterkühlte Wassertröpfchen sogar bei einer Temperatur von —34,5° beobachtet. In der Antarktis wurden während der BYRDschen Expedition in den Jahren 1928 bis 1930 leichte, aus Tröpfchen bestehende Nebel bei Temperaturen bis zu —40° beobachtet; nur bei noch tieferen Temperaturen traten statt der Tröpfchen in der Luft schwebende Eiskristalle auf.

c) Sublimationskerne.

Eine Gesetzmäßigkeit für die scheinbar unverständliche Wahl des Aggregatzustandes bei der Nebel- und Wolkenbildung läßt sich nach FINDEISEN 1938 (1) finden durch die Annahme, daß die Sublimation nicht an hygroskopischen Partikeln erfolgt wie die Kondensation, sondern an *festen* Kernen. Man braucht zu diesem Zweck nicht die Annahme zu machen, daß diese *Sublimationskerne* kosmischer Herkunft sind (z. B. Meteoritenstaub). Es handelt sich vielmehr vermutlich um kleine Quarzteilchen, feinste Sandkörnchen, also um Staubpartikel, in den Polargegenden um Kristalle von der Schneeoberfläche, die durch Aufwirbelungen in die Atmosphäre gelangen und hier eine Suspension von Sublimationskernen zurücklassen.

Während die Größenordnung des Halbmessers der Sublimationskerne ungefähr die gleiche sein dürfte wie jene der Kondensationskerne, nämlich 10^{-6} cm, muß ihre Zahl im Durchschnitt wesentlich geringer sein (10^{-2}/cm³ bis 10/cm³); sie unterliegt dabei beträchtlichen Schwankungen. Gelegentlich scheint geradezu ein Mangel an Sublimationskernen zu herrschen. Dies kann für den gesamten Wetterverlauf von der größten Bedeutung sein, denn die Entstehung jedes wesentlichen Niederschlags ist, nach BERGERON, vom Vorhandensein von Eiskeimen abhängig, wie wir im Abschnitt 41 sehen werden.

Im Prinzip sind die Bedingungen für die Sublimation an festen Sublimationskernen ähnlich jenen für die oben beschriebenen Kondensationsprozesse an flüssigen Kondensationskernen. Auch die für die Sublimation verfügbaren Kerne sind ungleichartig und je nach Größe und Form verschieden gut für die Kristallbildung geeignet. Infolgedessen tritt auch hier eine Auswahl der Kerne ein; allerdings bleiben die Sublimationskerne bis zum Beginn der Kristallbildung unberührt.

Hierbei entstehen nach FINDEISEN 1939 (*3*) zunächst, bei hoher Übersättigung in bezug auf Eis, mit dem Sublimationskern als Zentrum reine reichgegliederte *Skelettformen* (*a*). Sobald in der Fallbahn des so entstandenen verästelten Schneesterns die relative Feuchtigkeit abnimmt, verringert sich infolge abnehmender Eisübersättigung der Verzweigungsgrad und die Skelette bilden sich zu *Vollkristallen* (*b*) um, und zwar entweder zu unverzweigten sechsstrahligen Sternen oder zu regulären sechseckigen Plättchen. Steigt die Übersättigung wieder, so dienen die eben erwähnten Vollkristalle als Ansatzzentren für neue, zunehmende Skelettbildungen (*c*), die sich aber von der ursprünglichen Ausgangsform durch erheblichere Größe und durch das Vorhandensein eines Vollkristallkerns unterscheiden. Bei neuerlich abnehmender Eisübersättigung kann, unter ständigem Wachstum, wieder eine Vereinfachung der Gliederung eintreten bis zur Ausbildung großer Vollkristalle (*d*) in Form sechsstrahliger Sterne oder regulärer Sechsecke, jetzt mit einem sechseckigen Vollkristallkern. Aus der Form der am Boden angelangten Eiskristalle kann man also mit einer für die Flugwetterdiagnose hinreichenden Genauigkeit qualitative Rückschlüsse ziehen auf die Feuchtigkeitsschichtung, welche die Kristalle durchfallen haben. Allerdings kommen die Kristalle oft als Konglomerate, zu *Schneeflocken* verklebt, unten an: *Schneefall*.

In Eiswolken ist, infolge der an sich geringen Zahl von Sublimationskernen, die Dichte der Sublimationsprodukte kleiner als die Tropfendichte in Wasserwolken, nämlich von der Größenordnung 1/cm³, und die Größe der Sublimationsprodukte übertrifft die Tropfengröße in Wasserwolken meist erheblich. Daher ist auch die Fallgeschwindigkeit der Eiskristalle beträchtlicher. Eiswolken haben daher oft eine unscharfe Unterseite, sie sind durch „*Fallstreifen*" gekennzeichnet.

Kondensations- und Sublimationskerne sind fast immer gleichzeitig in der Atmosphäre vorhanden, und zwar in verschiedener Zahl. Bei Temperaturen unter dem Gefrierpunkt können sich, wie wir sehen werden, in unterkühlten Wasserwolken auch Eiskristalle bilden, an denen der Wasserdampf der verdunstenden Wolkentröpfchen kondensiert, sofort gefrierend. Hierdurch kommt es zur Bildung der eingangs erwähnten *Frostgraupeln* oder *Griesel*, an welchen jedoch, nach FINDEISEN 1939 (*3*), unter Umständen neuerdings durch Sublimation Kristallansatz stattfinden kann.

Auf diese Umwandlungen kommen wir noch in den folgenden Abschnitten zurück.

Literatur zu Abschnitt 39.

Über Kondensationskerne und die Formen der Kondensationsprodukte siehe außer A. WEGENER und K. WEGENER 1935 und zahlreichen Artikeln in Zeitschriften besonders: WILLETT 1928, SCHMAUSS und WIGAND 1929, STÜVE 1929, 1931, FINDEISEN 1939 (*1*), 1939 (*2*).

Über die Kondensation des Wasserdampfes an Salzteilchen: KÖHLER 1921, 1922, 1925, 1927 (*2*), 1930, 1931. Referate und Autoreferate über diese Arbeiten finden sich in den betreffenden Jahrgängen der Met. Zs.

Über Sublimationskerne und Sublimationsprodukte: FINDEISEN 1938 (*1*), 1938 (*2*), 1939 (*3*).

40. Die Wolken.

a) Morphologische Wolkenklassifikation.

Bereits früher (Abschnitt 7) ist die große Bedeutung hervorgehoben worden, welche die Wolken (sowie auch der Nebel und die Hydrometeore) für die indirekt-aerologische Analyse der synoptischen Wetterlage haben.

Der Wolkenzug gibt über die Richtung der Luftströmungen in der freien Atmosphäre Auskunft. Die qualitativen Besonderheiten der Bewölkung gestatten einen Rückschluß auf die vertikale Temperaturverteilung, auf das Vorhandensein von

Inversionen, auf die Entwicklung der Turbulenz usw. innerhalb der Luftmassen. Die Wolken machen überhaupt bis zu einem gewissen Grad die Struktur der Luftmasse sichtbar, deren Verteilung auf der Karte dann leichter festzustellen und deren Herkunft und Lebensgeschichte dann besser zu überblicken ist. Zusammenhängende Wolkensysteme deuten Gebiete mit einer Aufgleitbewegung der Luft an und sind hierdurch ein wertvoller Behelf für die Ermittlung der Lage und der Verlagerung der Fronten auf der Karte. Die Wolken stehen in engstem Zusammenhang mit unseren dreidimensionalen troposphärischen Luftkörpern — den Luftmassen, Fronten und Inversionen. Bereits dies spricht für das Erfordernis, daß der Prognostiker ein guter Kenner der Wolkenformen und der Wolkenentwicklung sei. Allein schon für die Vorhersage der Bewölkung ist dies von großer Wichtigkeit.

Es wäre verfehlt, die Wolken gewissermaßen als feste, in der Luft schwebende Körper, als *,,Schwimmer"* anzusehen. Wolken, und zwar besonders die frontalen, sind meist in ständiger Auflösung und Neubildung begriffen. Konservativ, eine Luftmasse oder Front dauerhaft charakterisierend, ist dagegen der jeweilige spezifische *Prozeß* der Wolkenbildung, z. B. der Vorgang der Haufenwolkenbildung in einer labilen Luftmasse oder die Ausbildung hoher Schichtwolken entlang der Warmfront. Die gerade wahrnehmbaren Wolkenindividua stellen nur mehr oder weniger kurzdauernde äußere Ausdrucksformen, Merkmale dieses Prozesses vor.

Die Wolkenformen zeigen bekanntlich eine große Mannigfaltigkeit, je nach ihrem physikalischen Aufbau (d. h. dem Charakter der Elemente, aus welchen sie zusammengesetzt sind) und je nach ihren Entstehungsbedingungen.

Gemäß der internationalen Klassifikation aus dem Jahre 1929 werden die Wolken in vier *Familien* — nach ihren Höhenbereichen über dem Landschaftsniveau — eingeteilt. Innerhalb dieser vier Familien unterscheidet man — meist nach äußeren Merkmalen — zehn *Gattungen*:

1. *Hohe Wolken* (gewöhnlich über 6000 m): Cirrus (*Ci*) — Federwolke; Cirrostratus (*Cs*) — Schleierwolke; Cirrocumulus (*Cc*) — Schäfchenwolke.

2. *Mittlere Wolken* (gewöhnlich von 2000—6000 m): Altostratus (*As*) — hohe Schichtwolke; Altocumulus (*Ac*) — hohe Haufenwolke.

3. *Tiefe Wolken* (gewöhnlich unter 2000 m): Nimbostratus (*Ns*) — Regenwolke; Stratus (*St*) — Schichtwolke; Stratocumulus (*Sc*) — Wogenwolke.

4. *Wolken vertikaler Entwicklung*, deren Basis meist im Niveau der tiefen Wolken liegt, deren Gipfel jedoch das Niveau der mittleren oder sogar der hohen Wolken erreichen können: Cumulus (*Cu*) — Haufenwolke; Cumulonimbus (*Cb*) — Schauer-(Gewitter-) Wolke.

Hier sei jedoch bemerkt, daß aus rein technischen Gründen die Wolken vertikaler Entwicklung im internationalen synoptischen Schlüssel (Kopenhagen, 1929) innerhalb der Gruppe C_L mit den tiefen vereinigt sind und daß *Ns* nicht in die Gruppe C_L, sondern in die Gruppe C_M (mittlere Wolken) eingereiht worden ist.

Die oben angeführten Höhengrenzen haben durchaus keine absolute Gültigkeit. In den Tropen treten die Wolken in höheren Niveaus auf, in den Polargegenden in tieferen; im Sommer liegen die Wolken höher, im Winter niedriger. Für das Auftreten von Wolken der einen oder der anderen Form ist nicht die Höhe an und für sich ausschlaggebend, sondern bestimmte Verhältnisse von Temperatur, Druck, Feuchtigkeit und Luftbewegung.

Die angeführten Wolkengattungen werden wiederum auf Grund vorwiegend äußerer Merkmale noch in eine ganze Reihe von Arten und Unterarten eingeteilt, deren genaue Beschreibung im ,,Internationalen Atlas der Wolken und der Himmelsansichten" enthalten ist.

Vom Standpunkt allgemeinster morphologischer Unterscheidungsmerkmale kann man die Wolken noch in folgende drei Hauptformen einteilen:

a) *Haufenförmige* Wolken (*Cum*)[1] — welche aus einzelnen Wolkenmassen mit charakteristischer vertikaler Entwicklung bestehen.

b) *Wogenförmige* Wolken (*Und*) — Schichten oder Reihen, welche insofern eine bestimmte Struktur aufweisen, als sie sich aus Einzelelementen in Form von Wülsten, Platten, Ballen usw. zusammensetzen.

c) *Schichtförmige* Wolken (*Str*)[2] — gleichmäßige Wolkendecken.

Der Versuch einer solchen Einteilung ist auch in der internationalen Klassifikation gemacht, aber nicht weitgehend genug durchgeführt worden. Im folgenden sollen die Grundlagen dieser Einteilung nach T. BERGERON 1932 angedeutet werden:

Zum Typus a — der haufenförmigen Wolken — zählt BERGERON *Cu* (auch *Sc vesperalis*), *Cb* und überdies einige haufenförmige Arten des *Ac (Ac castellatus* und *floccus)* und des *Cc (Cc cumuliformis)*. Zu den Wolken des Typus b — den wogenförmigen — gehören *St*, die Grundgattungen *Sc*, *Ac* und *Cc*. Die Einreihung von *St* unter die wogenförmigen Wolken geht auf die wogenförmige Struktur zurück, welche der *St* beim Anblick von oben aufzuweisen pflegt; die Wellenlängen sind allerdings in diesem Fall sehr groß. Den Wolken vom Typus c — den schichtartigen (schleierartigen) Wolken — gehören gleichmäßige Decken von *Cs*, *As* und *Ns* an.

Es ist leicht ersichtlich, daß diese morphologische Einteilung auch eine *genetische* ist, d. h. über die Herkunft der Wolken Auskunft gibt. Es hängen nämlich die Wolken vom Typus a mit Konvektion zusammen, diejenigen vom Typus c mit einer gut ausgeprägten Aufgleitbewegung der Luft. Bei der Bildung der Wolken vom Typus b können auch folgende Ursachen eine gewisse Rolle spielen: turbulente Feuchtigkeitsübertragung in die hohen Schichten, Abkühlung der Luft durch Ausstrahlung, Wellenprozesse an Inversionsoberflächen, Mischung der Luftmassen an ihrer gegenseitigen Begrenzung in der Übergangsschicht; am häufigsten handelt es sich jedoch um ein Aufgleiten an einer sehr sanft geneigten Frontfläche (mit einer Neigung von der Größenordnung 1 : 1000). Falls die aufsteigende Luft in einigen voneinander durch trockenere Schichten getrennten Niveaus den Sättigungszustand erreicht, so liegt eine mehrschichtige Bewölkung vom Typus *Sc—Ac* vor. Nicht selten bilden sich diese Wolken nicht neu aus, sondern entstehen durch Modifikation bereits vorher bestandener schichtförmiger Wolken, unter dem Einfluß neuer oder veränderter Bedingungen. Der Zerfall von *Ns* in *Sc opacus* oder von *As* in *Ac opacus* ist wohlbekannt.

In einer späteren Arbeit erachtet es BERGERON 1935 (*2*) für zweckmäßig, die wogenförmigen und schleierförmigen Wolken (b und c) in eine Gruppe zusammenzufassen, da die wogenförmigen Wolken ebenfalls vorwiegend frontaler Herkunft sind, wenngleich nicht in so typischer Art und Weise wie die schleierförmigen.

b) Aufbau der Wolken und die Wolkenelemente.

Vom Gesichtspunkt ihres *Aufbaues* lassen sich die Wolken klassifizieren nach dem Charakter der kleinsten Elemente, aus welchen sie bestehen. Man kann wenigstens fünf verschiedene Typen solcher Wolkenelemente unterscheiden:

1. *Vollkristalle* (Eisnadeln).

2. *Kristallskelette* (sechseckige Sternchen, evtl. zu Schneeflöckchen verklebt) und Graupel.

3. *Sehr kleine Tröpfchen* mit einem Durchmesser von weniger als 0,05 mm und ohne bemerkbare Fallgeschwindigkeit (*Nebeltröpfchen*).

---

[1] *Cum* — zum Unterschied von *Cu,* womit nur die eine Wolkengattung Cumulus bezeichnet wird.

[2] *Str* — zum Unterschied von *St* (Stratus).

4. *Kleine Tröpfchen* mit einem Durchmesser von der Größenordnung 0,05 bis 0,5 mm und mit unbedeutender Fallgeschwindigkeit (*Nieseltröpfchen*).

5. *Regentropfen* mit einem Durchmesser von der Größenordnung 0,5—5 mm.

Die Wolken bestehen nur selten aus Elementen eines einzigen dieser Typen. Meist kommen Elemente eines der Typen 2, 4, 5 gemischt mit Elementen des Typus 3 — mit sehr kleinen Nebeltröpfchen — vor. Lediglich jene Wolken, welche aus Vollkristallen bestehen, sind frei von einer Beimengung von Tröpfchen, sie können aber auch noch Schneeflöckchen und Graupel enthalten.

Die Wolken der höchsten Familie — *Ci*, *Cs*, *Cc* — bestehen aus Eiskristallen, unter denen Vollkristalle vorwiegen. Die namentlich für *Cs* charakteristische Haloerscheinungen werden ja gerade durch die Brechung der Lichtstrahlen an den Vollkristallen hervorgerufen. Nach der Fähigkeit, Halos (Sonnen- und Mondringe) zu erzeugen, kann man z. B. den leichten *Ci nebulosus* vom nebeligen Dunst unterscheiden, welcher ein Anfangsstadium der Kondensation in Form kleinster Tröpfchen vorstellt. Kristallinische Struktur haben auch die oberen Teile (Ambosse) der *Cb*: *Ci nothus*, *Ci densus*.[1]

Als Vertreter der Wolken, welche aus Schneeflöckchen bestehen, gemischt mit sehr feinen Tröpfchen vom Typus 3, kann der *As* gelten. Es ist dies eine *typische Schneewolke*, aus der auch oft Schnee fällt. Im Sommer verdampfen die aus *As* fallenden Niederschläge meist ehe sie die Erdoberfläche erreichen. Das Hindurchschimmern von Sonne oder Mond in Gestalt eines matten Lichtflecks ist trotz beträchtlicher Dicke der *As*-Schicht ein typisches, optisches Merkmal für ihre Schneestruktur.

Im *Ns* gesellen sich zu den angeführten Wolkenelementen auch noch größere Tropfen vom Typus 4 und 5. Sowohl der *As* als auch der *Ns* sind Wolken kolloidlabilen Charakters. Die Bedeutung dieses Begriffs soll im nächsten Abschnitt eingehender erklärt werden. Hier soll nur betont werden, daß aus einer Wolke, die aus Elementen verschiedener Größe besteht, die schwereren Elemente als Niederschläge herausfallen. Außerdem begünstigt das gleichzeitige Vorhandensein von Kristallen und Tröpfchen in der Wolke, daß die Größenunterschiede der Elemente weiter anwachsen; für Kristalle wird die Wolkenluft übersättigt, für die Tröpfchen ungesättigt sein. Daher werden die Kristalle auf Kosten der Tröpfchen weiter anwachsen und ausfallen; beim Fall durch Schichten mit einer Temperatur über 0° schmelzen sie und verwandeln sich in Tröpfchen. Sowohl der *As* als auch der *Ns* sind Wolken, welche entweder Niederschläge ausscheiden oder bald ausscheiden werden. Der *Regenbogen* ist eine charakteristische optische Erscheinung für die „*Fallstreifen*" der tropfbar-flüssigen Niederschläge.

Eine typisch kolloid-stabile Wolke ist der *Ac*, welcher nur aus sehr kleinen Nebeltröpfchen besteht. Zu demselben Typus gehören auch kolloid-stabile (nicht nieselnde) Nebel an der Erdoberfläche. Die Erscheinungen der *Höfe (Kränze)* um Sonne und Mond sind ein charakteristisches Merkmal für die tropfbar-flüssige Struktur dieser Wolken, die selbst noch bei starken Frosttemperaturen erhalten bleiben kann, da sich die Tröpfchen an löslichen hygroskopischen Kondensationskernen bilden. Dies pflegt namentlich dann der Fall zu sein, wenn die Tröpfchen eine gleichartige elektrische Ladung haben; sie stoßen sich dann gegenseitig ab und können sich nicht zu größeren Tropfen vereinigen. Aus einer solchen Wolke werden offenbar keine Niederschläge fallen.

---

[1] Der kristallinische Amboß der *Cb* ist nicht zu verwechseln mit der aus Tröpfchen bestehenden Kappe, welche manchmal über einem *Cu* erscheint. Diese Kappe, welche dem linsenförmigen *Ac (Ac lenticularis)* sehr ähnelt, entsteht über dem Gipfel des aufquellenden *Cu* durch Hebung irgendeiner feuchten Luftschicht. Über die Entstehung des Ambosses siehe Abschnitt 41.

In *Sc* und *St* können sich zu den sehr kleinen Tröpfchen größere vom Typus 4 gesellen; diese Wolken sind infolgedessen nicht selten kolloid-labil: sie scheiden dann größere Nieseltropfen aus.

Der *Cu* gehört zu den ziemlich kolloid-stabilen „Wasserwolken". Allerdings gibt er bisweilen Nieseln, das jedoch gleich unter der Wolkenbasis verdunstet ohne den Erdboden zu erreichen. Manchmal läßt er einige „Riesentropfen" fallen. Im Gegensatz dazu enthält der *Cb* auch Eiskristalle (die Umwandlung des *Cu* in *Cb* besteht ja gerade in einer „Vereisung" des *Cu*-Gipfels, wie wir weiter sehen werden); der *Cb* ist daher bereits eine kolloid-labile Wolke und scheidet intensive Niederschläge aus.

c) Genetik der Wolken und Wolkensysteme.

Wir wissen bereits, daß man *der Herkunft nach* alle Wolken in drei Hauptformen einteilen kann: Konvektionswolken (Haufenwolken), typische Aufgleitwolken (Schichtwolken) und schließlich Wolken, welche infolge anderer Vorgänge entstehen oder sich unter dem Einfluß von Wellenbewegungen aus Schichtwolken entwickeln (Wogenwolken).

Was die *Konvektionswolken* anlangt, so wurden bereits im Abschnitt 37 der Konvektionsprozeß und die Bedingungen für seine mehr oder weniger kräftige Ausbildung ziemlich eingehend behandelt. Der nächste Abschnitt (41) wird sich noch mit dem Unterschied zwischen beiden Haupttypen der Konvektionswolken, *Cu* und *Cb*, und mit dem Prozeß der Verwandlung von *Cu congestus* (Schlüsselziffer $C_L = 2$) in *Cb* ($C_L = 3$) befassen. Zunächst sei lediglich bemerkt, daß sich der *Cb* vom *Cu* durch die kristallinische Struktur seiner Gipfel und durch das Ausfallen von Niederschlägen unterscheidet. Was den *Cu* anlangt, so möge auf den erheblichen Unterschied zwischen seinen beiden Hauptarten hingewiesen werden, und zwar zwischen dem *Cu humilis* ($C_L = 1$), d. i. der flache und wenig entwickelte Schönwetter-*Cu*, und dem mächtig aufquellenden *Cu congestus* oder *Cu compositus* ($C_L = 2$). Zwar ist der *Cu humilis* eigentlich nur als das Jugendstadium von *Cu congestus* anzusehen. Oft bleibt aber die Entwicklung auf dieses Stadium beschränkt, falls nämlich der *Cu* bereits in geringer Höhe eine Inversion oder eine Schicht mit geringem vertikalem Temperaturgradienten antrifft (vgl. Abschnitt 37). In solchen Fällen wäre es sogar richtiger, den *Cu humilis* nicht unter die Wolken mit vertikaler Entwicklung, sondern unter die tiefen Wolken einzureihen, da er über die Grenzen der unteren Wolkenetage nicht hinauswächst.

Es sei noch auf das häufige Auseinanderfließen des *Cu* im Niveau seiner Basis in den Abendstunden hingewiesen, wobei er sich in den sog. *Sc vesperalis* ($C_L = 4$) verwandelt, sowie auf die Ausbreitung und den Übergang seiner Gipfel in die Form *Ac cumulogenitus*. Über die Konvektionswolken der mittleren Wolkenetage: *Ac castellatus* und *Ac floccus* (gemeinsame Benennung — *Ac cumuliformis*; $C_M = 8$) wurde bereits gesprochen.

Weitere Bemerkungen über einige Besonderheiten in der Entwicklung der Konvektionswolken findet der Leser im nächsten Abschnitt und im Kapitel über die Luftmassen.

Aufgleitwolken bilden ungeheure, mit den Frontflächen zusammenhängende Wolkensysteme, welche Hunderttausende von Quadratkilometern bedecken. Das typischste System dieser Art, welches mit einer charakteristischen *Warmfront* zusammenhängt, ist wohlbekannt als mächtiges Gebilde, dessen Basis auf der Frontfläche aufruht und dessen höchster — aus Eis bestehender — Teil das *Ci*-Niveau erreichen kann. Die Änderung des Himmelszustandes beim Vorübergang der Front wird etwa durch folgende Schlüsselziffern ausgedrückt: $C_H = 4, 5, 7$; $C_M = 1, 2$; $C_L = 6$. Beim Herannahen der Front erscheinen am Himmel vor allem Bündel von *Ci uncinus*, welche in einer bestimmten Richtung orientiert sind; darauf folgt *Cs*; dann, wenn sich die Frontfläche über dem Standort des Beobachters allmählich herabsenkt, *As* und *Ns*. Der Übergang von *As* in *Ns* ist durchaus kontinuierlich, der Übergang von der einen in die andere Form ist nicht genau zu erfassen. Durch die Schlüsselziffer $C_M = 2$ wird sowohl der dichte *As opacus* als auch der *Ns* ausgedrückt. Man nennt diese Wolken *Ns* dann, wenn sie so dicht geworden sind, daß Sonne und Mond nicht mehr hindurchscheinen. Der Regen aus *As* erreicht die Erdoberfläche nur selten, Regen aus *Ns* fast immer. Dagegen gelangt aus *As* fallender Schnee in der Regel bis zum Erdboden; sogar aus dem dünnen *As translucidus* ($C_M = 1$) können bedeutende Schneefälle niedergehen.

In der Kaltluftmasse unterhalb der *As—Ns*-Decke treten gewöhnlich Ansammlungen von *Fractonimbus* (Regenwolkenfetzen) auf, d. s. dunkle, jedoch wenig mächtige, zerrissene „Schlechtwetterwolken" ($C_L = 6$). Bei ihrer Ausbildung spielt die Sättigung der unter der Frontfläche befindlichen Luft durch fallende Niederschläge sowie die dynamische Turbulenz eine Rolle. Immerhin ist zu beachten, daß die Niederschläge nicht aus diesen Wolkenfetzen, sondern aus der höheren *As—Ns*-Schicht fallen. Ähnliche Wolkenfetzen können sich auch unter *Cb* ausbilden.

Das Wolkensystem der *Kaltfront* hat keinen so ausgeprägten Charakter, da sich in ihm zu den schichtförmigen Wolken noch haufenförmige (infolge der stürmischen Verdrängung der vor der Front liegenden Warmluft) und wogenförmige Wolken gesellen. Im Wolkensystem einer Okklusionsfront trifft man oft eine Übergangsform zwischen Aufgleitwolken und Wogenwolken *Cc, Ac, Sc*. Im Schlüssel für C_M entsprechen die Ziffern 5 und 7 gerade denjenigen Wolkengebilden, welche nicht lokalen Formen, sondern ganzen Wolkensystemen angehören. Weitere Details über frontale Wolkensysteme wird das Kapitel über Fronten bringen.

Für alle jene Fälle, wo sich der Himmel mit Wolken überzieht, welche einem bestimmten Teil eines ganzen Wolkensystems angehören, ist der Ausdruck *Aufzug* (nach BERGERON) gebräuchlich. Man kann z. B. von einem Aufzug von *As, Ac* usw. sprechen. Gegebenenfalls kann auch der Ausdruck *Durchzug* oder *Durchgang* (Passage) benutzt werden. Diese Bezeichnung eignet sich indessen nicht für Vorgänge unter Inversionsflächen, bei denen z. B. ein *Ac* den ganzen Himmel überziehen und sich im Lauf einiger Minuten wieder auflösen kann.

Bei der Ausbildung von *Wogenwolken*, welche nicht mit einer Frontfläche zusammenhängen, spielen eine hervorragende Rolle die Turbulenz, welche die Feuchtigkeit von der Erdoberfläche in höhere Schichten überträgt, die Abkühlung der Luft durch Ausstrahlung sowie Wellenprozesse, von welchen im Abschnitt 38 gesprochen worden ist (Wellenbildung an Inversionen). Diese typischen Wogenwolken (besonders *Ac* und *Sc translucidus*) sind im Vergleich zu den Frontalwolken dünn, entstehen und vergehen rasch und bilden gewöhnlich auch keine ausgedehnten Systeme. Nur der *St* kann in umfangreichen herbstlichen oder winterlichen Antizyklonen verhältnismäßig mächtige, ausgebreitete und stabile Wolkensysteme (*St*-Systeme) bilden; davon wird noch im Abschnitt über den Nebel (Abschnitt 42) die Rede sein.

Literatur zu Abschnitt 40.

An eine Zusammenstellung der unzähligen Einzelarbeiten über die Meteorologie, Physik und synoptische Beurteilung der Wolken kann hier nicht geschritten werden. Es sei lediglich auf folgende Sammelwerke verwiesen:

Internationaler Atlas der Wolken und Himmelsansichten. Auszug zum Gebrauch für Beobachter aus der vollständigen Ausgabe. Office National Météorologique, Paris, 1930. Neudruck: Reichsamt für Wetterdienst, Berlin, 1938.

Atlas International de Nuages et d'États du Ciel. Vollständige Ausgabe. Office National Météorologique, Paris, 1932.

Monographie über die Wolken: SÜRING 1936.

Über organische Systeme von Wolken: SCHERESCHEWSKY et WEHRLÉ 1923.

Bei der Abfassung des vorstehenden Kapitels wurde, außer auf den Internationalen Wolkenatlas, besonders Rücksicht genommen auf BERGERON 1934 (*1*), 1935.

Über frontale Wolken siehe besonders: BJERKNES and SOLBERG 1921, BERGERON 1934 (*2*).

Über Konvektionswolken: PETTERSSEN 1939 (*1*).

Über Regen- und Eiswolken: FINDEISEN 1938 (*2*).

Schließlich sei noch auf die Beilagen zu den Sitzungsberichten der in Frankfurt 1931 gehaltenen Tagung der Subkommission für Physik der Wolken und das internationale Wolkenjahr verwiesen (Publikation Nr. 17 des Sekretariats der Internationalen Meteorologischen Organisation, Utrecht, 1934). Sie enthalten Anleitungen und Bemerkungen zu folgenden Problemen: Wolkenforschung mit dem Flugzeuge; Wolkenbeobachtungen in der Arktis; Wolkentagebuch; Vorschlag zu den Hydrometeorendefinitionen; nephoskopische Beobachtungen; Methoden der Wolkenhöhenmessung; Wolkenphotographie; Organisation der Erforschung von Wolkensystemen; Methoden der Messung der physikalischen Eigenschaften und des kolloidalen Zustandes der Wolkenelemente usw.

41. Die Niederschläge.

a) Koagulation. Kolloid-Labilität von Wolken.

Atmosphärische Luft, in welcher Kondensationsprodukte in Form von Wolken und Nebeln schweben, stellt eine Art kolloidale Lösung (ein *Aerosol*) vor. Solange diese überaus leichten Partikelchen in der Luft suspendiert bleiben, sagt man, daß sich die Wolke oder der Nebel im Zustand des *stabilen kolloidalen Gleichgewichts* befindet. Ein Ausfallen von Niederschlägen aus der Wolke oder eine *Koagulation* des atmosphärischen Aerosols tritt offenbar ein, wenn die Dimensionen der Wolkenelemente zunehmen, z. B. als Folge ihres Zusammenfließens oder als Folge des Anwachsens der einen Elemente auf Kosten der anderen. Beim Zusammenfließen können elektrische Kräfte eine gewisse Rolle spielen, da ja die Wolkentröpfchen, indem sie Ionen adsorbieren, eine bisweilen ziemlich beträchtliche elektrische Ladung besitzen. Sind alle Elemente in der Wolke gleichsinnig geladen, so stoßen sie einander ab und können nicht zusammenfließen. Dagegen sind entgegengesetzte Ladungen der Koagulation förderlich. Auch Turbulenz begünstigt natürlich das Zusammenfließen.

Eine nicht minder wichtige Rolle spielt das bereits erwähnte Anwachsen gewisser Elemente auf Kosten der übrigen. Eine Wolke, die aus Wasserelementen verschiedener Phasen, also gleichzeitig aus unterkühlten Tröpfchen und aus Kristallen besteht, ist in der Regel *kolloid-labil*. Wie bereits bekannt, ist für die Sättigung der Luft in bezug auf eine Eisoberfläche bei einer bestimmten Temperatur weniger Wasserdampf erforderlich als für die Sättigung in bezug auf eine Wasseroberfläche. Falls die Wolke aus einem Gemisch von Tröpfchen und Schneesternen besteht, so kann es immer vorkommen, daß die umgebende Luft für die Tröpfchen ungesättigt, für die Schneesterne dagegen übersättigt ist. Dann werden die Tröpfchen verdunsten, die Schneesterne dagegen anwachsen; letztere müssen schließlich herausfallen. Analog wachsen große Tropfen auf Kosten kleiner; wie schon erwähnt, kann die Luft, die für größere Tropfen bereits gesättigt ist, für kleinere Tropfen noch ungesättigt sein.

b) BERGERONS Eiskeimtheorie der Niederschlagsbildung.

BERGERON (1928) hat folgende allgemeine Theorie der Ausfällung von Niederschlägen (außer Nieseln) aus Wolken gegeben: Wie bekannt, kann eine Wolke ihre tropfbar-flüssige Struktur auch bei sehr niedrigen Frosttemperaturen (bis —20° und sogar tiefer) beibehalten, wobei die Tröpfchen allerdings unterkühlt sind. Wächst diese Wolke nun in die Höhe, so kann sie schließlich eine Schicht erreichen, welche aus sog. *Eiskeimen* in großer Zahl besteht. Es sind dies kleinste Eiskristalle — Reste hoher Eiswolken oder Produkte wenig intensiver Sublimation ohne Wolkenbildung —, welche durch unmittelbare Beobachtung gar nicht festgestellt werden können. In der warmen Jahreszeit liegt in europäischen Breiten die untere Eiskeimgrenze in einer Höhe von rund 5—6 km (über den Isothermen von —10 bis —20°); im Winter kann sie sehr tief, bis zur Erdoberfläche, herabsinken. Die im Sonnenlicht glitzernden Eisnadeln (sog. „Diamantstaub"), welche bei strengen Frösten in der Arktis, im Innern Rußlands und auch im Hochgebirge bisweilen zur Beobachtung kommen, sind nichts anderes als solche Eiskerne, die bis zum Boden herabreichen.

Eiskristalle können sich in größerer Zahl auch in dem oberen, am meisten abgekühlten Teil einer Wolke selbst, bei ihrem Emporwachsen unter fortschreitendem Temperaturrückgang, ausbilden, und zwar infolge unmittelbarer Sublimation an passenden Kernen.

Sobald der obere Teil einer sich entwickelnden Wasserwolke in die Eiskeimschicht eindringt, wird das kolloidale Gleichgewicht der Wolke gestört und der Wasserdampf beginnt diffus von den Tröpfchen auf die Kristalle überzugehen, an denen, als Kondensationskernen, folglich Schneesterne entstehen. Die festen Wolkenelemente wachsen auf Kosten der Tröpfchen immer mehr an und beginnen schließlich die Wolke zu durchfallen. Dabei reißen sie einerseits das Wasser neugebildeter Tröpfchen an sich, anderseits stoßen sie auf unterkühlte Tröpfchen tiefer liegender Wolkenmassen, wobei diese Tröpfchen im Erstarren an ihnen anfrieren. Diese „Vereisung" von Schneesternen und Vollkristallen spielt wahrscheinlich die Hauptrolle bei der Bildung von Graupel- und Hagelkernen.

Nachdem die festen Elemente derart die Wolken in ihrer ganzen Mächtigkeit von oben nach unten passiert haben, fallen sie aus ihrer Unterseite in Form von Niederschlägen heraus. In der warmen Jahreszeit schmelzen sie auf ihrem weiteren Weg zu Tropfen und es kommt vor, daß sie sogar überhaupt verdunsten. Nur aus dem Cb gelangen sie manchmal in Form von Hagel bis zum Boden. In der kalten Jahreszeit erreichen die festen Niederschläge, ohne unterwegs aufzutauen, die Erdoberfläche in Form von Schnee und Graupeln.

Die Geschwindigkeit des „Vereisungsprozesses", d. i. der Überführung des Wassers von den Tröpfchen auf die Kristalle, ist sehr groß. BERGERON geht von folgenden Anfangsbedingungen aus: In einem Raum von 1 cm³ sei gleichmäßig $4{,}2 \times 10^{-6}$ g Wasser in Form von 1000 Tröpfchen ($d = 20\,\mu$) verteilt; in demselben Raum sei 1 Eiskristall im Zentrum des Würfels vorhanden. Nach einer annähernden Berechnung sind zur Überführung des ganzen Wassers von den Tröpfchen auf den Kristall nur 10—20 Minuten erforderlich; der Prozeß verläuft also ziemlich stürmisch.

Einen solchen Vorgang des Ausfallens von Niederschlägen infolge einer Störung der kolloidalen Stabilität der Wolke durch Eiskeime hält BERGERON für den allgemeinsten Koagulationsmechanismus in der freien Atmosphäre. Seiner Meinung nach *bilden sich fast alle echten Regentropfen (d > 0,5 mm) und alle Schneeflöckchen auf die beschriebene Weise an Eiskristallen.*

Am Cb läßt sich die Rolle, welche die „Vereisung" der Gipfel für die Entstehung der Niederschläge spielt, durch unmittelbare Beobachtung studieren. Eine in Entwicklung begriffene Haufenwolke *(Cu congestus)* bleibt kolloid-stabil und erzeugt keine Niederschläge, solange sie in ihrer ganzen Mächtigkeit die tropfbar-flüssige Struktur beibehält. Ein charakteristisches Anzeichen dafür sind die scharfen Konturen ihrer rundlichen Kuppeln.

Die „Vereisung" des Gipfels führt zu einer raschen Umwandlung seiner rundlichen, dichten Wolkenmassen in einen charakteristischen faserigen „Amboß". Die Geschwindigkeit dieser Umwandlung ist von derselben Größenordnung, wie sie BERGERON theoretisch ermittelte (10—20 Minuten). Erst nachher erscheinen unter der Basis des nunmehr vollentwickelten Cb die „Fallstreifen" der Niederschläge.

Sie brauchen anfangs den Erdboden gar nicht zu erreichen, falls sie unterwegs verdunsten. Aber schon die Tatsache ihres Erscheinens läßt auf eine Störung des kolloidalen Gleichgewichts der Wolke schließen.

Der Amboß einer Schauerwolke besteht aus Schneesternen und kleinen Graupeln, in den oberen Teilen auch aus Vollkristallen, und hat das Aussehen dichten Cirrusgewölks.[1] Bei genügend hohen Temperaturen und intensiver Kondensation (besonders im Sommer und im Herbst) kann der Amboß auch in seinen allerhöchsten Teilen zahlreiche Schneesterne und sogar Wassertropfen enthalten. Falls er sich dabei unter einer Sperrschicht in einer Höhe von 3—5 km horizontal ausbreitet, nimmt er das Aussehen von *As* an und kann *As cumulonimbogenitus* genannt werden.

Die besonders großen Regentropfen und den Hagel, welche aus dem *Cb* fallen, erklärt man mit dem großen Feuchtigkeitsgehalt, mit der Heftigkeit der Kondensations- und Vereisungsprozesse im *Cb*, sowie mit dem sehr turbulenten Luftzustand innerhalb dieser Wolken, welcher sehr zahlreiche Zusammenstöße der Wolkenelemente zur Folge hat. Schnee fällt aus den *Cb* gewöhnlich in großen Flocken.

Im Gebirge, wo das Niveau der Eiskeime nur wenig über dem Kondensationsniveau liegt oder mit ihm sogar zusammenfallen kann, können bereits sehr kleine, sozusagen noch im Entstehen begriffene Haufenwolken kolloid-labil sein. Solche winzige *Cb* (und dem Aussehen nach *Fc*), aus denen deutlich sichtbare weiße Bündel von Fallstreifen herabhängen, hat der Autor zur Sommerzeit wiederholt im Gebirge Swanetiens (Kaukasus) beobachtet (Abb. 53). Analoge Fallstreifen sind gelegentlich auch unter *Ac* sichtbar. Manchmal kann man deutlich wahrnehmen, daß auch

Abb. 53. Kolloid-labile *Fc*.

Ci-Fäden die Form von Fallstreifen haben, die von kleinen haufenartigen Wölkchen in hohen Luftschichten ausgehen *(Cc cumuliformis)*.

Im Winter, wenn das Niveau der Eiskerne tiefer liegt, kommt eine Störung der kolloidalen Stabilität des *Cu* und *Ac* öfter vor. Meist fällt dann aus solchen

---

[1] Anfangs, solange sich der Amboß noch nicht ausgebildet hat, die Kuppeln der Wolke aber doch schon einen „eingeschrumpften" Eindruck machen und die Schärfe ihrer Umrisse verloren haben, nennt man die Wolke *Cb calvus*. Ein typischer *Cb* mit einem Amboß heißt *Cb capillatus*.

Die Entwicklung des Ambosses im oberen Teile eines *Cb* entzieht sich infolge der Perspektive dem Anblicke des Beobachters, falls sich die Wolke in der Nähe des Zenits befindet. Auf größere Entfernung hin bieten dagegen die *Cb*-Ambosse manchmal ein äußerst effektvolles Bild. Im Sommer konnte der Autor einst in der Ukraine aus dem Fenster eines Zuges gleichzeitig mehrere — etwa acht — entfernte *Cb* beobachten. Sie standen alle wie riesige Pilze da, mit dünnen Stielen und breiten faserigen Hüten, die von der Abendsonne rosa beleuchtet waren. Die unteren *Cb*-Massen tropfbar-flüssiger Struktur verschwanden im Dunste des Horizonts. Die „Hüte" hatten einen vollkommen geraden oberen Rand, der wie nach einem Lineal abgeschnitten war; offensichtlich stießen alle Ambosse an ein und dieselbe hohe Inversion an und breiteten sich unter ihr aus. Im zenitalen Teile des Himmels wurden zu dieser Zeit nur Reste von *Ci densus* beobachtet, welche sich offenbar vom Amboß losgerissen hatten.

dünnen *Cu*, *Sc* oder *Ac* etwas Schnee, während es aus ihnen nie regnet. Die winterlichen *Cb* in maritimer Polarluft oder die Frühlings-*Cb* in Arktikluft wachsen, ohne ihren Charakter von Eiswolken zu verlieren, bei weitem nicht so mächtig in die Höhe wie die *Cb* des Sommers; Analoges gilt für die arktischen Gebiete im Vergleich zu den gemäßigten Breiten. Dagegen verwandeln sich tropische Haufenwolken noch nicht in Schauerwolken, selbst wenn sie eine vertikale Mächtigkeit erreichen, die ihre Mächtigkeit in den gemäßigten Breiten erheblich übertrifft.

Das Ausfallen von Niederschlägen aus As—Ns geht nach BERGERONS *Ansicht mehr oder weniger analog der Ausscheidung von Niederschlägen aus einem Cb vor sich.* Das Frontalsystem *As—Ns* kann als ein riesiger *Cb* mit einer längs der Frontfläche geneigten Basis und mit dem Gipfel im *Cs*-Niveau angesehen werden. Die Niederschläge, deren Ausscheidung im oberen Teil des Systems einsetzt, durchfallen die Wolke in ihrer ganzen Dicke. Dort, wo die Basis des Systems hoch über der Erdoberfläche liegt (*As*), haben sie im Sommer nach dem Herausfallen Zeit genug, um unterwegs aufzutauen und schließlich ganz zu verdunsten, bevor sie den Boden erreicht haben; sie kommen dann vorwiegend nur als Fallstreifen zur Beobachtung. Jene Niederschläge, die aus dem tiefer liegenden und mächtigeren Teil des Systems (*Ns*) stammen, gelangen, nachdem sie sich aus Schneesternen in Regentropfen verwandelt haben, bereits bis zur Erde. Im Winter erreichen die aus dem *Ns* kommenden Niederschläge den Boden meist in der ursprünglichen Form von Schneesternen. Ganz allgemein ist für den Bodenbeobachter Niederschlag aus *As* im Winter häufiger als im Sommer; selbst Schneefall aus einem dünnen *As* ist im Winter keine ungewöhnliche Erscheinung.

Auch die Rauhreifbildung bei nebligem Frostwetter hängt offenbar damit zusammen, daß der Nebel gleichzeitig aus Tröpfchen und Kristallen besteht und daher kolloid-labil ist.

Die Koexistenz von Eis und Wasser ist die wichtigste, aber nicht die einzige Ursache für die Ausscheidung von Niederschlägen. Besonders mächtige *St*- oder Nebelschichten scheiden kleine Tröpfchen — das *Nieseln* — aus, welche einfach dadurch entstehen, daß winzige Wolkentröpfchen zu etwas größeren Tröpfchen zusammenfließen und diese auf Kosten der kleinen weiter anwachsen. Elektrische Kräfte und Turbulenz spielen unzweifelhaft bei diesem Prozeß eine Rolle; die elektrische Anziehung ist allerdings so gering, daß sich ihr Einfluß nur auf Tröpfchen äußern kann, die einander beinahe berühren. Auch beim Ausfallen unbedeutenden Regens aus einem *Cu* kann das hierzu notwendige Anwachsen der Tröpfchen vielleicht einfach damit erklärt werden, daß sich die oberen Wolkenteile, namentlich abends und nachts, durch unmittelbare Ausstrahlung stärker abkühlen; kalte Tröpfchen wachsen rascher an als warme.

Aus allem Gesagten geht hervor, daß für das Ausfallen von Niederschlägen aus den Wolken nicht die Mächtigkeit der Wolke entscheidend ist, sondern der Grad ihrer kolloidalen Stabilität, welche von ihrer Zusammensetzung sowie vom Grad der Turbulenz und teilweise vom elektrischen Zustand der Luft abhängt. Dies ist der Grund, weshalb mächtige Wolken *(Cu congestus)* das eine Mal überhaupt keinen, das andere Mal aber ganz plötzlich Niederschlag ausscheiden. Wir können nun noch einen Schritt weiter gehen.

c) BERGERONS Anschauungen im Zusammenhang mit der Sublimationskerntheorie.

BERGERONS Theorie der Niederschlagsbildung ist in jüngster Zeit von FINDEISEN 1938 *(1)*, 1939 *(2)* bestätigt und weiter ausgebaut worden. Es geschah dies auf Grund der Hypothese über das Vorhandensein zweier grundsätzlich verschiedener

Kerne in der Atmosphäre, der *Kondensations-* und der *Sublimationskerne.* Wir haben bereits in Abschnitt 39 die Umstände erwähnt, unter denen sich an Kondensationskernen Wasserwolken und an Sublimationskernen Eiswolken bilden. FINDEISEN stellt auch noch Kondensationsvorgänge in Eiswolken und Sublimationsvorgänge in Wasserwolken einander systematisch gegenüber.

Der erstere Fall kann z. B. eintreten, wenn ältere Eiswolken gehoben werden. Durch adiabatische Abkühlung wird dann Wasserdampf kondensiert, welcher an noch unberührten Kondensationskernen Tropfen bildet. In der Eiswolke entsteht hierdurch eine „sekundäre" Wasserwolke. Auf diese Weise erklärt sich z. B. das Auftreten kleiner Quellformen aus unterkühltem Wasser an der Oberseite eines alten, dünnen *As,* in welchem Konvektionsbewegungen angeregt worden sind.

Von viel größerer Bedeutung ist der andere Fall, die Umbildung von unterkühlten Wasserwolken in „sekundäre" Eiswolken. Sie erfolgt nicht etwa durch ein bloßes Gefrieren der Tropfen, sondern durch den Niederschlag rasch gefrierenden Wassers an Eiskristallen, sei es, daß diese entstanden sind an Sublimationskernen in der Wolke selbst, sei es, daß sie — nach BERGERON — als Eiskeime von oben in die Wolke eingedrungen sind.

Aus der Möglichkeit der Entstehung sekundärer Eiswolken in Wasserwolken und sekundärer Wasserwolken in Eiswolken ergibt sich, daß der *Aggregatzustand der Wolkenelemente in vertikaler Richtung schwadenweise abwechseln* und eine bedeutend kompliziertere Verteilung aufweisen kann als es die jeweilige Zustandskurve verrät. Ausschlaggebend hierbei ist nach FINDEISEN der Gehalt der Luft an Kernen und Wolkenelementen, ein Faktor also, der vorläufig gar nicht genau erfaßt werden kann, dessen Bedeutung aber noch mehr hervortritt, wenn man die eigentliche Niederschlagsbildung in Betracht zieht.

Die Niederschlagsbildung durch *reine Wasserwolken* beschränkt sich, wie schon erwähnt, höchstens auf *Nieseln* bei geringer Wolkenhöhe und hoher relativer Feuchtigkeit. Die in ihnen suspendierten Teilchen können weder durch fortgesetzte Kondensation erhebliche Größe erreichen, da sich der Kondensationsprozeß auf sehr zahlreiche Kerne zu verteilen hat, noch durch Koagulation der Tröpfchen, da sich aus der Erfahrung ein bisher noch nicht näher bekannter koagulationshindernder Effekt nachweisen läßt [FINDEISEN 1938 *(1)*].

Bei *reinen Eiswolken* ist infolge der relativ geringen Sublimationskernzahl (Bildung wenig zahlreicher, aber größerer und schwererer Niederschlagselemente) die Niederschlagsbereitschaft — namentlich bei erheblicher Wolkendicke — an und für sich größer und das Anwachsen der Niederschlagselemente überdies gefördert durch das Koagulieren der Eiskristalle zu Flocken. Schmelzen diese beim Fall, so kann, wie schon früher erwähnt, aus ihnen *großtropfiger Regen* entstehen.

Die *ergiebigsten Niederschläge* treten in Wolken auf, welche aus *beiden* Aggregatzuständen bestehen, nämlich im *Cb,* welcher von oben her in Vereisung begriffen ist, wie es im vorigen Teil dieses Abschnitts nach BERGERON beschrieben worden ist.

Für die Niederschlagsbildung spielen somit die Sublimationskerne eine entscheidende Rolle — eine Feststellung, die, wie FINDEISEN sagt, für die praktische Meteorologie von größerer Bedeutung ist als die Tatsache, daß Kondensation nur an Kondensationskernen erfolgen könne. Während nämlich geeignete Kondensationskerne praktisch immer in ausreichender Zahl vorhanden sind, sind die Eigenschaften und die Zahl der Sublimationskerne offenbar Schwankungen unterworfen, die sich im Ablauf der Witterungserscheinungen äußern. Bisweilen scheint, wie im Abschnitt 39 erwähnt, geradezu ein Mangel an Sublimationskernen zu herrschen. Darauf ist es zurückzuführen, daß unter gleichen thermodynamischen Entstehungsbedingungen manche Wolken Niederschlag erzeugen und andere nicht, daß manche Zyklonen niederschlagsreich sind und andere aus scheinbar unverständlichen Gründen nur wenig Niederschlag liefern usw. *Anzahl und Beschaffenheit der Sublimationskerne sind also ein belangreicher Wetterregulator.*

d) Genetische Niederschlagsklassifikation der Synoptik.

Für Zwecke der synoptischen Analyse sind vor allem drei struktur-genetische Typen der atmosphärischen Niederschläge zu unterscheiden. Diese Typen, welche bereits auf die Klassifikation von BEAUFORT zurückgehen und im modernen synoptischen Chiffernschlüssel deutlich auseinandergehalten werden, sind die folgenden:

1. Dauerniederschläge;
2. Schauerniederschläge;
3. Nieselniederschläge (Nieseln und sein Analogon im festen Aggregatzustand).

Dauerniederschläge (Schlüsselzahl $ww = 60$—79) fallen relativ gleichmäßig aus einer zusammenhängenden Wolkendecke von As—Ns; sie hängen folglich mit Aufgleitbewegungen zusammen.

Ihre Hauptformen sind Regen in Tropfen mittlerer Größe und Schnee in Form sechsstrahliger Sternchen. In den Übergangszeiten oder bei Tauwetter ist nasser Schnee, d. i. tauender Schnee oder Schnee gemischt mit Regen, nicht selten. Graupeln — sowohl Reif- als auch besonders Frostgraupeln — fallen nur verhältnismäßig selten in Form von Dauerniederschlägen.

Schauerniederschläge (Schauer) fallen aus Cb und sind durch einen unvermittelten Beginn und ein plötzliches Ende, durch schroffe Schwankungen ihrer Intensität und durch ein charakteristisches Aussehen des Himmels gekennzeichnet. Im Sommer ist über dem Festland bei ruhigem und heißem Wetter die tägliche Ausbildung von Cb mit nachfolgenden mehr oder weniger anhaltenden Regenschauern, oft in Begleitung von Gewittern und Hagel, wohlbekannt. Im Winter über dem Meer und in den Übergangszeiten auch über dem Festland wechseln in rasch strömender Luft von labiler Schichtung dunkle drohende Cb andauernd mit kurzem Aufklären — manchmal bis zu völliger Aufheiterung — ab. Die einzelnen Schauer sind von kurzer Dauer aber rascher Aufeinanderfolge.

Die Hauptformen der Schauerniederschläge sind zwar gleichfalls Regen und Schnee, die Regenschauer bestehen aber in der Regel aus größeren Tropfen als der Dauerregen und der Schnee fällt in großen Flocken. Auch nasser Schnee ist dabei häufig. Reif- und namentlich Frostgraupeln fallen meist als Schauer, der Hagel immer.

Im synoptischen Schlüssel werden Schauerniederschläge durch die Zahlen $ww = 80$—89, im Falle von Gewittern durch die Zahlen 90—99 verziffert.

Nieseln fällt aus kolloid-labilem, zusammenhängendem, dichtem und tiefem St. Es besteht aus sehr kleinen Tröpfchen (Durchmesser meist weniger als 0,5 mm), welche in der Luft suspendiert zu sein scheinen und an deren allerschwächsten Bewegungen teilnehmen. Im synoptischen Schlüssel wird Nieseln durch die Zahlen $ww = 50$—59 verziffert. Es darf nicht verwechselt werden mit leichtem Regen (z. B. dem ersten Regen aus As), dessen Tröpfchen nicht in der Luft „schweben", sondern sie ziemlich rasch durchfallen. Die Herkunft aus einem St ist ein sehr wichtiges Kennzeichen des Nieselns.

Die festen Formen des Nieselns sind bisher nur wenig erforscht. Aus St (sowie auch aus Sc und Ac) können in geringen Mengen sehr feiner Schnee, Griesel (siehe Abschnitt 39, a) und Eisnadeln fallen. Dem Aussehen nach ist Schnee aus St vom Dauerschneefall aus As—Ns kaum immer mit Sicherheit zu unterscheiden. Infolgedessen ist nichts Wesentliches dagegen einzuwenden, daß der Schlüssel die Verzifferung aller festen Niederschläge, außer jener von ausgesprochenem

Schauercharakter, durch die Zahlen der siebenten Dekade von *ww* (Dauerniederschläge) vorsieht. Unter anderem sind feiner Schnee durch die Zahlen 71—72, Griesel durch 78, Eisnadeln durch 79 zu verschlüsseln. Die Zahl 77 (Schnee und Nebel) eignet sich im Flachland (nicht auf den Bergen) anscheinend oft gleichfalls eher zur Meldung von Nieseln (in fester Form) als von Dauerniederschlägen.

Literatur zu Abschnitt 41.

Über die kolloidalen Eigenschaften der Atmosphäre: SCHMAUSS und WIGAND 1929, WIGAND 1930, SCHMAUSS 1931, FINDEISEN 1938 (*1*).

BERGERONS Theorie der Niederschlagsbildung: BERGERON 1928, 1934 (*1*), 1935 (*2*).

Es sei auf einige Arbeiten verwiesen, welche die elektrische Ladung und die Koagulation von Wolken (und Nebeln) betreffen: KÖHLER 1927 (*1*), WIGAND und FRANKENBERGER 1930, 1931, Sir GEORGE SIMPSON and SCRASE 1937, ROSSMANN 1939 (Zusammenhang zwischen Hagel und elektrischen Entladungen).

Die Internationale Meteorologische Organisation hat BERGERONS Vorschlag der Definition der Hydrometeore angenommen; jüngste Fassung in BERGERON 1938 (siehe auch Publikationen Nr. 38 oder Nr. 40 des Sekretariats der Internationalen Meteorologischen Organisation).

42. Der Nebel.

a) Begriff und Definition.

Der Nebel stellt die Hauptform der Kondensation des Wasserdampfes in unmittelbarer Nähe der Erdoberfläche vor. Andere Kondensationsprozesse und -produkte in der bodennahen Luftschicht, wie Tau, Reif u. a., haben, ausgenommen lediglich das Glatteis, in unseren Gebieten keine erhebliche praktische Bedeutung.

Nach internationaler Vereinbarung wird das Kondensationsprodukt der unteren Luftschichten dann *Nebel* genannt, wenn durch seinen Einfluß die horizontale *Sichtweite unter 1 km* abgenommen hat, wenigstens in irgendeiner Richtung. Bei einer Fernsicht von *mehr als 1 km* nennt man die entsprechende Erscheinung *Dunst*.

Zwischen Nebel und Wasserwolke gibt es keinen grundsätzlichen Unterschied. Der Nebel besteht ebenso wie die Wasserwolken aus sehr kleinen Tröpfchen und erinnert in seinem Aussehen sehr an eine Schichtwolke (*St*). Bei hinreichend tiefer Temperatur nehmen die Bestandteile des Nebels teilweise oder ganz kristallische Struktur an; in diesem Aggregatzustand sind sie jedoch noch wenig erforscht (siehe Abschnitt 39). In Gebirgsgegenden ist die Unterscheidung zwischen Nebel und *St* oft unmöglich: was dem Beobachter einer Bergstation als Nebel erscheint, erscheint von unten als Schichtwolke.

Ähnlich dem *St* weist die Nebelschicht oft, besonders bei Wind, eine ungleichmäßige, wellige Struktur auf (Advektionsnebel über dem Meer).

BERGERON 1938 gibt folgende Definitionen des Nebels und des Dunstes:

„*Nebel*: Beinahe mikroskopisch kleine Wassertröpfchen, die in der Luft zu schweben scheinen, wodurch (laut internationaler Übereinkunft) die horizontale Sichtweite unter 1 km herabgesetzt wird. Bei Temperaturen oberhalb des Gefrierpunktes kann der Nebel kaum ohne eine hohe relative Feuchte (meist $> 97\%$) existieren. Die Luft fühlt sich darum rauhkalt und feucht an, und bei genauem Hinsehen kann man unter Umständen sogar die Wassertröpfchen am Auge vorbeischweben sehen. Als Ganzes sieht der Nebel weißlich aus, ausgenommen in der Nähe von Industriegebieten, wo er — dank einer Beimengung von Rauch oder feinem Staub — eine schmutziggelbe oder graue Farbe bekommen kann.“

„*Dunst*: Mikroskopisch kleine Wassertröpfchen oder sehr hygroskopische Partikelchen schweben in der Luft, aber die horizontale Sichtweite ist meistens größer als 1 km, weil die winzigen Wassertröpfchen viel kleiner und mehr verstreut sind als bei Nebel. Die relative Feuchte ist in Dunst meistens niedriger als bei Nebel.

Die Luft fühlt sich deshalb kaum rauhkalt oder feucht an wie im Nebel. Der Dunst sieht immer mehr oder weniger graulich aus.‘‘

Nebel und Dunst dürfen nicht mit einer Trübung verwechselt werden, welche durch das Vorhandensein fester Teilchen in der Luft bedingt ist: mit dem *Höhenrauch* und der *opaleszenten Trübung*. Im nächsten (vierten) Kapitel werden die Unterscheidungsmerkmale für solche trockene Trübungen angegeben werden.

Der Nebel kann ebenso wie die Wolken entweder kolloid-stabil oder -labil sein. Die Tröpfchen des kolloid-stabilen Nebels sind von gleicher Größe und gleichmäßig verteilt. Der kolloid-labile Nebel enthält Tröpfchen verschiedener Größe; die größten von ihnen haben bereits die Ausdehnung von Nieseltropfen erreicht und fallen allmählich heraus. Ein solcher nieselnder Nebel steht offenbar in Analogie zu einem *St*, der Nieseln ausscheidet.

Technische Versuche zur Vernichtung von Nebel streben vor allem eine Störung seines kolloidalen Gleichgewichtes an, also seine Verwandlung aus einem kolloid-stabilen in einen kolloid-labilen Nebel mit Einleitung von Niederschlag. Diese Versuche bestehen z. B. in einer Aufladung der Nebeltröpfchen mit Elektrizität entgegengesetzten Vorzeichens oder in der künstlichen „Infizierung‘‘ mit Eiskeimen usw. Das Problem der Ausfällung des Nebels ist bereits im Jahre 1931 durch die Versuche WIGANDS und seiner Mitarbeiter (in Hamburg) in ein Vorstadium seiner praktischen Lösung eingetreten. Neue Versuche zur Auflösung von Nebel besonders an Flugplätzen liegen aus Amerika vor (H. G. HOUGHTON und W. H. RADFORD 1938).

Eine durchaus notwendige Bedingung für die Nebelbildung ist das Vorhandensein von Kondensationskernen. Kondensationskerne sind in den unteren Schichten der Atmosphäre stets in hinreichender Zahl vorhanden; die Kondensation beginnt sofort nach Eintritt der Sättigung oder, wie schon erwähnt, sogar noch früher. In der synoptischen Praxis muß man noch im Auge behalten, daß sich Nebel von kristallischer Struktur bei Temperaturen unter $-5°$ bereits ausbilden kann, wenn die Luft vom Sättigungszustand in bezug auf Wasser noch weit entfernt ist (z. B. bei $-30°$ bei einer relativen Feuchte von 79%). Ferner ist zu berücksichtigen, daß Industriegebiete beim Verbrennen von Heizmaterial in besonders großen Mengen hygroskopische Kondensationskerne erzeugen. Dies kommt in einer *größeren Häufigkeit und Intensität der Nebel* in Städten und in Industriegebieten überhaupt zum Ausdruck.

Es ist ferner bekannt, daß am Morgen, bei Sonnenaufgang, sich der nächtliche Bodennebel zunächst manchmal noch etwas verstärkt und erst nachher infolge der Erwärmung und Konvektion auflöst. Diese Nebelverstärkung am Morgen erklärt sich dadurch, daß sich unter dem Einfluß ultravioletter Sonnenstrahlen Ozon und Wasserstoffsuperoxyd bildet. Einige der Luft beigemengte, an sich wenig hygroskopische Gase werden durch diese Oxydatoren in stark hygroskopische verwandelt: so z. B. Schwefeldioxyd (SO_2) in Schwefeltrioxyd (SO_3) usw. Infolgedessen nimmt die Anzahl der in der Luft vorhandenen hygroskopischen Kerne bei Sonnenschein zu.

b) Einteilung der Nebel.

Nebel kann sich entweder durch *Abkühlung* feuchter Luft oder durch *Verdunsten* von Wasser in kühlere Luft bilden. Die horizontale Luftmischung ungleich temperierter feuchter Luftmassen scheidet bei näherer Betrachtung [PETTERSSEN 1939 (2)] als unerheblich für die Nebelbildung aus.

Damit sind bereits die zwei Hauptgruppen der Nebel gegeben, die Abkühlungsnebel und die Verdunstungsnebel. Im Einklang damit hat PETTERSSEN eine systematische Nebelklassifikation verfaßt, welche die nebelerzeugenden und nebelzerstreuenden Effekte nebeneinanderstellt.

Nebelerzeugende Prozesse.	Nebelzerstreuende Prozesse.

Nebelerzeugende Prozesse.

I. *Verdunstung* von
  1. Regen, der wärmer als die Luft ist *(Frontalnebel)*;
  2. einer Wasserfläche, die wärmer als die Luft ist *(Dampfnebel)*.

II. *Abkühlung* durch
  3. adiabatisches Aufgleiten *(Hangnebel)*;
  [4. Luftversetzung gegen den tieferen Druck (quer zu den Isobaren) *(isobarischer Nebel)*]; [1]
  [5. Luftdruckfall *(isallobarischer Nebel)*]; [1]
  6. Ausstrahlung der Unterlage *(Strahlungsnebel)*;
  7. Advektion warmer Luft gegen eine kältere Unterlage *(Advektionsnebel)*.

III. *Mischung.*
  [8. Horizontale Mischung (an sich geringfügig und stark kompensiert durch vertikale Mischung; *Mischungsnebel*)].

Nebelzerstreuende Prozesse.

I. *Sublimation* oder *Kondensation* an
  1. Schnee bei Lufttemperaturen unter 0° (ausgenommen Eiskristallnebel);
  2. Schnee bei Lufttemperaturen über 0° (schmelzender Schnee).

II. *Erwärmung* durch
  3. adiabatisches Abgleiten;
  [4. Luftversetzung gegen den höheren Druck (quer zu den Isobaren)];
  [5. Luftdruckanstieg];
  6. Strahlung absorbiert durch den Nebel oder die Unterlage;
  7. Advektion kalter Luft gegen eine wärmere Unterlage.

III. *Mischung.*
  8. Vertikale Mischung (wichtig für Nebelzerstreuung und Stratusbildung).

Unbedeutende oder vernachlässigbare Effekte stehen in Klammern [ ].

Zu den Verdunstungsnebeln gehören somit die Frontalnebel und die Dampfnebel; zu den Abkühlungsnebeln die Hangnebel, die Strahlungsnebel und die Advektionsnebel. Sie sollen im folgenden nacheinander behandelt werden.

c) Verdunstungsnebel.

α) **Frontalnebel.** Während sich alle übrigen Arten von Nebeln auf mehr oder weniger ausgedehnten Gebieten innerhalb homogener Luftmassen bilden, entstehen die Frontalnebel, wie schon ihr Name sagt, an der Grenze zweier Luftmassen, und zwar in der Regel unter *Warmfronten*. Voraussetzung ist, daß die Temperatur der Luftschicht, in der sie sich bilden, gleichgültig ob diese am Boden aufliegt oder nicht, erheblich niedriger ist als die Temperatur des fallenden Regens. Dieser verdampft dann, durch den hierdurch bedingten Wärmeentzug kühlt sich die Luft unter ihren Taupunkt ab und Kondensation in Form von Nebel setzt ein. Vertikale Durchmischung infolge Turbulenz wirkt bei seiner Entstehung mit, und die regnende Wolke wächst gewissermaßen dann allmählich bis zum Erdboden herab. Die Frontalnebel haben keine eindeutige klimatologische Bedeutung, d. h. sie kommen auf den klimatischen Karten nicht immer zum Ausdruck. Für das Flugwesen jedoch kann der Frontalnebel ein sehr wesentliches Hindernis vorstellen. Nach DANILIN waren während der Jahre 1930 bis 1935 in Moskau 32% aller Nebel Frontalnebel.

Weitere Bemerkungen über Frontalnebel finden sich in den Kapiteln über Fronten und Frontalstörungen.

β) **Dampfnebel.** Fließt kalte feuchte Luft über eine warme Wasserfläche hinweg, so kann diese infolge ihres Dampfdrucküberschusses um so reichlicher in die Luft hineinverdampfen, je größer die Temperaturdifferenz ist zwischen Wasser und Luft. Zur Nebelbildung kommt es jedoch im allgemeinen nur dann, wenn der Wind nicht zu stark ist und eine bereits vorhandene Inversion den Eintritt konvektiver Luftbewegungen und damit vertikaler Mischungsprozesse unterdrückt.

---

[1] Die Bezeichnung „barischer" bzw. „allobarischer Nebel" wäre vielleicht sinngemäßer.

Solche Nebel treten namentlich in der Arktis auf, wenn sehr kalte Luft über offenes Wasser (über Lücken im Eis, über den Eisrand) hinwegströmt. Sie werden dort „*arktischer Seerauch*" genannt und entsprechen im Prinzip dem herbstlichen „Rauchen" der Wasserbecken des Festlandes. Der Autor dieses Buches hat eine charakteristische Erscheinung dieser Art am Ingur (Kaukasus) beobachtet: An Abenden und am Morgen gegen Ende August war der rasch strömende Fluß völlig in „Dampfwolken" gehüllt, welche sich schon in einigen Metern Höhe über der Wasserfläche auflösten.

WILLETT weist darauf hin, daß die winterlichen Nebel der Ostsee den Dampfnebeln der arktischen Meere analog sind; die über dem Festland stark abgekühlte Luft gelangt über die noch nicht zugefrorene Meeresoberfläche.

d) Abkühlungsnebel.

α) **Hangnebel.** Bei dieser ersten Art von Abkühlungsnebeln wird die zur Übersättigung nötige Temperaturerniedrigung der Luft durch deren adiabatische Expansion beim Aufsteigen gegen ein Gebirgshindernis veranlaßt. Voraussetzung ist also eine *Aufwindströmung*, welche sehr feuchte Luft über ihr Kondensationsniveau anhebt; diese muß (konvektiv-) stabil und darf nicht labil geschichtet sein, da sonst die zu erhebliche vertikale Mischung die Nebelbildung unterdrücken würde.

Es ist nach PETTERSSEN für Hangnebel charakteristisch, daß sie von großer Mächtigkeit sind; denn die Aufwindströmung erfaßt eine mächtige Luftschicht. Hangnebel werden häufig bei Ostwind in Südostnorwegen beobachtet, desgleichen am Osthang des nordamerikanischen Felsengebirges und an fast allen Gebirgsketten der Erde. Der sog. „Cheyenne-Nebeltyp" gehört in diese Kategorie.

β) **Nebel durch Bodenkühlung im allgemeinen und Strahlungsnebel im besonderen.** Es ist verständlich, daß für Nebel, welche durch Abkühlung von unten her entstehen, eine *stabile Lagerung der unteren Luftschichten* charakteristisch ist. Wofern sich Nebel auch bei Konvektion ausbilden könnte, würde er durch sie bald wieder zerstreut werden. Inversionen, Isothermien oder wenigstens feucht-stabile Gradienten in den unteren Luftschichten sind notwendige Begleiterscheinungen des weitaus größten Teiles aller Nebel. Zu den allgemeinen Bedingungen, welche die Nebelbildung fördern, gehört ein genügender Feuchtigkeitsvorrat in den unteren Schichten der Luftmasse (d. i. ein genügend hoher Dampfdruck oder eine genügend große spezifische Feuchtigkeit), eine hinreichend große relative Feuchtigkeit und möglichst Luftruhe oder nur mäßige Bewegung.

Der *Strahlungsnebel* ist eine vorwiegend kontinentale Erscheinung. Gerade das Festland, das sich (während der Nacht und im Winter) bei heiterem und ruhigem Wetter durch Ausstrahlung stark abkühlt, schafft eine für die Bildung von Strahlungsnebeln günstige Unterlage. In Moskau machen die Tage mit Strahlungsnebeln 54% aller Nebeltage aus.

Innerhalb der Gruppe der Strahlungsnebel sind zwei Haupttypen zu unterscheiden:

1. Bodennebel,
2. Hochnebel.

Der *Bodennebel* hängt mit der Strahlungsabkühlung des Bodens im Laufe der Nacht zusammen. Nach Sonnenaufgang, wenn die Sonnenstrahlung und die infolgedessen aufkommende Konvektion die Bodeninversion oder -isothermie (notwendige Begleiterscheinungen des Bodennebels) zerstört, löst sich auch der Nebel auf. A T DANILIN fand, daß die relative Feuchtigkeit dabei außerordentlich rasch abnimmt. Nur unter besonders günstigen Verhältnissen (namentlich über Städten mit ihrer reichen Produktion von Kondensationskernen) kann sich der Nebel mehrere Tage hindurch behaupten, wobei er von Nacht zu Nacht an Dichte zunimmt. Selbst die allerstärksten Londoner Nebel gehören nach Angabe von WILLETT zu diesem Typus.

Die Höhe des Bodennebels beträgt gewöhnlich nur einige Dekameter und erreicht in seltenen Fällen rund 200 m. Über Städten (London, Hamburg) kann die Höhe des Nebels 200 m überschreiten.

Kontinentale (namentlich herbstliche) Antizyklonen bieten für die Entwicklung dieser Nebel besonders günstige Voraussetzungen. Genügende Feuchte, heiterer Himmel (und folglich ungestörte Ausstrahlung der Erdoberfläche), kleine Windgeschwindigkeiten (bis zu 2—3 m/sek), welche die abgekühlte bodennahe Luft nicht zerstreuen, dabei aber doch eine gewisse Turbulenz erzeugen, die für die Übertragung der Abkühlung vom Boden in höhere Schichten erforderlich ist — dies alles sind Bedingungen, welche eine Ausbildung von Bodennebeln begünstigen.

Lokale Einflüsse spielen hierbei eine sehr wesentliche Rolle; das fleckenweise Auftreten von Bodennebel ist wohlbekannt. An tiefgelegenen Orten (in Hohlwegen, Schluchten, Bachtälern) entstehen Bodennebel öfter, da dorthin in der Nacht kältere Luft abfließt und zum Stillstand kommt. Falls diese Luft vorher vom Erdboden fast bis zur Sättigung abgekühlt worden war, führt bereits ihre geringste weitere Abkühlung durch direkte Ausstrahlung zur Nebelbildung.

Zur Ausbildung von Bodennebel kann auch die Feuchtigkeit des Bodens selbst wesentlich beitragen, indem sie in die Luft hineinverdunstet, die schon vorher durch Hinwegstreichen über eine trockene und stark ausstrahlende Unterlage fast bis zum Taupunkt abgekühlt worden war (Bildung von Sumpfnebeln, die nicht einmal Manneshöhe erreichen). Auch hier gibt schließlich direkte Ausstrahlung der Luft den letzten Anstoß zur Nebelbildung.

Über großen Flüssen und Seen, deren Oberfläche sich nachts nicht abkühlt, entsteht kein Bodennebel. Der über dem angrenzenden Gelände entstandene und von dort her über die erwärmte Wasseroberfläche vorgedrungene Nebel löst sich hier auf oder erfährt zumindest infolge der Konvektion eine Abschwächung. Flußläufe erzeugen daher häufig in dem allgemeinen Nebelmeer eine nebelfreie Rinne, die von Fliegern ausgenutzt werden kann.

Der *Hochnebel* tritt innerhalb umfangreicher und stationärer Antizyklonen besonders häufig im Herbst und im Winter auf. Er bedeckt zusammenhängend ungeheuere Flächenareale und dauert oft viele Tage oder sogar Wochen an, ohne sich tagsüber aufzulösen. Er entsteht durch Abkühlung der unterhalb der tiefsten Schrumpfungsinversion liegenden Luft. Die Abkühlung kommt sowohl durch Ausstrahlung des Bodens als auch durch unmittelbare Ausstrahlung der Luft zustande. In der sich abkühlenden Schicht von einigen hundert Metern Dicke entwickelt sich auch der Nebel.

Der Hochnebel kann sich mit zunehmender Dichte von der Erde bis zur Inversion erstrecken (wogegen der Bodennebel am dichtesten in Erdnähe ist). Die Inversionsfläche, unter welcher sich Wasserdampf, Rauch und Staub ansammeln, die dorthin durch Turbulenz übertragen werden, ist eine aktiv ausstrahlende Fläche. Die Nebelbildung beginnt meist unmittelbar unter ihr und schreitet von oben nach unten fort. Infolgedessen geht in einer Antizyklone gewöhnlich das Erscheinen von *St* dem Erscheinen von Nebel an der Erde voran. Es kommt aber auch vor, daß die Luft an der Erde nahezu ungetrübt bleibt und der Nebel sich nur als tiefer, dichter, meist unbeweglicher *St* äußert. Sowohl aus *St* als auch aus Nebel an der Erde kann gegebenenfalls leichter Niederschlag fallen (Nieseln, im Winter feiner Schnee, Griesel oder Eisnadeln; im Nebel Rauhreifansatz).

Der Feuchtigkeitsgehalt der sich abkühlenden Luftschicht ist selbstverständlich von erheblicher Bedeutung für die Intensität des Nebels. In der sehr trockenen, kontinental-arktischen Luft kann nicht einmal nach ihrer Stabilisierung und nach ihrer weiteren Abkühlung wesentliche Nebelbildung erwartet werden. Diese Luft bringt daher in den winterlichen Antizyklonen Rußlands ziemlich heiteres Wetter.

In maritim-arktischer oder maritim-polarer Luft, welche vorher auf ihrem Wege über den Ozean viel Feuchtigkeit aufgenommen hat, sind nach erfolgter Stabilisierung über dem europäischen Festland die Bedingungen für starke Nebelbildung bedeutend günstiger.

Wie bereits gezeigt, kann in den Tälern Mitteleuropas bei hohem Druck im Winter wochenlang trübes Frostwetter mit *St* und Nebel, eventuell auch mit Nieseln, anhalten. Auf den Bergstationen über 500—1000 m Höhe (d. i. über der Inversionsschicht oder in ihr) scheint jedoch gleichzeitig die Sonne, die Temperatur ist bedeutend höher als unten und die Feuchtigkeit sehr gering.

γ) **Advektionsnebel.** Die Advektionsnebel hängen zum Unterschied von Strahlungsnebeln mit einer horizontalen Luftversetzung und folglich mit mehr oder weniger großen Windgeschwindigkeiten zusammen — namentlich der Tropikluftnebel, der oft bei frischem bis starkem Wind auftritt. In Moskau beträgt die Windgeschwindigkeit bei Advektionsnebeln meist 5—12 m/sek mit einem Maximum bei 18 m/sek. Die Abkühlung, welche zur Nebelbildung führt, vollzieht sich vor allem in der alleruntersten Schicht, welche die kalte Unterlage unmittelbar berührt. Dann wird diese Abkühlung durch starke Turbulenz ziemlich rasch nach oben übertragen.

In Moskau wurden (im Mittel der Jahre 1930 bis 1934) Advektionsnebel in 13,5% aller Nebeltage, und zwar vorwiegend in der Zeit vom Oktober bis inklusive März beobachtet; von Mai bis August fehlen sie überhaupt.

Man kann folgende Typen von Advektionsnebeln unterscheiden:

1. *Tropikluftnebel.* Dieser Nebeltypus ist charakteristisch für Tropikluft, welche nördlichen Breiten zuströmt und dabei über eine immer kältere Unterlage gelangt. Dieser Nebel ist im allgemeinen nicht allzu dicht, aber er bringt oft Nieseln; im Winter kann er sich über dem abgekühlten Festland erheblich verstärken.

2. *Monsunnebel* (nach WILLETT). Nebel, welcher auftritt, wenn Kontinentalluft vom warmen Festland über eine kältere Meeresfläche vordringt. Diese Erscheinung ist eine typisch sommerliche und besonders gut in Kalifornien, an den Küsten Neu-Englands, Westafrikas (Benguela-Nebel) und Skandinaviens bekannt. Auch in dem Polarmeer Rußlands spielt sie eine große Rolle.

Durch den Seewind der Tagesstunden kann dieser über dem Meer entstandene Nebel sich auch über die Küstenstriche ausbreiten. Es kommt vor, daß ein solcher Nebel den Schiffsverkehr auf dem Norwegischen Meer und der Nordsee sogar tagelang aufs schwerste behindert.

Die Höhe der Nebel dieses Typus beträgt 300—400 m, kann aber unter besonders günstigen Verhältnissen 700—800 m erreichen.

3. *Meernebel,* welcher über offener See entsteht, wenn die Luft von einer warmen gegen eine kalte Meeresoberfläche vordringt. Am häufigsten sind Nebel dieser Art in Gebieten, wo die Meeresoberfläche große horizontale Temperaturgradienten aufweist, d. h. besonders dort, wo warme und kalte Meeresströmungen aneinandergrenzen. Im Spätfrühling und im Spätsommer sind die Temperaturunterschiede der Meeresoberfläche besonders groß, da sich die südlichen Gewässer rascher erwärmen als die nördlichen, welche tauendes Treibeis führen. Daher entfällt die größte Häufigkeit des Meernebels auf diese Jahreszeit. Im allgemeinen tritt er aber das ganze Jahr auf, selbst im Winter, zum Unterschiede vom Monsunnebel.

Wegen seiner Meernebel berüchtigt ist das Gebiet der Neufundland-Bänke; die Gefahr für die Schiffahrt ist hier durch das gleichzeitige Vorkommen von Eisbergen (namentlich in der ersten Jahreshälfte) besonders groß.

Zu diesem Typus müssen auch die meisten Nebel der Polarmeere gezählt werden. Wenn Abkühlung der Luft über dem Treibeis der Arktis eintritt, sind die Nebel außerordentlich intensiv und häufig, besonders in den Sommermonaten (Maximum im August).[1] Am dichtesten sind sie am Morgen. Im Einklang damit weisen die aerologischen Beobachtungen über dem Polareis eine fast beständige sommerliche Isothermie auf, welche sich bis zu 200 m und noch höher erstreckt. Im Winter stellen sich über der Eisdecke Bedingungen ein, welche für die Bildung von Strahlungsnebeln sehr günstig sind. Infolge des sehr geringen Wasserdampfgehaltes der Luft wird bei Sättigung in diesem Falle jedoch nur leichter Dunst wahrgenommen.

4. *Maritimer Nebel* entsteht in der kalten Jahreszeit in maritimer Polarluft, welche vom warmen Meer über das kalte Festland einbricht. Er bildet sich erst über dem Festland aus und kann zusammen mit der Luftmasse weit in das Innere des Kontinentes vordringen. Er kommt bei bedeutenden Windstärken vor, lange bevor sich die Luft in einer kontinentalen Antizyklone stabilisiert und bevor sich eine antizyklonale Inversion entwickelt. Großer Feuchtigkeitsgehalt der Luft und daher bedeutende direkte Ausstrahlung aus ihr, starke Abkühlung vom Boden her und beträchtliche Turbulenz (bei noch nicht verschwundener Labilität der Schichtung), durch welche diese Abkühlung nach oben übertragen wird — alle diese Eigenschaften bedingen eine besonders mächtige Entwicklung des Nebels. Zu diesem Typus gehört in Moskau der größte Teil der Advektionsnebel, welche im Jahresgang am häufigsten im Winter vorkommen, von Mai bis August jedoch vollkommen fehlen. In den Wintermonaten hängen die Advektionsnebel in Moskau gewöhnlich mit Erwärmungen zusammen und werden bei Temperaturen von $-2{,}5°$ bis $+3°$ beobachtet. Im Dezember 1932, wo in Moskau 15 Tage mit Advektionsnebeln verzeichnet wurden, betrug die mittlere Monatstemperatur nur $-1{,}4°$ (bei einem Normalwert von $-8{,}0°$).

Es ist begreiflich, daß die angeführten Advektionsnebeltypen, deren Entstehung auf Temperaturunterschieden der Unterlage beruht, auch auf klimatischen Karten zum Ausdruck kommt, wobei diese namentlich in den Küstengebieten der gemäßigten Breiten eine verstärkte Nebelhäufigkeit zeigen.

Was die Nomenklatur der Advektionsnebeltypen anlangt, so bedarf diese offenbar noch einer Revision, um Verwechslungen auszuschließen; dies betrifft namentlich die Benennungen „maritimer Nebel" und „Meernebel".

δ) **Isobarische und isallobarische Nebel.** Unter den Vorgängen, welche Abkühlungsnebel erzeugen können, haben nach PETTERSSEN die Luftversetzung gegen den tieferen Druck (quer zu den Isobaren), sowie lokaler Luftdruckfall keine wesentliche Bedeutung. Gleichwohl scheinen solche isobarische und isallobarische Nebel doch gelegentlich vorzukommen (vgl. z. B. BERGERON und SWOBODA 1924 bzw. BRIGGS und CHURCH 1938).

Den *Mischungsnebel*, verursacht durch *horizontale* Vermischung von Luftmassen, findet man in den modernsten Nebelklassifikationen, zu denen sich auch noch jene von DUFOUR 1939 gesellt, nicht mehr. Nach PETTERSSEN ist die horizontale Vermischung ungleich temperierter Luftmassen kein nebelbildender, die vertikale sogar ein ausgesprochen nebelzerstreuender (dabei aber für Stratusbildung wichtiger) Effekt.

---

[1] B. L. DSERDSEJEWSKIJ hat im Sommer 1932 über dem Karischen Meer Gewitter beobachtet, die vermutlich mit Kaltfronten zusammenhingen, aber nicht imstande waren, den dichten Nebel zu zerstreuen.

e) Einfluß der Schneedecke auf Nebelbildung und -auflösung.

PETTERSSEN 1939 (2) hat die überraschende Erfahrungstatsache untersucht, daß sich über den kalten schneebedeckten Kontinenten im Winter, wie z. B. über Sibirien und Kanada, auffallend wenig Advektionsnebel bilden, wenn feuchte maritime Luft über sie eingebrochen ist. Sogar dann, wenn in der Folge Windstille und Ausheiterung eingetreten ist, bleibt die Nebelbildung vielfach aus.

Diese zunächst unerwartete Erscheinung findet ihre Erklärung darin, daß der Sättigungsdruck über Wasser höher ist als über Eis. Hat sich die über die Schneefläche hinstreichende Luft bis auf ihre Sublimationstemperatur, die höher ist als ihre Sättigungstemperatur, abgekühlt, so wird sich ihr Wasserdampf auf der Schnee- oder Eisfläche niederzuschlagen beginnen und geht damit für die Nebelbildung verloren. Solange jene physikalisch bedingte Temperaturdifferenz zunimmt — sie erreicht bei — 10° bis — 15° ihren Höchstwert —, wird der nebelhemmende Effekt zu- und die Nebelhäufigkeit abnehmen. Letztere vergrößert sich aber auch bei Lufttemperaturen unter — 15° nicht mehr wesentlich, da dann die spezifische Feuchte der Luft zu gering ist, um *wässerige* Nebel von wesentlicher Dichte zu bilden. Dagegen nimmt bei weiterer Temperatursenkung die Bildung von *Eiskristallnebeln* durch direkte Sublimation der Luftfeuchte an den Kondensationskernen zu, und zwar bis zu Temperaturen von — 50° C. In diesen Eiskristallnebeln kann die Fernsicht sehr wohl unter 1000 m sinken.

Für die Bildung wässeriger Nebel über einer Schneedecke sind somit Lufttemperaturen um 0° am günstigsten. Dies gilt auch für den Fall, daß die Schneedecke schmilzt, die Lufttemperatur also über dem Gefrierpunkt liegt. Je höher die Temperatur der feuchten, über die schmelzende Schneedecke hinwegstreichenden Luft, um so höher ist ihr Sättigungsdruck im Vergleich zu jenem über Eis, um so mehr wird sich ihre Feuchtigkeit auf der schmelzenden Schneedecke niederschlagen und somit der Nebelbildung entzogen werden. Die relative Luftfeuchte kann während dieses Prozesses um so mehr unter 100% liegen, je größer die Temperaturdifferenz zwischen Luft und Schneedecke ist oder, mit anderen Worten, je höher die Lufttemperatur über Null liegt.

Somit ergibt sich bei Vorhandensein einer Schneedecke ein Maximum der Nebelhäufigkeit um 0° für wässerige Nebel und ein zweites etwa zwischen — 45° und — 50° für Eiskristallnebel. Im Zwischenbereich, bei nicht allzu strengem Frost, sind also über einer Schneedecke Nebel selten, aber sie kommen doch vor. Dies ist dann der Fall, wenn die Advektion feuchter Seeluft so ergiebig und so anhaltend ist, daß der obenerwähnte nebelhemmende Effekt überkompensiert wird.

Literatur zu Abschnitt 42.

Die moderne Klassifikation der Nebel beruht im wesentlichen auf folgenden beiden Arbeiten: WILLETT 1928, PETTERSSEN 1939 (2). Ferner sei verwiesen auf DUFOUR 1939.

WILLETTS Buch enthält Literaturangaben über diese Frage bis 1928.

Aus der Literatur der letzten Jahre seien noch angeführt: WILLETT 1930, BYERS 1930, DANILIN 1936, PETTERSSEN 1938 (1).

Zahlreiche Analysen einzelner Nebel-Wetterlagen finden sich in der periodischen Literatur, namentlich in den Erf. Ber. FWD und im Met. Mag.

Über die kolloidalen Voraussetzungen der Nebelbildung siehe die Literatur zu den Abschnitten 39 und 41. Ferner: WIGAND 1932, HOUGHTON and RADFORD 1938.

Viertes Kapitel.

Die Luftmassen.

43. Die Herkunft der Luftmassen.

Die Antizyklonen als „Quellgebiete" der Luftmassen. Zyklonenbildung an den Frontalzonen zwischen den Antizyklonen.

Die ungleiche Wärmeeinstrahlung unter verschiedenen Breitengraden und die ungleichartige Erwärmung von Land und Meer entlang der Erdoberfläche haben zur Folge, daß sich in der Troposphäre *Luftmassen* von ungleicher Temperatur (und auch von unterschiedlichen anderen Eigenschaften, wie Feuchtigkeit, Staubgehalt u. a.) ausbilden. Diese Luftmassen haben Horizontaldimensionen der Größenordnung von tausenden Kilometern und verlagern sich als Glieder der allgemeinen Zirkulation der Atmosphäre von einem Gebiet ins andere.

Man könnte die Frage aufwerfen: Warum entsteht in der Atmosphäre eine große Anzahl scharf gegeneinander abgegrenzter Luftmassen? Warum stellt die ganze Atmosphäre nicht vielmehr eine einheitliche Luftmasse mit einer allmählichen Änderung ihrer Eigenschaften in horizontaler Richtung vor?

Die „Gliederung" der Troposphäre in einzelne Luftmassen ist durch den Mechanismus ihrer Bewegungen bedingt. Im Rahmen der atmosphärischen Zirkulation finden wir stets Luftströmungen, die aneinandergrenzen, aber Luft aus äußerst verschiedenen Gebieten und folglich mit stark abweichenden Eigenschaften heranführen. Es ist klar, daß wir beim Übergang aus der einen dieser Strömungen in die benachbarte eine mehr oder weniger scharfe Grenze zwischen den beiden Luftmassen zu passieren haben. Eine etwas genauere Betrachtung soll uns nun zeigen, wie eigentlich diese Luftmassen entstehen.

Ein gewisses Luftquantum kann unter der Einwirkung der Umgebung (besonders unter den von der Unterlage ausgehenden Einflüssen) einheitliche Eigenschaften vor allem im Gebiete einer *stationären Antizyklone* annehmen, d. i. in einem Gebiet mit höherem Luftdruck, schwachen Winden und genügend heiterem Himmel.[1] Infolge der geringen Luftbewegung verharrt die einer stationären Antizyklone angehörende Luft während langer Zeit über einem und demselben Gebiet, von dessen Oberfläche aus sie andauernd erwärmt oder aber abgekühlt wird, Feuchtigkeit, Staub aufnimmt usw. Die Heiterkeit des antizyklonalen Himmels begünstigt ferner eine gleichfalls langandauernde unmittelbare Erwärmung der Luft durch Absorption der Sonnenstrahlung bzw. eine Abkühlung durch direkte Ausstrahlung.

Im barischen Gesamtfeld der Troposphäre finden wir stets solche mehr oder weniger stationäre antizyklonale „Zellen" in großer Zahl; sie stellen *Quellgebiete der Luftmassen* vor. Ihre Entstehung ist durch die Passat- und Monsunzirkulation bedingt und erfolgt meist in der subtropischen Zone, da sich hier die in den oberen Schichten vom Äquator gegen höhere Breiten abfließende Luft infolge der ablenkenden Wirkung der Erdrotation anstaut (siehe Abschnitt 44); aber auch über den abgekühlten Kontinenten der gemäßigten Breiten (oder über dem Polareis) können stationäre Antizyklonen entstehen. Außer diesen primär gebildeten gibt es allerdings noch Antizyklonen, welche sich erst infolge der Tätigkeit von Zyklonen entwickeln. Die Luft, welche in der Höhe aus den Zyklonen, solange sie sich ver-

---

[1] Die stationären Antizyklonen brauchen übrigens durchaus nicht mit den „permanenten" Gebieten höheren Drucks auf den klimatischen Karten identisch zu sein. Die „permanenten" barischen Systeme der klimatischen Karten haben keine reale Existenz; sie bringen nur die Häufigkeit und das längere Verharren vieler konkreter barischer Systeme in dem betreffenden Gebiet statistisch zum Ausdruck.

tiefen, ausgestoßen wird, muß sich irgendwo in deren Umgebung ansammeln. Solche „Verdichtungen" der Luft machen sich im barischen Feld als *bewegliche* Antizyklonen geltend, welche zwischen den Zyklonen entstehen und sich mit ihnen zusammen verlagern. Die beweglichen Antizyklonen wandeln sich allerdings oft in unbewegliche *stationäre* Hochdruckgebiete um; oder sie ergießen sich in solche zusammen mit den Luftmassen, aus welchen sie bestehen, wobei sie diese stationären Antizyklonen verstärken oder „ersetzen".

Nun werden z. B. im Winter die Luftmassen zweier Antizyklonen, von denen sich die eine über den Azoren und die andere über dem Festland Eurasiens aufhält, ganz verschiedene Eigenschaften annehmen. Im ersten Falle entsteht eine Masse maritimer Tropikluft mit (für die betreffenden Breiten in dieser Jahreszeit) hohen Temperaturen, großem Feuchtigkeitsgehalt und mit beträchtlichem Staubgehalt (infolge Nachbarschaft der Sahara). Im anderen Falle handelt es sich um eine Masse kontinentaler (Sub-) Polarluft, die sich über dem Festland abgekühlt hat und ziemlich trocken und durchsichtig ist.

Zwischen diesen beiden antizyklonalen Luftmassen wird eine Übergangsschicht von größerer oder geringerer Breite vorhanden sein, in welcher die Eigenschaften der einen Masse allmählich in jene der anderen übergehen. Nun kommt es in der Atmosphäre unter gewissen, aber häufig auftretenden Voraussetzungen zu sog. Deformationsbewegungen, welche eine „Verschärfung" der Übergangszonen, d. h. ihr Einschrumpfen bis auf wenige Dekakilometer Dicke in horizontaler Richtung zur Folge haben oder, mit anderen Worten, ihre Umwandlung in „*Fronten*", in geneigte „Grenzflächen".[1] Umgekehrt können sich durch entgegengesetzte Deformationsbewegungen scharfe Fronten wieder in breite Übergangszonen zurückverwandeln oder ganz auflösen. Den Mechanismus dieses Vorgangs werden wir in Abschnitt 46 kennen lernen.

Die Fronten haben also keine unbeschränkte Lebensdauer; sie entstehen und verschwinden ebenso, wie auch die Luftmassen selbst sich entwickeln, auflösen oder umgestalten. Nichtsdestoweniger läßt sich in jedem Augenblick die Troposphäre in eine Anzahl bestimmter Luftmassen gliedern, die voneinander getrennt sind durch Grenzflächen von Tausenden von Kilometern Länge, durch sog. *Hauptfronten* (und *Okklusionsfronten*).

Solange die Hauptfront besteht, bilden sich an ihr eigenartige Wellen- und Wirbelstörungen — die *Zyklonen.* Sie wandern der Front entlang, beziehen die von ihr gesonderten Luftmassen in ihr Bewegungssystem ein und verfrachten sie über große Entfernungen hinweg. Nehmen wir z. B. der Einfachheit halber an, eine Front verlaufe von Westen nach Osten; nördlich von der Front (auf der Nordhalbkugel) liege kalte Polarluft, südlich von ihr warme Tropikluft; beide Luftmassen bewegen sich von Westen nach Osten. In jeder der zyklonalen Störungen (Druckdepressionen), die an einer solchen Front hintereinander entstehen, treten Luftbewegungen gegen den Uhrzeigersinn auf. Die Polarluft an der Rückseite der Zyklone dringt von hohen Breiten gegen tiefere (von NW gegen SE) vor; die Tropikluft an der Vorderseite strömt dagegen von niedrigen gegen höhere Breiten (von SW gegen NE und N), und zwar zuerst entlang der Erdoberfläche, später über die Polarluft hinweg.

---

[1] Die Struktur der Fronten wird noch im fünften Kapitel ausführlicher zur Sprache kommen; hier genügt die Feststellung, daß man sich die geneigten Fronten nicht als geometrische Flächen vorzustellen hat, sondern als *Schichten* von einer gewissen Dicke (einige Dekakilometer in horizontaler und einige Hektometer in vertikaler Richtung); der Tangens des Neigungswinkels zur Erdoberfläche hat die Größenordnung von einem Hundertstel; die Neigung ist stets derart, daß die kalte Luft keilförmig unter der warmen liegt oder, richtiger, strömt.

Durch die sukzessive Einwirkung einer ganzen solchen *Serie von Zyklonen* wird der gesamte Weg, den die Luftmassen zurückzulegen haben, außerordentlich lang. So dringt die Polarluft an der Rückseite jeder neuen Zyklone immer weiter südwärts vor und erreicht endlich die subtropischen Breiten. Hier verbleibt sie dann lange im Gebiet einer *stationären Antizyklone* und wandelt sich schließlich in Tropikluft um.

Dagegen gelangt die Tropikluft, welche infolge der Zyklonentätigkeit in den höheren Schichten der Troposphäre weit nordwärts vorgedrungen war, gewöhnlich in den Bereich eines der stationären Tiefdruckgebiete, die sich meist nördlich vom 60. Breitengrad infolge der Zyklonentätigkeit an den Fronten ausbilden. In einer solchen *Zentralzyklone* verbleibt dann die Tropikluft längere Zeit, verliert dort immer mehr ihre ursprünglichen Eigenschaften und wandelt sich schließlich infolge des Wärmeverlustes durch Ausstrahlung in Polarluft um.

So vollzieht sich durch Vermittlung der Zyklonentätigkeit der troposphärische Luftaustausch zwischen verschiedenen Breiten der Erde. Im folgenden werden wir diesen Vorgang noch näher betrachten.

44. Die allgemeine Zirkulation der Troposphäre. I. Tropen.

a) Allgemeine Bemerkungen.

Alle Bewegungen in der Atmosphäre sind schließlich durch die Wärmeunterschiede zwischen den verschiedenen Gebieten der Erde bedingt und haben *Zirkulationscharakter* (siehe Abschnitt 23). Hätte die Erde eine einheitliche Unterlage und drehte sie sich nicht um ihre Achse, so wäre die Zirkulation der Luft in der Troposphäre sehr einfach. Das durchschnittliche System der thermodynamischen Solenoide der Erdatmosphäre, welches in Abb. 7 und 196 veranschaulicht ist, hätte — bei Fehlen der Erdrotation — in der Troposphäre jeder Halbkugel einen geschlossenen Kreislauf der Luft zwischen Pol und Äquator zur Folge; die Luft müßte in den unteren Schichten vom Pol zum Äquator strömen, über dem Äquator aufsteigen, in den oberen Schichten vom Äquator zum Pol abfließen, im Polargebiete herabsinken, in den unteren Schichten wieder zum Äquator zurückkehren usw.

In Wirklichkeit sind zunächst die Eigenschaften der Unterlage nicht einheitlich, weshalb auch die Erwärmung unter derselben Breite an verschiedenen Orten ungleich ist; das in den oben erwähnten Abbildungen dargestellte System thermodynamischer Solenoide gibt ja nur deren mittlere Verteilung für die ganze Halbkugel wieder. Ebenso hat auch die Reibung, welche bei der Luftbewegung entsteht, ungleichmäßigen Charakter. Außerdem rotiert die Erde, wodurch die Luftströmungen in bekannter Weise aus ihrer ursprünglichen Richtung abgelenkt werden. Die Zusatzbeschleunigung der Zirkulation, welche durch die Erdrotation bedingt ist, wirkt dem Effekt der thermodynamischen Solenoide entgegen und ist bestrebt, die meridionale Anordnung der Luftströmungen in eine zonale umzuwandeln oder sogar deren Richtung ins Gegenteil zu verkehren. Hierdurch ist das Vorhandensein einer einzigen Zirkulation auf jeder Halbkugel unmöglich gemacht. Es entsteht eine ganze Reihe von Einzelzirkulationen oder „Rädern", die ineinandergreifen. Diese horizontalen und vertikalen Zirkulationen und ihr gegenseitiger Zusammenhang sind im allgemeinen sehr kompliziert, besonders dort, wo an ihrem Mechanismus frontale Störungen teilnehmen.

Das umfangreiche Material meteorologischer Beobachtungen und die immer mehr anwachsende Zahl von aerologischen Messungen ermöglichen bereits die Festlegung eines recht genauen empirischen Bildes der atmosphärischen (eigentlich troposphärischen) Bewegungen. Dieses Bild weist jedoch noch eine Reihe von

Lücken auf (geringe Anzahl von Beobachtungen in polaren und tropischen Breiten sowie auf den Ozeanen) und ist hauptsächlich ein Ergebnis *statistischer* Bearbeitung; hierdurch können, trotz Gewinnung grundsätzlich bedeutungsvoller Erkenntnisse zwar nur vorübergehend auftretende, für den Mechanismus der Vorgänge aber doch wichtige Einzelheiten verdeckt werden. So waren z. B. die üblichen klimatischen Karten aus sich selbst heraus nicht imstande, den **Begriff der Frontal-**

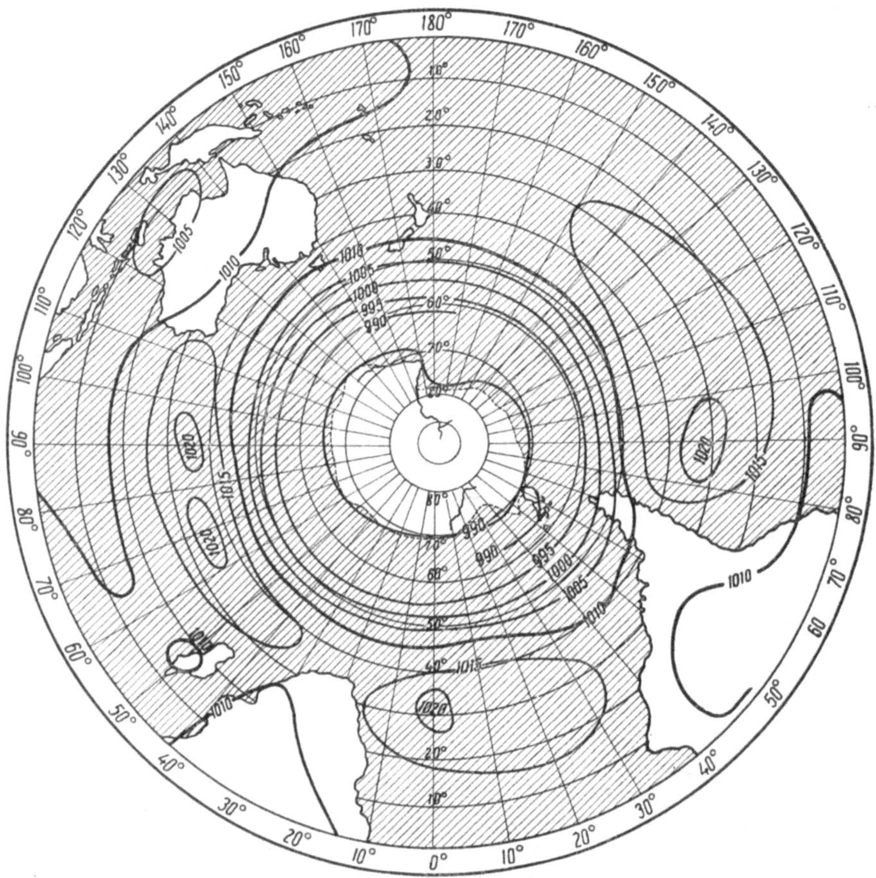

Abb. 54. Mittlere Druckverteilung im Meeresniveau auf der südlichen Halbkugel im Januar. (Nach SHAW 1930.)

zonen zu **vermitteln**; erst nachdem diese mit Hilfe der synoptischen Karten entdeckt worden waren, konnten sie schließlich auch auf den klimatischen Karten aufgefunden werden (siehe Abb. 57, 58, 59, 68, 69, 70, 74).

Alle wichtigen Entdeckungen, welche die letzten 15 Jahre auf dem Gebiete der atmosphärischen Zirkulation gebracht haben, gehen zurück auf die neuzeitliche Ausgestaltung der synoptischen Forschungsmethode. Die Frontalzonen, die Bedeutung der Zyklonentätigkeit im Zirkulationsaustausch der Luft, der Mechanismus der Regeneration „permanenter" Antizyklonen usw. sind vor allem *synoptisch* festgestellte Tatsachen. Die *synoptische* Erforschung der atmosphärischen Bewegungen ist daher von größter Wichtigkeit. Für diese Arbeit stehen uns vorderhand allerdings noch sehr wenige Quellenwerke zur Verfügung. Die synoptischen Karten der Nordhalbkugel für das 2. Internationale Polarjahr, welche von der Deutschen Seewarte (mit Hilfe eines Materials, das alle analogen Unternehmungen der Vergangenheit quantitativ bei weitem in Schatten stellt) herausgegeben werden, versprechen sehr wertvolle Beiträge zur Erforschung der allgemeinen atmosphärischen Zirkulation.

Im folgenden sollen nur ganz schematisch und kurz die hauptsächlichsten Besonderheiten der troposphärischen Zirkulation dargelegt werden.

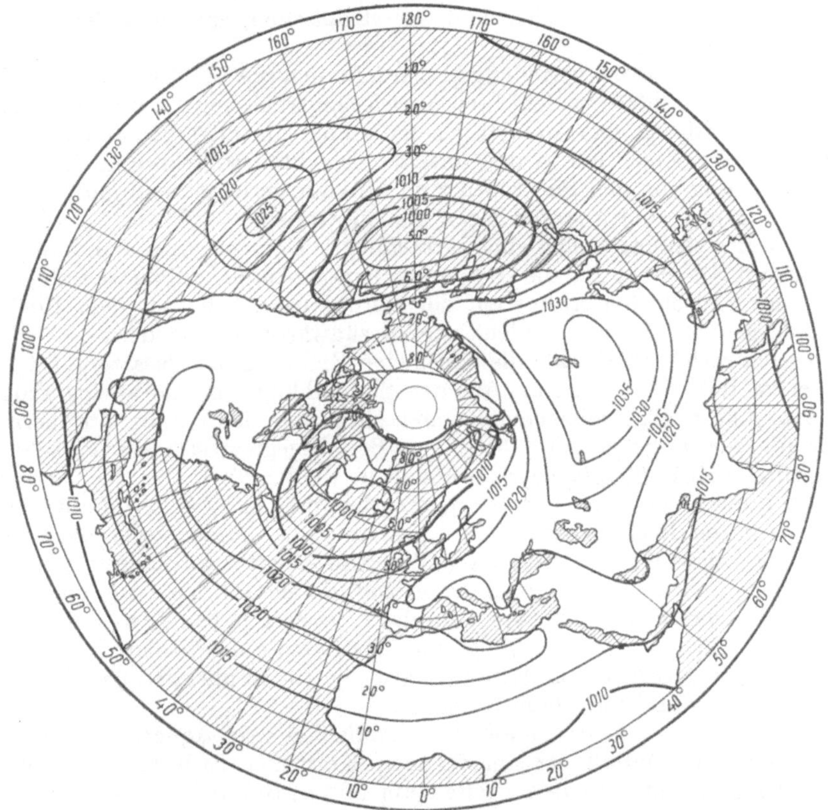

Abb. 55. Mittlere Druckverteilung im Meeresniveau auf der Nordhalbkugel im Januar. (Nach SHAW 1930.)

Die bereits erwähnte Existenz einer ganzen Reihe ineinandergreifender vertikaler und horizontaler Zirkulationsräder hat zur Folge, daß ein einzelnes Luftteilchen zwischen hohen und niedrigen Breiten sowie umgekehrt oft eine sehr komplizierte Bahn durchläuft und unter Umständen sogar von einer auf die andere Hemisphäre übertritt. Nach den neueren Untersuchungen von PALMÉN und REFSDAL ist sogar zwischen der Troposphäre und der Stratosphäre ein beständiger Luftaustausch vorhanden, was noch vor nicht allzu langer Zeit als ganz unmöglich angesehen worden war.

b) Die Passatzirkulation.

Zwei besonders charakteristische vertikale Zirkulationsräder finden sich zwischen den subtropischen Breiten jeder Halbkugel und dem Äquator. Zwischen den Breitenkreisen 25° und 40° liegt auf jeder Halbkugel eine „subtropische Zone höheren Drucks", deren maximaler Druckwert im Meeresniveau auf den klimatischen

Monatskarten durchschnittlich 1020—1025 mb erreicht. Am Äquator ist dagegen der Druck tiefer. Diese Druckverteilung ist besonders deutlich zu erkennen auf der hier wiedergegebenen Karte der Januar-Isobaren auf der südlichen Halbkugel (Abb. 54). Auf der Nordhalbkugel (Abb. 55) ist das Bild infolge der sehr ungleichmäßigen Verteilung von Festland und Meer komplizierter, worauf wir noch zurückkommen. Aber auch hier finden wir einen subtropischen Gürtel höheren Drucks, welcher allerdings über dem asiatischen Festland eine Verzerrung aufweist, da dort im Winter der Druck nicht in den subtropischen, sondern in den gemäßigten Breiten sehr hoch ist.

Die beschriebene Druckverteilung beschränkt sich nur auf die unteren Kilometer der Troposphäre; in höheren Schichten (durchschnittlich von 4 km aufwärts) nimmt dagegen der Luftdruck vom Äquator gegen die Pole kontinuierlich ab (siehe Abb. 55 und 56). Daraus folgt, daß in den unteren Schichten (durchschnittlich 2—4 km) die Luftbewegung von den Subtropen zum Äquator gerichtet sein muß, in höheren Schichten dagegen vom Äquator gegen die Subtropen.

Solche Luftströmungen sind auch tatsächlich vorhanden; es sind dies die *Passate* in den unteren Schichten und die *Antipassate* in den oberen.[1] Infolge der ablenkenden Wirkung der Erdrotation strömt auf der Nordhalbkugel die aus dem Hochdruckgürtel stammende Tropikluft nicht **direkt südwärts ab**, sondern sie wird andauernd nach rechts abgelenkt; die allgemeine Richtung der Passate auf der Nordhalbkugel ist daher nordöstlich. Auf der Südhalbkugel ist sie analog südöstlich. Die Passate sind im allgemeinen mäßige und sehr beständige Winde. Am thermischen Äquator (durchschnittlich unter 3—10° n. Br.) begegnen sich die Passate beider Halbkugeln, wobei *Tropikfronten* entstehen (Abb. 59). Die hier zusammentreffenden Luftmassen steigen empor, namentlich diejenige, welche die wärmere ist, und kehren in der Höhe bereits als Antipassate vom Äquator gegen die Subtropen zurück. Das Aufsteigen der Luftmassen über dem Äquator wird dadurch erleichtert, daß sie feucht und feuchtlabil geschichtet sind, da sie auf dem Weg von den Subtropen zum Äquator eine wärmere Unterlage passiert haben (Abschnitt 51). Die Abb. 57 und 58 zeigen u. a. die Verteilung der Passate des Stillen Ozeans auf den Klimakarten für Sommer und Winter, sowie die sie trennenden Tropikfronten in Gemeinschaft mit anderen Hauptfronten.

Die Luft der Antipassate nimmt beim Abfließen vom Äquator gegen die Subtropen unter dem Einfluß der ablenkenden Kraft der Erdrotation immer mehr westliche Richtung an. In den Breiten um 30° n. Br. und 30° s. Br. strömt sie bereits rein breitenparallel. Daher ist eine weitere Versetzung der Luft gegen die gemäßigten Breiten *ohne irgendwelche Zusatzbedingungen* ausgeschlossen. Die Luft der Antipassate sammelt sich **daher** zwischen dem 25. und dem 40. Breitengrad an, sinkt hier herab, wodurch sie den stationären Charakter der subtropischen Hochdruckzonen sichert, und fließt teilweise mit den Passaten wieder gegen den Äquator zurück.

Zusammenfassend kann man sagen, daß die ablenkende Wirkung der Erddrehung ein Einschrumpfen der Zirkulation Äquator—Pol in eine kleinere, gleichfalls thermisch bedingte Zirkulation *Äquator—Subtropen* zur Folge hat.

---

[1] Es ist seit langem bekannt, daß sich in den Passatgebieten in einiger Höhe eine Temperaturinversion verbunden mit einer Feuchteabnahme aerologisch feststellen läßt. Man hat diese *Passatinversion* früher vielfach als Mischungsschicht zwischen Passat und Antipassat angesehen. H. v. FICKER 1936 führt jedoch den eindeutigen Nachweis, daß wir hier eine *interne* Grenzfläche vor uns haben, welche noch innerhalb des Passats selbst eine kühlere und feuchtere Grundströmung von einer durch Schrumpfungsvorgänge erwärmten und trockeneren Überströmung sondert. Gegen den Äquator zu löst sich die Passatinversion auf.

c) Die Gliederung der innertropischen Zirkulation.

Nun sollen einige Details angeführt werden:

1. Die äquatoriale Zone tieferen Drucks stellt nicht einen gleichmäßigen, zusammenhängenden Gürtel vor, der die Erde dem (thermischen) Äquator entlang umschließt. Bereits auf den klimatischen Karten erscheint sie aufgelöst in drei einzelne Depressionen, welche vorwiegend die Kontinente einnehmen (siehe Abb. 54).

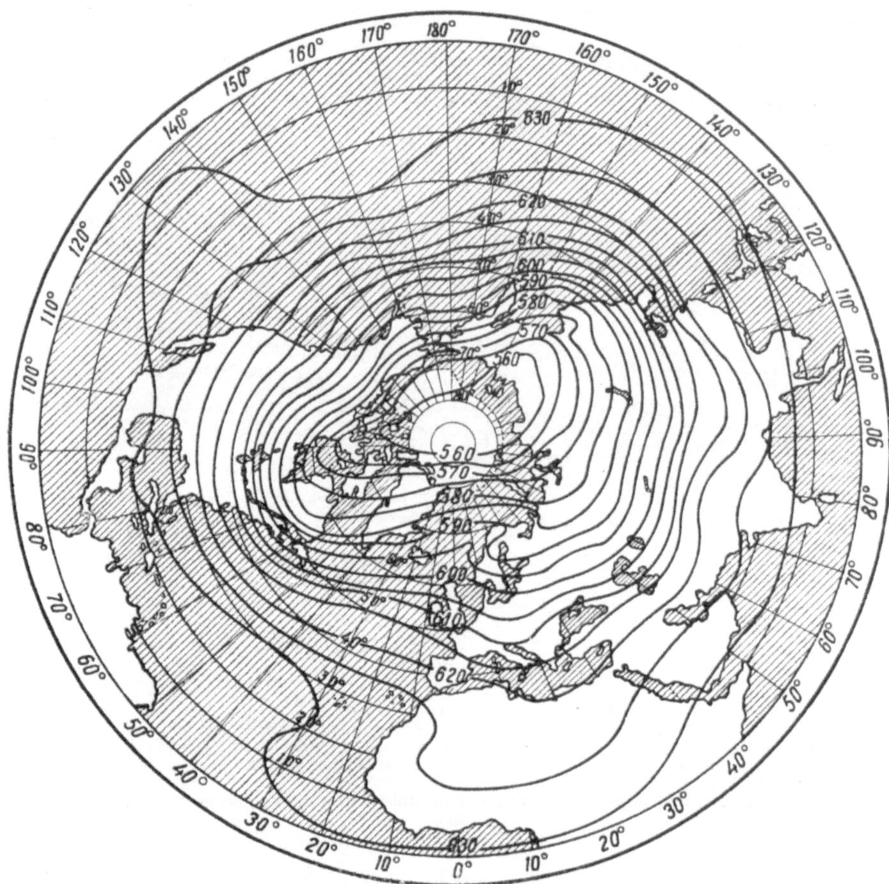

Abb. 56. Mittlere Druckverteilung in einer Höhe von 4000 m auf der Nordhalbkugel im Januar. (Nach SHAW 1930.)

Analog (und im Zusammenhang damit) zerfallen schon auf den klimatischen Karten die subtropischen Zonen höheren Drucks in einzelne „quasipermanente" subtropische Antizyklonen, und zwar in je drei auf jeder Halbkugel. Besonders regelmäßig ist dieses Bild auf der Südhalbkugel (siehe Abb. 54). Von den erwähnten Antizyklonen ist wegen ihrer Bedeutung für das Wetter Europas am besten das „Azorenhoch" bekannt, dessen Zentrum in den subtropischen Breiten des nördlichen Atlantik in der Nähe der azorischen Inseln liegt (siehe Abb. 55).

Die Bezeichnung „quasipermanent" soll andeuten, daß die Beständigkeit der subtropischen Antizyklonen nur eine klimatologische Fiktion ist. In Wirklichkeit finden wir z. B. in der Gegend der Azoren ein besonders häufiges Auftreten von Antizyklonen derart, daß die in diesem Gebiet gerade vorhandene Antizyklone sich abschwächt oder überhaupt verschwindet, aber bald wieder durch eine neue ersetzt wird, welche zusammen mit der Polarluft herangekommen ist.[1] Diese mehr oder weniger periodische „Regeneration" der subtropischen Antizyklonen ist das Resultat der Zyklonentätigkeit in den gemäßigten Breiten; dies soll noch an zuständiger Stelle zur Sprache kommen.

Die Gliederung der äquatorialen Zone tieferen Drucks in einzelne Depressionen und der subtropischen Zonen höheren Drucks in einzelne Antizyklonen ergibt sich

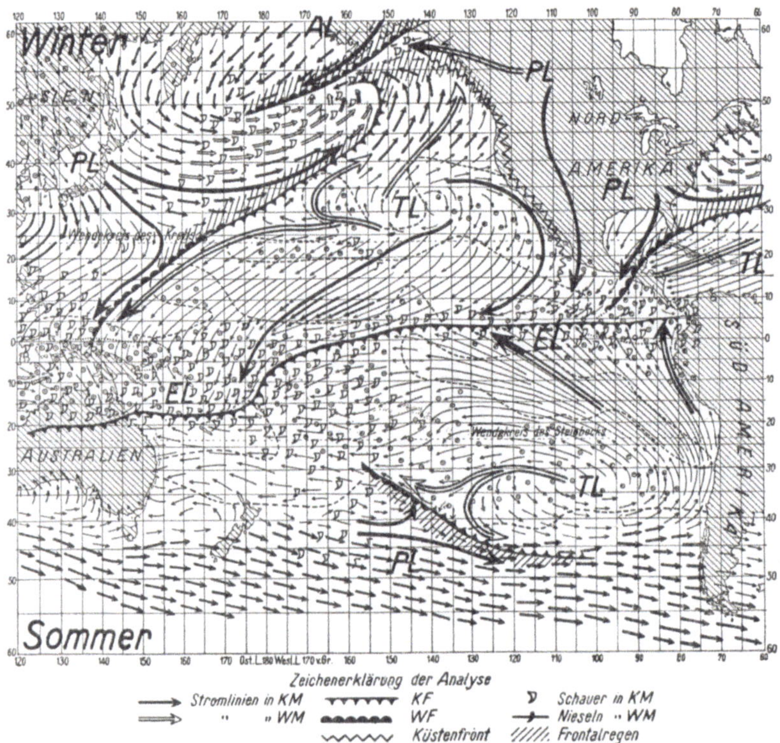

Abb. 57. Mittlere Verteilung der Luftströmungen über dem Stillen Ozean im nördlichen Winter. (Nach BERGERON 1930.)

notwendig aus den allgemeinen hydrodynamischen Bedingungen der Zirkulation auf der rotierenden Erde: ohne diese Gliederung wäre ein weiterer Luftaustausch zwischen den Subtropen und den Polen unmöglich. Unmittelbar bedingt ist sie aber durch die ungleichmäßige Erwärmung der Unterlage. Abgesehen von Zentralasien kann die Erde in drei meridionale Kontinentalzonen eingeteilt werden, die ungefähr gleiche Abstände voneinander haben. Im Gürtel zwischen 15° n. Br. und 15° s. Br. ist das Festland immer wärmer als das Meer, weshalb die äquatorialen Depressionen vorwiegend über das Festland (z. B. über Mexiko und über den Sudan) zu liegen kommen. Im Zusammenhang damit lösen sich auch die subtropischen Zonen höheren Drucks in einzelne, vorwiegend maritime Antizyklonen auf. Auch das

---

[1] Nach LOCKYER 1910 beträgt die Lebensdauer einer einzelnen Antizyklone in den Subtropen der südlichen Halbkugel sechs bis sieben Tage. Die Wanderungsgeschwindigkeit der subtropischen Antizyklonen von Westen nach Osten hat auf der Südhalbkugel die Größenordnung von 25—30 km/h.

vertikale Rad der innertropischen Zirkulation zerfällt in eine Reihe einzelner
Zirkulationen. Genauer gesagt, es wird das vertikale Zirkulationsrad von mehreren
horizontalen Rädern überlagert, welche durch die ungleichmäßige Druckverteilung
längs der Breitenkreise bedingt sind. Deshalb gibt es auch keine ununterbrochene
Tropikfront, welche die ganze Erde umfaßt, sondern drei tropische Frontalzonen,
welche mit entsprechenden Zwischenräumen vorwiegend über dem Stillen, dem
Atlantischen und dem Indischen Ozean zu finden sind (siehe Abb. 59). Im Sommer

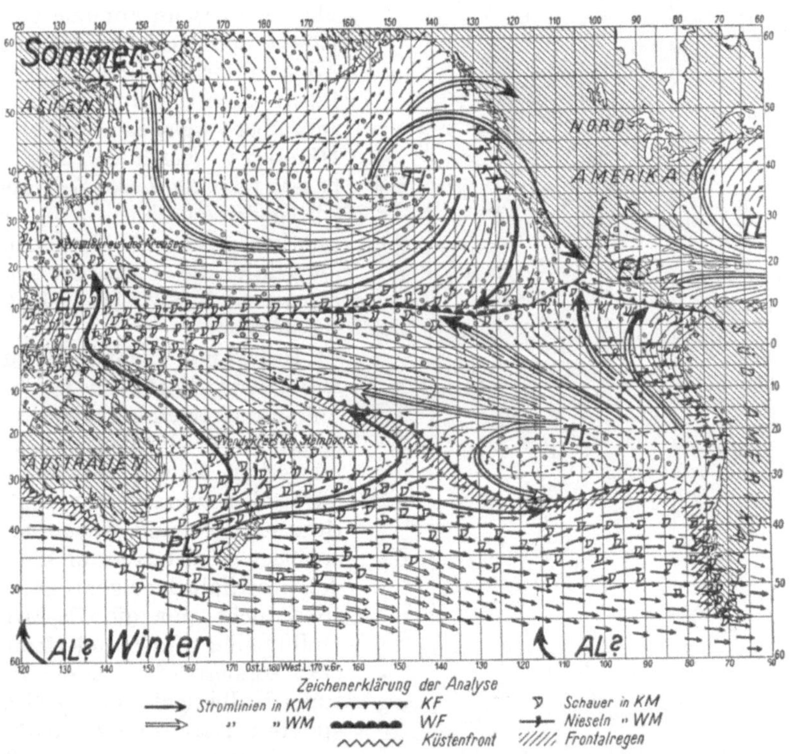

Abb. 58. Mittlere Verteilung der Luftströmungen über dem Stillen Ozean im nördlichen Sommer. (Nach BERGERON
1930.)

allerdings setzt sich die atlantische Tropikfront durch ganz Afrika hindurch fort
und erreicht, in das Sudan-Tief einlaufend, sogar Nordindien.

2. Die Lage der Tropikfronten wird nicht nur durch die beschriebenen allgemeinen
Umstände bestimmt. Es wurde schon viel früher gezeigt, daß in den Tropen und
gemäßigten Breiten (außerhalb der Zone zwischen 15° N und 15° S) auch jahreszeitliche Unterschiede in der Erwärmung zwischen Festland und Meer auftreten,
welche sog. *Monsunzirkulationen* bedingen. Die Monsunzirkulationen können sich
über die Passate lagern und dadurch die Verteilung der Luftströmungen in der innertropischen Zone stark abändern. Dementsprechend wird sich auch das oben an-
gedeutete Bild der Druckverteilung deformieren. Namentlich die riesigen kontinentalen Flächen Nordamerikas und Asiens bedingen im Winter einen vermehrten Luftdruck, der hier viel höher ist als jener in der subtropischen Zone (Abb. 55). Im
Sommer findet sich dagegen über Zentralasien auf den klimatischen Karten in
einer Zone etwa zwischen 15—50° n. Br. eine mächtige Drucksenkung, in der der

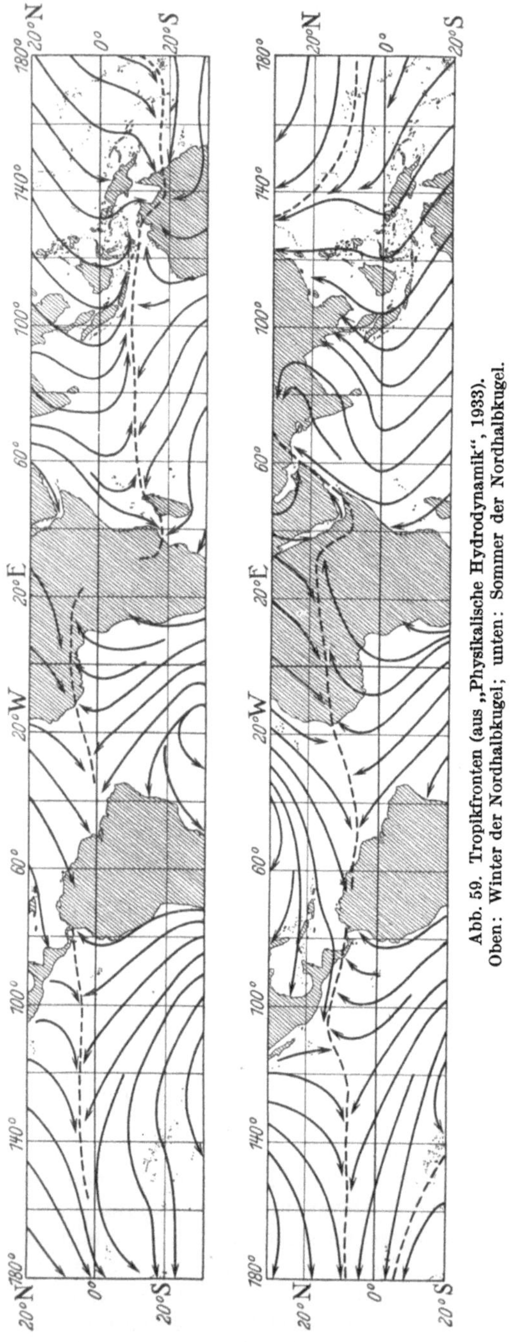

Abb. 59. Tropikfronten (aus „Physikalische Hydrodynamik", 1933). Oben: Winter der Nordhalbkugel; unten: Sommer der Nordhalbkugel.

Druck niedriger ist als im äquatorialen Kalmengürtel.

Infolgedessen dringen im Winter die aus dem Festland Asiens herauswehenden nördlichen Monsunwinde über dem Indischen Ozean bis zu 10° s. Br. vor und begegnen sich erst hier mit dem Südostpassat. Dagegen überschreitet im Sommer der Südostpassat der südlichen Halbkugel den Äquator; er geht über dem Indischen Ozean unmittelbar in den SW-Monsun über, welcher Südasien bis zum Himalaya überflutet. Der Nordostpassat fehlt zu dieser Zeit überhaupt. Infolgedessen gibt es in dieser Jahreszeit keine indische Tropikfront; daß jetzt dafür die atlantische Tropikfront bis nach Nordindien reicht, wurde schon oben gesagt.

Es soll hier nicht noch auf andere monsunale Störungen in der Druck- und Windverteilung eingegangen und lediglich auf die diesbezüglichen klimatischen Karten verwiesen werden (siehe besonders SHAW 1927, HANN-SÜRING 1926 und Neuauflage). Hier erübrigt es sich, darauf hinzuweisen, daß innerhalb der eigentlichen Tropenzone nicht nur die Passate beider Halbkugeln aufeinandertreffen können, sondern oft auch der Passat der einen Halbkugel und der Monsun der anderen. Daraus folgt, daß die Hauptfronten der innertropischen Zone, die Tropikfronten, den Passat häufig von einem Monsun scheiden und nicht nur auf der nördlichen, sondern auch auf der südlichen Halbkugel vorkommen.

Die Luftmassen, welche mit den Passaten und Monsunen von den Subtropen gegen den Äquator abfließen, werden *Tropikluft* genannt. Wenn aber der Passat oder Monsun nach Überschreiten des Äquators bereits den Subtropen der anderen Halbkugel zuströmt, so wird seine Luft als *Äquatorialluft* bezeichnet (BERGERON 1930). Dieser Name ist dann allerdings auch auf die Luft der Antipassate und der oberen Äste der Monsune zu erstrecken, welche sich in der Höhe vom Äquator gegen die Subtropen bewegt.

d) Tropische Zyklonen.

Falls die Tropikfront in solcher Entfernung vom Äquator verläuft, daß die ablenkende Kraft der Erdrotation dort bereits wirksam ist, und falls zwischen den durch die Front geschiedenen Luftmassen ein gewisser Temperaturunterschied vorhanden ist, so entstehen an ihr[1] bisweilen Störungen, welche unter dem Namen *tropische Zyklonen* bekannt sind. Die Entwicklung dieser Störungen hat viel Gemeinsames mit der Entwicklung der Zyklonen der gemäßigten Breiten, namentlich in ihrer *Anfangsphase*, d. i. im Stadium der jungen Zyklone mit Warmsektor (diese Anfangsphase der tropischen Zyklonen ist in den letzten Jahren von indischen Meteorologen genau untersucht worden). Ihre größte Tiefe und Intensität mit Winden bis Stärke 12 von vernichtender Gewalt erreicht eine tropische Zyklone allerdings erst nach ihrer Verwirbelung, durch welche ihre Temperaturasymmetrie fast völlig beseitigt wird.

Dieser Prozeß der Umwandlung einer Tropikfrontwelle zu einem außerordentlich intensiven, aber wenig umfangreichen Wirbel tritt nicht immer auf; falls er sich aber vollzieht, so hat er einen äußerst stürmischen Verlauf. Er unterscheidet sich erheblich von der Verwirbelung (Okklusion) der Zyklonen unserer Breiten (siehe nächstes Kapitel). Die Eigenart dieses Prozesses findet offenkundig ihre Erklärung durch die große Energie der Feuchtlabilität in beiden durch die Front getrennten Luftmassen. Die gegenseitige frontale Einwirkung der Massen ist nur der allererste Anstoß zur Entwicklung der tropischen Störung. Diese Entwicklung beruht nicht nur darauf, daß potentielle Energie der labilen Horizontalverteilung der Luftmassen frei wird, sondern vor allem darauf, daß Energie der Feuchtlabilität geordnet in kinetische Energie übergeht.[2]

Daß die tropischen Zyklonen vorwiegend über den Ozeanen entstehen, hat seinen Grund vermutlich darin, daß über dem unebenen und ungleichmäßig erwärmten Festland von einem geordneten Freiwerden der Feuchtlabilität keine Rede sein kann. Statt eines mächtigen allgemeinen „Umsturzes" der Luftmassen, welcher zur Verwirbelung der Zyklone notwendig ist, kommt es über dem Festland zu einzelnen Konvektionsströmen, welche den Austausch der Energie der Feuchtlabilität sozusagen nur im kleinen besorgen.

Anfangs wandert die tropische Zyklone ein paar Tage lang ziemlich langsam von Südosten gegen Nordwesten (Nordhalbkugel); sobald sie die Grenzen der innertropischen Zirkulation verlassen hat, dreht sie in der Regel gegen Nordosten ab,

---

[1] Der Auffassung, daß sich die tropischen Zyklonen als Wellen an der Tropikfront entwickeln, steht zurzeit eine andere gegenüber, welche RODEWALD 1936 als Hypothese aufgestellt hat. Hiernach bilden sich die tropischen Zyklonen vorzugsweise dort, wo man annehmen kann, daß sich im Rahmen der allgemeinen atmosphärischen Zirkulation eine von Nordosten und eine von Südosten herantretende *Passatfront* (siehe Abschnitt 46, c) miteinander vereinigen. Dies sei auf dem Nordatlantik etwa in der Gegend der Kleinen Antillen, auf dem Nordpazifik im Gebiet der Marianen-Karolinen der Fall. Nun sind die Passatfronten mehr oder weniger stationäre Höhenfronten, welche sich im oberen Druckfeld als Tröge des polaren (nord- bzw. südhemisphärischen) Tiefdrucks abbilden. RODEWALD nimmt an, daß sich polare Kälteausbrüche, welche eine subtropische stationäre Antizyklone überschwemmt haben, mit Vorliebe den Passatfronten entlang in den Passat ergießen. In diesem Fall entsteht an ihrer Vereinigungsstelle ein „*Dreimasseneck*" zwischen zwei verschieden kalten Polarluftmassen und der warmen Tropikluft. An diesen Stellen können dann die Vorbedingungen für eine kräftige *Richtungsdivergenz* der südöstlichen Höhenströmung und für einen rapiden Luftdruckfall (nach der SCHERHAGschen Divergenztheorie, siehe Abschnitt 64, e) gegeben sein, wodurch die Bildung einer tropischen Zyklone eingeleitet wird. Analoges gelte für die Südhalbkugel.

[2] EXTERNBRINK 1937 macht für die Entstehung der tropischen Zyklonen Westindiens ausschließlich die geordnete Auslösung der Feuchtlabilität (nach Zerstörung der Passatinversion) verantwortlich, ohne daß eine Mitwirkung frontaler Vorgänge notwendig sei.

verliert allmählich ihre Intensität, vergrößert aber ihre Geschwindigkeit. In dieser *zweiten Lebensphase* kann sie weit bis in die gemäßigten Breiten vordringen, bevor sie sich endgültig ausfüllt. In vereinzelten Fällen gelangen die Antillenzyklonen (Uragane) bis nach Island; die Taifune des Fernen Ostens dringen gelegentlich bis nach Kamtschatka vor. Während des Zeitraums 1924 bis 1932 hat MITCHELL fünf tropische Zyklonen verzeichnet, die von den Antillen bis nach Grönland und Island gelangten, und vier, welche Europa erreichten.

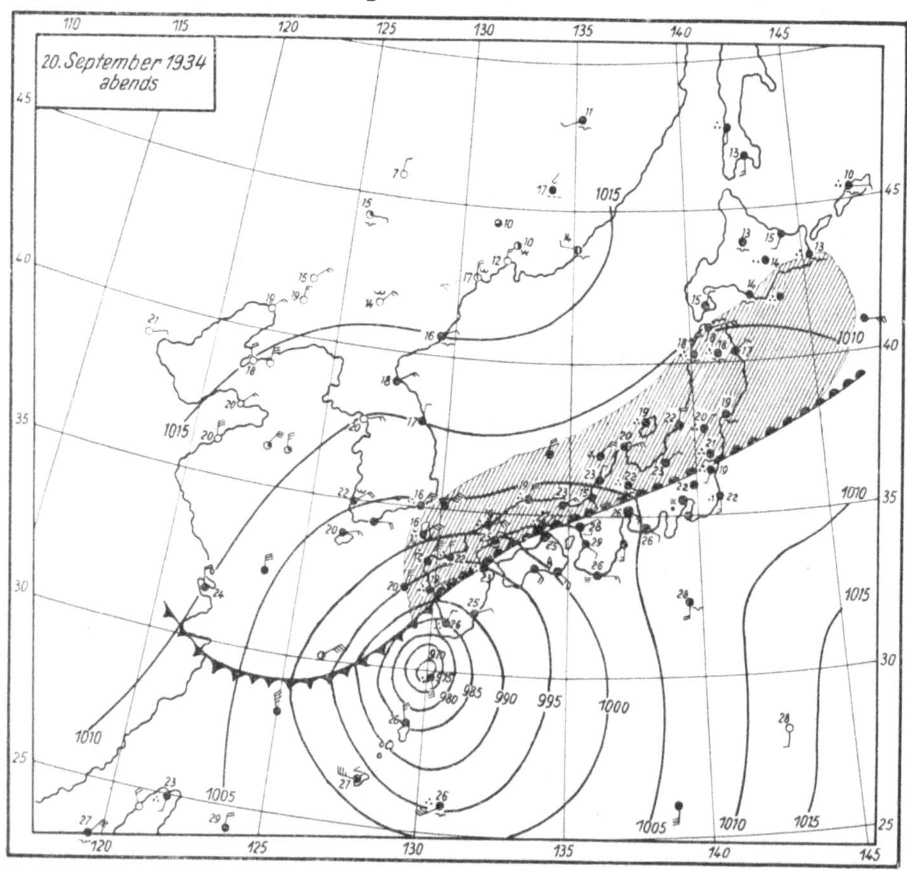

Abb. 60. Regeneration des Taifuns vom 20. bis 21. September 1934.

Das Abbiegen der Bahn der tropischen Zyklone hängt (nach Untersuchungen N. W. STREMOUSSOWS und des Autors) mit einer Annäherung der tropischen Zyklone an die Polarfront zusammen. Es sieht so aus, als ob die tropische Zyklone, die in diesem Stadium den Charakter einer thermisch-symmetrischen Störung innerhalb der Tropikluft hat, auf die Polarfront „überspringe", dabei neuerlich thermisch-asymmetrisch werde und sich schließlich in eine Serie normaler Polarfrontzyklonen einreihe, mit welchen sie gegen Nordosten oder Osten weiterzieht. Dieser Prozeß ist demjenigen der Regeneration von Polarfrontzyklonen an der Arktikfront völlig analog (siehe Abschnitt 66). Abb. 60 und 61 stellen einen der stärksten Taifune dar, die je in Japan beobachtet wurden, nämlich den Taifun vom 20. und 21. September 1934, unmittelbar vor seiner Regeneration und während des Regenerationsprozesses selbst.[1]

---

[1] Zur Hebung der Anschaulichkeit wurde der Frontverlauf gegenüber dem Original etwas retuschiert und die Niederschlagszone durch Schraffierung gekennzeichnet.

Das verhältnismäßig seltene Auftreten von tropischen Zyklonen (welches damit erklärt zu werden pflegt, daß in der Nähe des Äquators die ablenkende Kraft der Erdrotation klein ist und dort daher nicht immer genügende dynamische Bedingungen zur Entwicklung frontaler Störungen vorhanden sind) scheint zunächst nicht dafür zu sprechen, daß diese Zyklonen eine wesentliche Rolle in der allgemeinen Zirkulation der Atmosphäre spielen. Nichtsdestoweniger ist es sehr wahrscheinlich, daß sie durch Störung des stationären Verlaufs der Tropikfronten wenigstens manchmal

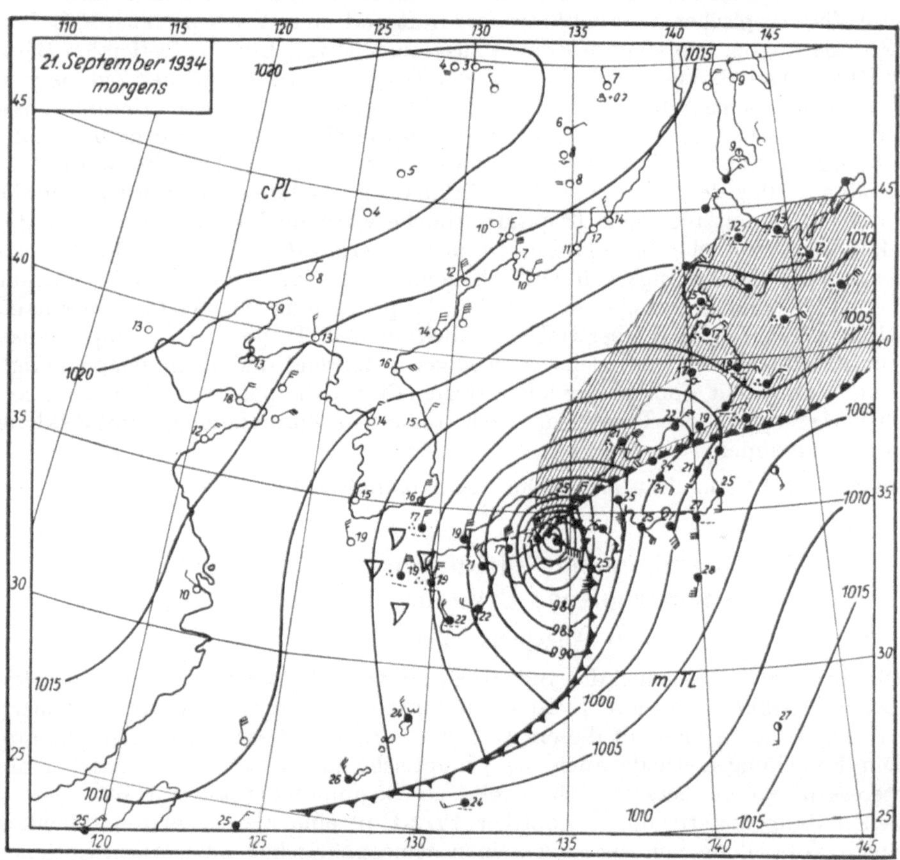

Abb. 61. Regeneration des Taifuns vom 20. bis 21. September 1934.

die Ursache wichtiger Umlagerungen der Luft innerhalb der innertropischen Zone sein können. Unbestreitbar ist es auch, daß sie für die Verschiebung von Tropikluft in die gemäßigten Breiten und, nach erfolgter Regeneration an der Polarfront, auch für die Verlagerung außertropischer Luftmassen von Bedeutung sind. Es liegen Berichte darüber vor, daß z. B. in Australien eine tropische Zyklone oft eine langdauernde Periode heißen Wetters abschließt, indem sie Anlaß gibt zum Einbruch kühler Meeresluft über das Festland.

e) Der Zusammenhang mit der außertropischen Zirkulation.

Nie kehrt die Luft des Antipassats in ihrer Gesamtheit als Passat zum Äquator zurück. Ein Teil von ihr fließt von der subtropischen Antizyklone auch gegen den Pol ab. Hierzu sind barische Gradienten nötig, welche dem westlichen Luftstrom

an der Polarseite der subtropischen Antizyklone eine meridionale Komponente polwärts erteilen. Sie werden durch die Zyklonentätigkeit an den Polarfronten (Fronten
der gemäßigten Zone) erzeugt. Dieser Abfluß von Tropikluft gegen die gemäßigten
Breiten muß selbstverständlich kompensiert sein durch zurückfließende Polarluft,
welche sich in die Passate ergießt.

Der Mechanismus dieses Luftaustausches zwischen Subtropen und gemäßigten
Breiten soll Gegenstand der nachfolgenden Ausführungen sein. Zunächst ist lediglich daran festzuhalten, daß jedes innertropische vertikale Zirkulationsrad durch
einen Abfluß tropischer (und äquatorialer) Luft und einen Zustrom polarer Luft mit
der Zirkulation der gemäßigten Breiten zusammenhängt. Einer zutreffenden Bemerkung REFSDALs 1932 zufolge ist die tropische Zirkulation so eng mit den Zyklonen und
Antizyklonen der gemäßigten Zone verbunden, daß man bei einer thermodynamischen energetischen Untersuchung nicht immer die Zirkulation der gemäßigten Zone
und die Zirkulation der Tropen gesondert betrachten kann. — Überdies werden auch
die beiden Räder der innertropischen Zirkulation insofern ineinander übergreifen,
als in der Höhe entlang jeder Tropikfrontfläche wärmere Luft von der einen Halbkugel in das tropische Zirkulationsrad der anderen Halbkugel überfließen wird.

Angesichts dieses Mangels an Abgeschlossenheit der innertropischen Zirkulationen
erscheint die frühere Ansicht, daß in den Tropen Klima und Wetter miteinander
identisch seien, reichlich übertrieben. Auch in den Tropen treten unperiodische
Wetteränderungen auf, wenngleich sie weniger bedeutend sind als in den gemäßigten
Breiten. Verursacht sind sie vor allem durch Einbrüche polarer Luftmassen, sowie
durch Verlagerungen der Tropikfronten, besonders im Zusammenhang mit Zyklonenbildungen an ihnen.

Literaturnachweise siehe am Schluß des Abschnitts 46.

45. Die allgemeine Zirkulation der Troposphäre.
II. Außertropische Breiten: Das Grundschema.
a) Allgemeine Bemerkungen.

Die Zirkulation zwischen den Subtropen und den Polargebieten hat einen komplizierten Charakter, der auf statistisch-klimatologischem Wege kaum analysierbar
ist. Wesentliche Erfolge auf diesem Gebiete wurden erst erzielt, als zur klimatologischen Forschungsmethode auch die synoptische hinzutrat. Es ist hierbei nicht
uninteressant zu vermerken, daß bereits zu Beginn der zweiten Hälfte des vergangenen Jahrhunderts der Synoptiker FITZ-ROY eine klarere und wirklichkeitsgetreuere Vorstellung von der allgemeinen atmosphärischen Zirkulation in den gemäßigten Breiten hatte, als die Klimatologen und Dynamiker der nachfolgenden
Epoche.

Die statistischen Werte und die klimatischen Karten für das Meeresniveau zeigen,
daß in der außertropischen Zone der Luftdruck mehr oder weniger regelmäßig von
den Subtropen gegen höhere Breiten abnimmt, ungefähr bis zum 60. Breitengrad
auf jeder Halbkugel; weiter polwärts wächst er wieder etwas an.

Dem Druckgefälle an der Polseite der subtropischen Hochdruckgürtel entsprechend haben somit die Luftströmungen in den gemäßigten Breiten vorwiegend
westliche Richtung (siehe Abb. 57 und 58); es hat den Anschein, als ob sich hier
die Atmosphäre als Ganzes die Erde in Form eines Wirbels von Westen nach Osten
umkreise. Vom 65. Breitengrad an kehrt sich das Druckgefälle erneut um und bedingt östliche Winde, die in den unteren Schichten der Polargebiete auch tatsächlich
zur Beobachtung gelangen. Die Luftbewegungen in den höheren Schichten sind
hier infolge Mangels an Höhenwindmessungen noch wenig bekannt. Sie hängen ab

von der vertikalen Mächtigkeit der polaren Antizyklone, die gelegentlich bis in die Stratosphäre hinaufreicht.

Dieses einfache Bild der *„vorherrschenden westlichen Winde"* in den gemäßigten Breiten erweist sich in Wirklichkeit als statistische Fiktion, welche das wahre Wesen der außertropischen Zirkulation verschleiert.

Zunächst ist die Zone tiefen Drucks in den gemäßigten Breiten kein einheitliches Gebilde; schon auf den klimatischen Karten der mittleren monatlichen Druckverhältnisse löst sie sich in eine Reihe von Depressionen auf, welche über den am stärksten erwärmten Teilen der Erdoberfläche lagern. Diese Depressionen verharren z. B. im Winter vorwiegend über den Ozeanen, während sich gleichzeitig über dem abgekühlten Festland (besonders über Asien) mächtige Antizyklonen bilden (Abb. 55).

Dazu kommt — und dies können die klimatischen Mittelwertskarten nicht mehr zum Ausdruck bringen —, daß die Druckverteilung in den gemäßigten Breiten außerordentlich starken kurzfristigen Veränderungen unterliegt. Es bilden sich in dieser Zone fortwährend Depressionen und Antizyklonen aus, welche im allgemeinen von Westen nach Osten fortschreiten und von Systemen entgegengesetzter Luftströmungen mit kräftigen *meridionalen* (d. h. nördlichen und südlichen) Komponenten begleitet sind. Die Verteilung dieser Strömungen ändert sich im Lauf der Zeit mehr oder weniger rasch. Noch vor 100 Jahren hat das aufmerksame Studium der Resultate meteorologischer Beobachtungen den großen Meteorologen DOVE zu dem Schluß veranlaßt, daß sich in den gemäßigten Breiten ein beständiger Kampf zweier aneinandergrenzender Strömungen, einer „polaren" und einer „äquatorialen", abspiele, welcher die gesamte Mannigfaltigkeit unserer Wettererscheinungen zu erklären imstande sei. Um zwei bis drei Jahrzehnte später hat FITZ-ROY auf Grund einer neuen synoptischen Methode ein übersichtliches Bild des beständigen Aufeinandertreffens und Wechselspiels einer ganzen Reihe polarer und tropischer Luftströmungen entworfen. Mit verblüffender Klarheit wies er sowohl auf die Folgen als auch auf die Ursachen dieser Wechselwirkung, auf die zyklonale Tätigkeit, hin. Dieses umfassende synoptische Bild fiel jedoch bedauerlicherweise zur Zeit der Vorherrschaft der statistischen Klimatologie und der Isobarensynoptik ganz der Vergessenheit anheim und ist erst in den letzten 20 Jahren in neuem Glanz wieder zum Vorschein gekommen.

Es ist für den außertropischen Luftkreislauf besonders charakteristisch, daß er sich in eine Reihe einzelner, nebeneinander bestehender *zellularer Zirkulationen* gliedert, welche zwar bedeutend schärfer ausgeprägt, aber erheblich minder stationär und noch weniger geschlossen sind als die innertropischen Zirkulationen. In den gemäßigten Breiten findet sich immer eine ganze Reihe *nebeneinander* und zum Teil auch *übereinander* fließender Hauptluftströme mit Bewegungskomponenten gegen den Äquator *(Polarluft)* und gegen den Pol *(Tropikluft)*. Die Tropikluft, welche in einzelnen Strömen — zunächst entlang der Polarluft und später über sie hinweg — immer weiter gegen den Pol vordringt, kühlt sich unterwegs allmählich ab und verwandelt sich schließlich in Polarluft. Umgekehrt geht die in einzelnen Schwällen immer weiter gegen die Tropen vorstoßende Polarluft infolge fortschreitender Erwärmung in Tropikluft über; sie gerät hierbei entweder in das innertropische Zirkulationsrad oder kehrt bereits als Tropikströmung in höhere Breiten zurück. *(Transformation* der Luftmassen).

b) Vertikale Gliederung der allgemeinen Zirkulation. Die Polarfrontfläche.

Lassen wir den Gedanken an diese komplizierte horizontale Zirkulationsgliederung für einen Augenblick zurücktreten, so können wir uns im einfachsten Fall zwei vertikale außertropische Zirkulationsräder auf jeder Halbkugel vorstellen, nämlich

ein Rad mit tropischer und ein Rad mit polarer Luft. Sie berühren einander entlang
ihrer gemeinsamen Grenzfläche — der sog. *Polarfront* — innerhalb der Tiefdruckzone
der gemäßigten Breiten. Das Zirkulationsrad mit tropischer Luft, welches der Polarfrontfläche seinen aufsteigenden Ast zukehrt, ist auf dem von V. BJERKNES 1921
entworfenen Schema (Abb. 62, linke Seite des Querschnitts durch die Troposphäre)
deutlich zu sehen; im Gebiete des Wendekreises grenzt es mit seinem absteigenden
Ast an den absteigenden Zirkulationsast des Passatsystems an. Vom Zirkulationsrad
mit polarer Luft findet man auf diesem Schema nur Rudimente. Es hängt dies
damit zusammen, daß sich die Vorstellung eines geschlossenen Zirkulationsrades
lediglich für den Passatkreislauf — und auch hier nur bis zu einem gewissen Grad —
aufrechterhalten läßt. Selbst die Annahme eines Tropikluftrades in den gemäßigten
Breiten ist schon eine heuristische Fiktion, die denn auch auf der rechten Seite des
Vertikalschnitts der Abb. 62 bereits unterdrückt ist.

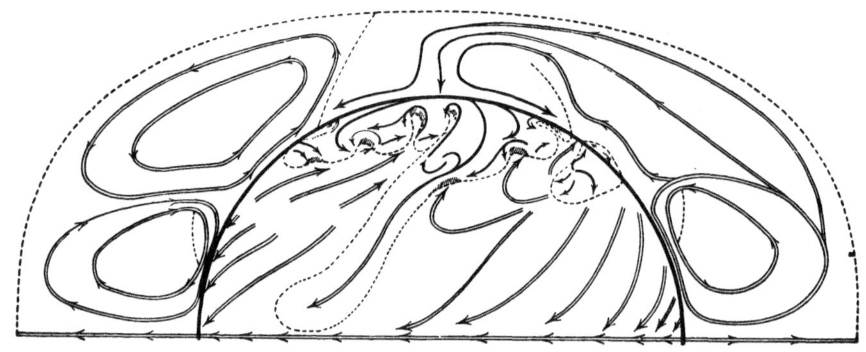

Abb. 62. Schema der allgemeinen Zirkulation. (Nach V. BJERKNES 1921.)

Vor allem nämlich kehrt die entlang der Polarfront aufgestiegene Tropikluft in
der Höhe keineswegs völlig in die Subtropen zurück; sie dringt vielmehr zum
größten Teil über die Polarfrontfläche hinweg weit gegen den Pol vor, wobei sie
sich in Polarluft umwandelt. Analog stößt die Polarluft unter gewissen Voraussetzungen weit gegen die Subtropen vor, wo sie in Tropikluft übergeht und als
solche entweder in höhere Breiten zurückkehrt oder aber sich in den Passat ergießt.
Wir müssen uns daher, wie es Abb. 62 — rechte Hälfte des Vertikalschnitts — in
erster Annäherung zeigt, die beiden ursprünglich angenommenen außertropischen
Zirkulationsräder (das Tropik- und das Polarluftrad) sowie das innertropische Rad
der Passatzirkulation zu einem Ganzen verbunden vorstellen. Jedes Luftteilchen
in der Troposphäre kann die ganze Bahn vom Pol zum Äquator und zurück durchlaufen, ja es kann sogar in den Kreislauf der anderen Halbkugel übertreten.

c) Horizontale Gliederung und Zyklonentätigkeit.

Das charakteristischeste Merkmal der außertropischen Zirkulation ist, wie gesagt,
ihre horizontale Gliederung, und gerade diese Gliederung verhindert die Ausbildung
in sich geschlossener vertikaler Zirkulationsräder. Sie ist durch rasche Veränderungen
bedingt, denen die Polarfrontfläche unterworfen ist.

Die Polarfrontfläche schneidet die Erdoberfläche naturgemäß entlang einer
Linie, die man kurz „Polarfront" nennt. Wenn nun, wie bereits erwähnt, die Tropikluft zeitweise gegen höhere, die Polarluft dagegen in niedrigere Breiten vorstößt,
so muß sich dies auf der synoptischen Karte in zungenförmigen Ausbuchtungen der
Polarfront von mehr oder weniger erheblichen Ausmaßen geltend machen. Die Erfahrung, welche diesen Schluß bestätigt, zeigt nun, daß die Scheitel der Warmluft-

zungen zum Sitz von *Zyklonen* (Depressionen), die Kaltluftzungen dagegen zum Sitz von *Antizyklonen* werden, welche in rascher Wanderung begriffen sind.

In allererster Annäherung hat man gefunden, daß gewöhnlich vier solche wellenförmige Ausbuchtungen der Polarfront eine zusammengehörige *Zyklonenserie* oder eine *Zyklonenfamilie* bilden und daß zwischen je zwei Zyklonenserien die Polarluft in Form einer besonders mächtigen Kältezunge gegen die Subtropen vordringt, wo sie sich gegebenenfalls in den Passat ergießt. Die Horizontalprojektion in Abb. 62 stellt zwei solche Zyklonenserien vor, getrennt durch einen kräftigen Polarausbruch gegen die Tropen. Man sieht, wie sich die Mitglieder jeder der beiden Zyklonenserien aus *Wellen* in der Polarfront bilden, welche die im wesentlichen nordöstliche Polarluftströmung von der im allgemeinen südwestlichen Tropikluftströmung sondert. Diese Wellen gehen allmählich in *Wirbel* über. An der Vorderseite jeder Störung dringt die Tropikluft gegen Norden vor, zunächst entlang der Erdoberfläche, später über der Polarluft; dagegen kommt es an der Rückseite jeder Zyklone und besonders an der Rückseite der ganzen Serie zu einem Vorstoß der Polarluft gegen Süden.

Eine Zyklonenserie kann somit als Grenzerscheinung zwischen der linken Flanke der Tropikluftströmung und der benachbarten Polarluftströmung angesehen werden. Diese Zyklonenserien an der Polarfront müssen sich erst entwickelt haben, damit die allgemeinen Luftdruckgradienten, welche unter Mitwirkung der ablenkenden Kraft der Erdrotation eine rein westliche Bewegung der Tropikluft und eine rein östliche Bewegung der Polarluft bedingen, jene meridionalen Komponenten erhalten, die Tropikluftvorstöße nach Norden und Polarluftvorstöße nach Süden ermöglichen. Diese zusätzlichen Gradienten entstehen also erst infolge der Zyklonenbildung an der Polarfront.

Auf diese Weise sind die außertropischen Zyklonen (und die zwischen ihnen eingeschobenen Antizyklonen) keine zufälligen Erscheinungen in der Atmosphäre. Sie sind vielmehr durchaus notwendige Glieder der atmosphärischen Zirkulation in den gemäßigten Breiten. *Nur infolge der Zyklonentätigkeit ist ein Luftmassenaustausch zwischen den polaren und tropischen Breiten der Erde möglich.* Die Zyklonenbildung an den Hauptfronten ist in den gemäßigten Breiten sowohl Wesen als auch Form der atmosphärischen Zirkulation.[1]

Das Schema in Abb. 62 darf nur als stark vereinfachter Entwurf eines neuzeitlichen Modells der atmosphärischen Zirkulation angesehen werden; erst die folgenden Abschnitte bringen eine weitere Annäherung an die Wirklichkeit. In Zusammenhang mit dieser Bemerkung sei vor allem vor einer verbreiteten, aber unrichtigen Vorstellung gewarnt, als ob es nur eine *einzige* Polarfront (dieser Ausdruck wird auch oft nur in der Einzahl benutzt) gäbe, d. i. eine zusammenhängende Grenzfläche zwischen der Polar- und Tropikluft, die irgendwo in den gemäßigten Breiten die ganze Halbkugel umspannt. Ähnlich wie in den Tropen *mehrere (drei) Tropikfronten* vorhanden sind, gibt es auch in den gemäßigten Breiten jeder Halbkugel in Wirklichkeit immer *mehrere (gewöhnlich vier) Polarfronten*, d. h. langgestreckte Übergangszonen oder — bedingungsweise — Grenzflächen zwischen den Polar- und Tropikluftmassen. An jeder dieser Hauptfronten pflegt sich eine Zyklonenserie zu entwickeln. Unter Benutzung dieser äußeren Analogie aus der Mechanik könnte man sagen, daß die Hauptfronten mit ihren Störungen jene Treibriemen und Zahnräder sind, welche die verschiedenen Teile des laufenden troposphärischen Zirkulationsmechanismus untereinander verbinden.[2]

---

[1] Vgl. folgende Worte aus HANN-SÜRINGS „Lehrbuch der Meteorologie" (1926): „Der außertropische Kreislauf erfolgt nicht direkt, sondern vollzieht sich hauptsächlich vermittels der Störungen, die also einen integrierenden Bestandteil derselben bilden."

[2] Es braucht nicht eigens betont zu werden, daß der atmosphärische Mechanismus

*Naturgemäß sind die Polar- (sowie auch die Tropik-) Fronten keine „ewigen"
Gebilde.* Sie lösen sich immer wieder auf und bilden sich von neuem. Auf den
klimatischen Karten können wir nur die Lage der sog. Hauptfrontalzonen andeuten,
d. i. jener Gebiete, in denen die Hauptfronten am häufigsten entstehen und verharren (siehe Bergeron 1930, Physikalische Hydrodynamik 1933). Die Europa am
nächsten gelegene Zone der Polarfrontenbildung verläuft dem Nordrand der Azoren-
Antizyklone entlang quer über den nördlichen Atlantischen Ozean, und zwar im
Winter von Florida über die Bermudainseln und Azoren hinweg zum Ärmelkanal,
im Sommer von Kanada gegen Nordeuropa. Eine andere wichtige Frontalzone liegt
über dem Stillen Ozean, am Rand der pazifischen subtropischen Antizyklone und
verläuft im Sommer u. a. vom asiatischen Kontinent über Korea gegen den mittleren
Teil der Japanischen Inseln, während sie im Winter meist westlich von Japan beginnt und bis knapp an die nordamerikanische Küste reicht.

Wir wiederholen, daß die Karten der Frontalzonen, welche in diesem und den
folgenden Kapiteln angeführt sind, nur *mittlere* Verhältnisse wiedergeben; sie sind
meist auf Grund von Karten der Verteilung des Windes oder des Luftdrucks entworfen (siehe das Folgende). Auf den synoptischen Karten sehen wir jedoch tag-
täglich die reellen Hauptfronten, ihre Bildung, ihre Veränderungen und ihren
Zerfall.

46. Die allgemeine Zirkulation der Troposphäre.
III. Außertropische Breiten: Die Frontalzonen.

a) Arktikfronten.

Eine weitere Vertiefung des oben angedeuteten Zirkulationsschemas in den
außertropischen Breiten beruht zunächst auf der Tatsache, daß in der Troposphäre
außer Tropik- und Polarfronten noch sog. *Arktikfronten* auftreten.

Die Polarfronten verlaufen auf der Nordhalbkugel vorwiegend zwischen dem
40. und 50. Breitengrad, dem Südrand der Tiefdruckzone auf den Klimakarten
entlang. Diese Tiefdruckzone liegt somit nicht an der Grenze zwischen Polar- und
Tropikluft, sondern innerhalb der Polarluft. Sie ist anzusehen als das Resultat eines
andauernden Auftretens umfangreicher, tiefer *Zentralzyklonen* entlang des 60. Breiten-
kreises. Die Zentralzyklonen entwickeln sich zwar zunächst aus Störungen im Verlauf der Polarfronten, lösen sich jedoch im weiteren Verlauf von diesen Fronten
scheinbar ab und wandern tief ins Innere der Polarluft hinein (infolge der Okklusion, siehe sechstes Kapitel). Dies ist der Grund, weshalb in den gemäßigten Breiten
der Nordhalbkugel die Polarluft am Südrand der Zentralzyklonen überwiegend von
Westen nach Osten fließt, parallel zur Tropikluft, die ihrerseits gleichfalls von
Westen nach Osten strömt, und zwar der nördlichen Peripherie der subtropischen
Antizyklonen entlang. Somit sind die Polarfronten im Prinzip Grenzflächen
zwischen dem westlichen Polarluftstrom und dem westlichen Tropikluftstrom, und
erst durch Störungen in ihnen erhalten diese beiden Strömungen meridionale Komponenten, welche einen Luftaustausch zwischen den gemäßigten und tropischen
Breiten möglich machen.

Anderseits herrschen am Nordrand der außertropischen Tiefdruckzone (oder was
dasselbe ist, an der südlichen Berandung der polaren Antizyklone) in der Polarluft
östliche Winde vor, welche Luft unmittelbar arktischen Ursprungs mit sich führen
und daher im Winter und den Übergangsjahreszeiten erheblich kälter sind als die
übrige Polarluftmasse, die sich schon längere Zeit in den gemäßigten Breiten aufgehalten hat. Zwischen diesen beiden verschieden kalten Polarluftmassen entgegen-

in fortwährender Umgestaltung begriffen ist, worin sein grundsätzlicher Unterschied
gegen einen Mechanismus im üblichen Sinn des Wortes besteht.

gesetzter Richtung entsteht etwa in den Breiten von 65—75° eine weitere Kategorie von Hauptfronten, die Kategorie der *Arktikfronten* (BERGERON 1930); die Bezeichnung „Polarfronten" wird daher den südlichen Begrenzungen der Polarluftmasse überhaupt, d. h. der Luftmassen nichtsubtropischen Ursprungs, vorbehalten. Man behält dann die Benennung *Polarluft* nur für die Luft der gemäßigten Breiten bei, während der Luft des arktischen Beckens eine eigene Benennung: *Arktikluft* gegeben wird (BERGERON 1928).[1]

Auch an den Arktikfronten bilden sich zyklonale Störungen und zwischen ihnen Antizyklonen aus; diese Vorgänge sind ganz analog den an den Polarfronten auftretenden. Infolge der Zyklonentätigkeit an den arktischen Fronten dringt Arktikluft in die gemäßigten Breiten und Luft der gemäßigten Breiten in die Arktis vor.

Ob auch mitten im Sommer Arktikfronten entstehen, ist vorderhand noch nicht geklärt; an den Nordküsten Asiens und vielleicht auch Amerikas scheint dies gelegentlich der Fall zu sein.

Die Europa am nächsten gelegene arktische Frontalzone, d. i. jene Zone, in welcher Arktikfronten besonders häufig entstehen, verläuft von Süd-Grönland über Jan Mayen und die Bäreninsel hinweg gegen Nowaja Semlja und zum Karischen Meer; eine andere ähnliche begrenzt die arktischen Gebiete der Westhalbkugel.

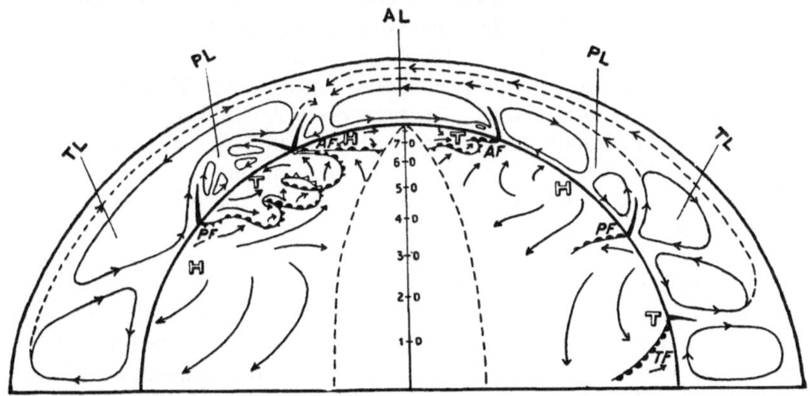

AL - Arktikluft PL - Polarluft TL - Tropikluft *AF* - Arktikfront *PF* - Polarfront *TF* - Tropikfront
H · Hochdruckzentrum T · Tiefdruckzentrum

Abb. 63. Schema der allgemeinen Zirkulation nach BERGERON in der Darstellung von SWOBODA 1932.

Das Auftreten von Arktikfronten würde, im Anschluß an das Schema der Abb. 62, die Einführung weiterer Vertikalräder in das Schema der allgemeinen troposphärischen Zirkulation erfordern, welches dadurch immer komplizierter wird. Abb. 63 zeigt ein solches Schema nach BERGERON 1930 in der Darstellung von SWOBODA 1932. Jede Tropikluft- und jede Polarluftzirkulation besteht aus zwei Vertikalrädern, einem Warmluft- und einem Kaltluftrad. Von den Warmlufträdern zweigen allerdings Luftströme ab, die in der Höhe polwärts führen und das arktische Kältereservoir speisen. Im linken Teil der Abbildung ist der Vertikalschnitt durch die Azorenantizyklone, die Islanddepression und die Grönlandantizyklone geführt; er durchquert zweimal die Polarfront und einmal die Arktikfront. Im rechten Teil

---

[1] In älteren Arbeiten wurde die Arktikluft manchmal als „wirkliche Polarluft", „frische Polarluft" bezeichnet; in den Vereinigten Staaten von Nordamerika nennt man sie auch jetzt kontinentale Polarluft, während die kontinentale Polarluft im europäischen Sinn dort Übergangsluft genannt wird. Anderseits ist man in den letzten Jahren im deutschen Wetterdienst dazu übergegangen, die Polarluft zum Unterschied von der Arktikluft als „Luft der gemäßigten Breiten" zu bezeichnen (siehe Abschn. 48 b).

geht der Schnitt durch die Sudandepression, die Antizyklone über Rußland und die Depression über dem Barentsmeer; er führt durch die Tropik-, Polar- und Arktikfront.

b) Frontenbildung und Frontenauflösung nach BERGERON.

Die fortwährende Transformation der Luftmassen und die andauernden Änderungen in der atmosphärischen Strömungsverteilung machen es begreiflich, daß die Fronten auch keine permanenten Scheidewände zwischen den Luftmassen vorstellen, sondern sich mit der Zeit auflösen und verschwinden, während wieder neue entstehen, sich verschärfen, umbilden und schließlich gleichfalls vergehen. Die Hauptursache dieses ewigen Wandels im Dasein der Fronten liegt zum größeren Teil im Mechanismus der atmosphärischen Bewegungen selbst, zum kleineren Teil im Einfluß der Unterlage.

Der Prozeß einer sog. *topographischen Frontogenese* (Frontenbildung unter Einwirkung der Unterlage) hat eine gewisse Bedeutung nur für die Ausbildung der Arktikfronten. Letztere bilden sich gewöhnlich im eigentlichen arktischen Becken aus, d. i. im allgemeinen nördlich von 70° n. Br. BERGERON nimmt an, daß für ihr Entstehen der Temperaturunterschied zwischen dem offenen Meer und dem Polareis eine große Rolle spielt. Über dem Eisrand bildet sich hierdurch auch eine Diskontinuität der Lufttemperatur und -feuchtigkeit aus: über dem offenen Meer erwärmt sich die Luft und ihr Feuchtigkeitsgehalt nimmt zu, über dem Eis kühlt sie sich ab. Sind die Vorbedingungen für die ungestörte Ausbildung dieses Temperaturunterschiedes nicht von langer Dauer, so bleibt er auch nur auf die unterste Luftschicht beschränkt. Es bildet sich weder eine hochreichende Grenzfläche, noch das zugehörige Wolken- und Niederschlagssystem aus. In diesem Fall haben wir nur eine dynamisch-thermodynamisch belanglose *Scheinfront*, nur eine topographische Front vor uns (siehe Abschnitt 61).

Wenn sich aber die Luft über dem Eisrand längere Zeit in Ruhe befindet oder ihm annähernd entlangströmt, so bleibt sie der Einwirkung der Unterlage andauernd in demselben Sinn ausgesetzt. Der Temperatur- und Feuchtigkeitsunterschied beiderseits des Eisrandes kann sich dann auf höhere Schichten ausbreiten und zur Ausbildung einer *wirklichen Frontalzone* entlang der Eisgrenze führen. Die lebhaften Winde der Arktis mit ihrer starken Turbulenz fördern namentlich die Übertragung der Abkühlung bis in bedeutende Höhen. Besonders günstige Bedingungen für eine solche topographische, durch die Unterschiede der Unterlage bedingte Frontogenese werden dort auftreten, wo das Polareis an das warme Wasser des Golfstroms angrenzt. Im Winter verläuft der Eisrand im Polarmeer ungefähr längs der Linie Jan Mayen—Bäreninsel—Nowaja Semlja, und gerade hier bilden sich die Arktikfronten, welche im weiteren Verlauf das Wetter Europas beeinflussen.

Die Arktikfronten besitzen meist den Charakter breiter verschwommener Frontalzonen, die mehr oder weniger stationär über dem Polarbecken verharren. Sie können allerdings schon durch ein verhältnismäßig schwaches Deformationsfeld (siehe unten) zu einer wirklichen Front verschärft werden, und die an dieser Front sich entwickelnde Zyklonentätigkeit kann einen Einbruch von Arktikluft in die gemäßigten Breiten zur Folge haben.

Gewöhnlich stehen Bildung und Auflösung der Fronten mit der allgemeinen Zirkulation der Atmosphäre in unmittelbarem Zusammenhang; diese kinematischen Frontogenesen und Frontolysen sind als die wichtigsten Auswirkungen des troposphärischen Zirkulationsmechanismus anzusehen.

Zur *Frontogenese*, d. h. Ausbildung einer Front zwischen zwei Luftmassen, ist ein System von Luftströmungen nötig, welches die entfernteren Teile dieser Luftmassen mit ihren voneinander kraß abweichenden Eigenschaften gegeneinanderführt. Die Luft der Zwischenzone muß dabei nach den Seiten oder nach oben weggeschafft werden. Eine gewöhnliche Translations- oder Rotationsbewegung der Luft ist nicht imstande, die Abstände zwischen den Luftteilchen zu ändern und eine Verengung der Zwischenzone zu veranlassen. Eine solche Wirkung können jedoch Bewegungsfelder ausüben, die man *Deformationsfelder* nennt. Hierzu muß das Deformationsfeld zum Temperaturfeld (genauer zum Feld der potentiellen Temperatur) entsprechend orientiert sein.

Den einfachsten Fall einer solchen Frontogenese zeigt in der Horizontalprojektion Abb. 64. Im Ausgangsstadium I herrscht von Norden gegen Süden eine kontinuierliche Temperaturzunahme, die Isothermen (Isentropen) Θ sind voneinander annähernd gleich weit entfernt. Im Bereich dieses Temperaturfeldes möge nun ein Deformationsfeld der Luftströmungen (siehe Abschnitt 25) bestehen, welches im einfachsten Fall durch gleichseitige Hyperbeln dargestellt wird.

Unter der Einwirkung eines solchen Feldes werden sich der „*Dehnungsachse*" von beiden Seiten her Luftteilchen nähern, die ursprünglich weit ablagen. Die mathematische Analyse des Prozesses zeigt, daß die vorher äquidistanten Isothermen unter dem Einfluß des Deformationsfeldes nach einiger Zeit die im Schema II versinnlichte Lage eingenommen, d. h. sich längs der Achse verdichtet haben, was mit der Ausbildung einer Temperaturdiskontinuität — einer Front — gleichbedeutend ist.

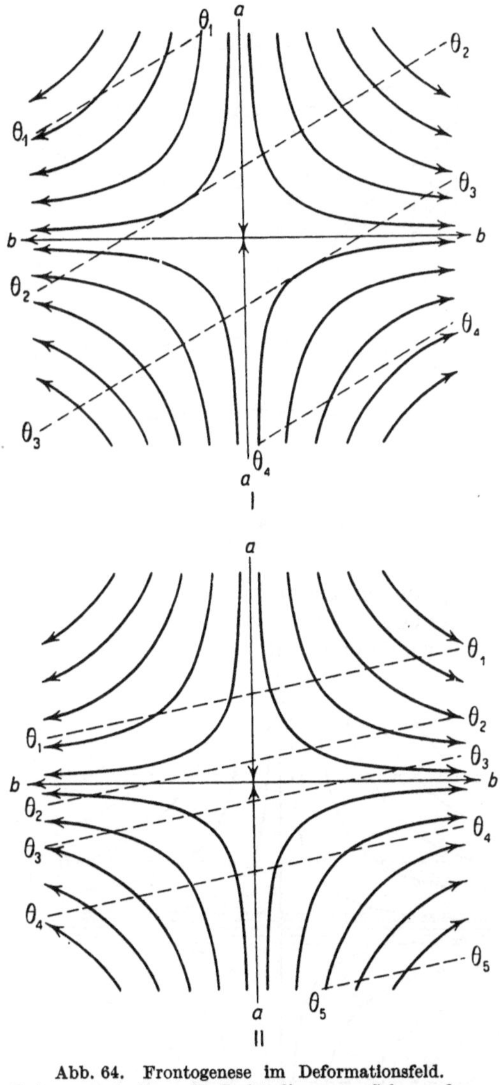

Verlaufen die Isothermen ursprünglich zur Dehnungsachse nicht parallel, so werden sie sich unter der Einwirkung des Deformationsfeldes so drehen, daß der von ihnen mit der Dehnungsachse gebildete Winkel verkleinert wird und sie sich entlang dieser Achse gleichfalls verdichten. Für ein etwas komplizierteres Strömungsbild des Deformationsfeldes ist das Ergebnis dieses Prozesses in Abb. 65 dargestellt.

Es ist allerdings zu bemerken, daß das Deformationsfeld einen solchen frontogenetischen Effekt nur dann haben wird, wenn die Isothermen mit der Dehnungsachse einen Winkel von weniger als 45° (oder mit der zu ihr senkrecht stehenden „*Schrumpfungsachse*" einen Winkel von mehr als 45°) einschließen. Andernfalls wird das Deformationsfeld die Isothermen entlang der Dehnungsachse auseinander-

Abb. 64. Frontogenese im Deformationsfeld.
I. Ausgangsstadium, II. Endstadium; aa = Schrumpfungsachse, bb = Dehnungsachse.

führen und dadurch nicht mehr eine Bildung, sondern eine Auflösung der Front, also keine Frontogenese, sondern eine *Frontolyse* herbeiführen. Dieser Vorgang ist unter der vereinfachten Voraussetzung, daß Isothermen und Dehnungsachse miteinander einen rechten Winkel einschließen, in Abb. 66 schematisch dargestellt.

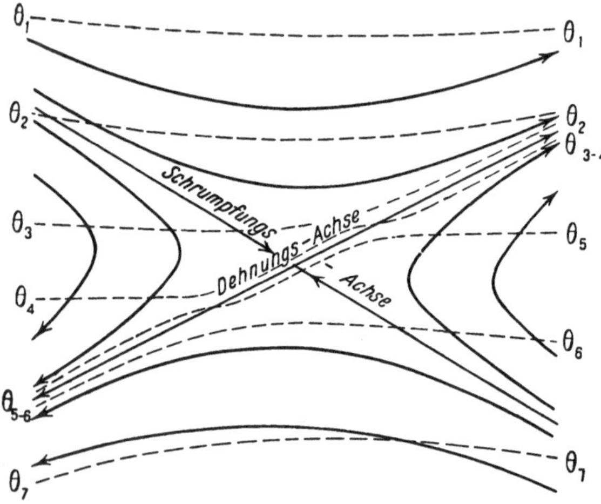

Abb. 65. Frontogenese im Deformationsfeld, wenn Dehnungsachse und allgemeiner Isothermenverlauf einen Winkel einschließen.

Dem Deformationsfeld der Strömungen entspricht im barischen Felde offenkundig der sog. *Luftdrucksattel* mit je zwei kreuzweise angeordneten Depressionen und Antizyklonen. Troposphärische Gebiete mit einer sattelförmigen Anordnung der Isobaren können somit — je nach dem zugehörigen Isothermenverlauf — entweder frontogenetische oder frontolytische Gebiete sein.

Im Deformationsfeld der Frontogenese werden sich die Warmluft und die Kaltluft einander nähern, wobei gleichzeitig die Luft aus der Zwischenzone seitlich weggeschafft wird; die ursprünglich verschwommene Übergangszone wird zu einer scharfen Front. Umgekehrt ist der Vorgang im Deformationsfeld der Frontolyse, wo die ungleich warmen Luftmassen voneinander entfernt werden und die ursprünglich scharfe Front verschwimmt und sich schließlich auflöst.

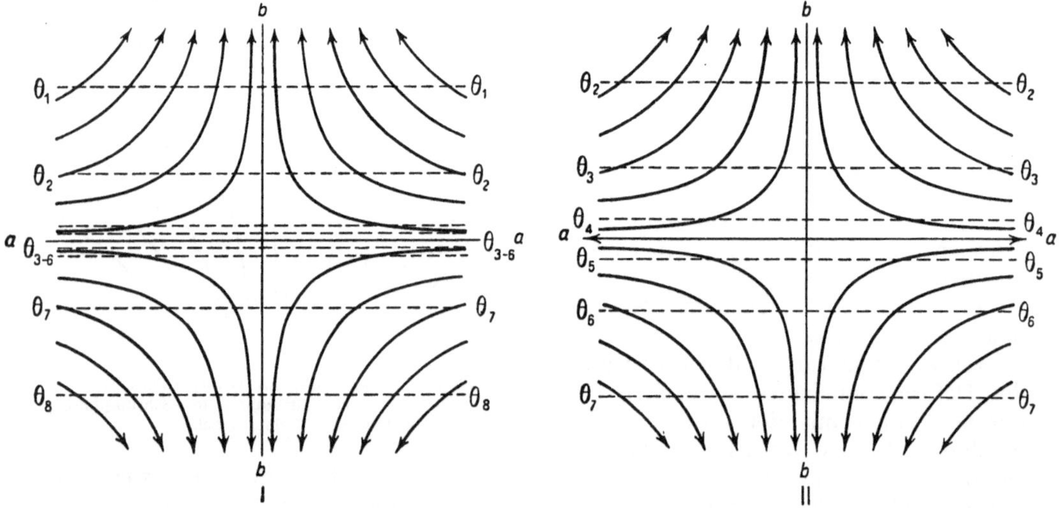

Abb. 66. Frontolyse im Deformationsfeld. Bezeichnungen siehe Abb. 64.

Dem zweidimensionalen frontogenetischen Deformationsfeld auf der synoptischen Karte entspricht im Raum ein dreidimensionales mit einer *Schrumpfungsfläche*, der entlang sich die Luftteilchen einander nähern und eine *Dehnungsfläche*, der entlang sie nach den Seiten abströmen.

Den Unterschied in der Entstehung einer geneigten Front und einer Inversion kann man folgendermaßen charakterisieren: Im Falle der *geneigten Front* fällt die Dehnungsfläche mit dieser Front zusammen, während die Schrumpfungsfläche annähernd horizontal verläuft. Unter dem Einfluß des Deformationsfeldes nähern sich also die Luftteilchen in Richtung auf die sich bildende Front vorwiegend in horizontaler Richtung. Der Abtransport der Zwischenluft erfolgt sowohl nach den Seiten als auch nach oben; der absteigende Ast hat wegen der Bodennähe der Schrumpfungsfläche keine Bedeutung. Die isentropischen Flächen werden, vorausgesetzt daß sie zur Erdoberfläche geneigt sind, in horizontaler Richtung so gegeneinandergeführt, daß sie entlang der Dehnungsfläche eine geneigte Front bilden (siehe Abb. 105 unten).

Im Falle der *Inversion* steht dagegen die Schrumpfungsfläche fast vertikal und die Dehnungsfläche verläuft fast horizontal. Die Luftteilchen werden in vertikaler Richtung gegeneinandergeführt, und zwar überwiegt — da die Dehnungsfläche der Erdoberfläche naheliegt oder sogar mit ihr zusammenfällt — die Luftversetzung nach abwärts. Entlang dieser Dehnungsfläche rücken unter Einfluß des Deformationsfeldes auch die isentropischen Flächen näher aneinander (siehe Abb. 105 oben).

Diese Grundtatsachen der Frontogenese und Frontolyse hat PETTERSSEN 1936 theoretisch auszubauen begonnen; wir begnügen uns hier mit einem Hinweis auf diese wichtige Arbeit.

c) Die Hauptfrontalzonen.

Es läßt sich zeigen, daß es infolge der ungleichmäßigen Verteilung und der ungleichartigen Erwärmung von Festland und Meer in allen Breiten zu einer kreuzweisen Anordnung der quasipermanenten[1] Depressionen und Antizyklonen (oder

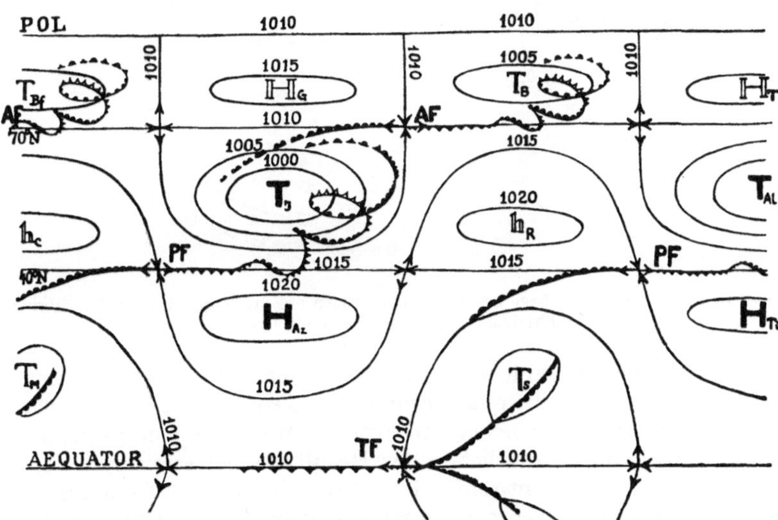

Abb. 67. Horizontales Schema des barischen Feldes und der Hauptfronten auf der Nordhalbkugel im Herbst und im Winter. (Nach BERGERON 1930.)

nach der alten Terminologie: der Aktionszentren) kommt, d. h. also zur Entstehung von Deformationsfeldern, die bei entsprechender Temperaturverteilung frontogenetisch wirken können.

---

[1] Im vorigen Abschnitt war bereits die Rede von der Bedingtheit des Begriffs „Permanenz" in Anwendung auf die subtropischen Antizyklonen. Eine Permanenz (Bestän-

Bergeron hat im Jahre 1930 ein übersichtliches, wenn auch nur sehr ange-
nähertes Schema einer solchen Horizontalgliederung des troposphärischen Druckfeldes für die kalte Jahreszeit der Nordhemisphäre gegeben (Abb. 67). Wie man
sieht, sind die quasipermanenten Luftdruckgebilde schachbrettförmig angeordnet.
Die Intensität jedes einzelnen ist, nebenbei bemerkt, nicht nur durch die Monsunzirkulation (Luftaustausch zwischen Kontinent und Ozean infolge eines Temperaturunterschiedes) bedingt, durch welche es entstanden ist, sondern in bedeutendem Maße

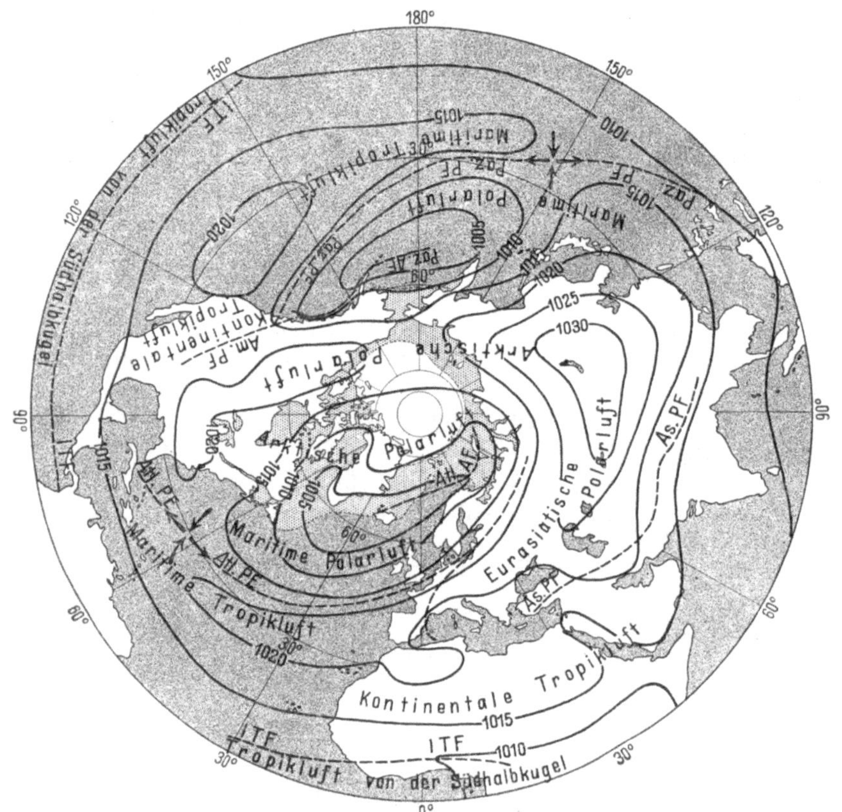

Abb. 68. Mittlere Druckverteilung und Lage der Hauptfrontalzonen auf der Nordhalbkugel im Februar. (Nach der
„Physikalischen Hydrodynamik" 1933.)

auch durch die Zyklonentätigkeit (die „zyklogenetischen Prozesse") an den Fronten.
So z. B. wäre die winterliche quasipermanente Depression, welche wir auf den
klimatischen Karten bei Island sehen, nie so tief, wenn sie nur monsunaler Herkunft
wäre. Sie ist vielmehr im wesentlichen das Resultat einer ständigen Vorherrschaft
von Zentralzyklonen der atlantischen Polarfront in diesem Gebiete.

Infolge des allgemeinen Temperaturgefälles vom Äquator zum Pol wirkt das
in der Abbildung dargestellte barische (und folglich auch kinematische) Feld
frontenbildend. In der Abbildung sind die Hauptfronten dargestellt, welche
unter diesen Voraussetzungen in allen drei Breitenzonen entstehen: die Arktik-,
Polar- und Tropikfronten. Unter anderem findet man in dem Schema die atlantische

digkeit) gibt es in der reellen Atmosphäre überhaupt nicht. Spricht man z. B. von
der permanenten (oder quasipermanenten) isländischen Depression, so will man dadurch
lediglich ausdrücken, daß sich bei Island Depressionen besonders häufig ausbilden oder
besonders lang aufhalten.

Polarfront, die im Sattelpunkt zwischen der winterlichen Antizyklone über Nordamerika (h_C),[1] der Azorenantizyklone (H_{Az}), der Zentralzyklone bei Island (T_I)
und der Depression über dem Golf von Mexiko (T_M) entstanden ist. Weiter nördlich verläuft eine Arktikfront zwischen den Antizyklonen über Grönland (H_G)
und über Osteuropa (h_R) einerseits und den Zentralzyklonen bei Island (T_I) und
über dem Barentsmeer (T_B) anderseits. Außerdem ist in dem Schema der Ostteil einer anderen Arktikfront auf der Westhalbkugel sichtbar, ferner der Beginn

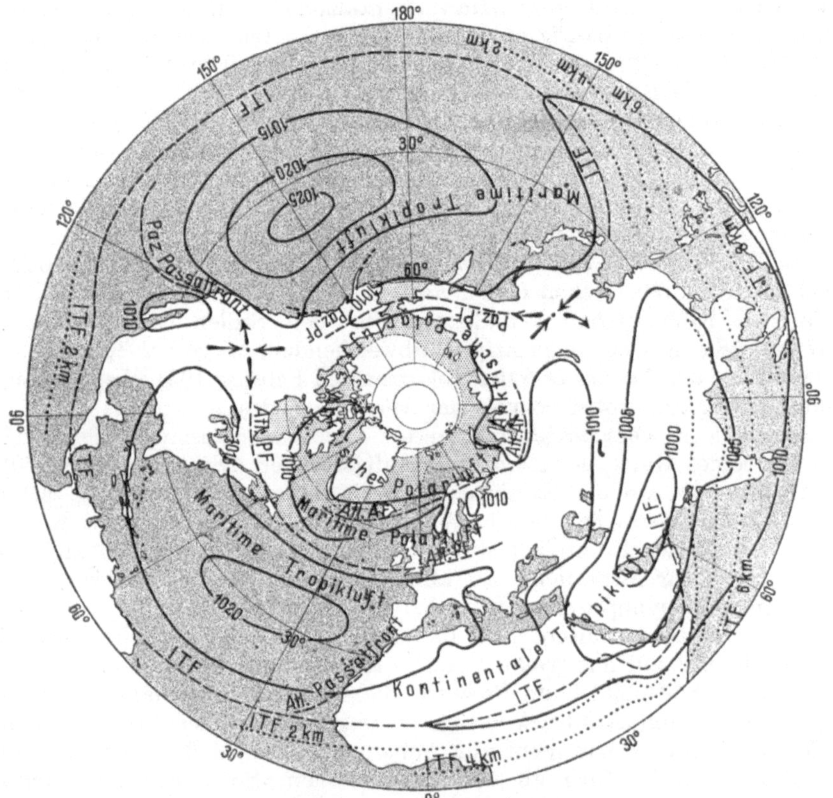

Abb. 69. Mittlere Druckverteilung und Lage der Hauptfrontalzonen auf der Nordhalbkugel im August. (Nach der
„Physikalischen Hydrodynamik" 1933.)

einer vom Mittelmeer gegen Nordindien verlaufenden Polarfront, schließlich die
Tropikfront über dem Atlantik und das Ende der pazifischen Tropikfront. Im
ganzen kann man nach BERGERON auf der Erdkugel *rund 15 Hauptfrontalzonen*
(siehe unten) antreffen (drei tropische, je vier polare und je zwei arktische auf
jeder Halbkugel). In der „Physikalischen Hydrodynamik" wird auch der Begriff
von *Passatfronten* eingeführt, die zwischen den einzelnen Antizyklonen der subtropischen Zone entstehen; eine solche Passatfront kann z. B. im Sommer maritime
Tropikluft des Atlantiks von stärker erwärmter kontinentaler Tropikluft der Sahara
sondern (siehe Abb. 68, 69, 75).

Wir wissen bereits, daß die „Permanenz" der Aktionszentren kein synoptischer,
sondern ein klimatologischer Begriff ist. So führt z. B. die Bildung zyklonaler

---

[1] In diesen Abkürzungen bedeutet H bzw. h Hochdruckgebiete (Antizyklonen),
T Tiefdruckgebiete (Depressionen); die Indexbuchstaben beziehen sich auf das fragliche
Gebiet (z. B. C = Canada, I = Island, R = Rußland usw.).

Störungen an der Polarfront zu bedeutenden Änderungen in der Druckverteilung, zu Verlagerungen und zur Umbildung der barischen Systeme. Infolge der Entwicklung einer Zyklonenserie an der Front löst sich zwar die Polarfront selbst wieder auf, sobald aber die neue Druckverteilung der früheren gleich geworden ist, kommt es zur Ausbildung einer neuen Polarfront annähernd in demselben Gebiet (siehe sechstes Kapitel).

Der mittleren klimatologischen Verteilung der Aktionszentren entspricht somit der klimatologische Verlauf einer „Hauptfrontalzone", d. i. einer Zone, in der sich Hauptfronten besonders häufig ausbilden und verharren. Die mittlere Verteilung von Temperatur und Druck gestattet also einen Rückschluß auf die Lage der Frontalzonen, wie soeben in BERGERONS Schema gezeigt wurde.

Ein neuerer Versuch dieser Art findet sich in der „Physikalischen Hydrodynamik", wo — von den Sattelpunkten in der mittleren Druckverteilung ausgehend — die mittlere Lage der Frontalzonen für Februar und August festgelegt worden ist (Abb. 68 und 69). Allerdings dürfte es sich empfehlen, bei solchen Konstruktionen unmittelbar von den Deformationsfeldern auf den mittleren Windkarten auszugehen, wie dies in der „Physikalischen Hydrodynamik" für die Tropikfronten geschehen ist (Abb. 59). Schon früher hat auf diese Weise BERGERON die Frontalzonen in den KÖPPENSCHEN Windkarten für den Stillen Ozean eingezeichnet (Abb. 57 und 58). Auf einem prinzipiell abweichendem Wege hat RODEWALD 1932 die mittlere Lage der Arktik- und der Polarfront im Februar 1931 über Nordamerika angedeutet (Abb. 70), wobei er von der Häufigkeit des Auftretens der einzelnen Luftmassentypen in verschiedenen Punkten der Karte ausging: die Arktikfront verläuft auf seiner Karte dort, wo die Häufigkeit der Arktikluft gleich 50% ist; die Polarfront dort, wo die Häufigkeit der Tropikluft 50% beträgt. Schließlich hat N. W. STREMOUSSOW in den in Abb. 71 und 72 reproduzierten Karten den typischen Verlauf der Frontalzonen des Fernen Ostens im Winter und Sommer dargestellt, und zwar nicht mehr auf klimatologischem Wege, sondern auf Grund des Studiums von synoptischen Karten.

Jedenfalls ist zu beachten, daß die statistisch-klimatologische Methode auf dynamische Objekte nur mit großer Vorsicht angewendet werden darf. Ein klimatologisches Durchschnittsbild kann Prozesse, die sich nicht regelmäßig genug wiederholen, gar nicht zum Ausdruck bringen. Das Fehlen einer Frontalzone in der klimatologischen Karte darf nicht zur Annahme führen, daß in dem betreffenden Gebiete Fronten nicht doch ab und zu entstehen. So z. B. ist es eine synoptische Tatsache, daß im Gebiete Rußlands im Sommer nicht selten eine besondere Polarfront entsteht. Die Deformationsfelder, welche diese Frontogenese veranlassen, sind so wenig stationär und von so kurzer Dauer, daß sie auf der klimatischen Karte kaum zum Ausdruck kommen. Trotzdem ist es A. I. ASKNASIJ 1934 gelungen, diese Felder und die mit ihnen zusammenhängenden Fronten auf Mittelwertkarten festzustellen, wobei diese Karten allerdings nicht auf Monatsmitteln beruhen, sondern auf Mittelwerten über das gleiche synoptische Stadium ausgewählter typischer Wetterlagen. Durch solche Methoden weicht man ähnlichen Unzulänglichkeiten aus, wie sie z. B. in dem Versuch bestünden, aus der mittleren Jahrestemperatur allein Schlüsse ziehen zu wollen auf die charakteristischen Temperaturverhältnisse der betreffenden Landschaft. Die Aufgabe der dynamischen Klimatologie besteht eben mehr in einer Ermittlung der typischen Verlagerungen und Umbildungen der Hauptfronten als in einer Feststellung ihres mittleren Verlaufs.

Unter Berücksichtigung der gemachten Vorbehalte sollen im folgenden die Frontalzonenkarten der Nordhalbkugel (Abb. 68 und 69) nach der „Physikalischen Hydrodynamik" kurz beschrieben werden. Wir betrachten zuerst die winterliche

Februarkarte (Abb. 68). Im westlichen Stillen Ozean findet sich ein deutlicher Sattelpunkt zwischen der kontinentalen Monsun-Antizyklone Asiens und der ausgedehnten pazifischen subtropischen Antizyklone. Die Dehnungsachse des entsprechenden Deformationsfeldes verläuft von Westsüdwesten gegen Ostnordosten; in derselben Richtung verlaufen die mittleren Isothermen über dem westlichen Pazifik, was denn auch zur Ausbildung einer Front zwischen den Philippinen und der Küste Amerikas, etwa unter 50° n. Br., führt. Dies ist die pazifische Polarfront (auf der Karte *Paz. PF*), über deren Erstreckung in die Höhe man noch nicht viel weiß. Die gesamte Polarluft nördlich der Front ent-

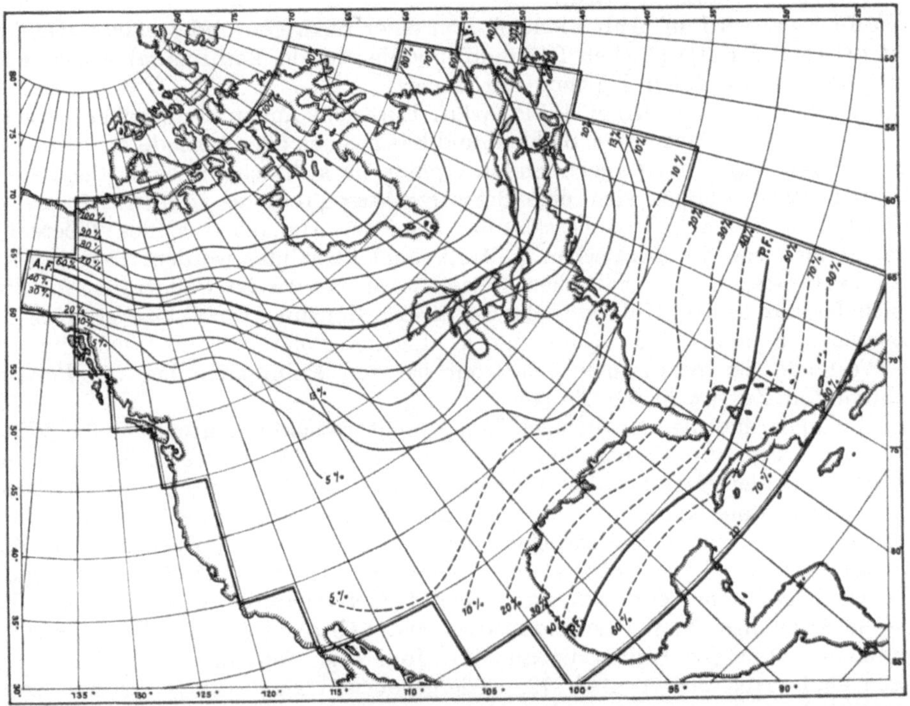

Abb. 70. Hauptfrontalzonen und Häufigkeit der Arktik- und Tropikluft im Februar 1931 über Nordamerika. (Nach RODEWALD 1932.)

stammt dem Gebiete zwischen der asiatischen Monsun-Antizyklone und der Depression über den Aleuten; zwischen der Arktikluft und der maritimen Polarluft westlich der Aleutendepression besteht dagegen nur ein allmählicher Übergang. Östlich von dieser Depression trifft der Südweststrom erwärmter maritimer Polarluft auf das Felsengebirge, steigt an ihm auf und strömt in der Höhe über die kalte Arktikluft des nordamerikanischen Festlandes hinweg. Hier liegt daher die pazifische Arktikfront (*Paz. AF*), die sich an das Felsengebirge anlehnt; sie reißt in der Aleutendepression ab.

Weiter ostwärts findet sich ein Sattelpunkt über dem Westen der Vereinigten Staaten, zwischen der pazifischen subtropischen Antizyklone und der kalten nordamerikanischen Monsun-Antizyklone. Die Frontalzone verläuft hier dem Felsengebirge entlang; die amerikanische Polarfront (*Am. PF*) sondert die Polarluft über einem großen Teil des Festlandes von der Tropikluft im Südwesten. Über dem westlichen Atlantik liegt, ähnlich wie über dem Stillen Ozean, ein Sattelpunkt zwischen der nordamerikanischen Monsun-Antizyklone und der subtropischen

Azoren-Antizyklone; er ist die Bildungsstätte der atlantischen Polarfront (*Atl. PF*), welche die (arktische, in maritime Polarluft sich umwandelnde) Kaltluft, die zwischen der kanadischen Antizyklone und der isländischen Depression ausfließt, gegen Süden zu begrenzt. Von der isländischen Depression nach Osten, in der Richtung auf das Nordkap Norwegens, verläuft die atlantische (genauer europäisch-westsibirische) Arktikfront (*Atl. AF*), welche die erwärmte maritime Polarluft aus Südwesten und frische Arktikluft aus Ost-Nordosten voneinander sondert. Hier ist kein Sattelpunkt vorhanden, doch bestehen hier Voraussetzungen für eine topographische Frontogenese, die durch Konvergenz entlang der Achse der Druckrinne verstärkt wird.

Westeuropa wird in Abb. 68 noch von einer niedrigen und wenig stationären Front zwischen der atlantischen Tropikluft und der aus der kontinentalen asiatischen Antizyklone stammenden Kaltluft durchquert.

Über das Mittelmeer dringt die Polarluft Eurasiens nur in den Lücken zwischen den Bergketten der Alpen, des Balkans und Kleinasiens oder über deren Pässe vor; beim weiteren Vordringen gegen Süden ergießt sie sich schließlich in die Passate und nur zeitweise bildet sich eine Schwarze-Meer-Front als südliche Grenze der Polarluft aus. Die hohen Gebirgskämme Persiens, Afghanistans, des Tibets und Chinas können von der asiatischen Kaltluft nicht überflutet werden; hier liegt also die südliche Grenze der asiatischen Polarluft, die asiatische Polarfront (*As. PF*), die sich bis zur selben Höhe wie die asiatische Monsun-Antizyklone erstreckt.

Zwischen dem östlichen Ende der asiatischen Polarfront in Innerchina und dem Westende der pazifischen Polarfront bei den Philippinen hat die Polarluft ungehinderten Zutritt in die Tropen.

Im Sommer sind die meridionalen Temperaturgradienten geringer als im Winter und infolgedessen die Frontenbildungen schwächer. Der Sattelpunkt über dem Westteil des Stillen Ozeans (Abb. 69) verschwindet, da an der Stelle der asiatischen Monsun-Antizyklone eine Depression liegt. Die pazifische Polarfront (*Paz. PF*) scheint zunächst hier in einer Rinne zwischen der pazifischen subtropischen Antizyklone und einer flachen polaren Antizyklone zu verlaufen, die etwa bei 65° n. Br. liegt.

Dieser Festellung der „Physikalischen Hydrodynamik" widersprechen allerdings die Ergebnisse N. W. Stremoussows, die auch recht gut mit Werenskjölds Stromlinienkarten des Stillen Ozeans für Juni und September in Einklang zu bringen sind. Aus der in Abb. 72 wiedergegebenen Augustkarte Stremoussows ist ersichtlich, daß die pazifische Polarfront weit südlicher (30. bis 40. Grad n. Br.) anzusetzen ist, wo sie die Südgrenze der Polarluft einer Monsunal-Antizyklone über dem Ochotskischen Meer vorstellt. Die in der „Physikalischen Hydrodynamik" dargestellte pazifische Polarfront dürfte in Wirklichkeit eher eine Arktikfront sein.

Über Nordamerika findet man in Abb. 69 weiter eine pazifische Passatfront zwischen zwei subtropischen Antizyklonen — der pazifischen und atlantischen; ihre Fortsetzung weiter gegen Osten ist die atlantische Polarfront. Im Norden Europas macht sich im August ein Druckfeld geltend, das die Ausbildung einer Arktikfront begünstigt. Das Zustandekommen einer solchen wird allerdings von Bergeron mit dem Hinweis darauf bezweifelt, daß der starke sommerliche Wärmezufluß in der Arktis die Entstehung erheblicher Temperaturunterschiede (in der freien Atmosphäre) zwischen der Luft der Arktis und der Luft der niedrigeren Breiten verhindert.

In Karte Abb. 69 ist ferner eine atlantische Passatfront zwischen der überhitzten kontinentalen Tropikluft der Sahara und der kälteren maritimen Tropikluft des östlichen Atlantik (entstammend der Azoren-Antizyklone) eingezeichnet; das dieser Front entsprechende Deformationsfeld ist allerdings am Erdboden schlecht ausgeprägt und wird erst in einer Höhe von 2000 m deutlicher.

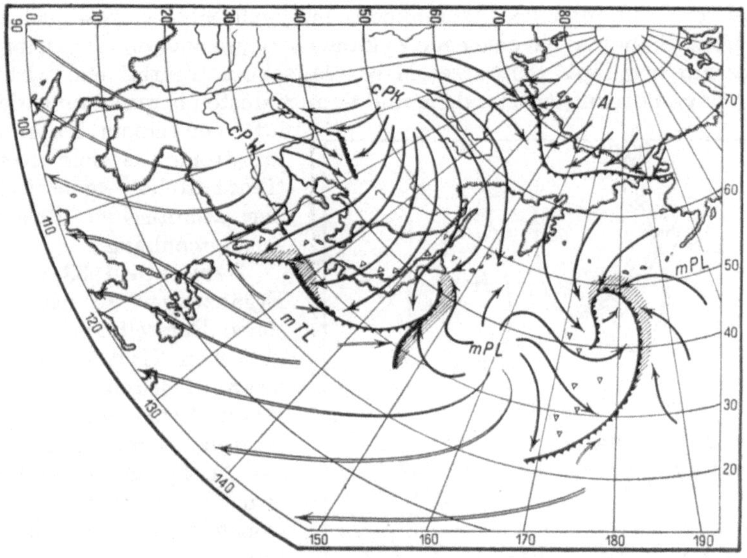

Abb. 71. Luftströmungen und Frontalzonen im Fernen Osten im Winter. (Nach STREMOUSSOW 1935.)

Die Annahme einer breiten Lücke über ganz Eurasien (vgl. Abb. 69) zwischen der atlantischen und der pazifischen Polarfront läßt sich nach den Erfahrungen des sowjetrussischen Wetterdienstes und den Ergebnissen A. I. ASKNASIJS (vgl.

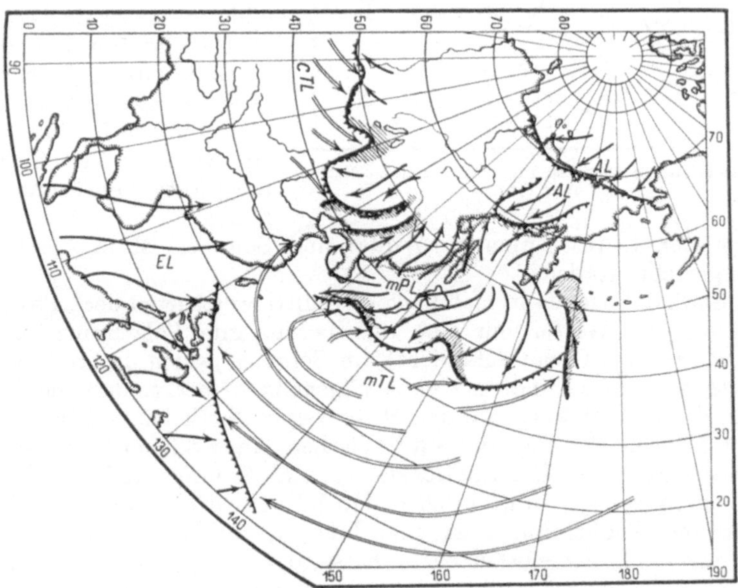

Abb. 72. Luftströmungen und Frontalzonen im Fernen Osten im Sommer. (Nach STREMOUSSOW 1935.)

Abb. 73, siehe auch sechstes Kapitel) nicht aufrechterhalten. Wenn auch die klimatischen Mittelwertkarten des Sommers kein selbständiges Hochdruckzentrum über Sibirien aufweisen, so kommt es doch in Wirklichkeit sehr häufig zur Ausbildung eines solchen, und zwar dann, wenn nach Abschluß einer atlantischen Polarfront-

Zyklonenserie ein Ausläufer des Azorenhochs bis nach Sibirien gelangt. Erscheint gleichzeitig über Skandinavien eine neue Zyklonenserie, so entsteht ein Deformationsfeld, welches auf der Linie Schwarzes Meer—Petschora frontbildend wirkt. Diese Front, welche aus Polarluft entstandene und vom Südosten herankommende Tropikluft von einem kälteren Polarluftstrom aus dem Nordwesten trennt, steht — genetisch — mit der atlantischen Polarfront in Zusammenhang.

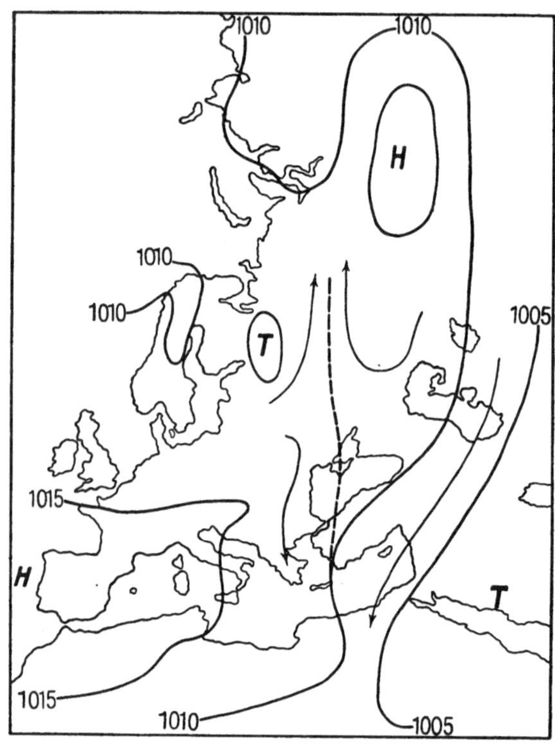

Abb. 73. Deformationsfeld über Osteuropa im Sommer. [Nach ASKNASIJ 1934 (2).]

SVERDRUP 1933 gibt weitere Ergänzungen zu den schematischen Darstellungen der „Physikalischen Hydrodynamik“, und zwar auf Grund monatlicher, von BAUR 1929 zusammengestellter Karten des mittleren Drucks über der Arktis. Er findet im Winter ein gut ausgeprägtes Deformationsfeld, welches zur Entwicklung einer Front Nordostsibirien—Kanadischer Archipel—Grönland führen kann (Abb. 74). Diese Front nennt SVERDRUP innerarktische Front (*IAF*). An ihr findet eine intensive Zyklonenbildung statt; sie ist besonders deutlich im Januar und Februar. Im Mai vollzieht sich der Übergang zu sommerlichen Verhältnissen, welche im Juli und August ein völliges Verschwinden der innerarktischen Front zur Folge haben.

Die Lage der Tropikfronten im Winter und Sommer ist in Abschnitt 44 in Abb. 59 dargestellt worden.

Auf der Südhalbkugel kann man nach den Mittelwertkarten der „Physikalischen Hydrodynamik“ im Winter nur eine quasipermanente Polarfrontzone (die dem Sattelpunkt im Stillen Ozean entspricht), im Sommer jedoch drei oder vier solcher Zonen feststellen. Es sei indessen ganz allgemein bemerkt, daß die Passat- und Polarfronten der Südhalbkugel auf den Mittelwertkarten keine vollständige Wiedergabe finden können, da sich die subtropischen Antizyklonen der Südhalbkugel und mit ihnen auch die Deformationsfelder und Fronten andauernd verlagern. Die Geschlossenheit des subtropischen Hochdruckgürtels auf den winterlichen Klimakarten der Südhalbkugel ist eine Fiktion, welche mit den tatsächlichen Vorgängen nur wenig gemeinsam hat. Die synoptische Erforschung der Frontentätigkeit der Südhalbkugel macht indessen in der letzten Zeit rasche Fortschritte (Arbeiten von LAMMERT, KIDSON u. a.).

d) Wetterzonen.

Abb. 75 zeigt nach der „Physikalischen Hydrodynamik“ zwei schematische Vertikalschnitte durch die Troposphäre über dem Atlantischen Ozean im *Winter*; sie sind dem 10. und dem 50. Längenkreis entlang vom Äquator zum Nordpol geführt. Sie kennzeichnen außer dem Verlauf der Tropopause, der Arktik-, Polar- und Tropikfront sowie der Passatfront zwischen zwei subtropischen Antizyklonen auch noch die „Wetterzonen", welche mit den Hauptluftmassen und

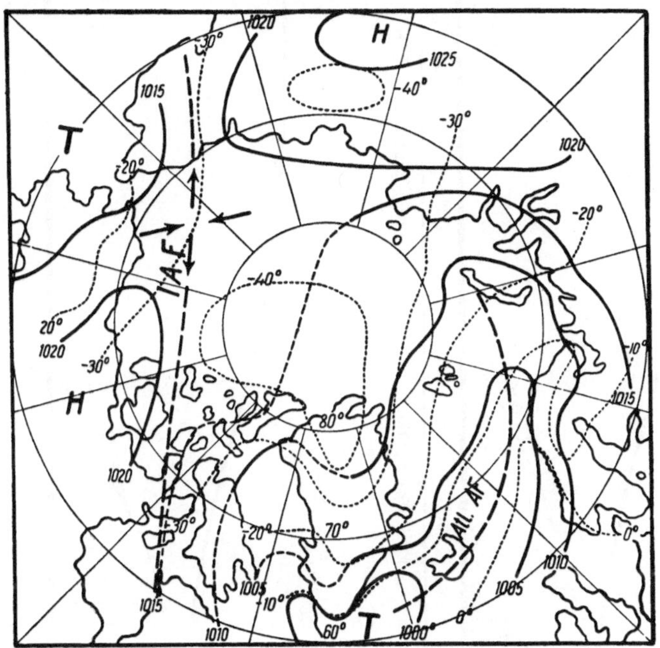

Abb. 74. Frontalzonen in der Arktis im Februar. (Nach SVERDRUP 1933.)

den Hauptfronten zusammenhängen. Der vertikale Maßstab ist gegen den horizontalen hundertmal überhalten.

Im westatlantischen Schnitt (50° w. L.) reicht die Polarluft normalerweise ziemlich weit südwärts und die Polarfront stellt eine einzige permanente Grenzfläche zwischen Pol und Äquator vor. Im arktischen Teil der Polarluft sind keine Haufenwolken vorhanden. Weiter südlich, über dem offenen Meer erwärmt sich allerdings die Polarluft von unten her so stark, daß in ihr Konvektion mit Bildung von Haufenwolken und mit Ausscheidung von Schauerniederschlägen einsetzt. In der Nähe der Polarfrontfläche ist die Luft des kalten Keiles wieder stabiler geschichtet (infolge absteigender Bewegungen und der frontalen Wolkendecke), die Konvektion ist hier abgeschwächt oder sie fehlt ganz. Im südlichsten Teile des Kaltluftkeils bildet sich *St* infolge Sättigung der Luft durch fallende frontale Niederschläge. Jenseits der Front lagert Tropikluft, zunächst mit *St* und Nieseln, später mit Nebeln, dann mit dem heiteren Wetter der subtropischen Hochdruckzone (absteigende Bewegungen) und schließlich mit mächtiger äquatorialer Konvektion.

Im ostatlantischen Schnitt (10° w. L.) erstreckt sich die Polarluft nicht so weit südwärts; ihr arktischer Teil ist von der übrigen Masse durch eine selbständige Arktikfront geschieden, deren Wolkensystem demjenigen der Polarfront analog ist. Die angrenzende maritime Polarluft (südlich von der isländischen Zentralzyklone) strömt von Südwesten erneut kälteren Gebieten zu; daher ist in ihr die Konvektion wenig ausgeprägt. In der Nähe der Arktikfront ist sie sogar wärmer als die Unterlage und es entwickelt sich in ihr *St*. Innerhalb der Tropikluft ist noch eine Passatfrontfläche vorhanden, deren Eigenschaften während des Winters

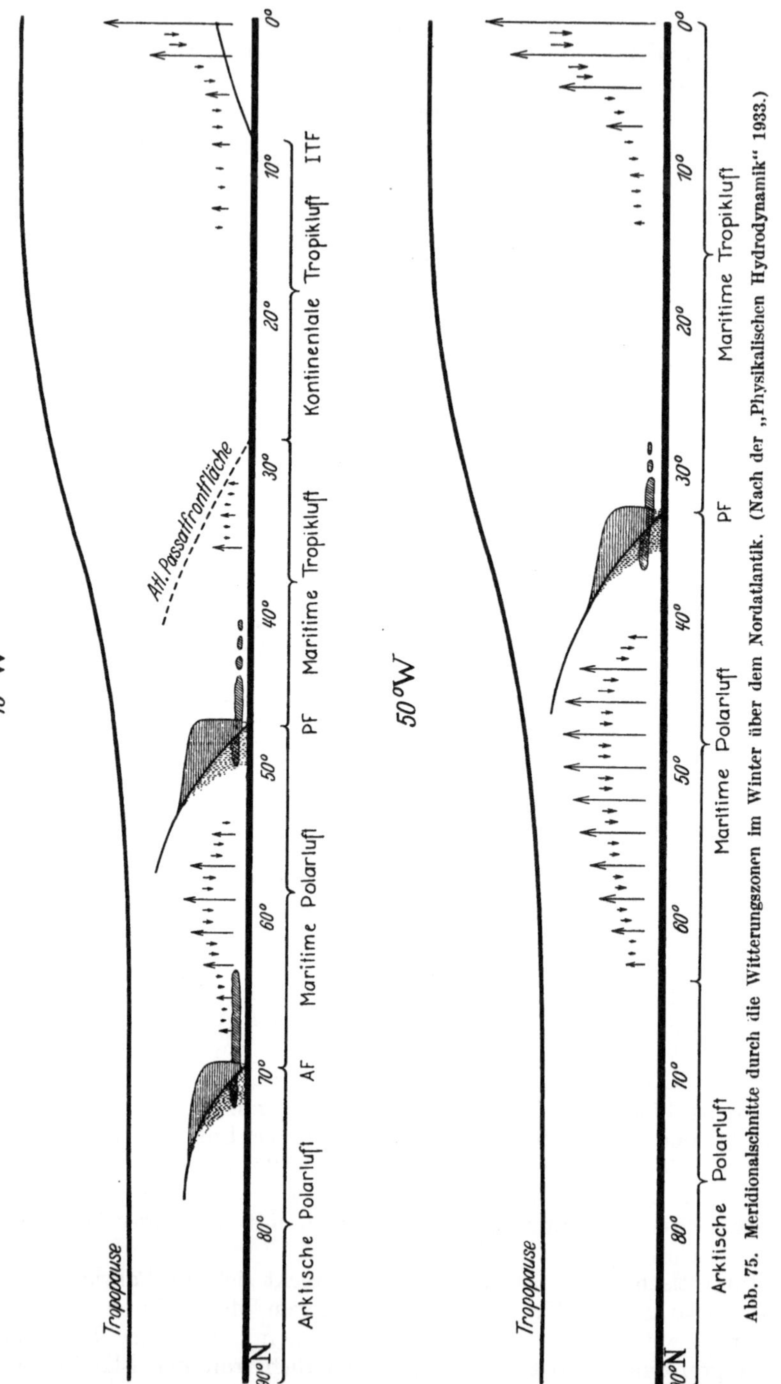

Abb. 75. Meridionalschnitte durch die Witterungszonen im Winter über dem Nordatlantik. (Nach der „Physikalischen Hydrodynamik" 1933.)

wenig bekannt sind. Unter dieser Fläche strömt die maritime Tropikluft südwestwärts über eine wärmere Unterlage hinweg; trotzdem ist in ihr die Konvektion infolge des Auftretens von Inversionen allgemein gering. Über ihr und weiter südlich (wo der Schnitt Westafrika quert) befindet sich trockene und meist wolkenlose kontinentale Tropikluft. Nur jenseits der Tropikfront besitzt der feuchte Südwestmonsun die zur Entwicklung gewaltiger Haufen- und Gewitterwolken nötige vertikale Mächtigkeit.

Ein analoges Schema läßt sich auch für den Pazifischen Ozean aufstellen.

Im *Sommer* unterscheidet sich die Lage der Frontal- und damit auch der Wetterzonen wesentlich von jener im Winter. Die Polarfronten und die Tropikfronten verlaufen nun sowohl über dem Atlantischen als auch über dem Pazifischen Ozean weiter nördlich. Über dem Indischen Ozean ist nun die Tropikfront völlig verschwunden, da hier der südhemisphärische Passat weit über den Äquator herausgegriffen hat und, als Südwestmonsun vordringend, Nordindien erreicht. Er ist gegen Norden durch den über Afrika hinwegreichenden Ausläufer der Atlantischen Tropikfront begrenzt, wie früher erwähnt. Der Nordostpassat fehlt jetzt im Bereich Indiens ganz, und der Südwestmonsun bringt nunmehr hier allgemein Regenfälle.

e) Die Zirkulation zwischen der Troposphäre und Stratosphäre.

Zum Schluß sei erwähnt, daß die Untersuchungen PALMÉNS und REFSDALS 1931 bis 1932 auf die Existenz eines *Luftaustausches* auch *zwischen der Troposphäre und Stratosphäre* hinweisen. Wie im sechsten Kapitel näher dargelegt werden soll, werden über einer sich entwickelnden Zyklone aus der Stratosphäre Luftmassen nach unten herabgesogen; nach Ablauf einer gewissen Zeit kühlt sich die herabgesogene (und dabei dynamisch stark erwärmte) stratosphärische Luft ab unter dem Einfluß der Ausstrahlung, welche das Strahlungsgleichgewicht[1] im betreffenden Niveau wieder herzustellen trachtet. Sie nimmt die Temperatur und Schichtung, welche den troposphärischen Schichten in diesen Höhen eigen sind, an, sie „assimiliert sich" an die Troposphäre. Die frühere Tropopause, d. i. die herabgesogene Grenze zwischen der Troposphäre und Stratosphäre, verschwindet dabei und in einem höheren Niveau bildet sich zum Ersatz eine neue Tropopause.

Umgekehrt findet über Antizyklonen ein analoger Luftübertritt aus der Troposphäre in die Stratosphäre statt. Die hier aufgewölbte Tropopause löst sich auf und an ihrer Stelle bildet sich eine neue in einem tieferen Niveau.

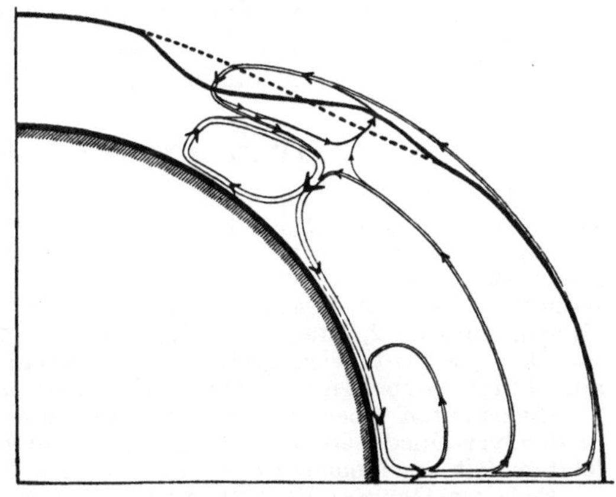

Abb. 76. Zirkulation zwischen einer Zyklone, einer Antizyklone und den Tropen. (Nach REFSDAL 1932.)

Im Einklang damit nimmt REFSDAL an, daß es zu einem besonders bedeutenden Übergang von Luft aus der Troposphäre in die Stratosphäre in den Tropen kommt, wo die Troposphäre infolge stark entwickelter Konvektion sehr hoch hinaufreicht. Die oberen Schichten der Troposphäre und die untere Stratosphäre haben hier daher eine Temperatur, die tiefer ist als jene des Strahlungsgleichgewichtes und sie erwärmen sich in-

---

[1] So nennt man den Zustand, bei welchem das gegebene Luftquantum ebensoviel Strahlungsenergie abgibt als es aufnimmt. Die Atmosphäre ist stets bestrebt, in jedem ihrer Teile eine Temperatur anzunehmen, welche dem Strahlungsgleichgewicht entspricht. Innerhalb der Troposphäre wird das Strahlungsgleichgewicht allerdings nie wirklich erreicht. Verhindert wird dies besonders durch die Turbulenz und die Konvektion, welche Vertikalversetzungen und damit Temperaturänderungen der Luft veranlassen.

folgedessen durch Absorption der Sonnenstrahlung. Dem Konvektionsprozeß, welcher das Strahlungsgleichgewicht stört, wirkt die Erwärmung durch Sonnenstrahlung entgegen, die bestrebt ist, dieses Gleichgewicht wieder herzustellen. Die Konvektion erhöht also das Niveau der Tropopause, während die Strahlungserwärmung eine neue Tropopause in einer tieferen Lage auszubilden sucht; auf diese Weise gelangt in den Tropen immer wieder neue Luft aus der Troposphäre in die Stratosphäre. Nach dem Urteil REFSDALS saugen also die Zyklonen Luft aus der Stratosphäre ein, wogegen in den Antizyklonen und besonders in den tropischen Gebieten Luft wieder in die Stratosphäre zurückgelangt.

In Abb. 76, die wir REFSDALS Arbeit 1932 entnehmen, ist schematisch das zusammenhängende troposphärisch-stratosphärische Zirkulationssystem zwischen einer Zyklone und einer Antizyklone der gemäßigten Breiten und der subtropischen Hochdruckzone veranschaulicht. Die Tropopause ist auf dem Schema durch eine dicke Linie (erniedrigt über der Zyklone und erhöht über der Antizyklone), ihre Neubildung durch eine gestrichelte Linie dargestellt.

Das Schema berücksichtigt folgende wichtige, von PALMÉN 1932 entdeckte Tatsache: *die Aufwärtsbewegung der Luft in der Zyklone und ihre Abwärtsbewegung in der Antizyklone beschränken sich auf die untere und mittlere Troposphäre; in der oberen Troposphäre und in der Stratosphäre haben die Vertikalbewegungen entgegengesetzte Richtung*, womit eben die *Neubildung der Tropopause* und die Zirkulation zwischen der Troposphäre und der Stratosphäre zusammenhängen. Die vertikalen Haupträder der Zirkulation sind in dem REFSDALschen Schema nicht nur durch troposphärische, sondern auch durch stratosphärische Strömungen miteinander zu einem Ganzen verbunden.

Die Ergebnisse PALMÉNs und REFSDALS vernichten also die letzte Scheidewand im Mechanismus der Atmosphäre — sie zerstören die Annahme eines Sonderlebens der Troposphäre unabhängig von der Stratosphäre.

Literatur zu den Abschnitten 43 bis 46.

Moderne klimatologische Karten der Temperatur-, Druck-, Windverteilung usw. siehe: WERENSKJÖLD 1922, Sir NAPIER SHAW 1927, BAUR 1929, HANN-SÜRING 5. Aufl.

Mit der Entwicklung der hier dargestellten Vorstellungen über die allgemeine Zirkulation der Atmosphäre (Abschnitte 43 bis 46) befassen sich folgende Arbeiten: V. BJERKNES 1921, J. BJERKNES and SOLBERG 1922, BERGERON 1928, BERGERON 1930, HESSELBERG 1932, REFSDAL 1932, V. BJERKNES-J. BJERKNES-SOLBERG-BERGERON 1933.

Über das Vorbereitungsstadium zu diesem Vorstellungskreis siehe die in Abschnitt 1 angeführten Arbeiten von DOVE, FITZ-ROY und BLASIUS.

Einzelheiten über die Passate, Monsune, Frontalzonen und zyklonale Tätigkeit in den verschiedenen Teilen der Erde (unter besonderer Berücksichtigung der in der letzten Zeit erschienenen und frontologisch begründeten Arbeiten):

Erde als Ganzes: V. BJERKNES-J. BJERKNES-SOLBERG-BERGERON 1933.

Tropen: KNOCH 1930, BANERJI 1931, WAGNER 1931, RAMANATHAN and RAMAKRISHNAN 1933, BERGERON 1934 (2), FOCHLER-HAUKE 1934, RODEWALD 1937 (1), EXTERNBRINK 1937.

Europa: FICKER 1906, MYRBACH 1926, GEORGII 1929 (2), ROEDIGER 1929, SCHINZE 1932 (4), MOESE und SCHINZE 1932 (1), ASKNASIJ 1934 (2), POGOSJAN 1935 (1).

Nordafrika: PETITJEAN 1928 und spätere Arbeiten dieses Autors.

Asien: FICKER 1910, 1911 (2), DESCHORDSCHIO u. a. 1935, STREMOUSSOW 1935.

Stiller Ozean: BYERS 1934.

Nordamerika: RODEWALD 1932, WILLETT 1933 (2) und zahlreiche Arbeiten in M. Weath. R. und Bull. Am. Soc. der letzten Jahre.

Atlantik: SVERDRUP 1917, DEFANT 1924, FICKER 1936.

Arktis: SVERDRUP 1933.

Südhalbkugel: LAMMERT 1932, KIDSON and HOLMBOE 1935.

Über Intensität und Schwankungen der allgemeinen Zirkulation siehe u. a.: WAGNER 1929, LETTAU 1935, WAGNER 1938 (1), LETTAU 1939, SCHERHAG 1939.

Eine neue Theorie der quasipermanenten allgemeinen Zirkulation mit Einschluß der Tropopause und der Polarfront: DEDEBANT et WEHRLÉ 1935 (2).

47. Die Definition der Luftmasse.

Die Grundströmungen als Träger von Luftmassen. Dimensionen, Quellgebiet und Lebensgeschichte einer Luftmasse.

Die Aufteilung der Troposphäre in Luftmassen ist eine Tatsache, die durch unsere ganze synoptische Erfahrung bestätigt wird. Jede synoptische Karte, die ein hinreichend großes Gebiet umfaßt, weist in jedem Augenblick das uns nunmehr bereits bekannte Bild der Gliederung des troposphärischen Windfeldes in eine Reihe einzelner, mehr oder weniger stationärer großer Strömungen auf (BERGERONS „großzügige Strömungsgliederung"). Diese *Grundströmungen* bewegen sich nebeneinander und teilweise auch übereinander in verschiedenen Richtungen. Jede von ihnen verfrachtet Luft über weite Landstriche hinweg. In den Nachbarströmungen, welche eine abweichende Richtung haben, wird die Luft allerdings andere Eigenschaften aufweisen in Abhängigkeit von der Herkunft und der Bahn der betreffenden Strömung. Mit anderen Worten: *Jede Grundströmung ist Trägerin einer Luftmasse von bestimmter Herkunft und von bestimmten Eigenschaften.* Wir können daher zunächst eine *Luftmasse* als eine ansehnliche troposphärische Luftmenge von einigermaßen einheitlicher Struktur definieren, sei es, daß sie das Gebiet irgendeiner stationären Antizyklone einnimmt, sei es, daß sie als Ganzes längere Zeit irgendeiner Grundströmung der allgemeinen Zirkulation folgt, wobei sie mit anderen Luftmassen in dynamisch-thermodynamische Wechselwirkung tritt (und dadurch frontale Niederschläge und die Entwicklung zyklonaler Störungen veranlaßt).

Hat eine Luftmasse ihr Ursprungsgebiet verlassen, so bleibt sie mit ihm meist noch in Verbindung, z. B. mit dem Arktikluftreservoir oder mit dem Gesamtvorrat von Tropikluft in den Subtropen. An der Stirnseite und an den Flanken ist eine solche in andere Breiten vordringende Luftmasse meist durch mehr oder weniger scharfe *Fronten* abgegrenzt. Seinerzeit hat FITZ-ROY die in den gemäßigten Breiten aufeinandertreffenden Polar- und Tropikluftmassen mit den Zungen einer flackernden Flamme verglichen, die von zwei Seiten her ineinandergreifen. Diesem Vergleich kann eine gewisse synoptische Anschaulichkeit nicht abgesprochen werden.

Die horizontale *Ausdehnung* einer Luftmasse hat die Größenordnung von Tausenden von Kilometern. In vertikaler Richtung reichen in unseren Breiten die Arktik- und Polarluftmassen einige Kilometer hoch, manchmal sogar bis zur Stratosphäre; es kann vorkommen, daß auch die stratosphärischen Schichten an der allgemeinen Bewegung der troposphärischen Massen teilnehmen.

Unter besonderen Voraussetzungen können sich auch Luftmassen von erheblich geringeren Dimensionen ausbilden. Hierher gehört z. B. die dünne „Kaltlufthaut" von nur wenigen Dekametern (ausnahmsweise Hektometern) Höhe, die sich im Winter über dem abgekühlten Festland unter wärmeren Luftschichten ausbildet oder die leeseitige „Föhnluftzone", welche wegen ihrer geringen horizontalen Ausdehnung auf der synoptischen Karte bisweilen unbemerkt bleibt. Es sind dies Luftmassen von lokaler Bedeutung, die innerhalb der allgemeinen Zirkulation keine selbständige dynamische Rolle spielen können.

In den weiteren Ausführungen sollen vorwiegend große Luftmassen betrachtet werden, welche mit den auf der synoptischen Karte sichtbaren atmosphärischen Grundströmungen zusammenhängen. Die Dimensionen dieser Luftmassen sind so groß, daß eine synoptische Karte gewöhnlichen Maßstabs bereits ihre dynamische bzw. thermodynamische Wechselwirkung — also die Zyklogenese bzw. die Bildung frontaler Niederschläge — festzustellen gestattet. Solche Luftmassen sind meist durch mehr oder weniger scharfe Hauptfronten voneinander geschieden. Infolge der Zyklonentätigkeit an den Hauptfronten entstehen zwischen den Luftmassen noch Fronten besonderer Art, sog. Okklusionsfronten (Näheres siehe Abschnitt 60), und zwar namentlich zwischen Polarluftmassen ungleicher Lebensgeschichte, manchmal zwischen verschiedenen Arktikluftmassen.

Jede Luftmasse hat eine bestimmte Herkunft, eine bestimmte „*Lebensgeschichte*". Wie bereits gezeigt, nimmt die Luftmasse in dem Gebiete ihrer Bildung oder aber ihrer Transformation gewisse Eigenschaften an, durch welche sie als Ganzes charakterisiert wird. Sobald sie aber ihr „*Quellgebiet*" verlassen hat und in einer bestimmten Richtung vordringt, machen sich auf alle ihre Teile neue Einflüsse geltend, welche ihre ursprünglichen Eigenschaften modifizieren. Die Eigenschaften einer Luftmasse sind also bedingt erstens durch ihren *Ursprung*, d. i. durch die geographische Lage ihrer „Quelle", und zweitens durch ihren *Lebenslauf*, d. i. durch jene Bahn, welche sie nach Verlassen der Quelle durchlaufen hat, genauer: durch diejenigen Einflüsse, welche auf sie während ihrer bisherigen Bewegung eingewirkt haben.

Es liegt auf der Hand, daß diese Einflüsse in einem bestimmten Bahnabschnitt infolge der erheblichen Dimensionen der Luftmasse nicht auf alle ihre Teile gleich stark und gleich lange einwirken werden. Dies ist der Grund, weshalb auch die Eigenschaften einer Luftmasse, d. h. die Werte ihrer meteorologischen Elemente, nicht ganz gleichmäßig verteilt zu sein pflegen, sondern meist auch in horizontaler Richtung eine langsame (von Fall zu Fall verschieden starke) Änderung aufweisen. Nichtsdestoweniger kann man ganz allgemein sagen, daß *für eine Luftmasse die homogene und kontinuierliche Anordnung ihrer Haupteigenschaften charakteristisch ist.*

Bei der synoptischen Arbeit kann man daher innerhalb einer und derselben Luftmasse mit genügender Annäherung an die Wirklichkeit die lineare graphische Interpolation anwenden, z. B. beim Ausziehen von Isothermen. Dagegen werden sich beim Übergang aus einer Luftmasse in eine andere die meisten meteorologischen Elemente (Temperatur, Feuchtigkeit, Windstärke, oft Bewölkung und Fernsicht) ihrer Größe nach mehr oder weniger schroff, ja geradezu *sprunghaft* ändern. Ferner ändert sich beim Übertritt aus einer Luftmasse in eine andere auch mehr oder weniger scharf der Charakter der *Druckverteilung*, d. h. die Richtung der Gradienten und der Verlauf der Isobaren. Infolgedessen weist an dieser Stelle auch die Windrichtung eine mehr oder minder beträchtliche Änderung auf.

Somit ist die Anwendung der linearen Interpolation auf die Felder der meteorologischen Elemente unzulässig beim Übergang aus einer Luftmasse in eine andere, also im Bereich einer Frontalzone, da hier ja die Voraussetzung einer stetigen Änderung des betreffenden meteorologischen Elements nicht erfüllt ist.

Literatur zu Abschnitt 47.

Der Begriff der Luftmassen in dem hier dargestellten Sinn hat sich in Jahrzehnten entwickelt und gegenüber der von deutschen Meteorologen (LINKE, DINIES, STÜVE u. a.) geprägten Bezeichnung „Luftkörper" durchgesetzt. Im Jahre 1928 hat BERGERON die gesamte synoptische Meteorologie in konsequenter Weise auf dem Luftmassenbegriff aufgebaut, u. zw. in seiner Untersuchung „Über die dreidimensionalverknüpfende Wetteranalyse (I. Teil)".

48. Die geographische Klassifikation der Luftmassen.

a) Luftmassenbenennungen und -bezeichnungen.

Die erste regionale Luftmasseneinteilung auf geographischer Grundlage und für synoptische Zwecke stützt sich auf die von BERGERON 1928 und 1930 gegebenen allgemeinen Richtlinien und wurde von SCHINZE 1932 (*2*), 1932 (*4*) aufgestellt. Sie bringt eine Gliederung der in West- und Mitteleuropa auftretenden Luftmassen nach ihren hauptsächlichen Quellgebieten und den bevorzugten Zeiten ihres Vorkommens. In anderen Gebieten ist man alsbald mit ähnlichen Luftmassenklassifikationen nachgefolgt. Man hat sich dabei die in der oben erwähnten Arbeit verwendete Terminologie ganz oder teilweise zu eigen gemacht und sie auf das individuelle Verhältnis zu den umliegenden Ursprungsgebieten von Luftmassen abgestimmt.

Die Hauptluftmassen, welche an diesen Klassifikationen beteiligt sind, haben wir in den vorhergehenden Abschnitten kennengelernt: es sind dies die *Arktikluft* A, die *Polarluft* P und die *Tropikluft* T. Schließlich kann sich auch die in der Äquatorialregion aufgestiegene Luft unter gewissen Bedingungen in den höheren Schichten der gemäßigten Breiten geltend machen als *Äquatorialluft* E.[1]

Im allgemeinen nennt man Luftmassen, deren antizyklonales Quellgebiet im wesentlichen über dem Ozean bzw. über dem Festland liegt, *maritim* bzw. *kontinental*; man drückt dies durch Vorfügen der Buchstaben m bzw. c aus, also z. B. mA = maritime Arktikluft, cT = kontinentale Tropikluft usw.

In Deutschland hat vor einiger Zeit die Überlegung, daß die Polarluft gar nicht im Polargebiet entsteht und im Vergleich zu anderen Luftmassen Eigenschaften aufweisen kann, die nicht minder in Widerspruch zu ihrem Namen stehen, dazu geführt, den Ausdruck „Polarluft" allgemein durch die Benennung *Luft der gemäßigten Breiten* G zu ersetzen, unterscheidbar in G_A und G_T, d. s. die an die Arktikluft bzw. die (Sub-) Tropikluft angrenzenden Luftmassen. Diese Maßnahme hatte die logische Folge, daß auch der Name „Polarfront" aufgegeben werden mußte. Er wurde durch „Tropikfront" ersetzt, obgleich diese Bezeichnung bereits an einen anderen, in diesem Buch wiederholt erwähnten Luftkörper vergeben ist.

Wir werden im Unterabschnitt b eine Tabelle bringen, welche die im Deutschen Reich Ende 1936 für Wetterdienst und Klimatologie eingeführte einheitliche Luftmasseneinteilung wiedergibt. Sie ist im wesentlichen mit der ursprünglichen Schinzeschen Gliederung identisch, enthält aber die eben erwähnte Änderung der Luftmassenbezeichnung.

Ein wichtiges Detail, welches man bei der Luftmassenbenennung im konkreten Fall anzuführen pflegt, ist der Umstand, ob sie als *Warmmasse* oder als *Kaltmasse* auftritt. Man deutet dies durch Nachfügen der Buchstaben W bzw. K an; also z. B. cPK = kontinentale Polarluft, als Kaltmasse auftretend, oder (in deutscher Bezeichnungsweise) $mG_A W$ = maritime Luft der nördlichen gemäßigten Breiten, als Warmmasse auftretend, usw.

Schließlich kann man noch verschiedene Indices anführen zur Andeutung weiterer Details; es geschieht dies z. B. in Deutschland, um die lokale Beeinflussung der betreffenden Luftmasse, in Amerika und Rußland, um ihr genaueres Quellgebiet oder ihren Bahncharakter usw. zu kennzeichnen. Hier werden zum Teil in den verschiedenen Klassifikationen die gleichen Buchstaben für verschiedene Dinge verwendet, z. B. f und r in Deutschland für Föhn- bzw. Staueinfluß, in Rußland für früher (former) bzw. zurückkehrend (returning); oder G in Rußland für grönländisch, in den Vereinigten Staaten für aus dem Golf von Mexiko stammend u. ä.

Berücksichtigt man ferner, daß gelegentlich die Präfixe m und c nicht zur Andeutung des maritimen bzw. kontinentalen Charakters des Quellgebiets, sondern zur Kennzeichnung der Tatsache verwendet werden, daß die betreffende Luftmasse erst auf ihrer Bahn Veränderungen durch maritime bzw. kontinentale Einflüsse erfahren hat (relative Luftmassentransformation nach Bakalow 1939), so wird — schon im Hinblick auf die praktische Zusammenarbeit der Wetterdienste der verschiedenen Länder (z. B. zur Flugsicherung) — der Wunsch nach einer gewissen internationalen Vereinheitlichung der Luftmassenbenennungen und -bezeichnungen verständlich.

---

[1] In diesem Buch werden, außer in einigen Originalabbildungen, die Abkürzungen A, P, T und E statt AL, PL, TL und EL verwendet.

b) West- und Mitteleuropa.

In den gemäßigten Breiten, besonders in West- und Mitteleuropa sowie im europäischen Gebiet Rußlands, haben wir es mit folgenden Hauptluftmassen zu tun:

1. *Arktikluft (A)*. Sie gelangt aus dem arktischen Becken in die gemäßigten Breiten, und zwar meist infolge der Zyklonentätigkeit an Arktikfronten (seltener an der Rückseite von Polarfrontzyklonen).

Man unterscheidet *kontinentale Arktikluft (cA)*, welche dem Gebiet Europas vom Barentsmeer oder vom Karischen Meer aus zuströmt, und *maritime Arktikluft (mA)*, welche Europa aus der Richtung von Grönland—Spitzbergen über das Norwegische Meer und Skandinavien hinweg erreicht.

Im Sommer, wo keine Arktikfronten entstehen, kommt es vor, daß die — längs einer Polarfront — mit Tropikluft in Wechselwirkung stehende Polarluft unmittelbar arktischer Herkunft ist. In einem solchen Fall wird sie *arktische Polarluft* genannt. Ihrer Rolle innerhalb der allgemeinen atmosphärischen Zirkulation nach gehört sie bereits zum folgenden Luftmassentyp — zur Polarluft.

2. *Polarluft (P)*. Sie bildet sich vorwiegend in den gemäßigten Breiten und steht — längs der Polarfronten — mit Tropikluft in Wechselwirkung. Meist entwickelt sie sich — durch Transformation ihrer Eigenschaften — aus einer Arktikluftmasse, welche in die gemäßigten Breiten eingedrungen war und hier nun eine quasistationäre (vorwiegend kontinentale) Antizyklone aufbaut. Überdies wird jedoch der Polarluftvorrat ständig auch noch durch Tropikluft ergänzt, welche in den oberen Schichten in die gemäßigten Breiten gelangt und sich hier im Innern quasistationärer Zyklonen in Polarluft transformiert.

Im Sommer (wo Arktikfronten fehlen) werden alle nördlich von der subtropischen Hochdruckzone gebildeten Luftmassen sowohl in den gemäßigten Breiten als auch in der Arktis Polarluft genannt.

Man unterscheidet hier ferner:

a) *Maritime Polarluft (mP)*, welche entweder — und zwar vorwiegend im Winter — von Westen her, aus den mittleren und hohen Breiten Nordamerikas, oder aber — und zwar vorwiegend im Sommer — aus hohen Breiten des Atlantischen Ozeans nach Europa gelangt. Erfolgt der Zufluß aus Westen oder Nordwesten unmittelbar, so spricht man von „frischer maritimer Polarluft" zum Unterschied von „zurückkehrender maritimer Polarluft", die an der Vorderseite ostwärts ziehender Depressionen aus Südwesten nach Europa vordringt. Die Luftmasseneigenschaften, besonders die vertikale Temperaturverteilung, sind in beiden Fällen verschieden; im ersten Fall ist die Masse in der Regel kalt, im zweiten warm (siehe Abschnitt 51).

b) *Kontinentale Polarluft (cP)*. Sie entspringt den kontinentalen Antizyklonen der gemäßigten Breiten, ohne in der Regel bei ihrem Fortschreiten das Meer zu erreichen. Ihre Bildungsstätte ist in der kalten Jahreszeit u. a. ganz West- und Mitteleuropa, ausgenommen das Mittelmeerbecken, sowie das ganze Gebiet Rußlands; in der warmen Jahreszeit: Nordeuropa sowie die hohen und mittleren Breiten Rußlands. Auch hier kommt es zu einer weiteren Unterscheidung in „zurückkehrende kontinentale Polarluft", die aus Süden kommt (z. B. am Westrand einer kontinentalen Antizyklone), und in „direkte (frische) kontinentale Polarluft", die — von Norden nach Süden strömend — natürlich ganz andere Eigenschaften aufweist.

c) *Arktische Polarluft (aP)* — unmittelbar arktischer Herkunft, in den Sommermonaten (siehe oben).

Abgesehen von der Transformation von Arktikluft in Polarluft kann stets auch eine Transformation kontinentaler Polarluft in maritime Polarluft und um-

gekehrt stattfinden. Die maritimen Polarluftmassen des Atlantik bilden sich ursprünglich als kontinentale Polar- (oder kontinentale Arktik-) Luft über dem Festland
von Nordamerika oder über Grönland aus. Auf ihrem langen Weg über den Atlantischen Ozean ändern sich ihre Eigenschaften völlig. Nach dem Übertritt auf das
europäische Festland und nach Ausbildung eines mehr oder weniger stationären Hochdruckgebietes daselbst verliert dagegen die maritime Polarluft mehr oder weniger
rasch ihre „maritimen" Eigenschaften und wandelt sich in kontinentale Polarluft
um. Je nachdem, ob die kontinentale Polarluft aus Arktikluft oder maritimer
Polarluft entstanden ist, kann man sie ursprünglich arktisch oder ursprünglich
maritim nennen.

3. *Tropikluft* (*T*). Sie bildet sich vorwiegend in Antizyklonen des subtropischen
Gürtels aus und tritt an den Polarfronten mit Polarluft in Wechselwirkung. Im
Sommer weisen die quasipermanenten subtropischen Antizyklonen über den Ozeanen
im allgemeinen eine starke Nordwärtsverschiebung auf, weshalb sich zu dieser
Zeit die Tropikluftmassen in Breiten bilden, welche eher gemäßigt genannt werden
müssen. Auch über dem Festland entsteht im Sommer die Tropikluftmasse in
bedeutend nördlicheren Gebieten als im Winter; überdies sind hier die sommerlichen Antizyklonen im allgemeinen wenig stationär und wenig intensiv, so daß sich
die kontinentalen Tropikluftmassen oft in Übergangszonen mit verschwommenem
barischem Relief und schwachen Winden, ja sogar bei unternormalem Druck ausbilden, woferne nur die Sonnenstrahlung genügend stark ist. Solche Bedingungen
pflegen bei der Ausbildung von Tropikluftmassen über Asien und den angrenzenden
Gebieten sogar vorzuherrschen.

Man unterscheidet:

a) *maritime Tropikluft* (*mT*), welche vorwiegend aus subtropischen Breiten
des nördlichen Atlantik (aus dem Gebiete der quasipermanenten Azorenantizyklone),
seltener dagegen vom Mittelmeer nach Europa gelangt;

b) *kontinentale Tropikluft* (*cT*) mit folgenden, Europa am nächsten gelegenen
Ursprungsgebieten: in der kalten Jahreszeit — Nordafrika, Arabien, Kleinasien;
im Sommer — dieselben Gebiete und überdies noch der Balkan, der Süden des
europäischen Rußland, Kasachstan und Mittelasien.

Beim Vordringen in die gemäßigten Breiten (unter Einfluß der Zyklonentätigkeit an den Polarfronten) wird die Tropikluft meist sehr rasch durch dichtere Polarluft in höhere troposphärische Schichten emporgedrängt. Ihre Transformation
in Polarluft (unter Wärmeverlust durch Ausstrahlung) vollzieht sich daher bereits
in der Höhe.

Die Tropikluft fließt aus den Antizyklonen der subtropischen Zone auch äquatorwärts ab, und zwar als Passat oder Monsun. Hier strömt sie beständig der Erdoberfläche entlang, solange sie nicht — an den Tropikfronten — mit der Tropikluft
der anderen Halbkugel zusammentrifft. Entlang jeder Tropikfront steigt die wärmere
dieser beiden Luftmassen über die andere kühlere hinweg auf.

4. *Äquatorialluft* (*E*). So nennt man die Luft der Passate oder Monsune, welche
von einer Halbkugel auf die andere übertritt und hier bereits vom Äquator weg-
strömt; analog kann man auch Luft der Antipassate Äquatorialluft nennen. Die
gemäßigten Breiten erreicht die Äquatorialluft nur in den hohen Schichten der
Atmosphäre. Nach synoptisch-aerologischen Untersuchungen von SCHINZE wird
Äquatorialluft in Europa nur in den hohen Schichten sommerlicher Antizyklonen
(subtropischen Ursprungs) festgestellt.

Diese Gliederung kommt, wie erwähnt, ohne wesentliche Änderung auch in der
folgenden Tabelle zum Ausdruck, welche (nach ZISTLER 1937) die vom Deutschen
Reichswetterdienst festgesetzte Luftmasseneinteilung mit der teilweise neuen Bezeichnungsweise der Massen wiedergibt.

Luftmasseneinteilung des Deutschen Reichswetterdienstes.

Die für Mitteleuropa wichtigsten Luftmassen

Hauptluftmassen	Hauptluftmassen bei großzügiger Bodenbeeinflussung	Bezeichnung nach Ursprung und Bodenbeeinflussung	Hauptsächliche Ursprungsgebiete	Unterscheidung nach Strömungsrichtung
Arktische Luftmasse A	mA	mA	Grönland, Spitzbergen	mAK
	cA	cA	Nowaja-Semlja — Barentsmeer — Nordrußland (Kältepol)	cAK
Luftmasse gemäßigter Breiten G	mG	mG_A	Nördlicher Atlantik bzw. Kanada	mG_AK mG_AW
		mG_T	Nördlicher Atlantik um 50° n. Br.	mG_TK mG_TW
	cG	cG_A	Innerrußland, Fennoskandien	cG_AK cG_AW
		cG_T	Südrußland, Balkan	cG_TK cG_TW
Subtropische Luftmasse T	mT	mT	Subtropische Meere (Azoren, Mittelmeer)	mTW
	cT	cT	Subtropische Landmassen, Nordafrika, südlicher Balkan	cTW
Äquatoriale Luftmasse E	mE		Die äquatorialen Luftmassen gelangen in der Regel nur in der warmen Jahreszeit als Antipassat (in der Höhe über antizyklonalen Gebieten) nach Mitteleuropa	
	cE			

Bei den in den Wetterkarten einzutragenden Luftmassenbezeichnungen können notwendigenfalls die Kennzeichnungen K bzw. W noch mit den folgenden Indices versehen werden: f = Föhn (Absinken); r = Stau; e = Ausstrahlung (Bodeninversion); i = Einstrahlung (Bodenüberhitzung); s = stabil; u = instabil.

c) Osteuropa, besonders europäisches Rußland.

In der Praxis des russischen Wetterdienstes hat es sich als angezeigt erwiesen, bei der Luftmassenklassifikation auch die sog. „Zirkulationsform" zu berücksichtigen, in welcher eine bestimmte Luftmasse über dem betreffenden Gebiet erscheint, d. i. die jeweilige Lage der Luftmasse in bezug auf den Zirkulationsmechanismus in dem betreffenden Gebiet. Für das nördliche Drittel des europäischen Rußland ist eine solche Klassifikation bereits aufgestellt worden (L. I. PETROWA, L. I. BLJUMINA, A. A. BATSCHURINA). „Im Sommer stellt das Gebiet Rußlands den Schauplatz einer ununterbrochenen und sehr verschiedenartig verlaufenden Transformation von Luftmassen vor, einer Transformation, deren Ausgangsstadium einerseits maritime Polarluft, anderseits Arktikluft und deren Abschlußstadium kontinentale Tropikluft ist. Schon dies gibt einen Begriff von der Mannigfaltigkeit der Zirkulationsformen, welche in den betreffenden Gebieten die Zwischenetappen der Transformation vorstellen, besonders aber von der Mannigfaltigkeit der Zirkulationsformen kontinentaler Polarluft" (aus der Einleitung zur Arbeit der erwähnten Verfasserinnen). Für den Norden des europäischen Rußland sind folgende Typen sommerlicher Luftmassen festgelegt worden:

1. *Arktische Polarluft* (aP). Sie hat ihren Ursprung im Gebiet des Barentsmeeres. Ihre Eigenschaften sind verschieden, je nachdem sie frisch, unmittelbar aus dem Norden kommend (aP), nach langer Bahn aus dem Nordosten (aP_f) oder nach Umlaufen einer Antizyklone (aP_f) am Beobachtungsort anlangt.

2. *Grönländische Polarluft* (P_G), also aus dem Nordwesten stammend. Hier trifft man eine Unterscheidung zwischen frischer (mP_G) und nach Umfließen einer Antizyklone „kontinentalisierter" (cP_G) Grönlandluft.

3. *Maritime Polarluft südlicher Bahnen* (mP). Luftmassen, welche aus den gemäßigten Breiten des Atlantiks, meist südlich vom 60. Breitegrad, auf das Gebiet des europäischen Rußland gelangen, und zwar entweder direkt (mP) oder nach Umströmen einer Zyklone (mP_r).

4. *Kontinentale Polarluft* (cP). Es handelt sich hier um einige „kontinentalisierte" Typen entweder der Gruppe 1 (cP_a, cP_{SE}) oder 2 (cP_G, noch mehr kontinental geworden) oder 3 (cP_m, cP_r). Darunter treten cP_m vorwiegend als Kaltmasse, alle übrigen vorwiegend als Warmmassen auf.

5. *Kontinentale Tropikluft* (cT); letzte Transformationsetappe arktischer Polarluft oder maritimer Polarluft; sie strömt dem Westrand einer mehr oder weniger mächtigen Antizyklone entlang, welche sich über Westsibirien, Kasachstan, manchmal über dem mittleren Teil des europäischen Rußland erstreckt.

Wir haben hier also den Fall einer Luftmassenklassifikation, wo ursprünglich maritime Luftmassen *auf ihrer Bahn* die Bezeichnung „kontinental" annehmen (siehe oben). Dies geht auch aus den schematischen Abbildungen 77 und 78 hervor.

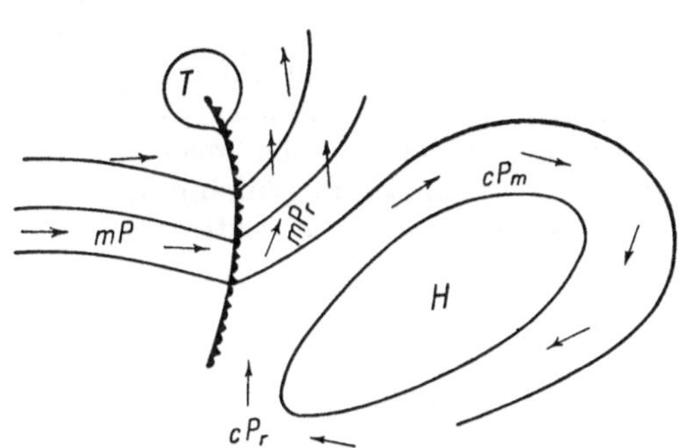

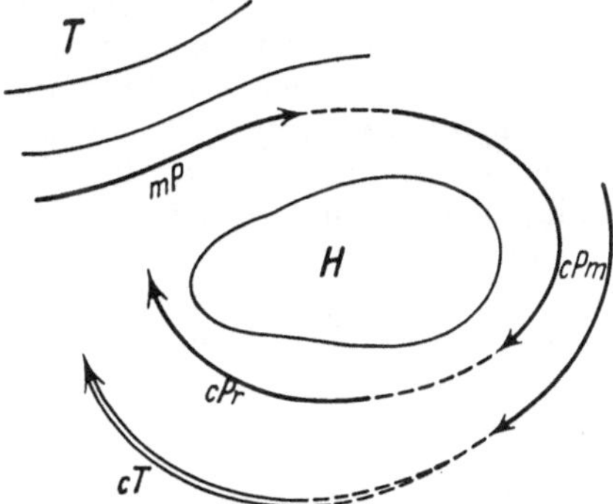

Abb. 77. Sommerliche Zirkulationsformen der Luftmassen maritim-polarer Herkunft im Norden des europäischen Rußland.

Abb. 78. Kontinentale Luftmassen im Sommer über dem europäischen Rußland.

Alle hier angeführten Typen unterscheiden sich voneinander durch charakteristische Werte der Temperatur und Feuchtigkeit, was in den nächsten Abschnitten zur Sprache kommen wird. Genaueres auch darüber, wie die Häufigkeit des Auftretens der einzelnen Luftmassen in den verschiedenen Richtungen abnimmt, enthält die Arbeit von PETROWA, BLJUMINA und BATSCHURINA.

d) Ferner Osten.

Für den Fernen Osten unterscheidet N. W. STREMOUSSOW folgende Luftmassentypen:

1. *Arktische Luft* (A). Bildet sich über dem arktischen Becken aus; auf das Festland dringt sie, hauptsächlich im Frühjahr und Herbst, über das Gebiet von Jakutsk ein. Selten dringt sie im Fernen Osten über den 40. Breitenkreis hinaus südwärts vor; hier transformiert sie sich gewöhnlich in cP. Im Winter dringt sie durch die Beringstraße über den Stillen Ozean vor; im Sommer vom Laptewschen Meer aus, durch das Becken der Kolyma, über das Ochotskische Meer, wo sie sich in mP umwandelt und der monsunalen Antizyklone einverleibt wird.

2. *Kontinentale Polarluft* (cP). Bildet sich in den gemäßigten Breiten des asiatischen Festlandes.

a) *Kalte cP*: entströmt im Winter den Gebieten von Jakutsk, Transbaikaliens, des oberen Amur.

b) *Warme cP*: entsteht im Winter über China und der Mongolei, in den Übergangszeiten auch über einem großen Teil der höheren Breiten des Festlandes; im Sommer in dessen gemäßigten und hohen Breiten; dringt nicht weit südwärts vor.

3. *Maritime Polarluft (mP)*. Bildet sich im Sommer in den monsunalen Hochdruckgebieten über dem Ochotskischen und Japanischen Meer und ist im Küstenland vorherrschend (Sommermonsun); im Winter erreicht sie vom Ozean her gelegentlich das Ochotskische Meer und Kamtschatka, gelangt aber nicht bis aufs Festland. In den Übergangszeiten, manchmal auch im Winter, kann sie durch Transformation warmer kontinentaler Polarluft über den Meeren des Fernen Ostens entstehen; lediglich die Meere gelangen unter ihren Einfluß und auch nur auf kurze Zeit.

4. *Kontinentale Tropikluft (cT)*. Bildet sich im Sommer und teilweise in den Übergangszeiten vorzugsweise über Zentralchina, der Mongolei und dem Westen Mittelasiens.

5. *Maritime Tropikluft (mT)*, entströmt der pazifischen subtropischen Antizyklone. An den asiatischen Küsten tritt sie hauptsächlich in der warmen Jahreszeit auf. Im Sommer ist sie manchmal ein Transformationsprodukt maritimer Polarluft, welche sich lange Zeit hindurch über dem Japanischen Meer aufgehalten hat.

6. *Äquatoriale Luft (E)* — monsunale Luft, von der südlichen Halbkugel stammend; sie breitet sich im Sommer über das Südchinesische Meer und die Philippinen aus und erreicht auch das Festland (Indochina und Südchina).

Nach H. ARAKAWA kommen in Japan im wesentlichen die Luftmassen *cP*, *mP*, *mT* und *cT* vor, deren Ursprungsgebiete sich mit den oben angegebenen in befriedigender Übereinstimmung befinden.

e) Vereinigte Staaten von Nordamerika.

In den Vereinigten Staaten von Nordamerika wird eine von WILLETT für Nordamerika aufgestellte Luftmassenklassifikation verwendet. In der nachfolgenden Wiedergabe dieser Klassifikation wird jedesmal darauf hingewiesen, welchem europäischen Typus der eine oder der andere Typus der WILLETTschen Klassifikation entspricht.

1. *Kontinentale (kanadische) Polarluft* (P_C). Quellen: Alaska, Nordkanada, Arktis. Tritt das ganze Jahr über auf. Entspricht vorwiegend der europäischen *cA*. WILLETT hält es jedoch nicht für möglich, in Nordamerika zwischen einer Luft arktischer und subpolarer Herkunft zu unterscheiden.

Luft gleicher Herkunft modifiziert über dem südlichen oder mittleren Teil der Vereinigten Staaten (N_{PC}). Tritt das ganze Jahr hindurch auf. Entspricht unserer *cP* (ursprüngliche *cA*).

2. *Maritime Polarluft vom nördlichen Pazifik* (P_P). Das ganze Jahr über. Entspricht *mA* und *mP*.

Luft gleicher Herkunft, jedoch modifiziert über dem südlichen oder mittleren Teil der Vereinigten Staaten (N_{PP}). Das ganze Jahr über. Entspricht der *cP* (ursprünglicher *mP*).

3. *Maritime Polarluft*, den kalten Partien des *nördlichen Atlantischen Ozeans* entstammend (P_A). Das ganze Jahr über. Entspricht der *mP*.

Luft gleicher Herkunft, jedoch modifiziert über den warmen Gebieten des nördlichen Atlantischen Ozeans (N_{PA}). Vorwiegend im Frühjahr und Sommer. Entspricht der rückkehrenden *mP*.

4. *Kontinentale Tropikluft* aus dem *Südwesten der Vereinigten Staaten* und aus *Nord-Mexiko* (T_C). Bildet sich vorwiegend in der warmen Jahreshälfte. Entspricht der cT.

5. *Maritime Tropikluft vom Golf von Mexiko* und vom *Karaibischen Meer* (T_G). Das ganze Jahr über, entspricht der mT.

Luft gleicher Herkunft, jedoch modifiziert über den Vereinigten Staaten oder über dem nördlichen Atlantischen Ozean $(N_{TM}$ oder $N_{TG})$. Das ganze Jahr über. Entspricht der mT.

6. *Maritime Tropikluft vom Sargasso-Meer* (mittlerer Atlantik) (T_A). Das ganze Jahr über, entspricht der mT.

Luft gleicher Herkunft, jedoch modifiziert über den Vereinigten Staaten oder über dem nördlichen Atlantischen Ozean $(N_{TM}$ oder $N_{TA})$. Das ganze Jahr über; entspricht der mT.

7. *Maritime Tropikluft* aus dem *mittleren nordöstlichen Pazifischen Ozean* (T_P). Ganzjährig. Entspricht der mT.

Luft gleicher Herkunft, jedoch modifiziert über den Vereinigten Staaten oder über dem nordöstlichen Pazifik $(N_{TM}$ oder $N_{TP})$. Ganzjährig. Entspricht der mT.

8. *Aus den oberen Schichten der quasipermanenten subtropischen Antizyklonen* (unter 25° Breite im Winter, 40° Breite im Sommer) *abgesunkene Luft* $(T_S$ oder $S)$. Ganzjährig. Entspricht der cT.

Die Einführung der BERGERONschen Bezeichnungsweise für die einzelnen Luftmassentypen in den Vereinigten Staaten von Nordamerika ist durch das U. S. Weather Bureau beabsichtigt (siehe WILLETT 1938, S. 69, Fußnote).

Auf die Luftmassenklassifikationen für andere Gebiete kann hier nicht eingegangen werden; es sei diesbezüglich lediglich auf die folgenden Literaturzitate verwiesen.

Literatur zu Abschnitt 48.

Bereits im Jahre 1837 unterschied DOVE in der Atmosphäre der gemäßigten Breiten zwischen Polar- und Äquatorialströmen; FITZ-ROY kam hierüber im Jahre 1863 zu klaren synoptischen Vorstellungen. Auch in den ersten Arbeiten J. BJERKNES' und SOLBERGS 1919 bis 1922 war nur von Polar- und Tropikluft die Rede; etwas später wurde dann der Begriff der „frischen Polarluft" für das geprägt, was BERGERON 1928 als Arktikluft bezeichnete, die von einer Arktikfront begrenzt ist. Eine weitere Ausgestaltung erfuhr die geographische Klassifikation der Luftmassen bei BERGERON 1930. Das erste Detailschema dieser Klassifikation für Mitteleuropa enthalten die Arbeiten: SCHINZE 1932 (2), 1932 (4). Etwas abweichend ist die für lokale Zwecke (Luftmassenkalender) entwickelte Klassifikation in LINKE und DINIES 1930. Die Luftmassenklassifikation des Reichswetterdienstes: ZISTLER 1937.

Zur regionalen Luftmassenklassifikation seien folgende Schriften erwähnt: Norden des europäischen Rußlands: BATSCHURINA-BLJUMINA-PETROWA 1936, DESCHORDSCHIO und BUGAEW 1936, JAROSLAWTZEW 1936. Ferner Osten: STREMOUSSOW 1935. Japan: ARAKAWA 1937 (2). China: JAW JEOU-JANG 1935, GHERZI 1936, CHANG-WANG TU 1938. Indien: SEN und PURI 1939. Nordamerika: WILLETT 1933 (1), 1938. Südbrasilien: SERRA and RATISBONNA 1938. Stiller Ozean: BYERS 1934. Nordafrika: PETITJEAN 1932. Westafrika: HUBERT 1938.

49. Temperatur und Feuchtigkeit als Merkmale der Luftmassenherkunft.

a) Ungleicher konservativer Charakter der einzelnen Temperatur- und Feuchtigkeitsgrößen.

Die frühere im übrigen schon längst verlassene Vorstellung, die Atmosphäre (Troposphäre) sei ein kontinuierliches Ganzes, in dessen Innern es keine schroffen Übergänge gebe, läßt sich nicht aufrechterhalten. Zwar arbeitet die Atmosphäre tatsächlich als ein harmonisches Ganzes, doch spielt sich ihre Tätigkeit auf dem

Weg einer beständigen Wechselwirkung, eines andauernden Kampfes von Luftmassen verschiedener Eigenschaften ab. Gerade durch diese Wechselwirkung der Luftmassen entstehen zyklonale Störungen, welche innerhalb des großen Kreislaufs der Atmosphäre die Luftübertragung in meridionaler Richtung besorgen.

Anderseits wird innerhalb des atmosphärischen Kreislaufs eine Luftmasse im Laufe der Zeit in eine andere transformiert. Auch innerhalb einer und derselben Luftmasse bewegen sich die einzelnen Luftteilchen auf verschiedenen Bahnen entweder aus höheren Breiten in niedrigere oder aus niedrigeren Breiten in höhere, was nicht ohne Einfluß auf die Luftmasseneigenschaften bleiben kann.

Daraus ergibt sich, daß die Eigenschaften einer Luftmasse nicht völlig unveränderlich, nicht „*invariant*" sind: nichtsdestoweniger lassen sich Eigenschaften anführen, die sich im Laufe der Zeit in jedem Teilchen der Luftmasse oder in der Luftmasse als Ganzes nur äußerst langsam ändern, d. h. Eigenschaften, die sowohl äußeren Einflüssen als auch adiabatischen Zustandsänderungen (bei Druckänderungen in horizontaler Richtung, beim Aufgleiten der Massen usw.) am wenigsten unterliegen. Diese Eigenschaften charakterisieren die Herkunft einer Luftmasse offenbar am besten. Wir werden solche sich verhältnismäßig langsam ändernde Eigenschaften *konservativ* nennen. Dabei sei nochmals ausdrücklich betont, daß „konservativ" kein absoluter Begriff ist; man kann bei den einzelnen Elementen höchstens von mehr oder weniger konservativen Eigenschaften sprechen.

Unter den thermischen konservativen Eigenschaften einer Luftmasse muß vor allem auf die *äquivalentpotentielle* Temperatur (siehe Abschnitt 35) hingewiesen werden, die, wie bereits bekannt, die Entropie gesättigter Luft oder, angenähert, den gesamten Wärmevorrat der betreffenden Masse (unter Einschluß der latenten Wärme des Wasserdampfes) ausdrückt. Die äquivalentpotentielle Temperatur ist dadurch konservativ, daß sie sich — wie bekannt — bei adiabatischen Zustandsänderungen der Luft, z. B. bei einer vertikalen Luftversetzung oder einem allgemeinen Druckfall im betreffenden Gebiet, nicht ändert. Sie wird sich jedoch offenbar ändern bei einer Wärmeaufnahme der Masse von außen, einer Wärmeabgabe nach außen und einer Wasserdampfzufuhr von unten. Verhältnismäßig konservativ ist die äquivalentpotentielle Temperatur in der freien Atmosphäre, wo sich die von der Erdoberfläche ausgehenden Einflüsse kaum geltend machen und wo sich die äquivalentpotentielle Temperatur nur durch Strahlung ändert, was bei langdauernden Prozessen allerdings in Rechnung zu stellen ist.

Ziemlich konservativ ist unter diesen Umständen auch die *potentielle Temperatur*. Sie bleibt jedoch nur bei trockenadiabatischen Zustandsänderungen, d. h. solange keine Kondensation stattfindet, invariant.

Die wirkliche (gewöhnliche) *Temperatur* ändert sich in einigermaßen bodenfernen Luftschichten (in der freien Atmosphäre) durch Bodeneinfluß nur wenig. Bei adiabatischen vertikalen Luftänderungen, wie sie in der freien Atmosphäre sehr oft vorkommen, kann sie sich jedoch erheblich ändern.

Am wenigsten konservativ ist die wirkliche Temperatur der bodennahen Luftschicht, da sie hier sowohl Veränderungen durch nichtadiabatische Einflüsse von unten her, als auch adiabatischen Zustandsänderungen (z. B. bei Hebung und Senkung der Luft an den Unebenheiten des Reliefs) unterliegt.

Die *spezifische Feuchtigkeit* der Luft ist offenbar von der Volumsänderung der Luft unabhängig solange keine Kondensation eintritt. Beim Eintritt der Kondensation sowie auch bei Verdampfung von der Unterlage her ändert sie sich. Über dem Festland, besonders in den von der Erdoberfläche entfernteren Schichten, kann die spezifische Feuchtigkeit als konservative Eigenschaft der Luft angesehen werden; über dem Meer erfährt sie allzu rasche Änderungen infolge andauernder Feuchtezufuhr von unten her, aber auch nur in den untersten Schichten.

Etwas weniger konservativ ist der *Dampfdruck*, da er sich bei adiabatischen Volumsänderungen ändert; die relative Feuchtigkeit ist, da sie auch von den Änderungen der Temperatur abhängt, nur in geringem Maße konservativ.

Eine eingehende Kritik darüber, inwiefern die verschiedenen Temperatur-(und Feuchtigkeits-) Größen im Hinblick auf trockenadiabatische, feuchtadiabatische und nichtadiabatische Prozesse sowie auf die Verdunstung fallenden Regens als konservativ anzusehen sind, enthalten die Arbeiten BLEEKERS 1939 (*1*) und PETTERSSENS 1939 (*3*).

Für die praktische Analyse sehr wichtig ist die Kenntnis jener Werte der meteorologischen Elemente, welche für den jeweiligen Luftmassentypus im betreffenden Gebiet und in der gerade herrschenden Jahreszeit besonders charakteristisch (typisch) sind. Namentlich die *charakteristischen Werte* der konservativsten Luftmasseneigenschaften sind ein hervorragendes Hilfsmittel für den Versuch, die Herkunft einer Luftmasse aufzuklären und die verschiedenen Luftmassen auf der Karte oder in der Zustandskurve voneinander zu trennen.

Zusammenfassend ergibt sich, daß die konservativste Eigenschaft einer Luftmasse ihre äquivalentpotentielle Temperatur in der freien Atmosphäre ist. In der Praxis wird man freilich zur Erkennung (Identifizierung) der Luftmassen einerseits auf die typischen Werte weniger konservativer aerologischer Eigenschaften (gewöhnliche Temperatur, absolute und relative Feuchtigkeit, vertikale Temperaturgradienten) zurückgreifen, anderseits — so wenig konservativ sie auch sind — in erster Reihe die Temperatur- und Feuchtigkeitswerte am Erdboden heranziehen müssen, wie sie von den Stationen des gewöhnlichen Beobachtungsnetzes gemeldet werden. Dabei ist freilich zu berücksichtigen, inwieweit repräsentativ diese Werte sind, d. h. es sind nach Möglichkeit jene Angaben auszuschalten, die allzusehr durch lokale Einflüsse entstellt und durch die unmittelbare Einwirkung des Erdbodens gestört sind (Bodeninversionen, Tageserwärmung). Unter anderem ist es begreiflich, daß die Temperatur- und Feuchtigkeitsbeobachtungen über dem Meer infolge der Homogenität der Unterlage repräsentativer sind als Beobachtungen über Land.

Die charakteristischen Werte der Luftmassen müssen somit auch aus *repräsentativen* Beobachtungen abgeleitet sein, sofern sie die Eigenschaften der betreffenden Luftmassentype als Ganzes zum Ausdruck bringen sollen, und es müssen bei ihrer Ermittlung lokale und zufällige Einflüsse sowie Abnormitäten des Einzelfalles ausgeschaltet werden.[1]

b) Charakteristische Werte für die Luftmassen aus Beobachtungen in der freien Atmosphäre.

Durch eine Reihe wertvoller Arbeiten der europäischen und amerikanischen Meteorologie ist in den letzten Jahren das Problem in Angriff genommen worden, die charakteristischen Luftmasseneigenschaften nicht nur am Erdboden, sondern auch in der freien Atmosphäre zu ermitteln. Besonders sei auf die von G. SCHINZE seit 1932 durchgeführte Bestimmung charakteristischer äquivalentpotentieller Luftmassentemperaturen für Mitteleuropa aufmerksam gemacht.

Die Berechnung der jeweiligen äquivalentpotentiellen Temperaturen in der freien Atmosphäre auf Grund der aerologischen Aufstiegsergebnisse dringt nunmehr rasch in die Praxis des Wetterdienstes ein. Wie SCHINZE gezeigt hat, kann man sich aus der Vertikalverteilung der äquivalentpotentiellen Temperatur eine Vorstellung von der räumlichen Verteilung der Hauptluftmassen und -fronten machen.

---

[1] Der einfachste Weg bei der Feststellung charakteristischer Werte ist die Mittelbildung; bei der Berechnung von Mittelwerten ist jedoch eine sorgfältige Ausscheidung der nichtrepräsentativen Werte notwendig.

Wie bereits aus dem Literaturverzeichnis zu den Abschnitten 26 bis 36 ersichtlich, gibt es eine Reihe von Tabellen und Diagrammen (MOESE, DIESING, DJUBJUK u. a.), welche jeweils eine rasche Ermittlung der äquivalentpotentiellen Temperatur aus der Temperatur- und Feuchtigkeitsregistrierung des betreffenden Aufstiegs gestatten.

G. SCHINZE 1932 (3) hat nach dem Ergebnis von Aufstiegen mit Wetterflugzeugen in Deutschland die Vertikalverteilung der äquivalentpotentiellen Temperatur Θ' in Form sog. *Thetagramme* dargestellt. Er zeigt, daß die numerischen Werte von Θ', ja sogar schon der formale Verlauf der Thetagramme die Möglichkeit bieten, wichtige quantitative und qualitative Schlüsse zu ziehen auf die Herkunft, die Lebensgeschichte, den Typus und das Alter der sondierten Luftmassen, auf deren lokale Beeinflussung (Bodeninversionen oder Bodenüberhitzung) und schließlich auf deren vertikale Erstreckung.

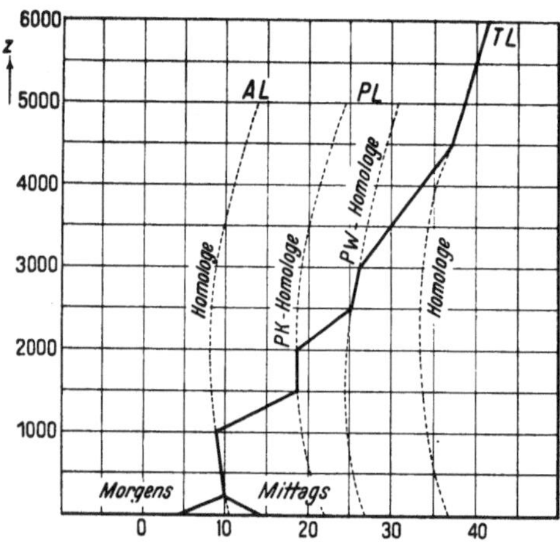

Abb. 79. Schematisiertes Thetagramm. [Nach SCHINZE 1932 (4).] Sämtliche M und F (AF und PF) über Mitteleuropa.

Schon auf Grund eines vorläufigen Materials (1929 bis 1931) haben MOESE und SCHINZE 1932 (1) für jeden Monat charakteristische Thetagramme (Θ'-z-Kurven) für verschiedene Luftmassentypen über Mitteleuropa zusammengestellt. Diesen charakteristischen Thetagrammen haben sie die Benennung *Typ-Homologen* gegeben. Ein schematisches Beispiel enthält Abb. 79, wo durch punktierte Linien die Typ-Homologen für Arktik-, Tropik- und Polarluft zweier Arten (cPK und cPW) gekennzeichnet sind, ferner durch eine ausgezogene Linie das Thetagramm irgendeines einzelnen Aufstieges. Man ersieht unmittelbar, daß der Verlauf des Aufstiegsthetagramms zwischen den Typ-Homologen der Hauptluftmassen (für die betreffende Jahreszeit) sofort erkennen läßt, welche Luftmassen gerade in den verschiedenen Höhen vorherrschen, wo Sperr- und Übergangsschichten liegen usw. Ein sehr bequemer Behelf für diese Art der Identifizierung von Luftmassen ist das von MOESE und SCHINZE entworfene „*Thetagrammpapier*", auf welchem bereits im voraus die Typ-Homologen der Hauptluftmassen für das betreffende Gebiet (Mitteleuropa) monatsweise eingetragen sind. Durch Einzeichnen eines konkreten Aufstiegsthetagramms ergibt sich die Möglichkeit einer nahezu automatischen Analyse des letzteren. Die jüngste Auflage dieses Papiers hat statt der Θ'-z-Teilung eine Θ'-p-Teilung; die Typ-Homologen fußen auf den neuesten Mittelwerten.

Die Abb. 80 enthält nach SCHINZE einige konkrete Beispiele für die vertikale Θ'-Verteilung in den einzelnen Lufttypen Mitteleuropas, und zwar in Form sog. „*Typthetagramme*". Die Buchstaben K und W in den Luftmassenbezeichnungen zeigen an, ob die betreffende Luftmasse als Kalt- oder als Warmmasse auftrat (vgl. Abschnitt 51).

Die Tabellen 4 bis 11 am Schluß dieses Abschnitts haben den Charakter erster Beiträge zum Ausbau einer *dynamischen Aeroklimatologie*, indem sie die charakteristischen Mittelwerte enthalten, die in den verschiedenen Luftmassentypen über einigen Gegenden bzw. Orten der Erde festgestellt worden sind. Die weitere Vervollkommnung dieser Statistik und ihre Ausdehnung auch auf andere Gegenden wird vor allem von dem künftigen Ausbau täglicher Flugzeug- und Radiosondenaufstiege abhängen. Derzeit ist die Zahl der bearbeiteten Beobachtungsorte noch gering und die benutzbaren Beobachtungsreihen sind kurz, so daß es sich nur um vorläufige Werte handeln kann. Gleichwohl stellen diese Angaben schon jetzt ein unentbehrliches Hilfsmittel für die tägliche Luftmassenanalyse auf der synoptischen Karte vor.

Der bedeutendste Fortschritt in dieser Hinsicht ist in Deutschland, und zwar durch G. SCHINZE erzielt worden. Die Tabellen 4 und 5 enthalten nach SCHINZE auf Grund der Bearbeitung von rund 10250 Flugzeugaufstiegen die charakteristi-

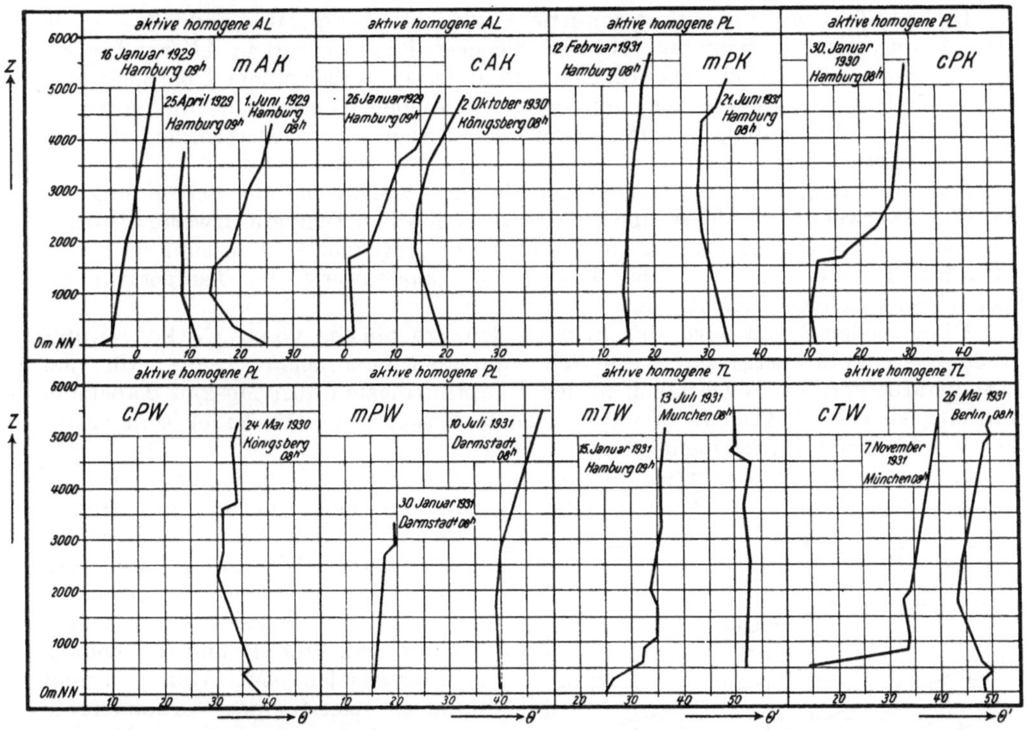

Abb. 80. Typ-Thetagramme für verschiedene Luftmassen in Deutschland. [Nach SCHINZE 1932 (4).]

schen Monatswerte der Temperatur (T), des Luftdrucks (p), der äquivalentpotentiellen Temperatur (Θ'),[1] der spezifischen Feuchtigkeit (q) und der pseudopotentiellen Temperatur (Θ_a') in der Arktikluft, Polarluft (Kalt- und Warmmasse) und Tropikluft über Deutschland, und zwar für die 1000-m-Stufen bis 5000 m [Mittelwerte der Jahre 1929 bis 1935 für AK und TW; 1931 bis 1935 für GK ($= PK$) und GW ($= PW$)]. Diese Werte, die auch den Typ-Homologen auf dem Thetagrammpapier der jüngsten Auflage zugrunde gelegt sind, beziehen sich nur auf homogene (einheitliche) und aktive, d. h. hinreichend rasch bewegte, noch nicht stabilisierte Luftmassen. Bei ihrer Bestimmung wurden Störungen durch Bodeninversionen oder Bodenüberhitzung außer acht gelassen und die Θ'-Werte wurden jeweils nur bis zur ersten Sperr- oder Übergangsschicht in der freien Atmosphäre benutzt. Ferner wurde bei ihrer Berechnung die relative Feuchtigkeit (U) jeweils im ganzen untersuchten Höhenbereich als konstant angenommen. In den Tabellen beziehen sich daher die Monatsmittel der Feuchte auf die ganze Luftsäule.

---

[1] Berechnet nach einem Näherungsverfahren.

Man sieht, daß die Differenz der äquivalentpotentiellen Temperatur Θ' für TW und AK die Größenordnung von 20—30° hat. Die Werte GW ($= PW$) und GK ($= PK$) liegen im allgemeinen zwischen denjenigen für TW und AK. Besonders bemerkenswert ist die geringe Veränderlichkeit von Θ' mit der Höhe; in der Schicht vom Erdboden bis 5000 m liegen die Schwankungen von Θ' sowohl bei AK als auch bei TW in den Grenzen von 5—6°. Die entsprechenden Änderungen der Temperatur selbst haben gleichzeitig die Größenordnung 20—40°. Dieser Umstand weist nachdrücklich auf die besondere Bedeutung hin, welche die Θ'-Werte für die Erkennung der Luftmassen haben.

In Tabelle 6 ist zunächst der mittlere vertikale Temperaturgradient ($\gamma_{\Delta z}$) in den Hauptluftmassen monatsweise zusammengestellt; er beträgt in AK rund 0,78°, in TW rund 0,60°/100 m. Die Tabelle enthält ferner, außer einem Überblick über die typischen Bodenwerte der äquivalentpotentiellen Temperatur, die mittleren relativen Feuchtigkeiten, welche — wie oben gesagt — der Berechnung der Θ'-Werte zugrunde lagen.

Ist die relative Feuchtigkeit geringer als diejenige, welche zur Berechnung der Θ'-Werte verwendet wurde, so sind die charakteristischen Temperaturwerte niedriger als die in den Tabellen 4 und 5 angeführten; im umgekehrten Fall sind sie höher. Aus der Tabelle 7 sind die charakteristischen Bodenwerte der Temperatur bei beliebigen relativen Feuchtigkeiten ersichtlich.

Die Tabellen 8 und 9 vermitteln nach den Ergebnissen von A. N. POLJAKOWA 1936 die charakteristischen Werte der äquivalentpotentiellen Temperatur, der Temperatur und der Feuchtigkeit in den Hauptluftmassen über Moskau. Tabelle 10 enthält nach B. P. ALISSOW die typischen Bodenwerte der Moskauer Temperatur in verschiedenen Luftmassentypen.

In den Vereinigten Staaten von Nordamerika und in China benutzt man zur Analyse der Luftmassenverteilung die charakteristischen Kurven von ROSSBY (Abschnitt 36). Aus deren Lage auf dem Rossby-Diagramm kann man die Herkunft der über dem betreffenden Orte liegenden Luftmassen feststellen, Fronten und Inversionen unterscheiden usw. Abb. 81 bringt ein Beispiel für das Vorhandensein zweier Luftmassen auf dem Rossby-Diagramm: trockener und stabil geschichteter kontinentaler Polar- (Arktik-) Luft P_C, sowie feuchter und labil geschichteter maritimer Tropikluft aus dem Golf von Mexiko T_G. Der Unterschied ist evident.

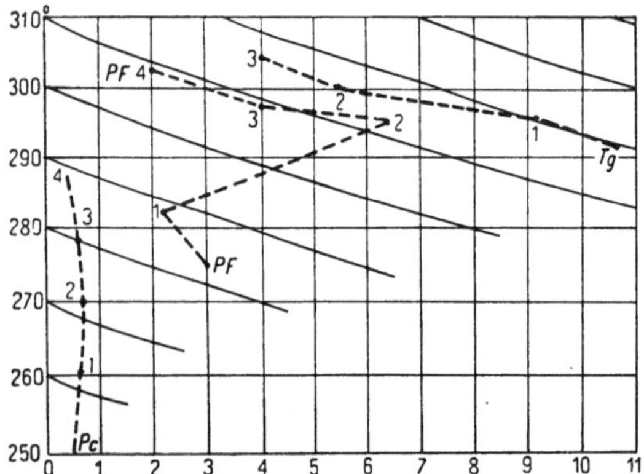

Abb. 81. Charakteristische Kurven auf dem Rossby-Diagramm (links P_C, in der Mitte der Fall einer Polarfront, rechts T_G).

Die Tabelle 11 enthält die charakteristischen Werte der äquivalentpotentiellen Temperatur, der Temperatur, der spezifischen Feuchte und der relativen Feuchte über einigen Orten Nordamerikas nach den Angaben von H. C. WILLETT 1938, und zwar für Winter und Sommer getrennt.

c) Charakteristische Werte für die Luftmassen aus Beobachtungen an der Erdoberfläche.

Für Beobachtungen an der Erdoberfläche kann man, statt die äquivalentpotentielle Temperatur zu bestimmen, sich mit der Ermittlung der *Äquivalent-*

temperatur begnügen, wobei wohl die latente Wärme des Wasserdampfes berücksichtigt, die Temperatur jedoch nicht auf den Normaldruck reduziert wird. Die Durchführung dieser Operation für alle Stationen auf der Karte ist praktisch wenig zweckmäßig, da ja die Äquivalenttemperatur an der Erdoberfläche von lokalen Einflüssen in demselben Maß abhängt wie die absolute Temperatur. Mit anderen Worten: die Äquivalenttemperatur an der Erdoberfläche ist wenig konservativ. Nichtsdestoweniger kann sie charakteristisch sein, woferne sie mit Kritik benutzt wird. Geschieht dies nicht, so sind Fehlschlüsse leicht möglich. Wenn sich z. B. eine Luftmasse zu einem Teil über dem Festland und zum anderen über dem Meer befindet, so werden in ihr die Äquivalenttemperaturen, trotz Gleichheit der wirklichen Temperaturen, über dem Meer infolge der Dampfzufuhr von der Wasseroberfläche bedeutend höher sein. Bei lediglicher Berücksichtigung der Äquivalenttemperaturen könnte man also zu dem irrigen Schluß verleitet sein, daß es sich um zwei verschiedene Luftmassen handelt, und zwischen beide eine Front legen, die in Wirklichkeit gar nicht existiert.

Solche Fehler kommen in Wirklichkeit oft vor, wenn man versucht, Fronten nicht nach der Gesamtheit ihrer Kennzeichen auf der komplexen synoptischen Karte zu zeichnen, sondern nur auf Grund der nicht repräsentativen Verteilung der Äquivalenttemperatur am Boden.[1] Tatsächliche dynamisch wichtige Fronten können auf diese Weise, falls die Luftmassen in der unteren Schicht nur kleine Unterschiede in der Temperatur und Feuchtigkeit aufweisen, der Aufmerksamkeit des Synoptikers entgehen; umgekehrt können die aufgefundenen Fronten fiktiv sein, indem ihnen keine tatsächlichen Grenzflächen zwischen den Luftmassen entsprechen.

Nichtsdestoweniger zeigt die Erfahrung, daß die Äquivalenttemperatur an der Erdoberfläche die Unterschiede zwischen den einzelnen Luftmassentypen besser ausdrücken kann als die wirkliche Temperatur. So betrug z. B. im Jahre 1934 in Jalta die mittlere Temperatur im August in maritimer Polarluft 21,2° und in Tropikluft 25,6°; die entsprechenden Äquivalenttemperaturen betrugen 42,0° und 54,6°.

Im ungarischen Wetterdienst wird seit 1930 auf den Karten eine abgeleitete Größe verwendet, die ihrem numerischen Wert nach der Äquivalenttemperatur sehr nahesteht, in der Berechnung jedoch bedeutend einfacher ist und nahezu automatisch in die Karte eingetragen werden kann. Es ist dies die Größe $SS = TT + U$, wo TT die Lufttemperatur aus der Depesche und U die relative Feuchtigkeit auf 10% genau, entsprechend der Verschlüsselung im Telegramm, vorstellt. Diese zweistellige Zahl SS wird statt der relativen Feuchtigkeit eingetragen. Durch Vergleich entsprechender Tabellen kann man sich leicht davon überzeugen, daß SS — bei nicht allzu hohen Temperaturen — der betreffenden Äquivalenttemperatur numerisch ziemlich naheliegt (auf 1—2°). Dennoch reagiert SS weniger als die Äquivalenttemperatur auf lokale thermische Einflüsse. Dies hat in Folgendem seinen Grund: tritt an irgendeiner Station eine lokale Temperaturänderung auf, so pflegt sie von einer entsprechenden Änderung der relativen Feuchtigkeit in entgegengesetztem Sinne begleitet zu sein. So z. B. geht mit einer Temperatursteigerung meist eine Abnahme der relativen Feuchtigkeit einher. Infolgedessen ändert sich der Ausdruck SS in geringerem Ausmaß, als TT und U gesondert betrachtet. Mit anderen Worten: der Wert SS ist konservativer als die Temperatur oder die relative Feuchtigkeit.

Die Erfahrung des ungarischen Wetterdienstes hat gezeigt (AUJESZKY 1931), daß die Größe SS bei der Erkennung und Abgrenzung der Luftmassen wesentliche

---

[1] Das gleiche gilt natürlich auch für die Verwendung der aus Bodenwerten abgeleiteten äquivalentpotentiellen Temperatur.

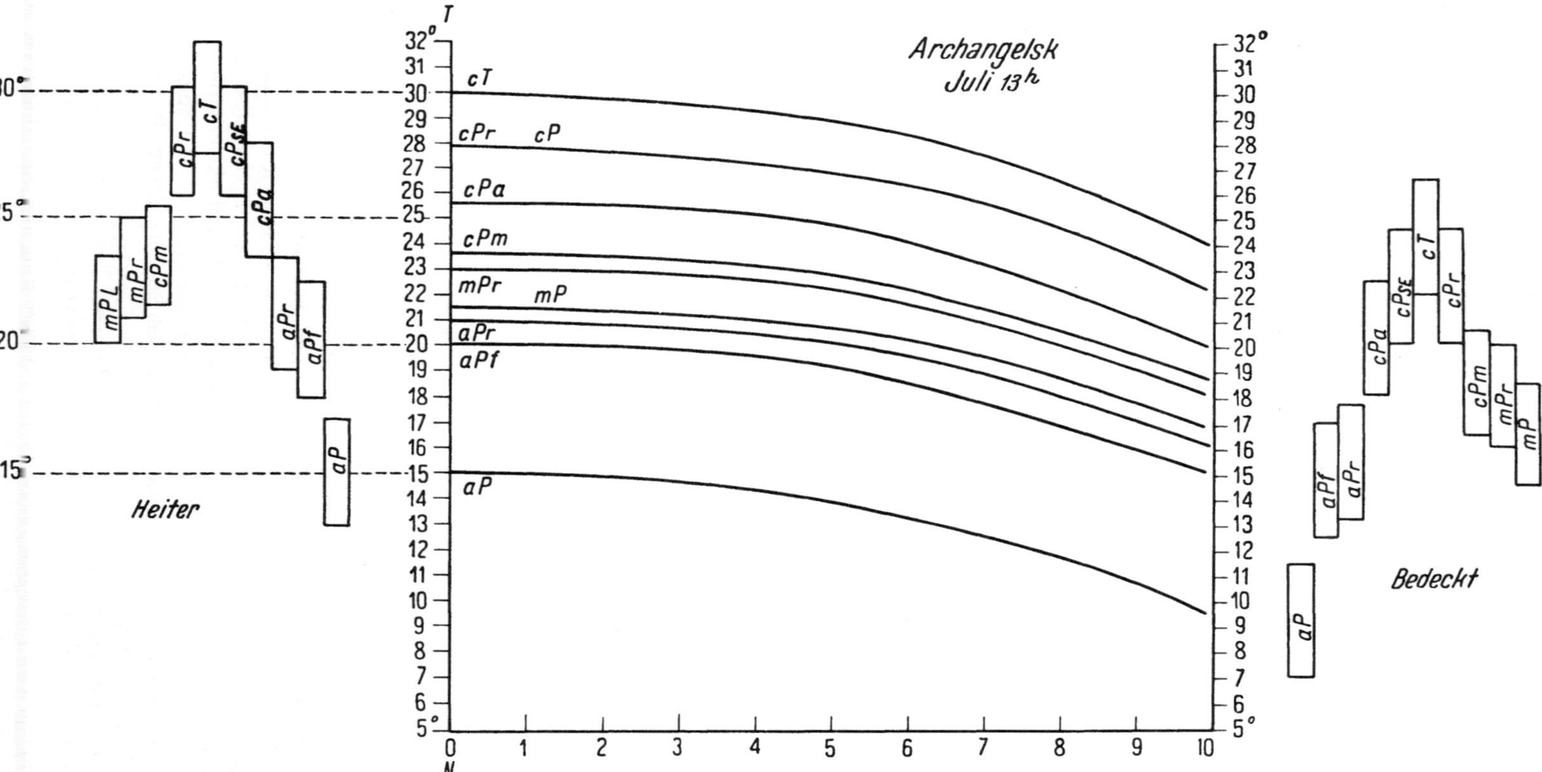

Abb. 82. Temperaturverteilung in Abhängigkeit von der Bewölkung in verschiedenen Luftmassentypen. Archangelsk, Juli

Dienste leistet. Unterschiede in der Größe SS von nur zwei bis drei Einheiten an benachbarten Stationen rechtfertigen nach Angaben AUJESZKYS bereits den Schluß, daß sich die beiden Stationen nicht mehr innerhalb einer und derselben Luftmasse befinden. Selbstverständlich soll man auch hier nicht darüber hinwegsehen, daß eine Front nicht lediglich auf Grund der Verteilung eines einzigen Elementes, sondern nur unter Berücksichtigung der Gesamtheit aller Elemente festgelegt werden darf.

Überdies bietet die Größe SS wichtige praktische Vorteile: sie ist, wie erwähnt, sehr leicht berechenbar; nötigenfalls läßt sich für eine beliebige Station auf der Karte durch einfache Subtraktion $SS - TT$ mühelos die Größe U, d. i. die relative Feuchtigkeit, finden.

Obzwar die Temperatur selbst am Erdboden nicht konservativ ist, können ihre Werte bei kritischer Beurteilung doch als durchaus charakteristisch für verschiedene Luftmassentypen angesehen werden. Man muß eben nach Möglichkeit den Effekt der lokalen Insolationserwärmung berücksichtigen, was man am bequemsten dadurch tut, daß man die Temperatur als Funktion der Bewölkung ausdrückt. In Abb. 82 geben wir (nach BATSCHURINA, BLJUMINA, PETROWA) Kurven, welche für den Monat Juli in Archangelsk die Abhängigkeit der Tagestemperatur von der Bewölkung für verschiedene Luftmassentypen (nach Beobachtungen aus den Jahren 1930 bis 1934) ausdrücken. Im Einzelfall schwankt die Temperatur innerhalb der Grenzen von $\pm 2°$ um jede dargestellte Kurve. Ohne Berücksichtigung der Bewölkung erhielt B. P. ALISSOW für Moskau die in der Tabelle 10 am Ende des Abschnitts dargestellten Temperaturtagesmittel für verschiedene Typen von Luftmassen. Auch die von SCHINZE ermittelten typischen Bodenwerte der Temperatur in verschiedenen Luftmassentypen über Deutschland (Tabelle 7) sind schon oben zur Sprache gekommen.

Die *spezifische Feuchtigkeit* und der *Dampfdruck* am Erdboden sind an und für sich wertvolle Indizien für die Herkunft der Luftmassen. In Mitteleuropa findet man nach SCHINZE folgende charakteristische Werte der spezifischen Feuchtigkeit für die Hauptluftmassen:

mA = im allgemeinen weniger als 5 g.

cA = fast immer weniger als 5 g.

mPK = in der kalten Jahreszeit etwa 5 g, in der warmen etwa 7,5 g.

cPK = etwa 4 g (vorwiegend im Winter).

mPW = in der kalten Jahreszeit etwa 6 g, in der warmen etwa 9 g.

cPW = etwa 8 g (vorwiegend im Sommer).

mT und cT = in der kalten Jahreszeit meist mehr als 6,5 g, in der warmen Jahreszeit meist mehr als 10 g.

Die in den Wettertelegrammen übermittelte *relative Feuchtigkeit* U ist am wenigsten konservativ und repräsentativ. Es wurde bereits erwähnt, daß in Ungarn in die Karten statt U die Summe $TT + U$ eingetragen wird. In einigen anderen Wetterdiensten wird statt U auf die Karte der aus U und TT berechnete *Taupunkt* (was für Nebelprognosen von Interesse sein kann) oder die ebenfalls eigens berechneten Dampfdruck- oder spezifischen Feuchtigkeitswerte eingetragen, ja es erhebt sich, wie am Schluß des Abschnittes 35 erwähnt, sogar die Frage, ob man nicht die Feuchttemperatur oder den Taupunkt unmittelbar von den Stationen melden lassen solle. Indessen kann schon die relative Feuchtigkeit an und für sich wenigstens in einzelnen konkreten Fällen für die Luftmassenanalyse von Nutzen sein. So z. B. kann im Sommer eine Luftmasse, welche ihre Quelle in Nordafrika (relativ) sehr trocken verlassen hat und über das erwärmte Festland Europas vordringt, ihre niedrige relative Feuchtigkeit lange beibehalten. Frische Arktikluft unterscheidet sich in der kalten Jahreszeit von der abgekühlten kontinentalen Polarluft, welche

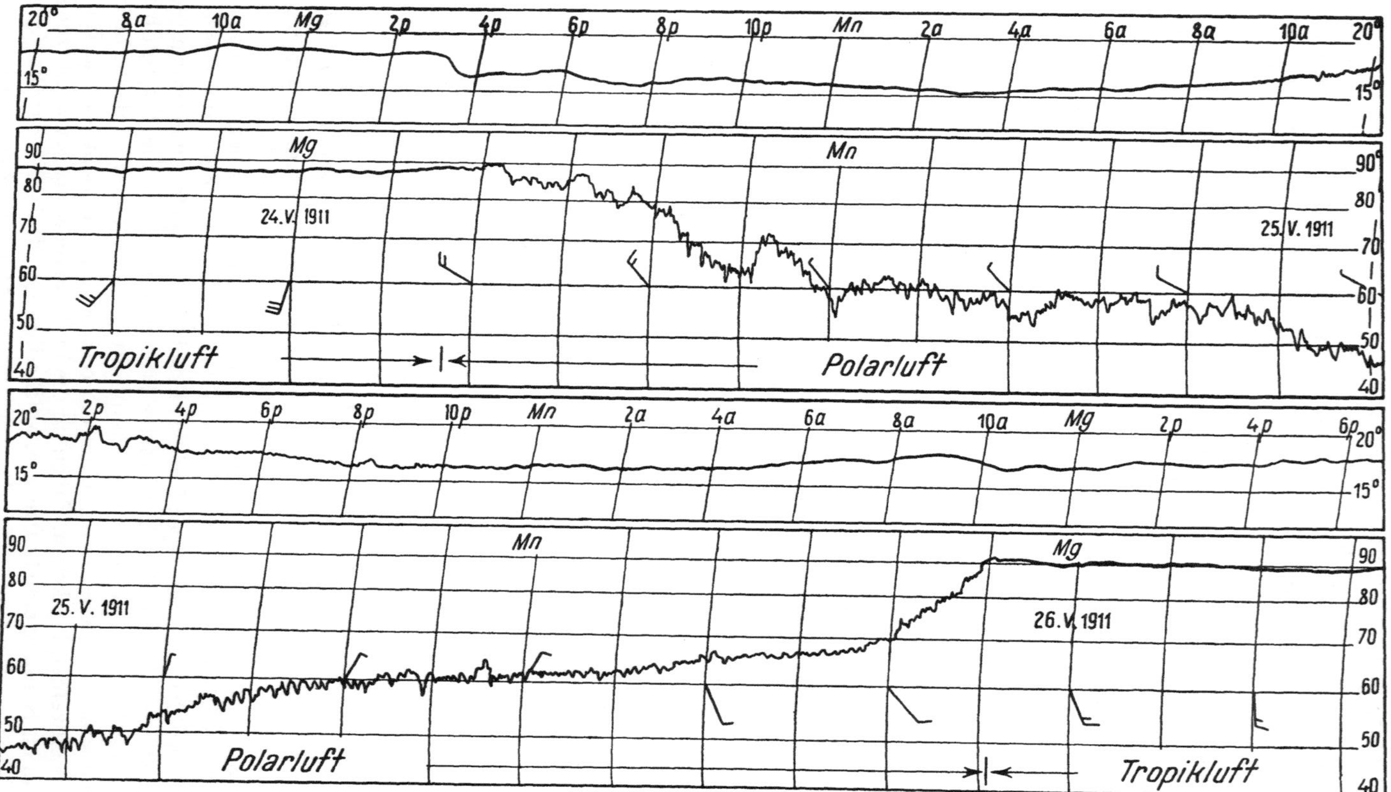

Abb. 83. Thermogramme und Hygrogramme in Polar- und Tropikluft auf dem Atlantik unter 43° n. Br. und 28° w. L. (Nach KNOCH 1925.)

bereits fast den Sättigungszustand erreicht hat, oft durch verringerte relative Feuchtigkeit. Über dem Atlantik kann die relative Feuchtigkeit ein Kriterium bilden für die Abgrenzung feuchter Tropikluft von trockener Polarluft (KNOCH 1925,

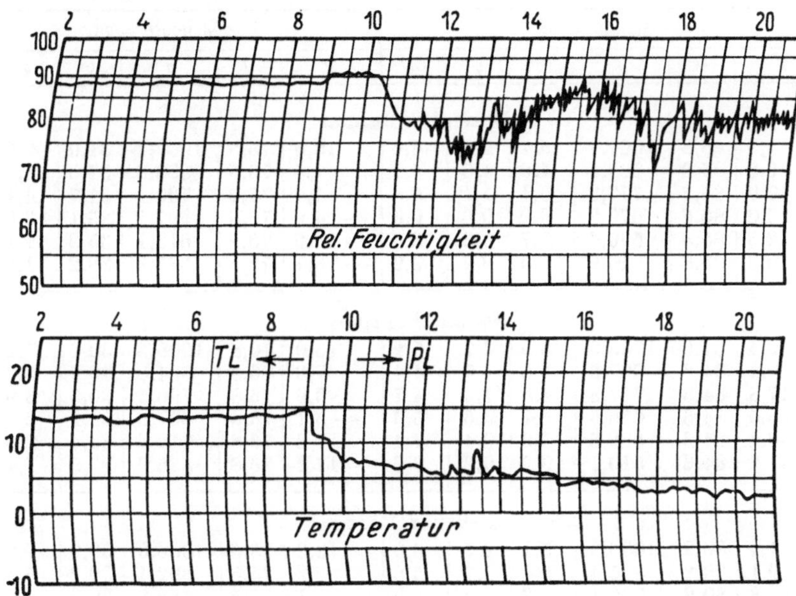

Abb. 84. Temperatur- und Feuchtigkeitsverlauf in Polar- und Tropikluft an Bord des „St.-Louis" unter 46 bis 45° n. Br. und 41 bis 45° w. L. am 27. Februar 1930. (Nach MEY 1930.)

siehe Abb. 83, und MEY 1930, siehe Abb. 84) usw. Von wesentlichem Vorteil können Angaben der relativen Feuchtigkeit am Erdboden ferner für die Prognose von Erscheinungen sein, die gerade für die bodennahe Luftschicht charakteristisch sind, wie Nebel und Nachtfrost.

Literatur zu Abschnitt 49.

Grundbegriffe über konservative Luftmasseneigenschaften: BERGERON 1928.

Über konservative Temperatur- und Feuchtigkeitsgrößen siehe auch die Literatur zu den Abschnitten 26—36. Über potentielle Temperatur und Äquivalenttemperatur als konservative Eigenschaften von Luftmassen siehe v. BEZOLD 1900, KNOCHE 1905.

Zur Praxis der Luftmassenpapiere sind noch zu erwähnen: Thetagramm-Methode: SCHINZE 1932 (*3*), 1932 (*4*), MOESE und SCHINZE 1932 (*2*). Verwendung des Rossby-Diagramms: EARL and TURNER 1930, ROSSBY 1932, NAMIAS 1935 (*1*).

Zahlreiche Arbeiten über die Verwendung der äquivalentpotentiellen Temperaturen in der synoptisch-aerologischen Praxis finden sich auch in den Erf.-Ber. FWD.

Über die Verwendung der Temperatur als Funktion der Bewölkung zur Charakterisierung der Luftmassen siehe die Arbeit: BATSCHURINA-BLJUMINA-PETROWA 1936.

Zur Verwendung der Summe $TT + U$ für die Analyse: AUJESZKY 1931.

Über die Benutzung der relativen Feuchtigkeit für die Analyse: KNOCH 1925.

Das Zahlenmaterial für die Tabellen der charakteristischen Werte der Luftmasseneigenschaften in Mitteleuropa (Deutschland) hat Herr G. SCHINZE dem Bearbeiter des Buches freundlichst zur Verfügung gestellt; siehe ferner SCHINZE 1938.

Die charakteristischen Werte für die nordamerikanischen Luftmassen sind entnommen der Darstellung: WILLETT 1938.

Tabellen 4 und 5. Mittlere charakteristische Werte[1] der Hauptluftmassen über Deutschland, bei mit der Höhe gleichbleibender relativer Feuchte. (Nach SCHINZE.)

Tabelle 4: AK und TW.

1929/35	Arktikluft — AK						Tropikluft — TW					
z	T	U	p	Θ'	q	Θ_a'	T	U	p	Θ'	q	Θ_a'
Dezember/Januar												
0	— 1,3	85,8	1007,7	5,7	2,9	6,6	13,5	75,5	1007,7	31,0	7,3	33,1
1000	— 9,2	85,8	887,1	4,9	1,8	5,7	7,4	75,5	893,8	31,0	5,5	32,4
2000	— 17,0	85,8	777,8	5,1	1,1	5,8	1,4	75,5	790,4	31,7	4,1	33,0
3000	— 25,0	85,8	679,2	6,0	0,6	6,5	— 4,6	75,5	697,1	33,1	3,0	34,2
4000	— 32,8	85,8	590,4	7,7	0,3	8,0	— 10,6	75,5	613,1	35,2	2,1	36,1
5000	— 40,8	85,8	510,9	9,6	0,2	9,9	— 16,7	75,5	537,3	38,2	1,5	38,7
Januar/Februar												
0	— 2,4	84,6	1008,3	3,9	2,7	5,2	13,0	76,8	1008,3	30,2	7,1	32,2
1000	— 10,1	84,6	887,2	3,8	1,7	4,4	7,0	76,8	894,0	30,0	5,3	31,4
2000	— 17,8	84,6	777,8	4,0	1,0	4,7	0,9	76,8	790,5	30,5	3,9	31,8
3000	— 25,6	84,6	678,6	5,1	0,6	5,9	— 5,1	76,8	697,0	32,2	2,9	33,2
4000	— 33,4	84,6	589,8	7,0	0,4	7,4	— 11,2	76,8	612,6	34,4	2,0	35,0
5000	— 41,2	84,6	510,1	9,2	0,2	9,3	— 17,2	76,8	536,9	37,2	1,4	37,6
Februar/März												
0	— 1,4	80,2	1006,0	5,1	2,7	6,0	13,2	75,5	1006,0	30,9	7,2	33,1
1000	— 9,1	80,2	885,4	5,0	1,7	5,8	7,2	75,5	892,1	30,2	5,4	32,1
2000	— 16,8	80,2	776,4	5,2	1,6	5,9	1,1	75,5	788,8	30,9	3,9	32,4
3000	— 24,6	80,2	678,1	6,3	0,6	7,0	— 5,0	75,5	695,5	32,3	2,8	33,5
4000	— 32,2	80,2	589,7	8,2	0,3	8,9	— 11,2	75,5	611,9	34,4	2,1	35,2
5000	— 40,0	80,2	510,5	10,6	0,2	11,0	— 17,3	75,5	536,9	37,1	1,4	37,5
März/April												
0	1,4	78,8	1005,4	9,2	3,3	10,3	14,2	74,0	1005,4	32,6	7,5	34,9
1000	— 6,2	78,8	886,1	8,8	2,1	9,5	8,0	74,0	891,9	32,0	5,9	33,8
2000	— 14,0	78,8	778,1	9,0	1,3	9,7	1,9	74,0	789,9	32,3	4,1	33,9
3000	— 21,8	78,8	680,5	10,1	0,8	10,5	— 4,3	74,0	696,7	33,4	2,9	34,8
4000	— 29,5	78,8	592,8	11,3	0,4	11,9	— 10,4	74,0	612,7	35,2	2,1	36,1
5000	— 37,2	78,8	513,9	13,2	0,2	13,6	— 16,6	74,0	537,1	38,0	1,4	38,5
April/Mai												
0	5,0	76,5	1006,9	14,9	4,2	16,0	16,2	75,0	1006,9	37,0	8,6	39,7
1000	— 2,6	76,5	888,1	14,0	2,7	14,9	10,1	75,0	894,0	36,1	6,5	38,3
2000	— 10,4	76,5	781,3	13,8	1,7	14,5	4,0	75,0	791,6	36,1	4,8	37,9
3000	— 18,0	76,5	684,6	14,2	1,0	15,0	— 2,2	75,0	698,3	37,1	3,5	38,4
4000	— 25,8	76,5	597,5	15,7	0,6	16,1	— 8,3	75,0	614,7	39,0	2,5	39,8
5000	— 33,4	76,5	519,3	17,5	0,3	17,8	— 14,4	75,0	539,5	41,5	1,7	41,8
Mai/Juni												
0	8,8	71,0	1007,6	20,9	5,0	22,2	18,9	74,0	1007,6	43,6	10,1	47,0
1000	1,0	71,0	892,6	18,8	3,3	19,9	12,9	74,0	895,8	42,0	7,7	44,0
2000	— 6,8	71,0	786,5	17,9	2,1	19,0	6,9	74,0	794,3	41,8	5,8	43,3
3000	— 14,6	71,0	690,5	18,0	1,3	18,8	0,8	74,0	702,3	42,2	4,1	43,2
4000	— 22,4	71,0	603,7	19,0	0,7	19,3	— 5,5	74,0	619,2	43,7	3,1	44,6
5000	— 30,3	71,0	525,5	20,3	0,4	20,6	— 11,2	74,0	544,3	45,9	2,2	46,3

[1] z = Höhe; T = Temperatur; U = relative Feuchtigkeit, als gleichbleibend für die ganze Luftsäule angenommen; p = Luftdruck (mb); Θ' = angenäherte äquivalent-potentielle Temperatur; q = spezifische Feuchtigkeit; Θ_a' = angenäherte pseudo-potentielle Temperatur.

1929/35	Arktikluft — AK						Tropikluft — TW					
z	T	U	p	Θ'	q	Θ_a'	T	U	p	Θ'	q	Θ_a'

Juni/Juli

z	T	U	p	Θ'	q	Θ_a'	T	U	p	Θ'	q	Θ_a'
0	12,4	67,5	1007,2	27,0	6,0	29,0	20,4	75,5	1007,2	47,8	11,3	52,8
1000	4,4	67,5	892,4	24,0	4,0	25,5	14,4	75,5	896,0	46,3	8,7	49,5
2000	— 3,6	67,5	787,5	22,2	2,5	23,5	8,6	75,5	795,1	45,6	6,6	47,6
3000	— 11,6	67,5	692,7	21,9	1,5	22,5	2,6	75,5	703,5	45,6	4,9	47,3
4000	— 19,6	67,5	606,5	22,3	0,9	22,8	— 3,4	75,5	620,8	46,9	3,6	48,0
5000	— 27,6	67,5	528,9	23,4	0,5	24,0	— 9,2	75,5	546,3	49,0	2,6	50,0

Juli/August

z	T	U	p	Θ'	q	Θ_a'	T	U	p	Θ'	q	Θ_a'
0	13,6	72,2	1007,1	30,4	7,0	32,8	20,8	77,0	1007,1	49,2	11,7	54,0
1000	5,6	72,2	892,8	27,0	4,6	28,2	14,9	77,0	896,0	47,7	9,1	51,0
2000	— 2,4	72,2	788,6	24,9	2,9	25,7	9,1	77,0	795,3	47,0	7,0	49,2
3000	— 10,4	72,2	693,8	23,9	1,8	24,3	3,2	77,0	703,9	47,3	5,3	49,2
4000	— 18,4	72,2	607,8	24,1	1,0	24,5	— 2,6	77,0	621,3	48,7	3,9	49,9
5000	— 26,4	72,2	530,4	25,0	0,6	25,2	— 8,4	77,0	546,9	50,3	2,8	51,3

August/September

z	T	U	p	Θ'	q	Θ_a'	T	U	p	Θ'	q	Θ_a'
0	12,3	77,0	1008,3	28,9	6,8	31,0	20,2	76,8	1008,3	47,7	11,3	52,4
1000	4,6	77,0	893,4	25,5	4,6	26,9	14,4	76,8	897,0	46,4	8,8	49,4
2000	— 3,2	77,0	788,7	23,9	3,0	24,6	8,6	76,8	795,9	45,9	6,7	48,0
3000	— 10,8	77,0	693,7	23,4	1,8	23,8	2,8	76,8	704,3	46,2	5,0	48,0
4000	— 18,6	77,0	607,7	23,9	1,1	24,3	— 3,0	76,8	621,6	47,8	3,8	49,0
5000	— 26,3	77,0	530,2	25,3	0,6	25,6	— 8,8	76,8	547,0	49,8	2,8	50,8

September/Oktober

z	T	U	p	Θ'	q	Θ_a'	T	U	p	Θ'	q	Θ_a'
0	9,1	78,6	1008,8	22,3	5,6	24,0	18,7	75,8	1008,9	43,2	10,1	46,4
1000	1,6	78,6	892,7	20,5	3,8	21,9	12,8	75,8	896,7	42,2	7,8	44,5
2000	— 5,8	78,6	787,0	20,1	2,5	20,9	7,0	75,8	795,1	42,0	6,0	43,8
3000	— 13,3	78,6	691,2	20,2	1,5	20,7	1,2	75,8	703,0	43,0	4,5	44,3
4000	— 20,8	78,6	604,8	21,4	0,9	21,8	— 4,6	75,8	620,0	44,8	3,3	45,9
5000	— 28,3	78,6	527,1	23,2	0,5	23,7	— 10,5	75,8	545,1	46,9	2,4	47,9

Oktober/November

z	T	U	p	Θ'	q	Θ_a'	T	U	p	Θ'	q	Θ_a'
0	5,0	80,8	1008,2	15,0	4,3	16,2	16,2	73,8	1008,2	36,9	8,5	39,8
1000	— 2,6	80,8	889,2	14,1	2,8	15,1	10,2	73,8	895,1	36,1	6,4	38,2
2000	— 10,2	80,8	782,3	14,0	1,8	14,8	4,4	73,8	792,7	36,6	4,9	38,2
3000	— 17,8	80,8	685,6	14,7	1,1	15,4	— 1,6	73,8	700,1	37,9	3,6	39,1
4000	— 25,4	80,8	598,5	16,1	0,6	16,5	— 7,4	73,8	616,5	40,0	2,6	40,9
5000	— 33,1	80,8	520,1	17,8	0,4	18,0	— 13,4	73,8	541,3	42,8	1,9	43,1

November/Dezember

z	T	U	p	Θ'	q	Θ_a'	T	U	p	Θ'	q	Θ_a'
0	1,4	82,8	1007,0	9,3	3,4	10,6	14,2	74,5	1007,0	32,2	7,5	34,6
1000	— 6,5	82,8	887,7	8,5	2,2	9,2	8,2	74,5	893,3	32,1	5,7	33,9
2000	— 14,3	82,8	779,3	8,7	1,3	9,2	2,2	74,5	790,3	32,7	4,2	34,3
3000	— 22,2	82,8	681,6	9,2	0,8	9,7	— 3,8	74,5	697,2	34,1	3,1	35,6
4000	— 30,0	82,8	593,6	10,9	0,4	11,2	— 9,8	74,5	613,2	36,3	2,2	37,2
5000	— 37,8	82,8	514,4	12,7	0,2	13,2	— 15,8	74,5	537,7	39,2	1,5	39,8

Die Luftmassen.

Tabelle 5: GK $(= PK)$ und GW $(= PW)$.

1931/35	Luft der gem. Breiten(Kaltmasse) — GK						Luft der gem. Breiten (Warmmasse) — GW					
z	T	U	p	Θ'	q	Θ_a'	T	U	p	Θ'	q	Θ_a'
Dezember/Januar												
0	4,0	84,0	1007,7	14,0	4,3	15,3	7,8	80,0	1007,7	20,1	5,2	21,4
1000	— 3,1	84,0	889,6	13,7	2,9	14,7	1,8	80,0	891,5	21,0	3,9	22,0
2000	— 10,3	84,0	782,5	14,0	1,9	14,8	— 4,3	80,0	786,3	22,5	2,8	23,4
3000	— 17,4	84,0	685,8	15,2	1,2	15,9	— 10,3	80,0	691,5	24,8	2,0	25,6
4000	— 24,6	84,0	598,8	17,0	0,7	17,6	— 16,3	80,0	606,2	27,8	1,4	28,2
5000	— 31,8	84,0	520,8	19,6	0,4	20,0	— 22,4	80,0	529,9	31,0	1,0	31,3
Januar/Februar												
0	3,8	83,0	1008,3	13,4	4,1	14,5	7,2	82,0	1008,3	19,4	5,1	20,9
1000	— 3,4	83,0	889,9	12,9	2,8	13,8	1,2	82,0	891,6	20,1	3,8	21,5
2000	— 10,7	83,0	782,6	13,2	1,8	13,9	— 4,9	82,0	786,2	22,0	2,8	22,9
3000	— 17,9	83,0	685,7	14,8	1,1	15,2	— 10,9	82,0	691,1	24,1	2,0	24,7
4000	— 25,1	83,0	598,7	16,7	0,7	17,0	— 16,9	82,0	605,7	26,9	1,4	27,5
5000	— 32,4	83,0	520,8	18,8	0,4	19,0	— 23,0	82,0	529,2	30,3	0,9	30,8
Februar/März												
0	4,4	81,0	1006,0	14,7	4,2	15,8	8,0	78,3	1006,0	20,7	5,2	22,1
1000	— 2,7	81,0	888,2	14,1	2,9	15,1	2,0	78,3	889,9	21,2	3,9	22,4
2000	— 9,8	81,0	781,5	14,4	1,9	15,3	— 4,1	78,3	784,9	22,9	2,8	23,9
3000	— 17,0	81,0	685,1	15,9	1,2	16,7	— 10,2	78,3	690,3	25,1	2,0	26,0
4000	— 24,2	81,0	598,3	17,9	0,7	18,3	— 16,2	78,3	605,2	28,0	1,4	28,4
5000	— 31,3	81,0	520,5	20,0	0,4	20,3	— 22,3	78,3	528,9	31,3	0,9	31,5
März/April												
0	6,6	78,5	1005,4	18,0	4,7	19,2	9,6	76,8	1005,4	23,2	5,7	24,8
1000	— 0,6	78,5	888,6	17,2	3,2	18,2	3,4	76,8	890,0	23,9	4,2	25,1
2000	— 7,8	78,5	782,6	17,4	2,1	18,2	— 2,7	76,8	785,6	25,1	3,1	26,3
3000	— 14,9	78,5	686,7	18,6	1,4	19,2	— 8,8	76,8	691,4	26,9	2,2	28,0
4000	— 22,0	78,5	600,5	20,2	0,8	20,4	— 15,0	76,8	606,5	29,2	1,5	30,3
5000	— 29,2	78,5	523,0	22,7	0,5	22,8	— 21,1	76,8	530,5	32,8	1,0	33,1
April/Mai												
0	9,7	76,0	1006,9	23,1	5,6	25,0	12,0	79,0	1006,9	28,7	6,8	30,2
1000	2,6	76,0	891,1	22,0	3,9	23,2	5,8	79,0	892,3	28,4	5,1	29,7
2000	— 4,6	76,0	786,1	21,9	2,6	22,8	— 0,2	79,0	788,5	29,6	3,7	30,5
3000	— 11,8	76,0	690,9	22,4	1,7	23,2	— 6,3	79,0	694,7	31,0	2,7	31,9
4000	— 19,0	76,0	605,1	23,8	1,1	24,4	— 12,4	79,0	610,2	33,2	1,9	33,9
5000	— 26,1	76,0	527,9	25,9	0,6	26,2	— 18,5	79,0	534,4	35,9	1,3	36,3
Mai/Juni												
0	13,1	73,0	1007,6	29,8	6,8	31,7	14,9	78,5	1007,6	35,0	8,2	37,8
1000	6,0	73,0	893,2	27,9	4,8	29,2	8,9	78,5	894,2	34,2	6,3	36,2
2000	— 1,0	73,0	789,2	27,2	3,3	28,4	2,9	78,5	791,4	34,7	4,6	36,2
3000	— 8,0	73,0	694,9	27,7	2,2	28,5	— 3,2	78,5	698,5	36,0	3,4	36,9
4000	— 15,1	73,0	609,7	28,8	1,4	28,3	— 9,2	78,5	614,5	37,9	2,4	38,3
5000	— 22,1	73,0	533,1	30,7	0,0	31,1	15,0	78,5	500,1	40,0	1,7	40,0

1931/35	Luft der gem. Breiten (Kaltmasse) — GK						Luft der gem. Breiten (Warmmasse) — GW					
z	T	U	p	Θ'	q	Θ_a'	T	U	p	Θ'	q	Θ_a'
				Juni/Juli								
0	15,5	73,0	1007,2	34,9	8,0	37,5	16,8	77,8	1007,2	39,3	9,2	42,6
1000	8,6	73,0	894,0	32,2	5,7	34,3	10,9	77,8	894,6	38,4	7,1	40,0
2000	1,6	73,0	790,9	31,1	3,9	33,0	5,0	77,8	792,5	38,5	5,3	40,1
3000	— 5,4	73,0	697,5	31,5	2,7	32,3	— 1,0	77,8	700,1	39,3	3,9	40,7
4000	— 12,4	73,0	612,8	32,3	1,8	33,0	— 7,0	77,8	616,7	41,0	2,8	42,0
5000	— 19,2	73,0	536,6	34,0	1,1	34,6	— 13,0	77,8	541,5	43,7	2,0	44,0
				Juli/August								
0	16,0	76,5	1007,1	36,9	8,6	39,3	17,4	79,2	1007,1	41,0	9,8	44,3
1000	9,0	76,5	894,0	34,1	6.2	35,9	11,4	79,2	894,8	40,1	7,5	42,2
2000	2,0	76,5	790,9	32,8	4,3	34,4	5,5	79,2	792,8	40,0	5,6	41,7
3000	— 4,8	76,5	697,7	32,8	2,9	33,8	— 0,4	79,2	700,6	40,9	4,2	41,9
4000	— 11,8	76,5	613,2	33,4	1,9	34,2	— 6,4	79,2	617,3	42,6	3,0	43,5
5000	— 18,8	76,5	537,1	35,0	1,3	35,8	— 12,2	79,2	542,3	45,0	2,2	45,3
				August/September								
0	15,0	77,0	1008,3	34,7	8,1	37,0	16,6	80,5	1008,3	39,6	9,4	42,7
1000	8,0	77,0	894,6	32,1	5,8	34,0	10,6	80,5	895,4	38,3	7,2	40,1
2000	1,2	77,0	791,3	31,2	4,0	32,7	4,8	80,5	793,1	38,4	5,4	39,9
3000	— 5,8	77,0	697,5	31,2	2,7	32,3	— 1,2	80,5	700,6	39,4	4,0	40,3
4000	— 12,6	77,0	612,8	32,0	1,8	33,0	— 7,0	80,5	617,1	41,3	2,9	41,8
5000	— 19,6	77,0	536,5	34,0	1,2	34,2	— 13,0	80,5	541,8	43,8	2,1	44,3
				September/Oktober								
0	12,4	77,5	1008,8	28,9	6,9	31,0	14,4	80,0	1008,8	34,0	8,2	37,0
1000	5,4	77,5	894,0	27,2	4,9	28,9	8,6	80,0	895,1	33,6	6,2	35,6
2000	— 1,4	77,5	789,7	26,6	3,4	28,2	2,7	80,0	792,0	34,3	4,6	35,8
3000	— 8,4	77,5	695,3	27,2	2,2	28,1	— 3,2	80,0	698,8	36,8	3,4	36,7
4000	— 15,3	77,5	610,0	28,6	1,5	29,0	— 9,1	80,0	615,0	38,0	2,5	38,8
5000	— 22,3	77,5	533,3	30,4	0,9	30,7	— 15,0	80,0	539,6	40,8	1,8	40,8
				Oktober/November								
0	8,6	81,5	1008,2	21,9	5,6	23,6	11,2	80,5	1008,2	26,9	6,6	29,0
1000	1,6	81,5	892,0	21,0	3,9	22,0	5,3	80,5	893,2	27,4	5,0	29,0
2000	— 5,4	81,5	787,9	21,0	2,6	21,6	— 0,6	80,5	789,1	28,4	3,8	30,0
3000	— 12,4	81,5	692,3	21,8	1,7	22,1	— 6,6	80,5	595,2	30,7	2,7	31,4
4000	— 19,4	81,5	606,2	23,2	1,1	23,4	— 12,5	80,5	610,5	33,0	1,9	33,5
5000	— 26,4	81,5	528,8	25,6	0,7	25,7	— 18,4	80,5	534,8	35,9	1,3	36,1
				November/Dezember								
0	5,5	84,0	1007,0	16,9	4,7	18,0	8,8	79,5	1007,0	22,1	5,6	23,8
1000	— 1,6	84,0	889,6	16,1	3,2	17,0	2,8	79,5	891,1	22,9	4,1	24,1
2000	— 8,6	84,0	783,1	16,5	2,1	17,2	— 3,1	79,5	786,5	24,2	3,1	25,6
3000	— 15,6	84,0	687,0	17,8	1,4	18,3	— 9,0	79,5	692,1	26,7	2,2	27,7
4000	— 22,7	84,0	600,5	19,7	0,9	20,0	— 15,0	79,5	607,2	29,6	1,6	30,3
5000	— 29,8	84,0	522,8	22,0	0,5	22,2	— 21,0	79,5	531,0	32,9	1,1	33,2

Tabelle 6. Vertikaler Temperaturgradient, mittlere relative Feuchte und äquivalentpotentielle Temperatur am Boden in aktiven Luftmassen über Deutschland. (Nach SCHINZE 1938.)

Monat	$\gamma_{\Delta z}$ Vertikaler Temperaturgradient				$U_{\Delta z}$ Relative Feuchte der Luftsäule				Θ_0' Äquivalentpotentielle Temperatur am Boden			
	AK	GK	GW	TW	AK	GK	GW	TW	AK	GK	GW	TW
Januar	0,78	0,72	0,60	0,61	87	84	82	75	5,2	14,4	20,5	31,3
Februar	0,77	0,72	0,60	0,60	82	82	82	79	3,6	14,0	19,9	31,0
März	0,77	0,71	0,61	0,62	79	80	75	72	7,5	16,3	22,4	31,8
April	0,78	0,72	0,62	0,61	79	77	79	76	12,5	20,6	25,8	34,9
Mai	0,77	0,71	0,60	0,61	74	75	79	74	18,7	27,7	33,5	41,8
Juni	0,80	0,70	0,60	0,59	68	71	78	74	24,2	33,7	38,4	47,3
Juli	0,80	0,69	0,59	0,59	67	75	78	77	31,5	38,1	41,9	50,3
August	0,80	0,69	0,60	0,58	78	78	81	77	31,4	37,6	41,8	50,6
September	0,75	0,69	0,59	0,59	77	76	80	77	28,1	33,9	39,3	47,7
Oktober	0,75	0,70	0,59	0,58	81	79	80	75	18,9	26,2	31,8	41,5
November	0,77	0,70	0,59	0,60	81	84	81	72	13,4	19,7	24,3	33,6
Dezember	0,80	0,71	0,60	0,60	84	84	78	77	6,4	15,3	21,8	32,7

AK und TW: 1929 bis 1935 GK und GW: 1931 bis 1935

Tabelle 7. Typische Bodenwerte der Temperatur in den Hauptluftmassen bei verschiedener relativer Feuchte für Deutschland. (Nach SCHINZE 1938.)

U Schlüssel	0	9	8	7	6	5	4	3	2	1
%	98	92	85	75	65	55	45	35	25	10

1929 bis 1935 — Arktikluft — AK

Monat	0	9	8	7	6	5	4	3	2	1
Januar	—2,5	—2,2	—1,9	—1,3	—0,7	0,0	0,8	1,7	2,5	4,2
Februar	—3,5	—3,2	—2,9	—2,3	—1,8	1,1	—0,4	0,3	1,2	2,6
März	—1,2	0,9	0,5	0,1	0,8	1,5	2,3	3,2	4,2	6,1
April	1,7	2,1	2,6	3,3	4,1	4,9	5,9	6,9	8,2	10,3
Mai	5,3	5,7	6,2	7,0	8,0	9,0	10,1	11,3	12,9	15,8
Juni	7,9	8,4	9,0	9,9	10,9	12,1	13,3	14,8	16,8	20,6
Juli	11,1	11,6	12,3	13,4	14,6	15,9	17,5	19,3	.	.
August	11,0	11,5	12,2	13,3	14,5	15,8	17,4	19,2	.	.
September	9,8	10,3	11,0	12,0	13,2	14,4	15,8	17,6	19,5	24,1
Oktober	5,3	5,7	6,2	7,8	8,0	9,0	10,1	11,3	12,9	15,8
November	2,2	2,6	3,1	3,8	4,6	5,5	6,6	7,7	9,0	11,4
Dezember	—1,4	—1,0	—0,6	0,0	0,7	1,4	2,2	3,1	4,1	6,0

Tropikluft — TW

Monat	0	9	8	7	6	5	4	3	2	1
Januar	10,9	11,5	12,2	13,2	14,4	15,7	17,3	19,2	21,3	.
Februar	10,9	11,5	12,2	13,2	14,4	15,7	17,3	19,2	21,3	.
März	11,2	11,7	12,4	13,5	14,6	15,9	17,5	19,5	21,6	.
April	12,3	12,8	13,5	14,7	15,9	17,3	18,9	21,0	23,3	.
Mai	15,0	15,7	16,5	17,7	19,1	20,6	22,5	24,6	27,3	.
Juni	17,2	17,9	18,7	19,9	21,4	23,1	25,1	27,5	30,8	.
Juli	18,2	18,8	19,7	21,0	22,5	24,2	26,2	28,7	31,9	.
August	18,3	18,9	19,8	21,1	22,6	24,3	26,3	28,8	32,0	.
September	17,1	17,8	18,6	19,9	21,4	23,1	25,1	27,5	30,8	.
Oktober	15,1	15,7	16,5	17,7	19,1	20,6	22,5	24,6	27,3	.
November	11,8	12,4	13,1	14,3	15,5	16,7	18,3	20,3	22,7	.
Dezember	11,6	12,1	12,8	13,9	15,0	16,4	18,0	19,9	22,1	.

1931 bis 1935 — Luft der gem. Breiten (Kaltmasse) — GK

Monat	0	9	8	7	6	5	4	3	2	1
Januar	2,9	3,3	3,7	4,5	5,3	6,2	7,2	8,4	9,7	12,1
Februar	2,6	3,0	3,4	4,2	5,0	5,9	6,9	8,1	9,4	11,8
März	3,9	4,3	4,8	5,6	6,5	7,4	8,5	9,7	11,2	13,8
April	6,1	6,5	7,1	8,0	8,9	10,0	11,1	12,5	14,1	17,2
Mai	9,3	9,8	10,5	11,5	12,7	13,9	15,3	17,1	19,0	23,6
Juni	11,9	12,5	13,2	14,3	15,5	17,0	18,6	20,5	23,1	27,8
Juli	13,8	14,3	15,0	16,2	17,5	19,0	20,8	22,7	25,2	31,5
August	13,5	14,1	14,8	16,0	17,3	18,7	20,5	22,3	24,8	31,0
September	12,0	12,6	13,3	14,4	15,6	17,1	18,7	20,6	23,2	28,0
Oktober	8,7	9,3	9,9	10,9	12,0	13,2	14,6	16,2	18,2	22,3
November	5,6	6,1	6,6	7,5	8,4	9,5	10,7	12,1	13,7	16,8
Dezember	3,3	3,7	4,2	5,0	5,9	6,8	7,9	9,0	10,4	13,0

Luft der gem. Breiten (Warmmasse) — GW

Monat	0	9	8	7	6	5	4	3	2	1
Januar	6,0	6,4	7,0	7,9	8,8	9,9	11,1	12,5	14,3	17,5
Februar	5,7	6,2	6,8	7,7	8,6	9,7	10,8	12,3	14,0	17,2
März	6,9	7,4	8,0	8,9	9,9	11,0	12,2	13,7	15,5	19,0
April	8,6	9,1	9,7	10,7	11,7	12,9	14,3	15,9	17,9	22,0
Mai	11,8	12,4	13,1	14,3	15,5	16,9	18,4	20,3	22,8	27,5
Juni	13,8	14,4	15,2	16,4	17,7	19,2	21,1	23,0	25,6	31,9
Juli	15,2	15,8	16,7	17,9	19,2	20,8	22,5	24,6	27,3	33,5
August	15,1	15,7	16,6	17,8	19,1	20,7	22,3	24,3	27,0	33,0
September	14,2	14,7	15,5	16,7	18,0	19,5	21,4	23,4	26,0	32,3
Oktober	11,2	11,7	12,4	13,5	14,6	15,9	17,5	19,4	21,7	26,3
November	7,9	8,4	9,0	9,9	10,9	12,1	13,4	14,9	16,8	20,8
Dezember	6,6	7,1	7,7	8,6	9,6	10,7	11,9	13,3	15,1	18,5

Tabelle 8. Mittelwerte von U, Θ' und T in verschiedenen Luftmassen über Moskau nach A. N. Poljakowa 1936.

Monat		U	Boden	1000	2000	3000	4000	5000	U	Boden	1000	2000	3000	4000	5000
		Kontinentale Tropikluft — cT							Kontinentale Polarluft — cP						
April	Θ'	75,6	.	40,9	37,5	37,9	.	.	.	.	.	.	.	.	.
	T		.	13,2	5,8	—1,2	.	.	.	.	.	.	.	.	.
Mai	Θ'	74,0	.	45,4	40,6	38,4	.	.	58,9	30,3	31,0	29,6	32,2	35,4	36,0
	T		.	14,9	7,2	—0,6	.	.		14,8	10,5	3,3	—2,2	—7,8	—15,7
Juni.......	Θ'	72,0	47,7	46,3	45,3	44,4	45,5	45,7	62,5	34,1	32,5	32,2	33,8	36,0	38,8
	T		19,5	14,5	8,9	2,2	—3,8	—9,6		13,7	9,3	3,4	—2,7	—9,5	—14,8
Juli	Θ'	66,8	55,7	47,1	41,2	40,0	43,4	.	62,2	39,3	36,3	35,4	36,1	37,8	39,6
	T		23,5	16,0	6,4	2,6	—1,7	.		16,2	10,2	4,4	—0,9	—7,5	—13,7
August	Θ'	72,6	52,7	51,8	48,7	47,0	46,7	48,2	72,9	35,9	34,7	34,0	35,1	38,0	38,7
	T		21,2	17,9	10,8	3,7	—1,9	—7,2		14,8	9,1	2,3	—3,1	—7,9	—15,1
September .	Θ'	71,4	.	44,2	42,2	41,7	41,0	41,0	66,4	32,9	28,7	28,5	30,0	33,6	37,8
	T		.	14,2	6,4	0,9	—6,0	—12,6		10,6	6,2	0,5	—4,1	—9,9	—14,1
Oktober ...	Θ'	59,9	.	35,4	36,5	37,5	39,8	42,9	70,0	26,5	25,1	25,9	30,7	33,3	35,6
	T		.	11,4	7,8	1,8	—4,7	—10,3		8,4	4,9	—0,5	—4,5	—10,0	—16,3
		Maritime Polarluft — mP							Maritime Arktikluft — mA						
September .	Θ'	75,3	30,3	28,3	23,4	28,8	25,9	.	79,9	14,4	11,4	13,7	15,0	19,5	.
	T		9,2	5,7	0,1	—5,7	—15,3	.		3,4	—5,3	—11,2	—19,0	—20,4	.
Oktober ...	Θ'	62,9	19,2	19,5	20,6	22,6	28,1	.	84,2	7,6	6,2	5,6	6,1	.	.
	T		5,6	0,8	—5,4	—11,7	—15,6	.		—1,1	—8,9	—16,9	—24,7	.	.
Dezember ..	Θ'	.	.	.	.	.	.	.	80,7	8,8	7,8	8,9	11,3	12,9	13,0
	T		.	.	.	.	.	.		—1,2	—6,9	—14,3	—20,4	—25,8	—38,5
									Arktische Polarluft — aP						
August	Θ'								64,6	30,6	28,7	28,1	28,5	33,0	37,5
	T									11,8	6,2	—0,3	—5,7	—10,7	—16,6

1932 bis 1935

Tabelle 9. Vertikaler Temperaturgradient in verschiedenen Luftmassen über Moskau nach A. N. POLJAKOWA 1936.

1932—1935	cT		cP		mP		mA		aP	
	γ	Dicke der untersuchten Schicht	γ	Dicke der untersuchten Schicht	γ	Dicke der untersuchten Schicht	γ	Dicke der untersuchten Schicht	γ	Dicke der untersuchten Schicht
April ...	0,74	500–3600	.	.	.	.	.	.	.	.
Mai	0,77	500–3625	0,61	239–3772	.	.	.	.	.	.
Juni....	0,58	160–4800	0,57	432–4537	.	.	.	.	.	.
Juli	0,65	160–3350	0,59	442–4430	.	.	.	.	.	.
August .	0,57	160–5000	0,59	273–4686	.	.	.	.	0,56	160–4090
Sept. ...	0,54	500–4750	0,49	492–4362	0,61	653–3248	0,59	160–3530	.	.
Oktober .	0,54	610–4666	0,49	668–4916	0,53	383–4251	0,78	160–3107	.	.
Dez.....	.	.	.	.	.	.	0,74	487–4410	.	.

Tabelle 10. Typische Bodenwerte der Temperatur in verschiedenen Luftmassen zu Moskau nach B. P. ALISSOW.

1932—1934	cA	mA	mP	cP	cP_r	cT
Januar	— 19	— 9	— 1	— 7	.	.
Februar	— 16	— 8	— 2	— 9	.	.
März....................	— 13	— 6	1	— 5	1	.
April	1	.	4	6	15	20
Mai	8	.	12	13	18	.
Juni....................	10	.	13	16	20	24
Juli	.	.	16	20	22	26
August..................	11	.	15	16	21	26
September..............	7	.	12	11	16	20
Oktober	4	4	5	6	10	16
November	— 10	— 6	2	— 1	4	.
Dezember	— 18	— 8	— 1	— 6	.	.

Tabelle 11. Mittlere charakteristische Werte[1] der Luftmassen in den Vereinigten Staaten von Nordamerika. (Nach H. C. WILLETT 1938.)

Station Ellendale.

z	T	q	U	Θ'	T	q	U	Θ'	T	q	U	Θ'
Luftmasse	P_C Winter				P_P (N_{PP}) Winter				P_C Sommer			
Boden ...	— 26,1	0,32	82	250	— 1,2	3,0	84	284	19,0	6,3	.	312
1000	— 25,3	0,35	80	256	7,0	3,0	40	299	16,2	5,6	.	313
2000	— 20,1	0,60	.	272	0,8	2,2	.	300	9,8	3,9	.	312
3000	— 21,5	0,50	.	280	— 6,5	1,5	.	301	4,0	3,1	.	314
4000	— 25,4	0,45	.	288	— 14,0	1,1	.	302	— 2,5	2,9	.	318

Station Boston.

z	T	q	U	Θ'	T	q	U	Θ'
Luftmasse	P_C Winter				T_G Winter			
Boden	— 6,3	0,9	43	267,0	14,0	8,8	82	310
1000	— 14,3	0,6	55	268,0	13,7	6,5	60	314
2000	— 18,0	0,5	.	274,3	8,7	6,2	86	319
3000	— 23,0	0,3	.	279,0	2,0	4,6	84	318
4000	— 29,0	0,2	.	283,3	— 3,7	2,9	85	319

Station Seattle.

Luftmasse	P_P Winter				P_P Sommer			
Boden	8,3	4,4	75	292	16,5	7,1	62	308
1000	0,0	2,7	88	289	8,5	6,3	91	308
2000	— 8,3	1,5	.	288	4,5	3,9	.	307
3000	— 14,3	0,8	.	289	0,5	2,3	.	308,5
4000[2]	— 19,3	0,4	.	294	— 2,5	1,7	.	310

Station Royal Center.

Luftmasse	P_C Winter				P_C Sommer			
Boden	— 22,5	0,45	91	251,5	17,0	8,3	.	314
1000	— 19,5	0,48	.	262,0	12,8	5,8	.	311
2000	— 15,8	0,48	.	276,5	5,8	4,5	.	310
3000	— 18,0	0,85	.	286,0	2,0	2,6	.	311
4000	.	.	.	.	— 1,8	1,4	.	314
5000	.	.	.	.	— 7,2	1,0	.	318
6000	.	.	.	.	— 15,5	1,3	.	320

[1] z = Höhe; T = Temperatur; q = spezifische Feuchtigkeit; U = relative Feuchtigkeit; Θ' = äquivalentpotentielle Temperatur im Absolutmaß.
[2] Im Sommer 3500 m.

50. Optische Merkmale der Luftmassen.

a) Definition der opaleszenten Trübung.

BERGERON hat auf eine weitere wichtige konservative Eigenschaft der Luftmassen hingewiesen, die kolloid-optischer Natur ist. Es ist dies die sog. *opaleszente Trübung*, die durch sehr kleine, feste, in der Luft schwebende Teilchen bedingt wird.

Die stärksten Trübungen der Luft in den mittleren und hohen Breiten Europas werden durch Kondensationsprodukte, d. i. durch Nebel oder Dunst erzeugt. Die horizontale Sichtweite sinkt bei Nebel definitionsgemäß unter 1 km und beträgt auch bei Dunst höchstens einige Kilometer. Aber auch bei Fehlen von Nebel oder Dunst pflegt die Luft immer mehr oder weniger getrübt zu sein, was eine Folge der Zerstreuung des Lichtes nicht nur an den Luftmolekülen selbst, sondern auch an kleinen *festen* Partikelchen ist, die in der Luft suspendiert sind. Nicht jede solche „trockene Trübung" ist identisch mit der „opaleszenten Trübung" BERGERONS, vor allem dann nicht, wenn die trübenden Partikelchen verhältnismäßig groß sind. Dies ist der Fall z. B. bei Stadtrauch, Blütenstaub von Wäldern, Rauch von Waldbränden usw., welche die Fernsicht auf wenige Kilometer beschränken können, wobei die Luft eine schmutziggelbe Färbung annimmt. Oder es ist dies der Fall beim Wüsten- und Steppenstaub, der die Luft in einen milchigweißen Schleier hüllt und die Sichtweite bisweilen erheblich unter 1 km herabsetzt.

Zum Unterschied von diesen zum Teil als *Höhenrauch* bekannten Lufttrübungen durch größere Partikelchen hat BERGERON mit opaleszenter Trübung eine Luftverschleierung bezeichnet, deren trübende Teilchen Dimensionen von der Größenordnung von Zehntausendstelmillimetern haben und somit *kleiner sind als die Wellenlängen des Lichtes.* Ihr Vorhandensein in der Luft hat zur Folge, daß entfernte Gebäude, Berge und Wälder eine bläuliche Färbung annehmen, bzw. hinter einem mehr oder weniger bläulichen Schleier zu liegen scheinen; gleichzeitig nehmen helle oder leuchtende Gegenstände, wie Wolken, Schneeflächen, die Sonnenscheibe usw. einen rötlichgelben Farbton an. Durch diese Farbnuancen unterscheidet sich die opaleszente Trübung einerseits von der schmutziggelben Trübung durch Rauch und Staub, anderseits von dem weißen Nebel und dem grauen Dunst; überdies ist sie schwächer als alle diese Trübungsarten.

Aus dem Gesagten geht hervor, daß gewöhnliche Fernsichtangaben nach dem synoptischen Schlüssel, welche die Lufttrübung lediglich nach der Entfernung beurteilen, in welcher die Umrisse der Gegenstände verschwinden, den Grad der opaleszenten Trübung nicht wiedergeben können. Vor allem liegen, wie wir sehen werden, die für uns wichtigen Stufengrade dieser Trübung oberhalb der Fernsichtgrenze von 50 km, für welche der Chiffernschlüssel nur noch eine einzige Zahl ($V = 9$) aufweist; dieser Mangel an Differenzierung im Schlüssel hängt damit zusammen, daß der Horizont des Beobachters im Flachland sich gewöhnlich auf einen Umkreis beschränkt, der einen Halbmesser von 15—20 km hat. Bei einer Fernsicht von 50 km ist jedoch die opaleszente Trübung noch ziemlich stark; bei geringeren Trübungsgraden kann die Fernsicht von entsprechend hoch gelegenen Stellen aus 250—300 km erreichen. BERGERON hat daher im Jahre 1919 eine Methode der Bestimmung des Grades der opaleszenten Trübung (und der entsprechenden Fernsicht) vorgeschlagen, die auf dem Farbgrad (der „Bläue") der Trübung sowie auf Angabe der Entfernung beruht, in welcher die Details der Gegenstände verschwinden.

Die Bestimmung des Grades der opaleszenten Trübung ist deshalb so wichtig, weil er — als konservative Eigenschaft einer Luftmasse — unmittelbare Hinweise auf deren Herkunft gibt. Naturgemäß wird eine Luftmasse in ihrem Quellgebiet mehr oder weniger mit festen Teilchen, vor allem mit Staub aufgeladen, verunreinigt werden. Besonders stark wird diese Trübung in Luftmassen sein, die sich über kontinentalen, schnee- und waldfreien Flächen, und namentlich über Wüstengegenden oder in deren Nähe ausbilden. Namentlich die *Tropikluft* wird sich durch reichlichen Staubgehalt auszeichnen, ja die Partikelchen werden in ihr zunächst (im Ursprungsgebiet) manchmal so groß sein, daß die Lufttrübung noch gar nicht den Charakter einer opaleszenten Trübung aufweist, sondern sich geradezu als eine Art Nebel äußert, wie es K. A. Karetnikowa für Mittelasien nachgewiesen hat und wie es auch beim nordafrikanischen Scirocco der Fall sein kann.

Die Konvektion ist nun bestrebt, die kleinsten Staubteilchen in der Luftmasse gleichmäßig zu verteilen. Größere Teilchen fallen beim Vordringen der Tropikluft in höhere Breiten durch ihre Schwere allmählich heraus. Die in ihr suspendiert zurückbleibenden feinsten Partikelchen bedingen die starke opaleszente Trübung, die für vordringende Tropikluft gerade charakteristisch ist. Aber auch dieses sog. „Luftplankton" wird mit der Zeit aus der Tropikluft durch Regenfälle (die besonders beim Aufgleiten der Tropikluft entstehen) herausgewaschen. Wenn sich die Tropikluft allmählich in Polarluft umgewandelt hat, ist diese bereits planktonarm und kaum mehr opaleszenttrübe. Am reinsten ist naturgemäß die Arktikluft, solange sie über dem arktischen Becken verharrt. Dringt sie gegen niedrigere Breiten vor, so wird sie über waldarmen und schneefreien Festlandflächen immer mehr mit Staub angereichert und getrübt. Falls jedoch — wie gewöhnlich — diese kontinentalen Verunreinigungen aus großen Teilchen bestehen (Rauch, grobkörniger Staub), so hat die Trübung keinen opaleszenten Charakter.

Luftmassen, deren Quellgebiet über den Meeren liegt, sind naturgemäß planktonärmer und daher weniger opaleszent getrübt, doch gibt es hier — unter dem Einfluß der allgemeinen Zirkulation der Atmosphäre — wichtige Ausnahmen (vgl. Abschnitt 53).

Es sei bemerkt, daß eine ganz leichte opaleszente Trübung auch der allerreinsten Luft ebenso eigen ist wie die blaue Farbe dem Himmel. Sogar im Fall größtmöglicher Fernsicht (> 500 km) bleiben die allerfernsten Gegenstände immer noch durch einen ganz feinen bläulichen Schleier verhüllt. Diese Trübung wird hier nicht mehr von der minimalen Menge noch in der Luft suspendierter Fremdkörperchen hervorgerufen, sondern durch Lichtzerstreuung an den Molekülen der Luft selbst.

b) Opaleszente Trübung und Fernsicht in verschiedenen Luftmassen.

Bergeron hat vorgeschlagen, den Grad der opaleszenten Trübung (Op) durch den Quotienten $\dfrac{100}{V}$ auszudrücken, wo V die horizontale Fernsicht in Kilometern bedeutet. Nach dieser Definition entspricht z. B. eine Trübung von 2,00 einer Fernsicht von 50 km und eine Trübung von 0,25 einer Fernsicht von 400 km. Nach Beobachtungen ohne Instrumente schwankte diese Größe in den Jahren 1917 bis 1919 in Mittelschweden innerhalb der Grenzen von 0,3—5,0. Kontinentale Tropik- und kontinentale Polarluft wurden immer durch Werte von $Op > 1$, maritime Polar- und Arktikluft dagegen durch Werte < 1 charakterisiert. Nach neuen Angaben Bergerons (Vorlesungen 1932) beträgt Op in Nordeuropa:

$$\text{in } A: \quad < 0,5,$$
$$\text{in } P: \quad 0,5\text{—}1,5,$$
$$\text{in } mT: \quad > 1,5.$$

Eine Serie photometrischer Beobachtungen von E. W. Pjaskowskaja in Kutschino bei Moskau, Juni—Juli 1931, ergab folgende Resultate:

$$A: \quad 0,6\text{—}1,0,$$
$$mP: \quad 1,3\text{—}1,8,$$
$$cP\text{—}cT: \quad 2,1\text{—}3,1.$$

Es ist begreiflich, daß in Rußland die Trübung der Arktikluft etwas größer ist als in Skandinavien und daß kontinentale Tropikluft mittelasiatischer Herkunft höhere Trübungsgrade aufweist als die maritime Tropikluft, welche von den Azoren nach Skandinavien gelangt.

Aus dem früher Gesagten geht bereits hervor, daß sich gewöhnliche, nach dem synoptischen Schlüssel durchgeführte Sichtbeobachtungen nicht zur nachträglichen Berechnung des Op-Grades eignen. Hierzu müssen Sonderbeobachtungen der Fernsicht nach der Anweisung von BERGERON durchgeführt werden, und es wäre erwünscht, daß sich zahlreiche Stationen, namentlich in Gebirgsgegenden, an diesen Beobachtungen beteiligen. Es liegt auf der Hand, daß Fälle ausgeschieden werden müssen, wo die Lufttrübung nicht opaleszenten Charakter hat, also alle Fälle mit Nebel, Dunst, Stadtrauch, Trübungen durch grobkörnigen Staub und durch Waldbrände usw.

Es folgen noch Angaben über die horizontale Fernsicht in Mitteleuropa (Schlesien) beim Auftreten verschiedener Luftmassen nach TSCHIERSKE 1932. Die Fernsicht ist hier in Kilometern für ungestörte (föhnfreie und von Übergangszonen entfernte) Luftmassen nach Beobachtungen im Flachland angeführt:

$$A - 48,$$
$$mP - 40,$$
$$cP - 30,$$
$$T - 17.$$

Diese Zahlen sind wesentlich niedriger als die entsprechenden Werte der horizontalen Fernsicht, die BERGERON für Skandinavien nach dem Op-Verfahren erhalten hat, doch war dies von vornherein zu erwarten.

H. TSCHIERSKE gibt auch den vorwiegenden Farbton entfernter Gegenstände in den verschiedenen Luftmassentypen an. Arktikluft ist durch hellblaue Färbung der Gegenstände (Berge) in einer Entfernung von rund 45 km charakterisiert, manchmal sogar durch Erkennbarkeit der natürlichen Farben. Für maritime Polarluft ist eine graublaue Färbung der Gegenstände in einer etwas kleineren Entfernung charakteristisch; kontinentale Polarluft färbt die Gegenstände „trübe graublau" und Tropikluft „entfärbt" die Gegenstände bereits in einer Entfernung von 18 km (wofern die Gegenstände überhaupt noch sichtbar sind).

c) Der aktinometrische Trübungsfaktor in Abhängigkeit von den Luftmassentypen.

Zur Untersuchung der Lufttrübung können auch aktinometrische Methoden benutzt werden. F. LINKE hat im Jahre 1922 vorgeschlagen, die atmosphärische Trübung durch den sog. *Trübungsfaktor* zu charakterisieren. Der Trübungsfaktor wird ausgedrückt durch das Verhältnis des Koeffizienten der Sonnenstrahlungsschwächung unter den gerade herrschenden atmosphärischen Verhältnissen zum Koeffizienten der Sonnenstrahlungsschwächung in einer trockenen und staubfreien Idealatmosphäre. Die Größe des Trübungsfaktors bringt also den abschwächenden Effekt des in der Atmosphäre enthaltenen Staubes und Wasserdampfes anschaulich zum Ausdruck.

Es liegt auf der Hand, daß der Trübungsfaktor in Luftmassen verschiedener Herkunft verschiedene Werte aufweist, ebenso wie die opaleszente Trübung, obwohl es sich bei beiden eigentlich um ganz verschiedene Dinge handelt. Durch aktinometrische Messungen in Moskau wurden im Jahre 1931 die in Abb. 85 ersichtlichen Schwankungsamplituden des Trübungsfaktors in Luftmassen verschiedener Herkunft festgestellt (Arbeit von L. I. MAMONTOWA und S. P. CHROMOW 1933). Die Mittelwerte des Trübungsfaktors betrugen für cA 2,45 (22 Fälle), mP 2,66 (22), cP 3,09 (12) und cT 3,49 (17).

226   Die Luftmassen.

Wie von vornherein zu erwarten, ist (siehe auch Abb. 85) die Arktikluft am transparentesten. An zweiter Stelle und ihr ziemlich nahe steht die maritime Polarluft, dann kommt die kontinentale Polarluft und schließlich die kontinentale Tropikluft. Diese Reihe steht übrigens mit den obigen Angaben Tschierskes über die horizontale Fernsicht in Mitteleuropa in völliger Übereinstimmung.

Zum Vergleich seien noch auszugsweise die Ergebnisse von I. W. But und W. W. Torlezkaja für Rostow a. Don für dasselbe Jahr 1931 und die Ergebnisse von L. I. Mamontowa und E. J. Schijko für Jalta von April bis November 1934 angegeben.

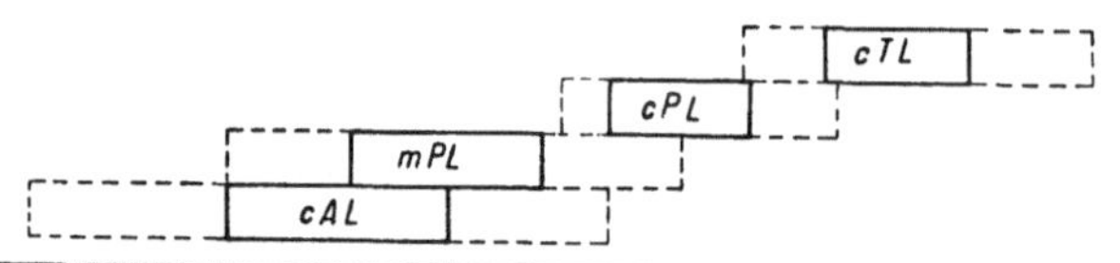

Abb. 85. Amplituden der Werte des Trübungsfaktors für Luftmassen verschiedener Herkunft in Moskau (ausgezogene Linien nach Mittelwerten, gestrichelte Linien nach den Tagesextremen).

Mittelwerte des Trübungsfaktors (in Klammern Zahl der Fälle).

	Rostow a. Don	Jalta
cA	2,24 (8)	2,48 (7)
mP	2,91 (16)	2,71 (19)
cP	2,84 (26)	2,67 (34)
cT	3,04 (17)	3,05 (51)

Über dem Schwarzen Meer ist also zum Unterschied von Moskau die mP etwas trüber als die cP, die cT ist dagegen über dem Schwarzen Meer weniger trüb als in Moskau.

Weiter seien die Ergebnisse Friedrichs' für die deutsche Insel Wyk in der Nordsee angegeben; die von Friedrichs nach Linke gegebene Nomenklatur der Luftmassen wurde in die Nomenklatur von Bergeron-Schinze überführt; ebenso wurden auch die numerischen Werte der Faktoren, in die Friedrichs veraltete Konstanten eingesetzt hatte, berichtigt:

$$cA \ldots\ldots\ldots 2{,}01,$$
$$mP \ldots\ldots\ldots 2{,}52,$$
$$cP \ldots\ldots\ldots 2{,}99,$$
$$T \ldots\ldots\ldots 3{,}73.$$

Für den Zeitraum Februar 1935 bis Januar 1936 hat H. Arakawa die Trübungsfaktoren in Japan berechnet. Wie Abb. 86 zeigt, kommen die optischen Verschiedenheiten der einzelnen Luftmassen außerordentlich deutlich zur Geltung. Außerdem nimmt die Trübung binnenwärts zu und polwärts ab (die Observatorien sind in der Abb. 86 nach zunehmender geographischer Breite angeordnet).

Schließlich haben Haurwitz und Wexler charakteristische Werte des Trübungsfaktors für vier Stationen in den Vereinigten Staaten von Nordamerika nach Beobachtungen in den Jahren 1931 bis 1933 bestimmt, und zwar für: Washington, Boston, Madison Wis. und Lincoln Nebr.

Auch diese Resultate wurden zwecks besserer Vergleichbarkeit aus der Willettschen Luftmassennomenklatur in die Bergeron-Schinzesche überführt:

Mittelwerte des Trübungsfaktors (in Klammern Zahl der Fälle).

	Washington	Boston	Madison	Lincoln
P_C — cA	2,54 (26)	2,42 (52)	2,00 (30)	1,87 (23)
N_{PP} — mP	2,62 (43)	2,65 (25)	2,35 (44)	2,34 (85)
N_{PC} — cP	2,80 (34)	2,81 (39)	2,55 (35)	2,46 (28)
T_M — mT	3,00 (0)	3,49 (5)	— —	3,39 (3)
T_C — cT	3,70 (7)	— —	3,53 (6)	3,69 (3)

Betont sei, daß natürlich auch bei der aktinometrischen Trübungsbestimmung Fälle mit Nebel, Dunst und erheblichen Lokaleinflüssen (Großstadt usw.) auszuscheiden sind.

Zum Schluß sei bemerkt, daß auch der Grad der Himmelsbläue nach der Skala von LINKE die Transparenz und folglich die Herkunft der Luftmasse einigermaßen

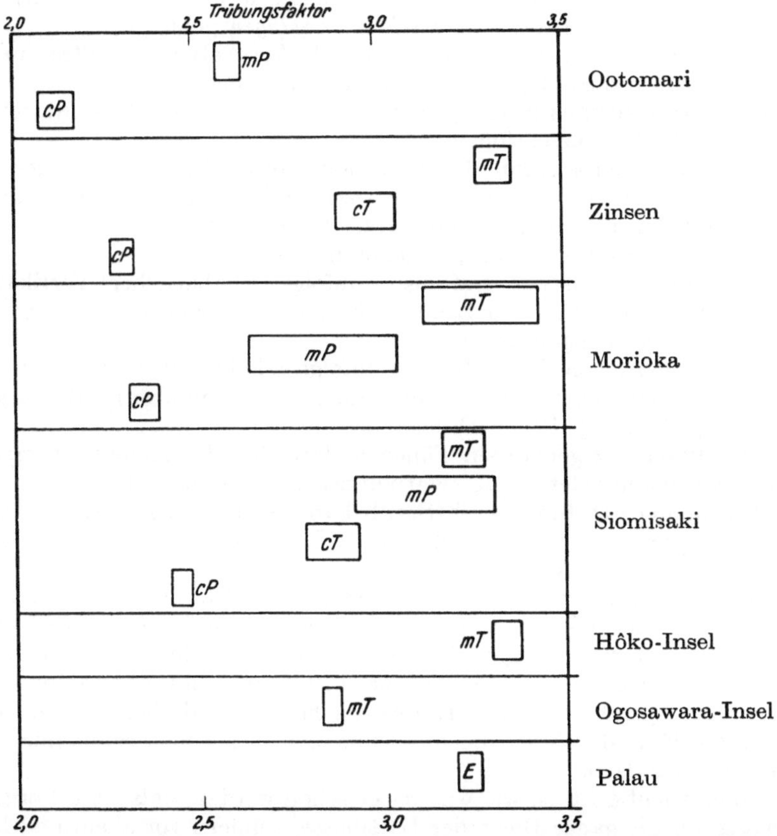

Abb. 86. Amplitude der Werte des Trübungsfaktors für Luftmassen verschiedener Herkunft über Japan.

zu charakterisieren vermag. HRUDIČKA 1939 findet nach dreijährigen Beobachtungen in Bad Gleichenberg beim Übergang von Arktikluft zu Tropikluft, sowie beim Übergang von maritimen zu kontinentalen Luftmassen im Winter eine Abnahme und im Sommer eine Zunahme des Himmelsblaus.

Literatur zu Abschnitt 50.

Anleitung zur Beobachtung der opaleszenten Lufttrübung als Beilage zu BERGERON 1928. Nachträge in BERGERON 1934 (1).

Verschiedene Arbeiten über den Zusammenhang der beobachteten Lufttrübung mit der Wetterlage: MOESE 1927, FRIEDRICHS 1930, GRUNDMANN und MOESE 1931, PJASKOWSKAJA 1932, TSCHIERSKE 1932, ÅNGSTRÖM 1932, MAMONTOWA und CHROMOW 1933, WEXLER 1933, HAURWITZ und WEXLER 1934, HAURWITZ 1934, WEXLER 1934, TORLEZKAJA und BUT 1934, M. POLJAKOWA-SIWKOW-TERNOWSKAJA 1935, MAMONTOWA und SCHIJKO 1935, ARAKAWA 1937 (1).

Zusammenhang zwischen Luftmassen und Himmelsblau: VOIGTS 1933, HRUDIČKA 1939.

51. Die thermodynamischen Eigenschaften der Luftmassen.

a) Entropische und isentropische Beeinflussung der Luftmassen.

Die Prozesse, welche auf die Eigenschaften der Luftmassen einwirken, können in zwei Gattungen eingeteilt werden, je nachdem ob sie die Entropie der Luftmasse und somit auch deren äquivalentpotentielle Temperatur ändern oder nicht. Im ersten Fall nennen wir die Einwirkungen auf die Masse entropisch, im zweiten isentropisch. Zu den *entropischen Vorgängen* gehören:

1. Der Wärmegewinn der Luftmasse durch Absorption von Strahlungsenergie, sowie der Wärmeverlust der Luft durch Ausstrahlung;

2. der Wärmeaustausch der Luftmasse mit der Unterlage (durch Wärmeleitung, Turbulenz, Konvektion);

3. der Feuchtigkeitsgewinn der Luftmasse durch Verdunstung der Unterlage (hierbei wird die latente Wärme des Wasserdampfgehaltes vermehrt und folglich auch die äquivalentpotentielle Temperatur der Luft erhöht).

Zu den *isentropischen Vorgängen* gehören:

1. Wärmeänderungen der Luftmasse infolge adiabatischer Vertikalbewegung (und zwar den Unebenheiten der Landschaft entlang oder im Verlauf der Konvektion oder bei frontalen Gleitprozessen);

2. Wärmeänderungen der Luftmasse infolge adiabatischer Horizontalbewegung (in Gebiete tieferen oder höheren Drucks hinein) oder infolge lokaler adiabatischer Beeinflussung (durch zyklonale Druckänderungen).

In den beiden letztgenannten Fällen ändert sich die absolute Temperatur bei unveränderter potentieller (äquivalentpotentieller) Temperatur.

Verunreinigung der Luft durch Staub kann eher zu den entropischen Einwirkungen eingereiht werden, wofern die in die Luft gelangten Staubpartikelchen die Lufttemperatur ändern können.

Die wichtigsten und wesentlichsten entropischen Einflüsse machen sich auf die Luft von unten her geltend. Es sind dies: Erwärmung der Luft durch Absorption der langwelligen Erdstrahlung; Erwärmung der Luft durch molekulare Wärmeleitung und Konvektion von der Erdoberfläche aus; ihre Abkühlung durch Ausstrahlung vorwiegend gegen die Erdoberfläche; ihre Abkühlung infolge Wärmeabgabe an die Erde durch Turbulenz; schließlich ihre Feuchtezunahme durch Verdunsten der Unterlage.

Besonders wichtig ist es, wie wir weiter sehen werden, daß diese Vorgänge nicht gleichmäßig auf die ganze Dicke der Luftmasse, sondern vor allem und hauptsächlich auf ihre unteren Schichten einwirken.

Von den isentropischen Vorgängen sind naturgemäß die vertikalen Luftverlagerungen die wichtigsten. Sie können die absolute Temperatur der Luftmasse sehr erheblich ändern und hierdurch die Luft entweder zur Sättigung bringen oder aber sie vom Sättigungszustand entfernen. Aber auch adiabatische Zustandsänderungen der Luft ohne Vertikalverlagerungen dürfen nicht aus dem Auge gelassen werden. Sie können gelegentlich, wie in Abschnitt 42 d δ erwähnt, im Bereich sich rasch vertiefender Zyklonen das Auftreten von Nebel oder Nieseln beschleunigen und verstärken.

b) Stabile und labile Luftmassen.

Die bereits (in den Abschnitten 49 und 50) besprochenen konservativen Eigenschaften einer Luftmasse sind das Ergebnis der Gesamtheit äußerer Einflüsse, welchen die Masse während ihrer Ausbildung und auf ihrer Bahn von der Quelle bis zum betreffenden Gebiet ausgesetzt war (*„fernere Lebensgeschichte"* nach BERGERON). Die Luftmasse weist jedoch noch eine Reihe wichtiger Eigenschaften auf, die sie durch entropische Einflüsse angenommen hat, welchen sie erst in den allerletzten Tagen oder Stunden unterworfen war („*rezente Lebensgeschichte*" nach Bergeron). Die wichtigste dieser Eigenschaften ist die *vertikale Temperaturverteilung* in der unteren Schicht (von der Dicke einiger hundert oder weniger tausend Meter). Von der Größe des vertikalen Temperaturgradienten in den unteren Schichten hängt vor allem der Charakter der Kondensationsprozesse und Kondensationsprodukte in der Luftmasse ab.

Ist der vertikale Temperaturgradient im unteren, mehrere Kilometer mächtigen Teil einer Luftmasse vom adiabatischen Gradienten (zunächst vom trockenadiabatischen, später — nach Erreichung des Kondensationsniveaus — vom feuchtadiabatischen) nicht weit entfernt oder überschreitet er ihn sogar, so weist eine solche Luftmasse die Wettermerkmale labiler Schichtung auf[1] und kann daher *labil* genannt werden (auch wenn sie zum Teil nur feuchtlabil geschichtet ist). In der Regel ist eine labile Masse identisch mit einer fortschreitenden („aktiven") *Kaltmasse* (Bergeron 1928; dieser Begriff wird weiter unten erläutert). In ihr nimmt die Temperatur bis zum Kondensationsniveau um rund 1° pro 100 m ab, darüber um nicht sehr viel weniger (0,6—0,9° pro 100 m). Freilich kann in noch größeren Höhen die feuchtlabile Schichtung der Masse von einer stabilen, nicht selten sogar mit einer Schrumpfungsinversion verbundenen Schichtung abgelöst werden.

Ist der Temperaturgradient innerhalb mehrerer Hektometer oder gar einiger Kilometer des unteren Teils einer Luftmasse erheblich geringer als der trockenadiabatische (also von der Größenordnung 0,3—0,6° pro 100 m oder sogar noch weniger, bis zu Isothermie oder Inversion), so weist eine solche Masse die Wettermerkmale stabiler Schichtung auf und kann daher *stabil* genannt werden (auch wenn sie nur feuchtstabil geschichtet ist). In der Regel ist eine stabile Masse identisch mit einer fortschreitenden („aktiven") *Warmmasse* (siehe unten). In den höheren Schichten können die vertikalen Temperaturgradienten feuchtadiabatisch oder noch größer, d. h. die Luftmasse kann dort schon feuchtlabil geschichtet sein. Daß labile Massen einen konvektiven Bewölkungscharakter mit Schauerniederschlägen und stabile Massen eine schichtförmige Struktur der Bewölkung mit Nieseln aufweisen werden, ist von vornherein klar.

Ganz allgemein stützt sich also die thermodynamische Unterscheidung zwischen den Luftmassen auf die Größe des vertikalen Temperaturgradienten in den unteren Schichten, und zwar in einer Mächtigkeit von einigen hundert Metern im Fall der stabilen und von einigen tausend Metern im Fall der labilen Masse. Dieser Unterschied erklärt sich dadurch, daß die *Abkühlung* von der Unterlage nach oben nur durch dynamische Turbulenz übertragen wird (wenn man von der sehr wenig wirksamen Wärmeleitung absieht); an der Übertragung der *Erwärmung* nach oben nimmt dagegen der viel durchdringendere Vorgang der thermischen Konvektion teil.

Im folgenden werden wir die Einteilung in labile und stabile Massen durch eine in den meisten Fällen gleichbedeutende Einteilung in kalte und warme Massen ersetzen.

c) Die Kaltmasse.

Wir haben bereits darauf verwiesen, daß eine labile Masse in der Regel mit einer *Kaltmasse* (*K*) identisch ist. Was versteht man unter diesem Begriff und was für ein Zusammenhang besteht zwischen den Bestimmungsstücken „labil" und „kalt"?

Wenn wir annehmen, daß eine Luftmasse von einer kalten über eine immer wärmere Unterlage vordringt, so wird sie überall kälter als die Unterlage ankommen und infolgedessen von ihr Wärme durch Leitung und Konvektion aufnehmen. Weiter sei angenommen, daß sich die Luftmasse, wie es unter diesen Umständen meist der Fall ist, mit einer von Norden gegen Süden gerichteten Komponente be-

---

[1] Vgl. auch J. Bjerknes-Mildner-Palmén-Weickmann 1939, S. 57.

wegt oder, mit anderen Worten, in Gebiete mit größerer Strahlungsenergie gelangt.
Um sich hier dem Strahlungsgleichgewicht anzupassen, wird sie hier mehr (langwellige) Strahlungsenergie[1] — und diese kommt vorwiegend von der Erdoberfläche — absorbieren als sie selbst durch Ausstrahlung abgibt.

Auf eine von höheren gegen niedrigere Breiten bewegte Luftmasse werden also
Erwärmung durch Wärmeleitung und Konvektion und Erwärmung durch Strahlung
zusammenwirken, so daß man vom Vordringen der Luftmasse in eine wärmere
Umgebung sprechen kann; dieser wärmeren Umgebung gegenüber wird die ein-
treffende Luftmasse daher als Kaltmasse auftreten, sie wird bei ihrer Ankunft
eine Abkühlung veranlassen und sich erst allmählich auf eine dem Strahlungsgleichgewicht entsprechende Temperatur erwärmen.[2] Beispiel: Eine Arktikluftmasse, die über dem offenen Meer vom Norden nach Süden strömt (Nordhalbkugel).

Als Kaltmasse kann allerdings auch eine Luftmasse auftreten, die ruhig über
der sich durch Strahlung allmählich erwärmenden Erdoberfläche lagert; sie nimmt
von ihr Wärme auf und bleibt in ihrer unteren Schicht dabei doch beständig kälter
als die Unterlage. Beispiel: Die Luft in einer stationären kontinentalen Antizyklone
im Frühjahr oder im Sommer.

Stets wirken die vorhin genannten Erwärmungseinflüsse von unten her auf die
Luftmasse ein. Die Erwärmung von der Unterlage aus durch Wärmeleitung beschränkt sich zunächst überhaupt nur auf die unterste Luftschicht, wird aber durch
die aufkommende Konvektion immer weiter nach oben übertragen. Auch die Ab-

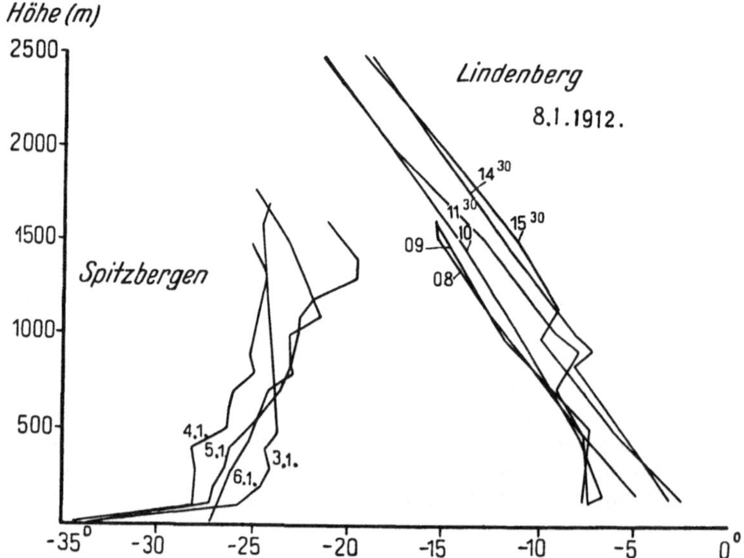

Abb. 87. Labilisierung einer Arktikluftmasse. [Nach SCHWERDTFEGER 1932 (2).]

sorption der vom Erdboden ausgehenden Wärmestrahlung ist am stärksten in der
unteren Luftschicht, weil gerade diese besonders reich an Wasserdampf ist. In-

---

[1] Die Absorption von Energie, welche unmittelbar von der Sonne ausgeht (vor-
wiegend kurzwellige Energie), durch die Luft ist relativ wenig erheblich. Die von der
Atmosphäre als Ganzes innerhalb eines langen Zeitraumes absorbierten Mengen an
Sonnenstrahlung und an Erdstrahlung verhalten sich wie 14:104 (E. ALT).

[2] Der Begriff „Kaltmasse" hat also nicht absoluten, sondern *relativen* Charakter —
die Luftmasse ist kalt im Vergleich zur Luft, die sie verdrängt, und vor allem zur
Erdoberfläche, über die sie vordringt.

folge aller dieser Umstände wächst der vertikale Temperaturgradient in einem bedeutenden Höhenbereich ständig an, bis zum Eintritt eines zunächst trocken-, später feuchtadiabatischen Temperaturgefälles: *die Kaltluftmasse nimmt mit der*

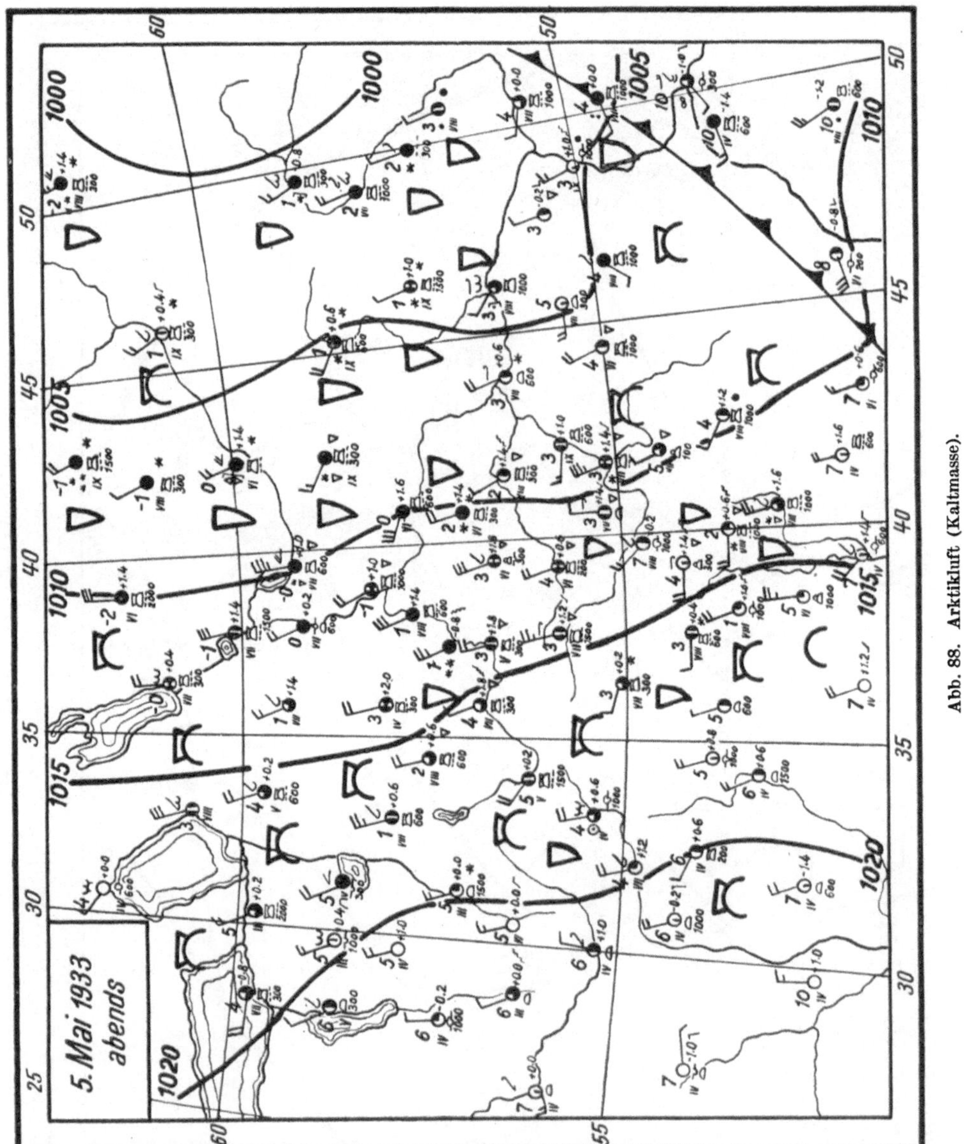

Abb. 88. Arktikluft (Kaltmasse).

Zeit labile Struktur an; in ihr ist der Wärme- (genauer Entropie-) Strom von unten nach oben gerichtet.

Die konvektive Übertragung der Erwärmung nach oben kann entweder an der oberen Grenze der Luftmasse zum Stillstand kommen oder aber in ihrem Innern an einer hinreichend mächtigen Schrumpfungsinversion. Die labile Schichtung in der Kaltmasse kann also einige Kilometer hoch reichen, was im Emporwachsen der Haufen- und Schauerwolken seinen Ausdruck findet.

Ein schönes Beispiel dafür, wie eine Kaltmasse labil wird, gibt SCHWERDTFEGER
1932 (2). Abb. 87, die seiner Arbeit entnommen ist, zeigt die aerologischen Zustandskurven der Temperatur in einer und derselben Arktikluftmasse zunächst über

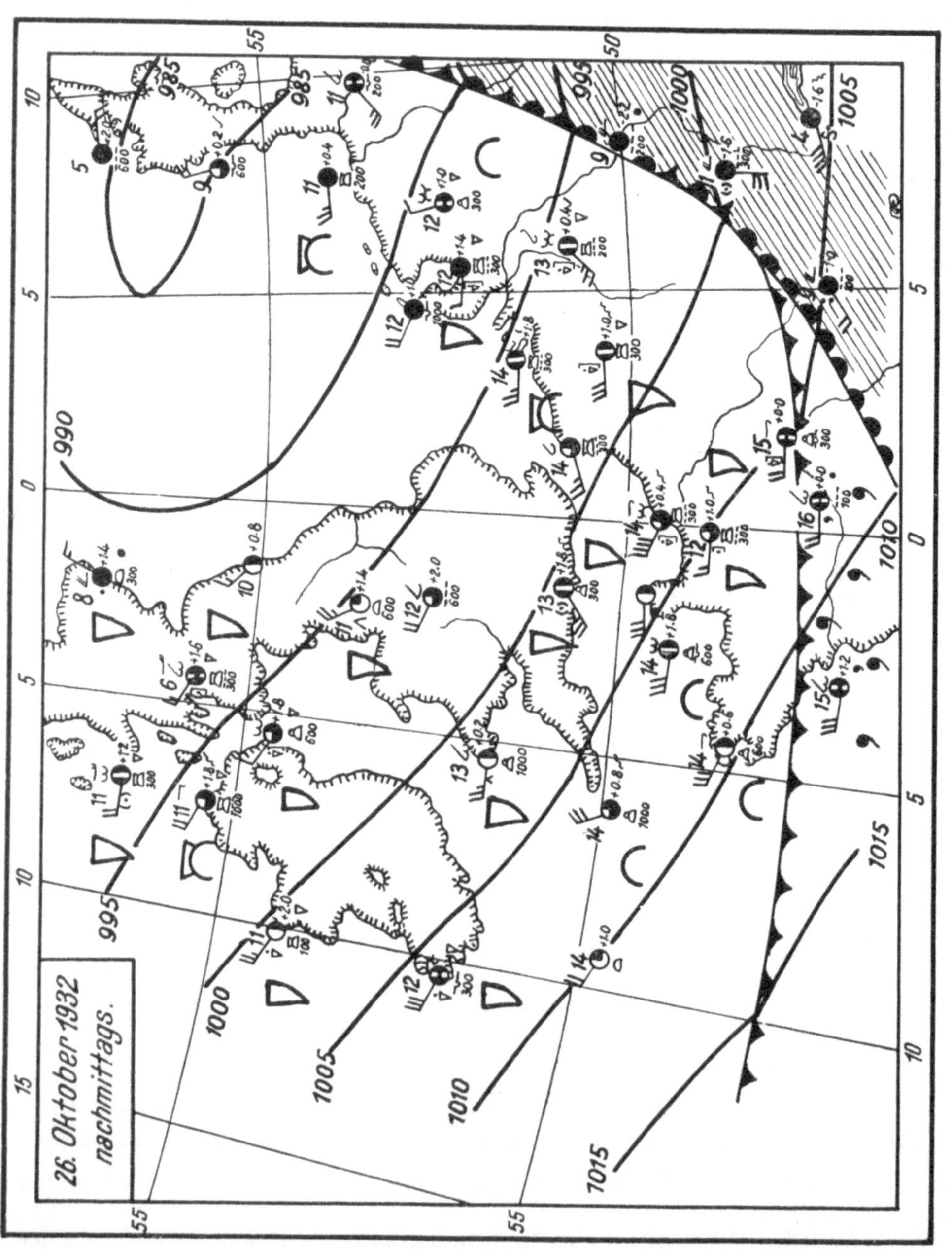

Abb. 89. Maritime Polarluft (Kaltmasse).

Spitzbergen und dann drei Tage später (8. Januar 1912), nach Zurücklegung eines
Weges von rund 4000 km, über Mitteldeutschland. Die Luftmasse hat sich unterwegs nicht nur als Ganzes erwärmt, sondern ihre ursprünglich stabile Schichtung
(kräftige Inversion über Spitzbergen) ist infolge besonders starker Erwärmung der

unteren Schichten in eine typisch labile (annähernd adiabatischer Gradient oberhalb Lindenberg) übergegangen.

Die großen vertikalen Gradienten in der Kaltmasse begünstigen auch die Ausbildung dynamischer *Turbulenz*, welche, im Verein mit der starken Konvektion, der Strömung einen unruhigen Charakter verleiht („Pulsationen" des Windes, Böigkeit, Windstöße); im Zusammenhang damit haben auch Temperatur und Feuchtigkeit an der Erdoberfläche einen unruhigen Verlauf (siehe auch Abb. 83 und 84).

Die rasche Übertragung des Wasserdampfes nach aufwärts hat in der Kaltmasse stürmische Kondensation zur Folge in Form von ihrer Menge nach stark veränderlichen *Cu* und *Cb* mit großtropfigem Regen von Schauercharakter (siehe Abschnitt 41), oft mit Gewittern und Hagelschlag, bei Temperaturen unter Null mit Graupeln und Schneeböen. Die Niederschläge der Kaltmassen — die Schauer — werden im synoptischen Schlüssel durch die Ziffern $ww = 80\text{—}99$ ausgedrückt (siehe Abschnitt 41). Der Tagesgang der Bewölkung und der Niederschläge in der Kaltmasse hat über dem Festland sein Maximum am Tage ebenso wie die Konvektion selbst. Über dem Meer ist der Tagesgang umgekehrt: hier ist die Lufttemperatur in der untersten Schicht praktisch konstant, weist jedoch in einer Höhe von 1500—2000 m (durch unmittelbare Strahlungseffekte) eine Tagesschwankung von etwa 2° auf; dies hat — wie ohne weiteres einzusehen — zur Folge, daß die Konvektion über dem Meer in der Nacht stärker entwickelt ist als untertags.

Feste Niederschläge bei Temperaturen über Null an der Erde (nasser Schnee, Hagel, Graupel) sind typisch für die Kaltmasse mit ihrer raschen vertikalen Temperaturabnahme. Nebelbildung wird hier durch die starke Konvektion verhindert; dies ist bereits aus Abschnitt 42 bekannt. Nur wenn die Kaltmasse über dem Festland zum Stillstand kommt, kann sich in ihr in heiteren Nächten der warmen Jahreszeit — infolge Strahlungsabkühlung der bodennahen Luftschicht — für kurze Zeit Bodennebel bilden, der nach Sonnenaufgang und Zerstörung der Bodeninversion verschwindet. Lange anhaltende Nebel bei stärker bewegter Luft entstehen nur in warmen (stabilen) Massen.

Beispiele von Kaltmassen auf synoptischen Karten enthalten die Abb. 88, 89 und 94; der letztgenannte Fall zeigt mit seinen hohen Bodentemperaturen deutlich die Relativität des Begriffes „Kaltmasse".

d) Die Warmmasse.

Zum Begriff der *Warmmasse* (*W*) gelangt man auf vollkommen analogem Weg. Wenn eine Luftmasse über eine sukzessive kältere Unterlage vordringt, so wird sie überall wärmer ankommen als die Unterlage und an diese daher Wärme durch Wärmeleitung und Turbulenz abgeben; bewegt sie sich hierbei — wie es meist der Fall ist — in der Richtung abnehmender Temperatur des Strahlungsgleichgewichtes, d. h. von niedrigeren Breiten gegen höhere, oder bleibt sie über einer in Abkühlung begriffenen Unterlage liegen, so wird sie ihre Wärme außerdem noch durch langwellige Ausstrahlung verlieren. Abkühlung durch Wärmeleitung sowie Turbulenz und Abkühlung durch Ausstrahlung werden also zusammenwirken, so daß man vom Vordringen einer wärmeren Luftmasse in eine kältere Umgebung sprechen kann. Dieser kälteren Umgebung gegenüber wird die Luftmasse daher als Warmmasse auftreten; sie wird bei ihrer Ankunft eine Erwärmung hervorrufen und sich erst allmählich auf eine dem Strahlungsgleichgewicht entsprechende Temperatur abkühlen. Beispiel: Eine über dem Meer von Süden nach Norden (Nordhalbkugel) vordringende Tropikluftmasse.

Zu einer analogen Abkühlung kommt es, wenn eine Luftmasse lange Zeit über einer Unterlage verweilt, die sich allmählich auf eine tiefere Temperatur des Strahlungsgleichgewichtes umstellt. Beispiel: Eine Luftmasse, die über dem sich allmählich abkühlenden herbstlichen Binnenland oder über einer sich abkühlenden winterlichen Schneedecke verharrt.

Die Abkühlung durch Wärmeleitung und durch Ausstrahlung erfaßt vor allem die allerunterste Luftschicht, die unmittelbar am Boden aufliegt. Die Leitungsabkühlung wird durch dynamische Turbulenz bis zur ersten Inversion innerhalb der Luftmasse übertragen; in maritimer Tropikluft, die sich in der Azorenantizyklone ausbildet, tritt z. B. eine solche Sperrschicht meist schon in einer Höhe von 500 m bis 1 km ein. Schon von dieser Höhe aufwärts bleibt also die ursprüngliche Lufttemperatur ohne wesentliche Änderung erhalten. Auch die Abkühlung durch Ausstrahlung ist in den höheren, dampfärmeren Schichten gering.[1]

Man kann also sagen, daß in der Warmmasse die Abkühlung von unten nach oben und der Wärme- (genauer Entropie-) Strom von oben nach unten gerichtet ist. Infolgedessen kommt es in ihrer unteren Schicht zu einer Verringerung des vertikalen Temperaturgradienten: *die Warmmasse nimmt mit der Zeit eine stabile Schichtung an.*

Unter solchen Umständen kommt es zu keiner wesentlichen Luftübertragung nach oben — auch der turbulente Austausch, welcher die Abkühlung von der Unterlage auf die Luft überträgt, wird bei zunehmender Stabilisierung der Luftmasse abnehmen. Die Strömung in der Warmmasse hat daher einen mehr oder weniger ruhigen, *„laminaren"* Charakter ohne erhebliche Durchmischungen und Verwirbelungen. Wegen des Fehlens konvektiver Übertragung der Feuchtigkeit nach oben tritt Kondensation meist nur in den tieferen Schichten auf als Folge der Abkühlung von der Unterlage aus, ferner durch Ausstrahlung und gegebenenfalls durch adiabatische Ausdehnung (bei einer Bewegung der Masse zu tieferem Druck, besonders bei gleichzeitiger Vertiefung der Depression); die Abkühlung von der Unterlage aus wird aber überwiegen. Typische Kondensationsprodukte in der Warmmasse sind Nebel (sogar bei beträchtlichem Wind) und tiefe *St* oder *Sc* ohne Niederschläge oder nur mit Nieseln (*ww* = 50—59, siehe Abschnitt 41). Im Winter fallen aus *St* kleine Schneeflöckchen, Graupeln, Eisnadeln, sehr kleine Sternchen (siehe Abschnitt 41). Bei der Ausbildung von *St* und Hochnebeln in der Warmmasse spielt die Übertragung der Feuchtigkeit aus der alleruntersten Schicht in etwas höhere durch dynamische Turbulenz eine wichtige Rolle. An der Erde braucht die Luft noch nicht völlig gesättigt zu sein. Wird sie jedoch durch die Turbulenz bis in eine gewisse Höhe gehoben, so kühlt sie sich auch noch dynamisch ab, und zwar bis zur Sättigung; auf diese Weise entstehen Hochnebel und *St.*

Es kommen (bei Temperaturen an der Erde unter Null) Fälle vor, wo die Nieseltröpfchen gefrieren, wenn sie auf die kalte Unterlage auftreffen. Dies deutet auf das Vorhandensein einer Temperaturinversion innerhalb der Masse hin; die Nieseltropfen gelangen beim Fall aus frostfreien Schichten in die bodennahe Luftschicht (oder auf die Unterlage), deren Temperatur unter Null liegt. Dasselbe gilt oft für Regen im Winter im Fall einer Temperaturinversion an der Warmfrontfläche (siehe unten).

Daß *St* und Nieseln auch auf der synoptischen Karte typische Merkmale einer Warmmasse sind, geht aus den Abb. 91, 93, 95 und 99 hervor. Bisweilen bilden sich unter den Inversionsflächen in der Warmmasse Wogenwolken (*Sc* und *Ac*). Liegt aber die Temperatur in den unteren Schichten durchwegs über dem Taupunkt, so ist die Warmmasse durch heiteren Himmel charakterisiert (siehe Abb. 92).

Nur dann, wenn die Warmmasse ursprünglich eine große Feuchtlabilität besitzt, kann sich in ihr (namentlich im Sommer über dem genügend erwärmten Festland) eine Zeitlang eine mäßige Konvektion erhalten, welche im allgemeinen zur Bildung flacher *Cu* Anlaß gibt (Abb. 98). Im Sommer kann in kontinentaler, nordwärts strömender Warmluft die Konvektion sogar eine weitere Steigerung er-

---

[1] Erst im obersten Teil der Troposphäre wird wieder Wärme kräftig in den Weltraum ausgestrahlt (Emissionsschicht von ALBRECHT).

fahren dadurch, daß später — wenn sich die Luft abzukühlen begonnen und ihren
Feuchtevorrat ergänzt hat — schon die vorhandenen feuchtadiabatischen Gradienten
zur Aufrechterhaltung aufsteigender Bewegungen ausreichen (N. P. Bysow 1936).
Auf die Möglichkeit eines Anwachsens der Labilitätsenergie bei allgemeiner Abkühlung der Luftmasse hat seinerzeit schon Refsdal hingewiesen.

e) Weitere Unterschiede zwischen der Kalt- und der Warmmasse.

Die verschiedene vertikale Schichtung bedingt noch einige andere Unterschiede
in den Eigenschaften der Kalt- und Warmmassen.

Die Verunreinigungen der Luft durch Staub sowie auch der Bodennebel werden
in der Kaltmasse durch Konvektion nach oben übertragen. Infolgedessen ist in der
Kaltmasse die *Fernsicht* in den unteren Schichten besser als in den oberen (wo
Kondensation stattfindet). In der Warmmasse sind die Verhältnisse umgekehrt; in
ihr ist die Fernsicht unten am schlechtesten.

Die *elektrischen* Eigenschaften der Warm-
und Kaltmasse (Ionisierung, atmosphärische
Entladungen, Leitfähigkeit, Raumladung
usw.) weisen gleichfalls durch die Luftmassen
bedingte Unterschiede auf, aber es liegen in
dieser Hinsicht nur wenige empirische Angaben vor. Fest steht jedenfalls, daß eine
Kaltmasse im Radioempfang durch starke
atmosphärische Entladungen („atmosphériques") charakterisiert ist, was natürlich mit
der starken Turbulenz zusammenhängt,
während eine Warmmasse mehr oder weniger
frei von Störungen ist; Lugeon und Nobile
1939 konnten zeigen, daß sich schon das
Eindringen der Warmmasse in den oberen
Schichten, bevor es noch die höchsten Berggipfel erreicht, in einer Abnahme der atmo-

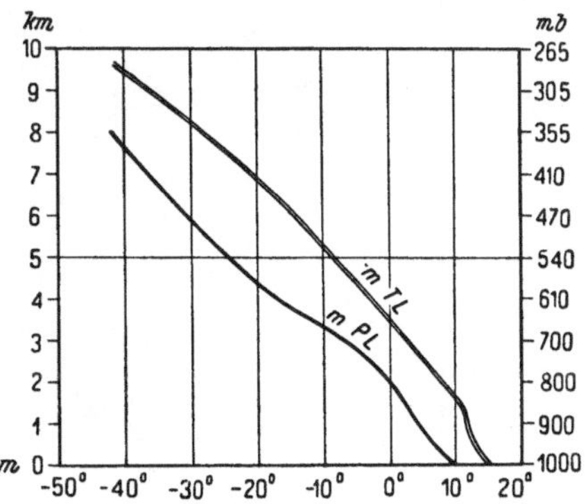

Abb. 90. Mittlere vertikale Temperaturverteilung
in maritimer Polarluft und in Tropikluft über dem
Atlantischen Ozean (50° n. Br.) im Oktober.
(Nach Bergeron 1930.)

sphärischen Empfangsstörungen an der Erdoberfläche kundgibt. Ferner begünstigen Tropikluftmassen (also Warmmassen) die Ausbreitung kurzer Wellen, behindern jedoch die Fernausbreitung langer Wellen; R. Bureau 1935 schließt
daraus, daß die Ionosphäre[1] auf den Wechsel der troposphärischen Luftmassen
reagiert.

An dieser Stelle sei bemerkt, daß möglicherweise auch zwischen dem *Ozongehalt*
der Luft und ihrem Auftreten als Warm- oder Kaltmasse eine Beziehung besteht.
Dobson 1936 hat zuerst auf offenkundige Zusammenhänge zwischen Ozonverteilung
und Wetterlage hingewiesen; eine nähere Analyse muß noch abgewartet werden.

Eine wesentliche Bedeutung hat die verschiedene Stabilität der Kaltmasse und
Warmmasse für deren *Steigfähigkeit* bei der Begegnung mit einem orographischen
Hindernis. Eine stabile Warmmasse umfließt das Hindernis meist in horizontaler
Richtung; eine labile Kaltmasse hat dagegen das Bestreben, das Hindernis nicht
nur zu umströmen, sondern auch zu überfließen. Die Ursache dieses Unterschiedes
liegt darin, daß die in einer stabil geschichteten Masse gehobene Luft sich alsbald
unter die Temperatur der Umgebung abkühlt und dadurch einen Abtrieb erhält,
welcher der weiteren Hebung entgegenwirkt. Die labile Schichtung der Kaltmasse
begünstigt dagegen das orographische Aufsteigen.

---

[1] Unter Ionosphäre versteht man die Gesamtheit der ionisierten Schichten der
Atmosphäre oberhalb 80 km Höhe, welchen die Brechung, Beugung und Absorption
der radioelektrischen Wellen zugeschrieben wird.

Im nächsten Kapitel wird gezeigt werden, daß ein analoger Einfluß der Schichtung auch auf die frontalen Gleitbewegungen nachgewiesen werden kann.

Auch die vertikale und horizontale Verteilung der *potentiellen Temperatur* weist gewisse Unterschiede zwischen der Warmmasse und Kaltmasse auf.

In vertikaler Richtung nimmt die potentielle Temperatur in der Warmmasse rasch zu (Zusammendrängung der isentropischen Flächen), in der Kaltmasse mit

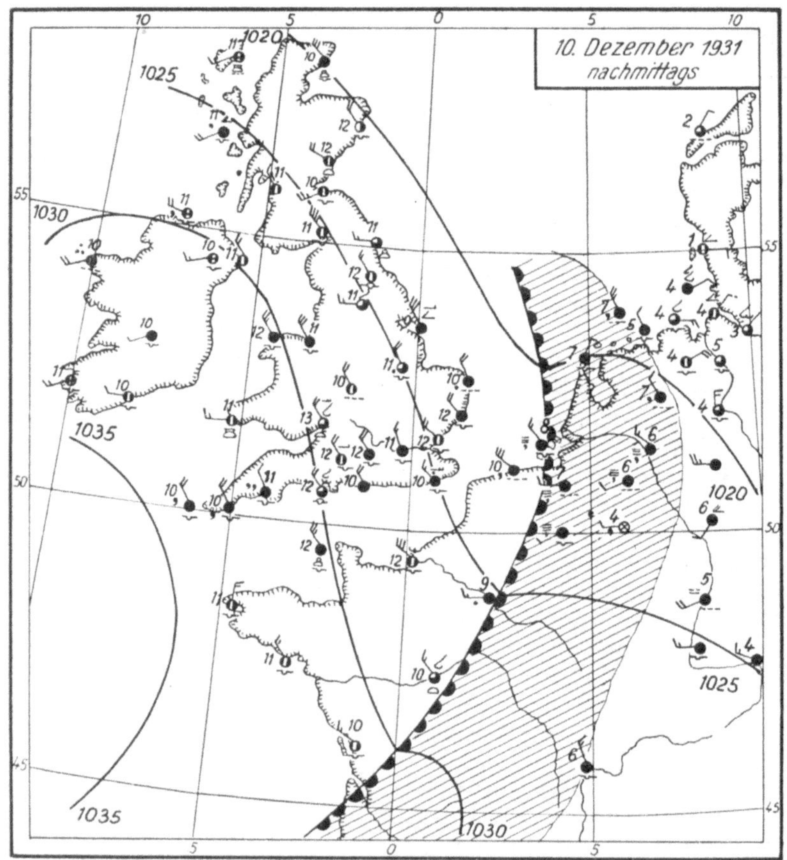

Abb. 91. Maritime Polarluft (Warmmasse). (Nach van Mieghem.)

ihren großen vertikalen Temperaturgradienten dagegen langsam; noch langsamer nimmt hier mit der Höhe die äquivalentpotentielle Temperatur zu, wie folgendes Beispiel zeigt:

Temperaturverteilung in maritimer Polarluft über Hamburg am 16. Dezember 1929 (Troeger 1930).

Höhe	Wirkliche Temperatur	Potentielle Temperatur	Äquivalent-potent. Temperatur
Erde	3,1	1,7	14,0
400 m	4,2	6,0	17,0
1700 m	—5,0	9,6	17,2
1800 m	—6,2	11,3	19,2
2000 m	—6,2	12,2	20,0
3800 m	—20,3	15,8	19,0
5200 m	—33,7	17,2	18,3

Von großer Wichtigkeit ist der Unterschied zwischen der Warmmasse und Kaltmasse in der *horizontalen T- und Θ-Verteilung.*

Die Warmmasse, die sich über eine kältere Unterlage hinwegbewegt, kühlt sich (durch dynamische Turbulenz) vorzugsweise in den alleruntersten Schichten ab. Angefangen von einigen hundert Metern Höhe ändert sich in ihr die Temperatur höchstens nur noch ein wenig durch Ausstrahlung. Infolgedessen herrschen z. B. in einer von Süden nach Norden strömenden Warmmasse — abgesehen von jener alleruntersten Schicht — in jedem Horizontalniveau annähernd dieselben Temperaturen; die isentropischen Flächen verlaufen fast horizontal, die Masse ist in horizontaler Richtung thermisch fast homogen. Wenn in einer solchen Masse Deformationsbewegungen (Schrumpfungen) auftreten, welche die Luftteilchen ursprünglich voneinander entfernter Schichten und mit ihnen auch die isentropischen Flächen gegeneinanderführen, so werden diese Bewegungen zur Ausbildung quasihorizontaler Schrumpfungsinversionen führen. Eine Ausbildung geneigter Fronten ist bei Schrumpfungen innerhalb der Warmmasse jedoch nicht möglich.

In einer Kaltmasse breitet sich dagegen die Erwärmung von unten her durch Konvektion und Turbulenz rasch nach oben aus. Infolgedessen wird z. B. eine gegen wärmere, niedrigere Breiten abfließende Kaltluftmasse in ihren südlichen Teilen bis zu beträchtlicher Höhe mehr durchwärmt sein als in den nördlichen. Die isentropischen Flächen werden in ihr zur Erdoberfläche geneigt sein. Bei Schrumpfungen, d. h. bei einer Annäherung der isentropischen Flächen, werden sich daher in der Kaltmasse sog. sekundäre Fronten ausbilden; es sind dies geneigte Zonen geringer Dicke, in denen zahlreiche isentropische Flächen konzentriert sind (und sich infolgedessen Temperatur und Luftdichte schroff ändern).

Die *Umwandlung* einer Kaltmasse in eine Warmmasse (und umgekehrt) wird durch eine Änderung des vertikalen Temperaturgradienten eingeleitet, die — nach Passieren einer gewissen kritischen Größe — auch einen raschen Übergang von der Labilität der Schichtung zur Stabilität (und umgekehrt) zur Folge hat. Damit ändern sich auch die wichtigsten Eigenschaften der Luftmasse, wie der Turbulenzgrad, die Form der Wolken und Hydrometeore, die horizontale Verteilung von Θ usw.

Nach Schinze haben in Mitteleuropa vorwiegenden Charakter von Kaltmassen die Arktikluft, die maritime Polarluft aus hohen Breiten des Atlantik (nördlich vom 50. Grad n. Br.) und die kontinentale Polarluft im Winter; vorwiegend Warmmassencharakter haben die Tropikluft, die maritime Polarluft des Atlantik, welche südwärts über den 50. Grad n. Br. vorgedrungen ist, und die zurückkehrende kontinentale Polarluft im Sommer. Über dem europäischen Rußland sind die Verhältnisse komplizierter. Die Arktikluft kann dort im Winter über die abgekühlte Unterlage als Warmmasse eindringen; dasselbe gilt auch für maritime Polarluft, die Mitteleuropa passiert hat; die kontinentale Polarluft kann im Sommer je nach ihrer Bewegungsrichtung eine Warm- oder eine Kaltmasse vorstellen.

Über Nordamerika gehören nach Willett zu den Kaltmassen P_C im Sommer; N_{PC}, P_P, P_A im Winter; N_{PA}, T_C, manchmal im Sommer auch T_G und T_A. Zu den Warmmassen gehören P_C im Winter, N_{PP} im Winter, P_A im Frühjahr und Sommer, T_G im größten Teil aller Fälle, T_A im größten Teil aller Fälle, N_{TM}. Die Bedeutung der Symbole ergibt sich aus dem Abschnitt 48. Genaueres über die thermodynamischen Eigenschaften des einen oder des anderen Luftmassentypus bringen die nächsten Abschnitte.

Literatur zu Abschnitt 51.

Die Grundanschauungen über die thermodynamischen Eigenschaften der Luftmassen in Zusammenhang mit ihrer Lebensgeschichte sind niedergelegt in den Arbeiten: Bergeron 1928, 1930.

Von den zahlreichen Arbeiten zu diesem Thema seien hier nur jene angeführt, auf welche im Text des Abschnitts 51 Bezug genommen worden ist: TROEGER 1930, SCHINZE 1932 (*2*), 1932 (*4*), SCHWERDTFEGER 1932 (*2*), WILLETT 1933 (*1*), 1938.

Luftmassen und radioelektrische Störungen (Parasiten) sowie Registrierung der letzteren: LUGEON 1934, BUREAU 1935, 1936, LUGEON et NOBILE 1939.

Ozonverteilung und Wetterlage: DOBSON 1936 (mit Hinweisen auf frühere eigene Arbeiten), PALMÉN 1939.

52. Die geographischen Luftmassentypen.
I. Arktikluft und maritime Polarluft.

Die bisherigen allgemeinen Angaben über die Luftmasseneigenschaften sollen nun im Hinblick auf die verschiedenen geographischen Luftmassentypen einige weitere Ergänzungen erfahren.

Um den Anschluß an die jetzt in Deutschland üblichen Luftmassenbezeichnungen zu ermöglichen, werden die entsprechenden Abkürzungen in den vier Untertiteln dieses und des folgenden Abschnitts in eckiger Klammer beigefügt.

a) Arktikluft [A].

α) **Arktikluft im allgemeinen.** Im Winter ist die überwiegende Anzahl der bedeutendsten „Kältewellen", die in Europa und Nordamerika je beobachtet worden sind, auf den Einbruch von Arktikluftmassen zurückzuführen. Besonders typisch sind diese Kältewellen in Nordamerika entwickelt, weil sich dort die Arktikluft ungehindert über den Ostteil des Kontinents bis in die Subtropen (Florida) ausbreiten kann; dabei kommt es bei eisigen Stürmen (Blizzards) zu plötzlichen Temperaturstürzen um 10—20° oder mehr. Auch in Europa, einschließlich der Britischen Inseln und der Mittelmeerländer, gehen die tiefsten je verzeichneten Wintertemperaturen auf Arktiklufteinbrüche zurück, so z. B. die im kalten Februar 1929 in den Randgebieten Böhmens, in Schlesien und in der Nordslowakei verzeichneten Fröste von —36 bis —42° (GREGOR 1931).

Freilich werden die stärksten Fröste nicht in frischer Arktikluft, sondern erst nach deren Stabilisierung im Bereich einer festländischen Antizyklone beobachtet. Zur Abkühlung durch Advektion gesellt sich dann die Abkühlung vom Erdboden her, wobei das Vorhandensein einer Schneedecke eine erhebliche Rolle spielen kann. Die zusätzliche Wirkung der Ausstrahlung erhellt aus folgendem Beispiel: Am 27. Dezember 1932 sank die Temperatur in Kasan, innerhalb kontinentaler Arktikluft, nach einer heiteren, ruhigen Nacht auf —40°. Am folgenden Morgen, wo die Arktik- durch Polarluft verdrängt wurde, trat eine Erwärmung auf 0° ein. Ähnliche Beispiele verzeichnet die russische Witterungsgeschichte in großer Zahl.

Da anderseits auch in kontinentaler Polarluft der Ausstrahlungseffekt ein ganz außerordentlicher sein kann, sind die in der bodennahen Luftschicht gemessenen Temperaturen nicht immer repräsentativ und zur Luftmassenunterscheidung nicht ohne weiteres geeignet. So z. B. sinkt in Sibirien die Temperatur in der kontinentalen Polarluft bedeutend unter die für frische Arktikluft charakteristischen Werte; im Gebiet von Jakutsk wurden auf diese Weise die tiefsten Temperaturen (—68°) erreicht, die überhaupt je an der Erdoberfläche der Nordhalbkugel verzeichnet worden sind. Allerdings ist dann auch infolge antizyklonaler Schrumpfung die Temperatur der Polarluft schon in relativ geringer Entfernung vom Erdboden bedeutend höher als jene frischer Arktikluft, welche — wenigstens in Nordeuropa — nach BERGERON bis in etwa 5 km Höhe kälter ist als Luft jeder beliebigen anderen Herkunft.

In Europa kann die *vertikale Mächtigkeit* der Arktikluft innerhalb erheblicher Grenzen schwanken. Maritime Arktikluft, die mit Winden von NW—N aus dem

Gebiet zwischen Grönland und Jan Mayen nach Europa gelangt, hat nach Schinze eine besonders große vertikale Mächtigkeit. Ihre Massen erreichen in Europa gewöhnlich 3—5 km Höhe und überfluten oft die Alpen. An der Rückseite von Zyklonen an einer Arktikfront kann die vertikale Mächtigkeit der maritimen Arktikluft 6 km auch überschreiten. Runge 1931 (*1*) führt unter Hinweis auf das Material von Palmén Fälle an, in denen die troposphärische Arktikluft unmittelbar in die stratosphärische übergeht. Dagegen ist die Höhenerstreckung kontinentaler Arktikluft, die aus dem Gebiet von Nowaja Semlja—Spitzbergen bei Winden aus N—E vordringt, nach Schinze meist erheblich geringer, was allerdings Willett 1933 (*2*) bezweifelt.

Je weiter die Arktikluft südwärts vordringt, um so mehr fließt sie in horizontaler Richtung auseinander und um so „flacher" werden natürlich ihre Massen. An den Gebirgszügen Mittel- und Südeuropas — Pyrenäen, Alpen, Karpathen, Kaukasus — kommt daher die vordringende Arktikluft oft zum Stillstand. Schon Fessler 1910 führt ein typisches Beispiel vom Oktober 1908 an, wo die Arktikluft nicht einmal die Höhe der Alpengipfel erreichte. In solchen Fällen kann die Arktikluft die Gebirgsketten allerdings in horizontaler Richtung umfließen und so bis ins Mittelmeerbecken, nach Kleinasien oder über den Kaspisee hinweg bis nach Transkaukasien gelangen. Nach Mittelasien steht der Arktikluft der Zutritt überhaupt frei. Ihr Vordringen dorthin von der Küste des Polarmeeres aus benötigt drei bis fünf Tage (Deschordschio u. A. 1935). In Mittelasien sind auch Arktiklufteinbrüche aus Nordwesten — über das europäische Rußland hinweg — nicht selten. Schon in der Arbeit von Ficker 1910 findet man zahlreiche charakteristische Beispiele für die Ausbreitung von Arktikluft durch Innerrußland.

In ihrem Quellgebiet, dem arktischen Becken, ist die Arktikluft stabil geschichtet, da sie sich dort ja durch Abkühlung von der Unterlage her ausbildet. Antizyklonale Schrumpfungsprozesse tragen zur Stabilisierung bei. Bei ihrem Vordringen nach niedrigeren Breiten nimmt die Arktikluft — wie bereits das in Abb. 87 dargestellte Beispiel gezeigt hat — durch Wärmezufuhr von der Unterlage (namentlich über dem offenen Meer) meist eine labile Struktur an.[1] Nach den Untersuchungen von Schinze weist sie bei ihrem Eintreffen in Mitteleuropa gewöhnlich die *charakteristischen Eigenschaften einer Kaltmasse mit den für eine labile Struktur typischen Kondensationsformen* auf. Für maritime Arktikluft gibt Schinze folgende typische Wolkenformen (nach dem internationalen Atlas) an: $C_L = 2$ b (mächtige Cu mit Kappe), 3 a (*Cb*), 9 a (*Cu* und *Cb* mit zerrissenen Schlechtwetterwolken); $C_M = 6$ (*Ac*), $C_H = 3$ a, b (gewitterige *Ci*). Typische Formen der Hydrometeore nach dem internationalen Schlüssel für *ww* sind im Winter 93, 92, 87, 84, 83, 78, 39, 38, 35, 26; in den Übergangszeiten 96, 94, 89, 88, 87, 27, 26, 15, 14. Dies sind durchwegs ausgeprägte Formen von Schauerniederschlägen, Schneetreiben, in den Übergangszeiten Böen und, nach Schinze, sogar im Winter kurze Gewitter mit Schneefall. Für den Wetterverlauf W in mA sind charakteristisch die Ziffern 8 (Schauer), 7 (Schnee) und 1 (wechselnde Bewölkung).

Für kontinentale Arktikluft in Mitteleuropa sind nach Schinze außer weniger entwickelten Cu besonders bezeichnend *Sc translucidus* oder *undulatus*. Typische Formen nach dem Atlas sind: $C_L = 1$ (Schönwetter-Cu), 2 a (mächtige Cu ohne

---

[1] Ähnlich wie die Arktikluft verhält sich in dieser Hinsicht die kanadische Polarluft Nordamerikas (Pc nach Willett). In der Nähe ihres Bildungsgebietes ist sie stabil geschichtet: dort hat in ihr im Winter die Station Ellendale am Boden —26°, in der Höhe von 1 km —25°, in 2 km —20°. Die etwas südlicher und viel östlicher gelegene Station Boston hat dagegen in P_C am Boden bereits —6°, in 1 km —14° und in 2 km —18°, d. h. also ausgesprochene Feuchtlabilität im untersten Kilometer (siehe Tabelle 11 in Abschnitt 49).

Kappen), 4 a (*Sc*), 7 (*Cu* und *Sc*). Typische Hydrometeore (*ww*): 79, 72, 71, 37, 36, 35, 23, d. i. leichter Schneefall, Eisnadeln, Schneefegen. Typischer Wetterverlauf *W* ist: 7 (Schnee) oder 0 (heiter oder geringe Bewölkung).

Auch im europäischen Rußland ist in den Übergangszeiten die Arktikluft eine ausgesprochene Kaltmasse. Besonders im Frühjahr (April und Mai), wo sie in ihrem arktischen Ursprungsgebiet noch immer winterliche Temperaturen aufweist, während über dem Festland die Schneedecke bereits auftaut oder schon verschwunden ist, und sich der Boden stark erwärmt, trifft sie hier mit den typischen Eigenschaften einer labilen Kaltmasse ein:[1] *Cb* mit Böen, oft mit Graupeln, Schnee, großtropfiger (aber wenig ergiebiger) Regen, gelegentlich leichte Gewitter, rasche und wiederholte Ausheiterungen, ausgesprochener Tagesgang der Konvektionserscheinungen. Charakteristisch ist auch die im Frühjahr auftretende Vereisung der ganzen *Cb*-Masse mit völligem Verschwinden der tropfbar-flüssigen Phase.

Im Winter allerdings ist die Labilität der Arktikluft in Rußland weniger ausgeprägt. *Je tiefer die Arktikluft über das Binnenland eindringt, desto mehr verlieren ihre Begleiterscheinungen den konvektiven Charakter.* Sie findet hier meist antizyklonale Verhältnisse — vor allem eine Schneedecke — vor oder bilden sich solche unmittelbar nach ihrem Einbruch infolge eintretender Stagnation der Luft wieder aus: eine Bodeninversion und Schrumpfungsinversionen in der Höhe, welche die Konvektionserscheinungen bald zum Erlöschen bringen. So z. B. verliert die Arktikluft im Spätherbst in Moskau schon am dritten Tag nach dem Einbruch ihren konvektiven Bewölkungscharakter, es stellt sich heiteres Wetter ein oder aber erscheinen Wogenwolken, welche auf die Entwicklung einer Schrumpfungsinversion hinweisen. Eine allmähliche Verflachung und ein Zerfall der *Cb* in der winterlichen Arktikluft ist übrigens auch auf deren Weg vom Norwegischen Meer in das mitteleuropäische Binnenland hinein unverkennbar.

Hierbei spielt natürlich auch der namentlich im Winter geringe Wasserdampfgehalt der Arktikluft, welche beim Vorhandensein einer gefrorenen Schneedecke auch von der Erdoberfläche keine weitere Feuchtigkeit zugeführt erhält, eine Rolle. Schinze gibt für die spezifische Feuchtigkeit im Winter Werte von der Größenordnung 2—3 g/kg am Erdboden an; Willett findet für die Vereinigten Staaten von Nordamerika in P_C (entsprechend der mitteleuropäischen Arktikluft) im Winter nur 0,3—0,9 g/kg am Erdboden und ein wenig mehr für die höheren Schichten.

Mit dem *geringen Feuchtigkeitsgehalt der Arktikluft im Winter* hängt auch ihre Nebelarmut und ihr hoher Transparenzgrad zusammen. Im arktischen Ursprungsgebiet fehlen im Winter Nebel überhaupt und es wird dort höchstens ein leichter „Frostdunst" beobachtet. Aber selbst wenn die Arktikluft über dem Binnenland niedrigerer Breiten zum Stillstand gekommen ist, bilden sich in ihr stärkere Strahlungsnebel fast nie aus. Nur in den Übergangszeiten kann es in stabilisierter maritimer Arktikluft, falls diese eine kontinentale Antizyklone aufgebaut hat, zu starker Bodennebelbildung kommen.

Die Transparenz der Arktikluft ist infolge des Fehlens von Kondensationsprodukten außerordentlich groß. Besonders bemerkenswert ist die kristallklare Reinheit der Arktikluft im Frühjahr, mit sehr intensivem Himmelsblau, grellem Sonnenlicht und scharfen Schatten. Schinze schätzt die typische horizontale Fernsicht in maritimer Arktikluft nach dem internationalen Schlüssel auf $V = 9$ (über 50 km) und in der kontinentalen Arktikluft auf 8 und 9. Nach Tschierske beträgt in Schlesien die durchschnittliche Fernsicht in Arktikluft 48 km gegen das Flachland und 56 km gegen die Berge (Schrägsicht). Das Himmelsblau erreicht in

---

[1] Ein sehr schönes Beispiel: der 5. Mai 1933 im Moskauer Gebiet; siehe die Karte Abb. 88.

ihr jedoch nicht seine größte Sattheit; in maritimer Polarluft über Moskau scheint, nach Angaben von L. I. Mamontowa, der Himmel einen höheren Blauheitsgrad zu haben. Daß der Trübungsfaktor in Moskau seinen geringsten Durchschnittswert mit 2,45 in der Arktikluft aufweist, wurde bereits im Abschnitt 50 erwähnt; das absolute Minimum des Trübungsfaktors in cA in Moskau beträgt nur 1,73.

β) **Arktische Polarluft.** Wie bereits erwähnt, wurde der Name „Arktikluft" — für die unmittelbar aus dem arktischen Becken stammende und früher „frische Polarluft", „echte Polarluft" u. ä. genannte Luftmasse — erst im Jahr 1928 von Bergeron eingeführt; die Existenz solcher Luftmassen mit scharfer Berandung gegen die angrenzenden wärmeren Luftmassen niedrigerer Breiten ist schon seit v. Ficker 1910, 1911 (2) bekannt. Um die Mitte des Sommers (Juli-August), wo sich infolge dauernder Sonneneinstrahlung ins arktische Becken die Temperaturunterschiede zwischen den hohen und gemäßigten Breiten ausgleichen und die Bildung von Arktikfronten wenigstens im atlantischen Sektor der Arktis[1] vorübergehend aufhört, kann die ganze Luft nördlich vom subtropischen Hochdruckgürtel als eine einheitliche Polarluftmasse angesehen werden.

Jedenfalls bildet sich über dem arktischen Eis auch im Sommer eine Kaltlufthaut von einigen hundert Metern Dicke, die — als Isothermie oder gar Inversion — sehr stabil geschichtet ist. Damit steht auch die außerordentliche Häufigkeit und Intensität der Sommernebel in der Arktis in Zusammenhang. Diese Verhältnisse hat Sverdrup durch Drachenaufstiege auf dem Expeditionsschiff „Maud" einwandfrei feststellen können. Ein typisches Beispiel einer arktischen Bodeninversion (250 m: 2°, 500 m: 7°) mit Nebel beobachteten Weickmann und Moltschanow im Luftschiff „Graf Zeppelin" am 28. Juli 1931 über dem Franz-Josefs-Land.

Trotz des Fehlens einer eigentlichen Arktikfront in der freien Atmosphäre *dringt auch im Sommer gelegentlich Luft aus der Arktis gegen das Festland vor* (vgl. Abschnitt 46), und zwar infolge der Zyklonentätigkeit an kontinentalen Polarfronten. Diese Luft wird *arktische Polarluft* genannt. Sie unterscheidet sich ihrem gesamten Wärmegehalt nach nicht wesentlich von anderen Typen polarer Luft; die Ursache liegt, wie bereits erwähnt, in der starken sommerlichen Sonnenbestrahlung der Arktis. Immerhin ist z. B. im August in Höhen bis zu 5 km Höhe über Moskau die äquivalentpotentielle Temperatur und die Absoluttemperatur in polarer Arktikluft um 3—5° tiefer als in kontinentaler Polarluft. Im September ist dieser Unterschied bereits auf 12—16° angewachsen, so daß die aus der Arktis kommende Luft nicht mehr als arktische Polarluft bezeichnet werden kann, sondern schon als wirkliche Arktikluft angesehen werden muß.

Es scheint, daß die arktische Polarluft des Sommers bei ihrer Ankunft in gemäßigteren Breiten einen noch höheren Transparenzgrad hat als die eigentliche Arktikluft des Winters, was vielleicht damit zusammenhängt, daß die Luft im Sommer von der Sättigung weiter entfernt ist. L. I. Mamontowa und S. P. Chromow haben bei einem sommerlichen Einbruch arktischer Polarluft am 30. und 31. Juli 1931 einen Trübungsfaktor von 2,2—2,3 festgestellt, während das Jahresmittel für Arktikluft, wie schon erwähnt, 2,45 beträgt. Zum Vergleich sei angeführt, daß während derselben Periode der Trübungsfaktor in der kontinentalen Tropikluft 3,4—3,5 betrug.

b) Maritime Polarluft [mG].

Die maritime Polarluft ist im westlichen Teil Europas, in Anbetracht der allgemeinen Luftbewegung von Westen nach Osten, der häufigste Luftmassentypus.

---

[1] Allerdings kann auch nicht unmittelbar bewiesen werden, daß die Arktikfronten im Sommer entlang der Nordküste Asiens tatsächlich vorkommen.

Ihre Quellgebiete sind meist kontinentale Antizyklonen der gemäßigten oder höheren Breiten Nordamerikas (Kanada); im Sommer, wenn sich Antizyklonen in mehr oder weniger hohen Breiten des Atlantischen Ozeans selbst aufhalten, kann die maritime Polarluft auch unmittelbar ozeanischer Herkunft sein.

Je nach der Länge des Weges, den die maritime Polarluft über dem Ozean zurückgelegt hat, kommt sie mit verschiedenen Charaktereigenschaften in Europa an. SCHINZE unterscheidet daher für Mitteleuropa zwei Typen maritimer Polarluft, nämlich maritim-polare Kaltluft und maritim-polare Warmluft.

α) **Maritim-polare Kaltluft.** Dieser im Westteil Europas durchaus vorwiegende maritim-polare Luftmassentypus *dringt unmittelbar aus dem Nordwesten zwischen Island und den Britischen Inseln über das Festland ein*, wobei hier westliche, später nach Nordwest drehende Winde vorherrschen. Nach Verlassen ihres namentlich im Winter kalten Ursprungsgebietes (Kanada) gelangt die Luftmasse über eine sukzessive wärmere Unterlage (Meer), so daß sie eine ausgesprochen labile Schichtung annimmt.

Frische maritim-polare Kaltluft hat infolgedessen (namentlich im Winter) vertikale Temperaturgradienten, welche zwischen dem feuchtadiabatischen und dem trockenadiabatischen liegen; der Durchschnittswert für Mitteleuropa beträgt nach SCHINZE rund 0,70°/100 m. In der freien Atmosphäre sind in frischer maritim-polarer Kaltluft die repräsentativen Temperaturen um 5° und die äquivalentpotentiellen Temperaturen um etwa 10° höher als die entsprechenden Werte für Arktikluft. In den unteren Schichten können sie durch den erwärmenden Einfluß der Unterlage fast Tropikluftwerte erreichen. Die Unterscheidung zwischen mP und T erfolgt dann durch die Höhentemperaturen, die — nach BERGERON 1930 — unter 50° n. Br. in maritimer Polarluft durchschnittlich um mindestens 15° niedriger sind (vgl. Abb. 90).

Die polar-maritime Kaltluft braucht bei ihrem Eintreffen im mitteleuropäischen Tiefland durchaus nicht immer eine Abkühlung zu bringen. In der kalten Jahreszeit veranlaßt sie in den Niederungen, wo sie meist ältere Bodeninversionen wegräumt, sogar in der Regel einen Temperaturanstieg („*maskierter Kälteeinbruch*" nach v. FICKER 1926); erst von einer gewissen Höhe über dem Erdboden an, auf den Bergstationen und in der freien Atmosphäre, macht sich ihr Einbruch durch einen Temperaturrückgang geltend, der namentlich dann erheblich ist, wenn vorher über der Bodeninversion die Luft durch antizyklonale Senkung dynamisch stärker erwärmt worden war. Unter denselben Voraussetzungen ist auch im europäischen Rußland für den Einbruch maritim-polarer Kaltluft eine Erwärmung — mit ausgedehntem Tauwetter — charakteristisch.

Im Sommer, aber auch in den Übergangsjahreszeiten, bringt dagegen das Eintreffen maritim-polarer Kaltluft auch in den Niederungen stets eine Abkühlung.

Die spezifische Feuchtigkeit in diesem Luftmassentyp beträgt in Mitteleuropa in der kalten Jahreszeit rund 5 g, in der warmen rund 7,5 g, der Dampfdruck dementsprechend etwa 6 bzw. 9 mm. Die Bodenwerte der spezifischen Feuchte sind um rund 1,5 g bzw. 2,5 g höher als die entsprechenden Werte für Arktikluft.

In ihrem ganzen Höhenbereich, den SCHINZE auf durchschnittlich 3—6 km abschätzt, ist die *maritim-polare Kaltluft feuchtlabil geschichtet*, zum mindesten aber (nach FONTELL 1932) bis zu einer Höhe von 3—5 km. Eine Folgeerscheinung dieses Umstandes ist das typische „*Schauerwetter*" innerhalb der maritim-polaren Kaltluft über der Westhälfte Europas. Charakteristische Wolkenformen: $C_L = 2$ b (mächtig entwickelte Cu), 3 a, b, c (Cb), 8 (Cu oder Cb zusammen mit Sc), 9 a (Cu, Gewitter-Ci). Charakteristische Hydrometeore im Winter und in den Übergangszeiten sind: $ww = 96, 94, 89, 88, 87, 86, 85, 84, 83, 80, 78, 28, 27, 26, 15, 14; W = 0, 8, 1;$ im Sommer: $ww = 97, 95, 93, 91, 82, 81, 80, 29, 28, 25, 14$ (SCHINZE).

Während somit in West- und Mitteleuropa in der sommerlichen polar-maritimen Luft vom Kaltmassentypus oft unbeständiges, regnerisches, naßkaltes Wetter mit Lokalgewittern herrscht, sind für den Winter und die Übergangsjahreszeiten Wolken- und Niederschlagsformen typisch, die auf eine außerordentlich stark entwickelte Konvektion hinweisen, wie Schauerwolken, Gewitter, Schauer, Böen — während der Nachtzeit unterbrochen durch eine vorübergehende Aufheiterung und Beruhigung im Binnenland. Im Winter beschränkt sich dabei die Gewittertätigkeit vorwiegend auf die Meeres- und westlichen Küstengebiete Europas. Auf den Britischen Inseln werden in den sechs Monaten Oktober bis März durchschnittlich 70 bis 90 Tage mit Gewittern verzeichnet und bekannt sind auch die starken Wintergewitter Westnorwegens. Es sind dies durchaus Folgeerscheinungen der Konvektion (über dem Meer mit einem Maximum während der Nachtstunden) innerhalb der feuchtlabilen Luftmassen und keineswegs Frontalgewitter, wie in Lehrbüchern gelegentlich irrigerweise behauptet wird.

Seinen prägnantesten Ausdruck im west- und mitteleuropäischen Binnenland findet der veränderliche Charakter der Schauerwitterung im Frühjahr, und zwar durch das sog. „Aprilwetter" mit seinen Schnee- und Graupelschauern, die mit kräftigen Aufheiterungen abwechseln. Um diese Jahreszeit sind die feuchtlabilen Temperaturgradienten in der vordringenden polar-maritimen Kaltluft am größten, da die Insolationserwärmung des Erdbodens bereits rasche Fortschritte macht. E. MÄRZ 1936 versucht den Nachweis, daß sich in der Kaltluftströmung über dem Binnenland in rhythmischer Aufeinanderfolge niedrige Reibungswalzen mit horizontaler Achse ausbilden, welche infolge der erheblichen Feuchtlabilität und des tiefen Kondensationsniveaus in hochreichende Böenwalzen (siehe RAETHJEN, Abschnitt 59) übergehen. Die Folge davon sei das Auftreten hintereinander gestaffelter Schauerbänder, sog. „interner Schauer", innerhalb der maritim-polaren Kaltluft.

Nach dem langen Weg, den die maritim-polare Kaltluft über dem Westteil Europas zurücklegt, trifft sie mit etwas veränderten Eigenschaften — sozusagen kontinentalisiert — in Rußland ein. Im Winter wird sie beim Passieren des europäischen Binnenlandes vom Boden aus gekühlt, weshalb ihre konvektive Bewölkung die mächtigen Quellformen verliert und über Rußland nur mehr das Aussehen von Schönwetter-Cu, von Fc oder aber von Schlechtwetter-Fs (Fn), gelegentlich auch von Sc hat. Die rasche Veränderlichkeit der Bewölkung bleibt jedoch dabei erhalten. Im Laufe weniger Minuten kann der blaue, mit einigen leichten, halbdurchsichtigen Schönwetter-Cu bedeckte Himmel durch Anhäufungen zerrissener Wolken, aus welchen Schneeschauer niedergehen, vorübergehend stark verdunkelt werden. Auch im Sommer ist innerhalb der maritim-polaren Kaltluft die konvektive Bewölkung über den mittleren und südlichen Teilen des europäischen Rußland wenig entwickelt; diese Luftmassen bauen hier nämlich gewöhnlich Hochdruckrücken oder Antizyklonen mit Isothermien oder Schrumpfungsinversionen auf, so daß in ihnen sonniges Schönwetter vorherrscht. Weiter im Norden kann die maritim-polare Kaltluft im Bereich tieferen Drucks gleichzeitig noch ihre typischen konvektiven Eigenschaften entfalten.

Die Fernsicht ist in maritim-polarer Kaltluft sehr gut. Nach SCHINZE wird sie in Mitteleuropa meist durch die Ziffer $V = 8$ (20—50 km) des internationalen Schlüssels charakterisiert; nach TSCHIERSKE beträgt sie für Oberschlesien rund 40 km. Der Einbruch der mPK über das Festland hat gewöhnlich eine rasche Sichtbesserung zur Folge. In Rußland, nach stärkerer Stabilisierung unterwegs, kann die maritim-polare Kaltluft im Winter allerdings zu typischen Advektionsnebeln Anlaß geben.

β) **Maritim-polare Warmluft.** Es ist dies ursprünglich maritim-polare Kaltluft, die sich lange über dem Atlantischen Ozean aufgehalten hat, dort am Ostrand eines

Hochdruckgebietes in niedrigere Breiten gelangt ist und sich dabei von unten her bis in große Höhen stark durchwärmt hat. Über das europäische Binnenland dringt sie dann mit südlicher Bewegungskomponente als *„zurückkehrende maritime Polarluft"* vor, gelangt dabei — namentlich in der kalten Jahreszeit — über eine immer kälter werdende Unterlage oder in ein von kälteren Luftmassen bedecktes Gebiet. Es ist klar, daß sie dabei ihre ursprünglich labile Schichtung verliert und sich *in eine stabil geschichtete Warmmasse umbildet.*

Maritim-polare Warmluft weist — nach SCHINZE — in Mitteleuropa einen durchschnittlichen Temperaturgradienten von 0,55—0,60°/100 m auf, die Neigung zu Bodeninversionen ist in ihr groß. Sie bedingt bei ihrem Eindringen überall einen Temperaturanstieg, nicht nur im Tiefland, sondern auch in den höheren Schichten. Auf den Bergen Deutschlands bringt sie nach SCHINZE sogar in den kältesten Monaten Tauwetter bis zu einer Höhe von rund 1200 m. Ihre charakteristische Temperatur liegt ungefähr um 4—5°, ihre spezifische Feuchtigkeit um etwa 1—2 g/kg unter den entsprechenden Werten für Tropikluft.

Die maritim-polare Warmluft ist trüber als die maritim-polare Kaltluft, die Fernsicht ist in ihr im allgemeinen geringer als 10 km ($V < 6$). Die Bewölkung in ihr hat in Mitteleuropa vorwiegend Schichtcharakter: $C_L = 5\,a\ (Sc)$, 7 (Cu und Sc). Vorherrschende Hydrometeore in der kalten Jahreszeit: $ww = 77, 70,$ 68 (leichter Schneefall, Schnee mit Regen und Nebel); das ganze Jahr hindurch: 67, 61, 57, 53, 51, 50, 48, 46, 44; $W = 5, 4, 2.$ Man sieht, daß in den Hydrometeoren Nebel und Nieseln vorwiegen.

Über Rußland bilden sich in der „zurückkehrenden maritimen Polarluft" im Winter zahlreiche Advektionsnebel.[1]

Zum Typus der polar-maritimen Warmluft gehört nach STREMOUSSOW 1935 auch die maritime Polarluft, die sich im Sommer über den kalten Meeresströmungen im Nordteil des Japanischen Meeres und der Tatarischen Meerenge erheblich abkühlt. Sie trifft infolgedessen an den russischen Küsten des Fernen Ostens mit der stabilen Schichtung und den typischen Kondensationserscheinungen einer Warmmasse ein: Schichtwolken, Nebel, Nieseln. Im Fernen Osten gibt es aber auch im Winter eine maritim-polare Warmluft. Sie dringt vom warmen Ozean her aus Südosten, Norden und Nordosten über die kälteren Flächen des Japanischen Meeres vor und bringt hier bei stabiler Schichtung mächtige Nebel und Nieseln, auf Kamtschatka und dem Ochotskischen Meer kräftige Erwärmungen bis über den Gefrierpunkt.

53. Die geographischen Luftmassentypen.
II. Kontinentale Polarluft und Tropikluft.
a) Kontinentale Polarluft [cG].

Die Eigenschaften der kontinentalen Polarluft weisen grundsätzliche jahreszeitliche Unterschiede auf. Im Winter ist die kontinentale Polarluft an ihrer Ursprungsstätte stabil geschichtet und nimmt bei ihrem Vordringen gegen wärmere Gebiete als Kaltmasse eine labile Struktur an. Umgekehrt dringt im Sommer die in ihrem Ursprungsgebiet labil geschichtete kontinentale Polarluft unter zunehmender Stabilisierung als Warmluftmasse gegen kältere Gebiete vor.

---

[1] Bei dieser Gelegenheit sei bemerkt, daß polar-maritime Kaltluft im Sommer, wenn sie eine über Nordeuropa liegende Depression umströmt, in Rußland bereits mit nach Norden gerichteter Komponente und daher mit leichten Merkmalen einer *„zurückkehrenden Polarluftmasse"* ankommen kann. Ihre Temperatur ist dann im Norden des europäischen Rußland um $1\frac{1}{2}$—2° höher und ihre Bewölkung ist geringer als in der „direkten Polarluft"; in ihr herrschen Schönwetter-Cu vor.

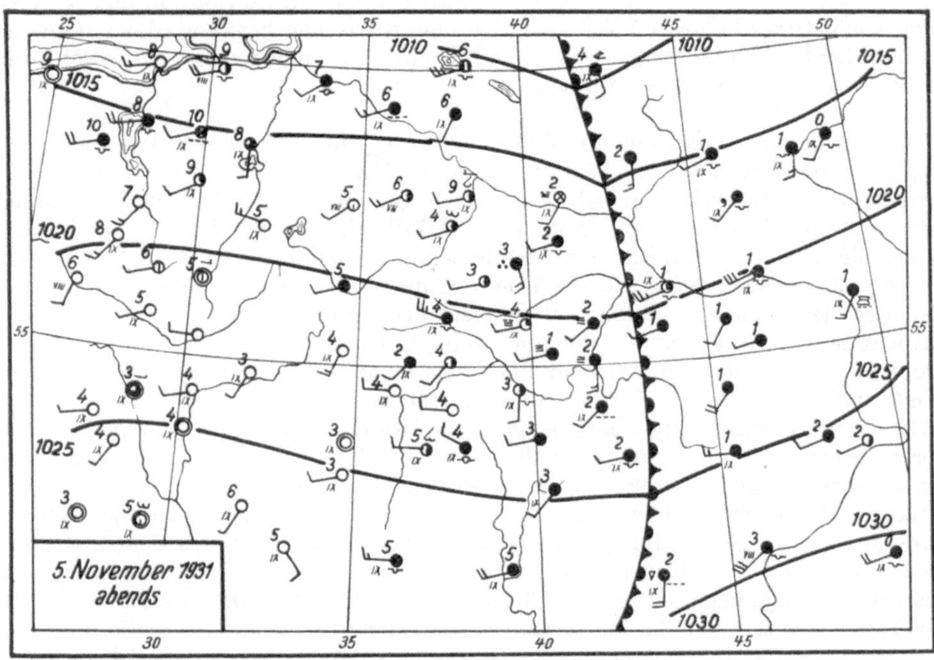

Abb. 92. Kontinentale Polarluft (Warmmasse).

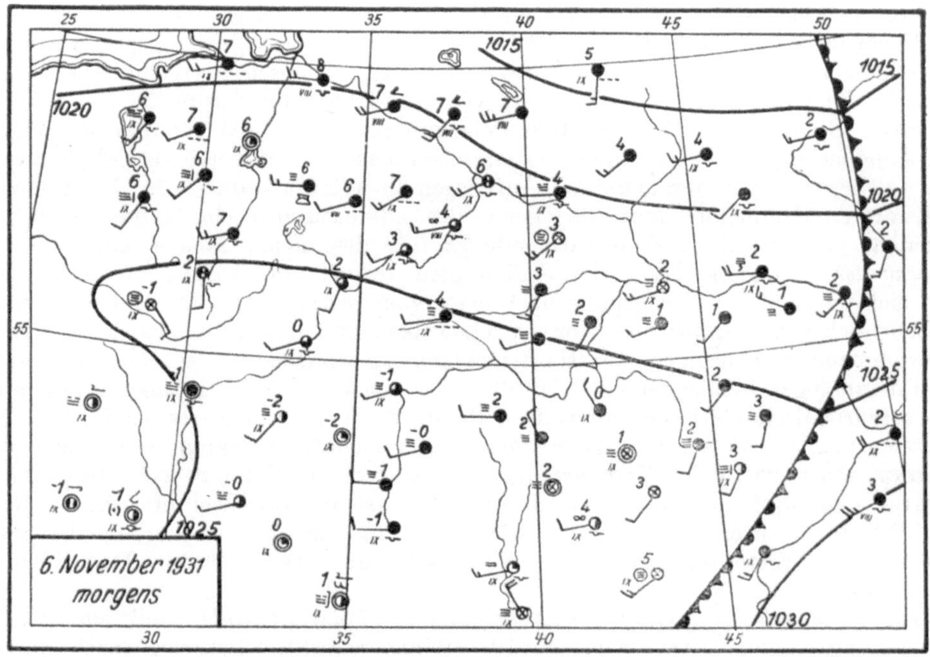

Abb. 93. Kontinentale Polarluft (Warmmasse).

Die Ausbildung der kontinentalen Polarluft (durch Transformation aus Arktikluft oder maritimer Polarluft) läßt sich über dem russischen Festland, das mit einem ziemlich dichten meteorologischen Beobachtungsnetz überzogen ist, sowohl im Winter als auch im Sommer gut verfolgen.

α) **Kontinentale Polarluft im Winter.** Die Bildungsstätte der kontinentalen Polarluft Eurasiens sind im Winter die *antizyklonalen Systeme Osteuropas und Sibiriens*. Diese Antizyklonen haben eine lange Lebensdauer und bilden sich immer wieder von neuem, namentlich dann, wenn Arktikluft über das Festland einbricht. Die eingebrochene Arktikluft, welche die neue Antizyklone aufbaut, kühlt sich über der schneebedeckten Erdoberfläche von unten her immer mehr ab, während sie sich in den höheren Schichten dynamisch erwärmt. Man wird sie dann bereits kontinentale Polarluft nennen können, wenn sich die Arktikfront, hinter der sie eingebrochen ist, aufgelöst hat und über dem hohen Norden neue Arktikluft erscheint, mit der sie in Wechselwirkung zu treten beginnt.

Wir haben nunmehr eine bereits *stabil geschichtete Luftmasse* vor uns, in deren tieferen Schichten die Temperatur durch den andauernden antizyklonalen Ausstrahlungsprozeß weiter sinkt, und zwar eventuell erheblich unter die für frische Arktikluft charakteristischen Werte. Wie schon erwähnt, kommen die tiefsten Temperaturen der Nordhalbkugel auch tatsächlich nicht innerhalb der Arktikluft im polaren Becken, sondern innerhalb der kontinentalen Polarluft in Sibirien vor (vermutlich in Ojmekon unter nur 63° n. Br., vgl. OBRUTSCHEW 1931). Schon in einer Höhe von wenigen hundert Metern über dem Erdboden muß allerdings — infolge auftretender Inversionen — die Temperatur der kontinentalen Polarluft beträchtlich höher sein als jene der Arktikluft.

Nach all dem ist begreiflich, daß die kontinentale Polarluft über Innerrußland im Winter durch vorwiegend heiteren Himmel oder durch Wolken und Hydrometeore stabiler Schichtung — *St* und Nebel — charakterisiert ist.

Fließt diese außerordentlich stabile Masse aus ihrem Quellgebiet gegen wärmere Gegenden ab, so erfahren ihre charakteristischen Eigenschaften eine Änderung, was für die von ihr erreichten Gebiete von erheblicher Bedeutung ist.

So z. B. nimmt die kontinentale Polarluft Sibiriens als Wintermonsun schon bei Annäherung an die Küste des Japanischen Meeres einen vertikalen Gradienten an, welcher — nach aerologischen Aufstiegen in Wladiwostok — in der Schicht des unteren Kilometers fast die Größe des adiabatischen Gradienten erreicht. Offenbar bedingt also der erwärmende Einfluß des nahen Meeres eine *Labilisierung der Luftmasse*. Da deren Feuchtigkeit jedoch von Anfang an gering ist und sich im Lauf der Erwärmung noch mehr vom Sättigungszustand entfernt, entwickeln sich keine eigentlichen Konvektionswolken; nur manchmal sind leichte verschwommene Andeutungen von Haufenwolken zu erblicken.

Ein analoger labilisierender Einfluß der wärmeren Unterlage macht sich auf die osteuropäisch-sibirische Polarluft geltend, wenn sie westwärts vordringt. In Mitteleuropa, wo sie meist wärmere maritime Polarluft verdrängt, weist sie nach SCHINZE einen vertikalen Temperaturgradienten von 0,70°/100 m auf. Ihre Temperatur und äquivalentpotentielle Temperatur ist im Durchschnitt um 5—10°, der Mittelwert ihrer spezifischen Feuchtigkeit um 0,8—1,6 g höher als die entsprechenden Werte für Arktikluft. Spezifische Feuchte rund 4 g, Dampfdruck rund 5 mm.

Die in Mitteleuropa eingetroffene kontinentale Polarluft sinkt rasch zusammen. Die anfangs mäßig gute Fernsicht (10—50 km) verschlechtert sich rasch durch Ausbildung von Dunstschichten (an der oberen Grenze der entstehenden Bodeninversion) oder von Nebel.

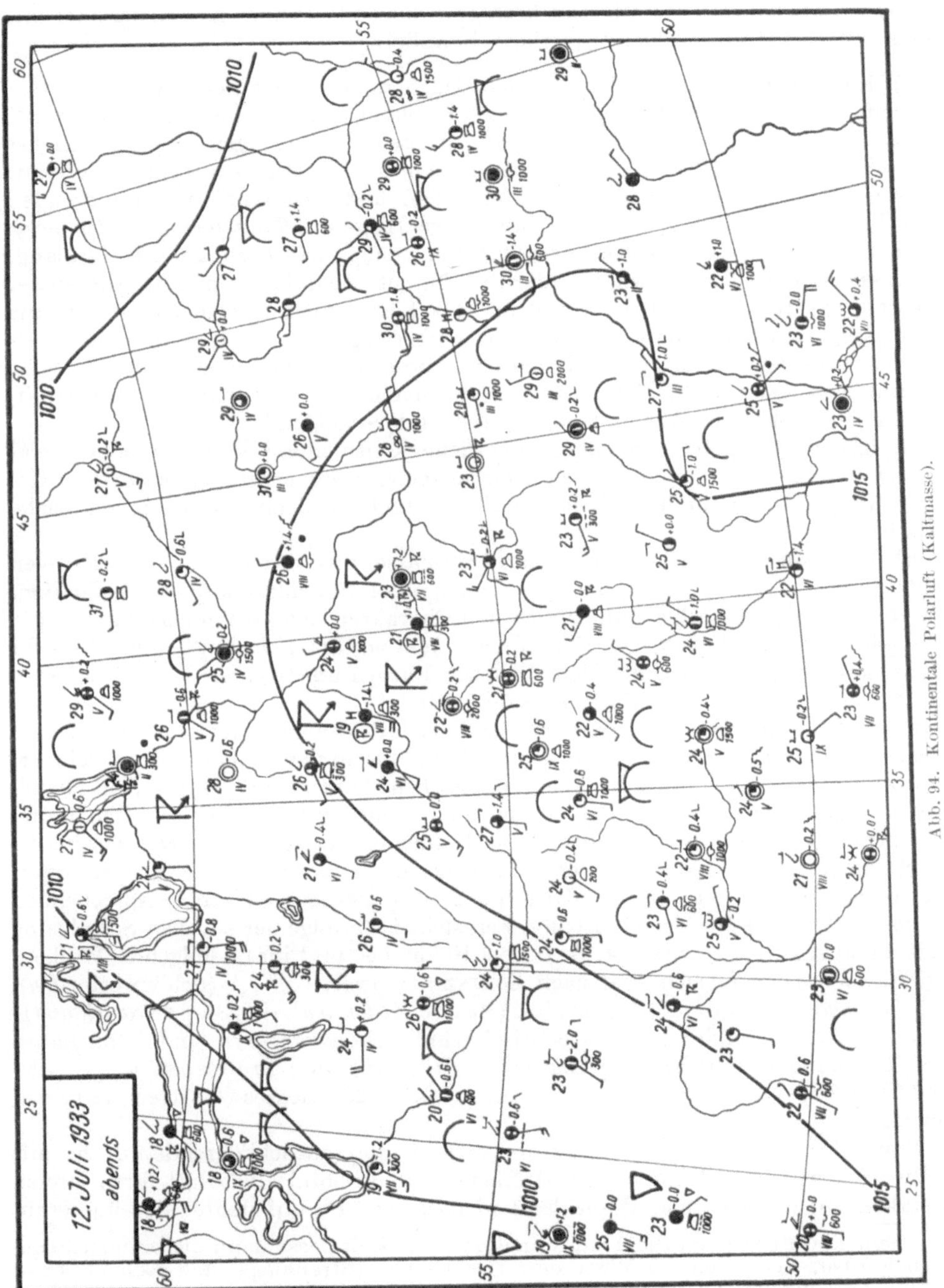

Abb. 94. Kontinentale Polarluft (Kaltmasse).

Diese Schrumpfungsprozesse dämpfen auch etwas den sonstigen Kaltmassencharakter der in Mitteleuropa eingetroffenen winterlichen cP. Nach SCHINZE sind für sie folgende Wolken- und Niederschlagsformen typisch: $C_L = 1$ (Schönwetter-Cu), 4a, b (Sc), 7 (Cu und Sc). Zeitweise geringer Schneefall, im allgemeinen rasche Bewölkungsabnahme. Untertags Cu und Sc, nachts Aufklaren. $ww = 77$,

73, 71, 68, 24, 23, d. h. vorwiegend leichter Schneefall, Schnee mit Nebel oder mit Regen. $W = 4$ (Nebel) oder 0 (geringe Bewölkung).

β) **Kontinentale Polarluft im Sommer.** Im Sommer bildet sich die kontinentale Polarluft über dem Süden des europäischen Rußland meist aus maritimer Polarluft, welche dorthin hinter einer Okklusion aus Westen vorgedrungen ist und zunächst einen wandernden Hochdruckrücken oder gar eine geschlossene Antizyklone aufbaut. Im Inneren dieses zum Stillstand kommenden und sich allmählich auflösenden antizyklonalen Systems erfolgt im Lauf weniger Tage die *Transformation der maritimen Polarluft in kontinentale Polarluft* (im Süden des europäischen Rußland, im Kasachstan und in Mittelasien darüber hinaus sogar in Tropikluft, wie später gezeigt wird). Hierbei wird die von dem heißen Erdboden ausgehende Erwärmung durch Konvektion auf die ganze Luftmasse übertragen. Die Transformation ist als beendet anzusehen, wenn sich die Eigenschaften der neu entstandenen kontinentalen Polarluft von jenen der im Nordwesten erscheinenden frischen maritimen Polarluft, mit der sie eventuell in Wechselwirkung tritt, unterscheiden.[1]

In ihrem Quellgebiet ist die sommerliche kontinentale Polarluft somit *labil geschichtet* und durch reichliche Konvektionsbewölkung charakterisiert. Die Gewittertätigkeit kann in ihr erhebliche Stärke und Ausdehnung annehmen (siehe Abb. 94).

Fließt diese außerordentlich labile Luftmasse aus ihrem Quellgebiet gegen kühlere Gebiete ab, so *verringert sich* — infolge der Bodenkühlung — *die Labilität ihrer Schichtung*, weshalb sie allmählich den Charakter einer Warmmasse annimmt. Dies gilt z. B. für die sog. *„zurückkehrende kontinentale Polarluft"*, welche — ihr antizyklonales Quellgebiet über dem östlichen Europa umströmend — aus Südosten (Südrußland, Balkan) in Mitteleuropa eintrifft.

Hier sind daher für die kontinentale Polarluft des Sommers im allgemeinen sehr hohe Temperaturen (mit nächtlicher Abkühlung in der bodennächsten Schicht) charakteristisch. Nach SCHINZE ist die sommerliche kontinentale Polarluft in Mitteleuropa ungefähr bis zu einer Höhe von 1000 m nur wenig kälter als Tropikluft; in höheren Niveaus nimmt freilich diese Temperaturdifferenz zu. Die spezifische Feuchtigkeit überschreitet in der kontinentalen Polarluft Mitteleuropas sogar mitten im Sommer 8 g nicht und ist um 2—3 g geringer als die entsprechenden Durchschnittswerte für Tropikluft; die Fernsicht ist infolge der stabilen Schichtung stark herabgesetzt ($V = 6 - 4$, d. i. von 10 km bis zu 1 km). Folgende Wolken- und Kondensationsformen sind nach SCHINZE typisch: $C_L = 1$ (Schönwetter-*Cu*), 2a (*Cu congestus*), $C_M = 3$ (*Ac*), 4a, b, c (*Ac* und *Ac lenticularis*), 8a (*Ac castellatus*); $C_H = 1$ (*Ci*). Besonders charakteristisch sind Schönwetter-*Cu* und *lenticulares*. Die Bewölkung ist überhaupt gering ($W = 0$), häufig sind Frühnebel; *ww* vorwiegend 01 und 05, manchmal 93 (leichtes Gewitter), 49, 28 (leichtes Gewitter), 11 (Ferngewitter).

Trotz ihres Warmmassencharakters verliert die (zurückkehrende, d. h. mit nordwärts gerichteter Komponente strömende) kontinentale Polarluft ihren labilen Charakter im europäischen Binnenland nicht ganz. Darauf deutet der immerhin

---

[1] Ganz allgemein kann die Transformation einer Luftmasse dann als beendet angesehen werden, wenn sich die Masse dem thermischen (Strahlungs- und Konvektions-) Regime der Umgebung definitiv „angepaßt" hat, d. i. wenn der Anstieg bzw. der Rückgang der Temperatur in ihr aufgehört hat und die Temperatur in der Folge lediglich den Tages- und Jahresgang mitmacht, welcher für das betreffende Gebiet charakteristisch ist (CHROMOW 1935). In diesem Augenblick ist die „absolute Transformation" (BAKALOW 1939) beendet. Selbstverständlich ist die Festlegung dieses Augenblicks in der Praxis nicht immer leicht, weil ja die Bodenwerte oft überhaupt nicht repräsentativ sind. Die Temperaturverhältnisse in der freien Atmosphäre sind in dieser Hinsicht offenbar eher entscheidend.

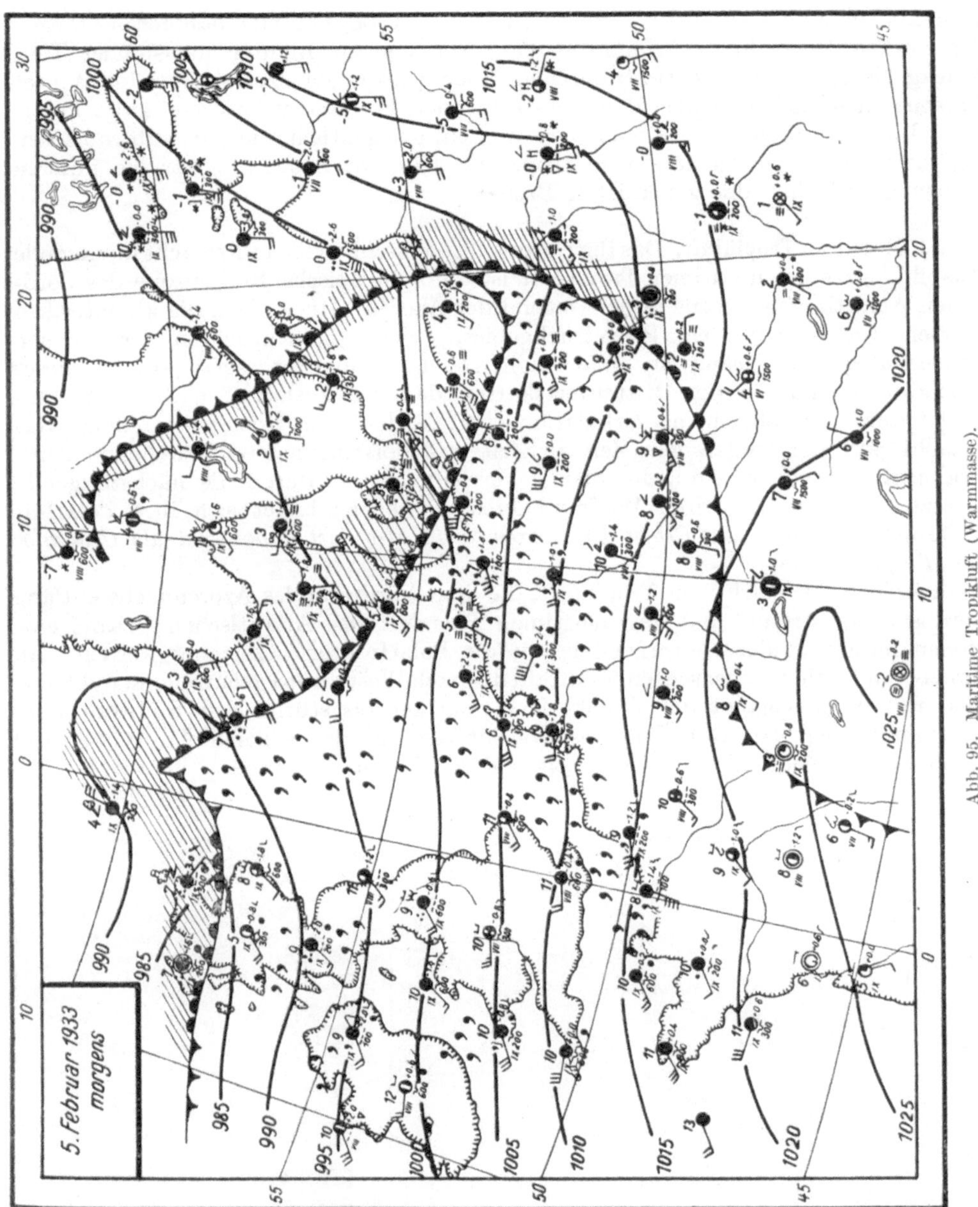

Abb. 95. Maritime Tropikluft (Warmmasse).

noch ansehnliche vertikale Temperaturgradient (0,60—0,70°/100 m nach SCHINZE) und die leichte Gewitterneigung hin. Im Norden des europäischen Rußland führt die rückkehrende kontinentale Polarluft sogar fast ausschließlich konvektive Bewölkung mit sich, nicht selten mit mächtigen Haufenwolken. Darauf soll noch bei der Besprechung der kontinentalen Tropikluft zurückgekommen werden.

b) Tropikluft [T].

Die wichtigsten und beständigsten Quellgebiete von Tropikluft sind die Antizyklonen über den Meeren der subtropischen Zone. Über dem Festland bilden sich

Tropikluftmassen bedeutend seltener; im Sommer besteht hier nämlich — wegen der starken Bodendurchwärmung — eine Neigung zur Bildung monsunaler Tiefdruckgebiete, welche den subtropischen Hochdruckgürtel „zerreißen"; im Winter dagegen entwickelt sich über dem ausstrahlenden Festland vorwiegend kalte Polarluft. Immerhin können, wie wir sehen werden, gelegentlich auch die subtropischen Festlandszonen Quellgebiete von Tropikluft sein, im Sommer sogar die inneren Kontinentalflächen der gemäßigten Breiten.

α) **Maritime Tropikluft.** Das für Europa fast ausschließlich in Betracht kommende Ausbildungsgebiet maritimer Tropikluft ist die subtropische Breitenzone des nördlichen Atlantischen Ozeans in der Gegend der Azoren. Hier zeigen die klimatischen Karten, wie bekannt, ein Hochdruckgebiet, welches namentlich in der warmen Jahreszeit gut entwickelt ist. Wie schon früher auseinandergesetzt, kommt dieses Hochdruckgebilde in den Mittelwertskarten dadurch zustande, daß im Azorengebiet durch die allgemeine Zirkulation eine Tendenz zur Hochdruckbildung verursacht ist; hier treffen von Zeit zu Zeit aus Polarluftmassen bestehende Antizyklonen ein, von denen jede solange verweilt, bis sie durch die nächstfolgende ersetzt oder verstärkt wird. Während ihres Verweilens bildet sich ihre Polarluft in Tropikluft um — *das Gebiet der Azoren wirkt also fast andauernd als Generator von Tropikluft.*

Zwischen der maritimen Tropikluft, die dem Nordrand des Azorenhochs entlang nordostwärts strömt, und der maritimen Polarluft des Atlantischen Ozeans entstehen immer wieder Hauptfronten, die als Polarfronten bezeichnet werden. An ihnen bildet sich die überwiegende Anzahl der nach Westeuropa gelangenden Zyklonen aus; mit ihnen gelangt die Tropikluft als starker bis stürmischer Südwest- oder Westwind über den Golf von Biscaya hinweg auf das europäische Binnenland (Abb. 95), erreicht allerdings nur selten den Westen Rußlands.

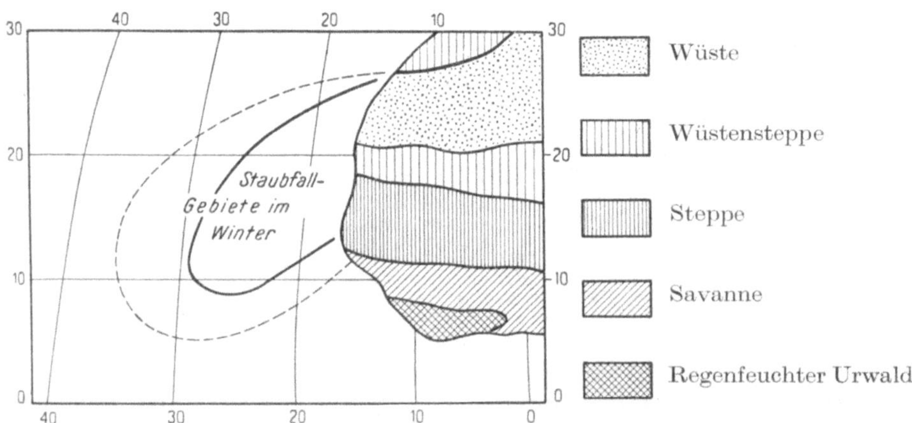

Abb. 96. Staubausscheidung über dem Atlantischen Ozean im Winter und Vegetationszonen Afrikas. (Nach SEMMELHACK 1934.)

In Europa trifft die maritime Tropikluft *mit deutlich stabiler Schichtung* und im Winter als *typische Warmmasse mit sehr hohen Temperaturen* (siehe Abschnitt 51) ein. Sogar bei starken Winden ist sie infolge fehlender Konvektion wenig turbulent. Der mittlere vertikale Temperaturgradient beträgt fast in ihrem ganzen Höhenbereich nach SCHINZE rund 0,55°/100 m; nur in den untersten Hektometern ist er infolge der Bodenkühlung noch geringer und hier unterscheiden sich die Temperaturen manchmal kaum von den Temperaturen der maritimen Polarluft gleicher Breite. Immerhin werden in Mitteleuropa am Boden in winterlicher maritimer Tropikluft $+10$ bis $+12°$ erreicht (Abb. 95). Die höchsten Temperaturen werden hierbei oft in der Schicht von 600—1000 m verzeichnet.

Die Feuchtigkeitswerte für Tropikluft (ohne Unterscheidung zwischen maritimer und kontinentaler) wurden bereits in Abschnitt 49 angeführt. Die maritime Tropikluft hat jedenfalls den höchsten Feuchtigkeitsgehalt unter allen Luftmassentypen der gemäßigten Breiten.

Die Fernsicht ist in maritimer Tropikluft stark herabgesetzt, vor allem infolge der stabilen Schichtung, welche Kondensationserscheinungen gerade in den bodennahen Schichten bedingt (Nebel, Nieseln). Außerdem enthält die Tropikluft sogar atlantischer Herkunft Staub, welcher eine ziemlich starke opaleszente Trübung erzeugt (siehe Abschnitt 50). Durch die Passate wird nämlich aus der Sahara Staub verhältnismäßig weit über den Atlantischen Ozean hinausgeführt. In einzelnen Fällen reicht das Verbreitungsgebiet des Saharastaubes, dessen mittlere Ausdehnung im Winter in Abb. 96 nach SEMMELHACK 1934 dargestellt ist, westwärts bis zum 46. Meridian westlich von Greenwich, d. i. bis in eine Entfernung von 1700 Seemeilen von der afrikanischen Küste. Von der Intensität dieser Staubfälle gibt ein Beispiel vom Februar 1934 Zeugnis, wo ein bestaubtes Schiff in der Nähe der Kanarischen Inseln aussah „wie eine braune Zementfabrik". Auf Las Palmas sank gleichzeitig die Fernsicht bis auf 350 m.

Die horizontale Sichtweite liegt nach SCHINZE in der maritimen Tropikluft Mitteleuropas größtenteils zwischen 0,2 und 4 km ($V = 2$—5). Bei Fehlen von Nebel oder Dunst kann sie jedoch bis auf rund 15 km steigen, in Nordeuropa auch noch darüber (siehe die Zahlen für opaleszente Trübung in Abschnitt 50).

Nach SCHINZE sind in Mitteleuropa für maritime Tropikluft besonders typisch: $C_L = 5\,\mathrm{b}$ (*St, Sc*), 6 (Schlechtwetter-*Fs*); $ww = 67, 63, 59, 58, 57, 56, 55, 54, 53,$ 52, 51, 50, 42, 41, 21, 08, 05, also vorwiegend Nieseln und Nebel, Dunst, Höhenrauch. Vorwiegende Werte von W sind 5 und 4 (Nieseln und Nebel).

Bis in das europäische Rußland gelangt maritime Tropikluft aus dem Azorengebiet nur äußerst selten; etwas häufiger dagegen, aber auch dann nur für ganz kurze Zeit, *aus dem Mittelmeerbecken* im Bereich von Warmsektoren, die vom Balkan oder vom Schwarzen Meer her vordringen und rasch okkludieren. Hierbei können mitten im Winter in der Ukraine Temperatursteigerungen auf $+5$ bis $+9°$ eintreten.

In ihrem Quellgebiet selbst — der subtropischen Antizyklone — *ist maritime Tropikluft eine Kaltmasse*, welche Wärme von unten, von der Unterlage aus, aufnimmt. Die labile Temperaturschichtung in den unteren Schichten kann allerdings infolge des Vorhandenseins antizyklonaler Inversionen in den höheren Schichten nicht zur Auswirkung kommen. Erst bei ihrem Vordringen gegen Norden wird die Tropikluft infolge Abkühlung von der Unterlage aus *zunehmend stabil* und nimmt Warmmassencharakter an. Das ursprünglich heitere Wetter in ihr macht daher Nebeln, Schichtwolken und Nieseln Platz (Abb. 95). Aus Abb. 207 ist ersichtlich, wie sich die Wetterverhältnisse in der Tropikluft in der Richtung von Süden nach Norden umgestalten.

Dringt die Tropikluft genügend weit nordwärts vor, so wird sie gewöhnlich im Rahmen von Okklusionsprozessen durch kältere Polarluftmassen vom Boden abgehoben und setzt ihren weiteren Weg polwärts nur noch in den höheren Schichten fort, wo sie sich mehr und mehr dem neuen Verhältnis zwischen Empfang und Verlust von Strahlungsenergie (den veränderten Bedingungen des „Strahlungsgleichgewichts") anpaßt oder „assimiliert" und *in Polarluft transformiert*. Anderseits werden die subtropischen Antizyklonen, wie schon erwähnt, immer wieder durch Einbrüche von Polarluft regeneriert, die sich in ihnen in Tropikluft umwandelt.

Noch eine Bemerkung über einen maritimen Tropiklufttyp, welcher im Süden des Ostsibirischen Küstenstreifens gelegentlich während des Sommers auftritt. Es ist dies pazifische maritime Tropikluft aus dem Gebiet der Philippinen, die sich durch eine sehr gleichmäßige horizontale Temperaturverteilung zwischen den Philippinen und Korea bis Wladiwostok auszeichnet. In ihr sind die Temperaturen wesentlich höher als in der maritimen Polarluft nördlich der Polarfront (Größenordnung der Differenz etwa 10°), aber tiefer als in kontinentaler Tropikluft über China, der Mandschurei und Transbaikalien.

β) **Kontinentale Tropikluft.** Für Mitteleuropa sind die hauptsächlichsten Ursprungsgebiete kontinentaler Tropikluft *Nordafrika, Kleinasien und der südliche Balkan.*

Nach SCHINZE unterscheidet sich dieser Luftmassentypus, was seine charakteristischen Eigenschaften anlangt, in Mitteleuropa während des Winters nur wenig von der maritimen Tropikluft. Im Sommer dagegen ist die kontinentale Tropikluft wärmer und verhältnismäßig trockener als die maritime; dies kann durch Föhneffekte so unterstützt werden, daß die höchsten Temperaturen überhaupt, zu allen Tages- und Jahreszeiten, auf das Regime der kontinentalen Tropikluft entfallen.

Der vertikale Temperaturgradient in kontinentaler Tropikluft pflegt nach SCHINZE über Mitteleuropa größer zu sein als in maritimer, was auf eine *geringere Stabilität ihrer Schichtung* hinweist. Nach HERRMANN ist in der warmen Jahreszeit aus Nordafrika nach Mitteleuropa gelangende kontinentale Tropikluft sogar fast *labil geschichtet* (γ um 0,8—0,9°); außerdem nimmt sie bei Überstreichen des Mittelmeeres reichlich Feuchtigkeit auf. Damit finden auch die sehr ergiebigen Niederschläge in Zyklonen, welche Europa vom Mittelmeer aus erreichen, ihre Erklärung.

Typische Wolkenformen der kontinentalen Tropikluft in Mitteleuropa sind: $C_M = 4\,\mathrm{a}$, b, c (*Ac* und *Ac lenticularis*). Die Hydrometeore sind ungefähr dieselben wie in maritimer Tropikluft.

Der Staubgehalt ist naturgemäß nicht geringer, sondern größer als in maritimer Tropikluft. Trotzdem ist in kontinentaler Tropikluft die Nebelbildung nicht so intensiv und auf die Fernsicht von geringerem Einfluß. Nichtsdestoweniger schätzt SCHINZE die durchschnittliche Fernsicht in kontinentaler Tropikluft in Mitteleuropa, gleich jener in maritimer Tropikluft, auf weniger als 4 km. Wie bereits in Abschnitt 50 erwähnt, wurden in kontinentaler Tropikluft durchwegs größere Trübungsfaktoren festgestellt als in irgend einem der übrigen Luftmassentypen; dasselbe gilt selbstverständlich auch für die Werte der opaleszenten Trübung.

Für das europäische Rußland kommt als Ursprungsgebiet der im Sommer sehr häufigen kontinentalen Tropikluft manchmal Kleinasien, öfter Mittelasien, vor allem aber Südrußland selbst in Betracht. Während in Mittelasien die Tropikluftbildung nach DESCHORDSCHIO u. A. 1935 in umfangreichen, undeutlichen Gebilden tieferen Drucks vielleicht monsunalen Ursprungs bei schwachen Winden vor sich geht, entsteht die Tropikluft über Südrußland vorwiegend durch Transformation aus kontinentaler (ehemals maritimer oder arktischer) Polarluft in ostwärts wandernden Gebilden höheren Drucks (siehe Abb. 97 nach ASKNASIJ).

Auf der Halbinsel Krim und auch an der pontischen Küste Kaukasiens haben während der warmen Jahreszeit (Mai bis September) rund 40% aller Tage Tropikluft, in Moskau dagegen nur rund 5%. Dabei erreichen in Moskau die höchsten Tagesmittel der Temperatur in kontinentaler Tropikluft noch im August 28°, während die absoluten Maxima 30° erheblich überschreiten. Selbst im äußersten Norden des europäischen Rußland kommen in dieser Luftmasse im Juli Tagesmaxima von 20—30° bei heiterem und von 24—25° bei trübem Himmel vor.

Die äquivalentpotentielle Temperatur ist innerhalb kontinentaler Tropikluft über Moskau im ganzen Höhenbereich um rund 15° höher als in maritimer oder arktischer Polarluft zur gleichen Zeit; in Jalta haben die Bodenwerte dieser Differenz eine Größenordnung von 12°.

Der Feuchtigkeitsgehalt der kontinentalen Tropikluft über Rußland darf nicht unterschätzt werden. Er rührt vom Überstreichen ausgedehnter Meeresflächen

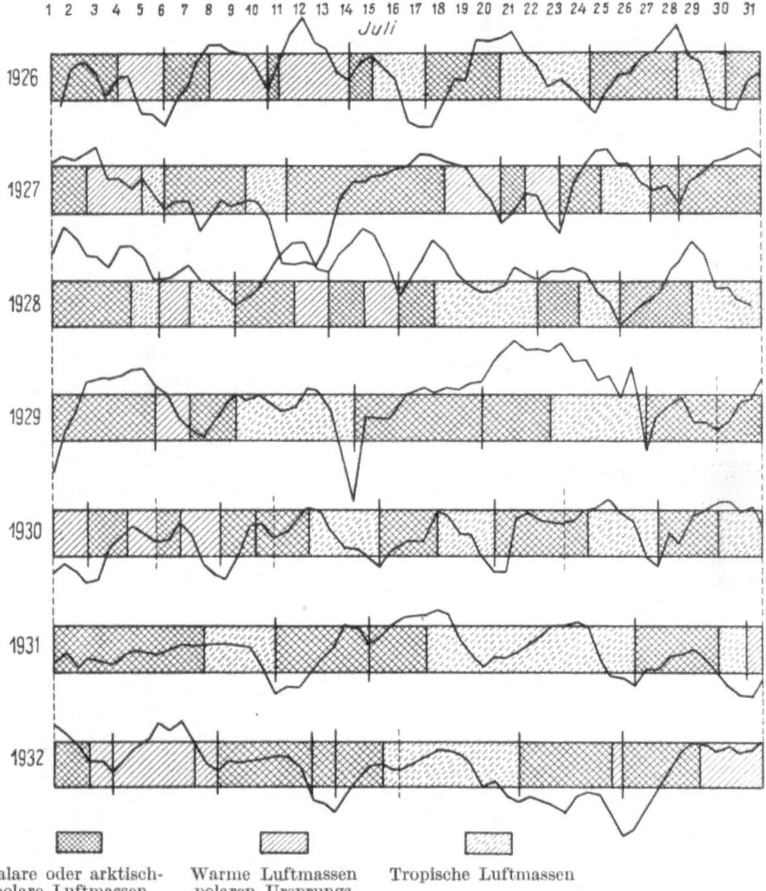

Abb. 97. Luftmassenkalender samt Luftdruckverlauf für Pjatigorsk im Juli während der Jahre 1926 bis 1932. [Nach ASKNASIJ 1934 (1).]

(Kaspisches Meer, Schwarzes Meer, Mittelmeer) her und wird durch Dampfdruckwerte am Boden von 12—16 mm charakterisiert, die bedeutend höher sind als die in direkter kontinentaler Polarluft oder in maritimer Polarluft und etwas höher als die in zurückkehrender kontinentaler Polarluft verzeichneten Werte sind. Im Norden Rußlands ist die relative Feuchtigkeit in Tropikluft um 20—25% höher als in warmer (zurückkehrender) kontinentaler Polarluft bei derselben Temperatur. All dies entspricht durchaus den Ergebnissen von HERRMANN, welcher auch in der in Mitteleuropa eintreffenden afrikanischen Tropikluft Dampfdruckwerte von 11 bis 13 mm feststellte. Ihr erheblicher Feuchtigkeitsgehalt wird zur Folge haben, daß *die Tropikluft, trotzdem sie als Warmmasse auftritt, über Rußland feuchtlabil geschichtet* ist. Sie wird daher durch Konvektionswolken, zum mindesten durch Schönwetter-*Cu*, gelegentlich aber auch durch Gewitter charakterisiert. Typisch für sie ist ferner der *Ac lenticularis*. Wird sie, wie namentlich Tropikluft mittelasiatischer Herkunft, im Bereich von Südosten vordringender Zyklonen zum langsamen Aufgleiten über eine Warmfrontfläche genötigt, so kann sie sehr ergiebige Nieder-

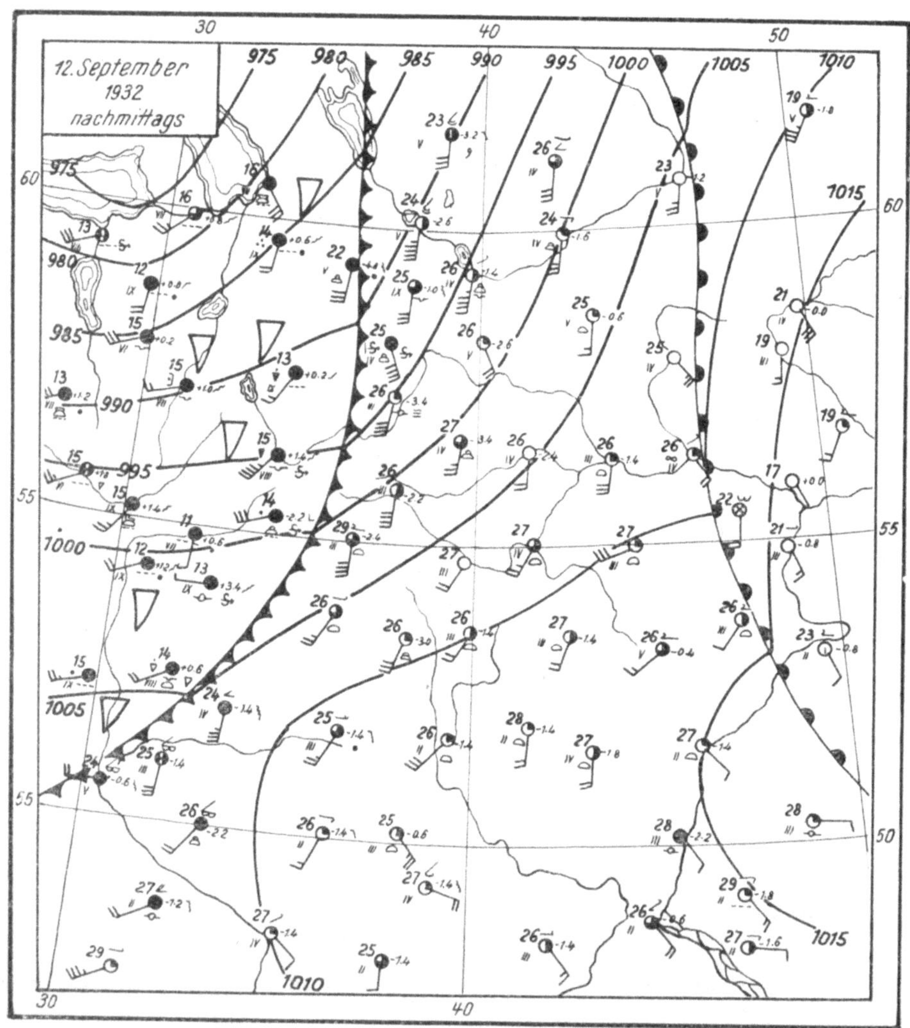

Abb. 98. Kontinentale Tropikluft (warme, aber feuchtlabile Masse).

schläge ausscheiden, welche infolge ihres halbkonvektiven Charakters allerdings unregelmäßig verteilt zu sein pflegen.[1] Aber auch in ihrem Inneren wird schon durch eine verhältnismäßig geringe allgemeine Abkühlung im Verlauf der Nordwärtsbewegung die hohe Feuchte dem Sättigungszustand nahegebracht und damit das Auftreten von Konvektionsvorgängen noch erleichtert (vgl. Ab-

---

[1] Zu analogen Erscheinungen, welche auf eine feuchtlabile Schichtung der vordringenden kontinentalen Tropikluft hinweisen, kann es zur Sommerzeit auch in Mitteleuropa im Bereich der retrograden Warmfront an deren Stirnseite kommen: zu lokalen Gußregen und Gewittern, welche aus SE bis NE heranziehen (sog. „*Ostgewitter*") und unter fühlbarer Schwüle das Tropikluftregime einleiten.

schnitt 51d). Im Herbst und Frühling dagegen kühlt sich die kontinentale Tropikluft bei ihrer Bewegung nordwärts über Rußland von unten her dermaßen ab, daß sich in ihr meist typische Merkmale einer Stabilität: Nebel, *St* und Nieseln geltend machen (siehe Abb. 99).

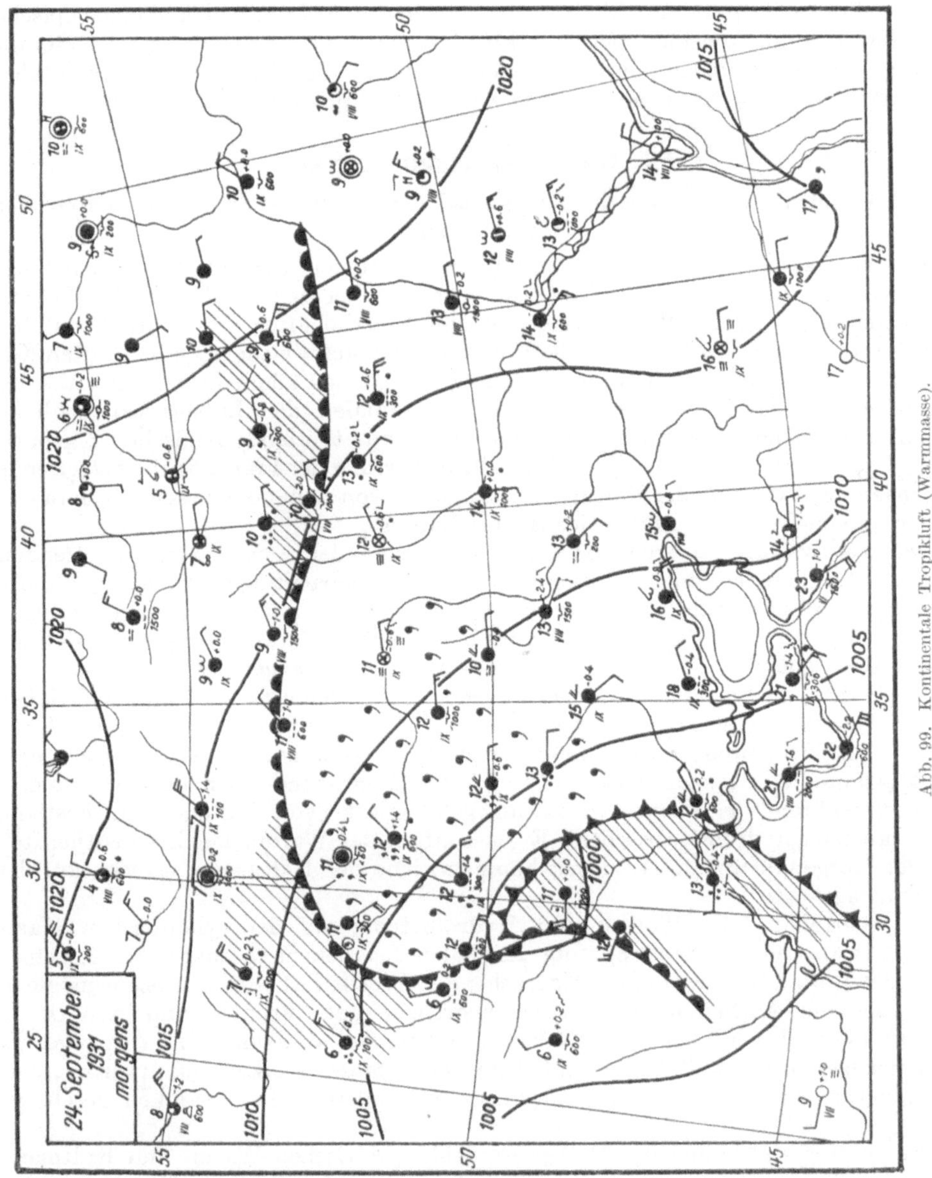

Abb. 99. Kontinentale Tropikluft (Warmmasse).

Wie schon aus Abschnitt 50 bekannt ist, sind die Trübungsfaktoren an den russischen Stationen in kontinentaler Tropikluft größer als in irgend einem anderen Luftmassentypus; dasselbe gilt selbstverständlich auch für die Werte der opaleszenten Trübung. Im europäischen Rußland, besonders in seinem Südosten, kann in kontinentaler Tropikluft mittelasiatischer Herkunft die Trübung durch Staub so stark werden, daß sie die horizontale Fernsicht bis auf einige wenige Kilometer herabsetzt.

Der Autor hat während der Sommermonate solche von feinstem Staub durchsetzte Luft bei östlichen Winden in Pjatigorsk beobachtet. Die Trübung hatte keinen opaleszenten Charakter, ihre Färbung war milchig weiß. Dieser unter dem Namen „Pomochi" bekannte Effekt ist im südosteuropäischen Rußland eine typische Begleiterscheinung kontinentaler Tropikluft. Noch stärker ist eine derartige Herabsetzung der Fernsicht in den mittelasiatischen Quellgebieten der kontinentalen Tropikluft, wo diese trockene Trübung sogar Nebeldichte erreichen kann.

54. Die Luftmassenanalyse.

Indirekt- und direkt-aerologische Behelfe bei der thermodynamischen Analyse der Luftmassen.

Um eine synoptische Karte zu analysieren, müssen wir auf ihr zunächst die einzelnen Luftmassen von einander abgrenzen, wobei uns nicht nur die Massenmerkmale selbst (d. h. die charakteristischen Eigenschaften der Luftmassen) behilflich sein werden, sondern auch die Frontenmerkmale, welche noch im fünften Kapitel zur Sprache kommen werden. Bei dieser Gelegenheit können wir bereits aus der Strömungsverteilung und schon aus den Merkmalen der Luftmassen Schlüsse ziehen auf deren geographischen Ursprung und thermodynamische Eigenart. Besonders wichtig bei der Analyse ist die Beantwortung der Frage, ob die betreffende Luftmasse eine Warm- oder Kaltmasse ist, denn davon hängt der jeweilige Charakter der dreidimensionalen Struktur der Atmosphäre ab.

Diese so wie alle übrigen, die dritte Dimension der Atmosphäre betreffenden Fragen wären am besten mit Hilfe aerologischer Beobachtungen zu lösen. *Direkte* aerologische Beobachtungen werden jedoch vorläufig noch nicht in genügender Zahl durchgeführt. In ihrer Ermanglung ist das brauchbarste Merkmal für die Feststellung des Luftmassentypus der *Charakter der Kondensationsvorgänge und -produkte.*

Nach den Ausführungen der vorhergehenden Abschnitte sind nämlich Nebel, *St* und Nieseln für eine Warmmasse, dagegen *Cu*, *Cb* und Schauer für eine Kaltmasse charakteristisch; ferner weisen über Land Bewölkung und Hydrometeore ihr Maximum in der Kaltmasse während der Tagesstunden, in der Warmmasse hingegen während der Nacht auf. Daraus geht u. a. hervor, daß über dem Festland die typischen „hydrometeorischen" Eigenschaften der Warmmasse am deutlichsten auf der Morgenkarte zum Ausdruck kommen, jene der Kaltmasse dagegen auf der Nachmittagskarte.

Die Verteilung der Wolken und Hydrometeore auf der synoptischen Karte vermittelt also eine Vorstellung vom vertikalen Temperaturcharakter der einzelnen Luftmassen und von den ihnen entsprechenden Wetterverhältnissen; sie ermöglicht aber auch ein Auffinden der Luftmassengrenzen oder Fronten und eine Orientierung über die an den Frontflächen auftretenden dynamischen Vorgänge. Es ist daher begreiflich, daß den verschiedenen Formen der Wolken und Hydrometeore im modernen synoptischen Chiffernschlüssel besondere Aufmerksamkeit geschenkt wird.

Ein weiteres Merkmal für die Unterscheidung zwischen Warm- und Kaltmasse kann der *Temperaturunterschied zwischen der bodennahen Luftschicht und der Erdoberfläche* selbst sein. Wie schon erwähnt, ist die Warmmasse wärmer als die Erdoberfläche oder höchstens gleich warm, die Kaltmasse dagegen kälter. Bezeichnen wir die Temperatur der Oberfläche mit T_S, so gilt also:

$$T_{WM} - T_S \geqq 0,$$
$$T_{KM} - T_S < 0.$$

Da die Temperatur der untersten Luftschicht über dem Festland wegen der beträchtlichen Tagesschwankung der Bodentemperatur sehr häufig nicht repräsentativ und die Meßgenauigkeit der Bodentemperatur überhaupt nicht groß ist, läßt sich dieses Kriterium nur bei Schiffsbeobachtungen mit hinreichender Genauigkeit verwenden. Nach BERGERON genügen auf dem Atlantischen Ozean Temperaturunterschiede der Größenordnung. von Zehntelgraden, um eine Unterscheidung zwischen den Luftmassen, und zwar vor allem zwischen der stabilen Tropikluft und labilen Polarluft zu ermöglichen. Es kann allerdings vorkommen, daß auch $T_{WM} - T_S < 0$ wird. Die Ursache dieser Abweichung von der Regel ist viel diskutiert, aber noch nicht eindeutig geklärt worden.

Auch die *Aufzeichnungen von Registrierinstrumenten* gestatten einen Rückschluß auf die thermodynamischen Eigenschaften der Luftmassen. So z. B. kommt auf Anemogrammen der turbulente Charakter der labilen Kaltluft in einer größeren Unruhe des Windgeschwindigkeitsverlaufes zum Ausdruck als der laminare Charakter der meist rasch strömenden, aber stabilen Warmluft. Entsprechende von der verschiedenen Turbulenz der Luftmasse abhängige Unterschiede weisen auch die Hygrogramme und Thermogramme von Hochseeschiffen auf (siehe Abb. 83 und 84). Schließlich sind Apparate zur Registrierung der atmosphärischen Störungen im Radioempfang konstruiert worden (BUREAU 1936, LUGEON u. NOBILE 1939). Ihre Aufzeichnungen ermöglichen überraschend genaue Rückschlüsse auf den thermodynamischen Charakter der Luftmasse, sogar bevor diese den Beobachtungsort erreicht hat.

Die Methode, nach von der Erdoberfläche aus festgestellten Anzeichen oder nach der Verteilung der Wetterfaktoren auf der Erdoberfläche — also ohne Zuhilfenahme aerologischer Beobachtungen — Schlüsse auf den räumlichen Aufbau der Atmosphäre zu ziehen, hat BERGERON „*indirekte Aerologie*" genannt (siehe Abschnitt 7). Mittels dieser Methode ist aber nicht nur eine Beurteilung der dreidimensionalen Struktur der Luftmassen, sondern auch der räumlichen Lage und der Eigenschaften der Fronten möglich.

Obwohl die indirekte Aerologie voraussichtlich noch lange Zeit in der synoptischen Praxis eine große Rolle spielen wird, ist sie natürlich nur ein Notbehelf als Ersatz für fehlende direkte aerologische Beobachtungen. Es ist klar, daß eine direkte aerologische Sondierung Details in der Verteilung und Wechselwirkung der Luftmassen aufdecken kann, welche in den Kondensationsformen oder in den Wetterverhältnissen am Erdboden überhaupt nicht zum Ausdruck kommen. Außerdem sind direkte Temperatur- und Feuchtigkeitsmessungen in der Höhe von größtem Wert für die Feststellung der geographischen Herkunft der Luftmasse; sind doch die meteorologischen Elemente nur in der freien Atmosphäre mehr oder weniger konservativ.

Ungeachtet der Verwendung indirekt-aerologischer Verfahren dringt daher in der letzten Zeit die Benutzung *direkt-aerologischer* Methoden immer weiter in die synoptische Praxis ein. Neben der Bearbeitung der Bodenwetterkarte werden daher schon heute in vielen meteorologischen Instituten auf Grund des aerologischen Aufstiegsmaterials die Höhenverteilung von Temperatur, Feuchtigkeit und äquivalentpotentieller Temperatur studiert und Profile durch die Atmosphäre gelegt. Der Ausbau des aerologischen Netzes und die Raschheit in der Übermittlung und Bearbeitung der aerologischen Beobachtungen werden zu Lebensfragen für den Wetterdienst. Ein Hilfsmittel der Aerologie von besonderem Wert ist heutzutage das *Flugzeug*. Die Vereinigten Staaten von Nordamerika hatten bis vor kurzem mehr als 20, die europäischen Staaten haben mit dem benachbarten Nordafrika mehr als 50 aerologische Flugzeugstationen in Betrieb, deren Aufstiege im Durchschnitt eine Höhe von 5—7 km erreichen. In der jüngsten Zeit findet ein weiteres aerologisches Hilfsmittel, die *Radiosonde*, steigende Verwendung. Sie bietet zwar nicht den Vorteil der Flugzeuge, auch durch eine Besatzung Augenbeobachtungen während des Meßfluges vornehmen zu können, aber sie ermöglicht ein Eindringen in die Stratosphäre (derzeit bis durchschnittlich 25 km Höhe) und die Auswertung der automatischen Messungen noch während des Aufstieges. Eine der letzten internationalen meteorologischen Konferenzen (Salzburg 1937) hat den Ausbau eines Netzes von ungefähr 50 Radiosondenstationen für Europa sowie eines analogen Netzes in den übrigen Weltteilen empfohlen. Die Flugzeugstationen in den Vereinigten Staaten werden bereits durch Radiosondenstationen ersetzt. Die Erkenntnis, daß mit den Gleichgewichtsstörungen der Troposphäre auch solche der Stratosphäre einhergehen (siehe Abschnitt 68), hat es wünschenswert erscheinen lassen, wenigstens auch die Zustandsänderungen der Substratosphäre dauernd evident zu führen.

Außer den aerologischen Beobachtungen sind — bei zweckmäßiger Verwertung — auch Beobachtungen von *Bergstationen* von großem Wert. Der Verlauf der meteorologischen Elemente auf den Berggipfeln ist allerdings erheblich von der Oberfläche des Bergmassivs beeinflußt und kann nicht ohne weiteres mit dem Zustand der freien Atmosphäre verglichen werden. Immerhin haben Bergobservatorien den Vorteil, daß ihre Registrierinstrumente eine dauernde Aufzeichnung der Erscheinungen an einer und derselben Stelle der Atmosphäre ermöglichen.

Schon im Abschnitt 7 war auf eine weitere „indirekte", von BERGERON vorgeschlagene Methode hingewiesen worden: auf die *„indirekte Bahnverfolgung"* zwecks Feststellung der geographischen Herkunft einer Luftmasse. Die direkte Bahnverfolgung auf der Karte scheitert meist an der zahlenmäßigen Unzulänglichkeit der Beobachtungen aus der freien Atmosphäre und vom Ozean. In solchen Fällen kann man aus den Eigenschaften der Luftmasse im gegebenen Augenblick auf deren Herkunft zurückschließen. So z. B. unterscheiden sich Arktik- und Tropikluft durch ihre charakteristischen Temperaturen: eine relativ hohe Feuchte der Arktikluft ist ein Anzeichen für ihre maritime Herkunft; die Tropikluft ist über dem Ozean gewöhnlich eine charakteristische Warmmasse, die Polarluft eine Kaltmasse usw. Häufig genügt ein Blick auf eine oder zwei Stationen im Bereich der gegebenen Luftmasse, um unter Berücksichtigung des betreffenden Gebiets sowie der Tages- und Jahreszeit zu entscheiden, ob es sich um maritime Polarluft oder kontinentale Tropikluft handelt.

Bei der Analyse lassen sich sämtliche, in den vorangegangenen Abschnitten enthaltenen Informationen über Ursprung und Eigenschaften der verschiedenen Luftmassen verwenden.

Literatur zu den Abschnitten 52 bis 54.

Übersicht über die charakteristischen Luftmasseneigenschaften:

West- und Mitteleuropa: SCHINZE 1932 (*2*), 1932 (*4*), 1932 (*5*), DINIES 1932, SCHINZE 1938.

Rußland: ASKNASIJ 1934 (*1*), CHROMOW 1935, (*1*), STREMOUSSOW 1935, BATSCHURINA-BLJUMINA-PETROWA 1936, A. POLJAKOWA (unveröffentlicht), ALISSOW 1936, ALISSOW (unveröffentlicht), DROSDOW 1936.

Nordamerika: WILLETT 1933 (*1*), 1938.

Andere Schriften über regionale Luftmasseneigenschaften siehe in der Literatur zu den Abschnitten 48 bis 51.

Weitere Arbeiten, die im Text zu den Abschnitten 52 bis 54, aber nicht in den früheren Abschnitten angeführt worden sind: FESSLER 1910, v. FICKER 1926, HERRMANN 1929, PALMÉN 1930, GREGOR 1931, RUNGE 1931 (*1*), OBRUTSCHEW 1931, WEICKMANN und MOLTSCHANOW 1931, BUREAU 1931, SEMMELHACK 1934, CHROMOW 1935 (*2*), MÄRZ 1936, v. FICKER 1936, BAKALOW 1939.

Fünftes Kapitel.

Die Fronten.

55. Allgemeine Begriffe.

Der Begriff der *Fronten* als geneigter Grenzflächen zwischen den troposphärischen Luftmassen ist schon in einleitenden Ausführungen dieses Buches erwähnt worden. Im vierten Kapitel wurde unter anderem die Frage der Bildung und Auflösung von Fronten im Rahmen der allgemeinen Zirkulation der Atmosphäre aufgerollt. Im vorliegenden Kapitel soll der Bau und die Entwicklung von Fronten genauer behandelt werden, nach einigen historischen Bemerkungen über den Frontenbegriff, welcher in der modernen dynamischen Meteorologie und in der synoptischen Analyse einen ganz besonders wichtigen Platz einnimmt.

a) Historischer Rückblick.

Als zu Beginn der Zwanzigerjahre dieses Jahrhunderts der Begriff der troposphärischen Fronten eingeführt wurde, löste dies allgemeine Überraschung aus, obgleich ihm die Meteorologie schon im vorigen Jahrhundert ganz nahe gekommen war. Der Verfasser der ersten Wolkenklassifikation, L. Howard, schrieb in seiner Arbeit „Über das Klima von London" (2. Auflage 1833) die nachfolgenden Zeilen (zitiert nach Dove, „Gesetz der Stürme"), welche ein den gegenwärtigen Anschauungen fast völlig entsprechendes Bild vom Vorbeizug einer Kalt- und einer Warmfront geben: „Wenn ich, nach einer drückenden feuchten Hitze und allmählicher Auftürmung von Gewitterwolken mit elektrischen Entladungen, eine Art von Eisstückchen aus der Wolke fallen sehe, dann starken Hagel und zuletzt Regen, wenn ich dann einen kalten West- oder Nordwind die Oberhand gewinnen sehe, so habe ich das Recht anzunehmen, daß der letztere als ein kalter Körper in Masse plötzlich und entschieden auf die warme Luft gewirkt hat, in der ich mich vor dem Unwetter befand. Wenn hingegen nach einem kalten trockenen Nordostwind der Himmel sich eintrübt und die ersten Regentropfen für das Gefühl warm sind, wenn dann nach einem heftigen Regenschauer die Luft unten warm und mild wird, so werde ich mit dem gleichen Rechte schließen, daß der südliche Wind den nördlichen verdrängt hat, indem er erst in der höheren Atmosphäre eintrat und im Verdrängen einen Teil seines Wassers durch Abkühlung verlor."

Bei Dove und Fitz-Roy findet sich zwar, wie schon früher erwähnt, eine klare Allgemeinvorstellung von den *Luftmassen*, von deren Gegeneinanderströmen und Zusammentreffen, aber der Begriff einer Front als Grenzfläche zwischen den Luftmassen fehlte ihnen noch. Allerdings konnte Dove im Anschluß an Howard aus langjährigen Beobachtungen feststellen, daß die Warmluft die Kaltluft zuerst in der Höhe und erst später am Boden verdrängt und daß sich die Ablösung von Kaltluft durch Warmluft in umgekehrter Reihenfolge vollzieht. Damit kam Dove der richtigen Erkenntnis, daß die Kaltluftströmung keilförmig unter die Warmluftströmung eingebettet ist, schon sehr nahe; auch gibt er eine Beschreibung der Wetteränderungen beim Luftmassenwechsel, wobei das Sprunghafte in der Änderung von Luftdruck und Wind betont wird.

Dagegen hatte Blasius 1875 bereits einen anschaulichen Begriff von der Front, der „Begegnungsfläche", und zwar namentlich von der *Polarfront* als Grenzfläche planetarischen Maßstabs zwischen Polar- und Tropikluft.

Ohne mit dem allgemeinen Zirkulationsmechanismus der Atmosphäre in Verbindung gesetzt zu werden, wurden *Kaltfronten* — damals *Böenlinien* genannt — erstmalig von Cl. Ley (1878, „Euridice Squall") synoptisch untersucht, bald darauf vor allem von W. Köppen, gegen Ende des Jahrhunderts in noch umfassenderer

Weise von E. DURAND-GRÉVILLE. Die Bedeutung der Kaltfront als Grenzfläche wurde dann, Gedankengängen von M. MARGULES 1905 folgend, eingehend von H. v. FICKER 1905, 1906 auseinandergesetzt bei der Erklärung alpiner Wetterwechsel.

Eine *warmfrontartige* Konvergenz von Luftströmungen im Inneren von Depressionen haben erstmalig N. SHAW und R. G. K. LEMPFERT im Jahre 1906 synoptisch festgestellt, allerdings gleichfalls ohne Rückschluß auf die allgemeine Bedeutung, die diesen Erscheinungen im Luftkreislauf zukommt. Weit allgemeinere Bedeutung haben bereits die Resultate von H. v. FICKER 1910, 1911 (*2*) über die Ausbreitung kalter und warmer Luft in Rußland und Nordasien; sie zeigen bereits die wellenförmige Abgrenzung zwischen den Kalt- und Warmluftmassen, die räumlich erfaßt wird, und enthalten die ersten Hinweise auf die Beziehungen derartiger Grenzflächen zum Aufbau der Tiefdruckgebiete, Erkenntnisse, die F. M. EXNER i. J. 1917 in erweiterter Form zur Untersuchung der Zyklonenbildung herangezogen hat.

Allen diesen sowie an sie anknüpfenden weiteren, im Prinzip analogen Ergebnissen sowie den Resultaten HELMHOLTZS, MARGULES' und V. BJERKNES' über die Theorie atmosphärischer Grenzflächen war eine umfassende Synthese erst gegen Ende des zweiten Dezenniums unseres Jahrhunderts beschieden: um diese Zeit waren es J. BJERKNES und H. SOLBERG, welche von V. BJERKNES angeregt, bei der synoptischen Untersuchung von Konvergenz- und Divergenzlinien in Luftdruckdepressionen die *Warm- und Kaltfronten* als organisch zusammengehörige Ausdrucksformen der allgemeinen atmosphärischen Strömungsverteilung erkannten. Durch ihre Arbeiten sowie durch die anschließenden Untersuchungen von T. BERGERON, E. CALWAGEN, E. PALMÉN, G. SCHINZE, J. VAN MIEGHEM u. v. a. ist im Lauf der letzten Jahre ein umfangreiches (in aerologischer Hinsicht freilich durchaus noch nicht erschöpfendes) empirisches Material über die *troposphärischen Fronten* zusammengetragen worden. Zu den besonderen Errungenschaften der letzten zehn Jahre gehört die Erklärung der *Frontolyse und Frontogenese* durch T. BERGERON. Auch die Theorie der den Warm- und Kaltfronten entsprechenden Grenzflächen hat in der letzten Zeit erhebliche Fortschritte gemacht (V. und J. BJERKNES, H. SOLBERG, S. PETTERSSEN, G. STÜVE, P. RAETHJEN u. a.). Die auf die Empirie und Theorie der Frontalstörungen bezüglichen Arbeiten werden erst im nächsten Kapitel zur Sprache kommen.

b) Front — Frontalzone — Frontalmasse.

Wie schon erwähnt, ist strömende Kaltluft unter strömende Warmluft in Form eines flachen Keils eingelagert. Die Grenzfläche zwischen beiden schneidet also die Erdoberfläche unter einem spitzen Winkel, dessen Tangente einfach *Neigung* genannt werden soll. Die Neigung hat die Größenordnung eines Hundertstel. In größeren Höhen ist die Neigung noch geringer, in den mittleren Schichten dagegen fallweise (bei einzelnen Kaltfronten) größer.

Da einer Neigung von 1 : 100 eine Hebung der Fläche von 1 km pro 100 km Entfernung entspricht, muß bei Darstellung von Fronten im Vertikalschnitt der Höhenmaßstab stets um ein Vielfaches überhalten werden; bei Zugrundelegung der natürlichen Proportionen hätte sonst selbst der Vertikalschnitt durch eine verhältnismäßig steile Front (1 : 50) das in Abb. 100 wiedergegebene Aussehen.

Mit dem Ausdruck „*Front*" soll des weiteren sowohl die Grenzfläche selbst als auch deren Schnittlinie mit der Erdoberfläche bezeichnet werden, woferne die Unterscheidung schon aus dem Dargelegten klar hervorgeht; nur dort, wo dies nicht der Fall ist, sollen auch die Bezeichnungen „*Frontfläche*" bzw. „*Frontlinie*" benutzt werden.

Stets ist zu berücksichtigen, daß die Bezeichnungen „Frontfläche" und „Frontlinie" insofern nur von bedingter Gültigkeit sind, als — wie schon erwähnt — die atmosphärischen Grenzflächen nicht den Charakter zweidimensionaler geometrischer Flächen haben. Man wird sie sich vielmehr stets als geneigte Übergangszonen von einer gewissen endlichen Dicke vorstellen müssen und spricht dann von „Frontalzonen". In ihnen wird das Profil der isothermen Flächen (T_1, T_2, ...) nicht den in Abb. 101 links dargestellten diskontinuierlichen, sondern den im Schema rechts abgebildeten kontinuierlichen Verlauf haben; daraus ergibt sich eine Konzentrierung der thermodynamischen Solenoide in der Frontalzone.

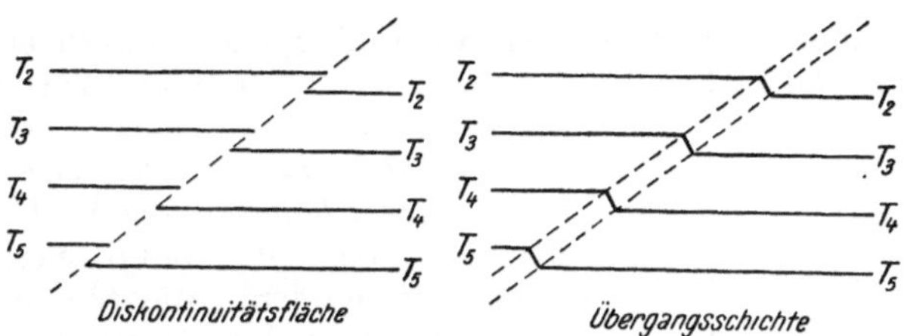

Abb. 101. Isotherme Flächen im Fall einer geometrisch scharfen Grenzfläche und einer wirklichen Front.

Im konkreten Fall (vgl. z. B. Abb. 26) sind natürlich die isothermen und isentropischen Flächen auch im Inneren der beiden Luftmassen selbst, vor allem unter dem Einfluß der mit zunehmender geographischer Breite abnehmenden Sonnenstrahlung, etwas geneigt. Die Übergangszone ist dann dadurch charakterisiert, daß in ihr die horizontalen Gradienten der meteorologischen Elemente größer sind als im Inneren der beiden Luftmassen. Überdies kommt es in der Frontalzone auch zu qualitativen Änderungen der Wetterfaktoren. Die Anhäufung thermodynamischer Solenoide in ihr ruft Zirkulationsbeschleunigungen hervor, welche das Aufgleiten der einen Luftmasse über die andere aufrecht erhalten kann. Die Folge ist eine Kondensation des Wasserdampfes mit Wolkenbildung und Niederschlägen.

In den bisherigen Ausführungen ist nicht gesagt worden, wie schmal eine Übergangszone werden muß, um bereits Front genannt werden zu können. BERGERON hat hierfür folgende Kriterien angegeben: Falls die Breite der Übergangszone in horizontaler Richtung die Größenordnung von Hektokilometern hat und daher auf der synoptischen Karte deutlich als zweidimensionales Gebilde erkennbar ist, so spricht man von einer *Frontalmasse*, d. i. von einer Luftmasse, die uneinheitlichen Charakter oder Übergangscharakter hat. Vorausgesetzt ist dabei allerdings, daß die Breite der Frontalmasse 1000 km nicht überschreitet, da sonst die horizontalen Temperaturgradienten in ihr ebenso gering werden wie innerhalb einheitlicher Luftmassen selbst.[1]

Falls anderseits die Übergangszone nur wenige Dekakilometer breit ist, so kann man — bei normaler Dichte des synoptischen Beobachtungsnetzes — ihren Schnitt mit der Erdoberfläche auf der Karte nicht mehr als

---

[1] Die Differenzen der potentiellen Temperaturen zwischen Hauptluftmassen (z. B. zwischen Tropik- und Polarluft) können eine Größenordnung von 10° haben. In einer Übergangszone von 1000 km Breite zwischen diesen Luftmassen würde der horizontale Temperaturgradient 1°/100 km betragen. Dies ist aber ein Wert, wie er auch außerhalb des Frontbereichs im Inneren einer Kaltmasse jederzeit vorkommen kann. Die Annahme einer Übergangszone von solcher Breite verliert also ihren Sinn.

zweidimensionales Gebilde unterscheiden. Man wird sie dann mit vollem Recht auf der Karte lediglich durch eine Linie — *Frontlinie* — veranschaulichen.

Die Unterscheidung zwischen Frontalmasse und Front hat also keinen streng theoretischen, sondern nur *praktischen* Sinn insofern, als sie durch die Dichte des Stationsnetzes und durch den Kartenmaßstab mitbestimmt wird.

BERGERON gibt folgende Größenordnung für Massen, Frontalmassen und Fronten an:

	Masse	Frontalmasse	Front
Größenordnung x (Länge)	10^6 m	10^6 m	10^6 m
„ y (Breite)	10^6 „	10^5 „	10^4 „

In der Troposphäre kommt es stets irgendwo und irgendwann zu einer „Verschärfung" von Frontalzonen in Fronten und umgekehrt zu einer „Verbreiterung" von Fronten in Frontalzonen; mit anderen Worten: *Frontalmassen bilden sich und verschwinden wieder.* Ein prinzipieller Unterschied zwischen Fronten und Frontalzonen ist demnach nicht vorhanden. Alle für die ersteren typischen physikalischen Prozesse finden sich auch bei den letzteren, allerdings in weniger charakteristischem und abgeschwächtem Ausmaß. Diese Prozesse hören allerdings ganz auf, wenn eine Frontalmasse zu breit wird. Aus diesem Grund soll im folgenden nur von scharfen Fronten gesprochen werden, wobei natürlich die Bezeichnungen „Fläche" und „Linie" nur bedingt zu verstehen sind. Ist die Front auf der Karte unscharf, so muß die Frontlinie so gezogen werden, daß die „Übergangsluft" auf der kalten Seite der Front bleibt. Dies erscheint dadurch gerechtfertigt, daß in der Kaltmasse die Temperaturverteilung in horizontaler Richtung überhaupt weniger einheitlich zu sein pflegt als in der Warmmasse.

c) Der Frontdurchgang in den Registrierungen.

Hätte eine Front den Charakter einer geometrisch scharfen Fläche mit einer Diskontinuität in den Feldern der meteorologischen Elemente, so käme es bei ihrem Durchgang zu einer völlig sprunghaften Änderung von Temperatur, Feuchtigkeit und Wind. Da die Front jedoch immer eine gewisse Breite hat, erfolgt jene Änderung in Wirklichkeit stets nur mehr oder weniger rasch. Immerhin gibt es viele Fälle, wo dieser Übergang in den Registrierungen so steil[1] erfolgt, daß man in demselben

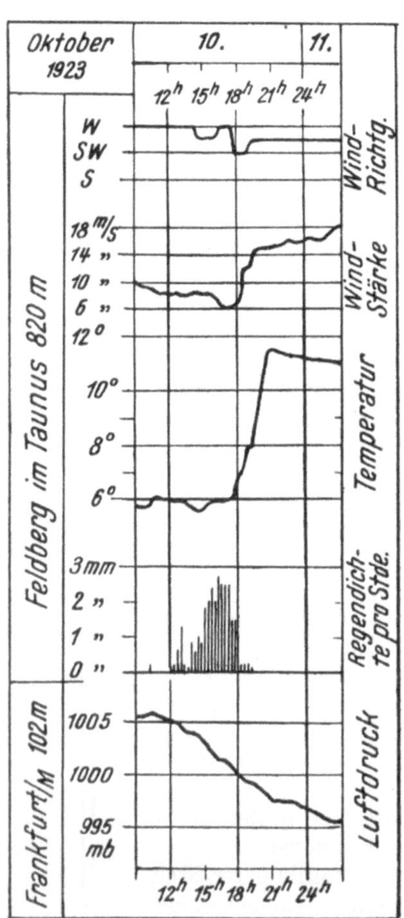

Abb. 102. Vorüberzug einer Warmfront in den Registrierungen von Frankfurt a. M. und am Feldberg i. T. am 10. Oktober 1923.

---

[1] Ist z. B. eine Frontalzone, welche Luftmassen mit 10° Temperaturunterschied voneinander trennt, 50 km breit und zieht sie mit 50 km/h Geschwindigkeit, so wird

bedingten Sinn, in welchem man von Fronten spricht, auch von einer *sprungweisen Änderung der meteorologischen Elemente* quer zur Front reden kann.

Einige Beispiele sollen zeigen, wie schroff die Änderungen im Verlauf der meteorologischen Elemente beim Durchzug einer Front sein können.

Die Größe des Temperatursprungs beim Vorüberzug einer Front kann natürlich sehr verschieden sein. Die Temperaturdifferenz zwischen den Hauptluftmassen hat zwar eine Größenordnung von 10°; Strahlungseinflüsse in den unteren Schichten können diesen Gegensatz jedoch erheblich verstärken. Anderseits können hier „maskierende Effekte" auftreten, welche den Temperaturunterschied beiderseits der Front geradezu auslöschen; der nichtrepräsentative Charakter der Temperaturmessungen in der bodennahen Schicht spielt hierbei eine wesentliche Rolle (vgl. Abschnitt 61). Grundsätzlich geringer pflegt der Temperatursprung beim Vorüberzug von sog. Okklusionsfronten (siehe Abschnitt 60) zu sein, was deren Analyse wesentlich erschwert.

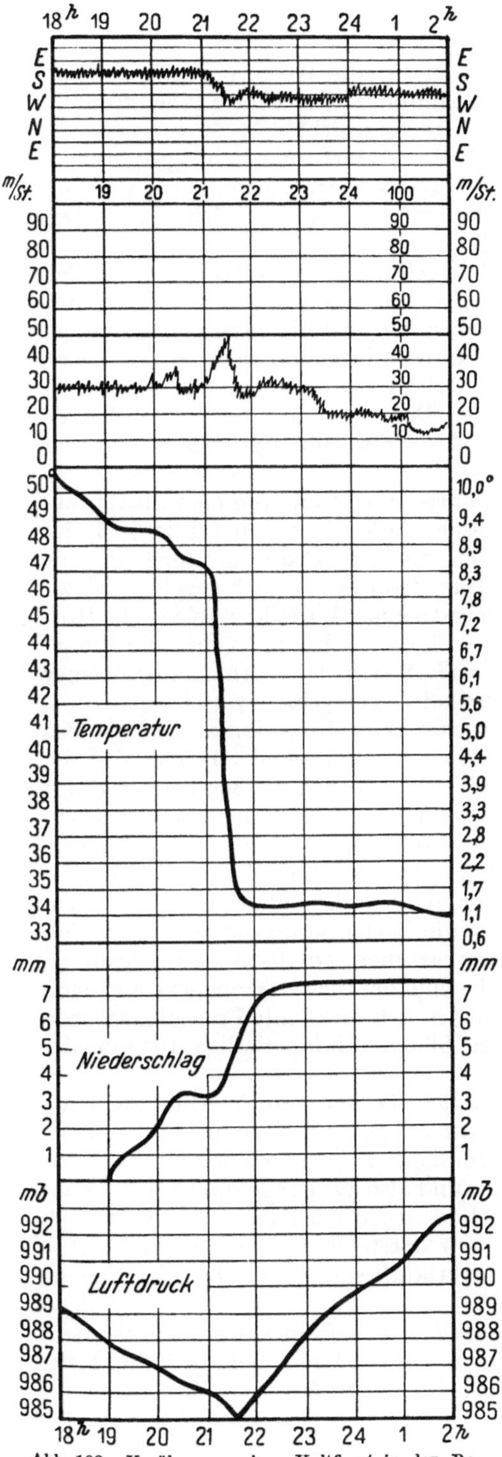

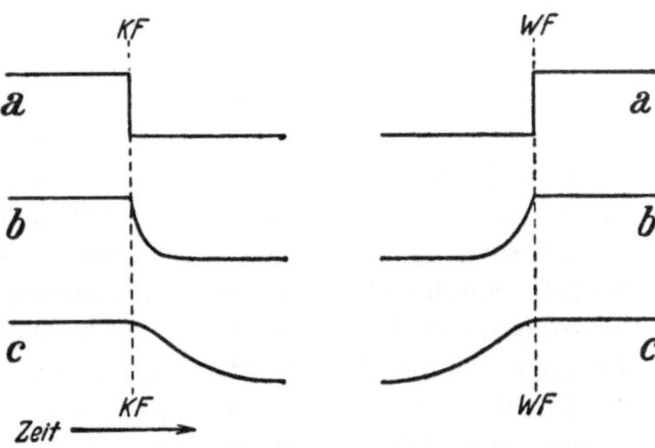

Abb. 104. Schematische Thermogramme beim Vorüberzug von Fronten verschiedener Schärfe.

Bei der Feststellung von Frontdurchgängen in Registrierungen ist, im Sinne einer früheren Bemerkung, eine etwa vorhandene Übergangszone in die Kaltmasse einzubeziehen, wie dies schematisch Abbildung 104 zeigt.

das Thermogramm bei ihrem Vorüberzug während einer Stunde eine Temperaturänderung von 10° verzeichnen, also ein sehr steiles Kurvenstück aufweisen.

Abb. 103. Vorübergang einer Kaltfront in den Registrierungen von Andover am 11. Februar 1925. (Nach J. Bjerknes 1930.)

d) Die Frontfläche. Hauptfronten und Nebenfronten.

Da die Frontlinie nur die Bodenschnittlinie der für die Wetterprozesse äußerst wichtigen Frontfläche ist, muß man sich zunächst hüten, auf der Karte Scheinfronten einzutragen, denen im Raum gar keine Frontfläche entspricht.

Solche *Scheinfronten* sind, wie in Abschnitt 46 erläutert, meist topographischer Herkunft. Sie entwickeln sich entweder über langgestreckten Küstenlinien, am arktischen Eisrand oder in der Nähe von Gebirgszügen; sie machen sich nur in den Temperaturverhältnissen der bodennächsten Luftschicht geltend und es entspricht ihnen in größerer Höhe keinerlei Sprung in der Verteilung der meteorologischen Elemente. Eine Ausnahme machen höchstens die Fronten an der arktischen Eiskante, die sich unter günstigen Umständen zu hochreichenden Arktikfronten von allerdings verschwommener Struktur ausbilden können. Ganz allgemein spielen solche topographische Frontogenesen eine untergeordnete Rolle gegenüber den kinematischen, welche allein, und zwar durch Einwirkung des Deformationsfeldes der Luftströmungen auf die Temperaturverteilung (siehe Abschnitt 46), dynamisch wichtige Fronten zu erzeugen vermögen.

Eine *dynamisch wichtige Front* muß sich aufwärts zum mindesten bis zum Hauptniveau der Kondensation erstrecken. Wir wissen, daß polare und arktische Luftmassen im allgemeinen einige Kilometer hoch reichen (Größenordnung 10^3 bis 10^4 m), manchmal bis in die Stratosphäre selbst; dadurch ist auch gegeben, bis zu welcher Höhe sich die zugehörigen Frontflächen erstrecken. Indirekt aerologische Hinweise auf das Vorhandensein einer Frontfläche in hohen Schichten geben die Frontwolken. In der aerologischen Zustandskurve äußert sich das Vorhandensein einer Front vor allem durch eine Störung in der vertikalen Temperaturverteilung.

Man hat früher erwartet, über den Fronten stets eine Inversion zu finden: dies ist nur selten der Fall. Gewöhnlich gleitet die Warmluft entlang der Fläche über die Kaltluft auf: sie kühlt sich dabei adiabatisch ab, weshalb sich im Bereich der Front der Temperaturunterschied zwischen ihr und der Kaltluft mit zunehmender Höhe verringert. Die Frontfläche ist daher meist nur durch eine Isothermie oder eine verlangsamte Temperaturabnahme gekennzeichnet. Gleichzeitig ist die relative Feuchtigkeit über der Grenzfläche höher als unter ihr, da sich die aufsteigende Luft dem Sättigungszustand nähert. Anders verhält sich die Sache, wenn die Warmluft über der Grenzfläche abgleitet; sie erfährt dabei eine zusätzliche adiabatische Erwärmung, so daß man beim Aufstieg durch die Grenzfläche eine deutliche Temperaturinversion findet. Solche Grenzflächen sind allerdings gewöhnlich nicht mit Fronten zwischen verschiedenen Luftmassen identisch, sondern sie bilden sich innerhalb antizyklonaler Luftmassen als Schrumpfungsinversionen.

Fronten zwischen den Hauptluftmassen (zwischen Tropik- und Polarluft, zwischen Polar- und Arktikluft) werden wir *Hauptfronten* nennen. Außerdem gibt es noch *Nebenfronten* (oder sekundäre Fronten), die sich innerhalb einer in horizontaler Richtung ziemlich einheitlichen Luftmasse ausbilden und also zwei Teile dieser Masse voneinander sondern, die ihren Eigenschaften und eventuell auch ihrer Herkunft nach etwas verschieden sind; innerhalb der Tropikluft entstehen sie wohl niemals, aber innerhalb einer labil geschichteten Polar- oder Arktikluft sind sie sehr häufig (namentlich sekundäre Kaltfronten).

Zu den Nebenfronten müssen auch die sog. *Okklusionsfronten* gerechnet werden, die entstehen, wenn durch die Zyklonentätigkeit zwei polare (oder arktische) Luftmassen aneinandergeführt werden (siehe sechstes Kapitel).

56. Dynamik der Fronten.

a) Aufgleitfront und Abgleitfront. Frontale Zirkulationsbewegungen.

Je nach der Verteilung der vertikalen Strömungskomponenten längs der Front unterscheidet man zwei Fronttypen. Die *Aufgleitfront* (von BERGERON *Anafront* genannt) mit einer Aufgleitbewegung der Warmluft und einer Abgleitbewegung der Kaltluft und die *Abgleitfront* (von BERGERON *Katafront* genannt) mit einer Abgleitbewegung der Warmluft und einer Aufgleitbewegung der Kaltluft. Die entsprechenden Flächen werden als *Aufgleitflächen* bzw. *Abgleitflächen* bezeichnet. Die frontalen Gleitbewegungen sind ihrem Wesen nach Zirkulationsbewegungen und bedingt durch die thermodynamischen Solenoide der Front.

Wie schon in Abschnitt 55b angedeutet, ist die spezifische Anzahl der thermodynamischen Solenoide, welche durch den Schnitt der isothermen Flächen mit den isentropischen Flächen entstehen, infolge der Gedrängtheit der letzteren in der Frontalzone um ein Vielfaches größer als im Innern jeder der beiden Luftmassen. Da nun — wie Erfahrung und Theorie zeigen — die Neigung der Aufgleitfronten eine Größenordnung von 1 : 100, jene der Abgleitfronten jedoch eine Größenordnung von 1 : 1000 hat, ist die spezifische Anzahl der Solenoide im ersteren Fall, wo die Volumeneinheit der Frontalzone von zahlreicheren isothermen Flächen durchsetzt wird, mehrere zehnmal größer als im Fall der (fast horizontalen) Abgleitfront. Außerdem rotieren in der Aufgleitfront die Solenoide im normalen Sinn (siehe Abschnitt 23a) und die durch sie hervorgerufene Zirkulationsbeschleunigung wird durch die Zusatzbeschleunigung der Erdrotation nicht aufgehoben; die potentielle Energie wird durch die Solenoide in kinetische Energie überführt. Anders bei der Abgleitfront: hier wird die Zirkulationsbeschleunigung der im entgegengesetzten Sinn rotierenden, wenig zahlreichen Solenoide durch den Einfluß der Erddrehung kompensiert, wodurch bereits vorhandene kinetische Energie aufgezehrt wird. In der Mitte liegt der Fall der *stationären Front*, wo die Luftströmungen keine vertikalen Beschleunigungskomponenten und keine frontnormalen, horizontalen Beschleunigungskomponenten aufweisen. In diesem Fall ist auch die Zirkulationsbeschleunigung gleich Null; die Einwirkungen der thermodynamischen Solenoide und der Erdrotation stehen miteinander im Gleichgewicht. Folglich fehlen hier frontale Gleitbewegungen. Die horizontalen Geschwindigkeitskomponenten normal auf die Front brauchen nicht unbedingt gleich Null zu sein, d. h. die Strömungen brauchen dabei nicht parallel zur Frontlinie zu verlaufen. Man kann sich einen Fall vorstellen, wo in beiden Massen gleiche und gleichgerichtete frontnormale Geschwindigkeitskomponenten vorhanden sind: dann wird sich die Front in einer bestimmten Richtung beschleunigungsfrei und ohne Änderung ihres Neigungswinkels verlagern. Für gewöhnlich versteht man allerdings unter

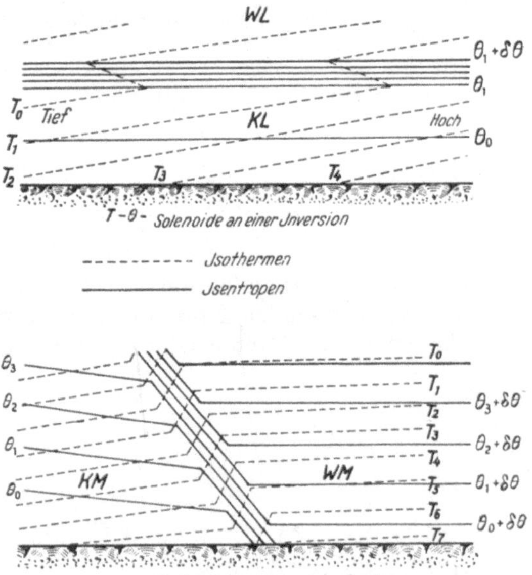

Abb. 105. Die thermodynamischen Solenoide im Fall einer steilen Aufgleitfront (unten) und einer fast horizontalen Abgleitfront (oben). (Nach BERGERON 1928.)

einer stationären Front eher den Spezialfall einer unbeweglichen Front mit zur Frontlinie parallelen Strömungen und in diesem Sinn soll der Begriff der stationären Front auch im weiteren gebraucht werden.

Unter sonst gleichen Bedingungen ist, wie im Teil d dieses Abschnitts gezeigt werden wird, der Neigungswinkel der Aufgleitfront größer und jener der Abgleitfront kleiner als der Neigungswinkel der stationären Front.

Die an einer *nichtstationären Front* auftretenden Gleitbewegungen sind bestrebt, durch Änderung der Flächenneigung einen stationären Gleichgewichtszustand herzustellen. Es ist dies lediglich eine Folge des Umstandes, daß die Gleitbewegungen in der Nähe der Erdoberfläche in Horizontalbewegungen übergehen müssen. So z. B. zieht sich im Fall einer Aufgleitfront mit Abgleitbewegung in der Kaltmasse der Kaltluftkeil in die Länge, sein Neigungswinkel verringert sich bis zu einem Wert, der dem Neigungswinkel einer stationären Front entspricht. Gleichzeitig nimmt auch die spezifische Zahl der Solenoide in der Frontalzone ab und nähert sich den Bedingungen des stationären Falls. Umgekehrt sind die Vorgänge an der Abgleitfront. Wäre die Frontfläche nicht (durch die Erdoberfläche) im Raum begrenzt, so würden die Gleitbewegungen bei sonst unveränderten Umständen ihre Neigung offenbar nicht dem stationären Zustand anzupassen versuchen.

Das Vorhandensein der Erdoberfläche bedingt ferner, daß die Gleitbewegungen auf eine verhältnismäßig schmale Schicht längs der Grenzfläche beschränkt bleiben, da zum Ersatz für die aufgleitende Luft frische Luft in horizontaler Richtung herangeschafft werden muß.

b) Gleichgewichtsbedingungen für eine stationäre Grenzfläche.

An der Grenzfläche, als geometrische Fläche aufgefaßt, muß offenbar folgende dynamische Bedingung erfüllt sein:

$$p_1\,(x,\,y,\,z,\,t) = p_2\,(x,\,y,\,z,\,t). \tag{1}$$

Dies bedeutet, daß auf jeden Punkt der Grenzfläche von beiden Seiten aus der gleiche Druck ausgeübt wird. Daher gilt

$$d\,p_1 = d\,p_2 \text{ oder } d\,p_1 - d\,p_2 = 0. \tag{2}$$

Im Fall des Vorhandenseins von Beschleunigungen, bei Einwirkung der Gradientkraft, der ablenkenden Kraft der Erdrotation und der Schwere, jedoch unter Vernachlässigung der Reibung sind die Bewegungsgleichungen der kälteren Luftmasse 1:

$$\dot{u}_1 = l\,v_1 - \frac{1}{\varrho_1}\,\frac{\partial p}{\partial x}$$

$$\dot{v}_1 = -\,l\,u_1 - \frac{1}{\varrho_1}\,\frac{\partial p}{\partial y} \tag{3}$$

$$\dot{w}_1 = -\,g - \frac{1}{\varrho_1}\,\frac{\partial p}{\partial z}.$$

Hier sind $\dot{u}_1$, $\dot{v}_1$, $\dot{w}_1$ die Beschleunigungskomponenten nach den drei Raumachsen (z. B. $\dot{u}_1 = \frac{\partial u_1}{\partial t}$ usw.); $l = 2\,\omega \sin \varphi$, wo ω die Winkelgeschwindigkeit der Erdrotation und φ die geographische Breite ist; die Glieder mit l sind Komponenten der ablenkenden Kraft der Erdrotation und die Wahl ihrer Vorzeichen ist durch die Wahl der positiven Richtung der Koordinatenachsen bedingt: Achse x — nach rechts, Achse y — nach rückwärts (hinter die Zeichenfläche), Achse z — nach aufwärts; g ist die Schwerebeschleunigung; endlich sind die letzten Glieder auf der rechten Seite aller Gleichungen die Komponenten der Gradientkraft.

Drei analoge Gleichungen gelten auch für die wärmere Masse 2:

$$\dot{u}_2 = l\,v_2 - \frac{1}{\varrho_2}\,\frac{\partial p}{\partial x}$$

$$\dot{v}_2 = -\,l\,u_2 - \frac{1}{\varrho_2}\,\frac{\partial p}{\partial y} \tag{4}$$

$$\dot{w}_2 = -\,g - \frac{1}{\varrho_2}\,\frac{\partial p}{\partial z}.$$

Multipliziert man die Gl. (3) mit $\varrho_1\,dx$ bzw. $\varrho_1\,dy$ und $\varrho_1\,dz$ und addiert sie und verfährt ebenso mit den Gl. (4) unter Benutzung der Faktoren $\varrho_2\,dx$, $\varrho_2\,dy$ und $\varrho_2\,dz$, so erhält man:

$$d\,p_1 = (l\,\varrho_1\,v_1 - \varrho_1\,\dot{u}_1)\,dx + (-\,l\,\varrho_1\,u_1 - \varrho_1\,\dot{v}_1)\,dy + (-\,\varrho_1\,g - \varrho_1\,\dot{w}_1)\,dz; \tag{5}$$

$$d\,p_2 = (l\,\varrho_2\,v_2 - \varrho_2\,\dot{u}_2)\,dx + (-\,l\,\varrho_2\,u_2 - \varrho_2\,\dot{v}_2)\,dy + (-\,\varrho_2\,g - \varrho_2\,\dot{w}_2)\,dz. \tag{6}$$

Daraus folgt mit Rücksicht auf Gl. (2):

$$[l\,(\varrho_1\,v_1 - \varrho_2\,v_2) - (\varrho_1\,\dot{u}_1 - \varrho_2\,\dot{u}_2)]\,dx + [-\,l\,(\varrho_1\,u_1 - \varrho_2\,u_2) - (\varrho_1\,\dot{v}_1 - \varrho_2\,\dot{v}_2)]\,dy -$$
$$-\,[g\,(\varrho_1 - \varrho_2) - (\varrho_1\,\dot{w}_1 - \varrho_2\,\dot{w}_2)]\,dz = 0. \tag{7}$$

Dies ist die *Differenzialgleichung der Grenzfläche*.

Aus ihr ergibt sich der Tangens des Neigungswinkels der Frontfläche zu den Koordinatenachsen:

$$\frac{dz}{dx} = \frac{l\,(\varrho_1\,v_1 - \varrho_2\,v_2) - (\varrho_1\,\dot{u}_1 - \varrho_2\,\dot{u}_2)}{g\,(\varrho_1 - \varrho_2) - (\varrho_1\,\dot{w}_1 - \varrho_2\,\dot{w}_2)}, \tag{8}$$

$$\frac{dz}{dy} = \frac{-\,l\,(\varrho_1\,u_1 - \varrho_2\,u_2) - (\varrho_1\,\dot{v}_1 - \varrho_2\,\dot{v}_2)}{g\,(\varrho_1 - \varrho_2) - (\varrho_1\,\dot{w}_1 - \varrho_2\,\dot{w}_2)}. \tag{8'}$$

Nimmt man an, die Grenzfläche sei zur y-Achse parallel (d. h. $\dfrac{dz}{dy} = 0$, siehe Abb. 106), so ist ihr Neigungswinkel zur Horizontalfläche $\operatorname{tg}\alpha = \dfrac{dz}{dx}$ lediglich bestimmt durch Gl. (8). Nimmt man weiter an, die Front sei stationär im Sinne der früher angeführten Definition ($\dot{u} = 0$, $\dot{w} = 0$, d. i. Beschleunigungsfreiheit entlang der Achsen x und z), so geht Gl. (8) über in:

$$\operatorname{tg}\alpha = \frac{l}{g}\,\frac{\varrho_1\,v_1 - \varrho_2\,v_2}{\varrho_1 - \varrho_2}. \tag{9}$$

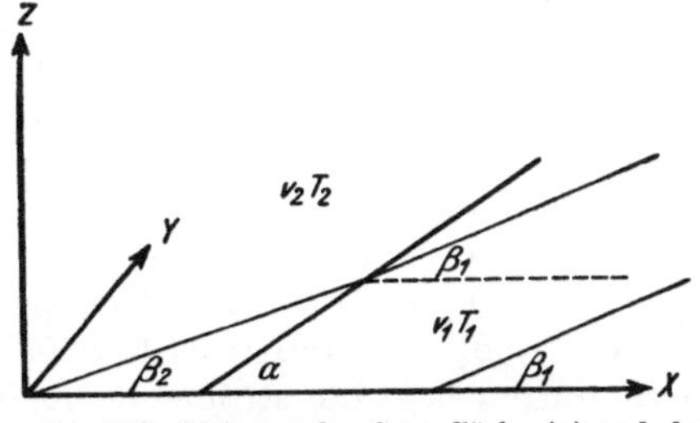

Abb. 106. Neigung der Grenzfläche (α) und der isobaren Flächen (β_1 und β_2).

Nach der Zustandsgleichung der Gase $\varrho = \dfrac{p}{R\,T}$ sind die Dichten umgekehrt proportional den Temperaturen; daher kann man die Gl. (9) folgendermaßen schreiben:

$$\operatorname{tg}\alpha = \frac{l}{g}\,\frac{T_2\,v_1 - T_1\,v_2}{T_2 - T_1}. \tag{10}$$

Dies ist die MARGULESsche *Gleichung für den Neigungswinkel einer stationären Front*.

Aus der Gl. (10) folgt zunächst, daß der Neigungswinkel der Grenzfläche dem Sinus der Breite proportional ist, d. h. daß er unter sonst gleichen Bedingungen am geringsten ($= 0$) ist am Äquator und am größten am Pol.

Setzt man in Gl. (10) $T_1 = T_m - \dfrac{\varDelta T}{2}$; $T_2 = T_m + \dfrac{\varDelta T}{2}$; $v_1 = v_m + \dfrac{\varDelta v}{2}$;

$v_2 = v_m - \dfrac{\varDelta v}{2}$, wobei durch den Index m die arithmetischen Mittel und durch das

Symbol Δ die Differenzen der Temperatur- und Geschwindigkeitswerte bezeichnet werden sollen, so erhält man die Margulessche Gleichung in der von A. Wegener entwickelten Form

$$\operatorname{tg} \alpha = \frac{l}{g}\,\frac{T_m}{\Delta T}\,\Delta v + \frac{l}{g}\,v_m. \tag{11}$$

Dies drückt aus, daß die *Grenzfläche um so steiler ist, je geringer die Temperaturdifferenz und je größer der Geschwindigkeitsunterschied der beiden Luftmassen ist.*

c) Neigung der isobaren Flächen im Bereich einer stationären Grenzfläche.

In die Margulessche Gleichung lassen wir nun die Ansätze für die Neigung der isobaren Flächen in den beiden Luftmassen eingehen. Unter der Voraussetzung, daß die Strömungen unbeschleunigt und parallel zur Achse y sind, sind auch die isobaren Flächen in jeder Masse parallel zur Achse y.

Die Gleichung der isobaren Fläche in der Masse 1 ist

$$d p_1 = 0. \tag{12}$$

Führt man diesen Ausdruck in Gl. (5) ein und berücksichtigt, daß voraussetzungsgemäß $\dot{u}_1$, $\dot{v}_1$, $\dot{w}_1$ gleich Null und $\dfrac{\partial p}{\partial y} = 0$, so erhält man für den Neigungswinkel der isobaren Flächen in der Masse 1

$$\frac{dz}{dx} = \operatorname{tg} \beta_1 = \frac{l}{g}\,v_1 \tag{13}$$

und analog für die Masse 2

$$\operatorname{tg} \beta_2 = \frac{l}{g}\,v_2. \tag{14}$$

Die Neigung der isobaren Flächen in jeder Masse ist folglich deren Geschwindigkeit proportional. Für den Fall $v_1 = v_2$, d. i. $\Delta v = 0$, verwandelt sich Gl. (11) in Gl. (13), d. h. bewegen sich beide Massen gleich rasch, so sind in ihnen die isobaren Flächen mit der Grenzfläche parallel. Für den Fall $v_1 = v_2 = 0$ ist $\operatorname{tg} \alpha = \operatorname{tg} \beta = 0$, d. h. befinden sich beide Massen im Ruhezustand, so verlaufen sowohl die Grenzfläche als auch die isobaren Flächen horizontal. Gewöhnlich schneidet jedoch die Grenzfläche die weniger steilen isobaren Flächen. Ein numerisches Beispiel: $\varphi = 45°$, $T_1 = 273°$, $T_2 = 283°$, $v_1 = 10$ m/sek, $v_2 = 0$. Dann ist $\operatorname{tg} \alpha = 0{,}0028 = 1:335$; $\alpha = 10'$; $\operatorname{tg} \beta_1 = 0{,}000105 = 1:9509$; $\beta_1 = 21''$, $\beta_2 = 0$; d. h. unter den gegebenen Bedingungen liegt die strömende Kaltluft unter der ruhenden Warmluft in Gestalt eines außerordentlich flachen Keils; auf 1 km Abstand senkrecht zur Frontlinie steigt die Grenzfläche nur um 3 m an. Noch kleiner ist die Neigung der isobaren Flächen.

Kennt man die Neigung der isobaren Flächen in jeder Masse, so kann man das Profil der Grenzfläche leicht graphisch ermitteln. Man veranschaulicht in einem Vertikalschnitt die den beiden Luftmassen zugehörigen isobaren Flächen durch Kurvenscharen. Die Linie, welche die Schnittpunkte jeweils gleichwertiger Isobaren miteinander verbindet, entspricht dem Profil der Grenzfläche.

Falls sich die Temperaturen und Windgeschwindigkeiten in den Luftmassen mit der Höhe ändern — und dies ist ja gewöhnlich der Fall —, so ändern sich mit der Höhe auch die Neigungswinkel; die Grenzfläche und die isobaren Flächen sind dann keine Ebenen mehr.

d) Charakter der Gleitvorgänge an nichtstationären Grenzflächen.

Schreibt man die Gl. (8) für die Grenzfläche im nichtstationären Fall in der Form:

$$(\varrho_1\,\dot{u}_1 - \varrho_2\,\dot{u}_2) - (\varrho_1\,\dot{w}_1 - \varrho_2\,\dot{w}_2)\,\operatorname{tg}\alpha = l\,(\varrho_1\,v_1 - \varrho_2\,v_2) - g\,(\varrho_1 - \varrho_2)\,\operatorname{tg}\alpha, \tag{15}$$

so kann man das Glied, welches w_1 und w_2 enthält, in Anbetracht der sog. kinematischen Grenzflächenbedingung zum Verschwinden bringen. Diese Bedingung sagt aus, daß die auf die Frontlinie normalen Geschwindigkeitskomponenten auf beiden Seiten der Fläche gleich groß und zu ihr tangential gerichtet sind, weil andernfalls an ihr eine Vernichtung oder Entstehung von Luftmassen stattfände. Wofern die Grenzfläche voraussetzungsgemäß parallel ist zur Achse y, gilt dann:

$$w_1 = u_1 \, \mathrm{tg}\, \alpha; \quad w_2 = u_2 \, \mathrm{tg}\, \alpha, \tag{16}$$

woraus

$$\dot{w}_1 = \dot{u}_1 \, \mathrm{tg}\, \alpha; \quad \dot{w}_2 = \dot{u}_2 \, \mathrm{tg}\, \alpha. \tag{17}$$

Setzt man diese Ausdrücke von $\dot{w}_1$ und $\dot{w}_2$ in die Gl. (15) ein, so kann man $\mathrm{tg}^2\, \alpha$ gegenüber $\mathrm{tg}\, \alpha$ vernachlässigen und erhält (J. BJERKNES 1924):

$$\varrho_1 \, \dot{u}_1 - \varrho_2 \, \dot{u}_2 = l \, (\varrho_1 \, v_1 - \varrho_2 \, v_2) - g \, (\varrho_1 - \varrho_2) \, \mathrm{tg}\, \alpha. \tag{18}$$

Dieser Gleichung kann man auf Grund der kinematischen Grenzflächenbedingung noch folgende weitere hinzufügen:

$$\varrho_1 \, \dot{w}_1 - \varrho_2 \, \dot{w}_2 = (\varrho_1 \, \dot{u}_1 - \varrho_2 \, \dot{u}_2 \,) \mathrm{tg}\, \alpha. \tag{19}$$

Um, bei Kenntnis des Neigungswinkels der Fläche sowie der Geschwindigkeiten und Dichten der an sie angrenzenden Luftmassen, aus den beiden Gl. (18) und (19) die Werte $\dot{u}_1$, $\dot{u}_2$, $\dot{w}_1$ und $\dot{w}_2$ ermitteln zu können, muß man noch eine von F. M. EXNER vorgeschlagene Ergänzungsbedingung einführen, nach welcher die Beschleunigungen in der warmen und in der kalten Luftmasse ihren absoluten Größen nach gleich und entgegengesetzt gerichtet sind: $\dot{u}_1 = - \dot{u}_2$; $\dot{w}_1 = - \dot{w}_2$. Unter dieser Voraussetzung ergibt sich aus Gl. (18):

$$\dot{u}_1 = - \dot{u}_2 = \frac{l \, (\varrho_1 \, v_1 - \varrho_2 \, v_2)}{\varrho_1 + \varrho_2} - \frac{g \, (\varrho_1 - \varrho_2)}{\varrho_1 + \varrho_2} \, \mathrm{tg}\, \alpha \tag{20}$$

und entsprechend

$$\dot{w}_1 = - \dot{w}_2 = \dot{u}_1 \, \mathrm{tg}\, \alpha = - \dot{u}_2 \, \mathrm{tg}\, \alpha. \tag{21}$$

Ersetzt man in Gl. (20) die Dichten durch die Temperaturen, so erhält man (F. M. EXNER 1924):

$$\dot{u}_1 = - \dot{u}_2 = l \, \frac{T_2 \, v_1 - T_1 \, v_2}{T_1 + T_2} + g \, \frac{T_1 - T_2}{T_1 + T_2} \, \mathrm{tg}\, \alpha. \tag{22}$$

Kombiniert man diese Gl. (22) mit Gl. (10) für die stationäre (im Gleichgewicht befindliche) Front, wobei man den Neigungswinkel der letzteren mit α_0 statt mit α bezeichnet, so erhält man (G. STÜVE 1925):

$$\dot{u}_1 = - \dot{u}_2 = g \, \frac{T_2 - T_1}{T_1 + T_2} \, (\mathrm{tg}\, \alpha_0 - \mathrm{tg}\, \alpha). \tag{23}$$

Ist $\alpha > \alpha_0$, so wird der Klammerausdruck und wegen $T_1 < T_2$ auch $\dot{u}_1$ negativ; gleichzeitig wird auch $\dot{w}_1$ negativ. Dagegen werden $\dot{u}_2$ und $\dot{w}_2$ positiv. D. h. *ist die Grenzfläche steiler, als es dem Gleichgewichtszustand für die stationäre Front entspricht, so liegt eine Aufgleitfläche vor*, mit gegen die Frontlinie und abwärts gerichteter Beschleunigung der Kaltmasse sowie gegen die Frontlinie und aufwärts gerichteter Beschleunigung der Warmmasse.

Im Fall $\alpha < \alpha_0$ jedoch, *wo die Grenzfläche weniger steil steht als es dem Gleichgewichtszustand für die stationäre Fläche entspricht, handelt es sich um eine Abgleitfläche*; die Beschleunigungen sind hier von der Frontlinie weg gerichtet, und zwar nach aufwärts in der Kaltmasse und nach abwärts in der Warmmasse.

Die Frontbezeichnungen richten sich somit in beiden Fällen nach der Gleitbewegung der Warmluft.

Wie schon im ersten Teil dieses Abschnitts erwähnt, sind die Gleitbewegungen sowohl an einer Aufgleitfront als auch an einer Abgleitfront bestrebt, die Neigung der Fläche so zu ändern, daß sie dem Gleichgewichtszustand der stationären Front entspricht.

e) Neigung der isentropischen Flächen im Bereich einer stationären Grenzfläche.

Aus der MARGULESschen Gl. (11) geht hervor, daß eine ursprünglich stationäre Fläche bei zunehmendem Geschwindigkeitsunterschied (Δv) oder bei abnehmendem Temperaturunterschied (ΔT) zwischen den Luftmassen sich in eine Abgleitfläche verwandelt, dagegen bei abnehmendem Δv oder zunehmendem ΔT in eine Aufgleitfläche.

Nun kann aber eine Vergrößerung von Δv entweder eine Vergrößerung oder eine Verringerung von ΔT zur Folge haben (und umgekehrt), je nachdem die Diskontinuitätsfläche steiler oder flacher liegt als die isentropischen Flächen.

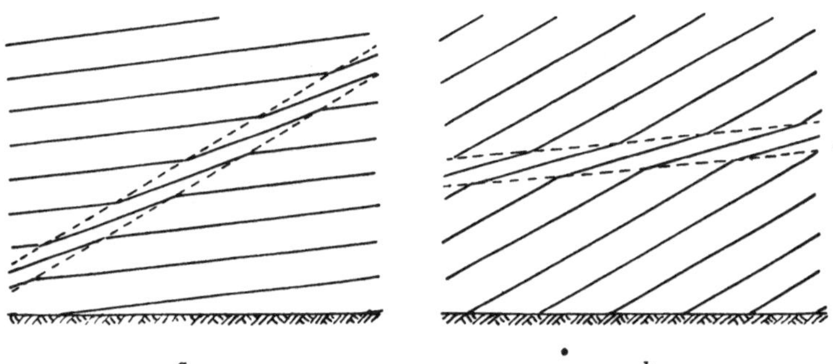

Ausgezogene Linien: isentropische Flächen, gestrichelt: Begrenzung der Frontalschicht.
Abb. 107. Frontalzone gegen den Erdboden steiler (*a*) und flacher (*b*) geneigt als die isentropischen Flächen.

Im ersteren Fall (Abb. 107a) entsteht infolge Anwachsens von Δv aus der stationären Fläche zunächst eine weniger steile Abgleitfläche; da nun infolge Aneinanderrückens der isentropischen Flächen innerhalb der Übergangsschicht der Temperatursprung ΔT zunimmt, sucht sich die Fläche wieder aufzurichten und dem ursprünglichen stationären Zustand anzupassen. Analog strebt eine durch Verringerung von Δv entstehende Aufgleitfläche alsbald wieder dem weniger steilen, stationären Ausgangszustand zu, weil der Temperaturunterschied längs der Front kleiner geworden ist.

Anders im zweiten Fall (Abb. 107b), wo die Diskontinuitätsfläche flacher liegt als die isentropischen Flächen. Hier führt eine Zunahme (Abnahme) von Δv einen endgültigen Übergang der stationären Front in eine flachere Abgleitfront (steilere Aufgleitfront) herbei, weil sich ΔT im entgegengesetzten Sinn ändert und daher die Wirkung von Δv verstärkt.

Verläuft schließlich die Grenzfläche zu den isentropischen Flächen parallel, so wird eine Abweichung des Δv von den Bedingungen des stationären Zustands keine Änderung von ΔT im Gefolge haben und somit konstante Beschleunigungen hervorrufen, welche die Vertikalbewegung aufrecht erhalten. Wenn man annimmt, daß größere Abweichungen von einem solchen stationären Zustand in Wirklichkeit nicht vorkommen, so folgt nach G. STÜVE 1925, daß alle Frontflächen annähernd parallel zu den isentropischen Flächen verlaufen. Dabei hat man unter isentropischen Flächen im Fall der Abgleitfront Flächen gleicher potentieller Temperaturen, im Fall der mit Dampfkondensation verbundenen Aufgleitfläche dagegen Flächen gleicher äquivalentpotentieller Temperaturen zu verstehen.

f) Analyse der Luftbewegungen an der Frontfläche.

Eine Übersicht der Verteilung der Strömungskomponenten an der Aufgleitfront und an der Abgleitfront, in bezug sowohl auf die Frontfläche als auch auf die Erdoberfläche gibt Abb. 108 nach T. BERGERON 1934 (2). Hier sind die Geschwindigkeitskomponenten, welche in die zur Frontlinie normale Vertikalfläche fallen, folgendermaßen gekennzeichnet: Die schrägen, dünn ausgezogenen Pfeile stellen die Bewegungskomponenten parallel zur Fläche in bezug auf ein mit ihr fest verbundenes Koordinatensystem vor. Hierzu kommt, in Form dünn ausgezogener Horizontalpfeile, eine weitere Komponente, nämlich die allgemeine Translationsbewegung des Systems. Beide Komponenten geben als Resultierende die Bewegungskomponente in bezug auf die Erdoberfläche, u. zw. versinnlicht durch vollausgezogene Pfeile für die Kaltluft und durch Doppelpfeile für die Warmluft. Die Schemata *a* und *b* betreffen zwei Typen der Aufgleitfront, die Schemata *c* und *d* zwei Typen der Abgleitfront.

Im Fall 108a *(Warmfront als Aufgleitfront)* gleitet die Warmluft in rascher Bewegung aktiv über die Grenzfläche auf *(„aktive Aufgleitfläche")*. Da diese gleichzeitig selbst mit dem Kaltluftkeil zurückweicht, ist der Neigungswinkel der Warmluftströmung gegen die Erdoberfläche kleiner als jener der Grenzfläche. In der Kaltmasse sinkt die Luft ab.

Im Fall 108b *(Kaltfront als Aufgleitfront)* dringt der Kaltluftkeil rascher vor, als die sich vor ihm zurückziehende Warmluft; diese wird daher passiv gehoben unter einem Winkel der bedeutend steiler ist als jener der Frontfläche *(„passive Aufgleitfläche")*. Diesen Typus nennt BERGERON *„Kaltfront erster Art"*.

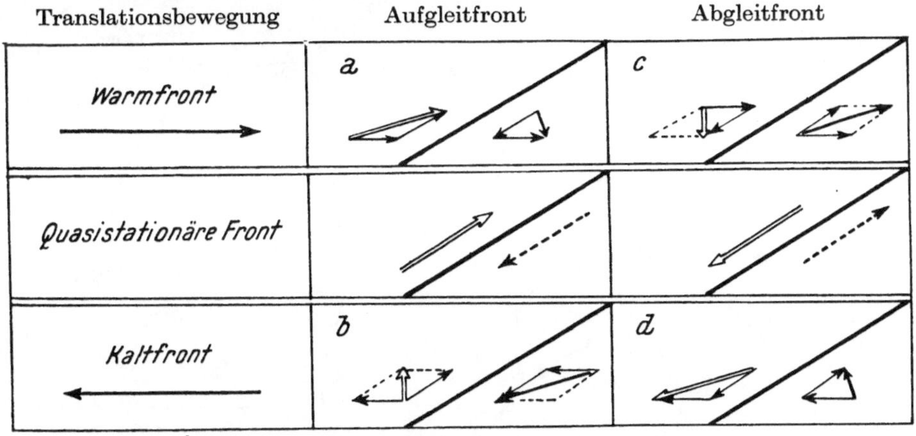

Abb. 108. Die vier Typen fortschreitender Fronten.

Im Fall 108c *(Warmfront als Abgleitfront)* bewegt sich die Warmluft von links nach rechts langsamer als die abströmende Kaltluft und sinkt daher passiv herab *(„passive Abgleitfläche")*.

Im Fall 108d *(Kaltfront als Abgleitfront)* strömt die Warmluft rascher als der vordringende Kaltluftkeil und gleitet daher an seiner Begrenzungsfläche aktiv herab *(„aktive Abgleitfläche")*.

Die *Aufgleitfronten spielen im Wettergeschehen offenkundig die Hauptrolle.* In der Regel schneidet ihre Fläche die Erdoberfläche, weshalb ihr Durchzug sich auch am Boden durch wichtige Änderungen im Verlauf der meteorologischen Elemente äußert. Außerdem verursacht das frontale Aufgleiten der Warmluft vor allem in den zyklonalen Gebieten die Ausbildung von Wolkensystemen und die Ausscheidung von Niederschlägen.

Die Abgleitfronten dagegen erreichen den Boden meist nicht; ihre unteren Teile lösen sich entweder durch Strömungsdivergenz auf oder gehen, unter Vergrößerung der Flächenneigung, in Aufgleitfronten über. Infolgedessen finden sich Abgleitfronten

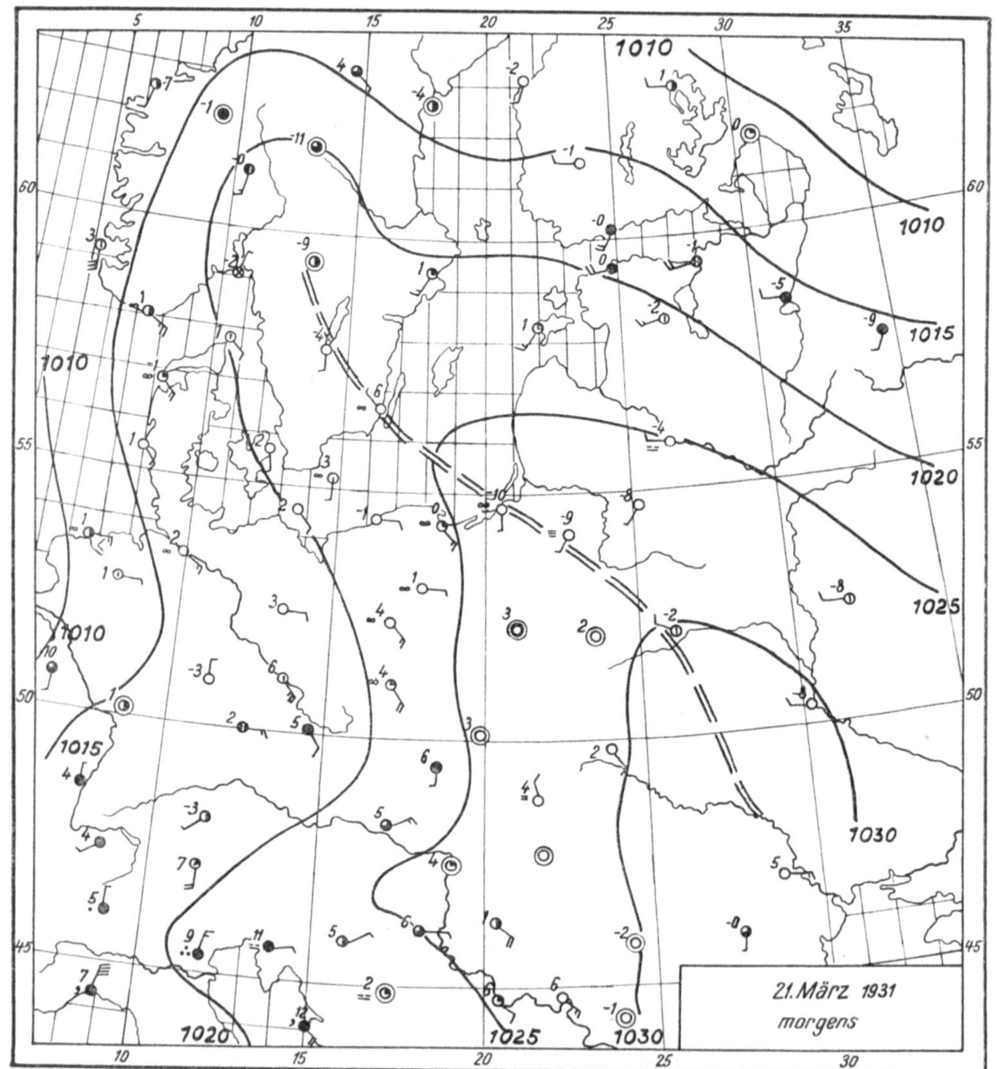

Abb. 109. Schnitt einer Abgleitfront mit dem Erdboden am 21. März 1931.

vorwiegend nur im oberen Teil einiger Kaltfronten, der sog. „*Kaltfronten zweiter Art*" nach BERGERON (siehe Abschnitt 59). Eine in Warmluft eingebettete Kaltluftmasse (siehe Abb. 183) ist somit nach oben zu durch eine quasihorizontale Abgleitfront begrenzt, welche gegen die Peripherie zu abfallend in eine Aufgleit-Kaltfront bzw. Aufgleit-Warmfront übergeht.[1]

Schneidet, vorwiegend innerhalb antizyklonaler Gebiete, eine Abgleitfront den Erdboden dennoch, so bildet sie auf der synoptischen Karte eine verschwommene Zone

---

[1] Auch die Flächen von Schrumpfungsinversionen innerhalb einer Luftmasse haben den Charakter von Abgleitfronten.

mit einseitiger Divergenz der Stromlinien ab (Abb. 109). Da sich die Luft beim Abgleiten über der Fläche durch Erwärmung vom Sättigungszustand entfernt, sind solche Abgleitfronten frei von Wolken- und Niederschlagssystemen.

In der letzten Zeit hat RAETHJEN dem Gedanken Ausdruck gegeben, daß die Gleitbewegung der Übergangszone zwischen Luftmassen völlig analog ist der Vertikalbewegung einer isolierten Masse innerhalb einer ruhenden Atmosphäre: in beiden Fällen liegt eine Transformation von Labilitätsenergie vor, weshalb die Bewegung als durch die vertikale Temperaturverteilung bestimmt angesehen werden kann (siehe Abschnitt 58 b).

g) Das barische Feld im Frontbereich.

Versucht man alle überhaupt möglichen Typen der Druckverteilung im Frontbereich schematisch darzustellen, so muß man von folgenden Grundsätzen ausgehen:

a) In der warmen (weniger dichten) Luft ist der Vertikalabstand zwischen den isobaren Flächen größer als in der kalten (dichteren) Luft, in Übereinstimmung mit der statischen Grundgleichung

$$\frac{dp}{dz} = -g\varrho.$$

b) Die Luft strömt stets so, daß der tiefere Druck links bleibt (BUYS-BALLOTsches Gesetz).

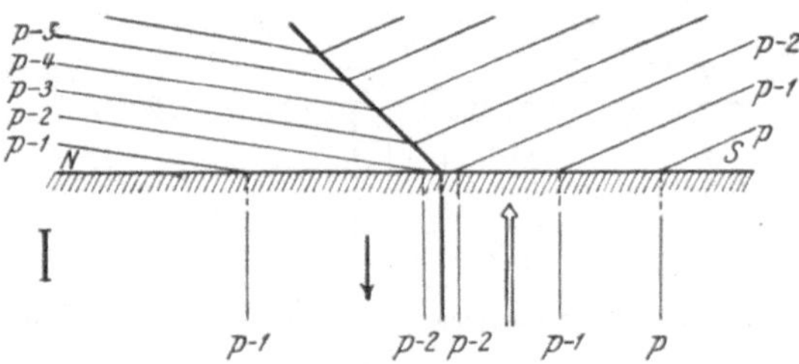

Ferner sollen noch folgende Annahmen gemacht werden: Die Isobaren seien in horizontaler Fläche zur Frontlinie parallele Gerade; die Strömungen beiderseits der Front seien stationär und von der Bodenreibung unbeeinflußt, so daß sie isobaren- und frontparallel verlaufen; die Kaltluft liege im Norden, die Grenzfläche steige also von Süden (rechts) gegen Norden (links) an — vgl. Abb. 110.

Es sind dann folgende drei Hauptfälle möglich:

1. *Ostströmung in der Kaltluft, Westströmung in der Warmluft*; der Luftdruck nimmt von beiden Seiten aus gegen die Front ab (Abbildung 110, I).

2. *Westströmung in der Kaltluft, stärkere Westströmung in der Warmluft*; der Druck nimmt in Richtung auf die Front von Süden her stark ab, von Norden her leicht zu (Abb. 110, II). Spezialfall: Windstille und keine Druckunterschiede,

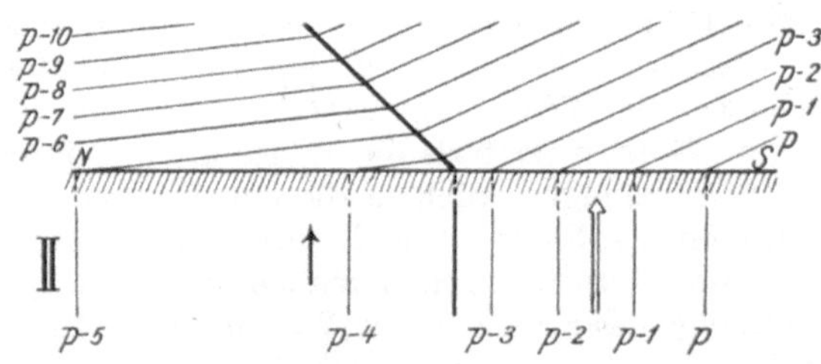

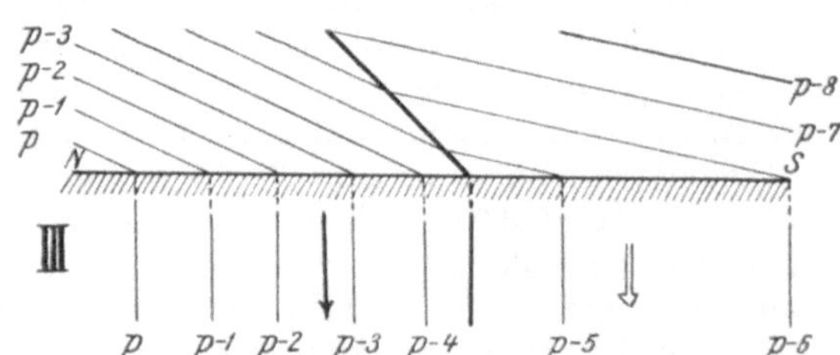

Abb. 110. Die drei Hauptfälle der Frontlage im barischen Feld.

daher horizontale Lage der isobaren Flächen, in der Kaltluft (Abb. 111, I).

3. *Ostströmung in der Kaltluft, schwächere Ostströmung in der Warmluft*; der Druck nimmt in Richtung auf die Front von Norden her stark ab, von Süden her leicht zu (Abb. 110, III). Spezialfall: Windstille und keine Druckunterschiede,

infolgedessen horizontaler Verlauf der isobaren Flächen, in der Warmluft (Abb. 111, II).

Andere Kombinationen einer Strömungsverteilung längs der Front sind unmöglich (wie z. B. etwa Westströmung in der Kaltluft bei Ostströmung in der Warmluft). Die obigen drei Hauptfälle, von denen sich übrigens Fall 2 und 3 durch Superposition einer westlichen bzw. östlichen Grundströmung sowie einer entsprechenden allgemeinen Druckabnahme gegen Norden bzw. gegen Süden aus dem Fall 1 ableiten lassen, weisen folgende Gemeinsamkeiten auf:

I. *Bewegt man sich mit der Kaltluft und blickt gegen die Warmluft, so erscheint deren Bewegung (auf der Nordhalbkugel) von rechts nach links gerichtet.*

Dem obigen Fall 1 entspricht im barischen Feld eine Rinne mit beiderseits von der Front ansteigendem Druck. Faßt man diesen Begriff relativ auf, indem man ihn durch Einführung eines allgemeinen barischen Zusatzgradienten auch auf die Fälle 2 und 3 erweitert, so kann man sagen:

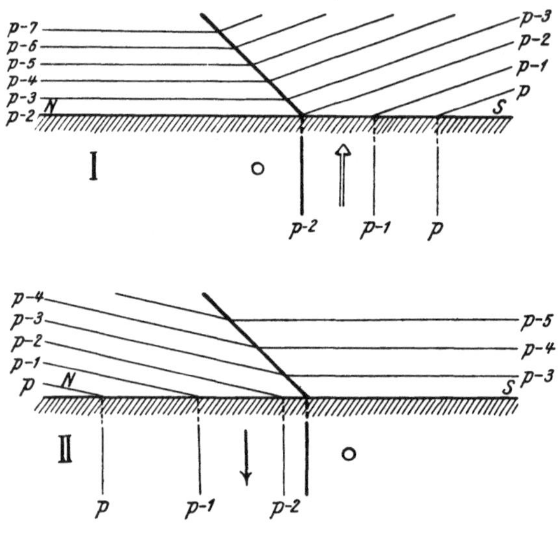
Abb. 111. Zwei Sonderfälle der Frontlage im barischen Feld.

II. *Die Front wird im barischen Feld durch eine Rinne charakterisiert.*

Eine Front kann also z. B. niemals mit der Achse eines (absoluten oder relativen) „Rückens" im barischen Feld zusammenfallen.

Natürlich kann man in den drei Schemata der Abb. 110 Süden mit Norden und gleichzeitig Westen mit Osten vertauschen für den Fall, daß die Kaltluft in niedrigeren Breiten liegt als die Warmluft und ihre gemeinsame Grenzfläche daher gegen Süden ansteigt. Auch in diesem durchaus nicht seltenen Fall behalten die soeben abgeleiteten Sätze I und II ihre volle Gültigkeit.

Am häufigsten findet man freilich synoptische Bedingungen, die an die Voraussetzungen der Fälle 1 und 2 erinnern, d. h. bei nordwärts ansteigender Grenzfläche entweder eine östliche Kaltluft- und eine westliche Warmluftströmung, oder aber eine westliche Kaltluft- und eine noch stärkere westliche Warmluftströmung. Der erstere Fall trifft gewöhnlich zu für die Arktikfront zwischen einer kontinentalen und einer polaren Antizyklone, der zweite Fall für die atlantische Polarfront zwischen der Azoren-Antizyklone und der Island-Zyklone.

Die Wirklichkeit bringt allerdings zahlreiche Abweichungen von den oben erwähnten vereinfachenden Voraussetzungen. Zunächst verlaufen die Luftströmungen, namentlich in einer zyklonalen Störung, nicht frontparallel und im Zusammenhang damit ist auch die Frontfläche nicht stationär, sondern sie verschiebt sich mit dem Kaltluftkeil in einer bestimmten Richtung. Ebenso sind die Isobaren auf der Karte meist nicht parallel zur Frontlinie, sondern schneiden sie. Sie biegen an ihr mehr oder minder scharf um, und zwar stets so, daß der Wind beim Übergang aus der präfrontalen in die postfrontale Strömung nach rechts dreht.

An einer scharfen Front erfahren die Isobaren einen *Knick*, an einer verschwommenen dagegen nur eine mehr oder weniger ausgeprägte *Biegung*. Dabei laufen die Isobaren die Front auf der Warmluftseite beinahe geradlinig an;

auf der Kaltluftseite nähern sie sich ihr mit stärkerer oder schwächerer Krümmung.

Kommt es dennoch vor, daß die Isobaren frontparallel sind, so gilt dasselbe nicht von den Luftströmungen in den unteren Luftschichten, wo die Reibung den Wind stets auf den tieferen Luftdruck zu ablenkt. Infolgedessen gleitet auch an einer stationären Front die Warmluft etwas über den Kaltluftkeil auf. Die dabei auftretenden Niederschläge stehen jedoch an Ergiebigkeit erheblich zurück hinter den Niederschlägen beweglicher Fronten, die in den nächsten Abschnitten eingehender behandelt werden sollen.

57. Fortschreitende Fronten.

a) Haupttypen und Bewegungsregeln.

Man kann zwei Haupttypen fortschreitender Fronten unterscheiden: Die Warmfront und die Kaltfront.

Wenn sich eine Front so bewegt, daß die Warmluft immer mehr in den bisher von der Kaltluft eingenommenen Raum ausgreift, so spricht man von einer *Warmfront*. Die Kaltluft hat dabei eine zur Frontlinie normale und von ihr weg gerichtete Bewegungskomponente. Der Durchzug der Front ist mit einer Erwärmung verbunden. Falls sich dagegen eine Front so bewegt, daß die Kaltluft längs der Erdoberfläche immer mehr an Raum gewinnt, so nennt man sie *Kaltfront*. Ihr Durchzug bringt eine Abkühlung. Die Kaltluft hat hier eine zur Frontlinie normale und auf sie zu gerichtete Bewegungskomponente. Man könnte auch im Fall der Warmfront von einem abziehenden und im Fall der Kaltfront von einem vorrückenden Kaltluftkeil sprechen.

Auch die *komplexen Fronten* oder sog. *Okklusionsfronten*, die noch im Abschnitt 60 näher behandelt werden sollen, können auf einen der beiden angeführten Typen zurückgeführt werden je nach dem Temperatureffekt, welchen ihr Durchzug an der Erdoberfläche hervorruft; tritt Erwärmung ein, so liegt eine Okklusion von Warmfrontcharakter vor; im Fall der Abkühlung eine Okklusion von Kaltfrontcharakter.

Die Bewegung der Front wird offenbar bestimmt durch die Bewegung des Kaltluftkeils in der zur Frontlinie normalen Richtung; mit anderen Worten, die Front bewegt sich mit der Geschwindigkeit der auf die Front normalen Windkomponente in der Kaltluft. Hierbei ist allerdings nicht der Wind in den unteren Schichten maßgebend, da er durch Reibung verlangsamt ist und hinter der *allgemeinen* Bewegung des Kaltluftkeils mehr oder weniger zurückbleibt, sondern vielmehr der Wind über dem Reibungsniveau; ihm entspricht angenähert der aus den Isobaren im Meeresniveau berechnete Gradientwind. Die frontnormale Gradientwindkomponente ist erheblich und die Front schreitet somit rasch fort, wenn die Front ein dichtgedrängtes Isobarenfeld ungefähr unter einem rechten Winkel schneidet. Eine isobarenparallele Front ist dagegen fast stationär und weist höchstens eine langsame Verschiebung in der Richtung des Druckfalles (d. i. negativer Tendenzen) auf, wie aus den unten angeführten Formeln ersichtlich.

Giâo hat für die Geschwindigkeit der Grenzfläche folgende Formel erhalten (in der Wiedergabe nach Petterssen):

$$C_f = -\frac{\dfrac{\partial p_1}{\partial t} - \dfrac{\partial p_2}{\partial t}}{\dfrac{\partial p_1}{\partial x} - \dfrac{\partial p_2}{\partial x}}. \tag{1}$$

Diese Formel verbindet C_f — die Geschwindigkeit eines Frontelementes längs der Achse x im gegebenen Augenblick — mit Ableitungen des Drucks beiderseits der Front nach der Zeit t und nach der Achse x. Annähernd kann man statt $\frac{\partial p_1}{\partial t}$ und $\frac{\partial p_2}{\partial t}$ die dreistündigen barischen Tendenzen in zwei beiderseits und in genügender Nähe der Front gelegenen Punkten nehmen und die barischen Aszendenten $\frac{\partial p_1}{\partial x}$ und $\frac{\partial p_2}{\partial x}$ wie gewöhnlich auf eine endliche Entfernung, z. B. auf die Länge eines Äquatorgrades beziehen. Die Achse x muß normal zur Front genommen werden, und zwar positiv in der Richtung von der kalten Luft zur warmen.

Angenommen, die frontnormale Komponente des barischen Aszendenten betrage z. B. in der Kaltluft hinter der Kaltfront $\frac{\partial p_1}{\partial x} = -3$ mb auf einen Äquatorgrad; die analoge Komponente vor der Kaltfront betrage $\frac{\partial p_2}{\partial x} = +2$ mb; die Tendenz hinter der Front sei $\frac{\partial p_1}{\partial t} = +4$ mb/3 Std. und vor der Front $\frac{\partial p_2}{\partial t} = -2$ mb/3 Std., so folgt $C_f = -\dfrac{4+2}{-3-2} = 1{,}2$ Äquatorgrad/3 Std. $= 0{,}4°$/Std.

Das positive Vorzeichen des Ergebnisses sagt aus, daß die Geschwindigkeit in diesem Fall auf die Warmluft zu gerichtet ist (es handelt sich ja voraussetzungsgemäß um eine Kaltfront).

Aus der Gl. (1) ist ersichtlich, daß $C_f = 0$ wird, wenn die Tendenzen auf beiden Seiten der Front gleich sind: der Fall einer stationären Front.

Für die Beschleunigung eines Elementes der Grenzfläche ist folgende Gleichung berechnet worden:

$$A_f = -\frac{\left(\dfrac{\partial^2 p_1}{\partial t^2} - \dfrac{\partial^2 p_2}{\partial t^2}\right) + 2 C_f\left(\dfrac{\partial^2 p_1}{\partial x\,\partial t} - \dfrac{\partial^2 p_2}{\partial x\,\partial t}\right) + C_f^{\,2}\left(\dfrac{\partial^2 p_1}{\partial x^2} - \dfrac{\partial^2 p_2}{\partial x^2}\right)}{\dfrac{\partial p_1}{\partial x} - \dfrac{\partial p_2}{\partial x}}. \tag{2}$$

In dieser Gleichung bedeuten $\frac{\partial^2 p_1}{\partial t^2}$ und $\frac{\partial^2 p_2}{\partial t^2}$ die zeitlichen Änderungen der Tendenz; man kann sie annähernd berechnen, wenn man außer der Tendenz auch noch den Druck vor sechs Stunden aus der vorhergehenden Karte kennt. Dann ist jeder dieser Ausdrücke annähernd gleich dem Zuwachs der Tendenz während der letzten drei Stunden an den Punkten beiderseits der Front. Die Ableitungen $\frac{\partial^2 p_1}{\partial x\,\partial t}$ und $\frac{\partial^2 p_2}{\partial x\,\partial t}$ sind isallobarische Aszendenten, d. i. Aszendenten der barischen Tendenz längs der Achse x; man kann sie annähernd auch auf eine endliche Entfernung beziehen, z. B. auf einen Äquatorgrad. Schließlich sind die Ableitungen $\frac{\partial^2 p_1}{\partial x^2}$ und $\frac{\partial^2 p_2}{\partial x^2}$ Ausdrücke für die Krümmung des Druckprofils. Um $\frac{\partial^2 p}{\partial x^2}$ in irgendeinem Punkt 0 angenähert zu bestimmen, muß man in Einheitsentfernungen (1 Äquatorgrad) von ihm zwei Punkte -1 und $+1$ auf der Achse x nehmen. Wenn man dann die Druckwerte in den Punkten -1, 0 und $+1$ mit p_{-1}, p_0, p_{+1} bezeichnet, so erhält man näherungsweise:

$$\frac{\partial^2 p}{\partial x^2} = (p_{+1} - p_0) - (p_0 - p_{-1}) = p_{+1} - 2\,p_0 + p_{-1}.$$

Nachdem man so für einige Frontelemente die Geschwindigkeiten und Beschleunigungen berechnet hat, kann man nach dem Ansatz für gleichförmig beschleunigte Bewegung die Strecke bestimmen, welche jeder dieser Punkte im Lauf von 6—12—24 Stunden zurückgelegt haben wird:

$$S_f = C_f\,t + \frac{A_f\,t^2}{2},$$

wo t die Zeit in den üblichen Einheiten ist. Allerdings wird hierbei eine eventuelle Änderung der Beschleunigung während der Periode, über welche sich die Prognose erstreckt, nicht berücksichtigt.

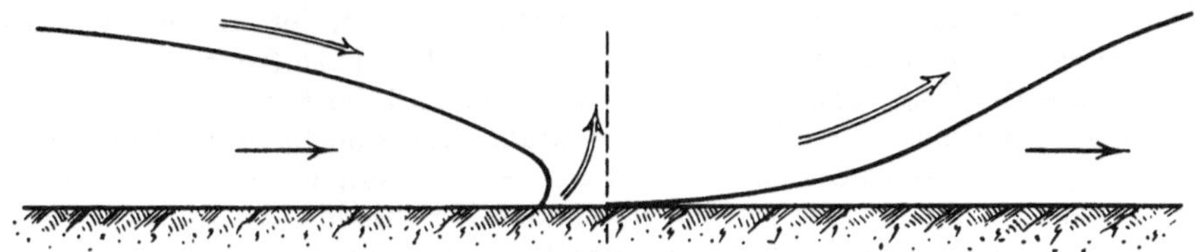

Abb. 112. Profil der Kalt- und der Warmfront.

Hinsichtlich der Ableitung der oben angeführten Gleichungen sei auf die Originalarbeiten von Giâo und Petterssen verwiesen.

b) Das Profil der Frontfläche.

Setzt sich eine bisher stationäre Grenzfläche, die in allen Höhen den gleichen Winkel mit dem Horizont einschließt und somit eine geneigte Ebene ist, in Bewegung, so wird sich ihr Profil verändern. Infolge der Bremswirkung der *Bodenreibung* wird die Luft des Kaltluftkeils in den unteren Schichten in ihrer Bewegung hinter den höheren Schichten zurückbleiben. Das Resultat der hierdurch bedingten Profiländerung einer Warmfront zeigt Abb. 112, rechts; der abziehende Kaltluftkeil läuft an der Erdoberfläche in eine dünne *Kaltlufthaut* (von einigen Deka- oder Hektometern Dicke) aus und schleppt sie hinter sich her. Demgegenüber wird im Fall der Kaltfront (Abb. 112, links) der Neigungswinkel der Grenzfläche in der unteren Schichte sehr groß, ja er kann hier sogar 90° überschreiten, wobei also die Fläche Wulstform annimmt. Im ersten Fall (abziehender Kaltluftkeil) kann man von einer „Kaltluftschleppe" sprechen; der in Analogie hierzu für den letzteren Fall (vordringende Kaltluft) geprägte Ausdruck „Warmluftschleppe" (Kreuder 1932) wird jedoch dem Wesen der Erscheinung nicht gerecht.

Die Frontneigung läßt sich aus aerologischen Messungen feststellen. Die Höhe, in welcher der Aufstieg die Front passiert hat, äußert sich in gewissen Störungen der vertikalen Temperatur- und Feuchtigkeitsverteilung, von denen bereits im Abschnitt 55 gesprochen worden ist. Beson-

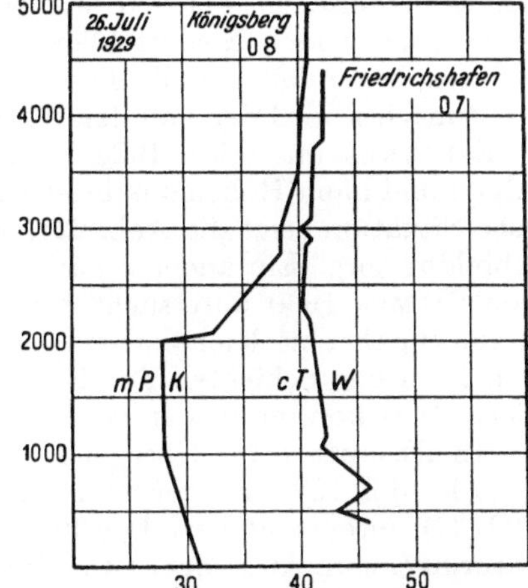

Abb. 113. Eine sommerliche Polarfront im Thetagramm. [Nach Schinze 1932 (3).]

ders deutlich macht sich die Höhenlage der Frontfläche im Thetagramm geltend, welches die Zustandskurve der äquivalentpotentiellen Temperatur wiedergibt (vgl. Abb. 113, Aufstieg Königsberg). Bestimmt man dann noch aus der synoptischen Karte die Entfernung des Aufstiegsortes von der Frontlinie, so ist die gesamte Frontneigung unmittelbar aus dem Verhältnis der Höhe zur Entfernung gegeben.

Hat man aerologische Messungen von mehreren Stellen, so kann man auf diese Art die Topographie der Frontfläche im Detail studieren. Aber auch Aufstiege an ein und demselben Ort, in kurzen Zeitintervallen beim Herannahen oder Abziehen einer Frontfläche durchgeführt, gestatten Schlüsse auf deren topographische Struktur, falls die Front während der Untersuchung eine konstante Zuggeschwindigkeit hat und keine Deformation erfährt. Unter diesen Voraussetzungen geben im Gebirge auch Gipfelstationen einen guten Einblick in den Verlauf der Frontfläche.

Im Durchschnitt hat die Neigung von Frontflächen bis zur Höhe von einigen Kilometern eine Größenordnung von 1 : 100, wenn man von dem untersten steilsten Teil der Kaltfront und dem untersten flachsten Teil der Warmfront absieht. Weiter aufwärts nimmt die Neigung ab, besonders rasch im Fall der Kaltfront, die schon in verhältnismäßig geringer Höhe in eine horizontale Inversionsfläche übergehen kann.

Die Höhe, bis in welche sich Frontflächen erstrecken, unterliegt den gleichen Schwankungen wie die vertikale Mächtigkeit der Kaltluftmassen selbst. Immerhin gelingt es manchmal, Frontflächen aerologisch bis zu einer Höhe von 6—8 km, ja selbst bis zur Stratosphäre zu verfolgen (Abb. 115, 160); die indirekt-aerologischen Merkmale (Wolken) ergeben analoge Resultate. Ist eine Kaltmasse weit nach Süden vorgestoßen und dabei an der Erdoberfläche stark auseinandergeflossen, so ist sie allerdings wenig mächtig und ihre obere Begrenzungsfront verhältnismäßig niedrig. In Zusammenhang damit reichen Arktikfronten in den gemäßigten Breiten weniger hoch als Polarfronten.

c) Synoptisch-aerologische Einzelfälle.

In der Literatur gibt es eine ganze Reihe von synoptisch-aerologischen Untersuchungen einzelner Warm- und Kaltfrontfälle. In diesem und den folgenden Abschnitten soll eine Auswahl aus diesen Vertikalschnitten, zum Teil mitsamt den Zustandskurven, aus denen sie gewonnen worden sind, wiedergegeben werden. Auf ihnen ist außer dem Profil der Front meist auch der Verlauf der isothermen oder der isentropischen Flächen wiedergegeben, eventuell auch das frontale Wolkensystem mit seinen Niederschlägen. Auch die synoptischen Karten für den größten Teil der behandelten Fälle sind in dieses Buch aufgenommen.

Zunächst wird der Fall der Warmfront vom 1. Februar 1913 dargestellt, welchen J. BJERKNES im Jahre 1924 nach den Beobachtungen der Bergstationen in den Alpen und nach Höhenaufstiegen untersucht hat (Abb. 114; die zugehörige synoptische Situation zeigt die Abb. 221, sowie einige ihr vorangehende und nachfolgende Abbildungen). Ein anderer Fall einer Warmfront — vom 9. November 1927 — ist von PALMÉN 1930 untersucht worden (Abb. 115 und 116). Hier ist die Frontalzone unten durch eine leichte Inversion, in einiger Höhe durch eine Isothermie und in den höchsten Schichten durch eine verlangsamte Temperaturabnahme charakterisiert. Dies kommt in der verschiedensten Art zur Geltung, wie die Isothermen im Vertikalschnitt beim Übergang von der einen Luftmasse in die andere abbiegen.

Die Abb. 122—124 zeigen den Fall der Kaltfront vom 20. April 1929, den PALMÉN 1931 (*1*) untersucht hat. Der Frontalschicht entspricht auch hier meist eine Temperaturinversion. Außerdem ist ersichtlich, daß sich die Abkühlung schon vor der Front, noch in der Warmluft, geltend zu machen beginnt (Senkung der Isothermen auf dem Vertikalschnitt Abb. 122), offenbar weil die Warmluft durch den nahenden Kaltluftkeil bereits angehoben wird (siehe jedoch auch Abschnitt 65 a δ).

In den Abschnitten 64, 67, 68 finden sich noch Profile der Fronten in den Zyklonen vom 14. bis 16. April 1925, vom 28. bis 30. März 1928, vom 26. bis 28. Dezember 1928, vom 15. bis 17. Februar 1935 und in einer okkludierenden Zyklone vom 30. und 31. Dezember 1930 (Abb. 160, 167, 184, 185, 190, 191, 195); alle diese Bilder sind Untersuchungen von J. BJERKNES und (oder) E. PALMÉN entnommen. Einige

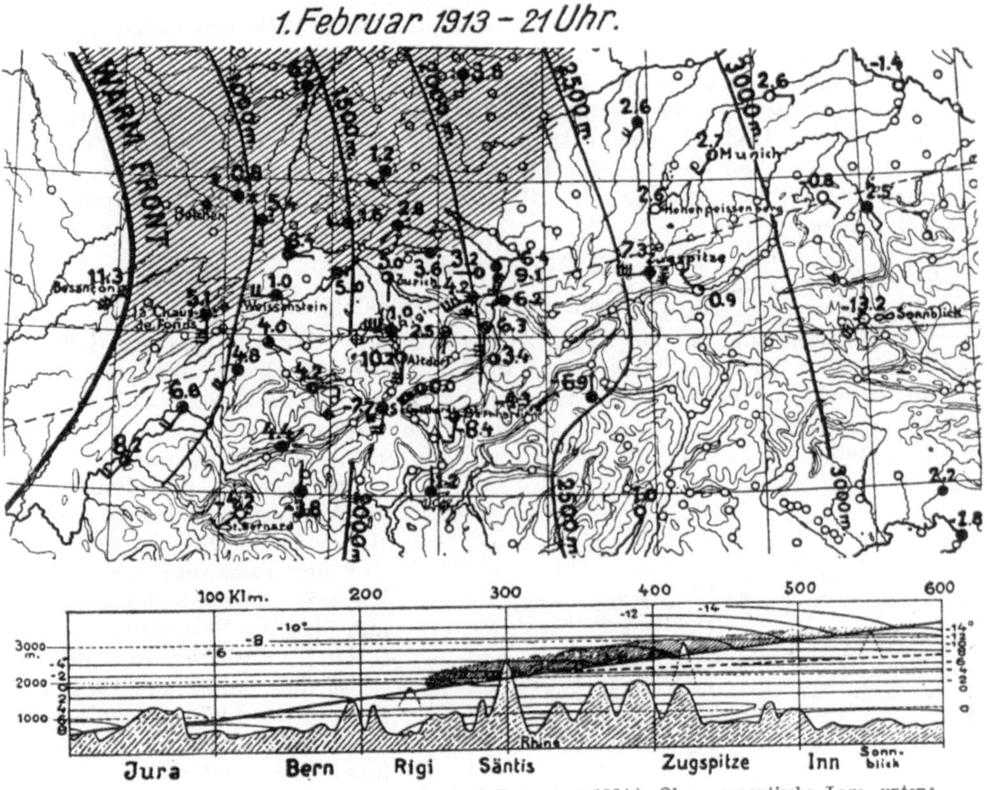

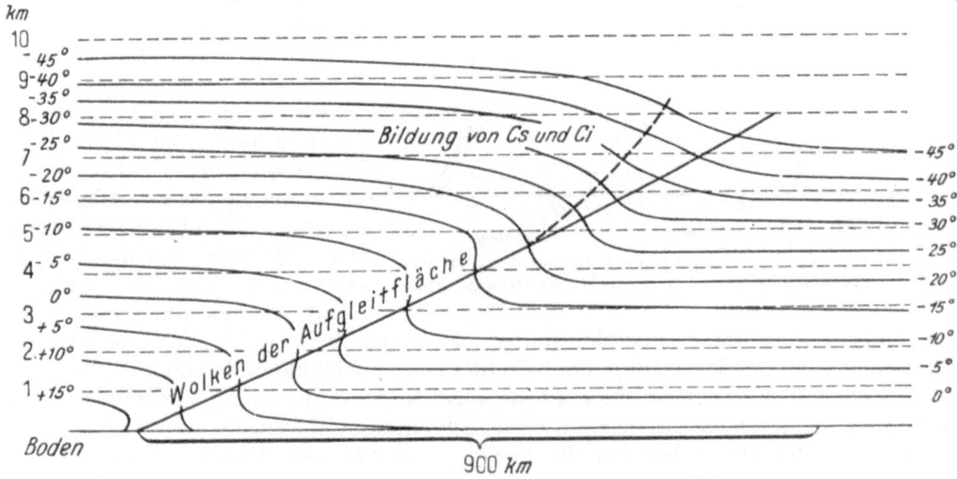

Abb. 114. Warmfront vom 1. Februar 1913. (Nach J. Bjerknes 1924.) Oben: synoptische Lage, unten: Vertikalschnitt entlang der gestrichelten Linie auf der Karte.

Abb. 115. Warmfront vom 9. November 1927. (Nach Palmén 1930.)

dieser Vertikalschnitte sind teilweise oder ganz aus Aufstiegen gewonnen, die an einer und derselben Station während des Vorüberganges von Fronten oder Luftmassen in kurzen Zwischenräumen durchgeführt wurden; in diesem Fall sind die Schnitte ergänzt durch eine Darstellung des Verlaufes der meteorologischen Elemente an der betreffenden Station.

Es muß bemerkt werden, daß Vertikalschnitte auch noch von vielen anderen, vor allem europäischen und nordamerikanischen Autoren vorliegen. Solche Untersuchungen dürften in der Zukunft wesentlich gefördert werden durch sog. „*Schwarmaufstiege*", wie sie die internationale aerologische Kommission empfiehlt und organisiert. Daß die Konstruktion von Vertikalschnitten in der letzten Zeit auch in den täglichen Wetterdienst Eingang gefunden hat, wurde bereits erwähnt; die meteorologische Sicherung des Luftverkehrs zieht daraus unmittelbaren praktischen Nutzen.

58. Die Warmfront.

a) Strömungs- und Druckfeld.

Warmfronten sind in der Regel Aufgleitflächen. Dies will besagen, daß die Warmluft über der Frontfläche aktiv aufgleitet. Die Geschwindigkeit ihrer Bewegung normal auf die Frontlinie ist dann größer als die Geschwindigkeit des abziehenden Kaltluftteils. Infolgedessen steigt andauernd neue Warmluft entlang der Frontfläche auf; dabei kühlt sie sich ab und ihr Wasserdampf kondensiert.

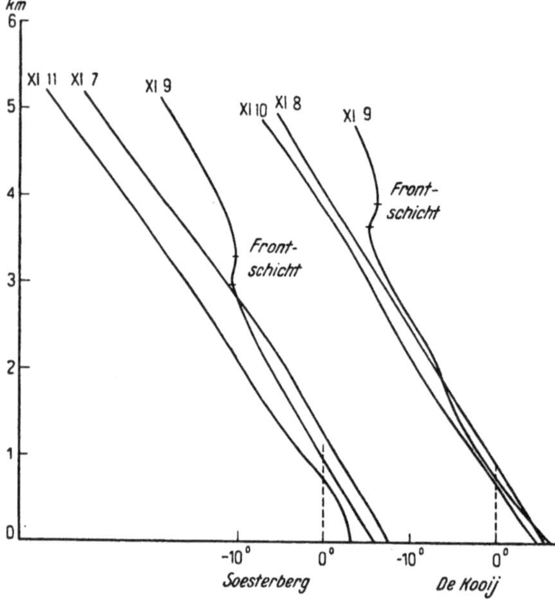

Abb. 116. Temperaturverteilung mit der Höhe vom 7. bis 11. November 1927 in Soesterberg und De-Kooij. (Nach PALMÉN 1930.)

Im Bereich der Zyklone ist die Warmfront bis in ihre größten Höhen immer eine Aufgleitfront. Auf der Rückseite abziehender Kaltluft kann jedoch die Warmluft über der Warmfront manchmal in passives Abgleiten geraten; es ist dies dann der Fall, wenn ihre Geschwindigkeitskomponente normal auf die Front, infolge sich geltend machender antizyklonaler Einflüsse, unter die Geschwindigkeit sinkt, mit welcher der Kaltluftkeil abzieht. Reicht eine solche Warmfront — vom Abgleitfronttypus — bis zum Erdboden, ohne sich bereits aufgelöst zu haben, so bildet sie auf der synoptischen Karte eine verschwommene Zone mit einer einseitigen Stromliniendivergenz. Die Seltenheit solcher Fälle erklärt sich dadurch, daß jede Front, wie bekannt, ursprünglich mit einer Rinne im Druckfeld und einer entsprechenden Strömungskonvergenz zusammenhängt. Gelangt nun eine Front in ein antizyklonales Gebiet oder bildet sich ein solches im Bereich einer Front aus, so wird die antizyklonale Divergenz die Front naturgemäß in den unteren Schichten auflösen.

Im folgenden soll daher nur der gewöhnliche Fall der Warmfront als Aufgleitfläche betrachtet werden.

Die *Vertikalkomponente der Aufgleitbewegung* ist an und für sich unbeträchtlich. Nimmt man z. B. an, daß die Warmluft in der Normalrichtung auf die Frontlinie eine um 10 m/sek größere Geschwindigkeit hat als die Kaltluft, so beträgt bei einer Flächenneigung von 1 : 100 ihre nach oben gerichtete Komponente 10 cm/sek. Der Aufgleitprozeß erfaßt hauptsächlich die der Frontfläche oder genauer der Frontalzone unmittelbar benachbarte Luftschicht. Aus dem Drehsinn der zahlreichen in der Frontalzone angesammelten Solenoide ist zu schließen, daß relativ zur fortschreitenden Fläche der Aufgleitbewegung auf der Warmluftseite eine Abgleitbewegung auf der Kaltluftseite entspricht. Da aber der Front — wie vorhin erwähnt — eine Rinne im Druckfeld mit Strömungskonvergenz entspricht, finden wir selbst in einem Warmfrontprofil, das sein Koordinatensystem mit sich führt, aufsteigende Bewegung beiderseits der Fläche, wobei natürlich die Warmluft relativ zur Kaltluft aufgleitet [vgl. das Schema des Warmfrontprofils von BERGERON 1937 (2) in Abb. 117].

Während ihres Aufsteigens an der Frontfläche wird die Warmluft immer mehr nach rechts abgelenkt. Ihre Vertikalkomponente nimmt daher andauernd ab und verschwindet, sobald die Warmluft der Frontlinie parallel (genauer: den Isohypsen der Grenzfläche entlang) strömt. Dies ist offenbar eine Folge der zunehmenden Auswirkung der ablenkenden Kraft der Erdrotation in der Höhe (vgl. Abschnitt 21).

Sehen wir von den dynamischen Luftdruckänderungen im Zyklonenbereich ab, die später (Abschnitt 64) behandelt werden sollen, und betrachten wir an dieser Stelle eine Warmfront außerhalb desselben. In dem Gebiet der Erdoberfläche, welchem sich eine Warmfront nähert, wird eine thermische (advektive) Druckabnahme eintreten, hervorgerufen dadurch, daß in der vertikalen Luftsäule schwerere Kaltluft immer mehr von leichterer Warmluft verdrängt wird. Infolgedessen zieht der Warmfront auf der synoptischen Karte in der Regel ein ausgedehntes, gut ausgebildetes Druckfallgebiet voran. An einem bestimmten Punkt äußert sich also das Herannahen der Warmfront durch eine ununterbrochene Senkung der Barographenkurve, die nach dem Vorüberzug der Front aufhört oder sich zumindest verlangsamt.

Was die Änderungen der übrigen meteorologischen Elemente anlangt, so genügen einige kurze Hinweise. Der Wind frischt beim Herannahen der Warmfront auf und dreht bei ihrem Vorbeizug nach rechts; handelt es sich um einen Übergang von Polar- in Tropikluft, so nimmt die Windgeschwindigkeit gewöhnlich zu, die Böigkeit des Windes jedoch ab. Temperatur und Dampfdruck steigen in der Regel an. Die Fernsicht verschlechtert sich gewöhnlich, namentlich wenn hinter der Front Tropikluft eindringt. Eine eingehendere Behandlung verlangen die frontalen Wolken und Niederschläge.

b) Wolkensystem und Niederschläge.

Im Fall einer typischen Warmfront bildet sich über der Frontfläche ein charakteristisches *Wolkensystem* (Abb. 117) aus, welches in der Horizontalprojektion

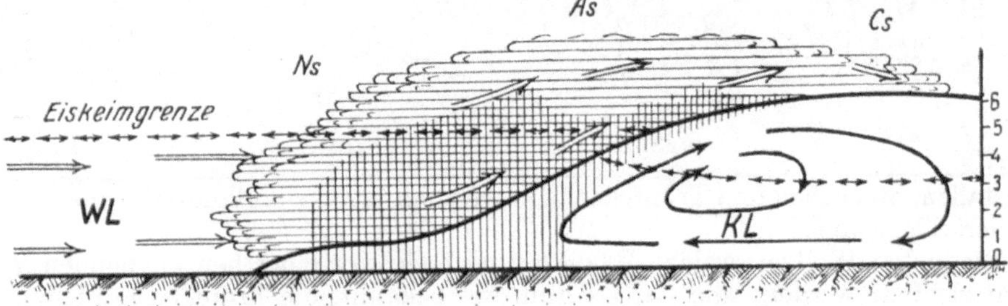

Abb. 117. Schematisches Profil der Warmfront. [Nach BERGERON 1937 (2).] Luftbewegungen bezogen auf ein mit der Frontfläche fortschreitendes Koordinatensystem.

einige hundert Kilometer tief ist und entlang der Front mehrere tausend Kilometer breit sein kann. Es deckt sich auf der synoptischen Karte mehr oder weniger mit dem präfrontalen Druckfallgebiet.

Im Vertikalschnitt fällt die Basis des Wolkensystems mit der geneigten Grenzfläche zusammen. Am tiefsten, und zwar in der Höhe des Kondensationsniveaus der aufsteigenden Luft (nur einige hundert Meter über dem Boden), ist sie in der Nähe der Frontlinie. Von hier aus steigt sie sukzessive an. Ihre obere Grenze liegt jedenfalls über dem Eiskeimniveau. Der obere Teil des ganzen Wolkensystems besteht also aus kleinsten Vollkristallen, der mittlere aus einem Gemisch von größeren

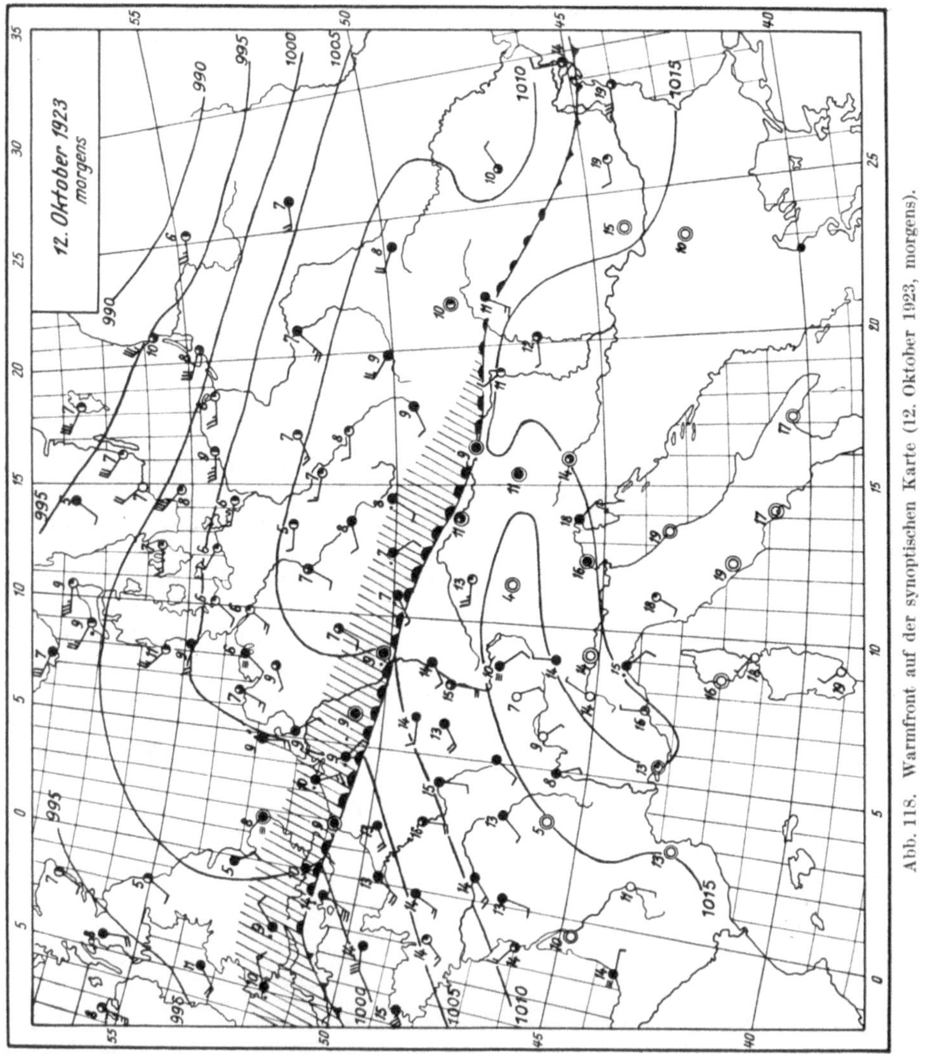

Abb. 118. Warmfront auf der synoptischen Karte (12. Oktober 1923, morgens).

Kristallen, Sternchen und Tröpfchen. Das System ist also kolloid-labil und scheidet Niederschläge aus.

Die ersten Wolken, welche 1000 km und mehr vor einer herannahenden Warmfront sichtbar werden, sind Ci. Da nun, wie bekannt, die Frontfläche nicht immer das Ci-Niveau erreicht, bilden sich die Ci offenbar nicht in ihr, sondern in einer gewissen Höhe über ihr. Nach der Ansicht STÜVES 1926 (1) entwickeln sich diese präfrontalen Ci in Inversionsflächen innerhalb der Warmluft, welche durch den Aufgleitprozeß mit erfaßt und gehoben werden. PALMÉN 1930 dagegen nimmt an, daß die Solenoide in der oberen Troposphäre aus der Frontalzone, in welcher der Aufgleitprozeß infolge Abkühlung der aufgestiegenen Luft aufhört, ins Innere der Warmluft verschoben werden (Abb. 115), wo dann die Ci-Bildung auftritt.

Beim Herannahen der Front werden die Federwolken von fedrigen Schicht-wolken (*Cs*) abgelöst, die offenbar knapp über der Frontfläche liegen. Die *Cs* ver-dichten sich bei fortschreitender Senkung der Frontfläche zu hohen Schichtwolken (*As*) und diese schließlich zu schichtförmigen Regenwolken (*Ns*). Diagnostisch wichtig ist, daß die *Cs* und *As* parallel zur Frontlinie gestreift zu sein pflegen, woraus schon auf eine Entfernung von vielen hundert Kilometern auf deren Verlauf ge-schlossen werden kann.

Zwischen *Cs*, *As* und *Ns* besteht kein grundsätzlicher Unterschied; diese drei ineinander übergehenden Wolkenformen bilden eine zusammenhängende, gleich-mäßige, kolloid-labile Wolkendecke, die Niederschläge ausscheidet und deren vertikale Mächtigkeit mit fortschreitender Senkung der Frontfläche zunimmt. Fallstreifen von Niederschlägen werden sowohl unter *Cs* als auch unter *As* beob-achtet; aber nur der aus *Ns* fallende Regen erreicht in der Regel die Erde. Nimmt man an, die Neigung der Front betrage 1 : 100 und der erste, auf dem Weg zur Erde nicht verdampfende Regen stamme aus *As — Ns* in 3000 m Höhe, so ergibt sich eine Tiefe des präfrontalen Niederschlagsstreifens von 300 km; eine Tiefenausdehnung von dieser Größenordnung zeigen auch konkrete Fälle. Dagegen kann Schnee ohne zu verdampfen die Erde auch aus höheren *As*, sogar aus *As translucidus* erreichen. Daher kann bei Schneefall die Breite der Niederschlagszone 400 km überschreiten.

Die Flächenneigung von 1 : 100 wird von J. BJERKNES und PALMÉN 1938 als für eine Warmfront normal angesehen. In dem von ihnen bearbeiteten typischen Fall vom 15. bis 17. Februar 1935 betrug die mittlere vertikale Dicke der Frontal-schicht etwa 850 m und ihre mittlere horizontale Breite 85 km (letztere allerdings stark schwankend). Der *As*-Schirm reichte etwa 400 km weit vor die Warmfront, d. h. bis in eine Höhe von 6,8 km, wo die Warmluftströmung infolge zunehmender Rechtsdrehung mit der Höhe zu den Flächenisohypsen parallel geworden war und daher nicht mehr weiter aufgleiten konnte.

Die *Niederschläge* werden beim Herannahen der Front stärker und erreichen ihre größte Intensität dann, wenn der steilste Teil der Fläche über den Beobachtungsort hinwegzieht (ÅNGSTRÖM 1930). Dann lassen sie nach und hören entweder an der Frontlinie selbst auf, oder in einer gewissen Entfernung vor oder hinter ihr. Diese Entfernung überschreitet nur selten 50 km. An der Frontlinie,

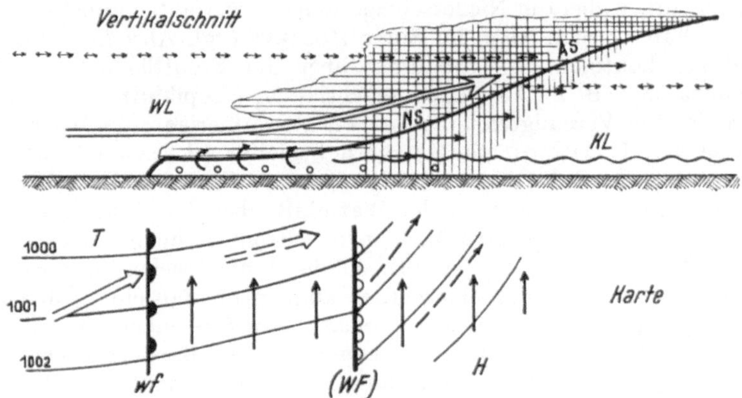

Abb. 119. Warmfront mit einer Kaltlufthaut. [Nach BERGERON 1934 (2).]

wo die Wolken oft nicht bis zum Eiskeimniveau hinaufreichen, kann der groß-tropfige Regen in Nieseln übergehen. Ist die Warmmasse echte Tropikluft, so wird die präfrontale *As-Ns*-Wolkendecke oft von einem postfrontalen *St*-System mit Nieseln abgelöst. Es kann hinter ihr aber auch Aufheiterung eintreten. Die typische

Verteilung der Strömungen, Bewölkung und Niederschläge längs der Warmfront nach T. BERGERON zeigt Abb. 117.

Wie schon früher erwähnt, schleppt der abziehende Kaltluftkeil manchmal eine *Kaltlufthaut* hinter sich her, die unter dem Einfluß der Bodenreibung zurückbleibt. In diesem Fall beginnt das Aufgleiten mit Wolkenbildung und Niederschlag nicht längs der Frontlinie am Boden, sondern längs jener Linie, an welcher die Frontfläche wirklich aufzusteigen beginnt (vgl. Abb. 119). Die erstere Linie nennen wir dann untere, die letztere dagegen obere Warmfront. Die Kaltluftschleppe wird durch Turbulenz allmählich aufgezehrt, so daß ihre Länge einen bestimmten Grenzwert nicht überschreitet.

Der unter der Warmfrontfläche abziehende Kaltluftkeil ist oft der Sitz des sog. *Frontalnebels*, der nach PETTERSSEN 1939 (*2*) meist nichts anderes ist als der infolge vertikaler Mischungsprozesse rasch bis zum Erdboden herabwachsende frontale *St.* Bei der Bildung des Frontalnebels wirkt auch Luftsättigung durch den fallenden Warmfrontregen mit. Am typischesten tritt er vor der Warmfront einer sich rasch entwickelnden zyklonalen Störung auf. Er nimmt dann an Ausdehnung und Dichte bis zu jenem Zeitpunkt zu, wo die Zyklone okkludiert (siehe sechstes Kapitel); die Tiefenerstreckung der Nebelzone (von der Frontlinie an in den Kaltluftkeil hinein) kann dabei unter Umständen — stets innerhalb der präfrontalen Niederschlagszone — 150—200 km überschreiten. Der Bodenbeobachter verzeichnet dann bei Annäherung der Front mehrstündigen Nebel, der nach dem Frontdurchgang verschwindet. Starke Winde können allerdings die Ausbildung des Frontalnebels verhindern.

Die Verstärkung der präfrontalen Kondensationserscheinungen durch orographische Hindernisse wird in Abschnitt 61 behandelt. Ist die Warmfront nicht eine Hauptfront, sondern eine Nebenfront (Okklusion von Warmfrontcharakter), so treten gewisse *Abweichungen* in der Anordnung des Wolkensystems und der Niederschläge auf, die in Abschnitt 60 beschrieben werden.

Indes kann es auch im Bereich einer gewöhnlichen Warmfront zu Erscheinungen kommen, die Abweichungen von den oben als typisch bezeichneten Verhältnissen vorstellen.

So treten z. B. im Sommer in Mittel- und Osteuropa manchmal vor der Warmfront Gewitter auf, wobei die Niederschläge Schauercharakter annehmen; es pflegt dies dann der Fall zu sein, wenn im Sinne ROSSBYS (vgl. Abschnitt 36) potentiell-labilgeschichtete kontinentale Tropikluft über die Frontfläche aufgleitet (siehe auch Abschnitt 53). Beim Aufgleiten feuchtlabiler Tropikluft aus dem Golf von Mexiko wird in den Vereinigten Staaten von Nordamerika eine Warmfront sogar normalerweise von Gewittern mit Schauern begleitet [J. NAMIAS 1935 (*2*)]. Nun steht nach der Ansicht P. RAETHJENS 1934 (*2*) der Aufbau der Warmfront in engem Zusammenhang mit der Schichtung der Warmluft über der Frontfläche. Die frontalen Wolken bilden sich hauptsächlich in der Frontalschicht selbst und in ihrer unmittelbaren Nachbarschaft als verhältnismäßig dünne Decke. Ist aber die Warmluft einigermaßen feuchtlabil geschichtet, so können im Fall einer jungen (erst vor kurzem entstandenen Front) aus jener nicht besonders mächtigen Wolkendecke einzelne *Cb* mit heftigen Konvektionsbewegungen in die darüberliegende Warmluft emporschießen (vgl. Abb. 120). Wenn dann die Front allmählich „altert", so baut sich über der Frontfläche eine mächtige *As-Ns*-Masse auf, die im Grunde einem riesigen *Cb* gleicht und oben als das für die Warmfront typische Wolkensystem bezeichnet worden ist (Abb. 121). In dieser Wolkenmasse sieht RAETHJEN 1939 (*1*) das Ergebnis eines feuchtadiabatischen Luftaustausches zwischen der Warmluft und der Kaltluft, also ein Mischluftprodukt, und leitet daraus eine Konvektionstheorie der Aufgleitfronten ab.

Umgekehrt kann es vorkommen, daß die Warmfront ganz oder fast ganz niederschlagsfrei bleibt. Dies ist der Fall, wenn die Warmluft sehr trocken ist (z. B. in den Vereinigten Staaten pazifische Tropikluft, welche ihren Feuchtigkeitsgehalt beim Überschreiten des Felsengebirges verloren hat); die Warmfront kann sich dann, wie BERGERON bereits im Jahre 1930 zeigte, nicht aufwärtsentwickeln, weil die aufgleitende Warmluft infolge rein adiabatischer Abkühlung bald kälter wird als die Umgebung und daher zu steigen aufhört. Nach RAETHJEN gelangt trockene Luft beim Aufsteigen kaum über 2000 m Höhe. — Im europäischen Rußland kommen in der warmen Jahreszeit vereinzelte

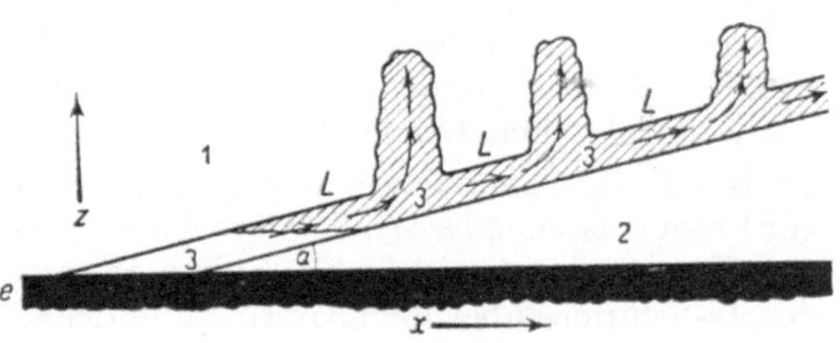

Abb. 120. „Junge" Warmfront. [Nach RAETHJEN 1934 (2).]

Fälle vor, wo die Warmfront eine Abgleitfront ist, weil der Kaltluftkeil rascher abzieht, als die Warmluft nachdringt. Auch in solchen Fällen bleiben natürlich die Niederschläge ganz aus; infolge des Divergenzeffektes findet man dann auf der Karte statt einer Frontlinie eine verschwommene Übergangszone.

Schließlich bildet in Nordamerika, wie NAMIAS zeigt, das Wolkensystem der Warmfront selten eine einzige zusammenhängende Schicht oder Masse, und zwar auch dann nicht, wenn es keinen Gewittercharakter aufweist. Meist besteht es aus zwei oder mehreren, durch verhältnismäßig wolkenfreie Räume

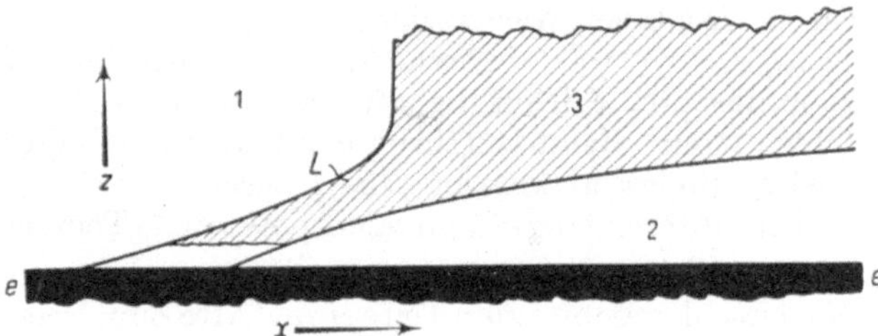

Abb. 121. „Alte" Warmfront. [Nach RAETHJEN 1934 (2).]

voneinander getrennten Wolkenschichten. Bei deren Ausbildung spielen offenbar Unregelmäßigkeiten der vertikalen Temperatur- und Feuchtigkeitsverteilung innerhalb der Warmluft eine Rolle. In Europa werden solche Komplikationen des öfteren im Bereich von Okklusionen beobachtet.

c) Warmfrontbewegung und Gradientwind.

Wie schon erwähnt, hängt das Vorrücken der Warmfront von der Geschwindigkeit ab, mit der sich der Kaltluftkeil zurückzieht. Sieht man von der untersten, durch Reibung beeinflußten Luftschicht ab, so kann man zunächst sagen, daß sich die Front mit der Geschwindigkeit der zur Frontlinie normalen Strömungskomponente der Kaltluft fortbewegt, oder, mit anderen Worten, mit der Geschwindigkeit der zur Frontlinie normalen Gradientwindkomponente.

In Wirklichkeit ist die Geschwindigkeit der Warmfront noch etwas größer, weil die Warmluft etwas an der Kaltluft zehrt. Man darf sich die Front nicht etwa als eine feste, undurchdringliche Fläche vorstellen. Die von der Warmfront häufig nachgeschleppte Kaltlufthaut wird durch Turbulenz allmählich zerstreut und ihre Reste werden ständig von der Warmluft aufgesogen. Überdies „leckt" die aufgleitende Warmluft fortwährend an der Oberfläche des Kaltluftkeils, sie „frißt sich in ihn ein", wodurch sie im ganzen etwas rascher an Raum gewinnt, als es der zur Frontlinie normalen Gradientwindkomponente entspricht.

d) Warmfrontmerkmale auf der Karte.

In Mitteleuropa ist der Warmfrontbereich nach SCHINZE 1932 (*4*) durch folgende Merkmale charakterisiert:

Tendenz: fallend, meist längere Zeit, vor der Front; gleichbleibend oder weniger schnell fallend hinter der Front. Luftdruckcharakteristik durch Schlüsselziffer *a*: 7, 8 vor der Front, 6 beim Durchgang der Front. Form der Isallobaren vor der Front: meist ausgedehntes Fallgebiet; hinter der Front: deutliche Verringerung des isallobarischen Gradienten.

Wind: Mit Annäherung an die Front leicht böiger, auffrischender und sich parallel zur Front einstellender Wind. Hierbei wird kurz vor dem Frontdurchgang ein Maximum der Windstärke erreicht. Besonders zu beachten ist dabei, daß beim Erscheinen des *As*-Schirmes über dem Kontinent in der kälteren (über dem Meer in der wärmeren) Jahreszeit unter Zerstörung der Bodeninversion der Wind turbulent wird. Beim Durchgang und hinter der Front Wind rechts drehend und im allgemeinen etwas abnehmend.

Temperatur: Zunächst langsam ansteigende Temperatur. Mit Erscheinen des *As*-Schirms, etwa 300—600 km vor der Warmfront, in der kälteren Jahreszeit sprunghafte Temperatursteigerung bei Zerstörung der Bodeninversion. Oft kommt es hierbei zur Ausbildung einer Vorfront (Scheinfront, dynamisch belanglose Front). Im präfrontalen Niederschlagsgebiet meist „Regenabkühlung", hierbei sinkt die Temperatur etwas, während die äquivalentpotentielle Temperatur durch Feuchtezunahme zum Teil sprunghaft ansteigt und sich in ihrem Feld eine Scheinfront ausbilden kann. Beim Durchzug der Warmfront und hinter ihr allgemein Temperaturanstieg (indessen weniger scharf ausgeprägt als der Temperaturrückgang bei dem Kaltfrontdurchgang); äquivalentpotentielle Temperatur nur mehr wenig zunehmend.

Spezifische Feuchte: Vor der Warmfront langsam ansteigend, im präfrontalen Niederschlagsgebiet zum Teil sprunghafte Zunahme. Beim Frontdurchgang spezifische Feuchte höher als vorher.

Relative Feuchte: Bei Annäherung der Front infolge Auflösung der Bodeninversion zunächst abnehmend, im präfrontalen Niederschlagsgebiet zunehmend. Hinter der Front unverändert oder sogar etwas abnehmend.

Fernsicht: Vor der Front bei Auflösung der Bodeninversion oft starke Sichtbesserung; im präfrontalen Niederschlagsgebiet jedoch allgemeine Sichtverschlechterung.

Typische Wolkenfolge beim Herannahen der Warmfront: Übergang von *Ci* und *Cs* über *As* zu *Ns* ($C_H = 4$, 6, 7, $C_M = 1$, 2, $C_L = 6$). Beim Frontdurchgang vielfach tiefer *St* ($C_L = 5$) bzw. *Fs* und Nebel. In der Warmmasse schichtförmige Massenwolken. Bei der beschleunigten Warmfront vielfach Mammatusbildung und zum Teil föhnige Wolkenauflösung (infolge passiver Abgleitbewegung in der Warmluft).

Niederschläge: Zusammenhängendes, im allgemeinen 200—300 km breites präfrontales Niederschlagsgebiet, alle Arten von Aufgleitniederschlägen; besonders typische Hydrometeore *ww*: 76, 74, 72, 70, 69, 68, 66, 64, 62, 60. Hinter der Front zum Teil Nebel, häufig Nässen, Nieseln, Sprühregen bis zu leichtem Regen. Im Winter häufig Glatteis. Typische postfrontale Hydrometeore *ww*: 77, 67, 61, 59, 58, 57, 56, 55, 54, 53, 52, 51, 50, 48, 46, 44, 41, 40, 24, 23, 22, 21, 08, 05.

Die *Symbolisierung der Warmfront* auf der synoptischen Karte erfolgt durch eine ausgezogene rote Linie (im Schwarzdruck: Linie besetzt mit vollen, der Kaltluft zugekehrten Schuppen). Im Fall einer Kaltluftschleppe: untere Front dünn ausgezogene, obere Front gestrichelte rote Linie (im Schwarzdruck: Linie mit schütteren vollen Schuppen, bzw. Linie mit nicht ausgefüllten Schuppen). Vgl. auch Abb. 6.

59. Die Kaltfront.

a) Definition und Einteilung.

Im Fall einer Kaltfront gewinnt die Kaltluft auf Kosten der Warmluft an Raum,
d. h. der Kaltluftkeil dringt vor.

Wir betrachten auch hier zunächst Vorgänge abseits vom eigentlichen Zyklonenbereich, wo dynamische Druckänderungen die Vorgänge komplizieren (vgl. Abschnitt 64). Die Kaltfront ist dann im wesentlichen nur von einer thermischen

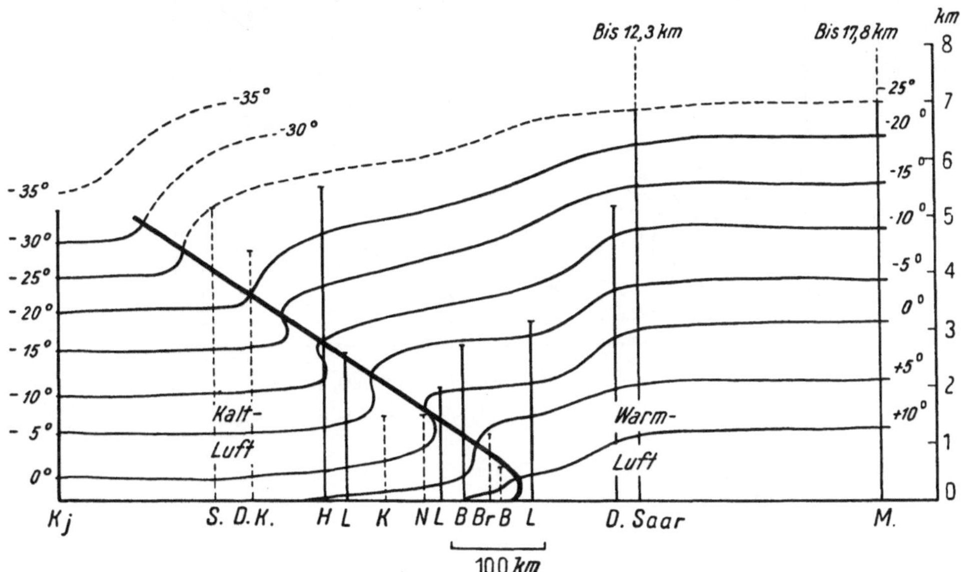

Abb. 122. Die Kaltfront vom 20. April 1929. [Nach PALMÉN 1931 (*1*).]

Druckschwankung begleitet: Bei ihrem Vorübergang setzt ein mehr oder minder
kräftiger Luftdruckanstieg ein, die Barographenkurve verzeichnet eine Diskontinuität. Der Wind dreht, nachdem er zu Böen aufgefrischt hat, nach rechts,
manchmal sehr scharf, falls die Kaltfront mit einer gut ausgeprägten Rinne im
barischen Feld zusammenhängt. Temperatur und Dampfdruck nehmen beim Frontdurchgang in der Regel ab, die Fernsicht dagegen zu, und zwar namentlich dann,
wenn vor der Front Tropikluft lag.

Hinsichtlich der Verteilung von Bewölkung und Niederschlag ergeben sich Verschiedenheiten, je nachdem, ob — nach der Unterscheidung von T. BERGERON 1934 (*2*)
— eine Kaltfront *erster* oder *zweiter Art* vorliegt. Im ersteren Fall (Abb. 125) ist
die Frontfläche bis zu großen Höhen eine Aufgleitfront mit passiv aufsteigender Warmluft über dem vordringenden Kaltluftkeil. Im letzteren Fall (Abb. 126) erfolgt nur
über dem alleruntersten Teil der Frontfläche als Aufgleitfront ein Aufsteigen der
Warmluft; schon von 1—2 km Höhe an hat die Kaltfront hier den Charakter einer
Abgleitfront, über welcher die Warmluft absinkt.

b) Kaltfront erster Art.

Zum Typus der Kaltfronten erster Art, welcher vorwiegend *außerhalb zyklonaler
Gebiete* auftritt, gehören Kaltfronten, die nur in langsamer oder wenigstens verzögerter
Bewegung begriffen oder überhaupt quasistationär sind. Das Aufgleiten der Warm-
luft erstreckt sich hier über die ganze Frontfläche, so daß das Wolkensystem der

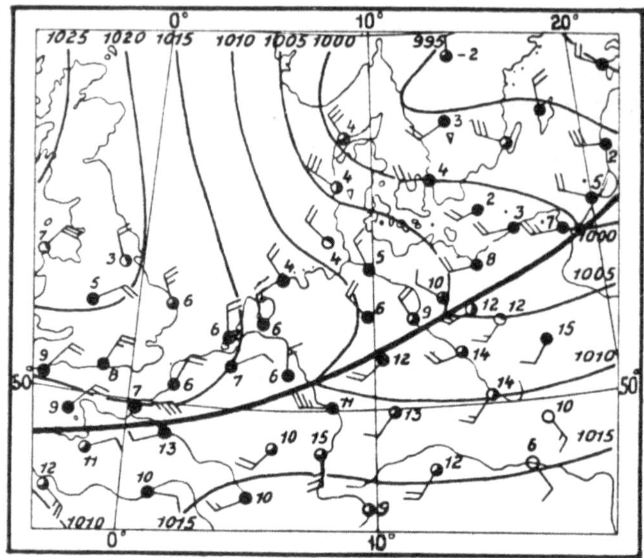

Abb. 123. Die Wetterlage vom 20. April 1929, morgens.

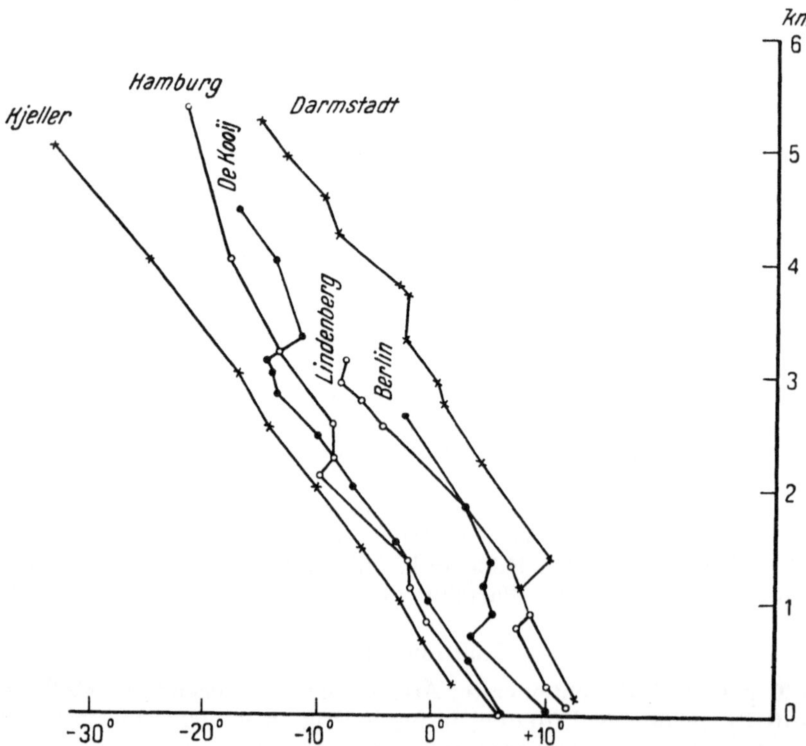

Abb. 124. Temperaturverteilung mit der Höhe nach den internationalen aerologischen Aufstiegen vom 20. April 1929.

Kaltfront erster Art eigentlich jenem der Warmfront entsprechen müßte, natürlich mit umgekehrter Reihenfolge der Erscheinungen für den Bodenbeobachter, über welchen die Kaltfront hinwegzieht: Regen aus *Ns*, welcher allmählich in *As* und schließlich (nach Aufhören des Niederschlags) in *Cs* übergeht. Nun bedingt freilich,

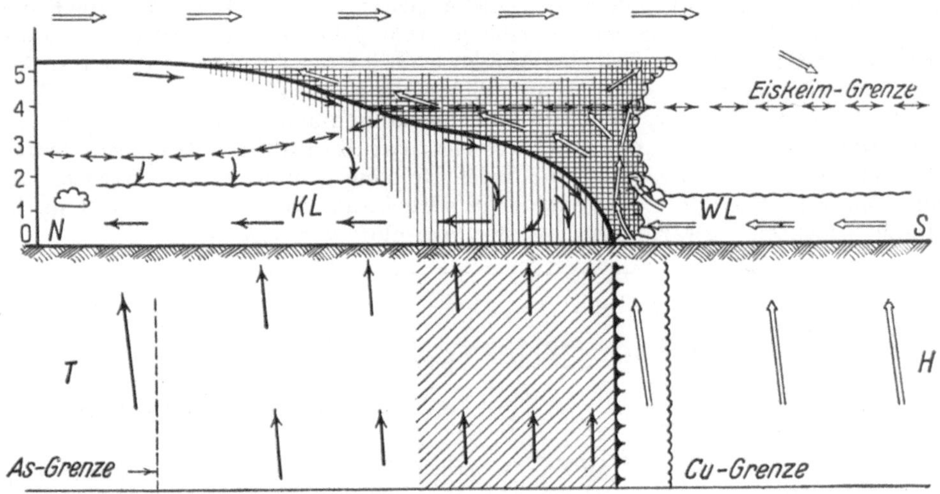

Abb. 125. Kaltfront erster Art. [Nach BERGERON 1934 (2).] Luftbewegungen bezogen auf ein mit der Fläche fortschreitendes Koordinatensystem.

wie bereits erwähnt, der Einfluß der Bodenreibung, daß der Neigungswinkel des unteren Teils der vordringenden Keilfläche sehr steil wird. Daher erfolgt an dieser Stelle statt eines sanften Aufgleitens eine steile Hebung der Warmluft. Die Vorderseite des Wolkensystems nimmt daher die Form eines gigantischen *Cb* an, der sich in einer Breite von hunderten von Kilometern der Front entlang erstreckt und von Schauern, Gewittern und Böen begleitet ist. Die gelegentliche Ausbildung eines präfrontalen sog. „*Böenkragens*" (*arcus*, siehe „Internationaler Atlas der Wolken und Himmelsansichten") weist sogar auf rein vertikale Luftbewegungen vor der Frontlinie hin.

Dahinter dringt also der aufgewölbte Vorderteil der Frontfläche vor, welcher den sog. „*Kaltluftkopf*" des Keils begrenzt. Im weiteren Verlauf nimmt die Frontfläche normale Neigung (von der Größenordnung 1 : 100) an; hier hat der Aufgleitprozeß bereits einen ruhigen Verlauf, in Zusammenhang damit gehen der *Cb* in einen einförmigen *Ns-As*-Schirm und die Schauer eventuell in einen gleichmäßigen Dauerregen über. Im allgemeinen ist jedoch die (normal auf die Frontlinie gemessene) „Tiefe" des ganzen Wolkensystems und Niederschlagsgebiets geringer als bei der Warmfront. Innerhalb des Kaltluftkeils herrscht absteigende Luftbewegung vor. Ist jedoch die postfrontale Kaltluftmasse genügend labil geschichtet, so beginnt in einer gewissen Entfernung von der Frontlinie die Bildung von Konvektionswolken. In dem auf Abb. 125 wiedergegebenen Vertikalschnitt durch die Kaltfront erster Art nach BERGERON bezieht sich die Verteilung der Luftbewegungen auf ein mit der Front bewegtes Koordinatensystem.

c) Kaltfront zweiter Art.

Bei den Kaltfronten zweiter Art, welche weitaus vorwiegen, ist das postfrontale Wolkensystem und die entsprechende Niederschlagszone äußerst schmal im Vergleich zu den präfrontalen Kondensationserscheinungen einer Warmfront.

Die typische Kaltfront zweiter Art pflegt namentlich *in zyklonalen Störungen* aufzutreten und sehr rasch fortzuschreiten. Noch rascher bewegt sich über der Frontfläche in der auf die Frontlinie normalen Richtung die Warmluft, was ganz verständlich erscheint in Anbetracht der allgemeinen Windgeschwindigkeitszunahme mit der Höhe. In Höhen von mehr als 1—3 km gleitet sie infolgedessen über die Frontfläche ab. Der höhere Teil der Frontfläche stellt somit eine Abgleitfront vor und nur ihr unterster vorderster Teil eine Aufgleitfront, an der die Warmluft, namentlich wenn sie labil geschichtet ist, heftig aufsteigt. Hier kann es sogar zu einer Art Böenwirbel mit langgestreckter, frontparalleler Achse kommen, da hinter der Front — im Kaltluftkopf — die Luft kräftig absteigt; der Kaltluftkeil als Ganzes bewegt sich nämlich rascher vorwärts als die durch Reibung gebremste bodennächste Luft beider Massen. Hierdurch entsteht der Eindruck, als ob sich die Kaltluft in den unteren Schichten vorwärtswälze und der Warmluft vorauseile.

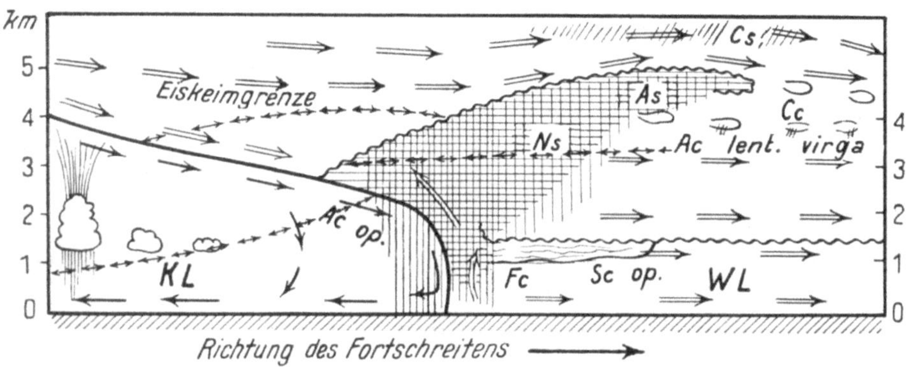

Abb. 126. Kaltfront zweiter Art. [Nach Bergeron 1934 (2).] Luftbewegungen, bezogen auf ein mit der Frontfläche bewegtes Koordinatensystem.

Die vor dem Kaltluftkopf heftig aufsteigende und sich dabei abkühlende Warmluft trifft in einer Höhe von 3—4 km mit der über der Frontfläche herabgeglittenen und daher erwärmten Warmluft zusammen. Zwischen beiden entsteht eine „interne", nach vorwärts und aufwärts geneigte Grenzfläche (vgl. Abb. 126, wo sich alle Bewegungskomponenten wieder auf ein mit der Front bewegtes Koordinatensystem beziehen).

Den geschilderten Strömungsverhältnissen entspricht ein charakteristisches Wolkensystem. Zunächst entsteht beim präfrontalen Aufsteigen der Warmluft ein *Cb*-artiger Wolkenwall, aus welchem in geringer Höhe ein *Sc opacus* nahezu horizontal herauswächst. Auch in der Höhe zieht sich der Wolkenwall, von der allgemeinen Warmluftströmung mitgenommen, nach vorne aus, erreicht hier das Eiskeimniveau und bildet daher einen vornübergeneigten *Ns-As*-Schirm, der sich an seinem Vorderrand infolge absteigender Bewegungskomponenten in einzelne linsenartige Wolken (*Ac lenticularis*) auflöst. Letztere erscheinen bereits 200—20 km vor der Front. Die erwähnte „interne" Grenzfläche bildet im allgemeinen die obere Grenze des Wolkensystems. Sie kann allerdings, wenn sie eine größere Neigung hat und daher eine Aufgleitfläche bildet (Abb. 126), von aufquellenden *Cb* durchbrochen werden und außerdem höhere Inversionsschichten anheben, wodurch schon in weiter Entfernung vor der Front *Cs* sichtbar wird. Häufig verläuft jedoch die interne Grenzfläche fast horizontal; dann bilden sich über ihr keine Wolken.

An der Rückseite geht das Wolkensystem gewöhnlich in *Sc opacus* oder *Ac opacus* über und endet bereits in einer Entfernung von 10—100 km hinter der Front mit scharfem Rand. Dementsprechend fallen auch die Niederschläge bei der Kaltfront zweiter Art vorwiegend vor der Frontlinie, und zwar naturgemäß als heftige Schauer. Die präfrontale Tiefe des Niederschlagsstreifens unterliegt in Abhängigkeit von der Feuchtlabilität der Warmluft, des Vorhandenseins von Sperrschichten in ihr, orographischer Einflüsse usw. starken Schwankungen. Sehr oft ist der frontale Niederschlagsstreifen so schmal, daß er auf der Karte überhaupt unbemerkt bleibt. In solchen Fällen muß dem Wetterverlauf (W im internationalen Schlüssel) und der Niederschlagsmenge (RR) besondere Aufmerksamkeit gewidmet werden.

Bisweilen bleibt die Kaltfront auf ihrem ganzen Weg überhaupt niederschlagsfrei, gelegentlich bringt sie nicht einmal eine Bewölkungszunahme. Solche Fälle sind namentlich im Winter möglich (wenn hinter der Front Arktikluft von geringer Mächtigkeit einbricht und die Luft vor der Front trocken ist), aber auch im Sommer sind sie nicht ausgeschlossen.

Das Absteigen der Luft im Vorderteil des Kältekeils kann interessante Folgen haben. Hat die Kaltluft einen Abstieg aus einigen Kilometern Höhe mitgemacht, so kann sie sich dabei adiabatisch bis auf die Temperatur der präfrontalen Warmluft erwärmt haben, so daß sich der Temperatursprung längs der Front ausgleicht (J. BJERKNES 1930). Der Durchzug der Front äußert sich dann nur durch eine Besserung der Fernsicht und eine Abnahme der spezifischen Feuchte. Der Temperatursprung stellt sich dann oft erst in einer Entfernung von 10—100 km hinter der verschwundenen Front an einer

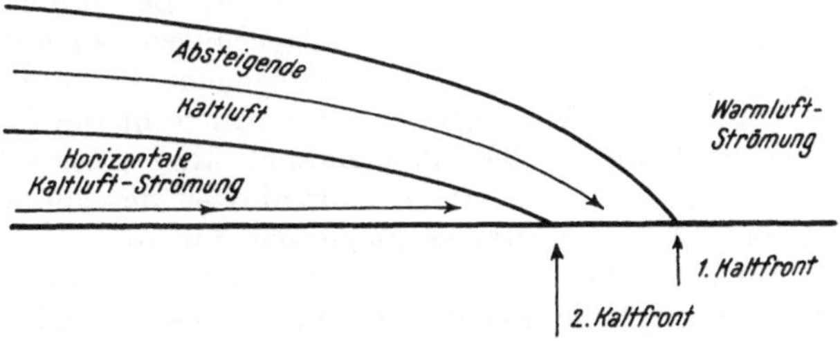

Abb. 127. Ausbildung einer „falschen" Kaltfront. (Nach J. BJERKNES 1930.)

sog. „*falschen Kaltfront*" ein, welche sich zwischen der absteigenden, erwärmten Kaltluft des „Kopfes" und der mehr horizontal bewegten des übrigen Keils ausbildet (Abb. 127). Diese falsche Front bringt außer dem Temperatursprung manchmal auch einen Windsprung, führt aber kein Wolkensystem mit sich.

Ferner veranlaßt das Absteigen der Luft im Kopf des Kaltluftkeils eine Aufheiterung hinter dem Frontalgewölk, welche stundenlang anhalten kann. In größerer Entfernung von der Frontlinie, wo die Sinkbewegung der Kaltluft bereits aufgehört hat, entwickeln sich in ihr Konvektionswolken (Cu und Cb).

d) Die Böenwalze an der Kaltfront.

Im Jahre 1911 hat W. SCHMIDT zum ersten Male an Hand von Modellversuchen gezeigt, daß der vordringende Kaltluftkeil die Form eines Kopfes annimmt. Da sich dabei die Stromlinien über der Grenzfläche um eine horizontale Achse anordnen, werden in der Warmluft immer wieder neue Luftteilchen an der Vorderseite des Kopfes gehoben und an der Rückseite gesenkt. In der vordringenden Kaltluft strömen die Luftteilchen als Bö rasch vorwärts und zugleich abwärts, wobei sie ihre lebendige Kraft größtenteils verlieren. Durch rascher nachströmende Teilchen werden sie zum Ausweichen nach oben genötigt und bilden dabei — als Staueffekt — die Wölbung des Kaltluftkopfes. SCHMIDT hat auch gefunden, daß die Fortpflanzungsgeschwindigkeit der Bö proportional ist der Wurzel aus der Höhe des Böenkopfes bzw. aus der Druckstufe beim Vorübergang der Erscheinung (vgl. Abschnitt 74, Fußnote zu Regel 17).

Nichtsdestoweniger läßt sich für die Erklärung des Böenvorganges eine rein hydrodynamische Deutung nicht aufrechterhalten. P. RAETHJEN 1934 (*1*) stellt sich daher die „Umlagerungswalze" thermodynamisch entstanden vor, wobei er der freiwerdenden feuchtlabilen Energie eine hervorragende Bedeutung beimißt. Nach seiner Theorie bedingt das Ausfallen des frontalen Niederschlags aus der angehobenen Warmluft: erstens eine derartige Entlastung der Böenwolke, daß in ihr ein engbegrenztes stürmisches Aufsteigen der Luft stattfindet, welchem hinter dem Kaltluftkopf ein langsames Absinken über großem Areal entspricht; zweitens eine plötzliche Drucksteigerung am Boden durch die Last des fallenden Niederschlags und durch die von ihm hervorgerufene Abkühlung. Der rapide Druckanstieg superponiert sich als „Drucknase" über die durch das Vordringen des Kaltluftkeils verursachte allmähliche Luftdruckzunahme.

Erst durch die Drucknase entsteht nach RAETHJEN an der Kaltfront jener horizontale Druckgradient, welcher die sog. „Spitzenbö" als unteren Horizontalzweig eines wirklichen Luftwirbels erzeugt. Dieser Luftwirbel hat seinen Sitz am Vorderrand des Kaltluftkopfes in geringer Höhe über dem Erdboden; sein präfrontaler aufsteigender Ast gibt zur Ausbildung des obenerwähnten „Böenkragens" Anlaß. Spitzenbö, Böenwirbel und Böenkragen sind somit nach dieser Theorie räumlich beschränkte hydrodynamische Begleiterscheinungen der umfangreichen, thermodynamisch bedingten Umlagerungswalze mit ihrem heftigen Niederschlag, hochaufschießenden *Cb* und nachfolgender Aufheiterung.

Daß bei den Vorgängen an der Kaltfront die feuchtlabile Energie eine gewisse Rolle spielt, steht außer allem Zweifel. RAETHJEN selbst gibt jedoch (1936) zu, diese Rolle überschätzt zu haben, zuungunsten der anerkannten Bedeutung, welche die horizontal-labile Luftmassenlagerung für die Energieumsätze an den Zyklonenfronten hat. Weit weniger anfechtbar ist die Anwendung seiner Theorie auf Umlagerungsvorgänge, welche sich innerhalb strömender, instabil geschichteter Kaltluft abspielen; die hier entstehenden Umlagerungswalzen können Anlaß geben zur Ausbildung „*interner Kaltfronten*" von beschränkter Ausdehnung, welche von Schauern und Böen begleitet sind und bisweilen sogar quasi-rhythmisch auftreten, z. B. beim sog. „Aprilwetter" (Abschnitt 52).

Wie sich *solche* Kaltfronten bilden, hat G. A. SUCKSTORFF 1935 und 1938 gezeigt. Das Ergebnis von Feinregistrierungen der meteorologischen Elemente beim Vorüberzug von Schauern läßt den Schluß zu, daß die Abkühlung der unteren Luftschichten vorwiegend erzeugt ist durch ein feuchtadiabatisches Absteigen der vom Niederschlag mitgerissenen Luft. Diese Luft erwärmt sich ja beim Herabkommen langsamer als sie sich beim vorhergehenden Aufsteigen längs der Trockenadiabate abgekühlt hat, oder mit anderen Worten, ihre Ankunftstemperatur ist niedriger als jene der Umgebung. Bei Gewittern kommt noch ihre Abkühlung durch den Wärmeverbrauch beim Schmelzen der fallenden Schneeflocken bzw. Graupeln sowie die Bodenkühlung durch den Guß verstärkend hinzu. Der auf diese Art unter dem Schauer bzw. Gewitter entstandene Kaltluftberg wandert mit diesem weiter und kann auf der synoptischen Karte als Kaltfront von beschränkter Ausdehnung sichtbar werden.

Das sog. „Voreilen der Kaltluft in der Höhe" vor der Kaltfront kommt an späterer Stelle (Abschnitt 65 a δ) zur Sprache.

e) Kaltfrontmerkmale auf der Karte.

Nach G. SCHINZE 1932 (*4*) machen sich die Kaltfronten in Mitteleuropa durch folgende Merkmale auf der Karte geltend:

Barometrische Tendenz: Fallender Druck vor der Front (*a* = 7, 8); schwacher oder mäßiger Druckanstieg hinter der Kaltfront erster Art, plötzlicher, zum Teil starker Druckanstieg hinter der Kaltfront zweiter Art. Charakteristik nach Schlüsselziffer *a* beim Durchgang der Front = 2, 4, 5. Form der Isallobaren:

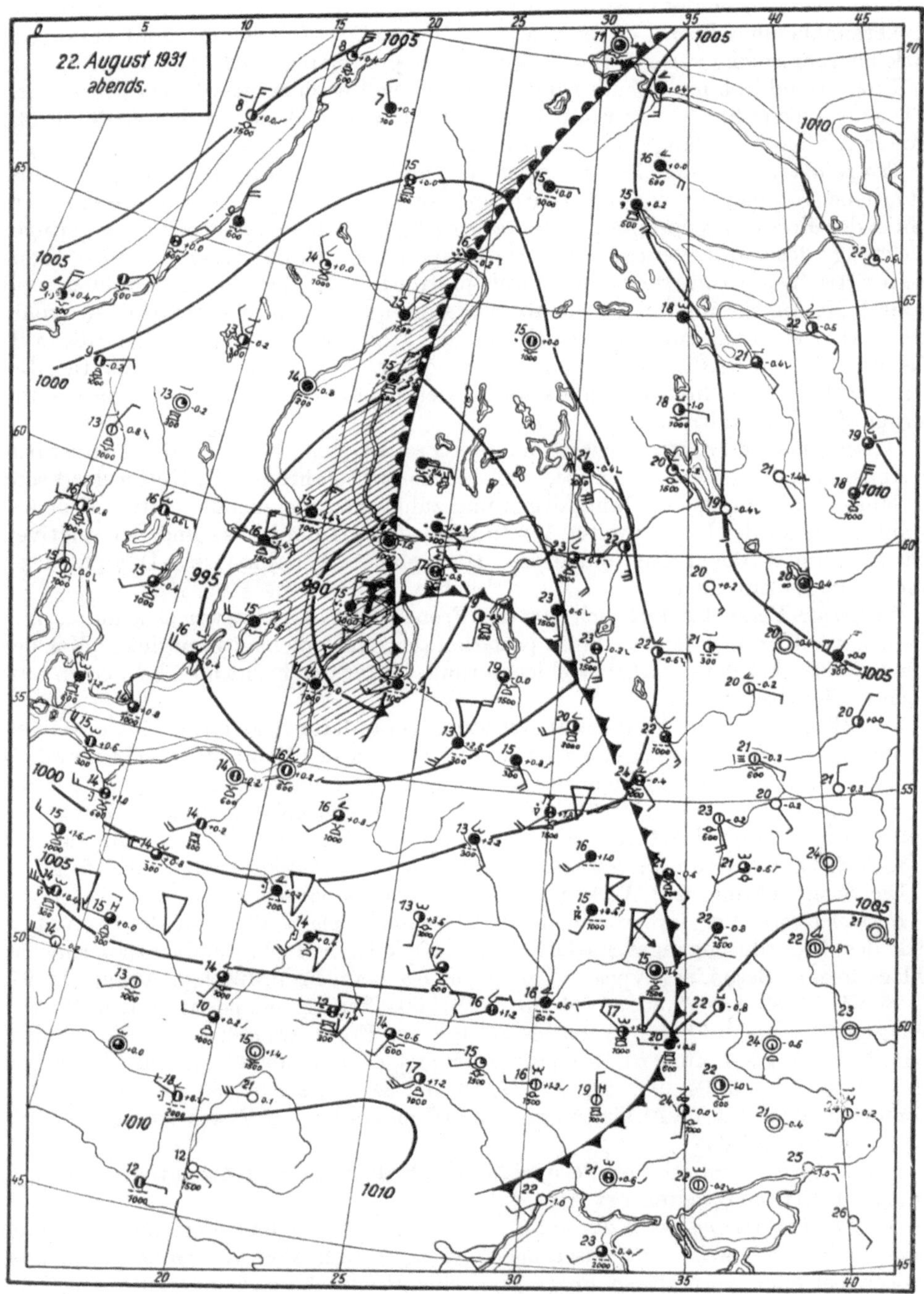

Abb. 128. Die Wetterlage vom 22. August 1931, abends.

vor der Front meist langgestrecktes Fallgebiet; hinter der Front erster Art ausgedehntes, schwächeres Steiggebiet; hinter der Front zweiter Art engbegrenztes, meist ovales Steiggebiet, vielfach starker isallobarischer Gradient.

Wind: Dreht vor der Front zurück (Krimpen), Linksdrehung bis etwa parallel zur herannahenden Front, dabei frischt er allgemein auf: vor der Front erster Art stark bis sehr stark, vor der Front zweiter Art nur mäßig stark. Beim Vorüberzug der Front Winddrehung (Windsprung), Ausschießen nach rechts: böiger Wind, vielfach Sturmböen; hinter der Front erster Art flaut der Wind ab, hinter der Front zweiter Art bleibt er lange stark oder sehr stark.

Temperatur: Vor der Front erster Art hängen Temperatur und äquivalentpotentielle Temperatur von der Luftmasse sowie vom Tages- und Jahresgang ab. Hinter der Front ausgeprägter Temperaturrückgang, aber verhältnismäßig geringer Rückgang der äquivalentpotentiellen Temperatur. Unmittelbar vor der Front zweiter Art Temperaturrückgang (durch präfrontale Niederschlagsabkühlung) und dadurch oft Ausbildung einer Scheinfront. Äquivalentpotentielle Temperatur wenig verändert oder etwas zunehmend. Hinter der Front plötzliches, sprunghaftes (auffallendes) Sinken der Temperatur und der äquivalentpotentiellen Temperatur. Bei stärkerer Druckzunahme besonders hinter der Front zweiter Art dynamische Erwärmung in der Kaltmasse.

Dampfdruck und *relative Feuchte*: Vor der Front erster Art analog der Temperatur (in Abhängigkeit von der Luftmasse, vom Tages- und Jahresgang). Hinter der Front nur langsam abnehmender Dampfdruck und zunächst zunehmende relative Feuchte. Unmittelbar vor der Front zweiter Art Zunahme des Dampfdrucks und der relativen Feuchte; hinter der Front plötzliche, sprunghafte Abnahme des Dampfdrucks, dagegen meist Zunahme der relativen Feuchte.

Fernsicht: Verschlechtert sich vor der Front erster Art, bessert sich hinter ihr; teilweise wird sie hier jedoch durch postfrontalen Niederschlag beeinflußt. Vor der Front zweiter Art meist Sichtverschlechterung, hinter der Front im allgemeinen auffallende Sichtbesserung.

Bewölkung: Vor der Front erster Art wenig veränderte stratiforme Massenwolken der Warmluft. Beim Durchgang der Front und hinter der Front mächtige Cu und Cb gleichzeitig mit Sc ($C_L = 8$), tiefe zerrissene Schlechtwetterwolken mit Ns über ihnen ($C_L = 6$), dann As ($C_M = 2, 1$); schließlich rasche, oft scharf abgegrenzte Aufheiterung. Vor der Front zweiter Art zunächst lentikulare Wolkenbänke ($C_M = 4b$), die sich zu Sc-Aufzug ($C_M = 5a, b$) verdichten und denen die Cb-Mauer ($C_L = 9b$) folgt.

Die Streifrichtung der Wolken ist typisch frontenparallel.

Hydrometeore: Vor der Front erster Art besonders $ww = 13$, dann 10. Im Augenblick des Frontdurchganges starke Schauertätigkeit, der mehrstündige Dauerniederschläge folgen. Besonders typische Zahlen für ww beim Frontdurchgang sind: 99, 97, 96, 95, 94, 93, 89, 88, 87, 86, 85, 84, 83, 82, 81, 80. Ferner, im postfrontalen Niederschlagsgebiet, $ww = 76$ bis 70, 69 bis 60. Bei der Front zweiter Art, kurz vor dem Frontdurchgang — kürzere Schauerniederschläge; besonders typische Werte von ww: 99, 97, 96, 95, 94, 93, 89, 88, 87, 86, 85, 84, 83, 82, 81, 80, 15. Hinter der Front tritt meist rasche Aufheiterung ein; besonders häufige Werte von ww: 92, 91, 90, 29, 28, 27, 26, 25.

Ein konkretes synoptisches Beispiel für eine Kaltfront erster Art enthält Abb. 148, für eine Kaltfront zweiter Art Abb. 128.

Die *Symbolisierung der Kaltfront* auf der synoptischen Karte erfolgt durch eine blaue Linie, und zwar dick ausgezogen bei einer normalen Kaltfront, dünn ausgezogen bei einer sekundären Front (d. i. eine Front, die sich innerhalb der Kaltluftmasse ausgebildet hat), gestrichelt bei einer oberen Kaltfront. Im Einfarbendruck wird die Kaltfront durch eine Linie gekennzeichnet, die mit gegen die Warmluft gerichteten Zähnen besetzt ist; bei der normalen Kaltfront sind diese Zähne dicht und ausgefüllt, bei einer sekundären Front schütter und ausgefüllt, bei einer oberen Kaltfront sind sie leer (unausgefüllt). Vgl. auch Abb. 6.

60. Die Okklusionsfronten.

a) Definition, Einteilung und Symbolisierung auf der Karte.

Im Verlauf der Zyklonenentwicklung, die im nächsten Kapitel ausführlich beschrieben werden soll, kommt es zur Ausbildung eigenartiger zusammengesetzter Fronten, sog. *Okklusionsfronten*. Die Okklusionsfront ist die Vereinigung einer Warm- und einer Kaltfront, manchmal sogar mehrerer solcher Fronten, wobei den Erdboden nur eine einzige Frontfläche schneidet, an welche sich die andere bzw. die übrigen in der Höhe ansetzen. Eine Okklusionsfront kommt im einfachsten Fall dadurch zustande, daß sich die Kaltfront an der Rückseite einer Zyklone rascher bewegt als die Warmfront an deren Vorderseite: der vordringende Kaltluftkeil holt den zurückweichenden Kaltluftkeil ein und vereinigt sich mit ihm (Abb. 129). Die durch die Vereinigung entstandene Grenzfläche zwischen der „frischen" (vordringenden) und der „alten" (zurückweichenden) Kaltluft nennt man *Okklusionsfläche*. Ihre Schnittlinie mit der Erdoberfläche heißt *untere Okklusionsfront*, wogegen man mit *oberer Okklusionsfront* jene Linie in der freien Atmosphäre bezeichnet, an welcher alle drei Luftmassen — Warmluft, frische und alte Kaltluft — aneinandergrenzen. Die Verbindung beider Fronten wird Okklusionsfront oder einfach *Okklusion* genannt. Unter *Okklusionspunkt* versteht man jenen Punkt an der Erdoberfläche (auf der Karte), bis zu welchem der Okklusionsprozeß, d. i. die Vereinigung der Warmfront mit der sie einholenden Kaltfront bereits gediehen ist. Schon v. FICKER 1911 (2) hatte ein Einholen der Warmfrontlinie durch die Kaltfrontlinie beschrieben. Wie man sich den Okklusionsvorgang räumlich vorzustellen habe, wurde von T. BERGERON im Jahre 1919 festgestellt.

Man unterscheidet zwei Okklusionstypen, je nachdem, ob die frische Kaltluft wärmer oder aber kälter ist als die alte Kaltluft: die Warmfrontokklusion und die Kaltfrontokklusion.

Bei der *Warmfrontokklusion* (Abb. 129, I) schiebt sich der wärmere Keil frischer Kaltluft auf den kälteren Keil alter Kaltluft auf. Infolgedessen löst sich die Kaltfrontlinie von der Erdoberfläche los und rückt längs der Warmfrontfläche in die Höhe. Diese Okklusion besteht somit aus einer Kaltfront als oberer und einer Warmfront als unterer Okklusionsfront; sie ruft an der Erdoberfläche eine Erwärmung hervor.

Bei der Warmfrontokklusion kommt es nicht etwa zu einem allgemeinen Aufgleiten der frischen Kaltluft auf dem alten Kaltluftkeil; ein Aufgleiten tritt höchstens in den alleruntersten Schichten infolge Reibungskonvergenz (vgl. Abschnitt 25 b) auf. In der Höhe vollzieht sich das Vordringen des Kaltluftkeils hauptsächlich als Ergebnis eines „Nachfüllens" mit Luft, die aus entfernteren höheren Schichten stammt und daher sogar in absteigender Bewegung begriffen sein kann [BERGERON 1934 (2)].

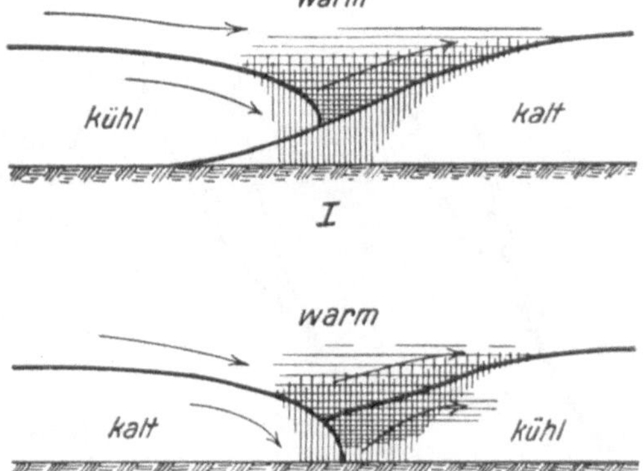

Abb. 129. Die beiden Haupttypen der Okklusion: I. Warmfrontokklusion, II. Kaltfrontokklusion. [Nach BERGERON 1937 (2).]

Bei der *Kaltfrontokklusion* (Abb. 129, II) schiebt sich der kältere Keil frischer Kaltluft unter den wärmeren Keil alter Kaltluft ein und verdrängt ihn nach oben. Hierdurch löst sich die Warmfrontlinie von der Erdoberfläche los und rückt längs der Kaltfrontfläche in die Höhe. Diese Okklusion besteht daher aus einer Warmfront als obere und einer Kaltfront als untere Okklusionsfront; ihr Vorüberzug ist an der Erdoberfläche von einer Abkühlung begleitet.

Auf der *synoptischen Karte* werden die Okklusionskomponenten folgendermaßen versinnlicht (siehe auch Abb. 6 und 130):

Warmfrontokklusion: untere Warmfront durch eine dünne rote Linie, im Einfarbendruck durch eine mit schütteren Schuppen besetzte Linie; obere Kaltfront durch eine gestrichelte blaue Linie, bzw. eine mit unausgefüllten Zähnen besetzte Linie; wenn untere und obere Front (z. B. infolge zu kleinen Kartenmaßstabes) nicht auseinandergehalten werden können: violette Linie, bzw. Linie, an welcher ausgefüllte Schuppen und unausgefüllte Zähne miteinander abwechseln.

Kaltfrontokklusion: untere Kaltfront durch eine dünne blaue Linie bzw. durch eine mit schütteren Zähnen besetzte Linie; obere Warmfront durch eine gestrichelte rote Linie mit unausgefüllten Schuppen versehene Linie; wenn untere und obere Front nicht auseinandergehalten werden: violette Linie bzw. Linie, an welcher ausgefüllte Zähne und unausgefüllte Schuppen miteinander abwechseln.

Falls der Okklusionscharakter unklar ist oder falls keine Notwendigkeit vorliegt, ihn zu präzisieren, so wird die untere Okklusionsfront durch eine ausgezogene violette Linie bzw. durch eine mit ausgefüllten Schuppen und Zähnen abwechselnd besetzte Linie markiert. Ist die untere Front nicht unterscheidbar, die Lage der oberen Front auf der Karte jedoch feststellbar, so wird letztere durch eine gestrichelte violette Linie bzw. durch eine Linie gekennzeichnet, an welcher unausgefüllte Schuppen und unausgefüllte Zähne miteinander abwechseln.

b) Wolkensystem, Niederschläge und Isallobarenfeld.

Der Verschiedenheit des Aufbaus der Warmfront- und der Kaltfrontokklusion entsprechen gewisse Unterschiede im Bewölkungssystem und in der Niederschlagsverteilung.

Bei der *Warmfrontokklusion* wird durch das allmähliche „Hinaufkriechen" des frischen Kaltluftkeils über die Warmfrontfläche das Wolkensystem der Warmfront von unten her allmählich „aufgefressen". Zuerst verschwindet der *Ns* (eventuell unter Zurücklassung einer *St-Sc*-Decke infolge leichten Aufgleitens durch Reibungskonvergenz), später der *As* und schließlich der *Cs*. Dabei schrumpft natürlich — nach Maßgabe des Höherrückens der oberen Kaltfront — auch die Zone von Dauerniederschlägen zusammen. Sobald die obere Kaltfront eine Höhe von mehr als 3 km erreicht hat, hören die Fallstreifen aus dem *As* auf die Erdoberfläche zu erreichen; ist die obere Kaltfront bis auf 5—6 km angestiegen, so bleiben als Rest des ursprünglichen Warmfrontwolkensystems nur noch *Ci* übrig.

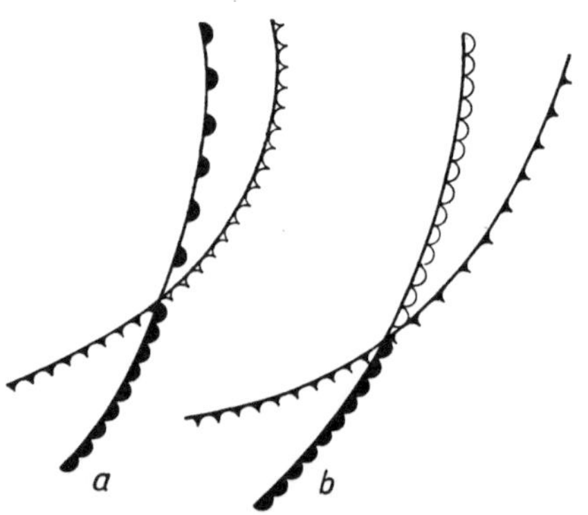

Abb. 130. Symbolisierung der beiden Haupttypen der Okklusion auf der synoptischen Karte (*a*: Warmfrontokklusion, *b*: Kaltfrontokklusion).

Der Verlauf der oberen Kaltfront läßt sich somit auf der Karte, da er sich naturgemäß in der Temperatur- und Druckverteilung am Boden nicht geltend machen kann, am besten nach der rückwärtigen Berandung der präfrontalen Niederschlagszone festlegen. Er kommt aber auch im Isallobarenfeld einigermaßen zum Ausdruck. Sobald die Kaltfront die Warmfront eingeholt hat, überdecken sich die präfrontalen Fallgebiete beider und verstärken einander. Beginnt nun die Kaltfront über die Warmfrontfläche aufzusteigen, so beginnt sich auch ihr post-

frontales Steiggebiet über das präfrontale Fallgebiet der Warmfront zu superponieren; das Kerngebiet negativer Drucktendenzen entfernt sich daher von
der unteren Warmfrontlinie und wandert vor der oberen Kaltfrontlinie einher.

Ist der Okklusionsprozeß noch nicht erheblich fortgeschritten, so kann entlang
der oberen Kaltfront von früher her noch eine *Cb*-Kette vorhanden sein, deren

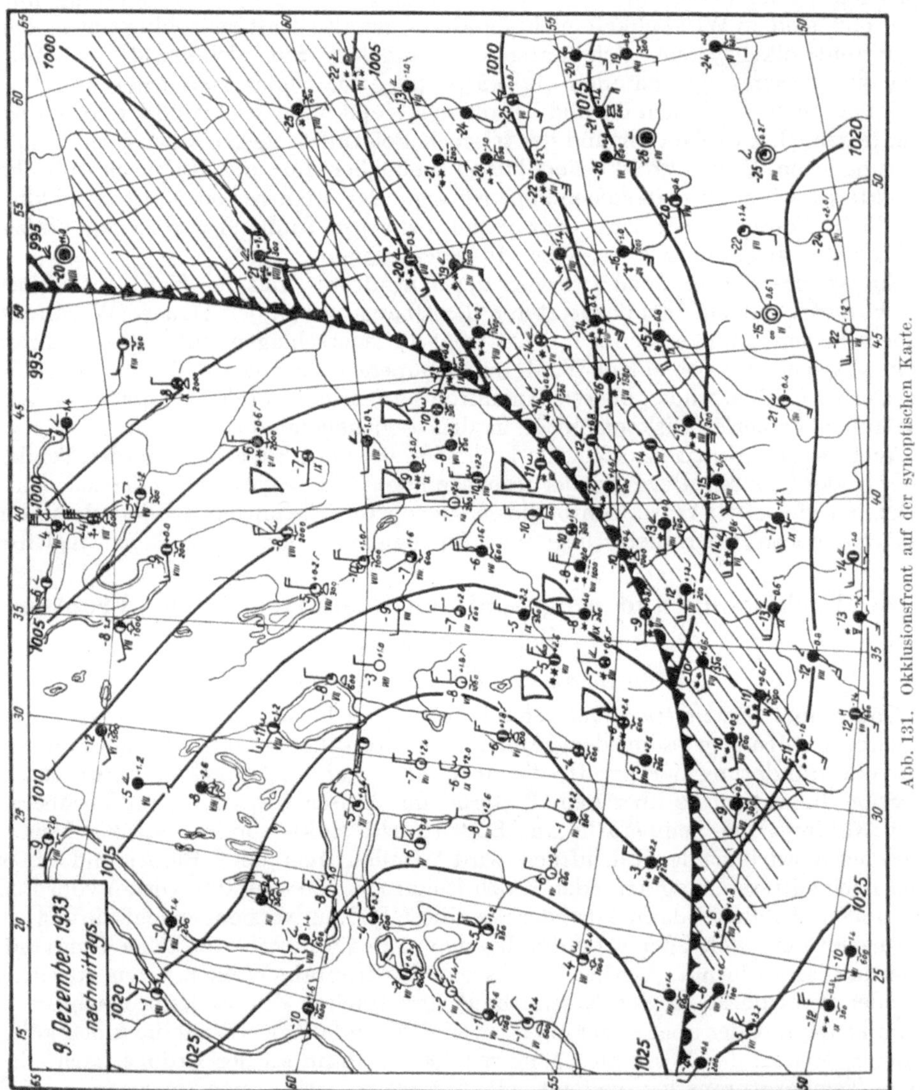

Abb. 131. Okklusionsfront auf der synoptischen Karte.

Schauer den Warmfrontregen verstärken. Zwischen der oberen Kaltfront und
der unteren Warmfront findet sich entweder gar kein Niederschlag oder nur Nieseln
aus *St*. Beim Durchzug der unteren Warmfront tritt eine Temperaturzunahme und
ein Windsprung (wie bei jeder anderen Front: nach rechts) ein.

Auch bei der *Kaltfrontokklusion* löst sich das niederschlaggebende Wolkensystem der Warmfront von unten her allmählich auf, und zwar in dem Maß, in dem
die untere Warmfront über dem eindringenden Kaltluftkeil in die Höhe rückt.
Vor dem Kaltluftkopf wird jedoch die ältere, wärmere Kaltluft aufwärts gedrängt,

so daß sich hier ein *Cb*-Wall ausbildet, dessen Vertikalentwicklung allerdings durch die obere als Sperrschicht wirkende Warmfrontfläche begrenzt wird. Nichtsdestoweniger ist dieser *Cb*-Wall oft von typischen präfrontalen Schauern begleitet.

Viele sommerliche Kaltfronten in Europa, die vom Atlantischen Ozean aus über das Binnenland vordringen mit präfrontalen Schauern und Böen, einer ausgeprägten Rinne (Trog) im barischen Feld und empfindlicher Abkühlung hinter der Front, sind in Wirklichkeit nichts anderes als alte Kaltfrontokklusionen, deren Warmfrontwolkensystem sich unterwegs aufgelöst hat. Während es ostwärts vorrückt, erwärmt sich nämlich die präfrontale, aus Süden strömende alte Polarluft immer mehr; zwischen ihr und der oberen Tropikluft verschwindet der Temperaturunterschied, zwischen ihr und der frischen Polarluft dagegen wächst er. Von der ursprünglichen Kaltfrontokklusion bleibt schließlich nur die Kaltfront mit ihren charakteristischen Begleiterscheinungen übrig. Bei atlantischen Kaltfrontokklusionen, die im Sommer über Zentraleuropa hinweg gegen Rußland vordringen, vollzieht sich diese Umwandlung etwa über Mitteldeutschland.

Ein weiterer Unterschied zwischen der Warmfront- und der Kaltfrontokklusion besteht darin, daß sich bei der letzteren der Übergang von den Dauer- (Warmfront-) Niederschlägen zu den Schauer- (Kaltfront-) Niederschlägen entlang der unteren Front abspielt, also von einem Wind- und Temperatursprung am Erdboden begleitet ist. Der zurückbleibenden oberen Warmfront entspricht auf der synoptischen Karte gewöhnlich keinerlei Diskontinuität in den Bodenelementen.

Auch bei der Kaltfrontokklusion kommt es zu einer Superposition der Tendenzfelder beider Fronten. Der Kern der resultierenden Zone negativer Tendenzen zieht jedoch nicht wie bei der Warmfrontokklusion der oberen Warmfront, sondern der unteren Kaltfront voran; auch hierin liegt eine Analogie mit der gewöhnlichen Kaltfront.

61. Maskierung und orographische Beeinflussung der Fronten. Scheinfronten.

a) Maskierte Fronten und Scheinfronten.

Unter einer *maskierten Front* versteht man eine Front, welche entweder in den Bodenbeobachtungen kaum oder gar nicht zur Geltung kommt oder aber am Boden eine Temperaturänderung hervorruft, die über ihren wahren Charakter hinwegtäuscht.

So z. B. kommt es über dem Festland im Winter vor, daß beim Vorübergang einer *Kaltfront* die Temperatur am Boden nicht sinkt, sondern steigt. Der vom Meer her vordringende Kaltluftkeil wird nämlich über dem Binnenland oft von einer noch kälteren, stagnierenden Kaltlufthaut (von 200—400 m Dicke) vom Boden abgehoben. Er gleitet dann entweder über diese Bodeninversionsschicht hinweg, ohne sie zu zerstören, wobei der Frontdurchgang am Boden überhaupt keine Temperaturänderung hervorbringt; hierbei kann sogar das frontale Wolkensystem durch eine *St-* oder Nebeldecke in der Kaltlufthaut den Blicken des Bodenbeobachters entzogen bleiben. Oder aber es zerstört der eindringende Kaltluftkeil die (noch kältere) Bodeninversion: der Frontdurchgang macht sich dann an der Erdoberfläche durch einen Temperaturanstieg geltend (H. v. FICKER 1926; von maskierten Kälteeinbrüchen ist auch schon in FICKERS Innsbrucker Föhnstudien die Rede). Bei einem solchen maskierten Kälteeinbruch winterlicher maritimer Polarluft können die aerologischen Aufstiege über dem europäischen Binnenland in 2—4 km Höhe einen Temperaturrückgang von 10—12° zeigen, während in der untersten Schicht die Temperatur um mehrere Grade ansteigt.

Analog kann im Winter auch eine *Warmfront* von einer bodennahen, stagnierenden Kaltlufthaut maskiert werden; wird diese Bodeninversion beim Warmfrontdurchgang zerstört, so ist dann allerdings die Erwärmung am Erdboden besonders groß.

Dagegen ist der Warmfrontdurchgang am Boden mit einer Abkühlung verbunden, wenn im Sommer eine vom Ozean her vordringende Warmluftmasse auf eine in den erdnächsten Schichten stark überhitzte Polarluftmasse auftrifft. Schließlich kann die Warmfront im Gebirge durch präfrontale Föhneffekte maskiert werden. Abb. 132 zeigt die lokale Auflösung des Wolkensystems einer Warmfront durch Föhn am Nordhang der Sudeten [SCHINZE 1932 (4)]. Auf der Luvseite ist gleichzeitig die Niederschlagszone durch Stau verbreitert.

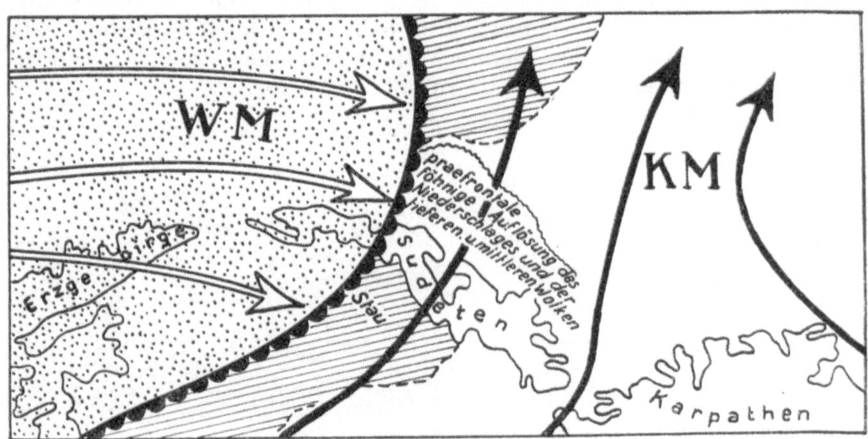

Abb. 132. Warmfront mit präfrontalem Föhn. [Nach SCHINZE 1932 (4).]

Auf der synoptischen Karte kann man übrigens eine Erscheinung beobachten, die sozusagen das Gegenstück zur Frontmaskierung vorstellt: es sind dies Diskontinuitäten in der Verteilung der meteorologischen Elemente am Erdboden, welche einen dazu verleiten können, dort eine Front einzuzeichnen, wo es in Wirklichkeit gar keine gibt. Solche sog. *Scheinfronten* sind dynamisch belanglos. Dringt z. B. im Winter eine Front über das Binnenland vor, so kann die Windverstärkung an ihrer Vorderseite schon in einiger Entfernung von der Frontlinie die bodennahe Kaltlufthaut zerstören. Dem eventuell linienförmigen Zerstörungsrand entlang nimmt dann die Temperatur und Fernsicht sprunghaft zu, die Feuchtigkeit ab, ohne daß dieser *Scheinwarmfront* Besonderheiten in der Druck- und Windverteilung oder gar ein eigenes Wolkensystem entsprechen.

Ähnlich kann unter dem Vorderrand eines Wolkensystems eine Scheinwarmfront dadurch auftreten, daß hier plötzlich die bis dahin ungehinderte nächtliche Ausstrahlung verringert wird und die Temperaturen in Bodennähe sprunghaft höher werden.

Eine *Scheinkaltfront* bildet sich nach E. PALMÉN 1936 manchmal an der Rückseite umfangreicher Zyklonen, und zwar in der Verlängerung des sog. umgebogenen Okklusionsendes (vgl. die Abschnitte 64 d und 65 c δ). Der entsprechende Temperaturunterschied beschränkt sich hier auf die untersten Luftschichten; schon in geringer Höhe strömt eine verhältnismäßig einheitlich temperierte Kaltluftmasse.

Schließlich wurde in Abschnitt 59 c auf die „falsche" Kaltfront (J. BJERKNES 1930) hingewiesen. Sie bildet sich hinter der eigentlichen Kaltfront, deren Temperatureffekt durch dynamische Erwärmung der im Kaltluftkopf absteigenden Luft unterdrückt wird.

b) Orographische Beeinflussung der Fronten.

Gebirgszüge können wandernde Fronten sowohl in horizontaler als auch in vertikaler Richtung deformieren.

Zur Deformation einer Front in horizontaler Richtung kommt es vor allem dann, wenn die Gebirgskette höher ist als das Niveau, bis zu welchem die Frontfläche reicht. Die postfrontalen Luftmassen werden das Gebirge dann von beiden Seiten umfließen.

Handelt es sich um eine *Kaltfront,* so werden sich die Kaltluftmassen, welche das Gebirge umflossen haben, in dessen Rücken wieder vereinigen, wodurch eine sog. *orographische Okklusion* entsteht. Diese Erscheinung wird nicht selten in den Alpen (vgl. Abb. 133) und im Kaukasus bei Kaltfronten, die aus Norden kommen, beobachtet. Es kann freilich (namentlich in den Alpen) auch vorkommen, daß die Front nach der Umfassung des Gebirges nicht okkludiert, sondern eine Wellenstörung bildet, welche dann der Front entlang fortschreitet.

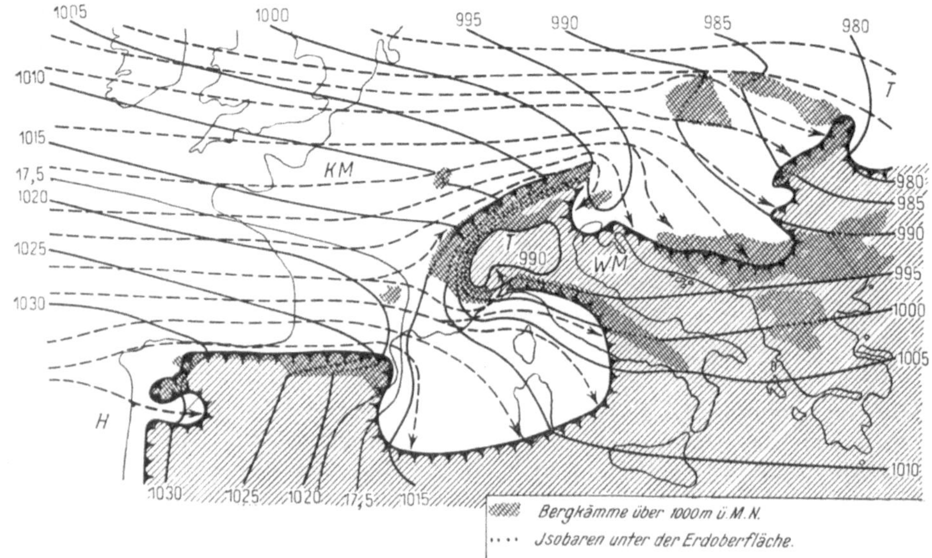

Abb. 133. Umfließen der Alpen durch eine Kaltluftmasse (orographische Okklusion). (Nach BERGERON 1928.)

Eine *Warmfront,* welche sich von beiden Seiten um eine Gebirgskette herumgebogen hat, wird natürlich überhaupt keine orographische Okklusion eingehen können, da ja die hinter ihr vordringende Warmluft sich über die Kaltluft ausbreitet. Eine solche orographische Deformation kommt in typischer Weise in Südskandinavien zustande, wenn eine Warmfront von Südwesten herannaht. Hier, wie überhaupt unter ähnlichen, günstigen orographischen Verhältnissen kann dann die Warmfront nicht nur die Form, sondern auch den Charakter einer Welle annehmen, welche sich der Front entlang wie eine freie Frontalwelle verlagert und sogar verwirbelt (Skagerrak-Zyklone; vgl. Abb. 134 und 206).

Ist das Gebirgshindernis niedrig, so wird es von den Fronten überschritten, welche dabei freilich eine mehr oder minder starke Änderung ihrer vertikalen Struktur erfahren.

Eine *Kaltfront* kann einen Gebirgszug nur dann überschreiten, wenn sich die postfrontale Masse schon im Herannahen bis in ein höheres Niveau erstreckt als der Kamm. Hat die Front das Gebirge erreicht, so wird sich die Kaltluft an ihm allmählich aufstauen, besonders dann, wenn sie es nur schwer umfließen kann und hinter der Hauptfront noch sekundäre Kaltfronten heranziehen. Die Kaltluft schwillt nun am Luvhang des Gebirges in die Höhe, wobei hier langandauernde

Niederschläge fallen (Beispiele bei v. FICKER 1906). Die Front erscheint durch das Gebirge selbst dann noch aufgehalten, wenn die Kaltluft den Kamm bereits erreicht hat und über ihn überzulaufen beginnt unter föhniger Erwärmung und Auflösung der Wolken: Scheinfront entlang des Gebirgskamms; die wirkliche Kaltfront verschwindet vorübergehend und kommt erst in einiger Entfernung vom Gebirge wieder zum Vorschein, wo sich die Föhneffekte nicht mehr unmittelbar geltend machen.

Schon bevor die Kaltfront das Gebirge erreicht, entstehen oft noch in der Warmluft orographische Niederschläge — besonders dort, wo die Warmluftströmung zwischen Front und Gebirge eingeklemmt wird (Abb. 135).

Eine *Warmfront* erfährt beim Überschreiten eines Gebirges die in Abb. 136 schematisch angegebenen Deformationen. Bis die Warmfrontfläche den Gebirgskamm berührt, bleibt die Front, ihr Wolkensystem und ihre Niederschlagszone ungestört. Dann reißt ihr Wolken- und

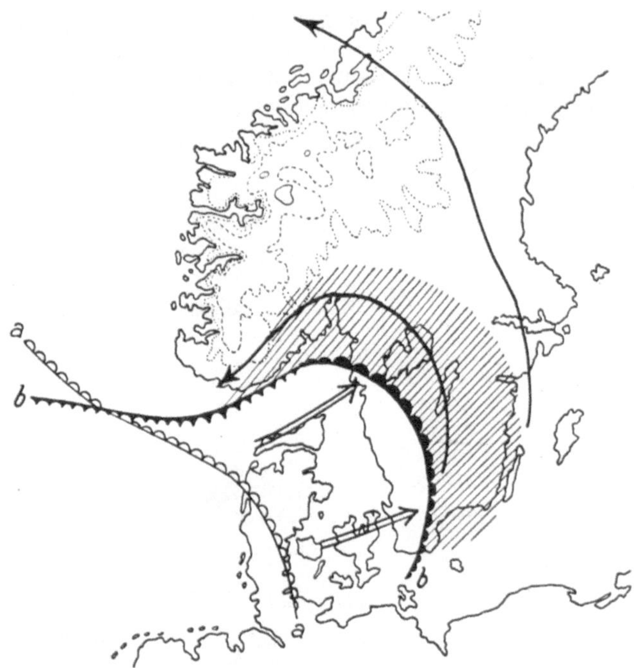

Abb. 134. Entstehung einer Wellenstörung an der Warmfront an einem orographischen Hindernis. (Nach BERGERON.)

Niederschlagssystem durch das föhnige Absinken der Warmluft auf der Leeseite in der Mitte auseinander. Sein unterster Teil bleibt noch lange an der Luvseite haften, dort eine stationäre Scheinfront erzeugend. Die weiterziehende Frontfläche gewinnt jedoch bald ihr altes Profil wieder zurück und damit entwickelt sich auch die Zone der Aufgleitniederschläge von neuem.

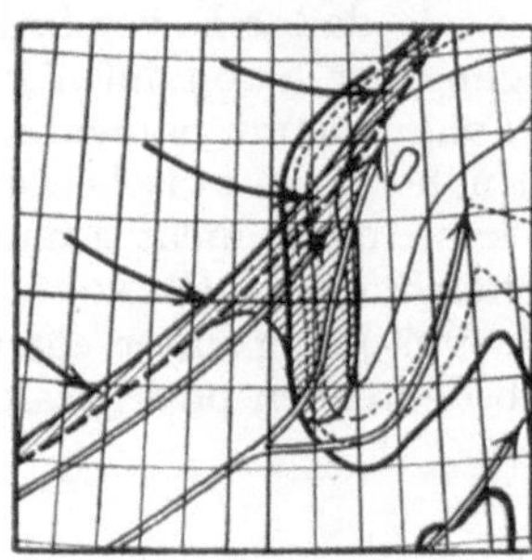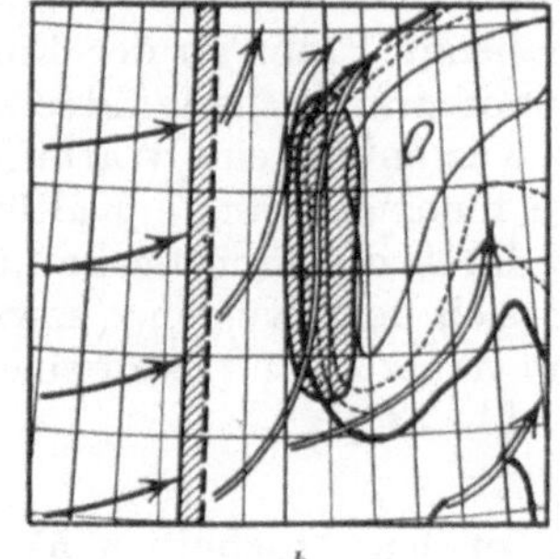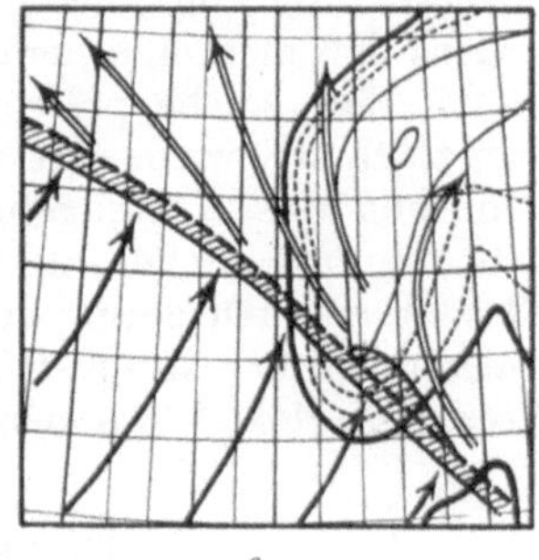

a   b   c

Abb. 135. Orographische Niederschläge vor einer Kaltfront in Südnorwegen. (Nach J. BJERKNES und SOLBERG 1921.)

c) Präfrontal-orographische Windeffekte.

Wie bereits früher erwähnt, ist die Luft ganz allgemein bestrebt Hindernisse, die sich ihr in den Weg stellen, in horizontaler Richtung zu umfließen, da dazu ein verhältnismäßig geringer Energieaufwand genügt. Ist sie jedoch labil geschichtet, so wird sie einem Überfließen des Kammes weniger Widerstand entgegensetzen. Der das Hindernis überfließende Teil der Strömung nimmt dann infolge starker Reibung an den Gliederungen des Bodenreliefs turbulenten Charakter an. Dagegen begünstigt sehr stabile Schichtung ein fast ausschließliches Umfließen des Hindernisses, namentlich wenn dieses hoch ist.

Bei diesem Umfließen wird die Geschwindigkeit der heranströmenden Luft vor dem Gebirgszug dort zunehmen, wo ihre Stromlinien durch das Hindernis aneinander-

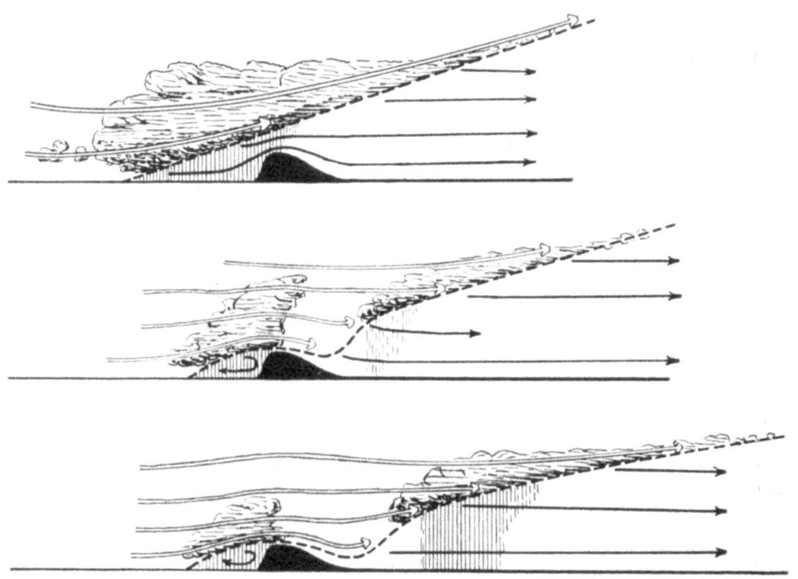

Abb. 136. Eine Warmfront überschreitet ein Gebirge. (Nach J. Bjerknes und Solberg 1921.)

gedrängt werden. Dies ist namentlich dann der Fall, wenn die allgemeine Luftströmung mit der betreffenden Bergkette oder Steiluferlinie nur einen sehr kleinen Winkel einschließt (sog. „Küsteneffekt"), und zwar besonders dort, wo die Stromlinien durch Vorsprünge des Reliefs eingeengt werden (sog. „Eckeneffekt").

Diese orographischen Effekte im Windfeld können noch dadurch verstärkt werden, daß sich eine herannahende Front an der Einengung der Stromlinien beteiligt. Eine solche präfrontal-orographische Windverstärkung kommt namentlich dann zustande, wenn sich der Küstenlinie eine Warmfront nähert; die zwischen die Front und das Küstengebirge hineingezwängte Kaltluft kann dann nicht einmal nach oben ausweichen, da sie durch die Frontfläche „überdacht" wird (Bergeron 1934). Aber auch dann, wenn sich dem Küsten- (bzw. Gebirgs-) Zug unter einem größeren Winkel eine Kaltfront nähert, kann es zu einem bedeutenden präfrontalen „Pressungseffekt" kommen (Abb. 135).

Literatur zu den Abschnitten 55 bis 61.

Grundsätzliche Arbeiten über die Theorie der atmosphärischen Grenzflächen: Helmholtz 1888, 1889, Margules 1905, 1906 (2), V. Bjerknes 1921, J. Bjerknes 1924, Exner 1924, 1925 (1. Aufl. 1917), Stüve 1925, Giâo 1929, Becker 1929 (1), 1929 (2), 1929 (3), 1932, 1933, Petterssen 1933, Raethjen 1933, 1934 (1), 1934 (2), 1936 (1), Bergeron 1936, Godske 1936, Bergeron 1937 (1), Raethjen 1938 (1), 1938 (2), Bergeron 1939 (2), Raethjen 1939 (1), 1939 (2).

Über Frontogenese und Frontolyse: BERGERON 1928, J. BJERKNES 1930, V. BJERKNES-J. BJERKNES-SOLBERG-BERGERON 1933, BERGERON 1934 (2), PETTERSSEN 1936.

Hydrodynamische Vorstellungen über Kaltfronten auf experimenteller Grundlage: SCHMIDT 1910, 1911.

Über die Ausbreitung von Kälte- bzw. Wärmewellen: v. FICKER 1906, 1910, FESSLER 1910, v. FICKER 1911, EXNER 1918, GÖLLES 1922, WILLETT 1933 (2).

Über Fronttypen, Wolken- und Niederschlagssysteme der Fronten: J. BJERKNES and SOLBERG 1921, MOESE 1925, STÜVE 1926 (1), v. FICKER 1926, REIDAT 1930, K. SCHNEIDER 1931, GOLDIE 1931, KREUDER 1932, SCHINZE 1932 (4), BERGERON 1934 (2), BERSON 1934, GOLD 1935, AUJESZKY 1935, WILLETT 1935, NAMIAS 1935 (2), SCHERHAG 1935, BERGERON 1937 (2), THOMAS 1937, v. MIEGHEM 1938, PETTERSSEN 1939 (2).

Über orographische Beeinflussung der Fronten siehe besonders J. BJERKNES und SOLBERG 1921, SCHINZE 1932 (4), BERGERON 1934 (2). Letztere Arbeit enthält auch wichtige Angaben über den Einfluß der Reibung auf die Fronten, Frontenmaskierung usw. Sie fand bei der Abfassung des fünften Kapitels dieses Buches besondere Berücksichtigung.

Aus der großen Zahl synoptisch-aerologischer Untersuchungen einzelner Fronten seien nur die folgenden angeführt: J. BJERKNES and SOLBERG 1921, DIESING 1924, BERGERON und SWOBODA 1924, J. BJERKNES 1924, PALMÉN 1930, J. BJERKNES 1930, PALMÉN 1931 (1), H. BERG 1931, SCHREIBER 1931, CROSSLEY and DAKING 1931, J. BJERKNES 1932, HEYWOOD 1932, EKHART 1933, J. BJERKNES and PALMÉN 1933, BERGERON 1934 (2), H. BERG 1934 (1), REINHARDT 1934, J. BJERKNES 1935, WEXLER 1935, EMMONS 1935, KIDSON and HOLMBOE 1935, CHRISTENSEN 1935, MACHT 1937, VAN MIEGHEM 1937, J. BJERKNES and PALMÉN 1937, 1938, VAN MIEGHEM 1939 (1), 1939 (2), 1939 (3), J. BJERKNES-MILDNER-PALMÉN-WEICKMANN 1939. Siehe auch andere einschlägige Untersuchungen in den europäischen und amerikanischen meteorologischen Zeitschriften und in den Erf.-Ber. RWD.

Sechstes Kapitel.

Die Frontalstörungen.

62. Geschichtliches.

a) Die Synoptik des 19. Jahrhunderts.

Schon die allerersten synoptischen Karten haben das Auftreten großer *Störungen* in der Atmosphäre der gemäßigten Breiten erkennen lassen. Diese Störungen, welche die Bezeichnung *Zyklonen* erhielten, bilden sich im barischen Feld als mehr oder weniger rundliche Gebiete tieferen Drucks ab, welche Areale von vielen hunderttausenden oder einigen Millionen Quadratkilometern bedecken. Jedem solchen Drucksystem entspricht auch ein charakteristisches Windsystem, dessen Stromlinien auf der nördlichen Halbkugel gegen den Sinn der Uhrzeigerbewegung verlaufen und annähernd mit den Zyklonenisobaren zusammenfallen. Nur in der alleruntersten Luftschicht von wenigen hunderten Metern Höhe sind die Stromlinien unter dem Reibungseinfluß des Erdbodens etwas gegen das Zyklonenzentrum gerichtet, schneiden die Isobaren unter einem gewissen Winkel und haben daher hier annähernd Spiralform.

In den gemäßigten Breiten entstehen zyklonale Störungen in so großer Zahl, daß sie geradezu als charakteristische Ausdrucksform der allgemeinen atmosphärischen Zirkulation angesehen werden müssen. Auf den synoptischen Karten Westeuropas werden jährlich mehr als 60 *Zyklonenserien* verzeichnet, von denen jede aus mehreren hintereinander fortschreitenden Einzelstörungen besteht. Das Fortschreiten erfolgt überwiegend mit west-östlicher (nur sehr selten mit entgegengesetzter) Komponente, und zwar mit Geschwindigkeiten, die von Null bis 80—100 km/h schwanken. Auch die Lebensdauer einer zyklonalen Störung schwankt innerhalb weiter Grenzen, nämlich zwischen ein bis zwei Tagen und — im Fall der Weiterentwicklung zu einer sehr tiefen, umfangreichen Zyklone — mehr als einer Woche.

Die wirkliche Zahl der zyklonalen Störungen wurde früher, wo synoptische Karten nur in Tages- oder höchstens Halbtagsintervallen unter Zugrundelegung eines verhältnismäßig weitmaschigen Beobachtungsnetzes gezeichnet wurden, stark unterschätzt; einzelnen Zyklonen wurde oft genug — in Unkenntnis ihres serienweisen Auftretens — eine überlange Lebensdauer zugeschrieben, während sie in Wirklichkeit bereits längst erloschen und durch eine oder gar mehrere rasch herangezogene Neubildungen ersetzt worden waren.

Zwischen den zyklonalen Einzelstörungen und namentlich zwischen ganzen Zyklonenserien sind Gebiete hohen Drucks, sog. *Antizyklonen*, eingebettet. Sie kommen über den Festlandsgebieten der gemäßigten Breiten, wo winterliche Monsunzirkulationen, sowie über den subtropischen Meeren, wo die allgemeine atmosphärische Zirkulation ihr Verweilen begünstigt, nicht selten zum Stillstand und nehmen hier für die Dauer mehrerer Wochen erheblichen Umfang und bedeutende Stabilität an.

Im 19. Jahrhundert beschränkte sich das Studium der *Zyklonentätigkeit* notwendigerweise vorwiegend auf eine Untersuchung der Vorgänge an der Erdoberfläche mit Hilfe der synoptischen Karten. Nur die Beobachtungsergebnisse von Berg- und Hochgebirgsobservatorien konnten einiges Licht auf die räumliche Struktur der Luftdruckgebilde werfen. Diesbezüglich verdankt man namentlich J. v. HANN 1890, 1891 die Grunderkenntnis, daß (gealterte) Antizyklonen bzw. Zyklonen aus vorwiegend warmen bzw. kalten Luftmassen bestehen. Nichtsdestoweniger war man damals, infolge Fehlens sonstiger aerologischer Meßmethoden, leicht geneigt, die dreidimensionale Betrachtungsweise gegenüber der zweidimensionalen zu vernachlässigen; überdies lenkte die Zyklone die Aufmerksamkeit der Meteorologen auf sich weniger als Störung der Gesamtatmosphäre, denn als barisches System, als Gebiet tieferen Drucks. Die Folge davon war, daß man zu Ende des 19. und zu Beginn des 20. Jahrhunderts noch keine in Einzelheiten gehende Vorstellung davon hatte, wie die meteorologischen Elemente an der Erdoberfläche im Zyklonenbereich verteilt sind; auch über die Entstehung und Entwicklung der Zyklonen war nichts genaueres bekannt.

Lediglich im Ausgangsstadium der synoptischen Methodik hatte Admiral FITZ-ROY, der Begründer des englischen Wetterdienstes, den richtigen Weg eingeschlagen, allerdings ohne Nachfolger zu finden. Im Anschluß an DOVES Anschauungen, daß die Witterung das Ergebnis der Wechselwirkung von Luftströmungen verschiedener Herkunft sei, berücksichtigte FITZ-ROY bei der Bearbeitung synoptischer Karten nicht so sehr die Eigentümlichkeiten der Druckverteilung, als die Besonderheiten des Strömungsfeldes und die Provenienz der Luftmassen. Dies führte ihn dazu, die Zyklone als Glied der allgemeinen atmosphärischen Zirkulation und als Störung aufzufassen, die sich an der Grenze zwischen einem tropischen und einem polaren Luftstrom entwickelt und somit aus zwei Luftmassen verschiedener Herkunft und ungleicher Eigenschaften besteht. Die Beschreibung einer Zyklone durch FITZ-ROY entspricht mit großer Annäherung der Auffassung unserer heutigen Gegenwart, wie folgendes Zitat aus FITZ-ROYS „Wetterbuch" (1863) zeigt:

„Die nordwestliche Hälfte (genauer der Sektor von Nordost bis Südwest) der Zyklone wird offensichtlich in der Hauptsache von dem kalten, trockenen, schweren und positiv elektrischen Polarstrom beeinflußt; die Südosthälfte der Zyklone zeigt deutlich die Einwirkungen der Tropikluft (warm, feucht, leicht und negativ oder merklich weniger elektrisch geladen).[1] Daher werden die Gebiete, über welche die eine Hälfte der Zyklone hinwegzieht, ganz anders beeinflußt als jene, welche die

---

[1] Vgl. die modernen Erfahrungen über geringe atmosphärische Störungen beim Radioempfang in Tropikluft, dagegen starke Störungen in Polarluft!

andere Hälfte eben derselben Zyklone überquert. Die Störung selbst wird durch das Zusammentreffen sehr ausgedehnter Luftkörper hervorgerufen, die sich in fast, aber nicht ganz entgegengesetzten Richtungen bewegen; dabei erlangt der eine von ihnen allmählich die Oberhand oder vereinigt sich schließlich mit dem anderen.

Abb. 137. Zyklonale Störungen zwischen Polar- und Tropikluft. (Nach FITZ-ROY 1863.)

„Auf der polaren Seite der Zyklone, die dauernd Zustrom von dieser Seite erhält, treten als fühlbare Erscheinungen Abkühlung, Trockenwerden und Aufklären der Luft — mit Barometeranstieg und Temperaturfall — auf, während auf der tropischen (oder äquatorialen) Seite die Eigenschaften der feuchten Warmluft vorherrschen, die aus einer fast unversiegbaren Quelle heranströmt und soweit nach Nordost vorstößt, wie ihr Antrieb anhält, und sich dann allmählich immer mehr abkühlt, austrocknet und mit der gegnerischen Polarströmung vermengt.“

Die Bewegung einer Zyklone hängt nach FITZ-ROY von der Richtung und der Geschwindigkeit der beiden Hauptströmungen ab, zwischen denen sie entstanden ist. Für FITZ-ROY war es also völlig klar, daß die Zyklone nicht aus einer einzigen rotierenden, in die Atmosphäre „eingebetteten“ Luftmasse besteht (wie man viel später annahm), sondern daß die zyklonale Störung, welche sich zwischen den beiden Strömungen gebildet hat und fortbewegt, andauernd neue Luftmassen — Tropikluft an ihrer Vorderseite und Polarluft an der Rückseite — in ihren Bereich einbezieht.

FITZ-ROY hat dann rein synoptisch die serienweise aufeinanderfolgende Entstehung der Zyklonen gefunden und ist der Entdeckung der Okklusion und der Hauptfronten, zum mindesten aber einer Hauptfront, sehr nahegekommen. Nur die empfehlenswerte Lektüre seines Buches selbst gibt von der geradezu erstaunlichen Klarheit und dem umfassenden Charakter seiner Vorstellungen über die Zyklonentätigkeit erschöpfend Auskunft.

Der Tätigkeit FITZ-ROYS wurde, wie bereits in der Einleitung (Abschnitt 1) erwähnt, durch seinen Tod ein vorzeitiges Ende gesetzt und seine Anschauungen fielen der Vergessenheit anheim. Die späteren Forscher des 19. Jahrhunderts gingen den schmalen Weg eines synoptischen Studiums des barischen Feldes an der Erdoberfläche.[1] Die Ergebnisse dieser Entwicklungsepoche der Synoptik lassen sich folgendermaßen zusammenfassen:

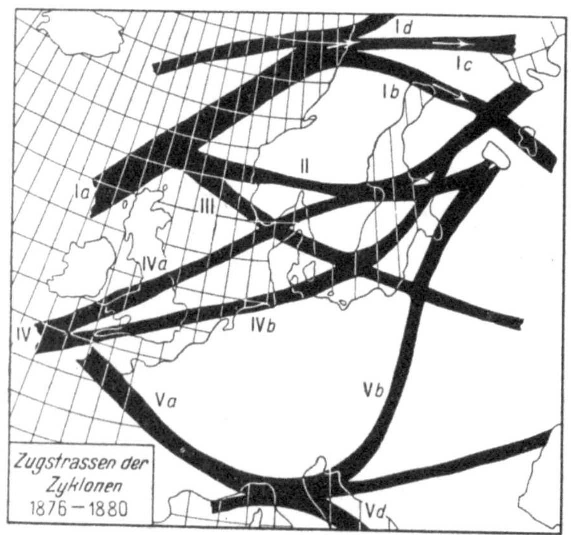

Abb. 138. Bevorzugte Zugstraßen der Zyklonen in Europa während der Jahre 1876 bis 1880. (Nach VAN BEBBER.)

1. Man studierte die Verteilung verschiedener meteorologischer Elemente im Gebiet der Zyklone und Antizyklone vorwiegend statistisch, wobei jedoch die Einzelelemente meist gesondert betrachtet und ihre Durchschnittswerte miteinander verglichen wurden. Konkrete Wetterlagen als Gesamtkomplexe der meteorologischen Elemente wurden nur selten eingehender untersucht. Klare Vorstellungen über den Aufbau der atmosphärischen Störungen konnten daher nicht erzielt werden.

2. Analog wurden die Zyklonenbahnen und ihre vorherrschende Richtung statistisch untersucht. Abb. 138 zeigt die auf dieser Grundlage von J. VAN BEBBER (1891) gefundenen hauptsächlichen Zugstraßen der Zyklonen über Europa. In Wirklichkeit ergibt sich in den Bahnen der Einzelzyklonen eine nahezu unendliche Mannigfaltigkeit, so daß die statistische Methode auch hier versagte, sobald es sich darum handelte, die Ursachen der Zyklonenbewegung aufzudecken.

3. Immerhin gab die Erfahrung dazu Anlaß, eine Reihe von „Regeln" aufzustellen, welche die Zyklonenbewegung (nach Richtung und Geschwindigkeit) zu verschiedenen Besonderheiten der Druck-, Wind- und Temperaturverteilung usw. im Zyklonenbereich in Beziehung setzen. Aber keine einzige dieser Regeln fußte auf der Kenntnis der Ursache der Zyklonenbewegung, keine einzige stellte einen Zusammenhang der Zyklone mit den sie bildenden Luftströmungen her. Überdies treten im konkreten Fall oft sehr erhebliche Abweichungen von diesen Näherungsregeln auf.

4. Man suchte auch über die gegenseitige Wechselwirkung verschiedener barischer Systeme einige allgemeine Näherungsregeln abzuleiten. So z. B. wurden die bekannten Regeln gefunden, daß die Zyklone stets eine Antizyklone im Sinn der Uhrzeigerbewegung, eine andere Zyklone dagegen im Gegensinn zu umkreisen trachtet usw. Es wurden für bestimmte Gebiete verschiedene Typen der Druckverteilung festgestellt und die Tendenz zur gegenseitigen Ablösung dieser Typen statistisch erfaßt. Alle diese Untersuchungen betrafen aber im Wesen nur das barische Feld und keines-

---

[1] In der zweiten Hälfte des 19. Jahrhunderts näherten sich noch v. HELMHOLTZ und BLASIUS von der theoretischen Seite aus der Idee einer frontalen Zyklonenbildung. Aber auch ihre Untersuchungen blieben ebenso wie die synoptischen Resultate FITZ-ROYS ohne Einfluß auf die damalige Synoptik.

wegs die atmosphärischen Störungen in ihrer Gesamtheit; sie warfen daher kein Licht auf die Natur dieser Erscheinungen und auf den Mechanismus ihres Zusammenspiels.

b) Die Synoptik zu Beginn des 20. Jahrhunderts.

Zu Beginn des 20. Jahrhunderts war es klar geworden, daß die Isobarensynoptik ihre Möglichkeiten bereits erschöpft hatte. Sie war nicht mehr in der Lage, das Wesen der atmosphärischen Prozesse noch weiter aufzuhellen und die Güte der Kurzfristprognosen weiter zu verbessern.[1] Aber gerade zu diesem Zeitpunkt wurde eine neue Betrachtungsweise angebahnt in Zusammenhang mit der Einführung aerologischer Beobachtungen. In den ersten zwei Jahrzehnten unseres Jahrhunderts entstanden auf diesem Weg zahlreiche Untersuchungen über die räumliche, dreidimensionale Struktur der atmosphärischen Störungen. Die Ergebnisse beruhten allerdings gleichfalls auf statistischer Grundlage und vermittelten nicht aerologische Detailbilder verschiedener individueller Zyklonen, sondern nur das Durchschnittsbild einer „statistischen Zyklone", zusammengesetzt aus zahlreichen, fragmentarischen und nicht mit allseitiger Kritik gesichteten Einzelbeobachtungen. Doch ergab sich schon auf diese Weise ein bedeutender Fortschritt, verglichen mit den aus der flächenhaften Isobarenkarte abgeleiteten Ergebnissen; der Meteorologie erwuchs plötzlich ein Komplex neuer Fragen, welche Anregung gaben zu neuen Untersuchungen.

Um die Jahrhundertwende und bald nachher kam es, zunächst in schüchterner und verschleierter Form, zur Neuentdeckung von Tatsachen, auf die FITZ-ROY schon 40 bis 50 Jahre früher mit weitaus größerer Deutlichkeit aufmerksam gemacht hatte. Schon in den Achtzigerjahren des vorigen Jahrhunderts hatten MOHN und BROUNOW darauf hingewiesen, daß in der Zyklone nicht ein und dieselbe Luftmasse rotiere (wie FERREL vorher angenommen hatte), sondern andauernd neue Warmluft an der Vorderseite und Kaltluft an der Rückseite einströme. Im Jahre 1898 gab F. ERK (Deutschland) dieser Vorstellung konkreten Ausdruck. Aber erst im Jahre 1900 entwarf F. H. BIGELOW in Nordamerika, zum erstenmal seit FITZ-ROY und BLASIUS, ein allerdings noch recht primitives Schema der Entwicklung von Zyklonen und Antizyklonen an der Grenze warmer und kalter Luftströmungen (Abb. 139). Sein an amerikanischen Luftdruckgebilden gewonnenes Schema wurde von St. HANZLÍK 1908 bis 1912 unter Berücksichtigung gewisser organisch erklärbarer Unterschiede auch auf die europäischen Zyklonen und Antizyklonen erweitert.

Im Jahre 1911 gelangte H. v. FICKER auf Grund einer Untersuchung rascher Erwärmungen und Abkühlungen in Rußland und Nordasien zur Schlußfolgerung, daß eine Depression aus zwei nebeneinanderfließenden, verschieden temperierten Luftströmen — aus einer Wärmewelle in ihrem vorderen und einer

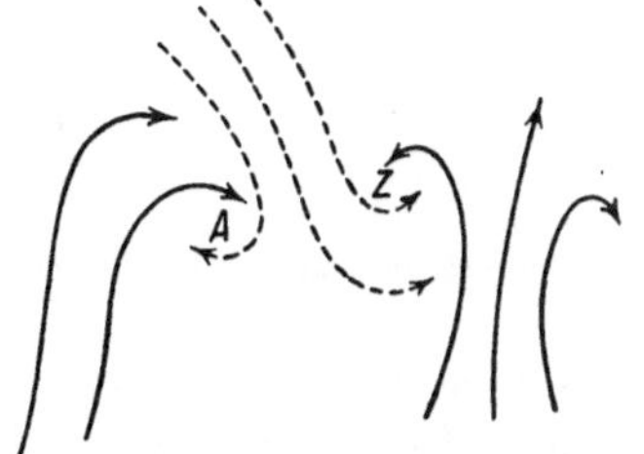

Abb. 139. Schema der Bildung von Zyklonen und Antizyklonen. (Nach BIGELOW 1900.)

Kältewelle in ihrem rückwärtigen Teil — besteht und nicht als Ursache, sondern als Folge dieses Nebeneinanderfließens anzusehen ist. Er grenzte diese Luftströme durch Frontlinien gegeneinander ab und zeigte ferner, daß die vorherrschenden Südwestwinde immer vorhanden sind und nur temporär durch kalte, aus dem Polarbecken vorstoßende Luft vom Boden abgehoben werden; dabei sind die Südwestwinde als ein Glied der allgemeinen Zirkulation zu betrachten, die

---

[1] Auf das Problem der Langfristprognose wurde das Studium der Isobarensituation allerdings erst im 20. Jahrhundert angewandt und auf diesem Gebiet verspricht die Methode auch noch weitere Aufschlüsse.

Kältewellen als ein Vorgang, der den Rücktransport der Luft in niedrigere Breiten besorgt.

Das von v. FICKER entworfene Schema des Aneinandergrenzens von Warmluft- und Kaltluftzungen (Abb. 140) zeigt eine Divergenz der Luftströmungen in der Kältezunge, aber eine einheitliche Strömungsrichtung in der Wärmezunge. Schon dadurch nähert sich v. FICKERS Schema dem modernen Zyklonenschema, und dies um so mehr, als es eine deutliche zyklonale Anordnung der Windpfeile um die Wärmezunge und eine antizyklonale Anordnung um die Kältezunge zeigt.

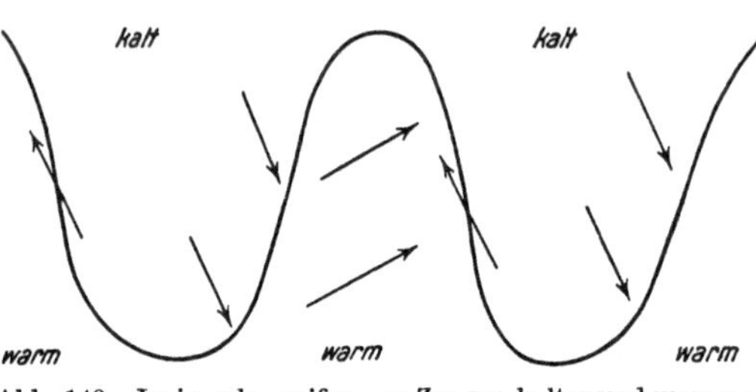

Abb. 140. Ineinandergreifen von Zungen kalter und warmer Luft. [Nach v. FICKER 1911 (2).]

Im selben Jahr 1911 gab SIR NAPIER SHAW das Rohschema einer Zyklone, welche aus drei Hauptströmungen besteht: einer kalten östlichen, einer weniger kalten westlichen und einer warmen südlichen (Abb. 141). Dieses Schema zeigt bereits eine entfernte Ähnlichkeit mit dem Okklusionsmodell der Jetztzeit (siehe Abschnitt 65). Wenngleich in ihm die Fronten noch fehlen, so enthält es interessanterweise doch schon eine Unterscheidung zwischen Massen- und Frontalniederschlägen.

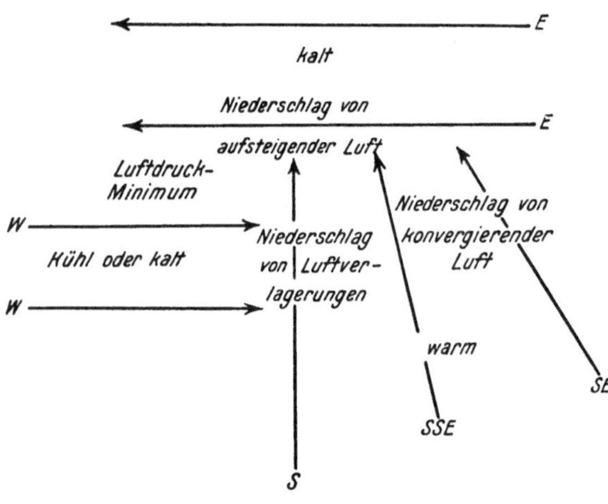

Abb. 141. Schema des Aufbaus einer Zyklone. (Nach SHAW 1911.)

c) Die Synoptik in der Nachkriegszeit.

Ein völliger Umschwung in der Beurteilung der Frage der zyklonalen Störungen trat seit dem Jahre 1918 ein, als der Grenzflächencharakter der Fronten erkannt und die frontologische Methode der synoptischen Analyse angebahnt worden war.

Die von der norwegischen Schule V. BJERKNES' eingeführte Betrachtung der meteorologischen Elemente in ihrer Gesamtheit und die jeweilige Feststellung der Luftmassen- und Frontenverteilung veranlaßte innerhalb kürzester Zeit auf dem Gebiet der Zyklonentätigkeit eine Reihe äußerst wichtiger Entdeckungen. Im Zeitraum 1918 bis 1922 wurden entdeckt: 1. der Mechanismus der Entstehung zyklonaler Störungen an den Hauptfronten; 2. die dreidimensionale Struktur der Zyklone in verschiedenen Stadien ihres Lebens (mit einer Genauigkeit, welche in der Vergangenheit keine Analogie findet); 3. die Energietransformationen während der Zyklonenentwicklung (in dieser Hinsicht haben allerdings die späteren Untersuchungen REFSDALS noch wesentliche Ergänzungen gebracht); 4. die Rolle der Zyklonentätigkeit innerhalb der allgemeinen Zirkulation der Atmosphäre.

Anderseits wurde gerade in dieser Epoche durch H. v. FICKER 1920 (1) zum ersten Male auf mögliche Zusammenhänge hingewiesen, welche zwischen dem troposphärischen und dem stratosphärischen Geschehen bestehen. Dieser Gedanke hat sich in seiner Weiterentwicklung als sehr fruchtbar erwiesen für unsere Erkenntnis der komplizierten Natur des atmosphärischen Mechanismus.

Bedenkt man, daß in derselben Zeit — wie bereits bekannt — sehr eingehende Untersuchungen der Fronten und Frontalerscheinungen selbst (Wolkensysteme u. a.) durchgeführt, die Grundlagen für eine Lehre von den Luftmassen gelegt und schließlich die Prinzipien einer Theorie der Frontalstörungen entwickelt worden sind, so erscheinen diese fünf Jahre für die Geschichte der Meteorologie ganz außerordentlich bedeutungsvoll.

Durch das Verfahren der frontologischen Analyse wurde auch die Aerologie veranlaßt, sich anstatt mit rein statistischen Studien mit der Untersuchung konkreter Wetterlagen zu befassen, und zwar nicht nur mit den Eigenschaften einzelner Fronten und Luftmassen, sondern mit den zyklonalen Störungen als Ganzes betrachtet. Auf diesem Gebiet ist freilich noch unermeßlich mehr zu leisten als bisher.

Das aerologische Aufstiegsnetz ist noch immer viel zu wenig dicht. Bis auf den heutigen Tag war es nicht möglich, für den augenblicklichen Zustand auch nur einer einzigen Zyklone ein vollkommenes, dreidimensionales Strukturbild zu gewinnen, geschweige denn eine Serie solcher Bilder für die aufeinanderfolgenden Entwicklungsphasen einer Zyklone. Die bisherigen Versuche in dieser Hinsicht beruhen meist auf der Verwertung aerologischer Aufstiege, die während des Vorbeizuges einer Zyklone in kurzen Abständen an ein und derselben Station vorgenommen wurden; sie schließen also aus dem zeitlichen Nacheinander auf das räumliche Nebeneinander. Auch noch das allgemeine Gegenwartsbild der dreidimensionalen Struktur einer Zyklone, über welches in diesem Buch berichtet wird, stützt sich lediglich auf fragmentarische aerologische Messungen und auf das Verfahren der indirekten Aerologie.

Literatur zu Abschnitt 62.

Einige Übersichten über die synoptischen Untersuchungen im 19. Jahrhundert und in den ersten Jahrzehnten des 20. Jahrhunderts bei HILDEBRANDSSON et TEISSERENC DE BORT 1901 bis 1907, V. FICKER 1923, HANN-SÜRING 1926, RAETHJEN 1937 (2), V. BJERKNES 1938.

Über die Vorläufer der modernen Synoptik DOVE, FITZ-ROY und BLASIUS, siehe Literatur zu Abschnitt 1.

Einige besonders wichtige Arbeiten auf dem Weg zur modernen Synoptik: BIGELOW 1902, HANZLÍK 1908, V. FICKER 1911 (2), SIR NAPIER SHAW 1911 (erste Aufl.; siehe 1921), HANZLÍK 1912.

63. Die Frontalwellen.

a) Allgemeiner Charakter der Frontalstörungen.

Die seit Einführung der synoptischen Wetteranalyse gemachten Erfahrungen zeigen übereinstimmend, daß alle beweglichen zyklonalen (und antizyklonalen) Störungen durch die Wechselwirkung verschieden temperierter Luftmassen entstehen. *Vor allem ist die Zyklone eine ausgesprochen frontale Erscheinung.* Sie beginnt ihr Dasein als eine Störung in der Hauptfront zwischen zwei Hauptluftströmen. Dabei hat sie in ihrem ersten Lebensstadium den Charakter einer *Welle*, welche beiderseits der Front andauernd neue Luftmengen in ihr Bewegungssystem einbezieht. Dieser anfängliche Wellencharakter der frontalen Störung wird nicht nur durch die Erfahrung bestätigt, sondern auch durch die Theorie (V. BJERKNES, H. SOLBERG) gefordert.[1]

Ist — wie in der überwiegenden Zahl aller Fälle — die Frontalwelle dynamisch

---

[1] Der Wellentheorie der Zyklonenentstehung (Zyklogenese) steht die sog. Riegeltheorie von F. M. EXNER 1923 gegenüber, nach welcher die Zyklonen durch Wirbelbildung im Lee (in der „Achselhöhle") einer in die Warmluftströmung vorgestoßenen Kältezunge (eines „Kälteriegels") zustandekommen; siehe auch Schluß dieses Abschnitts.

instabil (d. h. nimmt ihre Amplitude im Lauf der Zeit zu), so kommt es zum sog. Okklusionsprozeß, in dessen Folge die Störung *wirbelähnlichen Charakter* annimmt. Die Struktur einer Zyklone ist also keine fertige Gegebenheit, sondern sie ist im Lauf des Zyklonenlebens in andauernder Umwandlung begriffen; *die Zyklone entsteht als Welle und vergeht als Wirbel.*

Auch die Antizyklonen stehen zu den frontalen Vorgängen in enger Beziehung. Geht man z. B. von der einfachsten Voraussetzung aus, daß eine Polarfront von Westen nach Osten verläuft, so entwickeln sich zwischen ihren Frontalzyklonen bewegliche Gebiete (vorwiegend Rücken) höheren Drucks innerhalb der Polarluft. Analog entstehen aber auch die mächtigen Polarluft-Antizyklonen zwischen ganzen Zyklonenserien; auf ihrer vorwiegend südöstlichen Bahn können sie bis in die Subtropen eindringen und dort die durch die allgemeine Zirkulation bedingten subtropischen Antizyklonen mit Polarluft auffüllen. Die hier zur Ruhe gekommene Polarluft verwandelt sich dann allmählich in Tropikluft, während sich inzwischen im Norden eine neue Polarfront ausbildet.

Außer den verhältnismäßig rasch wandernden Störungen frontaler Entstehung treten noch schwächere, weniger bewegliche Tiefdruckgebiete *monsunalen* Charakters auf, welche sich im Inneren einer Luftmasse infolge großzügiger Temperaturunterschiede der Unterlage ausbilden. Hierzu gehören z. B. die winterlichen Drucksenkungen über abgeschlossenen Wasserbecken (Mittelmeer, Schwarzes Meer usw.), während die mächtigeren monsunalen Sommerdepressionen der gemäßigten Breiten (z. B. über der Mandschurei), welche den Luftaustausch zwischen Festland und Meer aufrechterhalten, eher sog. Zentralzyklonen sind, die durch die Störungstätigkeit an der Polarfront entstanden sind. Auch die stationären winterlichen Antizyklonen über dem Festland, denen man nicht selten rein thermische Herkunft nachgesagt, werden nur dadurch so mächtig, daß sie durch bewegliche postfrontale Hochdruckgebiete immer wieder nachgefüllt werden.

b) Wellenbildung an der Front.

Um zu ersehen, wie sich eine Zyklone an einer Hauptfront entwickelt, nehmen wir der Einfachheit halber eine von Westen nach Osten verlaufende Hauptfront an mit frontparallelen Luftströmungen, und zwar einer kalten im Norden und einer warmen im Süden.

In Abschnitt 56g sind die unter diesen Voraussetzungen möglichen Strömungsverteilungen beiderseits der Front aufgezählt worden. In etwas veränderter Reihenfolge sind dies:

A. Kalte Westströmung und stärkere warme Westströmung.

B. Kalte Ostströmung und warme Westströmung.

C. Kalte Ostströmung und schwächere warme Ostströmung.

Die in der Front entstehenden Wellen wandern in den ersten beiden Fällen von Westen nach Osten, im dritten Fall sind sie stationär oder schreiten nur langsam fort in einer Richtung, welche von einigen (im Unterabschnitt c) erörterten Umständen abhängt.

An den obigen Prinzipien ändert sich nichts, wenn wir das ganze System parallel zur Erdoberfläche um einen beliebigen Winkel drehen. Drehen wir es um 180°, so haben wir dann die Kaltluft im Süden, die Warmluft im Norden und die Wellen wandern in den ersten beiden Fällen von Osten nach Westen — also wieder in der Richtung der Warmluftströmung — während im dritten Fall die Fortpflanzungsrichtung wieder von vornherein nicht eindeutig bestimmt ist.

Da Frontalparallelität der Strömungen vorausgesetzt wurde, sind auch die Isobaren in beiden Luftmassen frontparallel. Lediglich in den untersten Schichten herrscht infolge Bodenreibung eine gewisse Strömungskonvergenz gegen die Front; sie äußert sich in einem Aufgleiten der Warmluft über den Kaltluftkeil, in welchem daher Niederschläge auftreten können.

Eine solche *stationäre Front* ist allerdings im konkreten Fall fast niemals verwirklicht, zum mindesten nicht in den außertropischen Breiten; in der gemäßigten Zone weichen vielmehr alle tatsächlichen troposphärischen Fronten insoferne vom stationären Zustand ab, als die Luftmassen frontnormale Bewegungskomponenten annehmen. Bestenfalls kann die Front *quasistationär* bleiben. Die ihr entlang fortschreitenden Störungen haben dann reinen *Wellencharakter*; jedes Frontelement verschiebt sich vor dem Wellenkamm gegen die Kaltluft und hinter dem Wellenkamm gegen die Warmluft. Die ursprünglich ruhende Frontfläche geht also in wellenartige Schwingungen über, welche der Front in der Richtung der Warmluftströmung entlanglaufen; die Wellenlänge hat die Größenordnung von hunderten oder tausenden Kilometern. Obgleich sich der großzügige Verlauf der Front durch diese Schwingungen nicht wesentlich ändert, sind die Frontalwellen oft sehr labil,

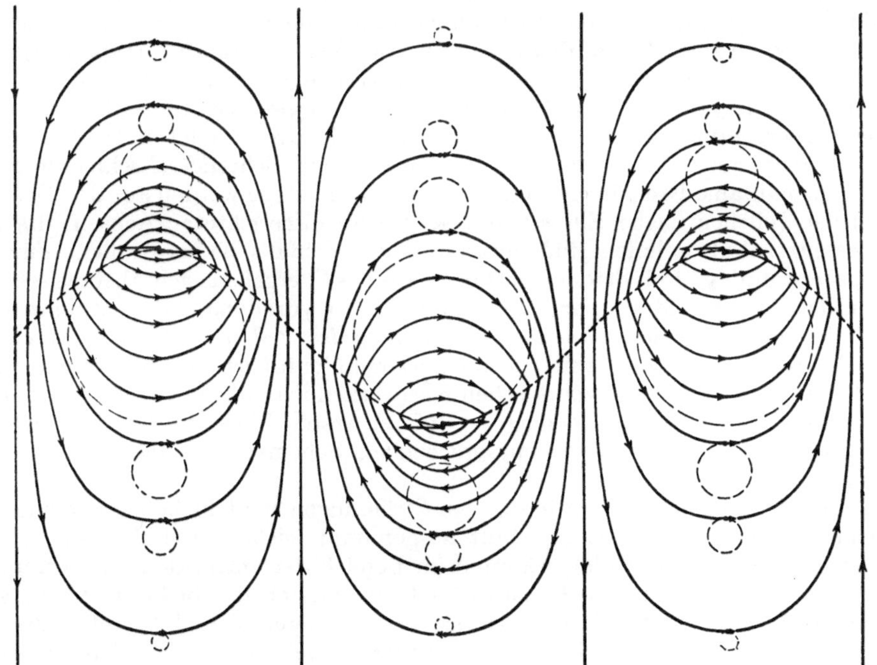

Abb. 142. Orbitalbahnen der Einzelteilchen und Stromlinienverlauf bei Wellenstörungen an der Grenzfläche. (Nach V. Bjerknes 1921.)

d. h. im Verlauf der Wellenentwicklung schwingen einzelne Frontabschnitte sehr weit aus ihrer ursprünglichen Lage aus, *ohne wieder in sie zurückzukehren*. Durch diesen Vorgang, welcher mit der *Umwandlung der Störung aus einer Welle in einen Wirbel* zusammenhängt, vollzieht sich die Versetzung der troposphärischen Luftmassen über große Entfernungen hinweg, aus niedrigeren Breiten in höhere und umgekehrt.

Nur in dem Fall, wo zwischen den Dichten und Geschwindigkeiten der beiden frontalen Luftmassen und dem Neigungswinkel der Frontfläche die durch die MARGULESsche Gleichgewichtsbedingung (Abschnitt 56b) geforderte Beziehung erfüllt ist, bleibt die Front stationär; doch kann schon die geringste Abweichung von dieser Bedingung Anlaß geben zur Ausbildung von Störungen, und zwar gerade von Wellenstörungen, wie von V. Bjerknes 1926 bis 1932 bewiesen wurde.

Auf der synoptischen Karte äußern sich die Wellenstörungen der Frontfläche in wellen- oder zungenförmigen Ausbuchtungen der Frontlinie (siehe Abb. 143). Der am tiefsten ins Kaltluftgebiet hinein vorgedrungene Scheitel der Warmluftzunge soll im folgenden mit einem Wellenberg, der Scheitel der Kaltluftzunge dagegen mit einem Wellental identifiziert werden.

Schon im Jahre 1921 hat V. Bjerknes gezeigt, daß die beiderseits der Front beim Durchzug einer Welle auftretenden und auf geschlossenen Orbitalbahnen ablaufenden Schwingungen der Luftteilchen Stromlinien erzeugen, die am Wellenberg zyklonalen und am Wellental antizyklonalen Charakter haben. Zur Erleichterung der Vorstellung macht man die Voraussetzung, daß zwei Flüssigkeiten verschiedener Dichte und Geschwindigkeit durch eine horizontale Grenzfläche voneinander getrennt sind. Bei der nun eintretenden Wellenbewegung der Grenzfläche beschreiben die einzelnen Flüssigkeitsteilchen um horizontale Achsen Orbitalbahnen (gestrichelte Kreise in Abb. 142), deren Umlaufsrichtung — falls die Wellen von links nach rechts fortschreiten — in der unteren (schwereren) Flüssigkeit im Sinn der Uhrzeigerbewegung und in der oberen Flüssigkeit im Gegensinn verläuft. Daraus ergeben sich für einen bestimmten Zeitpunkt in den Wellenbergen zyklonal und in den Wellentälern antizyklonal angeordnete Stromlinien (ausgezogene Linien in Abb. 142).

Diese Überlegung kann man auf eine horizontale Grenzfläche in der freien Atmosphäre übertragen. Sind jedoch die beiden ungleich dichten Luftschichten dünn und ihre gemeinsame Grenzfläche zum Erdboden geneigt, so werden aus den Orbitalbahnen der Teilchen flache Ellipsen mit senkrecht aufgerichteten Achsen; die von ihnen erzeugten Stromlinien sind verzerrt und gleichfalls bodenparallel. Für die eingangs erwähnten drei Strömungstypen *A—B—C* ergeben sich theoretisch die in Abb. 143 dargestellten, der „Physikalischen Hydrodynamik" entnommenen Stromlinienbilder. Sie sind *ohne Berücksichtigung des Reibungseinflusses* errechnet, so daß die Stromlinien ohne weiteres mit *Isobaren* identifiziert werden können. Die Ähnlichkeit mit dem auf der synoptischen Karte erkennbaren Stromlinien-, Isobaren- und Frontverlauf im Zyklonenbereich ist auf den ersten Blick ersichtlich; Abb. 144 gibt für die Fälle *A* und *B* die entsprechenden Schemata aus der synoptischen Erfahrung.

Infolge der zyklonalen Anordnung der Strömungen wird in höheren Schichten aus dem Gebiet der Wärmezunge Luft ausgepumpt (siehe Abschnitt 24), so daß sich hier eine *Depression* bildet, während im Bereich der antizyklonal gekrümmten Stromlinien der Kältezungen Hochdruckgebiete entstehen. Beide pflanzen sich mit der Welle der Front entlang fort; sie superponieren sich dabei über die der letzteren entsprechende Tiefdruckrinne, wodurch sich die Depression zu einer geschlossenen *Zyklone* verstärkt, die Hochdruckgebiete dagegen zu *Rücken oder Keilen höheren Drucks* abschwächen. Da sich derart in der Regel mehrere aufeinanderfolgende Wellen bilden, zerfällt die allgemeine Tiefdruckfurche längs der Front in eine Reihe von Einzelzyklonen mit dazwischen eingebetteten Keilen höheren Drucks.

Im allerersten Stadium der Wellenentwicklung bildet sich die Depression in der Karte bei Zeichnung der Isobaren von 5 zu 5 mb meist nur durch eine einzige geschlossene Isobare ab oder gar nur durch eine Ausbuchtung einer ursprünglich geraden Isobare tieferen Drucks in Richtung auf die Warmluftzunge. In Abb. 144 gilt Schema *A* für die Wellenbildung an einer westlichen Kaltluftströmung und einer stärkeren westlichen Warmluftströmung, Schema *B* für die Wellenbildung an einer östlichen Kaltluft- und einer westlichen Warmluftströmung; in beiden Fällen handelt es sich um *rasch fortschreitende Wellen* oder sog. *Schnelläufer*.

Während der Vertiefung der Depression nimmt die Zahl der geschlossenen Isobaren um den Scheitel der Wärmezunge zu; dadurch wird um ihn herum im Fall *A* die kalte Westströmung sukzessive nach Osten umgelenkt, so daß sich das Stromlinienbild im Lauf der Zeit jenem des Typus *B* nähert.

Aus den Abbildungen ist ersichtlich, daß der Frontabschnitt vor der Wärmezunge den Charakter einer *Warmfront* annimmt, längs der die westsüdwestliche Warmluft über die sich keilförmig zurückziehende Kaltluft aufgleitet; in Zusammenhang damit entsteht offenbar nördlich von

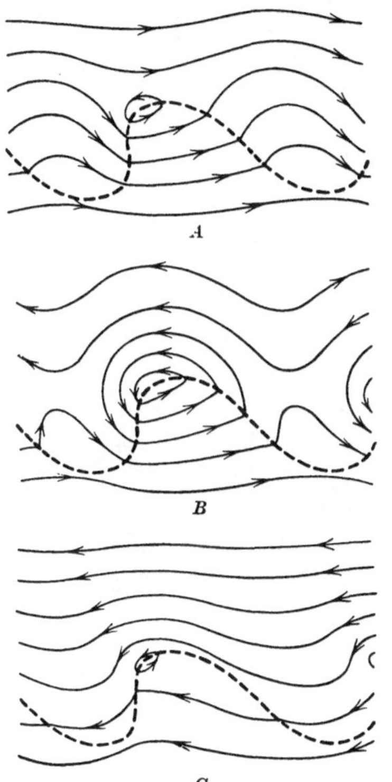

Abb. 143. Theoretische Stromlinien bei Frontalwellen für die drei Hauptfälle der Strömungsverteilung an der Front.

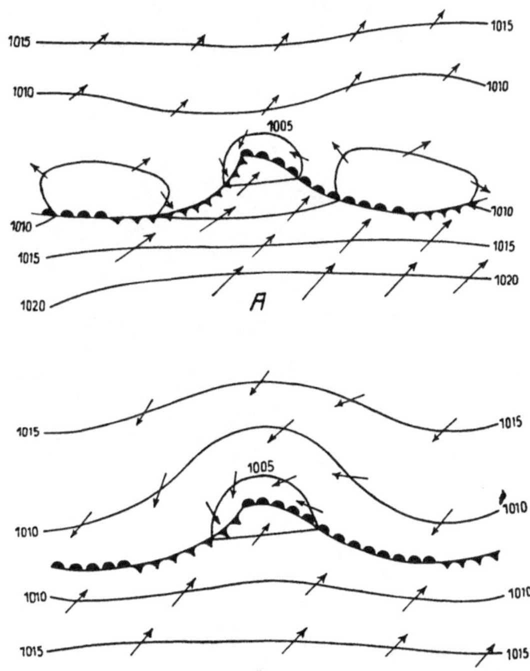

Abb. 144. Isobaren und Winde an der Erdoberfläche bei Frontalwellen vom Typus *A* und *B*.

diesem Frontabschnitt ein breiter Streifen von Warmfrontniederschlägen. Dagegen wird der Frontabschnitt an der Wellenrückseite zu einer *Kaltfront*, längs welcher die Kaltluft von Nordwesten her unter die abziehende Warmluft eindringt; hier entstehen daher Kaltfrontniederschläge. Bestand, infolge Reibungskonvergenz, schon vor dem Erscheinen der Welle ein Niederschlagsstreifen nördlich der Front, so erfährt er nunmehr vor dem Warmfrontabschnitt der Welle eine Verbreiterung (unter Verstärkung der Niederschläge), dagegen am Kaltfrontabschnitt eine Verengung.

Vor der Warmfront entwickelt sich meistens ein Druckfallgebiet, hinter der Kaltfront ein Drucksteiggebiet (Abb. 145). Den *Feldern der barischen Tendenzen* in der Umgebung der Front muß in der synoptischen Praxis besondere Aufmerksamkeit zugewendet werden, denn sie sind oft die allerersten Anzeichen für das Erscheinen einer Frontalwelle, während andere Merkmale noch fehlen.

Wie aus den schematischen Abbildungen und den in diesem und den nächsten Abschnitten wiedergegebenen Karten ersichtlich, nimmt die Frontalwelle bereits in einem frühen Entwicklungsstadium einigermaßen *asymmetrische* Form an, indem sich die Warmluftzunge nach rückwärts überneigt.

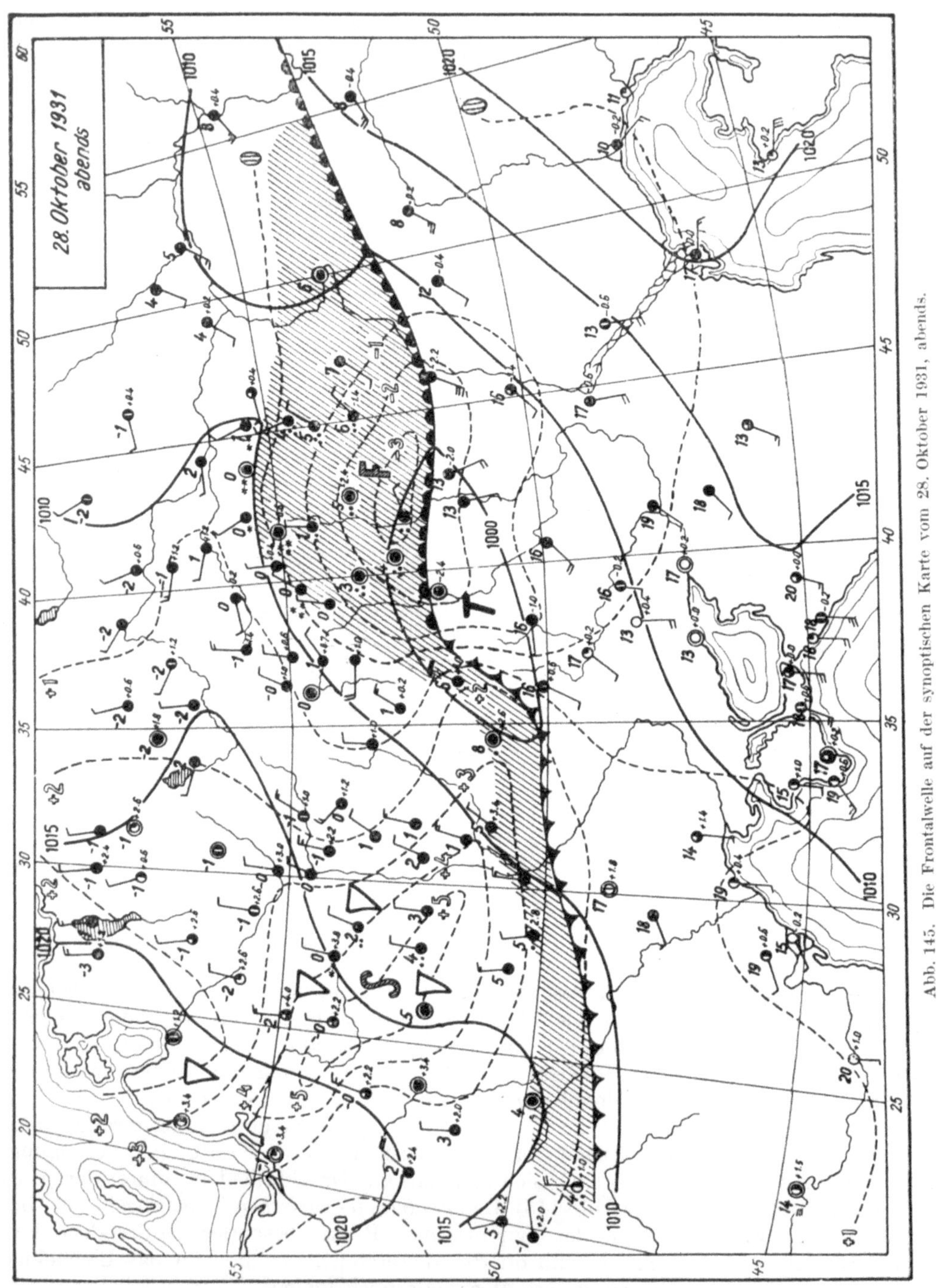

Abb. 145. Die Frontalwelle auf der synoptischen Karte vom 28. Oktober 1931, abends.

c) Analyse der Wellengeschwindigkeit.

Wie bereits erwähnt, pflanzen sich die Wellenstörungen in den Fällen *A* und *B* verhältnismäßig rasch in der Richtung des Warmluftstromes fort, während im Fall *C* über ihre Zugrichtung und im allgemeinen geringe Zuggeschwindigkeit von vornherein nichts Eindeutiges ausgesagt werden kann. Erfahrungsgemäß haben die Störungen vom Strömungstypus A (westliche Richtung beider Grundströmungen bei normaler Temperaturverteilung) die größte Geschwindigkeit, nämlich 80 bis 100 km/h. In dem klassischen, von BERGERON und SWOBODA in „Wellen und Wirbel" (1924) untersuchten Fall vom 9. bis 12. Oktober 1923 erreichte die Geschwindigkeit einer ostwärts laufenden Wellenstörung 90 km/h, obwohl die Polarluftströmung nur eine Geschwindigkeit von 20—30 km/h und die Tropikluftströmung eine Geschwindigkeit von 60 km/h hatte.

Alle diese Unterschiede finden nach BERGERON 1934 (2) ihre Erklärung darin, daß die Bewegung der Frontalstörung in bezug auf die Erdoberfläche die Resultierende zweier Komponenten ist. Die eine Komponente ist das sog. *Wellenglied* V_1, welches die Eigengeschwindigkeit der Welle repräsentiert und auf der Nordhalbkugel stets so gerichtet ist, daß es die Kaltluft *links* von sich läßt; in den drei Fällen A, B und C mit normaler Temperaturverteilung (Kaltluft im Norden) ist es also stets von Westen nach Osten gerichtet. Die Größenordnung seiner Geschwindigkeit beträgt 10 m/sek ($= 36$ km/h), wobei selten 2 m/sek unterschritten und 20 m/sek überschritten werden. Die andere Komponente ist das sog. *Mitführungsglied* V_2,

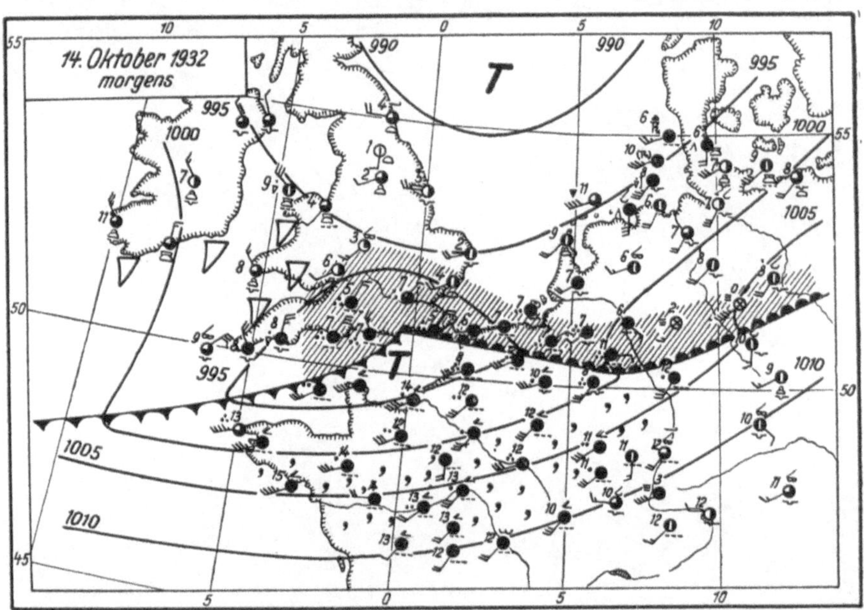

Abb. 146. Die Frontalwelle auf der synoptischen Karte vom 14. Oktober 1932, morgens. (Nach VAN MIEGHEM 1936.)

welches die durch die Hauptluftströme bedingte Translationstendenz der Welle darstellt und annähernd durch das Mittel der Geschwindigkeiten beider Strömungen

$$V_2 = \frac{V_k + V_w}{2}$$

ausgedrückt werden kann. Im Fall A ist das Mitführungsglied stets, im Fall B vorwiegend gegen Osten gerichtet, im Fall C dagegen gegen Westen.

Die resultierende Geschwindigkeit der Wellenstörung ist gegeben durch den Ausdruck $V = V_1 + \left(\dfrac{V_k + V_w}{2}\right)$. Immer normale Temperaturverteilung (Kaltluft im Norden) vorausgesetzt, fallen im Fall A alle Komponenten V_1, V_k und V_w in dieselbe Richtung (gegen Osten), weshalb sich die Wellenstörung als „Schnelläufer" besonders rasch ostwärts verlagert. Im Fall B, wo V_k gegen V_w und V_1 gerichtet ist, ist die Ostwärtsbewegung langsamer. Im Fall C ist nur noch V_1 ostwärts, dagegen

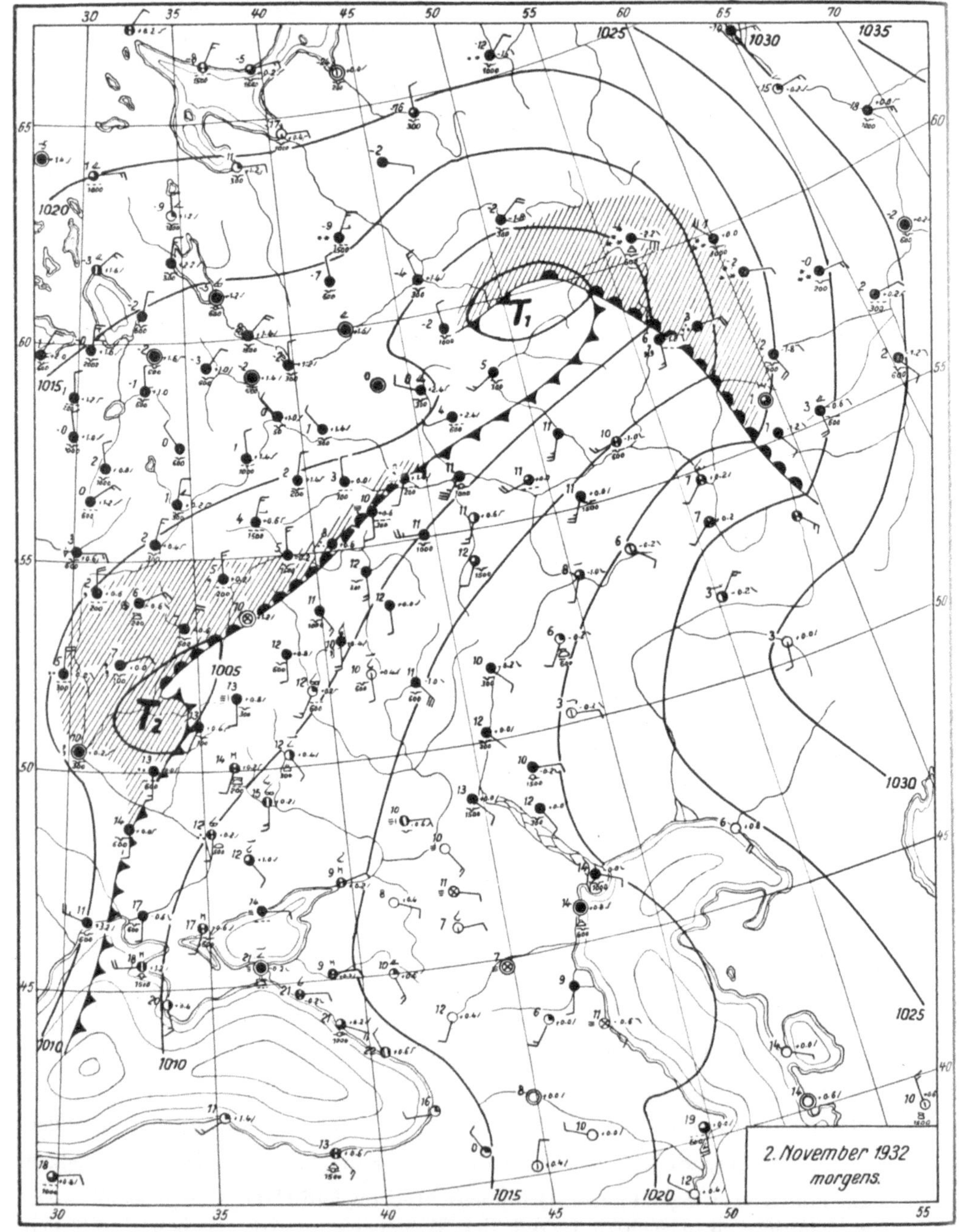

Abb. 147. Die Wetterlage vom 2. November 1932, morgens.

V_k und V_w westwärts gerichtet; je nachdem die erstere oder die beiden anderen Komponenten überwiegen, wird sich die Wellenstörung langsam gegen Osten oder langsam gegen Westen bewegen; bei $V_1 = (V_k + V_w) : 2$ wird die Störung quasistationär sein.

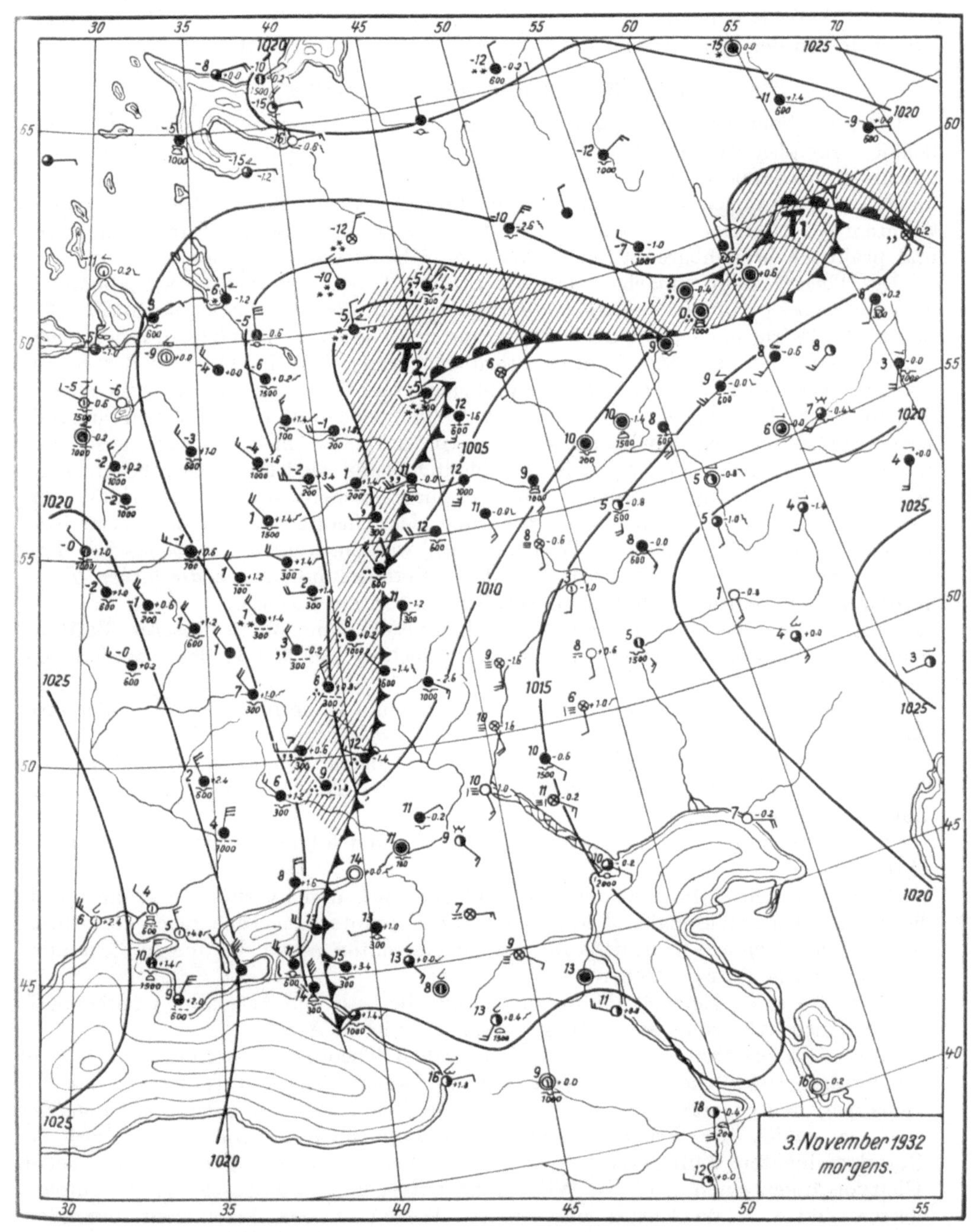

Abb. 148. Die Wetterlage vom 3. November 1932, morgens.

Ist — wie gewöhnlich — die Welle dynamisch instabil, was sich in fortschreitender Vergrößerung ihrer Amplitude äußert, so wird das Wellenglied V_1 immer kleiner. Infolgedessen nimmt in den Fällen A und B die ursprünglich große Geschwindigkeit der Wellenstörung im Lauf der Zeit mehr und mehr ab. Ist (nach erfolgter Okklusion,

d. h. nach Verschwinden des Wellencharakters) $V_1 = 0$ geworden, so wird die Störung nur noch von der Translationskomponente V_2 passiv mitgeführt.

d) Stabile und instabile Frontalwellen.

Ob eine Frontalstörung dynamisch stabil ist, d. h. ihren Wellencharakter beibehält, oder aber dynamisch instabil, d. h. unter Zunahme ihrer Wellenamplitude allmählich okkludiert und verwirbelt, hängt von verschiedenen Umständen ab, die bisher theoretisch nur unter vereinfachten Voraussetzungen studiert werden konnten (V. Bjerknes, H. Solberg, C. L. Godske, Z. Sekera). *Ganz* eindeutige und praktisch brauchbare Stabilitätskriterien gibt es vorläufig noch nicht.

Die Theorie zeigt zunächst, daß die Stabilität von der *Wellenlänge* abhängt: *Frontalstörungen mit einer Wellenlänge von weniger als 1000 km sind stabil.* Die praktische Erfahrung scheint diese Forderung der Theorie zu bestätigen, indem sich auf der synoptischen Karte frontale Störungen größerer Wellenlänge in der Regel als instabil erweisen. Aus der Theorie ergibt sich ferner für eine isotherme Atmosphäre daß in einer Grenzfläche, deren *Neigung* 1 : 95 überschreitet, die Wellen instabil werden müssen. Nach den Erfahrungen in der wirklichen (nicht isotherm geschichteten) Atmosphäre liegt die kritische Neigung etwas niedriger, etwa bei 1 : 150. In unmittelbarem Zusammenhang mit dem theoretischen Labilitätskriterium über die Neigung steht schließlich die Forderung der Theorie für eine isotherme Atmosphäre, daß hinlänglich lange Wellen instabil werden, wenn der *Windgeschwindigkeitssprung* längs der Front, ausgedrückt in Metersekunden, den *dreifachen Temperatursprung* gemessen in Celsius-Graden numerisch übersteigt. Nach der Erfahrung in der wirklichen, normal geschichteten Atmosphäre unserer Breiten, genügt als Instabilitätskriterium eine Verdoppelung der Größe des Tempratursprunges ($\Delta V > 2 \Delta T$).

Aus dem Satz, daß die Stabilität einer Front um so geringer ist, je größer ihre Neigung, hat Bergeron 1934 (*2*) folgende Schlüsse gezogen:

1. Dynamisch instabil und infolgedessen zyklogenetisch aktiv (d. h. für eine Zyklonenbildung wirksam) sind vor allem die unteren Teile von Kaltfronten und die quasistationären Fronten.

2. Warmfronten sind meist dynamisch stabil und folglich zyklogenetisch wenig aktiv.

3. Dynamisch stabil und dadurch zyklogenetisch inaktiv sind stets: die quasihorizontalen antizyklonalen Inversionen, die alleruntersten Teile rasch fortschreitender Warmfronten, Kaltlufthäute und Scheinfronten sowie die oberen Teile aller troposphärischen Frontflächen.

4. Unter sonst gleichen Bedingungen sind die östlichen Äste aller frontogenetischen Zonen zyklogenetisch aktiver als die westlichen Äste.

Die oben erwähnten Unterschiede zwischen Theorie (isotherme Atmosphäre) und Praxis (wirkliche Atmosphäre mit vertikaler Temperaturabnahme im allgemeinen) deuten bereits darauf hin, daß die *Frontalwellen offenbar um so stabiler sind, je stabiler die Vertikalschichtung der Luftmassen beiderseits der Front ist.* Stabilgeschichtete Luft setzt ja den für die Wellenentwicklung charakteristischen Gleitvorgängen einen größeren Widerstand entgegen als labilgeschichtete. Infolgedessen sind z. B. im Herbst und Winter Wellen an der Arktikfront besonders stabil und verwirbeln nur schwer; die Luftmassen beiderseits der Arktikfront sind zu dieser Zeit thermodynamisch sehr stabil. Je labiler dagegen die beteiligten Luftmassen sind, um so rascher verwirbelt und vertieft sich die Störung.

Die synoptische Analyse läßt keinen Zweifel daran übrig, daß alle beweglichen zyklonalen Störungen ihren Lebenslauf als frontale Wellenstörungen beginnen; fur anderweitige Entstehungstheorien, z. B. die Riegeltheorie von F. M. Exner 1923, nach welcher sich die Zyklone zwar gleichfalls an der Front zwischen zwei Hauptluftströmen, aber durch eine dynamische Saugwirkung in der „Achselhöhle" einer vorstoßenden Kaltluftzunge bildet, liegen bisher keine schlagenden synoptischen

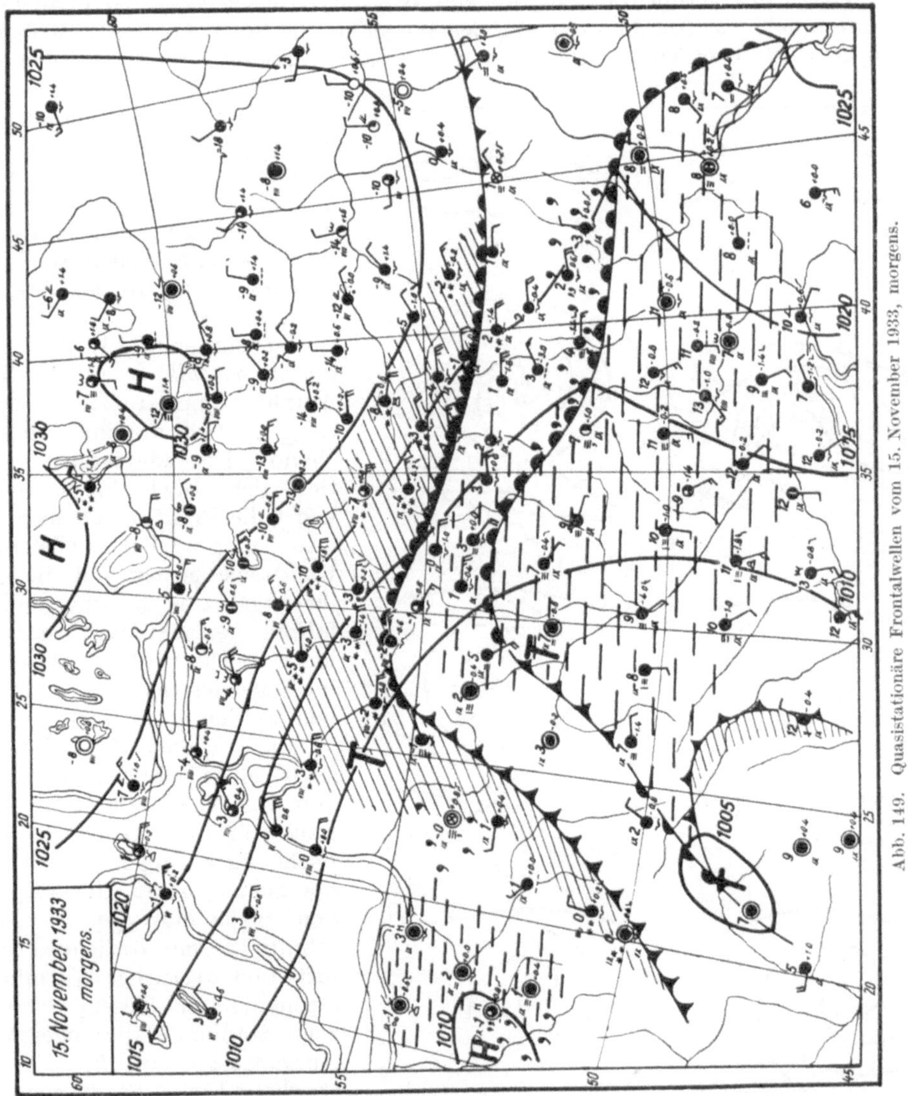

Abb. 149. Quasistationäre Frontalwellen vom 15. November 1933, morgens.

Beweise vor. Daß sich, wie EXNER betont, bestimmte Gebiete durch häufige Zyklonenbildung auszeichnen, kann auch durch das Vorhandensein zyklogenetischer Gebiete innerhalb der allgemeinen Zirkulation (vgl. z. B. Abb. 67) erklärt werden.

Literatur zu Abschnitt 63.

Die Theorie der Frontalwellen findet sich in vollständigster Form und unter Berücksichtigung der neuesten Ergebnisse in V. BJERKNES-J. BJERKNES-SOLBERG-BERGERON 1933.

Die synoptische Seite des Problems findet besondere Berücksichtigung bei BERGERON 1934 (*2*).

Siehe ferner: EXNER 1923, LUDLOFF 1931, GODSKE 1936, HAURWITZ 1937, SEKERA 1938 (*1*), 1938 (*2*).

64. Die Entwicklung der Frontalzyklone.
a) Lebenslauf der Zyklone.

Ist die an der Hauptfront entstandene Welle dynamisch *stabil*, so pflanzt sie sich ohne erhebliche Amplitudenvergrößerung (oder, was auf dasselbe hinausläuft, ohne wesentliche Profiländerung und ohne erhebliche Vertiefung der entsprechenden Druckdepression) längs der Front fort und löst sich schließlich auf. Nach ihrem Vorbeizug nimmt die Front im großen und ganzen wieder ihre ursprüngliche Lage ein. Solche dynamisch stabile Wellen sind besonders häufig an den Arktikfronten.

Ist dagegen die Welle dynamisch *instabil*, so nimmt ihre Amplitude im Lauf der Wanderung zu und die ihr entsprechende Druckdepression vertieft sich. Nach ihrem Abzug kehrt die Front nicht mehr in ihre ursprüngliche Gleichgewichtslage zurück und die von ihr begrenzten Luftmassen erfahren beträchtliche Verschiebungen. Diese Vorgänge sollen im folgenden genauer beschrieben werden.

Das Schema des „*Lebenslaufs*" einer Zyklone, entworfen von J. BJERKNES und H. SOLBERG 1922 auf Grund synoptischer Erfahrungen der Bergener Schule, zeigt Abb. 150 für den Strömungstypus *B* (Abschnitt 63) mit östlicher Kaltluft- und westlicher Warmluftströmung.[1] In diesem Schema zeigt Stadium *a* die ungestörte Ausgangslage der Front (gestrichelte Linie), Stadium *b* eine eben entstehende *Frontalwelle* (sog. Initialwelle) mit leichter Strömungskonvergenz und Ausbildung einer Niederschlagszone nördlich des Warmfrontabschnitts der Front. Ist die Welle

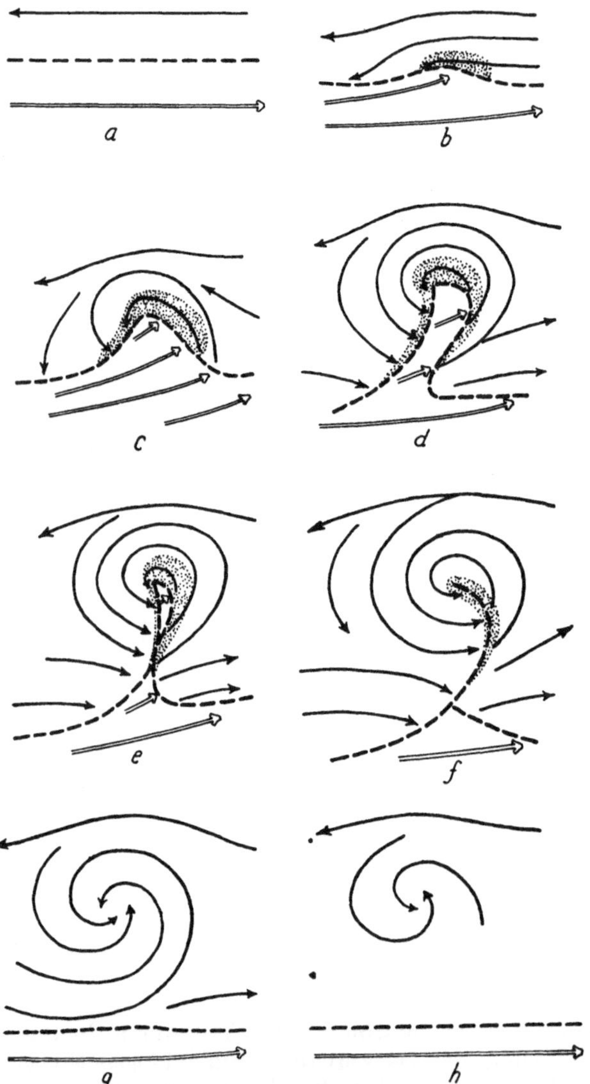

Abb. 150. Lebenslauf einer Zyklone. (Nach J. BJERKNES und SOLBERG 1922.)

stabil, so geht ihre Entwicklung nicht über dieses Stadium hinaus. Ist sie dagegen instabil, so wächst ihre Amplitude in meridionaler Richtung weiter an und es folgt

---

[1] In Abweichung vom Original wurde die Okklusionsfront in den Stadien *e* und *f* sukzessive etwas weiter nach rechts gedreht.

das Stadium *c* der sog. „*jungen Zyklone*" oder „*Wellenzyklone*" mit einem wohlausgebildeten „*Warmsektor*", der immer weiter nach Norden ausgreift und an dessen Scheitel sich das Zentrum einer in ständiger Vertiefung begriffenen Druckdepression befindet. Daß dieses Schema an ein von v. FICKER 1911 (*2*) gegebenes (Abb. 140) erinnert, wurde bereits gesagt.

In diesem Stadium *c* hat die Luftströmung innerhalb des Warmsektors bereits südwestliche Richtung angenommen. Ihre auf die Warmfront normale Geschwindigkeitskomponente ist größer als jene der Kaltluft; die letztere ist hier daher im Rückzug begriffen. Die *Warmfront* ist somit eine ausgesprochene Aufgleitfläche mit einer breiten Zone präfrontaler Niederschläge (siehe Abb. 170 im Horizontal- und Vertikalschnitt). An der Rückseite der Welle dringt dagegen die Kaltluft immer weiter nach Südosten in frontnormaler Richtung vor und dieser Frontabschnitt hat den Charakter einer *Kaltfront*. Da die Warmluft vor und über der Front rascher nach Nordosten abfließt als die Kaltluft unter der Frontfläche vordringt, ist die Zone der Kaltfrontniederschläge nur sehr schmal, wie dies für eine Kaltfront zweiter Art (Abschnitt 59) charakteristisch ist. Im allgemeinen ist ersichtlich, daß Warm- und Kaltfront in der Zyklone *c* nur zwei ineinander übergehende Abschnitte ein und derselben Hauptfront vorstellen.

In dieser Entwicklungsphase der Zyklone pflegt der Luftdruck im Depressionszentrum bereits um rund 10 mb niedriger zu sein als im Ausgangsstadium — ein Anzeichen dafür, daß in höheren Schichten das Auspumpen der Luft aus dem Zykloneninnern bereits im Gange ist.

Zugleich mit dem Scheitel des Warmsektors dringt bei wachsender Störungsamplitude auch das Depressionszentrum immer weiter nach Nordosten vor, ist also gegen seine ursprüngliche Bewegungsrichtung etwas nach links abgelenkt, genau so wie der Warmluftstrom selbst. Die Erfahrung zeigt, daß sich eine junge Zyklone im Stadium *c* in der Richtung der Warmsektorströmung (oberhalb des Reibungsniveaus, daher gleichzeitig auch in der Richtung der Warmsektorisobaren) fortbewegt. Die Bewegungsgeschwindigkeit der Zyklone nimmt dabei allmählich ab, da sich das Wellenglied der Fortbewegung in dem Maß verkleinert, in welchem die Störung ihren ursprünglichen Wellencharakter verliert und verwirbelt. Die Druckdepression macht unterdessen jedoch weitere Fortschritte und greift immer mehr auf höhere Troposphärenschichten über.

Das Schema des Zyklonenstadiums *c* wurde von J. BJERKNES im August 1919 als Schema der „*Idealzyklone*" bezeichnet in der Voraussetzung, daß es allgemeinen Charakter habe und zu jeder Zeit für jede größere Zyklone gelte. Die Erfahrung hat jedoch bald gezeigt, daß dieses Schema nicht dem Endstadium, sondern nur einer kurzen Übergangsphase der Zyklone von etwa eintägiger Dauer entspricht. Es hat sich herausgestellt, daß sich mit dem weiteren Anwachsen der Störungsamplitude der Warmsektor der Zyklone verengt, indem sich die Kaltluft an der Störungsrückseite so rasch süd- und ostwärts ausbreitet, daß die Kaltfront die langsamere Warmfront einzuholen beginnt (Stadium *d*) und sich schließlich mit ihr vereinigt (Stadium *e* und *f*).

In den von T. BERGERON im Jahre 1919 gefundenen Entwicklungsstadien *e* und *f* ist die Zyklone in den okkludierten Zustand übergegangen; die durch Vereinigung der Warm- und Kaltfront entstandene Front wird, wie schon früher erwähnt, Okklusionsfront oder kurz *Okklusion* genannt. Sobald sich der Okklusionsprozeß (oder die Okklusion im engeren Sinn) vollzogen hat, hat die Druckdepression nicht nur ihre größte Tiefe erreicht, sondern sich auch aufwärts bis zur Stratosphäre ausgedehnt.

Die Okklusion beginnt in der Regel im Depressionszentrum; das Stadium *e*, in dem dagegen die Vereinigung von Warm- und Kaltfront am Zyklonenrand beginnt, ist nur als ein sehr selten auftretendes Vorstadium anzusehen, das *Seklusion* genannt wird.

Die allmähliche Unterspülung der Warmluft durch Kaltluft im Verlauf der Zyklonenentwicklung und ihre Abhebung vom Erdboden unter Verschwinden der Temperaturgegensätze daselbst ist schematisch in den Vertikalschnitten der Abb. 151

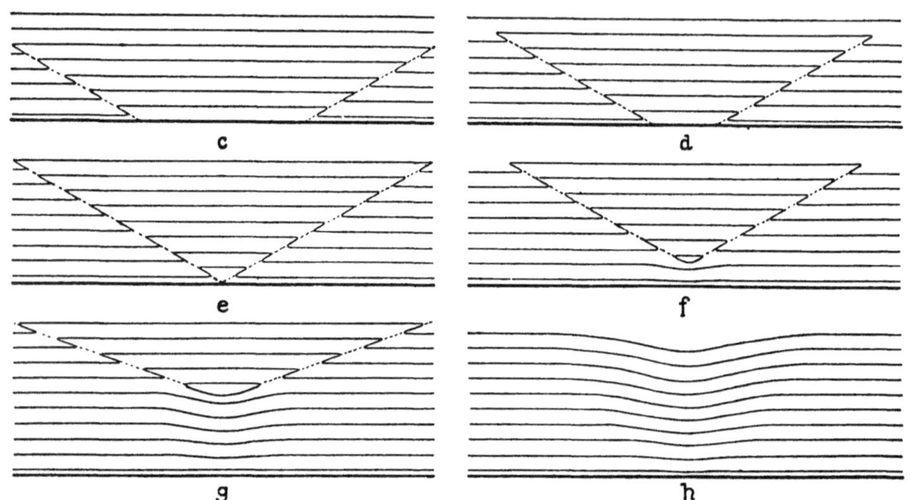

Abb. 151. Schematischer Vertikalschnitt durch eine Zyklone in den aufeinanderfolgenden Stadien ihrer Entwicklung. (Nach J. BJERKNES und SOLBERG 1922.)

veranschaulicht. Die ausgezogenen Linien sind hier isotherme Flächen, die gestrichelten stellen den Höhenverlauf der Frontflächen dar. Die Schemata dieser Abbildung entsprechen den Stadien *c* bis *h* des Horizontalschemas der Abb. 150. Es empfiehlt sich, sie mit der tatsächlichen vertikalen Temperaturverteilung in einer jungen Zyklone, dargestellt nach E. PALMÉN 1931 (2) in Abb. 191, zu vergleichen.

Der Abschnitt 65 enthält eine genauere Beschreibung der Zyklonenstruktur sowohl für das Stadium der offenen als auch für jenes der okkludierten Zyklone.

b) Energetische Betrachtungen.

Wie schon im Abschnitt 23 dargelegt, hat man als Hauptquelle der kinetischen Zyklonenenergie die horizontal-labile Lagerung der Warm- und Kaltluft im Zyklonenbereich anzusehen. Die Hauptfront zwischen diesen beiden Luftmassen ist stationär, solange die Einflüsse der isobar-isosteren Solenoide und der Erddrehung miteinander im Gleichgewicht stehen, so daß keine Zirkulation im positiven Drehsinn der Solenoide entsteht und keine kinetische Energie erzeugt wird. Sobald jedoch dieses Gleichgewicht gestört wird, bildet sich eine Frontalwelle aus und es entstehen frontale Zirkulationsgleitungen.

Entlang der Warmfrontfläche der sich entwickelnden Zyklone und entlang des unteren Teils der Kaltfrontfläche haben diese Gleitbewegungen normale Zirkulationsrichtung im Sinn der Ausführungen des Abschnitts 23 (Aufsteigen der Warmluft, Absinken der Kaltluft); überdies tritt auch im Warmsektor selbst — namentlich in der Nähe der Kaltfront — eine gewisse Hebung der Warmluft auf. Die Zirkulationsbewegung in der Normalrichtung ist mit einem Arbeitsgewinn, d. h. mit einer Zunahme der kinetischen Energie verbunden. Dagegen haben die Gleitbewegungen längs des überwiegenden Teils der Kaltfront eine der normalen entgegengesetzte Richtung (Absinken der Warmluft), weshalb hier Arbeit verbraucht und kinetische Energie vernichtet wird.

Mit der Zeit entwickelt sich nun in einer instabilen Welle die Aufgleitbewegung immer mehr; die potentielle Energie der Luftmassen geht immer mehr in kinetische über, was sich, da die letztere nur zu einem kleinen Teil zur Überwindung der Reibung verbraucht wird, vor allem in einer gleichzeitigen Verstärkung der horizontalen Druckgradienten im Zyklonenbereich äußert. Eine solche Verstärkung kann lediglich durch eine Vertiefung der Zyklone, d. h. durch ein Auspumpen der Luft aus ihrem Innern zustande kommen; eine andere Möglichkeit gibt es nicht.

Das Auspumpen der Luft in der Höhe, dessen Mechanismus in Abschnitt 24 näher auseinandergesetzt worden ist, geht am intensivsten an der Vorderseite der Zyklone vor sich, wo entlang der Warmfront die normalgerichtete Zirkulation am stärksten ist. Auf dieses Gebiet konzentriert sich auch der stärkste Druckfall, womit sich die Schlußfolgerung von BRUNT und DOUGLAS über den Zusammenhang zwischen Druckfall und aufsteigenden Bewegungen bestätigt (Abschnitt 24). An der Zyklonenrückseite tritt dagegen infolge vorwiegend absteigender Bewegungen eine mehr oder minder starke Auffüllung mit Luft, also ein Drucksteiggebiet auf oder aber ist hier, wofern sich die Zyklone noch vertieft, der Druckfall zum mindesten verlangsamt. Naturgemäß verlagert sich das Tiefdruckzentrum der Zyklone in jener Richtung, in welcher der Druck am stärksten fällt.

Im Bereich einer in Entwicklung begriffenen Zyklone findet also im allgemeinen eine Hebung warmer Luft statt, während sich die kalte Luft senkt und in den unteren Schichten ausbreitet. Der gemeinsame Schwerpunkt der beiden Luftmassen sinkt dabei.

Im Verlauf der Okklusion verliert die Zyklone endgültig den Charakter einer Welle und verwandelt sich in einen mehr oder weniger symmetrischen Wirbel kalter Luft, welche den Zyklonenbereich mit steigender Mächtigkeit ausfüllt. Die warme Luft wird, selbst rotierend, in immer größere Höhen gehoben, der Schwerpunkt beider Luftmassen nähert sich seiner tiefsten Lage; die Anhäufung thermodynamischer Solenoide verschwindet und damit versiegt auch die Quelle der potentiellen Energie der Zyklone. Das (durch Reibung bedingte) Einströmen in den unteren Schichten wird nicht mehr kompensiert durch ein Auspumpen der Luft gegen den Gradienten in der Höhe; der Luftdruck steigt im ganzen Zyklonenbereich.

Da die Konvergenz in Bodennähe auch dann noch andauert, wenn die Okklusion bereits längst beendet ist, wölbt sich die Kaltluft im Zykloneninnern schließlich über den Kaltluftvorrat in der Umgebung auf und kühlt sich im Verlauf dieser Hebung bei allgemeiner Schichtungsstabilität adiabatisch unter dessen Temperatur ab. Dabei entsteht ein Solenoidfeld, welches eine der normalen entgegengerichtete Zirkulation erzeugt, die Arbeit *verbraucht* und kinetische Energie verzehrt. Die Reibung als Ursache der Konvergenz an der Erdoberfläche trägt somit in indirekter Weise zum Absterben der Zyklone bei.

Die potentielle Energie der *horizontal*-labilen Lagerung verschieden temperierter Luftmassen ist die bedeutendste, aber nicht die einzige Quelle der kinetischen Energie der Zyklone. Als weitere Quelle ist die *Labilitätsenergie*, die durch die *vertikal*-labile Schichtung der Luftmassen bedingt ist, in Betracht zu ziehen (A. REFSDAL 1930). Je labiler die Schichtung der Luftmassen beiderseits der Front, um so leichter vollzieht sich die Verwirbelung der Wellen und um so intensiver die Entwicklung der Zyklone. Sehr stabile Warmluft setzt ihrem Aufgleiten einen zunehmenden Widerstand entgegen und das thermodynamische Solenoidfeld der Frontalzone wird durch die aufkommende gegennormale Zirkulation bald vernichtet. Feuchtlabile Warmluft steigt dagegen leicht auf und macht große Mengen potentieller Energie frei. Die Vertiefung der Zyklone erfolgt in diesem Fall besonders rasch und kann sogar noch

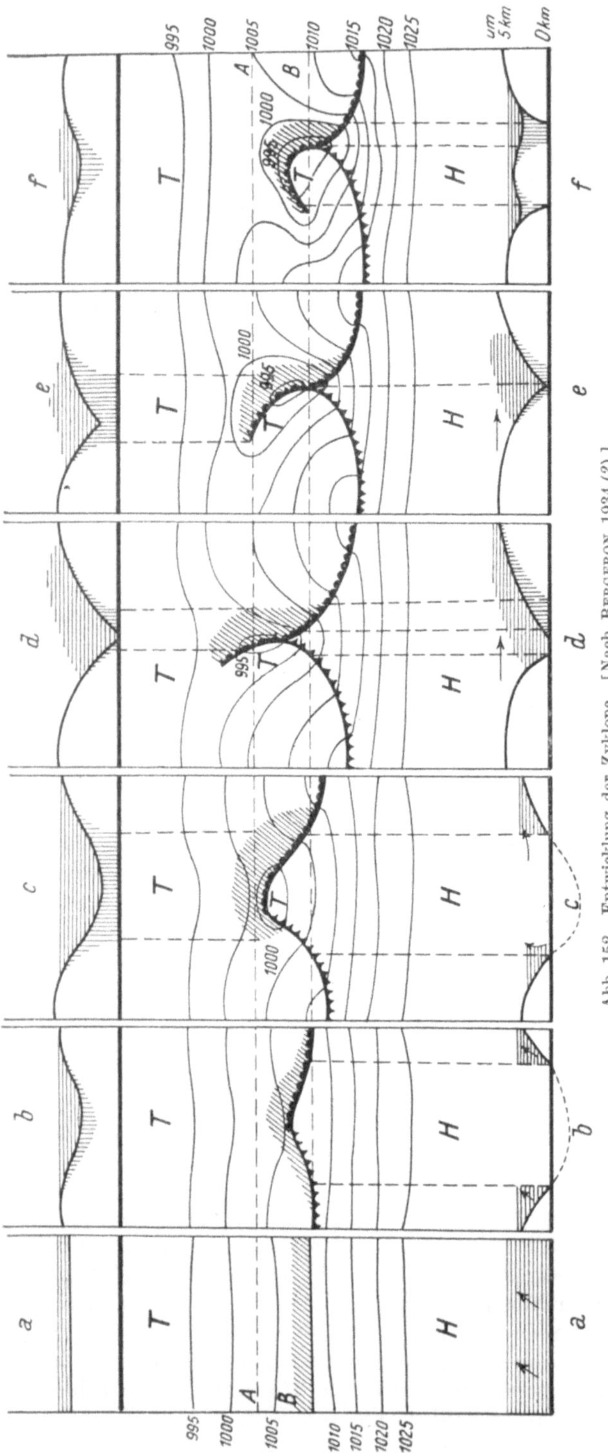

Abb. 152. Entwicklung der Zyklone. [Nach Bergeron 1934 (2).]

über das Okklusionsstadium hinaus anhalten (siehe Teil d dieses Abschnittes). Der vor kurzem gemachte Versuch (A. Refsdal 1932, P. Raethjen 1933, G. Seifert 1935), der Labilitätsenergie eine überragende Bedeutung für die Zyklonenentwicklung und überhaupt für die allgemeine Zirkulation beizumessen, kann aber nicht als geglückt angesehen werden. Nach aerologischen Untersuchungen kann es keinem Zweifel unterliegen, daß gerade im Winter, wo besonders tiefe Zyklonen auftreten, die Warmsektorluft meist ausgesprochen stabil geschichtet ist. Die Zyklonenvertiefung erfolgt dann ausschließlich auf Kosten der in der horizontal-labilen Luftmassenlagerung aufgespeicherten potentiellen Energie, die ja gerade im Winter infolge der verstärkten horizontalen Temperaturunterschiede größer zu sein pflegt als im Sommer. Im übrigen wies schon M. Margules 1905 nach, daß die Kondensationsenergie zur kinetischen Energie nur wenig beitragen könne. J. v. Hann bemerkte dazu, daß die tiefsten Zyklonen, wenn die Kondensationsenergie eine bedeutende Rolle spielen würde, im Sommer auftreten müßten. Eine ausschlaggebende Rolle scheint die Labilitätsenergie lediglich im Entwicklungsmechanismus der tropischen Zyklonen zu spielen.

c) Luftmassenverlagerung durch die Zyklonentätigkeit.

Das Endergebnis des Entwicklungsprozesses einer Zyklone ist das Vordringen von Warmluft in hohen Schichten weit nach Norden und von Kaltluftmassen in den tieferen Schichten weit nach Süden. In Abb. 150 hat man sich den Verlauf der Hauptfront im Stadium h weit südlicher vorzustellen als im Stadium a. In besonders großem Maßstab er-

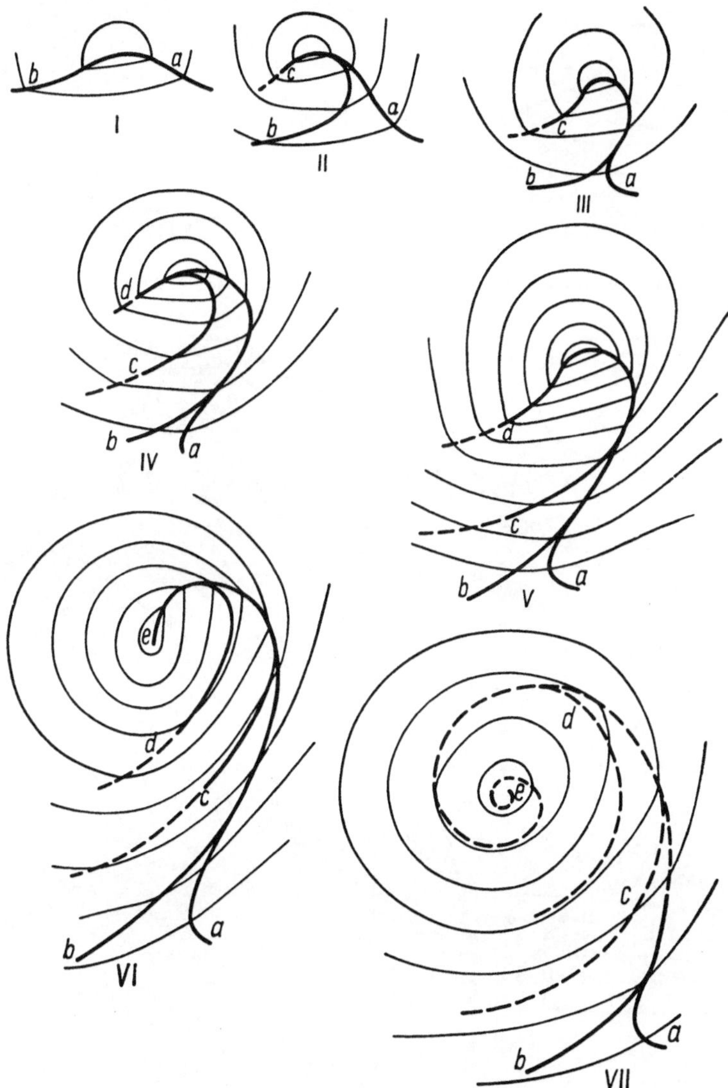

Abb. 153. Entwicklung der Zyklone. (Nach Refsdal 1930.)

folgt diese meridionale Luftversetzung durch die sukzessive Einwirkung der Glieder einer ganzen Zyklonenserie, die sich an der Hauptfront entwickelt hat; sie spielt eine wesentliche Rolle in der allgemeinen Zirkulation der Atmosphäre.

In dem bisherigen Schema kann man daher entweder die Warmluft mit Tropikluft, die Kaltluft mit Polarluft identifizieren und erhält dann eine Darstellung der Zyklonenentwicklung an der Polarfront; oder man identifiziert die Warmluft mit Polarluft und die Kaltluft mit Arktikluft und betrachtet das Zyklonenleben an der Arktikfront. In beiden Fällen ist der Ablauf des Prozesses grundsätzlich der gleiche.

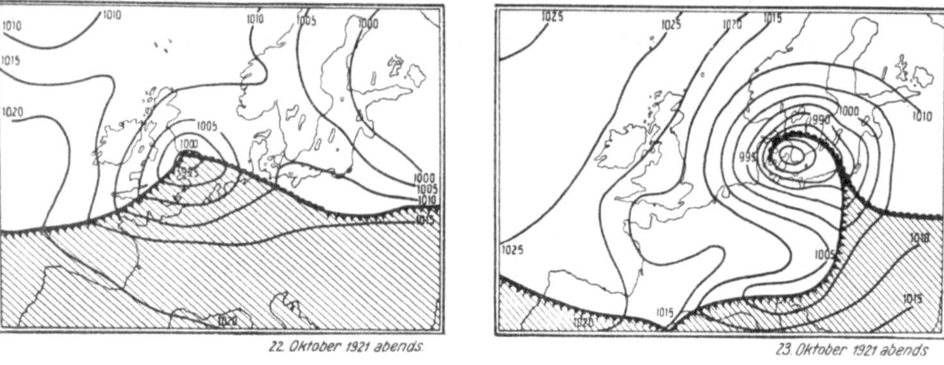

Abb. 154. Entwicklung der Zyklone vom 22. bis 23. Oktober 1921. (Nach J. BJERKNES und BERGERON.)

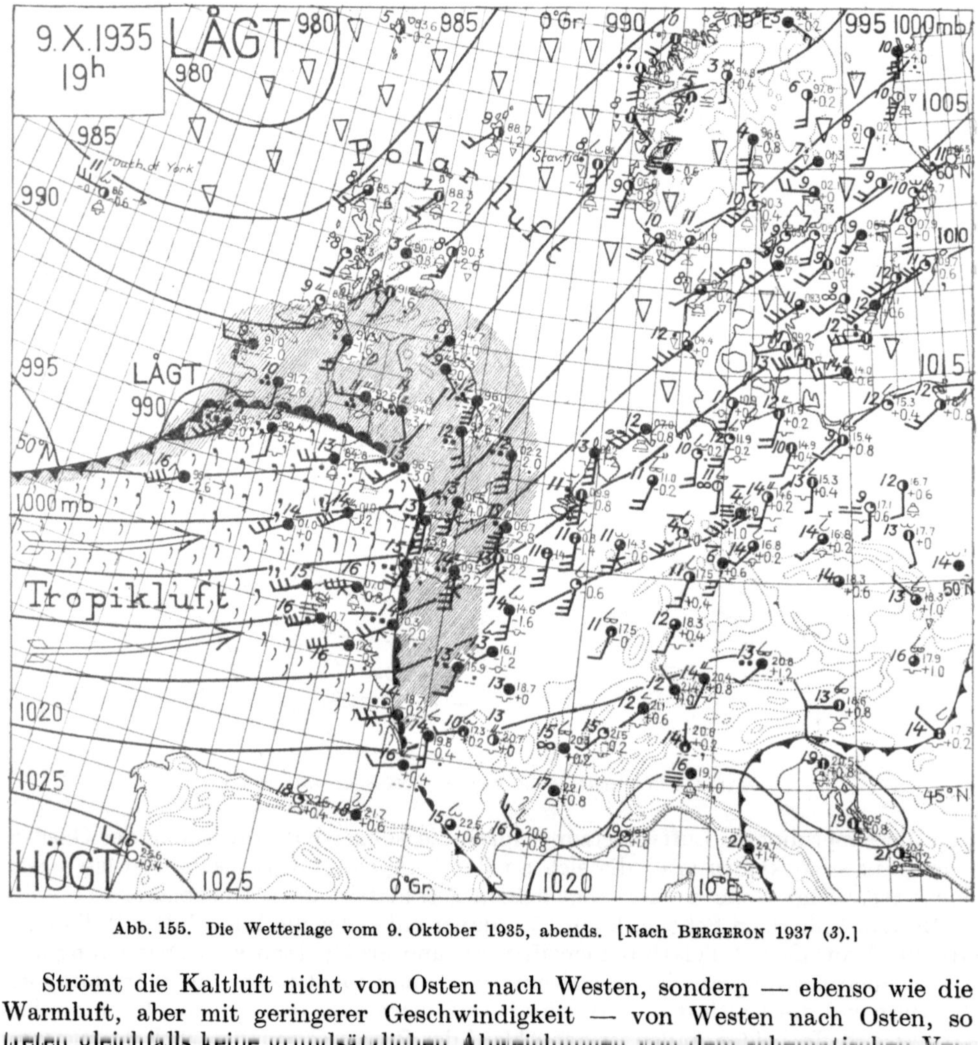

Abb. 155. Die Wetterlage vom 9. Oktober 1935, abends. [Nach BERGERON 1937 (3).]

Strömt die Kaltluft nicht von Osten nach Westen, sondern — ebenso wie die
Warmluft, aber mit geringerer Geschwindigkeit — von Westen nach Osten, so
treten gleichfalls keine grundsätzlichen Abweichungen von dem schematischen Ver-

lauf ein. Nur im frühen Wellenstadium ist der Verlauf der Stromlinien etwas abweichend, wie aus dem Vergleich der Abb. 144 *A* und *B* ersichtlich. In den späteren
Stadien gleicht sich der Stromlinienverlauf beider Fälle einander an. Darauf läßt
auch Abb. 152 schließen, welche die Entwicklung einer Zyklone nach BERGERON
1934 (*2*) wiedergibt unter der Voraussetzung, daß der Luftdruck im Ausgangsstadium
nördlich der Front weiter abnimmt, die beiden Hauptluftströme also einander
parallel (und ostwärts gerichtet) sind.

d) Verlängerte Lebensdauer einer Zyklone. Synoptische Beispiele für den zyklonalen Entwicklungsprozeß.

Durch das Schema von J. BJERKNES und SOLBERG 1922 wird der Lebenslauf einer
Zyklone nicht unter allen Umständen restlos erschöpft. Nicht selten bleibt auch

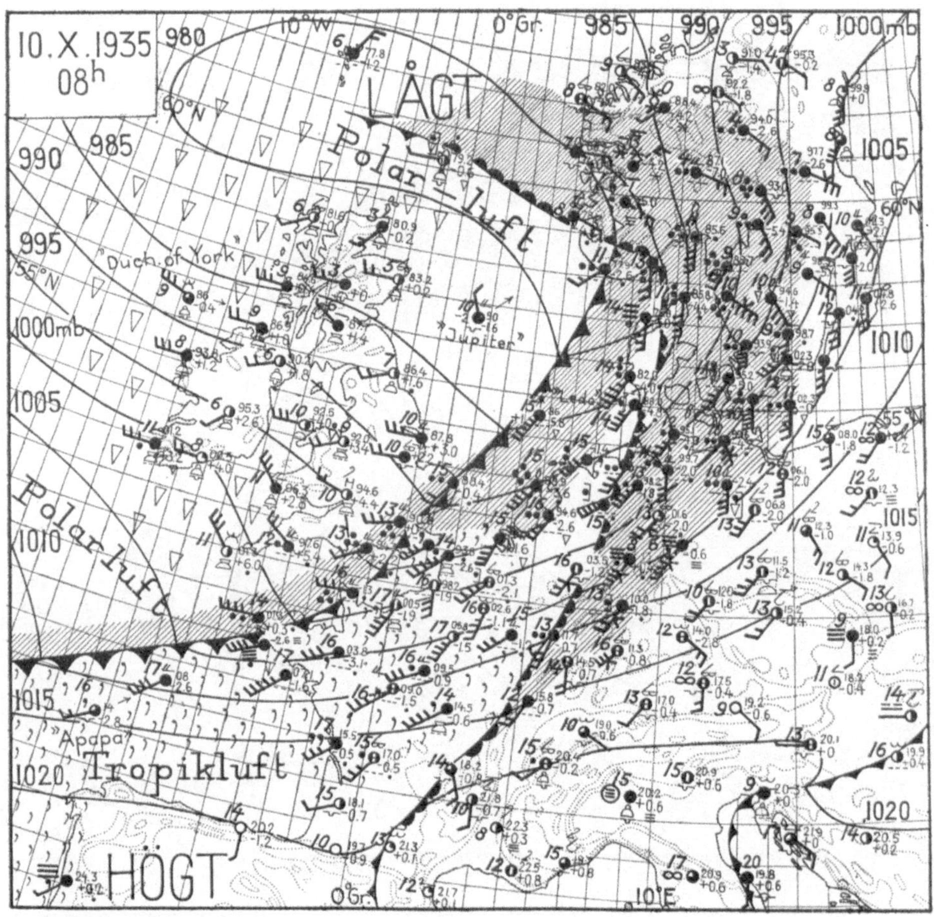

Abb. 156. Die Wetterlage vom 10. Oktober 1935, morgens. [Nach BERGERON 1937 (*3*).]

nach erfolgter Okklusion eine thermische Asymmetrie der Zyklone zurück, bedingt
z. B. dadurch, daß die frische Polarluft an der Störungsrückseite wärmer ist als die
alte Polarluft an der Vorderseite.

Dieser Fall stellt sich im Winter häufig in Europa ein, wenn die Zyklone von Westen her durch warme maritime Polarluft okkludiert wird. Das Depressionszentrum gleitet dann, etwa gegen Osten, langsam der Okklusionsfront entlang und deren herausragendes Ende gerät immer tiefer in den Bereich der Zyklonenrückseite hinein (Abb. 152); es wird von einer noch kälteren Nordwest- bis Nordoststströmung

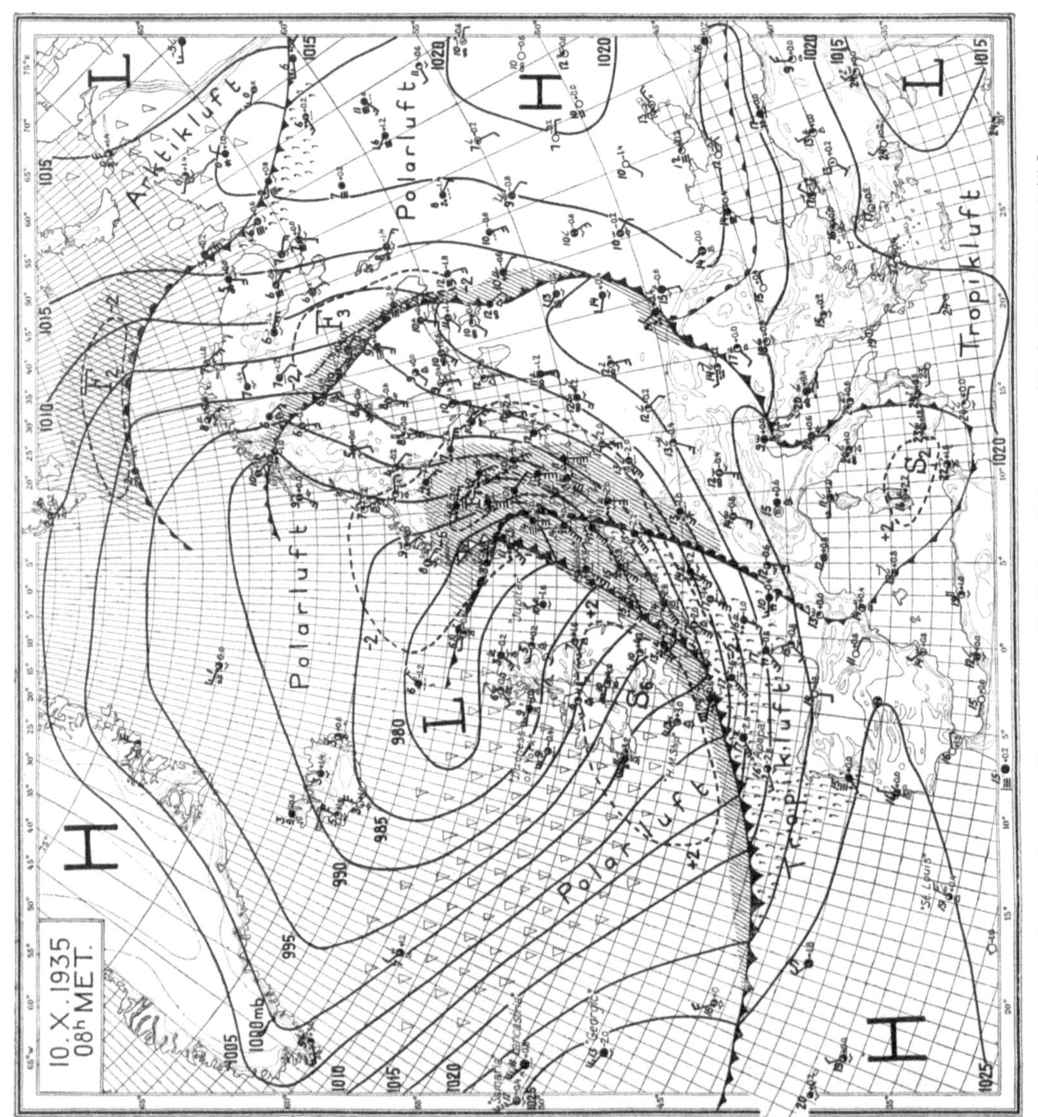

Abb. 157. Die allgemeine Wetterlage am 10. Oktober 1935, morgens. [Nach BERGERON 1937 (3).]

erfaßt und umgebogen. Zwischen dem ursprünglichen und dem *umgebogenen Teil der Okklusionsfront* bildet sich ein sog. „falscher" Warmsektor aus, dessen warme maritime Polarluft gleichfalls langsam vom Boden abgehoben wird in dem Maß, in welchem der umgebogene Okklusionsteil den normalen einholt. Bevor dies nicht geschehen ist, dauert somit die Überführung potentieller Energie der horizontallabilen Lagerung in kinetische weiter an; die Zyklone vertieft sich somit über den ursprünglichen Okklusionsprozeß hinaus, und zwar begreiflicherweise um so mehr, je feuchtlabiler die Luft des „falschen" Warmsektors geschichtet ist.

Wofern die Temperaturverteilung in der Zyklone auch nach der neuerlichen Okklusion noch ziemlich unsymmetrisch bleibt, kann sich ein analoger Prozeß noch mehrmals wiederholen, wie dies das Schema von A. REFSDAL 1930 in Abb. 153 zeigt. Durch fortgesetzte Vertiefung der Depression bildet sich allmählich eine ungeheure Zentralzyklone, in deren Innerem der Druck bis auf 970—950 mb herabgehen kann. Schließlich stirbt dieses Gebilde entgültig ab, nachdem sich die Fronten in ihm aufgelöst haben.

Von der Verlängerung der normalen Lebensdauer einer Zyklone durch den eben beschriebenen Prozeß ist die sog. Zyklonenregeneration zu unterscheiden, bei welcher der Zyklone von fernher neue Lebensenergie zugeführt wird. Sie wird im Abschnitt 66 besonders behandelt werden.

Synoptische Beispiele für den Lebenslauf einer Zyklone enthalten folgende Abbildungen: 155 bis 157 für den Fall vom 9. und 10. Oktober 1935 nach T. BERGERON 1937 (3), 158 und 159 für den Fall vom 28. bis 30. März 1928 nach J. BJERKNES 1932 mit zugehörigem Vertikalschnitt (Abb. 160) nach J. BJERKNES und E. PALMÉN 1933, 161—166 für den Fall vom 30. und 31. Dezember 1930 mit zugehörigem Vertikalschnitt (Abb. 167) nach J. BJERKNES 1935, wobei das Auftreten einer zweimaligen Okklusion besonders zu beachten ist. Einige weitere Fälle des Entwicklungsprozesses von Zyklonen enthalten die Karten am Ende des Buches.

Wir empfehlen schließlich noch besonderer Beachtung die Karten und Vertikalschnitte des Falles vom 13. bis 18. Dezember 1937 in der jüngst erschienenen Untersuchung J. BJERKNES-P. MILDNER-E. PALMÉN-L. WEICKMANN 1939.

e) Zyklonenentwicklung und Druckänderungen.

Vor kurzem hat auch J. BJERKNES 1937 auf Grund einer Gleichung von G. DEDEBANT die Druckänderungen, die in einer sich vertiefenden Zyklone auftreten, einer theoretischen Analyse unterzogen. Er findet, daß sich an einem festen Punkt der freien Atmosphäre die Gesamtdruckänderung aus drei Gliedern zusammensetzt: dem Divergenzglied, dem Vertikaltransportglied und dem Advektionsglied.

Das *Advektionsglied* ist bedingt durch die advektiven Temperaturänderungen in der Höhe, oder genauer gesagt, es ist abhängig von den Dichteänderungen der Luftsäule über dem betreffenden Punkt. In etwa 7 km Höhe ist der Effekt dieses Gliedes im allgemeinen unbeträchtlich, da, wie wir noch sehen werden (Abschnitt 68), die Temperaturänderungen in der obersten Troposphärenschicht und in der Stratosphäre entgegengesetztes Vorzeichen haben und einander in ihrer Wirkung meist aufheben. Von diesem Ausgleichsniveau abwärts nimmt jedoch der Einfluß des Advektionsgliedes zu; er ist bekanntlich eine Zeitlang für die am Erdboden auftretenden Luftdruckänderungen fast ausschließlich verantwortlich gemacht worden: Luftdruckfall unter der Warmfrontfläche beim Zurückweichen und Druckanstieg unter der Kaltfrontfläche beim Vordringen des Kaltluftkeils.

In der Tat kommt für den Verlauf des Barogramms am Erdboden das *Vertikaltransportglied* überhaupt nicht in Betracht. Dieses Glied bedingt nämlich definitionsgemäß jene Druckänderungen, welche durch die Gewichtszunahme bzw. -abnahme der darüberliegenden Luftsäule eintreten, sobald Luft von unten her über das Niveau des Meßpunktes aufsteigt bzw. Luft unter dieses Niveau herabsinkt. Das Vertikaltransportglied macht sich also in den höheren Schichten der Troposphäre am meisten geltend, wo die Vertikalbewegungen in der Zyklone am stärksten sind: im Bereich aufsteigender Luft als Druckanstieg, im Gebiet des Abgleitens der Luft als Druckfall. Handelt es sich um eine junge Polarfrontzyklone, so erzeugt dieses Glied

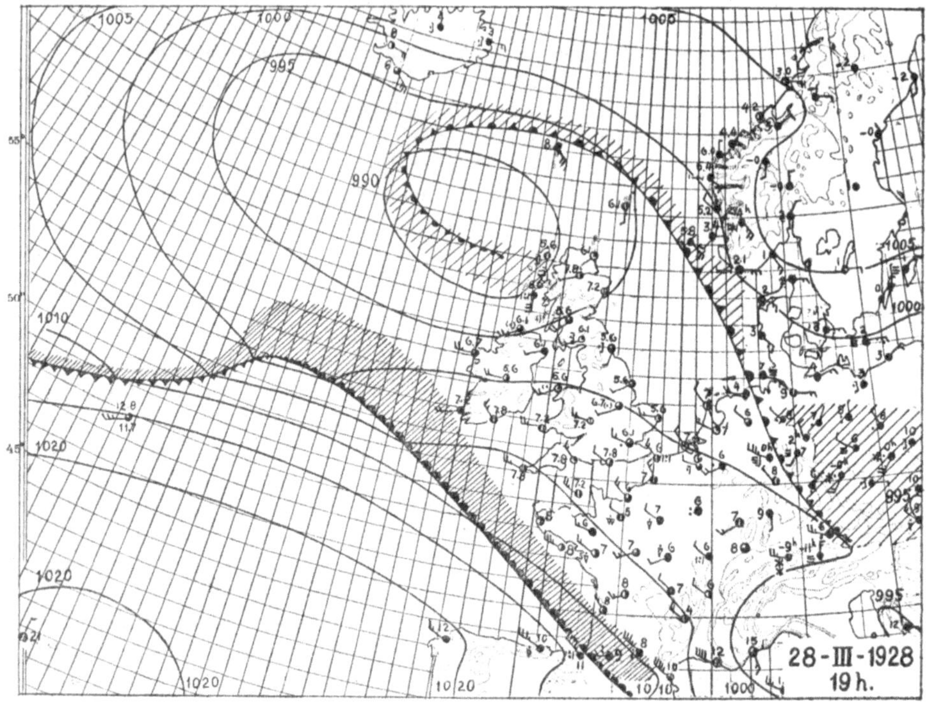

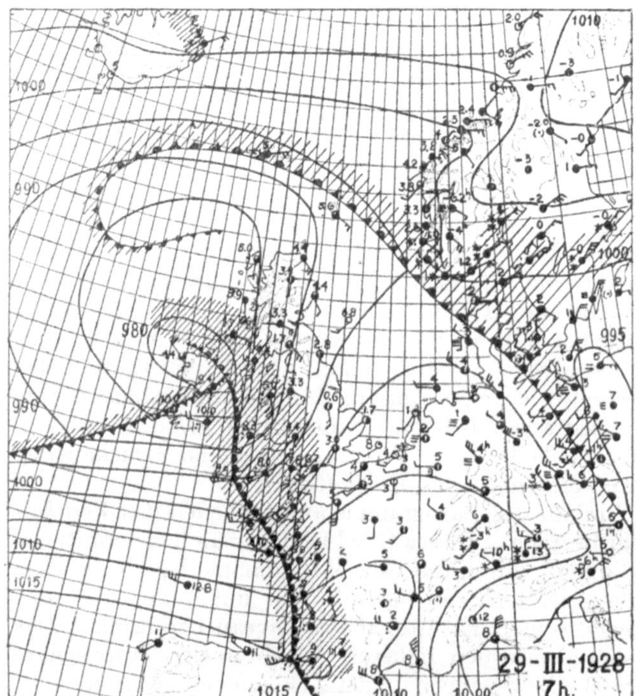

Abb. 158. Entwicklung der Zyklone vom 28. bis 30. März 1928. (Nach J. BJERKNES 1932.)

im ursprünglich west-östlichen Verlauf der Höhenisobaren Wellen mit Tiefdruckzungen aus dem nördlichen Polartief, die über die Kaltfrontflächen, und Hochdruckzungen aus dem südlichen Subtropikhoch, die über die Warmfrontflächen reichen (vgl. Abbildung 168).

Die Höhenisobaren sind somit über der Warmfront antizyklonal und über der Kaltfront zyklonal gekrümmt — eine wichtige Tatsache für das Verständnis des zyklonalen Vorgangs, auf die wir noch wiederholt zurückkommen werden. Näheres über das Zustandekommen dieser oberen Luftdruckwellen durch Vertikalbewegungen bringt Abschnitt 68d über PALMÉNS dynamische Theorie der Tropopausenwellen.

Innerhalb der so ent-
standenen Höhendruckver-
teilung entwickelt sich das
dritte Druckänderungs-
glied, das *Divergenzglied*.
An der Vorderseite des
Drucktroges, wo die Höhenisobaren von der zyklonalen
in die antizyklonale Krümmung übergehen, herrscht
„Geschwindigkeitsdiver-
genz"; die Luftpartikel,
welche sich ganz allgemein
schneller bewegen als die
Luftdruckgebilde, haben an
den antizyklonal gekrümm-
ten Stellen Übergradient-
geschwindigkeit (siehe Abschnitt 21), so daß sich hier
ein Absaugen der Luft in
der Isobarenrichtung er-
gibt. Im selben Bereich
tritt aber außerdem auch
„Richtungsdivergenz" auf,
indem die Luftströmung
dort, wo die Isobaren divergieren, gegen den höheren
Druck abgelenkt wird. Um-
gekehrt sind die Verhält-
nisse an der Trogrückseite;
hier herrscht entsprechend
Geschwindigkeitskonver-
genz und Richtungskon-
vergenz mit Ablenkung der
Strömung gegen den tie-
feren Druck (vgl. Abb. 168).

Unter den Divergenz-
gebieten an der Trogvorder-
seite, wo also Luft weggeschafft („ausgepumpt")
wird, fällt der Druck; unter
den Konvergenzgebieten an
der Trogrückseite dagegen
steigt er, weil hier Luft ein-
gepreßt („eingepumpt")
wird. Normalerweise
herrscht unter den oberen
Divergenzgebieten in der
Bodenschicht Konvergenz,
so daß der Druckfall mit
aufsteigender Luftbewe-
gung gepaart erscheint,

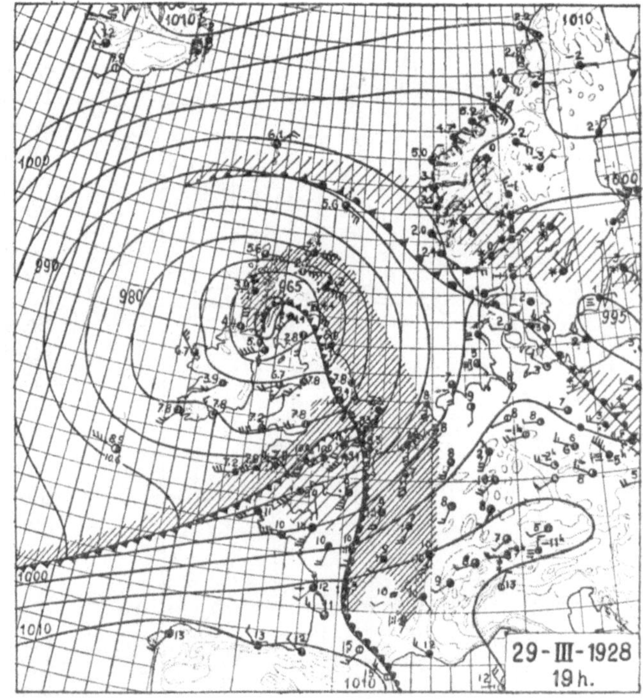

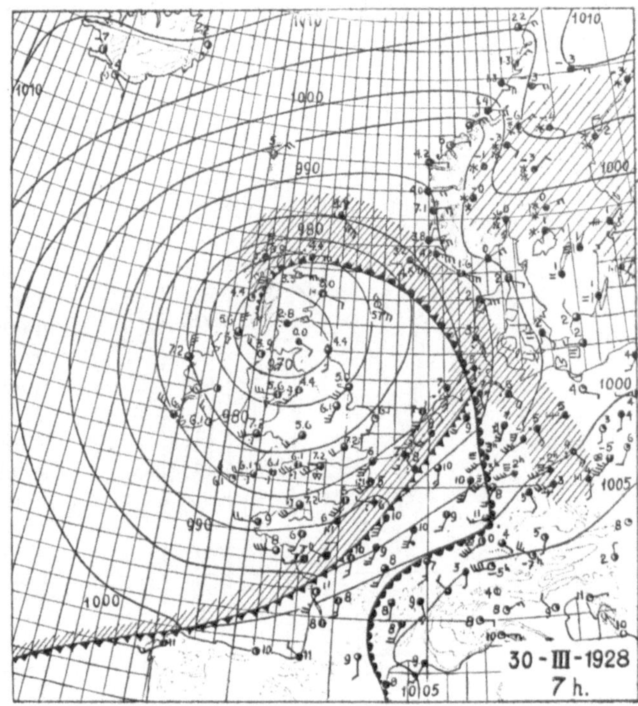

Abb. 159. Entwicklung der Zyklone vom 28. bis 30. März 1928.
(Nach J. Bjerknes 1932.)

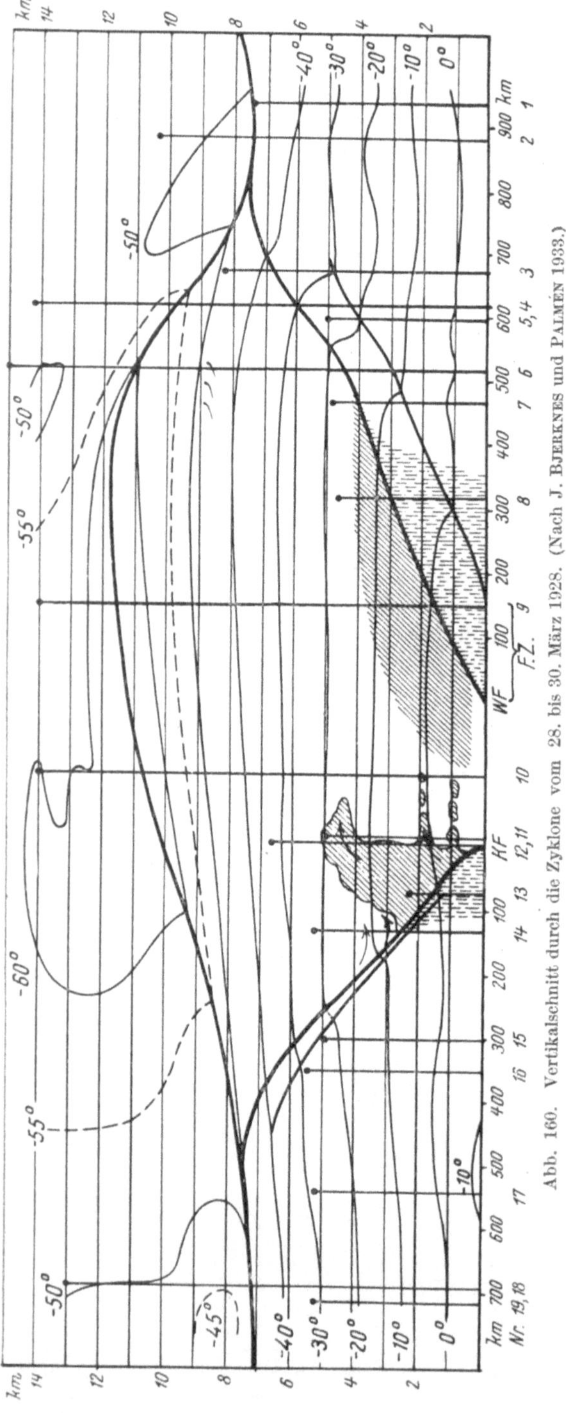

Abb. 160. Vertikalschnitt durch die Zyklone vom 28. bis 30. März 1928. (Nach J. BJERKNES und PALMÉN 1933.)

während den oberen Konvergenzgebieten untere Divergenz zu entsprechen pflegt, weshalb der Druckanstieg meist mit absteigender Bewegung einhergeht. Dies ist die Aussage der Regel von BRUNT und DOUGLAS (Abschnitte 24 und 64 b).

Die Theorie von J. BJERKNES sagt somit aus, daß die Luftdruckänderungen in den unteren Schichten der Atmosphäre ausschließlich durch das Advektionsglied und das Divergenzglied bestimmt werden. Normalerweise wird das *Bodenbarogramm* südlich der Zugbahn einer jungen Zyklone die in Abb. 169 ersichtliche Gestalt haben. Das Advektionsglied ist in der Hauptsache für den Druckfall vor der Warmfront und den ersten Teil des Druckanstiegs hinter der Kaltfront verantwortlich. Der Druckfall im Warmsektor und der weitere Druckanstieg in der vordringenden Kaltluft sind hauptsächlich Auswirkungen des Divergenzgliedes. Der Verlauf des *Höhenbarogramms*, dessen normales Aussehen gleichfalls aus der Abbildung hervorgeht, ist dagegen in erster Linie durch das Vertikaltransportglied bestimmt.

Es kommen aber auch Fälle vor, wo der Luftdruck am Boden nach dem Kälteeinbruch und bei fortgesetzt sinkender Temperatur noch eine Zeitlang weiter fällt.[1] J. BJERKNES erklärt diese Erscheinung damit, daß in einem solchen Fall die Divergenz der Kaltluft in den unteren Schichten

---

[1] Im Zyklonenschema v. FIKKERS (vgl. Abschnitt 68e), daß aus der statistischen Verarbeitung 24stündiger Druck- und Temperaturänderungen abgeleitet ist, ist sogar weiterer Druckfall nach dem Kälteeinbruch das Normale. Er wird damit erklärt, daß sich das

obere „primäre" Fallgebiet (vor dem oberen Drucktrog) bis zum Boden durchsetze und hier das untere „sekundäre" Steiggebiet (gleich dem Advektionsglied) überkompensiere.

so stark sei, daß sie die Wirkung des Advektionsgliedes und der oberen Konvergenz überkompensiere. Hierdurch kann sich sogar der obere Drucktrog vertiefen.

Die durch das Advektionsglied hervorgerufenen Druckänderungen können wir auch *thermisch*, die durch das Vertikaltransportglied und das Divergenzglied verursachte können wir *dynamisch* nennen. Da sich am Erdboden das Vertikaltransportglied nicht geltend machen kann, beschränkt sich hier die dynamische Druckänderung auf das Divergenzglied.

Die im Divergenzglied zur Geltung kommende *Richtungsdivergenz* im Bereich auseinandertretender Höhenisobaren an der Zyklonenvorderseite ist von R. Scherhag schon seit 1934 eingehend untersucht worden. In einem solchen Isobarenfeld könnte die Strömung nur dann stationär und der Druck unverändert bleiben, wenn die Windgeschwindigkeit in der Stromrichtung genau proportional der Gradientverringerung abnähme. Diese Bedingung ist in Wirklichkeit jedoch nicht erfüllt, da die Luftströmung im Divergenzfeld der Isobaren unter Einwirkung der Trägheit immer noch einen gewissen Geschwindigkeitsüberschuß aufweist. Die Folge davon ist eine Rechtsdrehung der Strömung gegen die Isobaren, ein Auspumpen der Luft aus dem Tiefdruckbereich gegen den Gradienten, ein Massenabfluß in der Höhe, welchem in den tieferen Schichten ein Druckfall entsprechen muß.[1] Umgekehrt wird einer Konvergenz der Höhenisobaren (in der Stromrichtung) unten ein Druckanstieg entsprechen.

Trotzdem diese Richtungsdivergenzen, wie oben gezeigt, nur einen Teil der Gesamtdivergenzen vorstellen, hat R. Scherhag ihre praktische Bedeutung im Wetterdienst nachweisen können. Hierbei bedeutet es eine Vereinfachung, daß auf den Verlauf der Höhenisobaren aus dem Verlauf der unteren Isothermen geschlossen werden kann (unter der Voraussetzung, daß die Temperaturbeobachtungen am Boden repräsentativ sind). Dies hat seinen Grund darin, daß in der Warmmasse der Luftdruck mit der Höhe langsamer abnimmt und daher (bei Druckgleichheit am Boden) oben höher sein muß als in der Kaltmasse.[2] Einer Isothermendivergenz (Konvergenz) am Boden, die nicht rein lokaler Natur ist, entspricht somit in der Höhe in der Regel eine Isobarendivergenz (Konvergenz), unter welcher Druckfall (Druckanstieg) eintritt. Diese Regel hat sich nach Scherhag besonders bei Zyklonen bewährt, welche unter beträchtlicher Vertiefung auf der van Bebberschen Zugstraße *Vb* (Abb. 138) fortschreiten.

Aus diesen Grundregeln hat Scherhag eine Reihe weiterer Regeln für die Intensitätsänderungen von Druckgebilden abgeleitet, welche im Abschnitt 74 unter 97 bis 100, 140 und 141, 153 bis 156 angeführt sind. Hierzu gehört auch jene, welche sich auf die Tatsache stützt, daß die kinetische Energie proportional dem *Quadrat* der Geschwindigkeit wächst; infolgedessen müssen sich auch die Druckänderungen mit dem Quadrat der Windgeschwindigkeit ändern. Eine Abnahme der Windgeschwindigkeit von 60 auf 50 m/sek muß also eine zehnmal größere Druckänderung bewirken als eine Geschwindigkeitsabnahme von 10 auf 0 m/sek. Die Zyklone wird sich daher um so rascher fortbewegen, je rascher das Quadrat der Höhenwindgeschwindigkeit vom Zentrum gegen den Vorderrand der Zyklone abnimmt.

Etwas früher als Scherhag hat W. M. Michel 1932 empirische Schemata der Höhenströmung (2—6 km) für den Fall der Verstärkung und Abschwächung einer

---

[1] Ganz allgemein wurde dieser Vorgang bereits in Abschnitt 24 behandelt.

[2] In Anbetracht dieses Umstandes hat G. Roediger 1933 darauf hingewiesen, daß dem Warmsektor der Zyklone ein Hochdruckkeil in der Höhe entspricht (siehe auch das zu Beginn des nächsten Abschnitts Gesagte). Dementsprechend muß sich vor dem Okklusionspunkt am Boden eine Strömungsdivergenz finden, unter welcher der Druck besonders stark fällt.

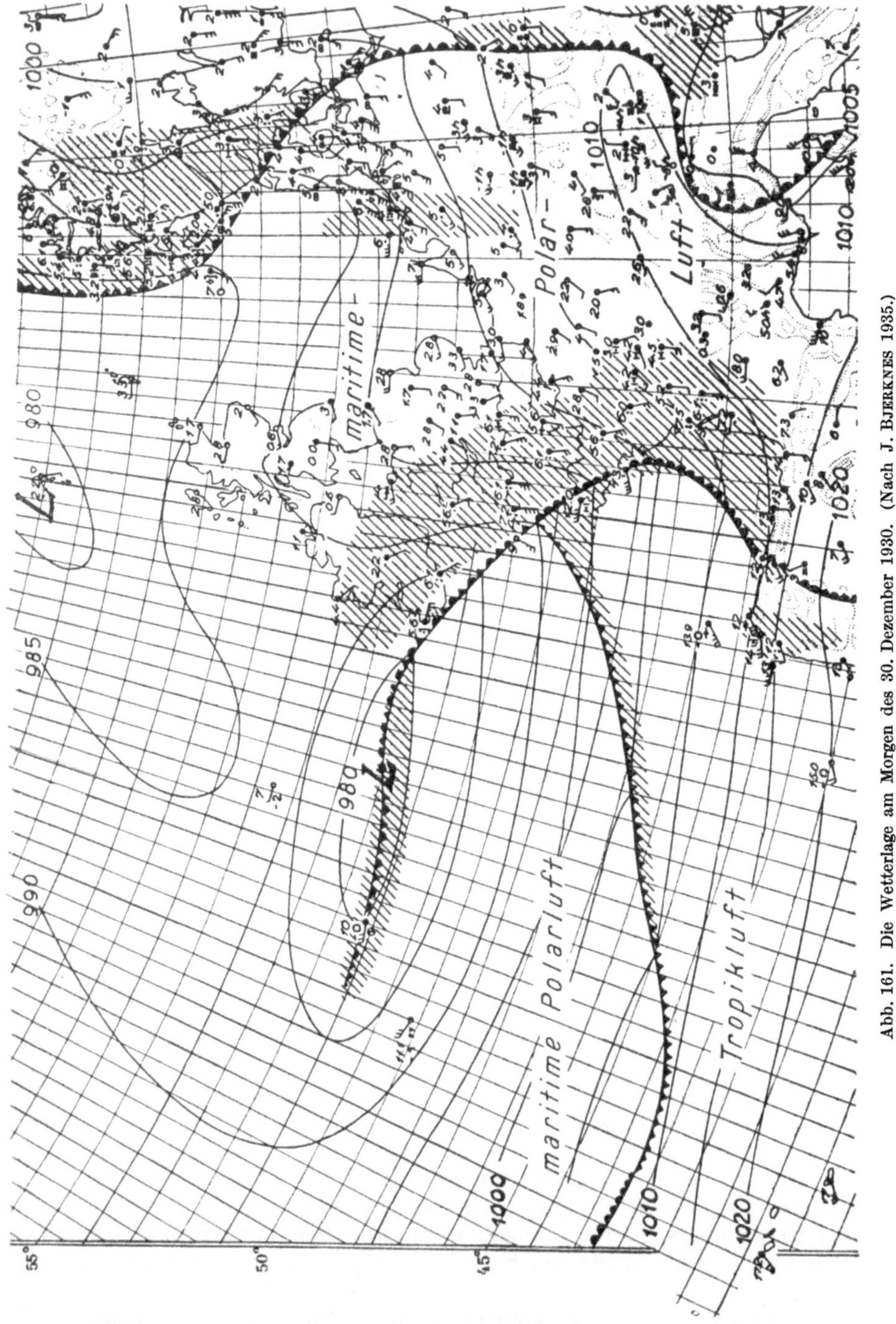

Abb. 161. Die Wetterlage am Morgen des 30. Dezember 1930. (Nach J. Bjerknes 1935.)

Antizyklone angegeben; die Konvergenz der Strömung bei einer Verstärkung und die Divergenz bei einer Abschwächung sind deutlich erkennbar.

In Abb. 169 wurde der Verlauf des Bodenbarogramms als gemeinsame Auswirkung des Advektions- und des Divergenzgliedes gedeutet. Er gestattet gewisse

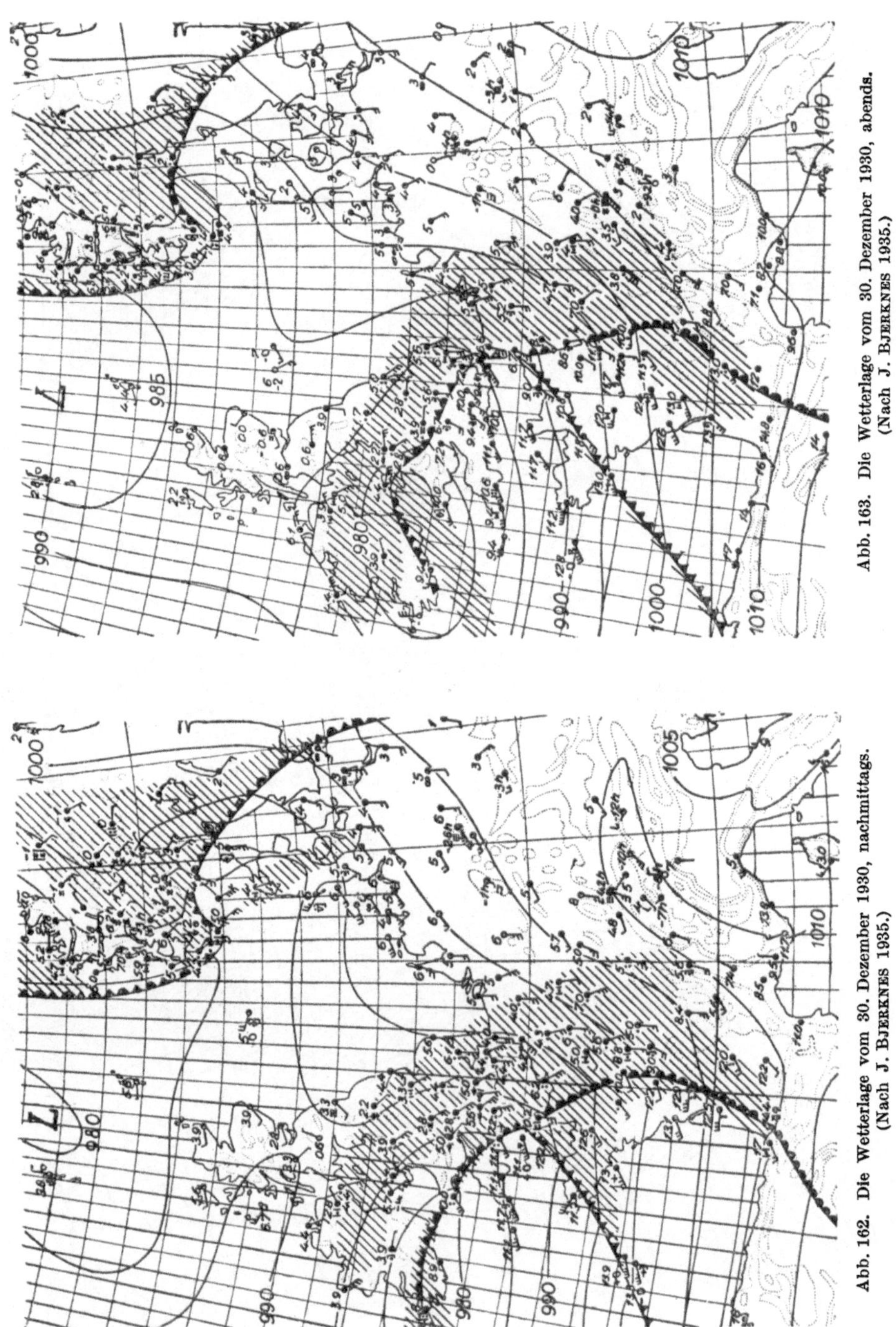

Abb. 163. Die Wetterlage vom 30. Dezember 1930, abends.
(Nach J. Bjerknes 1935.)

Abb. 162. Die Wetterlage vom 30. Dezember 1930, nachmittags.
(Nach J. Bjerknes 1935.)

Schlüsse auf das weitere Verhalten der Zyklone. Seine beiläufige Rekonstruktion während der letzten 3 Stunden vor der Beobachtung wird durch die Tendenzangaben *app* im Wettertelegramm ermöglicht.

Zu dem gleichen Zweck sowie auch für statistische Untersuchungen über die

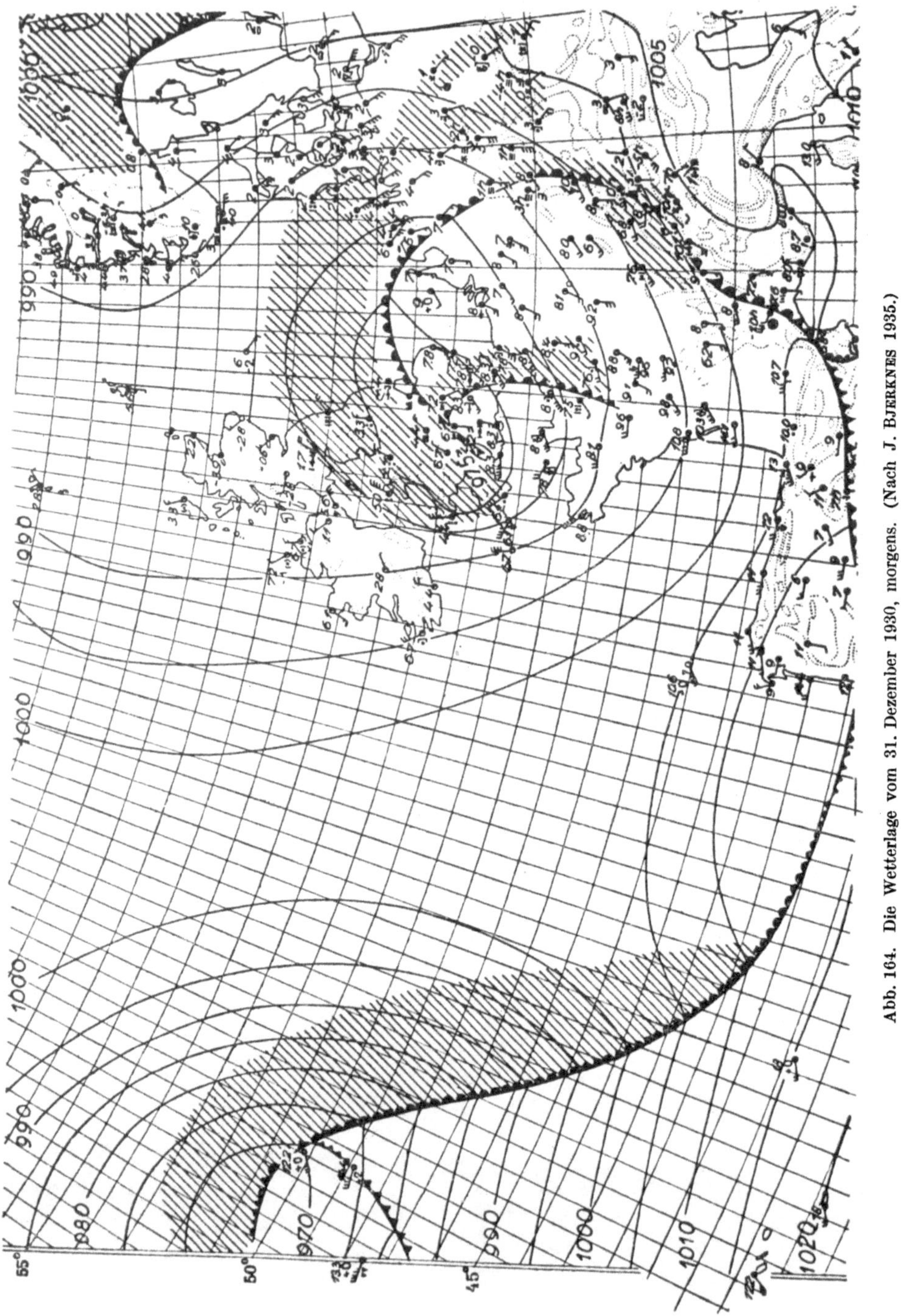

Abb. 164. Die Wetterlage vom 31. Dezember 1930, morgens. (Nach J. BJERKNES 1935.)

Zyklonenstruktur verwendet man vielfach 24stündige Druckdifferenzen, z. B. die
Differenz der Drucke von 7 Uhr G. Z. des laufenden und des vorhergehenden Tages.
Dabei muß man sich jedoch darüber im klaren sein, daß solche Differenzen den

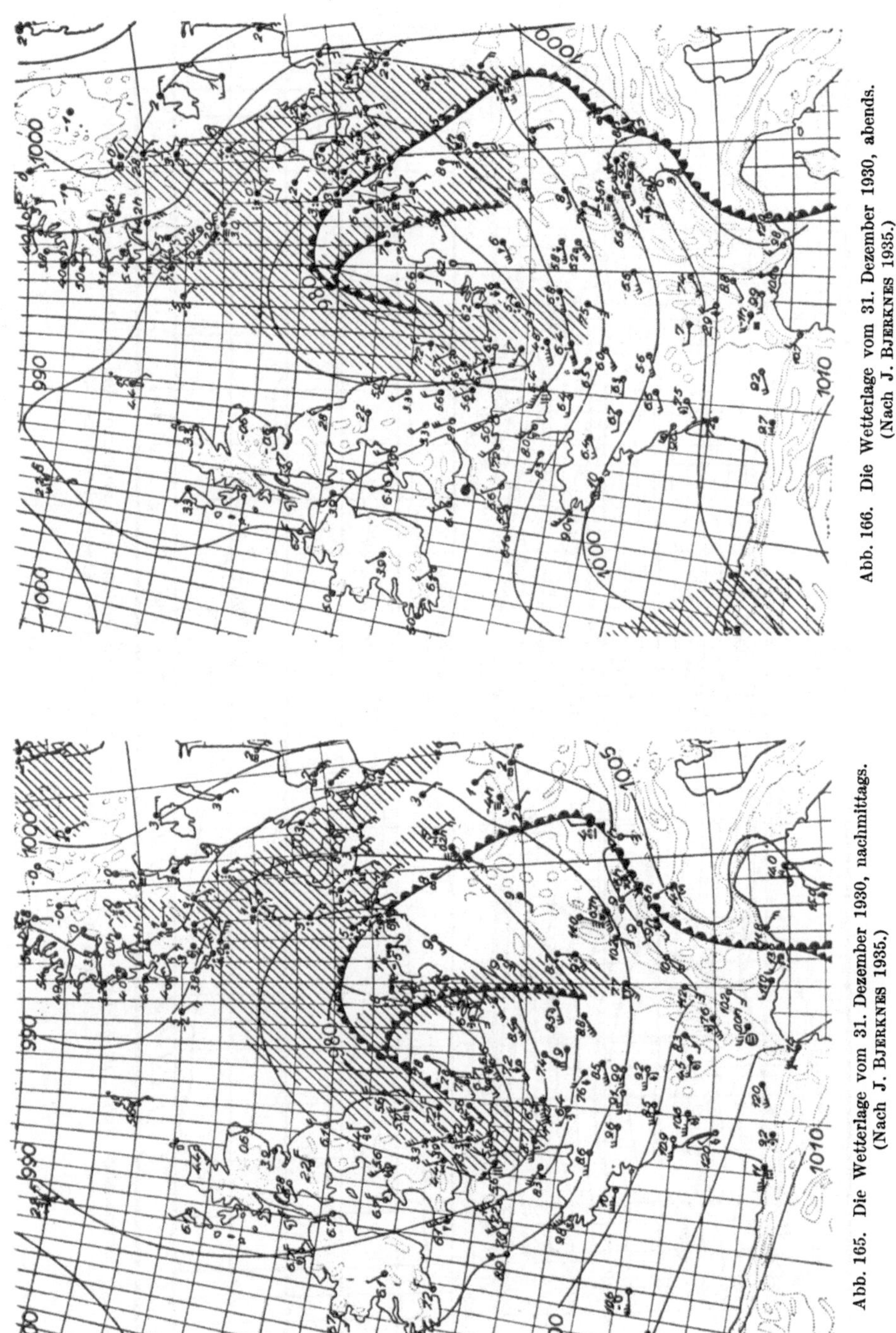

Druckverlauf nur in groben Zügen, unter Verschluckung wichtiger Details, wiedergeben. Fällt z. B. der Luftdruck in den ersten 5 Stunden des 24stündigen Intervalls um 4 mb und steigt er in den folgenden 19 Stunden um 3 mb, so kann man aus dem

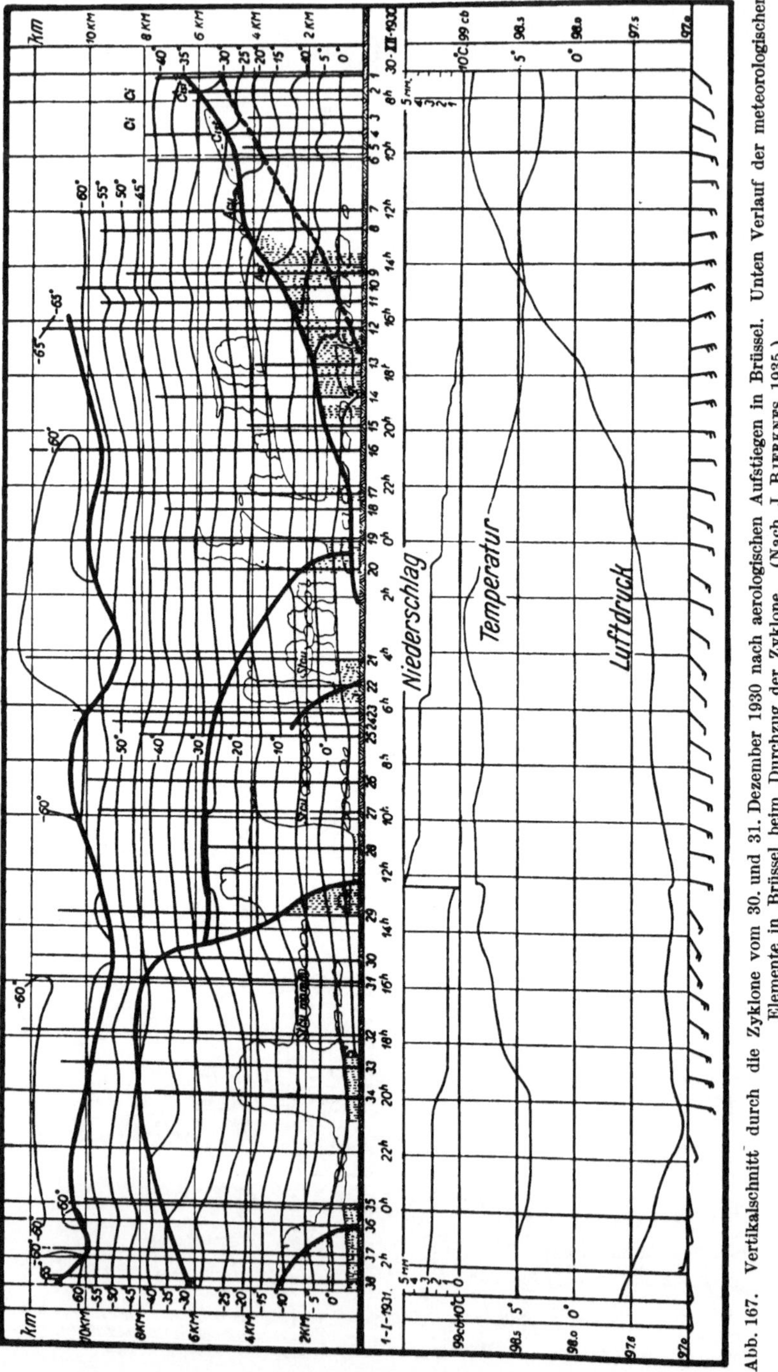

Abb. 167. Vertikalschnitt durch die Zyklone vom 30. und 31. Dezember 1930 nach aerologischen Aufstiegen in Brüssel. Unten Verlauf der meteorologischen Elemente in Brüssel beim Durchzug der Zyklone. (Nach J. BJERKNES 1935.)

für den gesamten Zeitraum resultierenden Druckfall von 1 mb allein keine eindeutigen physikalischen Schlüsse ziehen.

Man kann nun die örtlichen Verschiedenheiten der 3stündigen Druckänderungen

durch Tendenzfelder und die 24stündigen durch Isallobarenfelder (Steig- und Fallgebiete) synoptisch darstellen. Nach dem Gesagten ist es aber fraglich, ob man die
letzteren ebenso streng physikalisch interpretieren kann und darf wie die ersteren.

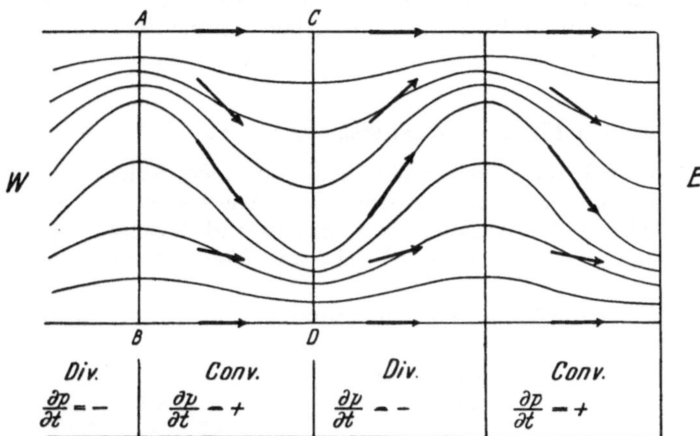

Abb. 168. Schematisches Druckfeld in einem bestimmten Niveau der oberen Troposphäre. (Nach J. BJERKNES 1937.)

Die Frage ist von großer Bedeutung, weil man aus den systematischen Abweichungen
zwischen beiden auf ihre Unabhängigkeit geschlossen hat. Daß beide Arten von
Feldern gelegentlich in ihrer Zugrichtung voneinander abweichen, wäre wohl nicht
das Entscheidende, da in den 24stündigen gewisse organische Verschiebungen in
der Koppelung zwischen dem Advektionsglied und dem Divergenzglied zum Aus-
druck kommen können. Desgleichen ist es begreiflich, daß dabei das Divergenzglied der *allgemeinen* Höhenströmung folgen wird, in der es ja voraussetzungsgemäß entstanden ist (vgl. Abb. 168); diese Tatsache spielt im modernen Wetterdienst als „Steuerung" eine große Rolle, wie wir bei der Besprechung der Forschungsergebnisse der Frankfurter Schule (Abschnitt 68e) noch sehen werden. Den Versuchen jedoch, daraus eine stratosphärische *Herkunft* der 24stündigen Druckänderungsfelder und ihre physikalische *Unab-*

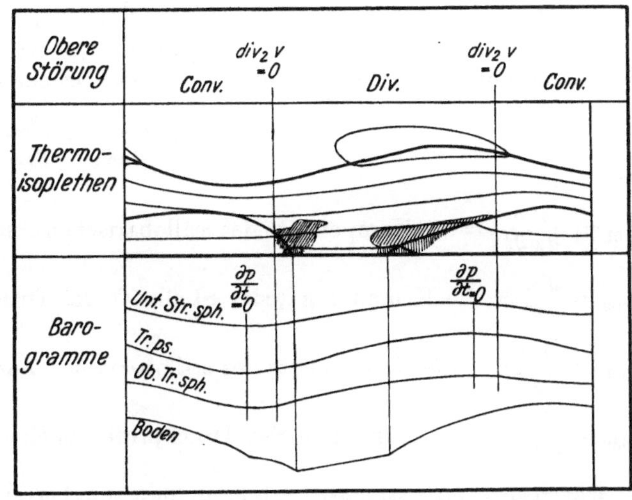

Abb. 169. Schematisches Isoplethenbild einer jungen Polarfrontzyklone, südlich der Bahn des Zentrums. Zeitzunahme von rechts nach links. (Nach J. BJERKNES 1937.)

hängigkeit von den 3stündigen Tendenzfeldern, in denen lediglich die Luftmassen-
advektion in der unteren Troposphäre zum Ausdruck komme, abzuleiten, steht
die Polarfrontmeteorologie ablehnend gegenüber. Dieser Vorbehalt gilt nicht für
Druckänderungsgebiete von längerer Periode (z. B. 96 Stunden). Diese können
sehr wohl großzügige Veränderungen der Gesamtwetterlage, d. h. Umgestaltungen

der Großwetterlage andeuten oder ankünden, hervorgerufen durch Vorstöße oder Rückzüge des stratosphärischen „äquatorialen Systems" (vgl. Abschnitt 67 d).

Der Zusammenhang zwischen der Verlagerung der Druckänderungsgebiete und dem Zyklonenzug kommt erst später zur Sprache (Abschnitt 70). Wir beschränken uns im folgenden Unterabschnitt auf die Vorausberechnung der Intensitätsänderung von Luftdruckgebilden.

f) Rechenformeln für die Intensitätsänderung von Luftdruckgebilden.

S. PETTERSSEN 1933, 1935 hat Gleichungen angegeben, welche die Geschwindigkeit und die Beschleunigung, mit der sich das barische System verändert (Vertiefung und Absterben einer Zyklone, Verstärkung und Abschwächung einer Antizyklone) in Beziehung setzen zu den Druck- und Tendenzwerten auf der synoptischen Karte.

Die zeitliche Druckänderung in einem Punkt des Systems wird durch folgende allgemeine Gleichung gegeben:

$$\frac{\delta p}{\delta t} = \frac{\partial p}{\partial t} + C \, \nabla p, \tag{1}$$

wo C die Geschwindigkeit des barischen Systems, $\frac{\partial p}{\partial t}$ die Tendenz und ∇p der barische Aszendent in dem betrachteten Punkt ist; $\frac{\delta p}{\delta t}$ — die zeitliche Druckänderung — kann als barische Tendenz interpretiert werden, welche an einem mit dem barischen System bewegten Barographen abgelesen wird.

Für das Zentrum des Systems ($\nabla p = 0$) geht die Gl. (1) über in

$$\frac{\delta p}{\delta t} = \frac{\partial p}{\partial t}, \tag{2}$$

d. h. die zeitliche Druckänderung im Zentrum ist gleich der barischen Tendenz daselbst; die entsprechende Beschleunigung der Druckänderung beträgt

$$\frac{\delta^2 p}{\delta t^2} = \frac{\partial^2 p}{\partial t^2} - \frac{p^2_{101}}{p_{200}} - \frac{p^2_{011}}{p_{020}}, \tag{3}$$

wo

$$p_{101} = \frac{\partial^2 p}{\partial x \, \partial t} = \text{die Komponente des isallobarischen Aszendenten nach der Achse } x;$$

$$p_{200} = \frac{\partial^2 p}{\partial x^2} = \text{die Krümmung (oder Steilheit) des Druckprofils nach der Achse } x;$$

$$p_{011} = \frac{\partial^2 p}{\partial y \, \partial t} = \text{die Komponente des isallobarischen Aszendenten nach der Achse } y;$$

$$p_{020} = \frac{\partial^2 p}{\partial y^2} = \text{die Krümmung des Druckprofils nach der Achse } y.$$

Die Größen p_{101}, p_{200}, p_{011}, p_{020} kann man annähernd folgendermaßen bestimmen: Bedeuten $p^{(x,\,y)}$, $T^{(x,\,y)}$, $\Delta T^{(x,\,y)}$ den Druck, die Tendenz und die Änderung der Tendenz während drei Stunden im Punkt (x, y) und trägt man, unter Zugrundelegung einer beliebigen Längeneinheit (z. B. drei Äquatorgrade) auf der Achse x die Punkte $(1,0)$, $(^1/_2, 0)$, $(0,0)$, $(-^1/_2, 0)$, $(-1,0)$ ab, so erhält man folgende annähernde Gleichungen:

$$p_{101} = T^{(^1/_2,\,0)} - T^{(-^1/_2,\,0)}$$

$$p_{200} = p^{(1,0)} - 2\,p^{(0,0)} + p^{(-1,0)}.$$

Durch eine analoge Konstruktion kann man auf der Achse die Größen p_{011}, p_{020} bestimmen.

Der Betrag der Druckänderung im Zentrum während der Zeit t kann, unter der Annahme, daß der Prozeß mit gleichförmiger Beschleunigung vor sich geht, nach folgender Gleichung bestimmt werden:

$$\Delta p = \frac{\partial p}{\partial t} t + \frac{1}{2}\left(\frac{\partial^2 p}{\partial t^2} - \frac{p^2_{101}}{p_{200}} - \frac{p^2_{011}}{p_{020}}\right)t^2. \tag{4}$$

Hier muß dieselbe Zeiteinheit t genommen werden, wie bei der näherungsweisen Bestimmung der in der Gleichung enthaltenen Größen, nämlich drei Stunden.

Auf dieser Grundlage hat PETTERSSEN, unter Berücksichtigung frontologischer Gesichtspunkte, eine große Anzahl prognostischer Regeln sowohl qualitativer als auch quantitativer Natur abgeleitet; sie werden im Abschnitt 74 wiedergegeben (Regeln 119 bis 135).

65. Der Bau der Zyklone.

a) Die Struktur der jungen Zyklone (Wellenzyklone).

α) **Strömungs- und Druckfeld.** Abb. 170 zeigt das Modell der *jungen Zyklone* von T. BERGERON 1937 (*2*). Wie schon erwähnt, wurde dieses Zyklonenstadium von J. BJERKNES, von dem die klassische Darstellung des Schemas stammt (1919), auch „Idealzyklone" genannt; es ist durch einen offenen Warmsektor an der Erdoberfläche charakterisiert.

Da ja die Isobaren bereits in geringer Höhe über dem Boden den Stromlinien nahezu parallel verlaufen, läßt das Modell in Abb. 170 auch einen unmittelbaren Rückschluß zu auf die Anordnung der Bodenisobaren in der jungen Zyklone. Im Warmsektor entspricht der einheitlichen Südwestströmung ein annähernd geradliniger Isobarenverlauf. Entlang der Fronten machen die Isobaren einen Knick; im Bereich der Kaltluft weisen sie ebenso wie die Stromlinien eine mehr oder minder starke Krümmung auf. Innerhalb der Isobaren niedrigsten Wertes, am Warmsektorscheitel, liegt der Luftdruck nur selten um mehr als 15—20 mb unter dem Druckwert des zugrunde liegenden ungestörten Drucksystems; tiefer sinkt er in der Regel erst im Zentrum bereits okkludierter Zyklonen.

Abb. 170 zeigt oben und unten auch je einen Vertikalschnitt durch den Zyklonenbereich. Der untere Schnitt verläuft südlich vom Zyklonenzentrum und durchquert somit den Warmsektor. Er macht einerseits die Hebung der Warmluft und die Ausbildung des typischen Wolkensystems über der Warmfront, anderseits die bekannte Wolkenbildung und Strömungsverteilung im Bereich der Kaltfront (mit angedeuteter leicht absteigender Komponente über der Frontfläche) ersichtlich. In dem nördlich vom Zyklonenzentrum durchgeführten Schnitt berührt die Frontfläche die Erdoberfläche nicht; unter ihr findet sich durchwegs Kaltluft, die allerdings von frontalen Niederschlägen durchsetzt wird.

Betont sei, daß die Warmluft sich in einer jungen Zyklone im ganzen rascher bewegt als die Störung selbst; über dem vordringenden Kaltluftkeil sinken daher andauernd neue Warmluftmassen herab, die über den zurückweichenden Kaltluftkeil wieder aufgleiten.

Die Strömungsverhältnisse in der Höhe über jungen Zyklonen kommen später noch einmal zur Sprache (Abschnitt 68b). Unter Verweis auf Abb. 188 (mittleres Stadium) sei hier nur folgendes festgestellt: Über dem zurückweichenden Kaltluftkeil haben die Stromlinien antizyklonalen Verlauf und divergieren, über dem vordringenden Kaltluftkeil haben sie zyklonale Krümmung und konvergieren. Hierdurch sind jene Druckänderungen bestimmt, welche sich bei der Analyse des

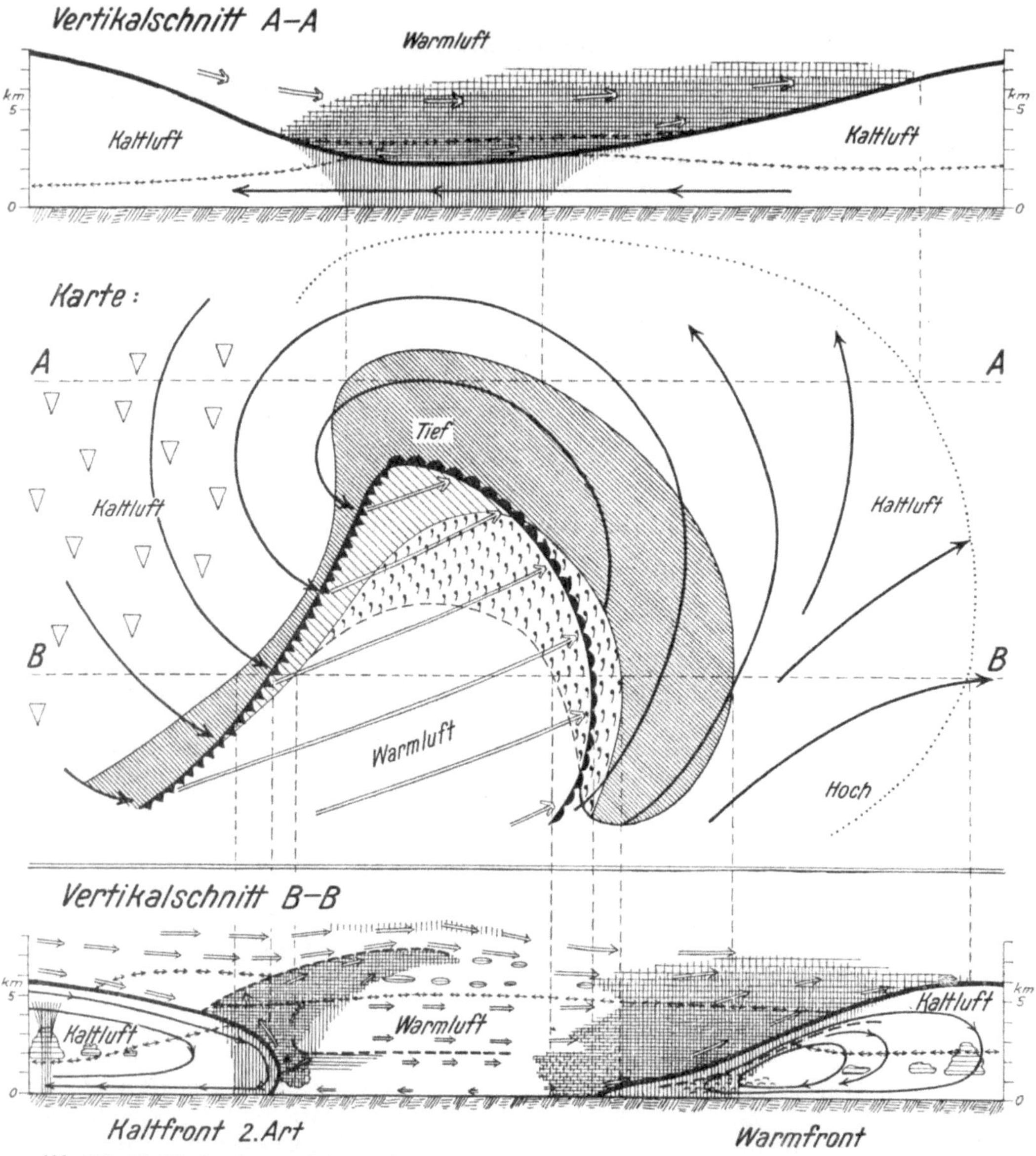

Abb. 170. Modell der jungen Zyklone. [Nach BERGERON 1937 (2).] Luftbewegungen in den Vertikalschnitten bezogen auf ein von den Flächen mitgeführtes Koordinatensystem.

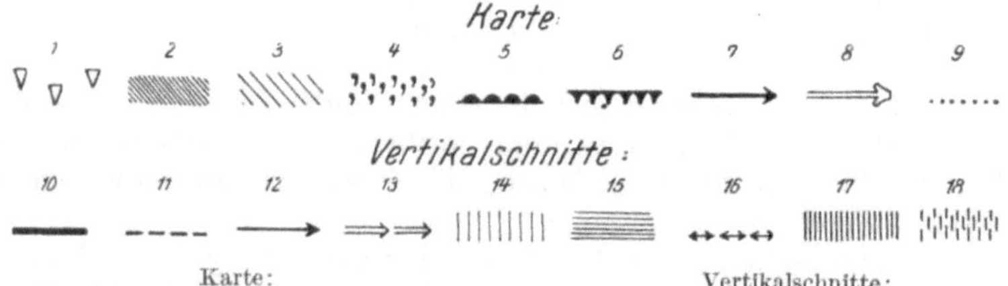

Karte:		Vertikalschnitte:	
1	Schauer	10	Frontfläche
2	Regenzone in der Kaltluft	11	Andere Diskontinuitätsflächen
3	Regenzone in der Warmluft	12	Bewegung der Kaltluft ⎱ relativ zum Zentrum
4	Nieselzone	13	Bewegung der Warmluft ⎰
5	Warmfront	14	Fallende Eisnadeln
6	Kaltfront	15	Schwebende Wolkenpartikel
7	Stromlinien der Kaltluft	16	Untere Eiskeimgrenze
8	Stromlinien der Warmluft	17	Schneefall oder Regen
9	Äußere *Cirrostratus*-Grenze	18	Nieseln

Bodenbarogramms als *Divergenzglied* zu den thermisch bedingten Druckänderungen des *Advektionsgliedes* hinzugesellen. Wir haben sie in Abschnitt 64e kennengelernt. Dem von J. BJERKNES dargestellten schematischen Verlauf des Bodenbarogramms der Abb. 169 entspricht völlig der tatsächliche Gang der meteorologischen Elemente beim Vorübergang einer jungen Zyklone, wie er in Abb. 171 für einen typischen Fall dargestellt ist. Das zugehörige synoptische Kartenbild (Analyse von T. BERGERON) zeigt Abb. 172.

Einen anderen Typus des Bodenbarogramms stellt der in Abb. 167 dargestellte Fall vor: der Luftdruck sinkt auch nach dem Kälteeinbruch weiter. Es handelt sich hier jedoch nicht um eine junge und offene, sondern um eine bereits gealterte Zyklone. Es ist dies jener Typus, welcher nach v. FICKERS Untersuchungen zum mindesten in Mitteleuropa vorwiegt.

Es sei noch bemerkt, daß die *Drucktendenzen* im vorderen Teil des Warmsektors (knapp hinter der Warmfront) Auskunft darüber geben, ob sich die Zyklone noch im Stadium der Vertiefung befindet oder nicht. Ersterenfalls sind sie deutlich negativ. An der Rückseite des Warmsektors (vor der Kaltfront) versagt dieses Kriterium, weil hier, wie schon erwähnt, oft ein präfrontaler Druckfall auftritt.

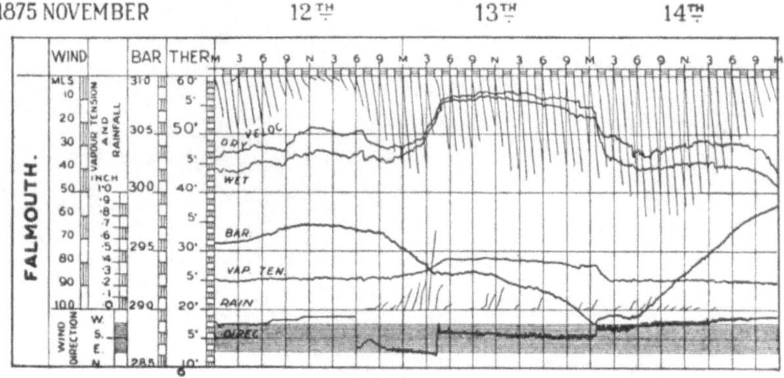

Abb. 171. Aufzeichnungen des Verlaufs der meteorologischen Elemente beim Vorüberzug der Zyklone vom 12. bis 14. November 1875 in Falmouth. [Nach BERGERON 1935 (*1*).]

Die nachfolgenden Ausführungen über die Verteilung der meteorologischen Faktoren im Bereich einer jungen Zyklone können verhältnismäßig kurz gehalten werden mit Rücksicht auf die ausführliche Beschreibung, welche den Wettererscheinungen an der Warmfront und Kaltfront bereits in den Abschnitten 58 und 59 gewidmet worden ist. Vorausgesetzt sei, daß es sich um eine Polarfrontzyklone handelt und daß wir zunächst die *Verhältnisse rechts von der Bahn des Zyklonenzentrums betrachten*.

β) **Die Wetterverhältnisse in der präzyklonalen Kaltluft.** Im Inneren der präzyklonalen Kaltluft herrscht, solange hohe Wolken fehlen, zunächst infolge instabiler Schichtung meist noch eine mehr oder minder rege Konvektion, welche sich im Auftreten von *Cb* oder *Cu* äußert. Sobald das typische Wolkensystem der Warmfront aufzuziehen beginnt, wird die Insolation in steigendem Maß behindert und die Konvektion immer mehr gedämpft. Das Haufengewölk unter dem *Cs-As*-Schirm nimmt daher zusehends flachere Formen an und verschwindet schließlich vollständig.

Bei weiterer *Annäherung der Warmfront* kommt es nunmehr zu den bereits in

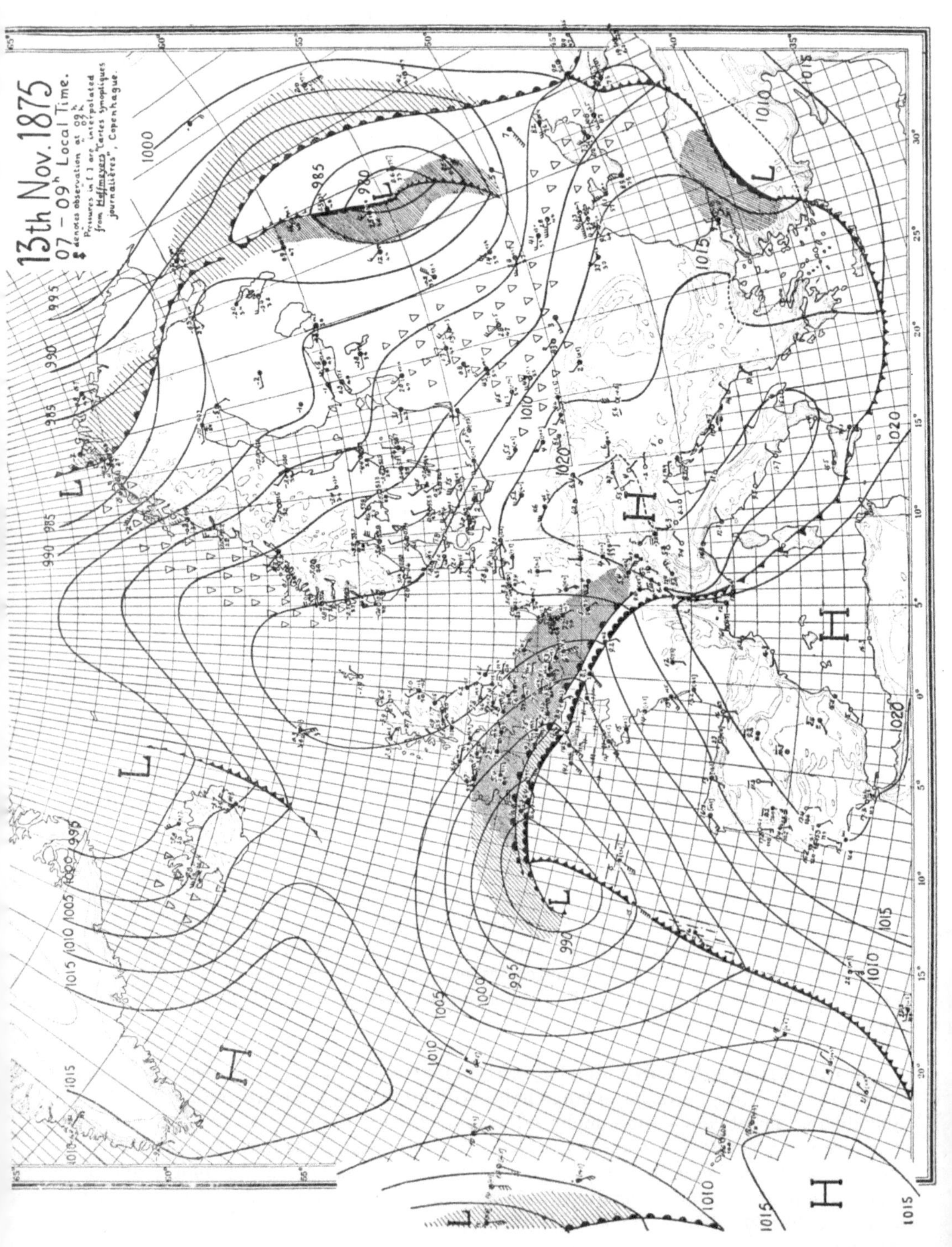
13th Nov. 1875
07 – 09ʰ Local Time.
denotes observation at 07ʰ
Pressures in [ ] are interpolated at 09ʰ
from Hoffmeyer's "Cartes synoptiques
journalières", Copenhague.

Abschnitt 58 geschilderten charakteristischen Erscheinungen und Vorgängen, der
Verdichtung und Vertiefung des Wolkensystems, dem Eintritt von Dauerniederschlägen bei langsam auffrischendem Wind, wobei eine eventuell vorhandene Bodeninversion zerstört wird, dem Auftreten von Frontalnebel, wofern der Wind nicht
zu stark geworden ist usw. Das Niederschlagsgebiet deckt sich dabei ziemlich genau

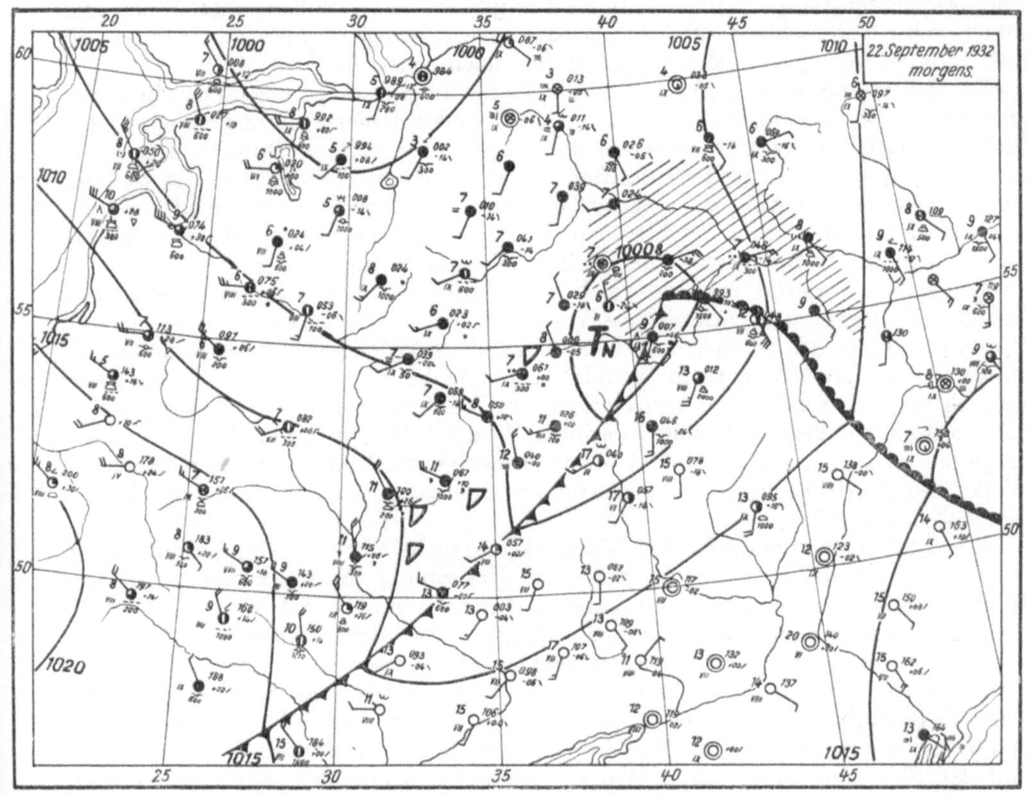

Abb. 173. Eine junge Zyklone auf der synoptischen Karte.

mit dem präfrontalen Zentrum des Druckfallgebiets, woraus nicht — wie es in
der Geschichte der Meteorologie öfter geschehen ist — eindeutig geschlossen werden
kann, daß der Druckfall den Niederschlag hervorruft oder der Niederschlag den
Druckfall; es haben vielmehr beide Erscheinungen ein und dieselbe Ursache, nämlich ein Aufgleiten der Warmluft über die Frontfläche.

Unmittelbar vor der Ankunft der Warmfront kann schließlich, wie Abb. 170
zeigt, der Regen (oder Schneefall) in Nieseln übergehen; dort nämlich, wo die
Wolkenmassen der Warmfront nicht mehr die Eiskeimgrenze erreichen.

Auch gewisse Abweichungen von diesen typischen Wetterverhältnissen in Abhängigkeit vom Stabilitätsgrad der aufgleitenden Warmluft sind im Abschnitt 58
bereits beschrieben worden; das Auftreten von Gewittern bei besonders labiler
Schichtung der Warmluft (vor allem kontinentaler Tropikluft, siehe Abschnitt 53, b)
sowie die Auflösung des Wolken- und Niederschlagssystems beim Eindringen der
Warmfront in ein Hochdruckgebiet (Umwandlung in eine Abgleitfront).

γ) **Die Wetterverhältnisse innerhalb des Warmsektors.** Zunächst muß man sich
mit dem Gedanken vertraut machen, daß sich der Einbruch der Tropikluft in sehr

großer Höhe als Temperaturfall äußert, dort nämlich, wo sie das warme Tropopausental zurückdrängt (vgl. z. B. Abb. 193). Sofortige, mehr oder minder starke
Erwärmung bringt die Tropikluft naturgemäß im ganzen Höhenbereich der zurückweichenden Warmfront.

Wie im allgemeinen, so ist die Warmluft auch *innerhalb des Warmsektors* weniger
labil geschichtet als die Kaltluft. Immerhin gibt es diesbezüglich jahrzeitliche und
gebietsweise Unterschiede; überdies wird die Schichtung der Warmluft gegen die
Kaltfront zu immer weniger stabil, wie wir noch sehen werden.

Im *Herbst* und *Winter*, wo die Ausstrahlung überwiegt, ist die Schichtung der
über das Binnenland nordwärts strömenden Tropikluft meist ausgesprochen stabil.
In Westeuropa, wo es sich dabei in der Regel um maritime Tropikluft handelt,
kann man, wenn man von der südlichen Peripherie gegen das Zentrum der Zyklone
fortschreitet, gemäß Abb. 207 folgende allmählich ineinander übergehende Wetterzonen unterscheiden: im antizyklonalen subtropischen Teil heiteres Wetter, bedingt
durch Absinken und Divergenz der Luft am Boden; dann, in einer weiter nördlich
gelegenen Zone, wo die Tropikluft sich vom Boden aus immer mehr abkühlt, eine
Sc- oder *St*-Decke; weiter nordwärts Vertiefung der *St*-Decke stellenweise bis zum
Boden und daher Auftreten von Nebel. Schließlich werden bei weiterer Annäherung
an die Polarfront die mächtigen *St* und Nebel kolloid-labil und scheiden Nieseln aus.
Da sich im Warmsektor die Drucksenkung in Richtung auf die Kaltfront gewöhnlich noch einmal verstärkt, sind in seinem Westteil die erwähnten Kondensationsvorgänge meist stärker entwickelt als in seinem Ostteil. Die eben beschriebenen
Wolken- und Niederschlagszonen erstrecken sich daher statt von W nach E eher
von SW nach NE.

Bisweilen fällt innerhalb des Warmsektors nicht nur Nieseln, sondern *großtropfiger* Niederschlag nicht konvektiven Ursprungs. H. MARKGRAF 1932 und
R. SCHERHAG 1935 haben solche Fälle beschrieben und durch eine Hebung der
Luft infolge allgemeiner Einengung des Warmsektors durch Kaltluft bzw. infolge
von freier (nicht an Fronten gebundener) Konvergenz am Boden erklärt. Ein
aerologisches Studium dieser Erscheinung steht noch aus, doch ist von vornherein
wahrscheinlich, daß bei ihr das schon früher erwähnte Ausfließen von Luft gegen
den Gradienten in der Höhe eine gewisse Rolle spielt. Überdies ist zu bedenken,
daß der *St* in der winterlichen Warmmasse bei einigermaßen stärkerer Vertikalentwicklung das Eiskeimniveau erreichen und dadurch zur Ausscheidung großtropfigen Niederschlags veranlaßt werden kann (siehe Abschnitt 41, b).

Etwas anders sind die Verhältnisse im *Frühjahr* und besonders im *Sommer*,
wo die Tropikluft bisweilen, namentlich wenn sie aus dem Inneren Rußlands stammt
oder aber gar Meergebiete überstrichen hat, bereits mit einer deutlich feuchtlabilen
Schichtung im Warmsektor ankommt. In ihr können dann Wolken konvektiven
Charakters und sogar Gewitter auftreten (Abschnitt 53, b).

Anderseits gibt es Wetterlagen, wo die Warmluft im Warmsektor außerordentlich trocken eintrifft, besonders dann, wenn sie beim Überschreiten eines Gebirges
(Alpen, Pyrenäen!) durch Föhneinfluß ihre Feuchte verloren hat; in einem solchen
Fall kann der Himmel im Warmsektor überwiegend heiter bleiben.

δ) **Das „Voreilen der Kaltluft" über dem Warmsektor.** Besonders interessant,
ja bis zu einem gewissen Grad rätselhaft gestaltet sich die thermische Struktur
der Zyklone im *rückwärtigen Teil des Warmsektors*. Fast alle Vertikalschnitte
durch junge Zyklonen (vgl. z. B. die Abb. 160, 184 und 191) zeigen in höheren
Schichten eine allmähliche Senkung der Isothermen gegen die Kaltfront. Dieser Befund deckt sich mit wiederholten Feststellungen — zuerst von H. v. FICKER 1922 —,
daß der Bodenkaltfront in der Höhe eine Abkühlung vorausgeht. In der jungen

Zyklone kann diese Abkühlung schon mehrere hundert Kilometer vor der Kaltfront beginnen. Sie ist offenbar nicht lediglich dadurch bedingt, daß der nahende
Kaltluftkeil die angrenzende Warmluft anhebt (Abschnitt 57, c).

Der in der Höhe der Kaltfront vorauseilenden Abkühlung (präfrontale Abkühlung) entspricht eine fortschreitende Labilisierung der höheren Luftschichten.
Dies äußert sich zunächst im Auftreten von *As castellatus* und *Ac castellatus* in 3—5 km
Höhe mitten im Warmsektor. Anschließend daran entwickeln sich in immer tieferen
Niveaus *Cu* und *Cb*. E. Dinies 1937 hat dieses allmähliche Tiefergreifen der feuchtlabilen Umlagerung vor dem Kaltfront-*Cb* schematisch dargestellt. Sein Schema
stützt sich auf die Annahme, daß die Polarluft infolge der allgemeinen vertikalen
Windzunahme die Bodenfront in der Höhe mehr und mehr überhole. Dies ist allerdings gleichbedeutend mit dem Verzicht auf die übliche Vorstellung, daß die Polarluft in geschlossener Keilform vordringt.

Neues Licht haben J. Bjerknes und E. Palmén 1937 auf diese Frage geworfen.
Im Zug einer der gründlichsten aerologischen Zyklonenuntersuchungen, über die
wir bisher verfügen, konnten sie zeigen, daß die Höhenabkühlung vor der Bodenkaltfront nicht etwa vom Voreilen der Polarluft in der Höhe, sondern vielmehr
vom Zufluß *kalter Tropikluft* herrührt. In der jungen Polarfrontzyklone führt
die Tropikluft der höheren Troposphäre — wie schon aus Abb. 168 ersichtlich
— erhebliche horizontale Schwingungen in meridionaler Richtung aus. Im Warm-
sektorbereich stammen ihre Luftteilchen aus niedrigeren Breiten und sind
daher ausgesprochen warm. Dagegen strömt die Tropikluft oberhalb der ein-
gebrochenen Polarluft vorwiegend aus nördlicheren Gegenden, wo sie ihre Wärme
durch Ausstrahlung teilweise verloren hat; sie ist daher hier wesentlich kälter als
im Innern des Warmsektors. Ja, ihre Kälte macht sich bereits oberhalb und sogar
vor der Bodenkaltfront geltend, obwohl sie hier schon gegen Nordosten umgelenkt
ist. Nicht einmal die Tatsache, daß sie über dem Polarluftkeil abgleitet und sich
dabei adiabatisch erwärmt, kann es verhindern, daß sie eine Abkühlung erzeugt
und als kalte Tropikluft auftritt.

Weitere Untersuchungen von v. Mieghem 1939 (*3*) und von J. Bjerknes-
P. Mildner-E. Palmén-L. Weickmann 1939 scheinen diese Erklärung der Höhenabkühlung vor dem Kälteeinbruch am Boden zu bestätigen.

Die an späterer Stelle eingesetzte Abb. 175 zeigt diese charakteristische Strom-
linienanordnung der Tropikluft in einer Zyklone.

ε) **Die Wetterverhältnisse an der Kaltfront und in der postzyklonalen Kaltluft.**
In Abb. 170 entsprechen die für die *Kaltfront* charakteristischen Erscheinungen
ebenso wie das präfrontale Wolken- und Niederschlagsgebiet jenem Fall, wo
es sich um eine Kaltfront zweiter Art (Abschnitt 59) handelt. Es hat sich —
in Abweichung von dem Schema J. Bjerknes' und Solbergs aus dem Jahre 1921 —
gezeigt, daß diese Fälle in der jungen Zyklone in der Tat weitaus vorwiegen. Zur
allgemeinen Konvergenz und Hebung der Warmluft vor der Kaltfront gesellt sich
allerdings noch eine Reihe von Effekten, welche die Ausbildung präfrontaler Niederschläge begünstigen, so z. B. die vorhin erwähnte Verstärkung des Nieselns bei
Druckfall, die Abkühlung der Tropikluft in der Höhe usw.

Hinsichtlich der übrigen Begleiterscheinungen der Kaltfront in der Zyklone
kann auf den Abschnitt 59 verwiesen werden.

Im *Inneren der postzyklonalen Kaltluft* stellen sich in einiger Entfernung von
der Front nach vorübergehender Aufheiterung wieder Wolken und Niederschläge
ein, welche für das sog. „*Rückseitenwetter*" charakteristisch sind. Bei den atlantischen
Polarluftzyklonen sind dies rasch wechselnde Haufenbewölkung mit Schauern
in der instabil geschichteten maritimen Polarluft. Die Größe des Temperaturrück-

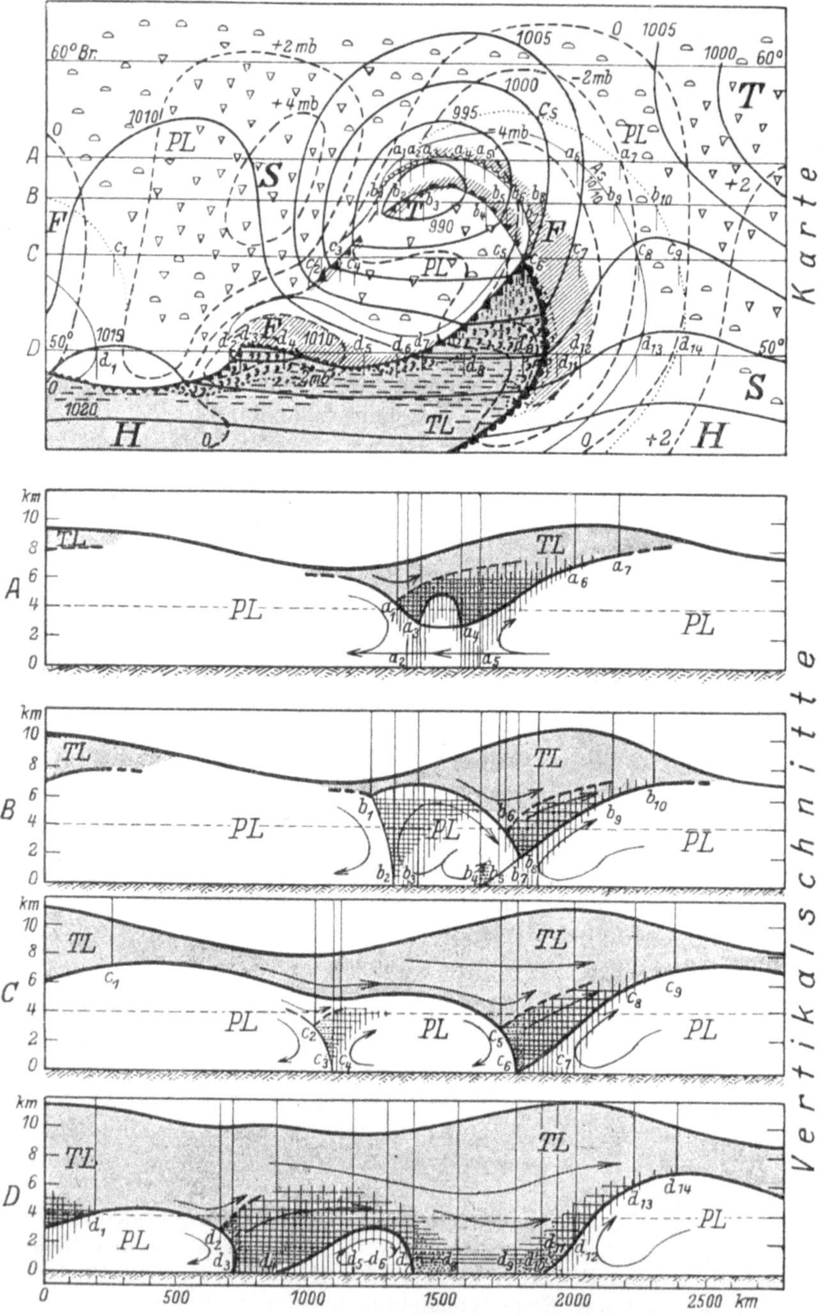

Abb. 174. Das „Okklusionsmodell" von BERGERON 1936.

ganges in der Kaltluft wird naturgemäß von der Lebensgeschichte der beiden Luftmassen abhängen, die von der Kaltfront gesondert werden; im Winter wird in Europa die postzyklonale Kaltluft im allgemeinen wärmer sein als die präzyklonale, im Sommer dagegen kälter.

η) **Die Verhältnisse links von der Bahn des Zyklonenzentrums.** Für einen Ort in der Niederung, der links von der Bahn des Zyklonenzentrums liegt, fehlt jede sprunghafte Änderung der meteorologischen Elemente; der Beobachter bleibt die ganze Zeit über im Bereich der Kaltluftströmung, welche während des Vorbeizuges der Störung allmählich nach links dreht.

Handelt es sich dabei um eine Polarluftzyklone mit östlicher Fortbewegung, so dreht der Wind während des Aufzuges des *Cs-As-Ns*-Schirmes bei fallendem Luftdruck von Südost langsam gegen Nordost und frischt auf. Dann treten lang

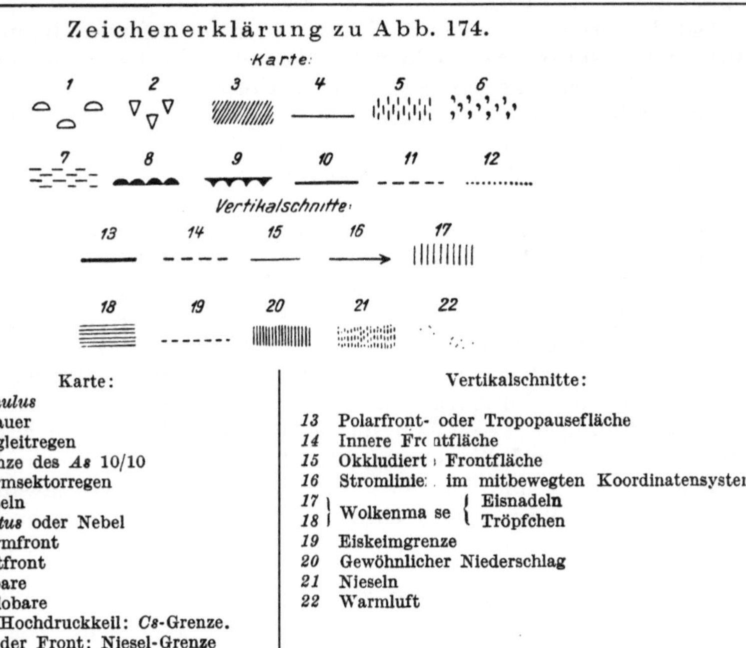

Zeichenerklärung zu Abb. 174.

Karte:

1	*Cumulus*
2	Schauer
3	Aufgleitregen
4	Grenze des *As* 10/10
5	Warmsektorregen
6	Nieseln
7	*Stratus* oder Nebel
8	Warmfront
9	Kaltfront
10	Isobare
11	Isallobare
12	Im Hochdruckkeil: *Cs*-Grenze. An der Front: Niesel-Grenze

Vertikalschnitte:

13	Polarfront- oder Tropopausefläche
14	Innere Frontfläche
15	Okkludierte Frontfläche
16	Stromlinie: im mitbewegten Koordinatensystem
17 / 18	Wolkenmasse { Eisnadeln / Tröpfchen
19	Eiskeimgrenze
20	Gewöhnlicher Niederschlag
21	Nieseln
22	Warmluft

Bezeichnungen der charakteristischen Punkte des Okklusionsmodells in Abb. 174.

Vertikalschnitt A:

a_1 = (hintere) *As*-Grenze der umgebogenen Front.
a_2 = (hintere) *Ns*-Grenze der umgebogenen Front.
a_3 = Obere Kaltfront, retrograd (= Warmfront).
a_4 = Obere Kaltfront, progressiv.
a_5 = (vordere) *Ns*-Grenze der fortschreitenden Front.
a_6 = (vordere) *As*-Grenze der fortschreitenden Front.
a_7 = (vordere) *Cs*-Grenze der fortschreitenden Front.

Vertikalschnitt B:

b_1 = (hintere) *As*-Grenze der umgebogenen Boden-Warmfront.
b_2 = Boden-Warmfront, retrograd (= Kaltfront).
b_3 = (vordere) *Ns*-Grenze der umgebogenen Boden-Warmfront.
b_4 = Boden-Warmfront, fortschreitend.
b_5 = Vordergrenze des neuen Aufgleitgewölks der fortschreitenden Warmfront.
b_6 = Hintergrenze des alten Aufgleitgewölks der fortschreitenden Warmfront.
b_7 = Obere Kaltfront, fortschreitend.
b_8 = (vordere) *Ns*-Grenze der fortschreitenden Warmfront.
b_9 = (vordere) *As*-Grenze der fortschreitenden Warmfront.
b_{10} = (vordere) *Cs*-Grenze der fortschreitenden Warmfront.

Vertikalschnitt C:

c_1 = (vordere) *Cs*-Grenze der nächsten Störung.
c_2 = (hintere) *Ac*-Grenze der Neben-Kaltfront.
c_3 = Induzierte Neben-Kaltfront.
c_4 = (vordere) *Ns*-Grenze der Neben-Kaltfront.
c_5 = (hintere) *Ac*-Grenze der Haupt-Kaltfront.
c_6 = Okklusionspunkt.
c_7 = (vordere) *Ns*-Grenze der Haupt-Warmfront.
c_8 = (vordere) *As*-Grenze der Haupt-Warmfront.
c_9 = (vordere) *Cs*-Grenze der Haupt-Warmfront.

Vertikalschnitt D:

d_1 = (vordere) *As*-Grenze der nächsten Störung.
d_2 = (hintere) *Ac*-Grenze der Kaltfront-Welle.
d_3 = Kaltfront der Kaltfront-Welle.
d_4 = Warmfront der Kaltfront-Welle.
d_5 = (vordere) *Ns*-Grenze der Warmfront der Kaltfront-Welle.
d_6 = (hintere) *Ns*-Grenze der Haupt-Kaltfront.
d_7 = Haupt-Kaltfront.
d_8 = Niesel-Grenze vor der Haupt-Kaltfront.
d_9 = Niesel-Grenze hinter der Haupt-Warmfront.
d_{10} = Haupt-Warmfront.
d_{11} = Niesel-Grenze (= hintere *Ns*-Grenze) vor der Haupt-Warmfront.
d_{12} = (vordere) *Ns*-Grenze der Haupt-Warmfront.
d_{13} = (vordere) *As*-Grenze der Haupt-Warmfront.
d_{14} = (vordere) *Cs*-Grenze der Haupt-Warmfront.

dauernde Niederschläge auf, ohne daß sich die Wolkenbasis bis zum Boden senkt, doch kann der Raum zwischen Erde und Wolken von den Ausläufern der Frontalnebelzone ausgefüllt sein. Unter weiterer Drehung des Windes von Nordost gegen Nordwest beginnt ein allmählicher Luftdruckanstieg; die Wolkendecke hebt sich etwas rascher als sie sich vorher gesenkt hat, die Niederschläge hören auf und das Wolkensystem zieht in der Reihenfolge der Formen *Ns-As-Cs* wieder ab. Infolge zunehmender Konvektion können sich nunmehr lokale Haufenwolken mit Schauern ausbilden; die Gipfel der *Cb* breiten sich dabei oft an der Grenzfläche der oberen Tropikluft, die als Sperrschicht wirkt, aus.

Liegt der Ort weiter weg von der südlicher verlaufenden Bahn des Depressionszentrums, so sieht der Beobachter den Wolkenschild der Zyklone am südwestlichen Horizont auftauchen und am südöstlichen Horizont verschwinden, wobei der Zenith gegebenenfalls die ganze Zeit über wolkenfrei bleibt. Ja es kann vorkommen, daß die Wolkenschilde zweier aufeinanderfolgender Zyklonen gleichzeitig am Horizont sichtbar sind, z. B. ein abziehender im Südosten und ein aufziehender im Südwesten; beide können einander — offenbar in verschiedenen Höhen — „überschneiden", was in einer Kreuzung der stets frontparallelen *Cs*- und *As*-Faserung zum Ausdruck kommt.

Höhere Berggipfel links von der Zyklonenbahn tauchen in der Nähe des Depressionszentrums oft in die obere Warmluftschale (Abb. 170 oben) ein. Nebel und Niederschlag können dann für eine Zeitlang aussetzen; zumindest aber tritt eine vorübergehende Temperatursteigerung und Winddrehung ein, meist auch eine Zunahme der Windgeschwindigkeit. Durch die orographische Beeinflussung der Luftströmungen, vor allem durch luvseitige Hebung der Luft, werden die Wetteränderungen auf den Berggipfeln allerdings manchmal unübersichtlich.

Im allgemeinen sind für einen Ort links von der Störungsbahn die Wetterverhältnisse beim Vorübergang einer jungen und einer gealterten Zyklone einander viel ähnlicher als für einen Ort rechts von der Störungsbahn.

b) Die Struktur der gealterten Zyklone (Wirbelzyklone).

α) **Allgemeines über die Natur okkludierter Zyklonen.** *Die bisher behandelte Wellenzyklone ist,* wie schon gesagt, *nur ein kurzes (12 bis 24 Stunden dauerndes) Durchgangsstadium im Lebensprozeß einer zyklonalen Störung. Dagegen verharrt die Zyklone im okkludierten Stadium verhältnismäßig lange.* Das in Abb. 170 wiedergegebene Modell einer Wellenzyklone mit noch offenem Warmsektor kann auf solche Depressionen nicht angewendet werden. T. BERGERON 1936 hat daher für die okkludierte Zyklone ein besonderes Modell entworfen, das in Abb. 174 dargestellte „*Okklusionsmodell*". Es bezieht sich auf den vorwiegenden Fall der Warmfrontokklusion und wird weiter unten in seinen Einzelheiten beschrieben werden.

Bei Beginn der Okklusion ist am Boden der Druck im Depressionszentrum meist um 15—20 mb unter die Druckwerte der ungestörten Umgebung gesunken. Die Zyklone wird dabei in der Regel durch ein System geschlossener Isobaren mit ziemlich erheblichen Gradienten repräsentiert. Da namentlich im Winter auf den synoptischen Karten der gemäßigten Breiten die Depressionen meist eine Tiefe von mehr als 20 mb aufweisen, ist anzunehmen, daß es sich dabei um bereits okkludierte Zyklonen handelt, die sich infolge erneuter Temperatursymmetrie noch eine Zeitlang vertiefen.

Das wesentlichste Merkmal einer okkludierten Störung ist, daß ihr zentraler Teil in weitem Bereich völlig von Kaltluft wachsender vertikaler Mächtigkeit unterspült ist. Sie stellt somit — im Fall der Polarfrontzyklone — einen *Polarluftwirbel* vor. Aber auch die vom Boden abgehobene Warmluft, soweit sie nicht während

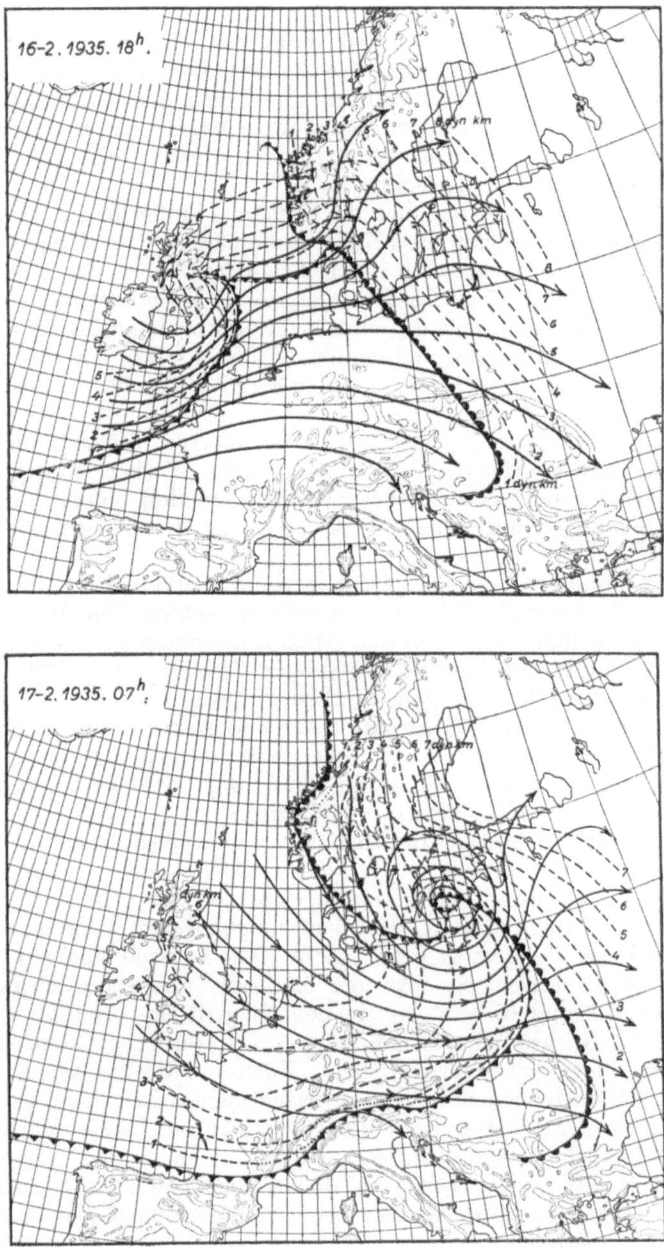

Abb. 175. Stromlinienverlauf der Tropikluft in einer Zyklone vor und nach der Okklusion. Isohypsen und Frontflächen gestrichelt. (Nach J. BJERKNES und PALMEN 1937.)

ihres Aufgleitens über die Warmfrontfläche nach rechts abgeflossen ist, ist in zyklonischer Rotation begriffen. Sie kann also, wie J. BJERKNES und E. PALMÉN 1937 für einen sehr eingehend untersuchten Fall gezeigt haben, ober der Kaltluft einen *Tropikluftwirbel* bilden (Abb. 175; vgl. auch die Karten in Abb. 246—250, welche die Bodenanalyse dieses Falles wiedergeben). In diesem Wirbel setzt die Tropikluft ihre aufsteigende Bewegung fort, bis sie mit der umgebenden Polarluft ins Gleichgewicht kommt. Dies ist dann der Fall, wenn sie sich bis auf deren Temperatur abgekühlt hat. *Zu einer solchen Transformation von Tropikluft in Polarluft muß es im oberen, zentralen Teil jeder ausgedehnten, okkludierten Zyklone kommen.* Sie stellt das notwendige Gegenstück zur Transformation von Polarluft in Tropikluft vor, welche so häufig in den unteren Schichten der subtropischen Hochdruckgebiete vor sich geht.

Besonderes Interesse verdienen auch die Vorgänge hinter dem Zyklonenzentrum. Hier gehen die zyklonisch gekrümmten Höhenisobaren über dem allgemeinen Kaltluftabhang häufig in die Form eines kräftigen *Drucktroges* über, der sich — nach der Theorie von J. BJERKNES 1937 infolge Divergenz der unteren Luftströmung — bis zum Boden durchsetzen kann. Gleichzeitig und im Zusammenhang damit senkt sich die Tropopause über diesem Gebiet tief herab (*Bildung eines Tropopausentrichters*).

Darauf kommen wir in der folgenden näheren Betrachtung des Okklusionsmodells noch zurück.

Der Aufbau der Fronten, welche der okkludierten Störung angehören, die frontalen Wolkenzonen, Niederschlagsgebiete, isallobarischen Systeme usw. sind bereits früher beschrieben worden; das Okklusionsmodell bietet die Möglichkeit, alle diese Erscheinungen mit einem Blick („synoptisch") zu erfassen.

β) **Die Erscheinungen am Tropikluftrand der okkludierten Zyklone.** Der unterste Schnitt *D* der Abb. 174 führt in seinem rechten Teil durch den *Warmsektor* und entspricht daher zwischen den Abszissenpunkten 1250 und 2500 km dem unteren Vertikalschnitt des Modells der jungen Zyklone (Abb. 170). Die Tropopause hat hier die Gestalt einer ganz flachen Welle in etwa 9—11 km Höhe. Sie ist höher und kalt über der Warmfront, tiefer und warm über der Kaltfront.

Auch die Druckschwankungen am Boden entsprechen hier denjenigen, die im vorigen Unterabschnitt a als normal für eine junge Zyklone angegeben worden sind, mit einem Druckanstieg hinter der Kaltfront.

Der linke Teil des Schnittes *D* führt durch eine *Wellenstörung.* Am zurückhängenden, noch nicht okkludierten Ast der Kaltfront entsteht nicht selten eine *neue Welle,* und zwar vermutlich dadurch, daß hier das quasistationäre frontale Windfeld durch die Randwirkung des dem umgebogenen Okklusionsende angehörenden Strömungsfeldes gestört wird. Diese Welle ist wohl stets ein Schnelläufer. Falls sie stabil ist, so erlischt sie entweder bald oder wandert rasch in den okkludierten Teil der Störung hinein, wo sie dem Zugriff der Analyse entschwindet. Falls sie jedoch — bei größerer Wellenlänge — instabil ist, so kann sie rasch verwirbeln und den Platz der ursprünglichen „Mutterzyklone" einnehmen.

Der in Abb. 174 nach oben zu folgende Vertikalschnitt *C* ist durch den *Okklusionspunkt* der Zyklone gelegt. Hier steht die Tropikluft zum letztenmal mit der Erdoberfläche in Berührung; sonst ist sie von der frischen und immer höher anschwellenden Polarluft bereits weit vom Boden abgehoben. Aber auch nach oben zu ist ihr Spielraum beschränkt worden: die Tropopause liegt hier bereits merklich tiefer als im Schnitt *D.*

Beim Abszissenpunkt 1100 km finden wir eine sekundäre Kaltfront, welche im Tiefdrucktrog des umgebogenen Okklusionsendes entstanden ist. Auf diese Erscheinung kommen wir noch später zurück. Dem ganzen schematischen Schnitt *C* scheint der Vertikalschnitt des von J. v. MIEGHEM 1937 aerologisch untersuchten Falles vom 25. Januar 1935 (vgl. Abb. 176) gut zu entsprechen: Dichtes Gewölk, welches zum Teil Niederschlag ausscheidet, findet sich nur über der Warmfrontfläche und unter der Kaltfrontfläche. Der Raum über der Kaltfrontfläche, welche als Abgleitfläche eine ausgesprochene Temperaturinversion repräsentiert, ist völlig wolkenfrei.

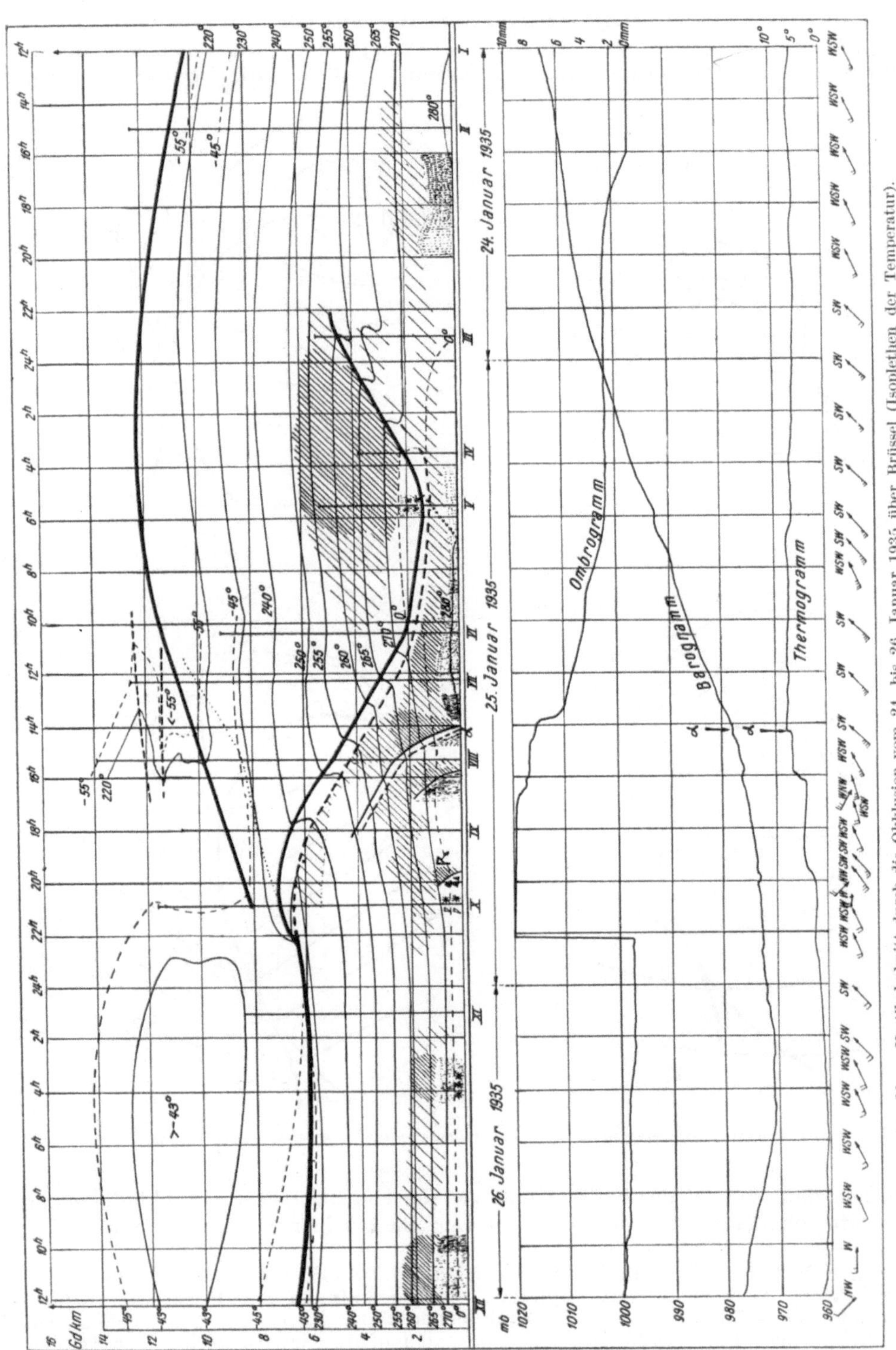

Abb. 176. Oben: Vertikalschnitt durch die Okklusion vom 24. bis 26. Januar 1935 über Brüssel (Isoplethen der Temperatur). Unten: Verlauf der meteorologischen Elemente in Brüssel. (Nach v. MIEGHEM 1937.)

γ) **Die Verhältnisse im Zykloneninneren.** Wie aus dem Horizontalschema der Abb. 174 ersichtlich, liegt das Zentrum des Druckfallgebietes zwischen dem Zyklonenzentrum und dem Okklusionspunkt. A. REFSDAL 1930 hat die Vermutung ausge-

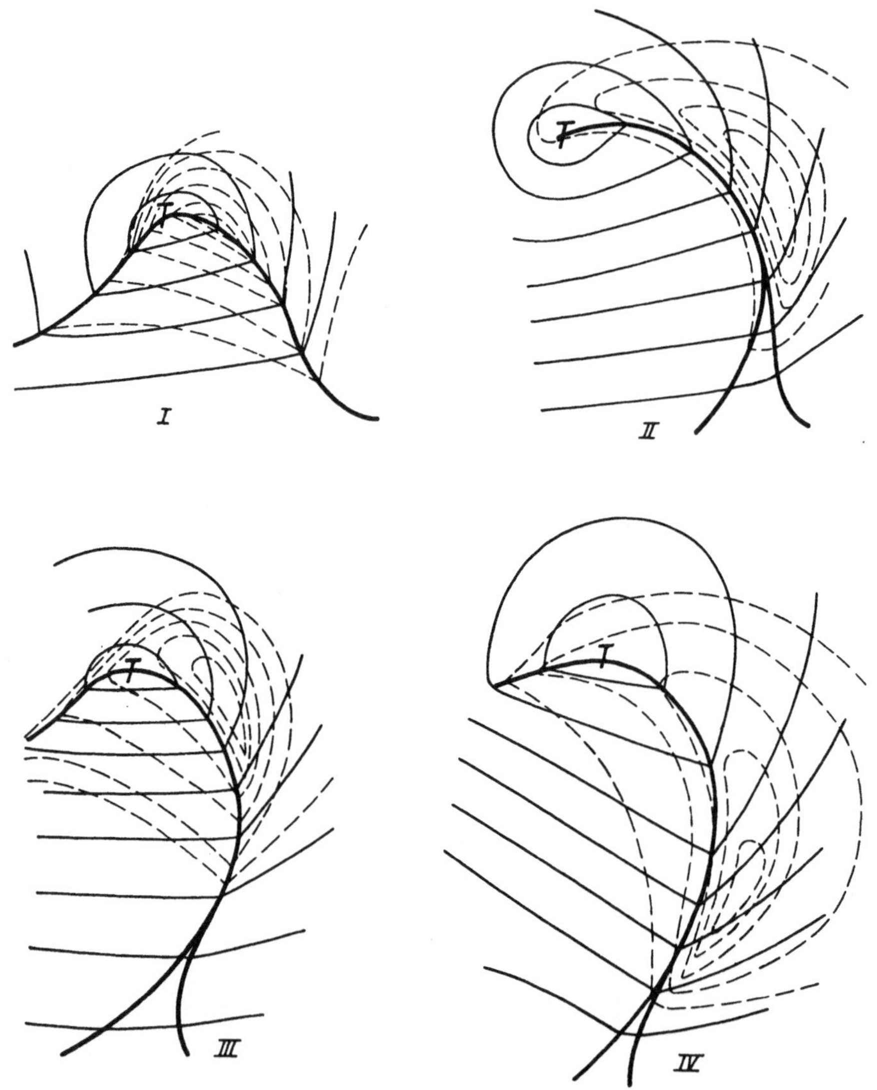

Abb. 177. Druckfall im Bereich okkludierter Zyklonen. (Nach REFSDAL 1930.)

sprochen, daß die Lage des Fallzentrums von der Feuchtlabilität der okkludierenden Polarluft abhänge;[1] wir gehen auf diese Einzelheiten hier nicht näher ein.

---

[1] In Abb. 177 bezeichnet: I = Sich vertiefende Zyklone mit echtem feuchtlabilem Warmsektor. II = Okkludierte Zyklone. Stabile Luft an der Rückseite. Schnell sterbend. III = Okkludierte Zyklone mit feuchtlabiler Rückseite. Die Zyklone vertieft sich weiter. IV = Okkludierte Zyklone mit feuchtlabiler Rückseite. Die Zyklone vertieft sich nicht, es entstehen aber längere Zeit hindurch große Windstärken an der Front.

Je näher wir dem Tiefdruckzentrum der Zyklone kommen, durch welches Schnitt *B* hindurchführt, um so mehr ist die Tropikluft vom Boden durch frische Polarluft abgehoben; wie wir uns hier den Verlauf der Fronten räumlich vorzustellen haben — es handelt sich bei unseren Betrachtungen stets um den vorwiegenden Fall einer Warmfrontokklusion — zeigt uns Abb. 178. Die untere Warmfront endet im Depressionszentrum an der Erdoberfläche, die obere Kaltfront dagegen im entsprechenden Zentrum an der oberen Kaltluftgrenze, welches — wegen der bekannten *Neigung der Höhenachse der Depression* — meist einige hundert Kilometer weiter nordwestlich und um so höher liegt, je mehr die Zyklone okkludiert ist. Die Schnittlinie zwischen der ursprünglichen Warmfrontfläche und der Kaltfrontfläche steigt somit schraubenförmig vom Okklusionspunkt zum oberen Depressionszentrum an. Ein analoges Schema kann man auch für die Kaltfrontokklusion entwerfen.

Mit J. BJERKNES und E. PALMÉN 1937 und J. BJERKNES-P. MILDNER-E. PALMÉN-L. WEICKMANN 1939 müssen wir nun annehmen, daß inzwischen die Verwirbelung der noch in der Höhe vorhandenen Tropikluft weit gediehen ist. Um das anschaulich zu machen, haben wir uns zu überlegen, in welcher grundsätzlichen Weise sich der Frontverlauf in der Höhe von dem Frontverlauf an der Erdoberfläche unterscheidet. Auskunft darüber gibt uns der Verlauf der Isohypsen der Frontfläche: in einem bestimmten Niveau ist der Frontverlauf identisch mit dem Verlauf der betreffenden Isohypse. In-

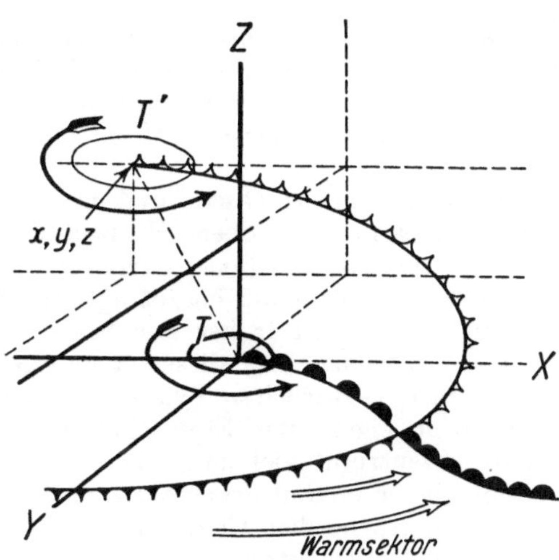

Abb. 178. Räumliche Darstellung einer Warmfrontokklusion. [Nach BERGERON 1934 (2).]

folge der sanften Neigung der die Kaltluft überdachenden Frontflächen ist der Frontverlauf in der Höhe stets gegen die Bodenberandung der Kaltluft zurückverlegt; mit zunehmender Höhe nimmt also die horizontale Ausdehnung der Warmluft zu, wie ja auch die Vertikalschnitte zeigen. Verfolgen wir nun in Abb. 175 unten z. B. die Isohypse 4 km, so sehen wir, daß in dieser Höhe das in Abb. 250 sichtbare Zyklonenzentrum noch im offenen Warmsektor liegt, oder mit anderen Worten, daß über dem Polarluftwirbel am Boden ein *Tropikluftwirbel in der Höhe* vorhanden ist. Allerdings ist die Tropikluft bereits in rascher Abkühlung, d. h. in Umwandlung in Polarluft begriffen.

In dem soeben beschriebenen Fall ist übrigens die Verwirbelung der Zyklone noch nicht so weit fortgeschritten, wie auf BERGERONS Schema der Abb. 174; im letzteren finden wir, daß sich über dem Tiefdruckzentrum am Boden (etwa bei Abszissenpunkt 1300 km des Schnittes *B*) die unten eingeströmte Polarluft bereits fast bis zur Tropopause aufwölbt, die sich ihrerseits an dieser Stelle beinahe bis zum 6-km-Niveau herabgesenkt hat. Wir stehen hier knapp vor der *Schlußphase der Zyklonenentwicklung*, in welcher das Tropopausental mit dem Druckminimum zusammenfällt.

Dem Schema des Schnittes *B* scheint gut zu entsprechen der Vertikalschnitt der Abb. 167 (zugehörige Karte in Abb. 166), wenngleich in diesem Fall die Tropopause nicht sehr tief herabgesunken ist; man beachte jedenfalls, daß der Luftdruck am Boden seinen tiefsten Stand in der Mitte des Kaltluftberges erreicht. Ein für ein Zyklonenzentrum in seiner Schlußphase sehr typischer Vertikalschnitt ist jener der Abb. 31 der kürzlich erschienenen Untersuchung J. Bjerknes-P. Mildner-E. Palmén-L. Weickmann 1939 (Aufstiege von Bergen und Ås).

Zu bemerken wäre noch, daß vor Eintritt dieser Schlußphase das Vorhandensein einer Tropikluft-Wirbelströmung in der Höhe über eine früher schwer verständliche Erscheinung Aufschluß gibt:

Der westwärts gerichtete Teil der Tropikluft-Wirbelströmung gleitet über die ostwärts vordringende Polarluft auf; daraus erklärt sich die oft beobachtete retrograde Fortbewegung der Niederschlagszone nördlich vom Zyklonenzentrum (vgl. auch die Karten in Abb. 246 bis 250, welche die Bodenanalyse des von J. Bjerknes und E. Palmén untersuchten Falles vom 15. bis 17. Februar 1935 wiedergeben).

Zu Schnitt A der Abb. 174 ist nichts besonderes zu sagen. Er gleicht im wesentlichen dem oberen Schnitt der Abb. 170 für die offene Zyklone; die kleine Polarluftaufwölbung zwischen den Punkten a_3 und a_4 rührt von der Überschiebung der alten Kaltluft durch die obere Kaltfront der Okklusion her.

δ) **Die Zyklonenrückseite und der Tropopausentrichter.** Wir betrachten schließlich noch einmal das obere Horizontalschema der Abb. 174. Wir sehen, daß im Tiefdruckzentrum die Bodenwarmfront in ein kurzes Kaltfrontstück übergeht, das etwas aus dem Zentrum herausragt: es ist dies das sog. *abgebogene Okklusionsende*, das uns schon von früher her bekannt ist.

In der Verlängerung dieses abgebogenen Okklusionsendes finden wir nun bei vielen stark verwirbelten Zyklonen einen ausgesprochenen *Tiefdrucktrog*, der sich durch recht eigenartige Eigenschaften auszeichnet. Er wandert nämlich (mit dem Tiefdruckzentrum) viel langsamer weiter als es den erheblichen Gradienten entspricht, die er im Luftdruckfeld erzeugt. Oder mit anderen Worten, es ist ein und dieselbe Luft, die den Tiefdrucktrog mit Sturmgeschwindigkeit umholt bzw. überholt. Der Tiefdrucktrog ist daher in der Regel nicht mit einer Luftmassengrenze identisch und ist frontenlos, wie E. Palmén 1935 betont, der diese Erscheinung zum erstenmal untersucht hat und die Wetterdienste warnt, hier eine wirkliche Front einzuzeichnen, wo höchstens eine Scheinfront (meist scharfer Sprung der Windrichtung, aber kein Temperatursprung) vorhanden sein könne. Immerhin scheint es möglich, daß sich im Tiefdrucktrog streckenweise eine Kaltfront bilden kann. J. Namias 1938 (*1*) behauptet dies für Nordamerika und auch Bergeron hat in sein Okklusionsmodell ein kurzes Kaltfrontstück (c_2, c_3) eingezeichnet.

Im Bereich dieses Tiefdrucktrogs erreicht der Luftdruck manchmal den tiefsten Stand und der Wind seine größte Stärke während des ganzen Vorüberzuges der okkludierten Zyklone. Mit Rücksicht auf das oben Gesagte ist dieser Trog zum Unterschied vom vorangehenden, mit der Okklusionsfront verbundenen nicht auch thermischen, sondern ausschließlich *dynamischen* Ursprungs. Es wird vermutet, daß er aus einem Herabgreifen des uns bereits bekannten zyklonalen Druck- und Strömungsfeldes über der Kaltfrontfläche (siehe Abschnitt 64 e) entstehe, und zwar durch sehr starke Divergenz der vorprellenden Kaltluft in den untersten Schichten. Dieses zyklonale Strömungsfeld ist nach J. Bjerknes und E. Palmén 1937 im Grunde genommen nichts anderes als ein *Leewirbel der Tropikluftströmung* am Kaltluftabhang; dabei ist zu berücksichtigen, daß hier, rechts von der Bahn des Zyklonenzentrums, die rasch strömende Tropikluft noch über den Kaltluftabhang hinweg mit ihrem Quellgebiet in der nächstfolgenden Zyklone in Verbindung steht.

Der oberen Konvergenz und der unteren Divergenz in diesem zyklonalen Strömungsfeld entspricht eine absteigende Bewegung, welche die Tropopause über dem Drucktrog tief herabsaugen kann. Im Fall vom 17. Februar 1935 (Abb. 175 und 250) war die Tropopause über Ostdeutschland bis auf 7,5 km herabgesunken, wobei sie eine Temperatur von nur —47° hatte. Der *Tropopausentrichter* befand sich also südwestlich vom Tiefdruckzentrum. Wir haben schon oben erwähnt, daß die Zyklone damals noch nicht in der Schlußphase der Okklusion angelangt war. Man nimmt an, daß sich der Tropopausentrichter in der Schlußphase bis über das Tiefdruckzentrum verschiebt, wie schon oben bemerkt.

Näheres über die Bildung von Tropopausentrichtern enthält Abschnitt 68 d.

Literatur zu den Abschnitten 64 und 65.

Grundlegende Arbeiten über den Bau und die Entwicklung zyklonaler Störungen im Sinn der norwegischen Polarfrontlehre: J. BJERKNES 1919, J. BJERKNES and SOLBERG 1921, 1922, BERGERON und SWOBODA 1924, J. BJERKNES 1924, BERGERON 1928, PALMÉN 1928 (*2*), MOESE und SCHINZE 1929, PALMÉN 1930, REFSDAL 1930 (*1*), 1930 (*2*), PALMÉN 1931 (*2*), 1932, REFSDAL 1932, V. BJERKNES-J. BJERKNES-SOLBERG-BERGERON 1933, PALMÉN 1934, BERGERON 1934 (*2*), PETTERSSEN 1936, PALMÉN 1936, J. BJERKNES 1937.

Zusätzlich wären zu erwähnen: KEIL 1923, DOUGLAS 1924, TROEGER 1929 (*1*), KREUDER 1932, MARKGRAF 1932, ROEDIGER 1933, RAETHJEN 1933, 1935, 1936 (*1*), 1937 (*1*), 1937 (*2*), STURM 1937, RAETHJEN 1938 (*1*), 1938 (*2*).

Zusammenhang zwischen Divergenz und Zyklonenentwicklung: SCHERHAG 1934 (*1*), 1934 (*2*), 1934 (*3*), 1936 (*2*), ERTEL 1936, BAUR und PHILIPPS 1936, SCHERHAG 1937 (*1*).

„Voreilen der Kaltluft" in der Höhe: v. FICKER 1922, TROEGER 1929 (*2*), REIDAT 1930, W. PEPPLER 1929 (*2*), 1931, BERSON 1934, STÜVE und MÜGGE 1935, DINIES 1937, J. BJERKNES und PALMÉN 1937, BOUET 1938, KÜNNER 1939, v. MIEGHEM 1939 (*3*), J. BJERKNES-MILDNER-PALMÉN-WEICKMANN 1939.

Synoptisch-aerologische Analyse von Einzelstörungen: J. BJERKNES 1930, PALMÉN 1931 (*1*), SCHREIBER 1931, J. BJERKNES 1932, JAUMOTTE 1933, PALMÉN 1933, J. BJERKNES und PALMÉN 1933, H. BERG 1934 (*1*), WEXLER 1935, SEIFERT 1935, J. BJERKNES 1935, PALMÉN 1935, WILLETT 1935, KUPFER 1935, MACHT 1937, VAN MIEGHEM 1937, J. BJERKNES and PALMÉN 1937, 1938, VAN MIEGHEM 1939 (*1*), 1939 (*2*), 1939 (*3*), J. BJERKNES-MILDNER-PALMÉN-WEICKMANN 1939.

66. Die Zyklonenregeneration.

Wie bereits im Abschnitt 64, d erwähnt, kann eine Zyklone, die nach Okklusion ihres Warmsektors (normale Lebensdauer) und gegebenenfalls auch ihrer „falschen" Warmsektoren (verlängerte Lebensdauer) ins Stadium des Absterbens übergegangen ist, sich unter gewissen Umständen plötzlich *von neuem vertiefen*. Dabei leben auch die Kondensationsvorgänge in ihrem Bereich wieder auf. Die Energien für eine solche „*Regeneration*" können nicht aus dem Mechanismus der absterbenden Zyklone selbst, die in den tieferen Schichten bereits temperatur-symmetrischen Charakter angenommen hat, stammen. Man unterscheidet hier hauptsächlich folgende Fälle:

a) Zyklonenregeneration durch Einverleibung von Tochterzyklonen.

Es kann vorkommen, daß in das barische System einer bereits in Auflösung begriffenen barischen Depression eine neue, noch lebensfähige Depression eintritt, mit ihr verschmilzt und sie verstärkt. Es wird sich dabei häufig um Störungen handeln, die ein und derselben Zyklonenserie (vgl. Abschnitt 69) angehören; die ältere, bereits absterbende Zyklone hat ihre Fortbewegung verlangsamt und wird von der nächstfolgenden, jüngeren und rascher wandernden eingeholt. Oder es bildet sich am Rand der okkludierten Zyklone, an der zurückhängenden Kaltfront, eine quasistabile Frontalwelle (siehe Abb. 174), welche als Schnelläufer mit großer Geschwindigkeit in das Depressionszentrum eindringt und es vertieft. In beiden Fällen handelt es sich im Prinzip um den *Ersatz einer absterbenden Störung durch eine neue an nahezu derselben Stelle*. Dieser Vorgang läßt sich in seinen Details indessen nur im Weg einer sorgfältigen Kartenanalyse feststellen.

Übrigens läßt sich auch die ungewöhnliche lange Lebensdauer der Zentralzyklonen damit erklären, daß diese Gebilde gewissermaßen das „Kollektiv" von Frontalstörungen sind, die andauernd in sie eindringen (oder sich in ihnen entwickeln).

b) Zyklonenregeneration durch Einbeziehung fremder Kaltluftvorräte.

Eine sehr kräftige Zyklonenregeneration kann dadurch eintreten, daß eine ausgedehnte Kaltluftmasse, die ursprünglich abseits lag, in den Bereich der absterbenden Zyklone einbezogen wird und hier einen neuen, als Energiequelle wirkenden Temperaturunterschied schafft. Auf diese Regenerationsmöglichkeit hat zuerst v. FICKER 1920 (*1*) hingewiesen. Es ist dabei im Prinzip gleichgültig, ob sich die Kaltfront, welche die Kaltluftmasse begrenzt, der Zyklone nähert (PALMÉN) oder umgekehrt die Zyklone der Kaltfront (MOESE und SCHINZE). Stets ist die alte Kaltluft, welche die absterbende Depression ausfüllt, der neuen Kaltluft (meist Arktikluft) gegenüber warm, und die Kaltfront legt sich so um das Depressionszentrum, daß zunächst *wieder ein Warmsektor entsteht*. Damit beginnt erneut eine Umsetzung potentieller Energie in kinetische. Der Mechanismus dieses Vorganges ist in einigen konkreten Fällen näher untersucht worden.

Der von E. PALMÉN 1929 bearbeitete Fall betrifft die Zyklonenregeneration vom 31. Mai bis 2. Juni 1928 (Abb. 179). Über der Südhälfte des europäischen Rußland liegt zu Beginn dieses Zeitraumes eine okkludierte Zyklone, ausgefüllt mit erwärmter kontinentaler Polarluft (Morgentemperaturen um 15° am Boden). Von Norden her ist eine Arktikfront in Annäherung begriffen, hinter der die Morgentemperaturen auf 3—7° gesunken sind. Nach Eindringen ins Depressionsgebiet wandelt sich der Ostteil der Arktikfront in eine Warmfront um, der Westteil in eine Kaltfront, welche das Tiefdruckzentrum rasch überholt und umfaßt. Es kommt also zur Ausbildung eines Warmsektors mit einer Niederschlagszone an seiner nordöstlichen Vorderseite. Die Temperaturdifferenz zwischen der Warm- und der Kaltluft beträgt 7—10°. Die Zyklone vertieft sich etwas und setzt sich in der Richtung der Warmsektor-Isobaren in Bewegung. Erst am 5. Juni okkludiert die Zyklone neuerdings und beginnt sich endgültig auszufüllen.

Ein ähnlicher, jedoch etwas komplizierterer Fall, nämlich vom 29. September bis 3. Oktober 1912 hat durch R. SCHRÖDER 1929 eine sehr ausführliche Bearbeitung gefunden (siehe Karten Abb. 238 bis 245 am Schluß des Buches). Eine über dem Atlantik entstandene Polarfrontzyklone ist am 30. September abends von Südwesten her zum Ärmelkanal vorgedrungen und hat am nächsten Morgen den Südteil der Nordsee erreicht („*A*" auf Abb. 240). Bis zum selben Nachmittag, 14 Uhr (Abb. 241), hat sie ihren Warmsektor beibehalten und sich noch etwas — bis auf 970 mb — vertieft. Dann hört die Vertiefung infolge Okklusion auf. Inzwischen hat sich die Zyklone jedoch einer Arktikfront genähert, welche von Mittelirland über Südnorwegen hinweg gegen das Weiße Meer verläuft.

Am Abend des 1. Oktober (Abb. 242) hat sich im Zyklonenbereich bereits ein neuer Warmsektor ausgebildet und der Druck neuerdings zu sinken begonnen. Gleichzeitige Luftmassenverteilung: relativ kalte kontinentale Polarluft mit Temperaturen um 5° und darunter vor der Okklusionsfront, welche den Charakter einer Warmfront angenommen hat; maritime Polarluft mit Temperaturen um 12° im neuen Warmsektor zwischen der Okklusionsfront und der Arktikfront an der Zyklonenrückseite; Arktikluft zum Teil mit Frost über Skandinavien, aber stark erwärmt (auf 7—10°) über dem Meer.

Am Morgen des 2. Oktober (Abb. 243) ist der Druck im Zyklonenzentrum bis auf 965 mb gesunken (Regeneration). Erst am Abend des nächsten Tages hat

sich die Zyklone nach Erreichen des Weißen Meeres wieder bis auf 985 mb aufgefüllt.[1]

SCHRÖDER hat den interessanten Versuch gemacht, die Abnahme der potentiellen
Energie der Lage und die entsprechende Zunahme der kinetischen Energie in der
untersuchten Zyklone während der Zeit vom 1. Oktober, 14 Uhr bis 2. Oktober,
8 Uhr an Hand der Angaben des dichten Netzes von Bodenstationen und der
aerologischen Aufstiege zu berechnen. Innerhalb eines um das Zyklonenzentrum

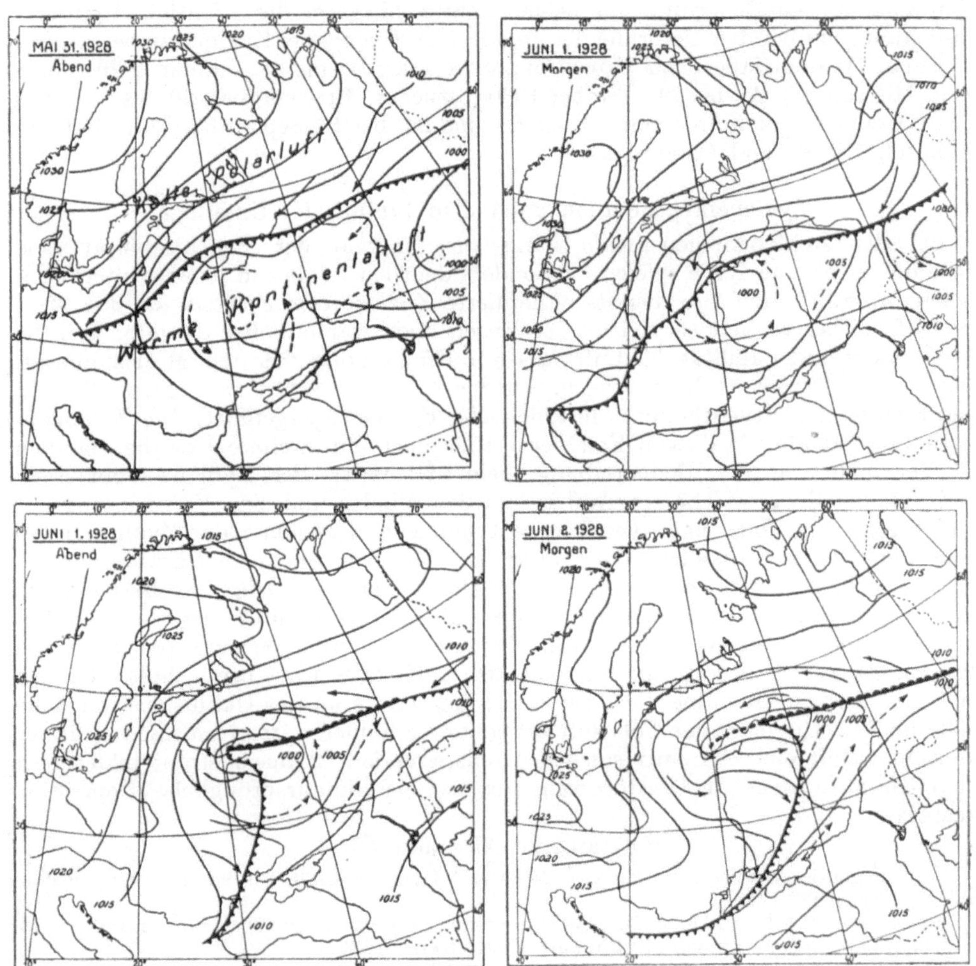

Abb. 179. Regeneration der Zyklone vom 31. Mai bis 2. Juni 1928. (Nach PALMEN 1929.)

mit einem Halbmesser von rund 1000 km gelegenen Zylinders (punktierter Kreis
auf der Karte vom 1. Oktober, 14 Uhr) beträgt der Zuwachs an kinetischer Energie
$5,4 \cdot 10^{14}$ Kilojoule. Der gleichzeitige Verlust des Systems an potentieller Energie

---

[1] Zu den hier wiedergegebenen Karten SCHRÖDERs, deren Übersichtlichkeit durch
Aufnahme allzu zahlreicher Details etwas beeinträchtigt ist, sei bemerkt, daß die mit
PL bezeichnete Luftmasse nach neueren Anschauungen „Arktikluft" zu nennen wäre,
während sich die Bezeichnungen *mPL* bzw. *TL* richtig auf maritime Polarluft bzw.
auf Tropikluft beziehen.

durch Übergang der beiden Luftmassen aus der horizontalbenachbarten in die vertikalbenachbarte Lage (unter Senkung ihres gemeinsamen Schwerpunktes) ergibt sich zu $5,6 . 10^{14}$ Kilojoule. Die Grundlagen für eine derartige Berechnung stammen von M. Margules 1905.[1] Die erzielte außerordentlich große Übereinstimmung beider Zahlen muß zwar bis zu einem gewissen Grad als zufällig angesehen werden. Der Berechnung lagen ja erhebliche Vereinfachungen zugrunde, namentlich die Betrachtung der Zyklone als in sich abgeschlossenes, von der übrigen Atmosphäre isoliertes System (Margulessches Zweikammermodell). Doch reicht die Übereinstimmung der Größenordnungen beider Zahlen hin, um die Richtigkeit unserer Anschauungen über den Ursprung der kinetischen Energie der Zyklone zu bestätigen.

Einige Analogiefälle nach Moese und Schinze: 24. bis 28. Januar 1926 (nördliches Mittelmeer), 25. bis 29. Oktober 1930 (östliches Mitteleuropa), 20. bis 23. April 1931 (Ostalpen—Skandinavien), 11. bis 18. und 24. bis 28. September 1931 (Balkanhalbinsel, Mittel- und Osteuropa).

c) Zyklonenregeneration unter dem Einfluß der Unterlage.

Bei der Zyklonenregeneration kann die Energie der Feuchtlabilität eine nicht unwesentliche Rolle spielen. Besonders deutlich ist dies in jenen winterlichen Fällen, wo z. B. eine alte, bereits okkludierte *Zyklone vom Festland auf das Meer übertritt*. Dabei vertieft sie sich in der Regel, und zwar offenbar deshalb, weil die Feuchtigkeit und Labilität der Luftmassen in der Zyklone über dem Meer zunimmt. Durch die aufsteigende Luftbewegung in der Zyklone werden dann große Mengen von Energie der Feuchtlabilität in kinetische Energie übergeführt. Die Zyklonenvertiefung hat aber in diesem Fall vermutlich noch eine weitere Ursache, nämlich die Verminderung der Bodenreibung beim Übertritt der Zyklone vom Festland auf das Meer, welche ein Auffrischen des Windes und eine Verringerung der Konvergenz zur Folge hat. Die bereits begonnene Ausfüllung der Zyklone kann daher eine Zeitlang aussetzen oder sogar von einer Vertiefung abgelöst werden.

Analog können sich im Sommer die Zyklonen beim *Übertritt vom Meer auf das stark erwärmte Festland* vertiefen, wobei die Feuchtlabilität der Luft gleichfalls zunimmt. Eine Vertiefung von Zyklonen, die von Westeuropa gegen das europäische Rußland fortschreiten, hat schon Rykatschew beobachtet. Hierbei kann die erneute Zunahme der Temperaturgegensätze an der Okklusionsfront eine Rolle spielen: Die maritime Polarluft dringt unter immer wärmere Massen erhitzter Kontinentalluft ein. An einer solchen regenerierenden Okklusionsfront bilden sich bisweilen auch neue Wellenstörungen aus, welche die ursprüngliche Depression verstärken.

Literatur zu Abschnitt 66.

Grundlegende Arbeiten: v. Ficker 1920 (*1*), Palmén 1929, Schröder 1929, Moese und Schinze 1932 (*1*).

Siehe auch: Refsdal 1930 (*1*), 1930 (*2*). Ferner „Physikalische Hydrodynamik", 1933. Über Verschmelzung von Zyklonen: Fujiwhara 1937.

67. Die Antizyklonen.

a) Allgemeines. Typen von Antizyklonen.

Von den allgemeinen Eigenschaften der antizyklonalen Gebilde war bereits im zweiten Kapitel die Rede. Die wichtigsten sind geringe horizontale Druckgradienten und infolgedessen schwache Winde im inneren Teil des Systems; Luftbewegung im Sinn der Uhrzeigerbewegung; in den unteren Schichten durch Reibung bedingte Strömungsdivergenz und offenbar gegen den Gradienten gerichtetes Einströmen

---

[1] Siehe auch F. M. Exner: Dynamische Meteorologie, 2. Aufl., S. 162ff.

in den höheren Schichten während der Verstärkung der Antizyklone. Die charakteristischen Stromliniensysteme am Erdboden in den Gebieten höheren Druckes wurden gleichfalls im Abschnitt 25 erörtert. Hinzuzufügen ist noch, daß sich in den Antizyklonen im Zusammenhang mit der Divergenz in stärkerem oder schwächerem Ausmaß *absteigende Bewegungen* entwickeln, die fast regelmäßig zur Ausbildung von Schrumpfungsinversionen führen. Sie entfernen die Luft vom Sättigungszustand und bedingen in den antizyklonalen Gebieten ein allgemeines Vorherrschen heiteren Wetters. Kondensation kann in den Hochdruckgebieten vorwiegend durch Abkühlung der Luft von der Erdoberfläche aus oder infolge Ausstrahlung hervorgerufen werden; sie tritt daher vorwiegend in Gestalt von Nebeln, Schicht- und Wogenwolken an den Inversionsflächen auf. Konvektionswolken bilden sich in Antizyklonen höchstens im Sommer, falls keine Schrumpfungsinversionen vorhanden sind. Ob das Wetter in der Antizyklone heiter oder trüb ist, hängt vor allem vom Feuchtegehalt und von der Temperatur, folglich auch von der Herkunft ihrer Luftmasse ab. So z. B. haben Antizyklonen, welche aus Arktikluft aufgebaut sind, vorwiegend heiteren Himmel; Antizyklonen mit maritimer Polarluft, welche über dem in Abkühlung begriffenen Festland verweilen, haben nicht selten trübes Wetter.

Für den zentralen Teil fast aller Antizyklonen ist ferner das *Fehlen von Fronten*, sogar für den Fall der Temperatursymmetrie, bezeichnend. Nur selten senkt sich eine antizyklonale Schrumpfungsinversion (als Abgleitfront) im Gebiet der Antizyklone bis zur Erdoberfläche herab; häufiger ist dies natürlich im Gebirge der Fall. Dagegen kann sich ein „*Keil*" der Antizyklone in einer anderen Luftmasse entwickeln, wobei er dann vom „Hauptkörper" der Antizyklone durch eine Front geschieden ist (siehe unten Fall 1). Es kann vorkommen, daß sich der Keil zu gleicher oder noch größerer Intensität ausbildet als die Hauptantizyklone; man hat dann ein antizyklonales System mit zwei Zentren, welches aus zwei verschiedenen Luftmassen besteht. Bei fortschreitender Entwicklung des neuen Kerns der Antizyklone schwächt sich der ältere ab und verschwindet schließlich ganz.

Die Antizyklonen lassen sich in vier Haupttypen einteilen:

1. *Rasch fortschreitende Hochdruckgebiete zwischen einzelnen Zyklonen ein und derselben Serie*, d. i. zwischen Zyklonen, welche an ein und derselben Hauptfront entstanden sind. Dabei handelt es sich meist nur um Keile höheren Drucks, bedeutend seltener um antizyklonale Systeme mit geschlossenen Isobaren und nicht besonders großer Fläche (von der Größenordnung von Zyklonen). Sie entstehen völlig *innerhalb der Kaltluft*; falls zwischen dem vorderen und dem rückwärtigen Teil der Antizyklone ein Temperaturunterschied vorhanden ist, so bilden sich in ihr infolge der Strömungsdivergenz trotzdem keine Fronten. Bewegt sich die betreffende (z. B. Polarfront-) Zyklonenserie am

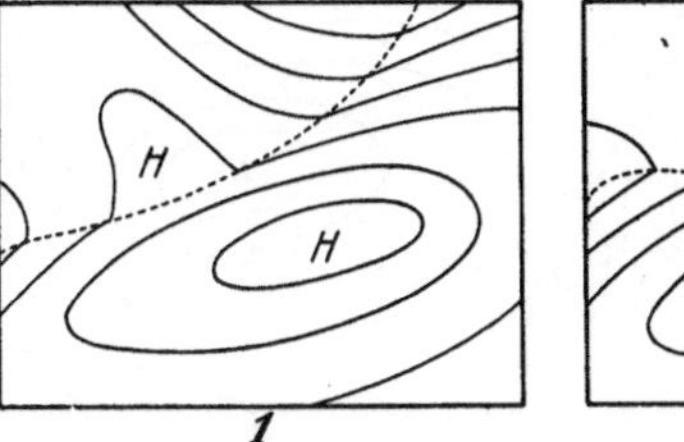
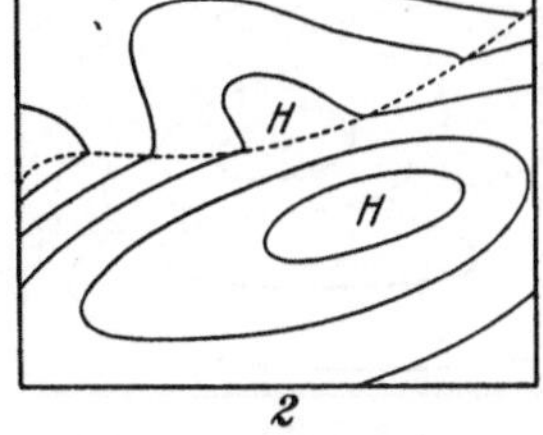

Abb. 180. Hochdruckkeil in der Polarluft an der Peripherie einer subtropischen Antizyklone. (Aus „Physikalische Hydrodynamik", 1933.)

Nordrand einer *quasistationären* (z. B. Tropikluft-) Antizyklone fort, so äußern sich die zwischen den Zyklonen wandernden Hochdruckgebiete im barischen Feld meist lediglich als Keile der Hauptantizyklone, von deren aus Tropikluft aufgebautem Hauptkörper sie allerdings durch eine Hauptfront gesondert sind (siehe Abb. 180).

2. *Kalte Antizyklonen, welche die Entwicklung einer Zyklonenserie abschließen*, d. h. sich nicht an der Rückseite einer einzelnen Zyklone, sondern einer ganzen Zyklonenserie ausbilden. Dieser Typus ähnelt sehr dem ersten: Die Antizyklonen

entstehen gleichfalls in der Kaltluft (im Fall einer Polarfront — in Polarluft, im Fall einer Arktikfront — in Arktikluft). Sie nehmen aber gewöhnlich größere Intensität an, erzeugen antizyklonale Zentren mit mehreren in sich abgeschlossenen Isobaren und breiten sich zumindest über eine Fläche von der Größe von Zentralzyklonen aus. Besonders bemerkenswert ist die Tendenz dieser Antizyklonen zum *Stationärwerden.* Sie bevorzugen dabei bestimmte Gebiete, und zwar jene, in denen die allgemeine Zirkulation die Hochdruckbildung begünstigt (vgl. Abb. 67). So z. B. kommen abschließende Polarluftantizyklonen, die sich hinter einer in niedrige Breiten vordringenden Polarfront aufbauen, meist in den Subtropen zum Stillstand. Dabei wird, wie Abb. 181 zeigt, die präfrontale, warme subtropische Antizyklone etwas nach Süden abgedrängt; sie schrumpft in demselben Maß ein wie die postfrontale kalte Polarluftzyklone anschwillt. Schließlich gelangt letztere an den ursprünglichen Platz der ersteren, wo sie stationär wird und den Charakter eines Tropiklufthochs annimmt: ihre Polarluft wandelt sich durch fortgesetzte Erwärmung in Tropikluft um (siehe 4.). Ähnlich ist der Vorgang, wenn in der kalten Jahreszeit eine abschließende Arktikluftantizyklone über dem Festland Eurasiens eine bisher dort vorhandene Polarluftantizyklone ersetzt.

3. *Lang andauernde (wochenlang anhaltende), wenig bewegliche, aus Arktik- oder Polarluft bestehende Antizyklonen.* Sie sind manchmal rein monsunalen Ursprungs (besonders über dem kalten Festland im Winter). In der Regel jedoch bauen sie sich aus Nachschüben stationär werdender beweglicher Antizyklonen des zweiten (seltener des ersten) Typus auf. Die Zuggeschwindigkeit dieser Antizyklonen nimmt dabei stark ab, ihre Intensität (gemessen am Luftdruck im Zentrum) dagegen zu (manchmal bis zu Werten nahe an 1060 mb und mehr); ihre vertikale Mächtigkeit

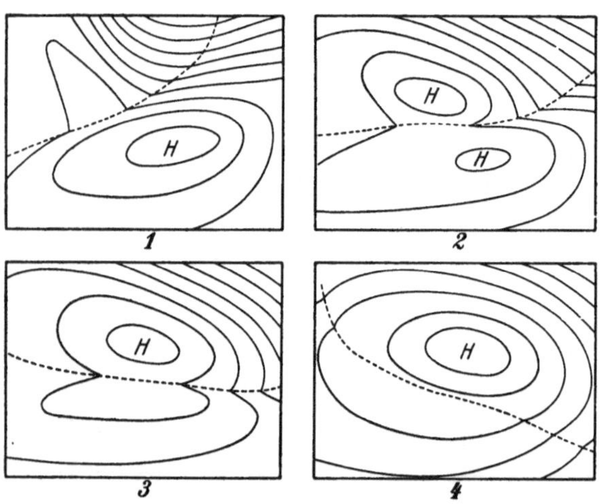

wächst dabei an und ihre Fläche vergrößert sich gewaltig, manchmal bis zur Ausdehnung von fast ganz Europa. In der freien Atmosphäre erwärmt sich die Luft in der Antizyklone adiabatisch infolge des Einsetzens absteigender Bewegungen. Übrigens sind im Sommer die stationären Antizyklonen verschwommener und weniger intensiv als im Winter; sie stellen dann zwar umfangreiche, aber fast gradientlose Zonen leicht erhöhten Drucks vor.

4. *Vorwiegend ozeanische Antizyklonen der subtropischen Zone,* welche durch Einbrüche von Polarluft andauernd ergänzt werden, wie unter 2. erwähnt. Die

Abb. 181. Regeneration einer subtropischen Antizyklone. (Aus „Physikalische Hydrodynamik", 1933.)

Erhaltung und Verstärkung der Antizyklonen in den Subtropen wird, wie bereits bekannt, durch gewisse Besonderheiten im Mechanismus der allgemeinen Zirkulation begünstigt, z. B. durch die hier stattfindende Ansammlung der vom Äquator abfließenden Luft der Antipassate unter Einwirkung der ablenkenden Kraft der Erdrotation.

Die weitverbreiteten Vorstellungen von der Beständigkeit und dem stationären Zustand dieser Systeme, soweit sie aus den Ergebnissen der statistischen Klimatologie abgeleitet wurden, sind stark übertrieben. Auf der Südhalbkugel wandern die subtropischen Antizyklonen gleichfalls im allgemeinen von Westen nach Osten, und zwar folgen sie in rund $8^1/_2$ Tagen aufeinander (RUSSEL 1896, LOCKYER 1910). Auf der Nordhalbkugel trennen sich von den Azoren-Antizyklonen nicht selten „Kerne" höheren Drucks ab, welche dann vom Atlantik gegen Südwesteuropa vordringen, und zwar gewöhnlich vor einer von Westen nach Europa vorrückenden Depression. Schon über Europa können diese subtropischen Antizyklonen stationär werden.

Nach RUNGE 1931 (*1*) und 1931 (*2*) wurden im Lauf von elf Jahren (1901 bis 1911) im Gebiet von Europa (ohne den Osten des europäischen Rußland) 357 Antizyklonen beobachtet; von ihnen waren 176, d. i. die Hälfte, azorischen Ursprungs (mit einem Maximum im Sommer, wenn die subtropische Hochdruckzone ihre nördlichste Lage einnimmt); die übrigen waren polarer oder sibirischer Herkunft. Nach BROUNOW 1886 entstanden innerhalb vier Jahren (1876 bis 1879) von 190 europäischen Antizyklonen — 107 (56%) über Europa selbst und 70 (37%) kamen von außerhalb, davon 64 vom Atlantischen Ozean (und zwar 6 von ihnen aus Südwesten, 39 aus Westen, 15 aus Nordwesten, 4 aus Norden). Unbedeutende Keile höheren Drucks wurden hierbei übrigens weder von RUNGE, noch von BROUNOW berücksichtigt. BROUNOW hat in vier Jahren unter 132 Antizyklonen 20 gezählt, welche über Europa stationär wurden; die meisten im Januar (9 Fälle). Im Sommer wurde überhaupt kein solcher Fall verzeichnet. Wenn man den Begriff „Stationärwerden" nicht so streng definiert wie BROUNOW (keine Lageänderung des Antizyklonenzentrums innerhalb 24 Stunden) und nur eine erhebliche Verlangsamung der Antizyklone über dem Kontinent voraussetzt — so wird die Anzahl solcher Fälle erheblich größer sein. DEFANT hält stationäre Antizyklonen in Europa sogar für eine reguläre Erscheinung. In Nordamerika sind solche Gebilde allerdings äußerst selten.

b) Aufbau der wandernden und der serienabschließenden Antizyklonen.

Dem Wesen nach fällt jeder solche Hochdruckkeil, bzw. jede solche Antizyklone mit einer Polarluftzunge zwischen zwei Zyklonen zusammen und wird daher in ihrer ganzen Höhenausdehnung durch tiefe Temperaturen charakterisiert. RUNGE führt als Beispiel die Antizyklone vom 2. November 1910 an, wo von 2—7 km Höhe, bis zur Tropopause selbst, die Temperatur um 10—15° tiefer war, als sie in Antizyklonen *subtropischer* Herkunft über Mitteleuropa zu dieser Jahreszeit zu sein pflegt. Die antizyklonale Zirkulation breitet sich in solchen be-

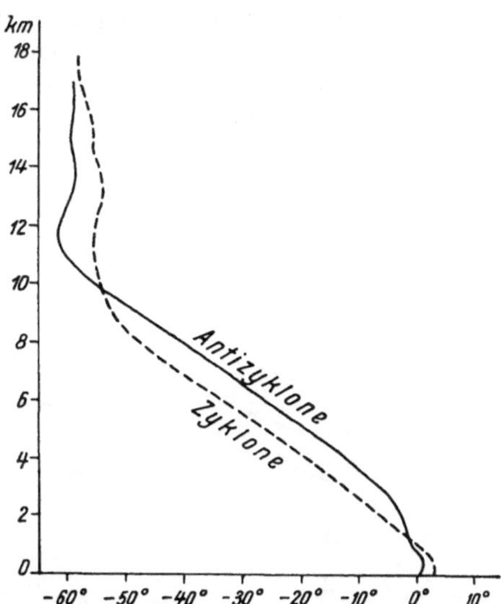

Abb. 182. Mittlere vertikale Temperaturverteilung in winterlichen Zyklonen und Antizyklonen über Europa. (Nach HUMPHREYS.)

weglichen Hochdruckgebieten nicht hoch aus und erreicht durchaus nicht immer den oberen Teil der Troposphäre; kalte bewegliche Antizyklonen sind also vorwiegend *niedrig*. Dies bedeutet jedoch nicht, daß die Kaltluftmassen selbst, welche die Antizyklonen aufbauen, sich gleichfalls auf die tieferen Schichten beschränken. An der Rückseite stark entwickelter, hochreichender Zyklonen dringt vielmehr die Polarluft, in welcher sich die Antizyklone ausbildet, in mächtigen, bis zur Tropopause oder noch darüber hinaus reichenden Massen südwärts vor. RUNGE hat auf die niedrige Lage der Tropopause (unter 7000 m) über einigen kalten beweglichen Antizyklonen hingewiesen; sie findet ihre Erklärung offenbar darin, daß mit der ganzen Polarluftmasse auch die niedrige polare Tropopause südwärts vorgedrungen ist.

Bei fortschreitender Verstärkung und beim Stationärwerden der Antizyklone bilden sich indessen in ihrem Luftkörper allmählich absteigende Bewegungen aus, welche seine Durchwärmung zur Folge haben. Gleichzeitig *nimmt auch die vertikale Mächtigkeit der Antizyklone zu, wobei sich die Tropopause in ihrem Gebiet hebt* (siehe Abb. 182).

Dies ist zuerst von TEISSERENC DE BORT und von v. HANN am Anfang dieses Jahrhunderts nachgewiesen worden. Als Beleg sei eine Zusammenstellung von WAGNER 1910 auf Grund des aerologischen Materials der internationalen Tage in Europa angeführt. Sie enthält für die Zyklone und Antizyklone die mittleren Temperaturabweichungen vom gemeinsamen Mittelwert bis zu einer Höhe von 12 km.

Höhe in km	1	2	3	4	5	6	7	8	9	10	11	12
Zyklone ...	—0,8	—2,0	—2,7	—3,4	—3,8	—3,9	—3,8	—3,5	—2,6	—0,2	2,6	4,4
Antizyklone	1,1	2,0	2,5	2,9	3,0	3,2	2,9	2,9	1,6	0,3	—1,7	—2,6
Antiz.-Zykl.	1,9	4,0	5,2	6,3	6,8	7,1	6,7	6,4	4,2	0,5	—4,3	—7,0

In den bodennahen Schichten ist die Antizyklone infolge der starken Ausstrahlung bei heiterer antizyklonaler Witterung im Durchschnitt kälter als die Zyklone. Aber bereits von einer Höhe von 1000 m an ist die Durchschnittsantizyklone wärmer als die Durchschnittszyklone. Erst von 11 km Höhe angefangen wird die Antizyklone wieder kälter, da über ihr die Tropopause höher liegt und die Stratosphäre eine tiefere Temperatur aufweist als über der Zyklone. Zu den gleichen Schlüssen gelangt im wesentlichen auch HUMPHREYS (1919) auf Grund eines noch

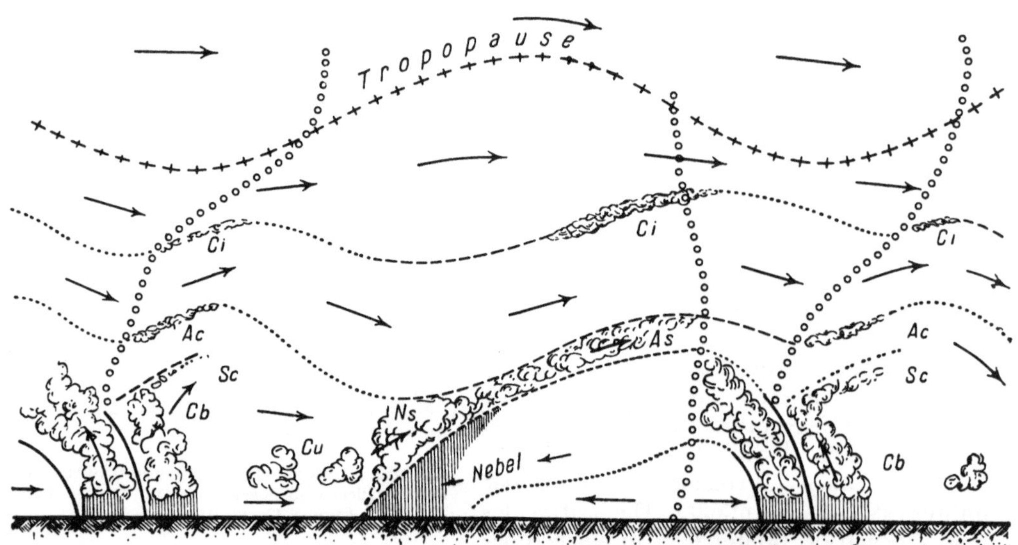

Abb. 183. Aufbau wandernder Zyklonen und Antizyklonen. (Nach STÜVE 1922.)

reicheren, über 13 Jahre sich erstreckenden Materials aerologischer Aufstiege in Europa.

Während also die Antizyklonen Europas der Statistik nach wärmer sind als die Zyklonen, haben sich für Nordamerika die entgegengesetzten Verhältnisse ergeben. Dieser scheinbare Widerspruch findet seine Erklärung darin, daß in den Vereinigten

Staaten die Antizyklonen und die Zyklonen sehr rasch fortschreiten, ohne zum Stillstand zu kommen, wobei die Zyklonen vorwiegend im Jugendstadium, also mit offenem, aus Tropikluft bestehendem Warmsektor auftreten. Die Mittelwerte für Europa sind ausschlaggebend beeinflußt durch eine große Zahl von über dem Festland stationär gewordenen polaren Antizyklonen (sowie auch von Antizyklonen azorischer Herkunft, siehe unten) und durch das Vorherrschen kalter okkludierter Zyklonen. Dagegen sind die Mittelwerte für Amerika durch das absolute Vorherrschen rasch fortschreitender Polarluft-Antizyklonen und durch eine bedeutende Anzahl junger Zyklonen bestimmt.

Für die beweglichen Antizyklonen und Zyklonen hat G. STÜVE 1922 auf Grund des aerologischen Drachenmaterials von Europa (Lindenberg) das in Abb. 183 wiedergegebene Aufbauschema entworfen. Ein ähnliches aber einfacheres Schema stammt von H. v. FICKER 1922.

In STÜVES Schema wird angenommen, daß die zwischen zwei Zyklonen eingebettete Antizyklone mit einer im Profil wiedergegebenen Kaltluftmasse identisch ist. Im vorderen Teil ist die Kaltmasse durch eine Kaltfront der vorhergehenden Zyklone abgegrenzt; an ihrer Rückseite geht die Grenzfläche in die Warmfront der nächsten Zyklone über. Innerhalb der Kaltmasse ist eine sekundäre Kaltfront und eine innere Schrumpfungsinversion angedeutet. Durch Kreuzchen im oberen Teil der Abbildung wird die Lage der Tropopause angezeigt.

Die vertikale Mächtigkeit der Kaltmasse ist jedoch auf dem Schema sehr gering und überschreitet kaum 4 km Höhe. Da sich die Polarluftmassen, wie aus späteren Untersuchungen PALMÉNS, RUNGES und anderer bekannt, häufig bis zur Substratosphäre erstrecken, gilt STÜVES Schema eher für die Verhältnisse an der Arktikfront oder aber höchstens für die südliche Berandung polarer Antizyklonen, wo die Polarluft bereits stark auseinandergeflossen ist.

J. BJERKNES 1932 hat den konkreten Fall vom 26. bis 28. Dezember 1928 an Hand von Serienaufstiegen über Brüssel, die in Zwischenräumen von wenigen Stunden durchgeführt worden waren, aerologisch untersucht. Während dieser Zeit wurde Brüssel von der Kaltfront einer ostwärts abziehenden Zyklone, von einem ausgeprägten Hochdruckkeil und von der Warmfront einer neuen Zyklone passiert (siehe die Karten Abb. 230 bis 237). J. BJERKNES hat die Temperaturisoplethen über Brüssel beim Vorbeizug dieser Störungen bis zu einer Höhe von 15 km (Abb. 184 oben) und ebenso Isoplethen der potentiellen Temperatur (Abb. 185 oben) entworfen. Daraus ergab sich das Profil der Kaltluftmasse (untere dicke Linie auf beiden erwähnten Zeichnungen), die Lage der Schrumpfungsinversionen in ihrem Innern (gestrichelte Linien), die Lage der Tropopause (dicke Linie in den oberen Teilen der Zeichnungen) und die Verteilung der Stromlinien in der Nähe der Fronten (Abb. 185 unten). Außerdem sind in Abb. 184 unten das Ombrogramm, das Barogramm, das Thermogramm und die Windänderung in Brüssel beim Durchzug der untersuchten Störungen vom 26. Dezember, 12 Uhr bis 28. Dezember, 12 Uhr dargestellt. Die große Ähnlichkeit des von J. BJERKNES erhaltenen konkreten Bildes mit dem Schema STÜVES ist offenkundig.

Die wandernden Antizyklonen der Polarluft sind gewöhnlich thermisch-asymmetrisch gebaut. Die frische Polarluft, welche dem vorderen (gewöhnlich östlichen) Teil der Antizyklone entlang strömt, ist kälter als die entgegengesetzt — von Süden nach Norden — fließende Polarluft im rückwärtigen (westlichen) Teil der Antizyklone. Allerdings zeigt die Temperatur zwischen dem kalten Vorderteil zur warmen Rückseite einen kontinuierlichen Übergang: In der Antizyklone bilden sich infolge von Strömungsdivergenz nicht nur keine Fronten, sondern es lösen sich auch in ihrem Bereich eventuell eingedrungene Fronten auf. Im vorderen Teil der Antizyklone ist die Polarluft im allgemeinen eine Kaltmasse mit vertikal mehr oder weniger labiler

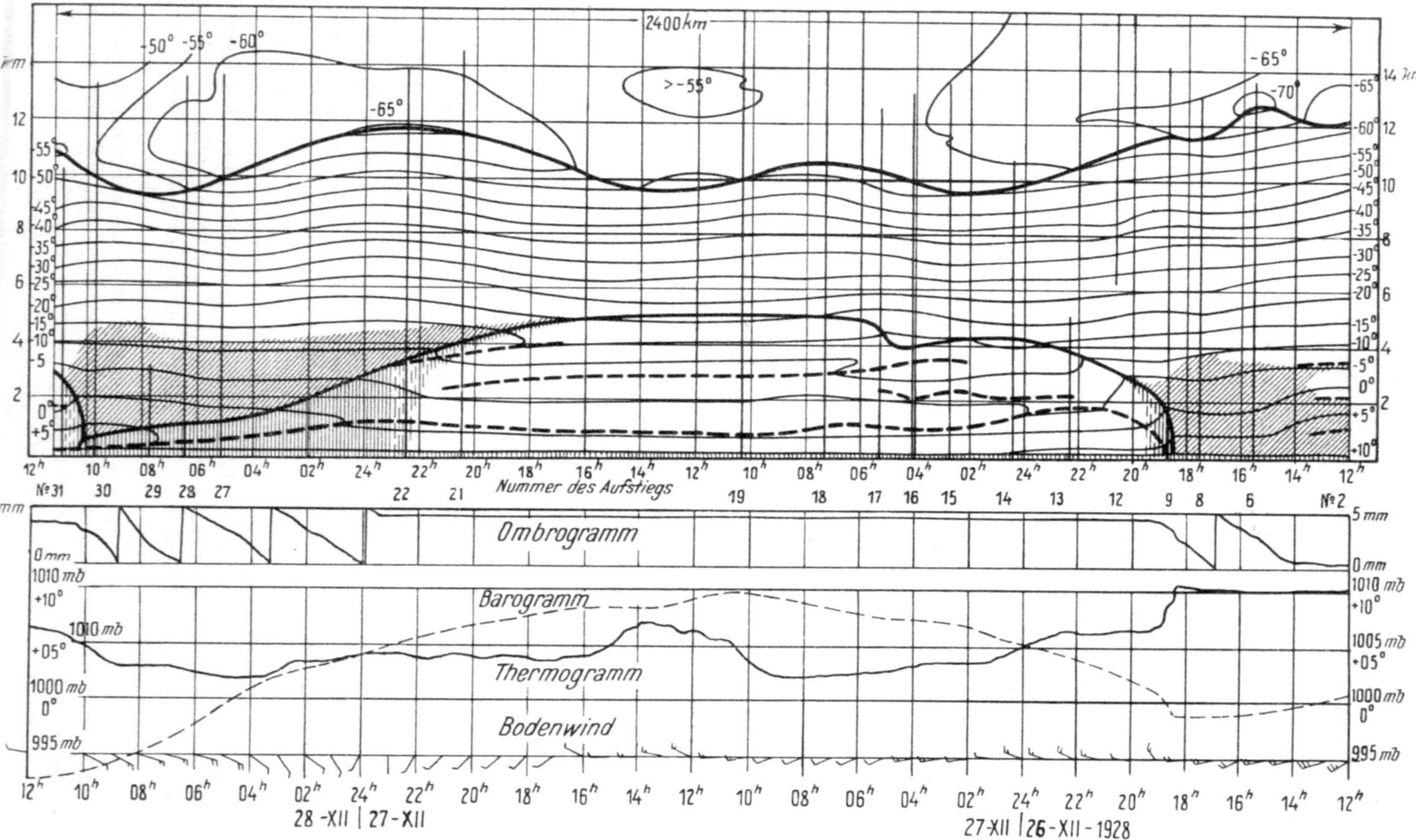

Abb. 184. Vertikalschnitt durch die Kaltluftmasse vom 26. bis 28. Dezember 1928. (Nach J. Bjerknes 1932.) Temperaturverteilung; unten Aufzeichnungen der Registrierinstrumente in Brüssel.

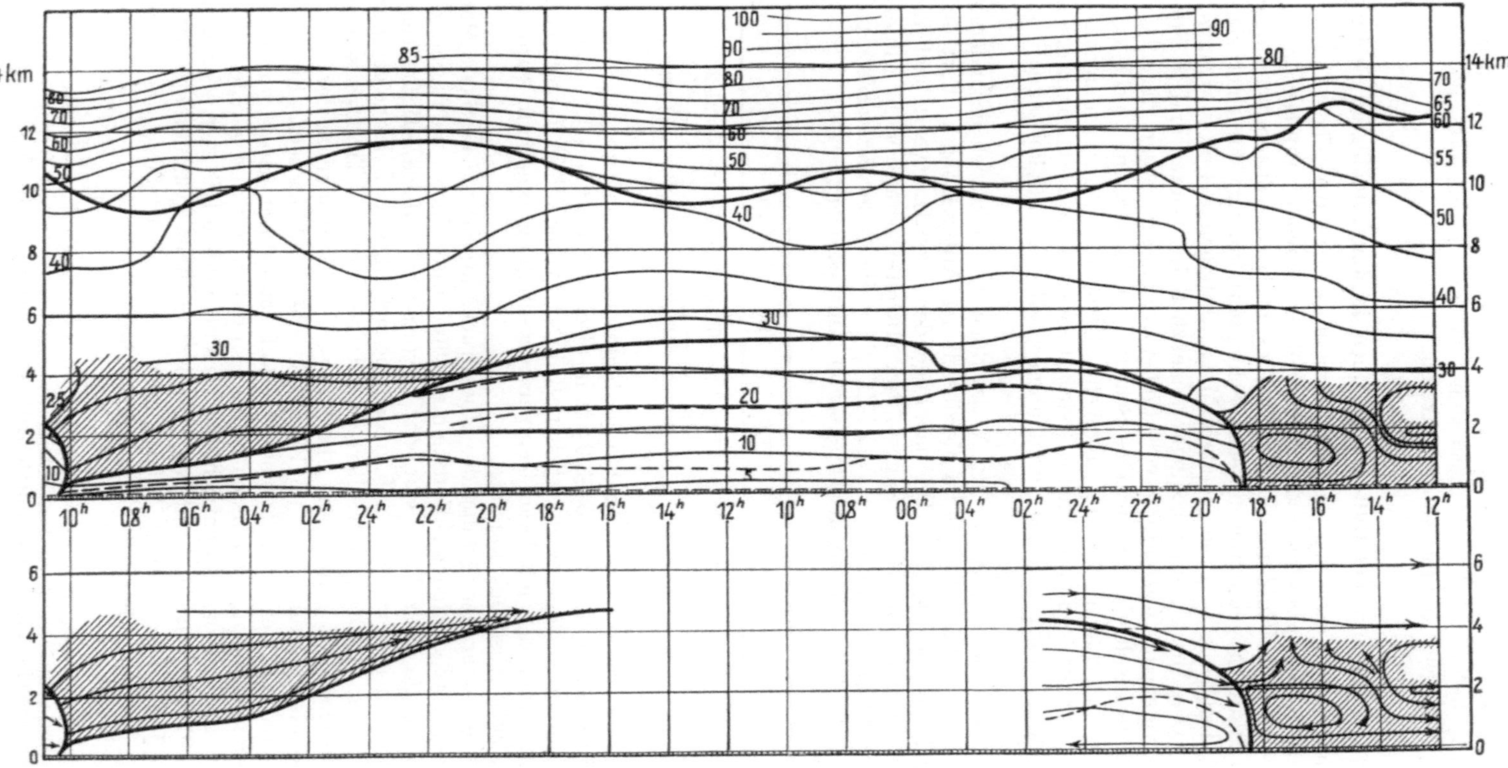

Abb. 185.   Vertikalschnitt durch die Kaltluftmasse vom 26. bis 28. Dezember 1928. (Nach J. BJERKNES 1932.) Verteilung der potentiellen Temperatur und der Stromlinien.

Schichtung und dementsprechender Konvektionsbewölkung. Im rückwärtigen Teil der Antizyklone hat die Polarluft meist den Charakter einer stabil geschichteten Warmmasse, in welcher häufig Nebel auftreten.

c) Aufbau stationärer Polarluft-Antizyklonen in den gemäßigten Breiten.

Die Kaltluftzungen zwischen den Zyklonen haben das Bestreben auseinanderzufließen und die Warmsektoren der Zyklonen einzuengen. Infolge dieses Auseinanderfließens der Kaltluft (im Winter überdies infolge des Zusammensinkens der durch Ausstrahlung abgekühlten unteren Schichten) kommen in einer sich verstärkenden Antizyklone in zunehmendem Maße absteigende Luftbewegungen zur Entwicklung. Die Ausstrahlung bedingt, namentlich im Winter und in Sommernächten, außerdem die Ausbildung von Bodeninversionen. Auch die Oberfläche der antizyklonalen Kaltluftmasse ist eine Schrumpfungsinversion, welche am Rand der Antizyklone in zyklonale Fronten übergeht. Über jeder Schrumpfungsinversion (im „Körper" der Antizyklonen können sich mehrere solche Schrumpfungsinversionen ausbilden)[1] wird Temperaturzunahme und Feuchtigkeitsabnahme verzeichnet.

Die dynamische Erwärmung in der Antizyklone verstärkt sich besonders dann, wenn der Zufluß frischer Kaltluft im Vorderteil der Antizyklone aufhört und das Hochdruckgebiet stationär wird. Die nachfolgenden, von H. Runge nach Lindenberger Aufstiegen 1908 bis 1914 festgestellten Mitteltemperaturen in winterlicher frischer und in stationär gewordener Polarluft zeigen die Änderung der Temperaturschichtung während des Stationärwerdens von Antizyklonen:

Höhe km	Erde	0,5	1,0	1,5	2,0	2,5	3,0
Frische Polarluft .	—11,0°	—12,2°	—14,4°	—16,4°	—18,4°	—21,2°	—24,1°
Gealterte Polarluft	—12,8°	—8,2°	—5,2°	—4,5°	—6,2°	—8,9°	—12,0°
Änderung	—1,8°	+4,0°	+9,2°	+11,9°	+12,2°	+12,3°	+12,1°

Wie ersichtlich, ist bei einer Strahlungsabkühlung der bodennahen Schicht die Temperatur in einer Höhe von 1,5—3,0 km in alter Polarluft um 12° höher als in frischer. Es ist daher nicht verwunderlich, daß ein so starker Effekt der dynamischen Erwärmung auch in der mittleren Temperaturverteilung innerhalb europäischer Antizyklonen zum Ausdruck kommt.

Bei fortschreitender Verstärkung des Hochdrucks nimmt die vertikale Mächtigkeit der von der antizyklonalen Zirkulation erfaßten Luftschicht andauernd zu, besonders nachdem die Antizyklone stationär geworden ist. Gleichzeitig hebt sich die Tropopause über ihr in demselben Maß, in dem sie sich über der Zyklone gesenkt hat. Der Höhenunterschied zwischen den Bergen und Tälern dieser „Tropopausenwellen" beträgt im Durchschnitt 2 km, kann aber bei starker Entwicklung der zyklonalen und antizyklonalen Zirkulationen im Einzelfall sehr erheblich sein. Ein Fall von Tropopausensenkung über einer Zyklone bis auf etwa 6 km herab wurde bereits erwähnt. Über mächtigen, stationären Störungen haben wir also geradezu „Tropopausenhöcker" und „Tropopausentrichter". Aus allem dem läßt sich schließen, daß in der oberen Troposphäre und unteren Stratosphäre über Zyklonen eine Abwärtsbewegung der Luft, dagegen über Antizyklonen eine Aufwärtsbewegung vorhanden ist. Ausführlicheres darüber enthält Abschnitt 68.

---

[1] Außer Schrumpfungsinversionen werden in der Antizyklone selbstverständlich auch Isothermien und Schichten mit stark verringerten vertikalen Temperaturgradienten beobachtet, welche gleichfalls durch Abwärtsbewegungen bedingt sind.

d) Aufbau der Ausläufer subtropischer Antizyklonen in den gemäßigten Breiten.

Die subtropischen Antizyklonen gehören zweifelsohne zu den *hohen* Antizyklonen, obwohl sie, wie wir gesehen haben, immer wieder durch Polarlufteinbrüche aufgefüllt werden. Breitet sich ein Ausläufer oder gar ein losgelöster Kern einer solchen subtropischen Antizyklone über die gemäßigten Breiten aus, so tritt hier in allen Höhenlagen Erwärmung ein.

Van Mieghem 1937 hat einen solchen Fall aerologisch untersucht. Vom 12. bis 15. Januar 1935 drang ein Ausläufer des Azorenhochs nordostwärts vor und setzte sich schließlich in Gestalt einer abgeschlossenen Antizyklone über den britischen Inseln fest. Bei seiner Annäherung war die Temperatur- und Luftdruckverteilung über Trappes (Frankreich) die folgende:

1935	Boden	1	2	3	4	5	6	7	8	9	10	11 km
						Temperatur °C						
12. I.	2,0	1,1	—7,0	—15,0	—22,5	—29,2	—36,2	—42,5	—51,9	—50,7	—51,6	—52,2
15. I.	6,7	2,0	—1,4	—4,7	—10,9	—17,8	—25,5	—33,5	—42,1	—50,9	—59,8	—66,7
15.—12. I.	+4,7	+0,9	+5,6	+10,3	+11,6	+11,4	+10,7	+9,0	+9,8	—0,2	—8,2	—14,5
						Luftdruck mb						
12. I.	992	892	785	687	599	520	450	387	332	284	243	(207)
15. I.	1011	910	801	704	618	540	470	407	352	301	257	218
15.—12. I.	+19	+18	+16	+17	+19	+20	+20	+20	+20	+17	+14	+11

Die Tropopause lag am 12. in einer Höhe von 8044 m (—52,0°, 330 mb), am 15. in einer Höhe von 10761 m (—66,9°, 226 mb).

Die Luftdruckzunahme, welche sich sehr gleichmäßig durch die ganze Luftsäule hindurch geltend macht, ist offenbar nicht troposphärischen Ursprungs, sondern in erster Linie durch die gleichzeitige Abkühlung der Stratosphäre veranlaßt. In 8044 m Höhe beträgt die Druckzunahme 17 mb, wovon nach der Berechnung van Mieghems 11 mb der Abkühlung der Stratosphäre und 8 mb der Abkühlung der Schicht 8—11 km, in welcher die warme Stratosphärenluft bis zum 15. durch kältere Troposphärenluft ersetzt wird, zuzuschreiben sind. Die 19 mb Druckzunahme in 8044 m Höhe sollten, im Verhältnis der Drucke nach unten übertragen, am Boden eine Druckzunahme von 46 mb ergeben; die gleichzeitige Erwärmung der Troposphäre bis 8 km Höhe setzt diesen Druckanstieg jedoch auf 19 mb herab. Immerhin bleibt die allgemeine troposphärische Erwärmung in allen Niveaus von einem Druckanstieg begleitet — eine Tatsache, die auf den ersten Blick verwunderlich erscheinen könnte.

Einen anderen Fall schildert H. Thomas 1935. Wir geben im folgenden im 2-km-Intervall die am 13. und 17. Januar 1930 morgens über Lindenberg festgestellten Temperaturen und Luftdrucke wieder:

1930	0	2	4	6	8	10	12	14 km
				Temperatur °C				
13. I.	3,0	—7,4	—17,0	—33,0	—38,5	—40,5	—42,0	—45,0
17. I.	—2,2	—4,8	—11,5	—24,3	—38,4	—54,2	—65,9	—61,3
17.—13. I.	—5,2	+2,6	+5,5	+8,7	+0,1	—13,7	—23,9	—16,3
				Luftdruck mm				
13. I.	745	579,1	445,7	338,4	253,4	189,1	140,8	104,6
17. I.	780	606,0	468,4	358,3	270,2	199,9	144,9	104,4
17.—13. I.	+35	+26,9	+22,7	+19,9	+16,8	+10,8	+4,1	—0,2

Hier ist die in den obersten Schichten eingetretene Abkühlung noch viel erheblicher als im Fall van Mieghems, die gleichzeitige troposphärische Erwärmung dagegen geringer, und dementsprechend pflanzt sich die Druckzunahme mit zunehmender Verstärkung bis zum Erdboden fort, wo das Barometer in 4 Tagen von 745 bis auf 780 mm ansteigt. H. Thomas berechnet, daß zu dieser Zunahme von 35 mm die Schichte oberhalb 9 km Höhe 34,8 mm und jene unterhalb 9 km nur 0,2 mm beigesteuert habe.

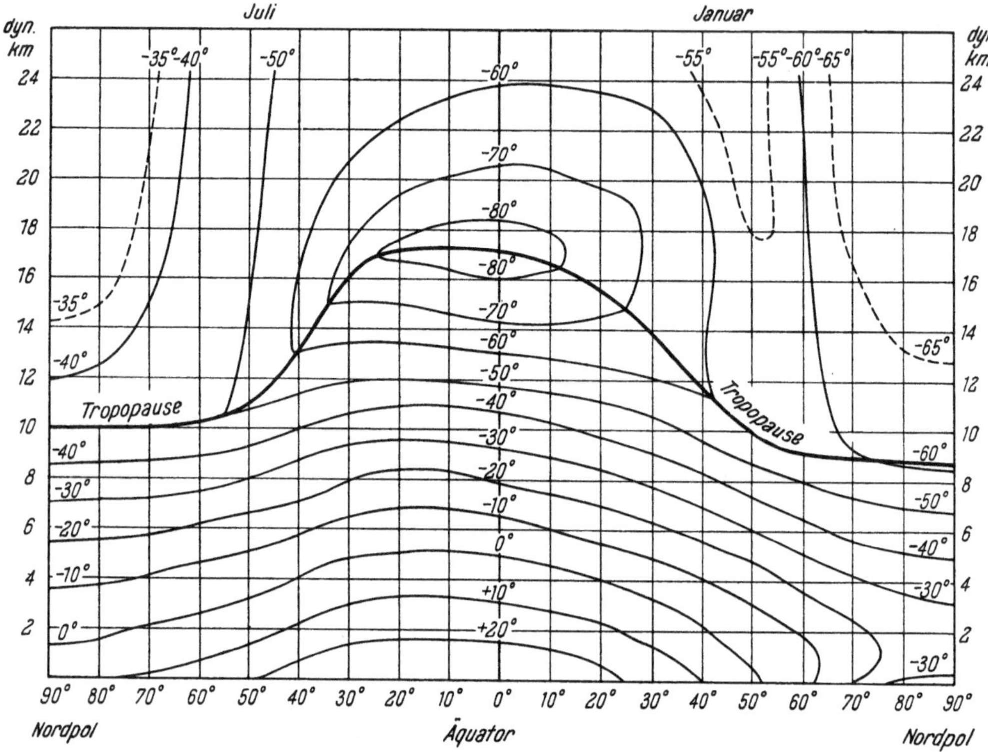

Abb. 186. Vertikale Temperaturverteilung und Tropopausenhöhe in einem vom Äquator bis zum Nordpol reichenden Vertikalschnitt. (Nach Palmén 1934.)

Aus diesen Beispielen, sowie aus verschiedenen anderen Untersuchungen früheren Datums geht hervor, daß *die Verschiebungen subtropischer Antizyklonen in höhere Breiten meist durch ein Vordringen des sog. äquatorialen Systems* (A. Schmauss 1922) *bedingt sind.*

Unter dem *äquatorialen System* versteht man eine Atmosphäre mit hoher Tropopause und kalter Stratosphäre, wie sie für die niedrigen Breiten charakteristisch ist; ihm könnte man das polare System gegenüberstellen, gekennzeichnet durch eine niedrig liegende und relativ warme Stratosphäre. Zwischen beiden Systemen gibt es keine scharfe Grenze, das erstere geht mit zunehmender geographischer Breite ganz allmählich in das letztere über, so wie es etwa Abb. 186 zeigt.[1] Tritt nun z. B. über irgendeinem Gebiet der nördlichen gemäßigten Breiten in allen Höhen eine südliche Luftströmung ein, so wird das äquatoriale System polwärts verschoben.

---

[1] Allerdings ist, wie aus Abb. 186 ersichtlich, die Stratosphäre im Winter über der Arktis infolge starker Ausstrahlung etwas kälter als über den gemäßigten Breiten; infolgedessen ruft in dieser Jahreszeit allgemeiner Lufttransport aus Norden in den gemäßigten Breiten einen Temperaturrückgang sowohl in der Troposphäre als auch in der Stratosphäre hervor.

Nach beendeter Verschiebung sind in diesem Gebiet folgende advektive Temperaturänderungen eingetreten: In der Schicht oberhalb der neuen Tropopausenlage — Abkühlung infolge Advektion kälterer Stratosphärenluft; in der Schicht zwischen der früheren und der neuen Tropopausenlage — Abkühlung infolge Ersatz wärmerer stratosphärischer durch kältere troposphärische Luft; in der Schicht unterhalb der alten Tropopausenlage — Erwärmung infolge Advektion wärmerer Troposphärenluft. In der bodennächsten Schicht kann noch eine Abkühlung durch Ausstrahlung (wie im zweiten der angeführten Fälle) hinzukommen. Außerdem ist es denkbar, daß sich an den geschilderten Temperaturänderungen auch dynamische Effekte beteiligen. — Unter den abgekühlten oberen Schichten baut sich dann hoher Druck auf, ohne daß die Drucksteigerung durch die Erwärmung der Troposphäre kompensiert werden kann.

Noch nicht ganz geklärt ist es allerdings, wieso es kommt, daß sich solche Ausläufer subtropischer Antizyklonen als Hochdruckinseln selbständig machen können. G. STÜVE 1933 hat zur Erklärung regional verstärkte Ausstrahlung der Stratosphäre herangezogen (siehe auch Abschnitt 68 e über die „Frankfurter Schule"). Weitere Untersuchungen dieser Vorgänge sind dringend erwünscht, da ihnen eine große Bedeutung für die Umgestaltungen der Großwetterlage zukommt.

e) Periodizität subtropischer und polarer Antizyklonen.

Schließlich sei bemerkt, daß das Vordringen subtropischer Antizyklonen von den Azoren nach Europa nicht selten einen gewissen Rhythmus aufweist: Hochdruckkerne, welche sich von der Azoren-Antizyklone loslösen, folgen in Intervallen von 7,2 Tagen aufeinander (L. WEICKMANN, 1924). Dies ist ein häufig zu beobachtender Vorgang, der allerdings selten länger als fünf aufeinanderfolgende Wochen andauert; nach einer Pause von mehreren Wochen stellt sich dann dieser Rhythmus oft neuerdings für eine Zeitlang her.

Auch im Erscheinen polarer Antizyklonen läßt sich eine gewisse Periodizität verzeichnen. Die ausgeprägtesten Antizyklonen dieses Typus entwickeln sich nicht zwischen den einzelnen Zyklonen, sondern hinter den einzelnen Zyklonenserien. Im Jahresdurchschnitt treten in Europa rund 65 Zyklonenserien auf. Das Auftauchen polarer Antizyklonen und ihr Einbruch in die Subtropen erfolgt daher in Abständen von durchschnittlich $5^1/_2$ Tagen.

Literatur zu Abschnitt 67.

Über Antizyklonen sei folgende Auswahl aus der Literatur angeführt: BROUNOW 1886, HANZLÍK 1908, v. FICKER 1910, 1911 (2), 1920 (1), EXNER 1921, v. FICKER 1922, J. BJERKNES and SOLBERG 1922, STÜVE 1922, WEICKMANN 1924, EXNER 1925, MÜGGE 1927, KHANEWSKY 1929, RUNGE 1931 (1), 1931 (2), 1932, BROOKS 1932, V. BJERKNES-J. BJERKNES-SOLBERG-BERGERON 1933, STÜVE 1933 (1), LUDWIG 1935, WEXLER 1937, RODEWALD 1938 (2).

Über Äquatorialfront und Äquatoriales System: SCHMAUSS 1921, 1922, v. FICKER 1924, STÜVE 1924.

68. Frontalstörungen und Stratosphäre.

a) Druck- und Temperaturveränderlichkeit in den hohen Schichten.

Die statistische Bearbeitung des aerologischen Materials ergibt eine erhebliche Veränderlichkeit von Druck und Temperatur in der oberen Troposphäre und unteren Stratosphäre. So beträgt z. B. nach B. HAURWITZ 1927 und B. HAURWITZ und W. E. TURNBULL 1938 die mittlere interdiurne Veränderlichkeit des Drucks am Boden in Mitteleuropa (ME) 5,1, in Nordamerika (NA) 4,9 mb, in 8 km Höhe in ME 4,7, in NA 4,9 mb, in 12 km Höhe in ME 3,5, in NA 3,9 mb.

Sehen wir ganz ab von dem vorhin beschriebenen gelegentlichen Auskeilen der subtropischen Antizyklonen, welches mit einer Veränderung der Großwetterlage zusammenhängt, so ist es von vornherein klar, daß zum mindesten ein großer Teil dieser Druckschwankungen mit jenen Störungen zusammenhängen wird, welche sich an den troposphärischen Fronten ausbilden. Es wurde bereits in Abschnitt 64 e gezeigt, wie die Zyklonen durch die bei ihrer Bildung entstehenden Vertikalbewegungen und Divergenzerscheinungen selbst Störungen des oberen Druckfeldes und Wellenbildungen der Tropopause hervorrufen. Wir haben also gemäß der Theorie von J. Bjerknes 1937 die bei der Entwicklung der beweglichen Zyklonen und Antizyklonen in den gemäßigten Breiten entstehenden Tropopausenwellen nur als „sekundäre" Begleiterscheinungen, als „Reflexe" frontaler Vorgänge angesehen.

In der oberen Troposphäre und der unteren Stratosphäre machen sich aber auch sehr intensive Temperaturschwankungen geltend. Die interdiurne Veränderlichkeit der Temperatur beträgt nach B. Haurwitz 1927 und B. Haurwitz und W. E. Turnbull 1938 an der Erdoberfläche in Mitteleuropa 2,0°, in Nordamerika 3,6°, in 8 km Höhe in ME 3,8°, in NA 3,6°, in 12 km in ME 4,1°, in NA 4,3° C.[1] Diese erhebliche Temperaturveränderlichkeit in der Höhe kann zwei Ursachen haben. Vor allem kann sie von einem *advektiven Wechsel verschieden temperierter Luftmassen* herrühren. Es wird sich dabei um ganz ähnliche Vorgänge handeln, als wie sie in Abschnitt 67 d für das gelegentliche Auskeilen subtropischer Antizyklonen in

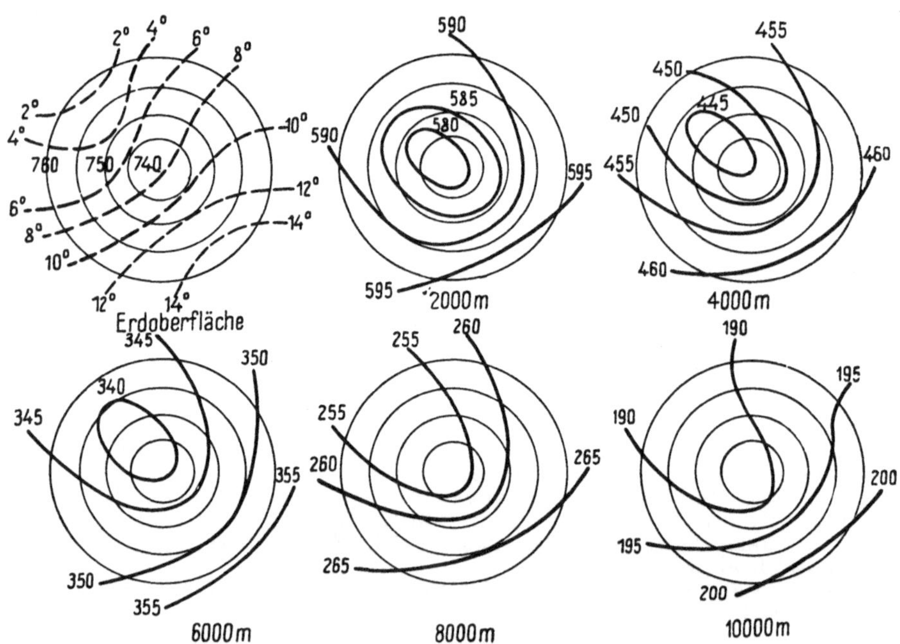

Abb. 187. Änderung des Druckfeldes der Zyklone mit der Höhe. (Nach Angot.)

höhere Breiten beschrieben worden sind, nur wird der Vorstoß und Rückzug des äquatorialen Systems, der mit dem Vorbeizug *beweglicher* Zyklonen und Antizyklonen verbunden ist, nicht primärer Natur, sondern einfach der thermische Ausdruck der erzwungenen Tropopausenwellen sein. Anderseits können die Tem-

---

[1] In noch größeren Höhen nimmt die interdiurne Temperaturveränderlichkeit wieder ab.

peraturänderungen in den oberen Schichten auch von intensiven *vertikalen Luftverlagerungen* herrühren, deren Existenz E. PALMÉN 1931 bis 1932 nachgewiesen hat.

Wir werden schließlich zu einer Synthese dieser Erscheinungen nach PALMÉNS dynamischer Theorie der Tropopausenwellen (Unterabschnitt d) gelangen.

b) Stromlinienverlauf in der Höhe über jungen und alten Luftdruckgebilden.

Im folgenden sollen noch einmal die zahlreichen Einzelheiten über das zyklonale und antizyklonale Strömungsfeld zu einem allgemeinen Überblick zusammengefaßt werden. Den Ausgangspunkt bilden einige ältere Untersuchungen statistischen Charakters.

Statistische Untersuchungen zeigen, daß im Cirrusniveau, d. i. im oberen Teil der Troposphäre, der Stromlinienverlauf über den Zyklonen auch im Durchschnitt noch zyklonalen Charakter hat. Daraus folgt, daß eine mehr oder minder große Zahl von Druckdepressionen nicht nur die untere Hälfte der Troposphäre einnimmt, sondern auch deren obere Schichten, vielleicht sogar auch den unteren Teil der Stratosphäre erfaßt. Das gleiche Ergebnis brachte auch eine synoptisch-aerologische Untersuchung TH. HESSELBERGS 1913 über den Cirruszug ober Zyklonen. Zu bemerken ist allerdings, daß in sich abgeschlossene Isobarenformen, also wirkliche Zyklonenzentren, in den obersten Troposphärenschichten nicht häufig sind. Gewöhnlich handelt es sich nur um südwärts gerichtete Ausbuchtungen der im allgemeinen west-östlich verlaufenden Höhenisobaren, also um Ausläufer des oberen zirkumpolaren Tiefdrucks.

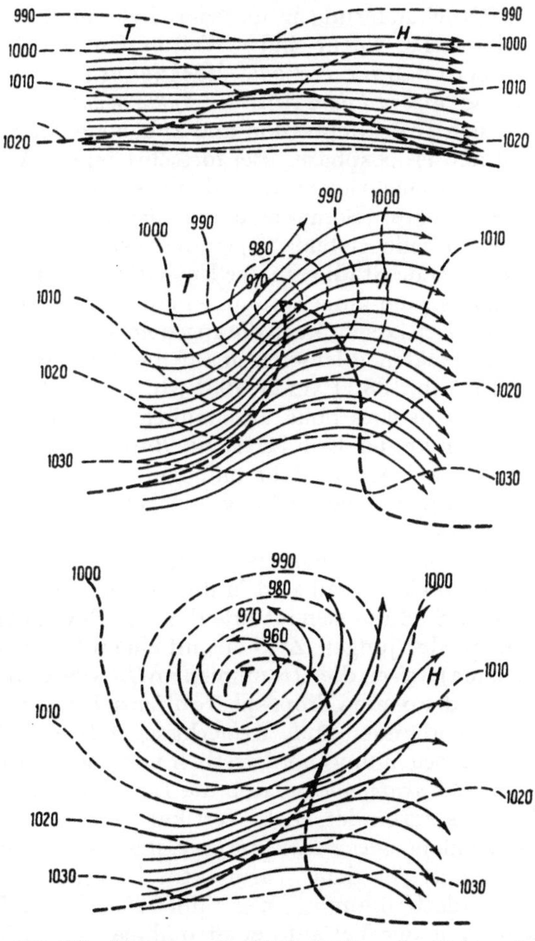

In Abb. 187 ist (nach ANGOT) der Isobarenverlauf in 2, 4, 6, 8 und 10 km Höhe über einer kreisförmigen Bodenzyklone von bestimmter horizontaler Temperaturverteilung dargestellt. Zugrunde gelegt wurde ein in allen Zyklonensektoren gleicher vertikaler Temperaturgradient von 0,6°/100 m. Bei Verwendung eines noch größeren Gradienten, wie er in Polarluftzyklonen vorhanden zu sein pflegt, würden sich die dargestellten Isobarendeformationen in der Höhe noch charakteristischer gestalten.

Abb. 188. Stromlinien im *Ci*-Niveau über einer Zyklone in verschiedenen Stadien ihrer Entwicklung.
[Nach PALMÉN 1931 (*3*).]

Die zyklonalen Störungen (wie auch die Antizyklonen) hat man nach den Höhen, welche sie erreichen, oft in zwei ihrer Herkunft nach verschiedene Typen eingeteilt:

in niedrige und hohe. Den niedrigen schrieb man meist rein thermische Struktur zu (Druckfall durch Ersatz der Kaltluft durch Warmluft). Die hohen Störungen erklärte man dagegen durch dynamische Effekte. Nach der Entdeckung der frontalen Zyklonenbildung hat man verschiedentlich versucht, die frontalen Zyklonen mit dem erstgenannten Typus zu identifizieren und den hohen Zyklonen eine andere, nicht frontale Herkunft zuzuschreiben. Analog hat man die beweglichen, in die Kaltluft zwischen den frontalen Zyklonen eingebetteten „niedrigen" Antizyklonen den hohen „dynamischen" Antizyklonen subtropischer Herkunft gegenübergestellt.

Daß eine solche Gegenüberstellung unbegründet ist, wurde jedoch bald nachgewiesen. H. v. Ficker hat in einer großen Reihe von Arbeiten seit 1920 gezeigt, daß die frontalen Zyklonen einen „zusammengesetzten" Charakter haben, d. h. daß die Druckänderungen in jeder Zyklone und Antizyklone teils thermischer, teils dynamischer Natur sind.[1] Weitere Untersuchungen (besonders von Palmén) haben ergeben, daß die *vertikale Mächtigkeit einer Zyklone vom Stadium ihrer Entwicklung abhängt und mit dem Alter der Zyklone zunimmt.* Im Fall einer Frontalwelle beschränken sich Druckdepression und zyklonale Störung des Stromfeldes auf den untersten Teil der Troposphäre. Bei fortschreitender Verwirbelung der Zyklone wächst deren vertikale Mächtigkeit an und erreicht nach der Okklusion die unteren Schichten der Stratosphäre. Somit sind die niedrige und die hohe Zyklone einander nicht als wesensfremde Gebilde gegenüberzustellen. Sie sind vielmehr ineinander allmählich übergehende Stadien in der Entwicklung ein und derselben frontalen Störung. Hohe Zyklonen, die ohne Zusammenhang mit Fronten entstehen, haben sich bisher nicht nachweisen lassen; auch die anscheinend symmetrischen und fast unbeweglichen hohen Zentralzyklonen lassen sich auf die Zyklonentätigkeit an den Fronten zurückführen.

In Abb. 188 [Palmén 1931 (*3*)] ist der Vorgang der Verwandlung einer niedrigen Zyklone in eine hohe anschaulich dargestellt. Durch gestrichelte Linien sind die Isobaren an der Erdoberfläche, durch ausgezogene Linien die Stromlinien im Cirrusniveau, welche ungefähr mit den Isobaren in diesem Niveau übereinstimmen, veranschaulicht. Die dicke gestrichelte Linie gibt den Frontverlauf auf der Bodenwetterkarte.

Das obere Schema zeigt eine noch nicht verwirbelte Frontalwelle. Die Stromlinien im Ci-Niveau sind in ihrem allgemein west-östlichen Verlauf kaum gestört. In diesem Stadium stimmt offenbar die Bewegungsrichtung der Störung mit ihnen überein. In der jungen Zyklone mit einem Warmsektor an der Erdoberfläche (mittleres Schema) weisen die Stromlinien im Ci-Niveau bereits eine merkliche Störung auf, trotzdem in der oberen Troposphäre offensichtlich noch keine geschlossenen zyklonalen Isobaren vorhanden sind. Bemerkt sei, daß der tiefste Druck im Ci-Niveau (Buchstabe T auf der Zeichnung) nordwestlich vom unteren Zyklonenzentrum liegt. Dies bedeutet, daß die *Zyklonenachse*, d. i. die Linie, welche die Tiefdruckzentren in verschiedenen Niveaus verbindet, nicht vertikal steht, sondern mit Bezug auf die Fortbewegung der Zyklone *nach rückwärts geneigt* ist (siehe bereits Angots Darstellung in Abb. 187). Über und vor dem Warmsektor haben die Stromlinien im Ci-Niveau sogar *antizyklonale* Krümmung, hier findet sich in der Höhe der Tropopause ein Hochdruckkeil. Wie der Verlauf der Stromlinien zeigt, fällt die Zugrichtung der ersten Ci vor der Warmfront nicht mit der Bewegungsrichtung der Zyklone zusammen, sondern ist gegen diese nach rechts abgelenkt. Die Zyklone selbst wandert dem Isobarenverlauf im Warmsektor entlang.

---

[1] H. v. Ficker hat sich selbst nach Zerlegung der Druckschwankungen in primäre und sekundäre (siehe Abschnitt 15) und nach Identifizierung der sekundären Schwankungen mit den thermischen (advektiv-troposphärischen) Schwankungen kein einziges Mal mit Bestimmtheit darüber ausgesprochen, welche der beiden Schwankungen *ihrer Herkunft nach* primär sei. Siehe auch Unterabschnitt c.

Im Okklusionsstadium (unteres Schema) ist die Störung in der oberen Troposphäre bereits so gut entwickelt, daß sich im *Ci*-Niveau geschlossene zyklonale Stromlinien und ebensolche Isobaren finden. Das Depressionszentrum im *Ci*-Niveau fällt jetzt mit dem unteren Störungszentrum, das nun bereits innerhalb der Kaltluft liegt, fast ganz zusammen, d. h. die Neigung der Zyklonenachse ist steiler geworden.

Das Schema PALMÉNs findet eine schlagende Bestätigung durch den konkreten Fall vom 16. und 17. Februar 1935, für welchen der tatsächliche Stromlinienverlauf der Tropikluft (es handelte sich um eine Polarfrontzyklone) bereits in Abb. 175 dargestellt worden war.

Analoges gilt, wie bereits im vorhergehenden Abschnitt erwähnt, *auch für die wandernde Antizyklone*. Das bewegliche, in die Kaltluft eingebettete Zwischenhoch beschränkt sich auf die unteren Schichten der Troposphäre. Bei fortschreitendem Stationärwerden verwandelt es sich jedoch in eine hohe Antizyklone. Seine Höhenachse, ursprünglich nach rückwärts geneigt, richtet sich dabei auf.

Die allmähliche Aufrichtung der Höhenachse der Luftdruckgebilde im Verlauf ihres Alterns rührt davon her, daß die oberen Druckstörungen die unteren während

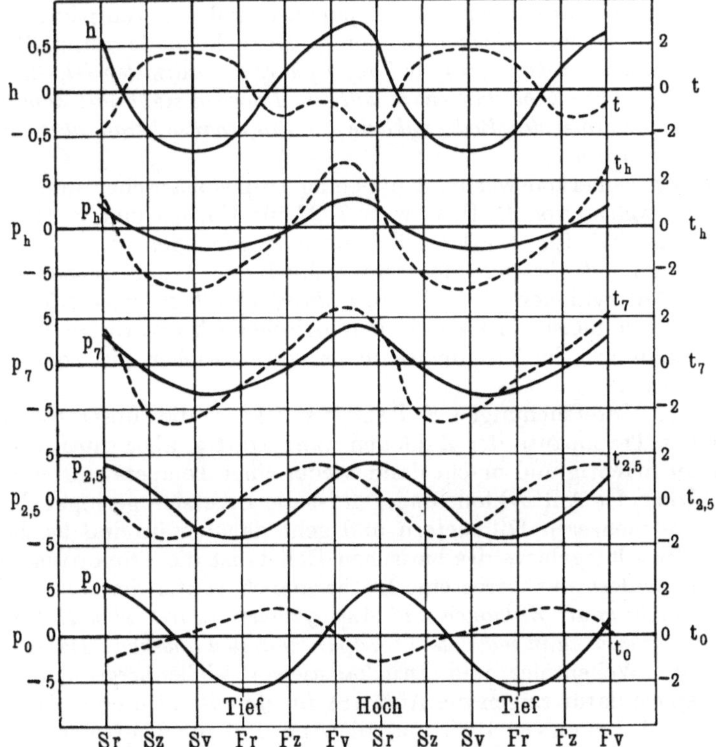

Abb. 189. Untere drei Kurvenpaare: Abweichung des Drucks (ausgezogen) und der Temperatur (gestrichelt) vom Mittelwert in den Niveaus 0, 2,5, 7 km und unter der Tropopause in ostwärts wandernden Hochs und Tiefs. Oberstes Kurvenpaar: Entsprechende Abweichung der Höhe der Tropopause (ausgezogen) und der Temperatur der Substratosphäre (gestrichelt) vom Mittelwert. (Nach EXNER 1925.)

deren Stationärwerden einholen; es gleicht sich somit die Phasendifferenz zwischen den Druckschwankungen am Boden und im Niveau der Tropopause mit der Zeit aus (in PALMÉNs Schema in Abb. 188 ist ersichtlich, wie die obere zyklonale Störung der

Stromlinien allmählich mit dem unteren Zyklonenzentrum zur Deckung kommt).
H. Runge 1931 (*1*) hat gezeigt, daß sich die Höhenachse einer stationär werdenden
intensiven Antizyklone schließlich sogar nach vorne überneigen kann.

c) Koppelung der troposphärischen und stratosphärischen Vorgänge. Kinematische Theorie der Tropopausenwellen.

Die Rückwärtsneigung der Höhenachsen wandernder Hoch- und Tiefdruckgebiete geht auch aus dem Vertikalschema der Druck- und Temperaturverteilung
hervor, welches F. M. Exner 1925 auf Grund der klassischen Ergebnisse A. Sched-
lers 1921 entworfen hat (Abb. 189). Demgegenüber sind die Höhenachsen der
gleichzeitigen Temperaturwellen mit der Höhe nach vorwärts verschoben, so daß die
Temperaturextreme schließlich an der oberen Troposphärengrenze mit den gleichsinnigen Druckextremen zusammenfallen. Die stärkste Vorverschiebung erfolgt
schon in so geringer Höhe, daß — der Statistik auch anderer Autoren nach —
in der weitaus überwiegenden Zahl aller Fälle sich der Druck im 9-km-Niveau und
die Mitteltemperatur der ganzen Luftsäule darunter gleichsinnig ändern.

Besondere Aufmerksamkeit verdient in Abb. 189 das oberste Kurvenpaar,
welches die Höhenschwankungen der Tropopause und die Temperaturänderungen
der Substratosphäre beim Vorbeizug der Luftdruckgebilde darstellt. Es zeigt,
daß *hinter der Bodenantizyklone, wo die Troposphäre am wärmsten ist, die Tropopause
am höchsten liegt und die Substratosphäre kalt ist. Dagegen sinkt über dem troposphärischen Kaltluftkörper hinter der Bodenzyklone die Tropopause herab, aber die Substratosphäre darüber ist warm.*
Infolge dieser bemerkenswerten Koppelung troposphärischer und stratosphärischer Vorgänge, welche von B. Haurwitz 1927 für Europa und B. Haurwitz und
W. E. Turnbull 1938 für Nordamerika einer eingehenden statistischen Analyse
unterzogen worden ist, beträgt der Unterschied der Tropopausenhöhe zwischen
Zyklonen und Antizyklonen über Europa *durchschnittlich* etwa 2 km. Über den
Störungszentren, die meist nördlich der aerologischen Observatorien Europas liegen,
sind die Schwankungen der Tropopausenhöhe beträchtlicher und können hier sogar
5 km überschreiten.
Nach neueren Untersuchungen E. Palméns 1933 ist die substratosphärische In-
version über der Tropopause der Zyklonen zwar kräftig, aber durchschnittlich nur
einen Kilometer mächtig und macht dann wieder einer Temperaturabnahme mit der
Höhe Platz. Über der Antizyklone dagegen ist die Inversion geringer, hat aber eine
Mächtigkeit von mehreren Kilometern und geht darüber in eine Isothermie über.
Oberhalb der Zwischengebiete des barischen Reliefs ist die Tropopause nicht durch
eine Inversion, sondern nur durch eine Isothermie charakterisiert.
*Die beim Durchzug der Zyklonen und Antizyklonen auftretenden Höhenänderungen
der Stratosphärengrenze kann man als Tropopausenwellen ansehen.* Dabei entsprechen
Drucksenkungen Wellentäler und Druckanstiegen Wellenberge der Tropopause.
Konkrete Beispiele dafür zeigen die Abb. 184 für den Bereich eines Hochdruckkeils
am Boden nach J. Bjerknes 1932 und die Abb. 190 für das Gebiet einer Zyklone
mit offenem Warmsektor nach J. Bjerknes und E. Palmén 1937. Im erstgenannten
Fall ist die Tropopause über der troposphärischen Kaltluft bis auf 9500 m gesenkt
bei einer Temperatur von — 53°, über dem Warmsektor der vorhergehenden Zyklone
dagegen bis auf 12700 m gehoben bei — 71°. Im zweiten Fall schwankt die Tropopause zwischen 8100 m (— 47°) und 12300 m (— 74°). Die Rekonstruktion des Luft-
druckgangs in verschiedenen Höhen erweist die Übereinstimmung der Druckschwankung im 8- bis 10-km-Niveau mit der Höhenschwankung der Tropopause. Über dem
Warmsektor befindet sich ein Hochdruckrücken in Übereinstimmung mit dem anti-

zyklonalen Stromlinienverlauf der Abb. 175 (oben). Im Okklusionsstadium gleicht sich der Phasenunterschied zwischen der unteren und oberen Druckschwankung, wie bereits erwähnt, mehr oder weniger aus. Man sieht dies im linken Teil der schematischen Abb. 194, wo das Wellental der Tropopause mit dem Bodenzentrum der okkludierten Zyklone zusammenfällt.

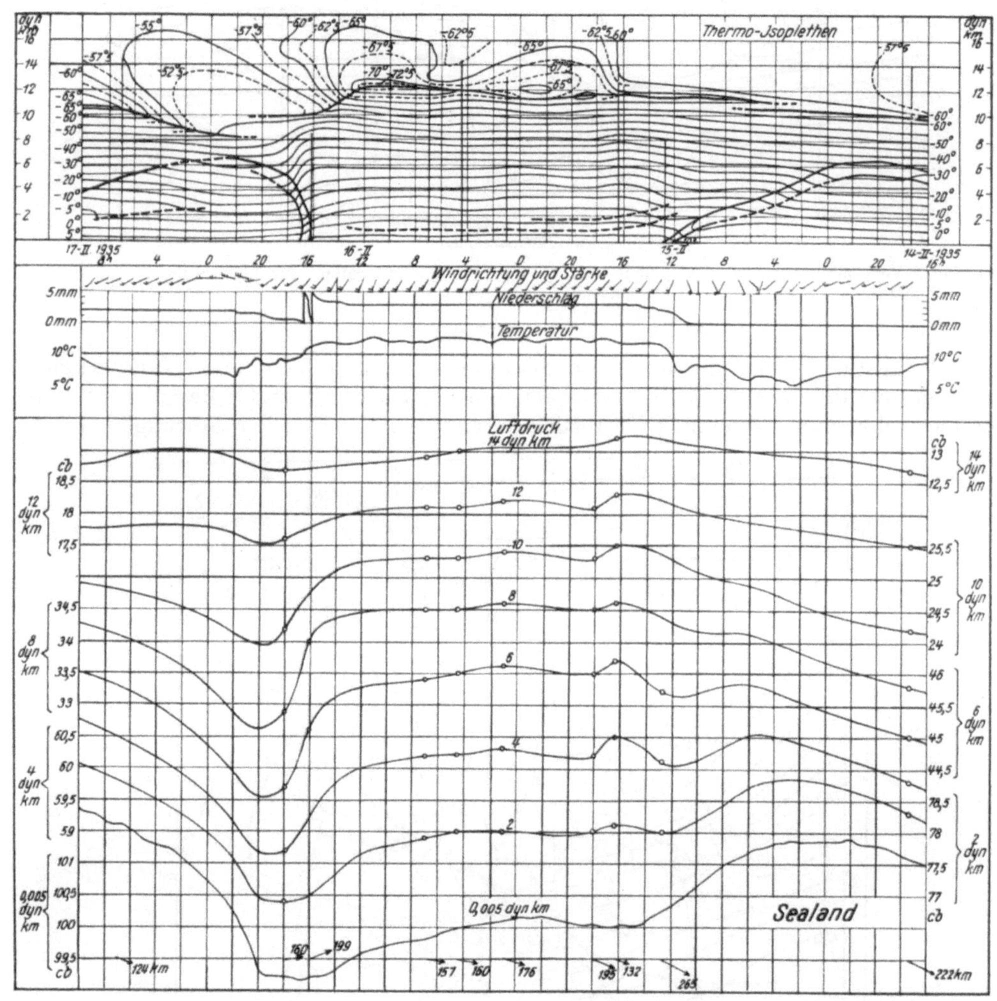

Abb. 190. Vertikalschnitt durch die Zyklone vom 14. bis 17. Februar 1935 nach Aufstiegen über Sealand; darunter Gang der meteorologischen Elemente am Erdboden und Luftdruckverlauf in verschiedenen Höhen. (Nach J. BJERKNES und PALMÉN 1937.)

In Fällen besonders mächtiger Störungen kann die Tropopause, wie bereits erwähnt, *sich beträchtlich aus ihrer mittleren Höhenlage entfernen.* Bereits in Abb. 176 konnte in dem von VAN MIEGHEM 1937 untersuchten Fall vom 24. bis 26. Januar 1935 ein Herabsinken der Tropopause unter 6 km bei Erwärmung auf — 45° gezeigt werden. In dem von E. PALMÉN 1931 (2) und 1933 näher untersuchten Fall der Zyklone vom 14. bis 16. April 1925 (vgl. Abb. 191 bzw. 195) senkte sich die Tropopause über der Zyklonenrückseite ähnlich tief herab, wobei ihre Temperatur bis auf

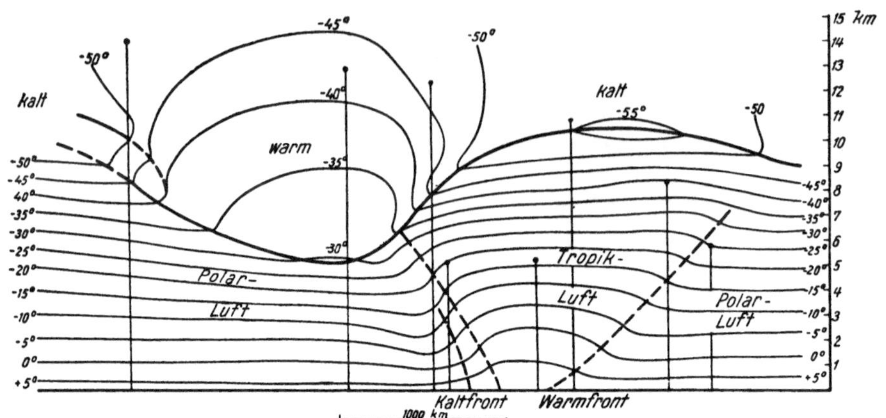

Abb. 191. Vertikalschnitt durch die Zyklone vom 14. bis 16. April 1925 entlang der Linie Sealand—Soesterberg. [Nach PALMÉN 1931 (2).]

— 35° anstieg.[1] Bei einem Stationärwerden der Zyklonen und Antizyklonen werden über ihnen auch diese stratosphärischen „Trichter" und „Berge" stationär und verschwinden allmählich bei fortschreitendem Erlöschen der Störungen selbst.

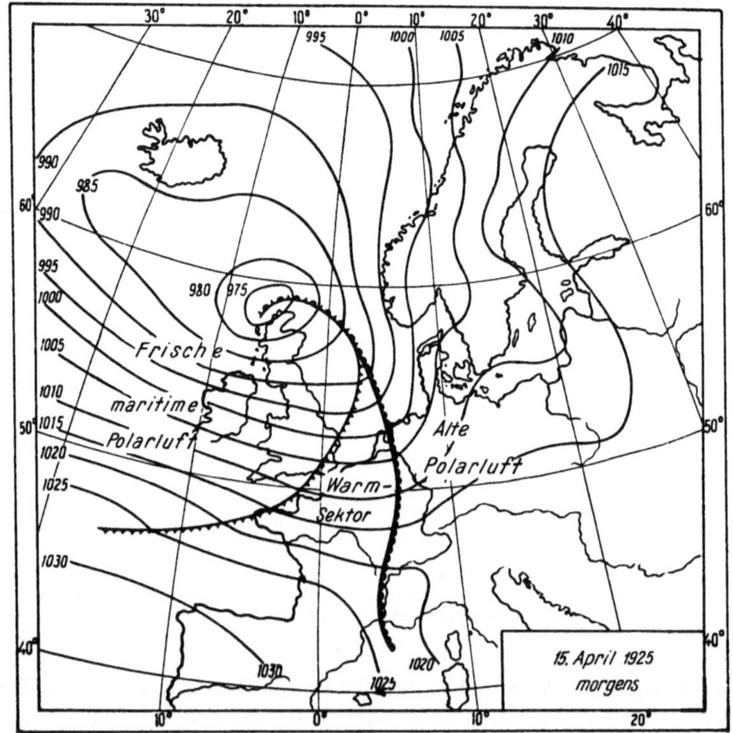

Abb. 192. Die Wetterlage vom 15. April 1925. (Nach PALMÉN 1933.)

---

[1] Auf einen besonderen Fall, dessen weitere Untersuchung sehr erwünscht wäre, hat R. SCHERHAG 1938 aufmerksam gemacht (Fall vom 17. Januar 1936). Es handelt sich anscheinend um eine schon stark verwirbelte Zyklone; in der Nähe ihres Zentrums

Das Zustandekommen der Tropopausenwellen hat zunächst J. BJERKNES 1932 *im wesentlichen auf einfache, durch die troposphärischen Fronten erzwungene Meridionalverlagerungen der Tropopause in horizontaler Richtung zurückgeführt.*

Die troposphärischen Zyklonen und Antizyklonen, welche längs der Polarfront von Westen nach Osten fortschreiten, rufen nämlich — infolge der mit ihnen verbundenen auf- und absteigenden Bewegungen der Tropikluft — in der oberen Troposphäre und unteren Stratosphäre wellenartige Krümmungen im Stromlinienverlauf des horizontalen Bewegungsfeldes hervor. Bei ihrem Durchzug verschiebt sich somit die Tropopause in horizontaler Richtung abwechselnd von Norden nach Süden und von Süden nach Norden. Wegen des wiederholt erwähnten allgemeinen Abfalls der Tropopausenfläche gegen den Pol (Abb. 186) findet man dann aus rein kinematischen Gründen dort, wo die tiefe und warme polare Stratosphäre nach Süden vorgedrungen ist (über der Rückseite der Zyklone und Vorderseite der Antizyklone), auch ein Wellental der Tropopause. Dagegen liegt dort, wo die hohe und kalte tropische Stratosphäre nordwärts vorgestoßen ist (über der Vorderseite der Zyklone), einen Wellenberg der Tropopause (siehe auch Abb. 169).

Es ergibt sich also nach dieser *kinematischen* Theorie folgendes Bild: die Polarfrontstörungen mit ihren bekannten Druckeffekten im unteren Teil der Troposphäre rufen Horizontalverschiebungen der Substratosphäre hervor, welche sich in erzwungenen Wellenbewegungen der Tropopause äußern und selbst Druckschwankungen in der Stratosphäre erzeugen. Die untere und die obere Druckwelle weisen zunächst eine Phasendifferenz von rund 90° auf. Sie sind nicht voneinander unabhängige Erscheinungen, sondern Äußerungen ein und desselben zyklogenetischen Prozesses. Mit der Zeit nimmt die

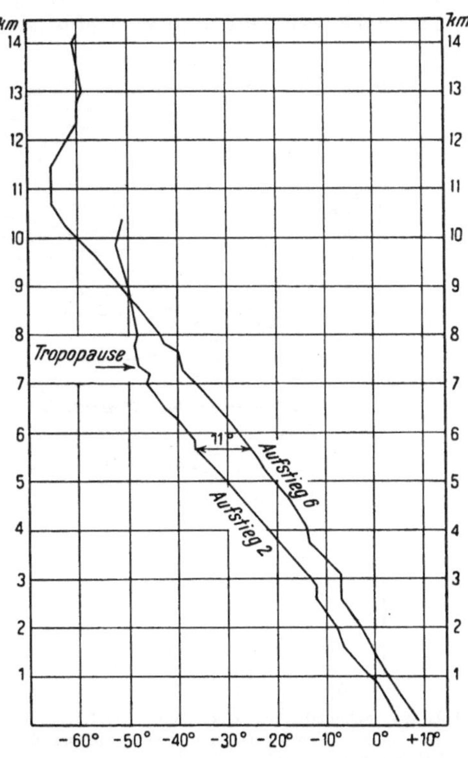

Abb. 193. Aufstiege in Polarluft der Vorderseite (2) und in Tropikluft des Warmsektors (6) der Zyklone vom 28. bis 30. März 1928. (Nach J. BJERKNES 1932.)

Phasendifferenz ab, da sich die Fortbewegung der unteren Welle verlangsamt; in der okkludierten Zyklone und in der stationär gewordenen Antizyklone fallen die Phasen beider Druckwellen annähernd zusammen. Die obere Welle verstärkt dabei die untere; die Zyklone erreicht jetzt ihre größte Tiefe und die Antizyklone ihre größte Intensität.[1]

---

lag die Tropopause über Lindenberg bei einem Bodendruck von 991 mb verhältnismäßig hoch (11,7 km) und war ausgesprochen kalt (—73°).

[1] Manchmal kann man erkennen, daß während des Stationärwerdens und der Ausfüllung der okkludierten Störung die Fall- und Steiggebiete des Drucks sich von ihr loslösen. In einem solchen Fall läßt sich annehmen, daß die erzwungenen Wellen der Tropopause *freie Wellen* hervorrufen, welche weiter fortschreiten. Doch sind dann natürlich auch diese freien Wellen sekundärer Herkunft.

d) Dynamische Theorie der Tropopausenwellen. Auflösung und Neubildung der Tropopause.

Die oben gegebene rein kinematische Deutung der Tropopausenwellen als Ergebnis meridionaler Verschiebungen der Stratosphäre reicht nicht aus, um eine so starke Senkung der Tropopause, wie z. B. vom 14. bis 16. April 1925 (vgl. Abb. 191) zu erklären. In diesem Fall sank die Stratosphäre in Mitteleuropa um 3 km unter jene Höhe, die sie am Pol einzunehmen pflegt; desgleichen war die Substratosphärentemperatur bedeutend höher als in Polnähe. Diese Abweichungen lassen sich nur durch die Annahme erklären, daß *bei den Höhenschwankungen der Tropopause auch Vertikalbewegungen eine wesentliche Rolle spielen*. Schon V. BJERKNES

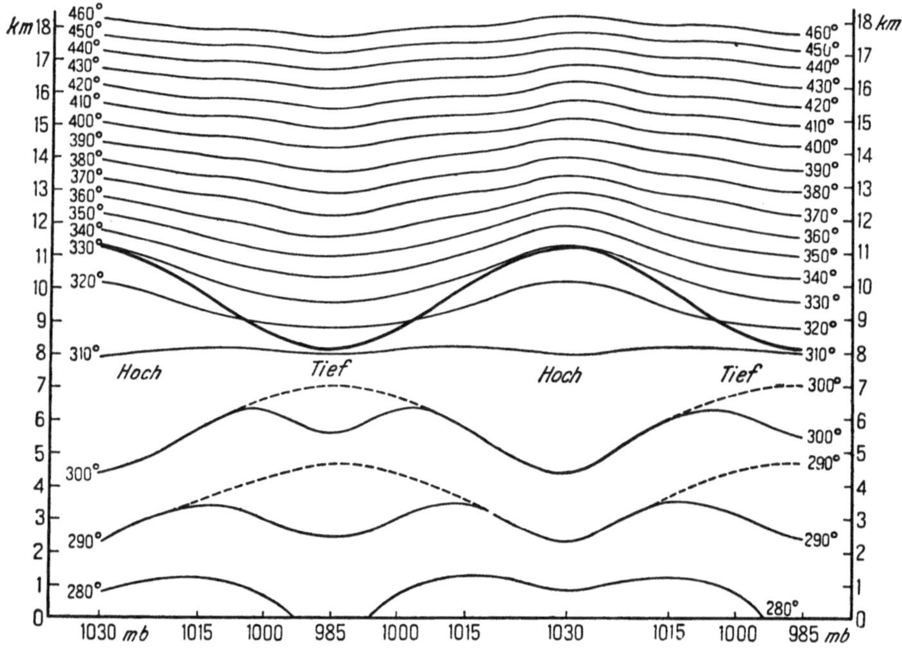

Abb. 194. Schematischer Querschnitt durch eine Polarluftzyklone und -antizyklone. Verteilung der potentiellen Temperaturen und Schwankung der Tropopausenhöhe. (Nach PALMÉN 1932.)

hat im Jahre 1921 solche Vorgänge theoretisch wahrscheinlich gemacht. E. PALMÉN 1932 ist dann auf Grund einer sehr sinnreichen und sorgfältigen Bearbeitung des aerologischen Materials zu wichtigen Ergebnissen über die Verteilung der Vertikalbewegungen in der oberen Troposphäre und unteren Stratosphäre gelangt.

Zu diesem Zweck hat PALMÉN aus dem englischen aerologischen Material der Wintermonate 1924 bis 1929 gesondert die Aufstiege in frontenfreier Polarluft (52) und in Tropikluft (13) bearbeitet, um Fälle mit erheblicheren advektiven Temperaturänderungen auszuschalten. Dabei wurde das Material nach dem Bodendruck gruppiert. Abb. 194 enthält die zugehörigen Tropopausenhöhen für *Polarluft*. Sie gibt also die Verhältnisse in gealterten Luftdruckgebilden, d. h. in *völlig okkludierten Zyklonen* bzw. in *hochreichenden Antizyklonen* wieder. Das Wellental der Tropopause hat sich daher bereits bis über das untere Druckminimum vorgeschoben und der Wellenberg über das untere Druckmaximum: Über dem zentralen Teil der Zyklone beginnt die Stratosphäre durchschnittlich in einer Höhe von 8,2 km bei einer Temperatur von 224° nach der absoluten Skala (mittlerer Druck am Boden 986 mb). Über dem zentralen Teil der Antizyklone (mittlerer Druck am Boden 1028 mb) liegt ihre Basis in einer Höhe 11,2 km bei einer Temperatur von 212°. In Tropikluft beträgt die durchschnittliche Tropopausenhöhe bei demselben mittleren Bodendruck sogar 12,5 km bei einer Temperatur von 204°. In den einzelnen bearbeiteten Fällen schwankte die Tropopausenhöhe von 6,9 km (beim tiefsten Druck in Polarluft) bis 14,0 km (beim höchsten Druck in Tropikluft).

In Abb. 194 sind außerdem (durch dünne Linien) die Isoplethen der potentiellen Temperatur veranschaulicht.

Die potentielle Temperatur ist somit in der Zyklone bis zu einer Höhe von 8 km im allgemeinen tiefer als in der Antizyklone. Das sekundäre Maximum (Einbiegung der Isoplethen nach unten) über der Zyklone rührt offenbar von der Kondensation des Wasserdampfes infolge der aufsteigenden Luftbewegung her. Gäbe es keine Kondensation, so würden die Isoplethen der potentiellen Temperatur in der Troposphäre etwa so verlaufen, wie es die gestrichelten Linien zeigen, nämlich sinusartig, über der Zyklone ansteigend und über der Antizyklone sinkend.

Ober dem 8-km-Niveau, wo die potentielle Temperatur überall annähernd gleich ist (310°), kehrt sich der Isoplethenverlauf um.

PALMÉN hat — unter der Voraussetzung, daß lediglich adiabatische Prozesse im Spiel sind — aus der obigen Verteilung der potentiellen Temperaturen in gealterten Luftdruckgebilden auf die vertikalen Luftbewegungen geschlossen, welche *während des Alterns* aufgetreten sein müssen. Eine Hebung der potentiellen Isothermen muß durch ein Aufsteigen, eine Senkung durch ein Absinken der Luft hervorgerufen worden sein. Es ergibt sich so, daß in einer sich vertiefenden Zyklone unterhalb 8 km Höhe Aufwärtsbewegungen, darüber Abwärtsbewegungen vorherrschen, und daß im Zwischengebiet — etwa zwischen 5 und 9 km Höhe — die Luft aus der Zyklone ausströmt. Die absteigende Luftbewegung in der Stratosphäre ist am stärksten zwischen 9 und 11 km Höhe; darüber muß also die Luft in die Zyklone einströmen. (Ein weiterer Einströmungsraum findet sich in der Zyklone bekanntlich in den bodennahen Schichten infolge der Reibung.)

In der Antizyklone sind die Verhältnisse gerade umgekehrt: Absteigende Luftbewegungen bis etwa 8 km Höhe, darüber Aufsteigen. Daher Einströmen der Luft in der oberen Troposphäre, Ausströmen in der Stratosphäre (außerdem in der untersten Troposphäre infolge Reibung).

Durch die Vertikalbewegungen oberhalb 8 km Höhe werden nach PALMÉN *die Tropopausenwellen bedingt*, und zwar durch die absteigenden über der Zyklone die Senkung, durch die aufsteigenden über der Antizyklone die Hebung der Tropopause. Es ist nun sehr bemerkenswert, daß die Änderungen der Tropopausenhöhe fast doppelt so groß sind als die aus dem Verlauf der potentiellen Isothermen resultierenden Luftverlagerungen (vgl. Abb. 194).

Möglicherweise ist dieser Unterschied darauf zurückzuführen, daß die Prozesse nicht, wie vorausgesetzt, adiabatisch verlaufen. So z. B. haben die über der Zyklone herabgesaugten Stratosphärenschichten eine tiefere Temperatur, als es einer adiabatischen Senkung entspräche. Man kann dies nun nach PALMÉN entweder damit erklären, daß Strahlungseinflüsse abkühlend gewirkt haben und die Senkung der Stratosphäre also in Wirklichkeit noch bedeutender war, als unter der Voraussetzung adiabatischer Vorgänge berechnet. Oder aber man ist genötigt anzunehmen — und PALMÉN gibt dieser Erklärung den Vorzug —, *daß sich die Tropopause über der Zyklone aufgelöst und sukzessive in tieferen Niveaus neugebildet hat* (siehe Abb. 195). Diese Neubildung erfolgt unter dem Einfluß eines Deformationsfeldes, welches infolge der aufsteigenden Bewegungen in der mittleren Troposphäre und der absteigenden Bewegungen darüber entstanden ist. *Umgekehrt sind die Verhältnisse über einer stationären Antizyklone, wo das vertikale Deformationsfeld die Auflösung der Tropopause im tieferen Niveau und die Neubildung in einem höheren veranlaßt.*

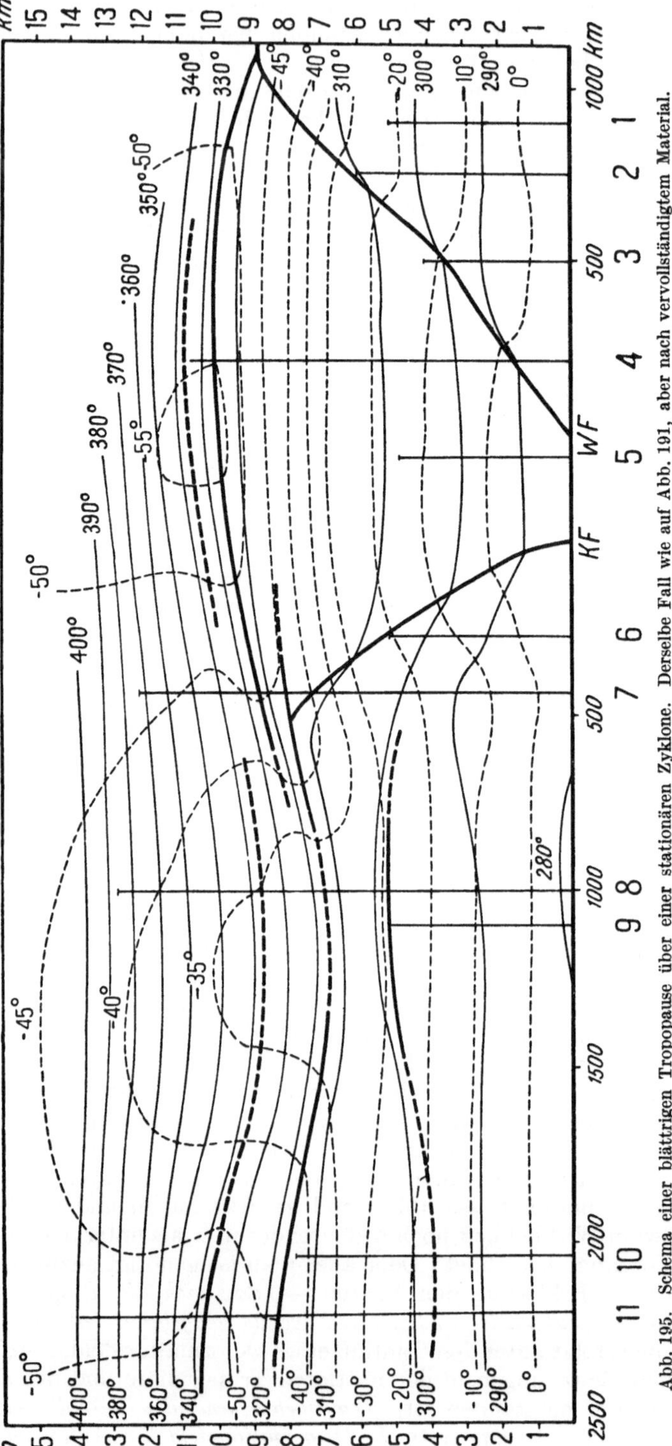

Abb. 195. Schema einer blättrigen Tropopause über einer stationären Zyklone. Derselbe Fall wie auf Abb. 191, aber nach vervollständigtem Material. (Nach PALMÉN 1933.)

Diese Erklärung für das *Zustandekommen von Tropopausentrichtern und Tropopausenhöckern* gewinnt in der letzten Zeit immer mehr an Wahrscheinlichkeit. Sie setzt voraus, daß die Tropopause über den Zyklonen und Antizyklonen nicht die Gestalt einer zusammenhängenden Fläche, sondern vielmehr *blättrige* Struktur hat und also aus zwei oder mehreren Flächen (dicke ausgezogene Linien in Abb. 195) mit Diskontinuitäten zwischen ihnen (dicke gestrichelte Linien) besteht. Bei der Hebung einer solchen *multiplen Tropopause* werden dann die oberen, bei der Senkung die unteren Flächen schärfer. Abb. 190 hat bereits, nach J. BJERKNES und E. PALMÉN 1937, diese Art der Tropopausenbildung über Sealand oberhalb der Zyklone vom 15. bis 17. Februar 1935 gezeigt. In diesem Fall handelt es sich natürlich ebenso wie in E. PALMÉNs Fall vom 14. bis 16. April 1925 um eine nicht vollständig verwirbelte Zyklone, in welcher der Tropopausentrichter noch nicht über dem Zyklonenzentrum angelangt ist, wie es PALMÉN in seinem Schema Abb. 194 voraussetzt.

Die *Rückbildung der Tropopausentrichter bzw. Tropopausenhöcker* über stationären Zyklonen bzw. Antizyklonen erfolgt durch „*Assimilierung*" in der von A. REFSDAL 1932 im Abschnitt 46 beschriebenen Weise, indem die in der Zyklone herabgesenkten stratosphärischen bzw. die in der Antizyklone emporgehobenen troposphärischen Schichten die Eigenschaften der Umgebung annehmen, woraufhin es zur Wiederherstellung der Tropopause in normaler Höhe kommt.

E. PALMÉN 1933 charakterisiert den Zusammenhang der troposphärischen und stratosphärischen Vorgänge bei der Zyklogenese folgendermaßen: „Im primären Entwicklungsstadium einer Zyklone herrschen offenbar die advektiven Vorgänge vor, indem die Temperaturänderungen hauptsächlich auf die meridionale Advektion zurückgeführt werden können... Die allgemeine troposphärische und stratosphärische Advektion repräsentiert hierbei ein einheitliches atmosphärisches Strömungssystem, in dem man nicht ohne weiteres zwischen ursächlich primär und sekundär unterscheiden kann... Bei beginnender Okklusion einer Zyklone treten allmählich die dynamisch bedingten Vertikalschwingungen in den Vordergrund, indem von diesem Stadium ab die Temperatur- und Druckschwankungen hauptsächlich auf der Verwirbelung der Zyklone beruhen."

e) Steuerung im allgemeinen und „stratosphärische Steuerung" im besonderen.

Wir haben in allen bisherigen Ausführungen daran festgehalten, daß die frontale Zyklonenbildung *selbständigen* Charakter hat und die entsprechenden meridionalen bzw. vertikalen Verlagerungen der Stratosphäre nur sekundäre Erscheinungen, gewissermaßen Reflexe der troposphärischen Vorgänge sind, daß also die über den Zyklonen und Antizyklonen beobachteten Tropopausenwellen nur von den Polarfrontwellen verursacht werden.

Demgegenüber vertritt eine Reihe deutscher Forscher die Auffassung, daß umgekehrt die troposphärischen Vorgänge von den stratosphärischen reguliert oder zum mindesten mitbestimmt werden. Über das Ausmaß dieser Abhängigkeit sind die Meinungen geteilt. Immerhin zeichnen sich in der letzten Zeit die Grenzen zwischen den deutschen Schulen, welche sich mit der Wechselwirkung zwischen stratosphärischen und troposphärischen Prozessen beschäftigen, deutlicher ab; das wesentliche ihrer Anschauungen soll im folgenden kurz beschrieben werden. In ihnen allen spielt der Begriff der „*Steuerung*" eine mehr oder minder große Rolle; in welcher Definition, werden die weiteren Ausführungen zeigen.

Die Auffassung v. FICKERs.

Das Verdienst, als erster darauf hingewiesen zu haben, daß innerhalb von Zyklonen troposphärische und stratosphärische Vorgänge miteinander gekoppelt sind, hat H. v. FICKER 1920 (*1*). Er konnte zunächst feststellen, daß Kälteeinbrüche in Rußland und Nordasien meist von einem Druckfall begleitet sind, daß also ihr thermisch-advektiver Druckanstieg überkompensiert sein muß von einem Druckfall in der Höhe. Diesen Nachweis konnte er durch Hinzuziehung mitteleuropäischen Gipfel- und Aufstiegsmaterials erweitern und zu einem Schema ausbauen, welches die *komplexe Natur der Druckschwankungen beim Vorbeizug von Zyklonen* wiedergibt. Die Schwankungen lassen sich aufspalten in eine untere „sekundär“ genannte, die thermischer Natur ist und vom Rückzug bzw. Vordringen niedrig-troposphärischer Kaltluft herrührt, und eine obere „primär“ genannte Schwankung, die ihren Sitz vermutlich in der Stratosphäre hat und von dort bis zum Boden durchgreift. In zwei von den sechs aufeinanderfolgenden Stadien des Schemas wird die sekundäre von der primären Schwankung überkompensiert: der Druck am Boden fällt nach dem niedrig-troposphärischen Kälteeinbruch noch eine Zeitlang weiter und er setzt anderseits sein Steigen noch etwas fort, nachdem in den tieferen Schichten bereits wieder Erwärmung eingetreten ist. Es können hierbei, zum Teil infolge orographischer Einflüsse, Phasenverschiebungen eintreten. Stets aber gibt dem Wetter das Vorhandensein eines oberen Fallgebietes einen zyklonalen und das Vorhandensein eines oberen Steiggebietes einen antizyklonalen Habitus.

Die oberen (stratosphärischen) Druckschwankungen identifiziert v. Ficker mit advektiven Verschiebungen des äquatorialen Systems. Das äquatoriale System (A. Schmauss 1921, 1922) ist — wie in Abschnitt 67 d näher ausgeführt — durch eine hochreichende, aber kalte Stratosphäre charakterisiert zum Unterschied vom polaren. Seine Annäherung ist daher in den hohen Schichten von einem Druckanstieg begleitet, der unter Umständen sehr bedeutend sein und sich trotz gleichzeitiger Erwärmung der mittleren Schichten fast ungeschwächt bis zum Boden durchsetzen kann.[1] Umgekehrt ist der Vorgang bei der Rückkehr des „polaren Systems“.

Der Ausdruck „*Steuerung*“ ist zum erstenmal von v. Ficker 1929 gebraucht worden, und zwar für die von seinen Mitarbeitern F. Gölles 1922 und H. Wagemann 1929 festgestellte und von ihm selbst aerologisch fundierte Erscheinung, daß ruhende Kaltluftmassen, die von einem oberen Fallgebiet in Bewegung gesetzt worden sind, durch das nachfolgende obere Steiggebiet aus ihrer Zugrichtung abgelenkt werden können. Die dabei von der oberen Druckschwankung durch Beeinflussung des unteren Gradienten wachgerufenen Beschleunigungen hat H. Ertel 1931 analysiert.[2]

---

[1] Bei Bearbeitung des bereits in Abschnitt 67 d beschriebenen Falles vom 13. bis 17. Januar 1930 kommt H. Thomas 1935 zur Ansicht, daß die kältere schwerere Stratosphäre die Troposphäre zusammengedrückt habe (daher adiabatische Erwärmung der mittleren Schichten) und daß die hierdurch bedingte Verkürzung der Luftsäule durch einen seitlichen Luftzufluß in die Stratosphäre wettgemacht wurde, wodurch erst die Größe der Druckzunahme erklärbar sei.

[2] Es sei hier erwähnt, daß H. Ertel 1936 eine neue Theorie der Luftdruckschwankungen am Boden gegeben hat, indem er diese in einen durch „reguläre (freie) Advektion“ und einen durch „singuläre Advektion“ entstandenen Anteil aufspaltet. Unter *singulärer Advektion* wird der Sprung des Impulsdichtevektors an einer atmosphärischen Diskontinuitätsfläche verstanden; ihr Druckäquivalent am Boden in der Zeiteinheit ist gleich der mit der Schwerebeschleunigung multiplizierten algebraischen Summe der Massenflüsse beiderseits der Diskontinuitätsfläche in einer Luftsäule vom Einheitsquerschnitt. Setzt man wegen der automatischen Anpassung des Windes in der freien Atmosphäre an den horizontalen Druckgradienten (Shawsches Theorem) die freie Advektion gleich Null, so erscheint die Bodendruckänderung nur von der singulären Advektion bedingt. V. Fickers „primäre“ Druckschwankungen wären dann mit dem Druckanteil der singulären Advektion an der stratosphärischen Diskontinuitätsfläche (Tropopause), seine „sekundären“ Druckschwankungen mit dem Druckanteil der singulären Advektion an den niedrig-troposphärischen Diskontinuitätsflächen (Front-

Wir sehen also, daß v. Ficker das Problem der Herkunft der Verschiebungen des äquatorialen Systems, also die Frage, ob die stratosphärischen Druckschwankungen von troposphärischen Luftmassenverlagerungen herrühren oder selbständigen Charakter haben,[1] durchaus offen läßt; die eigentliche „primäre" Ursache des ganzen komplexen Wettergeschehens verlegt er in den tropisch-troposphärischen Heizraum der Atmosphäre. Ferner beschränkt er den Begriff „Steuerung" ausschließlich auf jene Fälle, wo das stratosphärische Druckglied die troposphärischen Luftmassen anders bewegt, als es der eigengesetzlichen Bewegung ihres Systems entspricht. Wenn sich auch die oberen Druckschwankungen beim Vorstoß oder Rückzug von Kaltluftmassen, wie erwähnt, in einem gewissen zusätzlichen zyklonalen oder antizyklonalen Habitus geltend machen, so lehnt doch v. Ficker die im folgenden beschriebene Auffassung ab, daß das ganze troposphärische Wettergeschehen durch stratosphärische Vorgänge verursacht sei.

Die Frankfurter Schule. Die von G. Stüve 1926 (*2*) in seiner „Thermozyklogenese" begründete und von seinen Mitarbeitern (R. Mügge, F. Möller, E. Herrström, F. Baur, H. Philipps u. A.) weiter ausgebaute Auffassung geht vom allgemeinen Grundzustand der Atmosphäre im Meridionalschnitt aus. Dieser Grundzustand hat, da die Ausstrahlung der Stratosphäre und die Gegenstrahlung der Troposphäre äquatorwärts zunimmt, den Charakter eines einfachen baroklinen Massenfeldes mit polwärts abnehmendem Druck und allgemein west-östlicher Luftströmung in der Stratosphäre nördlich vom 30. Breitengrad. Die stratosphärische Westströmung übt dann eine *Bewegungssteuerung* auf das troposphärische Massenfeld aus; in diesem können sich Schichten von abweichender Strömung an der Steuerung der darunterliegenden Schichten beteiligen. Ist der Grundzustand durch sog. *selbständige Systeme*, d. s. einzelne große stationäre Hochdruckgebiete, gestört, so weicht auch die stratosphärische Strömung von der westlichen ab und umfließt das Hochdruckgebiet in antizyklonalem Sinn; dementsprechend ist die Steuerungsrichtung verändert.

Die Bewegungssteuerung wirkt sich als „*Führungskraft*" aus, d. h. die Bewegung der höheren Strömungen wird den tieferen ohne Energieübertragung aufgeprägt. Unter Energieverbrauch verlaufen erst die sog. *Umsteuerungen*, Veränderungen in der bisherigen Steuerungsrichtung, hervorgerufen durch mehr oder minder großzügige Umgestaltungen der stratosphärischen Massenverteilung, mit anderen Worten durch Verlagerungen der „selbständigen Systeme" etwa infolge lokaler Veränderungen im Wärmehaushalt der Stratosphäre.

Das Ergebnis ist in jedem Fall, daß die durch die obere Luftmassenverteilung bedingte „*Führungsströmung*" oder „*Grundströmung*" die darunterliegenden Massensysteme mitführt, steuert, mit ihren Fronten und Druckgebilden, vor allem aber mit ihren Druckänderungsfeldern, den Steig- und Fallgebieten, sei es daß diese hoch sitzen als Tropopausenwellen, oder tief als Polarfrontwellen. Die ersteren werden vorwiegend mit den 24stündigen, die letzteren mit den 3stündigen Isallobarengebieten identifiziert und Baur 1936 hat Fälle von „Doppelsteuerung" nachgewiesen, wo die stratosphärische für die ersteren maßgebende Führungsströmung durch die Mitwirkung tieferer Schichten in 5000 m Höhe so verändert war, daß die 3stündigen Isallobarengebiete eine abweichende Zugrichtung hatten.

---

flächen) des atmosphärischen Impulsdichtefeldes zu identifizieren. Es hat sich in der Folge gezeigt, daß die freie Advektion nicht ohne weiteres vernachlässigt werden kann. Nichtsdestoweniger konnte Ertel 1939 aus seiner Theorie eine Regel für die Steuerung von Luftdruckgebilden durch die Tropopause ableiten. Diese Regel erscheint in Abschnitt 74 als Regel 177.

[1] Es gibt von A. Defant 1923, 1926 (*1*) theoretische Lösungen für beide Fälle, wobei die stratosphärischen Schwingungen als Gravitationswellen aufgefaßt werden.

Nach Ansicht der Frankfurter Schule wird aber von der Höhe aus nicht nur die Bewegung der genannten Systeme, sondern *das Wetter als solches gesteuert*, d. h. beeinflußt. Eine solche Beeinflussung findet dann statt, wenn über die Massen hohe Steig- und Fallgebiete oder aber wenn die Massen unter Ungleichmäßigkeiten der oberen Massenverteilung hinwegziehen. In diesen Fällen werden von oben her wetterwirksame Mechanismen ausgelöst, vor allem Zirkulationsbeschleunigungen an Flächen gleicher potentieller Temperatur („Gleitsteuerung") und Konvergenzen bzw. Divergenzen, welche beide als Vertikalbewegungen gewissermaßen die betroffenen Luftmassen „mobilisieren", wobei auch deren mehr oder minder labile Schichtung eine Rolle spielt. Zyklonale wetterwirksame Mechanismen (Gleitbewegungen aktiver Art, Zyklogenese) sind begünstigt im sog. polaren, antizyklonale (Gleitbewegungen passiver Art, Zyklolyse) im sog. subtropischen Westwettertypus, beide mit hohem Druck und hoher Temperatur im Süden. Der erstere Typus ist durch Druckfall im Norden der letztere durch Druckfall im Süden charakterisiert.

Das Zustandekommen der oberen Druckwellen, die *Zyklogenese*, erklärt MÜGGE 1938 (*1*), 1938 (*2*) dadurch, daß sich innerhalb der von dem allgemeinen Wärmehaushalt auf der rotierenden Erde in Gang gehaltenen und zunächst laminaren Grundströmung an höher liegenden Inversionen (nicht Fronten!) Wellen bilden, welche unter gewissen Bedingungen instabil werden können — ähnlich wie sich aus *Cu* gegebenenfalls isolierte *Cb* entwickeln. Allgemein günstig sind, nach STÜVE und MÜGGE 1934, für Zyklogenese die gemäßigten Breiten, und zwar deshalb, weil hier oberhalb der Tropopause im Durchschnitt eine besonders starke Häufung von Solenoiden auftritt (siehe Abb. 196). Eine hydromechanische Theorie der Entstehung geschlossener troposphärischer Drucksysteme infolge von Druckwellen im Tropopausenniveau hat PHILIPPS 1936 gegeben.

Die Leipziger Schule. Die Grundlage für die seitens dieser Schule durch K. SCHMIEDEL 1937 zum Ausdruck gebrachte Auffassung über den Zusammenhang zwischen troposphärischen und stratosphärischen Druckwellen geht zurück auf die Entdeckung von *Symmetriepunkten* im Luftdruckgang durch L. WEICKMANN 1924, ferner auf die daran anschließende Feststellung verschieden langer und verschieden gearteter Wetterwellen im Luftmeer durch WEICKMANN selbst sowie durch seine Mitarbeiter P. MILDNER, K. LEHMANN, B. HAURWITZ, H. LETTAU, F. MODEL u. A. Es läßt sich zeigen, daß eine einzelne Luftdruckkurve in mehrere elementare Sinusschwingungen von verschiedenen aber in rationalem Verhältnis zueinander stehenden Perioden zerlegt werden kann. Dort, wo die Extreme oder aber die Nullstellen (selten!) aller Teilschwingungen, zumindest jener von großer Amplitude, zusammenfallen, liegt ein Symmetriepunkt des Luftdruckganges vor, von dem aus letzterer für längere Zeit (rund 1 Monat) nach beiden Seiten hin symmetrisch verläuft. Folgen, z. B. innerhalb eines und desselben Winters, mehrere Symmetriepunkte aufeinander, so gibt das zwischen zweien liegende Zeitintervall die Wellenlänge der Grundperiode an, als ganzes Vielfaches aller Teilperioden. Die Erfahrung hat bei entsprechender Kritik gezeigt, daß für die atmosphärischen Wellen die Perioden von 72, 36, 24, 20, 8, 6 und 2—4 Tagen charakteristisch sind.

Man ist dann bald dazu übergegangen, die Amplitude und Phase dieser Schwingungen synoptisch darzustellen; die synoptische Darstellung beschränkt sich auf *Symmetriegebiete*, d. s. jene Gebiete, in denen das Wetter in großen Zügen und oft bis in Einzelheiten symmetrisch in bezug auf die Tage der Symmetriepunkte verläuft. Solche Untersuchungen haben bisher dargetan, daß von den Wellen der oben genannten Perioden die ersten beiden stehende, die letzten drei fortschreitende Wellen sind, während die mittleren (24- und 20tägiger Periode) einen Zwischencharakter haben. Überdies ließ sich zeigen, daß die 36tägige stehende Schwingung eine Erscheinung des kontinental-maritimen Systems ist und gewissermaßen eine zonale

(längs der Breitenkreise gerichtete) Schaukelbewegung der Atmosphäre vorstellt, wogegen die 24tägige durch eine wellenförmige Ausbreitung von Polar-
luftausbrüchen in meridionaler Richtung bedingt ist. Wegen weiterer Details

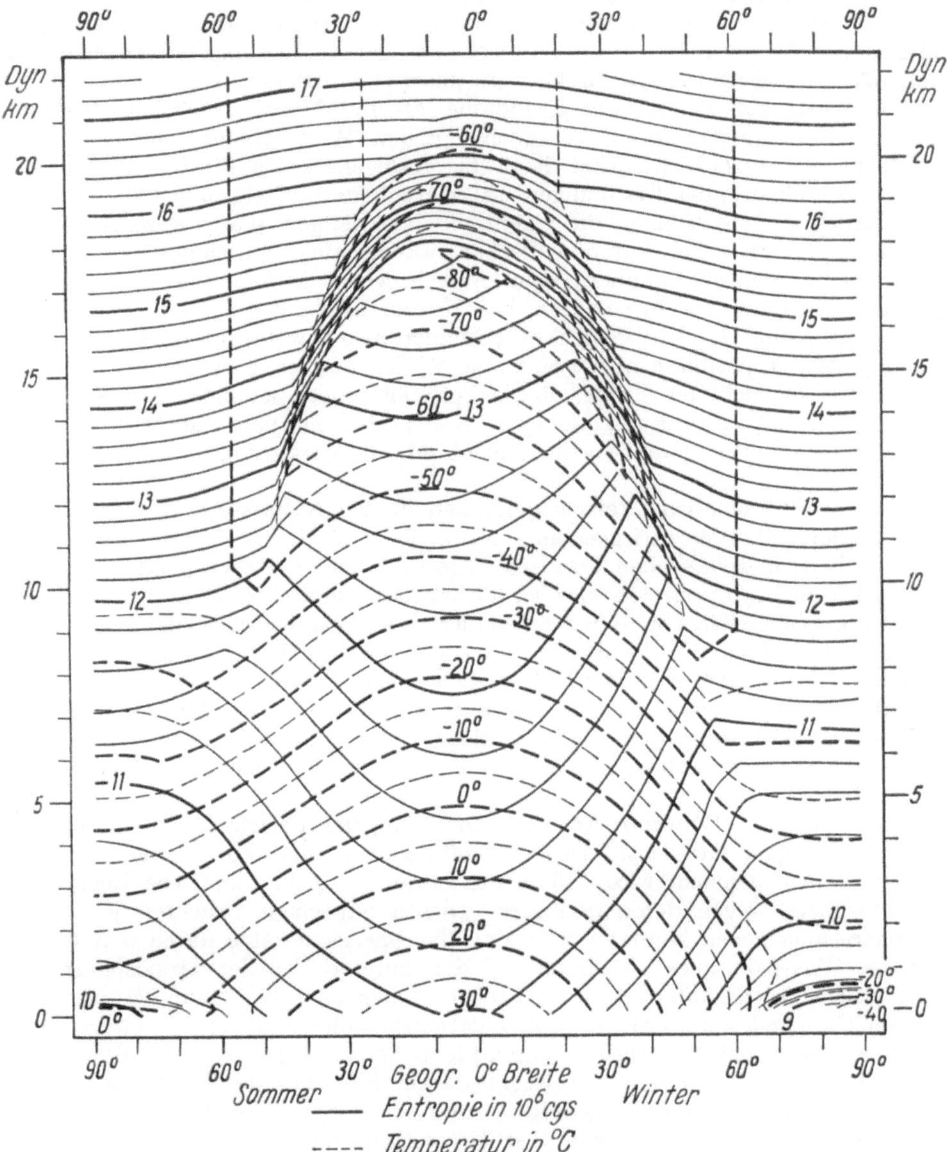

Abb. 196. Isotherm-isentropische Solenoide in der Atmosphäre der Nordhalbkugel im Sommer und im Winter.
(Nach Stüve und Mügge 1934.)

sei auf die Veröffentlichungen des Geophysikalischen Instituts der Universität
Leipzig verwiesen.

Schmiedel 1937 hat nur gefunden, daß innerhalb des Bereichs des Symmetrie-
gebietes die Steuerung der Fall- und Steiggebiete in gleichen Abständen vom
Symmetrietag ähnliche Züge aufweist. Mit anderen Worten: Nach dem Symmetrie-

tag ändert sich der Steuerungscharakter in umgekehrter (spiegelbildlicher) Reihenfolge im Vergleich zur Zeit vor dem Symmetrietag. Man kann also von einer *Steuerungssymmetrie* sprechen. Die ganze Erscheinung ist eine Wirkung langperiodischer, praktisch stehender Schwingungen, insbesondere der 36- und 72tägigen Luftdruckwelle, welche somit als *steuernde Wellen* auftreten und die Veränderungen des allgemeinen Witterungscharakters (durch Bewegungssteuerung) beherrschen; sie werden als vorwiegend dynamisch-stratosphärische Effekte angesehen. Mehr neutral in bezug auf die Steuerung sind die 20- und 24tägigen Wellen, die rein thermisch-troposphärisch und dabei doch für den Wetterablauf sehr charakteristisch sind. *Gesteuerte Wellen* sind die 2- bis 4tägigen, sowie die 6- bis 8tägigen Wellen; sie kommen in den 24stündigen Isallobarenfeldern (Steig- und Fallgebieten) zum Ausdruck und bestimmen die eigentlich kurzfristigen Wetterwechsel (durch Gleitsteuerung). Daß bei kurzperiodischen wandernden Schwingungen *Wetterkartensymmetrien* eintreten können, dann nämlich, wenn die dominierenden Schwingungen ihre Extremwerte durchlaufen, hat MODEL 1938 gezeigt.

Nach Auffassung der Leipziger Schule können also sowohl in der Stratosphäre als auch in der Troposphäre wetterwirksame Wellen auftreten; wesentlich für den Wetterverlauf sei nicht die Frage, ob sie „primär" oder „sekundär", sondern ob sie „langperiodisch" oder „kurzperiodisch" seien; die Atmosphäre in ihrer Gesamtheit ist für das Wetter verantwortlich, nicht nur die Stratosphäre.

Wir sehen also ziemliche Verschiedenheiten in den Auffassungen. Gemeinsam ist ihnen jedoch, daß sie in irgendeiner Form einen direkten Einfluß der Stratosphäre auf die troposphärischen Vorgänge zugeben. Nach der *norwegischen Ansicht*, welche in diesem Buch vertreten wird, ist höchstens ein indirekter Einfluß vorhanden und die troposphärischen Vorgänge werden hier als ausgesprochen primär angesehen: sie lösen Veränderungen in der Stratosphäre aus, die gegebenenfalls wieder auf die Troposphäre zurückwirken können. Lediglich jenen großzügigen Verschiebungen des äquatorialen Systems, welche ein Auskeilen der subtropischen Antizyklonen und damit eine Umgestaltung der Großwetterlage bedingen, wird eine gewisse, noch näher zu klärende Unabhängigkeit von den troposphärischen Vorgängen eingeräumt.

Der wesentlichste Einwand, welcher von Seiten der Polarfrontlehre gegen die allgemeine Priorität stratosphärischer Einflüsse auf das kurzfristige Wettergeschehen geltend gemacht wird, stützt sich darauf, daß die kinetische Energie in der Stratosphäre wegen deren geringerer Dichte nur einen Bruchteil jener der Troposphäre ausmachen könne; ferner, daß die Energieumsätze durch den Kreisprozeß des Wasserdampfes überhaupt auf den unteren Teil der Troposphäre beschränkt seien. Das in Abb. 196 wiedergegebene Schema von STÜVE und MÜGGE, aus dem unter Umständen auf erhebliche Zirkulationsbeschleunigungen im unteren Teil der Stratosphäre geschlossen werden kann, bedeute keinen Gegenbeweis. T. BERGERON (brieflich 1937) weist indessen mit Recht darauf hin, daß der V. BJERKNESsche Begriff der Zirkulationsbeschleunigung an und für sich noch nichts über die Zirkulationsenergie aussage; denn er gelte stillschweigend für die Einheitsmasse. Diese Masse verteile sich in Tropopausenhöhe über einen etwa fünfmal größeren Raum als im unteren Teil der troposphärischen Hauptfronten, entsprechend der dort rund fünfmal geringeren Luftdichte. Selbst wenn fallweise die Solenoiddichte an der Tropopause ebenso groß oder noch größer sein sollte als an der Polarfrontfläche, werde der „obere" Energievorrat offenbar erheblich hinter dem „unteren" zurückbleiben. Dazu kommt, daß die Polarfront meist stärker geneigt ist als die Tropopause, wodurch der Umsatz ihrer potentiellen Energie in kinetische erleichtert wird (siehe die Angaben über Frontalwellen).

Ferner weist E. Palmén 1933 darauf hin, daß nach seinem Vertikalschnitt (Abb. 186) der Temperaturunterschied Äquator—Pol im Winter den größten Wert in der Troposphäre, den kleinsten dagegen in der Stratosphäre erreicht. Da nun das Maximum der Zyklonentätigkeit gerade in den Winter fällt, ergibt sich nach Palmén der Schluß, daß für die Entstehung der Störungen offenbar das meridionale stratosphärische Solenoidenfeld von geringerer Bedeutung ist als das troposphärische.

Läßt man die unentschiedene theoretische Seite des Problems außer Betracht, so muß man feststellen, daß seine vielseitige Behandlung bereits praktische Früchte getragen hat: Die Untersuchungen v. Fickers haben ihren Ausdruck in mehreren im Wetterdienst verwendbaren Regeln gefunden, welche in Abschnitt 75 wiedergegeben werden. Die Forschungen der Frankfurter Schule haben die Vorteile der „Höhenwetterkarte" bewiesen, deren Entstehung in Abschnitt 16, d beschrieben wurde, und haben zur Aufstellung einer Reihe von synoptischen Regeln (158—176 in Abschnitt 74) geführt. Daß die Arbeiten der Leipziger Schule, wenn sie zur Vorhersage des Datums und Charakters von Umsteuerungen führen sollten, eine besondere Bedeutung für die Langfristprognose erhalten würden, braucht nicht erst eigens hervorgehoben zu werden.

Literatur zu Abschnitt 68.

Der organische Zusammenhang aller Druckänderungen im Bereich beweglicher Zyklonen und Antizyklonen als *Folge der Vorgänge an troposphärischen Fronten* wird vertreten in folgenden Arbeiten: Bergeron 1928, Palmén 1928 (*2*), 1931 (*2*), 1932, Chromow 1932 (*1*), J. Bjerknes 1932, V. Bjerknes-J. Bjerknes-Solberg-Bergeron 1933, Palmén 1933 (mit detaillierter Bibliographie), J. Bjerknes und Palmén 1933, Palmén 1934, 1935, J. Bjerknes 1935, van Mieghem 1937, J. Bjerknes and Palmén 1937, J. Bjerknes 1937, J. Bjerknes and Palmén 1938, v. Mieghem 1938 (*1*), 1939 (*1*), 1939 (*2*), 1939 (*3*), J. Bjerknes-Mildner-Palmén-Weickmann 1939.

Die Verschiedenheiten der Interpretation der *statischen Grundgleichung* der Atmosphäre für die Druckänderungen am Boden lassen sich am besten verfolgen in den Arbeiten: Dines 1912, Exner 1913, Hesselberg 1915, Schedler 1917, v. Ficker 1920 (*1*), 1920 (*2*), 1921, Schedler 1921, Exner 1925, Defant 1926 (*1*), Haurwitz 1927, Rossby 1927, 1928, Bergeron 1928, Palmén 1931 (*2*), 1932, 1933, V. Bjerknes-J. Bjerknes-Solberg-Bergeron 1933, v. Mieghem 1937, Rossby 1937, Haurwitz and Turnbull 1938, v. Mieghem 1938 (*2*), Raethjen 1939 (*2*).

Über *singuläre Advektion*: Ertel 1936 (*2*), 1936 (*3*), 1937, 1938, 1939.

Über Druckänderungen und *Kompensation*: Mollwo 1936 (*1*), 1936 (*2*), Mayer 1937.

Hinsichtlich des Zusammenhanges zwischen Druckänderungen und *Abweichungen des wahren Windes vom geostrophischen Wind* siehe besonders: Jeffreys 1919, Brunt and Douglas 1928, Stüve und Mügge 1935, Möller 1936, Möller und Sieber 1937, Philipps 1939 (*1*), 1939 (*2*).

Äquatorialfront und *äquatoriales System*: Siehe Literatur zu Abschnitt 67.

Zu den Ergebnissen v. Fickers über die komplexe Natur der Druckschwankungen in Zyklonen und Antizyklonen („primäre" und „sekundäre" Druckschwankungen): v. Ficker 1919, 1920 (*1*), 1920 (*2*), 1922, Gölles 1922, v. Ficker 1926 (*1*), König 1928, v. Ficker 1929, Wagemann 1929, Ertel 1931, Thomas 1934, 1935, v. Ficker 1935, 1938.

Theorie der *„Frankfurter Schule"* über die „stratosphärische Steuerung": Stüve 1926 (*2*), Mügge 1931, 1932, Stüve 1933 (*1*), 1933 (*2*), Christians 1933, Baur 1933, Möller 1933, Herrström 1934, Hartenstein 1934, Ludwig 1935, Stüve und Mügge 1935, Baur 1936, Mügge 1938 (*1*), 1938 (*2*), Möller 1938.

Über die Wellennatur der Druckschwankungen im besonderen und der Wetteränderungen im allgemeinen nach Auffassung der *„Leipziger Schule"*: Weickmann 1924, Mildner 1926, Weickmann 1927 (*1*), 1927 (*2*), 1929 (*1*), Mildner 1931, Lehmann 1931, Schwerdtfeger 1931 (*1*), Lettau 1931, Hänsch 1932, Griessbach 1933, Pflugbeil 1935, Mäde 1935, Reuter 1936, Schmiedel 1937, Model 1938, Pfau 1938, Boddin 1938.

Versuch einer Theorie der Störungen des atmosphärischen Grundzustandes durch stratosphärische Druckwellen: Philipps 1936.

69. Die Zyklonenserien.

a) Historisches.

An einer Hauptfront bildet sich nur selten eine einzige zyklonale Störung aus. Gewöhnlich entstehen an der Hauptfront nacheinander mehrere solcher Störungen, die sich dann ihr entlang in ein und derselben Richtung fortpflanzen. Diese *serienweise Bildung von Zyklonen* ist schon von FITZ-ROY bemerkt worden, in dessen ausgezeichnetem Buch aus dem Jahre 1863 man darüber folgendes findet:

„Diese großzügigen, in ständiger Bewegung begriffenen Strömungen rufen durch ihr Aufeinandertreffen Zyklonen hervor, die hintereinander fortschreiten, oft mehrere gleichzeitig... — Nur selten kommt es vor, daß nur ein einziger rotierender Wirbel von bedeutender Stärke allein auftritt und nicht bald von einem weiteren gefolgt wird. Die Luftströmungen, welche die zyklonalen Wirbel erzeugen, sind von so großen Ausmaßen, daß sie eben nicht nur eine einzige solche Störung hervorrufen. Wenn erst einmal kräftige Störungen entstanden sind, so braucht es eine ziemliche Zeit, bis der Gleichgewichtszustand wieder hergestellt ist. Eine Störung veranlaßt induktiv die andere und so weiter, bis Trägheit, Reibung und die Gegenwirkung anderer Strömungen schließlich durch gleiche aber entgegengesetzt gerichtete Einwirkungen die Störungsursache aufheben.

„Gewöhnlich werden zwei, drei und mehr Wirbel beobachtet... Zwischen den aufeinanderfolgenden Einwirkungen dieser Einzelzyklonen können zwei, drei oder mehr Tage verstreichen.

„Da sich die einander bekämpfenden Strömungen entlang der Erdoberfläche bewegen, müssen sie solche Wirbel, die sie aber eben selbst erst hervorrufen, an den gegenseitigen Berührungsflächen mit sich führen.

„Alle diese Zyklonen schreiten in nordöstlicher Richtung fort, wobei sie schließlich mehr oder weniger in die Richtung einer der Hauptströmungen abgelenkt werden, je nachdem, welche von beiden im gegebenen Augenblick gerade überwiegt, die polare oder die tropische." (Weather Book 1863.)

Wir kennen kein anderes Buch der synoptischen Literatur, dessen Zitate noch nach fast 80 Jahren so zeitgemäß anmuten würden. Es gibt kaum etwas, was an FITZ-ROYS Worten abzuändern wäre, wenn man nur davon absieht, daß FITZ-ROY noch keine Vorstellung hatte von der *Front* als Grenzfläche und von der *Wellennatur* der frontalen Zyklogenese.

Der Gedanke der serienweisen Zyklogenese zwischen zwei Hauptluftströmungen wurde 60 Jahre später neuerlich von J. BJERKNES und SOLBERG mit den folgenden Worten ausgesprochen, allerdings im Anschluß an die inzwischen erfolgte Entdeckung der *Polarfront,* die dem Nordrand der subtropischen Antizyklone entlang verläuft:

„Eine neugebildete Zyklone kann die Vorbedingungen zur Entwicklung einiger weiterer Zyklonen schaffen, so daß schließlich eine lange Zyklonenserie nach Art von Wellen an einer und derselben Grenzfläche entstehen kann. Die Grenzfläche, welche eine solche Zyklonenserie in der gemäßigten Zone verbindet, scheidet Kaltluft polarer Herkunft von Warmluft, welche den Zyklonen aus der subtropischen Antizyklone zugeführt wird. Die Grenzfläche stellt somit die zeitliche südliche Begrenzung von Polarluftmassen vor; dies rechtfertigt ihre Benennung ‚Polarfrontfläche' und die Bezeichnung ihrer Schnittlinie mit der Erdoberfläche als ‚Polarfront'.

„Die Polarfront stellt im allgemeinen eine wellenförmige Linie vor, welche innerhalb der gemäßigten Zone meridionale Schwingungen ausführt, wobei sie ausgedehnte Zungen von Polar- und Tropikluft gegeneinander abgrenzt. Die Tropikluftzungen bilden die Warmsektoren der jungen beweglichen Zyklonen und die dazwischenliegenden Polarluftzungen bauen bewegliche Hochdruckrücken zwischen den aufeinanderfolgenden Zyklonen auf. Die okkludierten und absterbenden Zyklonen, welche ihre Warmsektoren verloren haben, liegen durchwegs nördlich der Polarfront, die dem Südrand der Depression entlang verläuft.

„. . . *In einer Zyklonenserie, die sich an einer und derselben Polarfront bildet, bewegt sich in der Regel jede Zyklone auf einer Bahn, welche südlich von der Bahn der vorhergehenden Zyklone liegt.*[1] Nach einer gewissen Anzahl solcher Zyklonen erreicht die Polarfront das Gebiet der subtropischen Antizyklone; im Zusammenhang damit strömen durch Vermittlung der Passate beträchtliche Luftmassen äquatorwärts ab. In einigen deutlich ausgeprägten Fällen kann man dieses Eindringen der Polarluft an einem raschen, jedoch nicht erheblichen Temperaturrückgang des Passats erkennen; in der Regel aber ‚geht die Polarluft in der umgebenden Tropikluft auf‘. Nach ihrem Eindringen in den Passat verläßt die Polarluft auf geraume Zeit die zyklonale Zirkulation der gemäßigten Zone und transformiert sich während ihres Aufenthalts in den äquatorialen Gebieten in echte Tropikluft.

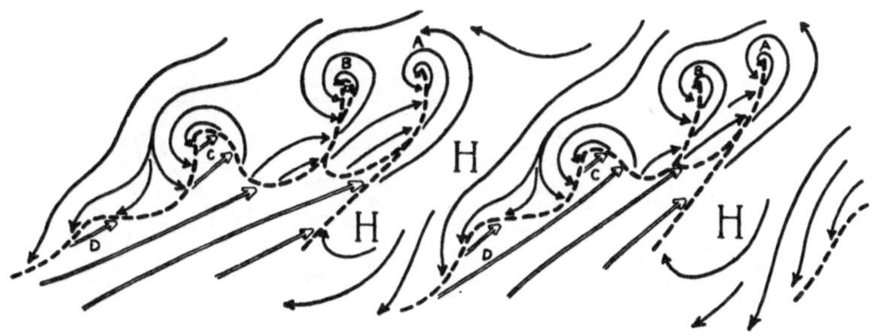

Abb. 197. Zwei Zyklonenserien an benachbarten Polarfronten. (Nach J. BJERKNES und SOLBERG 1922.)

„. . . *Zu dem Zeitpunkt wo die Polarluft der Zyklonenrückseite in den Passat eindringt, erscheint meist eine neue Zyklone auf einer nördlicheren Bahn,*[2] an einer neuen Polarfront, welche nicht unmittelbar mit der vorhergehenden zusammenhängt. (Abb. 197.)

„An dieser neuen Polarfront spielen sich die gleichen Erscheinungen ab wie an der früheren. Auch jetzt schreiten die Zyklonen auf immer südlicheren Bahnen fort, bis die Polarluft schließlich die Tropen erreicht und das Spiel von neuem beginnt.“ (Life cycle of cyclones, 1922.)

J. BJERKNES und SOLBERG haben die mit der Polarfront verbundenen Zyklonenserien *Zyklonenfamilien* genannt, doch hat sich dieser Ausdruck nicht allgemein eingebürgert.

b) Lebenslauf einer Zyklonenserie.

Eine Zyklonenserie besteht nach J. BJERKNES und SOLBERG im Durchschnitt aus vier Einzelzyklonen; diese Anzahl kann von Fall zu Fall verschieden sein, doch entstehen mehr als fünf aufeinanderfolgende Zyklonen (d. h. labile Frontalwellen) an einer und derselben Front nur selten. In Europa treffen die erste und die zweite Zyklone einer atlantischen, d. h. an der atlantischen Polarfront entstehenden Serie meist bereits okkludiert ein und auf mehr oder weniger nördlich verlaufenden Bahnen. Die weiteren Glieder der Serie kommen hier jedoch noch in einem jüngeren Lebensstadium an, sind noch in Vertiefung begriffen oder bilden sich sogar erst an

---

[1] Satz durchwegs im Original gesperrt.
[2] Satz im Original gesperrt.

der Atlantik- oder Mittelmeerküste aus. In diesem Jugendstadium können sie Tropikluft bis nach Mitteleuropa hereinziehen.

Daß die Zyklonen einer und derselben Serie immer südlichere Bahnen einschlagen, rührt daher, daß an der Rückseite jeder Zyklone die Polarluft über ihre ursprüngliche Lage (an der Zyklonenvorderseite) hinaus nach Süden vorstößt. Jede neue Zyklone findet somit die Polarfront in südlicherer Lage vor als die vorhergehende Zyklone. Dieses fortgesetzte Südwärtsrücken der Polarfront erstreckt sich, nach BERGERON und SWOBODA 1924, über eine Entfernung von rund fünf Breiten-

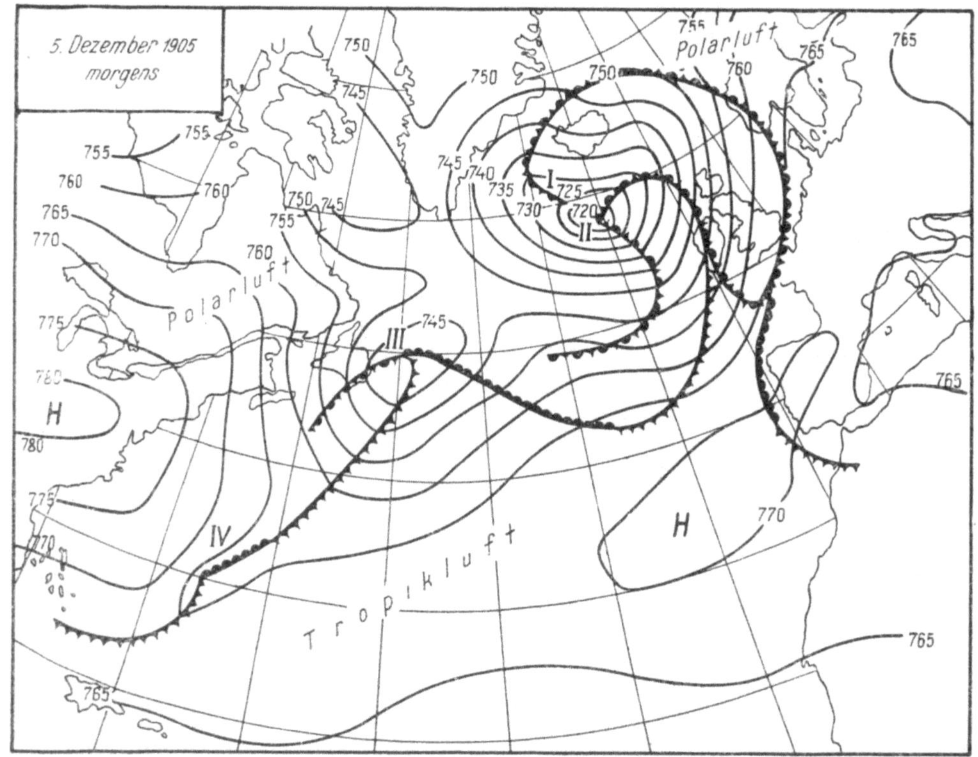

Abb. 198. Zyklonenserie auf der synoptischen Karte.

graden hinter jeder Zyklone. Schließlich erreicht die Polarfront, wie gesagt, die Grenze der innertropischen Zirkulation; damit endet die Tätigkeit der betreffenden Front.

Der abschließende Durchbruch kalter Luft, der meist über dem Atlantik oder über Westeuropa vor sich geht, macht sich im Druckfeld dadurch geltend, daß sich in ihm statt eines bloßen Hochdruckkeils (wie zwischen den einzelnen Zyklonen) eine kalte Antizyklone mit geschlossenen Isobaren entwickelt. Diese verlagert sich nach der in der „Physikalischen Hydrodynamik" 1933 vertretenen Auffassung unter andauernder Verstärkung immer mehr nach Südosten und setzt sich schließlich an der Stelle der früheren subtropischen Antizyklone fest, die in der letzten Zeit immer mehr eingeschrumpft war (siehe Abb. 181). Wir haben also die *Neubildung* einer stationären subtropischen Antizyklone aus einer herangewanderten polaren Antizyklone vor uns (vgl. Abschnitt 67a). Die Kaltluft, welche sie aufbaut, verliert ihren Zusammenhang mit dem polaren Quellgebiet, erwärmt sich immer mehr und beginnt sich in Tropikluft umzuwandeln.

An Stelle der auf diese Weise vernichteten Polarfront bildet sich nunmehr weiter nördlich eine neue, und zwar durch Vermittlung eines Deformationsfeldes, welches zwischen der neuen subtropischen Antizyklone und der Zentralzyklone der vorigen Serie entstanden ist. Schon nach dem Durchzug einiger Frontalwellen dieser neugebildeten Polarfront rückt die subtropische Antizyklone — was bisher noch nicht ganz der Fall war — an ihren charakteristischen Platz und die Erwärmung ihrer Luft macht solche Fortschritte, daß deren Transformation in Tropikluft in Kürze als abgeschlossen angesehen werden kann.

Somit bewirkt jede Zyklonenserie einen Lufttransport von hohen in niedrigere Breiten dadurch, daß die Polarluft sukzessive gegen die Tropen vor- und in diese eindringt, wo sie sich in Tropikluft verwandelt. Gleichzeitig kommt es aber zu einer Verfrachtung von Tropikluft in entgegengesetzter Richtung, und zwar nicht so sehr innerhalb der rasch okkludierenden Warmsektoren an der Erdoberfläche, als vielmehr in der Höhe. Die über den Zyklonenserien polwärts abströmende Luft wird auf ihrem Weg allmählich abgekühlt und schließlich in höheren Breiten zu Polarluft transformiert. Diese Transformation vollzieht sich vor allem im Bereich der sog. „Zentralzyklonen", die nunmehr besprochen werden sollen.

c) Zyklonenserien über dem Ozean. Maritime Zentralzyklonen.

Solange eine Polarfront noch „funktioniert", d. h. Zyklonen bildet, die übrigens durchaus nicht immer durch selbständige, vollentwickelte Druckdepressionen charakterisiert sein müssen, ist für die Gesamtlage außer dem Vorhandensein der südlichen subtropischen Antizyklone auch das Vorhandensein einer mehr oder weniger tiefen und verhältnismäßig unbeweglichen *Zentralzyklone* im Nordosten typisch. Ja diese Konstellation: Zentralzyklone — subtropische Antizyklone samt einer westlich von letzterer gelegenen schwächeren Depression ist sogar die Vorbedingung für das zur Frontenbildung notwendige *Deformationsfeld*.

Am besten bekannt sind diese Verhältnisse bisher für das Gebiet des Atlantischen Ozeans. Die Zentralzyklonen treten meist in dessen nordöstlichem Teil auf, bisweilen auch in den angrenzenden Teilen Europas (Skandinavien, britische Inseln). Besonders häufig sind sie in der Umgebung von Island, wo sie, wenigstens in der kalten Jahreszeit, fast in Permanenz vorhanden zu sein scheinen, was auch auf den klimatischen Karten im sog. „Island-Tief" deutlich zum Ausdruck kommt.

Die Frage nach der Herkunft einer so umfangreichen und beharrlichen Zyklone in der Polarluft wird durch den Hinweis auf ihre offensichtlich auch monsunale Bedingtheit nicht hinreichend geklärt. Wir müssen vielmehr annehmen, daß eine einmal vorhandene Zentralzyklone durch die an ihrem Südrand produzierten Zyklonen immer wieder neu belebt wird. Dieser Vorgang spielt sich etwa folgendermaßen ab:

Am Südrand der Zentralzyklone strömt sowohl die Polarluft als auch die Tropikluft von Westen nach Osten: ein für den Ostzweig der Polarfront über dem Atlantik charakteristischer Umstand, der für die Ausbildung und die Fortpflanzung einer Zyklonenserie sehr günstig ist.[1] Sind die Zyklonen dieser Serie nicht allzustark entwickelt, so suchen sie die isländische Zentralzyklone, indem sie mit ihr ein gemeinsames Drucksystem bilden, als „sekundäre Zyklonen" im entgegengesetzten Sinn des Uhrzeigers zu umkreisen, lösen sich aber mehr oder weniger bald auf. Wenn sich aber eine dieser Polarfrontzyklonen so stark entwickelt hat, daß ihr Drucksystem tiefer wird als jenes der Zentralzyklone, so kann sie, zum Stillstand ge-

---

[1] Am *Westzweig* der atlantischen Polarfront, zwischen der kanadischen Antizyklone und der mexikanischen Zyklone, wo beide Strömungen von Osten nach Westen gerichtet sind, entstehen meist nur stationäre Wellen (BERGERON 1930).

kommen, schließlich selbst deren Platz und Rolle übernehmen. Ja es kommt oft
vor, daß in das System einer in Auflösung begriffenen Zentralzyklone nacheinander mehrere Frontalstörungen eindringen und es wieder aufbauen.

Die Sache ist somit diese: wie wir bereits aus Abschnitt 46 wissen, ist durch die
Verteilung der quasipermanenten barischen Systeme („Aktionszentren" nach der
alten Terminologie von TEISSERENC DE BORT) in jedem Augenblick die Lage der
Frontalzonen und die Entwicklung frontaler Störungen bestimmt (siehe auch
Abb. 67). Diese Frontalstörungen sorgen, sobald sie sich entwickelt haben und stationär geworden sind, selbst wieder für die Erneuerung der Aktionszentren. Die lange

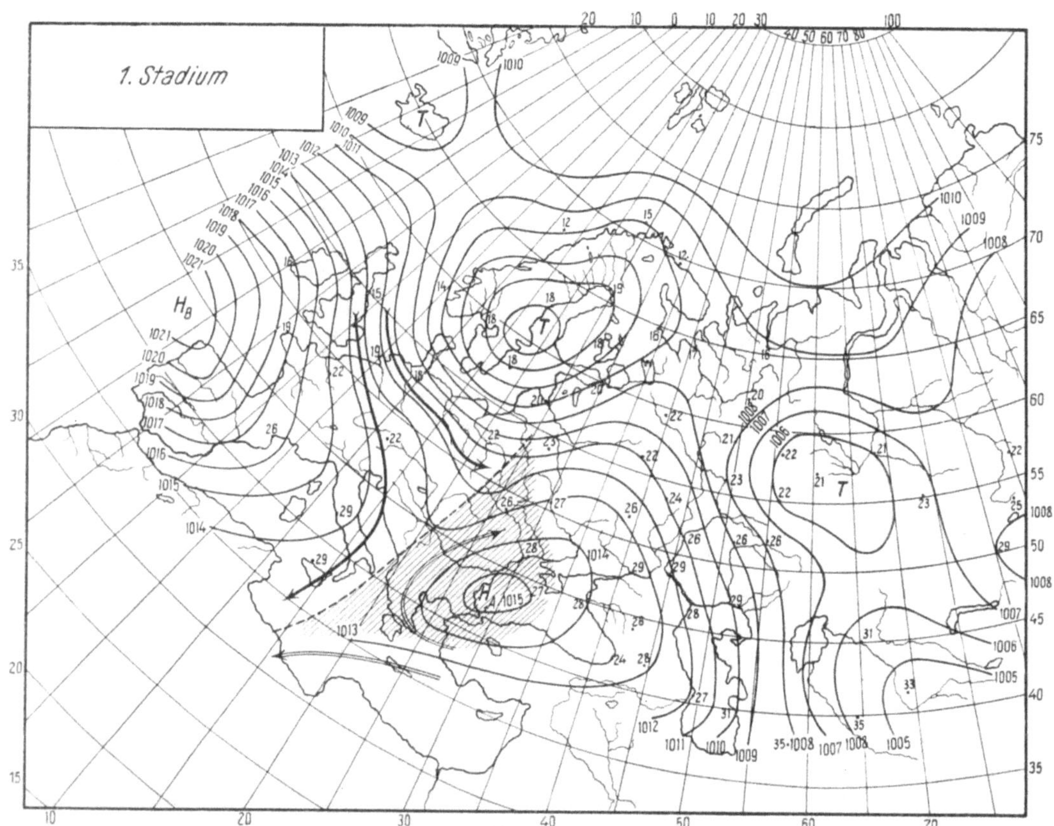

Abb. 199. Mittelkarte des ersten Stadiums der sommerlichen Transformation einer Okklusion in eine Polarfront
über dem europäischen Rußland. [Nach ASKNASIJ 1934 (2).]

Andauer der quasipermanenten Zyklonen und Antizyklonen ist also nur dadurch zu
erklären, daß sie nicht individuelle Störungen, sondern barische Systeme sind, in denen
die absterbenden Störungen durch neu eindringende, frische ersetzt werden.[1] Mit
anderen Worten: *Die Tätigkeit einer Zyklonenserie vernichtet zwar die Front, an der
sie sich entwickelt hat, ruft aber eine Druckverteilung hervor analog derjenigen, welche*

---

[1] Es wäre also verfehlt, auf das System einer Zentralzyklone das Analysenschema einer
jungen Zyklone (mit Warmsektor) anzuwenden — ein Fehler, den übrigens oft Anfänger
machen. — Noch weniger versteht man das Wesen der Zentralzyklone überhaupt ohne
Analyse: die Erkenntnis, daß eine solche Zentralzyklone aus einer Serie von Frontalzyklonen entstanden ist, geht damit verloren (vgl. z. B. SANDSTRÖM 1923).

für die Ausbildung der Front und die Entstehung der Serie charakteristisch war. Dadurch schafft sie die Bedingungen (das Deformationsfeld) für die Bildung einer neuen Front in demselben Gebiet.

Ähnlich einfach wie über dem Atlantik sind die Verhältnisse wohl auch über dem Stillen Ozean. Etwas anders verlaufen sie über den Kontinenten.

d) Zyklonenserien über dem Festland. Kontinentale Antizyklonen.

Die Tätigkeit der atlantischen *Polarfront* macht sich im europäischen Rußland während des *Winters* lediglich in einem Durchzug von Okklusionen von Westen

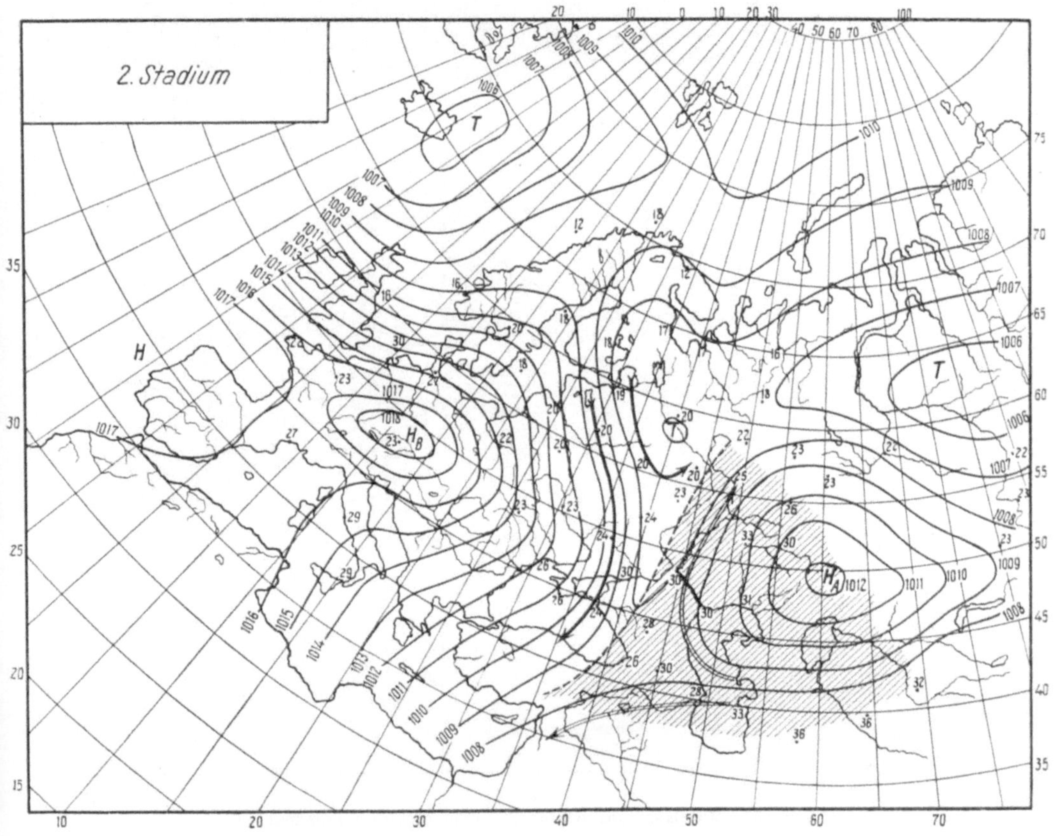

Abb. 200. Mittelkarte des zweiten Stadiums desselben Prozesses.

nach Osten geltend und nur selten durch ein Eindringen der letzten Glieder von Zyklonenserien aus dem Süden oder Südwesten; diese Südzyklonen können allerdings bisweilen offenkundig mit der asiatischen statt mit der atlantischen Polarfront zusammenhängen.[1] Bisweilen wird jedoch die Tätigkeit von Polarfronten durch lange Zeit hindurch ganz unterbunden durch mächtige und stationäre kontinentale Antizyklonen, wenn man absieht von Zyklogenesen an deren südlichem

---

[1] Die synoptische Analyse der Vorbedingungen solcher in Begleitung von Schneestürmen von Süden nach Westsibirien und Kasachstan vordringender Zyklonen wurde von W. M. Kurganskaja 1936 und für die in das europäische Rußland eindringenden Zyklonen von S. N. Tschechowitsch durchgeführt.

Rand oder von jenen Okklusionen, die in den äußersten Nordwesten des Landes
eindringen.

Im *Sommer* ist das europäische Rußland frontogenetisches und daher auch
zyklogenetisches Gebiet. Hier kommt es zur wiederholten Ausbildung eines selbständigen eurasiatischen Astes der Polarfront. Dieser Vorgang verläuft nach Untersuchungen von A. I. Asknasij 1934 (2) folgendermaßen: Die Tätigkeit des Azoren-
astes der Polarfront bildet ein Deformationsfeld, welches sich nach Osteuropa aus-
dehnt, wie im Abschnitt 46 beschrieben (Abb. 73). Die Dehnungsachse dieses

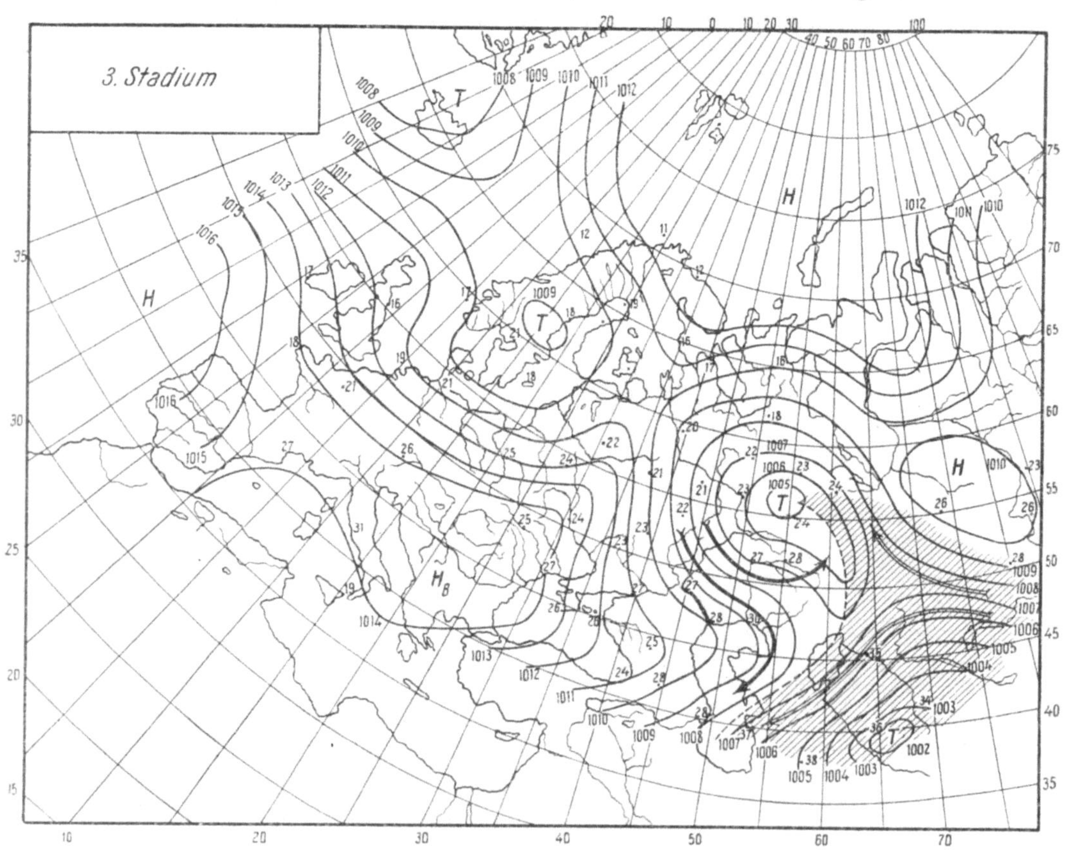

Abb. 201. Mittelkarte des dritten Stadiums desselben Prozesses.

Feldes fällt mit einer alten atlantischen Okklusion oder einem ganzen Bündel
solcher Okklusionen zusammen. Beim Vordringen nach Osten wächst der Temperaturunterschied entlang dieser Achse infolge des Zuflusses kontinentaler Tropikluft an der Vorderseite und erreicht schließlich Werte von der Größenordnung
von 10°. Infolgedessen bildet sich aus den Okklusionen über dem europäischen
Rußland ein selbständiger eurasiatischer Ast der Polarfront mit nachfolgender
Wellenzyklogenese an ihm. In den Abb. 199 bis 201 sind drei Stadien dieses
Vorganges durch Mittelkarten dargestellt, von denen jede eine Reihe von Einzelfällen des betreffenden Stadiums in sich vereinigt. Zwischen den Einzelstadien
liegt ein etwa dreitägiger Zeitraum.

Während Vorgänge dieser Art nach A. I. Asknasij rund 70% aller Julitage
umfassen, sind die zwischen ihnen liegenden Pausen durch einen anderen Vorgang

charakterisiert, u. zw. dadurch, daß arktische Polarluft an der Rückseite einer atlantischen Polarfrontzyklonenserie gegen kontinentale Tropikluft über dem europäischen Rußland vordringt, wobei daselbst Zyklogenese eintritt. Die drei Stadien dieses durch Ch. P. Pogosjan untersuchten Vorganges (Abb. 202 bis 204) erstrecken sich über einen ungefähren Zeitraum von sechs Tagen. Im Juni sind etwa 33% aller Tage von Vorgängen dieser und etwa 55% von Vorgängen der früher genannten Kategorie beherrscht.

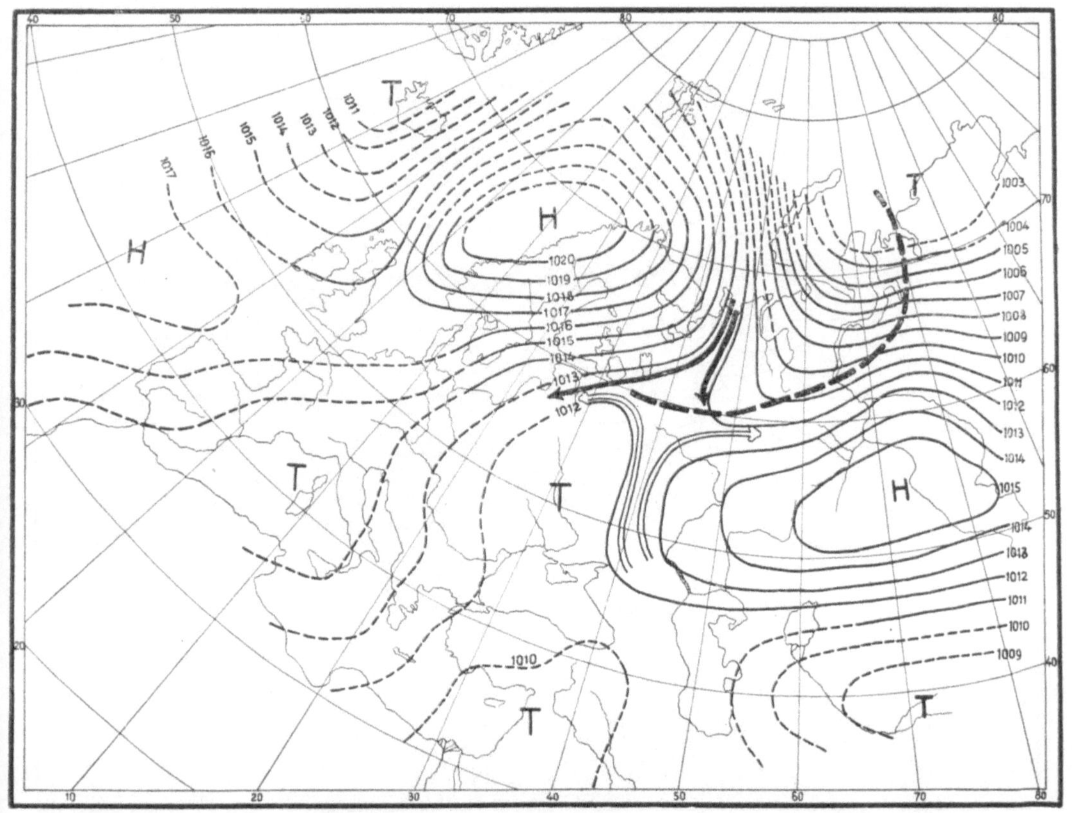

Abb. 202. Mittelkarte des ersten Stadiums des sommerlichen Prozesses des Einbruches arktischer Polarluft. [Nach POGOSJAN 1935 (2).]

Für die Tätigkeit der *Arktikfront* über Rußland liegen im Winter außerordentlich günstige Bedingungen vor. Die quasistationäre Antizyklone über dem Festland besteht zu dieser Zeit im wesentlichen aus Polarluft. An ihrem Nordrand — über dem Polarmeer oder dem Nordrand Rußlands — bildet sich eine Arktikfront aus. Die an der Arktikfront entstehenden Störungen sind dynamisch stabiler als jene an der Polarfront. Lange Zeit hindurch haben sie lediglich den Charakter rasch fortschreitender und durchaus nicht kräftig entwickelter Depressionen; die Arktikluft dringt an der Rückseite einer jeden etwas nach Süden vor, zieht sich aber an der Vorderseite der nächsten wieder nordwärts zurück. Früher oder später kommt es dann aber doch, an der Rückseite einer stärker verwirbelten Störung (Serienabschluß), zu einem richtigen Arktiklufteinbruch über das Festland, welcher ganz Europa, nicht selten auch Klein- und Mittelasien, gelegentlich sogar Nordafrika erfassen kann. Vor einem solchen Kälteeinbruch schrumpft die alte polare Festlandsanti-

zyklone zusammen und hinter ihm baut sich eine neue aus Arktikluft bestehende
auf. Letztere kommt schließlich an dem ursprünglichen Platz der ersteren zum Stillstand, woraufhin sich ihre Arktikluft allmählich in Polarluft tranformiert. Die
scheinbare Permanenz der winterlichen Festlandsantizyklone erklärt sich somit
durch die ununterbrochene Wiederholung dieses Vorganges und keineswegs durch
das andauernde Vorhandensein eines und desselben Luftdruckgebildes (und Luftkörpers), wie es die klimatischen Karten vortäuschen.

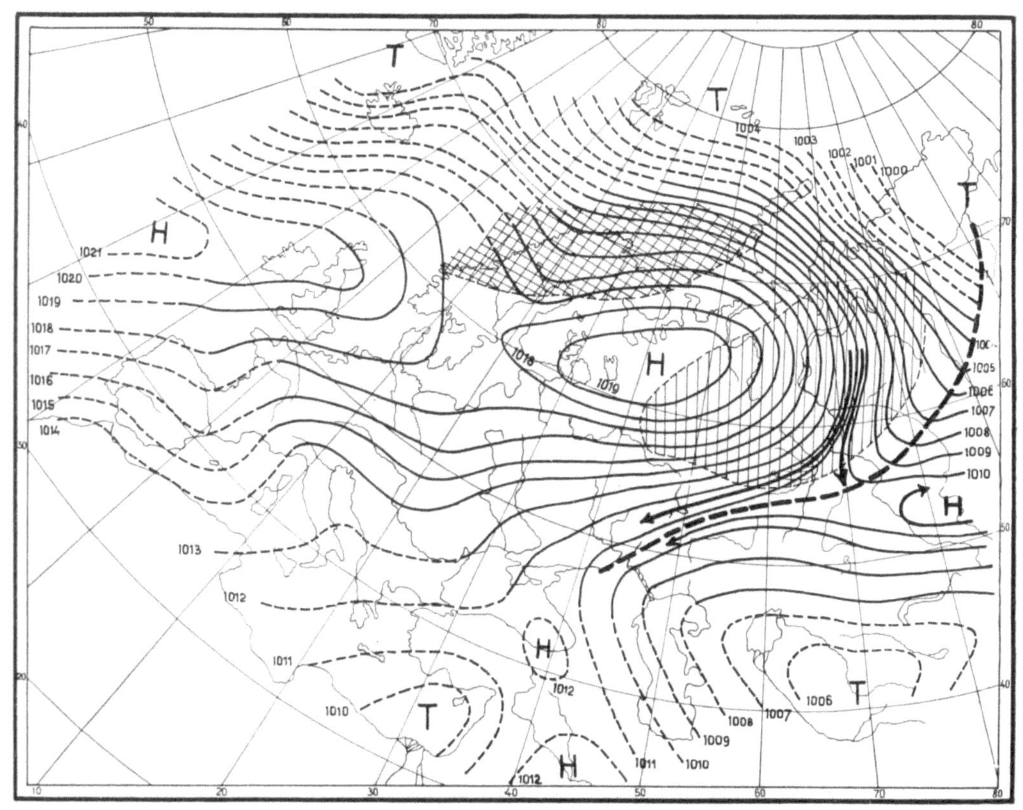

Abb. 203. Mittelkarte des zweiten Stadiums desselben Prozesses.

Ein anderer Vorgang ist jener, bei welchem die Störungen an der Arktikfront
dem Westrand der Zentralzyklone der gemäßigten Breiten entlang weit südwärts
vordringen. Dies tun z. B. die Störungen der amerikanischen Arktikfront, die über
Kanada hinweg in das Gebiet des Atlantischen Ozeans gelangen, wo sie sich in die
allgemeine Kette der Polarfrontzyklonen eingliedern.

Es ist nicht immer leicht, Arktikfrontzyklonen von Polarfrontzyklonen
zu unterscheiden. Vertreter beider Typen können einander räumlich sehr
nahe kommen; nicht selten erscheinen sie dann innerhalb ein und derselben
barischen Depression. In Abschnitt 66 sind solche Fälle eines „Überspringens"
der Störung von der Polarfront auf die Arktikfront verzeichnet worden; genauer
gesagt ruft in einem solchen Fall eine Polarfrontstörung eine Störung an der
Arktikfront hervor. Wenn die letztere — infolge eines Einbruches von Arktikluft über das Festland — weit südwärts vorgedrungen ist, so können an ihr
Wellen (die infolge der geringen Flächenneigung meist stabil sind) in ungewöhnlich

niedrigen Breiten entstehen, z. B. in der Südukraine mit nordöstlicher Fortpflanzungsrichtung.

Die Unterscheidung zwischen Störungen der Polarfront und solchen der Arktikfront ist allerdings für eine richtige Prognose der Erscheinungen von großer Wichtig-

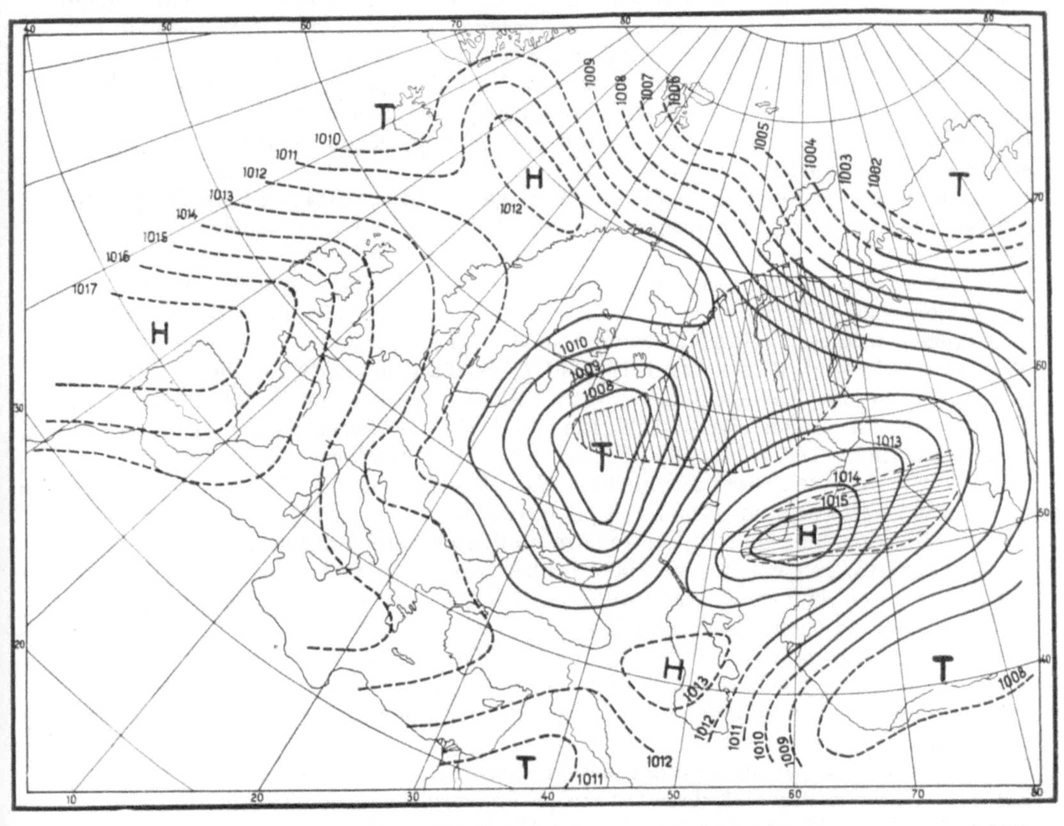

Abb. 204. Mittelkarte des dritten Stadiums desselben Prozesses.

keit. Vieles „Unerwartete" in der Entwicklung der Vorgänge läßt sich nämlich
auf eine undeutliche oder falsche Abgrenzung dieser beiden Störungstypen zurückführen.

e) Periodizität der Zyklonenserien.

Erhebliches Interesse hat die Frage nach der Periodizität in der Entstehung und
dem Vorüberzug der Zyklonenserien. Im Jahre 1921 wurden im Bergener Wetterdienst während eines Jahres 66 Zyklonenserien, die vom Atlantischen Ozean her
Europa betraten, gezählt; J. BJERKNES und SOLBERG schätzten den möglichen Fehler
dieser jährlichen Zahl auf rund 10%. In den folgenden Jahren wurden nach Bestimmungen in Norwegen und in Breslau Zahlen erhalten, die der oben angeführten
erstaunlich nahe stehen. Die Zahl von 60—65 Polarfrontserien im Lauf eines Jahres
kann man als eine Art dynamisch-klimatologische Konstante für Europa ansehen.
Durchschnittlich ergibt sich für jede Serie eine Dauer von $5^1/_2$ Tagen; mit anderen
Worten, es findet alle fünf bis sechs Tage ein serienabschließender Einbruch kalter
Polarluft mit nachfolgendem antizyklonalem Wetter statt. SCHINZE 1932 (*4*) weist

auf die große Regelmäßigkeit in der Wiederholung dieses Vorganges, besonders im Winterhalbjahr, hin.

Die gleiche Periode muß natürlich auch in der Verlagerung der Bahnen der Polarfrontzyklonen auftreten. Die erste Zyklone der Serie zieht gewöhnlich in sehr hohen Breiten, da dabei auch die subtropische Antizyklone eine nördlichere Lage einnimmt als sonst. Die nachfolgenden Zyklonen schlagen im allgemeinen immer südlichere Bahnen ein, bis es schließlich nach einer gewissen Zyklone zum abschließenden Einbruch einer polaren Antizyklone in die Subtropen kommt. Hierauf bildet sich nördlich von der neuen subtropischen Antizyklone eine neue Polarfront und die Zyklonenbahnen verlagern sich erneut sprungartig gegen Norden; es beginnt eine neue Zyklonenserie.

Nach unseren Berechnungen gilt eine analoge fünf bis sechstägige Periode auch für die Entstehung von Zyklonenserien und das Auftreten polarer Einbrüche über dem *Stillen Ozean.*

Es ist interessant zu vermerken, daß sowohl vor als auch nach der Entdeckung der Zyklonenserien Perioden von ungefähr derselben Länge bei verschiedenen anderen Wettererscheinungen gefunden worden sind [vgl. besonders die Übersichten bei MILDNER 1926 und WEICKMANN 1927 (*1*)]. So fand DEFANT im Jahre 1912 für das Auftreten der Niederschläge in verschiedenen Teilen der Nordhalbkugel eine Periode von 5,7 Tagen; BAUR 1936 fand, daß die Großwetterlage in Europa eine durchschnittliche Dauer von $5^1/_2$ Tagen hat; unter Großwetterlage versteht man dabei den Komplex der allgemeinen Druckverteilung im Tropopausenniveau (praktisch bereits in einer Höhe von 5000 dyn. m zutage tretend), der allgemeinen Temperaturverteilung in der Troposphäre (praktisch bereits durch die relative Topographie der isobaren Fläche von 500 mb über jener von 1000 mb repräsentiert), der vorherrschenden Höhenwindrichtung (Grundströmung) und der Verlagerung der Isallobarenfelder (siehe auch Abschnitt 70 d).

In *Amerika* ist eine Wetterperiode von 5,5 Tagen unter dem Namen der CLAYTON-schen Periode längst bekannt. Dies läßt vermuten, daß die Prozesse auch an anderen Frontalzonen der gemäßigten Breiten ungefähr der gleichen Periodizität unterliegen, wie jene an der atlantischen Frontalzone.

In *Rußland* treten die Zyklonenserien allerdings mit geringerer Regelmäßigkeit auf. Im Winter halten sich über Osteuropa und Sibirien lange Zeit hindurch quasistationäre Antizyklonen auf, welche das Eindringen atlantischer Polarfrontokklusionen tief ins Innere des Kontinents verhindern. Im Frühsommer kann eine monsunale von Europa gegen die zentralasiatische Depression gerichtete Polarluftströmung gleichfalls die Fortpflanzung der Zyklonenserien von Westen nach Osten eine Zeitlang aufhalten. Außerdem ist nicht zu vergessen, daß: 1. im Gebiet Rußlands die Polarfrontstörungen meist bereits als degenerierende Okklusionen eintreffen; 2. in der warmen Jahreszeit hier auch noch Zyklonenbildung an kontinentalen Polarfronten und eine Regeneration atlantischer Okklusionen, welche die Rolle selbständiger Fronten übernehmen, stattfindet; 3. während der kalten Jahreszeit sich zur Polarfrontzyklogenese noch eine Zyklogenese an Arktikfronten gesellt. Dies alles kompliziert und maskiert die Periodizität der Zyklogenese über dem Festland, im Vergleich zu dem klareren Verlauf über dem Atlantik und über Westeuropa.

In einem gewissen Gegensatz zu der oben erwähnten rund $5^1/_2$tägigen Periode der Zyklonenbildung an der Polarfront glaubt W. SCHWERDTFEGER 1932 (*1*) diese Periode mit 24 Tagen ansetzen und mit der ebenso langen Druck- und Temperaturschwankung identifizieren zu sollen, welche gelegentlich im Winter der Nordhemisphäre auftritt. Er beruft sich darauf, daß nach der Theorie rund 24 Tage notwendig sind, um bis zu einer Höhe von 5 km den für einen mächtigen Kaltluftvorstoß not-

wendigen Temperaturgegensatz von der Größenordnung von 20° entstehen zu
lassen („Tropfperiode").

Man wird nun annehmen dürfen, daß diese Auffassung nicht für die Polarfront,
sondern für die Arktikfront zutrifft, oder mit anderen Worten, daß die winterliche
Arktikfront eine viermal längere Tätigkeitsperiode hat als die Polarfront. Aus der
Phasenverteilung der 24tägigen Schwankung auf der Nordhemisphäre im Winter
1923/24 ergeben sich vier bestimmte Ausbreitungsrichtungen, die also offenbar auch
die bevorzugte Richtung der Arktikluftausbrüche vorstellen. Es sind dies die Richtungen: von Grönland gegen die Azoren, vom Nordland gegen die Mongolei, von
der Tschuktschen-Halbinsel gegen den Stillen Ozean (Hawai-Inseln) und von der
Beaufort-See gegen den Golf von Mexiko [Karte siehe bei P. MILDNER 1926, wiedergegeben auch bei HAURWITZ 1933 (2)].

f) Terminologie der Erscheinungen innerhalb der Zyklonenserie.

In engem Zusammenhang mit der serienweisen Zyklonenbildung steht die Frage
der Unterscheidung zwischen „Hauptzyklone" und „sekundärer Zyklone". In der
früheren isobarischen Synoptik nannte man sekundäre Zyklone ein der Fläche nach

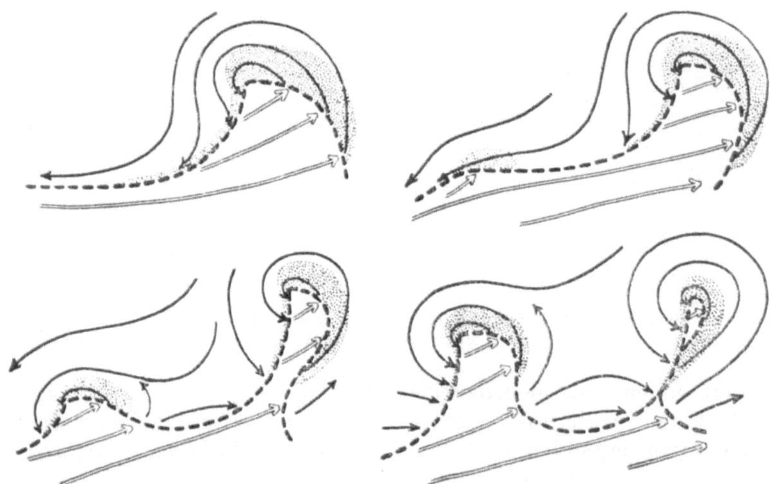

Abb. 205. „Sekundäre" Störung bei einer Serienzyklogenese. (Nach J. BJERKNES und SOLBERG 1922.)

verhältnismäßig kleines zyklonales Gebilde, welches am Rand einer mächtigeren
(Haupt-) Zyklone auftritt und diese gegen den Uhrzeigersinn (in der Richtung der
zyklonalen Zirkulation) umkreist. Man sieht nun, daß sich hinter diesem bequemen
Sammelnamen in Wirklichkeit Erscheinungen vollkommen verschiedener Natur
verbergen:

1. Jede Frontalstörung, die sich am Südrand einer Zentralzyklone entwickelt,
kann „sekundär" genannt werden, solange die Drucksenkung in ihrem Zentrum
geringer ist als in der Zentralzyklone (siehe Störung *B* auf Karte Abb. 228).

2. Jede neu entstandene Frontalwelle kann im ersten Stadium ihrer Entwicklung
eine „sekundäre" Störung mit Bezug auf die vorangehende, bereits weiter aus-
gebildete (wenn auch nicht zentrale) Zyklone derselben Serie vorstellen (siehe
Abb. 205).

3. Schließlich kann „sekundär" jedes neue Tiefdruckzentrum genannt werden,
das sich gelegentlich in der Nähe des Okklusionspunktes im Bereich einer okklu-

dierenden Zyklone entwickelt (siehe Abb. 206 oben).[1] Diesen Prozeß können orographische Verhältnisse begünstigen: dieser Art ist die Ausbildung von Teilzyklonen am Skagerrak, siehe Schema auf Abb. 206 unten.

In allen drei Fällen kann sich ein jüngeres sekundäres Zentrum mit der Zeit so verstärken, daß es schließlich im gemeinsamen barischen System vorwiegt. Dann muß es bereits Hauptzentrum genannt werden.

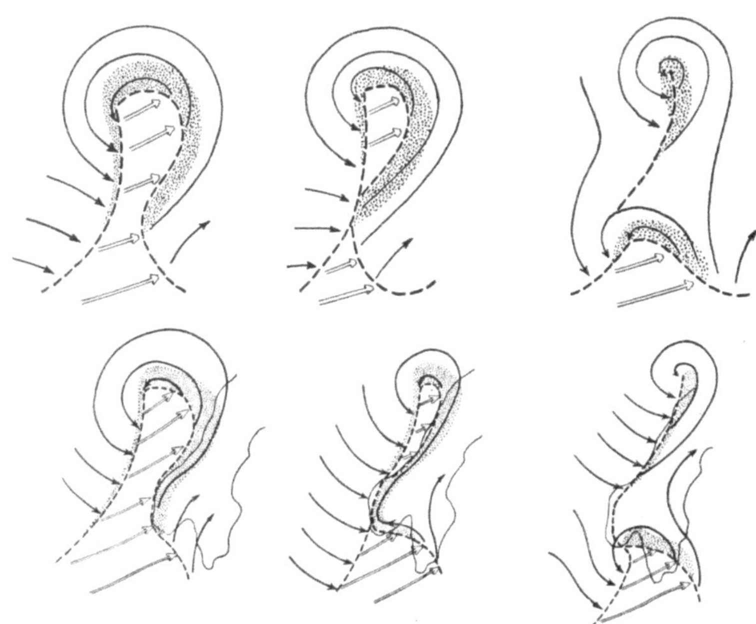

Abb. 206. Entstehung einer sekundären Störung infolge Okklusion.   (Nach J. BJERKNES und SOLBERG 1922.) Unten derselbe Prozeß unter Einwirkung eines orographischen Hindernisses: Entstehung einer Skagerrakzyklone.

Im weiteren sollen die mehrdeutigen Bezeichnungen „Hauptzyklone" und „sekundäre Zyklone" überhaupt vermieden und folgende Ausdrücke benutzt werden: *Neubildung* (für neu entstehende Störungen), *junge Zyklone, Okklusion, Zentralzyklone.*

g) „Wellen und Wirbel."

Wir illustrieren die oben erläuterten Schemata durch ein klassisches Beispiel, welches übrigens auch außerordentlich genau untersucht worden ist.

Auf den Karten 224 bis 229 (am Ende des Buches), welche der Arbeit BERGERONs und SWOBODAS „Wellen und Wirbel" (1924) entnommen sind, geben wir das synoptische Bild der Polarfront, welche am 10. bis 13. Oktober 1923 über dem Atlantik und Europa verlief. In der ersten Hälfte dieses Zeitraums konnte die Front als quasistationär angesehen werden. Einige kleine Wellenstörungen mit einer Wellenlänge unter 300 km, welche der Front am 9. und 10. Oktober entlang zogen, waren dynamisch stabil und führten keine wesentliche Änderung des Frontverlaufes herbei.

Auf der Morgenkarte (7—8 Uhr) vom 10. Oktober ist eine Zentralzyklone mit zwei Zentren (X und X^1) bei Skandinavien zu sehen; sie liegt völlig innerhalb der

---

[1] Nach SCHERHAG 1934 (*1*) findet sich gerade im Gebiet des Okklusionspunktes eine besonders starke Strömungsdivergenz in der freien Atmosphäre und folglich auch ein stärker Druckfall.

Polarluft und in ihrem Bereich sind nur einige unscharfe Okklusionen und sekundäre Fronten vorhanden. Der Süden der Karte (das Gebiet der Azoren, Frankreich, Pyrenäenhalbinsel) wird von einer subtropischen Antizyklone eingenommen. Die Polarfront verläuft dem Nordrand der Antizyklone entlang von Westen nach Osten.

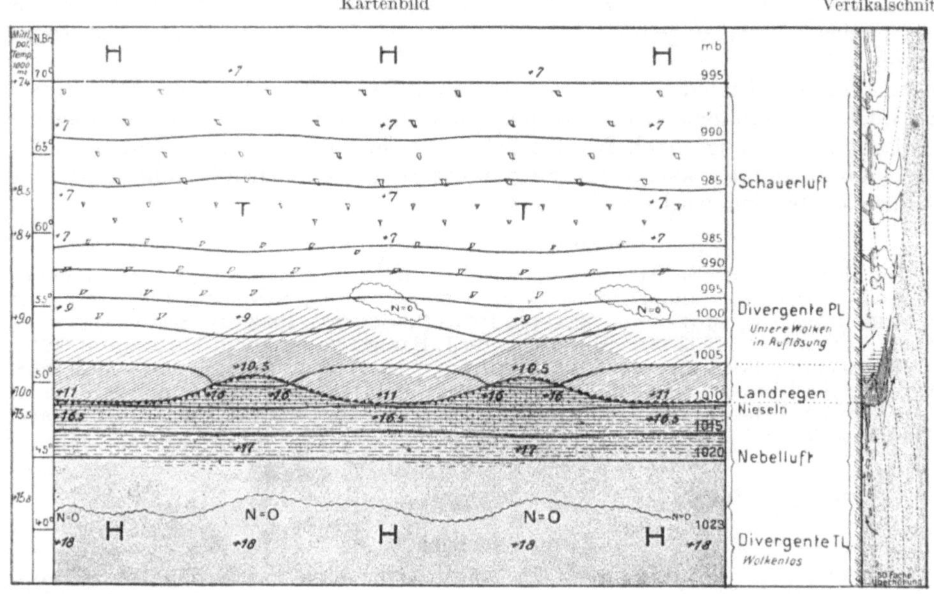

Abb. 207. Schema der Wetterverteilung längs der Polarfront. (Nach BERGERON und SWOBODA 1924.)

Die Wetterverteilung im Bereich der Front vom 10. und 11. Oktober ist in Abb. 207 schematisch dargestellt. Sie zeigt im Horizontal- und Vertikalschnitt Zonen von Haufenwolken, Schauern und Aufheiterungen ($N = 0$) in der Polarluft, ein Gebiet von As—Ns und Dauerniederschlägen nördlich von der Frontlinie, Nieseln, Nebel und schließlich heiteren Himmel in der Tropikluft südlich der Front. In der Abbildung sind auch die Isobaren eingezeichnet und die repräsentativen Temperaturen eingetragen. Links vom Horizontalschnitt stehen die geographischen Breiten und die auf das Niveau von 1000 mb umgerechneten mittleren potentiellen Temperaturen. Im Vertikalschnitt ist der Höhenmaßstab gegenüber dem horizontalen Maßstab 50mal übertrieben.

Am Morgen des 10. Oktober erscheint an der Front westlich von Irland eine große Wellenstörung A. Sie erreicht gegen Abend des 11. Oktober in rascher Fortbewegung (90 km/h) den Südwesten Rußlands. Ihr Fortschreiten erfolgt nahezu ohne Profiländerung und ohne Vergrößerung der Amplitude. Zwar erweist sie sich doch als etwas labil und okkludiert daher gegen den Abend des 11. Oktober ein wenig über der Ukraine, verwirbelt jedoch nicht wirklich und bleibt im Druckfeld nur als sehr schwach ausgeprägtes „sekundäres" Zentrum am Südrand einer viel mächtigeren Zentralzyklone erkennbar.

Am 11. Oktober beginnt sich an der Front eine neue Wellenstörung B mit einer Wellenlänge von ungefähr 2000 km zu entwickeln. Schon das Ausmaß dieser Wellenlänge gestattet es vorauszusetzen, daß die Störung dynamisch labil sein werde. Tatsächlich erkennt man auf der Karte vom 12. Oktober morgens (7 bis 8 Uhr) ein Anwachsen des Warmsektors der Störung und ein bedeutendes Vordringen der Polarluft gegen Süden an deren Rückseite (siehe Stromlinien auf der Karte). Die barische Depression der Störung vertieft sich. Der Winkel zwischen Warm- und Kaltfront hat sich bereits unter 135° verringert. Am 13. Oktober morgens beginnt die Störung, nachdem sie sich bis auf 975 mb vertieft hatte, zu okkludieren; ihr barisches Zentrum ist nunmehr zum Hauptzentrum im Bereich der Zentralzyklone geworden. Die Polarluft an der Rückseite der Störung ist bis nach Spanien vorgedrungen; der quasistationäre Zustand der Front ist somit aufgehoben.

Die Störung B ist jedoch nicht die letzte an der Front; im Westteil der Karte vom 13. Oktober morgens sieht man eine neue Frontalwelle, an deren Vorderseite die Polarluft neuerdings nach Norden zurückweicht. Es ist jedoch bereits zu erwarten, daß an der Rückseite dieser neuen Störung die Polarluft endgültig in die Subtropen eindringen wird.

Literatur zu Abschnitt 69.

Es sei hier auf folgende Arbeiten über die Periodizität synoptischer Erscheinungen verwiesen: J. BJERKNES and SOLBERG 1921, BERGERON und SWOBODA 1924, MILDNER 1926, BERGERON 1930, MOESE und SCHINZE 1932 (*1*), SCHINZE 1932 (*4*), SCHWERDTFEGER 1932 (*1*), HAURWITZ 1933 (*2*), V. BJERKNES-J. BJERKNES-SOLBERG-BERGERON 1933, ASKNASIJ 1934 (*2*), POGOSJAN 1935 (*2*), SCHMIEDEL 1937, MODEL 1938, SCHMAUSS 1938.

Ein vollständigeres Verzeichnis der hauptsächlich vom Leipziger Geophysikalischen Institut veröffentlichten Untersuchungen über Wetterwellen findet sich in der Literatur zu Abschnitt 68.

70. Die Bewegung der Zyklonen und Antizyklonen.

a) Zyklonen. Richtung.

α) **Statistische Zyklonenbahnen.** In Abb. 138 ist eine Karte der über Europa vorherrschenden Zyklonenbahnen nach VAN BEBBER wiedergegeben worden. Ohne auf Details einzugehen, sei hierzu bemerkt, daß Bahn I die am häufigsten begangene ist (ihr entlang schreiten im Winter 31%, im Sommer 39% aller Zyklonen fort); am wenigsten frequentiert ist Bahn Va (10 und 5%). Längs Bahn I ziehen die Zyklonen am häufigsten im Januar und im September, längs Bahn II im Dezember, längs Bahn III im März, IV im Juli und August, Va im Januar und April, Vb im Frühjahr, im Juli und Oktober. Somit sind die nach Südosten gerichteten Bahnen ausschließlich in der kalten Jahreszeit begangen; im Sommer erfolgt die Bewegung der Zyklonen fast ausnahmslos längs der Bahnen I und IV, im Juli auch längs der Bahn Vb. Im allgemeinen überwiegt in der Zyklonenrichtung eine nach Norden gerichtete Komponente, besonders über Osteuropa und den Vereinigten Staaten von Nordamerika. In Rußland geht nach RYKATSCHEW 1897 die durchschnittliche Richtung des Zyklonenzuges im Winter nach N 80° E, im Frühjahr nach N 66° E, im Sommer nach N 59° E, im Herbst nach N 69° E, im Jahresmittel nach N 68$^{1}/_{2}$° E. In den Vereinigten Staaten bewegten sich (nach RUSSEL) von 3068 Depressionen 51% gegen NE, 21% gegen SE und 8% gegen N; auf alle übrigen Richtungen entfielen je 1—2%. In Nordamerika sind die Zyklonenbahnen überhaupt einfacher als in Europa und die Bewegung längs der Hauptbahnen regelmäßiger. Weitaus vorwiegend schreiten die Zyklonen dort längs einer Hauptbahn fort, die von Westen nach Osten über den Oberen See und Kanada verläuft. Sie wird von zweieinhalb- bis dreimal mehr Zyklonen passiert als die europäische Zugstraße I. In den verschiedenen Teilen des nordatlantischen Ozeans schwankt die Zugrichtung der Zyklonen zwischen N 66° E und N 80° E.

Die praktische Bedeutung aller dieser statistischen Angaben für die Analyse ist gering, da im Einzelfall die Zugrichtung von den oben angegebenen Durchschnittsrichtungen erheblich abweichen kann. Eine sehr beträchtliche Anzahl von Zyklonen bewegt sich längs Bahnen, die mit keiner der Hauptbahnen übereinstimmen, ja es kommen — wenn auch selten — sogar Zyklonenbewegungen von Osten nach Westen vor. Daraus ergibt sich die Notwendigkeit, *Gesetzmäßigkeiten* kennenzulernen, denen die Zyklone in jedem Einzelfall unterliegt, und die es gestatten, diese Bewegung vorauszusehen.

β) Bewegungsrichtung der Zyklone nach der Polarfrontlehre. Wenden wir uns zunächst den *Frontalwellen* zu, so finden wir bereits im Abschnitt 63 erwähnt, daß ihre Bewegungsrichtung bestimmt ist durch die Richtung des Wellengliedes, welches auf der Nordhalbkugel die Kaltluft immer links läßt, und des Mitführungsgliedes, dessen Richtung davon abhängt, welche der zwei Hauptluftströmungen überwiegt. Sind beide Glieder zufällig etwa gleich groß, aber gegeneinander gerichtet, so ist die Welle *quasistationär*. Diese Vorbedingung kann unter Umständen bei allgemeiner Ostströmung und normaler Temperaturverteilung (Kälte im Norden, Wärme im Süden), somit bei Arktikfronten und am Westzweig der Polarfronten, erfüllt sein, doch ist dies nicht oft der Fall, weshalb quasistationäre Wellen auf den Karten nur selten anzutreffen sind.

Viel häufiger sind die Voraussetzungen für das Auftreten *schnellaufender Wellen* gegeben: allgemeine Westströmung bei normaler Temperaturverteilung. Wellen- und Mitführungsglied wirken dann in derselben Richtung und die Welle wandert dann *mit der Warmluftströmung* rasch in östlicher Richtung fort.

An dieser Tatsache der Mitführung der Wellen durch die Warmluftströmung ändert sich nichts, wenn wir das System der beiden verschieden temperierten Luftströme ceteris paribus um einen beliebigen Winkel drehen. Schon ein Anblick der statistischen Zyklonenbahnen über Europa (Abb. 138) läßt vermuten, daß gewisse solche Drehungen der normalen Temperaturverteilung oft vorhanden sind. Hat man z. B. eine von Nordskandinavien gegen die Wolga verlaufende Arktikfront und westlich davon eine maritim-polare Warmluftströmung, so werden sich auch die Wellenstörungen entlang der Front südostwärts fortpflanzen usw. Die frontparallele Mitführung der Störung durch die Warmluftströmung gilt allerdings nur so lange, als die Welle stabil ist.

Ist die Welle labil und geht sie in eine *junge Zyklone* über, so wird die Sache insofern etwas anders, als ja der Warmsektor bei fortschreitender Entwicklung der Zyklone immer tiefer in die Kaltluft eindringt. Infolgedessen weicht das Zyklonenzentrum, das bis zum Zeitpunkt der Okklusion mit dem Warmsektorscheitel zusammenfällt, im Lauf der Zeit um etwa 10—30° nach links vom allgemeinen Frontverlauf ab.

Allerdings wird auch jetzt noch die Zyklonenbewegung ziemlich gut mit der Strömungsrichtung im Warmsektor übereinstimmen, da diese selbst im Bereich einer jungen Zyklone bereits eine erhebliche Komponente senkrecht auf den Frontverlauf besitzt. Setzt man die Strömungsrichtung im Warmsektor zur Zyklonenbahn in Beziehung, so denkt man übrigens nicht an den durch Reibung beeinflußten Bodenwind, sondern an die Höhenströmung, welche bereits von einigen hundert Metern über dem Erdboden an parallel verläuft zu den Isobaren im Warmsektor auf der synoptischen Karte. Aus alledem ergibt sich der bereits im Jahre 1922 von J. Bjerknes und Solberg aufgestellte Satz:

„*Das Zyklonenzentrum bewegt sich in der Richtung der Strömung des Warmsektors, d. h. annähernd parallel zu dessen Isobaren.*"

Dieser aus der Erfahrung von J. Bjerknes und Solberg abgeleitete Satz gilt ausnahmslos für alle jungen Zyklonen, und zwar auch dann, wenn sich diese auf den ersten Blick hin „abnormal" zu verlagern scheinen. „Abnormal" kann die Richtung der Warmluftströmung sein, nicht aber die Verlagerung der Zyklone.

Palmén hat im Jahre 1926 gezeigt, daß der obengenannte Satz auch auf *Okklusionen* mit neuerlicher thermischer Asymmetrie (mit einem „falschen" Warmsektor) anwendbar ist.[1] *„Die Zyklone verlagert sich in der Isobarenrichtung ihres wärmsten Teils"*, wie die Regel von J. Bjerknes-Solberg-Palmén ganz allgemein formuliert werden kann.

Allerdings darf jene Regel nicht ohne weiteres zu einem Schluß auf die Verlagerung des Zyklonenzentrums bis zum folgenden Tag verwendet werden. Es kann nämlich vorkommen, daß sich bis dahin die Warmsektorströmung der Zyklone zyklonisch gekrümmt haben und daß die Zyklonenbahn dieser Änderung gefolgt sein wird (J. Bjerknes-Mildner-Palmén-Weickmann 1939).

Erst *nach intensiver Auffüllung* wird die Fortpflanzungsrichtung einer Zyklone infolge Verlustes der thermischen Asymmetrie *unbestimmt*. Gleichzeitig verringert sich dann aber auch die Verlagerungsgeschwindigkeit fast bis zum Stillstand; sehr oft beschreibt dann das Zyklonenzentrum eine Schleife gegen den Uhrzeigersinn.

Andeutungen des Satzes von J. Bjerknes-Solberg-Palmén findet man bereits in den Regeln der alten Synoptik. So äußerte Mohn 1870 den Gedanken, daß das Einströmen warmer, leichter Luft aus Süden in den Vorderteil der Zyklone dort eine andauernde Neubildung der Druckdepression hervorrufe, der Zustrom kalter schwerer Nordwinde an der Rückseite jedoch eine ständige Auffüllung, weshalb sich die Verlagerung der Zyklone senkrecht zur Richtung des Temperaturgradienten, die hohen Temperaturen rechts lassend, erfolge (später hat F. M. Exner diesen Gedanken theoretisch zu unterbauen versucht). Cl. Ley gelangte im Jahre 1872 zu einer analogen Vorstellung auf Grund der synoptischen Erfahrung: Die Depressionen lassen auf ihrem Zug die tiefen Temperaturen links liegen, weichen dabei aber mehr oder weniger von der Isothermenrichtung ab. Im Jahre 1879 fand P. I. Brounow, welcher analoge Auffassungen der Zyklonenbewegung wie Mohn entwickelte, aus der Erfahrung, daß sich eine Depression im Lauf der nächsten 24 Stunden so bewegt, daß sie die tiefen Temperaturen links läßt, jedoch von den Morgenisothermen ihres Gebietes um einen Winkel von durchschnittlich 28° (in den Einzelfällen von 20—60°) abweicht. Brounow hat auch eine zeitliche Drehung der Isothermen gegen den Uhrzeigersinn festgestellt, weshalb auch die nordwärts gerichtete Komponente der Bewegung allmählich anwächst. Seine Untersuchung erstreckte sich nur über noch lebensfähige Zyklonen, d. h. solche, die noch eine deutliche thermische Asymmetrie besaßen oder sich sogar erst im Bereich der Karte ausbildeten.

Man sieht indessen, daß alle diese Regeln, welche die fortschreitende Bewegung der Zyklone nur mit der Temperaturverteilung in ihrem Bereich, nicht aber mit den die Zyklone bildenden Strömungen in Zusammenhang bringen, recht unbestimmt sind.

γ) **Retrograde Zyklonen. Vb-Wetterlagen in Europa.** Von einer abnormalen Bewegung pflegen wir bei Zyklonen vor allem dann zu sprechen, wenn sie mit einer ost-westlichen Komponente fortschreiten statt mit der west-östlichen, welche der vorherrschenden Luftbewegung in den gemäßigten Breiten entspricht. Abnormal ist aber, wie schon erwähnt, in diesen Fällen sog. „*retrograder Zyklonen*" nur die allgemeine Temperaturverteilung, während die Gültigkeit des J. Bjerknes-Solberg-Palménschen Satzes völlig unberührt bleibt.

Dieser Zusammenhang zwischen retrograder Zyklonenbahn und abnormaler Temperaturverteilung war schon in den letzten Jahrzehnten des vorigen Jahr-

---

[1] Wenn man Fehlschlüsse vermeiden will, darf dabei in der Praxis allerdings ein etwa noch vorhandener wirklicher Warmsektor nicht vernachlässigt werden (vgl. Abb. 213).

hunderts bekannt. Im Jahre 1920 sowie in seiner „Dynamischen Meteorologie" konnte
EXNER zeigen, daß im Fall der Fortbewegung einer Zyklone von Südwestdeutschland
gegen den Ärmelkanal (4. bis 5. März 1918) die Luftströmung in 500—4000 m
Höhe eine vorwiegend östliche Richtung über ganz Mitteleuropa aufwies.

Der erste frontologisch untersuchte Fall einer retrograden Zyklone (an der atlantischen Küste der Vereinigten Staaten) stammt von J. BJERKNES und GIBLETT
1924. Von PALMÉN 1926 wurden dann zwei typische Fälle retrograder Zyklonen
über Europa (14. Juli 1907 und 22. Juli 1913) analysiert. Das Charakteristische
dieser und zahlreicher ähnlicher Fälle aus dem sommerlichen Europa ist eine südöstliche bis nordöstliche Tropikluftströmung aus einem innerrussischen Hochdruckgebiet, welche über die Ostsee hinweg gegen nordwestliche bis südwestliche maritime
Polarluftströmung über West- und Mitteleuropa vordringt. Die an der Hauptfront zwischen diesen beiden Strömungen entstehenden Zyklonen haben dann ihren
Warmsektor im Nordosten bzw. Norden statt im Südwesten oder Süden und sind
daher retrograd.

Eine solche Situation war bereits in Abb. 128 dargestellt; die dort am
22. August 1931 abends über dem Rigaschen Meerbusen sichtbare Zyklone lag am
folgenden Morgen über Mittelschweden. Ferner war in Abschnitt 66 eine Zyklone
beschrieben worden, die vom 19. bis 22. September 1933 die Bahn Kijew—
Königsberg—Warnemünde—Magdeburg—obere Donau zurückgelegt hatte. Ein
solches Abdrehen der Zyklonenbahn aus der nordwestlichen in die südwestliche
und eventuell sogar südliche Richtung ist bei diesen Lagen übrigens durchaus nicht
selten; wir sehen es z. B. auch in Abb. 208 für die beiden sehr ähnlichen Fälle vom
13. bis 17. Juni 1929 und vom 9. bis 12. Juni 1930. Beide Male brachten
die Zyklonen bedeutende Regenmengen an der mittleren Wolga, südlich des Gebietes
von Gorkij (Nishnij Now-
gorod) und in der Gegend
zwischen Woronesch und
Kursk, an einigen Stationen
bis zu 60—70 mm pro Tag.
Diese Niederschlagsmengen
finden einerseits in dem
erheblichen Feuchtigkeitsgehalt der kontinentalen
Tropikluft (Dampfdruck
bis zu 15 mm), anderseits
in der Langsamkeit des
Vordringens der Zyklonen-
warmfront ihre Erklärung.

Dem Typus retrograder
Zyklonenbewegung nahe
verwandt und bisweilen in
ihn übergehend ist der *Bahn-
typus V b* nach VAN BEBBER
(siehe Abb. 138), der — wie
bereits erwähnt — nament-
lich im Frühjahr und Herbst
Häufigkeitsmaxima hat.

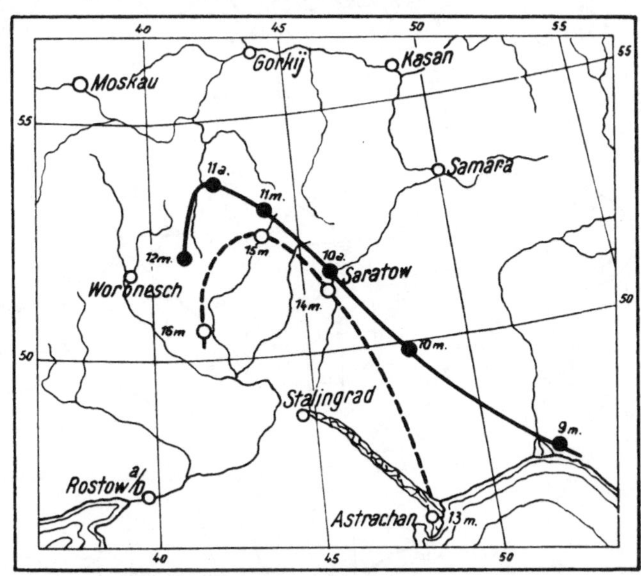

Abb. 208. Bahnen der Zyklonen vom 13. bis 17. Juni 1929 und vom
9. bis 12. Juni 1930.

Man wird kaum fehlgehen, wenn man diese Periodizität in Zusammenhang bringt
mit den ersten Frühlings- bzw. den letzten Herbstvorstößen von Tropikluft aus
dem nordafrikanischen oder kleinasiatischen Binnenland. In der Tat ist das nördliche Vordringen von Mittelmeerzyklonen gegen die Ostsee stets eingeleitet durch

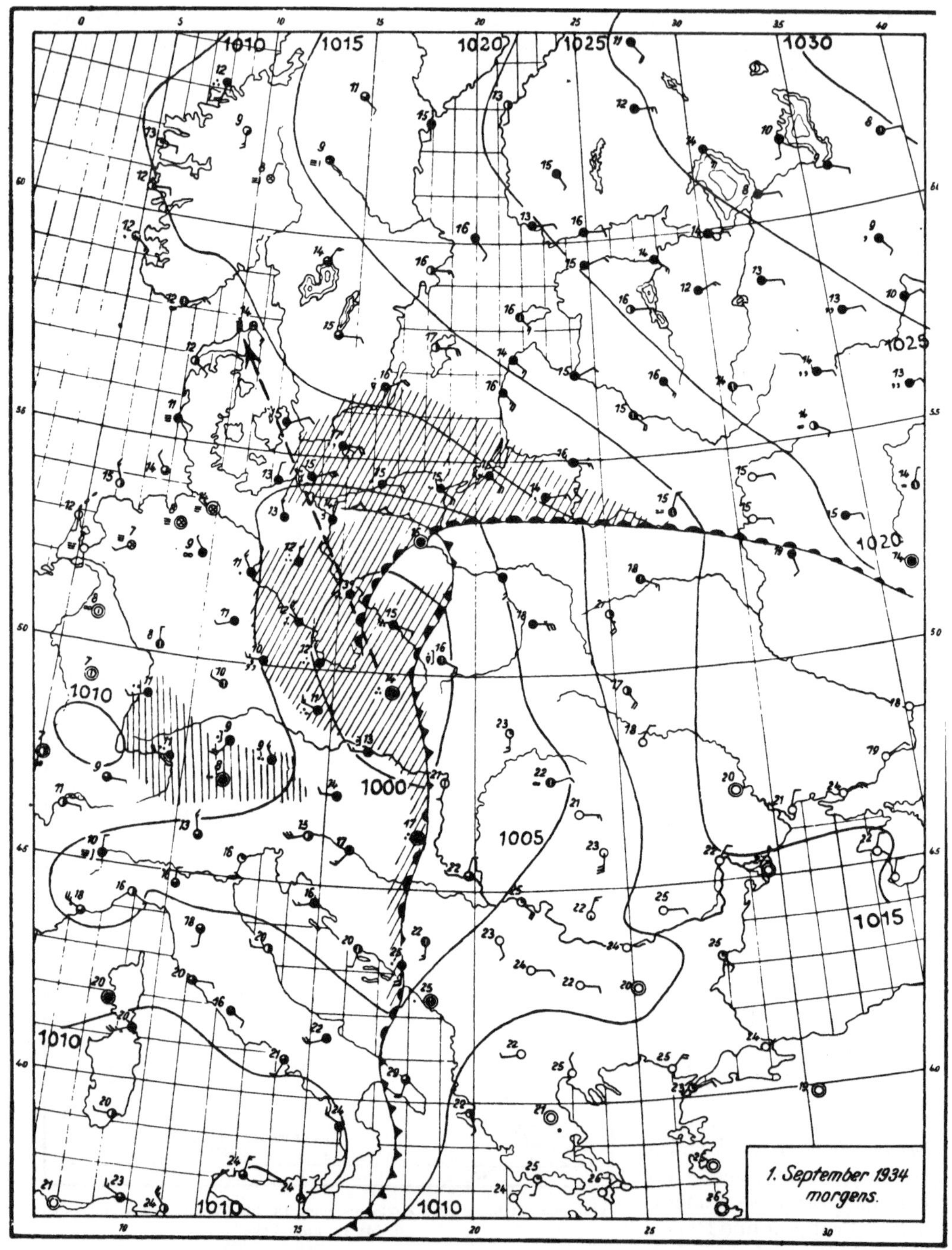

Abb. 209. Die retrograde Zyklone vom 1. September 1934, morgens.

die Ausbildung einer südlichen bis südöstlichen *Sciroccoströmung* gegen das östliche Mitteleuropa. Die kontinentale Herkunft dieses Warmluftstromes, der allerdings auf seiner Wanderung über das Mittelmeer oder das Schwarze Meer mit

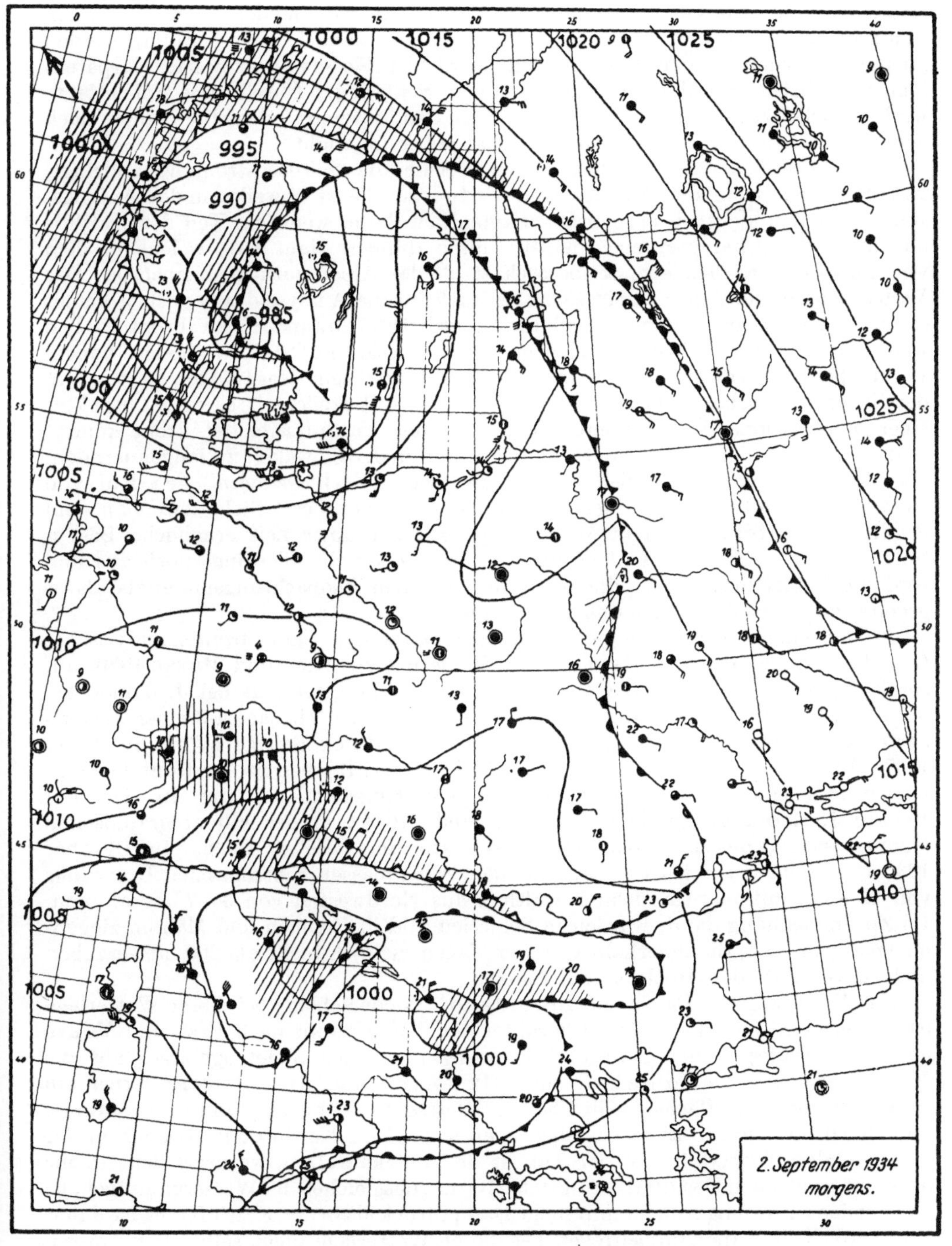

Abb. 210. Die retrograde Zyklone vom 2. September 1934, morgens.

Feuchtigkeit aufgeladen wird, kann bisweilen chemisch nachgewiesen werden an seinem Staubgehalt, den er später mit den frontalen Niederschlägen ausscheidet. Nicht immer läßt sich sein Vordringen schon in den Anfangsstadien einwandfrei feststellen: die Analyse über den Balkan- und Karpatenländern wird in diesem Stadium erschwert durch lokale Kaltluftseen, die zunächst weggeräumt werden müssen, was zuerst in den Föhngebieten geschieht („Kossava" im Banat, Karpatenföhn in Galizien und Mähren, Sudetenföhn in Schlesien). Durch diese Föhneffekte wird natürlich die Tropiklufttemperatur in den untersten Schichten auch nach dem vollen Durchbruch des Scirocco lokal stark überhöht.

Die Grenzfläche der Kaltluft, gegen welche die Sciroccoströmung andringt, verläuft in der Regel vom Alpenostrand nordwärts. Sie ist bisweilen in den Anfangsstadien recht undeutlich ausgeprägt, namentlich dann, wenn ein Teil der Kaltluft nur mehr den Charakter einer nebelerfüllten dünnen Haut hat, welche in dem weit nordwärts reichenden „Sciroccoschatten" der Alpen zurückgeblieben ist. Das Vorhandensein der Alpen macht sich aber auch für die Analyse des barischen Feldes störend bemerkbar. Die von der Adria nordwärts abwandernden Frontalwellen werden erst zu deutlichen Druckstörungen, wenn sie die Ostalpen passiert haben. Dann allerdings saugen sie die kalte Polarluft aus dem Nordwesten kräftig an, die Front wird scharf und ihre Fläche steiler — oft steiler als es dem Charakter einer quasistationären Front entspricht. Auf der Kaltluftseite der Front kommt es dann, namentlich in den Sudetenländern und in der Slowakei, zu langdauernden, oft sehr ergiebigen Regenfällen, welche den sog. *„Vb-Wetterlagen"* den Ruf von *Hochwassersituationen* eingetragen haben. Es ist daher begreiflich, daß man dem Studium dieser Situationen in Mitteleuropa seit geraumer Zeit erhebliche Beachtung schenkt. Eine restlose Klärung des Problems steht allerdings noch aus und wird die Verarbeitung eines dichteren aerologischen Beobachtungsmaterials als es gegenwärtig zur Verfügung steht, nötig machen.

Eingehendere Untersuchungen dieser Wetterlagen auf frontenanalytischer Grundlage findet man bei HERRMANN 1929, ferner bei BIEL und MOESE 1930, auf aerologischer Grundlage bei SEIFERT 1935 und in jüngster Zeit bei J. BJERKNES-MILDNER-PALMÉN-WEICKMANN 1939. Die Analyse einer Vb-Lage auf einer Arbeitskarte des Flugwetterdienstes enthält im Vielfarbendruck Beilage IV zu SWOBODA 1937. In diesem Fall (2. Oktober 1935, 14 Uhr M.E.Z.) betrug der frontale Temperaturunterschied dem böhmisch-mährischen Hügelland entlang 10—13° auf 100 km Entfernung. In dem von BIEL und MOESE in der klimatographischen Monatsübersicht des Meteorologischen Observatoriums Krietern-Breslau für Oktober 1930 beschriebenen Fall trafen in Schlesien Warmmassen subtropischen Ursprungs von 13—17° mit maritim-polarer Kaltluft aus Nordwesten von 3—7° zusammen. Im Zusammenhang damit wurden in Schlesien und in Böhmen und Mähren Regenmengen gemessen, die innerhalb von vier Tagen vielfach mehr als 200 mm ergaben und zu verheerenden Hochwässern führten.

Zur Erklärung der Dauer und Intensität der Niederschläge bei dieser Wetterlage ist, außer dem quasistationären Charakter der Aufgleitfront nach BIEL und MOESE auch ein orographischer Stau und Pressungseffekt des Sudetengebirges auf die Kaltluftströmung heranzuziehen, nach HERRMANN und nach SEIFERT ferner ein Aufsteilen der Frontfläche (wohl über den Betrag 1:100 hinaus) und nach SEIFERT schließlich noch feuchtlabile Umlagerungen sowohl im Kaltluftkeil als auch in der aufgleitenden Tropikluft. In der Tat ist der vertikale Temperaturgradient in ihr oft recht groß (nach HERRMANN rund 0,8°/100 m), desgleichen der Wasserdampfgehalt, namentlich zu Anfang (rund 3 mm mehr Dampfdruck als in der Kaltluft); es ist daher verständlich, daß die Aufgleitregen bei dieser Wetterlage nicht selten von Güssen von Schauercharakter durchsetzt sind, bisweilen sogar in Begleitung von Gewittern.[1]

---

[1] HERRMANN findet übrigens für die zwei von ihm untersuchten Fälle, daß die Warmluft von Südosten her in mittleren Höhen (2000—3000 m) zuerst eindringt, sich also

In Abb. 209 und 210 ist eine auf der Zugstraße Vb fortschreitende und dabei etwas retrograde Zyklone (ost-westliche Bewegungskomponente) dargestellt. Ihr Zentrum lag am 31. August 1934 morgens nur schwach entwickelt über dem Mittelmeer, am 1. September morgens über Schlesien, am 2. September morgens nach erfolgter Okklusion und stark verwirbelt über dem Skagerrak. Ihre Reste sind am folgenden Morgen östlich von Island zu erkennen. SCHINZE 1934 betont, daß in dieser und der ihr unmittelbar nachgefolgten, allerdings erheblich schwächeren Vb-Zyklone die südöstliche Tropikströmung auf einen mitteleuropäischen Arktikluftblock aufgetroffen sei, wodurch sich die Warmfrontfläche bis zum Betrag 1:65 aufsteilte; dies wird durch einen instruktiven Vertikalschnitt durch die Luftmassenverteilung belegt.

Die Ausgangssituation für die geschilderten Vb-Lagen ist meist durch eine mehr oder weniger gut ausgeprägte Zyklone südlich der Alpen charakterisiert. Solche Zyklonen ziehen entweder (und zwar fast ausschließlich in der kalten Jahreszeit) auf der Zugstraße Va über den Golf von Biscaya heran oder aber sie bilden sich erst an Ort und Stelle als sog. „Genua-Zyklonen" aus, dann nämlich, wenn Nordeuropa oder das nördliche Mitteleuropa von einem Tief in östlicher Richtung passiert wird. Über die *Genua-Zyklogenese* bestehen zur Zeit drei verschiedene Theorien. Vom Standpunkt der Polarfrontlehre aus handelt es sich dabei um einen ähnlich frontal-orographischen Vorgang wie bei der Entstehung der Skagerrak-Zyklonen (Abb. 206). H. v. FICKER gründet demgegenüber seine Erklärung auf die komplexe Natur der Druckschwankungen in Zyklonen (vgl. Abschnitt 68, e): der „sekundäre" Druckanstieg an der Rückseite des nördlichen Tiefs (niedrig-troposphärischer Kälteeinbruch) wird eine Zeit lang von der Alpenkette zurückgehalten, so daß auf deren Leeseite der „primäre" Druckfall ungeschwächt zur Geltung kommt und eine Genua-Zyklone erzeugt. Schließlich zieht E. DINIES 1938 (*1*) zur Erklärung der Genua-Zyklogenese den SCHERHAGSchen Divergenzeffekt heran: Bei dieser Wetterlage treten die Isothermen (und mit ihnen die Höhenisobaren), die über dem Rhonegebiet durch Anstauen der kalten Nordströmung an den französischen Alpen stark zusammengedrängt werden, über dem Mittelmeer auseinander, wodurch hier Druckfall bedingt wird. Es ist auch durchaus denkbar, daß es verschiedene Typen von Genua-Zyklonen gibt, auf welche nicht ein und dasselbe Erklärungsschema stereotyp angewendet werden kann.

Es scheint übrigens für die Störungen auf der Bahn Vb noch eine etwas andere Entstehungsart zu geben, mit der vielleicht das früher erwähnte sekundäre Häufigkeitsmaximum im Juli zusammenhängt. Das Vorhandensein einer Mittelmeerstörung ist in diesem Fall nicht unbedingt nötig. Die Ausgangslage ist sehr ähnlich der in Abb. 199 dargestellten. Eine nach Europa hereinrückende Kaltfrontokklusion wird zwischen dem Mittelmeer und der Ostsee bisweilen für kurze Zeit quasistationär, wobei sie sich mit Vorliebe an das böhmisch-mährische Hügelland „anlehnt". Sie bildet sich (ähnlich wie auf S. 298 beschrieben), durch den in diesem Augenblick einsetzenden Zufluß kontinentaler subtropischer Warmluft aus Südosten zu einer Polarfront um, an welcher Zyklogenese und Zyklonenwanderung entlang der Bahn Vb stattfindet.

Schließlich sei bei dieser Gelegenheit noch erwähnt, daß abnormale Zyklonenbahnen gelegentlich auch mit *Arktikfronten* zusammenhängen können. Ein besonders charakteristischer Fall dieser Art wurde vom 6. bis 9. Februar 1929 verzeichnet (vgl. Abb. 211). Die Arktikluftströmung hatte im allgemeinen nordöstliche, die Polarluft (im Warmsektor der Zyklone) östliche Richtung. Die Bahn des Zyklonen-

---

keilförmig zwischen die untere, gegen Westen zurückweichende Kaltluft und eine obere aus dem Westquadranten kommende Kaltluftströmung einschiebt.

zentrums verlief entsprechend der gestrichelten Linie zwischen dem 6. und 9. Februar vom Nordostteil des Kaspischen Meeres über Kujbyschew (Samara), Gorkij (Nishnij Nowgorod), Kaluga nach Odessa.

δ) **Zyklonenbahn — Cirruszug — Führungsströmung.** HESSELBERG 1913 hat gefunden, daß *über Europa die Zyklonen im allgemeinen in jener Richtung fortschreiten, in der sich die Cirren bewegen.* Diese Regel verlangt jedoch eine wesentliche Einschränkung. Sie gilt nur dann, wenn der *Ci*-Zug über dem Zyklonenzentrum fest-

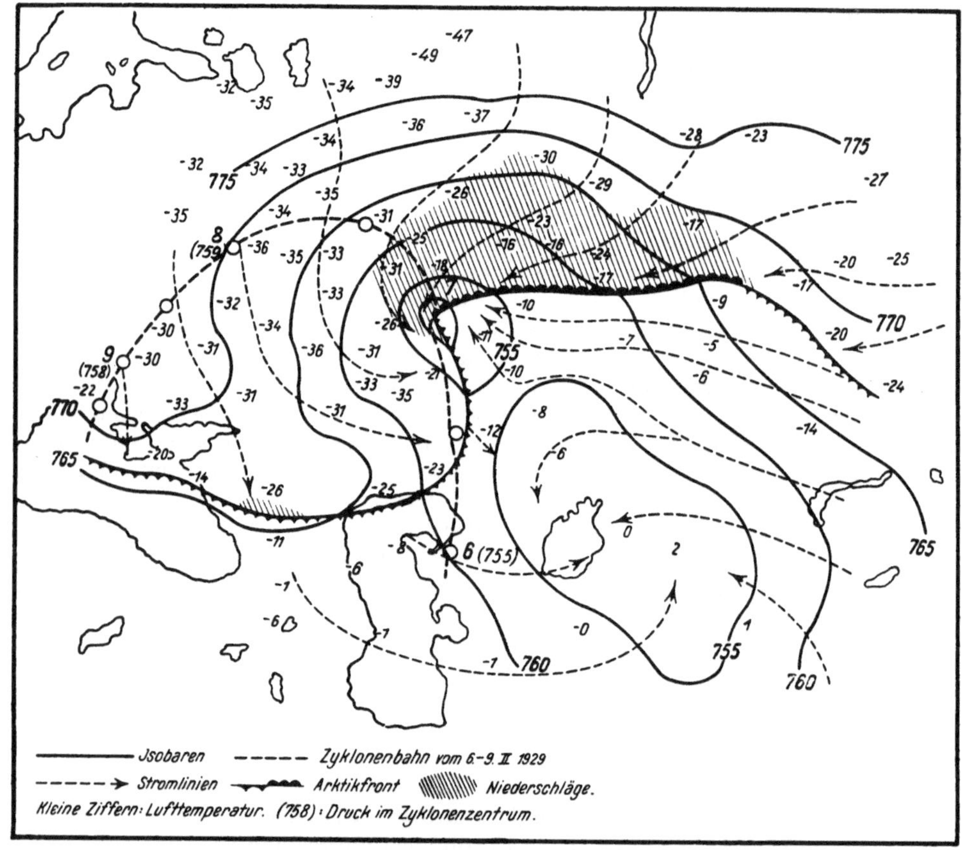

Abb. 211. Abnormale Fortpflanzung der Zyklone vom 6. bis 9. Februar 1929.

gestellt werden konnte und nur in dem Fall, als die zyklonale Anordnung der Stromlinien noch nicht bis zum *Ci*-Niveau durchgegriffen hat, also *nur für junge Zyklonen.*

Stammen die Beobachtungen aus Gebieten *fern vom Zyklonenzentrum,* so ergeben sich bedeutende *Abweichungen.* So gelangten PICK und BOWERING 1929 auf Grund von Beobachtungen in England von Januar bis März 1928 zu dem Ergebnis, daß die Richtung des *Ci*-Zuges nur einen ungefähren Schluß auf die Zyklonenbewegung zuläßt, indem der Winkel zwischen diesen Richtungen in 13 von 59 Fällen sogar 60—90° betrug. PALMÉN 1929 klärte dies damit auf, daß die Stromlinien der über der Warmfrontfläche aufgleitenden Luft sukzessive nach rechts abweichen, weshalb auch die Cirren daselbst gegen die Isobarenrichtung im Warmsektor erheblich nach rechts abgelenkt sind (siehe Abb. 188). Falls also die junge Zyklone von Westen nach Osten fortschreitet, so ziehen die ersten *Ci* vor ihrer Warmfront aus NW. PALMÉN hat die Richtigkeit dieses Satzes auch für den Fall einer retrograden Zyklone nachgewiesen: die am 10. Juli 1930 über Südskandinavien in der Richtung der Warmsektorisobaren nach WSW fortschreitende Zyklone (Abb. 212) war vor der Warmfront von Ci begleitet, die aus SSE zogen.

Ist die Zyklone bereits *okkludiert* und hat ihr zyklonales Stromlinien- und Drucksystem bereits die Stratosphäre erreicht, so kann von einem Zusammenhang zwischen Ci-Zug und Zyklonenbahn überhaupt keine Rede mehr sein (vgl. Abb. 188).

Verschiedene Untersuchungen lassen vermuten, daß *die Bewegungen der Drucksysteme mit Strömungen in tieferen Niveaus als jenem der Ci-Wolken zusammenhängen.* So fand z. B. F. M. EXNER 1918, daß bereits die Höhenströmung in 4 km Höhe die Richtung der Verlagerung der Druckzentren gut wiedergebe, S. J. TROIZKIJ und W. M.

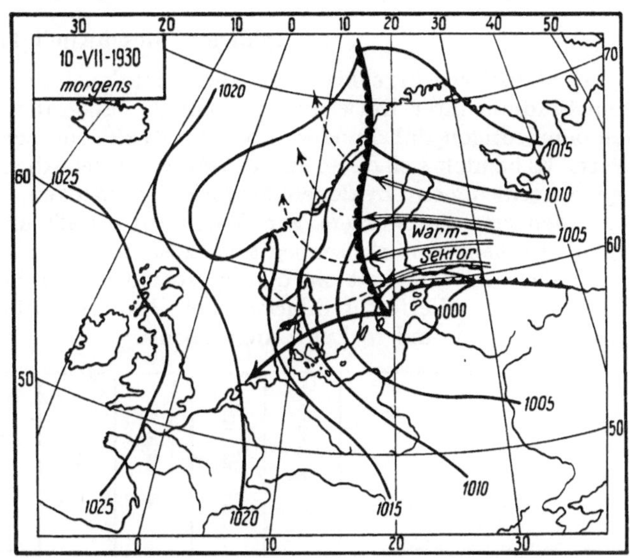

Abb. 212. Abnormale Zyklonenbewegung und Luftströmung im Ci-Niveau vor der Warmfront. (Nach PALMÉN 1932.)

MICHEL 1932 geben hierfür 3—5 km Höhe. Nach SCHERESCHEWSKY und WEHRLÉ existiert in einer Höhe von 1—6 km stets ein Luftstrom, dessen Richtung und Geschwindigkeit die Bewegung der Isallobarengebiete bestimmt. Überhaupt ist, wie schon in Abschnitt 63, a erwähnt und hier in Unterabschnitt d näher auszuführen, der Zusammenhang zwischen der Bahn der Isallobarenzentren am Boden und einer „*Grundströmung*" in der Höhe namentlich während der letzten Jahre in den Mittelpunkt lebhafter Diskussionen gerückt, seitdem der Begriff der „*Steuerung*" von STÜVE 1926 (*2*) definiert worden ist als Führungskraft, welche sich von oben her den Bewegungen der troposphärischen Massen aufprägt. Daß dabei allerdings in erster Linie an die stratosphärischen Luftströmungen als steuernde Kräfte gedacht wird, unterliegt wohl keinem Zweifel.[1] Aber selbst manche Vertreter dieser Steuerungstheorie verlegen in der letzten Zeit den Sitz der Führungskräfte tiefer; F. MÖLLER 1938 sagt ganz allgemein, daß „man die Steuerung, mit der ein Tief wandert, am deutlichsten in *der* Druckverteilung erkennt, die den geradlinigsten und durch dieses Tief ungestörtesten Verlauf zeigt". Dies kann aber unter Umständen sogar die Druckverteilung am Erdboden sein.

Nach den Erfahrungen des deutschen Wetterdienstes gibt im allgemeinen der Isobarenverlauf in 5000 gdm, bzw. der entsprechende Isohypsenverlauf der 500-mb-Fläche eine gute Grundlage für die Beurteilung der Verlagerung der Zyklonenzentren [*Höhenwetterkarte* nach SCHERHAG 1936 (*1*)].[2] Aber schon die Geopotentialverteilung der 750-mb-Fläche, annähernd zwischen 1800 und 2500 m gelegen,

---

[1] Vgl. Abschnitt 68, e, wo die voneinander ziemlich abweichenden Auslegungen des Begriffes „Steuerung" ausführlicher wiedergegeben sind.

[2] Die Bedeutung der Höhenwetterkarte für die Prognose der Druckänderungsgebilde (Steig- und Fallgebiete) wird im Unterabschnitt d gewürdigt.

läßt auf die Strömungsrichtung der im Wolken- und Niederschlagsfeld wirksamen Luftmassen schließen (*Höhenströmungskarte* von SCHINZE und SIEGEL 1938).

Eine Regel von ERTEL 1939 über den Zusammenhang zwischen Tropopausenlage und Zyklonenzug wird in Abschnitt 74 (Regel 177) angeführt (siehe auch Fußnote 2 auf S. 384).

b) Zyklonen. Geschwindigkeit.

α) **Statistische Ergebnisse.** Da die Fortpflanzungsgeschwindigkeit einer Zyklone vom Stadium ihrer Entwicklung abhängt, haben die statistischen Untersuchungen aus dem vorigen Jahrhundert über die Zyklonengeschwindigkeit nur beschränkten Wert. Es handelt sich dabei um *Mittelwerte*, welche die Bewegungseigentümlichkeiten der verschiedenen Zyklonenkategorien verdecken. Nichtsdestoweniger sei im folgenden eine vor kurzem von MEINARDUS 1929 unter Benutzung des Materials der deutschen Antarktisexpedition zusammengestellte Übersicht der mittleren Zyklonengeschwindigkeit in den verschiedenen Teilen der Erde wiedergegeben. Es wurden die Werte für Sibirien nach PEDDER (1911) mit aufgenommen. Die Geschwindigkeiten sind in km/h angegeben.

	Verein. Staaten	Nordatlantik	Westeuropa	Osteuropa	Sibirien	Japan	Südhalbkugel 120° E — 80° W	Südhalbkugel 80° W — 120° E	Südhalbkugel als Ganzes
Sommer	39	27	24	29	—	28	36	46	42
Herbst	44	30	30	35	—	38	36	42	39
Winter	56	29	29	39	—	45	35	45	40
Frühjahr...............	44	30	26	33	—	40	35	42	39
Jahr	46	29	27	34	46	38	36	44	40
Jahresamplitude in % ..	37	10	21	30	—	44	3	9	6

Als Ergänzung zu diesen Mittelwerten sei bemerkt, daß nach VAN BEBBER 56% aller Depressionen in Europa eine Geschwindigkeit von weniger als 27 km/h aufweisen, 29% von 27 km/h bis 44 km/h und 15% über 44 km/h.

β) **Geschwindigkeit der Zyklone in ihren verschiedenen Entwicklungsstadien.** Schon früher wurde darauf hingewiesen, daß die Zyklone im Wellenstadium ihre größte Geschwindigkeit (bis zu 100 km/h und mehr) aufweist, im Okklusionsstadium jedoch oft fast stationär wird.

Aus den Abschnitten 63, c und 70, a β ist bereits bekannt, daß die Fortpflanzungsgeschwindigkeit einer *Frontalwelle* aus zwei Komponenten zusammengesetzt ist, dem Mitführungsglied und dem Wellenglied. Fallen beide Glieder in dieselbe Richtung, so ist die Welle ein *Schnelläufer*. Dies ist auf der Nordhalbkugel dann der Fall, wenn bei normaler Temperaturverteilung (Wellenglied nach Osten gerichtet) sowohl die warme als auch die kalte Luftströmung aus Westen kommen (Mitführungsglied nach Osten gerichtet). Während des Übergangs der Frontalwelle in eine *junge Zyklone* wird das Wellenglied kleiner und die gesamte Fortpflanzungsgeschwindigkeit daher geringer. PALMÉN 1926, 1928 (*1*) hat dies auf Grund eines großen empirischen Materials bestätigt. Die mittlere Geschwindigkeit *stabiler Frontalwellen* kann man nach PALMÉN durch folgende empirische Gleichung darstellen:

$$V = 4{,}2 + 0{,}7\,v + 3{,}0\sqrt{\overline{\Delta T}} \text{ m/sek,} \tag{1}$$

wo V die Geschwindigkeit der Welle, v die mittlere Geschwindigkeit der Warm-strömung *in Anemometerhöhe* und ΔT die Temperaturdifferenz zwischen der warmen und kalten Strömung ist. Es ist offensichtlich, daß die Bahngeschwindigkeit mit dem Anwachsen der Windgeschwindigkeit in der Warmluft (was vollkommen begreiflich ist) und mit dem Anwachsen des Temperatursprungs (von welchem das Wellenglied der Verlagerung abhängt) zunimmt.

Im Fall der Wellenstörung vom 11. bis 12. Oktober 1923, welcher von Bergeron und Swoboda 1924 beschrieben wurde, beträgt die nach Gl. (1) berechnete Verlagerungsgeschwindigkeit 21 m/sek (bei $v = 14$ m/sek, $\Delta T = 6°$). In Wirklichkeit betrug sie 25 m/sek. Die Übereinstimmung ist eine recht gute. Die Durchschnittsgeschwindigkeit rascher Frontalwellen bestimmt Palmén mit 18 m/sek, d. i. 65 km/h.

Eine der Gl. (1) analoge Gleichung gibt Palmén für *thermisch asymmetrische Zyklonen.* Sie lautet:

$$V = 0{,}8 + 0{,}6\,v + 2{,}6\,\sqrt{\Delta T}\ \text{m/sek.} \tag{2}$$

Es ist unmittelbar ersichtlich, daß bei gleichen v und ΔT die Geschwindigkeit der ausgebildeten Zyklone geringer ist als jene der Welle. Im allgemeinen hat Palmén die Durchschnittsgeschwindigkeit thermisch asymmetrischer Zyklonen (d. h. junger Zyklonen oder solcher mit „falschem" Warmsektor) zu 11,7 m/sek (von 4,6 m/sek bis 21,3 m/sek), d. i. zu 42 km/h, bestimmt.

Die Geschwindigkeit einer jungen Zyklone nach Gl. (2) *ist um so größer, je größer der Temperatursprung zwischen der kalten und warmen Luft in ihrem Gebiet und je größer die Windgeschwindigkeit im Warmsektor ist.* Bei einem Temperatursprung von 7° (Mittelwert aller von Palmén untersuchter Fälle) erhält man bei $v = 5$ m/sek: $V = 11$ m/sek, und bei $v = 14$ m/sek: $V = 16$ m/sek.

Wenn sich also bei fortschreitender Entwicklung der Zyklone der Wind im Warmsektor verstärkt, so nimmt ihre Bahngeschwindigkeit etwas zu. Darauf hatten bereits im Jahre 1922 J. Bjerknes und Solberg verwiesen: „Die Geschwindigkeit der Zyklonen wächst mit zunehmender Windgeschwindigkeit im Warmsektor. Infolgedessen bewegt sich die Zyklone in ihrem ersten Lebensstadium mit zunehmender Geschwindigkeit."

Aus Gl. (2) folgt ferner, daß die Geschwindigkeit der Zyklone bei nicht zu kleinem ΔT größer ist als die Windgeschwindigkeit im Warmsektor. Die Windgeschwindigkeit an der Erdoberfläche ist indessen für die Gesamtströmung nicht charakteristisch. Palmén hat daher die Geschwindigkeit der Zyklone in Abhängigkeit von der Geschwindigkeit des *Gradientwindes* (geostrophischen Windes) betrachtet, welcher dem im Bereich der Zyklone beobachteten barischen Gradienten an der Erdoberfläche entspricht. Er fand, daß die *Fortpflanzungsgeschwindigkeit der Zyklone stets erheblich kleiner, und zwar nur halb so groß ist wie die Geschwindigkeit des geostrophischen Windes* (abgesehen von Fällen, wo die letztere ganz geringfügig ist).

Beträgt z. B. unter 50° Breite der mittlere Druckgradient am Erdboden 3 mb, so entspricht ihm nach Abschnitt 19 ein geostrophischer Wind von 18,6 m/sek; die Zyklonengeschwindigkeit würde in diesem Fall 9,3 m/sek betragen. Der wahre Wind erreicht die Geschwindigkeit des geostrophischen erst in einigen hundert Metern über der Erdoberfläche; in größerer Höhe übertrifft er sie beträchtlich, im Ci-Niveau schätzungsweise um das Doppelte. Daraus ergibt sich, daß die *Zyklonengeschwindigkeit stets erheblich geringer ist als die Höhenwindgeschwindigkeit im Warmsektor.*

Infolgedessen durchströmt ständig neue Warmluft das von der Zyklone erfaßte Gebiet, an deren Rückseite über der Kaltfrontfläche absinkend und an deren vorderem Teil über der Warmfrontfläche aufsteigend. Diese Tatsache wurde erstmalig von v. Ficker 1911 (2) festgestellt.

Nach erfolgter Okklusion nimmt die Geschwindigkeit der Zyklone rasch ab, wofern sich in ihr nicht eine neuerliche thermische Asymmetrie bzw. ein neuer Warmsektor ausgebildet hat. *Eine absterbende okkludierte Zyklone wird schließlich fast stationär*, was bereits im Jahre 1922 von J. BJERKNES und SOLBERG festgestellt worden ist. Es empfiehlt sich dringend, die oben angeführten Tatsachen — Beschleunigung der Zyklonengeschwindigkeit bis zur Okklusion und rasche Verringerung nach der Okklusion — bei der Kartenanalyse zu berücksichtigen.

Der oben angegebene Zusammenhang zwischen Zyklonengeschwindigkeit und Höhenwind kann schließlich von der Warmsektorströmung auf die ganze „Grundströmung" ausgedehnt werden. Wenn, wie unter a, δ dieses Abschnittes angeführt, eine Beziehung zwischen Bahnrichtung der Zyklonen und Richtung der Grundströmung angenommen wird, so muß eine solche auch zwischen den betreffenden Geschwindigkeiten bestehen.

γ) **Regionale Geschwindigkeitsunterschiede.** Erst die voranstehenden Betrachtungen ermöglichen einen tieferen Einblick in die Zahlenwerte der Tabelle von MEINARDUS. Zunächst erklärt sich die Tatsache, daß die Zyklonen in den Vereinigten Staaten doppelt so rasch fortschreiten als in Europa daraus, daß sie in Nordamerika vorwiegend im Jugendstadium auftreten als nicht tiefe, aber rasch wandernde Depressionen mit erheblichem Temperaturkontrast zwischen Polar- und Tropikluft. In Europa treffen die atlantischen Zyklonen meist schon im okkludierten Altersstadium und daher mit verlangsamter Bewegung ein.

Wenn in Osteuropa, noch mehr aber in Sibirien die Zyklonengeschwindigkeit wieder größer ist als in Westeuropa, so ist dies offenbar eine Folge von häufigen Zyklogenesen an den kontinentalen Polar- und Arktikfronten über Rußland, sowie gelegentlicher Regeneration der von Westen eindringenden Zyklonen.

Bemerkenswert ist ferner, daß die Zyklonen im Winter der Nordhalbkugel um 20—40%, im Winter der Südhalbkugel aber nur um 7% rascher fortschreiten als im Sommer. Es ist dies eine Folge ähnlicher Unterschiede in den Amplituden der meridionalen Temperaturdifferenzen. Diese betragen zwischen 20° und 50° Breite:

	Südhalbkugel	Nordhalbkugel
Januar	17,1°	28,9°
Juli	17,0°	9,9°
Amplitude	0,1°	19,0°

Auf der Nordhalbkugel selbst treten auch in longitudinaler Richtung bedeutende jahreszeitliche Unterschiede in der Zyklonengeschwindigkeit auf, indem z. B. die Zyklonen in Nordamerika im Winter um 37%, auf dem Atlantik aber nur um 10% rascher ziehen als im Sommer. MEINARDUS macht zur Erklärung mit Recht darauf aufmerksam, daß über dem Festland der jahreszeitliche Temperaturkontrast zwischen Polar- und Tropikluft größer ist als über dem Meer.

c) Antizyklonen.

α) **Geschwindigkeit.** Es ist von vornherein anzunehmen, daß sich die Geschwindigkeit der Hochdruckrücken und Antizyklonen in ihrer Größenordnung nach der Geschwindigkeit der Zyklonen richten wird, zwischen welche sie eingelagert sind, und diese ist, wie bereits erwähnt, ihrerseits wieder *abhängig von der „Grundströmung" in der mittleren und oberen Troposphäre.* Ohne eine Gruppierung nach beweglichen und stationären Antizyklonen vorzunehmen, fand BROUNOW im Durchschnitt von 132 Fällen (im Zeitraum 1876 bis 1879) für Antizyklonen über Europa eine Bewegungsgeschwindigkeit von 644 km pro Tag, d. i. nahezu 27 km pro Stunde. Die durchschnittliche Geschwindigkeit der Zyklonen betrug nach der

Berechnung von BROUNOW in denselben Jahren 666 km pro Tag, d. i. annähernd 28 km pro Stunde. Der Unterschied der Geschwindigkeiten ist also ganz geringfügig. Es ist bemerkenswert, daß die Zahlen von BROUNOW keinen wesentlichen Jahresgang aufweisen und daß das Minimum der Geschwindigkeit auf den Winter entfällt, offenbar deshalb, weil in dieser Jahreszeit die Antizyklonen öfter stationär werden.

Ihre größte Bewegungsgeschwindigkeit erreichten nach BROUNOW Antizyklonen mit 1887 km pro Tag, d. i. nahezu 80 km pro Stunde: ein Wert, der mit der Maximalgeschwindigkeit von jungen Zyklonen und sogar von Wellenstörungen verglichen werden kann. Dagegen gab es während der untersuchten vier Jahre 20 Fälle (bei einer Gesamtzahl der Antizyklonen von 132), wo die Antizyklone im Lauf eines Tages an einer und derselben Stelle verblieb.

Das Stationärwerden der Antizyklonen in den Subtropen oder über dem Festland der gemäßigten Breiten *wird natürlich schon längere Zeit vorher durch eine allmähliche Geschwindigkeitsabnahme eingeleitet.* Oft weist eine quasistationäre Antizyklone lange Zeit hindurch überhaupt keine bestimmte Bewegung auf und breitet sich unschlüssig bald nach der einen oder der anderen Seite aus; besser gesagt, sie fließt auseinander (BROUNOW).

In den Vereinigten Staaten ist die mittlere jährliche Geschwindigkeit der Antizyklonen mit 56,5 km/h (BROWN und WEIGHTMANN für die Jahre 1892 bis 1912) bedeutend größer als in Europa, was in Übereinstimmung ist mit der in Amerika größeren Geschwindigkeit (dem vorwiegenden Jugendstadium) der zugehörigen Zyklonen. Infolge dieser regeren Zyklonentätigkeit ist auch das winterliche Stationärwerden der Antizyklonen seltener, und deren Geschwindigkeitsminimum fällt daher — zum Unterschied von Europa — auf den Sommer, die Zeit der geringeren Temperaturunterschiede.

In den subtropischen Breiten der Südhalbkugel, über Australien, bewegen sich die Antizyklonen von Westen nach Osten mit einer Durchschnittsgeschwindigkeit von 27 km/h (RUSSEL 1893).

Diese Geschwindigkeit ist hier nach LOCKYER 1910 über den Kontinenten größer als über den Meeren (11,5 Längengrade pro Tag über dem Festland und 9,3 Längengrade über dem Meer). In den Subtropen der Nordhalbkugel ist dagegen die Geschwindigkeit der Antizyklonen geringer und die Tendenz zum Stationärwerden ist hier größer. Wir wissen bereits, daß nicht nur die Antizyklonen polarer, sondern auch jene azorischer Herkunft bisweilen über dem europäischen Festland zum Stillstand kommen.

β) **Richtung.** Die beweglichen Antizyklonen schreiten vorwiegend in östlicher Richtung fort, doch haben die zwischen die Zyklonen eingebetteten und aus Polarluft bestehenden Hochdruckgebiete eine nach Süden gerichtete Komponente.

In Europa ist nach BROUNOW die häufigste Fortpflanzungsrichtung ESE (83 von 369 Fällen), dann E (69 Fälle), ferner ENE, SE und SSE. Retrograde Antizyklonen (Richtung SSW—NNW) gab es nur in 35 Fällen. Innerhalb desselben Zeitraums weicht nach BROUNOW die häufigste Fortpflanzungsrichtung der Antizyklonen von jener der Zyklonen um $67^1/_2°$ nach rechts ab (ESE gegen NE); am seltensten ziehen die Antizyklonen gegen den Nordwest-, die Zyklonen dagegen gegen den Südwestquadranten. Diese Unterschiede werden erklärlich, wenn man berücksichtigt, daß die Zyklone im Lauf ihrer Entwicklung, infolge Eindringens ihrer Warmluftzunge in die Polarluft, vom ungestörten Frontverlauf immer mehr nach links abweicht, die Antizyklone mit dem von ihr repräsentierten Kaltluftvorstoß dagegen nach rechts.

Die nordamerikanischen Antizyklonen schreiten nach BROWN und WEIGHTMANN 1917 meist in der Richtung S 40° E fort, im Ostteil der Vereinigten Staaten sogar gegen S 57° E, d. i. mit einer noch größeren Südkomponente als in Europa. Allerdings dürften in Wirklichkeit nur die mit Polarausbrüchen zusammenhängenden Zwischenhochs eine Südkomponente haben.

Subtropische Antizyklonen, deren Verlagerung offenbar im wesentlichen durch dynamische Prozesse in der Stratosphäre bedingt wird, bewegen sich in Europa meist von Westen nach Osten, oft sogar mit einer nordwärts gerichteten Komponente.

Schließlich sei noch ein rein statistisches Ergebnis Brounows erwähnt, welches die Bewegung der Antizyklone in Beziehung setzt zu den Temperaturverhältnissen: Das Antizyklonenzentrum bewegt sich durchschnittlich in derjenigen Richtung, in welcher die Temperatur am stärksten sinkt.

Praktisches Interesse hat auch noch folgende empirische Regel von Guilbert-Grossmann 1909 bis 1912: *Ein Hochdruckrücken wird nach Ablauf von 24 Stunden an jener Stelle liegen, wo zur Zeit die ihm vorangehende Tiefdruckrinne liegt und umgekehrt* (vgl. die Karten 232 und 235 am Ende des Buches). *Die Verlagerung kann aber auch mit halb so großer oder mit doppelter Geschwindigkeit vor sich gehen.* Letzterenfalls nimmt der Rücken nach 24 Stunden den Platz des vorangegangenen Rückens bzw. die Rinne den Platz der vorangegangenen Rinne ein. Eine Verlagerung nach dem letztgenannten Schema gilt gelegentlich auch für den Fall beweglicher Antizyklonen und Zyklonen mit geschlossenen Isobaren.

d) Isallobarische Gebiete. Regeln für die Verwendung der Höhenwetterkarte.

Anläßlich der Besprechung der Untersuchungen der „Frankfurter Schule" über den Zusammenhang zwischen der Fortpflanzung troposphärischer Druckgebilde und hochtroposphärischer und stratosphärischer Luftströmungen (Abschnitt 68, e) haben wir darauf hingewiesen, daß diese Forschungen — auch wenn man ganz absieht von ihrer umstrittenen theoretischen Deutung — zur Aufstellung einer Reihe praktischer Regeln geführt haben, welche es gestatten, jenen Zusammenhang prognostisch zu verwerten.

Zu diesem Zweck war es zunächst nötig, die Luftströmungen in der oberen Troposphäre, welche ja annähernd mit den dortigen Isobaren parallel laufen, ständig zu überwachen. Dies geschieht seit dem Jahr 1935 in systematischer Weise durch die Deutsche Seewarte in Hamburg, welche innerhalb ihres „Täglichen Wetterberichtes" *Höhenwetterkarten* veröffentlicht, bestehend aus je einer synoptischen Darstellung der „relativen Topographie der 500-mb-Fläche über der 1000-mb-Fläche" und der „absoluten Topographie der 500-mb-Fläche". Wie diese Darstellungen zustandekommen, wurde in Abschnitt 16, d nach R. Scherhag 1936 (*1*) geschildert.

Auf die Beziehung zwischen Höhenisobaren und Zyklonenbahn haben wir bereits oben unter a, δ hingewiesen. Sehr zahlreich sind die Regeln, welche über den Zusammenhang zwischen Höhenisobaren und Verhalten der Druckänderungsgebiete aufgestellt worden sind.

In Anlehnung an verschiedene vorangegangene Arbeiten anderer Frankfurter Meteorologen (in den „Synoptischen Bearbeitungen" mitgeteilt von der Wetterdienststelle Frankfurt a. M., 1932 bis 1935) hat Baur 1936 ausgeführt, daß sich die Gebiete der 24stündigen Druckänderungen (oder 24stündiger Isallobaren) im allgemeinen in der Richtung der sog. *Grundströmung* verlagern. Es ist dies eine einheitliche Luftströmung, die im oberen Teil der Troposphäre des betrachteten Gebietes mehrere Tage lang vorzuherrschen pflegt.

Die Richtung der Grundströmung wird im wesentlichen durch die Druckverteilung im Tropopausenniveau bestimmt, und diese kommt, wie die Erfahrung zeigt, meist bereits in der Druckverteilung im Niveau von 5000 dyn. m bzw. in der Topographie der 500-mb-Fläche hinreichend zum Ausdruck. Das obere Druckgefälle „steuert" dann die 24stündigen Isallobarengebiete (wobei dem Begriff „*Steuerung*" zunächst kein kausaler Sinn gegeben werden soll). Ist die Druckverteilung und somit auch die Richtung der Grundströmung im Tropopausengebiet „abnormal" (z. B. Gradient von Norden nach Süden und Grundströmung von Osten nach Westen), so ist auch die Bewegung der isallobarischen Gebilde „abnormal" (retrograd).

Sind die Druckgradienten im Tropopausenniveau geringfügig, so wird allerdings die Richtung des Druckgefälles und der Grundströmung in der mittleren und unteren Troposphäre selbständigen Charakter haben in Abhängigkeit von dem hier herrschenden horizontalen Temperaturgefälle. Die Druckverteilung im 5000-m-Niveau ist dann nicht für die Fortbewegung der 24stündigen, sondern der dreistündigen Isallobarengebiete maßgebend und beide werden voneinander abweichen (Fall der „*Doppelsteuerung*" nach BAUR). Man kann dann annehmen, daß *die dreistündigen Isallobarenfelder mit den troposphärischen Luftmassen und die 24stündigen mit Wellen der Tropopause oder der Äquatorialfront zusammenhängen.*

Im allgemeinen bleibt ein bestimmter Charakter der Druckverteilung in der unteren Stratosphäre, der gleichzeitigen Temperaturverteilung in der Troposphäre und der „Steuerung" der Isallobarengebiete einige Tage hindurch erhalten. Man spricht dann vom Vorhandensein einer bestimmten „*Großwetterlage*", d. h. eines Zustandes der Atmosphäre, der den Gesamtcharakter des Wetters und die Eigenart der kurzfristigen Wetteränderungen bedingt. Der Ausdruck „Großwetterlage" stammt von O. MYRBACH 1926.

Nach BAUR beträgt die durchschnittliche Dauer einer einzelnen Großwetterlage in Europa $5^1/_2$ Tage. Am häufigsten werden Großwetterlagen beobachtet, die durch süd-nördliche Druckgradienten im Tropopausenniveau und folglich durch eine westliche Grundströmung und Bewegung der Isallobarengebiete (18% aller Fälle) charakterisiert sind. Ein wenig seltener ist in Europa die Nordwest- und Südweststeuerung, viel seltener die Nordost-, Ost- und Südoststeuerung. Es sei hier auf die Untersuchungen MODELS 1938 hingewiesen, nach denen Veränderungen der Großwetterlage, verbunden mit Umsteuerungen der Isallobarengebiete, bisweilen symmetrisch zu den sog. Symmetrietagen erfolgen (vgl. Abschnitt 68, e).

Der weitere Ausbau von praktischen Prognosenregeln nach der Höhenwetterkarte stammt übrigens nicht so sehr von Seiten der „Frankfurter Schule", sondern gründet sich vor allem auf die Divergenztheorie SCHERHAGS, welche in Abschnitt 64, e erläutert worden ist.

M. RODEWALD 1938 (*1*) hat diese Regeln, die sich auf Grund dreijähriger Erfahrungen mit der Höhenwetterkarte in Hamburg ergeben haben, geschlossen formuliert. Sie lassen sich aus dem Schema des „thermischen Aufbaues" des Höhendruckfeldes über einer *Frontalzone* ableiten. Dieses Höhendruckfeld besteht aus einem Bündel paralleler Stromlinien (gleichzeitig Höhenisobaren oder Isohypsen der absoluten Topographie des 500-mb-Niveaus) zwischen warmem Höhenhochdruck und kaltem Höhentiefdruck; im sog. „*Einzugsgebiet*" konvergieren die Isobaren, im Austrittsgebiet (in der Windrichtung) oder dem sog. „*Delta*" divergieren sie. Nach dem SCHERHAGSchen Divergenzsatz erfolgt im Divergenzgebiet der Höhenströmung Druckfall, im Konvergenzgebiet Druckanstieg am Boden, wofern dieser Effekt nicht durch Konvergenz bzw. Divergenz in den bodennahen Schichten überkompensiert wird. Die durch die Fall- und Steiggebiete entstandenen zentripetalen bzw. zentrifugalen Luftbeschleunigungen veranlassen jedoch die fortwährende Neubildung sowohl des Deltas als auch des Einzugsgebietes in der Stromrichtung der Frontalzone, weshalb sich diese mit der Stromrichtung verlagert: die Druckwellen pflanzen sich in der Richtung der Höhenströmung fort.

Hinsichtlich aller übrigen Sätze verweisen wir auf die in Abschnitt 74 gegebenen Regeln 159—176. Sie sind im allgemeinen gut verwendbar für die indirekte Feststellung und Prognose des Höhenwindes, für die Kurzfristvorhersage und für die Witterungsprognose auf längere Sicht. Bei ihrer Formulierung wurde, wie RODEWALD sagt, auf Tropopausenschwingungen und stratosphärische Druckwellen nicht zurückgegriffen; für die Praxis der Wettervorhersage erscheine es einstweilen zweckmäßig, die starken stratosphärischen Änderungen als troposphärisch bedingt anzusehen. Wenn die Stratosphäre tatsächlich selbständig aus sich heraus in das kurzfristige (troposphärische) Geschehen eingriffe, so wäre es vermutlich um die Wettervorhersage schlimm bestellt; wir wüßten (vor der Schaffung eines direkten Radiosondennetzes) nie, was der nächste und übernächste Tag brächte.

e) Extrapolationsberechnung der Verlagerungen von Luftdruckgebilden.

Zum Schluß noch einen Hinweis auf die Berechnung der Verlagerung zyklonaler und antizyklonaler Drucksysteme mit Hilfe der Extrapolation.

ANGERVO und PETTERSSEN haben für die Geschwindigkeit und die Beschleunigung der Bewegung barischer Zentren die untenstehenden Gleichungen erhalten. Falls der Ursprung der Koordinaten mit dem Zentrum des barischen Systems zusammenfällt und die Achsen mit den Linien übereinstimmen, längs welcher die Krümmung der Isobaren ihr Maximum und Minimum aufweist (für Kreisisobaren können sie beliebige Richtung haben), so wird nach PETTERSSEN die Geschwindigkeit des Zentrums folgendermaßen ausgedrückt:

$$C_x = \frac{p_{101}}{p_{200}} \tag{1}$$

$$C_y = \frac{p_{011}}{p_{020}} \tag{2}$$

und die Beschleunigung

$$A_x = \frac{p_{102} + 2\,C_x\,p_{201}}{p_{200}} \tag{3}$$

$$A_y = \frac{p_{012} + 2\,C_y\,p_{021}}{p_{020}}. \tag{4}$$

Die Bedeutungen der Größen p_{101}, p_{200} usw., welche in diesen Gleichungen enthalten sind, sind die folgenden:

$p_{101} = \dfrac{\partial^2 p}{\partial x\,\partial t} = $ Komponente des isallobarischen Aszendenten nach der Achse x;

$p_{200} = \dfrac{\partial^2 p}{\partial x^2} = $ Krümmung des Druckprofils nach der Achse x;

$p_{011} = \dfrac{\partial^2 p}{\partial y\,\partial t} = $ Komponente des isallobarischen Aszendenten nach der Achse y;

$p_{020} = \dfrac{\partial^2 p}{\partial y^2} = $ Krümmung des Druckprofils nach der Achse y;

$p_{102} = \dfrac{\partial^3 p}{\partial x\,\partial t^2} = $ zeitliche Änderung der Komponente des isallobarischen Aszendenten nach der Achse x;

$p_{201} = \dfrac{\partial^3 p}{\partial x^2\,\partial t} = $ Krümmung des Tendenzprofils nach der Achse x;

$p_{012} = \dfrac{\partial^3 p}{\partial y\,\partial t^2} = $ zeitliche Änderung der Komponente des isallobarischen Aszendenten nach der Achse y;

$p_{021} = \dfrac{\partial^3 p}{\partial y^2\,\partial t} = $ Krümmung des Tendenzprofils nach der Achse y.

Annähernd werden diese Größen auf folgende Weise berechnet. Es bedeute $p^{(x,y)}$, $T^{(x,y)}$ und $\Delta T^{(x,y)}$ den Druck, die Tendenz und die Änderung der Tendenz während drei Stunden im Punkt x, y (d. i. die Differenz zwischen den Tendenzen auf der vorliegenden und der vorhergehenden Karte). Nimmt man eine beliebige Längeneinheit (z. B. 3° des Äquators) und zeichnet auf der Achse x die Punkte $(1, 0)$, $(^1/_2, 0)$, $(0, 0)$, $(-^1/_2, 0)$, $(-1, 0)$ ein, desgleichen die entsprechenden Punkte auf der Achse y, so erhält man für die Koeffizienten folgende Näherungsgleichungen:

$$p_{101} = T^{(^1/_2,\,0)} - T^{(-^1/_2,\,0)}$$

$$p_{200} = p^{(1,\,0)} - 2\,p^{(0,\,0)} + p^{(-1,\,0)}$$

$$p_{201} = T^{(1,\,0)} - 2\,T^{(0,\,0)} + T^{(-1,\,0)}$$

$$p_{102} = \Delta T^{(^1/_2,\,0)} - \Delta T^{(-^1/_2,\,0)}$$

Analog werden auch die Größen der Koeffizienten p_{011}, p_{020}, p_{021}, p_{012} ausgedrückt. Auf diese Weise kann man sie alle aus dem Wert des Drucks und der Tendenz auf der Karte berechnen; für die Berechnung der Geschwindigkeit genügt dabei nur die laufende Karte, für die Berechnung der Beschleunigung ist noch die vorhergehende Karte erforderlich.

Nach Bestimmung der Geschwindigkeit und der Beschleunigung kann die Verlagerung S des barischen Zentrums nach der Gleichung für gleichmäßig-beschleunigte Bewegung extrapoliert werden, nämlich:

$$S_x = C_x\,t + {}^1/_2\,A_x\,t^2,$$
$$S_y = C_y\,t + {}^1/_2\,A_y\,t^2,$$

wo t der Zeitraum ist, für welchen die Prognose ausgegeben wird. Als Zeiteinheit ist es offenbar am bequemsten das Tendenzintervall — drei Stunden — zu nehmen.

Aus den oben angeführten Hauptformeln erhielt PETTERSSEN eine ganze Reihe Prognosenregeln, welche im Abschnitt 74 wiedergegeben werden (Regeln 64 bis 68, 71 bis 84); er gab auch Gleichungen für die Verlagerung der Isobaren und Isallobaren, welche wir, ohne hier darauf näher einzugehen, im Abschnitt 74 anführen.

Literatur zu Abschnitt 70.

Statistische Ergebnisse über die Bewegung der Zyklonen und Antizyklonen bei HILDEBRANDSSON-TEISSERENC DE BORT 1901 bis 1907, HANN-SÜRING 1926. Ferner: BROUNOW 1886, MEINARDUS 1929.

Über den Zusammenhang zwischen Cirrus-Zug und Zyklonenbewegung: HESSELBERG 1913, PICK and BOWERING 1929, PALMÉN 1931 (3).

Fundamentale Untersuchungen über die Zyklonenbewegung vom frontologischen Standpunkt aus: PALMÉN 1926, 1928 (1).

Zum Zusammenhang zwischen Höhenströmung und Zyklonenbewegung siehe auch BAUR 1936, 1937, SCHINZE und SIEGEL 1938.

Abnormale Zyklonenbewegung: v. EXNER 1920, J. BJERKNES and GIBLETT 1924, WANGENHEIM 1924, PALMÉN 1926, CHROMOW 1929, PALMÉN 1931 (3), CHROMOW 1931 (2).

Über Zyklonen der Zugstraße Vb: KÖNIG 1926, HERRMANN 1929, BIEL und MOESE 1930, SCHINZE 1934, SEIFERT 1935, J. BJERKNES-MILDNER-PALMÉN-WEICKMANN 1939. Über die Bildung der meist beteiligten Genua-Zyklone: v. FICKER 1920 (2), J. BJERKNES and SOLBERG 1922, DINIES 1938 (1).

Allgemeine synoptische Regeln über die Bewegung der Zyklonen und Antizyklonen bei BALDIT 1923, GEORGII 1924, DEFANT 1926 (2). Regeln auf Grund der Luftmassenanalyse bei SCHINZE 1932 (4).

Über Extrapolationsberechnungen der Verlagerung von Drucksystemen siehe Literatur zu Abschnitt 2.

Abhängigkeit der Fortpflanzung der Steig- und Fallgebiete von der Höhenströmung: SCHERHAG 1936 (1), BAUR 1936, SCHMIEDEL 1938, RODEWALD 1938 (1).

Siebentes Kapitel.

Praktische Folgerungen.

71. Die Analyse des synoptischen Zustandes.

a) Allgemeine Gesichtspunkte.

Bereits im ersten Kapitel ist auseinandergesetzt worden, worauf sich eine Analyse des synoptischen Zustandes aufzubauen hat. Vor allem muß die Verteilung der Hauptluftmassen auf der betreffenden Karte aufgefunden werden, es müssen ihre Herkunft und ihre thermodynamischen Eigenschaften ermittelt, dann der Verlauf und der Charakter der sie abgrenzenden Fronten festgestellt und schließlich die Lage und Entwicklung der atmosphärischen Störungen erkannt werden. Bei der Lösung dieser Hauptaufgaben findet man gleichzeitig die Verteilung der Zonen von Dauerniederschlägen, Nebeln usw. und die Anordnung der Gebiete gleicher barischer Tendenz.

Eine sorgfältige und eingehende Kartenanalyse ist eine notwendige Voraussetzung für die synoptische Prognose. Erst nach hinreichend genauer Feststellung der Lage, Bewegung und Eigenschaften der Massen, Fronten und Störungen läßt sich sowohl durch formelle Extrapolation, als auch mit Hilfe physikalischer Erwägungen der weitere Verlauf der Vorgänge bestimmen.

Bei der Analyse berücksichtigt man nicht nur die auf der laufenden, zu analysierenden Karte, sondern auch die auf den vorhergehenden, bereits analysierten Karten dargestellten Beobachtungen, um einen Einblick in den Ablauf der Vorgänge zu erhalten. Im Abschnitt 8 war die ungefähre Reihenfolge derjenigen Operationen angedeutet worden, aus welchen die Kartenanalyse im wesentlichen besteht. Es findet sich dort auch ein Hinweis auf einige Hauptprinzipien, welche man bei der Analyse zu befolgen hat. Es ist dies das *Prinzip der Berücksichtigung des Repräsentationswertes*, d. i. der Unterscheidung zwischen repräsentativen und nicht repräsentativen Beobachtungen; *das Prinzip der Vergleichung* sowohl eines und desselben Elements an verschiedenen Stationen, als auch verschiedener Elemente an ein und derselben Station; das *Prinzip der physikalischen Logik*; die *Methode der indirekten Aerologie*; die *Methode der indirekten Bahnverfolgung*.

Konkrete Angaben über die Erwägungen, welche bei der Durchführung der verschiedenen Analysenoperationen anzustellen sind, finden sich noch im weiteren Verlauf des Buches. Es ist wiederholt darauf hingewiesen worden und sei hier nochmals betont, daß nichts, was über die Physik der atmosphärischen Luftkörper und der mit ihnen verbundenen Vorgänge gesagt worden ist, bei der Analyse und Prognose unbeachtet bleiben darf. Es ist daher nützlich, hier die diesbezüglichen, über das Buch verstreuten Angaben systematisch zusammenzufassen.

Die Reihenfolge der Operationen bleibt in den weiteren Ausführungen dieselbe wie im Abschnitt 8. Es sei nochmals bemerkt, daß diese Reihenfolge nicht starr eingehalten zu werden braucht und daß man bei der analytischen Betrachtung eines bestimmten Elements dessen Zusammenhänge mit allen übrigen, also das Gesamtbild, nie aus dem Auge verlieren darf.

Bei der Zusammenstellung der nachfolgenden Übersicht hat sich der Autor eng an die Vorlesungen von T. Bergeron aus den Jahren 1930 und 1932 (siehe „Vorlesungen über Wolken und über praktische Kartenanalyse“, Moskau, 1934) angelehnt.

b) Die Unterscheidung von Warm- und Kaltmassen.

Beim Fehlen direkter aerologischer Angaben ist das beste Unterscheidungsmerkmal einer Warm- oder Kaltmasse ihr *Bewölkungs-* und *Niederschlagscharakter*. Eine Warmmasse wird durch Systeme von Schichtwolken, durch Nebel und Nieseln charakterisiert; bei Temperaturen über dem Taupunkt — durch heiteren Himmel. An den Inversionsflächen innerhalb einer Warmmasse ist die Ausbildung von *Ac* und *Sc* möglich. Eine Kaltmasse ist durch Haufen- und Schauerwolken und durch Schauerniederschläge gekennzeichnet.

Es gibt nicht selten Abweichungen von diesem grundsätzlichen Unterschied. Falls eine Warmmasse in der Höhe ihre Feuchtlabilität beibehalten hat oder durch Abkühlung in der Höhe feuchtlabil geworden ist, so können sich auch in ihr *Cu* oder *Cb* ausbilden. Ersteres ist z. B. der Fall über gewissen Typen von Warmfronten (evtl. Warmfrontgewitter), letzteres im rückwärtigen Teil des Warmsektors, wenn in der Höhe kalte Tropikluft einfließt. Überhaupt erzeugt kontinentale Tropikluft bei ihrem Nordwärtsströmen über dem Festland im Sommer nicht selten Gewitter. In diesen Fällen stellt sie aber keine eigentliche Warmmasse vor, da sie sich, bei ihrer Fortbewegung über eine überhitzte Unterlage hinweg, von unten her nicht wesentlich abkühlt und ihre ursprüngliche Labilität nicht verliert.

Umgekehrt können in einer Kaltmasse über dem Festland bei Luftruhe (in einer Antizyklone) nachts Bodennebel entstehen; sie hängen jedoch nur mit einer nächtlichen Bodeninversion zusammen, ohne daß die Labilität der Masse im ganzen verlorengeht.

Falls Meldungen über den Charakter der Bewölkung und der Niederschläge fehlen, kann man deren Tagesgang als Unterscheidungsmerkmal für die Luftmassen berücksichtigen. Er weist in einer Kaltmasse über dem Festland ein Maximum am Tage (infolge Erwärmung des Bodens und Verstärkung der Konvektion) und ein Minimum nachts (infolge Stabilisierung der bodennahen Schicht) auf. In einer Warmmasse hat er den entgegengesetzten Verlauf mit einem Minimum am Tage (bei Erwärmung des Bodens) und einem Maximum nachts. Über dem Meer ist der Tagesgang im Vergleich mit dem Festland umgekehrt; über die Ursachen siehe Abschnitt 51. Daraus ist ersichtlich, daß die Kennzeichen einer Warmmasse auf der Morgenkarte, die Kennzeichen einer Kaltmasse dagegen auf der Nachmittagskarte besser hervortreten.

Bei Berücksichtigung der Wolken und der Niederschläge zur Erkennung des Massentypus muß auch die Änderung der Bewölkung beachtet werden, die eintritt, wenn die betreffende Masse ein orographisches Hindernis überschreitet. Die *Cb* der Kaltmasse bleiben gewissermaßen am Luvhang hängen, verstärken sich hier und schmelzen oft in ein Wolkensystem zusammen. Ebenso werden an der Luvseite eines Gebirgszuges auch die *St* einer Warmmasse angestaut. An der Leeseite des Gebirgszuges kann dagegen die Masse wolkenlos sein oder nur föhnige Bewölkung aufweisen. Ferner pflegt sich in Gebieten mit zyklonal gekrümmten Isobaren (Konvergenz) die Schauertätigkeit zu verstärken und in Gebieten mit antizyklonal gekrümmten Isobaren (Divergenz) abzuschwächen. Eine besondere Mächtigkeit erreichen in Warmmassen die *St*-Systeme und Nebel dort, wo der Druck besonders stark fällt (und sich folglich die Luft beträchtlich adiabatisch abkühlt), also namentlich im Warmsektor in der Nähe des Zyklonenzentrums.

Es sei noch an die Böigkeit des *Windes* in einer Kaltmasse und an die nur wenig turbulente Strömung in einer Warmmasse erinnert.

Falls man über Beobachtungen *atmosphärischer Entladungen* (im Radioempfang) oder gar über Apparate zu deren Registrierung verfügt, könnten auch diese benutzt werden: die Störungen sind am stärksten in der Kaltmasse, fehlen dagegen in der Warmmasse fast ganz.

Die *Fernsicht* ist in den unteren Schichten bei sonst gleichen Bedingungen in der Warmmasse schlechter als in der Kaltmasse, in der eine turbulente Übertragung der Trübungen nach oben stattfindet. In hohen Schichten (auf Bergen und in der freien Atmosphäre) ist dieses Verhältnis umgekehrt. Im Fall einer opaleszenten

Trübung sind die trübenden Teilchen mit der Höhe allerdings ziemlich gleichmäßig verteilt und der Trübungsgrad hängt dann vorwiegend von der Herkunft der Luftmasse ab.

Über dem Meer kann die *Temperaturdifferenz* zwischen Luft und Wasseroberfläche als gutes Kriterium für die Unterscheidung von Warm- und Kaltmassen dienen. Eine Warmmasse ist in den unteren Schichten wärmer, eine Kaltmasse kälter als die Wasseroberfläche (siehe Abschnitt 54). Zufällige Fehler können jedoch so groß sein, daß es ratsam ist, die gleichzeitigen Angaben mehrerer Schiffe heranzuziehen.

Beim Auffinden von Gebieten mit Kalt- und Warmmassen kann man sich bis zu einem gewissen Grad auch nach den *Luftbahnen* während der letzten Zeit richten. Zu diesem Zweck müssen die Stromlinien auf den zwei oder drei letzten Karten mit der wahrscheinlichen Temperaturverteilung der Unterlage verglichen werden. Im allgemeinen nimmt die Luft in von Norden nach Süden gerichteten Strömungen die Eigenschaften einer Kaltmasse, in von Süden nach Norden gerichteten Strömungen die Eigenschaften einer Warmmasse an. Im Sommer kann jedoch in den gemäßigten Breiten durch die Erwärmung des Festlandes die „normale" Temperaturverteilung der Unterlage wesentlich abgeändert sein, was bei der Bestimmung des Luftmassencharakters berücksichtigt werden muß. Es ist ferner wichtig, dem Temperaturgegensatz zwischen Festland und Meer Beachtung zu schenken; er ruft dem Breitenkreis entlang Temperaturunterschiede der Unterlage hervor.

Wie bereits im Abschnitt 8 bemerkt, werden Nieseln und Schauer auf der Karte mittels grüner entsprechender Zeichen angedeutet, Gebiete mit zusammenhängendem Nebel werden gelb getönt, Systeme von Schichtwolken mit einer gelben Linie umrandet.

c) Die Abgrenzung von Gebieten mit Arktik- und Tropikluft.

Hierbei muß man sich in erster Linie unmittelbar nach der Verteilung der *dominierenden barischen Systeme* (Aktionszentren) und *Hauptluftströme* auf der Karte richten. Es ist begreiflich, daß ein aus dem Gebiet der Azorenantizyklone andauernd gegen Nordosten gerichteter Luftstrom der Träger maritimer Tropikluft sein wird; eine aus dem Gebiet Grönland-Island südostwärts gerichtete Luftströmung an der Rückseite einer ostwärts abziehenden isländischen Zentralzyklone verfrachtet maritim-arktische Luft usw. Um eine „direkte Bahnbestimmung" durchzuführen, müßte man streng genommen Bahnen der Luftteilchen konstruieren. Ist die Lage ziemlich stationär, so kann man sich indessen auch nach der Verteilung der Stromlinien richten. Allerdings ist diese Methode nicht durchaus zuverlässig. Immerhin kann man schon aus dem allgemeinen synoptischen Zustand einige Schlußfolgerungen ziehen, indem man dynamisch-klimatologische Erwägungen anstellt; es können hierdurch die Gebiete mit Tropik- und Arktikluft wenigstens annähernd angegeben werden.

Dabei ist u. a. zu beachten, daß mitten im Sommer das Vorkommen von Arktikluft, als einer besonderen, von der Polarluft scharf gesonderten Luftmasse, nicht wahrscheinlich ist; dafür bildet sich im Sommer über Rußland kontinentale Tropikluft, während im Winter Tropikluft nur in seltenen Fällen über das Schwarze Meer hinweg nach dem europäischen Rußland gelangt.

Als Grundsatz muß indessen gelten, daß für die Analyse die *charakteristischen Luftmasseneigenschaften* ausschlaggebend sind. Zu diesem Zweck ist es erforderlich, sich auf die Angaben der repräsentativsten Stationen zu stützen. Außerdem muß man auf der Karte jenen Gebieten sein besonderes Augenmerk widmen, in denen sich der störende Einfluß der Tagesinsolation oder der nächtlichen Ausstrahlung am wenigsten geltend macht, wie z. B. den Präfrontalzonen mit ihrer infolge des Windes verstärkten Turbulenz und zusammenhängenden Bewölkung.

Die charakteristischen Werte der Temperatur, der äquivalentpotentiellen Temperatur und der Feuchtigkeit in Arktik- und in Tropikluft über Mitteleuropa sind im vierten Kapitel angeführt worden. Außerdem leistet aber auch die *Temperatur* selbst (und falls auf der Karte vorhanden, auch die *spezifische Feuchtigkeit* oder der Dampfdruck) wesentliche qualitative Hilfe bei der Unterscheidung zwischen Tropik- und Arktikluft. BERGERON bemerkt u. a., daß bei repräsentativen Messungen die Temperatur der Tropikluft selten um mehr als 10° höher ist als die Temperatur der Polarluft unter sonst gleichen Bedingungen; dagegen ist die Temperatur der Arktikluft in der Regel um mehr als 10° tiefer als jene der Tropikluft. Über dem winterlichen Rußland ist die Arktikfront oft maskiert; ihre Lage muß man nach den barischen Tendenzen, nach dem Wind und nach der Druckverteilung festzustellen suchen.

Nach BERGERON weist im Winterhalbjahr ein *Dampfdruck* von 10 mm oder mehr auf das Vorhandensein von Tropikluft hin, ein solcher von weniger als 2 mm auf Arktikluft. Genauere Angaben der charakteristischen Feuchtigkeitswerte für Mitteleuropa finden sich im vierten Kapitel.

Die *relative Feuchtigkeit* aneinandergrenzender Luftmassen weist nicht selten beträchtliche Unterschiede auf und kann bei der Abgrenzung der Arktik- von der Tropikluft behilflich sein. So ist Tropikluft über dem Atlantischen Ozean in den unteren Schichten immer dem Sättigungszustand nahe, Polar- und Arktikluft dagegen bedeutend weniger. Umgekehrt kann kontinentale Tropikluft mittelasiatischer Herkunft eine sehr geringe relative Feuchtigkeit besitzen. Im übrigen macht sich der ungenügende Repräsentationswert der relativen Feuchtigkeit und ihre große Tagesschwankung bei der Analyse störend bemerkbar.

Von der Verwendung der *äquivalentpotentiellen Temperatur* war bereits im Abschnitt 49 ausführlich die Rede. Sie verlangt allerdings insofern große Vorsicht, als innerhalb einer und derselben Luftmasse an der Erdoberfläche sehr schroffe Unterschiede lokaler Bedingtheit in der äquivalentpotentiellen Temperatur auftreten können.

Die *opaleszente Trübung* ist in Tropikluft beträchtlich, geringer in Polarluft und am geringsten in Arktikluft. Grenzwerte sind im Abschnitt 50 angegeben worden. Es ist jedoch zu beachten, daß die Charakterisierung der Fernsicht nach dem Wetterschlüssel für die Beurteilung der opaleszenten Trübung zu grob ist. Auch muß man sich hüten, die opaleszente Trübung mit einer lokalen Verstaubung (z. B. mit Stadtdunst) oder mit nebeligem Dunst zu verwechseln. Immerhin ist es mit gewissen Einschränkungen manchmal möglich, aus den Angaben der *horizontalen Fernsicht* laut Wetterschlüssel auf eine arktische, bei geringeren Fernsichtgraden auf eine tropische Herkunft der Masse zu schließen. Zahlenwerte für Mitteleuropa siehe in den Abschnitten 52 und 53.

Schließlich ist noch zu berücksichtigen, daß Arktikluft meist eine Kalt-, Tropikluft dagegen eine Warmmasse ist mit allen entsprechenden charakteristischen Eigenschaften (Bewölkung, Niederschläge, Windcharakter). Wie bereits bekannt, gilt dies jedoch nicht bedingungslos.

Über die Benutzung aerologischer Angaben bei der Luftmassenanalyse siehe Abschnitt 49.

Wie bereits im Abschnitt 8 erwähnt, wird Arktikluft auf der Karte mit blauem Farbstift, Tropikluft mit rotem Farbstift leicht getönt.

d) Die Abgrenzung der Niederschlagsgebiete.

Vor den Warmfrontabschnitten sowohl der Arktik- als auch der Polarfront fallen innerhalb der Arktik- bzw. Polarluft Dauerniederschläge. Deren Begrenzung gibt somit einen Anhaltspunkt für den Verlauf der Hauptfronten. Allerdings treten einerseits auch an Okklusionsfronten innerhalb der Polarluft Zonen mit Dauerniederschlägen auf, anderseits haben Kaltfrontabschnitte gelegentlich überhaupt kein zusammenhängendes (postfrontales) Niederschlagsgebiet, dann nämlich, wenn es sich um eine Kaltfront zweiter Art handelt, oder aber ist der Niederschlagsstreifen so schmal, daß er auf der synoptischen Karte kaum oder gar nicht zum Vorschein kommt. Die hier sichtbaren geschlossenen Niederschlagsgebiete stehen vorwiegend mit gewöhnlichen Warmfronten (mit aufgleitender Warmluft), mit Okklusionsfronten und mit stationären Fronten in Verbindung.

Im allgemeinen überschreitet die *Breite der Regenzone* einer Warmfront nicht 300 km (aus der Berechnung, daß die Neigung der Front rund $^1/_{100}$ beträgt und der erste Regen die Erde aus Wolken in 3 km Höhe erreicht). Vom Augenblick der Okklusion an nimmt die Breite des Niederschlagsgebiets der Warmfront sowie auch die Intensität der Niederschläge allmählich ab. Fallen die Niederschläge in Schneeform, so kann die Breite des Niederschlagsgebiets 400 km oder auch mehr erreichen, da Schnee auch aus höheren Schichten des präfrontalen Wolkensystems ausgeschieden und überdies durch den präfrontalen Wind leichter vorwärts getragen wird.

Die Breite des Niederschlagsgebiets kann auch dann die angegebenen Zahlen überschreiten, wenn statt einer scharfen Front eine breite Frontalzone vorhanden ist, deren „Übergangsluft" ebenfalls aufsteigt, oder dann, wenn die Frontfläche ungewöhnlich sanft geneigt ist, oder schließlich infolge orographischer Ursachen (wenn sich die Front einem Bergzug nähert). Nebenbei ist zu beachten, daß an Bergstationen die Niederschläge in größerer Entfernung von der Front zu fallen beginnen als an Flachlandstationen. Es kommt schließlich vor, daß zwei aufeinander folgende Niederschlagsgebiete in eines zusammenfließen, oder daß bei Annäherung an den Gebirgszug an den schärfer gewordenen sekundären Fronten innerhalb der Luftmasse eine Aufgleitbewegung einsetzt; diese neu entstandenen Niederschläge gehen in das Hauptgebiet der frontalen Niederschläge über.

Im Fall sehr trockener oder sehr stabil geschichteter Luft kann die Breite des Niederschlagsgebiets geringer sein als gewöhnlich oder dieses kann sogar ganz fehlen.

Bei der Analyse ergibt sich oft eine *breitere oder schmälere Niederschlagszone als es der Wirklichkeit entspricht.* Es ist dies dann der Fall, wenn an das frontale Niederschlagsgebiet irrigerweise noch die Schauer oder das Nieseln innerhalb der Masse angeschlossen werden. Der Synoptiker wird natürlich stets den von den Stationen gemeldeten Niederschlagscharakter zu Rate ziehen. Aufgleitniederschläge werden nach dem Wetterschlüssel *ww* in der Regel durch die Zahlen 60—79, Nieseln durch 50—59, Schauer durch 80—89 ausgedrückt. Allerdings sind Fehler der Beobachter bei der Verzifferung der Niederschläge sehr häufig und erschweren die Arbeit des Synoptikers in bedeutendem Maße.

So wird z. B. Nieseln größerer Intensität von den Beobachtern oft als Regen gemeldet, namentlich im Bereich des Warmsektors oder vor einem Gebirgszug bei Annäherung einer Front. Anderseits wird feiner Regen in vielen Fällen von den Beobachtern als Nieseln angesehen, besonders dann, wenn es sich um den ersten feinen und spärlichen Regen aus *As* oder um den letzten, bereits aufhörenden Regen aus *Cb* handelt. Desgleichen werden oft bei der Beobachtung Regen- und besonders Schneeschauer nicht scharf genug von Dauerniederschlägen unterschieden. Infolgedessen findet sich auf der Karte oft auch im Gebiet frontaler Niederschläge (60—79) eine gewisse Anzahl *fiktiver* Nieselmeldungen (50—59) oder Schauerangaben (80—89), und umgekehrt kommen inmitten von Schauer- oder Nieselzonen gelegentlich falsche Meldungen von Dauerniederschlägen vor.

Nieseln und Schauer werden indessen unter gewissen Bedingungen tatsächlich in Gebieten frontaler Niederschläge beobachtet. So können in unmittelbarer Nähe der Warmfrontlinie die Dauerniederschläge den Charakter von Nieseln oder von Nieseln gemischt mit Regen annehmen, da hier die zerrissenen tiefen Wolken unter der *As-Ns*-Decke solche Mächtigkeit erreichen, daß sie imstande sind, Nieseln auszuscheiden (vgl. Abb. 170). Im System einer Okklusion können Dauerniederschläge entlang der Kaltfront, besonders der unteren, in Schauerniederschläge übergehen. Im Sommer können über dem Festland auch die Regenfälle einer Warmfront Schauercharakter (sogar mit Gewittern) tragen, falls die aufsteigende Warmluft feuchtlabil ist (kontinentale Tropikluft). Anderseits kann z. B. innerhalb eines Warmsektors unter günstigen Bedingungen statt Nieseln echter Regen beobachtet werden.

Um Fehler in der Abgrenzung von frontalen Niederschlagsgebieten zu vermeiden ist es angezeigt, die Art der Bewölkung und den Tagesgang der Niederschläge aufmerksam zu berücksichtigen. Wie bekannt, besteht die Bewölkung bei Warmfrontniederschlägen aus *As-Ns*; im Telegramm sind dies die Ziffern $C_L = 6$, $C_M = 2$ (bei Schneefall auch $C_M = 1$). Nieseln kann nur bei *St* ($C_L = 5$) beobachtet werden, schauerartiger Niederschlag innerhalb der Luftmasse dagegen bei *Cb* ($C_L = 2, 3, 8, 9$). Sind die Beobachter in der Wolkenbeobachtung unerfahren, so werden jedoch $C_L = 5, 6$ und 9 sehr oft untereinander verwechselt. Eine vorsichtige und kritische Berücksichtigung des Bewölkungscharakters ist daher bei der Niederschlagsanalyse am Platze.

Die Gebiete mit frontalen Dauerniederschlägen werden auf der Arbeitskarte zusammenhängend mit hellgrüner Farbe bedeckt.

Falls die *As-Ns*-Grenze vor der Front festzustellen ist, so empfiehlt es sich, sie in die Karte mittels einer grünen Linie einzutragen. Sie verläuft mit der vorderen Grenze des Niederschlagsgebietes annähernd parallel.

Falls das Regengebiet degeneriert (Regen nur zeitweise oder tatsächlicher Übergang des Regens in Nieseln) — so wird es auf der Karte nicht durch zusammenhängende grüne Färbung, sondern durch *schräge* grüne Schraffierung hervorgehoben. Alle Niederschlagsgebiete nicht frontalen oder unbekannten Charakters werden durch *vertikale* Schraffierung gekennzeichnet, z. B. rein orographische Niederschläge; bis zu Regen verstärktes Nieseln oder durch allgemeine Konvergenz und geordnete Lufthebung in der Warmmasse bedingte Niederschläge, besonders im Warmsektor vor der Kaltfront; Niederschlagsgebiete, welche im Sommer mit geordneter Auslösung von Labilitätsenergie über großen Flächen zusammenhängen usw.

e) Das Ausziehen der Linien gleicher Drucktendenz.

Daß die Isolinien der Tendenz auf der Karte erst nach ungefährer Abgrenzung der Luftmassen und Niederschlagsgebiete (und dadurch auch angenäherter Festlegung des Verlaufs der Hauptfronten) ausgezogen werden, hat nicht nur technische (siehe Abschnitt 8), sondern auch noch tiefere Gründe. In den barischen Tendenzen finden sich besonders häufig Fehler und „Unstimmigkeiten", sowohl was ihren Zahlenwert als auch ihr Vorzeichen anlangt. Aus dem mannigfaltigen und verworrenen Bild der Tendenzen auf der Karte müssen die hauptsächlichen Steig- und Fallgebiete herausgehoben werden, wobei einzelne abweichende Größen unberücksichtigt bleiben. Dies kann am besten dadurch erzielt werden, daß man sich eben bereits nach einigen Ausgangsvorstellungen über die Dynamik der Prozesse richtet, welche das Bild der herrschenden Luftmassen- und Niederschlagsverteilung vermittelt. Beginnt man dagegen die Analyse mit den Tendenzen, so läuft man Gefahr, unwahrscheinliche Isolinien zu erhalten, die bei der weiteren Analyse keine rechte Hilfe böten.

Die angegebene Reihenfolge der Operationen gründet sich vor allem auf den empirisch und theoretisch festgestellten *Zusammenhang der Fallgebiete des Drucks mit den Niederschlagsgebieten.* Zwar kann ein Fallen und Steigen des Drucks auch mit der Entwicklung und dem Erlöschen frontaler Störungen oder mit großzügigen Massenverschiebungen in der Stratosphäre zusammenhängen. Die am deutlichsten ausgeprägten Fallgebiete des Drucks rühren jedoch gerade von einer geordneten Lufthebung her und diese veranlaßt gleichzeitig auch das Ausfallen von Niederschlägen. Meist ist eine solche geordnete Lufthebung mit einer frontalen Gleitbewegung identisch. Daher kann man auf Grund der Verteilung der barischen Tendenzen (sowie auch der Niederschlagsgebiete) den Verlauf der Fronten etwas näher festlegen und manchmal schon einige Schlußfolgerungen ziehen auf deren Entwicklung.

Falls die Niederschlagsgebiete auf der Karte schlecht, die isallobarischen Gebiete dagegen gut ausgeprägt sind, so empfiehlt es sich, die angegebene Operationsordnung abzuändern und mit den Tendenzen zu beginnen. Jedenfalls muß sich der Synoptiker hier, wie auch im ganzen Verlauf der Analyse, selbst darüber klar werden, welcher Weg für ihn vorteilhafter ist.

Im Fall einer Warmfront stimmt das Fallgebiet oft sehr genau mit dem präfrontalen Niederschlagsgebiet überein. Im Fall einer Kaltfront erster Art wird der mit den postfrontalen Niederschlägen zusammenhängende Druckfall meist vom thermischen Effekt des Druckanstiegs infolge des Kaltlufteinbruchs überdeckt. Im Fall einer Okklusion sind verschiedene Kombinationen möglich.

Es sei nochmals betont, daß der Verlauf der Isolinien der Tendenz beim Ausziehen mehr oder weniger geglättet werden soll, wobei einzelne abweichende Werte kritisch zu behandeln sind. Besonders vorsichtig sind Angaben isoliert gelegener Stationen (wie Franz-Josefs-Land, Jan Mayen usw.) zu beurteilen. Hier müssen die Tendenzen mit den Druck- und Tendenzangaben auf den vorhergehenden Karten verglichen werden, was bei der Entdeckung von Irrtümern, die sich etwa bei der Ablesung oder bei der telegraphischen Übermittlung eingeschlichen haben, behilflich sein kann.

Bei der Benutzung von *Schiffsbeobachtungen* ist zu beachten, daß auf dem sich bewegenden Schiff die dreistündige am Schiffsinstrument verzeichnete Druckdifferenz abhängt

1. von der Änderung des barischen Feldes im Lauf der Zeit,
2. von der Änderung der Schiffsposition gegen das barische Feld.

Mathematisch wird dies folgendermaßen ausgedrückt:

$$\frac{dp}{dt} = \frac{\partial p}{\partial t} + v \cdot \nabla p,$$

wo $\frac{dp}{dt}$ der beobachtete Druckunterschied, $\frac{\partial p}{\partial t}$ die wirkliche Tendenz, v die Geschwindigkeitskomponente der Schiffbewegung in der Richtung des horizontalen Druckgradienten und ∇p der horizontale Druckgradient ist. Ohne Berichtigung der Schiffstendenzen „auf die Bewegung des Schiffs" könnten bei der Analyse und Prognose grobe Fehler entstehen. Praktische Hilfe bei der Eliminierung des Einflusses der Schiffbewegung auf die Tendenzangabe leistet das norwegische Gradientwindlineal (Abb. 20).

Wie bereits in Abschnitt 8 gesagt, werden die Isolinien der Tendenz schwarz punktiert. Die Zentren der Fall- und Steiggebiete werden durch die Buchstaben F und S (bei Fall rot, bei Anstieg blau) bezeichnet. Ein Ziffernindex am Buchstaben, z. B. F_3 bedeutet den maximalen Absolutwert der Tendenz in diesem Gebiet.

f) Das Ausziehen der Fronten.

Nunmehr sind auf der synoptischen Karte bereits die Verteilung der Luftmassen, der Charakter derselben, die Niederschlagsgebiete und die isallobarischen Gebiete in ihren Grundzügen kenntlich gemacht. Es liegt nun nahe, zu einer genauen Feststellung des Frontverlaufs überzugehen. Dabei werden die Fronten allerdings vorerst nur mit Bleistift eingezeichnet; definitiv wird ihre Lage mit Farbstift in einem weiteren Stadium der Analyse fixiert.

Für den ungefähren Verlauf der Fronten auf der Karte besitzt man schon nach dem bisher Gesagten einige Anhaltspunkte. Es sind dies vor allem die Sprünge der meteorologischen Elemente beim Übergang aus einer Luftmasse in die andere, sowie die Verteilung der Niederschlags- und der Tendenzgebiete. Wie man beim Einzeichnen der Front die Sprünge in der Temperatur, Feuchtigkeit, Fernsicht deuten soll, braucht nicht näher erläutert zu werden; es sind dabei nur die früher (im fünften Kapitel) gemachten Vorbehalte z. B. über die Maskierung der Fronten, fiktive Fronten usw. zu beachten. Allerdings kann auch ohne jeden maskierenden Einfluß der Sprung in der Temperatur und Feuchtigkeit an der Erdoberfläche sehr unbedeutend sein, nämlich im Fall einer Okklusionsfront. Ist eine breite Übergangszone vorhanden, so muß die Frontlinie so gelegt werden, daß die Übergangsluft in die Kalt- und nicht in die Warmmasse zu liegen kommt (siehe Abschnitt 55).

Der *Wind* dreht beim Vorüberzug der Front stets mehr oder weniger nach rechts. Es sei noch an die präfrontale Windverstärkung und an die Böen, welche nicht selten beim Durchgang einer Kaltfront beobachtet werden, erinnert.

Der Zusammenhang der *Wolkensysteme* und *Niederschlagsgebiete* mit den Fronten ist schon vorhin näher erörtert worden.

Im Fall einer Warmfront ist das Niederschlagsgebiet vorwiegend präfrontal und im allgemeinen breit; der präfrontale Bewölkungscharakter ist bereits hinreichend charakterisiert worden. Knapp vor der Front geht der Regen manchmal in Nieseln über. Die Niederschläge hören entweder längs der Front selbst oder aber etwas vor oder hinter ihr auf, je nach dem Feuchtigkeitsgehalt der aufsteigenden Luft und der vertikalen Struktur des Wolkensystems. Der diesbezügliche Rand des Niederschlagsgebiets verläuft aber nur selten mehr als 50 km nach der einen oder der anderen Richtung von der Front entfernt.

Im Fall einer Kaltfront ist das Niederschlagsgebiet entweder ziemlich schmal und vorwiegend postfrontal gelegen (Kaltfront erster Art) oder, wie dies öfter innerhalb zyklonaler Depressionen vorkommt, präfrontal und besonders schmal (Kaltfront zweiter Art).

An einer Warmfrontokklusion sind die Niederschläge schon in geringer Entfernung von der unteren Front schwach oder sie fehlen überhaupt; die rückwärtige Grenze der Niederschlagszone gibt dann vielmehr einen Anhaltspunkt für den Verlauf der oberen Kaltfront. An einer Kaltfrontokklusion können die Dauerniederschläge längs der unteren Front in Schauer übergehen und entweder in unmittelbarer Nähe oder in einiger Entfernung von dieser Front enden.

Hinter der Kaltfront bricht die Bewölkung meist rasch auf und nimmt ab; hinter der Warmfront gelangt man gewöhnlich in das Gebiet zusammenhängender Bewölkung stabiler Tropikluft. Im Sommer kann die Bewölkung über dem Festland auch hinter einer Warmfront (in der kontinentalen Tropikluft) abnehmen.

Im größten Teil aller Fälle findet sich vor der Front ein *Fall-* und hinter der Front ein *Steiggebiet des Drucks*. Im Fall der Warmfront ist besonders der präfrontale Druckfall gut ausgeprägt, ein Anstieg hinter der Front kann fehlen. Die Kaltfront ist dagegen besonders durch postfrontalen Druckanstieg charakterisiert; falls der betreffende Kaltfrontabschnitt nicht im inneren Teil einer Zyklone liegt, so kann der Druck sogar schon vor der Front etwas ansteigen. Vor einer Okklusionsfront schließlich fällt der Druck, hinter ihr steigt er. Dabei erscheint allerdings bei einer Warmfrontokklusion das präfrontale Fallgebiet vor die Front verschoben (und zwar um so mehr, je weiter die obere Kaltfront vorgerückt ist); im Fall einer

Kaltfrontokklusion erscheint dagegen das Steiggebiet hinter die Front abgedrängt. Wie bereits bekannt, liegt hier in beiden Fällen eine Überlagerung von Druckänderungen entgegengesetzten Vorzeichens vor, nämlich des Druckfalls vor der Warmfront und des Druckanstiegs hinter der Kaltfront.

Alles soeben Gesagte trifft freilich nur dann völlig zu, wenn im betreffenden Gebiet nicht auch ein ganz allgemeiner Druckfall oder -anstieg vor sich geht. In einer sich vertiefenden Zyklone kann z. B. der Druck sowohl vor als auch hinter der Front fallen, in einer sich ausfüllenden Zyklone sowohl vor als auch hinter der Front steigen. Die frontalen isallobarischen Gebiete werden dann von einem allgemeinen Fall- oder Steiggebiet überlagert, welches mit der Vertiefung bzw. Ausfüllung der Störung zusammenhängt. Ferner kann das Herannahen des postzyklonalen, frontenfreien Drucktroges Druckfall und sein Abzug Druckanstieg bringen. Doch auch bei solchen Überlagerungen wird der Druck vor der Front meist stärker fallen bzw. schwächer steigen als hinter der Front; der Kern (Zentralteil) des Fallgebiets liegt in der Regel vor der Front und der Kern des Steiggebiets hinter der Front.

Fällt das Steiggebiet mit dem Depressionsgebiet konzentrisch zusammen, so kann die Front nicht durch den Steigkern oder in seiner Nähe verlaufen. Sind jedoch die Isolinien der positiven Tendenzen mit der Depression konzentrisch (Fall einer sich ausfüllenden Zyklone), so können schwache okkludierte Fronten ihr Gebiet durchsetzen.

Die außer den frontalen Isallobarengebieten etwa vorhandenen allgemeinen Fall- und Steiggebiete des Drucks können übrigens statt von der Verstärkung oder Abschwächung der Störungen, sowie von Annäherung und Entfernung des postzyklonalen Drucktroges auch von einem nicht frontal geordneten Freiwerden der Feuchtlabilitätsenergie oder schließlich von großzügigen Massenverlagerungen in der Stratosphäre herrühren. Daraus folgt, daß es einen eindeutigen Zusammenhang zwischen Fronten und Isallobarengebieten nicht gibt: *jede Front wird von den ihr eigentümlichen Isallobarengebieten begleitet, aber nicht jedes Isallobarengebiet weist unbedingt auf das Vorhandensein einer Front hin.* Nichtsdestoweniger ist es unzweifelhaft, daß in der überwiegenden Mehrzahl der Fälle die Isallobarengebiete dennoch frontaler Natur sind.

Wesentlich können zur Festlegung des Frontverlaufs auch sog. *historische Merkmale* beitragen, d. s. Merkmale dafür, daß die Front diese oder jene Station bereits passiert oder noch nicht passiert hat. Besonders wichtig ist in dieser Hinsicht die Charakteristik der Tendenz. Tendenzen, welche im Telegramm durch die Ziffern $a = 4, 5, 6$ angegeben werden, lassen die Annahme zu, daß der Frontdurchgang bereits erfolgt ist: der präfrontale Druckfall hat während der letzten drei Stunden aufgehört, ist plötzlich schwächer geworden oder von einem Anstieg abgelöst worden, oder aber es hat ein schwacher präfrontaler Anstieg einem starken postfrontalen Platz gemacht. Dies sind die sog. „*Durchzugtendenzen*", die allerdings nur mit Vorsicht und lediglich zur genaueren Präzisierung des Frontverlaufs benutzt werden sollen, nachdem dessen angenäherter Verlauf bereits nach anderen Merkmalen festgelegt worden ist. Durchzugtendenzen können nämlich auch von Druckschwankungen nichtfrontaler Natur herrühren.

Auch der „*Wetterverlauf*" W kann bei der Analyse nützlich sein. Aus ihm läßt sich beispielsweise erkennen, ob die betreffende Station bereits vom Präfrontalregen passiert worden ist. Dagegen kann der schmale Niederschlagsstreifen der Kaltfront von den Angaben über den „Wetterzustand" ww unerfaßt bleiben, wenn im Augenblick der Beobachtung zufällig keine einzige Station in ihm liegt. Es ist dann viel wahrscheinlicher, daß er wenigstens im „Wetterverlauf" zum Ausdruck kommt. Schließlich kann auch die *Niederschlagsmenge RR*, namentlich bei der Bestimmung des Frontcharakters, wertvolle Aufschlüsse geben.

Ist festgestellt worden, daß die Front zwischen zwei Stationen hindurch verläuft, so muß sie näher an jene gelegt werden, an welcher der Druck tiefer ist. Um wieviel näher, hängt von der Richtung der Strömungen in beiden Massen ab. Daher muß der Frontverlauf nach dem Ausziehen der Isobaren meist dem Isobarenverlauf noch etwas angepaßt werden.

Die Front hat *Warmfrontcharakter*, wenn in der Kaltluft eine von der Front weg gerichtete Bewegungskomponente vorhanden ist. Ist dagegen in der Kaltluft die Bewegungskomponente gegen die Front gerichtet, so handelt es sich um eine *Kaltfront*. Sieht man von der Reibungskonvergenz ab, so kann man die Luftströmungen als isobarenparallel ansehen. Man kann dann, wenn die Warmluft ihre gewöhnliche Lage im Süden hat, im voraus sagen, daß die Kaltfront im Zyklonenzentrum in eine Warmfront übergehen wird und diese wiederum in die Kaltfront der vorhergehenden Zyklone dort etwa, wo die Achse des Zwischenhochs verläuft. Eine isobarenparallele Front ist wenig beweglich; immerhin verlagert sie sich in der Richtung des größten Druckfalls.

Es ist durchaus nicht immer leicht zu erkennen, an welcher Seite der Front die Luft wärmer ist; die Temperaturbeobachtungen an der Erdoberfläche brauchen nur zufällig nicht repräsentativ zu sein. Unmittelbare aerologische Beobachtungen können dann eine bessere Auskunft geben; sie sind jedoch nicht immer in ausreichender Zahl vorhanden. Allerdings läßt in der Regel schon die Verteilung der Strömungen darauf schließen, welche Masse als die wärmere anzusehen ist. Liegt eine Hauptfront vor, so ist es (sogar bei Maskierung der Temperaturgegensätze am Erdboden) offensichtlich, daß die Tropikluft wärmer sein wird als die Polarluft oder letztere wieder wärmer als Arktikluft. Im Fall einer Okklusion ist die maritime oder kontinentale Herkunft der Luft in Abhängigkeit von der Jahreszeit von großer Bedeutung; im Winter ist unmittelbar vom Ozean kommende Luft in den gemäßigten Breiten wärmer als kontinentale; im Sommer umgekehrt.

Ob die betreffende Front Teil einer *Hauptfront* oder eine *Okklusionsfront* ist, läßt sich vor allem nach der Herkunft der Luftmassen, ferner nach der Bewölkung, den Niederschlägen usw. beurteilen.

In enger Beziehung zum Einzeichnen der Fronten steht auch die Bestimmung des *Charakters der Frontalstörungen*, welche auf der Karte vorhanden sind. Am häufigsten sind dies Wellen oder aber Okklusionen. Das Zwischenstadium — die junge Zyklone — hat meist kaum die Lebensdauer eines Tages, während sich das erste und letzte Zyklonenstadium je mehrere Tage hindurch behaupten kann; daher ist auch die Wahrscheinlichkeit, daß man eines von diesen auf der Karte antrifft, bedeutend größer.

Bei der Ermittlung der frontalen Struktur der Störungen muß man vor allem trachten, tiefe Depressionen mit Hilfe des Okklusionsmodells und flache Depressionen als Frontalwellen zu analysieren.

Aus Abschnitt 63 sind bereits die Bedingungen bekannt, unter welchen die Frontalwellen *rasch fortschreiten* oder aber *quasistationär* sind. Diese Frage läßt sich manchmal nach der Temperaturverteilung an der Front im voraus entscheiden. Ist diese Verteilung jedoch nicht unmittelbar klar zu erkennen, so kann man sie indirekt nach der (durch Vergleich mit den vorhergehenden Karten festgestellten) bisherigen Wellenbewegung beurteilen und damit auch auf den Charakter der einzelnen Frontabschnitte im Gebiet der Welle schließen.

g) Häufige Fehler bei der Frontenanalyse.

Anfänger müssen sich hüten, bei der Frontenanalyse folgende Fehler zu machen:

1. Eine bereits okkludierte Zyklone mit umgebogener Okklusionsfront oder mit einer sekundären Kaltfront (manchmal eine Zentralzyklone) als junge Zyklone mit

großem Warmsektor anzusehen (Abb. 213). Es hat dann auf der Karte den Anschein, als ob eine ausgedehnte und tiefe junge Zyklone vorhanden sei, deren
Warmsektor aber offenbar nicht aus Tropikluft besteht. Besonders leicht kann
dieser Fehler dann begangen werden, wenn die umgebogene Okklusionsfront durch

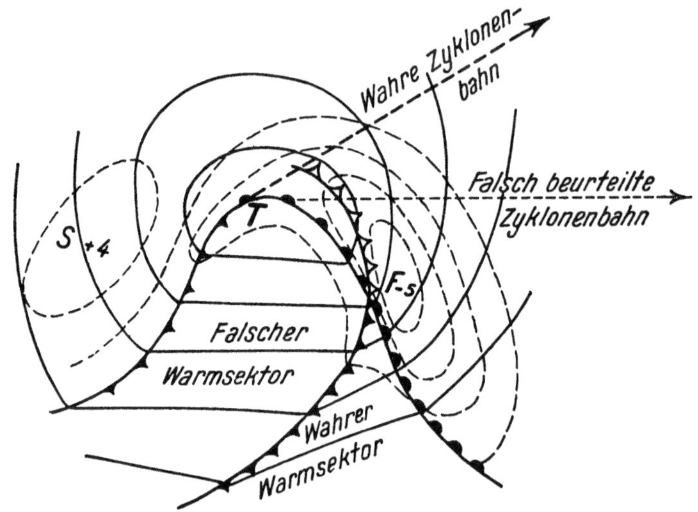

Abb. 213. „Falsche" junge Zyklone. [Siehe auch SCHINZE 1932 (4).]

eine sekundäre Kaltfront verlängert ist und an dem nicht okkludierten Teil der ursprünglichen Kaltfront sich eine Wellenstörung entwickelt hat (siehe Okklusionsmodell in Abschnitt 65). Die sekundäre Kaltfront wird dann als Hauptfront angesehen
und irrigerweise an die Kaltfront der neuen Welle angeknüpft. Dazu verleitet besonders der Umstand, daß sich außerhalb dieser Welle die Kaltfront an der süd-

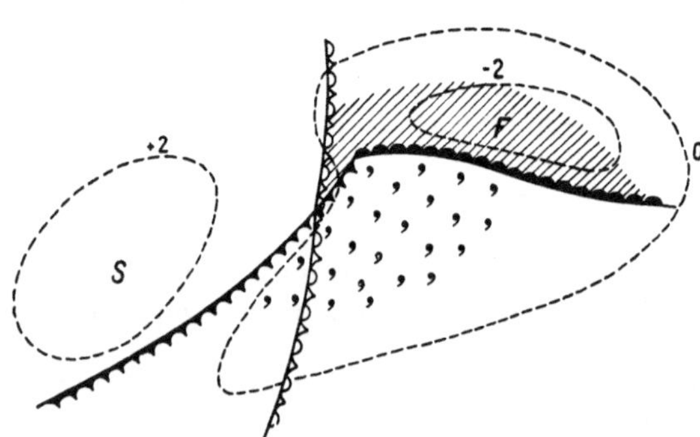

lichen Peripherie der Zyklone rasch
auflöst oder maskiert wird. Einer
jungen Zyklone noch ähnlicher ist
eine Zentralzyklone, welche regeneriert infolge Eindringens einer Arktikfront, die dann im Gebiet der
Zyklone einen großen sekundären,
aus Polarluft bestehenden Warmsektor begrenzt. Wirkliche junge
Zyklonen haben dagegen in der
Regel keine große Ausdehnung und
im Vergleich mit der allgemeinen
barischen Unterlage keine größere
Tiefe als 20 mb im Zentrum.

Abb. 214. Ein häufiger Fall der Fehlanalyse: Okklusion statt
Frontalwelle.

2. Einer der häufigsten Fehler
beruht darauf, daß der Anfänger die auf der Karte vorhandenen Niederschlagsgebiete
der vermeintlichen Verlängerung einer alten Okklusion zuordnet statt einer am
Zyklonenrand entstandenen neuen Frontalwelle (Abb. 214). Dieser Irrtum wird
besonders begünstigt, wenn zwei solcher Wellen (z. B. eine in der Arktik- und
eine in der Polarfront) auf der Karte in geringer Entfernung untereinander vorkommen (siehe z. B. Abb. 149). Dann können die beiden Fall- und Niederschlagsgebiete an den Vorderseiten der Wellen in je ein einziges zusammenfließen,

ebenso die beiden Steiggebiete an den Rückseiten. Dem hierdurch begünstigten Analysenfehler im Sinn der Abb. 214 wird oft noch Vorschub geleistet dadurch, daß die Temperaturen maskiert sind. Nur eine aufmerksame Berücksichtigung aller Frontenmerkmale wird vor einem solchen Fehler schützen.

3. Sehr oft werden in einer Zyklone die Fronten in Form gerader Halbmesser gezeichnet (Abb. 215). Es ist leicht begreiflich, daß eine solche Konstruktion fehlerhaft sein muß; sie setzt voraus, daß alle Frontpunkte mit derselben Winkelgeschwindigkeit fortschreiten, d. h. daß ihre Lineargeschwindigkeit (und folglich auch die Windgeschwindigkeit in der Kaltluft) vom Zentrum zur Peripherie zunimmt. In Wirklichkeit ist aber bekanntlich der Gradient nicht etwa am Rand

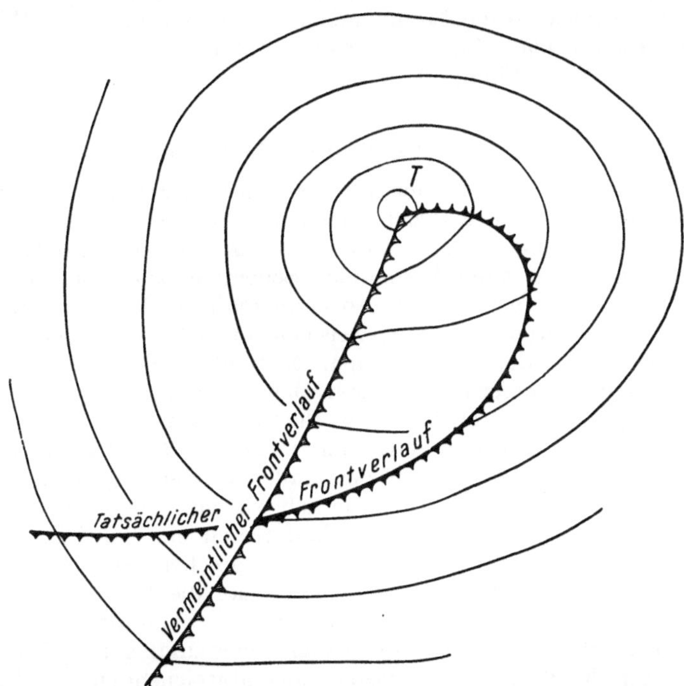

Abb. 215. Ein anderer Analysenfehler: Steife Fronten.

der Zyklone am größten, sondern in geringem Abstand von ihrem Zentrum; daher müssen die Fronten in der Zyklone im allgemeinen eine Krümmung aufweisen, und zwar so, wie dies für die Kaltfront schematisch auf Abb. 215 dargestellt ist.

Die Notwendigkeit, das in der Einleitung zu diesem Abschnitt erwähnte Prinzip der physikalischen Logik zur Anwendung zu bringen, macht sich besonders bei der Festlegung des Frontverlaufes geltend, wie das eben angeführte Beispiel zeigt. Dabei ist es vor allem unerläßlich, durch einen Vergleich mit den vorhergehenden Karten zu entscheiden, ob der von der Front bis in ihre angenommene Lage zurückgelegte Weg nicht unwahrscheinlich groß oder klein ist. Zu diesem Zweck muß man davon ausgehen, daß sich die Front mit der zu ihr senkrechten Komponente des Gradientwindes (oder der Strömung über dem Reibungsniveau) innerhalb der Kaltluft verlagert, wobei alle im fünften Kapitel angeführten Berichtigungen zu berücksichtigen sind; die Bildung einer Kaltlufthaut u. ä. Eine solche „kinematische Kontrolle" verhütet grobe Fehler in der Bestimmung der Frontenlage; dabei kann die kritische Verwendung eines Gradientwindlineals (Abb. 20) wertvolle Dienste leisten.

Anfänger bedecken oft die ganze Karte mit einem Netz fiktiver und gar nicht hinreichend motivierter Fronten. Sie sollten beherzigen, daß man sich beim Einzeichnen einer jeden Front auf eine Reihe von Merkmalen, auf deren ganze physikalisch-logische Gesamtheit, nicht aber auf eine einzelne, vielleicht zufällige oder fehlerhafte Angabe (besonders hinsichtlich des Windes) stützen soll. Dabei muß man den entworfenen Frontverlauf stets an historischen Erwägungen, durch einen Vergleich mit den vorhergehenden Karten kontrollieren. Ganz ohne „Annahmen" können allerdings Karten nicht analysiert werden, doch sollen diese Vermutungen hinreichend begründet sein und einander nicht widersprechen.

Zum Schluß sei noch an die Frontsymbole für Karten erinnert: Warmfront — rote Linie, Kaltfront — blaue Linie, Okklusion (untere Front, ohne Unterscheidung des Charakters) — violette Linie; sekundäre Fronten — dünne Linien, Höhenfronten — gestrichelte Linien.

h) Das Ausziehen der Isobaren.

Das Ausziehen der Isobaren auf der Karte ist eines der Schlußstadien der Analyse. Es vorwegzunehmen hat in der Regel keinen Sinn, da man ja dann zum Schluß die Isobaren doch wieder den Fronten anpassen müßte. In der synoptischen Analyse gilt allerdings keine Regel ohne Ausnahme. Scheint es zur Erleichterung der allgemeinen Orientierung wünschenswert, so kann man bereits gleich zu Beginn auf der Karte mehrere Isobaren andeutungsweise eintragen, z. B. in den inneren Teilen der Zentralzyklonen und der Antizyklonen. Namentlich Gebiete stationärer Antizyklonen, in denen meist weder Fronten noch Dauerniederschläge beobachtet werden, können durch Isobaren abgegrenzt werden, ehe man die übrige Analyse durchführt.

Beim Ausziehen der Isobaren darf man nicht alle Druckangaben als absolut richtig ansehen; besonders kritisch sollte man allen Werten begegnen, welche scharfe Krümmungen im Isobarenverlauf erforderlich zu machen scheinen. Mehr oder weniger scharfe Störungen im Isobarenverlauf treten nur längs Fronten und orographischen Hindernissen auf, worüber noch zu sprechen sein wird. In einer einheitlichen Luftmasse über ebener Gegend wird man die Isobaren *möglichst gleichmäßig* führen, die Druckwerte und Windrichtungen sorgfältig berücksichtigend, *ohne dies jedoch zu übertreiben*, also ohne wegen jeder zufälligen und nicht repräsentativen Ablenkung des Windes oder wegen einer abweichenden Druckangabe einer einzelnen Station gleich die Isobare auszubuchten. Noch vor nicht sehr langer Zeit haben einige Wetterdienste den Isobarenverlauf grundsätzlich in spitzigen Wellenzügen wiedergegeben: ein gutes Beispiel für eine unkritische Beurteilung der Wetterlage, wobei jede Zufälligkeit und nahezu jeder Fehler in Druck und Wind als Merkmale reeller Störungen gedeutet wurden. Dieses Verfahren hat sogar Anlaß gegeben zu der phantastischen Vorstellung einer großen Menge von Teilwirbeln kleinen Ausmaßes, die sich an der Peripherie der Hauptzyklone entlang bewegen.

Wie bereits im fünften Kapitel erwähnt, müssen die Isobaren längs der Front eine mehr oder weniger scharfe Richtungsänderung, einen Knick aufweisen, der um so schärfer wird, je schärfer die Front ist. Ihr Verlauf hat dann einen *trogartigen* Charakter. An rasch bewegten Fronten sind die Tröge weniger scharf als an quasistationären. Solche Besonderheiten im Isobarenverlauf sind bereits durchaus reell und physikalisch begründet; in einem System grundsätzlich wellenförmiger Isobarenscharen, wie dem oben verurteilten, können sie allerdings unter allerhand fiktiven Störungen verlorengehen.

Aus theoretischen Erwägungen ergibt sich, daß sich die Isobaren vor den Fronten aller Kategorien zyklonal krümmen. Unmittelbar hinter der Warmfront (und der

Warmfrontokklusion) verlaufen sie geradlinig oder in zyklonaler, unmittelbar hinter der Kaltfront (und der Kaltfrontokklusion) dagegen meist in antizyklonaler Krümmung. Diese Regeln werden durch die Wirklichkeit bestätigt und sollten beim Ausziehen der Isobaren stets Beachtung finden.

Deformationen der Isobaren *längs orographischer Hindernisse* sind dadurch bedingt, daß letztere die Luftmassen und Störungen aufhalten. Ein Gebirgszug veranlaßt eine Diskontinuität im barischen Feld. Dabei sind zwei Hauptfälle möglich:

1. Falls die Isobaren im allgemeinen zum Gebirgskamm parallel verlaufen, so ergibt sich das schematische Bild der Abb. 216a. Die wahre Isobare bricht am

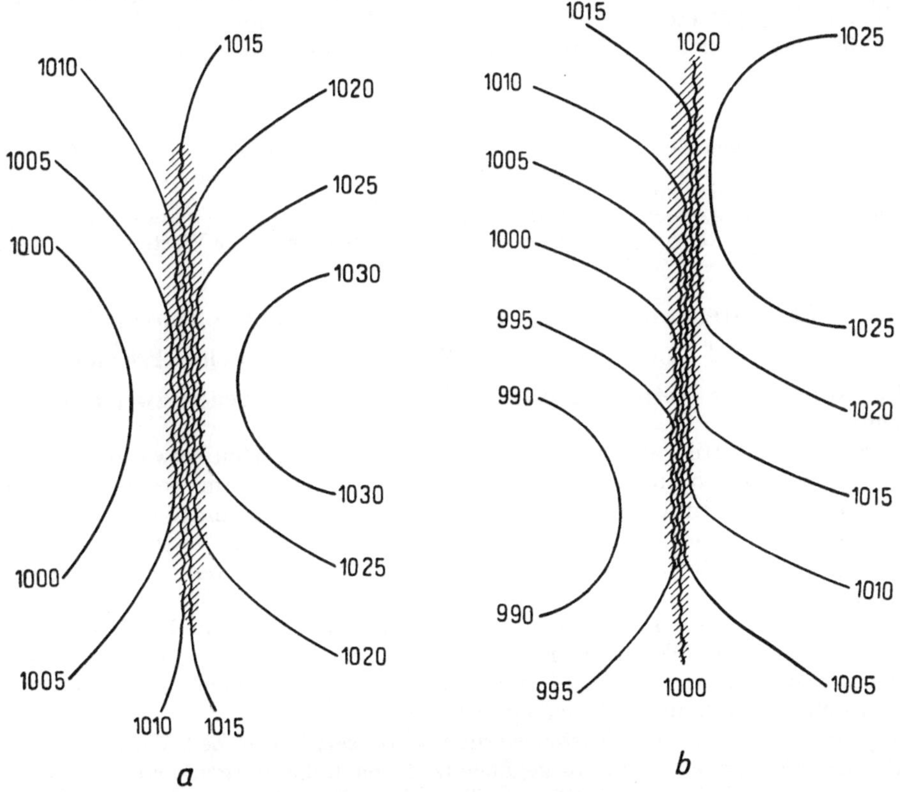

Abb. 216. Orographische Isobaren.

Rand des Gebirgszuges ab, so daß die längs dem Kamm geführte „orographische" Isobare zwei wahre Isobarenstücke verbindet, welche *auf ein und derselben Seite* vom Kamm verlaufen.

2. Beim Überqueren eines Gebirgszugs reißen die Isobaren ab (Abb. 216b). Man verbindet beide Teile jeder Isobare durch eine bedingte „orographische" Isobare, indem man diese längs dem Gebirgskamm führt.

Dem Kamm entlang verlaufen bisweilen zahlreiche orographische Isobaren, da hier der Druckunterschied 20—30 mb erreichen kann (besonders im Winter in Skandinavien, bei tieferem Druck über dem Ozean und einer kalten Antizyklone hinter dem Gebirgszug). Aus einer solchen außerordentlichen Verdichtung der fiktiven Isobaren am Kamm ergibt sich indessen durchaus nicht, daß hier die Windgeschwindigkeiten sehr groß sein müssen: der Gebirgszug wirkt vielmehr als Hindernis für den Ausgleich des erheblichen Druckunterschiedes zwischen seinen beiden Seiten.

Zu Beginn werden die Isobaren nur schwach ausgezogen, damit man ihre Lage später noch berichtigen kann.

i) Schlußoperationen.

Während und nach dem Ausziehen der Isobaren wird der Frontverlauf noch einmal kontrolliert und gegebenenfalls endgültig berichtigt. Dabei muß die Front gelegentlich noch etwas nach der einen oder anderen Richtung verschoben werden, bis alle etwaigen Widersprüche zwischen Gradient und Windstärke auf jeder Seite der Front behoben sind.

Nach dem definitiven Einzeichnen der Fronten (mit Farbstiften) bringt man die Niederschlagsgebiete und Isobaren in bessere Übereinstimmung mit den Fronten und zieht schließlich die Isobaren endgültig „mit Nachdruck" aus.

Literatur zu Abschnitt 71.

Die Ausführungen des vorstehenden Abschnittes stützen sich in erster Linie auf BERGERON 1934 (*1*), siehe auch BERGERON 1939 (*2*) (zweiter Aufsatz).
Wertvolle Hinweise auch bei SCHINZE 1932 (*4*).
Für das Deutsche Reich sind maßgebend die „Vorschriften für die einheitliche Ausarbeitung von Wetterkarten". Herausgegeben vom Reichsamt für Wetterdienst, Berlin.

72. Güte und Prüfung der synoptischen Prognosen.

a) Kurz- und Langfristprognosen. Wesen der synoptischen Prognose.

Die Aufgabe der Wetterprognostik zerfällt im wesentlichen in zwei Teile (siehe Abschnitt 7):

1. Es sind mit Hilfe der analysierten synoptischen Karten (sowie der aerologischen Beobachtungen und genauer Wetterbeobachtungen am betreffenden Ort) diejenigen Änderungen in dem synoptischen Zustand zu bestimmen, welche während der Gültigkeitsfrist der Vorhersage eintreten werden. Dabei versteht man unter dem synoptischen Zustand die Anordnung und Eigenschaften der Luftmassen, Fronten und Störungen.

2. Auf Grund dieser Prognose des synoptischen Zustandes muß auf den Verlauf der Wetterelemente (Temperatur, Bewölkung, Niederschläge, Fernsicht, Wind) geschlossen werden, der innerhalb der Prognosenfrist an einem vorgegebenen Ort oder in einem bestimmten Gebiet eintreten wird.

Auf Grund synoptischer Karten werden schon seit langer Zeit Wetterprognosen auf 24 oder 36 Stunden hinaus ausgegeben (z. B. nach der Morgenkarte für den Zeitraum von 8 Uhr M. E. Z. des betreffenden Tages bis 8 Uhr oder bis 19 Uhr des folgenden Tages). Während der letzten anderthalb Jahrzehnte sind in der Praxis außer den Prognosen für kürzere Fristen — für zwölf oder sechs Stunden oder noch weniger — eingeführt worden; solche Prognosen benötigt hauptsächlich das Flugwesen. Es ist klar, daß sie sicherer sind und genauer formuliert sein können als Prognosen für einen ganzen Tag.

Anderseits werden in verschiedenen Wetterdiensten Versuche angestellt, synoptische Prognosen auch mit mehrtägiger Gültigkeitsfrist bis zu zehn Tagen auszugeben. Solche Prognosen gründen sich vorwiegend auf eine Untersuchung der Bahn der barischen Systeme und des Verhaltens der quasistationären Aktionszentren. In der Regel ist eine solche *Langfristprognose* weniger sicher und weniger detailliert. Ob sie überhaupt aufgestellt werden kann, hängt von dem gerade vorhandenen synoptischen Zustand ab: ob dieser ziemlich stationär oder in rascher Änderung begriffen ist, ob er sich scheinbar ganz regellos oder aber in einem mehr oder weniger deutlichen Rhythmus ändert. Versuche, Prognosen auf noch längere Sicht, wie

z. B. für einen Monat oder eine ganze Jahreszeit, auszugeben, beruhen meist nicht auf synoptischen Methoden, sondern z. B. entweder auf der Ermittlung von *Korrelationen* zwischen dem Verlauf der meteorologischen Elemente in verschiedenen Teilen der Erde oder auf einer Zerlegung der Verlaufskurven der einzelnen Elemente in Teilwellen zum Zweck einer leichteren Extrapolation dieser Kurven, oder aber sie stützen sich auf das Studium der Beharrungstendenz von Wetteranomalien usw.

In den Rahmen solcher Forschungen fällt u. a. auch die Ermittlung langjähriger Witterungsperioden, die Untersuchung des Zusammenhanges der mittleren Druckverteilung eines bestimmten Zeitraums mit den allgemeinen Wetterverhältnissen oder das Studium der Beziehungen zwischen der Witterung und kosmischen Veränderungen (z. B. solchen der Sonnentätigkeit) oder ozeanographischen Erscheinungen (z. B. der Vereisung der Polarmeere und dem Verhalten des Golfstroms und dergleichen). Die von B. P. MULTANOWSKIJ ausgearbeitete Methode von Langfristprognosen beruht auf einer Vorhersage der synoptischen Prozesse, ausgehend von der Druckverteilung, wobei sog. „Sammelkarten“ der Lage der barischen Zentren benutzt und auf ihnen die Verlagerungen der Druckfelder extrapoliert werden. Die Methode der Zehntagevorhersagen von F. BAUR stützt sich auf die vieljährigen Zusammenhänge zwischen den Großwetterfaktoren in Europa und dem nachfolgenden Wetter in Deutschland. Am Ende jeder Dekade wird eine der jeweiligen Großwetterlage entsprechende synoptische Analogie in der Vergangenheit ausfindig gemacht, die in der anschließenden Dekade damals eingetretene Witterung ermittelt und per analogiam auf die Witterung der jetzt bevorstehenden Dekade geschlossen. Diese Schlußfolgerung wird durch eine Analyse der momentanen synoptischen Lage verfeinert, und zwar unter besonderer Berücksichtigung der Druckverteilung in den oberen Schichten. Alle Forschungen in den angegebenen Richtungen liegen indessen außerhalb des Rahmens unserer Darlegung.

Der *synoptischen Prognose* liegt ein extrapolativer Schluß vom bisherigen auf den künftigen Verlauf der Erscheinungen zugrunde. Diese Extrapolation darf jedoch, wie bereits gezeigt wurde, nicht rein formal sein, sondern sie soll sich auf bereits bekannte Tatsachen stützen und bis zu einem gewissen Grad auch auf jene Theorien über das physikalische Wesen der atmosphärischen Vorgänge, welche mit den Tatsachen in Einklang stehen. Bei der Extrapolation einer Zyklonenbewegung z. B. darf man nicht einfach voraussetzen, daß sie auch weiterhin in derselben Richtung und mit derselben eventuell beschleunigten Geschwindigkeit erfolgen werde wie bisher. Man muß vielmehr auch die Evolution der Störung, das Entwicklungsstadium der Zyklone berücksichtigen. Hat die Zyklone im gegebenen Augenblick gerade okkludiert, so wird ihre Weiterbewegung nicht beschleunigt, sondern verzögert vor sich gehen. Analoge Erwägungen über die Physik der Vorgänge wird man offenbar auch anzustellen haben, wenn sich die Zyklone verflacht oder aber vertieft. Ähnliches gilt für die Vorhersage der Bewegung und Entwicklung der Fronten, der frontalen Wolkensysteme usw. Die Aufstellung einer Prognose verlangt somit, daß der synoptische Vorgang allseitig betrachtet wird und unter Zugrundelegung des gesamten Materials, das die analysierte Karte enthält.

Die Hauptschwäche der synoptischen Methode liegt darin, daß man bei der Aufstellung einer Prognose nur die *Entwicklungsrichtung* der Vorgänge (und auch diese nicht einmal mit völliger Sicherheit) angeben kann: *die Prognose ist vorwiegend qualitativer und nicht quantitativer Natur.* Hat man auch z. B. die Vertiefung oder das Erlöschen einer Störung, die Verlagerung einer Front in der einen oder anderen Richtung, die Verstärkung von Niederschlägen u. ä. an sich richtig prognostiziert, so ist man doch nie imstande, das Ausmaß der Störungsvertiefung bzw. der Frontversetzung, der Niederschlagszunahme usw. ganz genau anzugeben. Aber selbst die qualitative Prognose gelingt durchaus nicht immer, da es dem Synoptiker selbst bei voller Aufmerksamkeit gelegentlich unmöglich ist, *sämtliche* Faktoren zu berücksichtigen, welche den Vorgang bestimmen. Keinem Synoptiker bleibt dann und wann ein völliger Fehlschlag seiner synoptischen Prognose erspart.

Die Ursache dieser Beschränktheit der Möglichkeiten geht darauf zurück, daß die synoptische Methode keine Rechenmethode ist; statt die Einführung von zahlenmäßigen Variablen in die Gleichungen der atmosphärischen Physik und die Bestimmung des künftigen Zustandes durch Lösung dieser Gleichungen zu gestatten, muß sie mit qualitativen Erwägungen über den Verlauf der physikalischen atmosphärischen Vorgänge, ja selbst mit rein empirischen „Merkmalen" oder höchstens mit einer ganz *einfachen linearen Extrapolation* ihr Genügen finden. Wohl hat man, nachdem bereits früher von EXNER 1906, 1907, 1910 und RICHARDSON 1922 methodisch sehr interessante, aber für die Praxis des Wetterdienstes unbrauchbare Vorstöße in dieser Richtung gemacht worden waren, im letzten Jahrzehnt neuerlich versucht, die Vorausbestimmung der synoptischen Veränderungen wenigstens zum Teil auf mathematische Berechnungen zu stützen (GIÂO, ANGERVO, PETTERSSEN). Von PETTERSSEN stammt das vollkommenste System solcher kinematischer Differentialbeziehungen, in welche statt der Differentiale und Ableitungen die aus der Isobaren- und Isallobarenkarte bestimmten endlichen Werte und deren Verhältniszahlen einzusetzen sind (vgl. auch den Schluß des vorigen Kapitels). Die aus den Gleichungen erhaltenen Geschwindigkeiten und Beschleunigungen der Frontalbewegung sowie der Bewegung und Änderung der barischen Systeme können dann auf eine gewisse Zeit hinaus extrapoliert werden unter der Voraussetzung gleichmäßig beschleunigter Bewegung oder Änderung. PETTERSSENS Methode hat bei den Meteorologen in der jüngsten Zeit ein lebhaftes Interesse wachgerufen; im norwegischen Wetterdienst wird sie seit 1936 systematisch angewendet. Sie erfordert genaue und detaillierte Isobaren- und Isotendenzkarten in hinreichend kurzen Zeitintervallen (höchstens sechs Stunden); diese Forderung ist jetzt im allgemeinen erfüllbar. Die Berechnungen selbst nehmen jedoch zu viel Zeit in Anspruch; im besten Fall werden sie nur auf die wichtigsten Teile der Karte Anwendung finden können. Ohne Rücksicht darauf, ob sich diese Methode wird in der künftigen Praxis behaupten können, sind in diesem Buch dennoch die von PETTERSSEN und anderen erhaltenen Gleichungen angeführt. Unbedingt von Bedeutung sind die aus ihnen von PETTERSSEN abgeleiteten qualitativen *Regeln*, die eine gute Ergänzung zu den rein empirischen Regeln der bisherigen Synoptik bilden.

Übrigens ist zu beachten, daß selbst dann, wenn man die künftigen Änderungen des synoptischen Zustandes vorausberechnen könnte, die vorhergegangene Kartenanalyse doch keinen mathematischen Charakter hat und daher nicht fehlerlos ist; mithin wäre auch die Prognose nicht frei von Fehlern, um so mehr als schon ein sehr geringer Fehler in der Analyse einen sehr großen in der Prognose des synoptischen Zustandes zur Folge haben kann. Die atmosphärischen Vorgänge spielen sich eben nach einem Ausspruch BERGERONs häufig „an der Grenze eines labilen Zustandes" ab, wobei eine geringfügige Ursache, die bei der Prognose zufällig unbeachtet blieb, große und also unvorhergesehene Folgen haben kann. Ja, selbst im Fall der Durchführbarkeit einer quantitativ ganz genauen Prognose des synoptischen Zustandes könnten sich beim Übergang zur Prognose der einzelnen Wetterelemente doch wieder Fehler einstellen.

Gerade aus diesem Grund ist in der Meteorologie die Frage des „Gelingens" der Prognosen sehr aktuell, während sie z. B. in der Astronomie, wo die Prognosen mit praktisch hinreichender Genauigkeit (z. B. bei Finsternissen) berechnet werden können, bereits gelöst ist. Das Problem der quantitativen synoptischen Prognose ist demnach von seiner Lösung noch sehr weit entfernt.

b) Prüfung der Ergebnisse synoptischer Prognosen.

Bei der Bewertung von Prognosen muß man sich vor allem über die Unterscheidung folgender Begriffe klar sein:

1. *Der „objektive" Richtigkeitsgrad der Prognosen*, welchen man (für eine große Anzahl von Fällen) als das Verhältnis der Zahl von gelungenen Prognosen zur Gesamtzahl der Prognosen definieren könnte. Dabei ist zu beachten, daß sogar reine Blindlingsprognosen, die von irgendeiner ganz unwissenschaftlichen Methode oder einfach vom „Gefühl" ausgehen, einen gewissen Prozentsatz „Treffer" aufweisen, der oft 50% übersteigt (in Abhängigkeit von den klimatischen Bedingungen, denen zufolge die Wahrscheinlichkeit entgegengesetzter Erscheinungen nicht gleich ist). Ist z. B. ganz allgemein an einem Ort die Regenwahrscheinlichkeit größer als die Wahrscheinlichkeit trockenen Wetters, so wird bei Blindlingsprognosen von Regenwetter der Prozentsatz der Zufallstreffer 50% übersteigen. Selbst die Treffwahrscheinlichkeit von Prognosen, welche nur auf Grund elementarster klimatologischer Erwägungen aufgestellt werden, liegt oft bedeutend über 50%. Ist z. B. die Temperatur heute übernormal, so ist die Wahrscheinlichkeit, daß dies auch morgen der Fall sein wird, größer als die Wahrscheinlichkeit eines Rückganges. Geht man daher bei der Temperaturprognose von dieser statistischen Tatsache der „Erhaltungstendenz" von Temperaturabweichungen aus, so erhält man im allgemeinen mehr als 50% Treffer. Oder: sagt man täglich voraus, daß der nächste Tag gewitterfrei sein werde, so kann man im Jahresmittel sehr leicht 90% Treffer aufweisen. Alle tatsächlichen Fälle von Gewittern bleiben dann gerade unvorhergesehen, ein Beweis mehr für die Unhaltbarkeit einer solchen rein pauschalmäßigen Bewertung der Prognosengüte.

Einen richtigeren Maßstab für die *Prognosengüte* bekommt man also vielmehr dadurch, daß man ermittelt, *um wieviel Prozent die gesamte Trefferzahl die Zahl der Zufallstreffer überschreitet.*

So z. B. bewährten sich an drei schwedischen Stationen Prognosen der Windstärke „ungefährlich" (Beaufort-Grade 0 bis 6) zu 90% im Lauf von 395 Tagen der Jahre 1905 bis 1906. „Blindlingsprognosen" hätten nur 65% Treffer ergeben.

2. *Der Gütegrad einer Einzelprognose oder der Gesamtheit aller Prognosen vom Standpunkt des Interessenten aus.* Dieser Gütegrad stimmt durchaus nicht mit dem „objektiven" Richtigkeitsgrad überein. Vom Standpunkt verschiedener Interessenten kann ein und dieselbe Prognose sehr ungleich bewertet werden je nach dem Genauigkeitsanspruch, welchen der Nutznießer an sie stellt. So kann z. B. der Flieger eine Temperaturprognose noch recht günstig beurteilen (oder sogar als „richtig" ansehen), welche etwa vom Standpunkt des Gärtners aus schon als ziemlich mißlungen angesehen werden muß.

3. *Die synoptische Arbeitsleistung im Einzelfall.* Sie ist weder der „objektiven" Richtigkeit der Prognose, noch deren wirtschaftlichem Wert adäquat. Eine durchaus zutreffende Prognose kann fast mühelos aufgestellt werden, wofern der synoptische Zustand einfach und stationär ist. Eine fehlerhafte Prognose bei komplizierter Lage kann bisweilen die äußerste Aufmerksamkeit und den ganzen Erfahrungsschatz des Synoptikers in Anspruch genommen haben. Nur im Durchschnitt zahlreicher Fälle kann man auch eine Proportionalität zwischen der Arbeitsleistung des Synoptikers und der Güte ihres praktischen Ergebnisses annehmen. Aber auch dann noch ist Vorsicht in den Folgerungen am Platz. Es ist denkbar, daß der günstige Ausfall der Prognosen das Resultat übergroßer Vorsicht des Synoptikers ist. So kann es dieser vorziehen, grundsätzlich mäßigen Wind vorauszusagen, wobei er in Zweifelsfällen die Prognose starken Windes einfach nicht riskiert. Im Durchschnitt erreicht er eine hohe Trefferzahl, versagt aber gerade

in den wichtigsten Fällen einer Windverstärkung. Ein Synoptiker, der mehr riskiert, wird im allgemeinen zahlreichere Fehler machen, dabei aber vielleicht gerade die praktisch wichtigsten Sondererscheinungen richtig erfassen.

Wenn die Prognosen nur in richtige und falsche eingeteilt werden könnten, wenn man bei ihrer Prüfung lediglich zwischen „ja" oder „nein" zu entscheiden hätte, dann wäre die Aufgabe der Schätzung einfach. Manchmal ist dies tatsächlich möglich, beispielsweise bei der Prüfung der Prognose von Gewittertagen. Hierfür sei ein sehr altes Beispiel nach Defant gewählt. Im Sommer 1884 hatte Wien unter 92 Tagen 21 Tage mit Gewitter. Unter 92 Prognosen waren in 32 Gewitter erwähnt worden; an zehn von diesen Tagen trat tatsächlich Gewitter ein, an 22 war dies nicht der Fall. In den übrigen 60 Fällen mit einer Prognose ohne Gewitterangabe trat in elf Fällen Gewitter ein und 49 Fälle waren ohne Gewitter. Die Zahl der „Treffer" ist somit $10 + 49 = 59$ Fälle auf 92, d. i. 64%. Blindlingsprognosen hätten, wie die Wahrscheinlichkeitstheorie zeigt, 58% Treffer ergeben.

Im größten Teil aller Fälle kann man allerdings die Frage nach der Prognosengüte nicht nur mit „ja" oder „nein" beantworten. Es sei z. B. eine Temperatur von 15° vorausgesagt worden; beobachtet wurden 13°. Man hat sich geirrt; kann aber eine solche Prognose als völlig mißlungen angesehen werden?

Am leichtesten ließe sich die Güte der Prognose in jenen Fällen feststellen, wo diese *absolut richtig* war, d. h. wo die vorhergesagte Erscheinung tatsächlich nicht nur qualitativ, sondern auch in den vorhergesagten quantitativen Grenzen eintrat. Die Möglichkeit solcher Prognosen ist nicht ausgeschlossen. Hat man z. B. die künftige Verlagerung und die Temperaturänderung der Luftmassen vorausgesehen und berücksichtigt man überdies ihre Temperaturen im gegebenen Augenblick, so kann man sehr wohl die Aussage machen, daß das morgige Tagesmaximum der Temperatur an einem bestimmten Ort zwischen 15° und 18° liegen werde. Waren alle Annahmen (wenn auch nur annähernd) richtig, so kann die tatsächliche Maximaltemperatur durchaus in das vorhergesehene Intervall zu liegen kommen. Hätte man aber bestimmter gesagt: das Tagesmaximum der Temperatur werde 16° betragen, so wäre die Aussicht auf Erfolg viel geringer gewesen.

Die synoptische Methode bietet freilich beinahe nie die reale Möglichkeit, Temperaturprognosen auf einen Grad genau zu formulieren; eine solche Prognose kann nur „aufs Geratewohl" erfolgen. Davon ganz abgesehen, ist eine besondere Genauigkeit in der Prognosenangabe oft auch gar nicht notwendig: die Vorhersage der Windgeschwindigkeit auf einen Sekundenmeter genau hätte, selbst wenn sie möglich wäre, keine praktische Bedeutung. Ja, man braucht die Windstärke nicht einmal immer auf Beaufort-Grade genau zu kennen: für besondere Zwecke (Seeschiffahrt) hat man z. B. in Deutschland und Schweden eine Vorhersage der Windstärke in drei Abstufungen für ausreichend angesehen: keine Gefahr (0—6 Beaufort-Grade), Vorsicht (7—9 Beaufort-Grade), Gefahr (10—12 Beaufort-Grade). Es ist klar, daß sich eine auf einen Beaufort-Grad genau formulierte und an sich unrichtige Prognose innerhalb der soeben angeführten Genauigkeitsgrenzen als richtig erweisen kann.

Überdies läßt häufig das Wesen der Erscheinungen selbst keine übertriebene, weil sachlich fiktive Genauigkeit zu: an zwei Stationen in ein und derselben Stadt können die Temperaturen durchaus um mehr als 1° voneinander abweichen. Im Lauf von fünf Minuten kann sich die Temperatur an ein und derselben Station um mehr als 1° ändern; man darf daher die Temperaturprognose für einen bestimmten Ort schon dann als absolut genau ansehen, wenn sich die Temperatur innerhalb eines vorhergesehenen „natürlichen" Intervalles hält. Oder: der Wind pflegt so zahlreiche kleine Stärkeschwankungen aufzuweisen, daß seine Voraussage auf 1 m/sek genau nicht nur praktisch unnötig, sondern einfach zwecklos wäre.

Wofern anderseits ein größeres Intervall gewählt wird, als es der natürlichen Schwingungsweite der Erscheinungen entspricht, z. B.: „Temperatur am Tag zwischen 10° und 18°", so können nahezu alle Prognosen mit „absoluter Richtigkeit" gemacht werden. Es liegt aber auf der Hand, daß der Wert einer solchen Richtigkeit nicht groß wäre. Somit hängt die Einschätzung einer Prognose als absolut richtig auch noch von ihrer Formulierung ab.

Bei allen Elementen die vorausgesehenen Änderungen (besonders die qualitativen) kurz und genau zu formulieren, erweist sich indessen als unmöglich. So kann z. B. die Änderung der Bewölkung im Lauf eines Tages sowohl quantitativ als auch qualitativ einen so komplizierten Verlauf haben, daß ihn der Synoptiker kaum anders als mit den Ausdrücken „wolkig" oder „wechselnde Bewölkung" charakterisieren kann. Diese Charakterisierung ist so grob und unscharf, daß man kaum in allen Fällen eine so formulierte Prognose auf ihre absolute Richtigkeit hin prüfen kann.

Der Unterschied zwischen der „Richtigkeit" und dem „Wert" einer Prognose wird besonders am folgenden Beispiel klar. Von zwei Synoptikern gibt für denselben Tag der eine die Prognose „Temperaturzunahme" und die Temperatur steigt tatsächlich. Der andere sagt voraus: „Die Temperatur wird 12—14° betragen", in Wirklichkeit werden aber nur 11° erreicht. Man kann durchaus annehmen, daß die erste qualitativ richtige Prognose von geringerem Wert ist, als die zweite, quantitativ nicht ganz gelungene.

Noch schwieriger gestaltet sich die Kontrolle, wenn die Prognosen nicht für einen einzelnen Ort, sondern gleich für ein ganzes Gebiet (z. B. Land) ausgegeben werden. Alle Formulierungen werden dann notwendigerweise noch allgemeiner und noch weniger scharf sein, da selbst in einer einheitlichen Luftmasse das Wetter Unterschiede in horizontaler Richtung aufweist. Von einer absoluten Genauigkeit kann dann überhaupt kaum mehr gesprochen werden, wenn man von ganz seltenen Ausnahmsfällen absieht.

Nichtsdestoweniger sei einmal angenommen, daß Prognosen vorliegen, deren absolute Richtigkeit feststellbar ist. Wenn man nun von jenen Fällen absieht, in denen das Zutreffen der Prognose durch ein einfaches „ja" oder „nein" entschieden werden kann (wie z. B. bei der Vorhersage von Tagen mit Gewitter oder Niederschlag), so wird es dann für jedes einzelne Element absolut richtige und eine gewisse Anzahl absolut unrichtiger Prognosen geben und überdies (bei rationeller Formulierung) eine beträchtliche Anzahl teilweise richtiger Prognosen. Daß eine Prognose gleichzeitig für alle Elemente absolut richtig ist, wird überhaupt eine Seltenheit sein. Meist weicht der tatsächliche Verlauf der Erscheinungen bis zu einem gewissen Grad von dem Vorhergesagten ab.

Es liegt eigentlich im Wesen der Prognose, daß sie nicht nur einen einzigen Wert des betreffenden meteorologischen Elements wahrscheinlich macht, sondern eine ganze Reihe von Werten, unter denen allerdings der vorausgesagte die größte Wahrscheinlichkeit hat. Zwischen dem vorhergesehenen und dem tatsächlich eingetretenen Wetter besteht ein statistischer Zusammenhang. Hierfür sei ein Beispiel (nach OMSCHANSKIJ) angeführt. In Leningrad wurden in den Jahren 1932 bis 1933 716 Windprognosen für den nächsten Tag (24 Stunden) ausgegeben. In 154 Fällen wurde „schwacher Wind" (1—3 Beaufort-Grade) vorhergesagt. Die wirklichen Windgeschwindigkeiten für diese Fälle waren folgendermaßen verteilt (in Prozenten):

Windgeschwindigkeit	0	1	2	3	4	5	6	7	8	9	10	11 m/sek
Anzahl der Fälle	1	14	27	22	19	12	4	1	0	0	0	0

Dies besagt, daß durch die Prognose „schwacher Wind" eine Windstärke von 2 m/sek mit 27% Wahrscheinlichkeit vorausgesagt wird, eine solche von 5 m/sek mit 12% usw. Dagegen ist im Fall der Prognose „schwacher Wind" die Wahrscheinlichkeit für das Auftreten von Windstärken über 7 m/sek gleich null, wie die auf Grund einer hinreichend großen Zahl von Fällen errechnete Tabelle zeigt.

Aus einem derartigen statistischen Material läßt sich somit herausfinden, welche Häufigkeitsverteilung der tatsächlich eingetretenen Werte eines meteorologischen Elements der einen oder der anderen Prognosenformulierung entspricht. Nach dieser Verteilung kann man auch die Qualität der Prognosen von bestimmter Formulierung beurteilen. Sie ist um so besser, je dichter sich die Fälle um den Wert maximaler Häufigkeit gruppieren und je größer dessen eigene Frequenz ist.

Man könnte schließlich auch den vorhergesagten und den tatsächlichen Verlauf eines bestimmten meteorologischen Elements durch Berechnung eines Korrelationskoeffizienten miteinander in Beziehung setzen; je größer dieser Koeffizient, desto besser wäre offenbar die Übereinstimmung zwischen Prognosen und wirklichem Wetter.

Nun geht man allerdings im Wetterdienst bei der Prüfung der Prognosengüte vom Einzelfall aus und vereinigt erst die Prüfungsergebnisse der Einzelfälle zu einem Urteil über die Durchschnittsqualität der Prognosen.

Zu diesem Zweck wäre es in erster Linie erwünscht, die *Formulierung der Prognose und das tatsächliche Wetter zahlenmäßig ausdrücken zu können, und zwar auch für qualitative Angaben wenigstens in einer vereinbarten Skala.* Die Differenz zwischen der Zahl, welche dem vorhergesagten Wert und jener, welche dem wirklichen Wert entspricht, wäre dann ein Maß für die Güte der Prognose. Nehmen wir z. B. an, die Differenz zwischen der vorhergesagten und der wirklichen Windstärke in Beaufort-Graden sei gleich null. Ohne Zweifel ist dann die Prognose absolut zutreffend und verdient die höchste Bewertung. Ist jene Differenz gleich eins, so kann man vereinbaren, die Prognose als völlig geglückt anzusehen. Bei einer Differenz gleich zwei kann man z. B. die Bewertung auf die Hälfte herabsetzen und bei noch größeren Differenzen die Prognose als völlig ungenügend betrachten.

Es ist klar, daß für die Bewertung des teilweisen Zutreffens verschiedene Vereinbarungen möglich sind. So könnte man für das obige Beispiel annehmen, daß ein Unterschied von zwei Graden den Wert der Prognose nicht um die Hälfte, sondern nur um 25% oder aber um 75% herabsetze. Daraus ergibt sich die Notwendigkeit, bei der Prognosenprüfung eine ein für allemal festgesetzte Vorschrift zu befolgen, in welcher alle füglich anwendbaren Formulierungen vorgesehen und die Bewertungen der verschiedenen Unterschiede zwischen vorausgesagtem und wirklichem Wetter endgültig festgelegt sind. An Hand eines solchen Maßstabes könnte man erstens ersehen, wie sich die Qualität der Prognosen von Jahr zu Jahr ändert und zweitens könnte man die Arbeitsresultate verschiedener Synoptiker miteinander vergleichen.

Die auf diese Weise erhaltene Durchschnittsbewertung der Prognosengüte darf allerdings nicht mit der Treffwahrscheinlichkeit von Prognosen der betreffenden Art verwechselt werden. Ein solches Mißverständnis wird dadurch begünstigt, daß der erwähnten Bewertung oft die Angabe „Prozent" irrtümlich beigefügt wird. Der Ausdruck „80%iges Gelingen" bedeutet hier jedoch durchaus nicht, daß von 100 Prognosen 80 absolut richtig seien; sie können gegebenenfalls alle nur teilweise richtig sein. In Wirklichkeit handelt es sich hier nicht um Prozente, sondern nur um Bewertungszahlen, und der Ausdruck 80% hat hier keine andere Bedeutung als etwa die Angabe 4 einer fünfteiligen Schätzungsskala.

Eine Bewertung nach der geschilderten Methode gibt somit nur ein relatives Maß der Prognosengüte. *Um den wirklichen Wert synoptischer Prognosen festzustellen, muß man sie noch mit Blindlingsprognosen vergleichen,* wobei letztere in analoger Weise beurteilt werden. Einen solchen Vergleich hat unter Zugrundelegung der Bewertungsvorschrift von THOMAS das deutsche Reichsamt für Wetterdienst für die Berliner Prognosen der Jahre 1933 und 1934 durchgeführt. Es ergab sich für die fünf Hauptelemente die durchschnittliche Bewertungszahl 75 (%). Bei Blindlingsprognosen betrug für denselben Zeitraum[1] und bei einer Prüfung nach der gleichen Vorschrift die durchschnittliche Bewertungszahl 50.[2] Für die Temperatur ergab sich bei synoptischen Prognosen die Bewertungszahl 71, bei Blindlingsprognosen 38, für die Bewölkung zu 72 bzw. 49, für die Niederschläge zu 69 bzw. 47 usw. [DINIES 1936 (2)].

Prognosen, welche sich lediglich auf die Erhaltungstendenz des Wetters stützen, müssen offenbar besser sein als Blindlingsprognosen. Für den gleichen Zeitraum 1933/34 wurden nach der Methode von THOMAS die Beobachtungen jedes einzelnen Tages als Vorhersage für den nächsten Tag angesetzt. Es ergab sich unter Zugrundelegung der gleichen Bewertungsvorschrift im Durchschnitt für diese Prognosen die Bewertungszahl 66, d. i. um 16 mehr als für die Blindlingsprognosen, jedoch nur um 9 weniger als für die synoptischen Prognosen.

c) Geographische Einflüsse auf die Prognosengüte.

Es sei noch darauf hingewiesen, daß auch die *geographischen* Verhältnisse einen wesentlichen Einfluß auf die Güte der synoptischen Prognosen haben. Zunächst ist es klar, daß die Vorhersage um so leichter fällt, einen je regelmäßigeren Charakter die Gesamtheit der synoptischen Vorgänge (z. B. das Fortschreiten von Störungen) hat. Ferner ist verständlich, daß der Synoptiker in Mitteleuropa in einer günstigeren Lage sich befindet als jener in Island und Norwegen. Die Bewegungsrichtung der Störungen und des größten Teils der Luftmassen hat meist eine ostwärts gerichtete Komponente. Der Synoptiker im europäischen Binnenland hat daher Gelegenheit, die Entwicklung eines Vorganges in seiner ganzen Ausdehnung an den Meldungen der westeuropäischen Stationen rechtzeitig zu verfolgen, während sich den britischen Inseln oder Skandinavien Störungen bisweilen fast unbemerkt nähern können, wegen der verhältnismäßigen Dürftigkeit von Wettermeldungen aus den gemäßigten Breiten des Atlantischen Ozeans. Besonders günstig in dieser Hinsicht liegen die Arbeitsverhältnisse für den Synoptiker in Rußland, da der größte Teil der Störungen und maritimen Luftmassen, die vom Atlantik kommen, zuerst das dichte meteorologische Beobachtungsnetz Westeuropas viele Stunden lang passieren. Dankbar ist auch die Aufgabe des Synoptikers im Osten der Vereinigten Staaten von Nordamerika: sie wird hier außer durch ein gutes Stationsnetz in den westlichen Staaten auch durch die im Vergleich zu Europa größere Regelmäßigkeit des Fortschreitens der Frontalstörungen und durch eine deutlichere Periodizität ihres Auftretens erleichtert.

Einen mehr lokalen Charakter hat die Unregelmäßigkeit der Wettervorgänge und infolgedessen auch die Uneinheitlichkeit der Prognosengüte unter dem Einfluß

---

[1] Die Blindlingsprognosen wurden folgendermaßen erzielt: Es wurden ganz willkürlich das eine Mal die Berliner Beobachtungen von 1929, das andere Mal jene von 1933 als Prognosen angesehen und mit dem tatsächlichen Berliner Wetter des betreffenden Tages im Jahr 1934 verglichen. Derartige Prognosen sind natürlich nicht rein blind (wie jene beim Würfelwurf), da in ihnen irgendein reeller Tages- und Jahresgang des Wetters steckt; schroffe und häufige Änderungen kommen in ihnen seltener vor. Solche „halbblinde" Prognosen, welche den Tages- und Jahresgang mitberücksichtigen, werden aber gerade von sog. wilden Wetterpropheten gerne ausgegeben.

[2] Diese Zahl stimmt ziffernmäßig nur zufällig mit der Wahrscheinlichkeit 0,50 überein; sie hängt von der Bewertungsvorschrift ab; bei mehr oder weniger strengen Anforderungen an teilweise gelungene Prognosen erhielte man andere Bewertungszahlen.

topographischer Bedingungen. In einem Gebiet mit starker orographischer Beeinflussung ist die Vorhersage selbstverständlich schwieriger als im Flachland. Es kommt dann oft vor, daß man trotz einer richtigen Voraussage über die allgemeine Entwicklung der Wetterlage außerstande ist, die durch das Bodenrelief des Gebietes, den Charakter der Unterlage usw. bedingten Abweichungen vorherzusehen. Diese lokale Bedingtheit des Wetters ist ein weiteres Argument gegen die Möglichkeit absolut richtiger synoptischer Prognosen. Der Synoptiker kann und soll mit dem Einfluß der lokalen geographischen Eigentümlichkeiten seines Gebietes auf das Wetter hinreichend vertraut sein; man muß sie bei der Prognose in möglichst großem Umfang in Rechnung stellen.

d) Verbesserungsfähigkeit synoptischer Prognosen.

Welches Resultat die Prüfung der Prognosenergebnisse mit Hilfe der verschiedenen Methoden auch haben möge, so hat die Tatsache allein, daß fast alle Länder unter erheblichen Kosten einen synoptischen Wetterdienst aufrechterhalten, den wirtschaftlichen Wert der synoptischen Prognosen erwiesen. Dies darf allerdings nicht daran hindern, die Unvollkommenheiten und die verhältnismäßig mangelnde Feinheit der synoptischen Methode zu übersehen. Eine Verbesserung der *Organisation* des Wetterdienstes verspricht zweifellos eine gewisse weitere Verbesserung der Prognosengüte. Einwandfreie Wettersendungen, ein lückenloser Radioempfang, ein allen Ansprüchen genügendes Stationsnetz, hochwertige Beobachtungen, die technische Vollkommenheit der Karten — all dies besitzt der Wetterdienst noch nicht in vollem Ausmaß. Auch die Entwicklung der synoptischen Methode selbst ist noch nicht abgeschlossen; vor allem eine Ausgestaltung der direkten Aerologie sowie eine Erforschung der dynamisch-klimatologischen Schemata der Wettervorgänge stellen eine weitere Verbesserung der Prognosen in Aussicht. Aber auch dann wird die synoptische Methode ihrem ganzen Wesen nach nicht imstande sein, das Problem der Wetterprognose endgültig zu lösen. Wie schon zu Beginn dieses Abschnitts erwähnt, auf Grund dieser Methode ist eine weitere sehr erhebliche Verbesserung der Prognosengüte nicht mehr zu erwarten.

Eine restlose Lösung des Problems der Wettervorhersage kann nur von der *mathematischen* Analyse der hydro- und thermodynamischen Vorgänge der Atmosphäre (unter der Berücksichtigung kolloid-chemischer Faktoren) ausgehen.

Auf die Formulierung von Prognosen kann hier im einzelnen nicht eingegangen werden. Es besteht in vielen Wetterdiensten die begrüßenswerte Tendenz, diese Formulierung schärfer zu gestalten, eventuell unter Angabe gewisser Zahlengrenzen für die zu erwartenden Werte einzelner meteorologischer Elemente. Das Streben nach größerer Genauigkeit erweist sich allerdings bisweilen als illusorisch, wenn diese außerhalb der Leistungsfähigkeit der synoptischen Methode liegt.

Literatur zu Abschnitt 72.

Über Prüfung von Prognosen sei auf folgende Literatur verwiesen: KÖPPEN 1906, DEFANT 1926 (IV. Kapitel), HEIDKE 1930, OMSCHANSKIJ 1933, HEIDKE 1935, OMSCHANSKIJ 1936, DINIES 1936 (*2*).

Zum Problem der Wettervorhersage siehe ferner SCHMAUSS 1937, BAUR 1937, DINIES 1938 (*1*).

73. Die Prognose des synoptischen Zustandes:
I. Allgemeine Grundsätze.

a) Lokalbeobachtungen als Hilfsmittel. Lokale Wetterregeln.

Wie in diesem Buch ausführlich auseinandergesetzt, gründet sich die Prognose auf eine analysierte synoptische Karte. Man soll jedoch die Möglichkeit nicht außer acht lassen, Beobachtungen heranzuziehen, welche die auf der Karte eingetragenen ergänzen und die Prognose verbessern oder verfeinern können. Dies gilt in erster Linie für *aerologische Messungen*, deren Bedeutung für die Analyse (und somit auch für die Prognose) schon früher dargelegt worden ist, ferner für die *lokalen Wetterzeichen* am Standort des Synoptikers, deren sorgfältige Beachtung nicht genug anempfohlen werden kann. Hierher gehören, vor allem der Verlauf der Barographenkurve (und jener der übrigen meteorologischen Registrierungen), der Bewölkungscharakter, der Wolkenzug, die Fernsicht, die Höhe des Taupunktes usw., nicht zuletzt Beobachtungen oder gar automatische Aufzeichnungen der atmosphärischen Störungen im Radioempfang. Die Wolkenbeobachtungen sind hierbei besonders wichtig, da die kurzgefaßten Angaben der meteorologischen Depeschen das Ergebnis persönlicher Beobachtung des gesamten Wolkenbildes, und stamme sie auch nur von einem einzigen Ort, nicht vollkommen ersetzen können. Von besonderer Bedeutung ist die Beobachtung der Federwolken für die Beurteilung der Annäherung und des Verlaufes von Fronten und jene der Haufenwolken für die Prognose von Niederschlägen und Gewittern innerhalb einer Luftmasse.

Solche lokale Wetterbeobachtungen haben schon lange Zeit vor Einführung der synoptischen Methode zur Aufstellung von Wettervorhersagen gedient. Die Erfahrung ganzer Generationen hat ihren Niederschlag gefunden in *volkstümlichen Wetterregeln*, die manchmal durchaus zutreffen. Die Vorhersage auf Grund lokaler Wetterzeichen berücksichtigt unbewußt das Vorhandensein physikalischer Zusammenhänge zwischen dem augenblicklichen Zustand oder Verlauf gewisser meteorologischer Elemente und der darauffolgenden Gestaltung anderer. Diese Zusammenhänge sind dem Lokalprognostiker gar nicht oder zumindest nicht vollkommen bekannt; sie sind zu kompliziert, vielfach nur lokal bedingt und lassen sich selbst durch die synoptische Analyse oft nur teilweise bloßlegen. Der aufmerksame Beobachter weiß jedoch aus langer Erfahrung, daß auf eine bestimmte Erscheinung sehr häufig oder immer eine bestimmte andere folgt. Dieses Gedächtnisbild, mag es sich nun in Form einer ausdrücklichen Volkswetterregel niedergeschlagen haben oder nicht, bildet die Grundlage der lokalen Wetterprognosen.

Es wurden Versuche gemacht, diese Prognosenmethode objektiv zu erfassen, sie für jeden Beobachter zugänglich zu machen, unabhängig von seinem Erinnerungsvermögen. Dies geschah auf statistischem Weg (KALTENBRUNNER 1915; ROLF 1917). Mit Hilfe langjährigen Materials kann man z. B. Tabellen zusammenstellen, welche verschiedene Augenblickskombinationen meteorologischer Elemente mit dem Folgewetter verbinden. Aus solchen Tabellen kann man etwa ersehen, wie groß die Wahrscheinlichkeit dafür ist, daß auf eine gewisse Kombination meteorologischer Werte (des Druckes, der Windrichtung, der barischen Tendenz) innerhalb 24 Stunden Niederschläge oder Wind, Nebel usw. folgen werden. Selbstverständlich müssen die Tabellen für jeden einzelnen Ort gesondert ausgearbeitet werden. Prognosen nach einer solchen „*statistischen Methode*" geben laut Angaben von R. SCHNEIDER 1917 für Wien auf Grund 33- bis 46jähriger Beobachtungen 75—80% Treffer.

Für die Prognose besonderer Erscheinungen, wie Strahlungsnebel, Nachtfrost usw., hat die statistische Zusammenstellung lokaler Beobachtungen ganz hervorragende

Bedeutung; ihre möglichst umfassende Ausnutzung zur Verfeinerung der synoptischen Prognose ist daher ganz allgemein zu empfehlen.

Im folgenden kommen jedoch nur die prognostischen Schlußfolgerungen zur Sprache, welche man aus der analysierten Karte ziehen kann.

b) Synoptische Analogien und klimatologische Grenzwerte als Hilfsmittel.

Vor allem sei daran erinnert, daß die Analyse an und für sich schon bis zu einem gewissen Grad den Charakter einer Prognose hat, wenn auch nicht im strengen Sinn des Wortes. Denn sie erstreckt sich ja zusammenhängend über das ganze Kartenbild und setzt die Existenz bestimmter Wetterverhältnisse auch an Orten und in Gegenden voraus, aus denen keine Beobachtungen vorliegen. So ist man bei der Einzeichnung eines frontalen Regengebietes genötigt vorauszusetzen, daß es außer an den beispielsweise fünf Stationen, aus denen direkte Meldungen vorliegen, auch an allen übrigen dazwischenliegenden, aber nicht meldenden Orten regnet. Eine solche *räumliche Inter- oder gar Extrapolation* kann im Flugwesen von unmittelbar praktischer Bedeutung sein, wenn einem Flieger die Verhältnisse in jenem Gebiet bekanntgegeben werden müssen, das er in den allernächsten Stunden zu überfliegen haben wird.

Bei der Prognose für einen mehr oder weniger langen Zeitraum hat man nicht nur die Anordnung der troposphärischen Luftkörper auf der Karte und die ihnen entsprechenden Besonderheiten der Wetterverteilung zu ermitteln, sondern auch noch die *zeitlichen Änderungen* dieser Faktoren vorherzusehen.

Die Aufgabe der synoptischen Prognostik wurde bis vor kurzem meist nur mit Hilfe der *Erfahrung* des Synoptikers gelöst. Im Lauf der Analyse einer Unmenge synoptischer Karten sammelt der Synoptiker einen großen Vorrat von Erinnerungen an den Ablauf von Prozessen verschiedener Art. Aus diesem Vorrat taucht dann im gegebenen Augenblick durch Assoziation die Erinnerung an die der herrschenden Wetterlage entsprechenden früheren Wetterlagen und an deren Weiterentwicklung auf und ermöglicht einen Analogieschluß in die Zukunft. „*Prognosen per analogiam*" spielen in der modernen Synoptik eine große Rolle.

Bei einem solchen Vorhersageverfahren kann selbstverständlich von wissenschaftlicher Methodik keine Rede sein; es repräsentiert eine Art Kunst, in der alles von der persönlichen Eigenart und von der persönlichen Erfahrung des Prognostikers abhängt. Nur dann, wenn sich aus der Erfahrung verschiedene *empirische Regeln* herauskristallisiert haben, die anderen Personen mitteilbar sind, kann der Weg wissenschaftlicher Methodik beschritten werden. Auch dann noch müssen gewisse Vorbehalte gemacht werden; Deduktionen, die ausschließlich die äußere Form der Erscheinungen berücksichtigen, ohne ihr physikalisches Wesen zu erklären, gehören dem Anfangsstadium wissenschaftlicher Methodik an.

Die empirischen Regeln der Synoptik sollen im folgenden Abschnitt zusammengefaßt werden. Hier sei noch erwähnt, daß wiederholt Versuche gemacht worden sind, *Kataloge synoptischer Karten* zusammenzustellen, aus denen man für jede Wetterlage leicht Analogiefälle finden und auf die Weiterentwicklung schließen könnte. Ein solcher Katalog könnte aus dem Verfahren der „Analogieprognosen" das subjektive Moment der persönlichen Erfahrung weitgehend ausschalten und das Verfahren bis zu einem gewissen Grad objektiv gestalten und mechanisieren. Derartige Versuche haben sich im allgemeinen jedoch nicht bewährt; die praktische Brauchbarkeit stand in keinem Verhältnis zur aufgewendeten Bemühung. Der besonders großzügig gedachte Katalog von EKHOLM ist nicht einmal zu Ende geführt worden. Das Mißlingen solcher Bestrebungen erklärt sich zum Teil auch dadurch, daß im Katalog vornehmlich Isobarentypen berücksichtigt wurden. Wie aber bereits bekannt, steht die Druckverteilung in keiner eindeutigen Beziehung zur Verteilung der meteorologischen Elemente. Einander ähnliche Isobarentypen können von ganz verschiedenen Witterungsverhältnissen begleitet sein.

Außer durch synoptische Analogieschlüsse kann man auch einige — nicht weitgehende — prognostische Schlußfolgerungen aus rein *klimatologischen* Erwägungen ziehen. Es seien einige Beispiele angeführt.

Ist man im Zweifel, wie weit sich eine bereits sehr kräftige Störung noch vertiefen kann, so können statistische Angaben, die eine vieljährige Erfahrung widerspiegeln, diejenigen Grenzwerte verraten, über welche die Entwicklung mit größter Wahrscheinlichkeit überhaupt nicht hinausgehen wird. Man wird dann z. B. sagen können, daß in einer außertropischen Zyklone der Druck überhaupt nicht unter 920 mb sinken und daß die Falltendenz 20 mb in drei Stunden nicht überschreiten wird. Eine außertropische Zyklone wird voraussichtlich auch nie eine Geschwindigkeit von 150 km/h erreichen. Hat man aber die Zyklone bereits synoptisch analysiert, so lehrt einem die Erfahrung überdies, daß der Druck im Zentrum einer Wellenzyklone nicht einmal bis auf 980 mb fallen und daß die Zuggeschwindigkeit okkludierter und absterbender Zyklonen kaum 60—70 km/h überschreiten wird.

Oder: Die normale „klimatologische" Verteilung der Aktionszentren über dem Nordatlantik und Europa ist bekannt. Falls nun die gerade herrschende Druckverteilung jener „normalen" sehr ähnlich ist, so kann man mit ihrer Beständigkeit rechnen. In diesem Fall weiß man sogar annähernd, wie auf der Karte die Polarfront verlaufen wird, man kennt den Charakter und die Bewegungsrichtung der Störungen usw.

Auch die klimatologischen Grenzwerte für einzelne Orte zu den verschiedenen Jahreszeiten können dem Synoptiker bei der Prognose gewisse Anhaltspunkte bieten. So z. B. schließt die Klimatologie für Prag zu Anfang März das Auftreten einer Maximaltemperatur von mehr als 20° völlig aus, desgleichen zu Ende Juli den Eintritt eines Temperaturminimums von weniger als 7° usw. Aber auch hier ist die Hilfe, welche die Klimatologie der Synoptik bringen kann, durchaus beschränkt und die unvorsichtige Heranziehung klimatologischer *Mittelwerte* kann sogar in die Irre führen. Selbst bei Vorhandensein eines geringfügigen Wertes der mittleren interdiurnen Temperaturänderung kann z. B. ein plötzlicher Luftmassenwechsel eine Temperaturänderung von 20—30° von einem Tag zum anderen bringen. Zusammenfassend ist zu sagen, daß der Synoptiker bei seiner Arbeit klimatologische Erwägungen nicht außer acht lassen darf, sich dabei aber der Grenzen ihrer Anwendbarkeit stets bewußt bleiben muß.

c) Kinematische Berechnung und physikalische Konzeption als Hilfsmittel der synoptischen Prognose.

Nun gehen wir zur *formalen Extrapolation* als Behelf der synoptischen Prognose über. Auf die Bezeichnung „*formal*" sei die Betonung gelegt, da jede Prognose ihrem Wesen nach eine Extrapolation des gegenwärtigen Zustandes in die Zukunft vorstellt. Wie bereits wiederholt gezeigt wurde, können dabei auch physikalische Erwägungen mitspielen. Von solchen sei jedoch vorläufig abgesehen. Dann nimmt die Extrapolation eine sehr einfache, „mechanische" Form an. Man bestimmt z. B. nach Morgenkarten des laufenden und des vorhergehenden Tages die Richtung und Geschwindigkeit, mit der sich eine bestimmte zyklonale Störung während der letzten 24 Stunden fortbewegt hat. Dann setzt man einfach voraus, sie werde sich bis zum nächsten Morgen in derselben Richtung und mit derselben Geschwindigkeit weiterbewegen.

Diese einfachste Art linearer Extrapolation kann durch eine genauere ersetzt werden, wenn man nicht nur zwei, sondern mehrere aufeinanderfolgende Karten vergleicht. Hat dann z. B. eine Störung am drittletzten Tag eine Stundengeschwindigkeit von 60 km, am vorletzten von 50 km und am letzten von 38 km entwickelt, so ist ersichtlich, daß diese Geschwindigkeit verzögert ist und wahrscheinlich im weiteren Verlauf kaum mehr 25 km/h betragen und daß die Gesamtversetzung während der nächsten 24 Stunden kaum mehr 600 km ausmachen wird.

Analoge Beschleunigungs- oder Verzögerungsbetrachtungen können auch auf die Bewegung der Fronten, auf die Vertiefung oder die Verflachung von Störungen und isallobarischen Gebieten, auf die Entwicklung oder Rückbildung von Niederschlagsgebieten angewendet werden.

Die Wichtigkeit der sog. Zwischenkarten für diesen Zweck ist klar; je kleiner die Intervalle zwischen den einzelnen synoptischen Karten, desto genauer kann die Beschleunigung oder Verlangsamung der Vorgänge festgestellt werden. Vier synoptische Karten täglich, in rund sechsstündigem Intervall,[1] wie sie nunmehr an den meisten Wetterdienststellen gezeichnet werden, können für diesen Zweck als vollkommen hinreichend angesehen werden.

Die bereits erwähnten Rechenmethoden von PETTERSSEN u. a. stehen ihrem Wesen nach der soeben beschriebenen, einfachsten formalen Extrapolation sehr nahe, sollen aber durch ihre theoretische Unterbauung genauere Resultate ergeben.

Die formale Extrapolation spielt zur Zeit in der synoptischen Prognostik eine sehr wichtige Rolle. Sie kommt jedoch nie in „reiner Form" zur Anwendung; ihr jeweiliges Ergebnis wurde und wird stets ergänzt durch *Rückschlüsse aus der synoptischen Erfahrung* (seltener aus den Prinzipien der theoretischen Meteorologie). Die verhältnismäßig geringe Anzahl solcher empirischer Regeln wird aber — und dies ist das Wesentliche — ergänzt durch die „ungenormte" prognostische Verwertung umfassender physikalischer Konzeptionen, welche sich auf die Luftmassen, Fronten und Störungen beziehen. So können z. B. während der Bahnverfolgung einer Luftmasse, die im Frühjahr vom Meer aufs Festland übertritt, gewisse Schlüsse auf die weitere Änderung ihrer Eigenschaften bezogen werden. Bei solchen Schlüssen muß die Gesamtheit der Bedingungen berücksichtigt werden, welche die Masse selbst charakterisieren (Herkunft, thermodynamische Charakteristik, konservative Eigenschaften im gegebenen Augenblick), dann der Charakter der Unterlage, die Jahreszeit (d. s. die Strahlungsverhältnisse) usw. Solche Schlüsse bedürfen des Einsatzes jener physikalischen Erwägungen, die bisher in Kürze dargelegt wurden. Begreiflicherweise konnten und können dabei bei weitem nicht alle Kombinationen vorgesehen werden, welche die Natur zu produzieren vermag: genau formulierte Anweisungen können vielmehr nur für die einfachsten Fälle oder überhaupt nur für eine erste Annäherung an die Tatsachen gegeben werden und sie bieten dem Synoptiker höchstens eine erste Hilfe. Es wird dann an ihm liegen, auf Grund eines ersten Kontaktes mit der vorhandenen Wetterlage alle diese ihm bekannten synoptischen Schemata auf die konkreten Verhältnisse anzuwenden, um deren weitere Entwicklung vorauszusehen.

Aus dem soeben Gesagten geht hervor, daß es sich hier nur darum handeln kann,

1. einige der allgemeinsten Grundbegriffe der synoptischen Prognostik zu formulieren und

2. aus den früheren Erläuterungen die primitivsten konkreten Regeln herauszuschälen, die dabei behilflich sein können, die Bewegung und Veränderung der synoptischen *Einzelelemente* zu prognostizieren und ihre einfachste Wechselwirkung zu beurteilen.

---

[1] Für Westeuropa betragen diese Intervalle zwischen 7 Uhr früh des einen und 7 Uhr früh (Weltzeit) des anderen Tages bekanntlich 6, 5, 7, 6 Stunden.

Diese *Regeln* bringen jedoch, wie aus dem Gesagten hervorgeht, keine Lösung des Problems der Prognose des synoptischen Zustandes in seiner ganzen Ausdehnung und Kompliziertheit. Sie erfassen nur einzelne Momente der allgemeinen Situation. Wiederholt schon wurde betont, daß es in der Synoptik „keine Regel ohne Ausnahme" gibt, wobei die Ausnahme ja gerade durch neue, bei Ableitung der allgemeinen Regel unbemerkt gebliebene Faktoren herbeigeführt wird. Denn während man die eine oder die andere Regel auf einen Teil des Gesamtbildes anwendet, löst man diesen Teil gewissermaßen aus dem Ganzen heraus und vernachlässigt seinen Zusammenhang mit den übrigen Teilen. So ist es z. B. eine bekannte Regel, daß eine okkludierte, thermisch-symmetrische Polarfrontzyklone sich ausfüllt. Diese Regel kann jedoch versagen, wenn man übersehen hat, daß sich diese Zyklone einer Arktikfront nähert, was seinerseits zu ihrer neuerlichen Vertiefung (Regeneration) Anlaß gibt. Dies ist nur ein einfaches Beispiel für die Wechselwirkung zweier Luftkörper, aber es zeigt bereits die Beschränkung im Zutreffen synoptischer Regeln und die Unzulässigkeit ihrer rein mechanischen Anwendung.

d) Übersicht der Operationen beim Aufstellen der Prognose.

In Abschnitt 8 wurde eine beiläufige Reihenfolge der bei der Kartenanalyse vorzunehmenden Operationen angegeben. Es wurde dabei auch darauf hingewiesen, daß diese Reihenfolge nur bedingte Gültigkeit hat und je nach der Eigenart der konkreten Wetterlage abgeändert werden kann und muß. Einen analogen Arbeitsplan für die prognostische Tätigkeit aufzustellen ist unmöglich, vor allem deshalb, weil die synoptische Prognose nicht wirklich berechnet werden kann. Wenn im folgenden nun, nach Bergeron 1934 (2), die wichtigsten Stadien der Prognose in ihrer logischen Reihenfolge aufgezählt werden sollen, so ist damit keinesfalls auch ihre Reihenfolge in der Praxis festgelegt. In jedem konkreten Fall wird es vielmehr von der Wetterlage selbst abhängen, welchen Weg der Synoptiker einzuschlagen hat.

Zunächst möge man aus der bloßen Anordnung der durch die Analyse gefundenen „*Luftkörper*" (Fronten und Luftmassen), ohne daß zunächst deren physikalische Entwicklung und Wechselwirkung berücksichtigt wird, möglichst weitgehende prognostische Schlüsse ziehen, desgleichen aus jenen Eigenheiten des Isobaren-, Isallobaren- und Windfeldes, die nicht direkt frontbedingt sind. Hierher gehört:

1. die Ermittlung der Bewegung der Luftkörper auf Grund der augenblicklichen Luftströmungen und auf Grund extrapolativen Vergleiches mit den vorhergehenden Karten (falls möglich, auch durch kinematische Berechnung). Es handelt sich dabei um die Bestimmung des Fortschreitens der Fronten, Störungen, Niederschlagsgebiete sowie der Senkung von Inversionen, falls direkte oder indirekte aerologische Angaben vorliegen, welche über die Lage der Inversion Auskunft geben;

2. die Bestimmung der Vertiefung oder Ausfüllung der Störungen des Druckfeldes, und zwar auf dem Weg der Extrapolation sowie unter Berücksichtigung der barischen Tendenzen;

3. den Vergleich des allgemeinen synoptischen Zustandes mit dem Zirkulationsschema für die betreffende Jahreszeit, um den Grad seiner Beständigkeit festzustellen.

Im weiteren hat man die formale Extrapolation bereits mit *physikalischen Erwägungen* zu unterbauen. Hierbei sind vor allem weitere prognostische Schlüsse zu ziehen durch die Abschätzung nicht adiabatischer Einflüsse auf die erwähnten Luftkörper und durch die Berücksichtigung jener Vorgänge, welche mit dem Übergang potentieller Energie horizontal benachbarter Luftmassen in kinetische zusammenhängen. In diesem Stadium muß man vorherzusehen trachten:

1. die Transformation der Luftmassen, die Ausbildung neuer und die Auflösung oder Verstärkung bereits bestehender Fronten;

2. die freie und orographische Deformation der Fronten sowie ihrer Wolken- und Niederschlagssysteme;

3. das Entstehen und die Entwicklung von Störungen im barischen und kinematischen Feld.

Dann hat man den Stabilitätsgrad der vertikalen Schichtung der Luftmassen sowie seinen Einfluß auf die Entstehung und Verstärkung der Fronten, Wolkensysteme und Störungen zu berücksichtigen.

Außer den troposphärischen wären bei der Prognose schließlich auch noch die stratosphärischen Einwirkungen in Betracht zu ziehen, welche vermutlich vor allem im Leben der Antizyklonen eine wesentliche Rolle spielen, manchmal vielleicht aber auch den normalen Verlauf der Zyklonenentwicklung stören. Die einzige Möglichkeit, ihr Vorhandensein zu erkennen, besteht zur Zeit in der Überwachung jener Fall- und Steiggebiete des Drucks, die offenbar nicht mit frontalen Prozessen zusammenhängen. Hierbei leistet das Studium der Topographie der 500-mb-Fläche besonders wertvolle Dienste.

Zum Schluß erübrigt es sich, noch kurz auf die Notwendigkeit hinzuweisen, auch topographische Einflüsse auf die Luftkörper zu berücksichtigen und bei der Prognose auch lokale Wetterbeobachtungen mit heranzuziehen.

Literatur zu Abschnitt 73.

Allgemeines über die synoptische Prognosenpraxis bei: BALDIT 1923, GEORGII 1924, DEFANT 1926, GEORGII 1927, SCHINZE 1932 (4), BERGERON 1934 (1), v. MIEGHEM 1936.

Über kinematische Berechnungen (ANGERVO, GIÂO, WAGEMANN, PETTERSSEN) siehe Literatur zu Abschnitt 2.

Über lokale Wetterzeichen und die Verwertung lokaler Angaben für die Wetterprognose siehe: R. SCHNEIDER 1917, BROUNOW 1924, WANGENHEIM 1925, DJUBJUK 1932.

Von MICHELSON stammt eine Sammlung wissenschaftlicher Wetterregeln.

74. Die Prognose des synoptischen Zustandes:
II. Synoptische Regeln.

a) Herkunft der aufzuzählenden Regeln.

Aus den Auseinandersetzungen des vorigen Abschnittes ergibt sich, daß ein großer Teil des Inhaltes dieses Buches als Behelf für die Aufstellung synoptischer Prognosen dienen kann und soll. Die Verwertung des wissenschaftlichen Materials der Meteorologie für prognostische Zwecke kann im allgemeinen nicht reglementiert werden, da jede konkrete Wetterlage individuell unter Berücksichtigung ihrer Geschlossenheit und Struktur sowie ihrer geographischen Bedingtheit beurteilt werden muß. Für synoptische Einzelobjekte lassen sich jedoch einige prognostische (meist qualitative) Formeln aus dem oben erwähnten Material herausschälen. Diese synoptischen „Regeln" sind ihrem Wesen nach schematischer Natur und haben, wie erwähnt, nur beschränkte Gültigkeit, d. h. sie treffen nur mit einer gewissen Annäherung und auch dann nicht immer völlig zu; die Ursachen hierfür sind gleichfalls im vorhergehenden Abschnitt angeführt worden. Im folgenden wird in allerkürzester Form eine Übersicht jener Regeln gegeben, welche über rein klimatologische Erwägung und über die einfachste formale Extrapolation hinausgehen.

Die Grundlage dieser Übersicht bilden frontologische Regeln, welche in den Arbeiten T. BERGERONs aus den Jahren 1928—1934 niedergelegt oder auf Grund dieser Arbeiten formuliert worden sind; einige Regeln stammen von J. BJERKNES, SOLBERG, PALMÉN. Einige rein empirische Regeln rühren von älteren Autoren her; es wurde indessen der Versuch gemacht, diese alten Regeln soweit wie möglich frontologisch zu interpretieren. Einen besonderen Platz in der Übersicht nehmen PETTERSSENS Regeln ein, die vor kurzem auf theoretischem Weg, aus Gleichungen für die Geschwindigkeit und die Beschleunigung der Bewegung und Entwicklung von Drucksystemen und Fronten abgeleitet worden sind. Einige alte empirische Regeln (z. B. von GUILBERT) finden ihre Erklärung in den Regeln PETTERSSENS.

Schließlich ist noch eine Reihe von Regeln aufgenommen worden, welche sich aus der mit der „Höhenwetterkarte" gemachten Erfahrung ergeben haben (SCHERHAG und RODEWALD), sowie die Tropopausenregel von ERTEL.

b) Regeln über Luftmassen.

1. Wenn sich eine Luftmasse über eine kältere Unterlage hinwegbewegt, so nimmt die Stabilität ihrer Schichtung zu.

2. Wenn sich eine Luftmasse über eine wärmere Unterlage hinwegbewegt, so nimmt die Labilität ihrer Schichtung zu.

3. Eine Luftmasse wird beim Übertritt vom Meer auf das Festland im Winter stabiler, im Sommer labiler; beim Übertritt vom Festland auf das Meer ist das Entgegengesetzte der Fall.

4. Bei unveränderter Temperatur der Unterlage nimmt die Stabilität einer Luftmasse zu, wenn sich diese von Süden nach Norden bewegt, und sie nimmt ab, wenn sich die Luftmasse von Norden nach Süden bewegt.

5. Die vertikale Mächtigkeit einer Masse polarer oder arktischer Luft nimmt im Verlauf ihrer Bewegung von Norden gegen Süden ab.

6. Die Stabilität der Luftmasse in einer stationären festländischen Antizyklone nimmt im Herbst und Winter von Tag zu Tag zu, im Frühjahr und Sommer ab.

7. In einer sich verstärkenden stationären Antizyklone verstärken und senken sich die Schrumpfungsinversionen und hemmen die Konvektion.

8. Je stationärer das barische (und kinematische) Feld, desto mehr entsprechen die Stromlinien den wirklichen Luftbahnen.

9. Je stabiler eine Luftmasse ist, desto mehr trachtet sie orographische Hindernisse in horizontaler Richtung zu umfließen.

c) Regeln über die Bewegung der Fronten.

10. Die Geschwindigkeit einer Front entlang der Achse x (welche zur Front senkrecht steht) wird nach PETTERSSEN durch folgende Gleichung ausgedrückt:

$$C_f = - \frac{\dfrac{\partial p_1}{\partial t} - \dfrac{\partial p_2}{\partial t}}{\dfrac{\partial p_1}{\partial x} - \dfrac{\partial p_2}{\partial x}},$$

wo $\dfrac{\partial p}{\partial t}$ die Drucktendenz, $\dfrac{\partial p}{\partial x}$ die Komponente des Druckgradienten entlang der Achse x bedeutet; die Indizes 1 und 2 bedeuten die Luftmassen vor der Front und hinter der Front.

11. Die Beschleunigung einer Front entlang der zur Front senkrechten Achse x wird nach PETTERSSEN durch folgende Gleichung ausgedrückt:

$$A_f = - \frac{\left(\dfrac{\partial^2 p_1}{\partial t^2} - \dfrac{\partial^2 p_2}{\partial t^2} \right) + 2 C_f \left(\dfrac{\partial^2 p_1}{\partial x \, \partial t} - \dfrac{\partial^2 p_2}{\partial x \, \partial t} \right) + C_f^2 \left(\dfrac{\partial^2 p_1}{\partial x^2} - \dfrac{\partial^2 p_2}{\partial x^2} \right)}{\dfrac{\partial p_1}{\partial x} - \dfrac{\partial p_2}{\partial x}},$$

wo $\dfrac{\partial^2 p}{\partial t^2}$ die lokale Änderung der Drucktendenz mit der Zeit (Krümmung der Barographenkurve), $\dfrac{\partial^2 p}{\partial x\,\partial t}$ die Komponente des isallobarischen Aszendenten entlang der Achse x, $\dfrac{\partial^2 p}{\partial x^2}$ die Krümmung des Druckprofils entlang der Achse x bedeutet.

Falls es sich nicht um eine scharfe Front, sondern um eine Frontalzone handelt, werden die Differenzen in den oben angeführten Gleichungen gleich Null, und die rechten Seiten der Gleichungen nehmen die unbestimmte Form $\dfrac{0}{0}$ an. Es können dann zur Bestimmung der Geschwindigkeit und Beschleunigung der Front die später angeführten Gleichungen für die Geschwindigkeit und Beschleunigung der Achse eines Drucktroges benutzt werden (Regeln 62, 63).

12. Die Front schreitet ungefähr mit der Geschwindigkeit der zur Front senkrechten Komponente des Gradientwindes in der Kaltluft fort.

13. Die Front schreitet ungefähr mit der Geschwindigkeit der zur Front senkrechten Windkomponente in der Kaltluft oberhalb des Reibungsniveaus (d. i. in einer Höhe von 500—1000 m) fort.

Bei Anwendung dieser beiden Regeln auf die Warmfront muß die Möglichkeit der Ausbildung einer Kaltlufthaut berücksichtigt werden, bei deren Vorhandensein die Bewegung der Frontlinie am Erdboden hinter der Verlagerung der ganzen Frontfläche zurückbleiben kann. Die Zerstörung dieser Haut kann umgekehrt veranlassen, daß die Frontlinie am Boden rascher vorrückt als es der Verlagerung der ganzen Frontfläche entspricht.

Außerdem können diese Regeln prognostisch nur auf solche Fronten angewendet werden, die längere Zeit hindurch ihren Charakter (den einer Warm- oder Kaltfront) nicht ändern, wobei die Strömungen entlang der Front mehr oder weniger stationär sind. Falls eine Wellenbewegung an einer quasistationären Front vorliegt, so können diese Regeln in jedem gegebenen Augenblick auf jeden Frontabschnitt angewendet werden. Beim Fortschreiten der Welle entlang der Front ändert sich die Verteilung der Strömungen im Bereich eines jeden Frontabschnittes allerdings sehr rasch, und damit wechselt auch der Charakter des gegebenen Frontabschnittes selbst.

14. Eine Front bewegt sich um so rascher, von je mehr Isobaren sie geschnitten wird.

15. Eine zu den Isobaren parallele Front verlagert sich allmählich gegen das Gebiet der stärksten negativen Drucktendenzen; im Fall einer gleichmäßigen Verteilung der Tendenzen bleibt sie stationär (PETTERSSEN).

16. Eine Front, entlang welcher die Drucktendenzen eine Diskontinuität aufweisen, kann nicht stationär sein (PETTERSSEN).

17. Eine Front bewegt sich um so rascher, je größer die negativen Drucktendenzen an ihrer Vorderseite (Fall einer Warmfront) oder die positiven Drucktendenzen ihrer Rückseite (Fall einer Kaltfront)[1] sind.

18. Eine rasch fortschreitende Front wird im Druckfeld durch eine schwach ausgeprägte Rinne gekennzeichnet, da ihre Geschwindigkeit im umgekehrten Verhältnis steht zur Diskontinuität des Druckgradienten (PETTERSSEN).

19. Eine stationäre Front fällt gewöhnlich mit einem scharf ausgeprägten Trog im Druckfeld zusammen.

20. In antizyklonalen Gebieten streben die Fronten einem stationären Zustand zu.

21. Nähert sich eine Okklusionsfront von Westen her einer stationären kontinentalen Antizyklone, so verlangsamt sich ihre Fortbewegung.

---

[1] Hier sei an eine Faustregel für die Geschwindigkeit von Böenfronten erinnert, die SCHMIDT 1911 auf experimenteller Grundlage gefunden hat. Sie lautet $c = 32\,\sqrt{\Delta p}$ km/h, wo Δp der plötzliche Druckanstieg der Barographenkurve beim Passieren der Bö (in mm) ist.

d) Regeln über die Entwicklung der Fronten.

22. Eine Front entsteht oder verschärft sich im Deformationsfelde von Strömungen, wenn die Schrumpfungsachse des Feldes mit den Isothermen einen Winkel von mehr als 45° einschließt.

23. Eine Front löst sich im Deformationsfeld von Strömungen auf, wenn die Schrumpfungsachse des Feldes mit den Isothermen einen Winkel von weniger als 45° einschließt.

24. In antizyklonalen Gebieten lösen sich die Fronten auf.

25. Wenn die Kaltluft links von der allgemeinen Strömung liegt, so verschärft sich die Front in ihrem unteren Teil.

26. In einer allgemeinen Westströmung mit normaler Temperaturverteilung (Norden kalt, Süden warm) ist die Front besonders dauerhaft.

27. Wenn die Kaltluft rechts von der allgemeinen Strömung liegt, so löst sich die Front in ihrem unteren Teil auf.

28. Innerhalb einer allgemeinen Westströmung mit abnormaler Temperaturverteilung (Norden warm, Süden kalt) ist die Lebensdauer einer Front am geringsten.

29. Eine zur allgemeinen Strömung senkrecht verlaufende Front kann sich leicht auflösen.

Hier seien zwei einfache Regeln PETTERSSENS aus seinen Untersuchungen über die Theorie der Frontogenese und Frontolyse eingefügt:

30. Eine Front, die sich einem Tiefdrucktrog nähert, verschärft sich.

31. Eine Front, die sich vom Tiefdrucktrog entfernt, löst sich auf.

32. In einer Zyklone erfahren am leichtesten der nördliche Teil der Warmfront und der südliche Teil der Kaltfront eine Verschärfung; der südliche Teil der Warmfront und der nördliche Teil der Kaltfront dagegen eine Auflösung (PETTERSSEN).

33. Eine stationäre Front verschärft sich, wenn die isallobarischen Gradienten gegen die Front gerichtet sind; sie löst sich auf, wenn sie von der Front weg gerichtet sind (PETTERSSEN).

34. Eine rasch wandernde Kaltfront neigt zur Auflösung.

35. Eine Kaltfront, die sich einer Gebirgskette nähert, kann sich verschärfen.

36. Eine Front kann innerhalb einer Luftmasse entstehen, wenn die Luft dem Rand einer Eisdecke oder einer anderen Grenze in den thermischen Eigenschaften der Unterlage entlang weht.

37. Eine Front kann innerhalb einer Luftmasse entstehen, wenn die Luft an einer Bergkette aufsteigt und sich dabei infolge Ausscheidens von Niederschlägen abkühlt.[1]

38. Gebirgsketten wirken im allgemeinen hemmend auf die Fortbewegung aller Fronten. Die Verzögerung ist um so größer, je höher das Hindernis ist und je weniger hoch die Front selbst reicht.

39. Eine rasch fortschreitende Kaltfront überschreitet ein nicht zu hohes Hindernis ohne besondere Deformation.

40. Schreitet eine Kaltfront langsam gegen ein senkrecht zu ihr verlaufendes Gebirgshindernis fort, so entsteht eine orographische Okklusion.

41. An einer Warmfront, welche durch ein Gebirgshindernis aufgehalten wird, kann eine erzwungene Wellenstörung entstehen, die sich gegebenenfalls später zu einem Wirbel entwickelt.

---

[1] Kaltfronten von beschränkter Ausdehnung können auch durch die Niederschlagsabkühlung heftiger Regenschauer entstehen, die sich innerhalb einer instabilen Luftmasse ausbilden.

e) Regeln über die Bewegung der Zyklonen und Antizyklonen.

42. Entsprechen Frontverlauf sowie Temperatur- und Strömungsverteilung dem Normalfall (Frontverlauf von West nach Ost, tiefere Temperatur nördlich der Front, Warmluftströmung aus Westen), so verläuft die Bahn jeder neuen Zyklone derselben Serie südlicher als die Bahn der vorhergehenden Zyklone.

43. Die durchschnittliche Dauer des Vorüberzuges von Polarfrontserien und der Zeitraum zwischen den Einbrüchen der sie abschließenden kalten Antizyklonen beträgt $5^1/_2$ Tage.

44. Wenn man — in der Richtung der warmen Strömung blickend — die Warmluft rechts von der Front hat, so ist die Frontalwelle ein Schnelläufer; liegt jedoch die Warmluft links von der Front, so ist die Welle quasistationär.

45. Eine stabile schnellaufende Frontalwelle schreitet der Front entlang in der Richtung der warmen Strömung fort.

46. Eine junge Zyklone pflanzt sich in der Richtung der Isobaren des Warmsektors fort.

Hierbei ist zu beachten, daß sich die anfänglich geraden Isobaren des Warmsektors während der Vertiefung der Störung zyklonisch krümmen können.

47. Eine okkludierte Zyklone wandert in der Richtung der Isobaren ihres wärmsten Teiles (des „falschen" Warmsektors).

48. Nach der Okklusion weist die Bahn der Zyklone das Bestreben auf, nach links abzubiegen.

49. Die Zyklonen und Antizyklonen, welche die obere Troposphäre nicht erreichen (junge, bewegliche Gebilde), verlagern sich in der Richtung der allgemeinen Luftströmung in den mittleren und oberen Schichten der Atmosphäre (der sog. „Führungsströmung" oder „Grundströmung") oder in der Richtung der Isobaren im Niveau von 5000 dyn. m oder in der Richtung der Isohypsen der isobaren Fläche von 500 mb.

50. Die mittlere Geschwindigkeit schnellaufender Frontalwellen in Europa ist nach PALMÉN gegeben durch die Gleichung:

$$V = 4{,}2 + 0{,}7\,v + 3{,}0\,\sqrt{\Delta T}\ \text{m/sek},$$

wo v die mittlere, in Anemometerhöhe festgestellte Windgeschwindigkeit der Warmluftströmung in Sekundenmetern, ΔT die Temperaturdifferenz in Graden zwischen der Warm- und Kaltluftströmung bedeutet. Die Fortpflanzungsgeschwindigkeit ist um so größer, je größer die Geschwindigkeit der Warmluftströmung und je größer der Temperatursprung ist.

51. Eine analoge Gleichung für junge Zyklonen lautet:

$$V = 0{,}8 + 0{,}6\,v + 2{,}6\,\sqrt{\Delta T}\ \text{m/sek}.$$

52. Die Fortpflanzungsgeschwindigkeit einer raschlaufenden stabilen Welle ist größer als die Fortpflanzungsgeschwindigkeit einer sich verwirbelnden Zyklone.

53. Bis zum Augenblick der Okklusion nimmt die Fortpflanzungsgeschwindigkeit der Zyklone zu.

54. Nach eingetretener Okklusion nimmt die Fortpflanzungsgeschwindigkeit der Zyklone ab (die Zyklone nähert sich dem stationären Zustand).

55. Die zwischen den Zyklonen liegenden Hochdruckrücken und Antizyklonen wandern im allgemeinen mit derselben Geschwindigkeit und in derselben Richtung wie die Frontalzyklonen.

56. Antizyklonen, die eine Serie abschließen, haben eine südwärts gerichtete Bewegungskomponente.

57. Wenn eine Zyklone regeneriert (beim Einbruch kalter Luftmassen von fernher), so vergrößert sich ihre Fortpflanzungsgeschwindigkeit.

In der Folge geben wir PETTERSSENS Gleichungen und Regeln:

58. Die Fortpflanzungsgeschwindigkeit C eines Druckzentrums wird durch folgende Gleichungen ausgedrückt:

$$C_x = \frac{p_{101}}{p_{200}}; \quad C_y = \frac{p_{011}}{p_{020}},$$

wobei die Koordinatenachsen den Verbindungslinien maximaler bzw. minimaler Krümmung entsprechen (bei Kreisisobaren also beliebig gewählt werden können).

In diesen Gleichungen ist:

$p_{101} = \dfrac{\partial^2 p}{\partial x\, \partial t} = $ die Komponente des isallobarischen Aszendenten entlang der Achse x;

$p_{200} = \dfrac{\partial^2 p}{\partial x^2} = $ die Krümmung des Druckprofils entlang der Achse x;

$p_{011} = \dfrac{\partial^2 p}{\partial y\, \partial t} = $ die Komponente des isallobarischen Aszendenten entlang der Achse y;

$p_{020} = \dfrac{\partial^2 p}{\partial y^2} = $ die Krümmung des Druckprofils entlang der Achse y.

Die Ableitungen p_{101}, p_{200} usw. werden hier sowie auch in den nachfolgenden Gleichungen durch numerische Differenzierung, d. h. nach Ausmessungen auf der Karte und aus den Tendenzen bestimmt (siehe Abschnitt 70).

59. Die Fortpflanzungsbeschleunigung A des Druckzentrums wird durch folgende Gleichungen ausgedrückt:

$$A_x = \frac{p_{102} + 2\, C_x\, p_{201}}{p_{200}}; \quad A_y = \frac{p_{012} + 2\, C_y\, p_{021}}{p_{020}}.$$

Die Bedeutungen C_x, C_y, p_{200}, p_{020} entsprechen jenen in der vorhergehenden Regel;

$p_{102} = \dfrac{\partial^3 p}{\partial x\, \partial t^2} = $ die zeitliche Veränderung der Komponente des isallobarischen Aszendenten entlang der Achse x;

$p_{201} = \dfrac{\partial^3 p}{\partial x^2\, \partial t} = $ die Krümmung des Tendenzprofils entlang der Achse x;

$p_{012} = \dfrac{\partial^3 p}{\partial y\, \partial t^2} = $ die zeitliche Veränderung der Komponente des isallobarischen Aszendenten entlang der Achse y;

$p_{021} = \dfrac{\partial^3 p}{\partial y^2\, \partial t} = $ die Krümmung des Tendenzprofils entlang der Achse y.

Diese vier letzten Ableitungen dritter Ordnung werden aus den Isobaren und Tendenzen auf der Karte gemäß den Angaben in Abschnitt 70 bestimmt.

60. Die Verlagerung S des Druckzentrums wird (bei Voraussetzung gleichmäßig beschleunigter Bewegung) durch folgende Gleichungen ausgedrückt:

$$S_x = C_x t + \frac{1}{2} A_x t^2,$$

$$S_y = C_y t + \frac{1}{2} A_y t^2,$$

wo t den Zeitraum bedeutet, auf welchen sich die Prognose erstreckt.

Die Längeneinheit ist beliebig, die Zeiteinheit beträgt drei Stunden.

61. Der Winkel Θ zwischen der Achse x und der Bahn des Druckzentrums wird aus folgender Gleichung bestimmt:

$$\operatorname{tg} \Theta = \frac{-\, p_{011}\, p_{200}}{p_{101}\, p_{020}}$$

und für ein Zentrum mit Kreisisobaren

$$\operatorname{tg} \Theta = \frac{-p_{011}}{p_{101}}.$$

Die Bedeutung der Ableitungen erhellt aus dem Obigen.

62. Die Geschwindigkeit der Achse eines Troges (eines Keiles) wird durch folgende Gleichung ausgedrückt:

$$C_L = -\frac{p_{101}}{p_{200}},$$

wo $p_{101} = \dfrac{\partial^2 p}{\partial x\, \partial t} =$ die Komponente des isallobarischen Aszendenten entlang der Achse x oder annähernd die Differenz der Tendenzen vor und hinter der Achse des Troges;

$$p_{200} = \frac{\partial^2 p}{\partial x^2} = \text{die Krümmung des Druckprofils entlang der Achse } x.$$

Über die graphische Bestimmung dieser Werte siehe Abschnitt 70.

63. Die Beschleunigung der Achse eines Troges (bzw. eines Keiles) ergibt sich aus folgender Gleichung:

$$A_L = -\frac{p_{102}\, p_{200} - 2\, p_{101}\, p_{201}}{p^2_{200}},$$

wo $p_{102} = \dfrac{\partial^3 p}{\partial x\, \partial t^2} =$ die zeitliche Differenz der Tendenzen vor und hinter der Achse des Troges;

$p_{201} = \dfrac{\partial^3 p}{\partial x^2\, \partial t} =$ die Differenz der Komponenten des isallobarischen Aszendenten vor und hinter der Achse des Troges entlang der Achse x.

Die Bedeutung der übrigen Ableitungen ist früher angegeben worden.

Über die Bestimmung dieser Werte nach den Karten siehe Abschnitt 70.

Die nachfolgenden Regeln stellen Folgerungen aus den Grundgleichungen PETTERSSENS vor:

64. Ein zyklonales Zentrum mit nahezu kreisförmigen Isobaren schreitet in der Richtung des isallobarischen Gradienten fort.

65. Ein antizyklonales Zentrum mit nahezu kreisförmigen Isobaren schreitet in der Richtung des isallobarischen Aszendenten fort.

66. Ein zyklonales oder antizyklonales Zentrum mit nahezu kreisförmigen Isobaren schreitet senkrecht auf die durch das Zentrum verlaufende Isallobare fort.

Praktisch werden für alle vorstehenden Regeln dreistündige Isallobaren genommen.

Da die vektorielle Differenz zwischen dem geostrophischen und dem wirklichen Wind in die Richtung des isallobarischen Gradienten fällt (BRUNT und DOUGLAS),[1] so folgen aus den Regeln 65 und 66 folgende zwei Regeln:

67. Ein zyklonales Zentrum mit nahezu kreisförmigen Isobaren wandert auf das Gebiet unternormaler Windstärken zu.

68. Ein antizyklonales Zentrum mit nahezu kreisförmigen Isobaren wandert von dem Gebiet übernormaler Windstärken weg.

Die Regel 67 hat bereits einen Vorläufer in folgender Regel GUILBERTS:

69. Eine Depression pflanzt sich in der Richtung des Gebietes des „geringsten Widerstandes" fort, d. i. des Gebietes mit zu schwachen oder überhaupt mit schwachen und divergierenden Winden.

---

[1] Dieser Satz ist jüngst von PHILIPPS 1939 (2) dahin abgeändert worden, daß die genannte vektorielle Differenz in eine Zwischenrichtung zwischen die Richtung des isallobarischen Gradienten und jene des Isallobarenverlaufes fällt.

Im Zusammenhang mit der Regel 69 steht auch eine andere GUILBERTsche Regel:

70. Eine Depression mit zu starkem Wind (am Erdboden) an der Vorderseite wird stationär und erlischt rasch.

Als Winde normaler Stärke bezeichnet GUILBERT diejenigen Winde, deren Stärke durch folgende Gleichung ermittelt wird:

$$V = 2\,g,$$

wo g den Gradienten in Millimetern pro Äquatorgrad und V die Windstärke nach der Beaufort-Skala bedeutet. „Zu schwache" bzw. „zu starke" Winde sind diejenigen, für welche statt 2 ein kleinerer bzw. größerer Koeffizient einzusetzen ist.

71. Die Geschwindigkeit eines Druckzentrums mit nahezu kreisförmigen Isobaren ist dem isallobarischen Gradienten proportional und der Krümmung des Druckprofils $\left(\text{d. i. } p_{200} = \dfrac{\partial^2 p}{\partial x^2}; \text{ siehe Abschnitt 70}\right)$ umgekehrt proportional.

72. Druckzentren mit einem kräftigen barischen Gradienten schreiten langsam fort.

73. Druckzentren mit einem kleinen barischen und mit einem kleinen isallobarischen Gradienten schreiten rasch fort.

74. Ein Druckzentrum bleibt stationär, wenn die Tendenz nach allen Richtungen hin gleich verteilt ist.

75. Die Bewegungsrichtung eines Drucksystems mit nicht kreisförmigen Isobaren liegt zwischen der Richtung des isallobarischen Gradienten (Aszendenten) und jener der größten Achse des Systems, und zwar um so näher an diese Achse, je mehr die Isobaren des Systems auseinandergezogen sind.

76. Ein Drucksystem mit stark auseinandergezogenen Isobaren bewegt sich meist der längsten Symmetrieachse entlang.

77. Ein zyklonisches Zentrum erfährt eine Beschleunigung, wenn die Krümmung des Tendenzprofils $\left(p_{201} = \dfrac{\partial^3 p}{\partial x^2\,\partial t}\right)$ antizyklonal, und eine Verzögerung, wenn sie zyklonal ist.

78. Ein antizyklonisches Zentrum erfährt eine Beschleunigung, wenn die Krümmung des Tendenzprofils zyklonal, und eine Verzögerung, wenn sie antizyklonal ist.

79. Ein Druckzentrum erfährt keine Beschleunigung, wenn sein Tendenzprofil keine Krümmung aufweist.

Die Regeln 76 bis 79 sind auf jede Koordinatenachse anwendbar.

80. Die Beschleunigung von Zentren mit kreisförmigen Isobaren kann in beliebiger Richtung erfolgen. Solche Zentren haben oft gekrümmte Bahnen.

81. Die Beschleunigung von Zentren mit stark auseinandergezogenen Isobaren erfolgt vorzugsweise in der Richtung der längsten Achse.

82. Zentren mit stark auseinandergezogenen Isobaren haben geradlinige Bahnen, da sowohl die Geschwindigkeit als auch die Beschleunigung in die Richtung der längsten Achse fällt.

83. Drucksysteme mit einem sehr kräftigen barischen Gradienten erfahren nur geringe Beschleunigungen.

84. Drucksysteme mit einem sehr kräftigen barischen Gradienten schreiten nur langsam fort oder bleiben stationär.

Aus der synoptischen Praxis hat sich noch eine Reihe empirischer Regeln ergeben, welche die Bewegung der Zyklone mit der Verteilung und dem Gang der meteorologischen Elemente in ihrem Gebiet verknüpfen. Die im folgenden angeführten Regeln sind meist mehr oder weniger indirekte Folgerungen aus den oben angeführten frontologischen oder kinematischen Regeln.

85. Eine absterbende Zyklone schreitet langsamer fort als eine sich vertiefende.

86. Läßt sich im Bereich einer Zyklone auf der Karte sowohl eine Zone mit einem deutlichen Maximum als auch eine Zone mit einem deutlichen Minimum der Temperatur unterscheiden, so verlagert sich die Zyklone senkrecht zur Verbindungslinie dieser beiden Temperaturextreme (d. h. senkrecht zum Temperaturgradienten).

87. Eine Zyklone schreitet im Lauf des weiteren Tages in der Richtung der Morgenisothermen fort, die höhere Temperatur rechts lassend und etwas nach links von ihnen abweichend (BROUNOW).

88. Eine Depression sucht eine benachbarte stationäre Antizyklone im Sinn der Uhrzeigerbewegung zu umkreisen.

89. Eine am Rand einer mächtigeren (namentlich einer wenig beweglichen) Zyklone entstandene Störung sucht diese gegen den Sinn der Uhrzeigerbewegung zu umkreisen.

90. Zwei zyklonale Störungen von ähnlicher Mächtigkeit umkreisen einander gegen den Sinn der Uhrzeigerbewegung.

91. Eine Depression sucht eine ausgedehnte Zone hoher Temperaturen so zu umkreisen, daß diese rechts von ihrer Bahn bleibt.

92. Das Zentrum einer Antizyklone verlagert sich in derjenigen Richtung, in welcher die Temperatur am raschesten sinkt (BROUNOW).

93. Ein Tiefdruckausläufer schreitet mit Vorliebe in 24 Stunden nach der Stätte des ihm vorangehenden Hochdruckkeiles und dieser nach der Stätte des ihm vorangehenden Tiefdruckausläufers fort. Daneben findet sich noch ziemlich häufig eine doppelt so schnelle Verlagerung, letztere von Keil zu Keil und von Tiefdruckausläufer zu Ausläufer. Dasselbe gilt auch für das Fortschreiten von Tiefdruck- und Hochdruckgebieten, die nicht als Ausläufer auftreten (GUILBERT-GROSSMANN).

94. Eine Zyklone, die ohne Veränderung ihrer Tiefe fortschreitet, bewegt sich annähernd der Verbindungslinie der größten positiven mit den größten negativen Tendenzen entlang (parallel). Siehe Regel 64.

95. Das Zentrum einer Zyklone bewegt sich nicht auf das Zentrum des Druckfallgebietes zu, sondern weicht von ihm etwas nach links ab.

96. Sind die Drucktendenzen um den Tiefdruckkern herum symmetrisch verteilt, so also, daß das Fall- oder Steiggebiet mit der Zyklone konzentrisch ist, so hat die Zyklone stationären Charakter.

Bei Benutzung der Drucktendenzen müssen nach Möglichkeit der Tagesgang des Luftdrucks und allgemeine langsame Druckänderungen über großem Gebiet, die nicht mit der frontalen Zyklogenese zusammenhängen, eliminiert werden.

Von SCHERHAG stammen folgende neuere Regeln:

97. Eine Zyklone wird um so rascher heranziehen, je schneller die Komponente des Geschwindigkeitsquadrats in der Windrichtung vom Kerngebiet aus zur Vorderseite hin abnimmt.

98. Bei einer starken Höhenströmung auf der Außenseite einer Zyklone wird sich diese nicht nähern, wenn die Luftbewegung zum Kerngebiet hin nicht weiter zunimmt.

99. Fällt die Höhendivergenz (in den mittleren Schichten der Troposphäre) mit dem Tiefdruckkern zusammen, so bleibt die Zyklone stationär.

100. Fällt die Höhenkonvergenz mit dem Hochdruckkern zusammen, so bleibt die Antizyklone stationär.

Die Divergenz und Konvergenz der oberen Strömungen läßt sich aus dem Isobarenverlauf in der Höhe (z. B. in 5000 dyn. m oder aus dem Verlauf der Isohypsen der isobaren Fläche von 500 mb) oder aus dem Isothermenverlauf erschließen; vgl. Abschnitt 16 d.

Es sei hier noch auf die Tropopausenregel ERTELS über Zyklonenbewegung am Schluß dieser Regelsammlung verwiesen.

f) Regeln über die Entwicklung der Luftdruckgebilde.

101. Neubildungen von Störungen sind in jenem Gebiet zu erwarten, durch das eine Hauptfront verläuft. Auch an hinreichend scharf ausgeprägten und langen Okklusionsfronten können Wellenstörungen entstehen.

102. Hinter einer Zyklone mit einem abgebogenen Okklusionsende entsteht oft an der noch nicht okkludierten Kaltfront eine Wellenzyklone.

103. Am Okklusionspunkt können sekundäre Störungen entstehen.

104. Besonders wahrscheinlich ist Wellenbildung an einer Front, welche zwei Luftströme westlicher Richtung voneinander trennt (kalte Luft im Norden).

105. Je größer die Länge einer Frontalwelle, desto wahrscheinlicher ist es, daß diese Welle labil ist. Wellen von weniger als 1000 km Länge sind meist stabil.

106. Hinreichend lange Wellen sind labil, wenn der Windsprung entlang der Front, ausgedrückt in Sekundenmetern, größer ist als der doppelte Temperatursprung, normale Luftmassenschichtung vorausgesetzt.

107. Unter sonst gleichen Bedingungen sind die Wellenstörungen um so labiler, je labiler die vertikale Schichtung der durch die Front getrennten Luftmassen ist.

108. Je steiler die Neigung der Frontfläche ist, um so labiler sind die frontalen Störungen (die kritische Neigungsgrenze liegt um 1:150).

109. Störungen an der Polarfront sind im allgemeinen häufiger labil als Störungen an der Arktikfront.

110. Ein Druckfallgebiet (Gebiet negativer Tendenzen) in irgendeinem Abschnitt der Hauptfront (und das mit ihm zusammenhängende Steiggebiet) ist das erste Anzeichen für die Entstehung einer neuen Störung. Das Stadium einer jungen Zyklone (labilen Welle) dauert selten mehr als 24 Stunden.

111. Die Störung vertieft sich unter Verengung des Warmsektors bis zur Okklusion.[1] Nach der Okklusion hört die Vertiefung der Zyklone auf und es beginnt deren Ausfüllung, wofern sich nicht ein „falscher" Warmsektor ausbildet (was in der kalten Jahreszeit bei den atlantischen Polarfrontzyklonen häufig genug der Fall ist).

112. Feuchtlabilität der Luftmasse im „falschen" Warmsektor begünstigt die Vertiefung der Zyklone.

113. Eine absterbende Zyklone vertieft sich von neuem, wenn eine frische Kaltluftmasse in ihr Gebiet eindringt.

114. Eine Zyklone vertieft sich, wenn die Labilität ihrer Luftmassen zunimmt. Daher können sich Zyklonen im Winter beim Übertreten vom Festland aufs Meer, im Sommer beim Übergang vom Meer aufs Festland vertiefen.

115. Die Druckdepression beträgt in einer Frontalwelle (auch einer labilen Welle im ersten Entwicklungsstadium) nicht mehr als 10 mb, in einer jungen Zyklone nicht mehr als 15—20 mb im Vergleich zur barischen „Unterlage". Tiefere Depressionen, die nicht mehr lange lebensfähig sind, findet man meist an Okklusionen.

116. In einer Zyklone, die ihre Intensität nicht wesentlich ändert, liegen die Gebiete positiver und negativer Tendenzen exzentrisch im vorderen und rückwärtigen Teil des Tiefs. In einer sich vertiefenden Zyklone erfaßt das Gebiet des Druckfalls auch den mittleren Teil der Zyklone. In einer sich ausfüllenden Zyklone wird der mittlere Teil von dem Steiggebiet erfaßt.

---

[1] Demgegenüber unterscheidet G. POGADE 1938 zwischen Warmsektorzyklonen, die sich vertiefen, und solchen, die sich auffüllen; er findet folgende Regel: „Ist der horizontale Temperaturgegensatz auf der Rückseite des Tiefs größer als auf der Vorderseite — und das ist der Normalfall —, so vertieft sich die Zyklone. Ist dagegen das Temperaturgefälle auf der Vorderseite am stärksten, so wird sich das Tief auffüllen." Wesentlich ist nicht die Bodentemperatur, sondern die troposphärische Mitteltemperatur, wobei dann der Unterschied zwischen beiden Typen mit Hilfe des SCHERHAGschen Divergenzsatzes erklärt werden kann.

117. Eine südwärts vordringende, serienabschließende Polarluftantizyklone verstärkt sich, während sich gleichzeitig die subtropische Antizyklone abschwächt. Dasselbe geschieht, wenn eine neue Arktikluftantizyklone gegen eine kontinentale Antizyklone vordringt.

118. Eine Antizyklone, der sich eine Kaltfront (oder ein Vorstoß frischer Kaltluft) nähert, schwächt sich ab.

Im folgenden seien weitere Gleichungen und Regeln PETTERSSENS angeführt:

119. Die Geschwindigkeit der Vertiefung (oder Ausfüllung) eines Drucksystems wird in allgemeiner Form durch folgende Gleichung ausgedrückt:

$$\frac{\delta p}{\delta t} = \frac{\partial p}{\partial t} + C \nabla p,$$

wo C die Geschwindigkeit des Systems, $\frac{\partial p}{\partial t}$ die Drucktendenz an einem bestimmten Ort bedeutet; $\frac{\delta p}{\delta t}$ kann als Drucktendenz, abgelesen an einem mit dem System mitbewegten Barographen betrachtet werden; ∇p ist der Aszendent des Drucks.

120. Die Geschwindigkeit der Vertiefung (Ausfüllung) des Druckzentrums ist:

$$\frac{\delta p}{\delta t} = \frac{\partial p}{\partial t},$$

somit gleich der Drucktendenz im Zentrum.

121. Die Beschleunigung der Vertiefung (Ausfüllung) des Druckzentrums ist:

$$\frac{\delta^2 p}{\delta t^2} = \frac{\partial^2 p}{\partial t^2} - \frac{p^2_{101}}{p_{200}} - \frac{p^2_{011}}{p_{020}},$$

wo

$$p_{101} = \frac{\partial^2 p}{\partial x\, \partial t} = \text{die Komponente des isallobarischen Aszendenten längs der Achse } x;$$

$$p_{200} = \frac{\partial^2 p}{\partial x^2} = \text{die Krümmung des Druckprofils längs der Achse } x;$$

$$p_{011} = \frac{\partial^2 p}{\partial y\, \partial t} = \text{die Komponente des isallobarischen Aszendenten längs der Achse } y;$$

$$p_{020} = \frac{\partial^2 p}{\partial y^2} = \text{die Krümmung des Druckprofils längs der Achse } y.$$

122. Das Ausmaß der Vertiefung (Ausfüllung) des Zentrums während der Zeit t ist:

$$\Delta p = \frac{\partial p}{\partial t}\, t + \frac{1}{2}\left(\frac{\partial^2 p}{\partial t^2} - \frac{p^2_{101}}{p_{200}} - \frac{p^2_{011}}{p_{020}}\right) t^2.$$

Die nachfolgenden Regeln stellen Folgerungen aus den Hauptgleichungen PETTERSSENS dar:

123. Die Geschwindigkeit der Vertiefung (Ausfüllung) längs der Linie, welche durch das Zentrum senkrecht auf seine Bewegungsrichtung verläuft, ist gleich der Drucktendenz.

124. Ein zyklonales Zentrum vertieft sich (füllt sich aus), wenn die Null-Isallobare hinter (vor) der Linie liegt, welche durch das Zentrum senkrecht auf seine Bewegungsrichtung verläuft.

125. Ein antizyklonales Zentrum verstärkt sich (schwächt sich ab), wenn die Null-Isallobare vor (hinter) der Linie liegt, welche durch das Zentrum senkrecht auf seine Bewegungsrichtung verläuft.

126. Ein Drucktrog vertieft sich, wenn die Null-Isallobare hinter der Trogachse verläuft.

127. Ein Drucktrog füllt sich aus, wenn die Null-Isallobare vor der Trogachse verläuft.

128. Ein Hochdruckkeil schwächt sich ab, wenn die Null-Isallobare vor der Keilachse verläuft.

129. Ein Hochdruckkeil verstärkt sich, wenn die Null-Isallobare hinter der Keilachse verläuft.

130. Die Geschwindigkeit, mit der sich ein Warmsektor vertieft, ist gegeben durch die in ihm verzeichnete Drucktendenz.

131. Die Drucktendenz im Warmsektor repräsentiert die Vertiefungsgeschwindigkeit in der Kaltluft in der Nähe der Fronten.

132. Eine Zyklone mit einem Warmsektor vertieft sich mit einer konstanten Geschwindigkeit, die gegeben ist durch die Drucktendenz am Scheitel des Warmsektors.

133. Eine junge Zyklone okkludiert nicht und vertieft sich nicht, wenn die Tendenz im Warmsektor gleich Null ist.

134. Eine junge Zyklone okkludiert mit einer Geschwindigkeit, welche der negativen Tendenz im Warmsektor proportional ist.

135. Eine junge Zyklone okkludiert mit einer Geschwindigkeit, welche der Vertiefung des Drucksystems proportional ist.

Weiter geben wir folgende Regeln Guilberts an:

136. Eine Zyklone mit Winden, die im Verhältnis zum Gradienten zu stark sind, füllt sich mehr oder weniger rasch aus.

137. Eine Zyklone, an deren Vorderseite der Wind im Verhältnis zum Gradienten zu stark ist, füllt sich im Lauf der folgenden 24 oder sogar 12 Stunden aus und ihre Bewegung verlangsamt sich, manchmal bis zum völligen Stillstand (es kommt dann vor, daß die Zyklone sogar rückläufig wird).

138. Eine Zyklone mit zu schwachen Winden im Verhältnis zum Gradienten vertieft sich.

Welche Winde bei Guilbert normal und welche zu stark oder schwach im Verhältnis zum Gradienten genannt werden, ist bereits erwähnt worden.
Wir führen noch eine Guilbertsche Regel an:

139. Wenn der Druckfall im Gebiet der Zyklone stark ist, die Winde aber schwach sind, so besteht Gefahr, daß sich die Zyklone in einen sehr tiefen Wirbel umwandelt.

In diesem Fall gibt Guilbert keine quantitative Bestimmung dafür, welcher Wind bei einem bestimmten Druckfall als schwach anzusehen ist.
Weiter sollen zwei neuere Regeln von Scherhag angeführt werden, welche die Entwicklung der Zyklonen und Antizyklonen in Beziehung setzen zu den Strömungen in der freien Atmosphäre.

140. Eine Zyklone mit schwachen Höhenwinden wird sich auffüllen; eine Antizyklone mit schwachen Höhenwinden wird zerfallen.

141. Eine Zyklone mit starken Höhenwinden bleibt entwicklungsfähig; eine Antizyklone mit starken Höhenwinden verliert nicht an Stärke.

g) Allgemeine Regeln betreffend die Druckänderungen.

Zunächst führen wir die Formeln Petterssens für die Geschwindigkeit und Beschleunigung der Isobaren und Isallobaren an.

142. Die Geschwindigkeit des Elementes einer Isobare in senkrechter Richtung auf dieselbe ist gleich dem negativen Betrag der Tendenz, multipliziert mit dem Abstand zwischen den benachbarten Einheitsisobaren:

$$C_i = - \frac{\partial p}{\partial t} \cdot h.$$

Die Geschwindigkeit ist positiv, wenn die Tendenz negativ ist und umgekehrt.

143. Die Beschleunigung des Elementes einer Isobare in senkrechter Richtung auf dieselbe wird durch folgende Gleichung bestimmt:

$$A_i = \frac{-p_{002} + 2\,C_i\,p_{101} + C_i^2\,p_{200}}{p_{100}},$$

wo $p_{100} = \dfrac{\partial p}{\partial x} =$ der Druckaszendent; $p_{002} = \dfrac{\partial^2 p}{\partial t^2} =$ Krümmung der Barographen-kurve (lokale Änderung der Tendenz mit der Zeit); $p_{101} = \dfrac{\partial^2 p}{\partial x\,\partial t} =$ Komponente des isallobarischen Aszendenten senkrecht zur Isobare; $p_{200} = \dfrac{\partial^2 p}{\partial x^2} =$ Krümmung des Druckprofils.

144. Die Geschwindigkeit des Elementes einer Isallobare in senkrechter Richtung auf dieselbe ist gleich der lokalen Änderung der Tendenz mit der Zeit (der Krümmung der Barographenkurve) mit entgegengesetztem Vorzeichen, multipliziert mit der Entfernung zwischen den benachbarten Einheitsisallobaren:

$$C_T = -\frac{\partial^2 p}{\partial t^2}\,h.$$

Die Geschwindigkeit C_T ist positiv, wenn die Isallobare antizyklonal gekrümmt ist und umgekehrt.

Ferner seien die theoretischen Regeln von EXNER und DEFANT angeführt, welche Temperatur und Druck miteinander verbinden unter der Voraussetzung, daß die Druckänderungen nur thermischer Natur sind als Folge von Advektion.

145. Wind, der aus einem wärmeren Gebiet weht, bedingt einen Luftdruckfall, Wind aus einem kälteren Gebiet einen Luftdruckanstieg. In beiden Fällen ist die Druckänderung um so größer, je bedeutender die horizontalen Druck- und Temperaturgradienten sind und je mehr sich der Winkel, unter dem sich die Isobaren und Isothermen schneiden, einem rechten nähert (d. i. je zahlreicher die Parallelogramme sind, welche im gegebenen Gebiet durch die Isobaren und Isothermen gebildet werden). Verlaufen die Isobaren und Isothermen zueinander parallel, so wird sich der Druck im betreffenden Gebiet mit der Zeit nicht erheblich ändern (EXNER 1906).

Aus EXNERS Theorie über die thermischen Druckänderungen ergeben sich noch folgende drei Regeln, von welchen man beim Vorhandensein von Höhenmessungen Gebrauch machen kann:

146. Dreht der Wind mit der Höhe nach rechts von der Isobarenrichtung, so fällt der Luftdruck an dem betreffenden Ort; dreht er nach links, so steigt der Druck an (auf der nördlichen Halbkugel).

Es handelt sich in dieser und den nächsten zwei Regeln um Winde, angefangen von einer Höhe von 500—600 m. In der tiefer liegenden Schicht dreht der Wind mit der Höhe immer nach rechts, indem er sich der Richtung der Bodenisobaren anzupassen sucht.

Regel 146 kann auch in Form des folgenden Satzes ausgedrückt werden:

147. Wo der Wind in der Höhe mit einer Komponente aus dem Tiefdruckgebiet an der Erdoberfläche herausweht, fällt der Druck; wo er aus dem Hochdruckgebiet herausweht, steigt der Druck.

148. Behält der Wind dieselbe Richtung bis zu einer beträchtlichen Höhe bei, so wird sich der Druck nicht oder nur wenig ändern.

149. Verlaufen die Stromlinien der Luft von einem Fallgebiet der Temperatur in ein Steiggebiet der Temperatur, so findet im letzteren eine Druckzunahme statt, die um so größer ist je größer die isallothermische Differenz beider Gebiete; verlaufen jedoch die Stromlinien von einem Steiggebiet in ein Fallgebiet der Temperatur, so fällt der Druck im letzteren Gebiet [DEFANT (1910)].

EXNERS und DEFANTS Regeln sind von den Autoren theoretisch begründet worden. Diese Begründung ist jedoch nicht hinreichend, da sie nur thermische Druckänderungen voraussetzt (siehe u. a. SMOLJAKOW 1933).

150. Geschlossene Gebiete mit Regenfällen während der vorhergehenden 24 Stunden sind Gebiete mit Druckanstieg in den folgenden 24 Stunden.

Nach BALDIT trifft diese Regel DEFANTS (1911) in Europa in 75 Fällen von 100 zu.
Wir nennen noch zwei Regeln, welche HESSELBERG bei einem Versuch, die GUIL-BERTschen Regeln theoretisch zu begründen, erhalten hat und die im allgemeinen den Regeln 136 und 138 analog sind:

151. Wenn der Wind im Verhältnis zum Gradienten stark ist und stark ab-gelenkt, so wird der vorhandene Gradient schwächer (die Isobaren entfernen sich voneinander).

152. Wenn der Wind im Verhältnis zum Gradienten schwach ist und wenig ab-gelenkt, so wird der vorhandene Gradient stärker (die Isobaren nähern sich einander).

Über den GUILBERTschen Begriff des zu starken und zu schwachen Windes im Ver-hältnis zum Gradienten ist bereits gesprochen worden.
Weiter geben wir vier Regeln von SCHERHAG an, welche die Druckänderungen mit der Divergenz und Konvergenz der Höhenwinde (in den mittleren Schichten der Tropo-sphäre) oder mit dem gleichzeitigen Isothermenverlauf verknüpfen.

153. Divergente Höhenwinde müssen allgemein Druckfall hervorrufen, wenn sie nicht durch eine starke untere Konvergenz kompensiert werden.

154. Zeigen die Isothermen eine ausgeprägte Divergenz und beschränkt sich diese nicht auf die Bodenschichten, so wird Druckfall einsetzen.

155. Konvergente Höhenwinde müssen allgemein Druckanstieg hervorrufen, wenn sie nicht durch untere Divergenz kompensiert sind.

156. Zeigen die Isothermen eine ausgeprägte Konvergenz und beschränkt sich diese nicht auf die Bodenschichten, so wird Druckanstieg einsetzen.

157. Die Gebiete der dreistündigen Isallobaren (Tendenzgebiete) verlagern sich in der Richtung der Grundströmung in der unteren Hälfte der Troposphäre.

Die Grundströmung in der unteren Hälfte der Troposphäre kommt z. B. in SCHINZES Höhenströmungskarte (siehe S. 414) zum Ausdruck, welche angenähert die Topographie der 750-mb-Fläche wiedergibt, ohne allerdings von aerologischen Messungen Gebrauch zu machen.

158. Die Gebiete der 24stündigen Isallobaren verlagern sich in der Richtung der Grundströmung in der oberen Hälfte der Troposphäre und der unteren Strato-sphäre.

Die Grundströmung in der oberen Hälfte der Troposphäre und der unteren Strato-sphäre kommt in den meisten Fällen (aber nicht immer) bereits in der Höhenwetter-karte (siehe S. 48 u. 418) zum Ausdruck, welche die Topographie der 500-mb-Fläche — entsprechend der Druckverteilung in etwa 5000 m Höhe — wiedergibt.
Es folgen schließlich noch einige Regeln, welche RODEWALD aus der wetterdienst-lichen Erfahrung mit der Höhenwetterkarte abgeleitet hat. Sie stützen sich auf SCHER-HAGS Divergenztheorie (siehe bereits die Regeln 97 bis 100, 140 und 141, 153 bis 156) und verwenden folgende Nomenklatur: „Frontalzone"[1] für die mehr oder minder parallele Schar von Höhenstromlinien (Höhenisobaren) zwischen einem warmen Höhen-hoch und einem kalten Höhentief; „Einzugsgebiet" für die konvergierenden Höhen-stromlinien (Höhenisobaren), welche in die Frontalzone einmünden; „Delta" für die divergierenden Höhenstromlinien (Höhenisobaren), welche aus der Frontalzone aus-münden; „Druckwellen" für die Aufeinanderfolge wandernder Druckfall- und Druck-steiggebiete. Zwei Einleitungsregeln, die hier nicht wiedergegeben werden, decken sich inhaltlich mit den obigen Regeln 153 bzw. 155 und 158.

159. Die Druckwellen wandern nicht mit der Geschwindigkeit der Höhen-strömung, sondern meist erheblich langsamer.

---

[1] Nicht im Sinn der BERGERONschen Definition zu verstehen.

160. Druckwellen im Jugendstadium folgen der gegebenen Höhenströmung genau.

161. Relativ kleinräumige und gut zentrierte Druckänderungsgebiete bewegen sich strenger nach dem gegebenen Isopotentialen-Verlauf als großräumige Druckwellen ohne deutliches Zentrum.

162. Fällt die Frontalzone nebst Delta und Einzug mit einer gleichsinnigen Bodendrift zusammen, so zeigt die Fortpflanzungsgeschwindigkeit der Druckwellen die geringste Abweichung von der Geschwindigkeit (und Richtung) der Höhenströmung; die Druckwellen wandern rasch, vielfach ohne sich stärker zu entwickeln (stabile Schnelläufer, Schleifzonenlage).

163. Wird die Frontalzone durch Heranwandern einer Fremdfront regional verschärft, ohne daß zwischen den beiden Fronten im übrigen eine Bodendrift besteht, so wandert das Druckfallgebiet im — neu orientierten — Frontalzonendelta relativ langsam, vertieft sich aber stark (Fall des „Dreimassenecks"; Sturmtiefbildung).

164. Wird die seitliche Warmluftzufuhr gegen das Delta einer Frontalzone zu schwach, gegen das Einzugsgebiet zu stark, so schert die Druckwelle nach rechts aus der vorgegebenen Höhenströmung.

165. Wird die seitliche Kaltluftzufuhr gegen das Delta einer Frontalzone zu stark, gegen ihr Einzugsgebiet zu schwach, so schert die Druckwelle ebenfalls nach rechts aus der vorherrschenden Höhenströmung.

166. An schärferen Umbiegungsstellen der Höhenströmung werden die Druckfallgebiete meist abgeschwächt, die Drucksteiggebiete verstärkt.

167. Druckfallgebiete haben die Tendenz, der vorgegebenen Isopotentialkrümmung bei einer „Bogenbahn" besser zu folgen als bei einer „Keilbahn", wo sie zur Querung des Strömungsbogens neigen. Das Umgekehrte gilt für Drucksteiggebiete: sie neigen dazu, die zyklonale Krümmungsbahn zu kürzen, die antizyklonale „auszufahren".

168. Ist durch starken Druckfall am Boden ein geschlossenes Höhentief entstanden, so ergibt sich die Tendenz zur Spaltung des Druckfallgebietes, wobei der rasch schwächer werdende Teil nach links, der stärkere nach rechts aus der ursprünglichen Bahnrichtung schert (Fall der Okklusion).

169. Frontalzonen[1] haben die Tendenz, sich gegen das warme Gebiet hin zu verlagern, und zwar um so mehr, je stärkere Zyklonen sie produzieren (Bahnverlagerung innerhalb einer Zyklonenserie, siehe Regel 42; Westwärtsausgreifen von Arktikluftausbrüchen bei Druckwellenbahn NW—SE).

170. Die Massenverlagerungen suchen mit ihrem thermischen Einfluß das Höhendruckfeld so umzugestalten, daß das Druckfallgebiet nach links, das Drucksteiggebiet nach rechts aus der vorgegebenen Höhenströmung schert (Poltendenz der isolierten, teilweise warmen Zyklone, Äquatortendenz der teilweise kalten, isolierten Hochdruckzelle).

171. Wenn ein Höhentief ohne besondere Achsenneigung zum Boden reicht, so stirbt das Bodentief (Auffüllung einer alten Zyklone).

172. Wenn der Kern oder Keil eines Höhenhochs ohne merkliche Achsenneigung bis zum Boden reicht, so tritt Druckfall an seiner Stelle auf (Zerfall einer alten Antizyklone).

Die folgenden vier Regeln RODEWALDS bringen die GUILBERT-GROSSMANNsche Regel (siehe Regel 93) in Beziehung zur Druckverteilung auf der Höhenwetterkarte:

173. An der Stätte eines Höhenhochdruckkeils fällt der Luftdruck am Boden in den nächsten 24 Stunden mit Vorliebe am stärksten; an der Stätte eines Höhen-

---

[1] Nach der Nomenklatur SCHERHAGS bzw. RODEWALDS.

tiefdruckausläufers findet meist der stärkste Druckanstieg in den nächsten 24 Stunden statt.

174. Wenn ein Höhenhochdruckkeil (-tiefdruckausläufer) ohne wesentliche Achsenneigung bis zum Boden reicht, so ist wegen des Ausströmens (Einströmens) in der Bodenreibungsschicht Tendenz zum Fallen (Steigen) des Luftdrucks gegeben.

175. Gradientverschärfung am Abhang eines Höhenhochdruckkeils verursacht Luftdruckfall unter ihm; Gradientverschärfung an den Flanken eines Höhentiefdruckausläufers hat Druckanstieg unter diesem zur Folge.

176. Kaltluftadvektion, gegen den Abhang eines Höhenhochdruckkeils gerichtet, verursacht Luftdruckfall unter ihm; Warmluftadvektion gegen die Flanke eines Höhentiefdruckausläufers hat Druckanstieg unter ihm zur Folge.

Nähere Erläuterungen zu diesen letzten 18 Erfahrungsregeln auf Grund dreijähriger Wetterdienstpraxis mit der Höhenwetterkarte finden sich bei RODEWALD 1938 (1).

Zum Abschluß bringen wir noch eine Regel ERTELs, nach welcher die Luftdruckänderung am Boden darstellbar ist als Superposition der Verschiebung des anfänglichen Isobarenfeldes und einer Größe, die im wesentlichen abhängt von dem aus der barometrischen Mitteltemperatur der Troposphäre und der dynamischen Topographie der Tropopause gebildeten Solenoidfeld und ferner vom Stabilitätssprung in der Tropopause:

177. Die Fortpflanzungsgeschwindigkeit eines Luftdruckgebildes am Erdboden hängt ab vom Gefälle der dynamischen Topographie der Tropopause und ist der Richtung der dynamischen Isohypsen derart parallel, daß die hohe Lage der Tropopause zur Rechten der Bewegungsrichtung bleibt (Nordhemisphäre).

Der Absolutbetrag c der Verschiebungsgeschwindigkeit des Luftdruckgebildes ist gegeben durch die Gleichung

$$c = \frac{\Phi_H}{g\,\lambda}\,\frac{[\alpha]}{T_H}\left(\frac{p_H}{p_0}\right)\frac{\partial\,\Phi_H}{\partial\,n},$$

wo $\dfrac{\partial\,\Phi_H}{\partial\,n}$ der Absolutbetrag des Gradienten der dynamischen Topographie der Tropopause, Φ_H die Höhe der Tropopause in gdkm, p_H und p_0 der Druck an der Tropopause bzw. an der Erdoberfläche, T_H die absolute Temperatur an der Tropopause, $[\alpha]$ der Sprung des vertikalen Temperaturgradienten an der Tropopause pro m, λ der CORIOLIS-Parameter $2\,\omega\sin\varphi$ und g die Schwerebeschleunigung ist.

Diese aus der Theorie der singulären Advektion abgeleiteten Ergebnisse können allerdings durch die Berücksichtigung niedrig-troposphärischer Diskontinuitäten gewisse Abänderungen erfahren. Die Reichweite ihrer praktischen Bewährung bleibt abzuwarten.

Literatur zu Abschnitt 74.

Empirische Regeln, vorwiegend auf die Änderungen des Druckreliefs bezüglich, bei SIR NAPIER SHAW 1921, BALDIT 1923, GEORGII 1924, DEFANT 1926, GEORGII 1927.

Über GUILBERTS Wetterregeln siehe: GUILBERT 1909, ERTEL 1929, WAGEMANN 1932 (2), RODEWALD 1937.

Über EXNERS und DEFANTS Regeln: SMOLJAKOW 1933.

Erläuterungen einiger früherer empirischer Regeln auf Grund frontologischer Betrachtungen: SCHINZE 1932 (4).

Über Regeln in Zusammenhang mit SCHERHAGS Divergenztheorie: SCHERHAG 1934 (1), RODEWALD 1938 (1).

ERTELS Tropopausenregel: ERTEL 1939.

Hinweise auf die Arbeiten PETTERSSENS finden sich in der Literatur zu Abschnitt 2.

Die frontologischen Regeln in der Zusammenstellung des Abschnittes 74 stammen vorwiegend aus BERGERONS Arbeiten oder sind auf deren Grundlage formuliert.

75. Die Wettervorhersage.

a) Problemstellung.

Es ergibt sich nunmehr das Problem, aus der Verlagerung und Entwicklung der auf der Karte erkannten (oder neuentdeckten) troposphärischen Luftkörper zu ermitteln, wie sich die meteorologischen Faktoren und überhaupt die Wetterverhältnisse in Hinkunft gestalten werden. Dabei wird es sich vor allem darum handeln, die Änderung in der Verteilung jener Elemente, die für das praktische Leben besonders wichtig sind (Temperatur, Niederschlag, Fernsicht, Wind), sowie die Entstehung und das Aufhören gewisser Erscheinungen, wie z. B. von Gewittern, Schauern, Nieseln, Vereisung usw., vorherzusagen.

Diese Aufgabe läßt sich leicht lösen, wofern die auf der Karte sichtbaren Wetterverhältnisse einfach mit den Luftmassen und Fronten weiterziehen. Sie wird schwierig, wenn die troposphärischen Luftkörper ihre Eigenschaften im Lauf der Zeit unter dem Einfluß verschiedener entropischer und isentropischer Vorgänge ändern. Dem Synoptiker obliegt es dann, diese Änderungen der Eigenschaften vorauszusehen und daraus Schlüsse auf die entsprechenden Wetteränderungen zu ziehen. In den vorhergehenden Kapiteln dieses Buches wurde der Zusammenhang der troposphärischen Luftkörper mit dem Wetter eingehend behandelt; alle gefundenen Beziehungen muß der Synoptiker bei seiner prognostischen Arbeit voll in Rechnung stellen. Hier sind nur ganz kurze Hinweise auf die Hauptpunkte möglich, welche bei der Vorhersage des einen oder anderen Elementes zu berücksichtigen sind.

b) Temperatur.

Bei der Prognose der Temperaturverhältnisse sind wenigstens die folgenden Fragen zu beantworten:

1. Welche Luftmasse wird am nächsten Tag das in Betracht kommende Gebiet einnehmen? Mit dieser Luftmasse werden offenbar die schon gegenwärtig in ihr auftretenden Temperaturverhältnisse in das betreffende Gebiet einwandern. Bleibt es von der bisherigen Luftmasse bedeckt, so sind keine wesentlichen Temperaturänderungen zu erwarten.

Die auf dieser allgemeinen Regel aufgebaute Temperaturvorhersage kann jedoch durch die Beantwortung folgender Frage eine sehr wesentliche Berichtigung erfahren:

2. Wie werden sich die allgemeinen entropischen und isentropischen Einflüsse auf die Temperatur der betreffenden Luftmasse auswirken, und zwar namentlich auf deren untere Schicht, die uns unmittelbar interessiert?

Es ist also vor allem zu ermitteln, ob die Temperatur der wandernden Luftmasse bis zum nächsten Tag steigen oder fallen wird. So z. B. wird sich Arktikluft und maritime Polarluft während ihres Vordringens über das winterliche Binnenland in ihren unteren Schichten fortschreitend abkühlen, namentlich bei Vorhandensein einer Schneedecke. Umgekehrt wird die Temperatur von Arktikluft, die vom schneebedeckten Land auf das Meer übertritt, rasch ansteigen. Im Frühjahr und Sommer wird sich maritime Polarluft, die über dem Festland zum Stillstand kommt, allmählich erwärmen usw. Aber auch isentropische Einflüsse *orographischen* Ursprungs können die Luftmassentemperatur stark verändern, wie z. B. föhnige Erwärmung u. ä.

Weist das betrachtete Gebiet erhebliche Höhenunterschiede auf, so werden bei der Temperaturprognose gelegentlich Änderungen der vertikalen Temperaturschichtung der Luftmasse eine große Rolle spielen. Wenn z. B. eine antizyklonale Schrumpfungsinversion unter die Kammhöhe herabsinkt, wird auf den Höhenstationen eine kräftige Temperaturzunahme eintreten, während die Täler noch kalt bleiben usw.

3. Welchen Tagesgang wird die Temperatur in der Luftmasse aufweisen, die in dem betreffenden Gebiet zu erwarten ist?

Durch den Tagesgang können bisweilen größere Temperaturänderungen hervorgebracht werden als durch einen Luftmassenwechsel. Die Tagesamplitude wird in erster Linie von dem wahrscheinlichen Bewölkungsgrad abhängen. Aber auch zahlreiche andere Umstände sind hier von Belang, vor allem die Bodenbeschaffenheit. So z. B. begünstigen bekanntlich Bodenvertiefungen die Ausbildung nächtlicher Inversionen, der Tagesgang der Temperatur ist größer über Land als über Wasser, über Landflächen als in Waldgegenden, im windgeschützten Gelände als über freiem Land usw., und die nächtliche Ausstrahlung ist über schneebedecktem Boden erheblicher als über schneefreiem Gebiet. Dabei kann es vorkommen, daß solche beträchtliche Temperaturänderungen durch den vorherrschenden Wind auch in die Nachbargegenden übertragen werden, in denen an und für sich die Voraussetzungen für einen stärkeren Temperaturwechsel nicht gegeben sind.

Eine gewisse Bedeutung für die Prognose der Temperaturänderungen haben auch die Eigenschaften der Luftmassen selbst, z. B. deren Temperatur, Feuchtigkeits- und Staubgehalt. Die Wärmeausstrahlung des Bodens ist um so größer, je höher seine Temperatur und je geringer die Luftfeuchtigkeit ist. Eine Verzögerung in der Wärmeausstrahlung des Bodens infolge hoher Luftfeuchte kann allerdings durch die Wärmeausstrahlung der Luft selbst wettgemacht werden. Starker Dunst behindert ähnlich wie Wolken die Ein- und Ausstrahlung. Einzelheiten über den Wärmeumsatz unter dem Einfluß der meteorologischen Faktoren finden sich in den Lehrbüchern der allgemeinen Meteorologie.

c) Nachtfröste.

Die Prognose der Nachtfröste des Frühjahres und Herbstes verdient noch einige Sonderbemerkungen.

Den ersten Anlaß zur Ausbildung von Nachtfrösten gibt oft der Einbruch von Kaltluftmassen vorwiegend arktischer Herkunft. Zwischen April und Juni sowie im September und Oktober dringt diese Luft in die mittleren Gebiete des europäischen Rußland meist noch mit positiven Temperaturen[1] ein, zu einer weiteren Temperatursenkung auf oder unter Null kommt es erst während der Stabilisierung der Luft über dem Festland (bei steigendem Druck) unter dem Einfluß zusätzlicher nächtlicher Ausstrahlungsabkühlung (Bildung von Bodeninversionen). Doch auch beim Einbruch von Luft nichtarktischen Ursprunges können sich Nachtfröste ausbilden. Dies ist z. B. im Herbst nicht selten in Deutschland der Fall, wenn kontinentale Polarluft aus Osteuropa vordringt (H. POLLACK 1930); in Mitteleuropa treten unter günstigen orographischen Bedingungen in maritimer Polarluft Nachtfröste sogar auch in der zweiten Maihälfte oder gar zu Anfang Juni auf.

Selbst in einer ursprünglich nicht kalten Luftmasse, die sich lange über dem Binnenland innerhalb einer stationären Antizyklone aufhält und allmählich abkühlt, können Nachtfröste vorkommen. Sie sind dann hauptsächlich ein Ergebnis der Ausstrahlung und beschränken sich auf den Herbst, wo die Tageslänge und auch die Sonnenscheindauer sukzessive abnimmt, während die nächtliche Ausstrahlung sich fortgesetzt steigert.

Oft bleibt das nächtliche Temperaturminimum in der Hütte über Null, während es an der Erdoberfläche und in der unmittelbar aufliegenden Luftschicht unter Null sinkt. Sind in Hüttenhöhe Nachttemperaturen von 2—3° über Null zu erwarten, so ist Nachtfrost in Bodennähe durchaus möglich. Gelegentlich überschreitet im Frühjahr und Herbst der Temperaturunterschied zwischen Hütte und Erdboden sogar 5°.

---

[1] Gelegentlich aber auch mit Frösten, z. B. in der dritten Maidekade 1917.

Entwicklung und Ausbreitung der Nachtfröste hängen außer von der allgemeinen synoptischen Situation auch von einer großen Zahl nicht nur meteorologischer Faktoren (vor allem Bewölkung, Feuchtigkeit und Wind), sondern auch von geographischen Voraussetzungen (namentlich Bodenrelief und -beschaffenheit) ab.

R. GEIGER 1927 hat nachgewiesen, daß das Problem der praktischen Nachtfrostvorhersage im wesentlichen ein Problem der bodennahen Luftschicht ist. Die allgemeine synoptische Situation ist durchaus noch nicht für die Prognose entscheidend. GEIGER führt z. B. an, daß im Juni 1925 in München überhaupt keine Nachtfröste auftraten, während an einigen Stellen außerhalb des Weichbildes der Stadt die Häufigkeit der Nachtfröste 50% erreichte, wobei die Temperatur bis auf —9° sank. Um so größere Temperaturunterschiede sind in Gegenden mit unterschiedlichen klimatischen Verhältnissen, vor allem in den Bergen, zu erwarten.

Zur Nachtfrostprognose werden häufig *empirische Formeln*, die durch statistische Bearbeitung des lokalen Beobachtungsmaterials gewonnen worden sind, verwendet. Setzt man in diese Gleichungen die untertags oder am Abend beobachteten Werte ein, so kann man auch die Wahrscheinlichkeit eines Frostes in der kommenden Nacht ermitteln.

Vor kurzem hat nun DUFOUR 1938 mit Erfolg versucht, den voraussichtlichen synoptischen Zustand bei der lokalen Nachtfrostprognose rechnerisch zu berücksichtigen. Er geht von einer Formel von BRUNT aus, welche es gestattet, das nächtliche Temperaturminimum aus der Temperatur bei Sonnenuntergang, der Dauer der Nacht, der nächtlichen Ausstrahlung und einer konstanten Größe vorauszusagen. Es zeigt sich, daß die Konstante vom Bodenzustand (verschiedener Feuchtegrad, Schneebedeckung) abhängig ist, wogegen für die nächtliche Ausstrahlung verschiedene Annahmen gemacht werden müssen, je nachdem der Himmel wolkenlos, bedeckt oder bewölkt ist.

Für wolkenlosen Himmel ergeben sich folgende Temperaturdifferenzen zwischen der Temperatur[1] bei Sonnenuntergang und dem Nachtminimum in Abhängigkeit von der Nachtdauer (gerechnet für 16 und für 10 Stunden), dem Bodenzustand (normal-feuchter und durchnäßter Boden), der Ausgangstemperatur und der Ausgangsfeuchtigkeit (als Dampfdruck ausgedrückt):

Nachtdauer	Dampfdruck bei Sonnenuntergang	Temperatur bei Sonnenuntergang											
		—10°	—5°	0°	+5°	+10°	+15°	—10°	—5°	0°	+5°	+10°	+15°
		Normaler Boden						Durchnäßter Boden					
16,0 Stunden	2	14,8	16,0	17,2	18,5	19,8	21,0	8,4	9,1	9,8	10,5	11,3	12,0
	4		14,1	15,3	16,5	17,6	18,7		8,0	8,7	9,4	10,0	10,7
	6			13,7	14,8	15,9	17,0			7,8	8,4	9,0	9,6
	8				13,6	14,6	15,6				7,7	8,3	8,8
	10					13,2	14,6					7,2	8,0
	12					12,3	13,1					6,6	7,1
	14						12,3						6,6
10,2 Stunden	2	11,8	12,8	13,8	14,8	15,8	16,8	6,7	7,3	7,8	8,4	9,0	9,6
	4		11,3	12,2	13,2	14,1	15,0		6,4	6,9	7,5	8,0	8,5
	6			11,0	11,8	12,7	13,6			6,2	6,7	7,2	7,7
	8				10,8	11,6	12,4				6,2	6,6	7,1
	10					10,6	11,3					6,0	6,4
	12					9,8	10,5					5,6	6,0
	14						9,8						5,6

[1] Strenggenommen wäre die Temperatur der Bodenoberfläche zu nehmen.

Für bedeckten Himmel ist bei einer Nachtdauer von 13 Stunden die Temperaturdifferenz zwischen der Temperatur bei Sonnenuntergang und dem Nachtminimum
durch die folgende Tabelle gegeben in Abhängigkeit vom Bodenzustand, der Ausgangstemperatur und der zu erwartenden Wolkenhöhe:

Zu erwartende Höhe der Wolkendecke in m	Temperatur bei Sonnenuntergang							
	—10°	0°	+10°	+20°	—10°	0°	+10°	+20°
	Normaler Boden				Durchnäßter Boden			
300	0,9	1,0	1,1	1,2	0,5	0,5	0,6	0,7
600	1,8	2,0	2,2	2,4	1,0	1,1	1,2	1,4
900	2,7	3,1	3,3	3,7	1,6	1,7	1,8	2,1

Für wolkigen Himmel (m Zehntel bedeckt) nimmt DUFOUR m Zehntel des aus
der ersten Tafel plus $(10 - m)$ Zehntel des aus der zweiten Tafel berechneten nächtlichen Temperaturrückganges.

Trotz des stark vereinfachten Aufbaus dieser Tafeln[1] für die „statische" (durch
Ausstrahlung bedingte) Temperaturänderung kommt DUFOUR im Einzelfall zu
sehr befriedigenden Voraussagen, indem er eine eventuell zu erwartende „dynamische"
(durch Advektion einer neuen Luftmasse bedingte) Temperaturänderung während
der Nacht auf Grund der synoptischen Karte berücksichtigt. Er führt dies für
verschiedene Fälle durch, wo die Luftmasse während der Nacht unverändert bleibt
oder aber infolge des Durchzugs einer Warmfront, einer Kaltfront oder einer
Okklusion durch eine andere ersetzt werden dürfte. Ein Beispiel: Temperatur am
2. Januar 1937 bei Sonnenuntergang 6,6°, Altostratusdecke, nasser Boden. Während
der Nacht Warmfrontdurchgang zu erwarten. Statischer Temperaturfall laut zweiter
Tafel etwa 1°, später advektiver Temperaturanstieg (durch Warmlufteinbruch)
laut Karte etwa 3°. Wahrscheinliches Minimum somit etwa $5^1/_2°$ vor dem Warmfrontdurchgang. Wirkliches, bereits um 20 Uhr eingetretenes Minimum 6°.

Vom November 1936 bis April 1937 betrug in Brüssel der mittlere nächtliche
Temperaturfall bei heiterem Himmel (17 Fälle) 4,9°, bei leichter Bewölkung 5,6°,
bei stärkerer 3,2°, bei bedecktem Himmel (26 Fälle) 1,1°, bei Warmfrontdurch-
gängen (9 Fälle) 0,6°, bei Kaltfrontdurchzügen (6 Fälle) 4,8°, bei Okklusionen
(19 Fälle) 4,2°.

d) Bewölkung.

Die Änderungen der Bewölkung in einem gegebenen Gebiet hängen vor allem
mit dem Luftmassenwechsel und mit dem Frontendurchgang zusammen.

Der allgemeine Bewölkungscharakter, der einer bestimmten Luftmasse oder
Fronttype angehört, ist bekannt. Überdies bietet das Studium der synoptischen
Karte die Möglichkeit, sich eine genaue Vorstellung davon zu machen, was für eine
Bewölkung beim Einzug dieser oder jener konkreten Luftmasse, bei der Annäherung
oder dem Vorbeizug dieser oder jener individuellen Front zu erwarten ist. Falls
sich jedoch die Eigenschaften der Luftmassen und der Fronten während ihres
Fortschreitens ändern, so tut dies auch die Bewölkung. Die dann auftretenden
Erscheinungen sind so vielgestaltig, daß an dieser Stelle nur die einfachsten Zu-
sammenhänge erwähnt werden können.

Vor allem muß darauf Rücksicht genommen werden, daß für die Entwicklung
und Veränderung der Bewölkung maßgebend ist der Zustand und die Änderung

---

[1] Auf die Verhältnisse bei dichter Schneedecke, welche die Abkühlung durch Ausstrahlung bedeutend verstärkt, ist in den Tafeln überhaupt nicht Rücksicht genommen,
wegen ihrer Seltenheit in Belgien.

folgender Faktoren: 1. Feuchtigkeitsgehalt der Luft; 2. aufsteigende Luftbewegungen; 3. nichtadiabatische Abkühlung der Luft; 4. Inversionen.

Innerhalb einer Luftmasse hängt der Bewölkungscharakter direkt von ihrer Schichtung ab und ändert sich mit dieser. So z. B. wird eine instabile maritime Kaltluftmasse beim Übertritt auf das abgekühlte Festland stabil, wobei die Haufenbewölkung in Schichtbewölkung übergeht.

In einer vordringenden, hinreichend feuchten Warmluftmasse verstärkt sich die Bewölkung bei fortschreitender Abkühlung der unteren Schichten. So bilden sich in maritimer Tropikluft, die in der Azorenantizyklone wolkenlos ist, während ihres Fortschreitens gegen Norden Schichtwolken, Nebel und schließlich Nieseln. In einer fortschreitenden trockenen Kaltmasse kann sich dagegen überhaupt keine wesentliche Bewölkung ausbilden (Arktikluft im Winter).

Kommen in einer festländischen Antizyklone während der kühlen Jahreszeit die Kaltluftmassen zur Ruhe, so löst sich die Haufenbewölkung rasch auf. Wofern die Antizyklone noch nicht stationär geworden ist und in der Höhe noch ihre tiefen Temperaturen beibehalten hat, sind in ihrer Polarluft noch Konvektionsvorgänge möglich.

Ist eine Luftmasse maritimer Herkunft noch sehr feucht, so können sich in ihr, nach Auflösung des Konvektionsgewölks, Schichtwolken ausbilden. An den antizyklonalen Inversionsflächen ist das Auftreten von Wogenwolken eine gewohnte Erscheinung.

Die Ausbildung von Haufenwolken unter antizyklonalen Verhältnissen hängt direkt mit der Höhe und Mächtigkeit der antizyklonalen Inversion zusammen.

Zu beachten ist der Tagesgang der Bewölkung innerhalb einer Luftmasse. Er ist besonders ausgeprägt bei der sommerlichen Konvektionsbewölkung über dem Festland.

Überschreitet eine Luftmasse ein Gebirgshindernis, so verstärkt sich ihre Bewölkung an der Luvseite, während sie sich an der Leeseite föhnig auflöst. Die orographischen Verhältnisse haben überhaupt einen beträchtlichen Einfluß auf die Wolkenentwicklung. Über den Gipfeln verstärkt sich die Haufenwolkenbildung im Sommer und am Tage, in den Tälern die Schichtwolkenbildung in der Nacht und im Winter.

Auch die Verschärfung und Auflösung von Fronten ist von entsprechenden Änderungen ihrer Wolkensysteme begleitet. In Okklusionen degeneriert die Frontalbewölkung allmählich (Übergang der schichtförmigen Wolken in wogenförmige, Hebung der Wolken, Einschrumpfen und schließliche Auflösung des Wolkensystems).

Eine orographische Deformation der Fronten hat eine entsprechende Deformation ihrer Wolkensysteme zur Folge.

Stammt die an einer Front aufsteigende Luft aus einer Masse, die allmählich ihre Eigenschaften ändert, so wird dies auch in einer langsamen Veränderung des frontalen Wolkensystems zum Ausdruck kommen. So z. B. wird beim Herankommen trockenerer Luftmassen gegen eine Warmfront das Wolkensystem zur Auflösung neigen, beim Aufgleiten viel feuchterer Massen jedoch Schauercharakter annehmen.

H. v. FICKER 1922 ist in seinen Studien über die Wetteränderungen in den verschiedenen Entwicklungsstadien einer Depression zu folgendem Ergebnis gelangt: Wenn eine Kälte- oder Wärmewelle auf Grund des Vorzeichens der Druckänderung in der Höhe als zyklonal oder antizyklonal zu bezeichnen ist, so kommt der zyklonale oder antizyklonale Charakter des Vorganges auch in Änderungen von Bewölkung und Feuchtigkeit entsprechenden Vorzeichens zum Ausdruck. In diesem Zusammenhang hat v. FICKER folgende im praktischen Wetterdienst sehr brauchbare Regeln abgeleitet, welche außer den Druckänderungen am Boden auch die Druckänderungen in 3 km Höhe berücksichtigen:

1. Bei Erwärmung mit steigendem Druck auch in der Niederung ist mit Fortdauer der schönen Witterung und weiterer Temperaturerhöhung zu rechnen.

2. Erwärmung mit steigendem Druck in der Höhe, fallendem Druck in der Niederung zeigt den Eintritt des eigentlichen Depressionsstadiums mit zunehmender Bewölkung und Feuchtigkeit an. Auf der Nordseite der Alpen unter beginnendem Föhneinfluß in der Niederung häufig abnehmende Feuchtigkeit bei zunehmender Bewölkung.

3. Fallender Druck in der Höhe und in der Niederung bei Erwärmung oder konstanter Temperatur zeigt die Fortdauer der zyklonalen Verhältnisse an.

4. Fallender Druck in der Höhe und in der Niederung mit Abkühlung in der Höhe bildet den Übergang zur Rückseite der Depression und ist als Vorläufer einer niedrigen Kältewelle zu betrachten.

5. Bei einer niedrigen Kältewelle mit fallendem Druck unten und oben ist noch keine rasche Ausheiterung zu erwarten.

6. Bei einer niedrigen Kältewelle mit steigendem Druck in der Niederung und fallendem Druck in der Höhe kann auf rasche Ausheiterung gerechnet werden.

7. Bei einer niedrigen Kältewelle mit steigendem Druck auch in der Höhe treten typisch antizyklonale Verhältnisse mit meist rascher Erwärmung ein, die so lange dauern, bis in der Niederung Druckfall beginnt.

Vorstehende Regeln gelten nach v. FICKER nicht ausnahmslos, wohl aber für die Mehrzahl der Fälle.

e) Dauerniederschläge.

Eine genaue Unterscheidung zwischen frontalen Niederschlägen und Niederschlägen innerhalb einer Luftmasse einerseits, zwischen Dauerniederschlägen und Schauern anderseits hat eine erhebliche prognostische Bedeutung.

Dauerregen oder mäßige Schneefälle langer Dauer werden, wie bekannt, von den frontalen *As-Ns*-Systemen über weiten, zusammenhängenden Flächen ausgeschieden. Die Prognose der Verlagerung einer solchen Niederschlagszone ergibt sich unmittelbar aus der Prognose der Frontversetzung. Darüber hinaus ist jedoch auch die Möglichkeit einer eventuellen Umbildung des Niederschlagssystems zu berücksichtigen. Am ausgeprägtesten in dieser Hinsicht ist dessen allmähliche Degeneration an der Okklusion. Hängt ein Niederschlagsgebiet mit einer ursprünglich stationären Front zusammen, so verursacht die Ausbildung einer Wellenstörung an derselben eine Verbreiterung der Niederschlagszone an der Warmfront und eine Verstärkung der Niederschläge an der Kaltfront. Im allgemeinen ist die *Intensität* der Niederschläge abhängig vom Feuchtigkeitsgehalt und der Feuchtlabilität der aufsteigenden Luft. Die Niederschlagsergiebigkeit an einem bestimmten Ort beim Frontdurchgang ist offenbar nicht nur eine Funktion der Intensität der frontalen Niederschläge, sondern auch der Frontgeschwindigkeit. Je langsamer die Front über einen bestimmten Ort hinwegschreitet, um so größer wird unter sonst gleichen Umständen die Niederschlagsmenge sein.

Was eine eventuelle Tagesperiode der Dauerniederschläge anlangt, so scheint es, daß diese nachts ergiebiger und vielleicht auch ausgedehnter sind als am Tage.

In Gebirgsgegenden ist bei der Niederschlagsprognose die orographische Einwirkung auf das frontale Niederschlagssystem zu berücksichtigen, wobei hier nur an die folgenden Tatsachen aus dem fünften Kapitel erinnert sei:

1. Bei Annäherung einer Front an den Bergkamm verbreitert sich die frontale Niederschlagszone und gleichzeitig verstärken sich die Niederschläge.

2. Überschreitet die Warmfront einen Bergkamm, so bleibt ein Teil der präfrontalen Niederschlagszone an der Luvseite hängen.

3. Innerhalb der absteigenden Luftbewegung an der Leeseite lassen die Niederschläge nach oder hören ganz auf. Im Fall der Warmfront bildet sich das Niederschlagssystem in der Ebene, einige hundert Kilometer hinter dem Kamm, wieder neu aus.

Bei Niederschlagszonen, die anscheinend nicht mit Fronten zusammenhängen, kann es sich um folgende Erscheinungen handeln:

Fürs erste können diese Niederschlagszonen mit Okklusionen in der Höhe zusammenhängen, die auf Grund der bloßen Analyse der Bodenbeobachtungen nicht mehr auf der Karte unterschieden werden können. Ihre Herkunft kann dann nur durch Zurückverfolgen auf den früheren Karten festgestellt werden.

Zweitens können solche frontenlose Niederschlagszonen orographischer Natur sein. Im Innern einer labil geschichteten Luftmasse können sich die Schauer beim Vordringen gegen einen Gebirgszug so verdichten, daß ein zusammenhängendes Niederschlagsgebiet entsteht. Ist die Luftmasse stabil, so wird sie größtenteils das Gebirge zu umfließen trachten; das in ihr auftretende Nieseln kann sich dann aber erheblich verstärken.

Schließlich können frontenlose Niederschlagssysteme bei einer geordneten Auslösung der Energie der Feuchtlabilität über großen Gebieten entstehen. Solcher Art sind offenbar gelegentliche Regenzonen (keineswegs nur Nieseln!) innerhalb des Warmsektors von Zyklonen. Auch orographische Bedingungen können in ähnlicher Richtung wirken durch Auslösung einer mächtigen geordneten Konvektion (Abschnitt 37).

Im allgemeinen haben jedoch die frontalen Niederschlagssysteme eine ungleich größere Wichtigkeit als die frontenlosen. Ein Vorbehalt in dieser Hinsicht ist nur bei Schneefällen zu machen. Schnee fällt im Winter nicht nur aus As-Ns-Decken, sondern in geringeren Mengen auch aus St und Sc, ja selbst aus Ac innerhalb von Warmmassen. Solche leichte Schneefälle im Innern von Luftmassen können zusammenhängend über sehr ausgedehnten Flächen niedergehen. Es liegt im prognostischen Interesse, auf der Karte frontale Schneefallzonen von solchen im Innern der Luftmassen klar zu sondern, trotzdem dies noch viel schwieriger ist als bei Niederschlägen in Tropfenform.

f) Schauer.

Niederschläge in *Schauerform* sind ein charakteristisches Merkmal der labilen Luftmassen (Kaltmassen); sie treten daher im Winter mit Vorliebe über dem Meer, im Sommer über dem Binnenland auf. Letzterenfalls ist bei der Prognose auf ihre Tagesperiode zu achten, namentlich bei ruhiger, „gradientloser" Wetterlage, wo für die Prognose der namentlich nachmittags in verstärktem Maß auftretenden Schauer die lokale Vormittagsbeobachtung sehr von Nutzen sein kann.

Die Vergrößerung der Feuchtlabilität einer Luftmasse, namentlich wenn sie über eine immer wärmere Unterlage vordringt, hat eine Erhöhung der Schauerneigung zur Folge. Zusätzlich ist auf die orographischen und topographischen Verhältnisse zu achten, die den Übergang ungeordneter Konvektion in geordnete erleichtern (obgleich dabei meist die mikroorographischen Bedingungen eine Rolle spielen, die bei der synoptischen Kartenanalyse nicht berücksichtigt werden können), und anderseits auch auf das Vorhandensein bzw. die voraussichtliche Entwicklung von Schrumpfungsinversionen, welche die Konvektion hemmen oder ganz verhindern. Fehlen aerologische Messungen, so kann bereits das Aussehen der Haufenwolken und ihre Entwicklung entweder über das Vorliegen von Schrumpfungsinversionen Auskunft geben oder, wie jüngst PETTERSSEN 1939 (*1*) gezeigt hat, über die Aufeinanderfolge der verschiedenen labilen Schichtungsgrade der Luft und über die Frage, ob die Wolken das Eiskeimniveau erreichen werden; diese Frage ist ja wahrscheinlich, nach Bergeron, entscheidend für das Zustandekommen von Niederschlägen.

Auch Umstände, welche die Konvergenz der Stromlinien und damit die Verstärkung der Konvektion und der Schauerneigung begünstigen, dürfen bei der Prognose nicht vergessen werden: die Zunahme der zyklonalen Isobarenkrümmung, ferner das Vorhandensein alter Okklusionen in der Höhe, wie es namentlich von Calwagen 1926 für viele Fälle von Schauerzonen nachgewiesen worden ist, usw. Dagegen wird die lokale Konvektion durch die Stromliniendivergenz in Hochdruckkeilen gedämpft.

Außer im Innern von Luftmassen treten Schauer bekanntlich an der Kaltfrontokklusion auf. Sind an einer Okklusion die Schauer bereits verschwunden, so ist (im Sommer) doch zu überlegen, ob sie sich nicht vielleicht vor der Front infolge Zunahme der Feuchtlabilität neubilden werden.

g) Gewitter.

Anläßlich des Versuches einer Gewitterklassifikation, bei der wir J. Namias 1938 (*1*) gefolgt sind (Abschnitt 37, d), hat es sich gezeigt, daß einerseits gewisse Luftkörper (Massen und Fronten) unter bestimmten Bedingungen die Gewitterbildung begünstigen, daß aber anderseits erst eine sorgfältige aerologische Analyse ergibt, ob sich diese Neigung zur Wahrscheinlichkeit steigert. Für das Zustandekommen von Gewittern ist nämlich eine stark feuchtlabile Vertikalschichtung der Atmosphäre notwendig.

So ist es im Fall lokaler Gewitterneigung — der Neigung zu *Wärmegewittern* — angezeigt zu ermitteln, ob sich in den aerologischen Zustandskurven des betrachteten Gebietes, insoweit es nicht von irgendwelchen Fronten erreicht ist, die Flächen mit positiver Labilitätsenergie vergrößert und jene mit negativer verkleinert haben. Werden Morgenaufstiege verwendet, so soll die Energiebetrachtung von der Oberseite der Inversion ausgehen, wo die spezifische Feuchtigkeit meist ihr Maximum hat. In synoptischer Hinsicht ist für Lokalgewitter bekanntlich eine sehr gleichförmige Luftdruckverteilung innerhalb der Luftmasse, also geringe Luftbewegung, sowie vorwiegend heiterer Himmel charakteristisch, Bedingungen, welche in der warmen Jahreszeit eine zunehmende Überhitzung der bodennahen Luftschicht und daher eine kräftige Entwicklung der Konvektion fördern (vgl. E. R. Wolf 1914).

In *thermodynamisch-kalten Luftmassen*, vor allem in Arktik- und maritimer Polarluft, treten im Winter und Frühling bisweilen Gewitter auf, eine Folge des kräftigen Konvektionsstromes, welcher durch das Hinwegstreichen kalter Luft über den wärmeren Boden entsteht. Dinies 1936 (*2*) stellt die für Wintergewitter dieses Typus charakteristische Wetterlage auf Karten dar: Skandinavien wird von einer Zyklone passiert, während von den Azoren her ein Hochdruckgebiet über den Golf von Biskaya hinweg gegen die Alpen vorstößt. Bei erheblichen nordwest-südöstlichen Gradienten dringt kältere Luft aus hohen Breiten mit großer Geschwindigkeit über das mitteleuropäische Binnenland vor. Dinies findet nun, daß ziemlich genau dort, wo das sekundäre (durch Kaltluftzufluß bedingte) Steiggebiet den primären Druckfall (im Sinne v. Fickers) überzukompensieren beginnt, die Gewitter mit kräftigen Schneeböen auftreten. Was die Vorhersage von Gewittern dieser Kategorie auf Grund der aerologischen Ergebnisse anlangt, so hält sie Namias für schwierig und empfiehlt, die Entwicklung der Kaltmasse zu beachten: in einer gewissen Entfernung hinter der eigentlichen Kaltfront hören die Subsidenzflächen auf, die konvektionshindernd wirken können.

Für die Prognose von *Kaltfrontgewittern* eignet sich die aerologische Analyse gut, namentlich wenn man an Zustandskurven von Stationen, die von dem betreffenden

Warmsektor passiert worden sind, verfolgt, wie die positive Labilitätsenergie in der präfrontalen Warmluft allmählich zunimmt. Dabei ist nach H. WINTER 1938 wohl zu berücksichtigen, daß außerdem die sog. Auslöseenergie genügend groß sein muß, damit Gewitterbildung zustande komme; es ist dies jene Energie, die in Form von Wärme der bodennahen Luftschicht zugeführt werden muß, damit Kondensation ausgelöst werden kann. WINTER konnte zahlenmäßige statistische Beziehungen zwischen der Gewitterwahrscheinlichkeit, der Labilitätsenergie und der Auslöseenergie bei sommerlichen Westwettereinbrüchen in den Nordalpen aufstellen. Nach DINIES 1936 (*1*) vollzieht sich die für solche Gewitter günstige Wetterentwicklung in Mitteleuropa fast immer in derselben Art und Weise: in ein warmes binnenländisches Hochdruckgebiet dringt von Westen her allmählich ozeanische Kaltluft ein. Wie rasch und wie weit dieses Vordringen stattfindet, hängt nach DINIES von der Geschwindigkeit des südwestlichen Gradientwindes im 600- oder 500-mb-Niveau ab, der die Isallobarengebiete am Rand der Antizyklone mit sich führt, vom isallobarischen Gradienten und vom Temperaturgegensatz zwischen der warmen Festlands- und der kühlen Meeresluft.

Bei der Beurteilung der Wahrscheinlichkeit des Auftretens von *Warmfrontgewittern* durch die aerologische Analyse kann man ähnlich vorgehen wie im Fall der Wärmegewitter, doch ist es, nach NAMIAS, oft möglich, bei diesen Energiebetrachtungen von der Luftpartikel am Erdboden auszugehen. Zu berücksichtigen ist, daß Konvergenz im Warmsektor eine Vergrößerung des vertikalen Temperaturgradienten hervorrufen kann. Von Wichtigkeit für die aerologische Untersuchung ist eine richtige synoptische Analyse der Warmfront, und diese ist nicht immer leicht in Anbetracht des maskierenden Einflusses der Kaltluf̀thaut, die hinter der Warmfront zurückbleiben kann. Nach DINIES 1936 (*2*) können über Mitteleuropa auch im Winter Warmfrontgewitter vorkommen, und zwar namentlich dann, wenn sich von einem Tief über England und Westfrankreich ein kräftiges Fallgebiet bis nach Westdeutschland erstreckt.

Bei *Okklusionsgewittern* handelt es sich in der Mehrzahl der Fälle um Kaltfrontokklusionen, die infolge sommerlicher Erwärmung der präfrontalen Kaltluft auf der Wetterkarte das Aussehen von gewöhnlichen Kaltfronten angenommen haben. Die aerologische Analyse klärt allerdings oft ihre kompliziertere Vertikalstruktur auf. Synoptisch ist für die von Gewittern begleiteten Okklusionsfronten bezeichnend eine starke Trogbildung im Luftdruckfeld, der sog. Gewittersack.

Für die Vorhersage der restlichen Gewittertypen, der orographischen Gewitter und jener in horizontal-konvergierenden Luftströmen liegen noch wenige Handhaben vor. Man wird namentlich hier vielfach auf die statistische Prognosenmethode nach lokalen Beobachtungen, die in Abschnitt 73, a erwähnt wurde, zurückgreifen müssen.

Wie sich isentropische Karten zur Gewittervorhersage verwenden lassen, zeigt eine Untersuchung von J. NAMIAS 1938 (*2*), auf die hier nur kurz hingewiesen sei.

h) Nebel.

Wie in Abschnitt 42 gezeigt, unterscheidet man im wesentlichen Verdunstungs- und Abkühlungsnebel. Die ersteren gliedern sich in Dampf- und Frontalnebel, die letzteren in Hang-, Advektions- und Strahlungsnebel.

PETTERSSEN 1939 (*2*) führt folgende Bedingungen als günstig für die Entstehung der einzelnen Nebelarten an:

Dampfnebel: Große Temperaturdifferenz zwischen dem warmen Wasser und der kalten Luft, leichter Wind, starke Temperaturinversion nahe der Wasseroberfläche.

Frontalnebel: Genügend große Temperaturdifferenz zwischen dem warmen Regen und der von ihm durchfallenen kalten Luft.

Hangnebel: Konvektive Stabilität,[1] leichte Turbulenz (des Aufwindes), hohe relative Feuchtigkeit.

Advektionsnebel: Große Temperaturdifferenz zwischen der warmen Luft und ihrer kalten Unterlage, nicht zu große Windgeschwindigkeit, hohe relative Ausgangsfeuchtigkeit, stabile Ausgangsschichtung der Luft.

Strahlungsnebel: Hohe relative Feuchtigkeit, wolkenloser Himmel, nach oben gleichbleibende oder zunehmende spezifische Feuchtigkeit,[2] stabile Luftschichtung und Abflauen des Windes bis zur Windstille.

Es seien einige allgemeine Bemerkungen hinzugefügt.

Die *Dampf- und Hangnebel* tragen ausgesprochenen Lokalcharakter und sind also an die Stelle ihrer Bildung gebunden. Wofern bei den übrigen Arten eine Verlagerung des Nebelgebietes auftritt, so ist deren Prognose dadurch erleichtert, daß sie im wesentlichen auf eine Prognose der Verlagerung der betreffenden Luftmasse (bei Frontalnebeln: der betreffenden Front) hinausläuft. Jedenfalls müssen aber stets die obigen Bedingungen in Betracht gezogen werden, welche die Nebelbildung begünstigen, bzw. die Effekte, welche bereits vorhandene Nebel zerstreuen und unter denen die vertikale Durchmischung durch Konvektion oder Turbulenz die wirksamste ist.

Advektionsnebel sind im allgemeinen den Warmmassen mit stabiler Schichtung eigentümlich. Je mehr sich die Masse von unten her während des Fortschreitens abkühlt, desto mehr verdichtet sich ein bereits vorhandener Nebel und um so größer ist die Wahrscheinlichkeit, daß sich frischer Nebel bildet. Dagegen führt der Übertritt einer Luftmasse auf eine wärmere Unterlage zur Auflösung von Nebel. Kalte, labil geschichtete Luftmassen sind frei von Advektionsnebeln, wenn man von den lokalen Dampfnebeln aus offenen Wasserbecken, die von kälterer Luft überstrichen werden, absieht.

Somit ist im allgemeinen die Bildung von Advektionsnebeln unter folgenden synoptischen Bedingungen zu erwarten:

1. Vordringen von Tropikluft gegen Norden über eine kältere Unterlage hinweg (Tropikluftnebel);

2. Übertritt einer Luftmasse vom warmen Binnenland auf das kühle Meer im Sommer (Monsunnebel nach WILLETT);

3. Vordringen einer Luftmasse von einer warmen gegen eine kältere Meeresoberfläche (Seenebel);

4. Übertritt einer Luftmasse vom warmen Meer auf das kühlere Festland (maritimer Nebel).

Daraus geht hervor, daß der Nebel im Sommer vorwiegend eine ozeanische, im Winter dagegen eine kontinentale Erscheinung ist, und dies um so mehr, als sich im Winter zu den Advektionsnebeln über dem Festland noch Strahlungsnebel gesellen. Die größte Häufigkeit haben die Advektionsnebel in Küstennähe.

Die Strahlungsnebel gliedern sich in (antizyklonale) Hochnebel und Bodennebel.

Hochnebel behaupten sich eine Reihe von Tagen hindurch und ihre Prognose ist dann nicht sehr schwierig. Um die Bildung von Hochnebeln zu beurteilen, muß man vor allem die geschichtliche Entwicklung der betreffenden antizyklonalen Luftmasse berücksichtigen: In der feuchten maritimen Polarluft oder maritimen Arktikluft ist die Wahrscheinlichkeit für die Entstehung ziemlich intensiver Hochnebel größer als in der trockenen und kälteren kontinentalen Arktikluft. Auch die

---

[1] Vgl. Abschnitt 36.

[2] Dann ist während des Abflauens des Windes am Abend der Feuchtestrom gegen den Erdboden gerichtet.

Raschheit des Temperaturrückganges in der zum Stillstand kommenden Luftmasse ist wohl zu beachten.

Die Prognose von *Bodennebeln* ist besonders schwierig, weil es sich hierbei nicht um die Erhaltung oder Verlagerung bereits bestehender Nebel, sondern um die Ausbildung frischer Nebel handelt. Die lokalen topographischen Umstände spielen hier eine besondere Rolle. Die lokale „*statistische*" Prognose der Nebelwahrscheinlichkeit nach den Abendbeobachtungen einer Reihe meteorologischer Elemente kann dabei behilflich sein. Besonders lehrreich sind derartige Aufstellungen für den Zusammenhang zwischen Windgeschwindigkeit (auch Windrichtung) am Abend und Nebelbildung in der Nacht.

Ob nun der Nebel durch Ausstrahlung, Advektion oder adiabatische Abkühlung entsteht, so hat der Prognostiker stets die während der Vorhersagefrist eintretende Senkung der Lufttemperatur abzuschätzen.

PETTERSSEN 1939 (2) hat betont, daß die zur Erreichung des Taupunktes nötige Abkühlung wohl ausreicht, um dichten Dunst (Diesigkeit), aber nicht um Nebel

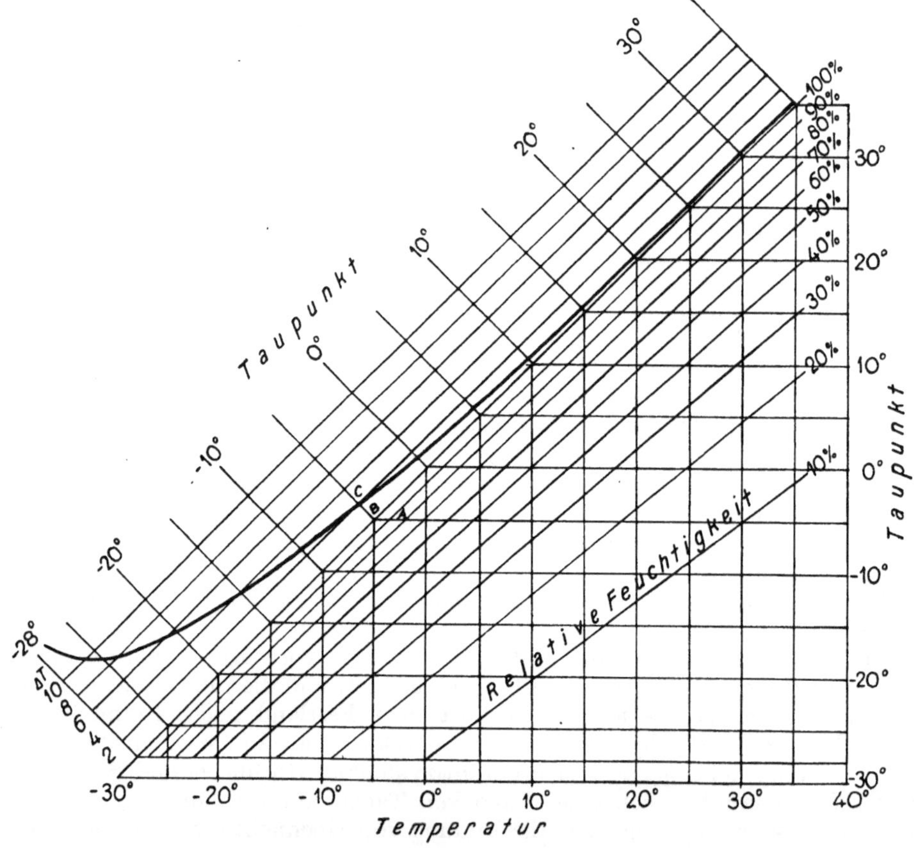

Abb. 217. PETTERSSENs Nebelvorhersage-Diagramm.

mit einer Fernsicht von weniger als 1000 m zu erzeugen. Hierzu ist noch eine zusätzliche Abkühlung nötig, die imstande ist, mindestens 0,5 g flüssiges Wasser pro Kubikmeter Luft — eben in Form von Nebeltröpfchen — zu produzieren. Diese zusätzliche Abkühlung ist auf dem „Nebelvorhersage-Diagramm" (siehe Abb. 217) durch die dickausgezogene Kurve gegeben. Das Diagramm ermöglicht es, aus

der jeweils vorhandenen Temperatur und relativen Feuchtigkeit die zur Nebelbildung erforderliche Temperatur zu finden. Beträgt z. B. bei einer Temperatur
von —2° die relative Feuchtigkeit 80% (Punkt A), so ist eine Abkühlung auf —5°
(Punkt B) zur Erzeugung von Dunst und eine weitere Abkühlung um 2° (Punkt C),
also im ganzen auf —7°, zur Erzeugung von Nebel nötig.[1]

Man kann nun an Hand der synoptischen Karte abschätzen, ob die für die Bildung
von Bodennebel (Strahlungs- oder Advektionsnebel) notwendige Tiefsttemperatur
während der Nacht eintreten wird. Dabei könnte man etwa ein Verfahren einschlagen, wie es DUFOUR in erster Annäherung für die Prognose von Nachtfrösten
zur Anwendung gebracht hat (siehe Teil c dieses Abschnitts), wobei ja auch
Strahlung und Advektion berücksichtigt werden.

Im Winter darf der wichtige Umstand nicht übersehen werden, daß sich bei sehr
tiefen Temperaturen der Nebel statt in Tröpfchenform in Form von Eiskristallen
bilden kann, wobei die relative Feuchtigkeit (in bezug auf Wasser) mehr oder weniger
weit unter 100% verbleibt.

Ein völliges Freiwerden eines bestimmten Landstriches von Strahlungsnebeln
oder Strahlungshochnebeln hängt offenbar mit Änderungen in der Luftströmung
und mit Luftmassenwechseln zusammen. Der Bodennebel zerstreut sich gewöhnlich
nach Sonnenaufgang gleichzeitig mit der Auflösung der Bodeninversion.

i) Nieseln.

Das Nieseln wird aus kolloid-labilen und dabei besonders mächtigen Wolkenschichten ausgeschieden. Erhebliche Stärke erreicht es in Tropikluft, und zwar
besonders im Warmsektor einer sich vertiefenden Zyklone, in der Nähe des Zentrums
der Störung. Nieseln pflegt aber auch in herbstlichen, kontinentalen Antizyklonen
aufzutreten, wofern der Feuchtigkeitsgehalt der antizyklonalen Luft maritimen
Ursprunges hinreichend hoch ist.

Bisweilen gehen geschlossene Nebel in Nieseln über; dabei spielt offenbar das
Auffrischen des Windes eine Rolle, indem es die kolloidale Labilität des Nebels
verstärkt. So z. B. wurde am Morgen des 17. Oktober 1931 das ganze mittlere
Gebiet des europäischen Rußland von einem zusammenhängenden Nebel überzogen;
am nächsten Morgen verzeichneten fast alle Stationen in diesem Gebiet Nieseln,
obgleich es sich durchaus um dieselbe Luftmasse handelte.

k) Eisansatz. Flugzeugvereisung.

Die allgemeinen physikalischen Bedingungen für die Eisbildung sind nach den
Definitionen der Anleitung des Geophysikalischen Hauptobservatoriums in Leningrad (1928) die folgenden: 1. Festfrieren unterkühlter Regentröpfchen bei Berührung
mit der Erdoberfläche oder mit Gegenständen bei mäßigem Frost; 2. Festfrieren
von Regen nach einer langandauernden Periode strenger Fröste; 3. Ablagerungen
aus dichtem Nebel auf der unterkühlten Erdoberfläche.

Bekanntlich bildet die Vereisung unter Umständen eine außerordentlich große
Gefahr für das Flugwesen. Es kommen auch hier im wesentlichen drei verschiedene
Arten von Eisansatz zur Beobachtung: Klareis, Rauhfrost und Rauhreif (vgl. Abschnitt 39, a). Der *Rauhreifansatz* an Flugzeugen erreicht allerdings meist nur sehr
geringe Dicke und scheidet daher als Gefahrenquelle aus. Dagegen können die
beiden anderen Vereisungsformen eine rasche Verschlechterung der aerodynamischen
Eigenschaften des Flugzeugs und eine Behinderung seiner Steuerfähigkeit, gelegent-

---

[1] Nach PETTERSSEN hat BLEEKER 1939 (*2*) ein etwas anderes Diagramm für Nebel-
und Nachtfrostvorhersage entworfen.

lich auch seine Überlastung hervorrufen, wozu noch verschiedene andere Schäden, wie Verstopfung der Staudüsen, Abreißen der Antenne, Splitterwirkung der von den Propellern abgeschleuderten Eisstücke u. a. m. kommen können. Das *Klareis* bildet einen festhaftenden, ziemlich durchsichtigen, aber rauhen Überzug des ganzen Flugzeugs, der namentlich an den Vorderkanten aller Bestandteile stark verdickt ist, der *Rauhfrost* dagegen einen trüben, kristallinischen, dem Wind entgegenwachsenden Ansatz an den Vorderkanten, der nicht so sehr wie das Klareis nach rückwärts wächst und auch nicht so fest haftet wie dieses.

Die Behandlung der physikalischen Eigentümlichkeiten des Eisansatzes an Luftfahrzeugen, bei dem auch verschiedene meteorologische Umstände (wie Fluggeschwindigkeit, Flugzeugtemperatur, Dauer des Verweilens im gefährdeten Gebiet usw.) mitspielen, gehört in das Sondergebiet der Flugmeteorologie und wird auch in den betreffenden Lehrbüchern ausführlich behandelt, unter Berücksichtigung der im Gefahrenfall empfehlenswerten navigatorischen Maßnahmen. Hier interessiert uns lediglich die synoptische und die aerologische Seite des Problems, und zwar vom Standpunkt der Vorhersage aus.

Vereisung an Luftfahrzeugen tritt sowohl in Wolken als auch in Niederschlägen auf. Für das Zustandekommen von *Wolkenvereisung* scheinen Stellen bevorzugt zu sein, wo vertikale Luftbewegungen vorkommen und eine Vergrößerung der Wolkentröpfchen veranlassen, also vor allem Fronten, Stau- und Konvektionsgebiete. Demgemäß werden wir also zwischen interner und frontaler Wolkenvereisung zu unterscheiden haben.

Was die *interne* Wolkenvereisung anlangt, so tritt sie vor allem beim Zufluß von Polar- und Arktikluft aus dem Nordwestquadranten innerhalb der Konvektionsbewölkung Cu und Cb auf, und zwar sowohl in Form von Klareis als auch von Rauhfrost. Auch die Wolkenstau an den Alpen, die sich bis weit in das Alpenvorland hinein in Form einer mächtigen St-Schicht geltend macht, ist nach O. REINBOLD 1935 für zahlreiche Vereisungsfälle verantwortlich. Überall, namentlich aber in England (nach W. H. BIGG 1937) und in Nordamerika (nach L. T. SAMUELS 1932) entfällt ein hoher Prozentsatz von Vereisungen, hauptsächlich durch Rauhfrost, auf den Sc, wobei dessen Oberseite in England meist durch eine Inversion charakterisiert ist; der Rauhfrost entsteht offenbar durch die aufwärts gerichteten Turbulenzbewegungen innerhalb der Wolke.

Frontale Wolkenvereisung kann offenbar sowohl im Warmfrontgewölk — As-Ns — als auch im typischen Kaltfrontgewölk — Cb — vorkommen. Von BIGG wird die Häufigkeit von Eisbildung im As-Ns als nicht sehr groß angegeben, nach der deutschen Statistik steht sie jedoch hinter dem St (und Fs) an zweiter Stelle. Die typische Form des Ansatzes in frontalen Wolken scheint das Klareis zu sein.

Ganz allgemein tritt Wolkenvereisung vorzugsweise bei Temperaturen von 0° bis —5° auf, doch wurden schon einzelne Fälle bei einer Temperatur von —20° verzeichnet.

Was die *Vorhersage der Wolkenvereisung* anlangt, so ist nach BIGG dort, wo innerhalb des Temperaturbereiches 0° bis —12° Wolken zu erwarten sind, die Möglichkeit von Eisansatz gegeben, im Fall von Cb auch bei tieferen Temperaturen. Liegen keine aerologischen Daten vom selben Tag vor, so können solche der vorhergehenden Tage mit der entsprechenden Kritik benutzt werden, oder im Fall des Herannahens einer neuen Luftmasse die in dieser vorgenommenen Aufstiege.

Der weitaus gefährlichste Fall von Flugzeugvereisung tritt aber nicht durch Ansatz unterkühlter Wolkentröpfchen, sondern in Niederschlägen, und zwar vor allem in *unterkühltem Regen* ein, also zunächst unter einer winterlichen *Warmfront*, wenn ein zurückweichender Keil von Arktikluft oder kontinentaler Polarluft mit Temperaturen unter Null überweht wird von einer feuchten (meist polar-maritimen)

Luftströmung, in der die Temperaturen der Frontfläche entlang etwas über dem Gefrierpunkt liegen. Das unter der Frontfläche innerhalb der Frostluft fliegende Flugzeug wird dann vom unterkühlten Warmfrontregen getroffen und alsbald von einer Klareisschicht überzogen. Nach REINBOLD können ähnliche Umstände aber auch unter einer winterlichen *Kaltfront* auftreten, wenn wärmere maritime Polarluftreste von einbrechender Arktikluft oder polarer Kontinentalluft angehoben werden.

Nach SCHINZE 1932 (*1*), welcher die synoptisch-aerologischen Bedingungen zahlreicher, für Flugzeugvereisung typischer Fälle in Deutschland untersucht hat, sind bei den erwähnten Situationen besonders jene wirksam, die durch starke Konvergenz und das Vorhandensein einer quasistationären Frontalzone ausgezeichnet werden. Infolge der sanften Neigung des Arktikluftkeils beginnt die Vereisungszone meist erst in einer Entfernung von 50—100 km vor der Bodenfront und hat gewöhnlich eine Tiefe von 100—200 km.

Nach W. M. KURGANSKAJA und I. G. PTSCHELKO pflegt im europäischen Rußland (desgleichen nach V. ROSSI in Finnland) die Vereisung am häufigsten in der Präfrontalzone von Warmluftokklusionen vorzukommen, ferner im Gebiet alter winterlicher Höhenokklusionen.

Nach BIGG können die oben für die Vorhersage von Wolkenvereisung empfohlenen Gesichtspunkte sinngemäß auch auf die *Prognose der frontalen Vereisung* angewendet werden. Vor allem kann das Gebiet, wo Regen bei Temperaturen unter Null fällt, abgegrenzt werden und es kann, wenn Aufstiegsdaten zur Verfügung stehen, beurteilt werden, bis zu welchem Maß über der Frontalzone Luft mit Temperaturen über Null aufgleiten dürfte.

Daß man auch nach dem lokalen Aussehen der zu Boden gefallenen Sublimationsprodukte gewisse Schlüsse auf die thermische Struktur der höheren Luftschichten und damit auf die Vereisungsgefahr für Flugzeuge ziehen kann, hat FINDEISEN 1939 (*3*) gezeigt.

Nach REINBOLD betrug in den Jahren 1930 bis 1933 in Deutschland die Mächtigkeit der Vereisungswolken durchschnittlich 700—800 m; Fälle mit starker Vereisung traten in einer mittleren Höhe von 1100 m, mit mäßiger Vereisung in einer mittleren Höhe von 2500 m üb. M. auf.

Im letzten Jahrzehnt entstand eine überaus umfangreiche Literatur über dieses praktisch besonders wichtige, weil für den Flugverkehr sehr gefährliche Phänomen.

1) Fernsicht.

Die Sichtweite ist grundsätzlich von zwei Faktoren abhängig: 1. von der Intensität der trockenen Lufttrübung, 2. von der Intensität des Nebels oder Dunstes.

Die Intensität der trockenen Lufttrübung richtet sich vor allem nach dem Quellgebiet und der Bahn der Luftmasse, wie in Abschnitt 50 ausführlich auseinandergesetzt. Es sei daran erinnert, daß Arktikluft und maritime Polarluft, wofern sie keine Kondensationsprodukte enthalten, die größte, dagegen Tropikluft die geringste Durchsichtigkeit aufweisen. Hat eine Luftmasse ihr Quellgebiet über Wüsten- oder Steppengegenden oder streicht sie über unbewaldete schneefreie Gebiete hinweg, so wird sie beträchtlich verunreinigt. In der Nähe von Herdgebieten für Luftverunreinigung (z. B. Süd- und Südostrußland) kann die trockene Trübung die Fernsicht auf einige wenige Kilometer oder Hektometer herabsetzen.

Über dem Festland ist auch die lokale Verunreinigung der Luft durch Stadtrauch und Stadtstaub, durch Qualm und Rauch von Heide-, Wald- und Moorbränden zu berücksichtigen.

In den mittleren Breiten wird die Fernsicht auch noch durch Dunst und Nebel verschlechtert und in dieser Zone hängt die Sichtprognose direkt mit der Prognose von Auftreten, Entwicklung und Auflösung des Nebels zusammen.

Es sei nochmals daran erinnert, daß unter sonst gleichen Bedingungen in den unteren Schichten die Fernsicht in labilen Luftmassen besser ist als in stabilen. In der freien Atmosphäre ist das Umgekehrte der Fall.

In nordwärts vordringender Tropikluft nimmt die trockene Trübung ab, die Nebelbildung jedoch gleichzeitig zu. Dringt Arktikluft oder Polarluft südwärts über schneefreies Land vor, so wird ihre trockene Trübung etwas stärker und die Fernsicht daher schlechter; Nebel und Dunst lösen sich dagegen über dem warmen Erdboden auf.

Kommen die Luftmassen einer kontinentalen Antizyklone zum Stillstand, so sammeln sich in ihnen allmählich Staub und Kondensationsprodukte an und führen eine Sichtverschlechterung herbei. In absteigender Föhnluft ist die Sicht in der Regel besser als unter ungestörten Verhältnissen.

Der Durchzug einer Warmfront ruft meist eine Verringerung der Fernsicht hervor (wenn nicht bereits Präfrontalnebel auftrat), der Durchzug einer Kaltfront dagegen eine Sichtbesserung.

m) Wind.

Die Windprognose gründet sich im wesentlichen auf eine richtige Prognose der Druckverteilung im Zusammenhang mit der Ausbildung und dem Fortschreiten der atmosphärischen Störungen. Der Zusammenhang zwischen Isobarenverlauf und Windrichtung sowie zwischen Druckgradient und Windstärke ist bekannt. Jeder Anlaß zu einer Gradientverstärkung — z. B. Zyklonenvertiefung, Entstehen einer neuen Störung, Annäherung einer Zyklone an eine Antizyklone, Verstärkung der Antizyklone bei unveränderter Tiefe der Nachbarzyklonen usw. — gibt auch Anlaß zu einer Windzunahme.

Es braucht nicht erst hervorgehoben zu werden, daß die zyklonalen Störungen und die Randgebiete der Antizyklonen durch starken Wind charakterisiert sind. Die Annäherung einer Front (namentlich einer Warmfront oder einer Okklusion) ruft im Verein mit dem sie begleitenden Druckfall gewöhnlich eine präfrontale Windverstärkung hervor. Beim Vorübergang der Kaltfront selbst sind starke Windstöße oder Böen nicht selten.

Außerdem ist bekannt, daß der Durchzug einer Front gewöhnlich mit einer Rechtsdrehung des Windes verbunden ist.

Sehr wichtig ist die Überwachung der orographischen Einflüsse auf den Wind. Wenn man ganz absieht von den regelmäßig abwechselnden Berg- und Talwinden in Gebirgstälern, so gibt es eine große Anzahl von Lokalwindsystemen (z. B. Föhne, Bora usw.), die orographisch bedingt sind. Außerdem beeinflussen die orographischen Verhältnisse sowohl die Richtung als auch die Stärke der Hauptluftströmungen, wie bereits in Abschnitt 61 erwähnt.

Hier sei an die Windverstärkung vor einer Front erinnert, die sich einer Steilküste oder einem Gebirgshindernis nähert; ferner an die Ablenkung des Windes durch Gebirge (die bei stabiler Luftmassenschichtung mehr umströmt als überströmt werden), an die Windverstärkung an zur Windrichtung parallelen Küsten (namentlich bei Südwinden an der Westküste), sowie an vorspringenden Küsten.

Auch die Tageszirkulation der Luft zwischen Land und Meer darf nicht unberücksichtigt bleiben. Der Seewind am Tage, der sich über eine allgemeine, gleichfalls vom Meer gegen das Land gerichtete Luftströmung superponiert, kann der Küste entlang eine Windverstärkung von 1—2 Beaufort-Graden hervorrufen. Dagegen schwächt der Seewind eine allgemeine entgegengesetzt gerichtete Luftströmung ab.

Der Windcharakter — der größere oder kleinere Grad seines Pulsierens, seiner Turbulenz — hängt, wie schon bekannt, eng mit der Temperaturschichtung der Luftmasse zusammen. Stabile (warme) Luftmassen haben vorwiegend laminaren Strömungscharakter, labile (kalte) dagegen turbulenten (namentlich in Arktikluft im Binnenland während des Frühjahrs). Die Tageserwärmung verstärkt die Turbulenz erheblich; die nächtliche Abkühlung dagegen hemmt sie.

In Zusammenhang mit der Zunahme der Turbulenz untertags und ihrer Abschwächung in der Nacht ist auch der Tagesgang des Windes (mit einem Maximum am Tag und einem Minimum in der Nacht) besonders ausgeprägt unter antizyklonalen Verhältnissen; er muß bei der Prognose häufig in Rechnung gestellt werden.

Unter Berücksichtigung des Luftmassencharakters und der Tageszeit läßt sich der Böigkeitsgrad des Windes voraussehen. Die Prognose einzelner Böen ist jedoch unmöglich. Nur das Auftreten und die Eintrittszeit von Böen, die mit einer Kaltfront zusammenhängen, lassen sich mit einer gewissen Wahrscheinlichkeit vorhersagen. Dagegen können bestimmte Orte vor Gewitterböen, die innerhalb einer labilen Luftmasse auftreten, nur gewarnt werden auf Grund von Lokalbeobachtungen in dem betreffenden Gebiet, welche die Entwicklung oder das Heranziehen einer mächtigen Schauerwolke bereits deutlich erkennen lassen. Ganz unmöglich ist die Prognose der Entstehung und des Fortschreitens von Windhosen und Tornados, die, wenngleich in Europa sehr seltene Erscheinungen, doch gelegentlich bei heißem Sommerwetter auftreten; ihre Vorbedingung ist Abkühlung in der Höhe. In einigen Fällen läßt sich ein Zusammenhang von Tornados mit Fronten nachweisen (z. B. der Moskauer Tornado vom 29. Juni 1904, siehe A. A. SPERANSKIJ in „Meteorologitscheskij Westnik" 1904).

n) Groß-Schneefälle, Schneetreiben und Schneefegen.

Groß-Schneefälle, definiert als Schneefälle mit einer Niederschlagsmenge von 15 mm aufwärts, können nach W. KUHNKE 1939 in Deutschland zwischen Ende September und Ende Mai vorkommen, zeigen aber eine deutliche Verschiebung ihres Häufigkeitsmaximums von der Wintermitte gegen das Frühjahr zu; Schneefälle von 30 mm aufwärts sind am häufigsten im März, auch wenn man von Beobachtungen an Bergstationen absieht. Dabei besitzt der Osten Deutschlands ein klares Maximum der Groß-Schneefallhäufigkeit und gleichzeitig tritt noch eine Zunahme von Norden nach Süden in Erscheinung als Folge der zunehmenden Seehöhe (Geländeniederschlag).

Nach KUHNKE sind diese Groß-Schneefälle durch einen ganz bestimmten Wettertyp charakterisiert, dessen einzelne Entwicklungsstadien die folgenden sind: Stationäres Tief über Mitteleuropa mit geringem stratosphärischen Druckgefälle — Kaltlufteinbruch von Nordosten aus einem Hoch über Rußland mit Druckanstieg dortselbst — Warmluftvorstoß aus Südosten mit Teiltiefbildung im Mittelmeer (Südsteuerung) — Westdrehung der Kaltluft und damit Beginn einer West- oder Nordweststeuerung. Allgemeine Bedingung im Niederschlagsgebiet: Bodentemperaturen nahe Null. Der Gesamtniederschlag setzt sich dann zusammen aus den lang dauernden Schauerniederschlägen, hervorgerufen durch das sehr langsame Vordringen der nordöstlichen Kaltluft unter Warmluftreste und aus den anschließenden Dauerniederschlägen beim langsamen Aufgleiten der südöstlichen Warmluft.

Unter *Schneetreiben* versteht man das gleichzeitige Auftreten ziemlich starken Windes (4—5 Beaufort-Grade) und dichten Schneefalles, meist beim Vorbeizug einer Front.

Die für die Ausbildung von Schneetreiben in Rußland besonders günstigen Druckverteilungen hat W. F. BESKROWNYJ im Detail beschrieben. Die frontologische

Analyse derartiger Wetterlagen (Eindringen von Zyklonen am Süden über das europäische Gebiet Rußlands hinweg, über Sibirien und das Kasachstan) findet sich in den neuesten Arbeiten von W. M. Kurganskaja und S. N. Tschechowitsch.

Beim *Schneefegen* handelt es sich um das Hochwirbeln der obersten Schicht einer Schneedecke durch den Wind. Dieser Effekt kann sich allgemein und ohne direkten Zusammenhang mit Fronten geltend machen, bisweilen sogar bei heiterem Himmel, in der an der Rückseite einer Zyklone rasch vordringenden Arktikluft.

Die Kenntnis des Oberflächenzustands der Schneedecke ist für die Prognose des Schneefegens unerläßlich. Denn das Vorhandensein einer Schneekruste macht das Zustandekommen dieser Erscheinung ebenso unmöglich wie das Schmelzen der Schneedecke bei Tauwetter.

Literatur zu Abschnitt 75.

Aus der reichen Literatur seien hier nur folgende Arbeiten zitiert:

Zur Nachtfrostprognose: Geiger 1927, Pollack 1930, Dufour 1938.

Zur Gewitterprognose: Wolf 1914, Dinies 1936 (*1*), 1936 (*2*), Namias 1938 (*1*), 1938 (*2*), Winter 1938.

Zur Nebelprognose: Petterssen 1939 (*2*), Bleeker 1939 (*2*).

Zur Glatteisprognose: Noth 1930, Schinze 1932 (*1*), Samuels 1932, Deschordschio 1933, Kurganskaja und Ptschelko 1935, Reinbold 1935, Bigg 1937, Sir George Simpson 1938, Rossi 1938.

Zur Prognose von Groß-Schneefällen, Schneetreiben und Schneefegen: Beskrownyj 1929, Kurganskaja 1936, Tschechowitsch 1937, Kuhnke 1939.

Wetterregeln auf Grund der Druckänderungen in der Höhe und am Boden: v. Ficker 1922.

Anhang:
Karten.

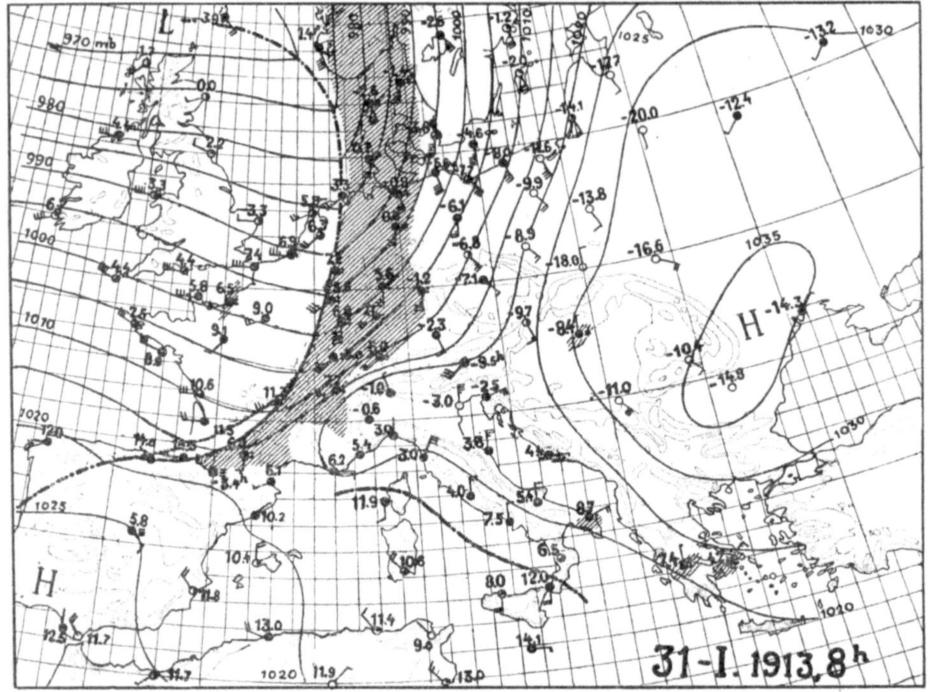

Abb. 218.

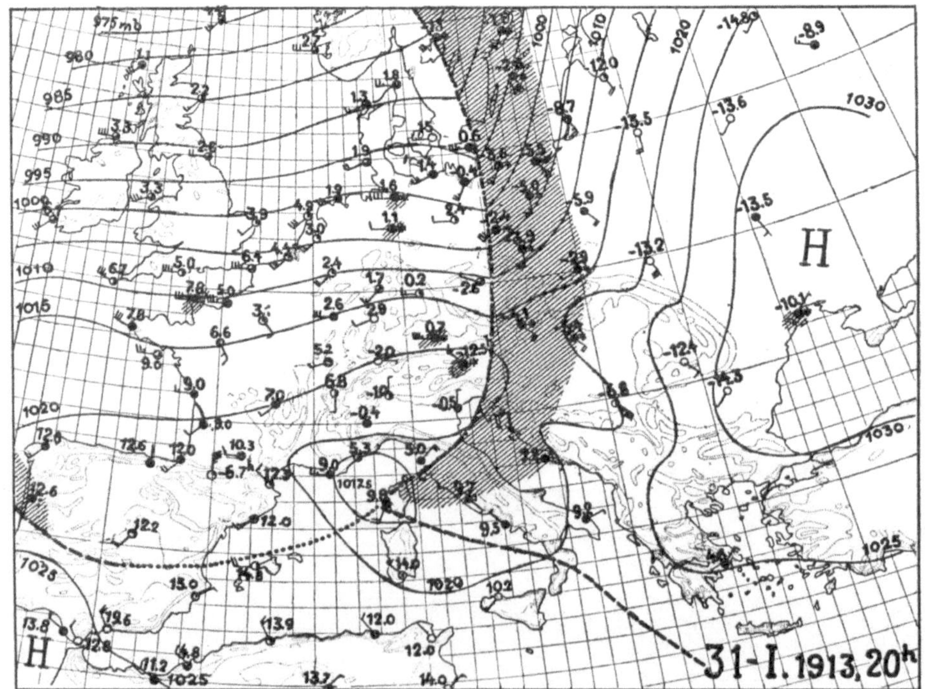

Abb. 219.

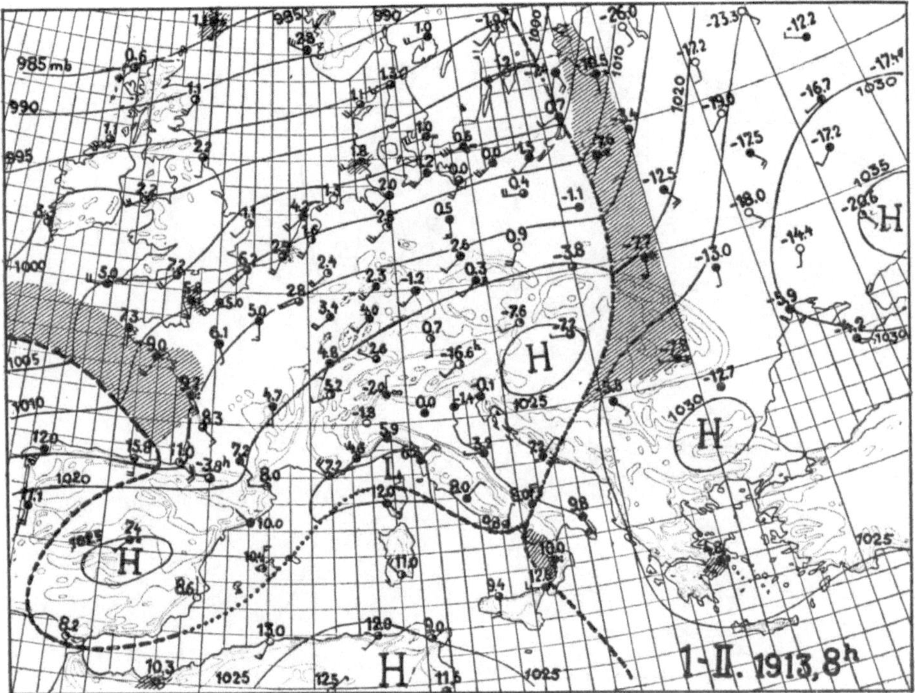

Abb. 220.

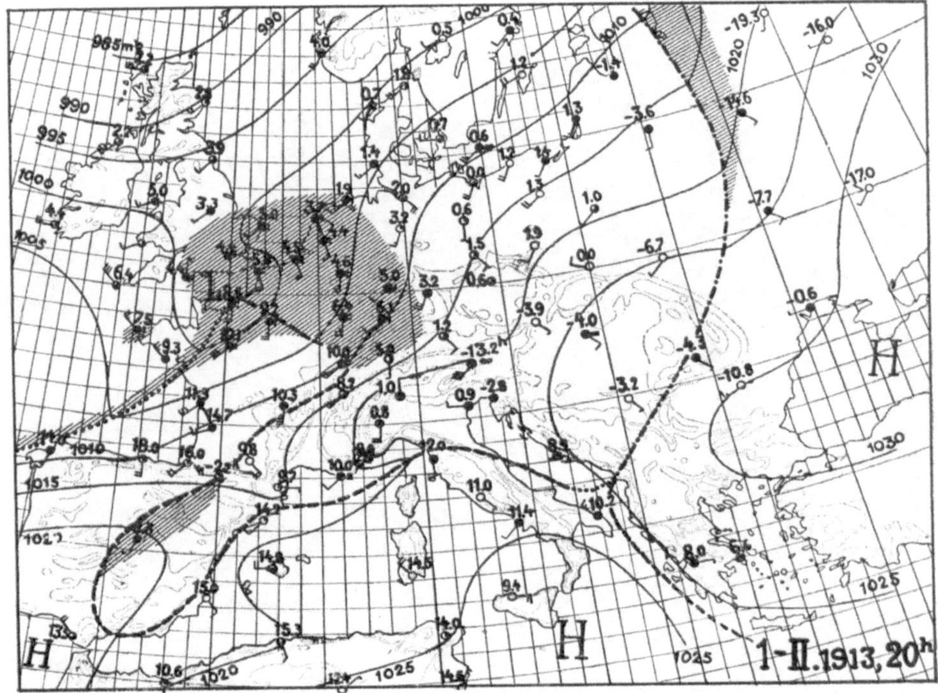

Abb. 221.

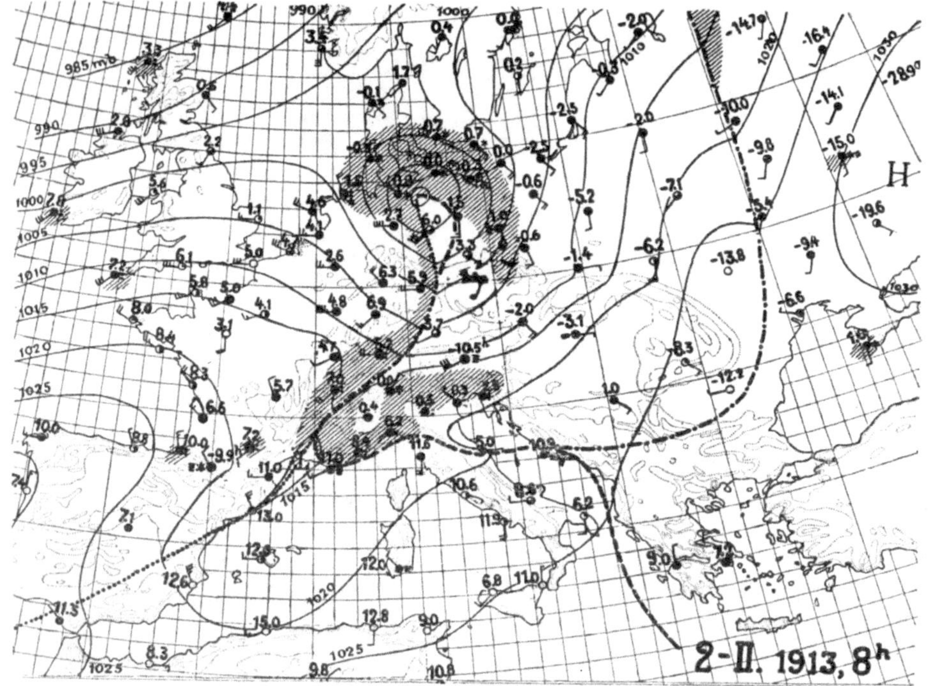

Abb. 222.

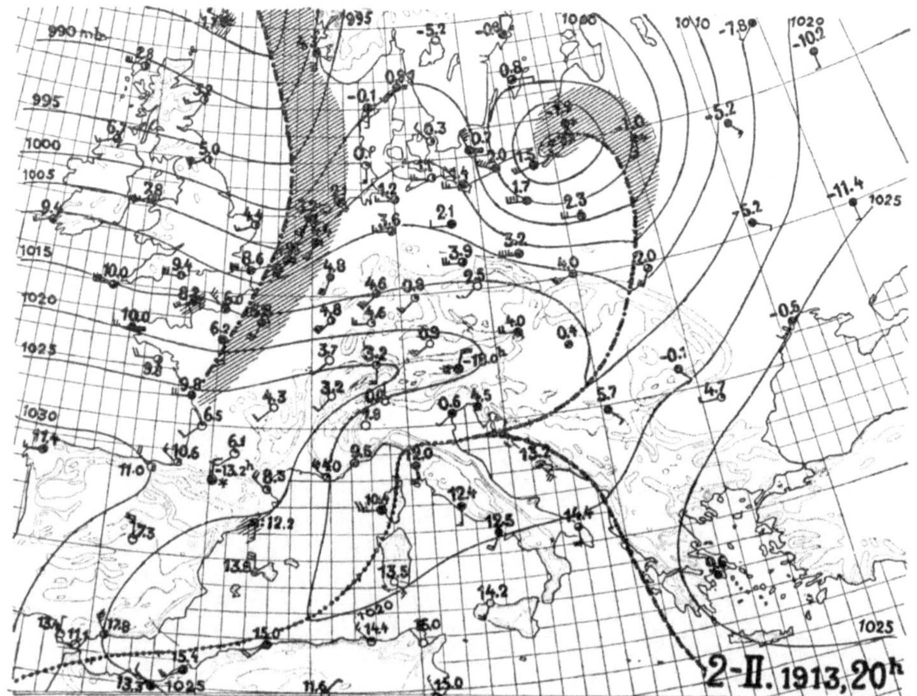

Abb. 223.

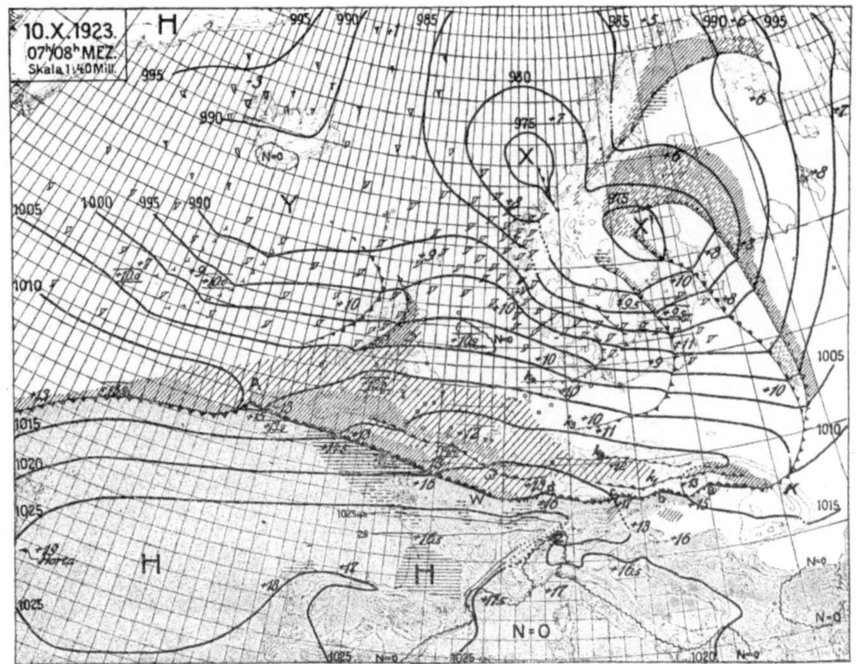

Abb. 224.

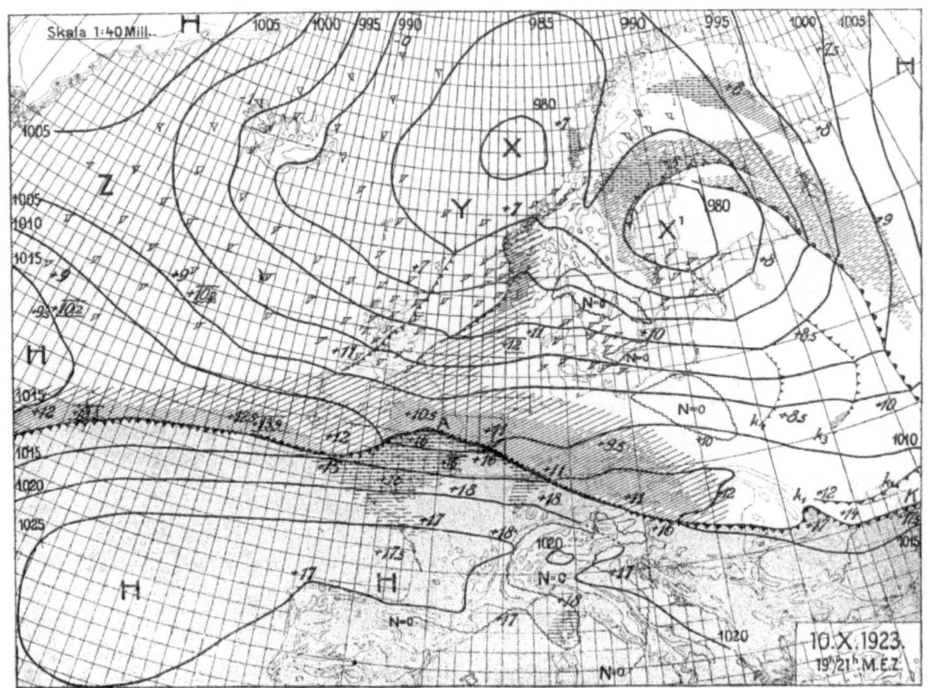

Abb. 225.

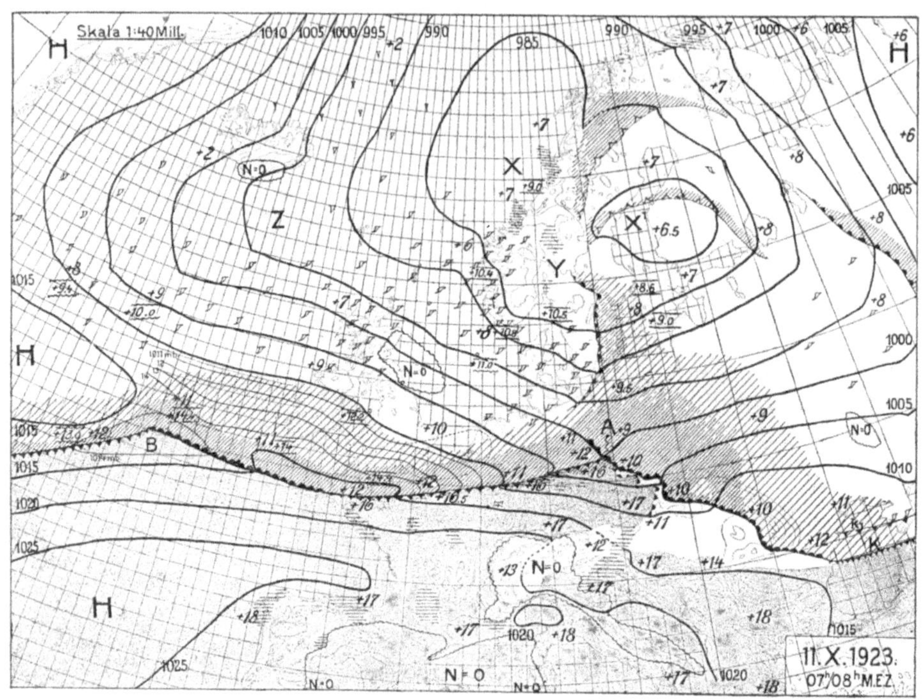

Abb. 226.

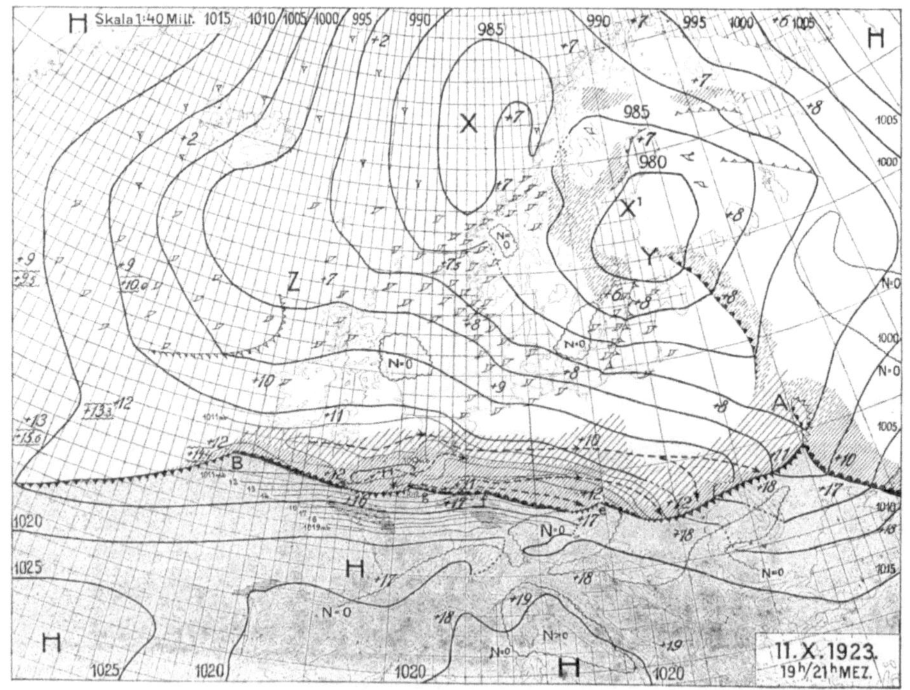

Abb. 227.

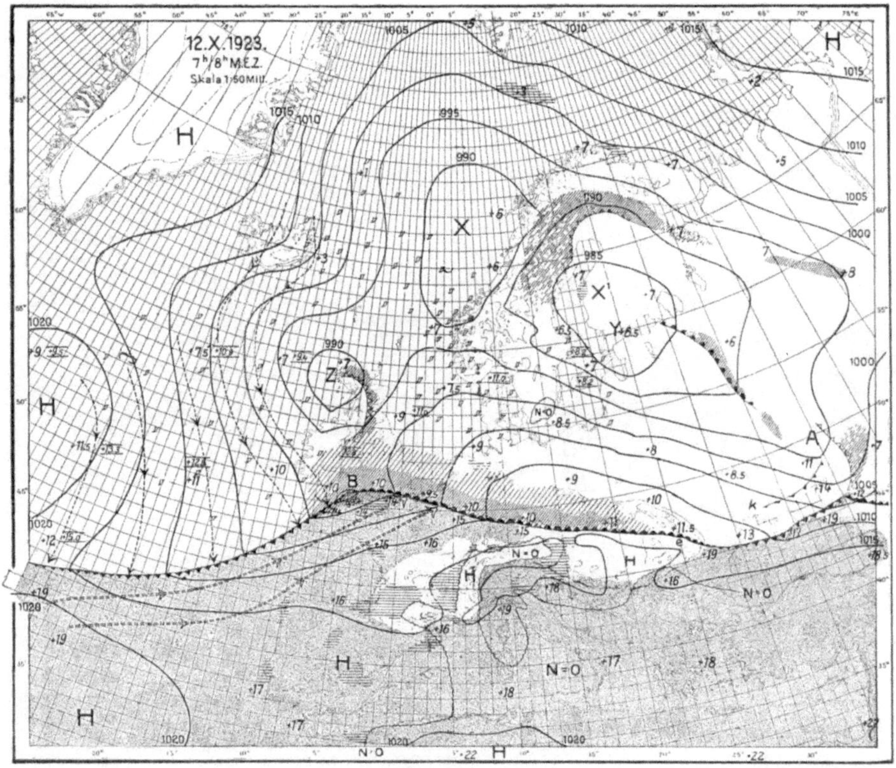

Abb. 228.

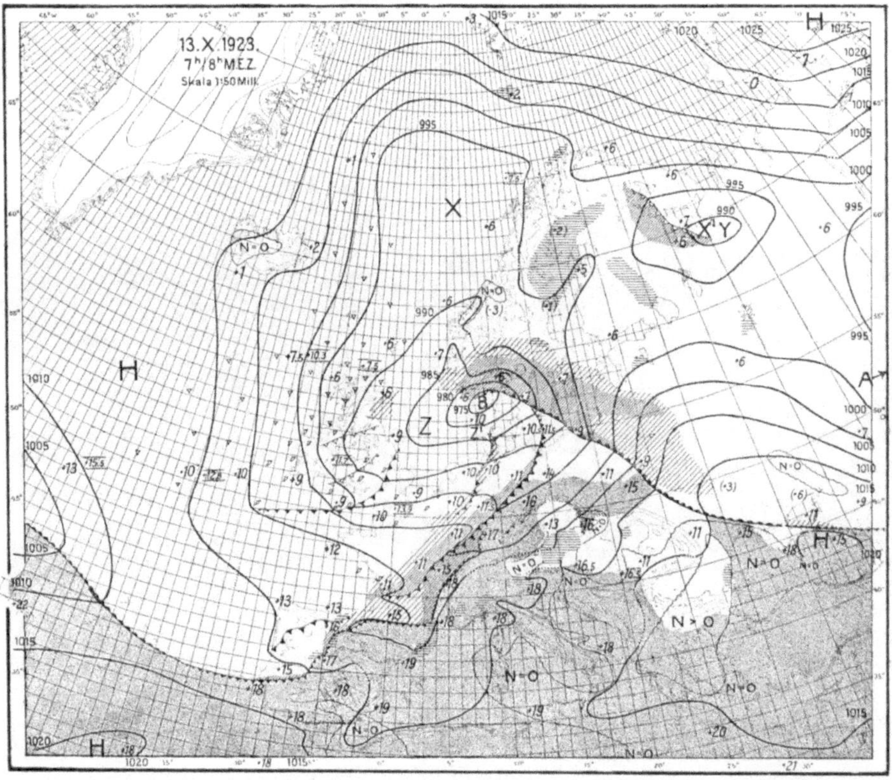

Abb. 229.

490

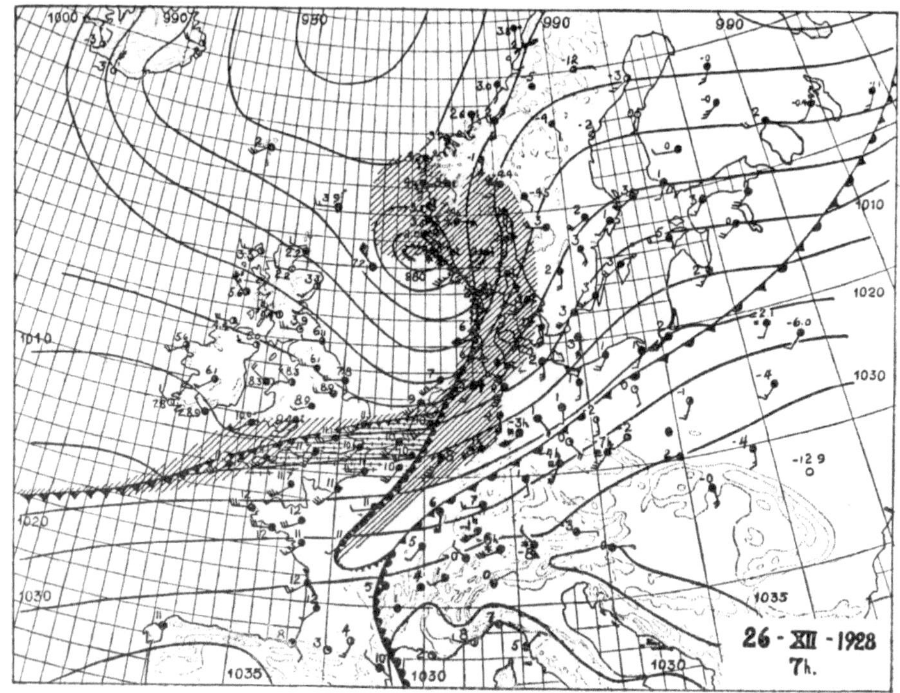

Abb. 230.

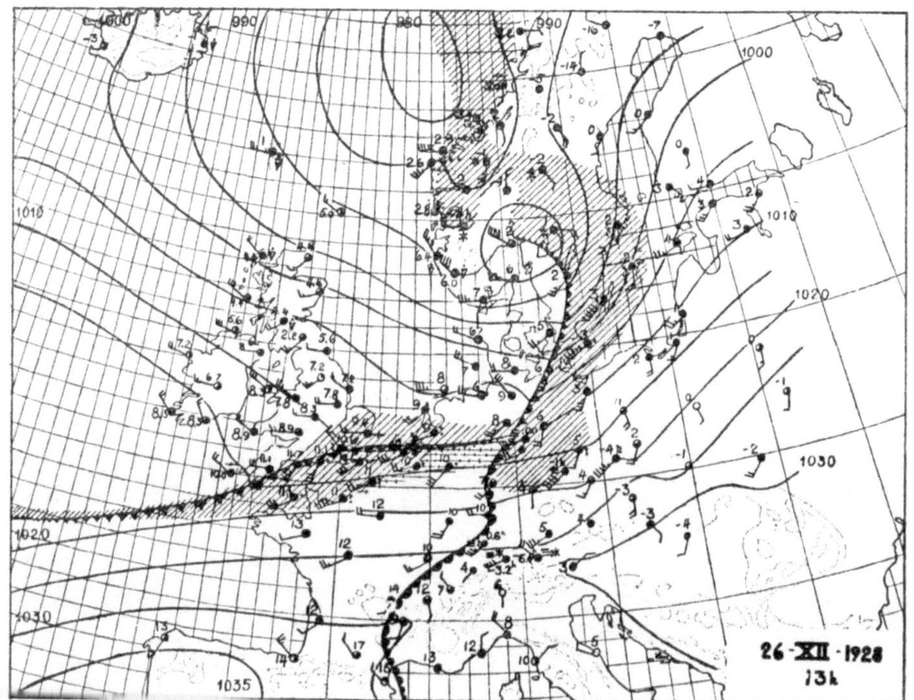

Abb. 231.

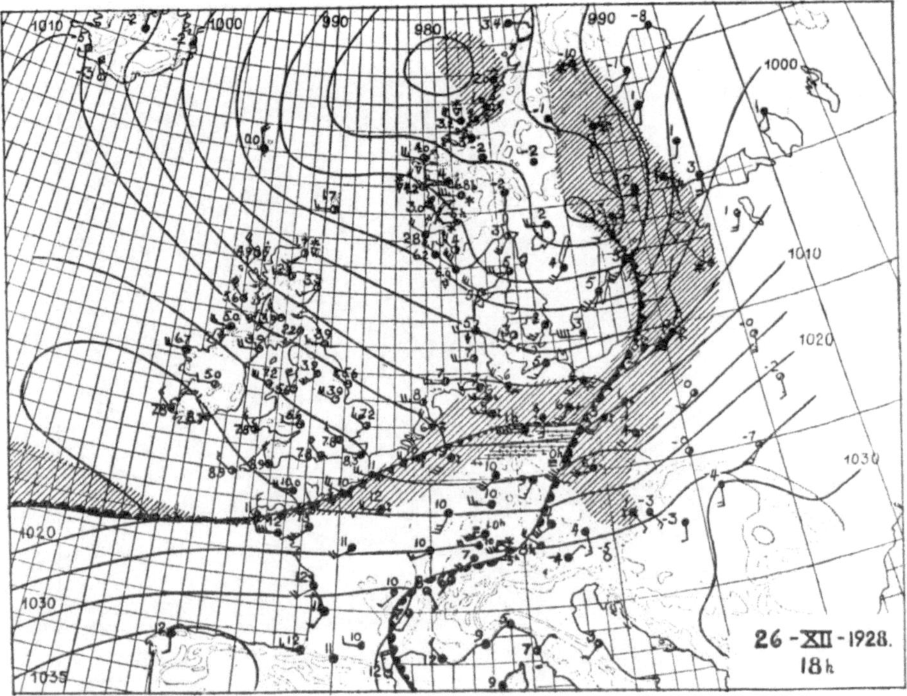

Abb. 232.

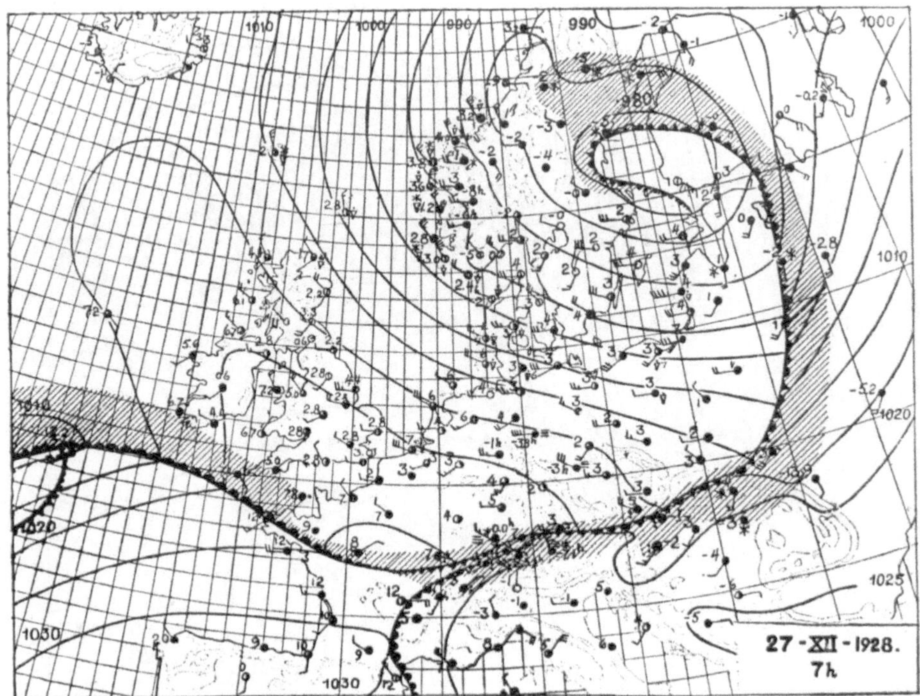

Abb. 233.

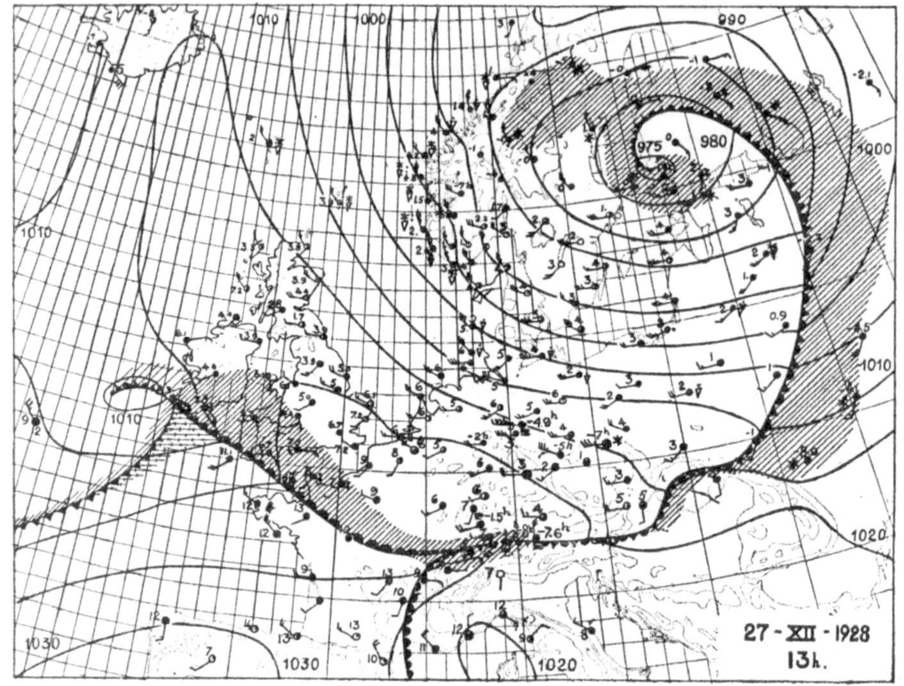

Abb. 234.

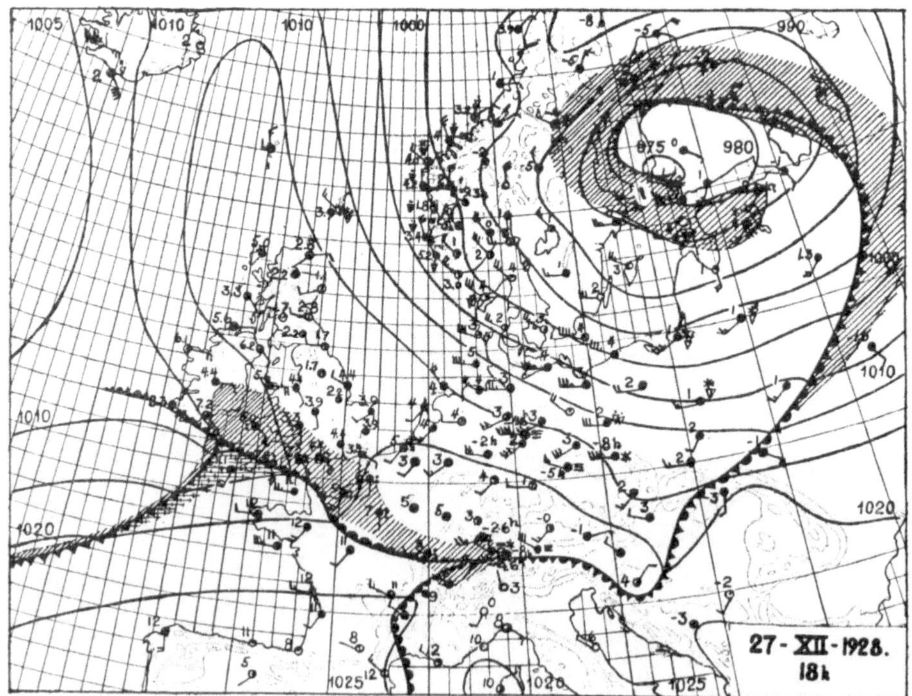

Abb. 235.

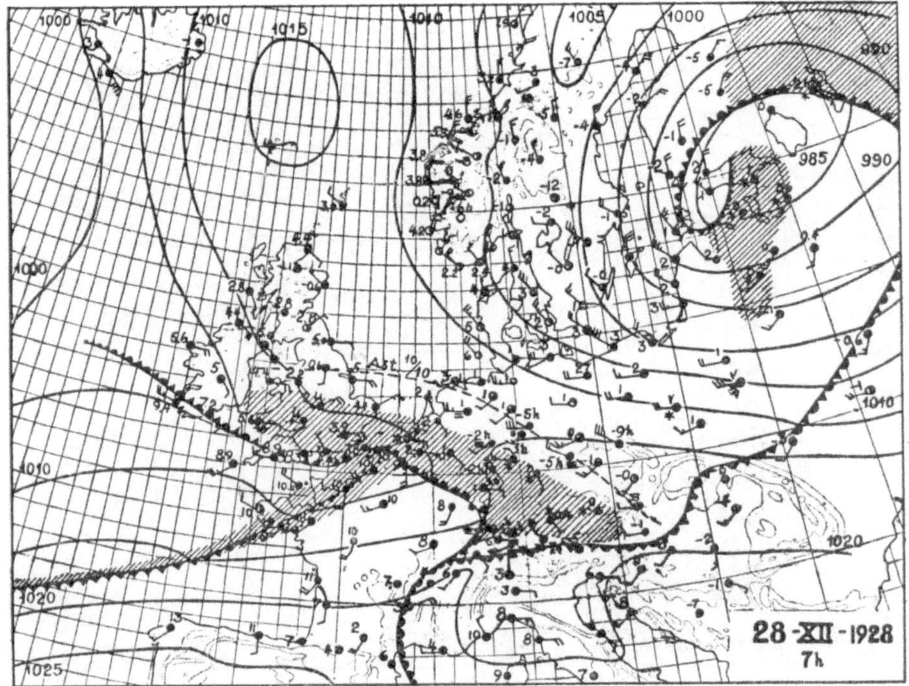

Abb. 236.

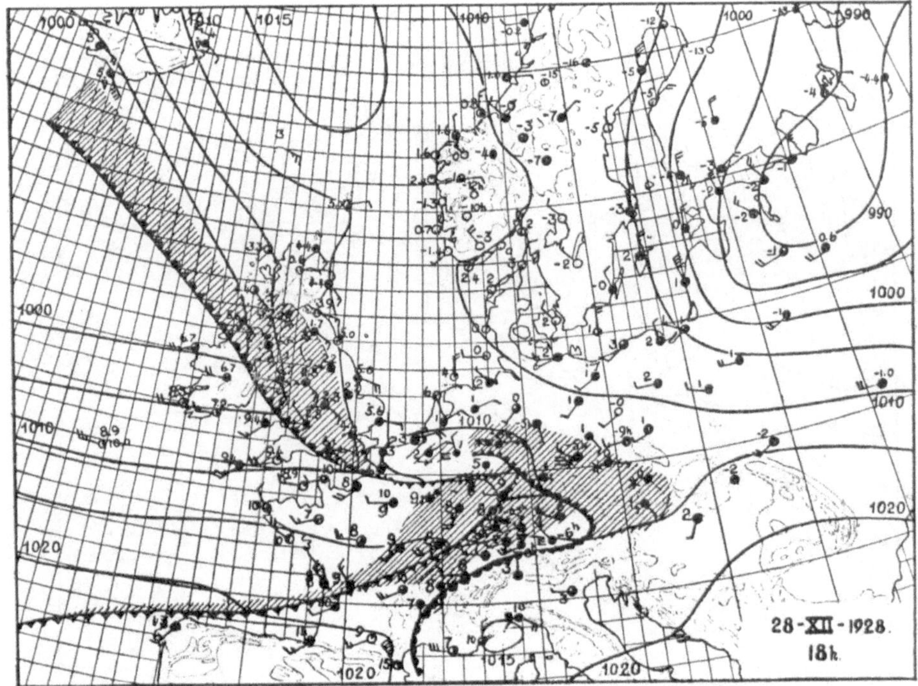

Abb. 237.

494

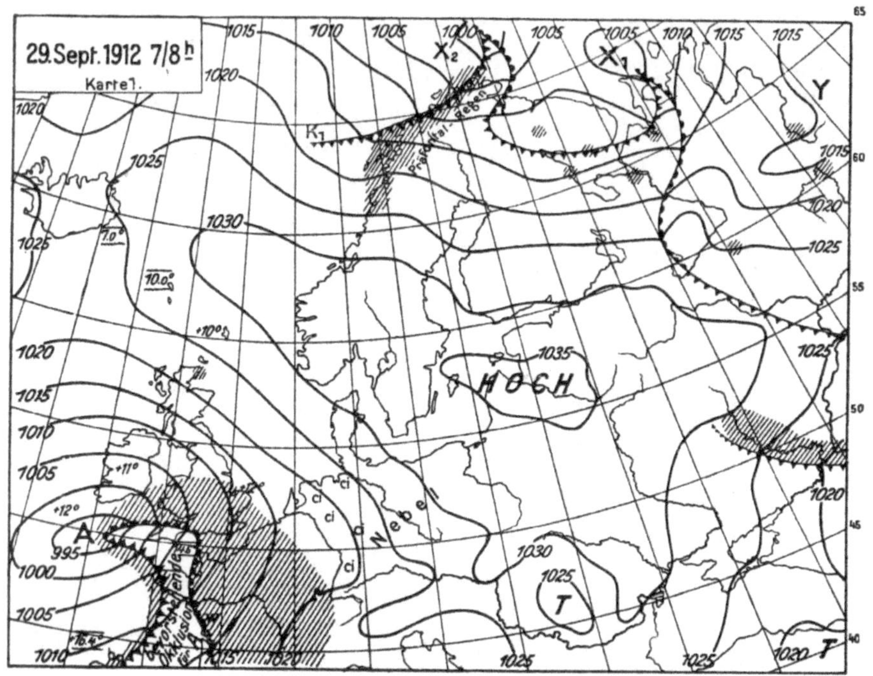

Abb. 238.

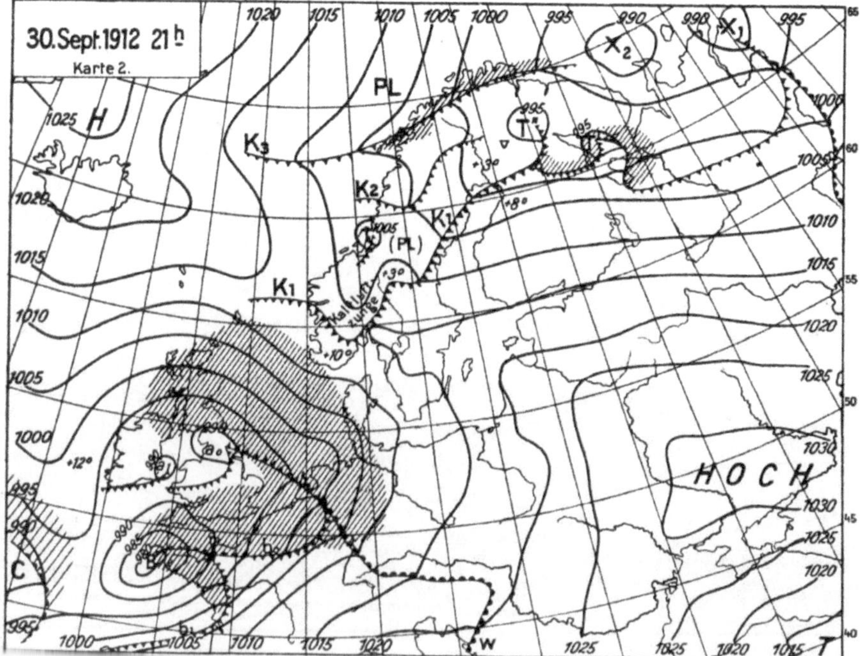

Abb. 239.

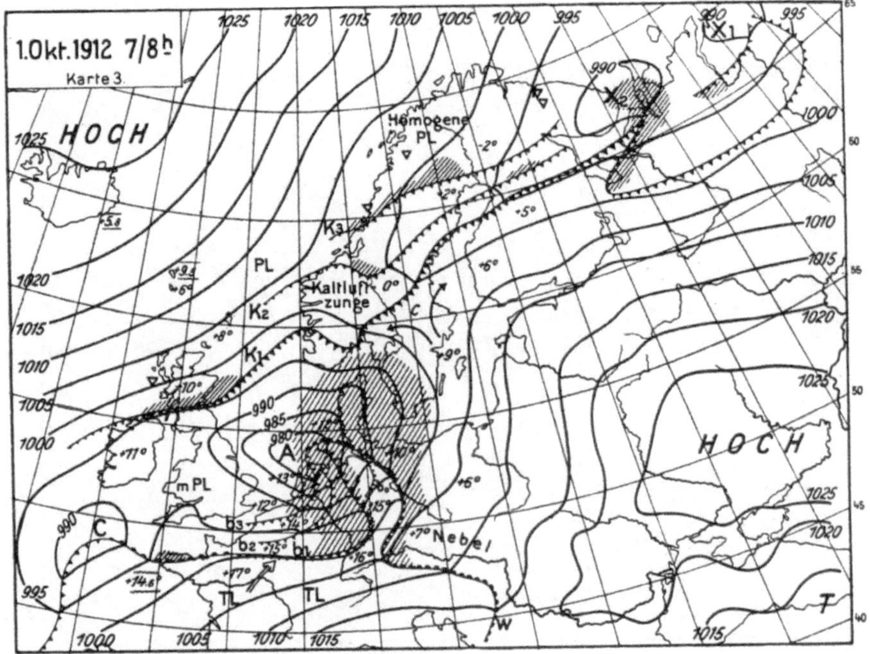

Abb. 240.

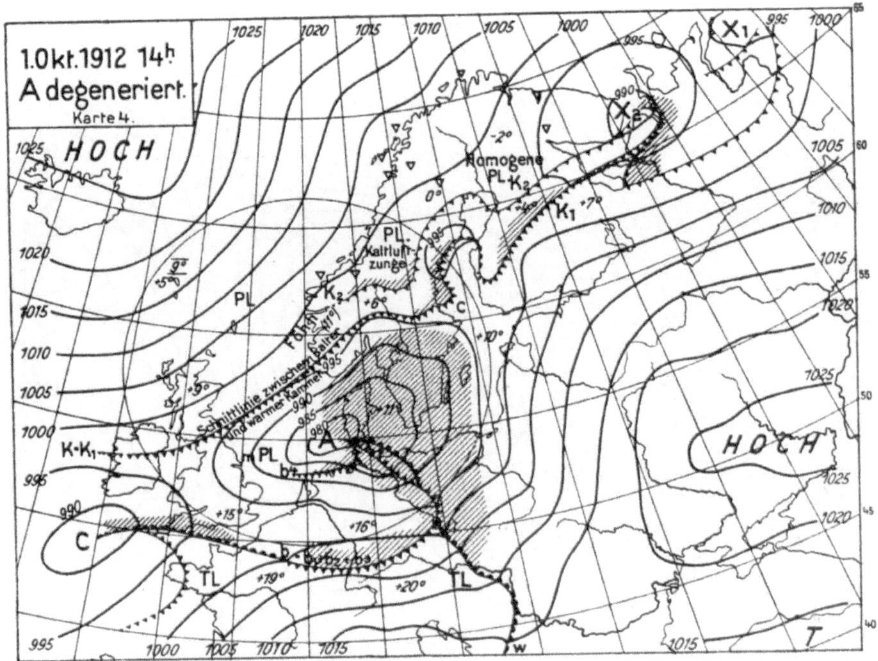

Abb. 241.

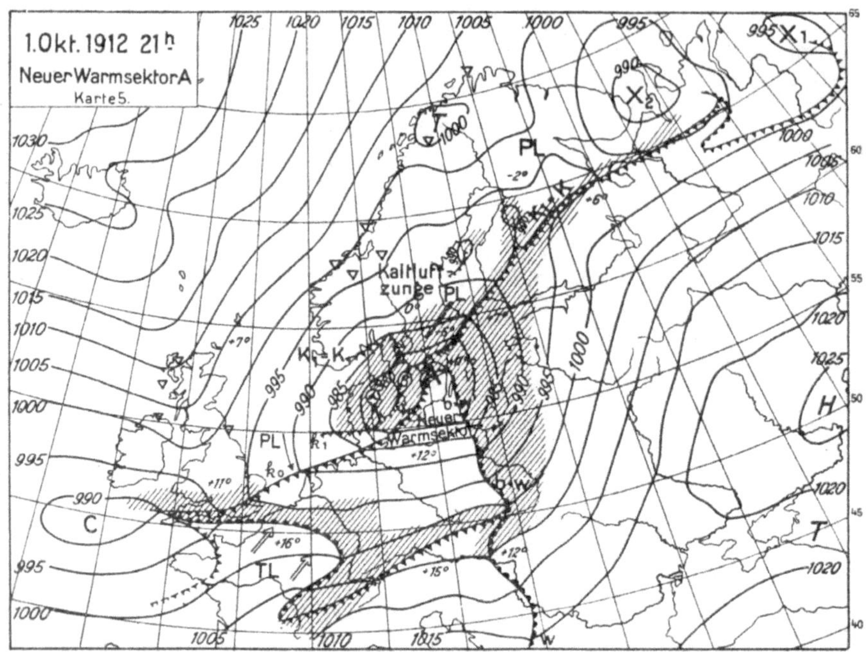

Abb. 242.

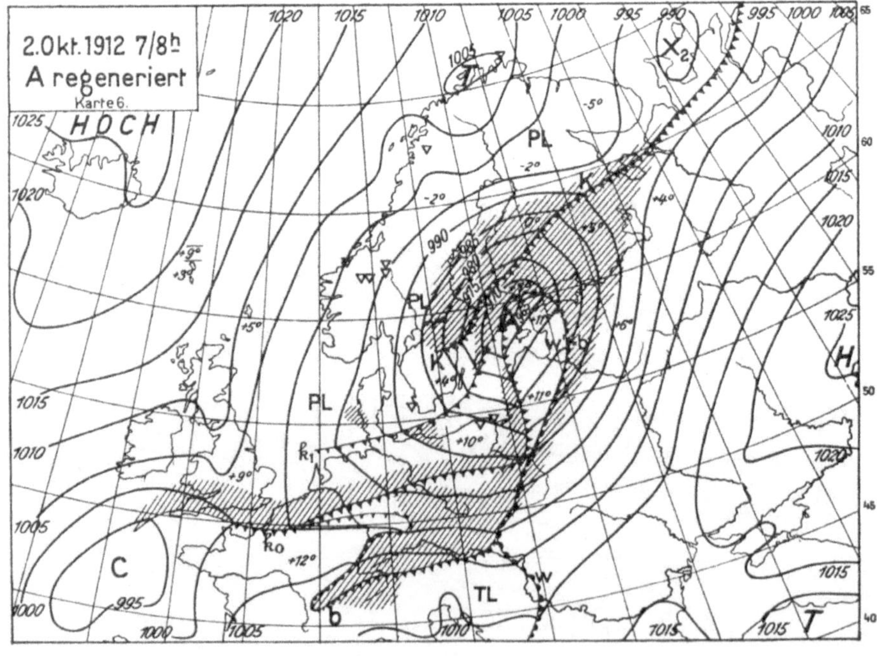

Abb. 243.

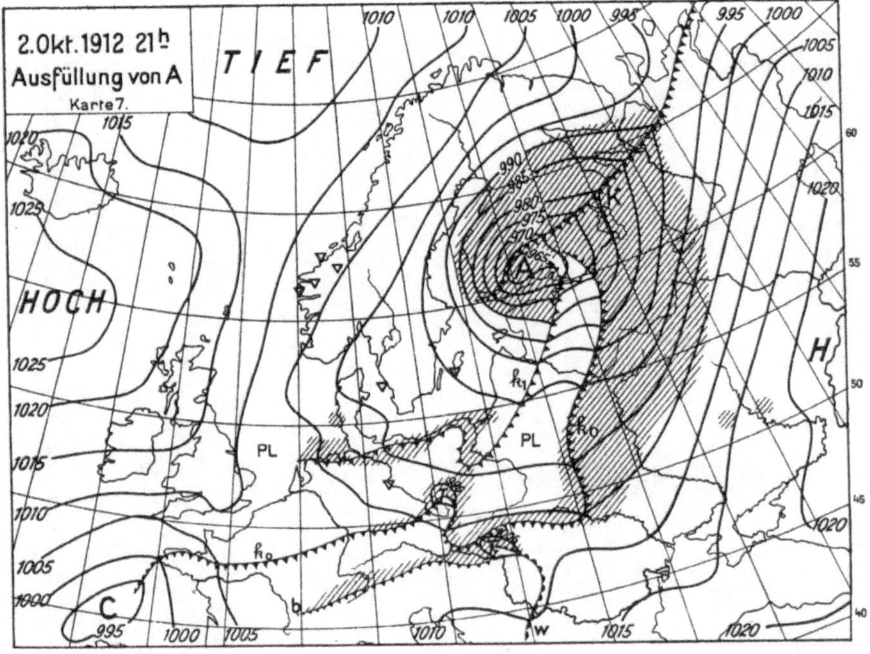

Abb. 244.

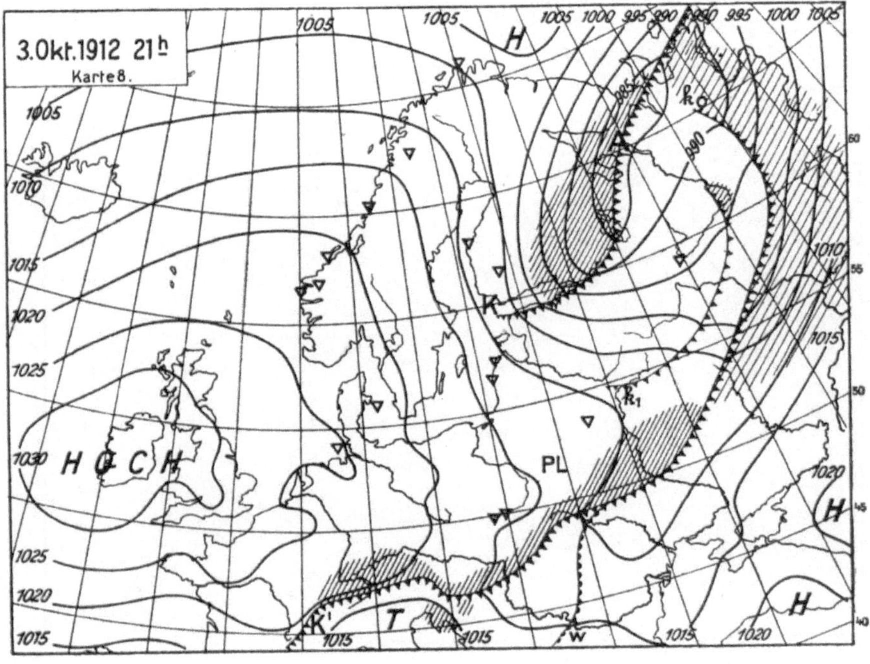

Abb. 245.

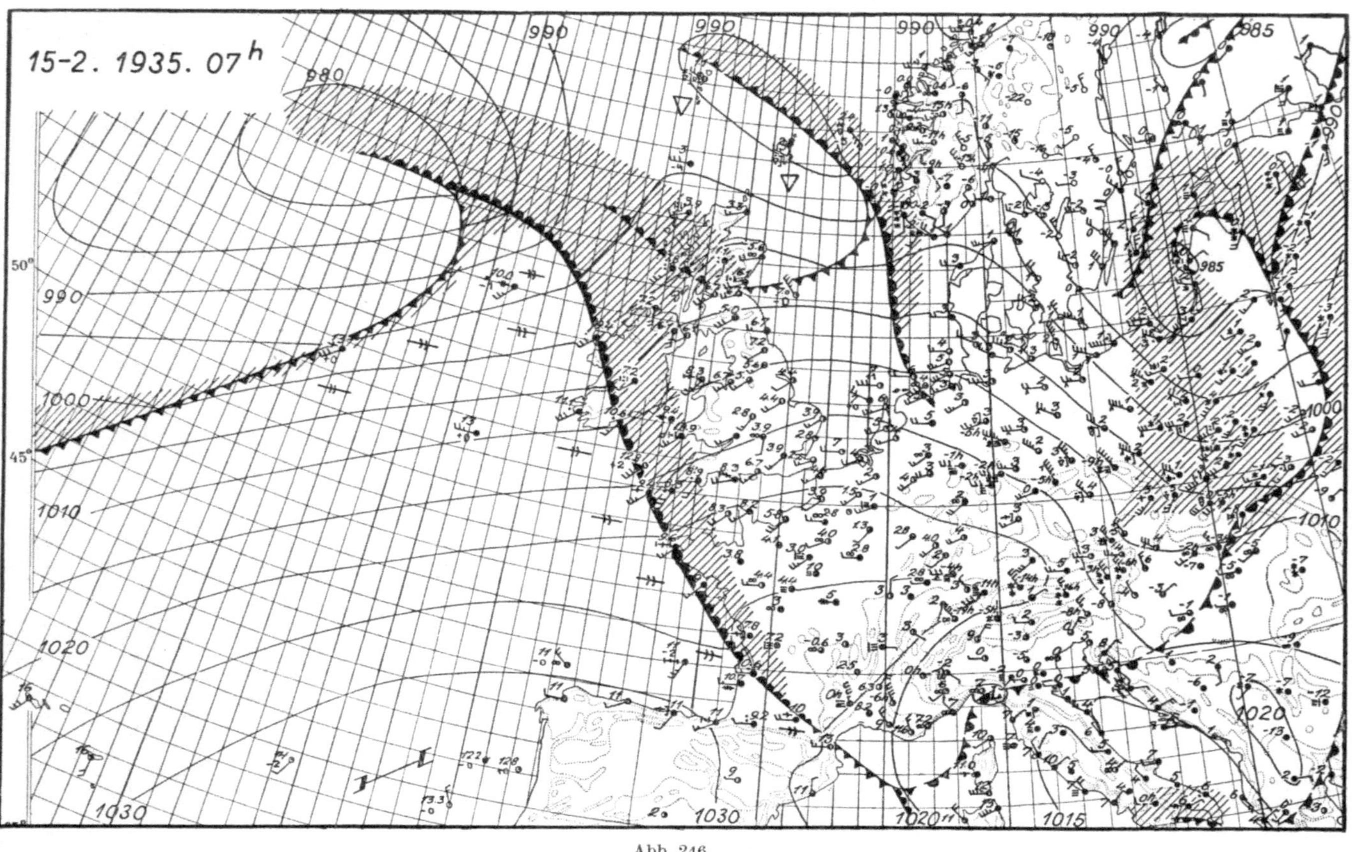

Abb. 246.

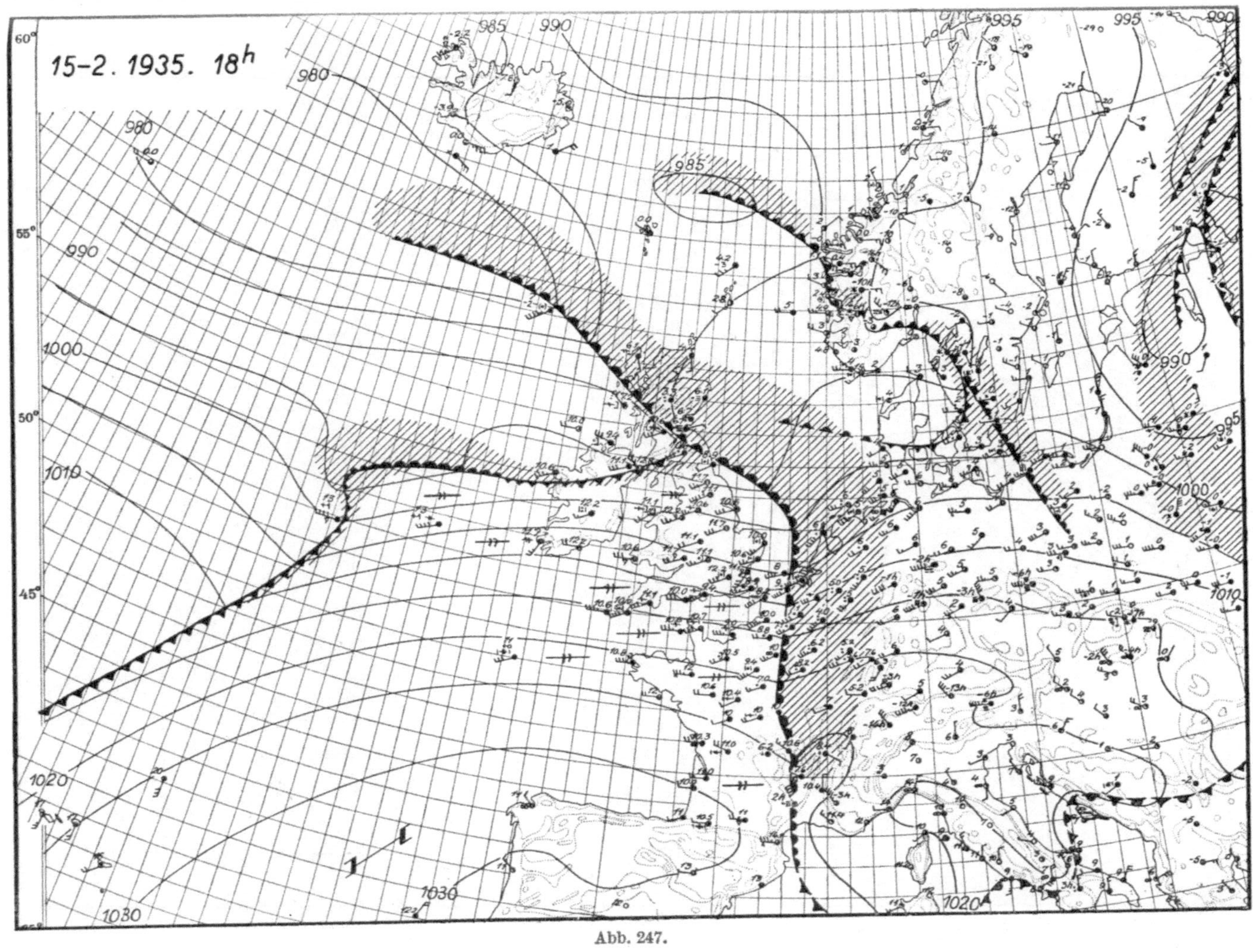

Abb. 247.

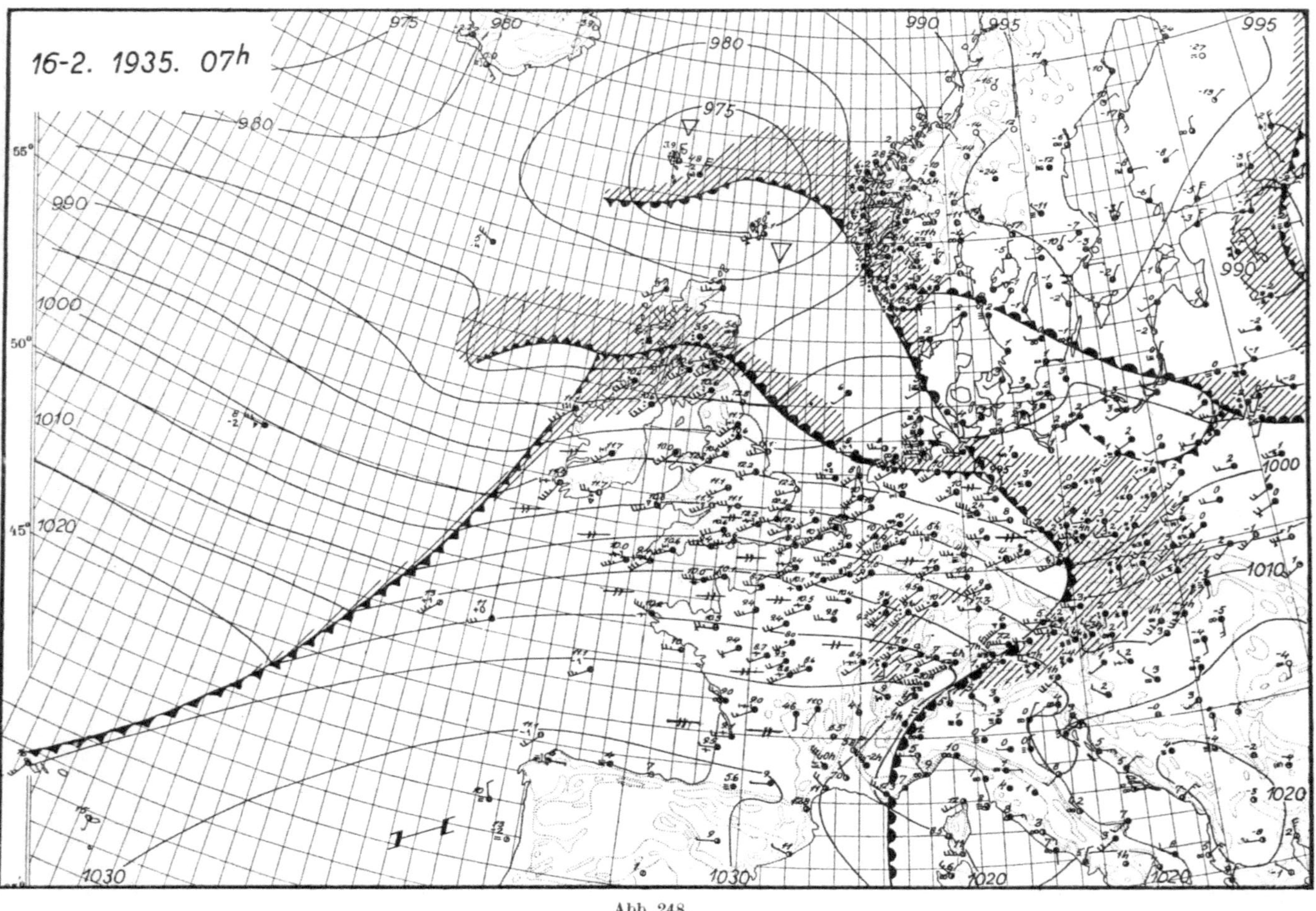

Abb. 248.

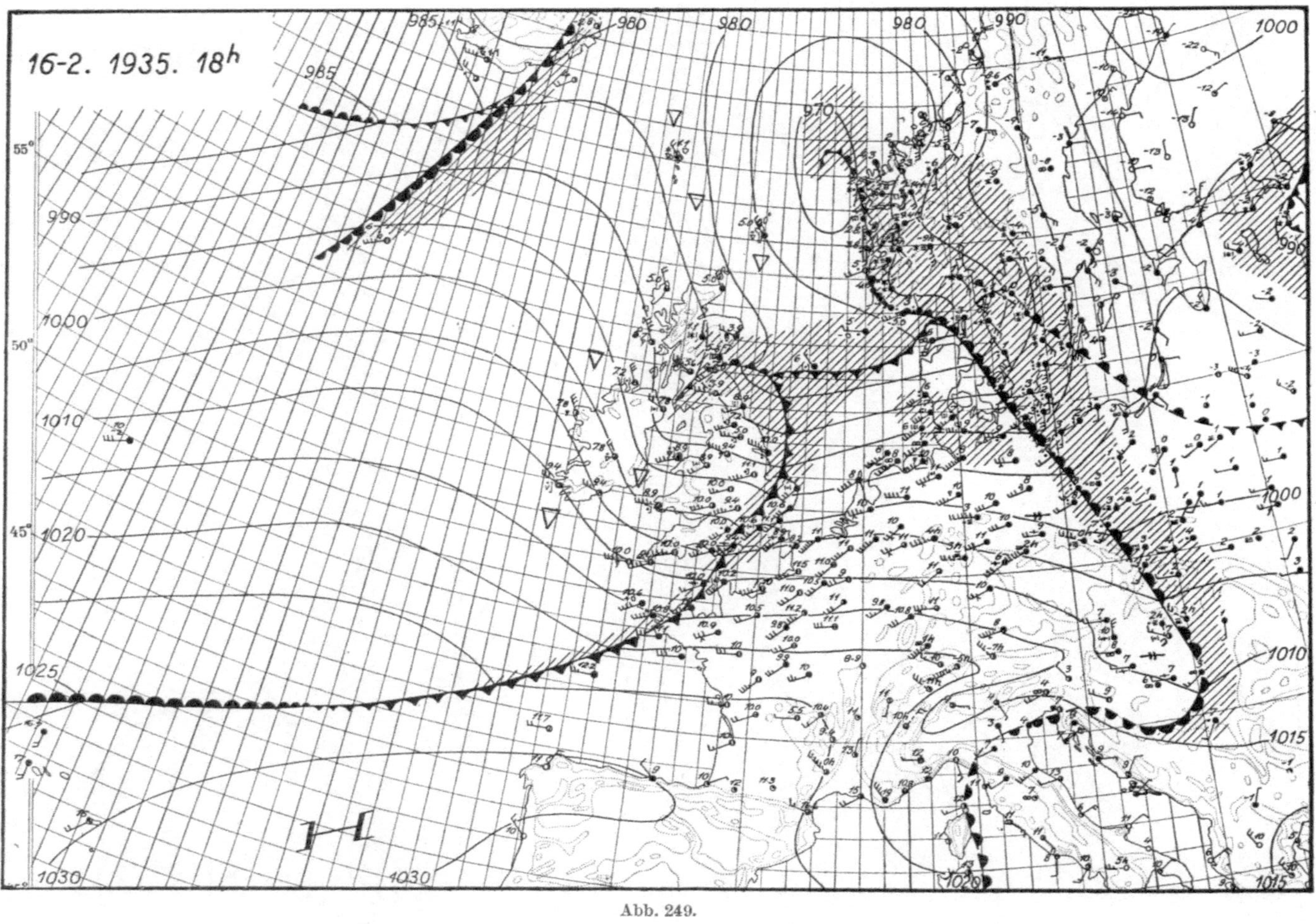

Abb. 249.

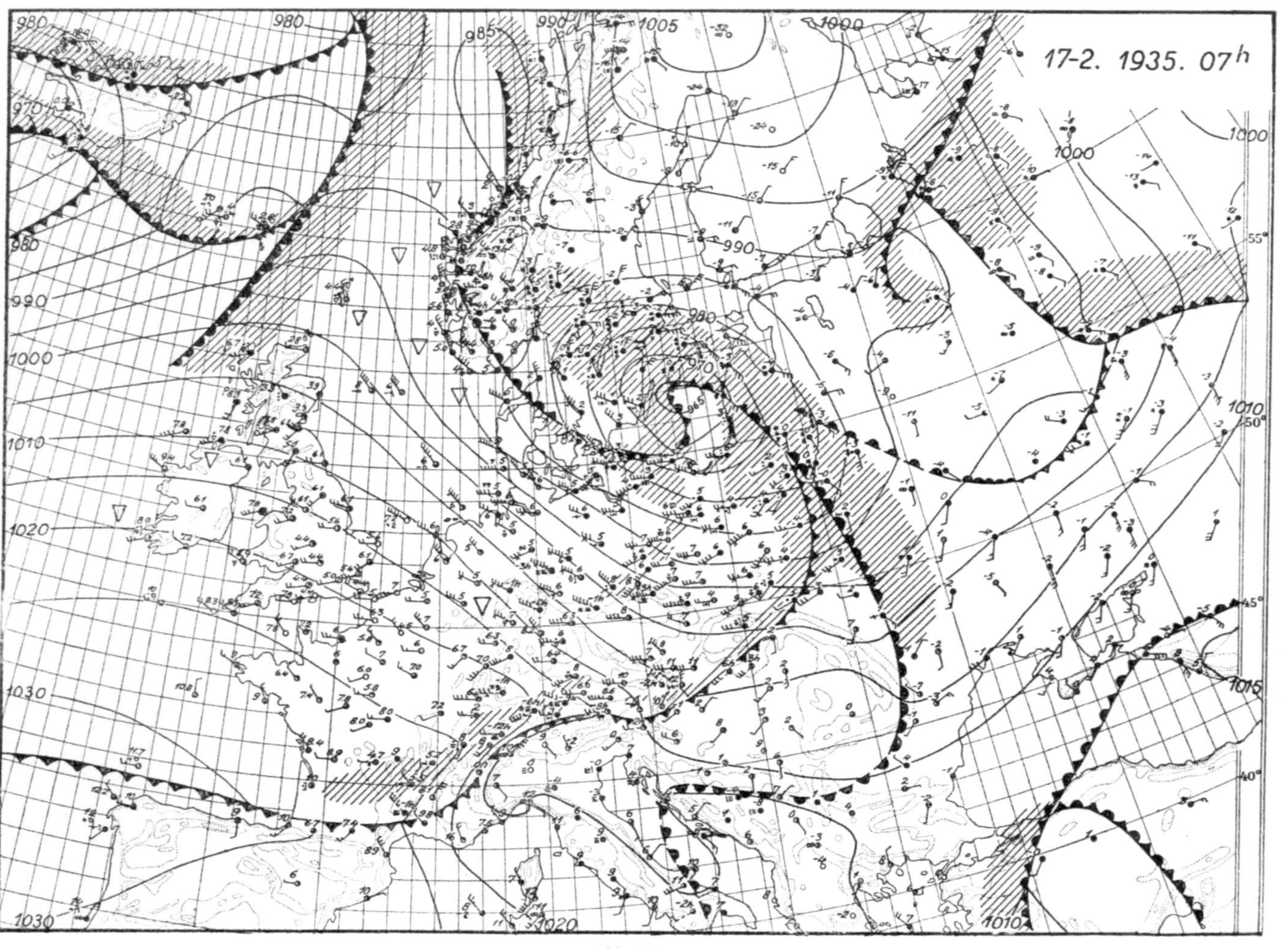

Abb. 250.

Literaturverzeichnis.

Abkürzungen:

Ann. Hydr.	= Annalen der Hydrographie und Maritimen Meteorologie, Berlin.
Arb. Lindbg.	= Arbeiten des Preußischen Observatoriums in Lindenberg.
Btr. Ph. fr. At.	= Beiträge zur Physik der freien Atmosphäre, Leipzig.
Bull. Am. Soc.	= Bulletin of the American Meteorological Society, Milton Mass. U. S. A.
Erf. Ber. FWD.	= Erfahrungsberichte des deutschen Flugwetterdienstes, Berlin.
Geof. Publ.	= Geofysiske Publikasjoner, Oslo.
Gerl. Btr.	= Gerlands Beiträge zur Geophysik, Leipzig.
Inst. Belg.	= Institut Royal Météorologique de Belgique, Brüssel.
Journ. Geof.	= Journal Geofisiki (russ.).
La Mét.	= La Météorologie, Paris.
Met. i Gid.	= Meteorologija i Gidrologija (russ.).
Met. Mag.	= Meteorological Magazine, London.
Met. Zs.	= Meteorologische Zeitschrift, Braunschweig.
M. Weath. R.	= Monthly Weather Review, Washington.
Qu. Journal	= Quarterly Journal of the Royal Meteorological Society, London.
Syn. Bearb.	= Synoptische Bearbeitungen, mitgeteilt von der Wetterdienststelle Frankfurt a. M.
Veröff. Leipzig	= Veröffentlichungen des Geophysikalischen Instituts der Universität Leipzig, II. Serie, Spezialarbeiten, Leipzig.
Wetter	= Zeitschrift für angewandte Meteorologie (Das Wetter), Berlin.
Wiener DS.	= Denkschriften der Wiener Akademie der Wissenschaften, math.-naturw. Klasse, Wien.
Wiener SB.	= Sitzungsberichte der Wiener Akademie der Wissenschaften, math.-naturw. Klasse, Wien.

ABERCROMBY, R., 1887: Weather. London. Deutsch: Das Wetter. Eine populäre Darstellung der Wetterfolge. Übersetzt von J. M. PERNTER. Freiburg i. Br.: Herder, 1894.

ALISSOW, B. P., 1936: Die dynamisch-klimatologische Analyse in Anwendung auf die Aufgaben der speziellen Klimatologie. Journ. Geof. 6, 5—53 (russ.).

ALVORD, C. M. and SMITH, R. H., 1929: The tephigram, its theory and practical use in weather forecasting. Massachusetts Institute of Technology, Professional Notes, I. Cambridge, Mass.

ANGERVO, J. M., 1930 (1): Einige Formeln für die numerische Vorausberechnung der Lage und Tiefe der Hoch- und Tiefdruckzentren. Met. Zs. 47, 314—317.

— 1930 (2): Über die Vorausberechnung der Wetterlage für mehrere Tage. Gerl. Btr. 27, 258—311.

— 1931: Zur Theorie der Zyklonen- und Antizyklonenbahnen. Gerl. Btr. 33, 45—59.

ÅNGSTRÖM, A., 1930: Die Variation der Niederschlagsintensität bei der Passage von Regengebieten und einige Folgen betreffs Struktur der Fronten. Met. Zs. 47, 177—181.

— 1932: Einige Bemerkungen über die aktinometrischen Messungen während des internationalen Polarjahres und ihre meteorologische Bedeutung. Met. Zs. 49, 249—253.

ARAKAWA, H., 1937 (1): Trübungsfaktoren für verschiedene Typen troposphärischer Luftmassen in japanischen Gebieten. Met. Zs. 54, 150—153.

— 1937 (2): Die Luftmassen in den japanischen Gebieten. Met. Zs. 54, 169—174.

— 1937 (3): Höhenberechnungen und energetische Betrachtungen mittels Emagramm. Gerl. Btr. 51, 321—324.

— 1939: Äquivalentpotentielle Temperatur. Met. Zs. 56, 307—311.

ARNDT, A., **1913**: Über die Bora in Noworossisk. Hydrogeographische Schriften, 267 (russ.). — Siehe auch Met. Zs. **30**, 295—302.

ASKNASIJ, A. I., **1934** (*1*): Die Bewölkung in Kislowodsk und auf dem Sedlowa Berg in den verschiedenen troposphärischen Luftmassen. Journ. Geof. **4**, 311—331 (russ.).
— **1934** (*2*): Zur Frage der sommerlichen Zirkulation im europäischen Rußland. Journ. Geof. **4**, 423—439 (russ.).

Atlas International de nuages, **1932**: Atlas international de nuages et d'états du ciel. Édition complète. Office National Météorologique, Paris.

AUJESZKY, L., **1931**: Benutzung der Äquivalenttemperaturen in der Wetterdienstpraxis. Gerl. Btr. **34**, 131—141.
— **1935**: Ein Hilfsmittel zur Lösung gewisser Aufgaben der Frontenanalyse. Met. Zs. **52**, 375—376.

BAKALOW, D., **1939**: Über die Transformation der Luftmassen, Btr. Ph. fr. At. **26**, 1—22.

BALDIT, A., **1923**: Études élémentaires de la Météorologie pratique. Paris.

BALLARD, J. C., **1931**: Table for facilitating computation of potential temperature. M. Weath. R. **59**, 199—200.

BANERJI, B. N., **1931**: Meteorology of the Persian Gulf and Mekran. Calcutta.

BASU, S., **1932**: Siehe MAL, S., BASU, S. and DESAI, B. N.

BATSCHURINA, A., BLJUMINA, L. und PETROWA, L., **1936**: Klassifikation und Eigenschaften der Luftmassen des europäischen Rußland im Sommer. Journ. Geof. **6**, 201 bis 229 (russ.).

BAUER, L. A., **1908**: Die Beziehungen zwischen potentieller Temperatur und Entropie. Met. Zs. **25**, 79—82.

BAUR, F., **1929**: Das Klima der bisher erforschten Teile der Arktis. Arktis, Gotha **3**, 77—89.
— **1933**: Die interdiurne Veränderlichkeit des Luftdrucks als Hilfsmittel der indirekten Aerologie. Syn. Bearb. Nr. 4.
— **1936**: Die Bedeutung der Stratosphäre für die Großwetterlage. Met. Zs. **53**, 237—247.
— **1937**: Einführung in die Großwetterforschung. Math.-phys. Bibl., Reihe I, Bd. 88. Leipzig-Berlin: Teubner.

BAUR, F. und PHILIPPS, H., **1936**: Die Bedeutung der Konvergenzen und Divergenzen des Geschwindigkeitsfeldes für die Druckänderungen. Btr. Ph. fr. At. **24**, 1—17.

BECKER, R., **1929** (*1*): Zur Dynamik anisobarer Bewegungen an Gleitflächen. Gerl. Btr. **21**, 1—32.
— **1929** (*2*): Gleitflächen und Äquivalenttemperatur. Btr. Ph. fr. At. **16**, 86—89.
— **1929** (*3*): Reibung und Gleitflächen. Gerl. Btr. **21**, 162—172.
— **1932**: Der Einfluß der Reibung auf die Form der Luftkörpergrenzflächen bei Kältevorstößen und Rückzügen. Ann. Hydr. **60**, 489—496.
— **1933**: Atmosphärische Luftverlagerungen bei innerer Reibung unter Berücksichtigung der Erdrotation. Ann. Hydr. **61**, 89—94.
— **1935**: Täglicher und jährlicher Gang der Häufigkeit von Quellformen in der Bewölkung über dem Nordatlantik. Ann. Hydr. **63**, 221—224.

BÉNÉVENT, E., **1930**: Bora et mistral. Ann. Géogr. Paris, 286.

BERG, H., **1931**: Beitrag zur Struktur eines Warmlufteinbruches (16. bis 18. Oktober 1928). Gerl. Btr. **30**, 1—39.
— **1934** (*1*): Zur Aerologie der Okklusion. Btr. Ph. fr. At. **22**, 12—24.
— **1934** (*2*): Nomogramme zur Ermittlung des Gradientwindes aus Karten der Topographie bestimmter Isobarenflächen. Erf. Ber. FWD. 8. Folge, Nr. 18.

BERG, L. S., **1927**: Grundriß der Klimatologie. Staatsverlag (russ.).

BERGERON, T., **1928**: Über die dreidimensional verknüpfende Wetteranalyse. I. Teil: Prinzipielle Einführung in das Problem der Luftmassen- und Frontenbildung. Geof. Publ., Vol. V, Nr. 6.
— **1930**: Richtlinien einer dynamischen Klimatologie. Met. Zs. **47**, 246—262.
— **1933**: Siehe BJERKNES, V., BJERKNES, J., SOLBERG, H., BERGERON, T.
— **1934** (*1*): Vorträge über Wolken und praktische Kartenanalyse. Übersetzung aus der deutschen Handschrift, redigiert von S. P. CHROMOW. Ausgabe der Zentralverwaltung des hydro-meteorologischen Einheitsdienstes. Moskau (russ.).
— **1934** (*2*): Die dreidimensional verknüpfende Wetteranalyse. II. Teil: Dynamik und Thermodynamik der Fronten und Frontalstörungen. Übersetzung von W. I. ROMANOWSKAJA aus dem deutschen Manuskript, redigiert von S. P. CHROMOW. Ausgabe der Zentralverwaltung des hydro-meteorologischen Einheitsdienstes. Moskau (russ.).
— **1935** (*1*): L'Utilisation des «Météorogrammes» pour les recherches synoptiques. Mémoire présenté à l'Association de Météorologie de l'UGGI (Lisbonne, 1933). Paris.
— **1935** (*2*): On the physics of cloud an precipitation. Mémoire présenté à l'Association de Météorologie de l'UGGI (Lisbonne, 1933). Paris.

BERGERON, T., 1936: Physik der troposphärischen Fronten und ihrer Störungen. Wetter 53, 381—395.
— 1937 (1): On the physics of fronts. Bull. Am. Soc. 18, 265—275.
— 1937 (2): How the weather originates and how to predict it. (Schwedisch, mit englischer Inhaltsangabe). Ymer, Stockholm, 199—231.
— 1937 (3): Bericht über die Praxis des schwedischen Wetterdienstes in SLETTENMARK G. 1937 (schwed.).
— 1938: Hydrometeorbeschreibungen. Statens Meteorologisk-Hydrografiska Anstalt. Communications. Series of Papers Nr. 22. Stockholm.
— 1939 (1): Sechssprachiges meteorologisches Wörterbuch. Teil VI von F. LINKE, Meteorologisches Taschenbuch, III. Ausgabe. Leipzig: Akad. Verlagsges.
— 1939 (2): Sur la physique des fronts. — On a manual of Weather Map Analysis. — Mémoires présentés a l'Association de Météorologie de l'UGGI (Edinbourg, 1936). Paris.
BERGERON, T. und SWOBODA, G., 1924: Wellen und Wirbel an einer quasistationären Grenzfläche über Europa. Veröff. Leipzig, Bd. III, H. 2.
BERSON, F. A., 1934: Kaltfronten und präfrontale Vorgänge über Lindenberg in der unteren Troposphäre. Met. Zs. 51, 281—286.
BESKROWNYJ, W. F., 1929: Die synoptischen Bedingungen für Schneegestöber auf den Eisenbahnen des europäischen Rußlands. Ausgabe des geophysikalischen Hauptobservatoriums (russ.).
BEZOLD, W. v., 1900: Theoretische Betrachtungen über die Ergebnisse der wissenschaftlichen Luftfahrten. Berlin: F. Vieweg.
BIEL, A. und MOESE, O., 1930: Wetteranalyse der Starkregen- und Hochwasserkatastrophe im Oktober 1930. Monatsübersicht der Wetterdienststelle Breslau-Krietern. Oktober 1930.
BIGELOW, F. H., 1902: Studies on the statics and kinematics of the atmosphere in the United States. M. Weath. R. 30, 61 S.
BIGG, W. H., 1937: Ice formation in clouds. Professional Notes n° 81, Met. Office, London.
BJERKNES, J., 1919: On the structure of moving cyclones. Geof. Publ., Vol. I, No. 2.
— 1924: Diagnostic and prognostic application of mountain observations. Geof. Publ., Vol. III, No. 6.
— 1930: Practical examples of polarfront analysis over the British Isles in 1925—1926. (Met. Office, Geoph. Memoirs No. 50.) London.
— 1932: Explorations de quelques perturbations atmosphériques à l'aide de sondages rapprochés dans le temps. Geof. Publ., Vol. IX, No. 9.
— 1933: Siehe BJERKNES, V., BJERKNES, J., SOLBERG, H., BERGERON, T.
— 1935: Investigations of Selected European Cyclones by Means of Serial Ascents. Case 3: Dec. 30—31, 1930. Geof. Publ., Vol. XI, No. 4. Oslo.
— 1937: Theorie der außertropischen Zyklonenbildung. Met. Zs. 54, 462—466.
— 1938: Saturated-adiabatic ascent of air throug dry-adiabatically descending environment. Qu. Journal 64, 325—330.
BJERKNES, J. and GIBLETT, H., 1924: An analysis of retrograde depression in the Eastern U.S.A. M. Weath. R. 52, 521—527.
BJERKNES, J., MILDNER, P., PALMÉN, E. und WEICKMANN, L., 1939: Synoptisch-aerologische Untersuchung der Wetterlage während der internationalen Tage vom 13. bis 18. Dezember 1937. Veröff. Leipzig, Bd. XII, H. 1.
BJERKNES, J. und PALMÉN, E., 1933: Aerologische Analyse einer Zyklone. Btr. Ph. fr. At. 21, 53—62.
— — 1937: Investigations of Selected European Cyclones by Means of Serial Ascents. Case 4: February 15—17, 1935. Geof. Publ., Vol. XII, No. 2.
— — 1938: Aerologische Analyse einer Warmfrontfläche. Btr. Ph. fr. At. 25, 115—129.
BJERKNES, J. and SOLBERG, H., 1921: Meteorological conditions for the formation of rain. Geof. Publ., Vol. II, Nr. 3.
— — 1922: Life cycle of cyclones and polar front theory of atmospheric circulation. Geof. Publ., Vol. III, Nr. 1.
BJERKNES, V., 1904: Das Problem der Wettervorhersage, betrachtet vom Standpunkt der Mechanik und der Physik. Met. Zs. 21, 1—7.
— 1912: Dynamische Meteorologie und Hydrographie. I. Teil. Statik der Atmosphäre und Hydrosphäre von V. BJERKNES und J. W. SANDSTRÖM. Braunschweig: F. Vieweg.
— 1913 (1): Dynamische Meteorologie und Hydrographie. II. Teil. Kinematik der Atmosphäre und Hydrosphäre von V. BJERKNES, TH. HESSELBERG und O. DEVIK. Braunschweig: F. Vieweg.
— 1913 (2): Die Meteorologie als exakte Wissenschaft. Braunschweig: F. Vieweg.

BJERKNES, V., 1921: On the dynamics of the circular vortex with application to the atmosphere and atmospheric vortex- and wave motions. Geof. Publ., Vol. II, No. 4.
— 1937: Application of line integral theorems on the hydrodynamics of terrestrial and cosmical vortices. Astrophysica Norvegica 2, 6, 263—339.
— 1938: Leipzig—Bergen. Festvortrag zur 25-Jahrfeier des Geophys. Inst. d. Univ. Leipzig. Zs. f. Geophysik 14, 49—62.
BJERKNES, V., BJERKNES, J., SOLBERG, H., BERGERON, T., 1933: Physikalische Hydrodynamik mit Anwendung auf die dynamische Meteorologie. Berlin: Julius Springer.
BLASIUS, V., 1875: Storms, their nature, classification and laws. Philadelphia.
BLEEKER, W., 1939 (1): On the conservativism of the "equivalent potential"- and the "wet bulb potential-temperature". Qu. Journal 65, 543—550.
— 1939 (2): A Diagram for Obtaining in a Simple Manner Different Humidity Elements and its Use in Daily Synoptic Work. Bull. Am. Soc. 20, 325—329.
BLJUMINA, L., 1936: Siehe BATSCHURINA, A., BLJUMINA, L. und PETROWA, L.
BODDIN, J., 1938: Die 7,2tägige Luftdruckwelle im Sommer 1922. Veröff. Leipzig, Bd. XI, H. 4.
BÖHME, G., 1934: Der aerologische Zustand der Atmosphäre bei Gewitterlagen. Verhandl. d. Schweiz. Naturf.-Ges. Zürich 296—297. Zürich.
BOUET, M., 1938: Les phénomènes préfrontaux dans les Alpes. Bull. Soc. vaud. Sci. natur. 60, 83—94.
BOWERING, P. F., 1929: Siehe PICK, W. H. and BOWERING, P. F.
BRIGGS, W. P. and CHURCH, P. E., 1938: Valley fogs caused largely by decrease of pressure. Bull. Am. Soc. 19, 430—432.
BROOKS, C. E. P., 1932: The origin of anticyclones. Qu. Journal 58, 379—387.
— 1937: Studies on the Mean Atmospheric Circulation. Bull. Am. Soc. 18, 313—322.
BROUNOW, P. I., 1886: Temporäre Hochdruckgebiete in Europa. St. Petersburg (russ.).
— 1924: Atmosphärische Optik. Technischer Staatsverlag (russ.).
BRÜCKMANN, W., 1927: BÖRNSTEINs Leitfaden der Wetterkunde, 4. Aufl. Braunschweig: F. Vieweg.
BRUNT, D., 1939: Physical and dynamical meteorology, 2. Aufl. London, Cambridge.
BRUNT, D. and DOUGLAS, C. K. M., 1928: The modification of the strophic balance for changing pressure distribution, and its effect on rainfall. Memoirs Roy. Met. Soc. London, Vol. III, No. 22, 29—51.
BUGAEW, W. A., 1936: Siehe DESCHORDSCHIO, W. A. und BUGAEW, W. A.
BUREAU, R., 1935: Radioélectricité atmosphérique. «Onde électrique» 193—202.
— 1936: Les foyers d'atmosphériques. Mémorial de l'Office National Météorologique. Paris.
BUT, I., 1934: Siehe TORLEZKAJA, W. und BUT, I.
BYERS, H. R., 1930: Summer sea fogs of the central California coast. Univ. Cal. Publ. Geogr. 3, 5. Berkeley.
— 1934: Air masses of the North Pacific. Bull. of the Inst. of Oceanography. Techn. Series 3, No. 14. Berkeley, Cal.
BYSOW, N. P., 1936: Zur Frage über die Benutzung von Temperatur- und Feuchtigkeitsmessungen in der freien Atmosphäre zur Charakterisierung der Wettertypen. Journ. Geof. 1.
CALWAGEN, E., 1926: Zur Diagnose und Prognose lokaler Sommerschauer. Geof. Publ., Vol. III, Nr. 10.
CHANG-WANG TU, 1938: Chinese air mass properties. Qu. Journal 65, 33—51.
CHRISTENSEN, A. H., 1935: Analysis of a warm "cold front". M. Weath. R. 63, 9.
CHRISTIANS, H., 1933: Die stratosphärische Steuerung im kalten Februar 1932. Syn. Bearb. Nr. 3.
CHROMOW, S. P., 1929: Über einen Fall der anomalen Depressionsbewegung. Met. Zs. 46, 440—441.
— 1931 (1): „Dynamische Klimatologie" nach DOVE. Wetter 48, 312—314.
— 1931 (2): Moderne Anschauungen über Zyklonenbewegung. Pogoda i Schittja (ukrainisch).
— 1932 (1): Zur Frage über die Natur der außertropischen Zyklonen. Journ. Geof. 2, 106—119 (zahlreiche Literaturangaben, russ.).
— 1932 (2): Von DOVE zur Synoptik (FITZ-ROY). Journ. Geof. 2, 159—175 (russ.).
— 1933: Das meteorologische System des Admirals FITZ-ROY. Wetter 50, 123-128, 148-152.
— 1933: Siehe MAMONTOWA, L. und CHROMOW, S.
— 1935 (1): Zur dynamischen Klimatologie der Krim. Journ. Geof. 5, 156—159 (russ.).
— 1935 (2): Zur Frage über die Transformation der Luftmassen. Journ. Geof. 5, 384 bis 387 (russ.).
— 1935 (3): Allgemeine Weisungen zur Verwendung der Ergebnisse aerologischer Flugzeugaufstiege für die Wetteranalyse. Moskau (russ.).

CHURCH, P. E., **1938**: Siehe BRIGGS, W. P. and CHURCH, P. E.

CROSSLEY, A. F. and DAKING, C. W. G., **1931**: A double occluded front. Qu. Journal 57, 94—97.

DAKING, C. W. G., **1931**: Siehe CROSSLEY, A. F. and DAKING, C. W. G.

DANILIN, A. I., **1936**: Die Nebel in Moskau, ihre synoptischen Bedingungen und ihr Zusammenhang mit dem Verlauf der meteorologischen Elemente. Met. i Gid. 2 (russ.).

DEDEBANT, G. et WEHRLÉ, PH., **1935** (*1*): A propos de la «théorie des perturbations» de M. A. GIÂO. [Mémoire présenté à l'Ass. de Mét. UGGI. (Lisbonne, 1933.)] Paris.

— — **1935** (*2*): La circulation générale de l'atmosphère sur un globe uniforme déduite d'un principe de moindre dissipation. [Mémoire présenté à l'Assoc. de Mét. de l'UGGI. (Lisbonne, 1933.)] Paris. Siehe auch Met. Zs. **52**, 477—486.

DEFANT, A., **1923**: Theoretische Überlegungen und experimentelle Untersuchungen zum Aufbau hoher Zyklonen und Antizyklonen. Wiener SB. **132**, 81—103.

— **1924**: Die Schwankungen der atmosphärischen Zirkulation über dem nordatlantischen Ozean im 25jährigen Zeitraum 1881—1905. Geografiske Annaler **6**, 13—41.

— **1925**: Schwingungen einer zweifach geschichteten Atmosphäre und ihr Verhältnis zu den Wellen im Luftmeer. Btr. Ph. fr. At. **12**, 112—137.

— **1926** (*1*): Primäre und sekundäre, freie und erzwungene Druckwellen in der Atmosphäre. Wiener SB. **135**, 357—374.

— **1926** (*2*): Wetter und Wettervorhersage, 2. Aufl. Leipzig und Wien: F. Deuticke.

DESAI, B. N., **1932**: Siehe MAL, S., BASU, S. and DESAI, B. N.

DESCHORDSCHIO, W. A., **1933**: Das Glatteis vom 13. bis 15. Dezember 1930 im Eisenbahngebiet von Krasnodar. Journ. Geof. **3**, 310—325 (russ.).

— und andere, **1935**: Die Wettertypen Mittelasiens. Journ. Geof. **5**, 163—203 (russ.).

DESCHORDSCHIO, W. A. und BUGAEW, W. A., **1936**: Über Luftmassenklassifikation in Mittelasien. Met. i Gid. Nr. 6, 72 (russ.).

DIECKMANN, A., **1931**: FITZ-ROY. Ein Beitrag zur Geschichte der Polarfront-Theorie. Die Naturwissenschaften 19, 748—752.

DIESING, K., **1924**: Der Wärmeeinbruch (Warmfront) vom 12. und 13. Januar 1920 in Mitteleuropa. Veröff. Leipzig, Bd. III, H. 1.

— **1930**: Die Verwendung der äquipotentiellen Temperaturen im täglichen Wetterdienst. Ann. Hydr. **58**, 114—117.

— **1931**: Graphische Ermittlung von Äquivalenttemperatur und spezifischer Feuchte. Ann. Hydr. **59**, 381—382.

— **1935**: Zur Praxis der Verwendung äquipotentieller Temperaturen bei der Wetterdiagnose. Met. Zs. **52**, 434—435.

DINES, W. H., **1912**: Total and partial correlation coefficients between sundry variables of the upper air. Geophys. Memoirs Nr. 2, 31—47.

DINIES, E., **1930**: Siehe LINKE, F. und DINIES, E.

— **1932**: Luftkörper-Klimatologie (aus dem Archiv der Deutschen Seewarte 50, Nr. 6). Hamburg.

— **1936** (*1*): Die Entwicklung von Frontgewitterlagen im Sommer. Erf. Ber. FWD., 5. Sonderband, 2. Teil.

— **1936** (*2*): Die Temperaturverhältnisse bei Wintergewittern in Norddeutschland. Erf. Ber. FWD., 5. Sonderband, 2. Teil. Berlin.

— **1936** (*3*): Über Prüfungsmethoden von Wettervorhersagen. Die Erhaltungstendenz des Wetters in der Zahlenvorhersage. Die Blindlingsvorhersage in Zahlen. Erf. Ber. FWD., 5. Sonderband, 2. Teil. Berlin.

— **1937**: Der Aufbau von Steig- und Fallgebieten. Wiss. Abhandl. d. Reichsamtes f. Wetterdienst, Bd. III, Nr. 3.

— **1938** (*1*): Die Entstehung der Genuazyklone am 11. Februar 1938. Ann. Hydr. **66**, 466—469.

— **1938** (*2*): Zur Methodik der Wettervorhersage. Ann. Hydr. **66**, 548—552.

DINKELACKER, O., **1939**: Die Feuchtadiabate. Beitrag zur Theorie der Adiabaten. Met. Zs. **56**, 289—297.

DJUBJUK, A. F., **1932**: Wettertypen. Moskau (russ.).

— **1936**: Zur Frage über die Evidenz der gesamten Labilitätsenergie horizontal geschichteter feuchter Luft. Journ. Geof. **5**, 466—486 (russ.).

— **1937**: Grundlagen der dynamischen Meteorologie. Ausgabe der Zentralverwaltung des hydro-meteorologischen Einheitsdienstes (russ.).

DOBSON, E., **1936**: Atmospheric ozone and weather conditions. Anlage XI zu Publikation Nr. 31 des Sekretariats der Internat. Meteorolog. Organisation. De Bilt.

DOUGLAS, C. K. M., **1924**: Further researches into the European upper air data, with special reference to the life history of cyclones. Qu. Journal **50**, 339—363.

— **1928**: Siehe BRUNT, D. and DOUGLAS, C. K. M.

DOUGLAS, C. K. M., **1936**: Fronts and depressions. Met. Mag. **71**, 34—39.

DOVE, H. W., **1837**: Meteorologische Untersuchungen. Berlin.
— **1840**: Das Gesetz der Stürme. Berlin (4. Ausgabe, 1873).

DROSDOW, M. P., **1936**: Die Bedingungen für die sommerliche Transformation von Luftmassen im Gebiet von Moskau. Met. i Gid. 5 (russ.).

DUFOUR, L., **1938**: Notes sur le problème de la gelée nocturne. Inst. Belg., Mém. IX.
— **1939**: Sur la classification des brouillards. Ciel et Terre **55**, 369—379.

EARL, K. and TURNER, T. A., **1930**: A graphical means of identifying air masses. Mass. Inst. of Technology, Prof. Notes No. 4. Cambridge, Mass.

EGERSDÖRFER, L., **1939**: Feuchtadiabaten und potentielle Äquivalenttemperatur. Met. Zs. **56**, 269—271.

EGERSDÖRFER, L. und HOLZER, H., **1932**: Was können wir aus einem Höhenaufstieg errechnen? Erf. Ber. FWD., 7. Folge, Nr. 13.

EKHART, E., **1933**: Zur Struktur des großen Kälteeinbruches Ende November 1930. Gerl. Btr. **40**, 124—176.

EMMONS, G., **1935**: Atmospheric structure over the Southern United States, December 30 and 31, 1927, determined with the aid of sounding balloon observations. Prof. Notes No. 9. Mass.

ENGELMANN, F., **1932**: Die Verwendung der äquipotentiellen Temperatur im täglichen Wetterdienst. Ann. Hydr. **60**, 389—391.

ERTEL, H., **1929**: Theoretische Begründung einiger GUILBERTscher Regeln. Ber. ü. d. Tätigkeit d. Preuß. Met. Inst. 114.
— **1931**: Der Einfluß der Stratosphäre auf die Dynamik des Wetters. Met. Zs. **48**, 461—475 (Referat mit vielen bibliographischen Angaben).
— **1932**: Über die energetische Beeinflussung der Troposphäre durch stratosphärische Druckschwankungen. Gerl. Btr. **37**, 7—15.
— **1936** (*1*): Stromfelddivergenz und Luftdruckänderung. Met. Zs. **53**, 16—17.
— **1936** (*2*): Zusammenhang von Luftdruckänderungen und Singularitäten des Impulsdichtefeldes. Sitz.-Ber. d. Preuß. Akad. Wiss. XX, 257—286.
— **1936** (*3*): Singuläre Advektion. Met. Zs. **53**, 280—284.
— **1937**: Singuläre Advektion und ihre Darstellung durch C. G. ROSSBYs Advektionsfunktion. Veröff. Met. Inst Univ. Berlin, Bd. I, H. 6.
— **1938**: Methoden und Probleme der dynamischen Meteorologie. Berlin: Julius Springer.
— **1939**: Singuläre Advektion und Zyklonenbewegung. Met. Zs. **56**, 401—407.

EXNER, F. M., **1906**: Grundzüge einer Theorie der synoptischen Luftdruckveränderungen. Wiener SB. **115**, 1171—1246.
— **1907**: Dasselbe, II. Mitteilung, Wiener SB. **116**, 795—1030.
— **1908**: Über eine erste Annäherung zur Vorausberechnung synoptischer Wetterkarten. Met. Zs. **25**, 57—67.
— **1910**: Dasselbe wie 1907, III. Mitteilung, Wiener SB. **119**, 697—738.
— **1911**: Über die Entstehung von Barometerdepressionen höherer Breiten. Wiener SB. **120**, 1411—1434.
— **1913**: Über Luftdruckschwankungen in der Höhe und am Erdboden. Met. Zs. **30**, 429—436.
— **1918**: Studien über die Ausbreitung kalter Luft auf der Erdoberfläche. Wiener SB., Bd. 127, 6. Heft, 2—53.
— **1920**: Meteorologische Erfahrungen im Kriege. Met. Zs. **37**, 301—302.
— **1921**: Über den Aufbau hoher Zyklonen und Antizyklonen in Europa. Met. Zs. **38**, 296—299.
— **1923**: Über die Bildung von Windhosen und Zyklonen. Wiener SB. **132**, 1—16.
— **1924**: Über die Auslösung von Kälte- und Wärmewellen. Wiener SB., 101—115.
— **1925**: Dynamische Meteorologie, 2. Aufl. Wien: Julius Springer.
— **1929**: Über die Zirkulationen kalter und warmer Luft zwischen hohen und niedrigen Breiten. Wiener SB. **137**, 189—225.

EXTERNBRINK, H., **1937**: Ein Beitrag zum Wettergeschehen im Golf von Mexiko, im Karibischen Meer und auf den Westindischen Inseln. Met. Zs. 54, 353—359, 413—417.

FAHMY, H., **1925**: Siehe SHAW, SIR NAPIER and FAHMY, H.

FESSLER, A., **1910**: Die Kälteeinbrüche in Mitteleuropa im Winter 1908/09. Met. Zs. 27, 1—12.

FICKER, H. v., **1905**: Innsbrucker Föhnstudien. 1. Teil. Beiträge zur Dynamik des Föhns. Wiener DS. **78**, 83—163.
— **1906**: Der Transport kalter Luftmassen über die Zentralalpen. Wiener DS. **80**, 131 bis 200.

FICKER, H. v., **1909**: Innsbrucker Föhnstudien. 4. Teil. Weitere Beiträge zur Dynamik des Föhns. Wiener DS. 85, 113—173.
— **1910**: Die Ausbreitung kalter Luft in Rußland und Nordasien. Wiener SB. 119, 1769—1838.
— **1911** (*1*): Absteigende Luftbewegung bei Südföhn und Nordföhn. Met. Zs. 28, 177—182.
— **1911** (*2*): Das Fortschreiten der Erwärmungen (der „Wärmewellen") in Rußland und Nordasien. Wiener SB., 745—836.
— **1919**: Veränderlichkeit des Luftdruckes und der Temperatur in Rußland zwischen Eismeer und 37° Nordbreite. Wiener SB. 128, 1301—1341.
— **1920** (*1*): Beziehungen zwischen Änderungen des Luftdruckes und der Temperatur in den unteren Schichten der Troposphäre (Zusammensetzung der Depressionen). Wiener SB. 129, 763—810.
— **1920** (*2*): Der Einfluß der Alpen auf Fallgebiete des Luftdruckes und die Entstehung der Mittelmeerdepressionen. Met. Zs. 37, 350—363.
— **1921**: Bemerkungen über die Polarfront. Btr. Ph. fr. At. 9, 130—136.
— **1922**: Die Änderungen des Wetters in den verschiedenen Entwicklungsstadien einer Depression. Wiener SB. 131, 383—415.
— **1923**: Polarfront, Aufbau, Entstehung und Lebensgeschichte der Zyklonen. Met. Zs. 40, 65—79.
— **1924**: Bemerkungen über die Äquatorialfront. Met. Zs. 41, 202—206.
— **1926** (*1*): Der Vorstoß kalter Luftmassen nach Teneriffa. Abh. Preuß. Met. Inst., Bd. VIII, H. 5.
— **1926** (*2*): Maskierte Kälteeinbrüche. Met. Zs. 43, 186—188.
— **1927**: Das meteorologische System von WILHELM BLASIUS. Sitz.-Ber. d. Preuß. Akad. Wiss., 248—267.
— **1929**: Der Sturm in Norddeutschland am 4. Juli 1928. Sitz.-Ber. d. Preuß. Akad. Wiss. XX—XXII, 290—326.
— **1931**: Über die Entstehung lokaler Wärmegewitter. Sitz.-Ber. d. Preuß. Akad. Wiss., Phys.-Math. Klasse, 1. Mitteilung. III. 28—39.
— **1932**: Dasselbe, 2. Mitteilung. XVI. 197—251.
— **1933**: Dasselbe, 3. Mitteilung. XIV. 480—500.
— **1935**: Der Einfluß der Stratosphäre auf die Wetterentwicklung. Die Naturwissenschaften 23, 551—555.
— **1936**: Die Passatinversion. Veröff. d. Met. Inst. d. Univ. Berlin, Bd. I, H. 4.
— **1938**: Zur Frage der Steuerung in der Atmosphäre. Met. Zs. 55, 8—12.
FINDEISEN, W., **1938** (*1*): Kolloidmeteorologische Vorgänge bei der Niederschlagsbildung. Met. Zs. 55, 121—133.
— **1938** (*2*): Der Aufbau der Regenwolken. Wetter 55, 208—225.
— **1939** (*1*): Die Kondensationskerne. Entstehung, chemische Natur, Größe und Anzahl. Btr. Ph. fr. At. 25, 220—232.
— **1939** (*2*): Zur Frage der Regentropfenbildung in reinen Wasserwolken. Met. Zs. 56, 365—368.
— **1939** (*3*): Flugmeteorologische Schneebeobachtungen. Met. Zs. 56, 429—437.
— Mikrophysik der Wolken (Teil I der „Physik der Wolken" von T. BERGERON, W. FINDEISEN und W. PEPPLER, in Vorbereitung).
FITZ-ROY, R., **1863**: Weather Book. A manual of practical meteorology. London.
FJELDSTAD, J. E., **1926**: Graphische Methoden zur Ermittlung adiabatischer Zustandsänderungen feuchter Luft. Geof. Publ., Vol. III, Nr. 13.
FOCHLER-HAUKE, G., **1934**: Monsune, Depressionen und Taifune Südchinas. Gerl. Btr. 43, 233—244.
FONTELL, N., **1932**: Zur Frage der inneren Stabilität der Luftmassen verschiedenen Ursprungs. Soc. Sc. Fennica, Commentationes Phys.-Math. 6, 7. Helsingfors.
FRANKENBERGER, E., **1930**: Über die Koagulation von Wolken und Nebel. Phys. Zs. 31, 835—840.
— **1930**: Siehe WIGAND, A. und FRANKENBERGER, E.
— **1931**: Siehe WIGAND, A. und FRANKENBERGER, E.
FRIEDRICHS, H., **1930**: Der Zusammenhang der Luftkörper mit den meteorologischen Elementen, insbesondere mit dem Trübungsgrad. Wetter 47, 257—269.
FRISCH, K. **1922**: Die Inversionsflächen in der freien Atmosphäre. Ann. Hydr. 50, 75—89, 120—135.
FUJIWHARA, S., **1937**: On the quick development of cyclones by amalgamation. Geophys. Mag. 11, 41—50.
GEIGER, R., **1927**: Das Klima der bodennahen Luftschicht. Braunschweig: F. Vieweg.
— **1930**: Siehe KÖPPEN, W. und GEIGER, R.
— **1931**: Großstadt und Wolkenbildung. Met. Zs. 48, 439—440.

GEORGII, W., **1924**: Wettervorhersage. Dresden und Leipzig: Steinkopff.
— **1927**: Flugmeteorologie. Leipzig: Akad. Verlagsgesellschaft.
— **1929**: Der Luftaustausch zwischen niederen und höheren Breiten über dem östlichen Mittelmeer. Btr. Ph. fr. At. **15**, 61—68.
GHERZI, E., **1936**: Air masses acting over China and the adjoining seas. Btr. Ph. fr. At. **23**, 45—52.
GIÃO, A., **1929**: La mécanique différentielle des fronts et du champ isallobarique. Mémorial de l'Office Nat. Mét. de France n° 20. Paris.
— **1931** (*1*): Essai d'hydrométéorologie quantitative. Gerl. Btr. **34**, 142—163.
— **1931** (*2*): Recherches sur les perturbations mécaniques des fluides. 2e partie. Les perturbations atmosphériques. Mémorial de l'Office Nat. Mét. de France n° 22. Paris.
— **1932** (*1*): Sur la prévision mathématique par une relation générale entre l'espace et le temps. Btr. Ph. fr. At. **19**, 123—142.
— **1932** (*2*): Sur l'application de la théorie de l'évolution spontanée à la prévision de la pression atmosphérique. Btr. Ph. fr. At. **20**, 42—46.
— **1933** (*1*): Sur la théorie de la prévision. Btr. Ph. fr. At. **21**, 7—48.
— **1933** (*2*): Über die Theorie der spontanen Störungen. Met. Zs. **50**, 411—423.
GIBLETT, H., **1924**: Siehe BJERKNES, J. and GIBLETT, H.
GODSKE, C. L., **1936**: Zur Theorie der Bildung außertropischer Zyklonen. Met. Zs. **53**, 445—449.
GÖLLES, F., **1922**: Kältewellen im Gebiet des Kaspischen Meeres. Wiener SB. **131**, 327—354.
GOLD, E., **1935**: Fronts and occlusions. Qu. Journal 61, 107—157.
GOLDIE, A. H. R., **1931**: Characteristics of Rainfall Distribution in Homogeneous Air Currents and at Surfaces of Discontinuity. Geophys. Memoirs No. 53, Met. Off. London.
— **1937**: Kinematical Features of Depressions. Geophys. Memoirs No. 72, Met. Off. London.
GREGOR, A., **1931**: Hiver arctique dans le Sud et le Centre de l'Europe Centrale en Février 1929. La Mét. nos 70—72.
GRIESSBACH, K., **1933**: Korrelationen von Luftdruckwellen auf der Nordhemisphäre. Veröff. Leipzig, Bd. VI, H. 1.
GRUNDMANN, W. und MOESE, O., **1931**: Die Verwendungsmöglichkeit der Relationen zwischen Trübungsfaktoren und Luftkörpern für die praktische Wetteranalyse. Ann. Hydr. **59**, 253—261.
GRYTÖYR, E., **1935**: Kritische Bemerkungen zu der Störungstheorie von A. GIÃO. Met. Zs. **52**, 70—72.
GUILBERT, G., **1909**: Nouvelle méthode de prévision du temps. Paris.
GUTENBERG, B., **1929**: Lehrbuch der Geophysik. Berlin: Borntraeger.
— **1932**: Aufbau der Atmosphäre. Handbuch der Geophysik, Band IX, Lief. 1. Berlin: Borntraeger.
— **1937**: Dasselbe, Lief. 2. G. STÜVE: Thermodynamik der Atmosphäre. Die atmosphärische Zirkulation.
HÄNSCH, F., **1932**: Über die 24tägige Welle des Winters 1923/24. Veröff. Leipzig, Bd. V, H. 3.
— **1933**: Über äquivalente, äquipotentielle und potentiell-äquivalente Temperatur. Aachen, Deutsches Met. Jahrbuch 36—38. Aachen.
HANN, J. v., **1866**: Über den Ursprung des Föhns. Zs. f. Met. 1, 257—263.
— **1890**: Das Luftdruckmaximum vom November 1889 in Mitteleuropa nebst Bemerkungen über die Barometermaxima im allgemeinen. Wiener DS. **57**, 401—425.
— **1891**: Studien über die Luftdruck- und Temperaturverhältnisse auf dem Sonnblickgipfel nebst Bemerkungen über deren Bedeutung für die Theorie der Zyklonen und Antizyklonen. Wiener SB. **100**, 367—453.
— **1913**: Die gleichzeitigen interdiurnen Luftdruck- und Temperaturänderungen auf dem Sonnblickgipfel (3105 m) und zu Salzburg (430 m) mit Bemerkungen über die unperiodischen Luftdruckschwankungen. Wiener SB. **122**, 45—136.
— **1932**: Handbuch der Klimatologie, Bd. I: Allgemeine Klimalehre, 4. Aufl., bearb. von K. KNOCH. Stuttgart: Engelhorn.
HANN, J. v. und SÜRING, R., **1926**: Lehrbuch der Meteorologie, 4. Aufl. Leipzig: Tauchnitz. [5. Aufl. (Leipzig: Keller) im Erscheinen.]
HANZLÍK, S., **1908**: Die räumliche Verteilung der meteorologischen Elemente in den Antizyklonen. Wiener DS. **84**, 163—256.
— **1912**: Die räumliche Verteilung der meteorologischen Elemente in den Zyklonen. Wiener DS. **88**, 67—128.

HARTENSTEIN, G., 1934: Über Vertikalbewegungen an der Vorderseite eines Hochdruckgebietes. Syn. Bearb. Nr. 6.
HAURWITZ, B., 1927: Beziehungen zwischen Luftdruck- und Temperaturänderungen.
Veröff. Leipzig, Bd. III, H. 5.
— 1933 (1): The recent theory of GIÃO concerning the formation of precipitation in
relation to the polar-front theory. Trans. Amer. Geoph. Union, 89—91.
— 1933 (2): Investigations of atmospheric periodicities at the Geophysical Institute
Leipzig. M. Weath. R. 61, 219—221.
— 1934: Daytime radiation at Blue Hill Observatory in 1933 with application to
turbidity in American air masses. Harvard Meteor. Studies, publ. by the Blue Hill
Obs. No. 1. Cambridge, Mass.
— 1937: The oscillations of the atmosphere. Berl. Btr. 51, 195—233.
— 1938: The Norwegian Wave-Theory of Cyclones. Abschnitt in NAMIAS, J. 1938 (1).
HAURWITZ, B. and TURNBULL, W. E., 1938: Relations between Interdiurnal Pressure
and Temperature Variations in Troposphere and Stratosphere over North America.
Canadian Meteorological Memoirs, Vol. I, No. 3.
HAURWITZ, B. und WEXLER, H., 1934: Trübungsfaktoren nordamerikanischer Luftmassen. Met. Zs. 51, 236—238.
HEIDKE, P., 1930: Zur objektiven Prüfung von Wettervorhersagen. Ann Hydr. 58,
134—146.
— 1935: Ergebnisse einer objektiven Prüfung von Wettervorhersagen. Met. Zs. 52,
487—490.
HELMHOLTZ, H. v., 1882: Über ein Theorem, geometrisch ähnliche Bewegungen flüssiger
Körper betreffend, nebst Anwendung auf das Problem, Luftballons zu lenken.
Monatsber. d. k. Akad. Berlin 1873 und Wiss. Abhandl. Leipzig 1882, S. 158 ff.
— 1888: Über atmosphärische Bewegungen I. Akadem. Ber. Berlin 647—663.
— 1889: Dasselbe II. Akadem. Ber. Berlin 761—780.
HERGESELL, H., 1922: Der tägliche Gang der Temperatur in der freien Atmosphäre
über Lindenberg. Arb. Lindbg. XIV, 1—43.
HERRMANN, M., 1929: Scirocco-Einbrüche in Mitteleuropa. Veröff. Leipzig, Bd. IV. H. 4.
HERRSTRÖM, E., 1934: Zur atmosphärischen Steuerung. Syn. Bearb. Nr. 5.
HESSELBERG, TH., 1913: Über die Luftbewegungen im Zirrusniveau und die Fortpflanzung
der barometrischen Minima. Btr. Ph. fr. At. 5, 198—205.
— 1915: Über den Zusammenhang zwischen Druck- und Temperaturschwankungen in
der Atmosphäre. Met. Zs. 32, 311—318.
— 1932: Arbeitsmethoden einer dynamischen Klimatologie. Btr. Ph. fr. At. 19, 291
bis 305.
HEYWOOD, G. S. P., 1932: Analysis of cold fronts over Leafield. Qu. Journal 58,
202—206.
HILDEBRANDSSON, H. H., et TEISSERENC DE BORT L., 1901—1907: Les Bases de la
Météorologie Dynamique. Vol. I et II. Paris.
HOLMBOE, J., 1935: Siehe KIDSON, E. and HOLMBOE, J.
HOLZER, H., 1932: Siehe EGERSDÖRFER, L. und HOLZER, H.
HOUGHTON, H. G. and RADFORD, W. H., 1938: On the local dissipation of natural fog.
Papers Massachussets Institute of Technol. and Woods Hill Oceanogr. Institute 6,
Nr. 3.
HRUDIČKA, B., 1939: Zur Himmelsblaufrage. Met. Zs. 56, 119—123.
HUBERT, H., 1938: Les masses d'air de l'Ouest Africain. Annales de physique du Globe
de la France d'outre mer 5, 33—64.
HUMPHREYS, W. J., 1920: The physics of the air. Philadelphia.
Internationaler Wolkenatlas, 1930: Internationaler Atlas der Wolken und Himmels-
ansichten. Off. Nat. Mét. Paris.
JACHONTOW, G., 1906: Stürme am Baikalsee. Schriften der russ. Akad. d. Wiss. 19, 3
(russ.). (Über die Sarma: siehe ebenda.)
JAROSLAWTZEW, J. M., 1936: Typhomologen der Hauptluftmassenarten über Zentral-
rußland. Met. i Gid., Nr. 7, 26 (russ.).
JAUMOTTE, J., 1933: Passage sur la Belgique d'un cyclone à secteur chaud. Comptes
Rendus de l'Assoc. franç. pour l'avancement des sciences 163—173.
JAW JEOU-JANG, 1935: A preliminary of the air masses over Eastern China. Memoir of
the Nat. Res. Inst. of Meteorology. VI. Nanking.
JEFFREYS, H., 1919: On travelling atmospheric disturbances. Phil. Mag. London 37,
1—8.
KALTENBRUNNER, ST. 1915: Aus dem jeweiligen Stand und Gang des Barometers
das zukünftige Wetter mit großer Treffsicherheit vorauszubestimmen. Linz. Selbst-
verlag.

KEIL, K., 1923: Die Okklusion. Mitt. des Aeron. Observ. Lindenberg.

KHANEWSKY, W., 1929: Zur Frage über die Konstitution und Entstehung hoher Antizyklonen. Met. Zs. 46, 81—86.

KIDSON, E. and HOLMBOE, J., 1935: Frontal methods of weather analysis applied to the Australia-New Zealand area. N. Zealand Dept. of Scientific and Industrial Research. Wellington N. Z.

KIEFER, J. P., 1936: Determination of altitudes from the adiabatic chart and the REFSDAL aerogram. M. Weath. R. 64, 69—71.

KLÜTSCHAREW, S. S., 1938: Über die Forschungsmethoden der Luftmassentransformation. Met. i Gid. 5 (russ.).

KNOBLOCH, K., 1932: Nomogramm zur Bestimmung der Äquivalenttemperatur. Met. Zs. 49, 318.

KNOCH, K., 1925: Polar- und Tropikluft nach Registrierungen der Temperatur und der relativen Feuchte auf dem Atlantischen Ozean. Met. Zs. 42, 297—302.

— 1930: Das unperiodische Element im Tropenklima. Zs. f. Geophysik 6, 318—329.

— 1932: Siehe HANN, J. v. und KNOCH, K.

KNOCHE, W., 1905: Über die räumliche und zeitliche Verteilung des Wärmegehalts der unteren Luftschichten. Archiv der Deutschen Seewarte, 28. Jg., Nr. 2, 1—46.

KÖHLER, H., 1921: Zur Kondensation des Wasserdampfes in der Atmosphäre. 1. Mitt. Geof. Publ., Vol. II, Nr. 1.

— 1922: Dasselbe, 2. Mitt. Geof. Publ., Vol. II, Nr. 6.

— 1925: Untersuchungen über die Elemente des Nebels und der Wolken. Meddelanden fran Statens Met. Hydr. Anstalt, Bd. 2, Nr. 5. Stockholm.

— 1926: Zur Thermodynamik der Kondensation an hygroskopischen Kernen und Bemerkungen über das Zusammenfließen der Tropfen. Meddelanden från Statens Met. Hydr. Anstalt, Bd. 3, Nr. 8. Stockholm.

— 1927 (1): Über die Koagulation in der Atmosphäre. Met. Zs. 44, 41—46.

— 1927 (2): On Water in the Clouds. Geof. Publ., Vol. V, No. 1.

— 1930: Untersuchungen über die Wolkenbildung auf dem Pårtetjåkko im August 1928, nebst einer erweiterten Untersuchung der Tropfengruppierung. Naturw. Unters. d. Sarekgebirges im Schwedischen Lappland, Bd. 2, Met. u. Geophys., Lief. 2, S. 77 bis 128.

— 1931: Über die Kondensation an verschieden großen Kondensationskernen und über die Bestimmung ihrer Anzahl. Gerl. Btr. 29, 168—186.

KÖNIG, W., 1926: Über die Niederschläge der Vb-Depressionen. Veröff. d. Preuß. Met. Inst. Nr. 345.

— 1928: Über die Erschließung hoher Druckwellen durch Änderungskarten. Veröff. Preuß. Met. Inst., Nr. 355.

KÖPPEN, W., 1882: Beiträge zur Kenntnis der Böen und Gewitterstürme. 2. Abhandlung. Ann. Hydr. 10, 595—619, 714—737.

— 1906: Wie erkennt man Blindlingsprognosen? HANN-Band der Met. Zs. 347—356.

— 1914: Über Böen, insbesondere die Böe vom 9. September 1913. Ann. Hydr. 42, 303—320.

— 1932: Anfänge der deutschen Wettertelegraphie 1862—1880. Btr. Ph. fr. At. 19, 27—33.

KÖPPEN, W. und GEIGER, R., 1930: Handbuch der Klimatologie. Erscheint in Fortsetzungen unter Mitwirkung zahlreicher Mitarbeiter. Berlin: Borntraeger.

KOPP, W., 1929: Studien über den Einfluß von Dunst- und Wolkenschichten auf die thermische Struktur der Atmosphäre. Btr. Ph. fr. At. 15, 264—270.

KOROSTELEW, N., 1904: Die Bora von Noworossisk. Schriften der russ. Akad. d. Wiss. 15, 2 (russ.).

KOSCHMIEDER, H., 1933: Dynamische Meteorologie. Leipzig: Akad. Verlagsges.

KREUDER, A., 1932: Der Scheinwarmsektor einer okkludierenden Zyklone: die Warmluftschleppe. Wetter 49, 58—61.

KRICK, I. P., 1933: Foehn Winds of Southern California. Gerl. Btr. 39, 399—407.

KÜNNER, J., 1939: Vertikalschnitte durch Kaltfronten. Met. Zs. 56, 249—263.

KÜTTNER, J., 1939: Zur Entstehung der Föhnwelle. Btr. Ph. fr. At. 25, 251—299.

KUHNKE, W., 1939: Groß-Schneefälle in Deutschland, besonders die Schneebruchkatastrophe vom 16. April 1936. Met. Zs. 56, 418—428.

KUPFER, E., 1935: Die Zyklonenfamilie vom 12. bis 20. Mai 1935. Met. Zs. 52, 313—317.

KURGANSKAJA, W. M., 1936: Synoptische Bedingungen der Schneegestöber auf den Eisenbahnen des Urals, des Kasachstan und Westsibiriens beim Vordringen von Zyklonen aus dem Süden. Met. i Gid. 1 (russ.).

KURGANSKAJA, W. M. und PTSCHELKO, I. G., 1935: Synoptische Bedingungen für die Flugzeugvereisung. Met. i Gid. 1 und 2 (russ.).

LAMATSCH, B., **1933**: Zur Vorausberechnung der Bewegung von Hoch- und Tiefdruckzentren nach der Methode von J. M. ANGERVO. Met. Zs. **50**, 137—140.

LAMMERT, L., **1920**: Der mittlere Zustand der Atmosphäre bei Südföhn. Veröff. Leipzig.
Bd. II, Heft 7.

— **1932**: Frontologische Untersuchungen in Australien. Btr. Ph. fr. At. **19**, 203—219.

LEHMANN, K., **1931**: Symmetriegebiete des Luftdrucks. Gerl. Btr. **30**, 241—276.

LETTAU, H., **1931**: Theoretische Ableitung und physikalischer Nachweis einer 36tägigen
Luftdruckwelle. Veröff. Leipzig, Bd. V, H. 2.

— **1935**: Luftmassen- und Energieaustausch zwischen niederen und hohen Breiten der
Nordhalbkugel während des Polarjahres 1932/33. Btr. Ph. fr. At. **23**, 45—84.

— **1939**: Atmosphärische Turbulenz. Leipzig: Akad. Verlagsges.

LINKE, F., **1938**: Bedeutung und Berechnung der Äquivalenttemperatur. Met. Zs. **56**,
345—350.

— **1939**: Meteorologisches Taschenbuch, III., IV. und V. Ausgabe. Leipzig: Akad. Verlagsges. (I. und II. Ausgabe vergriffen.)

LINKE, F., und DINIES, E., **1930**: Über Luftkörperbestimmungen. Wetter **47**, 1—5.

LITTWIN, W., **1935**: Die Energie trocken- und feuchtlabiler Schichtungen. Forschungs-
arbeiten d. Staatl. Observ. Danzig, H. 4. Leipzig.

LOCKYER, WM., **1910**: Southern Hemisphere air circulation. Solar Physics Committee,
London.

LUDLOFF, H., **1931**: Stabilität der Zyklonenwellen. Ann. Phys. **8**, 615—648.

LUDWIG, G., **1935**: Der Temperatur- und Wärmehaushalt in einem Hochdruckgebiet.
Syn. Bearb., Nr. 7.

LUGEON, J., **1934**: Les parasites atmosphériques polaires. Comptes Rendus Acad. Sc.
Paris **198**, 1712—1714.

— **1940**: Mémoire sur la méthode d'intégration des altitudes en aérologie. Nivellement
barométrique de précision. Bull. techn. Suisse romande, N^{os} des 13 et 27 janvier
1940.

LUGEON, J. et NOBILE, G., **1939**: Le radiomaxigraphe-enregistreur d'intensité des parasites atmosphériques de la station centrale suisse de météorologie. S.-A. aus den
Annalen der Schweiz. Met. Zentralanstalt, Jg. 1938.

MACHT, H. G., **1937**: Skagerrak-Zyklonen. Analysen der Wetterlagen vom 25. bis
27. März 1930 und vom 2. bis 4. März 1931. Veröff. Leipzig, Bd. IX, H. 12.

MÄDE, A., **1935**: Ein Beitrag zur Symmetrieerscheinung von Luftdruckgängen des
Winters 1928/29. Veröff. d. Reichsamtes für Wetterdienst, Nr. 409.

MÄRZ, E., **1936**: Das Aprilwetter und seine Schauerzonen. Diss. Leipzig.

MAL, S., BASU, S. and DESAI, B. N., **1932**: Structure and development of temperature
inversions in the atmosphere. Btr. Ph. fr. At. **20**, 56—77.

MAMONTOWA, L. und CHROMOW, S., **1933**: Trübungsfaktoren für verschiedene Typen
troposphärischer Luftmassen über Moskau. Met. Zs. **50**, 11—18.

MAMONTOWA, L. und SCHIJKO, E. J., **1935**: Die atmosphärischen Trübungsfaktoren
nach Strahlungs- beobachtungen in Jalta. Met. i Gid. 3 u. 4 (russ.).

MARAKOVIC, M., **1913**: Studien über die Bora. I. Teil. Sarajevo.

MARGULES, M., **1900**: Temperaturstufen in Niederösterreich im Winter 1898/99. Anhang
zum Jahrbuch 1899 der k. k. Zentralanstalt für Met. u. Geodyn. in Wien.

— **1905**: Über die Energie der Stürme. Anhang zum Jahrbuch 1903 der k. k. Zentralanstalt für Met. u. Geodyn. in Wien.

— **1906** (*1*): Über die Änderung des vertikalen Temperaturgefälles durch Zusammendrückung oder Ausbreitung einer Luftmasse. Met. Zs. **23**, 241—244.

— **1906** (*2*): Über Temperaturschichtung in stationär bewegter und in ruhender Luft.
Met. Zs., HANN-Band 243—254.

MARKGRAF, H., **1928**: Gewitter an einer Aufgleitfront. Ann. Hydr. **56**, 47—52.

— **1932**: Der Luftdruckfall im Warmsektor. Btr. Ph. fr. At. **19**, 71—78.

MAYER, H., **1937**: Zur Kompensation Atmosphäre — Druckänderungen. Met. Zs. **54**,
41—50.

MAZELLE, E., **1901**: Einfluß der Bora auf die tägliche Periode einiger meteorologischer
Elemente. Wiener DS. **73**, 67—100.

MEINARDUS, W., **1929**: Die Luftdruckverhältnisse und ihre Wandlungen südlich von
30° s. Br. Met. Zs. **46**, 41—49, 86—96.

MICHEL, W., **1932**: Über einige aerosynoptische Merkmale der Änderungen barischer
Gebiete. Recueil de Géophysique, Bd. 5, Lief. 3. Leningrad. (Ref. von W. KÖPPEN
in Ann. Hydr. **61**, 1933, S. 374—375.)

MICHELSON, W. A., **1908**: Kleine Sammlung wissenschaftlicher Wetterregeln. 2. Aufl.
Braunschweig: F. Vieweg.

VAN MIEGHEM, J., 1936: Prévision du temps par l'analyse des cartes météorologiques. Publ. de l'Inst. belge de Recherches Radio-scientifiques. Paris: Gauthier-Villars.
— 1937: Analyse aérologique d'un front froid remarquable. Inst. Belg. Mémoires, Vol. VII.
— 1938 (1): Remarques sur le champ vertical du mouvement dans le voisinage du front. Ciel et Terre, n° 11.
— 1938 (2): L'équation aux variations locales de la pression. Inst. Belg. Mémoires, Vol. VIII.
— 1939 (1): Le premier exemple d'un cyclone dans l'espace et le temps. Inst. Belg. Miscellanées, Fasc. II. Bruxelles.
— 1939 (2): Analyse aérologique du cyclone du 17—19 décembre 1936 sur l'Europe Occidentale. Inst. Belg. Mémoires, Vol. X.
— 1939 (3): Sur l'existence de l'air tropical froid et l'effet de foehn dans l'atmosphère libre. Inst. Belg. Mémoires, Vol. XII.
MILDNER, P., 1926: Über Luftdruckwellen. Veröff. Leipzig, Bd. III, H. 3.
— 1931: Über Symmetriepunkte und ihren prognostischen Wert. Btr. Ph. fr. At. 17, 1—14.
— 1939: Siehe BJERKNES, J., MILDNER, P., PALMÉN, E. und WEICKMANN, L.
MODEL, F., 1938: Symmetriepunkt und Wetterkartensymmetrie. Veröff. Leipzig, Bd. XI. H. 2.
MÖLLER, F., 1933: Über den Jahresgang der Temperatur in hohen Atmosphärenschichten und seine Ursache. Syn. Bearb. LINKE-Sonderheft.
— 1936: Druckfeld und Wind. Met. Zs. 53, 284—292.
— 1938: Gibt es nur stratosphärische Steuerung? Met. Zs. 55, 197—205.
— 1939: Pseudopotentielle und äquivalentpotentielle Temperatur. Met. Zs. 56, 1—12.
MÖLLER, F. und SIEBER, P., 1937: Über die Abweichung zwischen Wind und geostrophischem Wind in der freien Atmosphäre. 65, 312—322.
MOESE, O., 1925: Radiation und Fronten. Wetter 42, 285—290.
— 1927: Strahlungsmessungen in Verbindung mit allgemein meteorologischen Beobachtungen während der Hochsaison 1924 usw. Ber. d. Strahlungsklimat. Stationsnetzes im Deutschen Nordseegebiet, I.
— 1930: Graphische Methoden zur Analyse aerologischer Aufstiege im praktischen Wetterdienst. Breslau.
— 1930: Siehe BIEL, A. und MOESE, O.
— 1931: Siehe GRUNDMANN, W. und MOESE, O.
— 1937: Stau und Föhn als Haupteffekte für das Klima Schlesiens. Veröff. d. Schles. Gesellsch. f. Erdkunde u. d. Geogr. Inst. d. Univ. Breslau.
MOESE, O. und SCHINZE, G., 1929: Zur Analyse von Neubildungen. Ann. Hydr. 57, 76—81.
— — 1932 (1): Die beiden Hauptfrontalzonen AF und PF. Ann. Hydr. 60, 407—414.
— — 1932 (2): Thetagrammpapier. Met. Zs. 49, 71—72.
MOLLWO, H., 1936 (1): Der Zusammenhang zwischen Druck- und Temperaturänderungen. Met. Zs. 53, 293—295.
— 1936 (2): Druckveränderlichkeit und Kompensation. Btr. Ph. fr. At. 23, 199—207.
MOLTSCHANOW, P., 1923: Die Atmosphäre. Leningrad (russ.).
— 1931: Siehe WEICKMANN, L. und MOLTSCHANOW, P.
MÜGGE, R., 1927: Über warme Hochdruckgebiete und ihre Rolle im atmosphärischen Wärmehaushalt. Veröff. Leipzig, Bd. III, H. 4.
— 1931: Synoptische Betrachtungen. Met. Zs. 48, 1—11.
— 1932: Die stratosphärische Steuerung während der Kälteperiode im November 1929. Syn. Bearb., Nr. 1.
— 1932: Siehe TICHANOWSKY, J. und MÜGGE, R.
— 1935: Siehe STÜVE, G. und MÜGGE, R.
— 1938 (1): Betrachtungen zur Zyklogenese. Met. Zs. 55, 1—8.
— 1938 (2): Über das Wesen der Steuerung. Met. Zs. 55, 197—205.
MÜGGE, R. und SIEBER, P., 1935: Über wetterwirksame Druckänderungen. Met. Zs. 52, 413—418.
MYRBACH, O., 1921: Die Polarfront und — DOVE. Met. Zs. 38, 129—134.
— 1926: Das Atmen der Atmosphäre unter kosmischen Einflüssen. Ann. Hydr. 54, 94—105, 145—168.
NAMIAS, J., 1934 (1): Subsidence within the atmosphere. Harvard Meteorolog. Studies publ. by the Blue Hill Met. Obs. No. 2. Cambridge, Mass.
— 1934 (2): The ROSSBY diagram — plotting routine. Bull. Am. Soc. 15 Dec., p. 285—290.
— 1935 (1): The ROSSBY diagram — interpretation. Bull. Am. Soc. 16 Jan., p. 16—20.
— 1935 (2): Elements of frontal structure. Bull. Am. Soc. 16, No. 3/4, 67—71, 104—108.

Namias, J., 1935 (3): Elements of cyclonic structure. Bull. Am. Soc. 16, No. 5, 124—129.
— 1938 (1): An introduction to the study of air mass analysis. 4. Ausgabe. The Amer. Met. Society. Milton, Mass.
— 1938 (2): Thunderstorm Forecasting with the aid of Isentropic Charts. Bull. Am. Soc. 19, 1—14.
Nobile, G., 1939: Siehe Lugeon, J. et Nobile, G.
Normand, C. W. B., 1921: Wet bulb temperatures and the thermodynamics of the air. Memoirs of the Indian Meteor. Departement, Vol. XXIII, Part I, 1—22.
— 1931: Recent investigations on structure and movement of tropical storms in Indian Seas. Gerl. Btr. 34, 233—243.
— 1938 (1): The sources of energy of storms. 25th Indian Science Congress. Calcutta.
— 1938 (2): Kinetic energy liberated in a unstable layer. Qu. Journal 64, 71—74.
— 1938 (3): On instability from water vapour. Qu. Journal 64, 338—340.
— 1938 (4): Energy realisable in the atmosphere, III. Qu. Journal 64, 420—422.
Noth, H., 1930: Die Vereisungsgefahr bei Flugzeugen. Arb. Lindberg, XVI.
Obolenskij, W. N., 1927: Meteorologie. Moskau (russ.).
— 1934: Die Aufgaben der Ionen, der neutralen und geladenen Staubteilchen und der chemisch-aktiven Kerne bei der Wolken- und Nebelbildung. Journ. Geof. Nr. 1 (11) (russ.).
Obrutschew, S., 1931: Der neue Kältepol in der Jakutischen Republik. Met. Zs. 48, 359—360.
Omschanskij, M., 1933: Über die Evidenz der Genauigkeit der Prognosen und ihre Verwendung. Journ. Geof. 3, 371—376 (russ.).
— 1936: Die Aufgabe der Kontrolle von Wetterprognosen. Met. i Gid. 11 (russ.).
Palmén, E., 1926: Über die Bewegung der außertropischen Zyklonen. Mitt. d. Met. Inst. d. Univ. Helsingfors Nr. 4. Helsingfors.
— 1928 (1): Zur Frage der Fortpflanzungsgeschwindigkeit der Zyklonen. Met. Zs. 45, 96—99.
— 1928 (2): Über die Natur der Luftdruckschwankungen in höheren Schichten. Btr. Ph. fr. At. 14, 147—153.
— 1929: Ein Fall der Regeneration einer sterbenden Depression. Met. Zs. 46, 66—69.
— 1930: Die vertikale Mächtigkeit der Kälteeinbrüche über Europa. Gerl. Btr. 26, 63—78.
— 1931 (1): Synoptisch-aerologische Untersuchung eines Kälteeinbruches. Gerl. Btr. 32, 158—172.
— 1931 (2): Die Beziehung zwischen troposphärischen und stratosphärischen Temperatur- und Luftdruckschwankungen. Btr. Ph. fr. At. 17, 102—116.
— 1931 (3): Die Luftbewegungen im Zirrusniveau über Zyklonen. Met. Zs. 48, 281—288.
— 1932: Analyse der dynamischen Druckschwankungen in der Atmosphäre. Btr. Ph. fr. At. 19, 55—70.
— 1933: Aerologische Untersuchungen der atmosphärischen Störungen mit besonderer Berücksichtigung der stratosphärischen Vorgänge. Mitt. Met. Inst. Helsingfors Nr. 25. Soc. Sc. Fennica. Comment. phys.-math. 7, 6. Helsingfors.
— 1933: Siehe Bjerknes, J. und Palmén, E.
— 1934: Über die Temperaturverteilung in der Stratosphäre und ihren Einfluß auf die Dynamik des Wetters. Met. Zs. 51, 17—23.
— 1935: Registrierballonaufstiege in einer tiefen Zyklone. Soc. Sc. Fennica. Comment. phys.-math. 8, 3. Helsingfors.
— 1936: Zur Frage der Temperatur-, Druck- und Windverhältnisse in den höheren Teilen einer okkludierten Zyklone. Met. Zs. 53, 17—22.
— 1937: Siehe Bjerknes, J. und Palmén, E.
— 1938: Siehe Bjerknes, J. und Palmén, E.
— 1939: Über die dreidimensionale Luftströmung in einer Zyklone und die Ozonverteilung. Vorgelegt dem Met. Verein der Internationalen Union für Geophysik und Geodäsie (Uggi). Washington.
— 1939: Siehe Bjerknes, J., Mildner, P., Palmén, E. und Weickmann, L.
Peppler, W., 1913: Zur Kenntnis der Temperaturinversionen. Arb. Lindberg 8, 255.
— 1922: Beiträge zur Physik des Cumulus. Btr. Ph. fr. At. 10, 130—150.
— 1924: Die thermische Schichtung der Atmosphäre. Btr. Ph. fr. At. 11, 79—95.
— 1929 (1): Temperaturinversionen mit Feuchtigkeitszunahme. Wetter 46, 6—14.
— 1929 (2): Der Zusammenhang starker Temperatur- und Druckänderungen am Boden mit den höheren Luftschichten im Alpenvorland. Btr. Ph. fr. At. 16, 1—8.
— 1930 (1): Schema eines Föhnausbruches aus dem Rheintal. Wetter 47, 78—84.

PEPPLER, W., 1930 (2): Aerologische Daten zur Kenntnis der kräftigen Temperaturinversionen. Wetter 47, 62—64, 95—96, 123—125, 154—159, 188—192, 214—216.
— 1931: Kaltluftvorstöße in der freien Atmosphäre. Wetter 48, 58—61.
PETITJEAN, L., 1928: La depression Saharienne. La Mét. n° 37, 145—154.
— 1932: La frontologie en Afrique du Nord. Btr. Ph. fr. At. 19, 163—172.
PETROWA, L., 1936: Siehe BATSCHURINA, A., BLJUMINA, L. und PETROWA, L.
PETTERSSEN, S., 1933: Kinematical and dynamical properties of the field of pressure
with application to weather forecasting. Geof. Publ., Vol. X, No. 2.
— 1935: Practical rules for prognosticating a motion and a development of pressure
centres. Procès-Verbaux des Séances de l'Ass. de Mét., UGGI. 5. Ass. Générale
(Lisbonne, Sept. 1933). Paris.
— 1936: Contribution to the theory of frontogenesis. Geof. Publ., Vol. XI, No. 6.
— 1938 (1): On the causes and the forecasting of the California fog. Bull. Am. Soc. 19,
49—55.
— 1938 (2): Outline of Meteorology. Abschnitt in P. V. H. WEEMS, air navigation.
— 1939 (1): Contribution to the theory of convection. Geof. Publ., Vol. XII, No. 9.
— 1939 (2): Some aspects of formation and dissipation of fog. Geof. Publ., Vol. XII,
No. 10.
— 1939 (3): On the choice of humidity element in synoptic and aerological reports.
PFAU, R., 1938: Die 10tägige Luftdruckwelle im Sommer 1934 und ihre Dämpfungs-
erscheinungen. Veröff. Leipzig, Bd. IX, H. 3.
PFLUGBEIL, W., 1935: Die 20tägige Welle des Winters 1928/29. Dissertation Leipzig.
PHILIPPS, H., 1936: Die Störungen des zonalen atmosphärischen Grundzustandes und
stratosphärische Druckwellen. Reichsamt f. Wetterdienst, Wiss. Abhandl. II, 3.
— 1936: Siehe BAUR, F. und PHILIPPS, H.
— 1939 (1): Die Hauptprobleme der theoretischen Meteorologie. Die Naturwissen-
schaften 27, 427—432.
— 1939 (2): Die Abweichung vom geostrophischen Wind. Met. Zs. 56, 460—483.
Physics of Earth, 1931: Part III. Meteorology. Bull. of Nat. Res. Council, Washington
D. C.
Physikalische Hydrodynamik, 1933: Siehe BJERKNES, V., BJERKNES, J., SOLBERG, H.,
BERGERON, T.
PICK, W. H. and BOWERING, P. F., 1929: Cirrus movement and the advance of depressions. Qu. Journal 55, 71—72.
PJASKOWSKAJA, E. W., 1932: Die atmosphärische Sicht als Wetterfaktor. Journ. Geof.
2, 329—336 (russ.).
POGADE, G., 1938: Absterbende Warmsektorzyklonen. Ann. Hydr. 66, 343—347.
POGOSJAN, CH. P., 1935 (1): Der arktische Typus der sommerlichen Zirkulation im
europäischen Rußland. Met. i Gid. 1 und 2 (russ.).
— 1935 (2): Der sommerlich-arktische Prozeß im europäischen Rußland. Met. i Gid.
3 und 4 (russ.).
POLJAKOWA, A. N., 1936: Die Verteilung der äquivalentpotentiellen Temperaturen mit der
Höhe in verschiedenen Luftmassentypen in Moskau. Journ. Geof. 6, 512—525.
POLJAKOWA, M. N., SIWKOW, S. I., TERNOWSKAJA, K. W., 1935: Aktinometrische Luft-
massenmerkmale der Troposphäre nach Beobachtungen in Sluzk und Kursk. Journ.
Geof. 5, 39—56 (russ.).
POLLACK, H., 1930: Über Spät- und Frühfröste in Norddeutschland in Abhängigkeit
von der Wetterlage. Inaug.-Diss. Berlin.
PTSCHELKO, I. G., 1935: Siehe KURGANSKAJA, W. M. und PTSCHELKO, I. G.
PURI, H. R., 1939: Siehe SEN, S. N. and PURI, H. R.
RADFORD, W. H., 1938: Siehe HOUGHTON, H. G. and RADFORD, W. H.
RAETHJEN, P., 1933: Theorie der Fronten und Zyklonen. Ausblick und Übersicht.
Met. Zs. 50, 450—454.
— 1934 (1): Die Böenfront als fortschreitende Umlagerungswelle. Met. Zs. 51, 9—17,
53—62.
— 1934 (2): Die Aufgleitfront, ihr Gleichgewicht und ihre Umlagerung. Met. Zs. 51,
161—172.
— 1935: Labilisierung und Auslösung beim Einfließen von Kaltluft in der Höhe. Erf.
Ber. FWD., 4. Sonderband, 2. Teil, 99—101.
— 1936 (1): Gleichgewichtstheorie der Zyklonen. Met. Zs. 53, 401—408.
— 1936 (2): Stabilitätstheorie der Zyklonen. Met. Zs. 53, 456—466.
— 1937 (1): Energetik der Zyklonen. Met. Zs. 54, 203—213.
— 1937 (2): 50 Jahre Zyklonentheorie und ihre gegenwärtige Entwicklung. Met.
Zs. 54, 394—405.

RAETHJEN, P., **1938** (*1*): Fronten und Grenzflächen in Theorie und Erfahrung. Ann. Hydr. 66, 97—104.
— **1938** (*2*): Schrumpfung und Dehnung, Front und Frontalzone. Ann. Hydr. 66, 383—389.
— **1939** (*1*): Konvektionstheorie der Aufgleitfronten. Met. Zs. 56, 95—105.
— **1939** (*2*): Zur praktischen Anwendung der MARGULESschen Gleichgewichtsbedingung. Met. Zs. 56, 58—62.
— **1939** (*3*): Advektive und konvektive, stationäre und gegenläufige Druckänderungen. Met. Zs. 56, 133—142.
RAMAKRISHNAN, K. P., **1933**: Siehe RAMANATHAN, K. R. and RAMAKRISHNAN, K. P.
RAMANATHAN, K. R. and RAMAKRISHNAN, K. P., **1933**: The Indian southwest monsoon and the structure of depressions associated with it. Mem. of the Ind. Met. Dep. 26, Part II, 13—36.
RATISBONNA, L., **1938**: Siehe SERRA, A. and RATISBONNA, L.
REFSDAL, A., **1930** (*1*): Der feuchtlabile Niederschlag. Geof. Publ., Vol. V, Nr. 12.
— **1930** (*2*): Zur Theorie der Zyklonen. Met. Zs. 47, 294—305.
— **1932**: Zur Thermodynamik der Atmosphäre. Geof. Publ., Vol. IX, Nr. 12. (Autoreferat Met. Zs. 50, 1933, S. 212—218.)
— **1935**: Das Aerogramm. Met. Zs. 52, 1—5.
— **1937**: Aerologische Diagrammpapiere. Geof. Publ., Vol. XI, Nr. 13.
REIDAT, R., **1930**: Gewitterbildung durch Kaltlufteinbruch in der Höhe. Btr. Ph. fr. At. 16, 291—297.
REINBOLD, O., **1935**: Beiträge zum Vereisungsproblem der Luftfahrt. Met. Zs. 52, 49—54.
REINHARDT, H., **1934**: Aerologie der Warmfront vom 22. Februar 1934. Erf. Ber. FWD. 8, 183—186.
REUTER, F., **1936**: Die synoptische Darstellung der halbjährigen Druckwelle. Veröff. Leipzig, Bd. VII, H. 1.
RICHARDSON, L., **1922**: Weather prediction by Numerical Process. University Press, Cambridge.
ROBITZSCH, M., **1928**: Äquivalenttemperatur und Äquivalentthermometer. Met. Zs. 45, 313—315.
— **1930**: Die Verwendung der durch aerologische Versuche gewonnenen Feuchtigkeitsdaten zur Diagnose der jeweiligen atmosphärischen Zustände. Arb. Lindbg. 16, Heft C. Braunschweig.
— **1932**: Ein neuer Vordruck für die Auswertung aerologischer Aufstiege. Btr. Ph. fr. At. 18, 228—233.
— **1938**: Die Feuchttemperatur als aerologische Größe. Met. Zs. 55, 425—429.
— **1939** (*1*): Die äquivalente Temperatur. Met. Zs. 56, 79—82.
— **1939** (*2*): Ausführliche barometrische Reduktions- und Höhentafeln. Leipzig: Keller.
RODEWALD, M., **1932**: Über die Festlegung der Frontalzonen. Ann. Hydr. 60, 180—184.
— **1936**: Die Entstehungsbedingungen der tropischen Orkane. Met. Zs. 53, 197—211.
— **1937**: Die GUILBERT-GROSSMANNsche Regel in der Höhenwetterkarte. Ann. Hydr. 65, 335—337.
— **1938** (*1*): Höhenwetterkarte und Wettervorhersage. Ann. Hydr. 66, 42—48.
— **1938** (*2*): Die Konvergenz der Höhenströmung über Hochdruckgebieten. Ann. Hydr. 66, 557—560.
ROEDIGER, G., **1929**: Der europäische Monsun. Veröff. Leipzig, Bd. IV, H. 3.
— **1933**: Bestimmung der Höhenströmung in 5—10 km nach der Verteilung der Luftkörper. Ann. Hydr. 61, 338—339.
ROSSBY, C. G., **1927**: Zustandsänderungen in atmosphärischen Luftsäulen. Btr. Ph. fr. At. 13, 662—673.
— **1928**: Studies on the dynamics of the stratosphere. Btr. Ph. fr. At. 14, 240—265.
— **1930**: On the effect of vertical convection on lapse rates. J. Wash. Acad. of Sciences 20, 33—35.
— **1932**: Thermodynamics applied to air mass analysis. Meteorological Papers, Vol. I, No. 3. Massachusetts Inst. of Technology. Cambridge, Mass.
— **1937**: On temperature changes in the stratosphere resulting from shrinking and skretching. Btr. Ph. fr. At. 24, 53—59.
ROSSBY, C. G. and WEIGHTMANN, R. H., **1926**: Application of the Polarfront Theory to a Series of American Weather Maps. M. Weath. R. 54, 485—496.
ROSSI, V., **1938**: Glatteisbildung und Vereisung bei Flugzeugen. Wetter 55, 48—51.
ROSSMANN, F., **1939**: Blitz und Hagel. Über die elektrische Natur des Gewitters. Met. Zs. 56, 372—378.
RUNGE, H., **1931** (*1*): Stationäre warme und kalte Antizyklonen in Europa. Diss. Leipzig. Würzburg.

RUNGE, H., 1931 (2): Zur Frage der Umwandlung einer kalten Antizyklone in eine warme. Met. Zs. 48, 375—382.
— 1932: Entstehung hoher Antizyklonen. Met. Zs. 49, 129—133.
RUSSEL, H. C., 1893: Moving anticyclones in the southern hemisphere. Qu. Journal 19, 23—34.
RYKATSCHEW, M. I., 1899: Historische Abhandlung über die Tätigkeit des physikalischen Hauptobservatoriums während der letzten 50 Jahre. St. Petersburg (russ.).
SAMUELS, L. T., 1932: Meteorological conditions during the formation of ice on aircraft. Techn. Notes. Nat. Adv. Comm. Aero, No. 439. Washington.
SANDSTRÖM, J. W., 1923: Untersuchungen über die Polarfront. Met. Zs. 40, 262—264.
SCHEDLER, A., 1917: Über den Einfluß der Lufttemperatur in verschiedenen Höhen auf die Luftdruckschwankungen am Boden. Btr. Ph. fr. At. 7, 88—101.
— 1921: Die Beziehungen zwischen Druck und Temperatur in der freien Atmosphäre. Btr. Ph. fr. At. 9, 181—201.
SCHERESCHEWSKY, PH. et WEHRLÉ, PH., 1923: Les systèmes nuageux. Mém. No. 1 de l'Office National Météorologique, Paris.
SCHERHAG, R., 1931 (1): Über die atmosphärischen Zustände bei Gewittern. Inaug.-Diss. Berlin.
— 1931 (2): Die Entstehung der Ostgewitter. Met. Zs. 48, 245—254.
— 1932 und 1933: Untersuchungen über die Nachtgewitter im nordwestdeutschen Küstengebiet. Ann. Hydr. 60, 184—194, 321—327, 369—374; 61, 129—138.
— 1934 (1): Zur Theorie der Hoch- und Tiefdruckgebiete. Met. Zs. 51, 129—138.
— 1934 (2): Die Entstehung des Ostseeorkans vom 8. und 9. Juli 1931. Ann. Hydr. 62, 152—162.
— 1934 (3): Die Bedeutung der Divergenz für die Entstehung der Vb-Depressionen. Ann. Hydr. 62, 397—406.
— 1935: Über die Niederschlagsbildung an Fronten. Ann. Hydr. 63, 30—37.
— 1936 (1): Die Entstehung der im täglichen Wetterbericht der Deutschen Seewarte veröffentlichten Höhenwetterkarten. Met. Zs. 53, 1—6.
— 1936 (2): Bemerkungen zur Divergenztheorie der Zyklonen. Met. Zs. 53, 84—90.
— 1936 (3): Die Zunahme der atmosphärischen Zirkulation in den letzten 25 Jahren. Ann. Hydr. 64, 397—407.
— 1937 (1): Bemerkungen über die Bedeutung der Konvergenzen und Divergenzen des Geschwindigkeitsfeldes für die Druckänderungen. Btr. Ph. fr. At. 24, 122—129.
— 1937 (2): Die Kreis- und Schleifensteuerung des europäischen Regengebietes vom 18. bis 22. Juni 1937 usw. Ann. Hydr. 65, 388—391.
— 1938: Ein Tief mit kalter Stratosphäre. Ann. Hydr. 66, 419—424.
— 1939: Die gegenwärtige Milderung der Winter und ihre Ursachen. Ann. Hydr. 67, 292—303.
SCHIJKO, E. J., 1935: Siehe MAMONTOWA, L. I. und SCHIJKO, E. J.
SCHINZE, G., 1929: Siehe MOESE, O. und SCHINZE, G.
— 1932 (1): Die Bedeutung der aerologisch-synoptischen Luftmassenanalyse zum Erkennen gefährlicher Flugzeugvereisung. Wetter 49, 107—115.
— 1932 (2): Die Erkennung der troposphärischen Luftmassen aus ihren Einzelfeldern. Met. Zs. 49, 169—179.
— 1932 (3): Untersuchungen zur aerologischen Synoptik. Hamburg. — Zugleich Reihe IV, H. D der Veröff. des Met. Obs. Breslau-Krietern.
— 1932 (4): Die praktische Wetteranalyse. Aus d. Archiv d. Deutschen Seewarte, 52. Bd. Hamburg.
— 1932 (5): Troposphärische Luftmassen und vertikaler Temperaturgradient. Btr. Ph. fr. At. (BJERKNES-Festschrift) 19, 79—90.
— 1932 (6): Die aerologisch-synoptische Darstellung der großzügigen Strömungsglieder der troposphärischen Zirkulation und ihre Bedeutung für die Diagnose spezieller Wetterlagen, insbesondere Vereisungsgefahr. Erf. Ber. FWD., II. Sonderband, 163—173.
— 1932: Siehe MOESE, O. und SCHINZE, G.
— 1934: Vb-Wetterlage im Thetagramm. Met. Zs. 51, 449—454.
— 1938: Untersuchungen zur aerologischen Synoptik mit Tabellen (1936), 3., unveränd. Aufl. Breslau.
SCHINZE, G. und SIEGEL, R., 1938: Die großräumige Höhenströmungskarte. Aus dem Archiv der Deutschen Seewarte, 58. Bd., Nr. 2. Hamburg.
SCHMAUSS, A., 1921: Polarfront—Äquatorialfront. Met. Zs. 38, 156—157.
— 1922: Kohärente und inkohärente Drucksysteme. Met. Zs. 39, 278—280.
— 1931: Kolloidchemische Gedanken in der Meteorologie. Wetter 48, 1—11.

SCHMAUSS, A., 1937: Das Problem der Wettervorhersage. Probleme der kosm. Physik I, 2. Aufl. Leipzig: Akad. Verlagsges.
— 1938: Synoptische Singularitäten. Met. Zs. 55, 385—403.
SCHMAUSS, A. und WIGAND, A., 1929: Die Atmosphäre als Kolloid. Braunschweig: F. Vieweg.
SCHMIDT, W., 1910: Gewitter und Böen, rasche Druckanstiege. Wiener SB., Abt. IIa (119), S. 1101—1213.
— 1911: Zur Mechanik der Böen. Met. Zs. 28, 355—362.
— 1915: Schrumpfen und Strecken in der freien Atmosphäre. Btr. Ph. fr. At. 7, 103 bis 149.
— 1930: Die tiefsten Minimumtemperaturen in Mitteleuropa. Die Naturwissenschaften 18, 367—369.
SCHMIEDEL, K., 1937: Stratosphärische Steuerung und Wellensteuerung. Veröff. Leipzig, Bd. IX, H. 1.
SCHNEIDER, K., 1931: Kaltlufteinbrüche ohne Böenbildung. Btr. Ph. fr. At. 17, 117—125.
SCHNEIDER, R., 1917: KALTENBRUNNERS statistische Methode der Wetterprognose. Met. Zs. 34, 239—246.
SCHREIBER, K., 1931: Analyse der Wetterlage vom 4. bis 8. Januar 1912. Aus dem Archiv der Deutschen Seewarte 50, 4. Hamburg.
SCHRÖDER, R., 1929: Die Regeneration einer Zyklone über Nord- und Ostsee. Veröff. Leipzig, Bd. 4, H. 2.
SCHÜTZE, R., 1938: Siehe SCHWERDTFEGER, W. und SCHÜTZE, R.
SCHWERDTFEGER, W., 1932 (1): Zur Theorie polarer Temperatur- und Luftdruckschwankungen. Veröff. Leipzig, Bd. III, H. 3.
— 1932 (2): Temperaturverhältnisse in einem Polarluftausbruch. Erf. Ber. FWD., 3. Sonderband, 35—40. Berlin.
SCHWERDTFEGER, W. und SCHÜTZE, R., 1938: Wetterflug in einem Wärmegewitter. Wetter 55, 137—142.
SCRASE, F. J., 1937: Siehe SIMPSON, SIR GEORGE and SCRASE, F. J.
SEIFERT, G., 1935: Instabile Schichtungen der Atmosphäre und ihre Bedeutung für die Wetterentwicklung im Königsberger Gebiet. Veröff. Leipzig. Bd. VI, H. 5.
SEILKOPF, H., 1927: Grundzüge der Flugmeteorologie des Luftweges nach Ostasien. Archiv der Deutschen Seewarte, 44. Bd., Nr. 3. Hamburg.
SEKERA, Z., 1938 (1): Die Bedeutung der Übergangsschicht in der Theorie der HELMHOLTZschen Luftwogen. Gerl. Btr. 54, 9—20.
— 1938 (2): Zur Wellenbewegung in Flüssigkeitsschichten mit vertikalveränderlicher Geschwindigkeit. Astrophysica Norvegica 3, 1.
SEMMELHACK, W., 1934: Die Staubfälle im nordwestafrikanischen Gebiet des Atlantischen Ozeans. Ann. Hydr. 62, 273—277.
SEN, S. N. and PURI, H. R., 1939: Air-Mass Analysis and Short Period Weather Forecasting in India. Proc. nat. Inst. Sci. India, V, No. 1, 75—92. Calcutta.
SERRA, A. and RATISBONNA, L., 1938: Air masses of Southern Brazil. M. Weath. R. 66, 6—8.
SHAW, SIR NAPIER, 1921: Forecasting Weather. 2. Ed. London.
— 1926: The relation of the records of registering balloons to entropy-temperature diagrams for saturated air. Btr. Ph. fr. At. 12, 229—237.
— 1927: Manual of Meteorology. Vol. II. Comparative Meteorology. Oxford, Cambridge.
— 1930: Manual of Meteorology. Vol. III. The Physical processes of Weather. Oxford, Cambridge.
— 1931: Manual of Meteorology. Vol. IV. Meteorological calculus. Pressure and Wind. Oxford, Cambridge.
— 1932: Manual of Meteorology. Vol. I. Meteorology in History. 2. Ed. Cambridge.
SHAW, SIR NAPIER and FAHMY, H., 1925: The energy of saturated air in a natural environment. Qu. Journal 51, 205—228.
SIEBER, P., 1935: Siehe MÜGGE, R. und SIEBER, P.
— 1937: Siehe MÖLLER, F. und SIEBER, P.
SIEGEL, R., 1938: Siehe SCHINZE, G. und SIEGEL, R.
SIMPSON, SIR GEORGE, 1937: Ice accretion on aircraft. Notes for pilots. Professional Notes No. 82, Met. Office, London.
SIMPSON, SIR GEORGE and SCRASE, F. J., 1937: The distribution of electricity in thunder clouds. Proceedings of the Roy. Society, London, Ser. A 161, 309—352.
SIWKOW, S. I., 1935: Siehe POLJAKOWA, M. N., SIWKOW, S. I., TERNOWSKAJA, K. W.
SLETTENMARK, G., 1937: Väderlekstjänstens organisation och arbete. Nr. 15 der Mitt. der Met.-Hydr. Staatsanstalt, Stockholm (schwed.).
SMITH, R. H., 1929: Siehe ALVORD, C. M. and SMITH, R. H.

SMOLJAKOW, P. T., 1933: Über die theoretischen Grundlagen der Regeln von EXNER und DEFANT: Journ. Geof., 3, 46—64 (russ.).

SOLBERG, H., 1921: Siehe BJERKNES, J. and SOLBERG, H.

— 1922: Siehe BJERKNES, J. and SOLBERG, H.

— 1933: Bemerkungen zu der Arbeit von A. GIÃO: Recherches sur les perturbations mécaniques des fluides. Met. Zs. 50, 273—275.

— 1933: Siehe BJERKNES, V., BJERKNES, J., SOLBERG, H., BERGERON, T.

STAUDE, R., 1938: Sind Schrumpfungsinversionen an Luftmassen oder Luftmassengrenzen gebunden? Ann. Hydr. 66, 134—137.

STREMOUSSOW, N. W., 1935: Zur Frage der synoptischen Prozesse im Ostteil des asiatischen Festlands und der angrenzenden Meere. Journ. Geof., 5, 204—221 (russ.).

STURM, H., 1937: Kaltluftzirkulation auf der Rückseite einer Zyklone. Ann. Hydr. 65, 354—367.

STÜVE, G., 1922: Aerologische Untersuchungen zum Zwecke der Wetterdiagnose. Arb. Lindbg. 14, 104—116.

— 1924: Zur Frage der Äquatorialfront. Met. Zs. 41, 206—207.

— 1925: Gleitflächen und Pilotwindmessungen. Met. Zs. 42, 98—103.

— 1926 (1): Wolken und Gleitflächen. Arb. Lindbg. 15, 214—224.

— 1926 (2): Thermozyklogenese. Btr. Ph. fr. At. 13, 23—36.

— 1927: Potentielle und pseudopotentielle Temperatur. Btr. Ph. fr. At. 13, 218—233.

— 1929: Die Entstehung des Schnees. Btr. Ph. fr. At. 15, 170—175.

— 1931: Zur Kenntnis der Kristallisation des Wasserdampfes aus der Luft. Gerl. Btr. 32, 326—335.

— 1933 (1): Die Umgestaltung der stratosphärischen Steuerung vom 1. bis 8. Oktober 1932. Syn. Bearb., Nr. 2.

— 1933 (2): Der Mechanismus der atmosphärischen Steuerung. Syn. Bearb., LINKE-Sonderheft.

— 1933 (3): Bearbeitung aerologischer Messungen. In F. LINKE: Meteorologisches Taschenbuch, II. Ausg., 176—209.

— 1937: Thermodynamik der Atmosphäre (Handbuch der Geophysik IX, Liefg. 2, 173—592). Berlin: Borntraeger.

STÜVE, G. und MÜGGE, R., 1935: Energetik des Wetters. Btr. Ph. fr. At. 22, 206—248 (verkürzte Darstellung in R. MÜGGE: Met. Zs. 52, 168—176).

SUCKSTORFF, G. A., 1935: Strömungsvorgänge in Instabilitätsschauern. Met. Zs. 52, 449—452.

— 1938: Kaltlufterzeugung durch Niederschlag. Met. Zs. 55, 287—291.

SÜRING, R., 1926: Siehe HANN, J. v. und SÜRING, R.

— 1936: Die Wolken (Probleme der kosmischen Physik). Leipzig: Akad. Verlagsges.

SVERDRUP, H., 1914: Ausgedehnte Inversionsschichten in der Atmosphäre. Veröff. Leipzig. Bd. I, 75—100.

— 1917: Der nordatlantische Passat. Veröff. Leipzig. Bd. II, H. 1.

— 1933: The Norwegian North Polar Expedition with the "Maud" 1918—1925. Scientific Results. Meteorology, Part I. Bergen.

SWOBODA, G., 1924: Siehe BERGERON, T. und SWOBODA, G.

— 1932: Grundbegriffe der Wetteranalyse. Sammlung gemeinnütziger Vorträge Nr. 641/644. Prag.

— 1937: Flugmeteorologie und Flugwetterdienst. Informationsbuch für Flieger und ihre Mitarbeiter. Mil.-wiss. Inst., Prag (tschech.).

TEISSERENC DE BORT, L., 1901—1907: Siehe HILDEBRANDSSON, H. H. et TEISSERENC DE BORT, L.

TERNOWSKAJA, K. W., 1935: Siehe POLJAKOWA, M. N., SIWKOW, S. I., TERNOWSKAJA, K. W.

THOMAS, H., 1934: Das Zustandekommen eines Druckanstieges von 35 mm durch einen stratosphärischen Kälteeinbruch ohne Mitwirkung troposphärischer Vorgänge. Sitz.-Ber. d. Preuß. Akad. Wiss., math.-naturw. Kl., 17, 222—236.

— 1935: Zum Mechanismus stratosphärisch bedingter Druckänderungen. Met. Zs. 52, 41—48.

— 1937: Lassen sich die großen Sommerniederschläge an quasistationären Fronten zahlenmäßig durch einfaches Aufgleiten erklären? Met. Zs. 54, 164—169.

TICHANOWSKY, J. und MÜGGE, R., 1932: Wärmehaushalt der Stratosphäre. (Handbuch der Geophysik. Bd. IX, Liefg. 1.) Berlin: Borntraeger.

TORLEZKAJA, W. und BUT, I., 1934: Der Durchsichtigkeitsgrad verschiedener Luftmassen im Steppenteil des Nordkaukasus. Journ. Geof. 4, 56—69 (russ.).

TROEGER, H., 1929 (1): Die Form des Kaltlufteinbruches. Met. Zs. 46, 362—363.

TROEGER, H., 1929 (2): Zur Frage der Okklusion. Met. Zs. 46, 361—362.
— 1930: Ein konservatives meteorologisches Element. Ann. Hydr. 58, 358—360.
TSCHECHOWITSCH, S. N., 1937: Synoptische Bedingungen für Schneetreiben auf den Eisenbahnstrecken des europäischen Rußlands bei Einbrüchen südlicher Zyklonen. Met. i Gid., 9 (russ.).
TSCHIERSKE, H., 1932: Abhängigkeit der Sicht von der Luftmasse. Wetter 49, 307—312.
TURNBULL, W. E., 1938: Siehe HAURWITZ, B. and TURNBULL, W. E.
TURNER, T. A., 1930: Siehe EARL, K. and TURNER, T. A.
VOIGTS, H., 1933: Zum Luftkörperklima der Lübecker Bucht. Met. Zs. 50, 498—503.
WAGEMANN, H., 1929: Über die Steiggebiete des Luftdruckes bei russischen Kältewellen. Ein Beitrag zur Erklärung der Luftdruckschwankungen am Boden. Abh. d. Preuß. Met. Inst., Bd. 9, Nr. 2.
— 1932 (1): Brauchbare Methoden zur Vorausberechnung von Wetterkarten. Ann. Hydr. 60, 136—151.
— 1932 (2): Die Begründung und Brauchbarkeit der GUILBERTschen Regeln. Met. Zs. 49, 262—266.
WAGNER, A., 1929: Untersuchung der Schwankungen der allgemeinen Zirkulation. Geogr. Annaler, Stockholm, 11, 33—88.
— 1931: Zur Aerologie des Indischen Monsuns. Gerl. Btr. 30, 196—238.
— 1932 (1): Hangwind — Ausgleichsströmung — Berg- und Talwind. Met. Zs. 49, 209—217.
— 1932 (2): Neue Theorie des Berg- und Talwindes. Met. Zs. 49, 329—341.
— 1938 (1): Zur Bestimmung der Intensität der allgemeinen Zirkulation. Ann. Hydr. 66, 161—172.
— 1938 (2): Theorie und Beobachtung der periodischen Gebirgswinde. Gerl. Btr. 52, 408—449.
WANGENHEIM, A. F., 1924: Ungewöhnlicher Fall einer Zyklone. Journ. Geof. I, 1 (russ.).
— 1925: Federwolken als Merkmale des künftigen Wetters. Leningrad (russ.).
WEGENER, A., 1928: Thermodynamik der Atmosphäre. Leipzig.
WEGENER, A. und WEGENER, K., 1935: Vorlesungen über Physik der Atmosphäre. Leipzig.
WEGENER, K., 1935: Siehe WEGENER, A. und WEGENER, K.
WEHRLÉ, PH., 1923: Siehe SCHERESCHEWSKY, PH. et WEHRLÉ, PH.
— 1935: Siehe DEDEBANT, G. et WEHRLÉ, PH.
WEICKMANN, L., 1924: Wellen im Luftmeer. Math.-Phys. Klasse der Sächs. Akad., Bd. 39, Nr. II. Leipzig.
— 1927 (1): Das Wellenproblem in der Atmosphäre. Met. Zs. 44, 241—253.
— 1927 (2): Die Ausbreitung von Luftdruckwellen über Europa. Gerl. Btr. 17, 332—339.
— 1928: Die WAGNERsche 16jährige Klimaschwankung. Btr. Ph. fr. At. 14, 75—87.
— 1929 (1): Die thermische Wirkung der 24tägigen polaren Druckwelle des Winters 1923/24. Btr. Ph. fr. At., HERGESELL-Festschrift, 226—234.
— 1929 (2): Mechanik und Thermodynamik der Atmosphäre (Lehrbuch der Geophysik, herausgegeben von B. GUTENBERG). Berlin: Borntraeger.
— 1938: Über aerologische Diagrammpapiere. Internat. Meteorol. Organisation — Internationale Aerologische Kommission. Denkschrift. Berlin: Julius Springer.
— 1939: Siehe BJERKNES, J., MILDNER, P., PALMÉN, E. und WEICKMANN, L.
WEICKMANN, L. und MOLTSCHANOFF, P., 1931: Kurzer Bericht über die meteorologisch-aerologischen Beobachtungen auf der Polarfahrt des „Graf Zeppelin". Met. Zs. 48, 409—414.
WEIGHTMANN, R. H., 1926: Siehe ROSSBY, C. G. and WEIGHTMANN, R. H.
WEIXLEDERER, R., 1939: Studien über die alpine Gewittertätigkeit. Met. Zs. 56, 215—226.
WENGER, R., 1916: Über den gegenwärtigen Stand der Föhntheorie. Met. Zs. 33, 1—10.
— 1923: Zur Theorie der Berg- und Talwinde. Met. Zs. 40, 193—204.
WERENSKJÖLD, W., 1922: Mean monthly air transport over the North Pacific Ocean. Geof. Publ., Vol. II, No. 9.
— 1937: Über die graphische Ermittlung des vertikalen Temperaturgradienten. Met. Zs. 54, 302—303.
— 1938: On equal-area transformations of the indicator diagram, and a new aerological chart. Geof. Publ., Vol. XII, No. 6.
WEXLER, H., 1933: A comparison of the LINKE and ÅNGSTRÖM measures of atmospheric turbidity and their application to North-American air-masses. Trans. of American Geoph. Union, 14th Ann. Meet.

Wexler, H., 1934: Turbidities of air masses and atmospheric dust content. M. Weath. R. 62, 397—402.
— 1934: Siehe Haurwitz, B. and Wexler, H.
— 1935: Analysis of a Warm-Front Type Occlusion. M. Weath. R. 63, 213—221.
— 1936: Cooling in the Lower Atmosphere and the Structure of Polar Continental Air. M. Weath. R. 64, 122—135.
— 1937: Formation of Polar Anticyclones. M. Weath. R. 65, 229—236.
Wiese, W. J., 1925: Die Bora von Nowaja Semlja. Berichte des hydrometeorol. Zentralinstituts 5, 1 (russ.).
Wigand, A., 1929: Siehe Schmauss, A. und Wigand, A.
— 1930: Das atmosphärische Aerosol. Die Naturwissenschaften 18, 31—33.
— 1932: Experimentelle und theoretische Studien zur Koagulation inhomogenen Nebels. Ann. Hydr. 60, 25—28.
Wigand, A. und Frankenberger, E., 1930: Über Beständigkeit und Koagulation von Nebel und Wolken. Physikalische Zs. 31, 204—215.
— — 1931: Die elektrostatische Stabilisierung von Nebel und Wolken und die Niederschlagsbildung. Ann. Hydr. 59, 353—363.
Willett, H. C., 1928: Fog and Haze, their Causes, Distribution and Forecasting. M. Weath. R. 56, 435—468.
— 1930: Synoptic studies an fog. Massachusetts Inst. of Technology. Met. Papers, I, 1. Cambridge, Mass.
— 1931: Dynamic Meteorology (Physics of Earth. Part III. Meteorology. Wash. D. C.).
— 1933 (1): American air mass properties. Papers in Phys. Oceanography and Meteorology, II, 2. Cambridge, Mass.
— 1933 (2): Some interesting features of our warm and cold waves. Trans. Amer. Geoph. Union, 80—84.
— 1935: Discussion and illustration of problems suggested by the analysis of atmospheric cross-sections. Papers in Phys. Oceanography and Meteorology, Vol. IV, No. 2. Cambridge, Mass.
— 1938: Characteristic properties of North American Air Masses. Abschnitt in Namias, J., 1938 (1).
Winter, H., 1938: Sommerliche Westlufteinbrüche und Gewitterhäufigkeit. Met. Zs. 55, 91—97.
Wolf, E. R., 1914: Über den Zusammenhang der Gewitter mit den Wetterlagen. Anhang zum Jahrbuch 1912 der k. k. Zentralanstalt für Meteorologie und Geodynamik in Wien.
Zistler, P., 1935: Über die Zusammenhänge zwischen troposphärischen und stratosphärischen Druckwellen. Met. Zs. 52, 424—429.
— 1937: Die neue Einteilung der troposphärischen Luftmassen. Die Naturwissenschaften 25, 104—106.

Sachverzeichnis.